实用工程材料手册

主　编　孙玉福

副主编　刘胜新　王瑞娟　潘继民

参　编	王金荣	陈志民	陈加福	付建伟	张佳楠	陈　永
	吴振远	张　锐	韩庆礼	王志刚	孟　迪	张金凤
	李立碑	徐　锟	陈　伟	夏　静	毛　磊	翟　震
	李孔斋	徐丽娟	肖树龙	李杏娥	靳先芳	李　菁
	李立程	姚　宇	王　波	张海连	王首培	王旭哲
	杨红霞	陈冰晶	刘　洋	陈中辉	任玉美	胡连仁
	曹晶晶	孙华为	赵　丹	杨　娟	张冠宇	王　宁
	胡中华	王乐军	李立凤	颜新奇	丛康丽	隋方飞
	李　浩	贠东海	孙志鹏	武倩倩	弓雪原	郭　炜
	柳洪洁	宋月鹏	高　玉	李怀武	杨　晗	李　鹏
	邓　晶	张靓颖	李　响	张素红	李二兴	宋菊秀
	陈　夸	鲁科明	陈　丽	韩小敏	陈慧敏	刘　峰

主　审　汪大经

机械工业出版社

本手册以现行的相关标准资料为依据，以图表为主的形式介绍了常用工程材料的化学成分、性能、产品种类及状态、尺寸规格、使用范围等方面的内容。其主要内容包括：金属材料基础资料、生铁和铁合金、铸铁和铸钢、结构钢、工具钢、不锈钢和耐热钢、铝及铝合金、铜及铜合金、镁及镁合金、锌及锌合金、钛及钛合金、镍及镍合金、稀有金属及其合金、贵金属及其合金、特殊合金、塑料及其制品、涂料、腻子和密封胶、润滑材料、橡胶及其制品、胶粘剂和胶粘带、陶瓷、玻璃、水泥、其他常用工程材料。本手册采用了最新相关标准，内容新颖全面，结构安排合理，查阅快捷方便，具有极强的实用性。

本手册可供机械、冶金、化工、建筑、纺织、电力、航空航天等行业的工程技术人员、营销人员使用，也可供相关专业在校师生参考。

图书在版编目（CIP）数据

实用工程材料手册/孙玉福主编 .—北京：机械工业出版社，2014.8
ISBN 978 - 7 - 111 - 47160 - 8

Ⅰ.①实⋯　Ⅱ.①孙⋯　Ⅲ.①工程材料 - 手册
Ⅳ.①TB3-62

中国版本图书馆 CIP 数据核字（2014）第 136935 号

机械工业出版社（北京市百万庄大街22号　邮政编码100037）
策划编辑：陈保华　责任编辑：陈保华
版式设计：霍永明　责任校对：张莉娟　李锦莉
责任印制：刘　岚
北京京丰印刷厂印刷
2014 年 9 月第 1 版 · 第 1 次印刷
184mm×260mm · 82 印张 · 2 插页 · 2017 千字
0 001— 2 500 册
标准书号：ISBN 978 - 7 - 111 - 47160 - 8
定价：219.00 元

前　言

　　工程材料是各种工程上使用的材料，是用于制造各类零件、构件的材料和在制造过程中所应用的工艺材料。工程材料按其属性可分为金属材料和非金属材料两大类。金属材料一般又分为钢铁材料（黑色金属材料）和非铁金属材料（有色金属材料）两类。非金属材料又可分为无机非金属材料和有机高分子材料两类。工程材料是工业生产的物质基础，广泛应用于机械、冶金、化工、建筑、纺织、电力、航空航天、车辆、船舶、能源、仪器仪表等工程领域，用来制造工程构件、工具和各类机械零部件，是国民经济建设的重要生产资料。

　　随着我国科学技术的进步和生产技术的不断发展，工程材料的品种规格日益增多。为了给广大工程技术人员在生产实践中能正确选材、合理用材、提高工程及产品质量提供技术支持，我们在总结多年工作经验的基础上，全面收集核实了有关工程材料的最新标准资料，进行科学系统的归纳总结后，编写了这本手册。

　　本手册共25章，主要内容包括：金属材料基础资料、生铁和铁合金、铸铁和铸钢、结构钢、工具钢、不锈钢和耐热钢、铝及铝合金、铜及铜合金、镁及镁合金、锌及锌合金、钛及钛合金、镍及镍合金、稀有金属及其合金、贵金属及其合金、特殊合金、塑料及其制品、涂料、腻子和密封胶、润滑材料、橡胶及其制品、胶粘剂和胶粘带、陶瓷、玻璃、水泥、其他常用工程材料。

　　在编写过程中，我们全面核实查对了现行的工程材料相关国家标准和行业标准资料，强调"最新、准确、实用、常用、够用"的编写原则。手册以图表结合的形式为主，简洁明了，数据齐全、精确可靠，便于读者迅速查阅。

　　本手册由孙玉福任主编，刘胜新、王瑞娟、潘继民任副主编。参加编写的人员有：王金荣、陈志民、陈加福、付建伟、张佳楠、陈永、吴振远、张锐、韩庆礼、王志刚、孟迪、张金凤、李立碑、徐锟、陈伟、夏静、毛磊、翟震、李孔斋、徐丽娟、肖树龙、李杏娥、靳先芳、李菁、李立程、姚宇、王波、张海连、王首培、王旭哲、杨红霞、陈冰晶、刘洋、陈中辉、任玉美、胡连仁、曹晶晶、孙华为、赵丹、杨娟、张冠宇、王宁、胡中华、王乐军、李立凤、颜新奇、丛康丽、隋方飞、李浩、贠东海、孙志鹏、武倩倩、弓雪原、郭炜、柳洪洁、宋月鹏、高玉、李怀武、杨晗、李鹏、邓晶、张靓颖、李响、张素红、李二兴、宋菊秀、陈夸、鲁科明、陈丽、韩小敏、陈慧敏、刘峰。全书由陈永进行统稿，汪大经教授对全书进行了认真审阅。

　　在本手册的编写过程中，参考了国内外同行的大量文献资料和相关标准，谨向相关人员表示衷心的感谢！

　　由于我们水平有限，错误之处在所难免，敬请广大读者批评指正；同时，我们负责对书中所有内容进行技术咨询、答疑。我们的联系方式如下：

　　联系人：陈先生；电话：13523499166；电子邮件：13523499166@163.com；QQ：56773139。

编　者

目　录

第1章　金属材料基础资料

1.1　金属材料的分类

1.1.1　生铁的分类

生铁的分类如表 1-1 所示。

表 1-1　生铁的分类

分类方法	分类名称	说　明
按用途分类	炼钢生铁	指用于平炉、转炉炼钢用的生铁，一般含硅量较低（硅的质量分数不大于 1.25%），含硫量较高（硫的质量分数不大于 0.08%）。它是炼钢用的主要原料，在生铁产量中占 80%~90%。炼钢生铁质硬而脆，断口呈白色，所以也叫白口铁
	铸造生铁	指用于铸造各种铸件的生铁，俗称翻砂铁。一般含硅量较高（硅的质量分数达 4.0%），含硫量稍低（硫的质量分数不大于 0.06%）。它在生铁产量中占 10%~20%，是钢铁厂中的主要商品铁，其断口为灰色，所以也叫灰口铁
按化学成分分类	普通生铁	指不含其他合金元素的生铁，如炼钢生铁、铸造生铁都属于这一类生铁
	特种生铁　天然合金生铁	指用含有共生金属（如铜、钒、镍等）的铁矿石或精矿，或用还原剂还原而炼成的一种特种生铁，它含有一定量的合金元素（一种或多种，由矿石的成分来决定），可用来炼钢，也可用于铸造
	特种生铁　铁合金	铁合金和天然合金生铁不同之处，是在炼铁时特意加入其他成分，炼成含有多种合金元素的特种生铁。铁合金是炼钢的原料之一，也可用于铸造。在炼钢时作钢的脱氧剂和合金元素添加剂，用以改善钢的性能。铁合金的品种很多，如按所含的元素来分，可分为硅铁、锰铁、铬铁、钨铁、钼铁、钛铁、钒铁、磷铁、硼铁、镍铁、铌铁、硅锰合金及稀土合金等，其中用量最大的是锰铁、硅铁和铬铁；按照生产方法的不同，可分为高炉铁合金、电炉铁合金、炉外法铁合金、真空碳还原铁合金等

1.1.2　铸铁的分类

铸铁的分类如表 1-2 所示。

表 1-2　铸铁的分类

分类方法	分类名称	说　明
按断口颜色分类	灰口铸铁	1）这种铸铁中的碳大部分或全部以自由状态的石墨形式存在，其断口呈灰色或暗灰色。灰口铸铁包括灰铸铁、球墨铸铁、蠕墨铸铁等 2）有一定的力学性能和良好的可加工性，在工业上应用普遍

（续）

分类方法	分类名称	说　　明
按断口颜色分类	白口铸铁	1）白口铸铁是组织中完全没有或几乎完全没有石墨的一种铁碳合金，其中碳全部以渗碳体形式存在，断口呈白亮色 2）硬且脆，不能进行切削加工，工业上很少直接应用其来制造机械零件。在机械制造中，只能用来制造对耐磨性要求较高的机件 3）可以用激冷的办法制造内部为灰口铸铁组织、表层为白口铸铁组织的耐磨零件，如火车轮圈、轧辊、犁铧等。这种铸铁具有很高的表面硬度和耐磨性，通常又称为激冷铸铁或冷硬铸铁
	麻口铸铁	这是介于白口铸铁和灰口铸铁之间的一种铸铁，其组织为珠光体＋渗碳体＋石墨，断口呈灰白相间的麻点状，故称麻口铸铁。这种铸铁性能不好，极少应用
按化学成分分类	普通铸铁	普通铸铁是指不含任何合金元素的铸铁，一般常用的灰铸铁、可锻铸铁和球墨铸铁等都属于这一类铸铁
	合金铸铁	在普通铸铁内有意识地加入一些合金元素，以提高铸铁某些特殊性能而配制成的一种高级铸铁，如各种耐蚀、耐热、耐磨的特殊性能铸铁，都属于这一类铸铁
按生产方法和组织性能分类	灰铸铁	1）灰铸铁中碳以片状石墨形式存在 2）灰铸铁具有一定的强度、硬度，良好的减振性和耐磨性，较高的导热性和抗热疲劳性，同时还具有良好的铸造性及可加工性，生产工艺简便，成本低，在工业和民用生活中得到了广泛的应用
	孕育铸铁	1）孕育铸铁是铁液经孕育处理后获得的亚共晶灰铸铁。在铁液中加入孕育剂，造成人工晶核，从而可获得细晶粒的珠光体和细片状石墨组织 2）这种铸铁的强度、塑性和韧性均比一般灰铸铁要好得多，组织也较均匀一致，主要用来制造力学性能要求较高而截面尺寸变化较大的大型铸铁件
	可锻铸铁	1）由一定成分的白口铸铁经石墨化退火后获得，其中碳大部或全部以团絮状石墨的形式存在，由于其对基体的破坏作用比片状石墨大大减轻，因而比灰铸铁具有较高的韧性 2）可锻铸铁实际并不可以锻造，只不过具有一定的塑性而已，通常多用来制造承受冲击载荷的铸件
	球墨铸铁	1）球墨铸铁是通过在浇注前往铁液中加入一定量的球化剂（如纯镁或其合金）和墨化剂（硅铁或硅钙合金），以促进碳呈球状石墨结晶而获得的 2）由于石墨呈球形，应力大为减轻，因而这种铸铁的力学性能比灰铸铁高得多，也比可锻铸铁好 3）具有比灰铸铁好的焊接性和热处理工艺性 4）和钢相比，除塑性、韧性稍低外，其他性能均接近，是一种同时兼有钢和铸铁优点的优良材料，因此在机械工程上获得了广泛的应用
	特殊性能铸铁	这是一种具有某些特性的铸铁，根据用途的不同，可分为耐磨铸铁、耐热铸铁、耐蚀铸铁等。这类铸铁大部分都属于合金铸铁，在机械制造上应用也较为广泛

1.1.3　钢的分类

钢的分类如表 1-3 所示。

表1-3　钢 的 分 类

分类方法	分类名称		说　明
按冶炼方法分类	按冶炼设备分类	平炉钢	1）指用平炉炼钢法炼制出来的钢 2）按炉衬材料不同，分酸性平炉钢和碱性平炉钢两种。一般平炉钢都是碱性的，只有特殊情况下才在酸性平炉内炼制 3）平炉炼钢法具有原料来源广、设备容量大、品种多、质量好等优点。平炉钢以往曾在世界钢总产量中占绝对优势，现在世界各国有停建平炉的趋势 4）平炉钢的主要品种是普通碳素钢、低合金钢和优质碳素钢
		转炉钢	1）指用转炉炼钢法炼制出来的钢 2）除分为酸性转炉钢和碱性转炉钢外，还可分为底吹转炉钢、侧吹转炉钢、顶吹和空气吹炼转炉钢、纯氧吹炼转炉钢等，常可混合使用 3）我国现在大量生产的为侧吹碱性转炉钢和氧气顶吹转炉钢。氧气顶吹转炉钢有生产速度快、质量高、成本低、投资少、基建快等优点，是当代炼钢的主要方法 4）转炉钢的主要品种是普通碳素钢，氧气顶吹转炉也可生产优质碳素钢和合金钢
		电炉钢	1）指用电炉炼钢法炼制出的钢 2）可分为电弧炉钢、感应电炉钢、真空感应电炉钢、电渣炉钢、真空自耗炉钢、电子束炉钢等 3）工业上大量生产的主要是碱性电弧炉钢，品种是优质碳素钢和合金钢
	按脱氧程度和浇注制度分类	沸腾钢	1）脱氧不完全的钢，浇注时钢液产生沸腾，所以称沸腾钢 2）其特点是收缩率高，成本低，表面质量及深冲性能好 3）成分偏析大，质量不均匀，耐蚀性和力学性能较差 4）大量用于轧制普通碳素钢的型钢和钢板
		镇静钢	1）脱氧完全的钢，浇注时钢液镇静，没有沸腾现象，所以称镇静钢 2）成分偏析少，质量均匀，但金属的收缩率低（缩孔多），成本较高 3）通常情况下，合金钢和优质碳素钢都是镇静钢
		半镇静钢	1）脱氧程度介于沸腾钢和镇静钢之间的钢，浇注时沸腾现象较沸腾钢弱 2）钢的质量、成本和收缩率也介于沸腾钢和镇静钢之间。生产较难控制，故目前在钢产量中占比例不大
按化学成分分类	碳素钢		1）指碳的质量分数≤2%，并含有少量锰、硅、硫、磷和氧等杂质元素的铁碳合金 2）按钢中含碳量分类 低碳钢：碳的质量分数≤0.25%的钢 中碳钢：碳的质量分数为>0.25%~0.60%的钢 高碳钢：碳的质量分数>0.60%的钢 3）按钢的质量和用途的不同，又分为普通碳素结构钢、优质碳素结构钢和碳素工具钢3大类
	合金钢		1）在碳素钢基础上，为改善钢的性能，在冶炼时加入一些合金元素（如铬、镍、硅、锰、钼、钨、钒、钛、硼等）而炼成的钢 2）按其合金元素的总含量分类 低合金钢：这类钢的合金元素总质量分数≤5% 中合金钢：这类钢的合金元素总质量分数>5%~10% 高合金钢：这类钢的合金元素总质量分数>10%

（续）

分类方法	分类名称		说　明
按化学成分分类	合金钢		3）按钢中主要合金元素的种类分类 三元合金钢：指除铁、碳以外，还含有另一种合金元素的钢，如锰钢、铬钢、硼钢、钼钢、硅钢、镍钢等 四元合金钢：指除铁、碳以外，还含有另外两种合金元素的钢，如硅锰钢、锰硼钢、铬锰钢、铬镍钢等 多元合金钢：指除铁、碳以外，还含有另外 3 种或 3 种以上合金元素的钢，如铬锰钛钢、硅锰钼钒钢等
按用途分类	结构钢	建筑及工程用结构钢	1）用于建筑、桥梁、船舶、锅炉或其他工程上制造金属结构件的钢，多为低碳钢。由于大多要经过焊接施工，故其含碳量不宜过高，一般都是在热轧供应状态或正火状态下使用 2）主要类型如下 普通碳素结构钢：按用途又分为一般用途的普通碳素钢和专用普通碳素钢 低合金钢：按用途又分为低合金结构钢、耐腐蚀用钢、低温用钢、钢筋钢、钢轨钢、耐磨钢和特殊用途专用钢
		机械制造用结构钢	1）用于制造机械设备上的结构零件 2）这类钢基本上都是优质钢或高级优质钢，需要经过热处理、冷塑成形和机械切削加工后才能使用 3）主要类型有优质碳素结构钢、合金结构钢、易切削结构钢、弹簧钢、滚动轴承钢
	工具钢		1）指用于制造各种工具的钢 2）这类钢按其化学成分分为碳素工具钢、合金工具钢、高速工具钢 3）按照用途又可分为刃具钢（或称刀具钢）、模具钢（包括冷作模具钢和热作模具钢）、量具钢
	特殊钢		1）指用特殊方法生产，具有特殊物理性能、化学性能和力学性能的钢 2）主要包括不锈钢、耐热钢、高电阻合金钢、低温用钢、耐磨钢、磁钢（包括硬磁钢和软磁钢）、抗磁钢和超高强度钢（指抗拉强度 $R_m \geq 1400\text{MPa}$ 的钢）
	专业用钢		指各工业部门专业用途的钢，例如，农机用钢、机床用钢、重型机械用钢、汽车用钢、航空用钢、宇航用钢、石油机械用钢、化工机械用钢、锅炉用钢、电工用钢、焊条用钢等
按金相组织分类	按退火后的金相组织分类	亚共析钢	碳的质量分数 <0.80%，组织为游离铁素体 + 珠光体
		共析钢	碳的质量分数为 0.80%，组织全部为珠光体
		过共析钢	碳的质量分数 >0.80%，组织为游离碳化物 + 珠光体
		莱氏体钢	实际上也是过共析钢，但其组织为碳化物和珠光体的共晶体
	按正火后的金相组织分类	珠光体钢、贝氏体钢	当合金元素含量较少时，在空气中冷却得到珠光体或索氏体、托氏体的钢，就属于珠光体钢；得到贝氏体的钢，就属于贝氏体钢

（续）

分类方法	分类名称		说　明
按金相组织分类	按正火后的金相组织分类	马氏体钢	当合金元素含量较高时，在空气中冷却得到马氏体的钢称为马氏体钢
		奥氏体钢	当合金元素含量较高时，在空气中冷却，奥氏体直到室温仍不转变的钢称为奥氏体钢
		碳化物钢	当含碳量较高并含有大量碳化物组成元素时，在空气中冷却，得到由碳化物及其基体组织（珠光体或马氏体、奥氏体）所构成的混合物组织的钢称为碳化物钢。最典型的碳化物钢是高速工具钢
	按加热、冷却时有无相变和室温时的金相组织分类	铁素体钢	含碳量很低并含有大量的形成或稳定铁素体的元素，如铬、硅等，故在加热或冷却时，始终保持铁素体组织
		半铁素体钢	含碳量较低并含有较多的形成或稳定铁素体的元素，如铬、硅等，在加热或冷却时，只有部分发生 $\alpha \rightleftharpoons \gamma$ 相变，其他部分始终保持 α 相的铁素体组织
		半奥氏体钢	含有一定的形成或稳定奥氏体的元素，如镍、锰等，故在加热或冷却时，只有部分发生 $\alpha \rightleftharpoons \gamma$ 相变，其他部分始终保持 γ 相的奥氏体组织
		奥氏体钢	含有大量的形成或稳定奥氏体的元素，如锰、镍等，故在加热或冷却时，始终保持奥氏体组织
按品质分类	普通钢		1）含杂质元素较多，其中磷、硫的质量分数均应≤0.07% 2）主要用做建筑结构和要求不太高的机械零件 3）主要类型有普通碳素钢、低合金结构钢等
	优质钢		1）含杂质元素较少，质量较好，其中硫、磷的质量分数均应≤0.04%，主要用于机械结构零件和工具 2）主要类型有优质碳素结构钢、合金结构钢、碳素工具钢和合金工具钢、弹簧钢、轴承钢等
	高级优质钢		1）含杂质元素极少，其中硫、磷的质量分数均应≤0.03%，主要用做重要机械结构零件和工具 2）属于这一类的钢大多是合金结构钢和工具钢，为了区别于一般优质钢，这类钢的牌号后面通常加符号"A"，以便识别
按制造加工形式分类	铸钢		1）指采用铸造方法而生产出来的一种钢铸件，其碳的质量分数一般为 0.15%~0.60% 2）铸造性能差，往往需要用热处理和合金化等方法来改善其组织和性能，主要用于制造一些形状复杂、难于进行锻造或切削加工成形，而又要求较高的强度和塑性的零件 3）按化学成分分为铸造碳钢和铸造合金钢；用用途分为铸造结构钢、铸造特殊钢和铸造工具钢
	锻钢		1）采用锻造方法生产出来的各种锻材和锻件 2）塑性、韧性和其他方面的力学性能也都比铸钢件高，用于制造一些重要的机器零件 3）冶金工厂中某些截面较大的型钢也采用锻造方法来生产和供应一定规格的锻材，如锻制圆钢、方钢和扁钢等
	热轧钢		1）指用热轧方法生产出的各种热轧钢材。大部分钢材都是采用热轧轧制成的 2）热轧常用于生产型钢、钢管、钢板等大型钢材，也用于轧制线材

（续）

分类 方法	分类名称	说　明
按制造 加工 形式 分类	冷轧钢	1）指用冷轧方法生产出的各种钢材 2）与热轧钢相比，冷轧钢的特点是：表面光洁，尺寸精确，力学性能好 3）冷轧常用来轧制薄板、钢带和钢管
	冷拔钢	1）指用冷拔方法生产出的各种钢材 2）特点是：精度高，表面质量好 3）冷拔主要用于生产钢丝，也用于生产直径在 50mm 以下的圆钢和六角钢，以及直径在 76mm 以下的钢管

1.1.4　钢产品分类

钢产品分类如表 1-4 所示。

表 1-4　钢的产品分类（GB/T 15574—1995）

分类	钢　产　品	
初产品	液态钢	包括：①通过冶炼得到的待浇注的液态钢；②直接熔化原料而得到的液态钢。一般用来生产铸锭或铸钢件
	钢锭	指将液态钢浇注到具有一定形状的钢锭模中得到的产品，包括用于轧制型材的钢锭和用于轧制板材的扁锭。钢锭模的形状与最终产品的形状近似
半成品	指将钢锭进行初步的轧制或锻造而获得的仍需进一步加工的中间产品，一般用来进行轧制或锻造加工成成品 半成品横截面的形状有方形、矩形、扁平形和异型，横截面的尺寸沿长度方向不变。半成品的公差比成品更大，棱角更圆钝。侧面可以有轻微的凹入或凸出或轧制（锻制）痕迹，可以用研磨工具、喷枪等进行局部或全部清理	
	方形横截面半成品	按边长尺寸分为：①大方坯：边长大于 120mm；②方坯：边长为 40～120mm
	矩形横截面半成品（不包括扁平横截面半成品、异型横截面半成品、用来生产无缝钢管的半成品）	按横截面尺寸分为：①大矩形坯：横截面积大于 14400mm²，宽厚比大于 1 且小于 2；②矩形坯：横截面积为 1600～14400mm²，宽厚比大于 1 且小于 2
	扁平横截面半成品	按横截面尺寸分为：①板坯：厚度不小于 50mm，宽厚比不小于 2（宽厚比大于 4 时称为扁平板坯）；②薄板坯：宽度不小于 150mm，厚度大于 6mm 且小于 50mm
	异型横截面半成品（简称异型坯）	横截面积通常大于 2500mm²，一般用于生产型钢
	用来生产无缝钢管的半成品（简称管坯）	横截面为圆形、方形、矩形或多边形

（续）

分类		钢 产 品
轧制成品和最终产品	一般规定	轧制成品和最终产品：指用轧制方法生产的产品（在钢厂内一般不再进行热加工）。横截面沿长度方向没有变化或有周期性变化。产品的公称尺寸范围、外形、尺寸允许偏差按相关标准规定。表面光滑，也可以是有规则的凸凹花纹（如钢筋、扁豆形花纹板等）
		按外形和尺寸分为条钢、盘钢、扁平产品和钢管
		按生产阶段分为：①热轧成品和最终产品：大多由半成品热轧而成，也可由初产品热轧而成；②冷轧（拔）成品和最终产品：一般是热轧成品经冷轧（拔）而成
		按表面状态分为：①未经表面处理的产品；②表面有钝化层的产品：采用化学或电化学方法在产品表面得到一层铬酸盐或磷酸盐，钝化层单面重量为 $7 \sim 10 mg/m^2$；③表面有有机涂层的产品；④表面有保护膜（如清漆）的产品；⑤表面有油脂涂层、油、焦油、沥青、石灰或任一可溶物质的产品；⑥经其他表面处理的产品
锻制条钢	一般规定	用锻造方法生产的、符合轧制成品一般特征的条形钢材

1.1.5　非铁金属材料的分类

非铁金属的分类如表 1-5 所示，工业上常用非铁合金分类如表 1-6 所示。

表 1-5　非铁金属的分类

类　型	性能特点与用途
轻金属（Al、Mg、Ti、Na、K、Ca、Sr、Ba）	密度在 $4.5 g/cm^3$ 以下，化学性质活泼。其中铝（Al）的生产量最大，占非铁金属总产量的 1/3 以上，使用最为广泛。纯的轻金属主要利用其特殊的物理或化学性能，铝（Al）、镁（Mg）、钛（Ti）用于配制轻质合金
重金属（Cu、Ni、Co、Zn、Sn、Pb、Sb、Cd、Bi、Hg）	密度均大于 $4.5 g/cm^3$，其中 Cu、Ni、Co、Pb、Cd、Bi、Hg 的密度都大于铁（7.87g/cm^3）。纯金属状态多利用其独特的物理或化学性能，如 Cu 应用于电工及电子工业。Ni、Co 用于配制磁性合金、高温合金及用作钢中的重要合金元素。Pb、Zn、Sn、Cd、Cu 用于轴承合金与印刷合金，Ni、Cu 还用于催化剂
贵金属（Au、Ag、Pt、Ir、Os、Ru、Pd、Rh）	储量少，提取困难，价格昂贵，化学活性低，密度大（$10.5 \sim 22.5 g/cm^3$）。Au、Ag、Pt、Pd 具有良好的可塑性，Au、Ag 还有良好的导电和导热性能。贵金属可应用于电工、电子、宇航、仪表和化工等领域
稀有金属	稀有金属是指储量稀少，难以提取的金属，通常可包括：锂（Li）、铍（Be）、钪（Sc）、钒（V）、镓（Ga）、锗（Ge）、铷（Rb）、钇（Y）、锆（Zr）、铌（Nb）、钼（Mo）、铟（In）、铯（Cs）、镧系元素（La、Ce、Pr、Nd 等 15 个元素）、铪（Hf）、钽（Ta）、钨（W）、铼（Re）、铊（Tl）、钋（Po）、钫（Fr）、镭（Ra）、锕系元素（Ac、Th、Pa、U）及人造超铀元素。根据这些稀有金属元素的物理化学性质或生产特点又可分为：稀有轻金属、稀有难熔金属、稀有分散金属、稀土金属、稀有放射性金属 5 类

（续）

类　型	性能特点与用途
稀有轻金属（Li、Be、Rb、Cs）	密度均小于 2g/cm³，其中锂的密度仅为 0.534g/cm³。化学性质活泼。除了利用它们特殊的物理或化学性质外，还作为特殊性能合金中的重要合金元素使用，如铝锂（Al-Li）合金、铍合金等
稀有难熔金属（W、Mo、Ta、Nb、Zr、Hf、V、Re）	熔点高（如锆的熔点为 1852℃，钨的熔点为 3387℃），硬度高，耐蚀性好，可形成非常坚硬和难溶的碳化物、氮化物、硅化物和硼化物。它们可作为硬质合金、电热合金、灯丝、电极等的重要材料，并作为钢和其他合金的合金元素
稀土金属（RE）	包括钪（Sc）、钇（Y）和镧系元素，共 17 个金属元素。镧系元素中，从 La 至 Eu（原子序数 57～63）称为轻稀土金属，从 Gd 至 Lu（原子序数 64～71）称为重稀土金属。200 年前，人们只能获得外观近似碱土金属氧化物的稀土金属氧化物，故起名"稀土"，沿用至今。稀土金属元素的原子结构接近，物理化学性质也相似，在矿石中伴生，在提取过程中需经繁杂的工艺步骤才能将各个元素分离。工业上有时可使用混合稀土，即轻稀土金属的合金或重稀土金属的合金。稀土金属化学性质活泼，与非金属元素可形成稳定的氧化物、氢化物等。稀土金属和稀土化合物具有一系列特殊的物理化学性质，可资利用，同时还是其他合金熔炼过程中的优良脱氧剂和净化剂，少量的稀土金属对改善合金的组织和性能常起到显著作用，稀土金属也是一系列特殊性能合金的主要成分之一
稀有放射性金属	包括天然放射性元素：钋（Po）、镭（Ra）、锕（Ac）、钍（Th）、镤（Pa）、铀（U）及人造超铀元素钫（Fr）、锝（Tc）、镎（Np）、钚（Pu）、镅（Am）、锔（Cm）、锫（Bk）、锎（Cf）、锿（Es）、镄（Fm）、钔（Md）、锘（No）和铹（Lw）。它们是科学研究和核工业的重要材料

表 1-6　工业上常用非铁合金分类

合金类型	合金品种	合金系列
铜合金	普通黄铜	Cu-Zn 合金，可变形加工或铸造
	特殊黄铜	在 Cu-Zn 基础上还含有 Al、Si、Mn、Pb、Sn、Fe、Ni 等合金元素，可变形加工或铸造
	锡青铜	在 Cu-Sn 基础上加入 P、Zn、Pb 等合金元素，可变形加工或铸造
	特殊青铜	不以 Zn、Sn 或 Ni 为主要合金元素的铜合金，有铝青铜、硅青铜、锰青铜、铍青铜、锆青铜、铬青铜、镉青铜、镁青铜等，可变形加工或铸造
	普通白铜	Cu-Ni 合金，可变形加工
	特殊白铜	在 Cu-Ni 基础上加入其他合金元素，有锰白铜、铁白铜、锌白铜、铝白铜等，可变形加工
铝合金	变形铝合金	以变形加工方法生产管、棒、线、型、板、带、条、锻件等。合金系列有：工业纯铝（质量分数 >99%）、Al-Cu 或 Al-Cu-Li、Al-Mn、Al-Si、Al-Mg、Al-Mg-Si、Al-Zn-Mg、Al-Li-Sn（Zr、B、Fe 或 Cu 等）
	铸造铝合金	浇注异型铸件用的铝合金，合金系列有工业纯铝、Al-Cu、Al-Si-Cu 或 Al-Mg-Si、Al-Si、Al-Mg、Al-Zn-Mg、Al-Li-Sn（Zr、B 或 Cu）

（续）

合金类型	合金品种	合金系列
镁合金	变形镁合金	以变形加工方法生产板、棒、型、管、线、锻件等，合金系列有 Mg-Al-Zn-Mn、Mg-Al-Zn-Cs、Mg-Al-Zn-Zr、Mg-Th-Zr、Mg-Th-Mn 等，其中含 Zr、Th 的镁合金可时效硬化
	铸造镁合金	合金系与变形合金类似，砂型铸造的镁合金中还可含有质量分数为 1.2% ~3.2% 的稀土元素或质量分数为 2.5% 的 Be
钛合金	α 钛合金	具有 α（密排六方 hcp）固溶体的晶体结构，含有稳定 α 相和固溶强化的合金元素铝（提高 α—β 转变温度）以及固溶强化的合金元素铜与锡，铜还有沉淀强化作用。合金系是 Ti-Al、Ti-Cu-Sn
	近 α 钛合金	通过化学成分调整和不同的热处理制度可形成 α 或 α+β 的相结构，以满足某些性能要求
	α+β 钛合金	同时含有稳定 α 相的合金元素铝和稳定 β 相（降低 α—β 转变温度）的合金元素钒或钽、钼、铌，在室温下具有 α+β 的相结构。合金系为 Ti-Al-V（Ta、Mo、Nb）
	β 钛合金	含有稳定 β 相的合金元素钒或钼，快冷后在室温下为亚稳 β 结构。合金系为 Ti-V（Mo、Ta、Nb）
高温合金	镍基高温合金	高温合金是指在 1000℃ 左右高温下仍具有足够的持久强度、蠕变强度、热疲劳强度、高温韧性及足够的化学稳定性的热强性材料，用于在高温下工作的热动力部件。合金系为 Ni-Cr-Al、Ni-Cr-Al-Ti 等，常含有其他合金元素
	钴基高温合金	合金系为 Co-Cr、Co-Ni-W、Co-Mo-Mn-Si-C 等
锌合金	变形加工锌合金	合金系为 Zn-Cu 等
	铸造锌合金	合金系为 Zn-Al 等
轴承合金	铅基轴承合金	合金系为 Pb-Sn、Pb-Sb、Pb-Sb-Sn 等
	锡基轴承合金	合金系为 Sn-Sb 等
	其他轴承合金	合金系为铜合金、铝合金等
硬质合金	碳化钨	以钴作为粘结剂的合金，用于切削铸铁或制成矿山用钻头
	碳化钨、碳化钛	以钴作为粘结剂的合金，用于钢材的切削
	碳化钨、碳化钛、碳化铌	以钴作为粘结剂的合金，具有较高的高温性能和耐磨性，用于加工合金结构钢和镍铬不锈钢

1.2　钢铁材料牌号表示方法

1.2.1　基本原则

1）钢铁产品牌号通常采用大写汉语拼音字母、化学元素符号和阿拉伯数字相结合的方法表示。

2）采用汉语拼音字母或英文字母表示产品名称、用途、特性和工艺方法时，一般从产品名称中选取有代表性汉字的汉语拼音首位字母或英文单词的首位字母。当和另一产品所取字母重复时，改取第二个字母或第三个字母，或同时选取两个（或多个）汉字或英文单词的首位字母。

3）采用汉语拼音字母或英文字母，原则上只取一个，一般不超过三个。

4）产品牌号中各组成部分的表示方法应符合相应规定，各部分按顺序排列，如无必要时，可省略相应部分。除有特殊规定外，字母、符号及数字之间应无间隙。

5）产品牌号中的元素含量用质量分数表示。

1.2.2　生铁牌号表示方法

生铁产品牌号通常由两部分组成。

第一部分：表示产品用途、特性及工艺方法的大写汉语拼音字母。

第二部分：表示主要元素平均含量（以千分之几计）的阿拉伯数字。炼钢用生铁、铸造用生铁、球墨铸铁用生铁、耐磨生铁为硅元素平均含量，脱碳低磷粒铁为碳元素平均含量，含钒生铁为钒元素平均含量。

生铁牌号表示方法如表 1-7 所示。

表 1-7　生铁牌号表示方法（GB/T 221—2008）

产品名称	第一部分			第二部分	牌号示例
	采用汉字	汉语拼音	采用字母		
炼钢用生铁	炼	LIAN	L	硅的质量分数为 0.85% ～ 1.25% 的炼钢用生铁，阿拉伯数字为 10	L10
铸造用生铁	铸	ZHU	Z	硅的质量分数为 2.80% ～ 3.20% 的铸造用生铁，阿拉伯数字为 30	Z30
球墨铸铁用生铁	球	QIU	Q	硅的质量分数为 1.00% ～ 1.40% 的球墨铸铁用生铁，阿拉伯数字为 12	Q12
耐磨生铁	耐磨	NAI MO	NM	硅的质量分数为 1.60% ～ 2.00% 的耐磨生铁，阿拉伯数字为 18	NM18
脱碳低磷粒铁	脱粒	TUO LI	TL	碳的质量分数为 1.20% ～ 1.60% 的炼钢用脱碳低磷粒铁，阿拉伯数字为 14	TL14
含钒生铁	钒	FAN	F	钒的质量分数不小于 0.40% 的含钒生铁，阿拉伯数字为 04	F04

1.2.3　铁合金牌号表示方法

各类铁合金产品牌号表示方法如下：

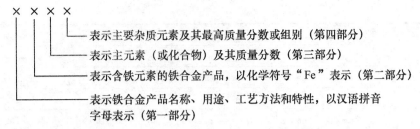

表示主要杂质元素及其最高质量分数或组别（第四部分）

表示主元素（或化合物）及其质量分数（第三部分）

表示含铁元素的铁合金产品，以化学符号"Fe"表示（第二部分）

表示铁合金产品名称、用途、工艺方法和特性，以汉语拼音字母表示（第一部分）

1）需要表示产品名称、用途、工艺方法和特性时，其牌号以汉语拼音字母开始。例如：①高炉法用"G"（"高"字汉语拼音中的第一个字母）表示；②电解法用"D"（"电"字汉语拼音中的第一个字母）表示；③重熔法用"C"（"重"字汉语拼音中的第一个字母）表示；④真空法用"ZK"（"真""空"两字汉语拼音中的第一个字母组合）表示；⑤金属用"J"（"金"字汉语拼音中的第一个字母）表示；⑥氧化物用"Y"（"氧"字汉语拼音中的第一个字母）表示；⑦钒渣用"FZ"（"钒""渣"两字汉语拼音中的第一个字母组合）表示。

铁合金产品名称、用途、工艺方法和特性表示符号如表1-8所示。

表1-8 铁合金产品名称、用途、工艺方法和特性表示符号（GB/T 7738—2008）

名称	采用的汉字及汉语拼音		采用符号	字体	位置
	汉字	汉语拼音			
金属锰（电硅热法）、金属铬	金	JIN	J	大写	牌号头
金属锰（电解重熔法）	金重	JIN CHONG	JC	大写	牌号头
真空法微碳铬铁	真空	ZHEN KONG	ZK	大写	牌号头
电解金属锰	电金	DIAN JIN	DJ	大写	牌号头
钒渣	钒渣	FAN ZHA	FZ	大写	牌号头
氧化钼块	氧	YANG	Y	大写	牌号头
组别			英文字母 A	大写	牌号尾
			B	大写	牌号尾
			C	大写	牌号尾
			D	大写	牌号尾

2）需要表明产品的杂质含量时，以元素符号及其最高质量分数或以组别符号"A""B"等表示。

3）含有一定铁量的铁合金产品，其牌号中应有"Fe"的符号。

铁合金牌号表示方法如表1-9所示。

表1-9 铁合金牌号表示方法（GB/T 7738—2008）

产品名称	第一部分	第二部分	第三部分	第四部分	牌号示例
硅铁		Fe	Si75	Al1.5-A	FeSi75Al1.5-A
金属锰	J		Mn97	A	JMn97-A
	JC		Mn98		JCMn98
金属铬	J		Cr99	A	JCr99-A
钛铁		Fe	Ti30		FeTi30-A
钨铁		Fe	W78	A	FeW78-A
钼铁		Fe	Mo60		FeMo60-A
锰铁		Fe	Mn68	C7.0	FeMn68C7.0

（续）

产品名称	第一部分	第二部分	第三部分	第四部分	牌号示例
钒铁		Fe	V40	A	FeV40-A
硼铁		Fe	B23	C0.1	FeB23C0.1
铬铁		Fe	Cr65	C1.0	FeCr65C1.0
铬铁	ZK	Fe	Cr65	C0.010	ZKFeCr65C0.010
铌铁		Fe	Nb60	B	FeNb60-B
锰硅合金		Fe	Mn64Si27		FeMn64Si27
硅铬合金		Fe	Cr30Si40	A	FeCr30Si40-A
稀土硅铁合金		Fe	SiRE23		FeSiRE23
稀土镁硅铁合金		Fe	SiMg8RE5		FeSiMg8RE5
硅钡合金		Fe	Ba30Si35		FeBa30Si35
硅铝合金		Fe	Al52Si5		FeAl52Si5
硅钡铝合金		Fe	Al34Ba6Si20		FeAl34Ba6Si20
硅钙钡铝合金		Fe	Al16Ba9Ca12Si30		FeAl16Ba9Ca12Si30
硅钙合金			Ca31Si60		Ca31Si60
磷铁		Fe	P24		FeP24
五氧化二钒			$V_2O_5$98		$V_2O_5$98
钒氮合金			VN12		VN12
电解金属锰	DJ		Mn	A	DJMn-A
钒渣	FZ			1	FZ1
氧化钼块	Y		Mo55.0	A	YMo55.0-A
氮化金属锰	J		MnN	A	JMnN-A
氮化锰铁		Fe	MnN	A	FeMnN-A
氮化铬铁		Fe	NCr3	A	FeNCr3-A

1.2.4 铸铁牌号表示方法

1. 铸铁代号

1）铸铁基本代号由表示该铸铁特征的汉语拼音字母的第一个大写正体字母组成，当两种铸铁名称的代号字母相同时，可在该大写正体字母后加小写正体字母来区别。

2）当要表示铸铁的组织特征或特殊性能时，代表铸铁组织特征或特殊性能的汉语拼音的第一个大写正体字母排列在基本代号的后面。

2. 以化学成分表示的铸铁牌号

1）当以化学成分表示铸铁牌号时，合金元素符号及名义含量（质量分数）排在铸铁代号之后。

2）在牌号中常规碳、硅、锰、硫、磷元素一般不标注，有特殊作用时，才标注其元素符号及含量。

3）合金化元素的质量分数大于或等于1%时，在牌号中用整数标注，数值修约按GB/T 8170执行；质量分数小于1%时，一般不标注，只有对该合金特性有较大影响时，才标注其合金化学元素符号。

4）合金化元素按其含量递减次序排列，含量相等时按元素符号的字母顺序排列。

3. 以力学性能表示的铸铁牌号

1）当以力学性能表示铸铁的牌号时，力学性能值排列在铸铁代号之后。当牌号中有合金元素符号时，抗拉强度值排列于元素符号及含量之后，之间用"－"隔开。

2）牌号中代号后面有一组数字时，该组数字表示抗拉强度值，单位为 MPa；当有两组数字时，第一组表示抗拉强度值，单位为 MPa，第二组表示断后伸长率值（%），两组数字间用"－"隔开。

铸铁牌号结构形式示例如下：

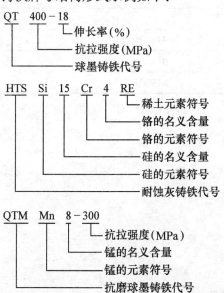

4. 铸铁名称、代号及牌号表示方法（表 1-10）

表 1-10　铸铁名称、代号及牌号表示方法（GB/T 5612—2008）

铸 铁 名 称	代　号	牌号表示方法示例
灰铸铁	HT	
灰铸铁	HT	HT250，HTCr-300
奥氏体灰铸铁	HTA	HTANi20Cr2
冷硬灰铸铁	HTL	HTLCr1 Ni1 Mo
耐磨灰铸铁	HTM	HTMCu1 CrMo
耐热灰铸铁	HTR	HTRCr
耐蚀灰铸铁	HTS	HTSNi2Cr
球墨铸铁	QT	
球墨铸铁	QT	QT400-18
奥氏体球墨铸铁	QTA	QTANi30Cr3
冷硬球墨铸铁	QTL	QTLCrMo
抗磨球墨铸铁	QTM	QTMMn8-30

（续）

铸铁名称	代　号	牌号表示方法示例
耐热球墨铸铁	QTR	QTRSi5
耐蚀球墨铸铁	QTS	QTSNi20Cr2
蠕墨铸铁	RuT	RuT420
可锻铸铁	KT	
白心可锻铸铁	KTB	KTB350-04
黑心可锻铸铁	KTH	KTH350-10
珠光体可锻铸铁	KTZ	KTZ650-02
白口铸铁	BT	
抗磨白口铸铁	BTM	BTMCr15Mo
耐热白口铸铁	BTR	BTRCr16
耐蚀白口铸铁	BTS	BTSCr28

1.2.5　铸钢牌号表示方法

1）以强度表示的铸钢牌号示例如下：

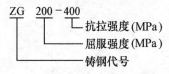

2）以化学成分表示的铸钢牌号示例如下：

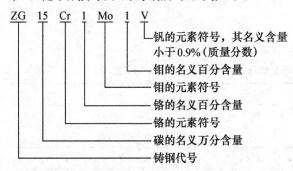

1.2.6　钢的牌号表示方法

1. 碳素结构钢和低合金结构钢

碳素结构钢和低合金结构钢的牌号通常由四部分组成。

第一部分：前缀符号＋强度值（以 MPa 为单位），其中通用结构钢前缀符号为代表屈服强度的拼音的字母"Q"，专用结构钢的前缀符号如表1-11所示。

第二部分（必要时）：钢的质量等级，用英文字母 A、B、C、D、E、F 等表示。

第三部分（必要时）：脱氧方式表示符号，即沸腾钢、半镇静钢、镇静钢、特殊镇静钢分别以 F、b、Z、TZ 表示。镇静钢、特殊镇静钢表示符号通常可以省略。

第四部分（必要时）：产品用途、特性和工艺方法表示符号，如表1-12所示。

表 1-11　专用结构钢的前缀符号（GB/T 221—2008）

产品名称	采用的汉字及汉语拼音或英文单词			采用字母	位置
	汉字	汉语拼音	英文单词		
细晶粒热轧带肋钢筋	热轧带肋钢筋 + 细	—	Hot Rolled Ribbed Bars + Fine	HRBF	牌号头
冷轧带肋钢筋	冷轧带肋钢筋	—	Cold Rolled Ribbed Bars	CRB	牌号头
预应力混凝土用螺纹钢筋	预应力、螺纹、钢筋	—	Prestressing、Screw、Bars	PSB	牌号头
焊接气瓶用钢	焊瓶	HAN PING	—	HP	牌号头
管线用钢	管线	—	Line	L	牌号头
船用锚链钢	船锚	CHUAN MAO	—	CM	牌号头
煤机用钢	煤	MEI	—	M	牌号头

表 1-12　碳素结构钢和低合金结构钢产品用途、特性和
工艺方法表示符号（GB/T 221—2008）

产品名称	采用的汉字及汉语拼音或英文单词			采用字母	位置
	汉字	汉语拼音	英文单词		
锅炉和压力容器用钢	容	RONG	—	R	牌号尾
锅炉用钢（管）	锅	GUO	—	G	牌号尾
低温压力容器用钢	低容	DI RONG	—	DR	牌号尾
桥梁用钢	桥	QIAO	—	Q	牌号尾
耐候钢	耐候	NAI HOU	—	NH	牌号尾
高耐候钢	高耐候	GAO NAI HOU	—	GNH	牌号尾
汽车大梁用钢	梁	LIANG	—	L	牌号尾
高性能建筑结构用钢	高建	GAO JIAN	—	GJ	牌号尾
低焊接裂纹敏感性钢	低焊接裂纹敏感性	—	Crack Free	CF	牌号尾
保证淬透性钢	淬透性	—	Hardenability	H	牌号尾
矿用钢	矿	KUANG	—	K	牌号尾
船用钢	采用国际符号				

　　根据需要，低合金高强度结构钢的牌号也可以采用两位阿拉伯数字（表示平均碳含量，以万分之几计）加元素符号（必要时加代表产品用途、特性和工艺方法的表示符号）按顺序表示。例如：碳的质量分数为 0.15% ~ 0.26%、锰的质量分数为 1.20% ~ 1.60% 的矿用钢牌号为 20MnK。

　　碳素结构钢和低合金结构钢的牌号示例如表 1-13 所示。

表 1-13　碳素结构钢和低合金结构钢的牌号示例（GB/T 221—2008）

序号	产品名称	第一部分	第二部分	第三部分	第四部分	牌号示例
1	碳素结构钢	最小屈服强度 235MPa	A 级	沸腾钢	—	Q235AF

（续）

序号	产品名称	第一部分	第二部分	第三部分	第四部分	牌号示例
2	低合金高强度结构钢	最小屈服强度 345MPa	D 级	特殊镇静钢	—	Q345D
3	热轧光圆钢筋	屈服强度特征值 235MPa	—	—	—	HPB235
4	热轧带肋钢筋	屈服强度特征值 335MPa	—	—	—	HRB335
5	细晶粒热轧带肋钢筋	屈服强度特征值 335MPa	—	—	—	HRBF335
6	冷轧带肋钢筋	最小抗拉强度 550MPa	—	—	—	CRB550
7	预应力混凝土用螺纹钢筋	最小屈服强度 830MPa	—	—	—	PSB830
8	焊接气瓶用钢	最小屈服强度 345MPa	—	—	—	HP345
9	管线用钢	最小规定总延伸强度 415MPa	—	—	—	L415
10	船用锚链钢	最小抗拉强度 370MPa	—	—	—	CM370
11	煤机用钢	最小抗拉强度 510MPa	—	—	—	M510
12	锅炉和压力容器用钢	最小屈服强度 345MPa	—	特殊镇静钢	压力容器"容"的汉语拼音首位字母"R"	Q345R

2. 优质碳素结构钢和优质碳素弹簧钢

优质碳素结构钢牌号通常由五部分组成。

第一部分：以两位阿拉伯数字表示平均碳含量（以万分之几计）。

第二部分（必要时）：较高含锰量的优质碳素结构钢，加锰元素符号 Mn。

第三部分（必要时）：钢材冶金质量，即高级优质钢、特级优质钢分别以 A、E 表示，优质钢不用字母表示。

第四部分（必要时）：脱氧方式表示符号，即沸腾钢、半镇静钢、镇静钢分别以 F、b、Z 表示，但镇静钢表示符号通常可以省略。

第五部分（必要时）：产品用途、特性或工艺方法表示符号。

优质碳素弹簧钢牌号表示方法与优质碳素结构钢相同。

优质碳素结构钢和优质碳素弹簧钢的牌号示例如表 1-14 所示。

表 1-14 优质碳素结构钢和优质碳素弹簧钢牌号示例（GB/T 221—2008）

产品名称	第一部分	第二部分	第三部分	第四部分	第五部分	牌号示例
优质碳素结构钢	碳的质量分数：0.05% ~ 0.11%	锰的质量分数：0.25% ~ 0.50%	优质钢	沸腾钢		08F
优质碳素结构钢	碳的质量分数：0.47% ~ 0.55%	锰的质量分数：0.50% ~ 0.80%	高级优质钢	镇静钢		50A
优质碳素结构钢	碳的质量分数：0.48% ~ 0.56%	锰的质量分数：0.70% ~ 1.00%	特级优质钢	镇静钢		50MnE
保证淬透性用钢	碳的质量分数：0.42% ~ 0.50%	锰的质量分数：0.50% ~ 0.85%	高级优质钢	镇静钢	保证淬透性用钢表示符号"H"	45AH
优质碳素弹簧钢	碳的质量分数：0.62% ~ 0.70%	锰的质量分数：0.90% ~ 1.20%	优质钢	镇静钢	—	65Mn

3. 易切削钢

易切削钢牌号通常由三部分组成。

第一部分：易切削钢表示符号"Y"。

第二部分：以两位阿拉伯数字表示平均碳含量（以万分之几计）。

第三部分：易切削元素符号。例如：含钙、铅、锡等易切削元素的易切削钢分别以 Ca、Pb、Sn 表示。加硫和加硫磷易切削钢，通常不加易切削元素符号 S、P。较高锰含量的加硫或加硫磷易切削钢，本部分为锰元素符号 Mn。为区分牌号，对较高硫含量的易切削，在牌号尾部加硫元素符号 S。

例如：①碳的质量分数为 0.42% ~ 0.50%、钙的质量分数为 0.002% ~ 0.006% 的易切削钢，其牌号表示为 Y45Ca；②碳的质量分数为 0.40% ~ 0.48%、锰的质量分数为 1.35% ~ 1.65%、硫的质量分数为 0.16% ~ 0.24% 的易切削钢，其牌号表示为 Y45Mn；③碳的质量分数为 0.40% ~ 0.48%、锰的质量分数为 1.35% ~ 1.65%、硫的质量分数为 0.24% ~ 0.32% 的易切削钢，其牌号表示为 Y45MnS。

4. 车辆车轴及机车车辆用钢牌号表示方法

车辆车轴及机车车辆用钢牌号通常由两部分组成。

第一部分：车辆车轴用钢表示符号"LZ"或机车车辆用钢表示符号"JZ"。

第二部分：以两位阿拉伯数字表示平均碳含量（以万分之几计）。

5. 合金结构钢及合金弹簧钢牌号表示方法

合金结构钢牌号通常由四部分组成。

第一部分：以两位阿拉伯数字表示平均碳含量（以万分之几计）。

第二部分：合金元素含量，以化学元素符号及阿拉伯数字表示。具体表示方法为：①平均质量分数小于 1.50% 时，牌号中仅标明元素，一般不标明含量；②平均质量分数为 1.50% ~ 2.49%、2.50% ~ 3.49%、3.50% ~ 4.49%、4.50% ~ 5.49% 等时，在合金元素后相应写成 2、3、4、5 等；③化学元素符号的排列顺序推荐按含量值递减排列，如果两个或多个元素的含量相等时，相应符号位置按英文字母的顺序排列。

第三部分：钢材冶金质量，即高级优质钢、特级优质钢分别以 A、E 表示，优质钢不用字母表示。

第四部分（必要时）：产品用途、特性或工艺方法表示符号。

合金弹簧钢的表示方法与合金结构钢相同。

合金结构钢和合金弹簧钢的牌号示例如表 1-15 所示。

表 1-15　合金结构钢和合金弹簧钢的牌号示例（GB/T 221—2008）

产品名称	第一部分	第二部分	第三部分	第四部分	牌号示例
合金结构钢	碳的质量分数：0.22% ~ 0.29%	铬的质量分数：1.50% ~ 1.80%、钼的质量分数：0.25% ~ 0.35%、钒的质量分数：0.15% ~ 0.30%	高级优质钢	—	25Cr2MoVA
锅炉和压力容器用钢	碳的质量分数：≤0.22%	锰的质量分数：1.20% ~ 1.60%、钼的质量分数：0.45% ~ 0.65%、铌的质量分数：0.025% ~ 0.050%	特级优质钢	锅炉和压力容器用钢	18MnMoNbER
优质弹簧钢	碳的质量分数：0.56% ~ 0.64%	硅的质量分数：1.60% ~ 2.00%、锰的质量分数：0.70% ~ 1.00%	优质钢	—	60Si2Mn

6. 非调质机械结构钢牌号表示方法

非调质机械结构钢牌号通常由四部分组成。

第一部分：非调质机械结构钢表示符号"F"。

第二部分：以两位阿拉伯数字表示平均碳含量（以万分之几计）。

第三部分：合金元素含量，以化学元素符号及阿拉伯数字表示，表示方法同合金结构钢第二部分。

第四部分（必要时）：改善切削性能的非调质机械结构钢加硫元素符号 S。

7. 工具钢牌号表示方法

工具钢通常分为碳素工具钢、合金工具钢和高速工具钢三类。

（1）碳素工具钢　碳素工具钢牌号通常由四部分组成。

第一部分：碳素工具钢表示符号"T"。

第二部分：阿拉伯数字表示平均碳含量（以千分之几计）。

第三部分（必要时）：较高含锰量碳素工具钢，加锰元素符号 Mn。

第四部分（必要时）：钢材冶金质量，即高级优质碳素工具钢以 A 表示，优质钢不用字母表示。

（2）合金工具钢　合金工具钢牌号通常由两部分组成。

第一部分：平均碳的质量分数小于 1.00% 时，采用一位数字表示碳含量（以千分之几计）。平均碳的质量分数不小于 1.00% 时，不标明碳含量数字。

第二部分：合金元素含量，以化学元素符号及阿拉伯数字表示，表示方法同合金结构钢第二部分。低铬（平均铬的质量分数小于 1%）合金工具钢，在铬含量（以千分之几计）前加数字"0"。

（3）高速工具钢　高速工具钢牌号表示方法与合金结构钢相同，但在牌号头部一般不标明表示碳含量的阿拉伯数字。为了区别牌号，在牌号头部可以加"C"，表示高碳高速工具钢。

8. 轴承钢牌号表示方法

轴承钢分为高碳铬轴承钢、渗碳轴承钢、高碳铬不锈轴承钢和高温轴承钢四大类。

（1）高碳铬轴承钢　高碳铬轴承钢牌号通常由两部分组成。

第一部分：（滚珠）轴承钢表示符号"G"，但不标明碳含量。

第二部分：合金元素"Cr"符号及其含量（以千分之几计）。其他合金元素含量，以化学元素符号及阿拉伯数字表示，表示方法同合金结构钢第二部分。

（2）渗碳轴承钢　在牌号头部加符号"G"，采用合金结构钢的牌号表示方法。高级优质渗碳轴承钢在牌号尾部加"A"。

例如：碳的质量分数为 0.17% ~0.23%、铬的质量分数为 0.35% ~0.65%、镍的质量分数为 0.40% ~0.70%、钼的质量分数为 0.15% ~0.30% 的高级优质渗碳轴承钢，其牌号表示为 G20CrNiMoA。

（3）高碳铬不锈轴承钢和高温轴承钢　在牌号头部加符号"G"，采用不锈钢和耐热钢的牌号表示方法。

例如：①碳的质量分数为 0.90% ~1.00%、铬的质量分数为 17.0% ~19.0% 的高碳铬不锈轴承钢，其牌号表示为 G95Cr18；②碳的质量分数为 0.75% ~0.85%、铬的质量分数为

3.75% ~ 4.25%、钼的质量分数为 4.00% ~ 4.50% 的高温轴承钢，其牌号表示为 G80Cr4Mo4V。

9. 钢轨钢及冷镦钢牌号表示方法

钢轨钢、冷镦钢牌号通常由三部分组成。

第一部分：钢轨钢表示符号"U"，冷镦钢（铆螺钢）表示符号"ML"。

第二部分：以阿拉伯数字表示平均碳含量，优质碳素结构钢同优质碳素结构钢第一部分，合金结构钢同合金结构钢第一部分。

第三部分：合金元素含量，以化学元素符号及阿拉伯数字表示，表示方法同合金结构钢第二部分。

10. 不锈钢及耐热钢牌号表示方法

不锈钢和耐热钢的牌号采用化学元素符号和表示各元素含量的阿拉伯数字表示，各元素含量的阿拉伯数字表示应符合下列规定：

（1）碳含量　用两位或三位阿拉伯数字表示碳含量最佳控制值（以万分之几或十万分之几计）。

1）只规定碳含量上限者，当碳的质量分数上限不大于 0.10% 时，以其上限的 3/4 表示碳含量；当碳的质量分数上限大于 0.10% 时，以其上限的 4/5 表示碳含量。

例如：①碳的质量分数上限为 0.08%，碳含量以 06 表示；②碳的质量分数上限为 0.20%，碳含量以 16 表示；③碳的质量分数上限为 0.15%，碳含量以 12 表示。

对超低碳不锈钢（即碳的质量分数不大于 0.030%），用三位阿拉伯数字表示碳含量最佳控制值（以十万分之几计）。

例如：①碳的质量分数上限为 0.03% 时，其牌号中的碳含量以 022 表示；②碳的质量分数上限为 0.02% 时，其牌号中的碳含量以 015 表示。

2）规定上、下限者，以平均碳含量乘以 100 表示。

例如：碳的质量分数为 0.16% ~ 0.25% 时，其牌号中的碳含量以 20 表示。

（2）合金元素含量　合金元素含量以化学元素符号及阿拉伯数字表示，表示方法同合金结构钢第二部分。钢中有意加入的铌、钛、锆、氮等合金元素，虽然含量很低，也应在牌号中标出。

例如：①碳的质量分数不大于 0.08%、铬的质量分数为 18.00% ~ 20.00%、镍的质量分数为 8.00% ~ 11.00% 的不锈钢，牌号为 06Cr19Ni10；②碳的质量分数不大于 0.030%、铬的质量分数为 16.00% ~ 19.00%、钛的质量分数为 0.10% ~ 1.00% 的不锈钢，牌号为 022Cr18Ti；③碳的质量分数为 0.15% ~ 0.25%、铬的质量分数为 14.00% ~ 16.00%、锰的质量分数为 14.00% ~ 16.00%、镍的质量分数为 1.50% ~ 3.00%、氮的质量分数为 0.15% ~ 0.30% 的不锈钢，牌号为 20Cr15Mn15Ni2N；④碳的质量分数为不大于 0.25%、铬的质量分数为 24.00% ~ 26.00%、镍的质量分数为 19.00% ~ 22.00% 的耐热钢，牌号为 20Cr25Ni20。

11. 焊接用钢牌号表示方法

焊接用钢包括焊接用碳素钢、焊接用合金钢和焊接用不锈钢等。

焊接用钢牌号通常由两部分组成。

第一部分：焊接用钢表示符号"H"。

第二部分：各类焊接用钢牌号表示方法，其中优质碳素结构钢、合金结构钢和不锈钢应分别符合相关规定。

12. 冷轧电工钢牌号表示方法

冷轧电工钢分为取向电工钢和无取向电工钢，牌号通常由三部分组成。

第一部分：材料公称厚度（单位为 mm）100 倍的数字。

第二部分：普通级取向电工钢表示符号"Q"、高磁导率级取向电工钢表示符号"QG"或无取向电工钢表示符号"W"。

第三部分：对于取向电工钢，磁极化强度在 1.7T 以下和频率在 50Hz 以下，或无取向电工钢，磁极化强度为 1.5T 和频率为 50Hz，则用以 W/kg 为单位的相应厚度产品的最大比总损耗值 100 倍的数值表示。

例如：①公称厚度为 0.30mm、比总损耗 P1.7/50 为 1.30W/kg 的普通级取向电工钢，牌号为 30Q130；②公称厚度为 0.30mm、比总损耗 P1.7/50 为 1.10W/kg 的高磁导率级取向电工钢，牌号为 30QG110；③公称厚度为 0.50mm、比总损耗 P1.5/50 为 4.0W/kg 的无取向电工钢，牌号为 50W400。

13. 电磁纯铁牌号表示方法

电磁纯铁牌号通常由三部分组成。

第一部分：电磁纯铁表示符号"DT"。

第二部分：以阿拉伯数字表示不同牌号的顺序号。

第三部分：根据电磁性能不同，分别加质量等级表示符号"A""C""E"。

14. 原料纯铁牌号表示方法

原料纯铁牌号通常由两部分组成。

第一部分：原料纯铁表示符号"YT"。

第二部分：以阿拉伯数字表示不同牌号的顺序号。

15. 高电阻电热合金牌号表示方法

高电阻电热合金牌号采用化学元素符号和阿拉伯数字表示，牌号表示方法与不锈钢和耐热钢的牌号表示方法相同（镍铬基合金不标出碳含量）。

例如：铬的质量分数为 18.00% ~21.00%、镍的质量分数为 34.00% ~37.00%、碳的质量分数不大于 0.08% 的合金（其余为铁），其牌号表示为 06Cr20Ni35。

1.3 钢铁材料牌号统一数字代号体系

1.3.1 基本原则

根据钢铁及合金产品有关生产、使用、统计、设计、物资管理、信息交流和标准化等部门和单位的要求，GB/T 17616—1998 对钢铁及合金产品牌号统一数字代号体系作了明确规定。

1）统一数字代号由固定的 6 位符号组成，左边第一位用大写的拉丁字母作前缀（一般不使用字母"I"和"O"），后接 5 位阿拉伯数字。

2）每一个统一数字代号只适用于一个产品牌号；反之，每一个产品牌号只对应于一个统一数字代号。当产品牌号取消后，一般情况下，原对应的统一数字代号不再分配给另一个产品牌号。

1.3.2　钢铁材料统一数字代号的结构形式

根据 GB/T 17616—1998 的规定，钢铁及合金产品牌号统一数字代号的结构形式如下所示：

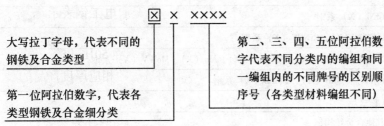

大写拉丁字母，代表不同的钢铁及合金类型

第一位阿拉伯数字，代表各类型钢铁及合金细分类

第二、三、四、五位阿拉伯数字代表不同分类内的编组和同一编组内的不同牌号的区别顺序号（各类型材料编组不同）

1.3.3　钢铁材料的类型与统一数字代号

钢铁及合金的类型与统一数字代号如表 1-16 所示。

表 1-16　钢铁及合金的类型与统一数字代号（GB/T 17616—1998）

钢铁及合金的类型	英 文 名 称	前缀字母	统一数字代号
合金结构钢	Alloy structural steel	A	A×××××
轴承钢	Bearing steel	B	B×××××
铸铁、铸钢及铸造合金	Cast iron, cast steel and cast alloy	C	C×××××
电工用钢和纯铁	Electrical steel and iron	E	E×××××
铁合金和生铁	Ferro alloy and pig iron	F	F×××××
高温合金和耐蚀合金	Heat resisting and corrosion resisting alloy	H	H×××××
精密合金及其他特殊物理性能材料	Precision alloy and other special physical character materials	J	J×××××
低合金钢	Low alloy steel	L	L×××××
杂类材料	Miscellaneous materials	M	M×××××
粉末及粉末材料	Powders and powder materials	P	P×××××
快淬金属及合金	Quick quench matels and alloys	Q	Q×××××
不锈、耐蚀和耐热钢	Stainless, corrosion resisting and heat resisting steel	S	S×××××
工具钢	Tool steel	T	T×××××
非合金钢	Unalloy steel	U	U×××××
焊接用钢及合金	Steel and alloy for welding	W	W×××××

1.3.4　钢铁材料细分类与统一数字代号

1. 合金结构钢细分类与统一数字代号（表 1-17）

表 1-17　合金结构钢细分类与统一数字代号（GB/T 17616—1998）

统一数字代号	合金结构钢（包括合金弹簧钢）细分类
A0××××	Mn（X）、MnMo（X）系钢

（续）

统一数字代号	合金结构钢（包括合金弹簧钢）细分类
A1××××	SiMn（X）、SiMnMo（X）系钢
A2××××	Cr（X）、CrSi（X）、CrMn（X）、CrV（X）、CrMnSi（X）系钢
A3××××	CrMo（X）、CrMoV（X）系钢
A4××××	CrNi（X）系钢
A5××××	CrNiMo（X）、CrNiW（X）系钢
A6××××	Ni（X）、NiMo（X）、NiCoMo（X）、Mo（X）、MoWV（X）系钢
A7××××	B（X）、MnB（X）、SiMnB（X）系钢
A8××××	（暂空）
A9××××	其他合金结构钢

2. 轴承钢细分类与统一数字代号（表1-18）

表1-18　轴承钢细分类与统一数字代号（GB/T 17616—1998）

统一数字代号	轴承钢细分类	统一数字代号	轴承钢细分类
B0×××	高碳铬轴承钢	B5×××	（暂空）
B1×××	渗碳轴承钢	B6×××	（暂空）
B2×××	高温、不锈轴承钢	B7×××	（暂空）
B3×××	无磁轴承钢	B8×××	（暂空）
B4×××	石墨轴承钢	B9×××	（暂空）

3. 铸铁、铸钢及铸造合金细分类与统一数字代号（表1-19）

表1-19　铸铁、铸钢及铸造合金细分类与统一数字代号（GB/T 17616—1998）

统一数字代号	铸铁、铸钢及铸造合金细分类
C0××××	铸铁（包括灰铸铁、球墨铸铁、黑心可锻铸铁、珠光体可锻铸铁、白心可锻铸铁、抗磨白口铸铁、中锰抗磨球墨铸铁、高硅耐蚀铸铁、耐热铸铁等）
C1××××	铸铁（暂空）
C2××××	非合金铸钢（一般非合金铸钢、含锰非合金铸钢、一般工程和焊接结构用非合金铸钢、特殊专用非合金铸钢等）
C3××××	低合金铸钢
C4××××	合金铸钢（不锈耐热铸钢、铸造永磁钢除外）
C5××××	不锈耐热铸钢
C6××××	铸造永磁钢和合金
C7××××	铸造高温合金和耐蚀合金
C8××××	（暂空）
C9××××	（暂空）

4. 电工用钢和纯铁细分类与统一数字代号（表1-20）

表1-20　电工用钢和纯铁细分类与统一数字代号（GB/T 17616—1998）

统一数字代号	电工用钢和纯铁细分类
E0××××	电磁纯铁
E1××××	热轧硅钢
E2××××	冷轧无取向硅钢
E3××××	冷轧取向硅钢
E4××××	冷轧取向硅钢（高磁感）
E5××××	冷轧取向硅钢（高磁感、特殊检验条件）
E6××××	无磁钢
E7××××	（暂空）
E8××××	（暂空）
E9××××	（暂空）

5. 铁合金和生铁细分类与统一数字代号（表1-21）

表1-21　铁合金和生铁细分类与统一数字代号（GB/T 17616—1998）

统一数字代号	铁合金和生铁细分类
F0××××	生铁（包括炼钢生铁、铸造生铁、含钒生铁、球墨铸铁用生铁、铸造用磷铜钛低合金耐磨生铁、脱碳低磷粒铁等）
F1××××	锰铁合金及金属锰（包括低碳锰铁、中碳锰铁、高碳锰铁、高炉锰铁、锰硅合金、铌锰铁合金、金属锰、电解金属锰等）
F2××××	硅铁合金（包括硅铁合金、硅铝铁合金、硅钙合金、硅钡合金、硅钡铝合金、硅钙钡铝合金等）
F3××××	铬铁合金及金属铬（包括微碳铬铁、低碳铬铁、中碳铬铁、高碳铬铁、氮化铬铁、金属铬、硅铬合金等）
F4××××	钒铁、钛铁、铌铁及合金（包括钒铁、钒铝合金、钛铁、铌铁等）
F5××××	稀土铁合金（包括稀土硅铁合金、稀土镁硅铁合金等）
F6××××	钼铁、钨铁及合金（包括钼铁、钨铁等）
F7××××	硼铁、磷铁及合金
F8××××	（暂空）
F9××××	（暂空）

6. 高温合金和耐蚀合金细分类与统一数字代号（表1-22）

表1-22　高温合金和耐蚀合金细分类与统一数字代号（GB/T 17616—1998）

统一数字代号	高温合金和耐蚀合金细分类
H0××××	耐蚀合金（包括固溶强化型铁镍基合金、时效硬化型铁镍基合金、固溶强化型镍基合金、时效硬化型镍基合金）
H1××××	高温合金（固溶强化型铁镍基合金）
H2××××	高温合金（时效硬化型铁镍基合金）

（续）

统一数字代号	高温合金和耐蚀合金细分类
H3××××	高温合金（固溶强化型镍基合金）
H4××××	高温合金（时效硬化型镍基合金）
H5××××	高温合金（固溶强化型钴基合金）
H6××××	高温合金（时效硬化型钴基合金）
H7××××	（暂空）
H8××××	（暂空）
H9××××	（暂空）

7. 精密合金及其他特殊物理性能材料细分类与统一数字代号（表 1-23）

表 1-23　精密合金及其他特殊物理性能材料细分类与统一数字代号（GB/T 17616—1998）

统一数字代号	精密合金及其他特殊物理性能材料细分类	统一数字代号	精密合金及其他特殊物理性能材料细分类
J0××××	（暂空）	J5××××	热双金属
J1××××	软磁合金	J6××××	电阻合金（包括电阻电热合金）
J2××××	变形永磁合金	J7××××	（暂空）
J3××××	弹性合金	J8××××	（暂空）
J4××××	膨胀合金	J9××××	（暂空）

8. 低合金钢细分类与统一数字代号（表 1-24）

表 1-24　低合金钢细分类与统一数字代号（GB/T 17616—1998）

统一数字代号	低合金钢细分类（焊接用低合金钢、低合金铸钢除外）
L0××××	低合金一般结构钢（表示强度特性值的钢）
L1××××	低合金专用结构钢（表示强度特性值的钢）
L2××××	低合金专用结构钢（表示成分特性值的钢）
L3××××	低合金钢筋钢（表示强度特性值的钢）
L4××××	低合金钢筋钢（表示成分特性值的钢）
L5××××	低合金耐候钢
L6××××	低合金铁道专用钢
L7××××	（暂空）
L8××××	（暂空）
L9××××	其他低合金钢

9. 杂类材料细分类与统一数字代号（表 1-25）

表 1-25　杂类材料细分类与统一数字代号（GB/T 17616—1998）

统一数字代号	杂类材料细分类
M0××××	杂类非合金钢（包括原料纯铁、非合金钢球钢等）
M1××××	杂类低合金钢
M2××××	杂类合金钢（包括锻制轧辊用合金钢、钢轨用合金钢等）

（续）

统一数字代号	杂类材料细分类
M3×××	冶金中间产品（包括钒渣、五氧化二钒、氧化钼块、铌磷半钢等）
M4×××	铸铁产品用材料（包括灰铸铁管、球墨铸铁管、铸铁轧辊、铸铁焊丝、铸铁丸、铸铁砂等用铸铁材料）
M5×××	非合金铸钢产品用材料（包括一般非合金铸钢材料、含锰非合金铸钢材料、非合金铸钢丸材料、非合金铸钢砂材料等）
M6×××	合金铸钢产品用材料（包括 Mn 系、MnMo 系、Cr 系、CrMo 系、CrNiMo 系、Cr（Ni）MoSi 系铸钢材料等）
M7×××	（暂空）
M8×××	（暂空）
M9×××	（暂空）

10. 粉末及粉末材料细分类与统一数字代号（表 1-26）

表 1-26　粉末及粉末材料细分类与统一数字代号（GB/T 17616—1998）

统一数字代号	粉末及粉末材料细分类
P0×××	粉末冶金结构材料（包括粉末烧结铁及铁基合金、粉末烧结非合金结构钢、粉末烧结合金结构钢等）
P1×××	粉末冶金摩擦材料和减摩材料（包括铁基摩擦材料、铁基减摩材料等）
P2×××	粉末冶金多孔材料（包括铁及铁基合金多孔材料、不锈钢多孔材料）
P3×××	粉末冶金工具材料（包括粉末冶金工具钢等）
P4×××	（暂空）
P5×××	粉末冶金耐蚀材料和耐热材料（包括粉末冶金不锈、耐蚀和耐热钢、粉末冶金高温合金和耐蚀合金等）
P6×××	（暂空）
P7×××	粉末冶金磁性材料（包括软磁铁氧体材料、永磁铁氧体材料、特殊磁性铁氧体材料、粉末冶金软磁合金、粉末冶金铝镍钴永磁合金、粉末冶金稀土钴永磁合金、粉末冶金钕铁硼永磁合金等）
P8×××	（暂空）
P9×××	铁、锰等金属粉末（包括粉末冶金用还原铁粉、电焊条用还原铁粉、穿甲弹用铁粉、穿甲弹用锰粉等）

11. 快淬金属及合金细分类与统一数字代号（表 1-27）

表 1-27　快淬金属及合金细分类与统一数字代号（GB/T 17616—1998）

统一数字代号	快淬金属及合金细分类	统一数字代号	快淬金属及合金细分类
Q0×××	（暂空）	Q5×××	快淬热双金属
Q1×××	快淬软磁合金	Q6×××	快淬电阻合金
Q2×××	快淬永磁合金	Q7×××	快淬可焊合金
Q3×××	快淬弹性合金	Q8×××	快淬耐蚀耐热合金
Q4×××	快淬膨胀合金	Q9×××	（暂空）

12. 不锈、耐蚀和耐热钢细分类与统一数字代号（表 1-28）

表 1-28　不锈、耐蚀和耐热钢细分类与统一数字代号（GB/T 17616—1998）

统一数字代号	不锈、耐蚀和耐热钢细分类	统一数字代号	不锈、耐蚀和耐热钢细分类
S0××××	（暂空）	S5××××	沉淀硬化型钢
S1××××	铁素体型钢	S6××××	（暂空）
S2××××	奥氏体-铁素体型钢	S7××××	（暂空）
S3××××	奥氏体型钢	S8××××	（暂空）
S4××××	马氏体型钢	S9××××	（暂空）

13. 工具钢细分类与统一数字代号（表 1-29）

表 1-29　工具钢细分类与统一数字代号（GB/T 17616—1998）

统一数字代号	工具钢细分类
T0××××	非合金工具钢（包括一般非合金工具钢，含锰非合金工具钢）
T1××××	非合金工具钢（包括非合金塑料模具钢，非合金钎具钢等）
T2××××	合金工具钢（包括冷作、热作模具钢，合金塑料模具钢，无磁模具钢等）
T3××××	合金工具钢（包括量具刃具钢）
T4××××	合金工具钢（包括耐冲击工具钢、合金钎具钢等）
T5××××	高速工具钢（包括 W 系高速工具钢）
T6××××	高速工具钢（包括 W-Mo 系高速工具钢）
T7××××	高速工具钢（包括含 Co 高速工具钢）
T8××××	（暂空）
T9××××	（暂空）

14. 非合金钢细分类与统一数字代号（表 1-30）

表 1-30　非合金钢细分类与统一数字代号（GB/T 17616—1998）

统一数字代号	非合金钢细分类（非合金工具钢、电磁纯铁、焊接用非合金钢、非合金钢铸钢除外）
U0××××	（暂空）
U1××××	非合金一般结构及工程结构钢（表示强度特性值的钢）
U2××××	非合金机械结构钢（包括非合金弹簧钢，表示成分特性值的钢）
U3××××	非合金特殊专用结构钢（表示强度特性值的钢）
U4××××	非合金特殊专用结构钢（表示成分特性值的钢）
U5××××	非合金特殊专用结构钢（表示成分特性值的钢）
U6××××	非合金铁道专用钢
U7××××	非合金易切削钢
U8××××	（暂空）
U9××××	（暂空）

15. 焊接用钢及合金细分类与统一数字代号（表 1-31）

表 1-31　焊接用钢及合金细分类与统一数字代号（GB/T 17616—1998）

统一数字代号	焊接用钢及合金细分类
W0××××	焊接用非合金钢
W1××××	焊接用低合金钢
W2××××	焊接用合金钢（不含 Cr、Ni 钢）
W3××××	焊接用合金钢（W2××××，W4××××类除外）
W4××××	焊接用不锈钢
W5××××	焊接用高温合金和耐蚀合金
W6××××	钎焊合金
W7××××	（暂空）
W8××××	（暂空）
W9××××	（暂空）

1.4　非铁金属材料牌号表示方法

1.4.1　铝及铝合金牌号表示方法

1. 铸造铝及铝合金牌号表示方法

（1）铸造纯铝　按 GB/T 8063—1994《铸造有色金属及其合金牌号表示方法》的规定，铸造纯铝牌号由铸造代号"Z"（"铸"的汉语拼音第一个字母）和基体金属的化学元素符号 Al，以及表明产品纯度百分含量的数字组成，如 ZAl99.5。

（2）铸造铝合金　按 GB/T 8063—1994《铸造有色金属及其合金牌号表示方法》的规定，铸造铝合金牌号由铸造代号"Z"和基体金属的化学元素符号 Al、主要合金化学元素符号，以及表明合金化元素名义百分含量的数字组成。

1）当合金化元素多于两个时，合金牌号中应列出足以表明合金主要特性的元素符号及其名义百分含量的数字。

2）合金化元素符号按其名义百分含量递减的次序排列。当名义含量相等时，则按元素符号字母顺序排列。当需要表明决定合金类别的合金化元素首先列出时，不论其含量多少，该元素符号均应置于基体元素符号之后。

3）除基体元素的名义百分含量不标注外，其他合金化元素的名义百分含量均标注于该元素符号之后。当合金化元素含量规定为大于或等于 1%（质量分数）的某个范围时，采用其平均含量的修约化整值。必要时也可用带一位小数的数字标注。合金化元素含量小于 1%（质量分数）时，一般不标注，只有对合金性能起重大影响的合金化元素，才允许用一位小数标注其平均含量。

4）数值修约按 GB/T 8170—2008 的规定进行。

5）对具有相同主成分，需要控制低间隙元素的合金，在牌号后的圆括弧内标注 ELI。

6）对杂质限量要求严、性能高的优质合金，在牌号后面标注大写字母"A"。

示例：

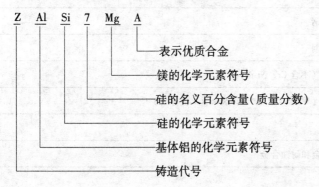

Z　Al　Si　7　Mg　A

表示优质合金

镁的化学元素符号

硅的名义百分含量（质量分数）

硅的化学元素符号

基体铝的化学元素符号

铸造代号

注：除铸造铝及铝合金外，其他铸造非金属材料的牌号参照以上方法进行。

（3）压铸铝合金　压铸铝合金牌号由压铸铝合金代号"YZ"（"压"和"铸"的汉语拼音第一个字母）和基体金属的化学元素符号 Al、主要合金化学元素符号，以及表明合金化元素名义百分含量的数字组成，如 YZAlSi10Mg。

2. 铸造铝合金代号表示方法

1）按 GB/T 1173—1995《铸造铝合金》的规定，铸造铝合金（除压铸外）代号由字母"Z""L"（它们分别是"铸""铝"的汉语拼音第一个字母）及其后的三个阿拉伯数字组成。ZL 后面第一个数字表示合金系列，其中 1、2、3、4 分别表示铝硅、铝铜、铝镁、铝锌系列合金，ZL 后面第二、三两个数字表示顺序号。优质合金在数字后面附加字母"A"。

示例：

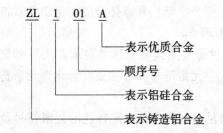

ZL　1　01　A

表示优质合金

顺序号

表示铝硅合金

表示铸造铝合金

2）按 GB/T 15115—2009《压铸铝合金》的规定，压铸铝合金代号由字母"Y""L"（它们分别是"压""铝"的汉语拼音第一个字母）及其后的三个阿拉伯数字组成。YL 后面第一个数字表示合金系列，其中 1、2、3、4 分别表示铝硅、铝铜、铝镁、铝锡系列合金，YL 后面第二、三两个数字表示顺序号。

示例：

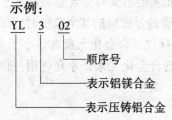

YL　3　02

顺序号

表示铝镁合金

表示压铸铝合金

3. 变形铝及铝合金牌号表示方法（表1-32）

表1-32　变形铝及铝合金牌号表示方法（GB/T 16474—2011）

四位字符体系牌号命名方法	四位字符体系牌号的第一、三、四位为阿拉伯数字，第二位为英文大写字母（C、I、L、N、O、P、Q、Z字母除外）。牌号的第一位数字表示铝及铝合金的组别，如表1-33所示。除改型合金外，铝合金组别按主要合金元素（6×××系按Mg₂Si）来确定，主要合金元素指极限含量算术平均值为最大的合金元素。当有一个以上的合金元素极限含量算术平均值同为最大时，应按Cu、Mn、Si、Mg、Mg₂Si、Zn、其他元素的顺序来确定合金组别。牌号的第二位字母表示原始纯铝或铝合金的改型情况，最后两位数字用以标识同一组中不同的铝合金或表示铝的纯度
纯铝的牌号命名法	铝的质量分数不低于99.00%时为纯铝，其牌号用1×××系列表示。牌号的最后两位数字表示最低铝百分含量（质量分数）。当最低铝的质量分数精确到0.01%时，牌号的最后两位数字就是最低铝百分含量中小数点后面的两位。牌号第二位的字母表示原始纯铝的改型情况。如果第二位的字母为A，则表示为原始纯铝；如果是B～Y的其他字母，则表示为原始纯铝的改型，与原始纯铝相比，其元素含量略有改变
铝合金的牌号命名法	铝合金的牌号用2×××～8×××系列表示。牌号的最后两位数字没有特殊意义，仅用来区分同一组中不同的铝合金。牌号第二位的字母表示原始合金的改型情况。如果牌号第二位的字母是A，则表示为原始合金；如果是B～Y的其他字母（按国际规定用字母表的次序运用），则表示为原始合金的改型合金。改型合金与原始合金相比，化学成分的变化，仅限于下列任何一种或几种情况 　1）一个合金元素或一组组合元素①形式的合金元素，极限含量算术平均值的变化量符合表1-34的规定 　2）增加或删除了极限含量算术平均值不超过0.30%（质量分数）的一个合金元素；增加或删除了极限含量算术平均值不超过0.40%（质量分数）的一组组合元素①形式的合金元素 　3）为了同一目的，用一个合金元素代替了另一个合金元素 　4）改变了杂质的极限含量 　5）细化晶粒的元素含量有变化

①　组合元素是指在规定化学成分时，对某两种或两种以上的元素总含量规定极限值时，这两种或两种以上的元素的统称。

表1-33　铝及铝合金的组别（GB/T 16474—2011）

组　　别	牌号系列
纯铝（铝的质量分数不小于99.00%）	1×××
以铜为主要合金元素的铝合金	2×××
以锰为主要合金元素的铝合金	3×××
以硅为主要合金元素的铝合金	4×××
以镁为主要合金元素的铝合金	5×××
以镁和硅为主要合金元素并以Mg₂Si相为强化相的铝合金	6×××
以锌为主要合金元素的铝合金	7×××
以其他合金元素为主要合金元素的铝合金	8×××
备用合金组	9×××

表 1-34　合金元素极限含量的变化量（GB/T 16474—2011）

原始合金中的极限含量（质量分数）算术平均值范围	极限含量（质量分数）算术平均值的变化量≤
≤1.0%	0.15%
>1.0% ~ 2.0%	0.20%
>2.0% ~ 3.0%	0.25%
>3.0% ~ 4.0%	0.30%
>4.0% ~ 5.0%	0.35%
>5.0% ~ 6.0%	0.40%
>6.0%	0.50%

注：改型合金中的组合元素极限含量的算术平均值，应与原始合金中相同组合元素的算术平均值或各相同元素（构成该组合元素的各单个元素）的算术平均值之和相比较。

1.4.2　镁及镁合金牌号表示方法

1. 铸造镁及镁合金牌号表示方法

1）铸造镁及镁合金牌号表示方法应符合 GB/T 8063—1994《铸造有色金属及其合金牌号表示方法》的规定，如 1.4.1 节中所述。

示例：

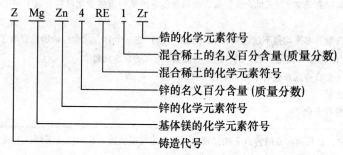

2）压铸镁合金　压铸镁合金牌号由压铸镁合金代号"YZ"（"压"和"铸"的汉语拼音第一个字母）和基体金属的化学元素符号 Mg、主要合金化学元素符号，以及表明合金化元素名义百分含量的数字组成，如 YZMgAl2Si。

2. 铸造镁合金代号表示方法

1）按 GB/T 1177—1991《铸造镁合金》的规定，铸造镁合金（除压铸外）代号由字母"Z""M"（它们分别是"铸""镁"的汉语拼音第一个字母）及其后的一个阿拉伯数字组成。ZM 后面数字表示合金的顺序号。

示例：

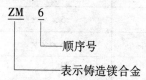

2）按 GB/T 25748—2010《压铸镁合金》的规定，压铸镁合金代号由字母"Y""M"（它们分别是"压""镁"的汉语拼音第一个字母）及其后的三个阿拉伯数字组成。YM 后面第一个数字表示合金系列，其中 1、2、3 分别表示镁铝硅、镁铝锰、镁铝锌系列合金，

YM 后面第二、三两个数字表示顺序号。

示例：

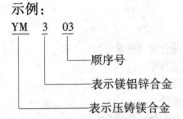

YM　3　03

　　　　└── 顺序号

　　└── 表示镁铝锌合金

└── 表示压铸镁合金

3. 变形镁及镁合金牌号表示方法

按 GB/T 5153—2003《变形镁及镁合金牌号和化学成分》的规定，变形镁及镁合金牌号表示方法如下：

1）纯镁牌号以 Mg 加数字的形式表示，Mg 后的数字表示 Mg 的质量分数。

2）镁合金牌号以英文字母加数字再加英文字母的形式表示。前面的英文字母是其最主要的合金组成元素代号（元素代号符合表 1-35 的规定，可以是一位也可以是两位），其后的数字表示其最主要的合金组成元素的大致含量。最后面的英文字母为标识代号，用以标识各具体组成元素相异或元素含量有微小差别的不同合金。

表 1-35　镁及镁合金中的元素代号（GB/T 5153—2003）

元 素 代 号	元 素 名 称	元 素 代 号	元 素 名 称
A	铝	M	锰
B	铋	N	镍
C	铜	P	铅
D	镉	Q	银
E	稀土	R	铬
F	铁	S	硅
G	钙	T	锡
H	钍	W	镱
K	锆	Y	锑
L	锂	Z	锌

示例：

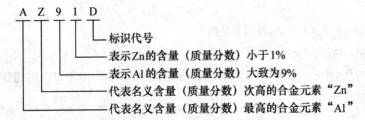

A Z 9 1 D

　　　　└── 标识代号

　　　└── 表示 Zn 的含量（质量分数）小于 1%

　　└── 表示 Al 的含量（质量分数）大致为 9%

　└── 代表名义含量（质量分数）次高的合金元素"Zn"

└── 代表名义含量（质量分数）最高的合金元素"Al"

1.4.3　铜及铜合金牌号表示方法

1. 铸造铜及铜合金牌号表示方法

1）铸造铜及铜合金牌号表示方法应符合 GB/T 8063—1994《铸造有色金属及其合金牌

号表示方法》的规定，如 1.4.1 节中所述。

示例：

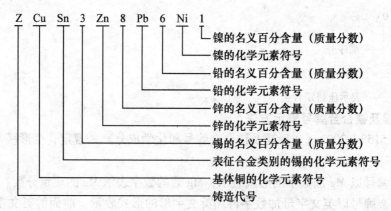

2）GB/T 29091—2012《铜及铜合金牌号和代号表示方法》中规定，在加工铜及铜合金牌号的命名方法的基础上，牌号的最前端冠以"铸造"一词汉语拼音的第一个大写字母"Z"。

以上两种牌号表示方法均符合要求。

2. 加工铜及铜合金牌号表示方法

按 GB/T 29091—2012《铜及铜合金牌号和代号》的规定，加工铜及铜合金牌号表示方法如下：

（1）铜和高铜合金牌号表示方法　高铜合金是指以铜为基体金属，在铜中加入一种或几种微量元素以获得某些预定特性的合金。一般铜的质量分数为 96% ~ <99.3%，用于冷、热压力加工。铜和高铜合金牌号中不体现铜的含量，其命名方法如下：

1）铜以"T + 顺序号"或"T + 第一主添加元素化学符号 + 各添加元素含量（质量分数，数字间以"–"隔开）"命名。

示例 1：铜的质量分数（含银）≥99.90% 的二号纯铜的牌号为：

示例 2：银的质量分数为 0.06% ~0.12% 的银铜的牌号为：

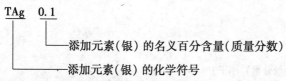

示例 3：银的质量分数为 0.08% ~0.12%、磷的质量分数为 0.004% ~0.012% 的银铜的牌号为：

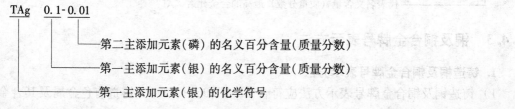

2）无氧铜以"TU＋顺序号"或"TU＋添加元素的化学符号＋各添加元素含量（质量分数）"命名。

示例1：氧的质量分数≤0.002%的一号无氧铜的牌号为：

示例2：银的质量分数为0.15% ~0.25%、氧的质量分数≤0.003%的无氧银铜的牌号为：

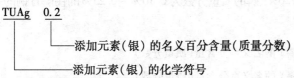

3）磷脱氧铜以"TP＋顺序号"命名。

示例：磷的质量分数为0.015% ~0.040%的二号磷脱氧铜的牌号为：

4）高铜合金以"T＋第一主添加元素化学符号＋各添加元素含量（质量分数，数字间以"-"隔开）"命名。

示例：铬的质量分数为0.50% ~1.50%、锆的质量分数为0.05% ~0.25%的高铜的牌号为：

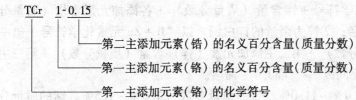

（2）黄铜牌号表示方法　黄铜中锌为第一主添加元素，但牌号中不体现锌的含量。其命名方法如下：

1）普通黄铜以"H＋铜含量（质量分数）"命名。

示例：铜的质量分数为63% ~68%的普通黄铜的牌号为：

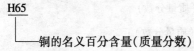

2）复杂黄铜以"H＋第二主添加元素化学符号＋铜含量（质量分数）＋除锌以外的各添加元素含量（质量分数，数字间以"-"隔开）"命名。

示例：铅的质量分数为0.8% ~1.9%、铜的质量分数57.0% ~60.0%的铅黄铜的牌号为：

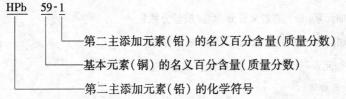

（3）青铜牌号表示方法　青铜以"Q + 第一主添加元素化学符号 + 各添加元素含量（质量分数，数字间以"-"隔开）"命名。

示例1：铝的质量分数为 4.0% ~6.0% 的铝青铜的牌号为：

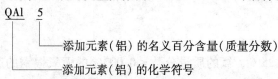

QAl　5
└── 添加元素（铝）的名义百分含量（质量分数）
└── 添加元素（铝）的化学符号

示例2：锡的质量分数为 6.0% ~7.0%、磷的质量分数为 0.10% ~0.25% 的锡磷青铜的牌号为：

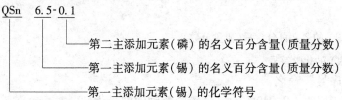

QSn　6.5-0.1
└── 第二主添加元素（磷）的名义百分含量（质量分数）
└── 第一主添加元素（锡）的名义百分含量（质量分数）
└── 第一主添加元素（锡）的化学符号

（4）白铜牌号表示方法　白铜牌号命名方法如下：

1）普通白铜以"B + 镍含量（质量分数）"命名。

示例：镍的质量分数（含钴）为 29% ~33% 的普通白铜的牌号为：

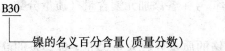

B30
└── 镍的名义百分含量（质量分数）

2）复杂白铜包括铜为余量的复杂白铜和锌为余量的复杂白铜：①铜为余量的复杂白铜，以"B + 第二主添加元素化学符号 + 镍含量（质量分数）+ 各添加元素含量（质量分数，数字间以"-"隔开）"命名；②锌为余量的锌白铜，以"B + Zn 元素化学符号 + 第一主添加元素（镍）含量（质量分数）+ 第二主添加元素（锌）含量（质量分数）+ 第三主添加元素含量（质量分数，数字间以"-"隔开）"命名。

示例1：镍的质量分数为 9.0% ~11.0%、铁的质量分数为 1.0% ~1.5%、锰的质量分数为 0.5% ~1.0% 的铁白铜的牌号为：

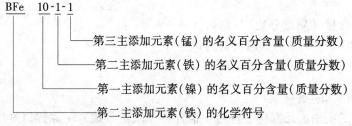

BFe　10-1-1
└── 第三主添加元素（锰）的名义百分含量（质量分数）
└── 第二主添加元素（铁）的名义百分含量（质量分数）
└── 第一主添加元素（镍）的名义百分含量（质量分数）
└── 第二主添加元素（铁）的化学符号

示例2：铜的质量分数为 60.0% ~63.0%、镍的质量分数为 14.0% ~16.0%、铅的质量分数为 1.5% ~2.0%、锌为余量的含铅锌白铜的牌号为：

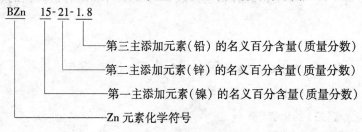

BZn　15-21-1.8
└── 第三主添加元素（铅）的名义百分含量（质量分数）
└── 第二主添加元素（锌）的名义百分含量（质量分数）
└── 第一主添加元素（镍）的名义百分含量（质量分数）
└── Zn 元素化学符号

3. 再生铜及铜合金牌号表示方法

按 GB/T 29091—2012《铜及铜合金牌号和代号》的规定，再生铜及铜合金牌号表示方法如下：在加工铜及铜合金牌号的命名方法的基础上，牌号的最前端冠以"再生"英文单词"recycling"的第一个大写字母"R"。

1.4.4　锌及锌合金牌号表示方法

根据 GB/T 8063—1994《铸造有色金属及其合金牌号表示方法》、GB/T 13818—2009《压铸锌合金》、GB/T 2056—2005《电镀用铜、锌、镉、镍、锡阳极板》、GB/T 3610—2010《电池锌饼》、YS/T 565—2010《电池用锌板和锌带》的规定，锌及锌合金牌号表示方法如表 1-36 所示。

表 1-36　锌及锌合金牌号表示方法

牌号名称		牌号举例	表示方法说明
铸造锌合金		ZZnAl4Cu1Mg	Z Zn Al 4 Cu 1 Mg 加有少量镁 铜的名义百分含量（质量分数） 铜的元素符号 铝的名义百分含量（质量分数） 铝的元素符号 基体金属锌的元素符号 铸造代号
压铸锌合金		YZZnAl4Cu1	YZ Zn Al 4 Cu 1 铜的名义百分含量（质量分数） 铜的元素符号 铝的名义百分含量（质量分数） 铝的元素符号 基体金属锌的元素符号 压力铸造代号
加工锌	由锌锭加工成的锌制品	Zn99.95	与所用锌锭牌号相同，如电镀用锌阳极板
	锌饼、锌板和锌带	DX	包括锌饼、锌板和锌带等加工产品

1.4.5　钛及钛合金牌号表示方法

根据 GB/T 8063—1994《铸造有色金属及其合金牌号表示方法》、GB/T 3620.1—2007《钛及钛合金牌号和化学成分》、GB/T 2524—2010《海绵钛》的规定，钛及钛合金牌号表示方法如表 1-37 所示。

表 1-37　钛及钛合金牌号表示方法

类别	牌号举例		牌号表示方法说明
	名　　称	牌　号	
加工钛及钛合金	α 钛及钛合金	TA1-M、TA4	
	β 钛合金	TB2	
	α + β 钛合金	TC1、TC4、TC9	
铸造钛及钛合金	ZTiAl5Sn2.5（ELI）		
海绵钛	MHT-200		

1.4.6　镍及镍合金牌号表示方法

1. 铸造镍及镍合金牌号表示方法

铸造镍及镍合金牌号表示方法应符合 GB/T 8063—1994《铸造有色金属及其合金牌号表示方法》的规定，如 1.4.1 节中所述。

2. 加工镍及镍合金牌号表示方法

根据 GB/T 5235—2007《加工镍及镍合金　化学成分和产品形状》、GB/T 6516—2010《电解镍》的规定，加工镍及镍合金牌号表示方法如表 1-38 所示。

表1-38 加工镍及镍合金牌号表示方法

类别	牌号示例	说　明
加工镍及镍合金	N4、NY1、NSi0.19、NMn2-2-1、NCu28-2.5-1.5M、NCr10	N Cu 28-2.5-1.5 M 状态——符号含义同铝合金状态 添加元素含量（质量分数）——以百分之几表示 序号或主添加元素含量（质量分数）——纯镍中为顺序号——以百分之几表示主添加元素含量 主添加元素——用化学元素符号表示 分类代号 N—纯镍或镍合金 NY—阳极镍
电解镍	Ni9990	表示镍含量不低于99.90%（质量分数）

1.4.7 稀土牌号表示方法

稀土金属及其合金牌号表示方法如表1-39所示，其分类和级别代号如表1-40所示。

表1-39 稀土金属及其合金牌号表示方法（GB/T 17803—1999）

牌号层次及产品分类	牌号分三个层次，每个层次均用两位数字表示 第一层次表示稀土产品的大类，其分类见表1-40 第二层次（除00大类产品外）表示稀土产品的次类，其分类见表1-40 第三层次不表示产品分类，仅表示某一产品的级别（规格），见表1-40
牌号组成	采用六位阿拉伯数字组表示牌号。其中： 第1、2位数字表示稀土产品的第一层次产品，即某一大类产品 第3、4位数字表示某一大类产品的第二层次的产品分类，即某一次类产品（除00大类产品外） 第5、6位数字表示某一产品的级别（规格）
表示方法	XX XX XX 第三层次：某一产品的级别（规格） 第二层次：某一次类的产品（00大类产品除外） 第一层次：某一大类的产品

表1-40　稀土金属及其合金的分类和级别代号（GB/T 17803—1999）

第一层次		第二层次		第三层次
第1、2位数字代号	大类产品的分类	第3、4位数字代号	次类产品的分类	第5、6位数字代号，表示产品的级别（规格）
00	稀土矿	00~99	①	
01	镧	00~04	富集物	
02	铈	05~09	氢氧化物	
03	镨	10~14	氧化物	
04	钕	15~19	氯化物	
05	钷	20~24	氟化物	
06	钐	25	硫化物	1）表示稀土（单一或总）的百分含量
07	铕	26	硼化物	当百分含量等于或大于90%（质量分数）时，用百分含量中"9"的个数及紧靠"9"后的第一位尾数组成的两位数表示。如"9"后无尾数或尾数为"0"时，即用百分含量中"9"的个数及后加一个"0"组成的两位数字表示。例如：96%表示为16，99.5%表示为25，99.999%表示为50
08	钆	27	氢化物	
09	铽	28	溴化物	
10	镝	29	碘化物	
11	钬	30~31	硝酸盐	当百分含量小于90%（质量分数）时，直接用百分含量前两位数字表示。如百分含量只有一位数字时，即在前面加"0"补足两位数字表示。例如：55%表示为55，18%表示为18，1%表示为01
12	铒	32~33	碳酸盐	
13	铥	34~35	硫酸盐	2）凡不能以1）中方法表示的产品，如以性能、颗粒大小、尺寸规格等表示的或化学成分带小数点的产品，一律用两位数字的顺序号，从00~99依次对产品级别（规格）进行排序表示。当某一产品只有一个级别（规格）时，其第5、6位数字代号一律用"00"表示
14	镱	36~37	醋酸盐	
15	镥	38~39	草酸盐	
16	钪	40~49	金属冶炼产品	
17	钇	50~59	合金冶炼产品	3）在特殊情况下，如主要稀土百分含量要求相同，但其他成分（包括杂质）百分含量要求不同的产品，或当某一产品的主要技术要求相同，但其他要求不同时等情况，可在相同的第5、6位数字后依次加大写字母A、B、C、D等表示，以区别不同的产品
18	钍	60~69	金属及合金粉	
19	混合稀土	70~79	金属及合金加工产品	
		80~89	应用产品	
		90~99	备用	
20	特殊产品	00~09	稀土发光材料	
		10~19	稀土催化剂	
		20~29	稀土添加剂	
		30~39	稀土大磁致伸缩材料	
		40~49	稀土发热材料	
		50~59	稀土颜料	
		60~99	备用	
21~99	备用			

①　第一层次中的00大类的产品不分次类产品，其第3、4位数字直接按顺序号从00~99依次对产品进行排序。

1.4.8　贵金属及其合金牌号表示方法

　　贵金属及其合金牌号表示方法如表1-41所示。

表 1-41　贵金属及其合金牌号表示方法

类别	牌号举例	方法说明
冶炼产品	IC-Au99. 99 SM-Pt99. 999	□—□□ 产品纯度（用百分含量的数字表示，不含百分号） 产品名称（用化学元素符号表示） 产品形状 { IC — 表示铸锭状金属 SM — 表示海绵状金属 }
加工产品	Pl-Au99. 999 W-Pt90Rh W-Au93NiFeZr St-Au75Pd St-Ag30Cu	□—□□□ 添加元素 { 纯金属无此项；二元及以上的合金依含量的多少依次用化学元素符号表示 } 基体元素含量 { 纯金属用百分含量，不含百分号；合金用基体元素的百分含量，不含百分号 } 产品名称（用纯金属及合金基体的化学元素符号表示） 产品形状（Pl—板材，Sh—片材，St—带材，F—箔材，T—管材，R—棒材，W—线材，Th—丝材） 注：若产品的基体元素为贱金属，添加元素为贵金属，则仍将贵金属作为基体元素放在第二项，第三项表示该贵金属的含量，贱金属元素放在第四项
复合材料	St-Ag99. 95/QSn6. 5~0. 1 St-Ag90Ni/H62Y2 St-Ag99. 95/T2/Ag99. 95	□—□/□ 产品状态（M—软态，Y2—半硬态，Y—硬态，或省略） 贱金属牌号 贵金属牌号相关部分（表示方法同加工产品牌号表示方法中的第二项~第四项及"注"） 产品形状（表示方法同加工产品牌号表示方法中的第一项） 注：三层及三层以上复合材料，在第三项后面依次插入表示后面层的相关牌号，并以"/"相隔开
粉末产品	PAg-S6. 0 PPd-G0. 15	P□—□□ 粉末平均粒径（用单位为微米的粒径数值表示，当平均粒径为一范围时则取其上限值） 粉末形状 { S — 表示片状 G — 表示球状 } 粉末名称（纯金属用元素符号；氧化物用分子式；合金用基体元素符号及其含量、添加元素符号，依次表示） 粉末产品代号

1.5　金属材料力学性能相关知识

1.5.1　金属材料常用力学性能名称及符号

金属材料常用力学性能名称及符号如表 1-42 所示。

表 1-42　金属材料常用力学性能名称及符号

符号	力学性能名称
R_{eH}	上屈服强度（单位：MPa）
R_{eL}	下屈服强度（单位：MPa）
$F_{p0.2}$	规定非比例延伸力（单位：N）
R_p	规定塑性延伸强度（单位：MPa）
R_{px}	规定塑性延伸率为 $x\%$ 时的应力（单位：MPa）
R_r	规定残余延伸强度（单位：MPa）
R_{rx}	规定残余延伸率为 $x\%$ 时的应力（单位：MPa）
R_m	抗拉强度（单位：MPa）
A	原始标距为 5.65 $\sqrt{S_o}$ 的断后伸长率（%）
$A_{11.3}$	原始标距为 11.3 $\sqrt{S_o}$ 的断后伸长率（%）
A_{xmm}	原始标距为 $x$mm 的断后伸长率（%）
A_{gt}	最大力总伸长率（%）
Z	断面收缩率（%）
n_{90}	拉伸应变硬化指数
r_{90}	塑性应变比
τ_m	抗扭强度（单位：MPa）
τ_b	抗剪强度（单位：MPa）
R_{mc}	抗压强度（单位：MPa）
R_{pc}	规定非比例压缩强度（单位：MPa）
KU_2	U 型缺口试样在 2mm 摆锤刀刃下的冲击吸收能量（单位：J）
KU_8	U 型缺口试样在 8mm 摆锤刀刃下的冲击吸收能量（单位：J）
KV_2	V 型缺口试样在 2mm 摆锤刀刃下的冲击吸收能量（单位：J）
KV_8	V 型缺口试样在 8mm 摆锤刀刃下的冲击吸收能量（单位：J）
a_K	冲击韧度（单位：J/cm^2）
$A_K^{\textcircled{1}}$	冲击吸收功（单位：J）
$A_{KU}^{\textcircled{1}}$	U 型缺口试样的冲击吸收功（单位：J）

（续）

符号	力学性能名称
A_{KU2}[①]	深度为 2mmU 型缺口试样的冲击吸收功（单位：J）
A_{KV}[①]	V 型缺口试样的冲击吸收功（单位：J）
A_{KV2}[①]	深度为 2mmV 型缺口试样的冲击吸收功（单位：J）
A_{KDVM}[①]	DVM（德标）试样的冲击吸收功（单位：J）
K_{IC}	平面应变断裂韧性（单位：MPa·m$^{1/2}$）

① 在 GB/T 229—2007 中，冲击吸收功已改为冲击吸收能量，符号也改变了。

1.5.2　各种硬度间的换算关系

各种硬度间的换算关系如表 1-43 所示。

表 1-43　各种硬度间的换算关系

洛氏硬度 HRC	肖氏硬度 HS	维氏硬度 HV	布氏硬度 HBW	洛氏硬度 HRC	肖氏硬度 HS	维氏硬度 HV	布氏硬度 HBW	洛氏硬度 HRC	肖氏硬度 HS	维氏硬度 HV	布氏硬度 HBW
70	—	1037	—	52	69.1	543	—	34	46.6	320	314
69	—	997	—	51	67.7	525	501	33	45.6	312	306
68	96.6	959	—	50	66.3	509	488	32	44.5	304	298
67	94.6	923	—	49	65	493	474	31	43.5	296	291
66	92.6	889	—	48	63.7	478	461	30	42.5	289	283
65	90.5	856	—	47	62.3	463	449	29	41.6	281	276
64	88.4	825	—	46	61	449	436	28	40.6	274	269
63	86.5	795	—	45	59.7	436	424	27	39.7	268	263
62	84.8	766	—	44	58.4	423	413	26	38.8	261	257
61	83.1	739	—	43	57.1	411	401	25	37.9	255	251
60	81.4	713	—	42	55.9	399	391	24	37	249	245
59	79.7	688	—	41	54.7	388	380	23	36.3	243	240
58	78.1	664	—	40	53.5	377	370	22	35.5	237	234
57	76.5	642	—	39	52.3	367	360	21	34.7	231	229
56	74.9	620	—	38	51.1	357	350	20	34	226	225
55	73.5	599	—	37	50	347	341	19	33.2	221	220
54	71.9	579	—	36	48.8	338	332	18	32.6	216	216
53	70.5	561	—	35	47.8	329	323	17	31.9	211	211

1.5.3　金属材料硬度与强度的换算关系

1. 钢铁材料硬度与强度的换算关系（表1-44）

表1-44　钢铁材料硬度与强度的换算关系

硬　　　度								抗拉强度 R_m/MPa								
洛氏		表面洛氏			维氏	布氏 (0.012F/ D^2=30)		碳钢	铬钢	铬钒钢	铬镍钢	铬钼钢	铬镍钼钢	铬锰硅钢	超高强度钢	不锈钢
HRC	HRA	HR15N	HR30N	HR45N	HV	HBS[①]	HBW[②]									
20.0	60.2	68.8	40.7	19.2	226	225	—	774	742	736	782	747	—	781	—	740
20.5	60.4	69.0	41.2	19.8	228	227	—	784	751	744	787	753	—	788	—	749
21.0	60.7	69.3	41.7	20.4	230	229	—	793	760	753	792	760	—	794	—	758
21.5	61.0	69.5	42.2	21.0	233	232	—	803	769	761	797	767	—	801	—	767
22.0	61.2	69.8	42.6	21.5	235	234	—	813	779	770	803	774	—	809	—	777
22.5	61.5	70.0	43.1	22.1	238	237	—	823	788	779	809	781	—	816	—	786
23.0	61.7	70.3	43.6	22.7	241	240	—	833	798	788	815	789	—	824	—	796
23.5	62.0	70.6	44.0	23.3	244	242	—	843	808	797	822	797	—	832	—	806
24.0	62.2	70.8	44.5	23.9	247	245	—	854	818	807	829	805	—	840	—	816
24.5	62.5	71.1	45.0	24.5	250	248	—	864	828	816	836	813	—	848	—	826
25.0	62.8	71.4	45.5	25.1	253	251	—	875	838	826	843	822	—	856	—	837
25.5	63.0	71.6	45.9	25.7	256	254	—	886	848	837	851	831	850	865	—	847
26.0	63.3	71.9	46.4	26.3	259	257	—	897	859	847	859	840	859	874	—	858
26.5	63.5	72.2	46.9	26.9	262	260	—	908	870	858	867	850	869	883	—	868
27.0	63.8	72.4	47.3	27.5	266	263	—	919	880	869	876	860	879	893	—	879
27.5	64.0	72.7	47.8	28.1	269	266	—	930	891	880	885	870	890	902	—	890
28.0	64.3	73.0	48.3	28.7	273	269	—	942	902	892	894	880	901	912	—	901
28.5	64.6	73.3	48.7	29.3	276	273	—	954	914	903	904	891	912	922	—	913
29.0	64.8	73.5	49.2	29.9	280	276	—	965	925	915	914	902	923	933	—	924
29.5	65.1	73.8	49.7	30.5	284	280	—	977	937	928	924	913	935	943	—	936
30.0	65.3	74.1	50.2	31.1	288	283	—	989	948	940	935	924	947	954	—	947
30.5	65.6	74.4	50.6	31.7	292	287	—	1002	960	953	946	936	959	965	—	959
31.0	65.8	74.7	51.1	32.3	296	291	—	1014	972	966	957	948	972	977	—	971
31.5	66.1	74.9	51.6	32.9	300	294	—	1027	984	980	969	961	985	989	—	983
32.0	66.4	75.2	52.0	33.5	304	298	—	1039	996	993	981	974	999	1001	—	996
32.5	66.6	75.5	52.5	34.1	308	302	—	1052	1009	1007	994	987	1012	1013	—	1008
33.0	66.9	75.8	53.0	34.7	313	306	—	1065	1022	1022	1007	1001	1027	1026	—	1021
33.5	67.1	76.1	53.4	35.3	317	310	—	1078	1034	1036	1020	1015	1041	1039	—	1034
34.0	67.4	76.4	53.9	35.9	321	314	—	1092	1048	1051	1034	1029	1056	1052	—	1047

（续）

硬　　度								抗拉强度 R_m/MPa								
洛氏		表面洛氏			维氏	布氏 (0.012F/D^2=30)		碳钢	铬钢	铬钒钢	铬镍钢	铬钼钢	铬镍钼钢	铬锰硅钢	超高强度钢	不锈钢
HRC	HRA	HR15N	HR30N	HR45N	HV	HBS[①]	HBW[②]									
34.5	67.7	76.7	54.4	36.5	326	318	—	1105	1061	1067	1048	1043	1071	1066	—	1060
35.0	67.9	77.0	54.8	37.0	331	323	—	1119	1074	1082	1063	1058	1087	1079	—	1074
35.5	68.2	77.2	55.3	37.6	335	327	—	1133	1088	1098	1078	1074	1103	1094	—	1087
36.0	68.4	77.5	55.8	38.2	340	332	—	1147	1102	1114	1093	1090	1119	1108	—	1101
36.5	68.7	77.8	56.2	38.8	345	336	—	1162	1116	1131	1109	1106	1136	1123	—	1116
37.0	69.0	78.1	56.7	39.4	350	341	—	1177	1131	1148	1125	1122	1153	1139	—	1130
37.5	69.2	78.4	57.2	40.0	355	345	—	1192	1146	1165	1142	1139	1171	1155	—	1145
38.0	69.5	78.7	57.6	40.6	360	350	—	1207	1161	1183	1159	1157	1189	1171	—	1161
38.5	69.7	79.0	58.1	41.2	365	355	—	1222	1176	1201	1177	1174	1207	1187	1170	1176
39.0	70.0	79.3	58.6	41.8	371	360	—	1238	1192	1219	1195	1192	1226	1204	1195	1193
39.5	70.3	79.6	59.0	42.4	376	365	—	1254	1208	1238	1214	1211	1245	1222	1219	1209
40.0	70.5	79.9	59.5	43.0	381	370	370	1271	1225	1257	1233	1230	1265	1240	1243	1226
40.5	70.8	80.2	60.0	43.6	387	375	375	1288	1242	1276	1252	1249	1285	1258	1267	1244
41.0	71.1	80.5	60.4	44.2	393	380	381	1305	1260	1296	1273	1269	1306	1277	1290	1262
41.5	71.3	80.8	60.9	44.8	398	385	386	1322	1278	1317	1293	1289	1327	1296	1313	1280
42.0	71.6	81.1	61.3	45.4	404	391	392	1340	1296	1337	1314	1310	1348	1316	1336	1299
42.5	71.8	81.4	61.8	45.9	410	396	397	1359	1315	1358	1336	1331	1370	1336	1359	1319
43.0	72.1	81.7	62.3	46.5	416	401	403	1378	1335	1380	1358	1353	1392	1357	1381	1339
43.5	72.4	82.0	62.7	47.1	422	407	409	1397	1355	1401	1380	1375	1415	1378	1404	1361
44.0	72.6	82.3	63.2	47.7	428	413	415	1417	1376	1424	1404	1397	1439	1400	1427	1383
44.5	72.9	82.6	63.6	48.3	435	418	422	1438	1398	1446	1427	1420	1462	1422	1450	1405
45.0	73.2	82.9	64.1	48.9	441	424	428	1459	1420	1469	1451	1444	1487	1445	1473	1429
45.5	73.4	83.2	64.6	49.5	448	430	435	1481	1444	1493	1476	1468	1512	1469	1496	1453
46.0	73.7	83.5	65.0	50.1	454	436	441	1503	1468	1517	1502	1492	1537	1493	1520	1479
46.5	73.9	83.7	65.5	50.7	461	442	448	1526	1493	1541	1527	1517	1563	1517	1544	1505
47.0	74.2	84.0	65.9	51.2	468	449	455	1550	1519	1566	1554	1542	1589	1543	1569	1533
47.5	74.5	84.3	66.4	51.8	475	—	463	1575	1546	1591	1581	1568	1616	1569	1594	1562
48.0	74.7	84.6	66.8	52.4	482	—	470	1600	1574	1617	1608	1595	1643	1595	1620	1592
48.5	75.0	84.9	67.3	53.0	489	—	478	1626	1603	1643	1636	1622	1671	1623	1646	1623
49.0	75.3	85.2	67.7	53.6	497	—	486	1653	1633	1670	1665	1649	1699	1651	1674	1655
49.5	75.5	85.5	68.2	54.2	504	—	494	1681	1665	1697	1695	1677	1728	1679	1702	1689
50.0	75.8	85.7	68.6	54.7	512	—	502	1710	1698	1724	1724	1706	1758	1709	1731	1725

（续）

硬　　　度								抗拉强度 R_m/MPa								
洛氏		表面洛氏			维氏	布氏 $(0.012F/D^2=30)$		碳钢	铬钢	铬钒钢	铬镍钢	铬钼钢	铬镍钼钢	铬锰硅钢	超高强度钢	不锈钢
HRC	HRA	HR15N	HR30N	HR45N	HV	HBS[①]	HBW[②]									
50.5	76.1	86.0	69.1	55.3	520	—	510	—	1732	1752	1755	1735	1788	1739	1761	—
51.0	76.3	86.3	69.5	55.9	527	—	518	—	1768	1780	1786	1764	1819	1770	1792	—
51.5	76.6	86.6	70.0	56.5	535	—	527	—	1806	1809	1818	1794	1850	1801	1824	—
52.0	76.9	86.8	70.4	57.1	544	—	535	—	1845	1839	1850	1825	1881	1834	1857	—
52.5	77.1	87.1	70.9	57.6	552	—	544	—	—	1869	1883	1856	1914	1867	1892	—
53.0	77.4	87.4	71.3	58.2	561	—	552	—	—	1899	1917	1888	1947	1901	1929	—
53.5	77.7	87.6	71.8	58.8	569	—	561	—	—	1930	1951	—	—	1936	1966	—
54.0	77.9	87.9	72.2	59.4	578	—	569	—	—	1961	1986	—	—	1971	2006	—
54.5	78.2	88.1	72.6	59.9	587	—	577	—	—	1993	2022	—	—	2008	2047	—
55.0	78.5	88.4	73.1	60.5	596	—	585	—	—	2026	2058	—	—	2045	2090	—
55.5	78.7	88.6	73.5	61.1	606	—	593	—	—	—	—	—	—	—	2135	—
56.0	79.0	88.9	73.9	61.7	615	—	601	—	—	—	—	—	—	—	2181	—
56.5	79.3	89.1	74.4	62.2	625	—	608	—	—	—	—	—	—	—	2230	—
57.0	79.5	89.4	74.8	62.8	635	—	616	—	—	—	—	—	—	—	2281	—
57.5	79.8	89.6	75.2	63.4	645	—	622	—	—	—	—	—	—	—	2334	—
58.0	80.1	89.8	75.6	63.9	655	—	628	—	—	—	—	—	—	—	2390	—
58.5	80.3	90.0	76.1	64.5	666	—	634	—	—	—	—	—	—	—	2448	—
59.0	80.6	90.2	76.5	65.1	676	—	639	—	—	—	—	—	—	—	2509	—
59.5	80.9	90.4	76.9	65.6	687	—	643	—	—	—	—	—	—	—	2572	—
60.0	81.2	90.6	77.3	66.2	698	—	647	—	—	—	—	—	—	—	2639	—
60.5	81.4	90.8	77.7	66.8	710	—	650	—	—	—	—	—	—	—	—	—
61.0	81.7	91.0	78.1	67.3	721	—	—	—	—	—	—	—	—	—	—	—
61.5	82.0	91.2	78.6	67.9	733	—	—	—	—	—	—	—	—	—	—	—
62.0	82.2	91.4	79.0	68.4	745	—	—	—	—	—	—	—	—	—	—	—
62.5	82.5	91.5	79.4	69.0	757	—	—	—	—	—	—	—	—	—	—	—
63.0	82.8	91.7	79.8	69.5	770	—	—	—	—	—	—	—	—	—	—	—
63.5	83.1	91.8	80.2	70.1	782	—	—	—	—	—	—	—	—	—	—	—
64.0	83.3	91.9	80.6	70.6	795	—	—	—	—	—	—	—	—	—	—	—
64.5	83.6	92.1	81.0	71.2	809	—	—	—	—	—	—	—	—	—	—	—
65.0	83.9	92.2	81.3	71.7	822	—	—	—	—	—	—	—	—	—	—	—
65.5	84.1	—	—	—	836	—	—	—	—	—	—	—	—	—	—	—
66.0	84.4	—	—	—	850	—	—	—	—	—	—	—	—	—	—	—

（续）

硬　度							抗拉强度 R_m/MPa								
洛氏		表面洛氏			维氏	布氏 $(0.012F/D^2=30)$		碳钢	铬钢	铬钒钢	铬镍钢	铬钼钢	铬镍钼钢	铬锰硅钢	超高强度钢	不锈钢
HRC	HRA	HR15N	HR30N	HR45N	HV	HBS[1]	HBW[2]									
66.5	84.7	—	—	—	865	—	—									
67.0	85.0	—	—	—	879	—	—									
67.5	85.2	—	—	—	894	—	—									
68.0	85.5	—	—	—	909	—	—									

① HBS 为采用钢球压头所测布氏硬度值，在 GB/T 231.1—2009 中已取消了钢球压头。
② HBW 为采用硬质合金球压头所测布氏硬度值。

2. 非铁金属材料硬度与强度换算

非铁金属材料硬度（HBW）与抗拉强度 R_m（MPa）的关系可按关系式 $R_m = K\mathrm{HBW}$ 计算，其中强度-硬度系数 K 值按表 1-45 取值。

表 1-45　非铁金属材料强度-硬度系数 K 值

材　料	K 值	材　料	K 值
铝	2.7	锡	2.9
铅	2.9	铜	5.5
单相黄铜	3.5	铸铝 ZL101	2.66
H62	4.3~4.6	硬铝	3.6
铝黄铜	4.8	锌合金铸件	0.9
铸铝 ZL103	2.12		

1.5.4　常用金属材料理论重量计算公式

常用金属材料理论重量计算公式如表 1-46 所示。

表 1-46　常用金属材料理论重量计算公式

序号	类别	理论重量 m/（kg/m）
1	圆钢、钢线材、钢丝	$m = 0.00617 \times$ 直径^2
2	方钢	$m = 0.00785 \times$ 边长^2
3	六角钢	$m = 0.0068 \times$ 对边距离^2
4	八角钢	$m = 0.0065 \times$ 对边距离^2
5	等边角钢	$m = 0.00785 \times$ 边厚 $\times$（2×边宽−边厚）
6	不等边角钢	$m = 0.00785 \times$ 边厚 $\times$（长边宽+短边宽−边厚）
7	工字钢	$m = 0.00785 \times$ 腰厚 $\times$［高+$f\times$（腿宽−腰厚）］
8	槽钢	$m = 0.00785 \times$ 腰厚 $\times$［高+$e\times$（腿宽−腰厚）］
9	扁钢、钢板、钢带[1]	$m = 0.00785 \times$ 宽 $\times$ 厚

（续）

序号	类别	理论重量 $m/$（kg/m）
10	钢管	$m = 0.02466 \times 壁厚 \times （外径 - 壁厚）$
11	纯铜棒	$m = 0.00698 \times 直径^2$
12	六角纯铜棒	$m = 0.0077 \times 对边距离^2$
13	纯铜板①	$m = 8.89 \times 厚度$
14	纯铜管	$m = 0.02794 \times 壁厚 \times （外径 - 壁厚）$
15	黄铜棒	$m = 0.00668 \times 直径^2$
16	六角黄铜棒	$m = 0.00736 \times 对边距离^2$
17	黄铜板①	$m = 8.5 \times 厚度$
18	黄铜管	$m = 0.0267 \times 壁厚 \times （外径 - 壁厚）$
19	铝棒	$m = 0.0022 \times 直径^2$
20	铝板①	$m = 2.71 \times 厚度$
21	铝管	$m = 0.008478 \times 壁厚 \times （外径 - 壁厚）$
22	铅板①	$m = 11.37 \times 厚度$
23	铅管	$m = 0.0355 \times 壁厚 \times （外径 - 壁厚）$

注：1. 腰高相同的工字钢，如有几种不同的腿宽和腰厚，需在型号右边加 a、b、c 予以区别，如 32a、32b、32c 等。
腰高相同的槽钢，如有几种不同的腿宽和腰厚也需在型号右边加 a、b、c 予以区别。

2. f 值：一般型号及带 a 的为 3.34，带 b 的为 2.65，带 c 的为 2.26。

3. e 值：一般型号及带 a 的为 3.26，带 b 的为 2.44，带 c 的为 2.24。

4. 各长度单位均为 mm。

① 理论重量 m 的单位为 kg/m^2。

1.6 金属材料的交货状态

1. 钢铁材料的交货状态（表 1-47）

表 1-47　钢铁材料的交货状态

名称	说　明
热轧（锻）状态	钢材在热轧或锻造后不再对其进行专门热处理，冷却后直接交货，称为热轧或热锻状态 热轧（锻）的终止温度一般为 800～900℃，之后一般在空气中自然冷却，因而热轧（锻）状态相当于正火处理。所不同的是因为热轧（锻）终止温度有高有低，不像正火加热温度控制严格，因而钢材组织与性能的波动比正火大。目前不少钢铁企业采用控制轧制，由于终轧温度控制很严格，并在终轧后采取强制冷却措施，因而钢的晶粒细化，交货钢材有较高的综合力学性能 热轧（锻）状态交货的钢材，由于表面覆盖有一层氧化皮，因而具有一定的耐蚀性，储运保管的要求不像冷拉（轧）状态交货的钢材那样严格，大中型型钢、中厚钢板可以在露天货场或经苫盖后存放
冷拉（轧）状态	经冷拉、冷轧等冷加工成形的钢材，不经任何热处理而直接交货的状态，称为冷拉或冷轧状态。与热轧（锻）状态相比，冷拉（轧）状态的钢材尺寸精度高，表面质量好，表面粗糙度值低，并有较高的力学性能 由于冷拉（轧）状态交货的钢材表面没有氧化皮覆盖，并且存在很大的内应力，极易遭受腐蚀或生锈，因而冷拉（轧）状态的钢材，其包装、储运均有较严格的要求，一般均需在库房内保管，并应注意库房内的温度和湿度控制

（续）

名称	说　明
正火状态	钢材出厂前经正火热处理，这种交货状态称正火状态。由于正火加热温度 [亚共析钢为 Ac_3 + （30 ~ 50）℃，过共析钢为 Ac_{cm} + （30 ~ 50）℃] 比热轧终止温度控制严格，因而钢材的组织、性能均匀。与退火状态的钢材相比，由于冷却速度较快，钢的组织中珠光体数量增多，珠光体层片及钢的晶粒细化，因而有较高的综合力学性能，并有利于改善低碳钢的魏氏组织和过共析钢的网状渗碳体，可为成品的进一步热处理做好组织准备。碳素结构钢、合金结构钢钢材常采用正火状态交货。某些低合金高强度钢如 14MnMoVBRE、14CrMnMoVB 钢为了获得贝氏体组织，也要求正火状态交货
退火状态	钢材出厂前经退火热处理，这种交货状态称为退火状态。退火的目的主要是为了消除和改善前道工序遗留的组织缺陷和内应力，并为后道工序做好组织和性能上的准备 合金结构钢、保证淬透性结构钢、冷镦钢、轴承钢、工具钢、汽轮机叶片用钢、铁素体型不锈耐热钢的钢材常用退火状态交货
高温回火状态	钢材出厂前经高温回火热处理，这种交货状态称为高温回火状态。高温回火的回火温度高，有利于彻底消除内应力，提高塑性和韧性，碳素结构钢、合金结构钢、保证淬透性结构钢钢材均可采用高温回火状态交货。某些马氏体型高强度不锈钢、高速工具钢和高强度合金钢，由于有很高的淬透性以及合金元素的强化作用，常在淬火（或正火）后进行一次高温回火，使钢中碳化物适当聚集，得到碳化物颗粒较粗大的回火索氏体组织（与球化退火组织相似），因而，这种交货状态的钢材有很好的可加工性
固溶处理状态	钢材出厂前经固溶处理，这种交货状态称为固溶处理状态。这种状态主要适用于奥氏体型不锈钢材出厂前的处理。通过固溶处理，得到单相奥氏体组织，以提高钢的韧性和塑性，为进一步冷加工（冷轧或冷拉）创造条件，也可为进一步沉淀硬化做好组织准备

2. 非铁金属材料的交货状态

1）非铁金属材料（除铝合金、镁合金外）的状态及代号如表 1-48 所示。

表 1-48　非铁金属材料（除铝合金、镁合金外）的状态及代号

代号	状　态	代号	状　态
m	消除应力状态	CT	超弹硬状态
M（C）	软状态[①]	R	热轧状态
M_2	轻软状态	CYS[②]	淬火 + 冷加工 + 人工时效状态
TM	特软状态	ST	固溶状态
Y（CY）	硬状态	TH01	1/4 硬时效状态
Y_2（CY_2）	1/2 硬状态	TH02	1/2 硬时效状态
Y_3（CY_3）	1/3 硬状态	TH03	3/4 硬时效状态
Y_4（CY_4）	1/4 硬状态	TH04	硬时效状态
Y_8（CY_8）	1/8 硬状态	TF00	软时效状态
T	特硬状态	Sh	烧结状态
TY	弹硬状态	X	交叉辗压状态

注：工业生产中，在表示非铁金属材料的状态时，有时用括号内的代号。

① 也称为退火状态。

② 根据硬度大小分为 CYS、CY_2S、CY_3S、CY_4S、CY_8S。

2）铸造铝合金、镁合金的状态及代号如表 1-49 所示。

表 1-49　铸造铝合金、镁合金的状态及代号

代　号	状　态	代　号	状　态
T1	不预先淬火的人工时效	T6	淬火后完全时效至最高硬度
T2	退火	T7	淬火后稳定回火
T4	淬火 + 自然时效	T8	淬火后软化回火
T5	淬火后短时间不完全人工时效	T9	冷处理或循环处理

3）变形铝合金、镁合金的状态及代号如表 1-50 所示。

表 1-50　变形铝合金、镁合金的状态及代号

代　号	状　态	代　号	状　态
F	自由加工状态	W_h/_51、W_h/_52、W_h/_54	室温下具体自然时效时间的不稳定消除应力状态
O	退火状态		
O1	高温退火后慢速冷却状态	T	不同于 F、O、H 状态的热处理状态
O2	热机械处理状态	T1	高温成形 + 自然时效
O3	均匀化状态	T2	高温成形 + 冷加工 + 自然时效
H	加工硬化状态	T3	固溶处理 + 冷加工 + 自然时效
H1X	单纯加工硬化状态	T4	固溶处理 + 自然时效
H2X	加工硬化后不完全退火状态	T5	高温成形 + 人工时效
H3X	加工硬化后稳定化处理状态	T6	固溶处理 + 人工时效
H4X	加工硬化后涂漆（层）处理状态	T7	固溶处理 + 过时效
W	固溶处理状态	T8	固溶处理 + 冷加工 + 人工时效
W_h	室温下具体自然时效时间的不稳定状态	T9	固溶处理 + 人工时效 + 冷加工
		T10	高温成形 + 冷加工 + 人工时效

1.7　金属材料的标记

1. 钢铁材料的标记代号（表 1-51）

表 1-51　钢铁材料的标记代号（GB/T 15575—2008）

总　类	分类代号	中文名称	总　类	分类代号	中文名称
加工状态或方法（W）	WH	热加工	加工状态或方法（W）	WCE	冷挤压
	WHR	热轧		WCD	冷拉、冷拔
	WHE	热扩		WW	焊接
	WHEX	热挤	尺寸精度（P）	尺寸精度	—
	WHF	热锻	边缘状态（E）	EC	切边
	WC	冷加工		EM	不切边
	WCR	冷轧		ER	磨边

（续）

总　类	分类代号	中文名称	总　类	分类代号	中文名称
表面质量（F）	FA	普通级	热处理类型	A	退火
	FB	较高级		SA	软化退火
	FC	高级		G	球化退火
表面种类（S）	SPP	压力加工表面		L	光亮退火
	SA	酸洗		N	正火
	SS	喷丸、喷砂		T	回火
	SF	剥皮		QT	淬火＋回火
	SP	磨光		NT	正火＋回火
	SB	抛光		S	固溶
	SBL	氧化（发蓝）		AG	时效
表面处理（ST）	S_	镀层	冲压性能	CQ	普通级
	SC_	涂层		DQ	冲压级
	STC	钝化（铬酸）		DDQ	深冲级
	STP	磷化		EDDQ	特深冲级
	STO	涂油		SDDQ	超深冲级
	STS	耐指纹处理		ESDDQ	特超深冲级
软化程度（S）	S1/4	1/4 软	使用加工方法（U）	UP	压力加工用
	S1/2	半软		UHP	热加工用
	S	软		UCP	冷加工用
	S2	特软		UF	顶锻用
硬化程度（H）	H1/4	低冷硬		UHF	热顶锻用
	H1/2	半冷硬		UCF	冷顶锻用
	H	冷硬		UC	切削加工用
	H2	特硬			

2. 钢铁材料的涂色标记（表 1-52）

表 1-52　钢铁材料的涂色标记

类　别	牌号或组别	涂色标记	类　别	牌号或组别	涂色标记
优质碳素结构钢	05 ~ 15	白色	合金结构钢	锰钒钢	蓝色＋绿色
	20 ~ 25	棕色＋绿色		铬钢	绿色＋黄色
	30 ~ 40	白色＋蓝色		铬硅钢	蓝色＋红色
	45 ~ 85	白色＋棕色		铬锰钢	蓝色＋黑色
	15Mn ~ 40Mn	白色 2 条		铬锰硅钢	红色＋紫色
	45Mn ~ 70Mn	绿色 3 条		铬钒钢	绿色＋黑色
合金结构钢	锰钢	黄色＋蓝色		铬锰钛钢	黄色＋黑色
	硅锰钢	红色＋黑色		铬钨钒钢	棕色＋黑色

(续)

类　别	牌号或组别	涂色标记	类　别	牌号或组别	涂色标记
合金结构钢	钼钢	紫色	不锈钢	铬钢	铝色+黑色
	铬钼钢	绿色+紫色		铬钛钢	铝色+黄色
	铬锰钼钢	绿色+白色		铬锰钢	铝色+绿色
	铬钼钒钢	紫色+棕色		铬钼钢	铝色+白色
	铬硅钼钒钢	紫色+棕色		铬镍钢	铝色+红色
	铬铝钢	铝白色		铬锰镍钢	铝色+棕色
	铬钼铝钢	黄色+紫色		铬锰钛钢	铝色+蓝色
	铬钨钒铝钢	黄色+红色		铬镍铌钢	铝色+蓝色
	硼钢	紫色+蓝色		铬钼钛钢	铝色+白色+黄色
	铬钼钨钒钢	紫色+黑色		铬钼钒钢	铝色+红色+黄色
高速工具钢	W12Cr4V4Mo	棕色1条+黄色1条		铬镍钼钛钢	铝色+紫色
	W18Cr4V	棕色1条+蓝色1条		铬钼钒钴钢	铝色+紫色
	W9Cr4V2	棕色2条		铬镍铜钛钢	铝色+蓝色+白色
	W9Cr4V	棕色1条		铬镍钼铜钛钢	铝色+黄色+绿色
铬轴承钢	GCr6	绿色1条+白色1条		铬镍钼铜铌钢	铝色+黄色+绿色（铝色为宽色条，其余为窄色条）
	GCr9	白色1条+黄色1条			
	GCr9SiMn	绿色2条			
	GCr15	蓝色1条			
	GCr15SiMn	绿色1条+蓝色1条			

3. 非铁金属材料的涂色标记（表1-53）

表1-53　非铁金属材料的涂色标记

名　称	牌号或组别	标记涂色	名　称	牌号或组别	标记涂色
锌锭	Zn-01	红色2条	铅锭	Pb-1	红色2条
	Zn-1	红色1条		Pb-2	红色1条
	Zn-2	黑色2条		Pb-3	黑色2条
	Zn-3	黑色1条		Pb-4	黑色1条
	Zn-4	绿色2条		Pb-5	绿色2条
	Zn-5	绿色1条		Pb-6	绿色1条
铝锭	Al-00(特一号)	白色1条	镍板	Ni-01(特号)	红色
	Al-0(特二号)	白色2条		Ni-1(一号)	蓝色
	Al-1(一号)	红色1条		Ni-2(二号)	黄色
	Al-2(二号)	红色2条	铸造碳化钨	二号	绿色
				三号	黄色
	Al-3(三号)	红色3条		四号	白色
				六号	浅蓝色

第2章　生铁和铁合金

2.1　生铁

2.1.1　铸造用生铁

铸造用生铁的牌号和化学成分如表 2-1 所示。

表 2-1　铸造用生铁的牌号和化学成分（GB/T 718—2005）

牌　号			Z14	Z18	Z22	Z26	Z30	Z34
化学成分 （质量分数,%）	C		≥3.30					
	Si		1.25 ~ 1.60	>1.60 ~ 2.00	>2.00 ~ 2.40	>2.40 ~ 2.80	>2.80 ~ 3.20	>3.20 ~ 3.60
	Mn	1组	≤0.50					
		2组	>0.50 ~ 0.90					
		3组	>0.90 ~ 1.30					
	P	1级	≤0.060					
		2级	>0.060 ~ 0.100					
		3级	>0.100 ~ 0.200					
		4级	>0.200 ~ 0.400					
		5级	>0.400 ~ 0.900					
	S	1类	≤0.030					
		2类	≤0.040					
		3类	≤0.050					

2.1.2　球墨铸铁用生铁

球墨铸铁用生铁的牌号和化学成分如表 2-2 所示。

表 2-2　球墨铸铁用生铁的牌号和化学成分（GB/T 1412—2005）

牌　号			Q10	Q12
化学成分 （质量分数,%）	C		≥3.40	
	Si		0.50 ~ 1.00	>1.00 ~ 1.40
	Ti	1档	≤0.050	
		2档	>0.050 ~ 0.080	
	Mn	1组	≤0.20	
		2组	>0.20 ~ 0.50	
		3组	>0.50 ~ 0.80	
	P	1级	≤0.050	
		2级	>0.050 ~ 0.060	
		3级	>0.060 ~ 0.080	
	S	1类	≤0.020	
		2类	>0.020 ~ 0.030	
		3类	>0.030 ~ 0.040	
		4类	≤0.045	

2.1.3 炼钢用生铁

炼钢用生铁的牌号及化学成分如表 2-3 所示。

表 2-3　炼钢用生铁的牌号及化学成分（YB/T 5296—2011）

牌号			L03	L07	L10
化学成分（质量分数,%）	C		≥3.50		
	Si		≤0.35	>0.35~0.70	>0.70~1.25
	Mn	一组	≤0.40		
		二组	>0.40~1.00		
		三组	>1.00~2.00		
	P	特级	≤0.100		
		一级	>0.100~0.150		
		二级	>0.150~0.250		
		三级	>0.250~0.400		
	S	一类	≤0.030		
		二类	>0.030~0.050		
		三类	>0.050~0.070		

2.2　铁合金

2.2.1　硼铁

硼铁的牌号和化学成分如表 2-4 所示。

表 2-4　硼铁的牌号和化学成分（GB/T 5682—1995）

类别	牌号		化学成分(质量分数,%)						
			B	C	Si	Al	S	P	Cu
				≤					
低碳	FeB23C0.05		20.0~25.0	0.05	2.0	3.0	0.01	0.015	0.05
	FeB22C0.1		19.0~25.0	0.1	4.0	3.0	0.01	0.03	—
	FeB17C0.1		14.0~19.0	0.1	4.0	6.0	0.01	0.1	—
	FeB12C0.1		9.0~<14.0	0.1	4.0	6.0	0.01	0.1	—
中碳	FeB20C0.5	A	19.0~21.0	0.5	4.0	0.05	0.01	0.1	—
		B		0.5	4.0	0.5	0.01	0.2	—
	FeB18C0.5	A	17.0~<19.0	0.5	4.0	0.05	0.01	0.1	—
		B		0.5	4.0	0.5	0.01	0.2	—
	FeB16C1.0		15.0~17.0	1.0	4.0	0.5	0.01	0.2	—
	FeB14C1.0		13.0~<15.0	1.0	4.0	0.5	0.01	0.2	—
	FeB12C1.0		9.0~<13.0	1.0	4.0	0.5	0.01	0.2	—

2.2.2 铌铁

铌铁的牌号和化学成分如表 2-5 所示。

表 2-5 铌铁的牌号和化学成分（GB/T 7737—2007）

牌号	Nb + Ta	化学成分（质量分数，%）												
		Ta	Al	Si	C	S	P	W	Mn	Sn	Pb	As	Sb	Bi	Ti
		≤													
FeNb70	70 ~ 80	0.3	3.8	1.0	0.03	0.03	0.04	0.3	0.8	0.02	0.02	0.01	0.01	0.01	0.30
FeNb60-A	60 ~ 70	0.3	2.5	2.0	0.04	0.03	0.04	0.2	1.0	0.02	0.02	—	—	—	—
FeNb60-B	60 ~ 70	2.5	3.0	3.0	0.30	0.10	0.30	1.0	—	—	—	—	—	—	—
FeNb50-A	50 ~ 60	0.2	2.0	1.0	0.03	0.03	0.04	0.1	—	—	—	—	—	—	—
FeNb50-B	50 ~ 60	0.3	2.0	2.5	0.04	0.03	0.04	0.2	—	—	—	—	—	—	—
FeNb50-C	50 ~ 60	2.5	3.0	4.0	0.30	0.10	0.40	1.0	—	—	—	—	—	—	—
FeNb20	15 ~ 25	2.0	3.0	11.0	0.30	0.10	0.30	1.0	—	—	—	—	—	—	—

注：FeNb60-B、FeNb50-C、FeNb20 三个牌号是以铌精矿为原料生产的。

2.2.3 镍铁

镍铁的牌号和化学成分如表 2-6 所示。

表 2-6 镍铁的牌号和化学成分（GB/T 25049—2010）

牌号	Ni	C	化学成分（质量分数，%）									
			Si	P	S	Cu	Cr	As	Sn	Pb	Sb	Bi
			≤									
FeNi20LC	15.0 ~ 25.0											
FeNi30LC	25.0 ~ 35.0											
FeNi40LC	35.0 ~ 45.0	≤0.030	0.20	0.030	0.030	0.20	0.10	0.010	0.010	0.010	0.010	0.010
FeNi50LC	45.0 ~ 65.0											
FeNi70LC	60.0 ~ 80.0											
FeNi20LCLP	15.0 ~ 25.0											
FeNi30LCLP	25.0 ~ 35.0											
FeNi40LCLP	35.0 ~ 45.0	≤0.030	0.20	0.020	0.030	0.20	0.10	0.010	0.010	0.010	0.010	0.010
FeNi50LCLP	45.0 ~ 65.0											
FeNi70LCLP	60.0 ~ 80.0											
FeNi20MC	15.0 ~ 25.0											
FeNi30MC	25.0 ~ 35.0											
FeNi40MC	35.0 ~ 45.0	0.030 ~ 1.0	1.0	0.030	0.10	0.20	0.50	0.010	0.010	0.010	0.010	0.010
FeNi50MC	45.0 ~ 65.0											
FeNi70MC	60.0 ~ 80.0											

（续）

牌　号	Ni	C	化学成分（质量分数,%）										
			Si	P	S	Cu	Cr	As	Sn	Pb	Sb	Bi
			≤										
FeNi20MCLP	15.0~25.0												
FeNi30MCLP	25.0~35.0												
FeNi40MCLP	35.0~45.0	0.030~1.0	1.0	0.020	0.10	0.20	0.50	0.010	0.010	0.010	0.010	0.010
FeNi50MCLP	45.0~65.0												
FeNi70MCLP	60.0~80.0												
FeNi20HC	15.0~25.0												
FeNi30HC	25.0~35.0												
FeNi40HC	35.0~45.0	1.0~2.5	4.0	0.030	0.40	0.20	2.0	0.010	0.010	0.010	0.010	0.010
FeNi50HC	45.0~65.0												
FeNi70HC	60.0~80.0												

注：1. $w(\mathrm{Co})/w(\mathrm{Ni})=1/40\sim1/20$，仅供参考。

2. 牌号中 LC 代表低碳，LCLP 代表低碳低磷，MC 代表中碳，MCLP 代表中碳低磷，HC 代表高碳。

2.2.4　脱碳低磷粒铁

脱碳低磷粒铁的牌号及化学成分如表 2-7 所示。

表 2-7　脱碳低磷粒铁的牌号及化学成分 （YB/T 068—1995）

牌　号		TL10	TL14	TL18
化学成分（质量分数,%）	C	≤1.20	>1.20~1.60	>1.60~2.00
	Si	≤1.25		
	Mn	≤0.80		
	P	≤0.06		
	S	≤0.05		

2.2.5　低磷钒铁

低磷钒铁的牌号和化学成分如表 2-8 所示。

表 2-8　低磷钒铁的牌号和化学成分 （YB/T 4247—2011）

牌　号	化学成分（质量分数,%）						
	V	C	Si	P	S	Al	Mn
	≥	≤					
FeV50P0.04	50.0	0.40	2.0	0.04	0.01	0.50	0.50
FeV50P0.05	50.0	0.75	2.5	0.05	0.02	0.80	0.50

2.2.6 锰铁

1. 电炉锰铁的牌号和化学成分（表 2-9）

表 2-9 电炉锰铁的牌号和化学成分（GB/T 3795—2006）

类别	牌号	化学成分(质量分数,%)						
		Mn	C	Si		P		S
				I	II	I	II	
				≤				
低碳锰铁	FeMn88C0.2	85.0~92.0	0.2	1.0	2.0	0.10	0.30	0.02
	FeMn84C0.4	80.0~87.0	0.4	1.0	2.0	0.15	0.30	0.02
	FeMn84C0.7	80.0~87.0	0.7	1.0	2.0	0.20	0.30	0.02
中碳锰铁	FeMn82C1.0	78.0~85.0	1.0	1.5	2.0	0.20	0.35	0.03
	FeMn82C1.5	78.0~85.0	1.5	1.5	2.0	0.20	0.35	0.03
	FeMn78C2.0	75.0~82.0	2.0	1.5	2.5	0.20	0.40	0.03
高碳锰铁	FeMn78C8.0	75.0~82.0	8.0	1.5	2.5	0.20	0.33	0.03
	FeMn74C7.5	70.0~77.0	7.5	2.0	3.0	0.25	0.38	0.03
	FeMn68C7.0	65.0~72.0	7.0	2.5	4.5	0.25	0.40	0.03

2. 高炉锰铁的牌号和化学成分（表 2-10）

表 2-10 高炉锰铁的牌号和化学成分（GB/T 3795—2006）

类别	牌号	化学成分(质量分数,%)						
		Mn	C	Si		P		S
				I	II	I	II	
				≤				
高碳锰铁	FeMn78	75.0~82.0	7.5	1.0	2.0	0.25	0.35	0.03
	FeMn73	70.0~75.0	7.5	1.0	2.0	0.25	0.35	0.03
	FeMn68	65.0~70.0	7.0	1.0	2.0	0.30	0.40	0.03
	FeMn63	60.0~65.0	7.0	1.0	2.0	0.30	0.40	0.03

3. 锰铁的粒度范围（表 2-11）

表 2-11 锰铁的粒度范围（GB/T 3795—2006）

粒度级别	粒度/mm	粒度偏差(%)		
		筛上物	筛下物	
		≤		
1	20~250	—	中低碳类	10
			高碳类	8
2	50~150	5	5	
3	10~50	5	5	
4①	0.097~0.45	5	30	

① 中碳锰铁可以粉状交货。

2.2.7 微碳锰铁

微碳锰铁的牌号和化学成分如表2-12所示。

表 2-12 微碳锰铁的牌号和化学成分（YB/T 4140—2005）

牌　号	化学成分（质量分数,%）				
	Mn	C	Si	P	S
		≤			
FeMn90C0. 05	87. 0 ~ 93. 5	0. 05	0. 5	0. 03	0. 02
FeMn84C0. 05	80. 0 ~ 87. 0	0. 05	1. 0	0. 04	0. 02
FeMn90C0. 10	87. 0 ~ 93. 5	0. 10	0. 5	0. 03	0. 02
FeMn84C0. 10	80. 0 ~ 87. 0	0. 10	1. 0	0. 04	0. 02
FeMn90C0. 15	87. 0 ~ 93. 5	0. 15	1. 5	0. 03	0. 02
FeMn84C0. 15	80. 0 ~ 87. 0	0. 15	2. 0	0. 04	0. 02

注：微碳锰铁以锰的质量分数为78%作为基准量。

2.2.8 锰硅合金

1. 锰硅合金的牌号和化学成分（表2-13）

表 2-13 锰硅合金的牌号和化学成分（GB/T 4008—2008）

牌号	化学成分(质量分数,%)						
	Mn	Si	C	P			S
				Ⅰ	Ⅱ	Ⅲ	
				≤			
FeMn64Si27	60. 0 ~ 67. 0	25. 0 ~ 28. 0	0. 5	0. 10	0. 15	0. 25	0. 04
FeMn67Si23	63. 0 ~ 70. 0	22. 0 ~ 25. 0	0. 7	0. 10	0. 15	0. 25	0. 04
FeMn68Si22	65. 0 ~ 72. 0	20. 0 ~ 23. 0	1. 2	0. 10	0. 15	0. 25	0. 04
FeMn62Si23	60. 0 ~ <65. 0	20. 0 ~ 25. 0	1. 2	0. 10	0. 15	0. 25	0. 04
FeMn68Si18	65. 0 ~ 72. 0	17. 0 ~ 20. 0	1. 8	0. 10	0. 15	0. 25	0. 04
FeMn62Si18	60. 0 ~ <65. 0	17. 0 ~ 20. 0	1. 8	0. 10	0. 15	0. 25	0. 04
FeMn68Si16	65. 0 ~ 72. 0	14. 0 ~ 17. 0	2. 5	0. 10	0. 15	0. 25	0. 04
FeMn62Si17	60. 0 ~ <65. 0	14. 0 ~ 20. 0	2. 5	0. 20	0. 25	0. 30	0. 05

2. 锰硅合金的粒度要求（表2-14）

表 2-14 锰硅合金的粒度要求（GB/T 4008— 2008）

粒度级别	粒　度 /mm	粒度偏差(%)	
		筛上物	筛下物
		≤	
1	20 ~ 300	5	5
2	10 ~ 150	5	5
3	10 ~ 100	5	5
4	10 ~ 50	5	5

2.2.9 铬铁

铬铁的牌号和化学成分如表 2-15 所示。

表 2-15 铬铁的牌号和化学成分（GB/T 5683—2008）

类别	牌号	Cr 范围	Cr I	Cr II	C	Si I	Si II	P I	P II	S I	S II
			≥					≤			
微碳	FeCr65C0.03	60.0~70.0			0.03	1.0		0.03		0.025	
	FeCr55C0.03		60.0	52.0	0.03	1.5	2.0	0.03	0.04	0.03	
	FeCr65C0.06	60.0~70.0			0.06	1.0		0.03		0.025	
	FeCr55C0.06		60.0	52.0	0.06	1.5	2.0	0.04	0.06	0.03	
	FeCr65C0.10	60.0~70.0			0.10	1.0		0.03		0.025	
	FeCr55C0.10		60.0	52.0	0.10	1.5	2.0	0.04	0.06	0.03	
	FeCr65C0.15	60.0~70.0			0.15	1.0		0.03		0.025	
	FeCr55C0.15		60.0	52.0	0.15	1.5	2.0	0.04	0.06	0.03	
低碳	FeCr65C0.25	60.0~70.0			0.25	1.5		0.03		0.025	
	FeCr55C0.25		60.0	52.0	0.25	2.0	3.0	0.04	0.06	0.03	0.05
	FeCr65C0.50	60.0~70.0			0.50	1.5		0.03		0.025	
	FeCr55C0.50		60.0	52.0	0.50	2.0	3.0	0.04	0.06	0.03	0.05
中碳	FeCr65C1.0	60.0~70.0			1.0	1.5		0.03		0.025	
	FeCr55C1.0		60.0	52.0	1.0	2.5	3.0	0.04	0.06	0.03	0.05
	FeCr65C2.0	60.0~70.0			2.0	1.5		0.03		0.025	
	FeCr55C2.0		60.0	52.0	2.0	2.5	3.0	0.04	0.06	0.03	0.05
	FeCr65C4.0	60.0~70.0			4.0	1.5		0.03		0.025	
	FeCr55C4.0		60.0	52.0	4.0	2.5	3.0	0.04	0.06	0.03	
高碳	FeCr67C6.0	60.0~72.0			6.0	3.0		0.03		0.04	0.06
	FeCr55C6.0		60.0	52.0	6.0	3.0	5.0	0.04	0.06	0.04	0.06
	FeCr67C9.5	60.0~72.0			9.5	3.0		0.03		0.04	0.06
	FeCr55C10.0		60.0	52.0	10.0	3.0	5.0	0.04	0.06	0.04	0.06
真空法微碳铬铁	ZKFeCr55C0.010		65.0		0.010	1.0	2.0	0.025	0.030	0.03	
	ZKFeCr65C0.020		65.0		0.020	1.0	2.0	0.025	0.030	0.03	
	ZKFeCr65C0.010		65.0		0.010	1.0	2.0	0.025	0.035	0.04	
	ZKFeCr65C0.030		65.0		0.030	1.0	2.0	0.025	0.035	0.04	
	ZKFeCr65C0.050		65.0		0.050	1.0	2.0	0.025	0.035	0.04	
	ZKFeCr65C0.100		65.0		0.100	1.0	2.0	0.025	0.035	0.04	

2.2.10 低钛高碳铬铁

低钛高碳铬铁的牌号和化学成分（表 2-16）

表 2-16 低钛高碳铬铁的牌号和化学成分（YB/T 4154—2006）

牌号	Cr I	Cr II	Ti	C	Si	P	S
	≥				≤		
FeCr55C1000Ti3	60.0	52.0	0.03	10.0	1.0	0.04	0.10
FeCr55C1000Ti5	60.0	52.0	0.05	10.0	1.0	0.04	0.10

2.2.11　钼铁

1. 钼铁的牌号和化学成分（表2-17）

表 2-17　钼铁的牌号和化学成分（GB/T 3649—2008）

牌号	化学成分(质量分数,%)							
	Mo	Si	S	P	C	Cu	Sb	Sn
		≤						
FeMo70	65.0~75.0	2.0	0.08	0.05	0.10	0.5		
FeMo60-A	60.0~65.0	1.0	0.08	0.04	0.10	0.5	0.04	0.04
FeMo60-B	60.0~65.0	1.5	0.10	0.05	0.10	0.5	0.05	0.06
FeMo60-C	60.0~65.0	2.0	0.15	0.05	0.15	1.0	0.08	0.08
FeMo55-A	55.0~60.0	1.0	0.10	0.08	0.15	0.5	0.05	0.06
FeMo55-B	55.0~60.0	1.5	0.15	0.10	0.20	0.5	0.08	0.08

2. 钼铁的粒度要求（表2-18）

表 2-18　钼铁的粒度要求（GB/T 3649—2008）

粒度级别	粒度/mm	粒度偏差(%)	
		筛上物	筛下物
1	10~150		
2	10~100	≤5	≤5
3	10~50		
4	3~10		

2.2.12　硅铁

1. 硅铁的牌号和化学成分（表2-19）

表 2-19　硅铁的牌号和化学成分（GB/T 2272—2009）

牌　号	化学成分（质量分数,%)												
	Si	Al	Ca	Mn	Cr	P	S	C	Ti	Mg	Cu	V	Ni
						≤							
FeSi90Al1.5	87.0~95.0	1.5	1.5	0.4	0.2	0.040	0.02	0.2	—	—	—	—	—
FeSi90Al3.0	87.0~95.0	3.0	1.5	0.4	0.2	0.040	0.02	0.2	—	—	—	—	—
FeSi75Al0.5-A	74.0~80.0	0.5	1.0	0.4	0.3	0.035	0.02	0.1	—	—	—	—	—
FeSi75Al0.5-B	72.0~80.0	0.5	1.0	0.5	0.5	0.040	0.02	0.2	—	—	—	—	—
FeSi75Al1.0-A	74.0~80.0	1.0	1.0	0.4	0.3	0.035	0.02	0.1	—	—	—	—	—
FeSi75Al1.0-B	72.0~80.0	1.0	1.0	0.5	0.5	0.040	0.02	0.2	—	—	—	—	—
FeSi75Al1.5-A	74.0~80.0	1.5	1.0	0.4	0.3	0.035	0.02	0.1	—	—	—	—	—
FeSi75Al1.5-B	72.0~80.0	1.5	1.0	0.5	0.5	0.040	0.02	0.2	—	—	—	—	—
FeSi75Al2.0-A	74.0~80.0	2.0	1.0	0.4	0.3	0.035	0.02	0.1	—	—	—	—	—

（续）

牌　号	化学成分（质量分数,%）												
	Si	Al	Ca	Mn	Cr	P	S	C	Ti	Mg	Cu	V	Ni
		≤											
FeSi75Al2.0-B	72.0 ~ 80.0	2.0	—	0.5	0.5	0.040	0.02	0.2	—	—	—	—	—
FeSi75-A	74.0 ~ 80.0	—	—	0.4	0.3	0.040	0.02	0.1	—	—	—	—	—
FeSi75-B	72.0 ~ 80.0	—	—	0.5	0.5	0.035	0.02	0.2	—	—	—	—	—
FeSi65	65.0 ~ 72.0	—	—	0.6	0.5	0.040	0.02	—	—	—	—	—	—
FeSi45	40.0 ~ 47.0	—	—	0.7	0.5	0.040	0.02	—	—	—	—	—	—
TFeSi75-A	74.0 ~ 80.0	0.01	0.02	0.10	0.10	0.020	0.004	0.02	0.015	—	—	—	—
TFeSi75-B	74.0 ~ 80.0	0.10	0.05	0.10	0.05	0.030	0.004	0.02	0.04	—	—	—	—
TFeSi75-C	74.0 ~ 80.0	0.10	0.10	0.10	0.10	0.040	0.005	0.03	0.05	0.10	0.10	0.05	0.40
TFeSi75-D	74.0 ~ 80.0	0.20	0.05	0.30	0.10	0.040	0.010	0.02	0.04	0.02	0.10	0.01	0.04
TFeSi75-E	74.0 ~ 80.0	0.50	0.50	0.40	0.10	0.040	0.020	0.05	0.06	—	—	—	—
TFeSi75-F	74.0 ~ 80.0	0.50	0.50	0.40	0.10	0.030	0.005	0.010	0.02	—	0.10	—	0.10
TFeSi75-G	74.0 ~ 80.0	1.00	0.05	0.15	0.10	0.040	0.003	0.015	0.04	—	—	—	—

2. 硅铁的供货粒度（表 2-20）

表 2-20　硅铁的供货粒度（GB/T 2272—2009）

级　别	规格尺寸/mm	筛上物和筛下物之和(%)
一般块状	未经人工破碎的自然块状	小于 20mm × 20mm 的数量≤8
大粒度	50 ~ 350	≤10
中粒度	20 ~ 200	
小粒度	10 ~ 100	
最小粒度	10 ~ 50	

注：1. 硅铁浇注厚度：FeSi75 系列各牌号硅铁锭不得超过 100mm；FeSi65 锭不得超过 80mm。硅的偏析不大于 4%。

2. FeSi45 小于 20mm × 20mm 的数量不得超过总重量的 15%。

第3章 铸铁和铸钢

3.1 铸铁

3.1.1 灰铸铁

灰铸铁的牌号及力学性能如表3-1所示。

表3-1 灰铸铁的牌号及力学性能 (GB/T 9439—2010)

牌 号	铸件壁厚/mm		最小抗拉强度 R_m（强制性值）/MPa ≥		铸件本体预期抗拉强度 R_m/MPa ≥
	>	≤	单铸试棒	附铸试棒或试块	
HT100	5	40	100	—	—
HT150	5	10	150	—	155
	10	20		—	130
	20	40		120	110
	40	80		110	95
	80	150		100	80
	150	300		90①	—
HT200	5	10	200	—	205
	10	20		—	180
	20	40		170	155
	40	80		150	130
	80	150		140	115
	150	300		130①	—
HT225	5	10	225	—	230
	10	20		—	200
	20	40		190	170
	40	80		170	150
	80	150		155	135
	150	300		145①	—
HT250	5	10	250	—	250
	10	20		—	225
	20	40		210	195
	40	80		190	170
	80	150		170	155
	150	300		160①	—

（续）

牌　号	铸件壁厚/mm		最小抗拉强度 R_m（强制性值）/MPa ≥		铸件本体预期抗拉强度 R_m/MPa ≥
	>	≤	单铸试棒	附铸试棒或试块	
HT275	10	20	275	—	250
	20	40		230	220
	40	80		205	190
	80	150		190	175
	150	300		175[①]	—
HT300	10	20	300	—	270
	20	40		250	240
	40	80		220	210
	80	150		210	195
	150	300		190[①]	—
HT350	10	20	350	—	315
	20	40		290	280
	40	80		260	250
	80	150		230	225
	150	300		210[①]	—

注：1. 当铸件壁厚超过 300mm 时，其力学性能由供需双方商定。

　　2. 当某牌号的铁液浇注壁厚均匀、形状简单的铸件时，壁厚变化引起抗拉强度的变化，可从本表查出参考数据；当铸件壁厚不均匀，或有型芯时，此表只能给出不同壁厚处大致的抗拉强度值，铸件的设计应根据关键部位的实测值进行。

① 表示指导值，其余抗拉强度值均为强制性值，铸件本体预期抗拉强度值不作为强制性值。

3.1.2　奥氏体铸铁

1. 一般工程用奥氏体铸铁件

1）一般工程用奥氏体铸铁件的化学成分如表 3-2 所示。

表 3-2　一般工程用奥氏体铸铁件的化学成分（GB/T 26648 — 2011）

牌　号	化学成分（质量分数,%）							
	C≤	Si	Mn	Cu	Ni	Cr	P≤	S≤
HTANi15Cu6Cr2	3.0	1.0 ~ 2.8	0.5 ~ 1.5	5.5 ~ 7.5	13.5 ~ 17.5	1.0 ~ 3.5	0.25	0.12
QTANi20Cr2	3.0	1.5 ~ 3.0	0.5 ~ 1.5	≤0.5	18.0 ~ 22.0	1.0 ~ 3.5	0.05	0.03
QTANi20Cr2Nb[①]	3.0	1.5 ~ 2.4	0.5 ~ 1.5	≤0.5	18.0 ~ 22.0	1.0 ~ 3.5	0.05	0.03
QTANi22	3.0	1.5 ~ 3.0	1.5 ~ 2.5	≤0.5	21.0 ~ 24.0	≤0.50	0.05	0.03
QTANi23Mn4	2.6	1.5 ~ 2.5	4.0 ~ 4.5	≤0.5	22.0 ~ 24.0	≤0.2	0.05	0.03
QTANi35	2.4	1.5 ~ 3.0	0.5 ~ 1.5	≤0.5	34.0 ~ 36.0	≤0.2	0.05	0.03
QTANi35Si5Cr2	2.3	4.0 ~ 6.0	0.5 ~ 1.5	≤0.5	34.0 ~ 36.0	1.5 ~ 2.5	0.05	0.03

① $w(Nb)$ 的正常范围是 0.12% ~ 0.20%。

2）一般工程用奥氏体铸铁件的力学性能如表3-3所示。

表3-3 一般工程用奥氏体铸铁件的力学性能 （GB/T 26648—2011）

牌 号	R_m/MPa≥	$R_{p0.2}$/MPa≥	A（%）≥	A_{KV}/J≥	硬度 HBW
HTANi15Cu6Cr2	170				120 ~ 215
QTANi20Cr2	370	210	7	13[①]	140 ~ 255
QTANi20Cr2Nb	370	210	7	13[①]	140 ~ 200
QTANi22	370	170	20	20	130 ~ 170
QTANi23Mn4	440	210	25	24	150 ~ 180
QTANi35	370	210	20	—	130 ~ 180
QTANi35Si5Cr2	370	200	10	—	130 ~ 170

① 非强制要求。

2. 特殊用途奥氏体铸铁件

1）特殊用途奥氏体铸铁件的化学成分如表3-4所示。

表3-4 特殊用途奥氏体铸铁的化学成分 （GB/T 26648—2011）

牌 号	化学成分（质量分数,%）							
	C≤	Si	Mn	Cu	Ni	Cr	P≤	S≤
HTANi13Mn7	3.0	1.5 ~ 3.0	6.0 ~ 7.0	≤0.5	12.0 ~ 14.0	≤0.2	0.25	0.12
QTANi13Mn7	3.0	2.0 ~ 3.0	6.0 ~ 7.0	≤0.5	12.0 ~ 14.0	≤0.2	0.05	0.03
QTANi30Cr3	2.6	1.5 ~ 3.0	0.5 ~ 1.5	≤0.5	28.0 ~ 32.0	2.5 ~ 3.5	0.05	0.03
QTANi30Si5Cr5	2.6	5.0 ~ 6.0	0.5 ~ 1.5	≤0.5	28.0 ~ 32.0	4.5 ~ 5.5	0.05	0.03
QTANi35Cr3	2.4	1.5 ~ 3.0	1.5 ~ 2.5	≤0.5	34.0 ~ 36.0	2.0 ~ 3.0	0.05	0.03

2）特殊用途奥氏体铸铁件的力学性能如表3-5所示。

表3-5 特殊用途奥氏体铸铁件的力学性能 （GB/T 26648—2011）

牌 号	R_m/MPa≥	$R_{p0.2}$/MPa≥	A（%）≥	A_{KV}/J≥	硬度 HBW
HTANi13Mn7	140	—	—	—	120 ~ 150
QTANi13Mn7	390	210	15	16	120 ~ 150
QTANi30Cr3	370	210	7	—	140 ~ 200
QTANi30Si5Cr5	390	240	—	—	170 ~ 250
QTANi35Cr3	370	210	7	—	140 ~ 190

3. 奥氏体铸铁件在不同温度下的力学性能（表3-6）

表3-6 奥氏体球墨铸铁在不同温度下的力学性能

项 目	温度/℃	牌 号				
		QTANi20Cr2、QTANi20Cr2Nb	QTANi22	QTANi30Cr3	QTANi30Si5Cr5	QTANi35Cr3
抗拉强度 R_m/MPa≥	20	417	437	410	450	427
	430	380	368	—	—	—
	540	335	295	337	426	332
	650	250	197	293	337	286
	760	155	121	186	153	175

（续）

项　　目	温度/℃	牌　号 QTANi20Cr2、QTANi20Cr2Nb	QTANi22	QTANi30Cr3	QTANi30Si5Cr5	QTANi35Cr3
规定塑性延伸强度 $R_{p0.2}$/MPa≥	20	246	240	276	312	288
	430	197	184	—	—	—
	540	197	165	199	291	181
	650	176	170	193	139	170
	760	119	117	107	130	131
伸长率 A（%）≥	20	10.5	35	7.5	3.5	7
	430	12	23	—	—	—
	540	10.5	19	7.5	4	9
	650	10.5	10	7	11	6.5
	760	15	13	18	30	24.5
抗蠕变强度(1000h)/MPa	540	197	148	—	—	—
	595	(127)	(95)	165	120	176
	650	84	63	(105)	(67)	105
	705	(60)	(42)	68	44	70
	760	(39)	(28)	(42)	(21)	(39)
最小蠕变速率时的应力（1%/1000h）/MPa	540	162	91	—	—	(190)
	595	(92)	(63)	—	—	(112)
	650	56	40	—	—	(67)
	705	(34)	(24)	—	—	56
最小蠕变速率时的应力（1%/10000h）/MPa	540	63	—	—	—	—
	595	(39)	—	—	—	70
	650	24	—	—	—	—
	705	(15)	—	—	—	39
蠕变断裂伸长率(1000h)（%）	540	6	14	—	—	—
	595	—	—	7	10.5	6.5
	650	13	13	—	—	—
	705	—	—	12.5	25	13.5

注：括号内的数值是内外插值计算的。

3.1.3　蠕墨铸铁

蠕墨铸铁件的力学性能如表3-7所示。

表 3-7　蠕墨铸铁的力学性能（GB/T 26655—2011）

牌号及铸件壁厚		抗拉强度 R_m/MPa≥	规定塑性延伸强度 $R_{p0.2}$/MPa≥	断后伸长率 A（%）≥	硬度 HBW
单铸试样牌号		单铸试样力学性能			
RuT300		300	210	2.0	140～210
RuT350		350	245	1.5	160～220
RuT400		400	280	1.0	180～240
RuT450		450	315	1.0	200～250
RuT500		500	350	0.5	220～260
附铸试样牌号	铸件壁厚/mm	附铸试样力学性能			
RuT300A	≤12.5	300	210	2.0	140～210
	>12.5～30	300	210	2.0	140～210
	>30～60	275	195	2.0	140～210
	>60～120	250	175	2.0	140～210
RuT350A	≤12.5	350	245	1.5	160～220
	>12.5～30	350	245	1.5	160～220
	>30～60	325	230	1.5	160～220
	>60～120	300	210	1.5	160～220
RuT400A	≤12.5	400	280	1.0	180～240
	>12.5～30	400	280	1.0	180～240
	>30～60	375	260	1.0	180～240
RuT400A	>60～120	325	230	1.0	180～240
RuT450A	≤12.5	450	315	1.0	200～250
	>12.5～30	450	315	1.0	200～250
	>30～60	400	280	1.0	200～250
	>60～120	375	260	0.5	200～250
RuT500A	≤12.5	500	350	0.5	220～260
	>12.5～30	500	350	0.5	220～260
	>30～60	450	315	0.5	220～260
	>60～120	400	280	0.5	220～260

注：1. 从附铸试样测得的力学性能并不能准确地反映铸件本体的力学性能，但与单铸试棒上测得的值相比更接近于铸件的实际性能值。

　　2. 力学性能随铸件结构（形状）和冷却条件而变化，随铸件断面厚度增加而相应降低。

　　3. 布氏硬度值供参考。

3.1.4　球墨铸铁

1. 球墨铸铁件单铸试样的力学性能（表3-8）

表3-8　球墨铸铁件单铸试样的力学性能（GB/T 1348—2009）

牌　　号	抗拉强度 R_m/MPa	规定塑性延伸强度 $R_{p0.2}$/MPa≥	断后伸长率 A（%）≥	硬度 HBW	主要基体组织
QT350-22L	350	220	22	≤160	铁素体
QT350-22R	350	220	22	≤160	铁素体
QT350-22	350	220	22	≤160	铁素体
QT400-18L	400	240	18	120~175	铁素体
QT400-18R	400	250	18	120~175	铁素体
QT400-18	400	250	18	120~175	铁素体
QT400-15	400	250	15	120~180	铁素体
QT450-10	450	310	10	160~210	铁素体
QT500-7	500	320	7	170~230	铁素体+珠光体
QT550-5	550	350	5	180~250	铁素体+珠光体
QT600-3	600	370	3	190~270	珠光体+铁素体
QT700-2	700	420	2	225~305	珠光体
QT800-2	800	480	2	245~335	珠光体或索氏体
QT900-2	900	600	2	280~360	回火马氏体或托氏体+索氏体

注: 1. 如需求 QT500-10 时,其性能要求见表3-9。

2. 字母"L"表示该牌号有低温（-20℃或-40℃）下的冲击性能要求,字母"R"表示该牌号有室温（23℃）下的冲击性能要求。

3. 伸长率是从原始标距 $L_0 = 5d$ 上测得的,d 是试样上原始标距处的直径。

表3-9　QT500-10 的力学性能（GB/T 1348—2009）

牌　　号	铸件壁厚/mm	抗拉强度 R_m/MPa≥	规定塑性延伸强度 $R_{p0.2}$/MPa≥	断后伸长率 A（%）≥
单铸试棒				
QT500-10	—	500	360	10
附铸试棒				
QT500-10A	≤30	500	360	10
	>30~60	490	360	9
	>60~200	470	350	7

2. 球墨铸铁件 V 型缺口单铸试样的冲击吸收能量（表3-10）

表3-10　球墨铸铁件 V 型缺口单铸试样的冲击吸收能量（GB/T 1348—2009）

牌号	冲击吸收能量/J≥					
	室温（23±5）℃		低温（-20±2）℃		低温（-40±2）℃	
	三个试样平均值	个别值	三个试样平均值	个别值	三个试样平均值	个别值
QT350-22L	—	—	—	—	12	9
QT350-22R	17	14				

（续）

牌号	冲击吸收能量/J≥					
	室温（23±5）℃		低温（-20±2）℃		低温（-40±2）℃	
	三个试样平均值	个别值	三个试样平均值	个别值	三个试样平均值	个别值
QT400-18L	—	—	12	9	—	—
QT400-18R	14	11	—	—	—	—

注：冲击吸收能量是从砂型铸造的铸件或者导热性与砂型相当的铸型中铸造的铸块上测得的。用其他方法生产的铸件的冲击吸收能量应满足经双方协商的修正值。

3. 球墨铸铁件附铸试样的力学性能（表3-11）

表3-11　球墨铸铁件附铸试样的力学性能（GB/T 1348—2009）

牌　号	铸件壁厚 /mm	抗拉强度 R_m/MPa≥	规定塑性延伸强度 $R_{p0.2}$/MPa≥	断后伸长率 A（%）≥	硬度 HBW	主要基体组织
QT350-22AL	≤30	350	220	22	≤160	铁素体
	>30~60	330	210	18		
	>60~200	320	200	15		
QT350-22AR	≤30	350	220	22	≤160	铁素体
	>30~60	330	220	18		
	>60~200	320	210	15		
QT350-22A	≤30	350	220	22	≤160	铁素体
	>30~60	330	210	18		
	>60~200	320	200	15		
QT400-18AL	≤30	380	240	18	120~175	铁素体
	>30~60	370	230	15		
	>60~200	360	220	12		
QT400-18AR	≤30	400	250	18	120~175	铁素体
	>30~60	390	250	15		
	>60~200	370	240	12		
QT400-18A	≤30	400	250	18	120~175	铁素体
	>30~60	390	250	15		
	>60~200	370	240	12		
QT400-15A	≤30	400	250	15	120~180	铁素体
	>30~60	390	250	14		
	>60~200	370	240	11		
QT450-10A	≤30	450	310	10	160~210	铁素体
	>30~60	420	280	9		
	>60~200	390	260	8		
QT500-7A	≤30	500	320	7	170~230	铁素体+珠光体
	>30~60	450	300	7		
	>60~200	420	290	5		

（续）

牌　号	铸件壁厚 /mm	抗拉强度 R_m/MPa≥	规定塑性延伸 强度 $R_{p0.2}$/MPa≥	断后伸长率 A（%）≥	硬度 HBW	主要基体组织
QT550-5A	≤30	550	350	5	180~250	铁素体＋珠光体
	>30~60	520	330	4		
	>60~200	500	320	3		
QT600-3A	≤30	600	370	3	190~270	珠光体＋铁素体
	>30~60	600	360	2		
	>60~200	550	340	1		
QT700-2A	≤30	700	420	2	225~305	珠光体
	>30~60	700	400.	2		
	>60~200	650	380	1		
QT800-2A	≤30	800	480	2	245~335	珠光体或 索氏体
	>30~60	由供需双方商定				
	>60~200					
QT900-2A	≤30	900	600	2	280~360	回火马氏体或 索氏体＋托氏体
	>30~60	由供需双方商定				
	>60~200					

注：1. 从附铸试样测得的力学性能并不能准确地反映铸件本体的力学性能，但与单铸试棒上测得的值相比更接近于
　　　铸件的实际性能值。
　　2. 伸长率在原始标距 $L_0 = 5d$ 上测得，d 是试样上原始标距处的直径。
　　3. 如需求 QT500-10 时，其性能要求见表 3-9。

4. 球墨铸铁件 V 型缺口单铸试样的冲击吸收能量（表3-12）

表 3-12　球墨铸铁件 V 型缺口单铸试样的冲击吸收能量（GB/T 1348—2009）

牌　号	铸件壁厚 /mm	冲击吸收能量/J　≥					
		室温(23±5)℃		低温(−20±2)℃		低温(−40±2)℃	
		三个试样平均值	个别值	三个试样平均值	个别值	三个试样平均值	个别值
QT350-22AR	≤60	17	14	—	—	—	—
	>60~200	15	12	—	—	—	—
QT350-22AL	≤60	—	—	—	—	12	9
	>60~200	—	—	—	—	10	7
QT400-18AR	≤60	14	11	—	—	—	—
	>60~200	12	9	—	—	—	—
QT400-18AL	≤60	—	—	12	9	—	—
	>60~200	—	—	10	7	—	—

5. 球墨铸铁件本体的规定塑性延伸强度（表 3-13）

表 3-13　铸件本体的规定塑性延伸强度（GB/T 1348—2009）

牌号	铸件壁厚/mm			
	≤50	>50~80	>80~120	>120~200
	规定塑性延伸强度 $R_{p0.2}$/MPa≥			
QT400-15	250	240	230	230
QT500-7	290	280	270	260
QT550-5	320	310	300	290
QT600-3	360	340	330	320
QT700-2	400	380	370	360

6. 球墨铸铁的力学性能及物理性能（表 3-14）

表 3-14　球墨铸铁的力学性能及物理性能（GB/T 1348—2009）

特性值	QT350-22	QT400-18	QT450-10	QT500-7	QT550-5	QT600-3	QT700-2	QT800-2	QT900-2	QT500-10
抗剪强度/MPa	315	360	405	450	500	540	630	720	810	—
抗扭强度/MPa	315	360	405	450	500	540	630	720	810	—
弹性模量（拉伸和压缩）/GPa	169	169	169	169	172	174	176	176	176	170
泊松比	0.275	0.275	0.275	0.275	0.275	0.275	0.275	0.275	0.275	0.28~0.029
无缺口疲劳极限[1]（旋转弯曲,ϕ10.6mm）/MPa	180	195	210	224	236	248	280	304	304	225
有缺口疲劳极限[2]（旋转弯曲,ϕ10.6mm）/MPa	114	122	128	134	142	149	168	182	182	140
抗压强度/MPa	—	700	700	800	840	870	1000	1150	—	—
断裂韧度 K_{IC}/MPa·$m^{\frac{1}{2}}$	31	30	28	25	22	20	15	14	14	28
300℃时的热导率/[W/(K·m)]	36.2	36.2	36.2	35.2	34	32.5	31.1	31.1	31.1	
20~500℃时的比热容/[J/(kg·K)]	515	515	515	515	515	515	515	515	515	—
20~400℃时的线胀系数/(10^{-6}/K)	12.5	12.5	12.5	12.5	12.5	12.5	12.5	12.5	12.5	—
密度/(g/cm³)	7.1	7.1	7.1	7.1	7.1	7.2	7.2	7.2	7.2	7.1

（续）

特性值	QT350 -22	QT400 -18	QT450 -10	QT500-7	QT550-5	QT600-3	QT700-2	QT800-2	QT900-2	QT500-10
最大渗透性/$(\mu H/m)$	2136	2136	2136	1596	1200	866	501	501	501	—
磁滞损耗$(B=1T)/(J/m^3)$	600	600	600	1345	1800	2248	2700	2700	2700	—
电阻率/$\mu\Omega\cdot m$	0.50	0.50	0.50	0.51	0.52	0.53	0.54	0.54	0.54	—
主要基体组织	铁素体	铁素体	铁素体	铁素体+珠光体	铁素体+珠光体	珠光体+铁素体	珠光体	珠光体或索氏体	回火马氏体或索氏体+托氏体③	铁素体

注：除非另有说明，本表中所列数值都是常温下的测定值。

① 对抗拉强度是370MPa的球墨铸铁件无缺口试样，退火铁素体球墨铸铁件的疲劳极限强度大约是抗拉强度的0.5倍。在珠光体球墨铸铁和经淬火＋回火处理的球墨铸铁中，这个比率随着抗拉强度的增加而减少，疲劳极限强度大约是抗拉强度的0.4倍。当抗拉强度超过740MPa时，这个比率将进一步减少。

② 对直径ϕ10.6mm的45°圆角R0.25mm的V型缺口试样，退火球墨铸铁件的疲劳极限强度降低到无缺口球墨铸铁件（抗拉强度是370MPa）疲劳极限的0.63倍。这个比率随着铁素体球墨铸铁件抗拉强度的增加而减少。对中等强度的球墨铸铁件、珠光体球墨铸铁件和经淬火＋回火处理的球墨铸铁件，有缺口试样的疲劳极限大约是无缺口试样疲劳极限强度的0.6倍。

③ 对大型铸件，可能是珠光体，也可能是回火马氏体或托氏体＋索氏体。

7. 球墨铸铁布氏硬度与抗拉强度的关系（图3-1）

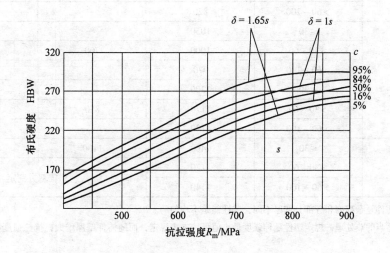

图3-1　球墨铸铁布氏硬度与抗拉强度的关系

c—置信界限，可靠区间　s—标准偏差　δ—极限偏差

8. 球墨铸铁的性能变化趋向（表3-15）

表3-15　球墨铸铁性能变化趋向（GB/T 1348—2009）

牌号	QT400-18	QT400-18L	QT400-15	QT450-10	QT500-7	QT600-3	QT700-2	QT800-2	QT900-2
性能				抗 拉 强 度　→					
			←　断 后 伸 长 率						
				弹 性 模 量　→					
				硬　　　度　→					
			←　冲 击 值						
			←　小能量多冲抗力						
				疲 劳 极 限　→					
				耐 磨 性　→					
			←　减 振 性						
			←　耐温度急变性						
				可 加 工 性　→					

注：箭头所指方向表示性能趋好。

3.1.5　等温淬火球墨铸铁件

1. 等温淬火球墨铸铁件单铸或附铸试块的力学性能（表3-16）

表3-16　等温淬火球墨铸铁件单铸或附铸试块的力学性能（GB/T 24733—2009）

牌　　号	铸件主要壁厚 t/ mm	抗拉强度 R_m/MPa ≥	规定塑性延伸强度 $R_{p0.2}$/MPa ≥	断后伸长率 A（%） ≥
QTD800-10 （QTD800-10R）	≤30	800		10
	>30～60	750	500	6
	>60～100	720		5
QTD900-8	≤30	900		8
	>30～60	850	600	5
	>60～100	820		4
QTD1050-6	≤30	1050		6
	>30～60	1000	700	4
	>60～100	970		3
QTD1200-3	≤30	1200		3
	>30～60	1170	850	2
	>60～100	1140		1
QTD1400-1	≤30	1400	1100	1
	>30～60	1170	供需双方商定	
	>60～100	1140		

注：1. 由于铸件复杂程度和各部分壁厚不同，其性能是不均匀的。

2. 经过适当的热处理，规定塑性延伸强度最小值可按本表规定，而随铸件壁厚增大，抗拉强度和断后伸长率会降低。

3. 字母 R 表示该牌号有室温（23℃）冲击性能值的要求。

4. 如需规定附铸试块型式，牌号后加标记"A"，例如 QTD 900-8A。

5. 材料牌号是按壁厚 t≤30mm 厚试块测得的力学性能而确定的。

2. 等温淬火球墨铸铁件单铸或附铸试块 V 型缺口试样的冲击吸收能量（表 3-17）

表 3-17 等温淬火球墨铸铁件单铸或附铸试块 V 型缺口试样的

冲击吸收能量（GB/T 24733—2009）

牌 号	铸件主要壁厚 t/mm	室温（23℃ ±5℃）下冲击吸收能量/J ≥	
		3 个试样的平均值	单个值
QTD 800-10R	≤30	10	9
	>30 ~ 60	9	8
	>60 ~ 100	8	7

注：如需规定附铸试块形式，牌号后加标记"A"，即 QTD 800-10RA。

3.1.6 抗磨白口铸铁件

1. 抗磨白口铸铁的牌号和化学成分（表 3-18）

表 3-18 抗磨白口铸铁的牌号和化学成分（GB/T 8263—2010）

牌 号	化学成分（质量分数,%）								
	C	Si	Mn	Cr	Mo	Ni	Cu	S	P
BTMNi4Cr2-DT	2.4 ~ 3.0	≤0.8	≤2.0	1.5 ~ 3.0	≤1.0	3.3 ~ 5.0	—	≤0.10	≤0.10
BTMNi4Cr2-GT	3.0 ~ 3.6	≤0.8	≤2.0	1.5 ~ 3.0	≤1.0	3.3 ~ 5.0	—	≤0.10	≤0.10
BTMCr9Ni5	2.5 ~ 3.6	1.5 ~ 2.2	≤2.0	8.0 ~ 10.0	≤1.0	4.5 ~ 7.0	—	≤0.06	≤0.06
BTMCr2	2.1 ~ 3.6	≤1.5	≤2.0	1.0 ~ 3.0			—	≤0.10	≤0.10
BTMCr8	2.1 ~ 3.6	1.5 ~ 2.2	≤2.0	7.0 ~ 10.0	≤3.0	≤1.0	≤1.2	≤0.06	≤0.06
BTMCr12-DT	1.1 ~ 2.0	≤1.5	≤2.0	11.0 ~ 14.0	≤3.0	≤2.5	≤1.2	≤0.06	≤0.06
BTMCr12-GT	2.0 ~ 3.6	≤1.5	≤2.0	11.0 ~ 14.0	≤3.0	≤2.5	≤1.2	≤0.06	≤0.06
BTMCr15	2.0 ~ 3.6	≤1.2	≤2.0	14.0 ~ 18.0	≤3.0	≤2.5	≤1.2	≤0.06	≤0.06
BTMCr20	2.0 ~ 3.3	≤1.2	≤2.0	18.0 ~ 23.0	≤3.0	≤2.5	≤1.2	≤0.06	≤0.06
BTMCr26	2.0 ~ 3.3	≤1.2	≤2.0	23.0 ~ 30.0	≤3.0	≤2.5	≤1.2	≤0.06	≤0.06

注：1. 牌号中，"DT"和"GT"分别是"低碳"和"高碳"的汉语拼音大写字母，表示该牌号含碳量的高低。

2. 允许加入微量 V、Ti、Nb、B 和 RE 等元素。

2. 抗磨白口铸铁件的硬度（表 3-19）

表 3-19 抗磨白口铸铁件的硬度（GB/T 8263—2010）

牌 号	表 面 硬 度					
	铸态或铸态去应力处理		硬化态或硬化态去应力处理		软化退火态	
	HRC	HBW	HRC	HBW	HRC	HBW
BTMNi4Cr2-DT	≥53	≥550	≥56	≥600	—	—
BTMNi4Cr2-GT	≥53	≥550	≥56	≥600	—	—
BTMCr9Ni5	≥50	≥500	≥56	≥600	—	—
BTMCr2	≥45	≥435				
BTMCr8	≥46	≥450	≥56	≥600	≤41	≤400
BTMCr12-DT	—	—	≥50	≥500	≤41	≤400

（续）

| 牌　号 | 表　面　硬　度 | | | | | |
| | 铸态或铸态去应力处理 | | 硬化态或硬化态去应力处理 | | 软化退火态 | |
	HRC	HBW	HRC	HBW	HRC	HBW
BTMCr12-GT	≥46	≥450	≥58	≥650	≤41	≤400
BTMCr15	≥46	≥450	≥58	≥650	≤41	≤400
BTMCr20	≥46	≥450	≥58	≥650	≤41	≤400
BTMCr26	≥46	≥450	≥58	≥650	≤41	≤400

注：1. 洛氏硬度值（HRC）和布氏硬度值（HBW）之间没有精确的对应值，因此，这两种硬度值应独立使用。
　　2. 铸件断面深度40%处的硬度应不低于表面硬度值的92%。

3.1.7　铬锰钨系抗磨铸铁件

1. 铬锰钨系抗磨铸铁件的牌号及化学成分（表3-20）

表3-20　铬锰钨系抗磨铸铁件的牌号及化学成分（GB/T 24597—2009）

| 牌　号 | 化学成分（质量分数,%） | | | | | | |
	C	Si	Cr	Mn	W	P	S
BTMCr18Mn3W2	2.8~3.5	0.3~1.0	16~22	2.5~3.5	1.5~2.5	≤0.08	≤0.06
BTMCr18Mn3W	2.8~3.5	0.3~1.0	16~22	2.5~3.5	1.0~1.5	≤0.08	≤0.06
BTMCr18Mn2W	2.8~3.5	0.3~1.0	16~22	2.0~2.5	0.3~1.0	≤0.08	≤0.06
BTMCr12Mn3W2	2.0~2.8	0.3~1.0	10~16	2.5~3.5	1.5~2.5	≤0.08	≤0.06
BTMCr12Mn3W	2.0~2.8	0.3~1.0	10~16	2.5~3.5	1.0~1.5	≤0.08	≤0.06
BTMCr12Mn2W	2.0~2.8	0.3~1.0	10~16	2.0~2.5	0.3~1.0	≤0.08	≤0.06

注：铬碳比（质量比）≥5。

2. 铬锰钨系抗磨铸铁件的硬度（表3-21）

表3-21　铬锰钨系抗磨铸铁件的硬度（GB/T 24597—2009）

| 牌　号 | 硬度HRC | | 牌　号 | 硬度HRC | |
	软化退火态	硬化态		软化退火态	硬化态
BTMCr18Mn3W2	≤45	≥60	BTMCr12Mn3W2	≤40	≥58
BTMCr18Mn3W	≤45	≥60	BTMCr12Mn3W	≤40	≥58
BTMCr18Mn2W	≤45	≥60	BTMCr12Mn2W	≤40	≥58

注：铸件断面深度40%部位的硬度应不低于表面硬度值的96%。

3.1.8　高硅耐蚀铸铁

1. 高硅耐蚀铸铁的牌号和化学成分（表3-22）

表3-22　高硅耐蚀铸铁的牌号和化学成分（GB/T 8491—2009）

| 牌　号 | 化学成分（质量分数,%） | | | | | | | | |
	C	Si	Mn≤	P≤	S≤	Cr	Mo	Cu	RE残留量≤
HTSSi11Cu2CrR	≤1.20	10.00~12.00	0.50	0.10	0.10	0.60~0.80	—	1.80~2.20	0.10

（续）

牌　号	化学成分(质量分数,%)								
	C	Si	Mn≤	P≤	S≤	Cr	Mo	Cu	RE残留量≤
HTSSi15R	0.65~1.10	14.20~14.75	1.50	0.10	0.10	≤0.50	≤0.50	≤0.50	0.10
HTSSi15Cr4MoR	0.75~1.15	14.20~14.75	1.50	0.10	0.10	3.25~5.00	0.40~0.60	≤0.50	0.10
HTSSi15Cr4R	0.70~1.10	14.20~14.75	1.50	0.10	0.10	3.25~5.00	≤0.20	≤0.50	0.10

注:本表所有牌号都适用于腐蚀的工况条件,HTSSi15Cr4MoR 尤其适用于强氯化物的工况条件,HTSSi15Cr4R 适用于阳极电板。

2. 高硅耐蚀铸铁的力学性能（表 3-23）

表 3-23　高硅耐蚀铸铁的力学性能（GB/T 8491—2009）

牌　号	最小抗弯强度/MPa	最小挠度/mm
HTSSi11Cu2CrR	190	0.80
HTSSi15R	118	0.66
HTSSi15Cr4MoR	118	0.66
HTSSi15Cr4R	118	0.66

3.1.9　耐热铸铁

1. 耐热铸铁的牌号和化学成分（表 3-24）

表 3-24　耐热铸铁的牌号和化学成分（GB/T 9437—2009）

牌　号	化学成分(质量分数,%)						
	C	Si	Mn	P	S	Cr	Al
			≤				
HTRCr	3.0~3.8	1.5~2.5	1.0	0.10	0.08	0.50~1.00	—
HTRCr2	3.0~3.8	2.0~3.0	1.0	0.10	0.08	1.00~2.00	—
HTRCr16	1.6~2.4	1.5~2.2	1.0	0.10	0.05	15.00~18.00	—
HTRSi5	2.4~3.2	4.5~5.5	0.8	0.10	0.08	0.5~1.00	—
QTRSi4	2.4~3.2	3.5~4.5	0.7	0.07	0.015	—	—
QTRSi4Mo	2.7~3.5	3.5~4.5	0.5	0.07	0.015	Mo:0.5~0.9	—
QTRSi4Mo1	2.7~3.5	4.0~4.5	0.3	0.05	0.015	Mo:1.0~1.5	Mg:0.01~0.05
QTRSi5	2.4~3.2	4.5~5.5	0.7	0.07	0.015	—	—
QTRAl4Si4	2.5~3.0	3.5~4.5	0.5	0.07	0.015	—	4.0~5.0
QTRAl5Si5	2.3~2.8	4.5~5.2	0.5	0.07	0.015	—	5.0~5.8
QTRAl22	1.6~2.2	1.0~2.0	0.7	0.07	0.015	—	20.0~24.0

注:本表适用于工作温度在 1100℃ 以下的耐热铸铁件。

2. 耐热铸铁的室温力学性能（表3-25）

表3-25　耐热铸铁的室温力学性能（GB/T 9437—2009）

牌　号	最小抗拉强度 R_m /MPa	硬度 HBW	牌　号	最小抗拉强度 R_m /MPa	硬度 HBW
HTRCr	200	189 ~ 288	QTRSi4Mo1	550	200 ~ 240
HTRCr2	150	207 ~ 288	QTRSi5	370	228 ~ 302
HTRCr16	340	400 ~ 450	QTRAl4Si4	250	285 ~ 341
HTRSi5	140	160 ~ 270	QTRAl5Si5	200	302 ~ 363
QTRSi4	420	143 ~ 187	QTRAl22	300	241 ~ 364
QTRSi4Mo	520	188 ~ 241			

注：允许用热处理方法达到上述性能。

3. 耐热铸铁的高温短时抗拉强度（表3-26）

表3-26　耐热铸铁的高温短时抗拉强度（GB/T 9437—2009）

牌　号	在下列温度时的最小抗拉强度/MPa				
	500℃	600℃	700℃	800℃	900℃
HTRCr	225	144	—	—	—
HTRCr2	243	166	—	—	—
HTRCr16	—	—	—	144	88
HTRSi5	—	—	41	27	—
QTRSi4	—	—	75	35	—
QTRSi4Mo	—	—	101	46	—
QTRSi4Mo1	—	—	101	46	—
QTRSi5	—	—	67	30	—
QTRAl4Si4	—	—	—	82	32
QTRAl5Si5	—	—	—	167	75
QTRAl22	—	—	—	130	77

3.1.10　可锻铸铁件

1. 黑心可锻铸铁和珠光体可锻铸铁的力学性能（表3-27）

表3-27　黑心可锻铸铁和珠光体可锻铸铁的力学性能（GB/T 9440—2010）

牌　号	试样直径 $d^{①②}$/mm	抗拉强度 R_m/MPa≥	规定塑性延伸强度 $R_{p0.2}$/MPa≥	断后伸长率 $A(L_0 = 3d)(\%)≥$	硬度 HBW
KTH275-05[③]	12 或 15	275	—	5	
KTH300-06[③]	12 或 15	300	—	6	
KTH330-08	12 或 15	330	—	8	≤150
KTH350-10	12 或 15	350	200	10	
KTH370-12	12 或 15	370	—	12	

（续）

牌　号	试样直径 $d^{①②}$/mm	抗拉强度 R_m/MPa≥	规定塑性延伸强度 $R_{p0.2}$/MPa≥	断后伸长率 $A(L_0=3d)(\%)$≥	硬度 HBW
KTZ450-06	12 或 15	450	270	6	150~200
KTZ500-05	12 或 15	500	300	5	165~215
KTZ550-04	12 或 15	550	340	4	180~230
KTZ500-03	12 或 15	600	390	3	195~245
KTZ650-02^{④⑤}	12 或 15	650	430	2	210~260
KTZ700-02	12 或 15	700	530	2	240~290
KTZ800-01^{④}	12 或 15	800	600	1	270~320

① 如果需方没有明确要求，供方可以任意选取两种试棒直径中的一种。
② 试样直径代表同样壁厚的铸件，如果铸件为薄壁件时，供需双方可以协商选取直径 6mm 或者 9mm 试样。
③ KTH275-05 和 KTH300-06 为专门用于保证压力密封性能，而不要求高强度或者高延展性的工作条件的。
④ 油淬加回火。
⑤ 空冷加回火。

2. 白心可锻铸铁的力学性能（表 3-28）

表 3-28 白心可锻铸铁的力学性能（GB/T 9440—2010）

牌　号	试样直径 d/mm	抗拉强度 R_m/MPa≥	规定塑性延伸强度 $R_{p0.2}$/MPa≥	断后伸长率 $A(L_0=3d)(\%)$≥	硬度 HBW≤
KTB360-12	12	360	190	12	200
	15	370	200	7	
KTB400-05	6	300	—	12	220
	9	360	200	8	
	12	400	220	5	
	15	420	230	4	
KTB450-07	6	330	—	12	220
	9	400	230	10	
	12	450	260	7	
	15	480	280	4	
KTB550-04	6	—	—	—	250
	9	490	310	5	
	12	550	340	4	
	15	570	350	3	

注：1. 所有级别的白心可锻铸铁均可以焊接。
　　2. 对于小尺寸的试样，很难判断其屈服强度，屈服强度的检测方法和数值由供需双方在签订订单时商定。

3.2　铸钢

3.2.1　一般工程用铸造碳钢

1. 一般工程用铸造碳钢的牌号和化学成分（表3-29）

表3-29　一般工程用铸造碳钢的牌号和化学成分（GB/T 11352—2009）

牌　号	化学成分（质量分数,%）≤										
	C	Si	Mn	S	P	残余元素					
						Ni	Cr	Cu	Mo	V	残余元素总量
ZG 200-400	0.20		0.80								
ZG 230-450	0.30										
ZG 270-500	0.40	0.60		0.035	0.035	0.40	0.35	0.40	0.20	0.05	1.00
ZG 310-570	0.50		0.90								
ZG 340-640	0.60										

注：1. 对质量分数上限减少0.01%的碳，允许增加质量分数可至0.04%的锰。对于ZG200—400，锰的最高质量分
数可至1.00%，其余四个牌号锰的质量分数可至1.20%。

　　2. 除另有规定外，残余元素不作为验收依据。

2. 一般工程用铸造碳钢件的力学性能（表3-30）

表3-30　一般工程用铸造碳钢件的力学性能（GB/T 11352—2009）

牌　号	上屈服强度 R_{eH}（或 $R_{p0.2}$）/MPa ≥	抗拉强度 R_m /MPa ≥	断后伸长率 $A(\%)$ ≥	根据合同选择		
				断面收缩率 $Z(\%)$ ≥	冲击吸收能量 KV/J ≥	冲击吸收能量 KU/J ≥
ZG 200-400	200	400	25	40	30	47
ZG 230-450	230	450	22	32	25	35
ZG 270-500	270	500	18	25	22	27
ZG 310-570	310	570	15	21	15	24
ZG 340-640	340	640	10	18	10	16

注：1. 表中所列的各牌号性能，适应于厚度为100mm以下的铸件。当铸件厚度超过100mm时，表中规定的 R_{eH}（或
$R_{p0.2}$）仅供设计使用。

　　2. 表中冲击吸收能量 KU 的试样缺口为2mm。

3.2.2　一般工程与结构用低合金铸钢件

1. 一般工程与结构用低合金铸钢件的牌号及磷硫含量（表3-31）

表3-31　一般工程与结构用低合金铸钢的牌号及磷硫含量（GB/T 14408—1993）

牌　号	P（质量分数,%）	S（质量分数,%）
	≤	
ZGD270-480		
ZGD290-510	0.040	0.040
ZGD345-570		

（续）

牌　号	P（质量分数,%）	S（质量分数,%）
	≤	
ZGD410-620		
ZGD535-720	0.040	0.040
ZGD650-830		
ZGD730-910	0.035	0.035
ZGD840-1030		

2. 一般工程与结构用低合金铸钢件的力学性能（表 3-32）

表 3-32　低合金铸钢的力学性能（GB/T 14408—1993）

牌　号	下屈服强度 R_{eL}（或 $R_{p0.2}$）/MPa	抗拉强度 R_m/MPa	断后伸长率 A(%)	断面收缩率 Z(%)
	≥	≥	≥	≥
ZGD270-480	270	480	18	35
ZGD290-510	290	510	16	35
ZGD345-570	345	570	14	35
ZGD410-620	410	620	13	35
ZGD535-720	535	720	12	30
ZGD650-830	650	830	10	25
ZGD730-910	730	910	8	22
ZGD840-1030	840	1030	6	20

注：表中力学性能值取自 28mm 厚标准试块。

3.2.3　大型低合金钢铸件

1. 大型低合金钢铸件的化学成分（表 3-33）

表 3-33　大型低合金钢铸件的化学成分（JB/T 6402—2006）

牌号	化学成分（质量分数,%）								
	C	Si	Mn	P	S	Cr	Ni	Mo	Cu
ZG20Mn	0.16 ~ 0.22	0.60 ~ 0.80	1.00 ~ 1.30	≤0.030	≤0.030	—	≤0.40	—	—
ZG30Mn	0.27 ~ 0.34	0.30 ~ 0.50	1.20 ~ 1.50	≤0.030	≤0.030	—	—	—	—
ZG35Mn	0.30 ~ 0.40	0.60 ~ 0.80	1.10 ~ 1.40	≤0.030	≤0.030	—	—	—	—
ZG40Mn	0.35 ~ 0.45	0.30 ~ 0.45	1.20 ~ 1.50	≤0.030	≤0.030	—	—	—	—
ZG40Mn2	0.35 ~ 0.45	0.20 ~ 0.40	1.60 ~ 1.80	≤0.030	≤0.030	—	—	—	—
ZG45Mn2	0.42 ~ 0.49	0.20 ~ 0.40	1.60 ~ 1.80	≤0.030	≤0.030	—	—	—	—

（续）

牌号	化学成分（质量分数，%）								
	C	Si	Mn	P	S	Cr	Ni	Mo	Cu
ZG50Mn2	0.45 ~ 0.55	0.20 ~ 0.40	1.50 ~ 1.80	≤0.030	≤0.030	—	—	—	—
ZG35SiMnMo	0.32 ~ 0.40	1.10 ~ 1.40	1.10 ~ 1.40	≤0.030	≤0.030	—	—	0.20 ~ 0.30	≤0.30
ZG35CrMnSi	0.30 ~ 0.40	0.50 ~ 0.75	0.90 ~ 1.20	≤0.030	≤0.030	0.50 ~ 0.80	—	—	—
ZG20MnMo	0.17 ~ 0.23	0.20 ~ 0.40	1.10 ~ 1.40	≤0.030	≤0.030	—	—	0.20 ~ 0.35	≤0.30
ZG30Cr1MnMo	0.25 ~ 0.35	0.17 ~ 0.45	0.90 ~ 1.20	≤0.030	≤0.030	0.90 ~ 1.20	—	0.20 ~ 0.30	—
ZG55CrMnMo	0.50 ~ 0.60	0.25 ~ 0.60	1.20 ~ 1.60	≤0.030	≤0.030	0.60 ~ 0.90	—	0.20 ~ 0.30	≤0.30
ZG40Cr1	0.35 ~ 0.45	0.20 ~ 0.40	0.50 ~ 0.80	≤0.030	≤0.030	0.80 ~ 1.10	—	—	—
ZG34Cr2Ni2Mo	0.30 ~ 0.37	0.30 ~ 0.60	0.60 ~ 1.00	≤0.030	≤0.030	1.40 ~ 1.70	1.40 ~ 1.70	0.15 ~ 0.35	—
ZG15Cr1Mo	0.12 ~ 0.20	≤0.60	0.50 ~ 0.80	≤0.030	≤0.030	1.00 ~ 1.50	—	0.45 ~ 0.65	—
ZG20CrMo	0.17 ~ 0.25	0.20 ~ 0.45	0.50 ~ 0.80	≤0.030	≤0.030	0.50 ~ 0.80	—	0.45 ~ 0.65	—
ZG35Cr1Mo	0.30 ~ 0.37	0.30 ~ 0.50	0.50 ~ 0.80	≤0.030	≤0.030	0.80 ~ 1.20	—	0.20 ~ 0.30	—
ZG42Cr1Mo	0.38 ~ 0.45	0.30 ~ 0.60	0.60 ~ 1.00	≤0.030	≤0.030	0.80 ~ 1.20	—	0.20 ~ 0.30	—
ZG50Cr1Mo	0.46 ~ 0.54	0.25 ~ 0.50	0.50 ~ 0.80	≤0.030	≤0.030	0.90 ~ 1.20	—	0.15 ~ 0.25	—
ZG65Mn	0.60 ~ 0.70	0.17 ~ 0.37	0.90 ~ 1.20	≤0.030	≤0.030	—	—	—	—
ZG28NiCrMo	0.25 ~ 0.30	0.30 ~ 0.80	0.60 ~ 0.90	≤0.030	≤0.030	0.35 ~ 0.85	0.40 ~ 0.80	0.35 ~ 0.55	—
ZG30NiCrMo	0.25 ~ 0.35	0.30 ~ 0.60	0.70 ~ 1.00	≤0.030	≤0.030	0.60 ~ 0.90	0.60 ~ 1.00	0.35 ~ 0.50	—
ZG35NiCrMo	0.30 ~ 0.37	0.60 ~ 0.90	0.70 ~ 1.00	≤0.030	≤0.030	0.40 ~ 0.90	0.60 ~ 0.90	0.40 ~ 0.50	—

2. 大型低合金钢铸件的力学性能（表 3-34）

表 3-34　大型低合金钢铸件的力学性能（JB/T 6402—2006）

牌　　号	热处理状态	上屈服强度 R_{eH} /MPa ≥	抗拉强度 R_m /MPa ≥	断后伸长率 $A(\%)$ ≥	断面收缩率 $Z(\%)$ ≥	冲击吸收能量			硬度 HBW ≥	备　　注
						KU /J ≥	KV /J ≥	$KDVM$ /J ≥		
ZG20Mn	正火 + 回火	285	495	18	30	39	—	—	145	焊接及流动性良好,用于水压机缸、叶片、喷嘴体、阀、弯头等
	调质	300	500 ~ 650	24	—	—	45	—	150 ~ 190	
ZG30Mn	正火 + 回火	300	558	18	30				163	
ZG35Mn	正火 + 回火	345	570	12	20	24				用于承受摩擦的零件
	调质	415	640	12	25	27		27	200 ~ 240	
ZG40Mn	正火 + 回火	295	640	12	30				163	用于承受摩擦和冲击的零件,如齿轮等
ZG40Mn2	正火 + 回火	395	590	20	40	30			179	用于承受摩擦的零件,如齿轮等
	调质	685	835	13	45	35		35	269 ~ 302	
ZG45Mn2	正火 + 回火	392	637	15	30				179	用于模块、齿轮等
ZG50Mn2	正火 + 回火	445	785	18	37					用于高强度零件,如齿轮、齿轮缘等
ZG35SiMnMo	正火 + 回火	395	640	12	20	24				用于承受负荷较大的零件
	调质	490	690	12	25	27		27		
ZG35CrMnSi	正火 + 回火	345	690	14	30				217	用于承受冲击、摩擦的零件,如齿轮、滚轮等
ZG20MnMo	正火 + 回火	295	490	16		39			156	用于受压容器,如泵壳等
ZG30Cr1MnMo	正火 + 回火	392	686	15	30					用于拉坯和立柱
ZG55CrMnMo	正火 + 回火	不规定	不规定	—	—					有一定的热硬性,用于锻模等
ZG40Cr1	正火 + 回火	345	630	18	26				212	用于高强度齿轮
ZG34Cr2Ni2Mo	调质	700	950 ~ 1000	12	—		32		240 ~ 290	用于特别要求的零件,如锥齿轮、小齿轮、桥式起重机行走轮、轴等
ZG15Cr1Mo	正火 + 回火	275	490	20	35	24			140 ~ 220	用于汽轮机
ZG20CrMo	正火 + 回火	245	460	18	30	30			135 ~ 180	用于齿轮、锥齿轮及高压缸零件等
	调质	245	460	18	30	24		—		

（续）

牌　号	热处理状态	上屈服强度 R_{eH} /MPa ≥	抗拉强度 R_m /MPa ≥	断后伸长率 A(%) ≥	断面收缩率 Z(%) ≥	冲击吸收能量 KU /J ≥	冲击吸收能量 KV /J ≥	冲击吸收能量 $KDVM$ /J ≥	硬度 HBW ≥	备　注
ZG35Cr1Mo	正火 + 回火	392	588	12	20	23.5	—	—	—	用于齿轮、电炉支承轮轴套、齿圈等
	调质	510	686	12	25	31	—	27	201	
ZG42Cr1Mo	正火 + 回火	343	569	12	20	—	30	—	—	用于承受高负荷零件、齿轮、锥齿轮等
	调质	490	690 ~ 830	11				21	200 ~ 250	
ZG50Cr1Mo	调质	520	740 ~ 880	11				34	200 ~ 260	用于减速器零件、齿轮、小齿轮等
ZG65Mn	正火 + 回火	不规定	不规定	—				—		用于球磨机衬板等
ZG28NiCrMo	—	420	630	20	40					适用于直径大于 300mm 的齿轮铸件
ZG30NiCrMo	—	590	730	17	35					适用于直径大于 300mm 的齿轮铸件
ZG35NiCrMo	—	660	830	14	30					适用于直径大于 300mm 的齿轮铸件

注：1. 需方无特殊要求时，KU、KV、$KDVM$［DVM（德标）试样的冲击吸收能量］由供方任选一种。

　　2. 需方无特殊要求时，硬度不作验收依据，仅供设计参考。

3.2.4　一般用途耐蚀钢铸件

1. 一般用途耐蚀钢铸件的化学成分（表3-35）

表3-35　一般用途耐蚀钢铸件的化学成分（GB/T 2100—2002）

牌　号	化学成分（质量分数,%）								
	C	Si	Mn	P	S	Cr	Mo	Ni	其他
ZG15Cr12	0.15	0.8	0.8	0.035	0.025	11.5 ~ 13.5	0.5	1.0	—
ZG20Cr13	0.16 ~ 0.24	1.0	0.6	0.035	0.025	12.0 ~ 14.0	—	—	—
ZG10Cr12NiMo	0.10	0.8	0.8	0.035	0.025	11.5 ~ 13.0	0.2 ~ 0.5	0.8 ~ 1.8	—
ZG06Cr12Ni4（QT1）ZG06Cr12Ni4（QT2）	0.06	1.0	1.5	0.035	0.025	11.5 ~ 13.0	1.0	3.5 ~ 5.0	—
ZG06Cr16Ni5Mo	0.06	0.8	0.8	0.035	0.025	15.0 ~ 17.0	0.7 ~ 1.5	4.0 ~ 6.0	—
ZG03Cr18Ni10	0.03	1.5	1.5	0.040	0.030	17.0 ~ 19.0	—	9.0 ~ 12.0	—
ZG03Cr18Ni10N	0.03	1.5	1.5	0.040	0.030	17.0 ~ 19.0	—	9.0 ~ 12.0	N：0.10 ~ 0.20
ZG07Cr19Ni9	0.07	1.5	1.5	0.040	0.030	18.0 ~ 21.0	—	8.0 ~ 11.0	—
ZG08Cr19Ni10Nb	0.08	1.5	1.5	0.040	0.030	18.0 ~ 21.0	—	9.0 ~ 12.0	Nb：8C ~ 1.00

（续）

牌　号	化学成分（质量分数,%）								
	C	Si	Mn	P	S	Cr	Mo	Ni	其他
ZG03Cr19Ni11Mo2	0.03	1.5	1.5	0.040	0.030	17.0~20.0	2.0~2.5	9.0~12.0	—
ZG03Cr19Ni11Mo2N	0.03	1.5	1.5	0.040	0.030	17.0~20.0	2.0~2.5	9.0~12.0	N: 0.10~0.20
ZG07Cr19Ni11Mo2	0.07	1.5	1.5	0.040	0.030	17.0~20.0	2.0~2.5	9.0~12.0	—
ZG08Cr19Ni11Mo2Nb	0.08	1.5	1.5	0.040	0.030	17.0~20.0	2.0~2.5	9.0~12.0	Nb: 8C~1.00
ZG03Cr19Ni11Mo3	0.03	1.5	1.5	0.040	0.030	17.0~20.0	3.0~3.5	9.0~12.0	—
ZG03Cr19Ni11Mo3N	0.03	1.5	1.5	0.040	0.030	17.0~20.0	3.0~3.5	9.0~12.0	N: 0.10~0.20
ZG07Cr19Ni11Mo3	0.07	1.5	1.5	0.040	0.030	17.0~20.0	3.0~3.5	9.0~12.0	—
ZG03Cr26Ni5Cu3Mo3N	0.03	1.0	1.5	0.035	0.025	25.0~27.0	2.5~3.5	4.5~6.5	Cu: 2.4~3.5 N: 0.12~0.25
ZG03Cr26Ni5Mo3N	0.03	1.0	1.5	0.035	0.025	25.0~27.0	2.5~3.5	4.5~6.5	N: 0.12~0.25
ZG03Cr14Ni14Si4	0.03	3.5~4.5	0.8	0.035	0.025	13~15	—	13~15	—

注：表中的单个值表示最大值。

2. 一般用途耐蚀钢铸件的力学性能（表3-36）

表 3-36　一般用途耐蚀钢铸件的力学性能（GB/T 2100—2002）

牌　号	规定塑性延伸强度 $R_{p0.2}$/MPa≥	抗拉强度 R_m/MPa≥	断后伸长率 A（%）≥	冲击吸收能量 KV/J≥	最大厚度/mm
ZG15Cr12	450	620	14	20	150
ZG20Cr13	440（R_{eL}）	610	16	58（A_{KU}）	300
ZG10Cr12NiMo	440	590	15	27	300
ZG06Cr12Ni4（QT1）	550	750	15	45	300
ZG06Cr12Ni4（QT2）	830	900	12	35	300
ZG06Cr16Ni5Mo	540	760	15	60	300
ZG03Cr18Ni10	180[①]	440	30	80	150
ZG03Cr18Ni10N	230[①]	510	30	80	150
ZG07Cr19Ni9	180[①]	440	30	60	150
ZG08Cr19Ni10Nb	180[①]	440	25	40	150
ZG03Cr19Ni11Mo2	180[①]	440	30	80	150
ZG03Cr19Ni11Mo2N	230[①]	510	30	80	150
ZG07Cr19Ni11Mo2	180[①]	440	30	60	150
ZG08Cr19Ni11Mo2Nb	180[①]	440	25	40	150
ZG03Cr19Ni11Mo3	180[①]	440	30	80	150
ZG03Cr19Ni11Mo3N	230[①]	510	30	80	150
ZG07Cr19Ni11Mo3	180[①]	440	30	60	150
ZG03Cr26Ni5Cu3Mo3N	450	650	18	50	150
ZG03Cr26Ni5Mo3N	450	650	18	50	150
ZG03Cr14Ni14Si4	245（R_{eL}）	490	60	270（A_{KU}）	150

① $R_{p1.0}$的最小值大于25MPa。

3.2.5　一般用途耐热钢和合金铸件

1. 一般用途耐热钢和合金铸件的化学成分（表3-37）

表3-37　一般用途耐热钢和合金铸件的化学成分（GB/T 8492—2002）

牌　号	化学成分（质量分数,%）								
	C	Si	Mn	P≤	S≤	Cr	Mo	Ni	其他
ZG30Cr7Si2	0.20~0.35	1.0~2.5	0.5~1.0	0.04	0.04	6~8	0.5	0.5	—
ZG40Cr13Si2	0.3~0.5	1.0~2.5	0.5~1.0	0.04	0.03	12~14	0.5	1	—
ZG40Cr17Si2	0.3~0.5	1.0~2.5	0.5~1.0	0.04	0.03	16~19	0.5	1	—
ZG40Cr24Si2	0.3~0.5	1.0~2.5	0.5~1.0	0.04	0.03	23~26	0.5	1	—
ZG40Cr28Si2	0.3~0.5	1.0~2.5	0.5~1.0	0.04	0.03	27~30	0.5	1	—
ZGCr29Si2	1.2~1.4	1.0~2.5	0.5~1.0	0.04	0.03	27~30	0.5	1	—
ZG25Cr18Ni9Si2	0.15~0.35	1.0~2.5	2	0.04	0.03	17~19	0.5	8~10	—
ZG25Cr20Ni14Si2	0.15~0.35	1.0~2.5	2	0.04	0.03	19~21	0.5	13~15	—
ZG40Cr22Ni10Si2	0.3~0.5	1.0~2.5	2	0.04	0.03	21~23	0.5	9~11	—
ZG40Cr24Ni24Si2Nb	0.25~0.50	1.0~2.5	2	0.04	0.03	23~25	0.5	23~25	Nb:1.2~1.8
ZG40Cr25Ni12Si2	0.3~0.5	1.0~2.5	2	0.04	0.03	24~27	0.5	11~14	—
ZG40Cr25Ni20Si2	0.3~0.5	1.0~2.5	2	0.04	0.03	24~27	0.5	19~22	—
ZG40Cr27Ni4Si2	0.3~0.5	1.0~2.5	1.5	0.04	0.03	25~28	0.5	3~6	—
ZG45Cr20Co20Ni20Mo3W3	0.35~0.60	1.0	2	0.04	0.03	19~22	2.5 3.0	18~22	Co:18~22 W:2~3
ZG10Ni31Cr20Nb1	0.05~0.12	1.2	1.2	0.04	0.03	19~23	0.5	30~34	Nb:0.8~1.5
ZG40Ni35Cr17Si2	0.3~0.5	1.0~2.5	2	0.04	0.03	16~18	0.5	34~36	—
ZG40Ni35Cr26Si2	0.3~0.5	1.0~2.5	2	0.04	0.03	24~27	0.5	33~36	—
ZG40Ni35Cr26Si2Nb1	0.3~0.5	1.0~2.5	2	0.04	0.03	24~27	0.5	33~36	Nb:0.8~1.8
ZG40Ni38Cr19Si2	0.3~0.5	1.0~2.5	2	0.04	0.03	18~21	0.5	36~39	—
ZG40Ni38Cr19Si2Nb1	0.3~0.5	1.0~2.5	2	0.04	0.03	18~21	0.5	36~39	Nb:1.2~1.8
ZNiCr28Fe17W5Si2C0.4	0.35~0.55	1.0~2.5	1.5	0.04	0.03	27~30	—	47~50	W:4~6
ZNiCr50Nb1C0.1	0.1	0.5	0.5	0.02	0.02	47~52	0.5	余量	N:0.16 N+C:0.2 Nb:1.4~1.7
ZNiCr19Fe18Si1C0.5	0.4~0.6	0.5~2.0	1.5	0.04	0.03	16~21	0.5	50~55	—
ZNiFe18Cr15Si1C0.5	0.35~0.65	2	1.3	0.04	0.03	13~19	—	64~69	—
ZNiCr25Fe20Co15W5Si1C0.46	0.44~0.48	1 2	2	0.04	0.03	24~26	—	33~37	W:4~6 Co:14~16
ZCoCr28Fe18C0.3	0.5	1	1	0.04	0.03	25~30	0.5	1	Co:48~52 Fe≤20

注：表中的单个值表示最大值。

2. 一般用途耐热钢和合金铸件的力学性能及使用最高温度（表3-38）

表 3-38　一般用途耐热钢和合金铸件的力学性能及使用

最高温度（GB/T 8492—2002）

牌　号	规定塑性延伸强度 $R_{p0.2}$/MPa $\geqslant$	抗拉强度 R_m/MPa $\geqslant$	断后伸长率 A（%）$\geqslant$	硬度 HBW	最高使用温度[1]/℃
ZG30Cr7Si2	—	—	—		750
ZG40Cr13Si2	—	—	—	300[2]	850
ZG40Cr17Si2	—	—	—	300[2]	900
ZG40Cr24Si2	—	—	—	300[2]	1 050
ZG40Cr28Si2	—	—	—	320[2]	1 100
ZGCr29Si2	—	—	—	400[2]	1 100
ZG25Cr18Ni9Si2	230	450	15	—	900
ZG25Cr20Ni14Si2	230	450	10	—	900
ZG40Cr22Ni10Si2	230	450	8	—	950
ZG40Cr24Ni24Si2Nb1	220	400	4	—	1 050
ZG40Cr25Ni12Si2	220	450	6	—	1 050
ZG40Cr25Ni20Si2	220	450	6	—	1 100
ZG45Cr27Ni4Si2	250	400	3	400[3]	1 100
ZG40Cr20Co20Ni20Mo3W3	320	400	6	—	1 150
ZG10Ni31Cr20Nb1	170	440	20	—	1 000
ZG40Ni35Cr17Si2	220	420	6	—	980
ZG40Ni35Cr26Si2	220	440	6	—	1 050
ZG40Ni35Cr26Si2Nb1	220	440	4	—	1 050
ZG40Ni38Cr19Si2	220	420	6	—	1 050
ZG40Ni38Cr19Si2Nb1	220	420	4	—	1 100
ZNiCr28Fe17W5Si2C0.4	220	400	3	—	1 200
ZNiCr50Nb1C0.1	230	540	8	—	1 050
ZNiCr19Fe18Si1C0.5	220	440	5	—	1 100
ZNiFe18Cr15Si1C0.5	200	400	3	—	1 100
ZNiCr25Fe20Co15W5Si1C0.46	270	480	5	—	1 200
ZCoCr28Fe18C0.3	[4]	[4]	[4]	[4]	1 200

① 最高使用温度取决于实际使用条件，所列数据仅供用户参考。这些数据适用于氧化气氛，实际的合金成分对其也有影响。

② 退火态最大硬度值。铸件也可以铸态提供，此时硬度限制就不适用。

③ 最大硬度值。

④ 由供需双方协商确定。

3.2.6　大型耐热钢铸件

1. 大型耐热钢铸件的化学成分（表 3-39）

表 3-39　大型耐热钢铸件的化学成分（JB/T 6403—1992）

牌号（原牌号）	化学成分（质量分数,%）									
	C	Si	Mn	P≤	S≤	Cr	Ni	Mo	N	Ti
ZG40Cr9Si2（ZG4Cr9Si2）	0.35 ~ 0.50	2.00 ~ 3.00	≤0.70	0.035	0.030	8.00 ~ 10.00	—	—	—	—
ZG30Cr18Mn12Si2N（ZG3Cr18Mn12Si2N）	0.26 ~ 0.36	1.60 ~ 2.40	11.0 ~ 13.0	0.060	0.040	17.0 ~ 20.0	—	—	0.22 ~ 0.28	—
ZG35Cr24Ni7SiN	0.30 ~ 0.40	1.30 ~ 2.00	0.80 ~ 1.50	0.040	0.030	23.0 ~ 25.5	7.00 ~ 8.50	—	0.20 ~ 0.28	—
ZG20Cr26Ni5（ZG3Cr25Ni5）	≤0.20	≤2.00	≤1.00	0.040	0.040	24.0 ~ 28.0	4.00 ~ 6.00	≤0.50	—	—
ZG30Cr20Ni10（ZG3Cr20Ni10）	0.20 ~ 0.40	≤2.00	≤2.00	0.040	0.040	18.0 ~ 23.0	8.0 ~ 12.0	≤0.50	—	—
ZG35Cr26Ni12	0.20 ~ 0.50	≤2.00	≤2.00	0.040	0.040	24.0 ~ 28.0	11.0 ~ 14.0	—	—	—
ZG35Cr28NI16	0.20 ~ 0.50	≤2.00	≤2.00	0.040	0.040	26.0 ~ 30.0	14.0 ~ 18.0	≤0.50	—	—
ZG40Cr25Ni20（ZG4Cr25Ni20）	0.35 ~ 0.45	≤1.75	≤1.50	0.040	0.040	23.0 ~ 27.0	19.0 ~ 22.0	≤0.50	—	—
ZG40Cr30Ni20（ZG4Cr30Ni20）	0.20 ~ 0.60	≤2.00	≤2.00	0.040	0.040	28.0 ~ 32.0	18.0 ~ 22.0	≤0.50	—	—
ZG35Ni24Cr18Si2	0.30 ~ 0.40	1.50 ~ 2.50	≤1.50	0.035	0.030	17.0 ~ 20.0	23.0 ~ 26.0	—	—	—
ZG30Ni35Cr15（ZG3Ni35Cr15）	0.20 ~ 0.35	≤2.50	≤2.00	0.040	0.040	13.0 ~ 17.0	33.0 ~ 37.0	—	—	—
ZG45Ni35Cr26	0.35 ~ 0.55	≤2.00	≤2.00	0.040	0.040	24.0 ~ 28.0	33.0 ~ 37.0	≤0.50	—	—
ZG40Cr22Ni4N（ZG4Cr22Ni4N）	0.35 ~ 0.45	1.20 ~ 2.00	≤1.00	0.030	0.030	21.0 ~ 24.0	3.50 ~ 5.00	—	0.23 ~ 0.30	—
ZG30Cr25Ni20（ZG3Cr25Ni20）	0.20 ~ 0.35	≤2.00	≤2.00	0.040	0.040	24.0 ~ 28.0	18.0 ~ 22.0	≤0.50	—	—
ZG20Cr20Mn9Ni2SiN（ZG2Cr20Mn9Ni2Si2N）	0.18 ~ 0.28	1.80 ~ 2.70	8.50 ~ 11.0	0.030	0.030	17.0 ~ 21.0	2.0 ~ 3.0	—	0.20 ~ 0.28	—
ZG08Cr18Ni12Mo2Ti（ZG0Cr18Ni12Mo2Ti）	≤0.08	≤1.50	0.80 ~ 2.00	0.045	0.030	16.0 ~ 19.0	11.0 ~ 13.0	2.00 ~ 3.00	—	0.30 ~ 0.70

2. 大型耐热钢铸件的力学性能（表 3-40）

表 3-40　大型耐热钢铸件的力学性能（JB/T 6403—1992）

牌号（原牌号）	下屈服强度 R_{eL} 或（$R_{p0.2}$）/MPa	抗拉强度 R_m/MPa	断后伸长率 A（%）	热处理状态
ZG40Cr9Si2（ZG4Cr9Si2）	—	550	—	950℃退火
ZG30Cr18Mn12Si2N（ZG3Cr18Mn12Si2N）	—	490	8	1100~1150℃油冷、水冷或空冷
ZG35Cr24Ni7SiN	(340)	540	12	
ZG20Cr26Ni5（ZG3Cr25Ni5）		590	—	—
ZG30Cr20Ni10（ZG3Cr20Ni10）	(235)	490	23	
ZG35Cr26Ni12	(235)	490	8	
ZG35Cr28Ni16	(235)	490	8	
ZG40Cr25Ni20（ZG4Cr25Ni20）	(235)	440	8	
ZG40Cr30Ni20（ZG4Cr30Ni20）	(245)	450	8	
ZG35Ni24Cr18Si2	(195)	390	5	
ZG30Ni35Cr15（ZG3Ni35Cr15）	(195)	440	13	
ZG45Ni35Cr26	(235)	440	5	—
ZG40Cr22Ni4N（ZG4Cr22Ni4N）	450	730	10	调质
ZG30Cr25Ni20（ZG3Cr25Ni20）	240	510	48	调质
ZG20Cr20Mn9Ni2SiN（ZG2Cr20Mn9Ni2Si2N）	420	790	40	调质
ZG08Cr18Ni12Mo2Ti（ZG0Cr18Ni12Mo2Ti）	210	490	30	1150℃水淬

3.2.7　奥氏体锰钢铸件

1. 奥氏体锰钢铸件的化学成分（表 3-41）

表 3-41　奥氏体锰钢铸件的化学成分（GB/T 5680—2010）

牌号	化学成分（质量分数,%）								
	C	Si	Mn	P	S	Cr	Mo	Ni	W
ZG120Mn7Mol	1.05~1.35	0.3~0.9	6~8	≤0.060	≤0.040	—	0.9~1.2	—	—
ZG110Mn13Mol	0.75~1.35	0.3~0.9	11~14	≤0.060	≤0.040	—	0.9~1.2	—	—
ZG100Mn13	0.90~1.05	0.3~0.9	11~14	≤0.060	≤0.040	—	—	—	—
ZG120Mn13	1.05~1.35	0.3~0.9	11~14	≤0.060	≤0.040	—	—	—	—
ZG120Mn13Cr2	1.05~1.35	0.3~0.9	11~14	≤0.060	≤0.040	1.5~2.5	—	—	—
ZG120Mn13W1	1.05~1.35	0.3~0.9	11~14	≤0.060	≤0.040	—	—	—	0.9~1.2
ZG120Mn13Ni3	1.05~1.35	0.3~0.9	11~14	≤0.060	≤0.040	—	—	3~4	—
ZG90Mn14Mol	0.70~1.00	0.3~0.6	13~15	≤0.070	≤0.040	—	1.0~1.8	—	—
ZG120Mn17	1.05~1.35	0.3~0.9	16~19	≤0.060	≤0.040	—	—	—	—
ZG120Mn17Cr2	1.05~1.35	0.3~0.9	16~19	≤0.060	≤0.040	1.5~2.5	—	—	—

注：允许加入微量 V、Ti、Nb、B 和 RE 等元素。

2. 奥氏体锰钢铸件的力学性能（表3-42）

表3-42　奥氏体锰钢铸件的力学性能

牌　号	下屈服强度 R_{eL}/MPa	抗拉强度 R_m/MPa	断后伸长率 A（%）	冲击吸收能量 KU/J
ZG120Mn13	—	≥685	≥25	≥118
ZG120Mn13Cr2	≥390	≥735	≥20	—

3.2.8　大型高锰钢铸件

1. 铸造高锰钢牌号及化学成分（表3-43）

表3-43　铸造高锰钢牌号及化学成分（JB/T 6404—1992）

牌　号	化学成分（质量分数,%）							
	C	Si	Mn	P	S	Cr	Ni	Mo
ZGMn13-1	1.10 ~ 1.50	0.30 ~ 1.00	11.00 ~ 14.00	≤0.090	≤0.050	—	—	—
ZGMn13-2	1.00 ~ 1.40			≤0.090		—	—	—
ZGMn13-3	0.90 ~ 1.30	0.30 ~ 0.80		≤0.080		—	—	—
ZGMn13-4	0.90 ~ 1.20			≤0.080		—	—	—
ZGMn13Cr	1.05 ~ 1.35	0.30 ~ 1.00		≤0.070		0.30 ~ 0.75	—	—
ZGMn13Cr2						1.50 ~ 2.50	—	—
ZGMn13Ni4	0.70 ~ 1.30	1.00	11.5 ~ 14.0			—	3.00 ~ 4.00	—
ZGMn13Mo						—		0.90 ~ 1.20
ZGMn13Mo2	1.05 ~ 1.45					—		1.80 ~ 2.10

2. 铸造高锰钢经韧化处理后的力学性能（表3-44）

表3-44　铸造高锰钢经韧化处理后的力学性能（JB/T 6404—1992）

牌　号	抗拉强度 R_m/MPa	断后伸长率 A（%）	冲击吸收能量 KU/J ≥	硬度 HBW ≤
ZGMn13-1	≥637	≥20	—	
ZGMn13-2	≥637	≥20	184	229
ZGMn13-3	≥686	≥25	184	
ZGMn13-4	≥735	≥35	184	
ZGMn13Cr	≥490	≥30	—	—
ZGMn13Cr2	655 ~ 1000	27 ~ 63	—	220

3.2.9　焊接结构用碳素钢铸件

1. 焊接结构用碳素钢铸件的化学成分（表3-45）

表3-45　焊接结构用碳素钢铸件的牌号和化学成分（GB/T 7659—2010）

牌　号	主要元素（质量分数,%）					残余元素（质量分数,%）					
	C	Si	Mn	P	S	Ni	Cr	Cu	Mo	V	总和
ZG200-400H	≤0.20	≤0.60	≤0.80	≤0.025	≤0.025	≤0.40	≤0.35	≤0.40	≤0.15	≤0.05	≤1.0
ZG230-450H	≤0.20	≤0.60	≤1.20	≤0.025	≤0.025						

（续）

牌　号	主要元素（质量分数,%）					残余元素（质量分数,%）					
	C	Si	Mn	P	S	Ni	Cr	Cu	Mo	V	总和
ZG270-480H	0.17~0.25	≤0.60	0.80~1.20	≤0.025	≤0.025	≤0.40	≤0.35	≤0.40	≤0.15	≤0.05	≤1.0
ZG300-500H	0.17~0.25	≤0.60	1.00~1.60	≤0.025	≤0.025						
ZG340-550H	0.17~0.25	≤0.80	1.00~1.60	≤0.025	≤0.025						

注：1. 实际碳的质量分数比表中上限每减少0.01%，允许实际锰的质量分数超出表中上限0.04%，但总超出量不得
大于0.2%。

2. 残余元素一般不作分析，如需方有要求时，可作残余元素的分析。

2. 焊接结构用碳素钢铸件的力学性能（表3-46）

表3-46　焊接结构用碳素钢铸件的力学性能（GB/T 7659—2010）

牌　号	拉伸性能			根据合同选择	
	上屈服强度 $R_{eH}/MPa \geqslant$	抗拉强度 $R_m/MPa \geqslant$	断后伸长率 A（%）$\geqslant$	断面收缩率 Z（%）$\geqslant$	冲击吸收能量 $KV/J \geqslant$
ZG200-400H	200	400	25	40	45
ZG230-450H	230	450	22	35	45
ZG270-480H	270	480	20	35	40
ZG300-500H	300	500	20	21	40
ZG340-550H	340	550	15	21	35

注：当无明显屈服时，测定规定塑性延伸强度 $R_{p0.2}$。

3.2.10　承压钢铸件

1. 铸钢熔炼化学成分（表3-47）

表3-47　铸钢熔炼化学成分（GB/T 16253—1996）

牌　号[①]	化学成分（质量分数,%）[②]								
	C	Si	Mn	P	S	Cr	Mo	Ni	其他
碳素钢									
ZG240-450A	0.25	0.60	1.20	0.035	0.035	—	—	—	—
ZG240-450AG	0.25	0.60	1.20	0.035	0.035	—	—	—	—
ZG240-450B	0.20	0.60	1.00~1.60	0.035	0.035	—	—	—	—
ZG240-450BG	0.20	0.60	1.00~1.60	0.035	0.035	—	—	—	—
ZG240-450BD	0.20	0.60	1.00~1.60	0.030	0.030	—	—	—	—
ZG280-520[③④]	0.25	0.60	1.20	0.035	0.035	—	—	—	—
ZG280-520G[③④]	0.25	0.60	1.20	0.035	0.035	—	—	—	—
ZG280-520D[③]	0.25	0.60	1.20	0.030	0.030	—	—	—	—

（续）

牌　号[①]	化学成分（质量分数,%）[②]								
	C	Si	Mn	P	S	Cr	Mo	Ni	其他
铁素体和马氏体合金钢									
ZG19MoG	0.15 ~ 0.23	0.30 ~ 0.60	0.50 ~ 1.00	0.035	0.035	0.030	0.40 ~ 0.60	—	
ZG29Cr1MoD	0.29	0.30 ~ 0.60	0.50 ~ 0.80	0.030	0.030	0.90 ~ 1.20	0.15 ~ 0.30	—	
ZG15Cr1MoG	0.10 ~ 0.20	0.30 ~ 0.60	0.50 ~ 0.80	0.035	0.035	1.00 ~ 1.50	0.45 ~ 0.65	—	
ZG14MoVG	0.10 ~ 0.17	0.30 ~ 0.60	0.40 ~ 0.70	0.035	0.035	0.30 ~ 0.60	0.40 ~ 0.60	0.40	V: 0.22 ~ 0.32
ZG12Cr2Mo1G	0.08 ~ 0.15	0.30 ~ 0.60	0.50 ~ 0.80	0.035	0.035	2.00 ~ 2.50	0.90 ~ 1.20	—	—
ZG16Cr2Mo1G	0.13 ~ 0.20	0.30 ~ 0.60	0.50 ~ 0.80	0.035	0.035	2.00 ~ 2.50	0.90 ~ 1.20		
ZG20Cr2Mo1D	0.20	0.30 ~ 0.60	0.50 ~ 0.80	0.030	0.030	2.00 ~ 2.50	0.90 ~ 1.20		
ZG17Cr1Mo1VG	0.13 ~ 0.20	0.30 ~ 0.60	0.50 ~ 0.80	0.035	0.035	1.20 ~ 1.60	0.90 ~ 1.20	[⑤]	V: 0.15 ~ 0.35
ZG16Cr5MoG	0.12 ~ 0.19	0.80	0.50 ~ 0.80	0.035	0.035	4.00 ~ 6.00	0.45 ~ 0.65		
ZG14Cr9Mo1G	0.10 ~ 0.17	0.80	0.50 ~ 0.80	0.035	0.035	8.00 ~ 10.0	1.00 ~ 1.30		
ZG14Cr12Ni1MoC	0.10 ~ 0.17	0.80	1.00	0.035	0.035	11.5 ~ 13.5	0.50	1.00	—
ZG08Cr12Ni1MoG	0.05 ~ 0.10	0.80	0.40 ~ 0.80	0.035	0.035	11.5 ~ 13.0	0.20 ~ 0.50	0.80 ~ 1.80	
ZG08Cr12Ni4Mo1G	0.08	1.00	1.50	0.035	0.035	11.5 ~ 13.5	1.00	3.50 ~ 5.00	
ZG08Cr12Ni4Mo1D	0.08	1.00	1.50	0.035	0.035	11.5 ~ 13.5	1.00	3.50 ~ 5.00	
ZG23Cr12Mo1NiVG	0.20 ~ 0.26	0.20 ~ 0.40	0.50 ~ 0.70	0.035	0.035	11.3 ~ 12.3	1.00 ~ 1.20	0.70 ~ 1.00	V: 0.25 ~ 0.35
ZG14Ni4D	0.14	0.30 ~ 0.60	0.50 ~ 0.80	0.030	0.030	—	—	3.00 ~ 4.00	
ZG24Ni2MoD	0.24	0.30 ~ 0.60	0.80 ~ 1.20	0.030	0.030	—	0.15 ~ 0.30	1.50 ~ 2.00	—

（续）

牌　号[①]	化学成分（质量分数,%）[②]								
	C	Si	Mn	P	S	Cr	Mo	Ni	其他
铁素体和马氏体合金钢									
ZG22Ni3Cr2MoAD	0.22	0.60	0.40 ~ 0.80	0.030	0.030	1.35 ~ 2.00	0.35 ~ 0.60	2.50 ~ 3.50	—
ZG22Ni3Cr2MoBD	0.22	0.60	0.40 ~ 0.80	0.030	0.030	1.50 ~ 2.00	0.35 ~ 0.60	2.75 ~ 3.90	—
奥氏体不锈钢									
ZG03Cr18Ni10	0.03	2.00	2.00	0.045	0.035	17.0 ~ 19.0	—	9.0 ~ 12.0	—
ZG07Cr20Ni10	0.07	2.00	2.00	0.045	0.035	18.0 ~ 21.0	—	8.0 ~ 11.0	—
ZG07Cr20Ni10G	0.04 ~ 0.10	2.00	2.00	0.045	0.035	18.0 ~ 21.0	—	8.0 ~ 12.0	—
ZG07Cr18Ni10D	0.07	2.00	2.00	0.045	0.035	17.0 ~ 20.0	—	9.0 ~ 12.0	—
ZG08Cr20Ni10Nb	0.08	2.00	2.00	0.045	0.035	18.0 ~ 21.0	—	9.0 ~ 12.0	Nb：8 × C ≤1.0
ZG03Cr19Ni11Mo2	0.03	2.00	2.00	0.045	0.035	17.0 ~ 21.0	2.0 ~ 2.5	9.0 ~ 13.0	—
ZG07Cr19Ni11Mo2	0.07	2.00	2.00	0.045	0.035	17.0 ~ 21.0	2.0 ~ 2.5	9.0 ~ 13.0	—
ZG07Cr19Ni11Mo2G	0.04 ~ 0.10	2.00	2.00	0.045	0.035	17.0 ~ 21.0	2.0 ~ 2.5	9.0 ~ 13.0	—
ZG08Cr19Ni11Mo2Nb	0.08	2.00	2.00	0.045	0.035	17.0 ~ 21.0	2.0 ~ 2.5	9.0 ~ 13.0	Nb：8 × C ≤1.0
ZG03Cr19Ni11Mo3	0.03	2.00	2.00	0.045	0.035	17.0 ~ 21.0	2.5 ~ 3.0	9.0 ~ 13.0	—
ZG07Cr19Ni11Mo3	0.07	2.00	2.00	0.045	0.035	17.0 ~ 21.0	2.5 ~ 3.0	9.0 ~ 13.0	—

① 牌号尾部的符号 "A"、"B" 表示不同级别，"G" 表示用于高温，"D" 表示用于低温。

② 除规定范围外，均为最大值。对某些产品，经供需双方同意，可按碳、锰的质量分数分别不大于 0.30%、0.90% 供应。

③ 碳含量低于最大值时，质量分数每降低 0.01%，允许锰的质量分数比上限提高 0.04%，直到最大锰的质量分数达 1.40% 为止。

④ 对薄壁面铸件，铬的最小质量分数允许为 1.00%。

⑤ 根据壁厚，镍的质量分数可以小于 1.00%。

2. 承压钢铸件的热处理制度及力学性能（表3-48）

表 3-48　承压钢铸件的热处理制度及力学性能（GB/T 16253—1996）

| 序号 | 牌号 | 力学性能[①] | | | | | | 热处理[②③] | | | | |
		下屈服强度 R_{eL} /MPa	抗拉强度 R_m /MPa	断后伸长率 A (%)	断面收缩率 Z (%)	冲击吸收能量 温度 /℃	KV /J	类型	奥氏体化温度 /℃	冷却	回火温度 /℃	冷却
						碳素钢						
1	ZG240-450A	240	450~600	22	35	室温	27	A		f	—	—
								N(+T)	890~980	a	600~700	—
								(Q+T)		l		
2	ZG240-450AG	240	450~600	22	35	室温	27	N(+T)	890~980	a	600~700	a、f
								Q+T		l		
3	ZG240-450B	240	450~600	22	35	室温	45	A		f	—	—
								N(+T)	890~980	a	600~700	a、f
								(Q+T)		l		
4	ZG240-450BG	240	450~600	22	35	室温	45	N(+T)	890~980	a	600~700	a、f
								Q+T		l		
5	ZG240-450BD	240	450~600	22	—	-40	27	N(+T)	890~980	a	600~700	a、f
								Q+T		l		
6	ZG280-520	280	520~674[④]	18	30	室温	35	A		f	—	—
								N(+T)	890~980	a	600~700	a、f
								(Q+T)		l		
7	ZG280-520G	280	520~670[④]	18	30	室温	35	N(+T)	890~980	a	600~700	a、f
								Q+T		l		
8	ZG280-520D	280	520~670[④]	18	—	-35	27	(N+T)	890~980	a	600~700	a、f
								Q+T		l		
						铁素体和马氏体合金钢						
9	ZG19MoG	250	450~600	21	35	室温	25	N+T	900~960	a	630~710	a、f
								Q+T		l		
10	ZG29Cr1MoD	370	550~700	16	30	-45	27	(N+T)	850~910	a	640~690	a、f
								Q+T		l		
11	ZG15Cr1MoG	290	490~640	18	35	室温	27	N+T	900~960	a	650~720	a、f
								Q+T		l		
12	ZG14MoVG	320	500~650	17	30	室温	13	N+T	950~1000	a	680~750	a、f
13	ZG12Cr2Mo1G	280	510~660	18	35	室温	25	N+T	930~970	a	680~750	a、f
14	ZG16Cr2Mo1G	390	600~750	18	35	室温	40	(N+T)	930~970	a	680~750	a、f
								Nac+T		ac		
								Q+T		l		

（续）

序号	牌号	力学性能[①]						热处理[②③]				
		下屈服强度 R_{eL} /MPa	抗拉强度 R_m /MPa	断后伸长率 A (%)	断面收缩率 Z (%)	冲击吸收能量 温度 /℃	冲击吸收能量 KV /J	类型	奥氏体化温度 /℃	冷却	回火温度 /℃	冷却
铁素体和马氏体合金钢												
15	ZG20Cr2Mo1D	390	600～750	18	—	－50	27	(N+T) / (Nac+T) / Q+T	930～970	a / ac / l	680～750	a、f
16	ZG17Cr1Mo1VG	420	590～740	15	35	室温	24	Nac+T / Q+T	940～980	ac / l	680～750	a、f
17	ZG16Cr5MoG	420	630～780	16	35	室温	25	N+T	930～990	a	620～750	a、f
18	ZG14Cr9Mo1G	420	630～780	16	35	室温	20	N+T	930～990	a	620～750	a、f
19	ZG14Cr12Ni1MoG	450	620～770	14	30	室温	20	N+T	950～1050	a	620～750	a
20	ZG08Cr12Ni1MoG	360	540～690	18	35	室温	35	N+T	1000～1050[⑤]	a	650～720	a、f
21	ZG08Cr12Ni4Mo1G	550	750～900	15	35	室温	45	N+T	950～1050	a	570～620	a、f
22	ZG08Cr12Ni4Mo1D	550	750～900	15	—	－80	27	Nac+T / (N+T)	950～1050	ac / a	570～620	a、f
23	ZG23Cr12Mo1NiVG	540	740～880	15	20	室温[⑥]	21	N+T	1020～1070	a	680～750	a、f
24	ZG14Ni4D	300	460～610	20	—	－70	27	Q+T	820～870	l	590～660	a[⑦]
25	ZG24Ni2MoD	380	520～670	20	—	－35	27	Q+T	900～950	l	600～670	a[⑦]
26	ZG22Ni3Cr2MoAD	450	620～800	16	—	－80	27	(N+T) / Nac+T / Q+T	900～950	a / ac / l	580～650	a[⑦]
27	ZG22Ni3Cr2MoBD	655	800～950	13	—	－60	27	(N+T) / Nac+T / Q+T	900～950	a / ac / l	580～650	a[⑦]
奥氏体不锈钢												
28	ZG03Cr18Ni10	210	440～640	30	—	—	—	S	1040～1100	l[⑧]	—	—
29	ZG07Cr20Ni10	210	440～640	30	—	—	—	S	1040～1100	l[⑧]	—	—
30	ZG07Cr20Ni10G	230	470～670	30	—	—	—	S	1040～1100	l[⑧]	—	—
31	ZG07Cr18Ni10D	210	440～640	30	—	195[⑨]	45	S	1040～1100	l[⑧]	—	—
32	ZG08Cr20Ni10Nb	210	440～640	25	—	—	—	S	1040～1100	l[⑧]	—	—

（续）

序号	牌号	力学性能[①]						热处理[②③]				
		下屈服强度 R_{eL} /MPa	抗拉强度 R_m /MPa	断后伸长率 A （%）	断面收缩率 Z （%）	冲击吸收能量 温度 /℃	KV /J	类型	奥氏体化温度 /℃	冷却	回火温度 /℃	冷却
奥氏体不锈钢												
33	ZG03Cr19Ni11Mo2	210	440～620	30	—	—	—	S	≥1050	l[⑧]	—	—
34	ZG07Cr19Ni11Mo2	210	440～640	30	—	—	—	S	≥1050	l[⑧]	—	—
35	ZG07Cr19Ni11Mo2C	230	470～670	30	—	—	—	S	≥1050	l[⑧]	—	—
36	ZG08Cr19Ni11Mo2Nb	210	440～640	25	—	—	—	S	≥1050	l[⑧]	—	—
37	ZG03Cr19Ni11Mo3	210	440～640	30	—	—	—	S	≥1050	l[⑧]	—	—
38	ZG07Cr19Ni11Mo3	210	440～640	30	—	—	—	S	≥1050	l[⑧]	—	—

① 除规定范围者外，均为最小值。
② 热处理类型符号的含义：A—退火（加热到 Ac_3 以上，炉冷）；N—正火（加热到 Ac_3 以上，空冷）；Q—淬火（加热到 Ac_3 以上，液体淬火）；T—回火；Nac—（加热到 Ac_3 以上，快速空冷）；S—固溶处理。括号内的热处理方法只适用于特定情况。
③ 冷却方式符号的含义：a—空冷　f—炉冷　l—液体淬火或液冷　ac—快速空冷。
④ 如满足最低屈服强度要求，则抗拉强度下限允许降至500MPa。
⑤ 冷却到100℃以下后，可采用亚临界热处理：820～870℃，随后空冷。
⑥ 该铸钢一般用于温度超过525℃的场合。
⑦ 如需方不限制，也可用液冷。
⑧ 根据铸件厚度情况，也可快速空冷。
⑨ 该温度下的冲击值已经过试验验证。

3. 承压钢铸件高温下的规定塑性延伸强度 $R_{p0.2}$ 和 $R_{p1.0}$ 的最小值（表3-49）

表3-49　承压钢铸件高温下的规定塑性延伸强度 $R_{p0.2}$ 和 $R_{p1.0}$ 的最小值[①]（GB/T 16253—1996）

序号	牌　号	参考热处理[②]	温度/℃											
			20	50[④]	100	150	200	250	300	350	400	450	500	550
			规定塑性延伸强度 $R_{p0.2}$ 或 $R_{p1.0}$[③]/MPa　≥											
2	ZG240-450AG	N(＋T),Q＋T	240	235	215	195	175	160	145	140	135	130	—	—
4	ZG240-450BG	N(＋T),Q＋T	240	235	215	195	175	160	145	140	135	130	—	—
7	ZG280-520G	N(＋T),Q＋T	280	265	250	230	215	200	190	180	170	155	—	—
9	ZG19MoG	N＋T,Q＋T	250	240	230	215	205	185	170	160	155	150	140	—
11	ZG15Cr1MoG	N＋T,Q＋T	290	285	275	260	250	240	230	220	205	195	180	160
13	ZG12Cr2Mo1G	N＋T,(Q＋T)	280	275	270	260	255	245	240	235	230	220	205	180
14	ZG16Cr2Mo1G	N＋T,Q＋T(Nac＋T)	390	380	375	365	355	345	340	330	315	300	280	240

（续）

序号	牌　　号	参考热处理[2]	温度/℃											
			20	50[4]	100	150	200	250	300	350	400	450	500	550
			规定塑性延伸强度 $R_{p0.2}$ 或 $R_{p1.0}$[3]/MPa　≥											
16	ZG17Cr1Mo1VG	Nac + T, Q + T	420	410	400	395	385	375	365	350	335	320	300	260
18	ZG14Cr9Mo1G	N + T	420	410	395	385	375	365	355	335	320	295	265	—
20	ZG08Cr12Ni1MoG	N + T	360	335	305	285	275	270	265	260	255	—	—	—
21	ZG08Cr12Ni4Mo1G	N + T	550	535	515	500	485	470	455	440	—	—	—	—
23	ZG23Cr12Mo1NiVG	N + T	540	510	480	460	450	440	430	410	390	370	340	290
30	ZG07Cr20Ni10G	Q	230	195	170	—	—	—	130	125	120	116	113	10
35	ZG07Cr19Ni11Mo2G	Q	230	195	—	155	145	135	—	125	120	116	113	10

① 如能取得更多的数据，表中数值可以修正。

② 温度及冷却条件见表 3-48。

③ 对 ZG240-450AG ~ ZG23Cr12Mo1NiVG 为 $R_{p0.2}$，对 ZG07Cr20Ni10G 和 ZG07Cr19Ni11Mo2G 为 $R_{p1.0}$。奥氏体钢的 $R_{p0.2}$ 比 $R_{p1.0}$ 低 30MPa。

④ 50℃的应力值是用内插法得到的，仅供设计之用，不作验证。

第4章 结 构 钢

4.1 常用结构钢
4.1.1 结构钢成品化学成分允许偏差

1. 非合金结构钢和低合金结构钢成品化学成分及允许偏差（表4-1）

表4-1 非合金结构钢和低合金结构钢成品化学成分及允许偏差（GB/T 222—2006）

元　素	规定化学成分上限值（质量分数,%）	允许偏差（质量分数,%）	
		上偏差	下偏差
C	≤0.25	0.02	0.02
	>0.25~0.55	0.03	0.03
	>0.55	0.04	0.04
Mn	≤0.80	0.03	0.03
	>0.80~1.70	0.06	0.06
Si	≤0.37	0.03	0.03
	>0.37	0.05	0.05
S	≤0.050	0.005	—
	>0.05~0.35	0.02	0.01
P	≤0.060	0.005	—
	>0.06~0.15	0.01	0.01
V	≤0.20	0.02	0.01
Ti	≤0.20	0.02	0.01
Nb	0.015~0.060	0.005	0.005
Cu	≤0.55	0.05	0.05
Cr	≤1.50	0.05	0.05
Ni	≤1.00	0.05	0.05
Pb	0.15~0.35	0.03	0.03
Al	≥0.015	0.003	0.003
N	0.010~0.020	0.005	0.005
Ca	0.002~0.006	0.002	0.0005

2. 合金结构钢成品化学成分及允许偏差（表4-2）

表4-2　合金结构钢成品化学成分及允许偏差（GB/T 222—2006）

元　素	规定化学成分上限值 （质量分数,%）	允许偏差（质量分数,%）	
		上偏差	下偏差
C	≤0.30	0.01	0.01
	>0.30~0.75	0.02	0.02
	>0.75	0.03	0.03
Mn	≤1.00	0.03	0.03
	>1.00~2.00	0.04	0.04
	>2.00~3.00	0.05	0.05
	>3.00	0.10	0.10
Si	≤0.37	0.02	0.02
	>0.37~1.50	0.04	0.04
	>1.50	0.05	0.05
Ni	≤1.00	0.03	0.03
	>1.00~2.00	0.05	0.05
	>2.00~5.00	0.07	0.07
	>5.00	0.10	0.10
Cr	≤0.90	0.03	0.03
	>0.90~2.10	0.05	0.05
	>2.10~5.00	0.10	0.10
	>5.00	0.15	0.15
Mo	≤0.30	0.01	0.01
	>0.30~0.60	0.02	0.02
	>0.60~1.40	0.03	0.03
	>1.40~6.00	0.05	0.05
	>6.00	0.10	0.10
V	≤0.10	0.01	—
	>0.10~0.90	0.03	0.03
	>0.90	0.05	0.05

4.1.2　碳素结构钢

1. 碳素结构钢的化学成分（表4-3）

表4-3　碳素结构钢的化学成分（GB/T 700—2006）

牌号	统一数字 代号[①]	等级	厚度(或直径) /mm	脱氧 方法	化学成分(质量分数,%)≤				
					C	Si	Mn	P	S
Q195	U11952	—	—	F、Z	0.12	0.30	0.50	0.035	0.040
Q215	U12152	A	—	F、Z	0.15	0.35	1.20	0.045	0.050
	U12155	B							0.045

（续）

牌号	统一数字代号[1]	等级	厚度（或直径）/mm	脱氧方法	化学成分（质量分数,%）≤				
					C	Si	Mn	P	S
Q235	U12352	A	—	F、Z	0.22	0.35	1.40	0.045	0.050
	U12355	B			0.20[2]				0.045
	U12358	C		Z	0.17			0.040	0.040
	U12359	D		TZ				0.035	0.035
Q275	U12752	A	—	F、Z	0.24	0.35	1.50	0.045	0.050
	U12755	B	≤40	Z	0.21			0.045	0.045
			>40		0.22				
	U12758	C		Z	0.20			0.040	0.040
	U12759	D		TZ				0.035	0.035

① 表中为镇静钢、特殊镇静钢牌号的统一数字，沸腾钢牌号的统一数字代号为：Q195F—U11950；Q215AF—U12150，Q215BF—U12153；Q235AF—U12350，Q235BF—U12353；Q275AF—U12750。

② 经需方同意，Q235B 的碳质量分数可不大于 0.22%。

2. 碳素结构钢的力学性能（表4-4）

表 4-4　碳素结构钢的力学性能（GB/T 700—2006）

牌号	等级	厚度（或直径）/mm						抗拉强度 R_m[2]/MPa	厚度（或直径）/mm					冲击试验（V 型缺口）	
		≤16	>16 ~ 40	>40 ~ 60	>60 ~ 100	>100 ~ 150	>150 ~ 200		≤40	>40 ~ 60	>60 ~ 100	>100 ~ 150	>150 ~ 200	温度/℃	冲击吸收能量（纵向）/J≥
		上屈服强度 R_{eH}[1]/MPa　≥							断后伸长率 A(%)　≥						
Q195	—	195	185	—	—	—	—	315 ~ 430	33	—	—	—	—	—	—
Q215	A	215	205	195	185	175	165	335 ~ 450	31	30	29	27	26	—	—
	B													+20	27
Q235	A	235	225	215	215	195	185	370 ~ 500	26	25	24	22	21	—	—
	B													+20	27[3]
	C													0	
	D													-20	
Q275	A	275	265	255	245	225	215	410 ~ 540	22	21	20	18	17	—	—
	B													+20	27
	C													0	
	D													-20	

① Q195 的屈服强度值仅供参考，不作交货条件。

② 厚度大于 100mm 的钢材，抗拉强度下限允许降低 20MPa。宽带钢（包括剪切钢板）抗拉强度上限不作交货条件。

③ 厚度小于 25mm 的 Q235B 级钢材，如供方能保证冲击吸收能量值合格，经需方同意，可不作检验。

3. 碳素结构钢的工艺性能（表 4-5）

表 4-5　碳素结构钢的工艺性能（GB/T 700—2006）

牌号	试样方向	冷弯试验 180°　$B = 2t$ ①	
		钢材厚度（或直径）②/mm	
		≤60	>60 ~ 100
		弯心直径 d	
Q195	纵	0	—
	横	0.5t	
Q215	纵	0.5t	1.5t
	横	t	2t
Q235	纵	t	2t
	横	1.5t	2.5t
Q275	纵	1.5t	2.5t
	横	2t	3t

① B 为试样宽度，t 为试样厚度（或直径）。
② 钢材厚度（或直径）大于 100mm 时，弯曲试验由双方协商确定。

4.1.3　优质碳素结构钢

1. 优质碳素结构钢的化学成分（表 4-6）

表 4-6　优质碳素结构钢的化学成分（GB/T 699—1999）

序号	统一数字代号	牌号	化学成分（质量分数,%）					
			C	Si	Mn	Cr	Ni	Cu
						≤		
1	U20080	08F	0.05 ~ 0.11	≤0.03	0.25 ~ 0.50	0.10	0.30	0.25
2	U20100	10F	0.07 ~ 0.13	≤0.07	0.25 ~ 0.50	0.15	0.30	0.25
3	U20150	15F	0.12 ~ 0.18	≤0.07	0.25 ~ 0.50	0.25	0.30	0.25
4	U20082	08	0.05 ~ 0.11	0.17 ~ 0.37	0.35 ~ 0.65	0.10	0.30	0.25
5	U20102	10	0.07 ~ 0.13	0.17 ~ 0.37	0.35 ~ 0.65	0.15	0.30	0.25
6	U20152	15	0.12 ~ 0.18	0.17 ~ 0.37	0.35 ~ 0.65	0.25	0.30	0.25
7	U20202	20	0.17 ~ 0.23	0.17 ~ 0.37	0.35 ~ 0.65	0.25	0.30	0.25
8	U20252	25	0.22 ~ 0.29	0.17 ~ 0.37	0.50 ~ 0.80	0.25	0.30	0.25
9	U20302	30	0.27 ~ 0.34	0.17 ~ 0.37	0.50 ~ 0.80	0.25	0.30	0.25
10	U20352	35	0.32 ~ 0.39	0.17 ~ 0.37	0.50 ~ 0.80	0.25	0.30	0.25
11	U20402	40	0.37 ~ 0.44	0.17 ~ 0.37	0.50 ~ 0.80	0.25	0.30	0.25
12	U20452	45	0.42 ~ 0.50	0.17 ~ 0.37	0.50 ~ 0.80	0.25	0.30	0.25
13	U20502	50	0.47 ~ 0.55	0.17 ~ 0.37	0.50 ~ 0.80	0.25	0.30	0.25
14	U20552	55	0.52 ~ 0.60	0.17 ~ 0.37	0.50 ~ 0.80	0.25	0.30	0.25
15	U20602	60	0.57 ~ 0.65	0.17 ~ 0.37	0.50 ~ 0.80	0.25	0.30	0.25
16	U20652	65	0.62 ~ 0.70	0.17 ~ 0.37	0.50 ~ 0.80	0.25	0.30	0.25
17	U20702	70	0.67 ~ 0.75	0.17 ~ 0.37	0.50 ~ 0.80	0.25	0.30	0.25

（续）

序号	统一数字代号	牌号	化学成分（质量分数,%）					
			C	Si	Mn	Cr	Ni	Cu
						≤		
18	U20752	75	0.72 ~ 0.80	0.17 ~ 0.37	0.50 ~ 0.80	0.25	0.30	0.25
19	U20802	80	0.77 ~ 0.85	0.17 ~ 0.37	0.50 ~ 0.80	0.25	0.30	0.25
20	U20852	85	0.82 ~ 0.90	0.17 ~ 0.37	0.50 ~ 0.80	0.25	0.30	0.25
21	U21152	15Mn	0.12 ~ 0.18	0.17 ~ 0.37	0.70 ~ 1.00	0.25	0.30	0.25
22	U21202	20Mn	0.17 ~ 0.23	0.17 ~ 0.37	0.70 ~ 1.00	0.25	0.30	0.25
23	U21252	25Mn	0.22 ~ 0.29	0.17 ~ 0.37	0.70 ~ 1.00	0.25	0.30	0.25
24	U21302	30Mn	0.27 ~ 0.34	0.17 ~ 0.37	0.70 ~ 1.00	0.25	0.30	0.25
25	U21352	35Mn	0.32 ~ 0.39	0.17 ~ 0.37	0.70 ~ 1.00	0.25	0.30	0.25
26	U21402	40Mn	0.37 ~ 0.44	0.17 ~ 0.37	0.70 ~ 1.00	0.25	0.30	0.25
27	U21452	45Mn	0.42 ~ 0.50	0.17 ~ 0.37	0.70 ~ 1.00	0.25	0.30	0.25
28	U21502	50Mn	0.48 ~ 0.56	0.17 ~ 0.37	0.70 ~ 1.00	0.25	0.30	0.25
29	U21602	60Mn	0.57 ~ 0.65	0.17 ~ 0.37	0.70 ~ 1.00	0.25	0.30	0.25
30	U21652	65Mn	0.62 ~ 0.70	0.17 ~ 0.37	0.90 ~ 1.20	0.25	0.30	0.25
31	U21702	70Mn	0.67 ~ 0.75	0.17 ~ 0.37	0.90 ~ 1.20	0.25	0.30	0.25

注：表中所列牌号为优质钢，如果是高级优质钢，在牌号后面加"A"（统一数字代号最后一位数字改为"3"）；如果是特级优质钢，在牌号后面加"E"（统一数字代号最后一位数字改为"6"）；对于沸腾钢，牌号后面为"F"（统一数字代号最后一位数字改为"0"）；对于半镇静钢，牌号后面为"b"（统一数字代号最后一位数字改为"1"）。

2. 优质碳素结构钢的化学成分允许偏差（表4-7）

表4-7　优质碳素结构钢的化学成分允许偏差（GB/T 699—1999）

组别	P	S
	质量分数（%）≤	
优质钢	0.035	0.035
高级优质钢	0.030	0.030
特级优质钢	0.025	0.020

3. 优质碳素结构钢的力学性能（表4-8）

表4-8　优质碳素结构钢的力学性能（GB/T 699—1999）

序号	牌号	试样毛坯尺寸/mm	推荐热处理温度/℃			力学性能					钢材交货状态硬度 HBW10/3000≤	
			正火	淬火	回火	抗拉强度 R_m/MPa	下屈服强度 R_{eL}/MPa	断后伸长率 A(%)	断面收缩率 Z(%)	冲击吸收能量 KU[①]/J	未热处理钢	退火钢
						≥						
1	08F	25	930	—	—	295	175	35	60	—	131	—
2	10F	25	930	—	—	315	185	33	55	—	137	—
3	15F	25	920	—	—	355	205	29	55	—	143	—

（续）

序号	牌号	试样毛坯尺寸/mm	推荐热处理温度/℃			力学性能					钢材交货状态硬度 HBW10/3000≤	
			正火	淬火	回火	抗拉强度 R_m/MPa	下屈服强度 R_{eL}/MPa	断后伸长率 A(%)	断面收缩率 Z(%)	冲击吸收能量 $KU^{①}$/J	未热处理钢	退火钢
						≥						
4	08	25	930	—	—	325	195	33	60	—	131	—
5	10	25	930	—	—	335	205	31	55	—	137	—
6	15	25	920	—	—	375	225	27	55	—	143	—
7	20	25	910	—	—	410	245	25	55	—	156	—
8	25	25	900	870	600	450	275	23	50	71	170	—
9	30	25	880	860	600	490	295	21	50	63	179	—
10	35	25	870	850	600	530	315	20	45	55	197	—
11	40	25	860	840	600	570	335	19	45	47	217	187
12	45	25	850	840	600	600	355	16	40	39	229	197
13	50	25	830	830	600	630	375	14	40	31	241	207
14	55	25	820	820	600	645	380	13	35	—	255	217
15	60	25	810	—	—	675	400	12	35	—	255	229
16	65	25	810	—	—	695	410	10	30	—	255	229
17	70	25	790	—	—	715	420	9	30	—	269	229
18	75	试样	—	820	480	1080	880	7	30	—	285	241
19	80	试样	—	820	480	1080	930	6	30	—	285	241
20	85	试样	—	820	480	1130	980	6	30	—	302	255
21	15Mn	25	920	—	—	410	245	26	55	—	163	—
22	20Mn	25	910	—	—	450	275	24	50	—	197	—
23	25Mn	25	900	870	600	490	295	22	50	71	207	—
24	30Mn	25	880	860	600	540	315	20	45	63	217	187
25	35Mn	25	870	850	600	560	335	18	45	55	229	197
26	40Mn	25	860	840	600	590	355	17	45	47	229	207
27	45Mn	25	850	840	600	620	375	15	40	39	241	217
28	50Mn	25	830	830	600	645	390	13	40	31	255	217
29	60Mn	25	810	—	—	695	410	11	35	—	269	229
30	65Mn	25	830	—	—	735	430	9	30	—	285	229
31	70Mn	25	790	—	—	785	450	8	30	—	285	229

注：1. 对于直径或厚度小于 25mm 的钢材，热处理是在与成品截面尺寸相同的试样毛坯上进行的。

　　2. 表中所列正火推荐保温时间不少于 30min，空冷；淬火推荐保温时间不少于 30min，75、80 和 85 钢油冷，其余钢水冷；回火推荐保温时间不少于 1h。

① U 型缺口试样缺口深度为 2mm。

4.1.4　合金结构钢

1. 合金结构钢的化学成分（表4-9）

表 4-9　合金结构钢的化学成分（GB/T 3077—1999）

钢组	序号	统一数字代号	牌号	化学成分（质量分数，%）											
				C	Si	Mn	Cr	Mo	Ni	W	B	Al	Ti	V
Mn	1	A00202	20Mn2	0.17~0.24	0.17~0.37	1.40~1.80	—	—	—	—	—	—	—	—
	2	A00302	30Mn2	0.27~0.34	0.17~0.37	1.40~1.80	—	—	—	—	—	—	—	—
	3	A00352	35Mn2	0.32~0.39	0.17~0.37	1.40~1.80	—	—	—	—	—	—	—	—
	4	A00402	40Mn2	0.37~0.44	0.17~0.37	1.40~1.80	—	—	—	—	—	—	—	—
	5	A00452	45Mn2	0.42~0.49	0.17~0.37	1.40~1.80	—	—	—	—	—	—	—	—
	6	A00502	50Mn2	0.47~0.55	0.17~0.37	1.40~1.80	—	—	—	—	—	—	—	—
MnV	7	A01202	20MnV	0.17~0.24	0.17~0.37	1.30~1.60	—	—	—	—	—	—	—	0.07~0.12
SiMn	8	A10272	27SiMn	0.24~0.32	1.10~1.40	1.10~1.40	—	—	—	—	—	—	—	—
	9	A10352	35SiMn	0.32~0.40	1.10~1.40	1.10~1.40	—	—	—	—	—	—	—	—
	10	A10422	42SiMn	0.39~0.45	1.10~1.40	1.10~1.40	—	—	—	—	—	—	—	—
SiMnMoV	11	A14202	20SiMn2MoV	0.17~0.23	0.90~1.20	2.20~2.60	—	0.30~0.40	—	—	—	—	—	0.05~0.12
	12	A14262	25SiMn2MoV	0.22~0.28	0.90~1.20	2.20~2.60	—	0.30~0.40	—	—	—	—	—	0.05~0.12
	13	A14372	37SiMn2MoV	0.33~0.39	0.60~0.90	1.60~1.90	—	0.40~0.50	—	—	—	—	—	0.05~0.12
B	14	A70402	40B	0.37~0.44	0.17~0.37	0.60~0.90	—	—	—	—	0.0005~0.0035	—	—	—
	15	A70452	45B	0.42~0.49	0.17~0.37	0.60~0.90	—	—	—	—	0.0005~0.0035	—	—	—
	16	A70502	50B	0.47~0.55	0.17~0.37	0.60~0.90	—	—	—	—	0.0005~0.0035	—	—	—
MnB	17	A71402	40MnB	0.37~0.44	0.17~0.37	1.10~1.40	—	—	—	—	0.0005~0.0035	—	—	—

（续）

| 钢组 | 序号 | 统一数字代号 | 牌号 | 化学成分（质量分数，%） | | | | | | | | | | |
				C	Si	Mn	Cr	Mo	Ni	W	B	Al	Ti	V
MnB	18	A71452	45MnB	0.42~0.49	0.17~0.37	1.10~1.40	—	—	—	—	0.0005~0.0035	—	—	—
MnMoB	19	A72202	20MnMoB	0.16~0.22	0.17~0.37	0.90~1.20	—	0.20~0.30	—	—	0.0005~0.0035	—	—	—
MnVB	20	A73152	15MnVB	0.12~0.18	0.17~0.37	1.20~1.60	—	—	—	—	0.0005~0.0035	—	—	0.07~0.12
	21	A73202	20MnVB	0.17~0.23	0.17~0.37	1.20~1.60	—	—	—	—	0.0005~0.0035	—	—	0.07~0.12
	22	A73402	40MnVB	0.37~0.44	0.17~0.37	1.10~1.40	—	—	—	—	0.0005~0.0035	—	—	0.05~0.10
MnTiB	23	A74202	20MnTiB	0.17~0.24	0.17~0.37	1.30~1.60	—	—	—	—	0.0005~0.0035	—	0.04~0.10	—
	24	A74252	25MnTiBRE	0.22~0.28	0.20~0.45	1.30~1.60	—	—	—	—	0.0005~0.0035	—	0.04~0.10	—
Cr	25	A20152	15Cr	0.12~0.18	0.17~0.37	0.40~0.70	0.70~1.00	—	—	—	—	—	—	—
	26	A20153	15CrA	0.12~0.17	0.17~0.37	0.40~0.70	0.70~1.00	—	—	—	—	—	—	—
	27	A20202	20Cr	0.18~0.24	0.17~0.37	0.50~0.80	0.70~1.00	—	—	—	—	—	—	—
	28	A20302	30Cr	0.27~0.34	0.17~0.37	0.50~0.80	0.80~1.10	—	—	—	—	—	—	—
	29	A20352	35Cr	0.32~0.39	0.17~0.37	0.50~0.80	0.80~1.10	—	—	—	—	—	—	—
	30	A20402	40Cr	0.37~0.44	0.17~0.37	0.50~0.80	0.80~1.10	—	—	—	—	—	—	—
	31	A20452	45Cr	0.42~0.49	0.17~0.37	0.50~0.80	0.80~1.10	—	—	—	—	—	—	—
	32	A20502	50Cr	0.47~0.54	0.17~0.37	0.50~0.80	0.80~1.10	—	—	—	—	—	—	—
CrSi	33	A21382	38CrSi	0.35~0.43	1.00~1.30	0.30~0.60	1.30~1.60	—	—	—	—	—	—	—
CrMo	34	A30122	12CrMo	0.08~0.15	0.17~0.37	0.40~0.70	0.40~0.70	0.40~0.55	—	—	—	—	—	—
	35	A30152	15CrMo	0.12~0.18	0.17~0.37	0.40~0.70	0.80~1.10	0.40~0.55	—	—	—	—	—	—

（续）

钢组	序号	统一数字代号	牌号	化学成分（质量分数，%）										
				C	Si	Mn	Cr	Mo	Ni	W	B	Al	Ti	V
CrMo	36	A30202	20CrMo	0.17~0.24	0.17~0.37	0.40~0.70	0.80~1.10	0.15~0.25	—	—	—	—	—	—
	37	A30302	30CrMo	0.26~0.34	0.17~0.37	0.40~0.70	0.80~1.10	0.15~0.25	—	—	—	—	—	—
	38	A30303	30CrMoA	0.26~0.33	0.17~0.37	0.40~0.70	0.80~1.10	0.15~0.25	—	—	—	—	—	—
	39	A30352	35CrMo	0.32~0.40	0.17~0.37	0.40~0.70	0.80~1.10	0.15~0.25	—	—	—	—	—	—
	40	A30422	42CrMo	0.38~0.45	0.17~0.37	0.50~0.80	0.90~1.20	0.15~0.25	—	—	—	—	—	—
CrMoV	41	A31122	12CrMoV	0.08~0.15	0.17~0.37	0.40~0.70	0.30~0.60	0.25~0.35	—	—	—	—	—	0.15~0.30
	42	A31352	35CrMoV	0.30~0.38	0.17~0.37	0.40~0.70	1.00~1.30	0.20~0.30	—	—	—	—	—	0.10~0.20
	43	A31132	12Cr1MoV	0.08~0.15	0.17~0.37	0.40~0.70	0.90~1.20	0.25~0.35	—	—	—	—	—	0.15~0.30
	44	A31253	25Cr2MoVA	0.22~0.29	0.17~0.37	0.40~0.70	1.50~1.80	0.25~0.35	—	—	—	—	—	0.15~0.30
	45	A31263	25Cr2Mo1VA	0.22~0.29	0.17~0.37	0.50~0.80	2.10~2.50	0.90~1.10	—	—	—	—	—	0.30~0.50
CrMoAl	46	A33382	38CrMoAl	0.35~0.42	0.20~0.45	0.30~0.60	1.35~1.65	0.15~0.25	—	—	—	0.70~1.10	—	—
CrV	47	A23402	40CrV	0.37~0.44	0.17~0.37	0.50~0.80	0.80~1.10	—	—	—	—	—	—	0.10~0.20
	48	A23503	50CrVA	0.47~0.54	0.17~0.37	0.50~0.80	0.80~1.10	—	—	—	—	—	—	0.10~0.20
CrMn	49	A22152	15CrMn	0.12~0.18	0.17~0.37	1.10~1.40	0.40~0.70	—	—	—	—	—	—	—
	50	A22202	20CrMn	0.17~0.23	0.17~0.37	0.90~1.20	0.90~1.20	—	—	—	—	—	—	—
	51	A22402	40CrMn	0.37~0.45	0.17~0.37	0.90~1.20	0.90~1.20	—	—	—	—	—	—	—
CrMnSi	52	A24202	20CrMnSi	0.17~0.23	0.90~1.20	0.80~1.10	0.80~1.10	—	—	—	—	—	—	—
	53	A24252	25CrMnSi	0.22~0.28	0.90~1.20	0.80~1.10	0.80~1.10	—	—	—	—	—	—	—
	54	A24302	30CrMnSi	0.27~0.34	0.90~1.20	0.80~1.10	0.80~1.10	—	—	—	—	—	—	—
	55	A24303	30CrMnSiA	0.28~0.34	0.90~1.20	0.80~1.10	0.80~1.10	—	—	—	—	—	—	—
	56	A24353	35CrMnSiA	0.32~0.39	1.10~1.40	0.80~1.10	1.10~1.40	—	—	—	—	—	—	—
CrMnMo	57	A34202	20CrMnMo	0.17~0.23	0.17~0.37	0.90~1.20	1.10~1.40	0.20~0.30	—	—	—	—	—	—
	58	A34402	40CrMnMo	0.37~0.45	0.17~0.37	0.90~1.20	0.90~1.20	0.20~0.30	—	—	—	—	—	—

（续）

钢组	序号	统一数字代号	牌号	化学成分（质量分数，%）										
				C	Si	Mn	Cr	Mo	Ni	W	B	Al	Ti	V
CrMnTi	59	A26202	20CrMnTi	0.17~0.23	0.17~0.37	0.80~1.10	1.00~1.30	—	—	—	—	—	0.04~0.10	—
	60	A26302	30CrMnTi	0.24~0.32	0.17~0.37	0.80~1.10	1.00~1.30	—	—	—	—	—	0.04~0.10	—
CrNi	61	A40202	20CrNi	0.17~0.23	0.17~0.37	0.40~0.70	0.45~0.75	—	1.00~1.40	—	—	—	—	—
	62	A40402	40CrNi	0.37~0.44	0.17~0.37	0.50~0.80	0.45~0.75	—	1.00~1.40	—	—	—	—	—
	63	A40452	45CrNi	0.42~0.49	0.17~0.37	0.50~0.80	0.45~0.75	—	1.00~1.40	—	—	—	—	—
	64	A40502	50CrNi	0.47~0.54	0.17~0.37	0.50~0.80	0.45~0.75	—	1.00~1.40	—	—	—	—	—
	65	A41122	12CrNi2	0.10~0.17	0.17~0.37	0.30~0.60	0.60~0.90	—	1.50~1.90	—	—	—	—	—
	66	A42122	12CrNi3	0.10~0.17	0.17~0.37	0.30~0.60	0.60~0.90	—	2.75~3.15	—	—	—	—	—
	67	A42202	20CrNi3	0.17~0.24	0.17~0.37	0.30~0.60	0.60~0.90	—	2.75~3.15	—	—	—	—	—
	68	A42302	30CrNi3	0.27~0.33	0.17~0.37	0.30~0.60	0.60~0.90	—	2.75~3.15	—	—	—	—	—
	69	A42372	37CrNi3	0.34~0.41	0.17~0.37	0.30~0.60	1.20~1.60	—	3.00~3.50	—	—	—	—	—
	70	A43122	12Cr2Ni4	0.10~0.16	0.17~0.37	0.30~0.60	1.25~1.65	—	3.25~3.65	—	—	—	—	—
	71	A43202	20Cr2Ni4	0.17~0.23	0.17~0.37	0.30~0.60	1.25~1.65	—	3.25~3.65	—	—	—	—	—
CrNiMo	72	A50202	20CrNiMo	0.17~0.23	0.17~0.37	0.60~0.95	0.40~0.70	0.20~0.30	0.35~0.75	—	—	—	—	—
	73	A50403	40CrNiMoA	0.37~0.44	0.17~0.37	0.50~0.80	0.60~0.90	0.15~0.25	1.25~1.65	—	—	—	—	—
CrMnNiMo	74	A50183	18CrNiMnMoA	0.15~0.21	0.17~0.37	1.10~1.40	1.00~1.30	0.20~0.30	1.00~1.30	—	—	—	—	—
CrNiMoV	75	A51453	45CrNiMoVA	0.42~0.49	0.17~0.37	0.50~0.80	0.80~1.10	0.20~0.30	1.30~1.80	—	—	—	—	0.10~0.20
CrNiW	76	A52183	18Cr2Ni4WA	0.13~0.19	0.17~0.37	0.30~0.60	1.35~1.65	—	4.00~4.50	0.80~1.20	—	—	—	—
	77	A52253	25Cr2Ni4WA	0.21~0.28	0.17~0.37	0.30~0.60	1.35~1.65	—	4.00~4.50	0.80~1.20	—	—	—	—

注：1. 表中规定带"A"字标志的牌号仅能作为高级优质钢，其他牌号按优质钢订货。

2. 根据需方要求，可对表中各牌号按高级优质钢（指不带"A"）或特级优质钢（全部牌号）订货，只需在所订牌号后加"A"或"E"字标志（对有"A"字标志应先去掉"A"），需方对表中牌号化学成分提出其他要求可按特殊要求订货。

3. 统一数字代号系根据 GB/T 17616 规定列入，优质钢尾部数字为"2"，高级优质钢（带"A"钢）尾部数字为"3"，特级优质钢（带"E"钢）尾部数字为"6"。

4. 稀土成分按 0.05%（质量分数）计算量加入，成品分析结果供参考。

2. 合金结构钢的力学性能（表4-10）

表4-10 合金结构钢的力学性能（GB/T 3077—1999）

钢组	序号	牌号	试样毛坯尺寸/mm	加热温度/℃ 第一次淬火	第二次淬火	冷却介质	回火 加热温度/℃	冷却介质	R_m/MPa	R_{eL}/MPa	A(%)	Z(%)	KU[①]/J	钢材退火或高温回火供应状态布氏硬度 HBW 100/3000≤
Mn	1	20Mn2	15	850	—	水、油	200	水、空	785	590	10	40	47	187
				880	—	水、油	440	水、空						
	2	30Mn2	25	840	—	水	500	水	785	635	12	45	63	207
	3	35Mn2	25	840	—	水	500	水	835	685	12	45	55	207
	4	40Mn2	25	840	—	水、油	540	水	885	735	12	45	55	217
	5	45Mn2	25	840	—	油	550	水、油	885	735	10	45	47	217
	6	50Mn2	25	820	—	油	550	水、油	930	785	9	40	39	229
MnV	7	20MnV	15	880	—	水、油	200	水、空	785	590	10	40	55	187
SiMn	8	27SiMn	25	920	—	水	450	水、油	980	835	12	40	39	217
	9	35SiMn	25	900	—	水	570	水、油	885	735	15	45	47	229
	10	42SiMn	25	880	—	水	590	水	885	735	15	40	47	229
SiMnMoV	11	20SiMn2MoV	试样	900	—	油	200	水、空	1380	—	10	45	55	269
	12	25SiMn2MoV	试样	900	—	油	200	水、空	1470	—	10	40	55	269
	13	37SiMn2MoV	25	870	—	水、油	650	水、空	980	835	12	50	63	269
B	14	40B	25	840	—	水	550	水	785	635	12	45	55	207
	15	45B	25	840	—	水	550	水	835	685	12	45	47	217
	16	50B	20	840	—	油	600	空	785	540	10	45	39	207
MnB	17	40MnB	25	850	—	油	500	水、油	980	785	10	45	47	207
	18	45MnB	25	840	—	油	500	水、油	1030	835	9	40	39	217
MnMoB	19	20MnMoB	15	880	—	油	2000	油、空	1080	885	10	50	55	207
MnVB	20	15MnVB	15	860	—	油	200	水、空	885	635	10	45	55	207
	21	20MnVB	15	860	—	油	200	水、空	1080	885	10	45	55	207
	22	40MnVB	25	850	—	油	520	水、油	980	785	10	45	47	207
MnTiB	23	20MnTiB	15	860	—	油	200	水、空	1130	930	10	45	55	187
	24	25MnTiBRE	试样	860	—	油	200	水、空	1380	—	10	40	47	229
Cr	25	15Cr	15	880	780 ~ 820	水、油	200	水、空	735	490	11	45	55	179
	26	15CrA	15	880	770 ~ 820	水、油	180	油、空	685	490	12	45	55	179

（续）

钢组	序号	牌号	试样毛坯尺寸/mm	热处理					力学性能					钢材退火或高温回火供应状态布氏硬度 HBW 100/3000 ≤
				淬火			回火		R_m /MPa	R_{eL} /MPa	A (%)	Z (%)	$KU^①$ /J	
				加热温度 /℃		冷却介质	加热温度/℃	冷却介质						
				第一次淬火	第二次淬火				≥					
	27	20Cr	15	880	780~820	水、油	200	水、空	835	540	10	40	47	179
	28	30Cr	25	860	—	油	500	水、油	885	685	11	45	47	187
Cr	29	35Cr	25	860	—	油	500	水、油	930	735	11	45	47	207
	30	40Cr	25	850	—	油	520	水、油	980	785	9	45	47	207
	31	45Cr	25	840	—	油	520	水、油	1030	835	9	40	39	217
	32	50Cr	25	830	—	油	520	水、油	1080	930	9	40	39	229
CrSi	33	38CrSi	25	900	—	油	600	水、油	980	835	12	50	55	255
	34	12CrMo	30	900	—	空	650	空	410	265	24	60	110	179
	35	15CrMo	30	900	—	空	650	空	440	295	22	60	94	179
	36	20CrMo	15	880	—	水、油	500	水、油	885	685	12	50	78	197
CrMo	37	30CrMo	25	880	—	水、油	540	水、油	930	785	12	50	63	229
	38	30CrMoA	15	880	—	油	540	水、油	930	735	12	50	71	229
	39	35CrMo	25	850	—	油	550	水、油	980	835	12	45	63	229
	40	42CrMo	25	850	—	油	560	水、油	1080	930	12	45	63	217
	41	12CrMoV	30	970	—	空	750	空	440	225	22	50	78	241
	42	35CrMoV	25	900	—	油	630	水、油	1080	930	10	50	71	241
CrMoV	43	12Cr1MoV	30	970	—	空	750	空	490	245	22	50	71	179
	44	25Cr2MoVA	25	900	—	油	640	空	930	785	14	55	63	241
	45	25Cr1Mo1VA	25	1040	—	空	700	空	735	590	16	50	47	241
CrMoAl	46	38CrMoAl	30	940	—	水、油	640	水、油	980	835	14	50	71	229
CrV	47	40CrV	25	880	—	油	650	水、油	885	735	10	50	71	241
	48	50CrVA	25	860	—	油	500	水、油	1280	1130	10	40	—	255
	49	15CrMn	15	880	—	油	200	水、空	785	590	12	50	47	179
CrMn	50	20CrMn	15	850	—	油	200	水、空	930	735	10	45	47	187
	51	40CrMn	25	840	—	油	550	水、油	980	835	9	45	47	229
	52	20CrMnSi	25	880	—	油	480	水、油	785	635	12	45	55	207
CrMnSi	53	25CrMnSi	25	880	—	油	480	水、油	1080	885	10	40	39	217
	54	30CrMnSi	25	880	—	油	520	水、油	1080	885	10	45	39	229

（续）

钢组	序号	牌号	试样毛坯尺寸/mm	热处理					力学性能					钢材退火或高温回火供应状态布氏硬度 HBW 100/3000≤
				淬火			回火		R_m/MPa	R_{eL}/MPa	A(%)	Z(%)	KU[①]/J	
				加热温度/℃		冷却介质	加热温度/℃	冷却介质						
				第一次淬火	第二次淬火				≥					
CrMnSi	55	30CrMnSiA	25	880	—	油	540	水、油	1080	835	10	45	39	229
	56	35CrMnSiA	试样	加热到880℃，于280~310℃等温淬火					1620	1280	9	40	31	241
			试样	950	890	油	230	空、油						
CrMnMo	57	20CrMnMo	15	850	—	油	200	水、空	1180	885	10	45	55	217
	58	40CrMnMo	25	850	—	油	600	水、油	980	785	10	45	63	217
CrMnTi	59	20CrMnTi	15	880	870	油	200	水、空	1080	850	10	45	55	217
	60	30CrMnTi	试样	880	850	油	200	水、空	1470	—	9	40	47	229
CrNi	61	20CrNi	25	850	—	水、油	460	水、油	785	590	10	50	63	197
	62	40CrNi	25	820	—	油	500	水、油	980	785	10	45	55	241
	63	45CrNi	25	820	—	油	530	水、油	980	785	10	45	55	255
	64	50CrNi	25	820	—	油	500	水、油	1080	835	8	40	39	255
	65	12CrNi2	15	860	780	水、油	200	水、空	785	590	12	50	63	207
	66	12CrNi3	15	860	780	油	200	水、空	930	685	11	50	71	217
	67	20CrNi3	25	830	—	水、油	480	水、油	930	735	11	55	78	241
	68	30CrNi3	25	820	—	油	500	水、油	980	785	9	45	63	241
	69	37CrNi3	25	820	—	油	500	水、油	1130	980	10	50	47	269
	70	12Cr2Ni4	15	860	780	油	200	水、空	1080	835	10	50	71	269
	71	20Cr2Ni4	15	880	780	油	200	水、空	1180	1080	10	45	63	269
CrNiMo	72	20CrNiMo	15	850	—	油	200	空	980	785	9	40	47	197
	73	40CrNiMoA	25	850	—	油	600	水、油	980	835	12	55	78	269
CrMnNiMo	74	18CrMnNiMoA	15	830	—	油	200	空	1180	885	10	45	71	269
CrNiMoV	75	45CrNiMoVA	试样	860	—	油	460	油	1470	1330	7	35	31	269
CrNiW	76	18Cr2Ni4WA	15	950	850	空	200	水、空	1180	835	10	45	78	269
	77	25Cr2Ni4WA	25	850	—	油	550	水、油	1080	930	11	45	71	269

注：1. 表中所列热处理温度允许调整范围：淬火温度 ±15℃，低温回火温度 ±20℃，高温回火温度 ±50℃。

　　2. 硼钢在淬火前可先经正火，正火温度应不高于其淬火温度，铬锰钛钢第一次淬火可用正火代替。

　　3. 拉伸试验时试样上不能发现屈服，无法测定 R_{eL} 时，则测定 $R_{p0.2}$。

① U 型缺口试样缺口深度为 2mm。

4.1.5 低合金高强度结构钢

1. 低合金高强度结构钢的化学成分（表 4-11）

表 4-11 低合金高强度结构钢的化学成分（GB/T 1591—2008）

牌号	质量等级	化学成分（质量分数，%）													
		C	Si	Mn	P	S	Nb	V	Ti	Cr	Ni	Cu	N	Mo	B	Als[①]
					≤											≥
Q345	A	≤0.20	≤0.50	≤1.70	0.035	0.035	0.07	0.15	0.20	0.30	0.50	0.30	0.012	0.10	—	—
	B				0.035	0.035										
	C				0.030	0.030										
	D	≤0.18			0.030	0.025										0.015
	E				0.025	0.020										
Q390	A	≤0.20	≤0.50	≤1.70	0.035	0.035	0.07	0.20	0.20	0.30	0.50	0.30	0.015	0.10	—	—
	B				0.035	0.035										
	C				0.030	0.030										
	D				0.030	0.025										0.015
	E				0.025	0.020										
Q420	A	≤0.20	≤0.50	≤1.70	0.035	0.035	0.07	0.20	0.20	0.30	0.80	0.30	0.015	0.20	—	—
	B				0.035	0.035										
	C				0.030	0.030										
	D				0.030	0.025										0.015
	E				0.025	0.020										
Q460	C	≤0.20	≤0.60	≤1.80	0.030	0.030	0.11	0.20	0.20	0.30	0.80	0.55	0.015	0.20	0.004	0.015
	D				0.030	0.025										
	E				0.025	0.020										
Q500	C	≤0.18	≤0.60	≤1.80	0.030	0.030	0.11	0.12	0.20	0.60	0.80	0.55	0.015	0.20	0.004	0.015
	D				0.030	0.025										
	E				0.025	0.020										
Q550	C	≤0.18	≤0.60	≤2.00	0.030	0.030	0.11	0.12	0.20	0.80	0.80	0.80	0.015	0.30	0.004	0.015
	D				0.030	0.025										
	E				0.025	0.020										
Q620	C	≤0.18	≤0.60	≤2.00	0.030	0.030	0.11	0.12	0.20	1.00	0.80	0.80	0.015	0.30	0.004	0.015
	D				0.030	0.025										
	E				0.025	0.020										
Q690	C	≤0.18	≤0.60	≤2.00	0.030	0.030	0.11	0.12	0.20	1.00	0.80	0.80	0.015	0.30	0.004	0.015
	D				0.030	0.025										
	E				0.025	0.020										

注：1. 型材及棒材 P、S 的质量分数可提高 0.005%，其中 A 级钢上限可为 0.045%。

2. 当细化晶粒元素组合加入时，20（Nb + V + Ti）≤0.22%（质量分数），20（Mo + Cr）≤0.30%（质量分数）。

① Als 指钢中的酸溶铝含量。

2. 低合金高强度结构钢的拉伸性能（表 4-12）

表 4-12　低合金高强度结构钢的拉伸性能（GB/T 1591—2008）

牌号	质量等级	以下公称厚度（直径或边长）的下屈服强度 R_{eL}/MPa									以下公称厚度（直径或边长）的抗拉强度 R_m/MPa							以下公称厚度（直径或边长）或断后伸长率 A(%)					
		≤16mm	>16~40mm	>40~63mm	>63~80mm	>80~100mm	>100~150mm	>150~200mm	>200~250mm	>250~400mm	≤40mm	>40~63mm	>63~80mm	>80~100mm	>100~150mm	>150~250mm	>250~400mm	≤40mm	>40~63mm	>63~100mm	>100~150mm	>150~250mm	>250~400mm
Q345	A																	≥20	≥19	≥19	≥18	≥17	—
	B																	≥20	≥19	≥19	≥18	≥17	—
	C	≥345	≥335	≥325	≥315	≥305	≥285	≥275	≥265	≥265	470~630	470~630	470~630	470~630	450~600	450~600	450~600	≥21	≥20	≥20	≥19	≥18	≥17
	D																	≥21	≥20	≥20	≥19	≥18	≥17
	E																	≥21	≥20	≥20	≥19	≥18	≥17
Q390	A																	≥20	≥20	≥19	≥18	—	—
	B																	≥20	≥20	≥19	≥18	—	—
	C	≥390	≥370	≥350	≥330	≥330	≥310	—	—	—	490~650	490~650	490~650	490~650	470~620	—	—	≥20	≥20	≥19	≥18	—	—
	D																	≥20	≥20	≥19	≥18	—	—
	E																	≥20	≥20	≥19	≥18	—	—
Q420	A																	≥19	≥18	≥18	≥18	—	—
	B																	≥19	≥18	≥18	≥18	—	—
	C	≥420	≥400	≥380	≥360	≥360	≥340	—	—	—	520~680	520~680	520~680	520~680	500~650	—	—	≥19	≥18	≥18	≥18	—	—
	D																	≥19	≥18	≥18	≥18	—	—
	E																	≥19	≥18	≥18	≥18	—	—

（续）

牌号	质量等级	以下公称厚度（直径或边长）的下屈服强度 R_{eL}/MPa									以下公称厚度（直径或边长）的抗拉强度 R_m/MPa							以下公称厚度（直径或边长）或断后伸长率 A（%）					
		≤16mm	>16~40mm	>40~63mm	>63~80mm	>80~100mm	>100~150mm	>150~200mm	>200~250mm	>250~400mm	≤40mm	>40~63mm	>63~80mm	>80~100mm	>100~150mm	>150~250mm	>250~400mm	≤40mm	>40~63mm	>63~100mm	>100~150mm	>150~250mm	>250~400mm
Q460	C	≥460	≥440	≥420	≥400	≥400	≥380	—	—	—	550~720	550~720	550~720	550~720	530~700	—	—	≥17	≥16	≥16	≥16	—	—
	D	≥460	≥440	≥420	≥400	≥400	≥380	—	—	—	550~720	550~720	550~720	550~720	530~700	—	—	≥17	≥16	≥16	≥16	—	—
	E	≥460	≥440	≥420	≥400	≥400	≥380	—	—	—	550~720	550~720	550~720	550~720	530~700	—	—	≥17	≥16	≥16	≥16	—	—
Q500	C	≥500	≥480	≥450	≥440	—	—	—	—	—	610~770	600~760	590~750	540~730	—	—	—	≥17	≥17	≥17	—	—	—
	D	≥500	≥480	≥450	≥440	—	—	—	—	—	610~770	600~760	590~750	540~730	—	—	—	≥17	≥17	≥17	—	—	—
	E	≥500	≥480	≥450	≥440	—	—	—	—	—	610~770	600~760	590~750	540~730	—	—	—	≥17	≥17	≥17	—	—	—
Q550	C	≥550	≥530	≥520	≥500	≥490	—	—	—	—	670~830	620~810	600~790	590~780	—	—	—	≥16	≥16	≥16	—	—	—
	D	≥550	≥530	≥520	≥500	≥490	—	—	—	—	670~830	620~810	600~790	590~780	—	—	—	≥16	≥16	≥16	—	—	—
	E	≥550	≥530	≥520	≥500	≥490	—	—	—	—	670~830	620~810	600~790	590~780	—	—	—	≥16	≥16	≥16	—	—	—
Q620	C	≥620	≥600	≥590	≥570	—	—	—	—	—	710~880	690~880	670~860	—	—	—	—	≥15	≥15	≥15	—	—	—
	D	≥620	≥600	≥590	≥570	—	—	—	—	—	710~880	690~880	670~860	—	—	—	—	≥15	≥15	≥15	—	—	—
	E	≥620	≥600	≥590	≥570	—	—	—	—	—	710~880	690~880	670~860	—	—	—	—	≥15	≥15	≥15	—	—	—
Q690	C	≥690	≥670	≥660	≥640	—	—	—	—	—	770~940	750~920	730~900	—	—	—	—	≥14	≥14	≥14	—	—	—
	D	≥690	≥670	≥660	≥640	—	—	—	—	—	770~940	750~920	730~900	—	—	—	—	≥14	≥14	≥14	—	—	—
	E	≥690	≥670	≥660	≥640	—	—	—	—	—	770~940	750~920	730~900	—	—	—	—	≥14	≥14	≥14	—	—	—

注：
1. 当屈服不明显时，可测量 $R_{p0.2}$ 代替下屈服强度。
2. 宽度不小于600mm扁平材，拉伸试验取横向试样；宽度小于600mm的扁平材、型材及棒材取纵向试样，断后伸长率最小值相应提高1%（绝对值）。
3. 厚度>250~400mm的数值适用于扁平材。

3. 低合金高强度结构钢夏比（V 型）冲击试验的冲击吸收能量（表 4-13）

表 4-13　低合金高强度结构钢夏比（V 型）冲击试验的冲击

吸收能量（GB/T 1591—2008）

牌号	质量等级	试验温度/℃	公称厚度(直径、边长)		
			12～150mm	>150～250mm	>250～400mm
			冲击吸收能量 $KV_2^{①}$/J		
Q345	B	20	≥34	≥27	—
	C	0			
	D	-20			27
	E	-40			
Q390	B	20	≥34	—	—
	C	0			
	D	-20			
	E	-40			
Q420	B	20	≥34	—	—
	C	0			
	D	-20			
	E	-40			
Q460	C	0	≥34	—	—
	D	-20			
	E	-40		—	—
Q500、Q550、Q620、Q690	C	0	≥55	—	—
	D	-20	≥47		
	E	-40	≥31		

① 冲击试验取纵向试样。

4.1.6　耐候结构钢

1. 耐候性结构钢的分类、牌号及用途（表 4-14）

表 4-14　耐候性结构钢的分类、牌号及用途（GB/T 4171—2008）

类别	牌号	生产方式	用途
高耐候钢	Q295GNH、Q355GNH	热轧	车辆、集装箱、建筑、塔架或其他结构件等结构用,与焊接耐候钢相比,具有较好的耐大气腐蚀性能
	Q265GNH、Q310GNH	冷轧	
焊接耐候钢	Q235NH、Q295NH、Q355NH Q415NH、Q460NH、Q500NH、Q550NH	热轧	车辆、桥梁、集装箱、建筑或其他结构件等结构用,与高耐候钢相比,具有较好的焊接性

2. 耐候性结构钢的化学成分（表 4-15）

表 4-15 耐候性结构钢的化学成分（GB/T 4171—2008）

牌号	化学成分(质量分数,%)								
	C	Si	Mn	P	S	Cu	Cr	Ni	其他元素
Q265GNH	≤0.12	0.10~0.40	0.20~0.50	0.07~0.12	≤0.020	0.20~0.45	0.30~0.65	0.25~0.50①	②、③
Q295GNH	≤0.12	0.10~0.40	0.20~0.50	0.07~0.12	≤0.020	0.25~0.45	0.30~0.65	0.25~0.50①	②、③
Q310GNH	≤0.12	0.25~0.75	0.20~0.50	0.07~0.12	≤0.020	0.20~0.50	0.30~1.25	≤0.65	②、③
Q355GNH	≤0.12	0.20~0.75	≤1.00	0.07~0.15	≤0.020	0.20~0.55	0.30~1.25	≤0.65	②、③
Q235NH	≤0.13④	0.10~0.40	0.20~0.60	≤0.030	≤0.030	0.25~0.55	0.40~0.80	≤0.65	②、③
Q295NH	≤0.15	0.10~0.50	0.30~1.00	≤0.030	≤0.030	0.25~0.55	0.40~0.80	≤0.65	②、③
Q355NH	≤0.16	≤0.50	0.50~1.50	≤0.030	≤0.030	0.25~0.55	0.40~0.80	≤0.65	②、③
Q415NH	≤0.12	≤0.65	≤1.10	≤0.025	≤0.030⑤	0.20~0.55	0.30~1.25	0.12~0.65①	②、③、⑥
Q460NH	≤0.12	≤0.65	≤1.50	≤0.025	≤0.030⑤	0.20~0.55	0.30~1.25	0.12~0.65①	②、③、⑥
Q500NH	≤0.12	≤0.65	≤2.0	≤0.025	≤0.030⑤	0.20~0.55	0.30~1.25	0.12~0.65①	②、③、⑥
Q550NH	≤0.16	≤0.65	≤2.0	≤0.025	≤0.030⑤	0.20~0.55	0.30~1.25	0.12~0.65①	②、③、⑥

① 供需双方协商，Ni 含量的下限可不作要求。

② 为了改善钢的性能，可以添加一种或一种以上的微量合金元素（质量分数）：Nb0.015%~0.060%，V0.02%~0.12%，Ti0.02%~0.10%，Alt（全铝含量）≥0.020%。若上述元素组合使用时，应至少保证其中一种元素含量达到上述化学成分的下限规定。

③ 可以添加合金元素（质量分数）：Mo≤0.030%，Zr≤0.15%。

④ 供需双方协商，C 的质量分数可以不大于 0.15%。

⑤ 供需双方协商，S 的质量分数可以不大于 0.008%。

⑥ Nb、V、Ti 等三种合金元素的添加总质量分数不应超过 0.22%。

3. 耐候性结构钢的力学性能（表 4-16）

表 4-16 耐候性结构钢的力学性能（GB/T 4171—2008）

牌 号	钢材公称尺寸/mm				抗拉强度 R_m/MPa	钢材公称尺寸/mm			
	≤16	>16~40	>40~60	>60		≤16	>16~40	>40~60	>60
	下屈服强度 R_{eL}①/MPa ≥					断后伸长率 A(%) ≥			
Q235NH	235	225	215	215	360~510	25	25	24	23
Q295NH	295	285	275	255	430~560	24	24	23	22
Q295GNH	295	285	—	—	430~560	24	24	—	—
Q355NH	355	345	335	325	490~630	22	22	21	20
Q355GNH	355	345	—	—	490~630	22	22	—	—
Q415NH	415	405	395	—	520~680	22	22	20	—
Q460NH	460	450	440	—	570~730	20	20	19	—
Q500NH	500	490	480	—	600~760	18	16	15	—
Q550NH	550	540	530	—	620~780	16	16	15	—
Q265GNH	265	—	—	—	≥410	27	—	—	—
Q310GNH	310	—	—	—	≥450	26	—	—	—

① 当屈服现象不明显时，采用 $R_{p0.2}$。

4.1.7　保证淬透性结构钢

1. 保证淬透性结构钢的化学成分（表4-17）

表4-17　保证淬透性结构钢的牌号和化学成分（GB/T 5216—2004）

序号	统一数字代号	牌号	化学成分（质量分数，%）								
			C	Si	Mn	Cr	Ni	Mo	B	Ti	V
1	U59455	45H	0.42 ~ 0.50	0.17 ~ 0.37	0.50 ~ 0.85	—	—	—	—	—	—
2	A20155	15CrH	0.12 ~ 0.18	0.17 ~ 0.37	0.55 ~ 0.90	0.85 ~ 1.25	—	—	—	—	—
3	A20205	20CrH	0.17 ~ 0.23	0.17 ~ 0.37	0.50 ~ 0.85	0.70 ~ 1.10	—	—	—	—	—
4	A20215	20Cr1H	0.17 ~ 0.23	0.17 ~ 0.37	0.55 ~ 0.90	0.85 ~ 1.25	—	—	—	—	—
5	A20405	40CrH	0.37 ~ 0.44	0.17 ~ 0.37	0.50 ~ 0.85	0.70 ~ 1.10	—	—	—	—	—
6	A20455	45CrH	0.42 ~ 0.49	0.17 ~ 0.37	0.50 ~ 0.85	0.70 ~ 1.10	—	—	—	—	—
7	A22165	16CrMnH	0.14 ~ 0.19	≤0.37	1.00 ~ 1.30	0.80 ~ 1.10	—	—	—	—	—
8	A22205	20CrMnH	0.17 ~ 0.22	≤0.37	1.10 ~ 1.40	1.00 ~ 1.30	—	—	—	—	—
9	A25155	15CrMnBH	0.13 ~ 0.18	0.17 ~ 0.37	1.00 ~ 1.30	0.80 ~ 1.00	—	—	0.0005 ~ 0.0030	—	—
10	A25175	17CrMnBH	0.15 ~ 0.20	0.17 ~ 0.37	1.00 ~ 1.30	1.00 ~ 1.30	—	—	0.0005 ~ 0.0030	—	—
11	A71405	40MnBH	0.37 ~ 0.44	0.17 ~ 0.37	1.00 ~ 1.40	—	—	—	0.0005 ~ 0.0035	—	—
12	A71455	45MnBH	0.42 ~ 0.49	0.17 ~ 0.37	1.00 ~ 1.40	—	—	—	0.0005 ~ 0.0035	—	—
13	A73205	20MnVBH	0.17 ~ 0.23	0.17 ~ 0.37	1.05 ~ 1.45	—	—	—	0.0005 ~ 0.0035	—	0.07 ~ 0.12
14	A74205	20MnTiBH	0.17 ~ 0.23	0.17 ~ 0.37	1.20 ~ 1.55	—	—	—	0.0005 ~ 0.0035	0.04 ~ 0.10	—
15	A30155	15CrMoH	0.17 ~ 0.23	0.17 ~ 0.37	0.55 ~ 0.90	0.85 ~ 1.25	—	0.15 ~ 0.25	—	—	—
16	A30205	20CrMoH	0.17 ~ 0.23	0.17 ~ 0.37	0.55 ~ 0.90	0.85 ~ 1.25	—	0.15 ~ 0.25	—	—	—
17	A30225	22CrMoH	0.19 ~ 0.25	0.17 ~ 0.37	0.55 ~ 0.90	0.85 ~ 1.25	—	0.35 ~ 0.45	—	—	—
18	A30425	42CrMoH	0.37 ~ 0.44	0.17 ~ 0.37	0.55 ~ 0.90	0.85 ~ 1.25	—	0.15 ~ 0.25	—	—	—
19	A34205	20CrMnMoH	0.17 ~ 0.23	0.17 ~ 0.37	0.85 ~ 1.20	1.05 ~ 1.40	—	0.20 ~ 0.30	—	—	—
20	A26205	20CrMnTiH	0.17 ~ 0.23	0.17 ~ 0.37	0.80 ~ 1.15	1.00 ~ 1.35	—	—	—	0.04 ~ 0.10	—

（续）

序号	统一数字代号	牌号	化学成分（质量分数，%）								
			C	Si	Mn	Cr	Ni	Mo	B	Ti	V
21	A42205	20CrNi3H	0.17 ~ 0.23	0.17 ~ 0.37	0.30 ~ 0.65	0.60 ~ 0.95	2.70 ~ 3.25	—	—	—	—
22	A43125	12Cr2Ni4H	0.10 ~ 0.17	0.17 ~ 0.37	0.30 ~ 0.65	1.20 ~ 1.75	3.20 ~ 3.75	—	—	—	—
23	A50205	20CrNiMoH	0.17 ~ 0.23	0.17 ~ 0.37	0.60 ~ 0.95	0.35 ~ 0.65	0.35 ~ 0.75	0.15 ~ 0.25	—	—	—
24	A50215	20CrNi2MoH	0.17 ~ 0.23	0.17 ~ 0.37	0.40 ~ 0.70	0.35 ~ 0.65	1.55 ~ 2.00	0.20 ~ 0.30	—	—	—

注：1. 高级优质钢的牌号表示是在牌号后加"A"，如40CrAH。

2. 高级优质钢统一数字代号的末位数字是"7"，其余大写的拉丁字母和前四位阿拉伯数字一样，如40CrAH的统一数字代号是"A20407"。

3. 根据需方要求，16CrMnH 和 20CrMnH 钢中硫的质量分数允许不大于 0.12%，但此时应考虑其对力学性能的影响。

2. 保证淬透性结构钢化学成分的允许偏差（表 4-18）

表 4-18　保证淬透性结构钢化学成分的允许偏差（GB/T 5216—2004）

钢类	化学成分允许偏差（质量分数，%）≤				
	P	S①	Cu	Cr	Ni
优质碳素结构钢	0.035	0.035	0.25	0.25	0.30
高级优质碳素结构钢	0.030	0.030	0.25	0.25	0.30
优质合金结构钢	0.035	0.035	0.30	0.30	0.30
高级优质合金结构钢	0.025	0.025	0.25	0.30	0.30

① 根据需方要求，钢中硫的质量分数也可以在 0.020% ~ 0.035% 范围。此时，硫的质量分数允许偏差为 ±0.005%，牌号名称中在"H"之前加入"S"，如16CrMnSH。

3. 保证淬透性结构钢退火或高温回火状态的硬度（表 4-19）

表 4-19　保证淬透性结构钢退火或高温回火状态的硬度（GB/T 5216—2004）

序号	牌号	退火或高温回火后的硬度 HBW≤	序号	牌号	退火或高温回火后的硬度 HBW≤
1	45H	197	8	20MnTiBH	187
2	20CrH	179	9	20CrMnMoH	217
3	40CrH	207	10	20CrMnTiH	217
4	45CrH	217	11	20CrNi3H	241
5	40MnBH	207	12	12Cr2Ni4H	269
6	45MnBH	217	13	20CrNiMoH	197
7	20MnVBH	207			

4.1.8 易切削结构钢

1. 易切削结构钢的化学成分

1）硫系易切削结构钢的化学成分如表 4-20 所示。

表 4-20 硫系易切削结构钢的化学成分（GB/T 8731—2008）

牌号	化学成分(质量分数,%)				
	C	Si	Mn	P	S
Y08	≤0.09	≤0.15	0.75~1.05	0.04~0.09	0.26~0.35
Y12	0.08~0.16	0.15~0.35	0.70~1.00	0.08~0.15	0.10~0.20
Y15	0.10~0.18	≤0.15	0.80~1.20	0.06~0.10	0.23~0.33
Y20	0.17~0.25	0.15~0.35	0.70~1.00	≤0.06	0.08~0.15
Y30	0.27~0.35	0.15~0.35	0.70~1.00	≤0.06	0.08~0.15
Y35	0.32~0.40	0.15~0.35	0.70~1.00	≤0.06	0.08~0.15
Y45	0.42~0.50	≤0.40	0.70~1.10	≤0.06	0.15~0.25
Y08MnS	≤0.09	≤0.07	1.00~1.50	0.04~0.09	0.32~0.48
Y15Mn	0.14~0.20	≤0.15	1.00~1.50	0.04~0.09	0.08~0.13
Y35Mn	0.32~0.40	≤0.10	0.90~1.35	≤0.04	0.18~0.30
Y40Mn	0.37~0.45	0.15~0.35	1.20~1.55	≤0.05	0.20~0.30
Y45Mn	0.40~0.48	≤0.40	1.35~1.65	≤0.04	0.16~0.24
Y45MnS	0.40~0.48	≤0.40	1.35~1.65	≤0.04	0.24~0.33

2）铅系易切削结构钢的化学成分如表 4-21 所示。

表 4-21 铅系易切削结构钢的化学成分（GB/T 8731—2008）

牌号	化学成分(质量分数,%)					
	C	Si	Mn	P	S	Pb
Y08Pb	≤0.09	≤0.15	0.72~1.05	0.04~0.09	0.26~0.35	0.15~0.35
Y12Pb	≤0.15	≤0.15	0.85~1.15	0.04~0.09	0.26~0.35	0.15~0.35
Y15Pb	0.10~0.18	≤0.15	0.80~1.20	0.05~0.10	0.23~0.33	0.15~0.35
Y45MnSPb	0.40~0.48	≤0.40	1.35~1.65	≤0.04	0.24~0.33	0.15~0.35

3）锡系易切削结构钢的化学成分如表 4-22 所示。

表 4-22 锡系易切削结构钢的化学成分（GB/T 8731—2008）

牌号	化学成分(质量分数,%)					
	C	Si	Mn	P	S	Sn
Y08Sn	≤0.09	≤0.15	0.75~1.20	0.04~0.09	0.26~0.40	0.09~0.25
Y15Sn	0.13~0.18	≤0.15	0.40~0.70	0.03~0.07	≤0.05	0.09~0.25
Y45Sn	0.40~0.48	≤0.40	0.60~1.00	0.03~0.07	≤0.05	0.09~0.25
Y45MnSn	0.40~0.48	≤0.40	1.20~1.70	≤0.06	0.20~0.35	0.09~0.25

4）钙系易切削结构钢的化学成分如表 4-23 所示。

表 4-23 钙系易切削结构钢的化学成分（GB/T 8731—2008）

牌号	化学成分(质量分数,%)					
	C	Si	Mn	P	S	Ca
Y45Ca	0.42~0.50	0.20~0.40	0.60~0.90	≤0.04	0.04~0.08	0.002~0.006

注：Y45Ca 钢中残余元素镍、铬、铜的质量分数各不大于 0.25%，供热压力加工用时，铜的质量分数不大于 0.20%，供方能保证合格时可不作分析。

5）易切削结构钢的硫、锡元素的化学成分允许偏差如表 4-24 所示。

表 4-24 易切削结构钢的硫、锡元素的化学成分允许偏差（GB/T 8731—2008）

元 素	规定化学成分范围（质量分数,%)	允许偏差（质量分数,%)	
		上偏差	下偏差
S	≤0.33	0.03	0.03
	>0.33	0.04	0.04
Sn	≤0.30	0.03	0.03

2. 易切削结构钢的力学性能

1）热轧状态易切削钢条钢和盘条的硬度如表 4-25 所示。

表 4-25 热轧状态易切削钢条钢和盘条的硬度（GB/T 8731—2008）

分 类	牌 号	硬度 HBW≤	分 类	牌 号	硬度 HBW≤
硫系易切削钢	Y08	163	硫系易切削钢	Y45Mn	241
	Y12	170		Y45MnS	241
	Y15	170	铅系易切削钢	Y08Pb	165
	Y20	175		Y12Pb	170
	Y30	187		Y15Pb	170
	Y35	187		Y45MnSPb	241
	Y45	229	锡系易切削钢	Y08Sn	165
	Y08MnS	165		Y15Sn	165
	Y15Mn	170		Y45Sn	241
	Y35Mn	229		Y45MnSn	241
	Y40Mn	229	钙系易切削钢	Y45Ca	241

2）热轧状态硫系易切削钢条钢和盘条的力学性能如表 4-26 所示。

表 4-26 热轧状态硫系易切削钢条钢和盘条的力学性能（GB/T 8731—2008）

牌 号	抗拉强度 R_m/MPa	断后伸长率 $A(\%)$≥	断面收缩率 $Z(\%)$≥
Y08	360~570	25	40
Y12	390~540	22	36
Y15	390~540	22	36
Y20	450~600	20	30
Y30	510~655	15	25
Y35	510~655	14	22
Y45	560~800	12	20
Y08MnS	350~500	25	40
Y15Mn	390~540	22	36
Y35Mn	530~790	16	22
Y40Mn	590~850	14	20
Y45Mn	610~900	12	20
Y45MnS	610~900	12	20

3）热轧状态铅系易切削钢条钢和盘条的力学性能如表 4-27 所示。

表 4-27　热轧状态铅系易切削钢条钢和盘条的力学性能（GB/T 8731—2008）

牌　　号	抗拉强度 R_m/MPa	断后伸长率 $A(\%) \geqslant$	断面收缩率 $Z(\%) \geqslant$
Y08Pb	360 ~ 570	25	40
Y12Pb	360 ~ 570	22	36
Y15Pb	390 ~ 540	22	36
Y45MnSPb	610 ~ 900	12	20

4）热轧状态锡系易切削钢条钢和盘条的力学性能如表 4-28 所示。

表 4-28　热轧状态锡系易切削钢条钢和盘条的力学性能（GB/T 8731—2008）

牌　　号	抗拉强度 R_m/MPa	断后伸长率 $A(\%) \geqslant$	断面收缩率 $Z(\%) \geqslant$
Y08Sn	350 ~ 500	25	40
Y15Sn	390 ~ 540	22	36
Y45Sn	600 ~ 745	12	26
Y45MnSn	610 ~ 850	12	26

5）热轧状态钙系易切削钢条钢和盘条的力学性能如表 4-29 所示。

表 4-29　热轧状态钙系易切削钢条钢和盘条的力学性能（GB/T 8731—2008）

牌　　号	抗拉强度 R_m/MPa	断后伸长率 $A(\%) \geqslant$	断面收缩率 $Z(\%) \geqslant$
Y45Ca	600 ~ 745	12	26

6）经热处理毛坯制成的 Y45Ca 试样钢的力学性能如表 4-30 所示。

表 4-30　经热处理毛坯制成的 Y45Ca 试样钢的力学性能（GB/T 8731—2008）

牌　　号	下屈服强度 R_{eL}/MPa	抗拉强度 R_m/MPa	断后伸长率 A（%）	断面收缩率 Z（%）	冲击吸收能量 KV_2/J
			$\geqslant$		
Y45Ca	355	600	16	40	39

注：热处理制度：拉伸试样毛坯（直径为 25mm）正火处理，加热温度为 830 ~ 850℃，保温时间不少于 30min，冲击试样毛坯（直径为 15mm）调质处理，淬火温度为 840℃±20℃，回火温度为 600℃±20℃。

7）冷拉状态硫系易切削钢条钢和盘条的力学性能如表 4-31 所示。

表 4-31　冷拉状态硫系易切削钢条钢和盘条的力学性能（GB/T 8731—2008）

牌号	钢材公称尺寸/mm			断后伸长率 $A(\%) \geqslant$	硬度 HBW
	8 ~ 20	>20 ~ 30	>30		
	抗拉强度 R_m/MPa				
Y08	480 ~ 810	460 ~ 710	360 ~ 710	7.0	140 ~ 217
Y12	530 ~ 755	510 ~ 735	490 ~ 685	7.0	152 ~ 217

（续）

牌号	钢材公称尺寸/mm			断后伸长率 $A(\%) \geqslant$	硬度 HBW
	8 ~ 20	> 20 ~ 30	> 30		
	抗拉强度 R_m/MPa				
Y15	530 ~ 755	510 ~ 735	490 ~ 685	7.0	152 ~ 217
Y20	570 ~ 785	530 ~ 745	510 ~ 705	7.0	167 ~ 217
Y30	600 ~ 825	560 ~ 765	540 ~ 735	6.0	174 ~ 223
Y35	625 ~ 845	590 ~ 785	570 ~ 765	6.0	176 ~ 229
Y45	695 ~ 980	655 ~ 880	580 ~ 880	6.0	196 ~ 255
Y08MnS	480 ~ 810	460 ~ 710	360 ~ 710	7.0	140 ~ 217
Y15Mn	530 ~ 755	510 ~ 735	490 ~ 685	7.0	152 ~ 217
Y45Mn	695 ~ 980	655 ~ 880	580 ~ 880	6.0	196 ~ 255
Y45MnS	695 ~ 980	655 ~ 880	580 ~ 880	6.0	196 ~ 255

8）冷拉状态铅系易切削钢条钢和盘条的力学性能如表 4-32 所示。

表 4-32 冷拉状态铅系易切削钢条钢和盘条的力学性能（GB/T 8731—2008）

牌号	钢材公称尺寸/mm			断后伸长率 $A(\%) \geqslant$	硬度 HBW
	8 ~ 20	> 20 ~ 30	> 30		
	抗拉强度 R_m/MPa				
Y08Pb	480 ~ 810	460 ~ 710	360 ~ 710	7.0	140 ~ 217
Y12Pb	480 ~ 810	460 ~ 710	360 ~ 710	7.0	140 ~ 217
Y15Pb	530 ~ 755	510 ~ 735	490 ~ 685	7.0	152 ~ 217
Y45MnSPb	695 ~ 980	655 ~ 880	580 ~ 880	6.0	196 ~ 255

9）冷拉状态锡系易切削钢条钢和盘条的力学性能如表 4-33 所示。

表 4-33 冷拉状态锡系易切削钢条钢和盘条的力学性能（GB/T 8731—2008）

牌号	钢材公称尺寸/mm			断后伸长率 $A(\%) \geqslant$	硬度 HBW
	8 ~ 20	> 20 ~ 30	> 30		
	抗拉强度 R_m/MPa				
Y08Sn	480 ~ 705	460 ~ 685	440 ~ 635	7.5	140 ~ 200
Y15Sn	530 ~ 755	510 ~ 735	490 ~ 685	7.0	152 ~ 217
Y45Sn	695 ~ 920	655 ~ 855	635 ~ 835	6.0	196 ~ 255
Y45MnSn	695 ~ 920	655 ~ 855	635 ~ 835	6.0	196 ~ 255

10）冷拉状态钙系易切削钢条钢和盘条的力学性能如表4-34所示。

表4-34　冷拉状态钙系易切削钢条钢和盘条的力学性能（GB/T 8731—2008）

牌号	钢材公称尺寸/mm			断后伸长率 $A(\%) \geqslant$	硬度 HBW
	8～20	＞20～30	＞30		
	抗拉强度 R_m/MPa				
Y45Ca	695～920	655～855	635～835	6.0	196～255

11）Y40Mn冷拉条钢高温回火状态的力学性能如表4-35所示。

表4-35　Y40Mn冷拉条钢高温回火状态的力学性能（GB/T 8731—2008）

抗拉强度 R_m/MPa	断后伸长率 $A(\%)$	硬度 HBW
590～785	≥17	179～229

4.1.9　非调质机械结构钢

1. 非调质机械结构钢的化学成分

非调质机械结构钢的化学成分如表4-36所示，其化学成分允许偏差如表4-37所示。

表4-36　非调质机械结构钢的化学成分（GB/T 15712—2008）

序号	统一数字代号	牌号	化学成分（质量分数，%）									
			C	Si	Mn	S	P	V	Cr	Ni	Cu[2]	其他[3]
1	L22358	F35VS	0.32～0.39	0.20～0.40	0.60～1.00	0.035～0.075	≤0.035	0.06～0.13	≤0.30	≤0.30	≤0.30	—
2	L22408	F40VS	0.37～0.44	0.20～0.40	0.60～1.00	0.035～0.075	≤0.035	0.06～0.13	≤0.30	≤0.30	≤0.30	—
3	L22468	F45VS[1]	0.42～0.49	0.20～0.40	0.60～1.00	0.035～0.075	≤0.035	0.06～0.13	≤0.30	≤0.30	≤0.30	—
4	L22308	F30MnVS	0.26～0.33	≤0.80	1.20～1.60	0.035～0.075	≤0.035	0.08～0.15	≤0.30	≤0.30	≤0.30	—
5	L22378	F35MnVS[1]	0.32～0.39	0.30～0.60	1.00～1.50	0.035～0.075	≤0.035	0.06～0.13	≤0.30	≤0.30	≤0.30	—
6	L22388	F38MnVS	0.34～0.41	≤0.80	1.20～1.60	0.035～0.075	≤0.035	0.08～0.15	≤0.30	≤0.30	≤0.30	—
7	L22428	F40MnVS[1]	0.37～0.44	0.30～0.60	1.00～1.50	0.035～0.075	≤0.035	0.06～0.13	≤0.30	≤0.30	≤0.30	—
8	L22478	F45MnVS	0.42～0.49	0.30～0.60	1.00～1.50	0.035～0.075	≤0.035	0.06～0.13	≤0.30	≤0.30	≤0.30	—

（续）

序号	统一数字代号	牌号	化学成分（质量分数,%）									
			C	Si	Mn	S	P	V	Cr	Ni	Cu②	其他③
9	L22498	F49MnVS	0.44 ~ 0.52	0.15 ~ 0.60	0.70 ~ 1.00	0.035 ~ 0.075	≤0.035	0.08 ~ 0.15	≤0.30	≤0.30	≤0.30	—
10	L27128	F12Mn2VBS	0.09 ~ 0.16	0.30 ~ 0.60	2.20 ~ 2.65	0.035 ~ 0.075	≤0.035	0.06 ~ 0.12	≤0.30	≤0.30	≤0.30	B:0.001 ~ 0.004

① 当硫含量只有上限要求时，牌号尾部不加"S"。

② 热压力加工用钢中铜的质量分数不大于0.20%。

③ 为了保证钢材的力学性能，允许钢中添加氮，推荐氮的质量分数为0.0080% ~ 0.020%。

表4-37 非调质机械结构钢的化学成分允许偏差（GB/T 15712—2008）

化学成分	C	Si	Mn	S	P	V	Cr	Ni	Cu	B	Nb	Ti	N
允许偏差（质量分数,%）	±0.01	≤0.37: ±0.03; >0.37: ±0.04	≤1.00: ±0.03; >1.00 ~ 2.00: ±0.04; >2.00: ±0.05	规定上下限时: ±0.005; 仅有上限时: +0.005	+0.005	≤0.10: ±0.01; >0.10: ±0.02	+0.03	+0.03	+0.03	±0.0005	±0.005	+0.02 -0.01	±0.0020

2. 直接切削加工用非调质机械结构钢的力学性能（表4-38）

表4-38 直接切削加工用非调质机械结构钢的力学性能（GB/T 15712—2008）

牌号	钢材直径或边长/mm	抗拉强度 R_m/MPa	下屈服强度 R_{eL}/MPa	断后伸长率 A(%)	断面收缩率 Z(%)	冲击吸收能量① KU_2/J
F35VS	≤40	≥590	≥390	≥18	≥40	≥47
F40VS	≤40	≥640	≥420	≥16	≥35	≥37
F45VS	≤40	≥685	≥440	≥15	≥30	≥35
F30MnVS①	≤60	≥700	≥450	≥14	≥30	实测
F35MnVS	≤40	≥735	≥460	≥17	≥35	≥37
	40 ~ 60	≥710	≥440	≥15	≥33	≥35
F38MnVS①	≤60	≥800	≥520	≥12	≥25	实测
F40MnVS	≤40	≥785	≥490	≥15	≥33	≥32
	40 ~ 60	≥760	≥470	≥13	≥30	≥28
F45MnVS	≤40	≥835	≥510	≥13	≥28	≥28
	40 ~ 60	≥810	≥490	≥12	≥28	≥25
F49MnVS①	≤60	≥780	≥450	≥8	≥20	实测

① F30MnVS、F38MnVS、F49MnVS钢的冲击吸收能量报实测数据，不作判定依据。

4.1.10　锻件用结构钢

1. 锻件用碳素结构钢的化学成分及力学性能（表4-39）

表4-39　锻件用碳素结构钢的化学成分及力学性能（GB/T 17107—1997）

序号	牌号	化学成分（质量分数,%）										热处理状态	截面尺寸（直径或厚度）/mm	试样方向	力学性能					
		C	Si	Mn	Cr	Ni	Mo	V	S	P	Cu				R_m /MPa ≥	R_{eL} /MPa ≥	A (%) ≥	Z (%) ≥	KU /J ≥	硬度 HBW
1	Q235	0.14 ~ 0.22	≤ 0.30	0.30 ~ 0.65	—	—	—	—	≤ 0.050	≤ 0.045	≤ 0.30	—	≤100	纵向	330	210	23	—	—	—
													100 ~ 300	纵向	320	195	22	43	—	—
													300 ~ 500	纵向	310	185	21	38	—	—
													500 ~ 700	纵向	300	175	20	38	—	—
2	15	0.12 ~ 0.19	0.17 ~ 0.37	0.35 ~ 0.65	≤ 0.25	≤ 0.25	—	—	≤ 0.035	≤ 0.035	≤ 0.25	正火 + 回火	≤100	纵向	320	195	27	55	47	97 ~ 143
													100 ~ 300	纵向	310	165	25	50	47	97 ~ 143
													300 ~ 500	纵向	300	145	24	45	43	97 ~ 143
3	20	0.17 ~ 0.24	0.17 ~ 0.37	0.35 ~ 0.65	≤ 0.25	≤ 0.25	—	—	≤ 0.035	≤ 0.035	≤ 0.25	正火或正火 + 回火	≤100	纵向	340	215	24	50	43	103 ~ 156
													100 ~ 250	纵向	330	195	23	45	39	103 ~ 156
													250 ~ 500	纵向	320	185	22	40	39	103 ~ 156
													500 ~ 1000	纵向	300	175	20	35	35	103 ~ 156
4	25	0.22 ~ 0.30	0.17 ~ 0.37	0.50 ~ 0.80	≤ 0.25	≤ 0.25	—	—	≤ 0.035	≤ 0.035	≤ 0.25	正火或正火 + 回火	≤100	纵向	420	235	22	50	39	112 ~ 170
													100 ~ 250	纵向	390	215	20	48	31	112 ~ 170
													250 ~ 500	纵向	380	205	18	40	31	112 ~ 170
5	30	0.27 ~ 0.35	0.17 ~ 0.37	0.50 ~ 0.80	≤ 0.25	≤ 0.25	—	—	≤ 0.035	≤ 0.035	≤ 0.25	正火或正火 + 回火	≤100	纵向	470	245	19	48	31	126 ~ 179
													100 ~ 300	纵向	460	235	19	46	27	126 ~ 179
													300 ~ 500	纵向	450	225	18	40	27	126 ~ 179
													500 ~ 800	纵向	440	215	17	35	28	126 ~ 179

（续）

序号	牌号	化学成分（质量分数，%）										热处理状态	截面尺寸（直径或厚度）/mm	力学性能						
		C	Si	Mn	Cr	Ni	Mo	V	S	P	Cu			试样方向	R_m/MPa ≥	R_{eL}/MPa ≥	A（%）≥	Z（%）≥	KU/J ≥	硬度HBW
6	35	0.32~0.40	0.17~0.37	0.50~0.80	≤0.25	≤0.25	—	—	≤0.035	≤0.035	≤0.25	正火或正火+回火	≤100	纵向	510	265	18	43	28	149~187
													100~300	纵向	490	255	18	40	24	149~187
													300~500	纵向	470	235	17	37	24	143~187
													500~750	纵向	450	225	16	32	20	137~187
													750~1000	纵向	430	215	15	28	20	137~187
												调质	≤100	纵向	550	295	19	48	47	156~207
													100~300	纵向	530	275	18	40	39	156~207
													100~300	切向	470	245	13	30	20	—
													300~500	切向	450	225	12	28	20	—
													500~750	切向	430	215	11	24	16	—
													750~1000	切向	410	205	10	22	16	—
7	40	0.37~0.45	0.17~0.37	0.50~0.80	≤0.25	≤0.25	—	—	≤0.035	≤0.035	≤0.25	正火+回火	≤100	纵向	550	275	17	40	24	143~207
													100~250	纵向	530	265	17	36	24	143~207
													250~500	纵向	510	255	16	32	20	143~207
													500~1000	纵向	490	245	15	30	20	143~207
												调质	≤100	纵向	615	340	18	40	39	196~241
													100~250	纵向	590	295	17	35	31	189~229
													250~500	纵向	560	275	17	—	—	163~219

（续）

序号	牌号	C	Si	Mn	Cr	Ni	Mo	V	S	P	Cu	热处理状态	截面尺寸（直径或厚度）/mm	试样方向	R_m/MPa ≥	R_{eL}/MPa ≥	A（%）≥	Z（%）≥	KU/J ≥	硬度HBW
8	45	0.42~0.50	0.17~0.37	0.50~0.80	≤0.25	≤0.25	—	—	≤0.035	≤0.035	≤0.25	正火或正火+回火	≤100	纵向	590	295	15	38	23	170~217
													100~300	纵向	570	285	15	35	19	163~217
													300~500	纵向	550	275	14	32	19	163~217
													500~1000	纵向	530	265	13	30	15	156~217
												调质	≤100	纵向	630	370	17	40	31	207~302
													100~250	纵向	590	345	18	35	31	197~286
													250~500	纵向	590	345	17	—	—	187~255
												正火+回火	100~300	切向	540	275	10	25	16	—
													300~500	切向	520	265	10	23	16	—
													500~750	切向	500	255	9	21	12	—
													750~1000	切向	480	245	8	20	12	—
9	50	0.47~0.55	0.17~0.37	0.50~0.80	≤0.25	≤0.25	—	—	≤0.035	≤0.035	≤0.25	正火+回火	≤100	纵向	610	310	13	35	23	—
													100~300	纵向	590	295	12	33	19	—
													300~500	纵向	570	285	12	30	19	—
													500~750	纵向	550	265	12	28	15	—
												调质	≤16	纵向	700	500	14	30	31	—
													16~40	纵向	650	430	16	35	31	—
													40~100	纵向	630	370	17	40	31	—
													100~250	纵向	590	345	17	35	31	—
													250~500	纵向	590	345	17	—	—	—

（续）

序号	牌号	化学成分（质量分数,%）										热处理状态	截面尺寸（直径或厚度）/mm	力学性能					
		C	Si	Mn	Cr	Ni	Mo	V	S	P	Cu			试样方向	R_m/MPa ≥	R_{eL}/MPa ≥	A（%）≥	Z（%）≥	KU/J ≥	硬度 HBW
10	55	0.52~0.60	0.17~0.37	0.50~0.80	≤0.25	≤0.25	—	—	≤0.035	≤0.035	≤0.25	正火+回火	≤100	纵向	645	320	12	35	23	187~229
													100~300	纵向	625	310	11	28	19	187~229
													300~500	纵向	610	305	10	22	19	187~229

注: 除 Q235 之外的牌号使用废钢冶炼时,Cu 的质量分数不大于 0.30%。

2. 锻件用合金结构钢的化学成分和力学性能（表 4-40）

表 4-40 锻件用合金结构钢的化学成分和力学性能（GB/T 17107—1997）

序号	牌号	化学成分（质量分数,%）								热处理状态	截面尺寸（直径或厚度）/mm	力学性能					
		C	Si	Mn	Cr	Ni	Mo	V	其他			试样方向	R_m/MPa ≥	R_{eL}/MPa ≥	A（%）≥	Z（%）≥	KU/J ≥	硬度 HBW
1	30Mn2	0.27~0.34	0.17~0.37	1.40~1.80	—	—	—	—	—	调质	≤100	纵向	685	440	15	50	—	—
											100~300	纵向	635	410	16	45	—	—
2	35Mn2	0.32~0.39	0.17~0.37	1.40~1.80	—	—	—	—	—	正火+回火	≤100	纵向	620	315	18	45	—	207~241
											100~300	纵向	580	295	18	43	23	207~241
										调质	≤100	纵向	745	590	16	50	47	229~269
											100~300	纵向	690	490	16	45	47	229~269
3	45Mn2	0.42~0.49	0.17~0.37	1.40~1.80	—	—	—	—	—	正火+回火	≤100	纵向	690	355	16	38	—	187~241
											100~300	纵向	670	335	16	35	—	187~241

（续）

序号	牌号	C	Si	Mn	Cr	Ni	Mo	V	其他	热处理状态	截面尺寸(直径或厚度)/mm	试样方向	R_m/MPa ≥	R_{eL}/MPa ≥	A(%) ≥	Z(%) ≥	KU/J ≥	硬度 HBW
4	20SiMn	0.16~0.22	0.60~0.80	1.00~1.30					—	正火+回火	≤600	纵向	470	265	15	30	39	—
											600~900	纵向	450	255	14	30	39	—
											900~1200	纵向	440	245	14	30	39	—
											≤300	切向	490	275	14	30	27	—
											300~500	切向	470	265	13	28	23	—
											500~750	切向	440	245	11	24	19	—
											750~1000	切向	410	225	10	22	19	—
5	35SiMn	0.32~0.40	1.10~1.40	1.10~1.40					—	调质	≤100	纵向	785	510	15	45	47	229~286
											100~300	纵向	735	440	14	35	39	217~265
											300~400	纵向	685	390	13	30	35	215~255
											400~500	纵向	635	375	11	28	31	196~255
6	42SiMn	0.39~0.45	1.10~1.40	1.10~1.40					—	调质	≤100	纵向	785	510	15	45	31	229~286
											100~200	纵向	735	460	14	35	23	217~269
											200~300	纵向	685	440	13	30	23	217~255
											300~500	纵向	635	375	10	28	20	196~255
7	50SiMn	0.46~0.54	0.80~1.10	0.80~1.10					—	调质	≤100	纵向	835	540	15	40	39	229~286
											100~200	纵向	735	490	15	35	39	217~269
											200~300	纵向	685	440	14	30	31	207~255

（续）

序号	牌号	化学成分（质量分数，%）								热处理状态	截面尺寸（直径或厚度）/mm	试样方向	力学性能					
		C	Si	Mn	Cr	Ni	Mo	V	其他				R_m/MPa ≥	R_{eL}/MPa ≥	A(%) ≥	Z(%) ≥	KU/J ≥	硬度 HBW
8	20MnMo	0.17~0.23	0.17~0.37	0.90~1.30	—	—	0.15~0.25	—	—	调质	≤300	纵向	500	305	14	40	39	—
											300~500	纵向	470	275	14	40	39	—
											≤300	切向	500	305	14	32	31	—
											300~500	切向	470	275	13	30	31	—
9	20MnMoNb	0.16~0.23	0.17~0.37	1.20~1.50	—	—	0.45~0.60	—	Nb: 0.020~0.045	调质	100~300	纵向	635	490	15	45	47	187~229
											300~500	纵向	590	440	15	45	47	187~229
											500~800	纵向	490	345	15	45	39	—
											100~300	切向	610	430	12	32	31	—
											300~500	切向	570	400	12	30	24	—
10	42MnMoV	0.38~0.45	0.17~0.37	1.20~1.50	—	—	0.20~0.30	0.10~0.20	—	调质	100~300	纵向	765	590	12	40	31	241~286
											300~500	纵向	705	540	12	35	23	229~269
											500~800	纵向	635	490	12	35	23	217~241
11	50SiMnMoV	0.45~0.55	0.50~0.70	1.50~1.80	—	—	0.30~0.50	0.20~0.30	—	调质	100~300	纵向	885	735	12	40	31	269~302
											300~500	纵向	885	635	12	38	31	255~286
											500~800	纵向	835	610	12	35	23	241~286
12	37SiMn2MoV	0.33~0.39	0.60~0.90	1.60~1.90	—	—	0.40~0.50	0.05~0.12	—	调质	100~200	纵向	865	685	14	40	31	269~302
											200~400	纵向	815	635	14	40	31	241~286
											400~600	纵向	765	590	14	40	31	229~269
13	15Cr	0.12~0.18	0.17~0.37	0.40~0.70	0.70~1.00	—	—	—	—	正火+回火	≤100	纵向	390	195	26	50	39	111~156
											100~300	纵向	390	195	23	45	35	111~156

（续）

序号	牌号	C	Si	Mn	Cr	Ni	Mo	V	其他	热处理状态	截面尺寸（直径或厚度）/mm	试样方向	R_{m} /MPa ≥	R_{eL} /MPa ≥	A (%) ≥	Z (%) ≥	KU /J ≥	硬度 HBW
14	20Cr	0.18~0.24	0.17~0.37	0.50~0.80	0.70~1.00	—	—	—	—	正火+回火	≤100	纵向	430	215	19	40	31	123~179
											100~300	纵向	430	215	18	35	31	123~167
										调质	≤100	纵向	470	275	20	40	35	137~179
											100~300	纵向	470	245	19	40	31	137~197
15	30Cr	0.27~0.34	0.17~0.37	0.50~0.80	0.80~1.10	—	—	—	—	调质	≤100	纵向	615	395	17	40	43	187~229
16	35Cr	0.32~0.39	0.17~0.37	0.50~0.80	0.80~1.10	—	—	—	—	调质	100~300	纵向	615	395	15	35	39	187~229
17	40Cr	0.37~0.44	0.17~0.37	0.50~0.80	0.80~1.10	—	—	—	—	调质	≤100	纵向	735	540	15	45	39	241~286
											100~300	纵向	685	490	14	45	31	241~286
											300~500	纵向	685	440	10	35	23	229~269
											500~800	纵向	590	345	8	30	16	217~255
18	50Cr	0.47~0.54	0.17~0.37	0.50~0.80	0.80~1.10	—	—	—	—	调质	≤100	纵向	835	540	10	40	—	241~286
											100~300	纵向	785	490	10	40	—	241~286
19	12CrMo	0.08~0.15	0.17~0.37	0.40~0.70	0.40~0.70	—	0.40~0.55	—	—	正火+回火	≤100	纵向	440	275	20	50	55	≤159
											100~300	纵向	440	275	20	45	55	≤159
20	15CrMo	0.12~0.18	0.17~0.37	0.40~0.70	0.80~1.10	—	0.40~0.55	—	—	淬火+回火	≤100	切向	440	275	20	—	55	116~179
											100~300	切向	440	275	20	—	55	116~179
											300~500	切向	430	255	19	—	47	116~179

（续）

序号	牌号	化学成分（质量分数，%）								热处理状态	截面尺寸（直径或厚度）/mm	试样方向	力学性能					
		C	Si	Mn	Cr	Ni	Mo	V	其他				R_m/MPa ≥	R_{eL}/MPa ≥	A(%) ≥	Z(%) ≥	KU/J ≥	硬度 HBW
21	25CrMo	0.22~0.29	0.17~0.37	0.50~0.80	0.90~1.20	—	0.15~0.30	—	—	调质	17~40	纵向	780	600	14	55	—	—
22	30CrMo	0.26~0.34	0.17~0.37	0.40~0.70	0.80~1.10	—	0.15~0.25	—	—	调质	40~100	纵向	690	450	15	60	—	—
											100~160	纵向	640	400	16	60	—	—
											≤100	纵向	620	410	16	40	49	196~240
											100~300	纵向	590	390	15	40	44	196~240
23	35CrMo	0.32~0.40	0.17~0.37	0.40~0.70	0.80~1.10	—	0.15~0.25		—	调质	≤100	纵向	735	540	15	45	47	207~269
											100~300	纵向	685	490	15	40	39	207~269
											300~500	纵向	635	440	15	35	31	207~269
											500~800	纵向	590	390	12	30	23	—
											100~300	切向	635	440	11	30	27	—
											300~500	切向	590	390	10	24	24	—
											500~800	切向	540	345	9	20	20	—
24	42CrMo	0.38~0.45	0.17~0.37	0.50~0.80	0.90~1.20	—	0.15~0.25	—	—	调质	≤100	纵向	900	650	12	50	—	—
											100~160	纵向	800	550	13	50	—	—
											160~250	纵向	750	500	14	55	—	—
											250~500	纵向	690	460	15	—	—	—
											500~750	纵向	590	390	16	—	—	—

（续）

序号	牌号	化学成分（质量分数,%）								热处理状态	截面尺寸（直径或厚度）/mm	力学性能						
		C	Si	Mn	Cr	Ni	Mo	V	其他			试样方向	R_m/MPa ≥	R_{eL}/MPa ≥	A（%）≥	Z（%）≥	KU/J ≥	硬度 HBW
25	50CrMo	0.46~0.54	0.17~0.37	0.50~0.80	0.90~1.20	—	0.15~0.30	—	—	调质	≤100	纵向	900	700	12	50	—	—
											100~160	纵向	850	650	13	50	—	—
											160~250	纵向	800	550	14	50	—	—
											250~500	纵向	740	540	14	—	—	—
											500~750	纵向	690	490	15	—	—	—
26	34CrMo1	0.30~0.38	0.17~0.37	0.40~0.70	0.70~1.20	—	0.40~0.55	—	—	调质	100~300	纵向	765	590	15	40	47	—
											300~500	纵向	705	540	15	40	39	—
											500~750	纵向	665	490	14	35	31	—
											750~1000	纵向	635	440	13	35	31	—
27	16CrMn	0.14~0.19	0.17~0.37	1.00~1.30	0.80~1.10	—	—	—	—	渗碳+淬火+回火	≤30	纵向	780	590	10	40	—	—
											30~63	纵向	640	440	11	40	—	—
28	20CrMn	0.17~0.22	0.17~0.37	1.10~1.40	1.00~1.30	—	—	—	—	渗碳+淬火+回火	≤30	纵向	980	680	8	35	—	—
											30~63	纵向	790	540	10	35	—	—
29	20CrMnTi	0.17~0.23	0.17~0.37	0.80~1.10	1.00~1.30	—	—	—	Ti: 0.04~0.10	调质	≤100	纵向	615	395	17	45	47	—
30	20CrMnMo	0.17~0.23	0.17~0.37	0.90~1.20	1.10~1.40	—	0.20~0.30	—	—	渗碳+淬火+回火	≤30	纵向	1080	785	7	40	—	—
											30~100	纵向	835	490	15	40	31	—

（续）

序号	牌号	C	Si	Mn	Cr	Ni	Mo	V	其他	热处理状态	截面尺寸(直径或厚度)/mm	试样方向	R_m/MPa ≥	R_{eL}/MPa ≥	A(%) ≥	Z(%) ≥	KU/J ≥	硬度 HBW
31	35CrMnMo	0.30~0.40	0.17~0.37	1.10~1.40	1.10~1.40	—	0.25~0.35	—	—	调质	>100~300	纵向	785	590	14	45	43	207~269
											300~500	纵向	735	540	13	40	39	207~269
											500~800	纵向	685	490	12	35	31	207~269
32	40CrMnMo	0.37~0.45	0.17~0.37	0.90~1.20	0.90~1.20	—	0.20~0.30	—	—	调质	≤100	纵向	885	735	12	40	39	—
											100~250	纵向	835	640	12	30	39	—
											250~400	纵向	785	530	12	40	31	—
											400~500	纵向	735	480	12	35	23	—
33	20CrMnMoB	0.17~0.23	0.17~0.37	1.20~1.50	1.50~1.80	—	0.45~0.55	—	B: 0.001~0.0035(加入量)	调质	≤100	纵向	900	785	13	40	39	277~331
											100~300	纵向	880	735	13	40	39	225~302
											300~500	纵向	835	685	13	40	39	241~286
											500~800	纵向	785	635	13	40	39	241~286
34	30CrMn2MoB	0.27~0.35	0.17~0.37	1.40~1.80	0.90~1.20	—	0.45~0.55	—	B:0.001~0.0035(加入量)	调质	100~300	切向	845	735	12	35	39	269~302
											300~600	切向	805	685	12	35	39	255~286
											100~300	纵向	880	715	12	40	31	255~302
											300~500	纵向	835	665	12	40	31	255~302
											500~800	纵向	785	615	12	40	31	241~286
35	32Cr2MnMo	0.28~0.36	0.17~0.37	1.10~1.40	1.70~2.10	—	0.40~0.50	—	—	调质	100~300	纵向	830	685	14	45	59	255~302
											300~500	纵向	785	635	12	40	49	255~302
											500~750	纵向	735	590	12	35	30	241~286

（续）

序号	牌号	化学成分（质量分数，%）								热处理状态	截面尺寸（直径或厚度）/mm	试样方向	力学性能					硬度 HBW
		C	Si	Mn	Cr	Ni	Mo	V	其他				R_m/MPa ≥	R_{eL}/MPa ≥	A(%) ≥	Z(%) ≥	KU/J ≥	
36	30CrMnSi	0.27~0.34	0.90~1.20	0.80~1.10	0.80~1.10	—	—	—	—	调质	≤100	纵向	735	590	12	35	35	235~293
											100~300	纵向	685	460	13	35	35	228~269
37	35CrMnSi	0.32~0.39	1.10~1.40	0.80~1.10	1.10~1.40	—	—	—	—	调质	≤100	纵向	785	640	12	35	31	241~293
											100~300	纵向	685	540	12	35	31	223~269
38	12CrMoV	0.08~0.15	0.17~0.37	0.40~0.70	0.30~0.60	—	0.25~0.35	0.15~0.30	—	正火+回火	≤100	纵向	470	245	22	48	39	143~179
											100~300	纵向	430	215	20	40	39	123~167
39	12Cr1MoV	0.08~0.15	0.17~0.37	0.40~0.70	0.90~1.20	—	0.25~0.35	0.15~0.30	—	正火+回火	≤100	纵向	440	245	19	50	39	123~167
											100~300	纵向	430	215	19	48	39	123~167
											300~500	纵向	430	215	18	40	35	123~167
											500~800	纵向	430	215	16	35	31	123~167
40	24CrMoV	0.20~0.28	0.17~0.37	0.30~0.60	1.20~1.50	—	0.50~0.60	0.15~0.30	—	调质	100~300	纵向	735	590	16	—	47	—
											300~500	纵向	685	540	16	—	47	—
41	35CrMoV	0.30~0.38	0.17~0.37	0.40~0.70	1.00~1.30	—	0.20~0.30	0.10~0.20	—	调质	100~200	切向	880	745	12	40	47	—
											200~240	切向	860	705	12	35	47	—
42	30Cr2MoV	0.26~0.34	0.17~0.37	0.40~0.70	2.30~2.70	—	0.15~0.25	0.10~0.20	—	调质	≤150	纵向	830	735	15	50	47	219~277
											150~250	纵向	735	590	16	50	47	219~277
											250~500	纵向	635	440	16	50	47	219~277
43	28Cr2Mo1V	0.22~0.32	0.30~0.50	0.50~0.80	1.50~1.80	—	0.60~0.80	0.20~0.30	—	调质	≤100	纵向	835	735	15	40	47	269~302
											100~300	纵向	735	635	15	40	47	269~302
											300~500	纵向	685	565	14	35	47	269~302

（续）

序号	牌号	C	Si	Mn	Cr	Ni	Mo	V	其他	热处理状态	截面尺寸(直径或厚度)/mm	试样方向	R_{m}/MPa ≥	R_{eL}/MPa ≥	A(%) ≥	Z(%) ≥	KU/J ≥	硬度 HBW
44	40CrNi	0.37~0.44	0.17~0.37	0.50~0.80	0.45~0.75	1.00~1.40	—	—	—	调质	≤100	纵向	735	590	14	45	47	223~277
											100~300	纵向	685	540	13	40	39	207~262
											300~500	纵向	635	440	13	35	39	197~235
											500~800	纵向	615	395	11	30	31	187~229
45	40CrNiMo	0.37~0.44	0.17~0.37	0.50~0.80	0.60~0.90	1.25~1.65	0.15~0.25	—	—	淬火+回火	≤80	纵向	980	835	12	55	78	—
											80~100	纵向	980	835	11	50	74	—
											100~150	纵向	980	835	10	45	70	—
											150~250	纵向	980	835	9	40	66	—
										调质	100~300	纵向	785	640	12	38	39	241~293
											300~500	纵向	685	540	12	33	35	207~262
46	34CrNi1Mo	0.30~0.40	0.17~0.37	0.50~0.80	1.30~1.70	1.30~1.70	0.20~0.30	—	—	调质	≤100	纵向	850	735	15	45	55	277~321
											100~300	纵向	765	635	14	40	47	262~311
											300~500	纵向	685	540	14	35	39	235~277
											500~800	纵向	635	490	14	32	31	212~248
47	34CrNi3Mo	0.30~0.40	0.17~0.37	0.50~0.80	0.70~1.10	2.75~3.25	0.25~0.40	—	—	调质	≤100	纵向	900	785	14	40	55	269~341
											100~300	纵向	850	735	14	38	47	262~321
											300~500	纵向	805	685	13	35	39	241~302
											500~800	纵向	755	590	12	32	32	241~302

（续）

序号	牌号	C	Si	Mn	Cr	Ni	Mo	V	其他	热处理状态	截面尺寸(直径或厚度)/mm	试样方向	R_m/MPa ≥	R_{eL}/MPa ≥	A(%) ≥	Z(%) ≥	KU/J ≥	硬度 HBW
48	15Cr2Ni2	0.12~0.17	0.17~0.37	0.30~0.60	1.40~1.70	1.40~1.70	—	—	—	渗碳+淬火+回火	≤30	纵向	880	640	9	40	—	—
											30~63	纵向	780	540	10	40	—	—
49	20Cr2Ni4	0.17~0.23	0.17~0.37	0.30~0.60	1.25~1.65	3.25~3.65	—	—	—	调质	试样毛坯尺寸 φ15	纵向	1175	1080	10	45	62	—
50	17Cr2Ni2Mo	0.14~0.19	0.17~0.37	0.30~0.60	1.50~1.80	1.40~1.70	0.25~0.35	—	—	渗碳+淬火+回火	≤30	纵向	1080	790	8	35	—	—
											30~63	纵向	980	690	8	35	—	—
51	30Cr2Ni2Mo	0.26~0.34	0.17~0.37	0.30~0.60	1.80~2.20	1.80~2.20	0.30~0.50	—	—	调质	≤100	纵向	1100	900	10	45	—	—
											100~160	纵向	1000	800	11	50	—	—
											160~250	纵向	900	700	12	50	—	—
											250~500	纵向	830	635	12	—	—	—
											500~1000	纵向	780	590	12	—	—	—
52	34Cr2Ni2Mo	0.30~0.38	0.17~0.37	0.40~0.70	1.40~1.70	1.40~1.70	0.15~0.30	—	—	调质	≤100	纵向	1000	800	11	50	—	—
											100~160	纵向	900	700	12	55	—	—
											160~250	纵向	800	600	13	55	—	—
											250~500	纵向	740	540	14	—	—	—
											500~1000	纵向	690	490	15	—	—	—
53	15CrNiMoV	0.12~0.19	0.17~0.37	0.40~0.70	0.50~1.00	0.80~1.20	0.20~0.35	0.10~0.20		调质	100~300	纵向	685	585	15	60	110	190~240
											300~500	纵向	635	535	14	55	100	190~240

（续）

序号	牌号	C	Si	Mn	Cr	Ni	Mo	V	其他	热处理状态	截面尺寸（直径或厚度）/mm	试样方向	R_m/MPa ≥	R_{eL}/MPa ≥	A(%) ≥	Z(%) ≥	KU/J ≥	硬度 HBW
54	34CrNi3MoV	0.30~0.40	0.17~0.37	0.50~0.80	1.20~1.50	3.00~3.50	0.25~0.40	0.10~0.20	—	调质	≤100	纵向	900	785	14	40	47	269~321
											100~300	纵向	855	735	14	38	39	248~311
											300~500	纵向	805	685	13	33	31	235~293
											500~800	纵向	735	590	12	30	31	212~262
55	37CrNi3MoV	0.32~0.42	0.17~0.37	0.25~0.50	1.20~1.50	3.00~3.50	0.35~0.45	0.10~0.25	—	调质	≤100	纵向	900	785	13	40	47	269~321
											100~300	纵向	855	735	12	38	39	248~311
											300~500	纵向	805	685	11	33	31	235~293
											500~800	纵向	735	590	10	30	31	212~262
56	24Cr2Ni4MoV	0.22~0.28	0.17~0.37	0.30~0.60	1.50~1.80	3.30~3.80	0.40~0.55	0.05~0.15	—	调质	100~300	纵向	1000	870	12	45	70	—
											300~500	纵向	950	850	13	50	70	—
											500~750	纵向	900	800	15	50	65	—
											750~1000	纵向	850	750	15	50	65	—
57	18Cr2Ni4W	0.13~0.19	0.17~0.37	0.30~0.60	1.35~1.65	4.00~4.50	—	—	W: 0.80~1.20	淬火+回火	≤80	纵向	1180	835	10	45	78	—
											80~100	纵向	1180	835	9	40	74	—
											100~150	纵向	1180	835	8	35	70	—
											150~250	纵向	1180	835	7	30	66	—

3. 锻件用结构钢力学性能允许降低值（表4-41）

表4-41　锻件用结构钢力学性能允许降低值（GB/T 17107—1997）

力学性能指标	试样方向	酸性平炉及电炉钢		碱性平炉钢					
				1～25t 钢锭锻件			>25t 钢锭锻件		
		锻 造 比		锻 造 比					
		≤5	>5	2～3	>3～5	>5	2～3	>3～5	>5
		力学性能允许降低的百分数（%）							
下屈服强度 R_{eL}	切向	5	5	5	5	5	5	5	5
	横向	5	5	10	10	10	10	10	10
抗拉强度 R_m	切向	5	5	5	5	5	5	5	5
	横向	5	5	10	10	10	10	10	10
断后伸长率 A	切向	25	40	25	30	35	35	40	45
	横向	25	40	25	35	40	40	50	50
断面收缩率 Z	切向	20	40	25	30	40	40	40	45
	横向	20	40	30	35	45	45	50	60
冲击吸收能量	切向	25	40	30	30	30	30	40	50
	横向	25	40	35	40	40	40	50	60

4.1.11　弹簧钢

1. 弹簧钢的化学成分（表4-42）

表4-42　弹簧钢的化学成分（GB/T 1222—2007）

序号	统一数字代号	牌号[①]	化学成分(质量分数,%)										
			C	Si	Mn	Cr	V	W	B	Ni	Cu[②]	P	S
										≤			
1	U20652	65	0.62～0.70	0.17～0.37	0.50～0.80	≤0.25	—	—	—	0.25	0.25	0.035	0.035
2	U20702	70	0.62～0.75	0.17～0.37	0.50～0.80	≤0.25	—	—	—	0.25	0.25	0.035	0.035
3	U20852	85	0.82～0.90	0.17～0.37	0.50～0.80	≤0.25	—	—	—	0.25	0.25	0.035	0.035
4	U21653	65Mn	0.62～0.70	0.17～0.37	0.90～1.20	≤0.25	—	—	—	0.25	0.25	0.035	0.035
5	A77552	55SiMnVB	0.52～0.60	0.70～1.00	1.00～1.30	≤0.35	0.08～0.16	—	0.0005～0.0035	0.35	0.25	0.035	0.035
6	A11602	60Si2Mn	0.56～0.64	1.50～2.00	0.70～1.00	≤0.35	—	—	—	0.35	0.25	0.035	0.035
7	A11603	60Si2MnA	0.56～0.64	1.60～2.00	0.70～1.00	≤0.35	—	—	—	0.35	0.25	0.025	0.025

（续）

序号	统一数字代号	牌号①	化学成分（质量分数,%）										
			C	Si	Mn	Cr	V	W	B	Ni	Cu②	P	S
										≤			
8	A21603	60Si2CrA	0.56 ~ 0.64	1.40 ~ 1.80	0.40 ~ 0.70	0.70 ~ 1.00	—	—	—	0.35	0.25	0.025	0.025
9	A28603	60Si2CrVA	0.56 ~ 0.64	1.40 ~ 1.80	0.40 ~ 0.70	0.90 ~ 1.20	0.10 ~ 0.20	—	—	0.35	0.25	0.025	0.025
10	A21553	55SiCrA	0.51 ~ 0.59	1.20 ~ 1.60	0.50 ~ 0.80	0.50 ~ 0.80	—	—	—	0.35	0.25	0.025	0.025
11	A22553	55CrMnA	0.52 ~ 0.60	0.17 ~ 0.37	0.65 ~ 0.95	0.65 ~ 0.95	—	—	—	0.35	0.25	0.025	0.025
12	A22603	60CrMnA	0.56 ~ 0.64	0.17 ~ 0.37	0.70 ~ 1.00	0.70 ~ 1.00	—	—	—	0.35	0.25	0.025	0.025
13	A23503	50CrVA	0.46 ~ 0.54	0.17 ~ 0.37	0.50 ~ 0.80	0.80 ~ 1.10	0.10 ~ 0.20	—	—	0.35	0.25	0.025	0.025
14	A22613	60CrMnBA	0.56 ~ 0.64	0.17 ~ 0.37	0.70 ~ 1.00	0.70 ~ 1.00	—	—	0.0005 ~ 0.0040	0.35	0.25	0.025	0.025
15	A27303	30W4Cr2VA	0.26 ~ 0.34	0.17 ~ 0.37	≤0.40	2.00 ~ 2.50	0.50 ~ 0.80	4.00 ~ 4.50	—	0.35	0.25	0.025	0.025

① 28MnSiB 的化学成分见表 4-43。

② 根据需方要求,并在合同中注明,钢中残余铜的质量分数应不大于 0.20%。

表 4-43　28MnSiB 的化学成分（GB/T 1222—2007）

统一数字代号	牌号	化学成分（质量分数,%）								
		C	Si	Mn	Cr	B	Ni	Cu①	P	S
								≤		
A76282	28MnSiB	0.24 ~ 0.32	0.60 ~ 1.00	1.20 ~ 1.60	≤0.25	0.0005 ~ 0.0035	0.35	0.25	0.035	0.035

① 根据需方要求,并在合同中注明,钢中残余铜的质量分数不大于 0.20%。

2. 弹簧钢的热处理制度及力学性能（表 4-44）

表 4-44　弹簧钢的热处理制度及力学性能（GB/T 1222—2007）

序号	牌号①	热处理制度②			力学性能≥				
		淬火温度/℃	淬火冷却介质	回火温度/℃	抗拉强度 R_m/MPa	下屈服强度 R_{eL}/MPa	断后伸长率		断面收缩率 Z(%)
							A(%)	$A_{11.3}$(%)	
1	65	840	油	500	980	785		9	35
2	70	830	油	480	1030	835		8	30
3	85	820	油	480	1130	980		6	30
4	65Mn	830	油	540	980	785		8	30

（续）

序号	牌号[1]	热处理制度[2]			力学性能≥				
		淬火温度/℃	淬火冷却介质	回火温度/℃	抗拉强度 R_m/MPa	下屈服强度 R_{eL}/MPa	断后伸长率		断面收缩率 $Z(\%)$
							$A(\%)$	$A_{11.3}(\%)$	
5	55SiMnVB	860	油	460	1375	1225		5	30
6	60Si2Mn	870	油	480	1275	1180		5	25
7	60Si2MnA	870	油	440	1570	1375		5	20
8	60Si2CrA	870	油	420	1765	1570	6		20
9	60Si2CrVA	850	油	410	1860	1665	6		20
10	55SiCrA	860	油	450	1450~1750	1300($R_{p0.2}$)	6		25
11	55CrMnA	830~860	油	460~510	1225	1080($R_{p0.2}$)	9[3]		20
12	60CrMnA	830~860	油	460~520	1225	1080($R_{p0.2}$)	9[3]		20
13	50CrVA	850	油	500	1275	1130	10		40
14	60CrMnBA	830~860	油	460~520	1225	1080($R_{p0.2}$)	9[3]		20
15	30W4Cr2VA[4]	1050~1100	油	600	1470	1325	7		40

① 28MnSiB 的热处理制度及力学性能见表 4-45。

② 除规定热处理温度上、下限外，表中热处理温度允许偏差为：淬火温度 ±20℃，回火温度 ±50℃。根据需方特殊要求，回火可按 ±30℃进行。

③ 其试样可采用下列试样中的一种。若按 GB/T 228 规定作拉伸试验时，所测断后伸长率值供参考。

试样 1：标距为 50mm，平行长度 60mm，直径 14mm，肩部半径大于 15mm。

试样 2：标距为 4$\sqrt{S_0}$（S_0 表示平行长度的原始横截面积，mm²），平行长度 12 倍标距长度，肩部半径大于 15mm。

④ 30W4Cr2VA 除抗拉强度外，其他力学性能检验结果供参考，不作为交货依据。

表 4-45　28MnSiB 的力学性能（GB/T 1222—2007）

牌号	热处理制度[1]			力学性能　≥			
	淬火温度/℃	淬火冷却介质	回火温度/℃	下屈服强度 R_{eL}/MPa	抗拉强度 R_m/MPa	断后伸长率 $A_{11.3}(\%)$	断面收缩率 $Z(\%)$
28MnSiB	900	水或油	320	1180	1275	5	25

① 表中热处理温度允许偏差为：淬火温度 ±20℃，回火温度 ±30℃。

3. 弹簧钢的交货硬度（表 4-46）

表 4-46　弹簧钢的交货硬度（GB/T 1222—2007）

组号	牌　　号	交货状态	硬度 HBW ≤
1	65、70	热轧	285
2	85、65Mn		302
3	60Si2Mn、60Si2MnA、50CrVA、55SiMnVB、55CrMnA、60CrMnA		321
4	60Si2CrA、60Si2CrVA、60CrMnBA、55SiCrA、30W4Cr2VA	热轧	供需双方协商
		热轧+热处理	321
5	所有牌号	冷拉+热处理	321
6		冷拉	供需双方协商

4.1.12 优质结构钢冷拉钢材

1. 优质结构钢冷拉钢材交货状态的硬度（表4-47）

表4-47 优质结构钢冷拉钢材交货状态的硬度（GB/T 3078—2008）

序号	牌 号	交货状态硬度 HBW≤		序号	牌 号	交货状态硬度 HBW≤	
		冷拉、冷拉磨光	退火、光亮退火、高温回火或正火后回火			冷拉、冷拉磨光	退火、光亮退火、高温回火或正火后回火
1	10	229	179	32	40B	241	207
2	15	229	179	33	45B	255	229
3	20	229	179	34	50B	255	229
4	25	229	179	35	40MnB	269	217
5	30	229	179	36	45MnB	269	229
6	35	241	187	37	40MnVB	269	217
7	40	241	207	38	20SiMnVB	269	217
8	45	255	229	39	20CrV	255	217
9	50	255	229	40	40CrVA	269	229
10	55	269	241	41	45CrVA	302	255
11	60	269	241	42	38CrSi	269	255
12	65	—	255	43	20CrMnSiA	255	217
13	15Mn	207	163	44	25CrMnSiA	269	229
14	20Mn	229	187	45	30CrMnSiA	269	229
15	25Mn	241	197	46	35CrMnSiA	285	241
16	30Mn	241	197	47	20CrMnTi	255	207
17	35Mn	255	207	48	15CrMo	229	187
18	40Mn	269	217	49	20CrMo	241	197
19	45Mn	269	229	50	30CrMo	269	229
20	50Mn	269	229	51	35CrMo	269	241
21	60Mn	—	255	52	42CrMo	285	255
22	65Mn	—	269	53	20CrMnMo	269	229
23	20Mn2	241	197	54	40CrMnMo	269	241
24	35Mn2	255	207	55	35CrMoVA	285	255
25	40Mn2	269	217	56	38CrMoAlA	269	229
26	45Mn2	269	229	57	15CrA	229	179
27	50Mn2	285	229	58	20Cr	229	179
28	27SiMn	255	217	59	30Cr	241	187
29	35SiMn	269	229	60	35Cr	269	217
30	42SiMn	—	241	61	40Cr	269	217
31	20MnV	229	187	62	45Cr	269	229

（续）

序号	牌　号	交货状态硬度 HBW ≤ 冷拉、冷拉磨光	退火、光亮退火、高温回火或正火后回火	序号	牌　号	交货状态硬度 HBW ≤ 冷拉、冷拉磨光	退火、光亮退火、高温回火或正火后回火
63	20CrNi	255	207	70	37CrNi3A	—	269
64	40CrNi	—	255	71	12Cr2Ni4A	—	255
65	45CrNi	—	269	72	20Cr2Ni4A	—	269
66	12CrNi2A	269	217	73	40CrNiMoA	—	269
67	12CrNi3A	269	229	74	45CrNiMoVA	—	269
68	20CrNi3A	269	241	75	18Cr2Ni4WA	—	269
69	30CrNi3（A）	—	255	76	25Cr2Ni4WA	—	269

2. 优质结构钢冷拉钢材的力学性能（表4-48）

表4-48　优质结构钢冷拉钢材的力学性能（GB/T 3078—2008）

序号	牌号	冷　拉 抗拉强度 R_m/MPa	断后伸长率 A(%)	断面收缩率 Z(%)	退　火 抗拉强度 R_m/MPa	断后伸长率 A(%)	断面收缩率 Z(%)
		≥					
1	10	440	8	50	295	26	55
2	15	470	8	45	345	28	55
3	20	510	7.5	40	390	21	50
4	25	540	7	40	410	19	50
5	30	560	7	35	440	17	45
6	35	590	6.5	35	470	15	45
7	40	610	6	35	510	14	40
8	45	635	6	30	540	13	40
9	50	655	6	30	560	12	40
10	15Mn	490	7.5	40	390	21	50
11	50Mn	685	5.5	30	590	10	35
12	50Mn2	735	5	25	635	9	30

4.1.13　冷镦和冷挤压用钢

1. 冷镦和冷挤压用钢的化学成分

1）非热处理型冷镦和冷挤压用钢的化学成分如表4-49所示。

表4-49　非热处理型冷镦和冷挤压用钢的化学成分（GB/T 6478—2001）

序号	统一数字代号	牌号	化学成分（质量分数,%） C	Si	Mn	P	S	Alt[①]
1	U40048	ML04Al	≤0.06	≤0.10	0.20 ~ 0.40	≤0.035	≤0.035	≥0.020
2	U40088	ML08Al	0.05 ~ 0.10	≤0.10	0.30 ~ 0.60	≤0.035	≤0.035	≥0.020

（续）

序号	统一数字代号	牌号	化学成分（质量分数,%）					
			C	Si	Mn	P	S	Alt[①]
3	U40108	ML10Al	0.08 ~ 0.13	≤0.10	0.30 ~ 0.60	≤0.035	≤0.035	≥0.020
4	U40158	ML15Al	0.13 ~ 0.18	≤0.10	0.30 ~ 0.60	≤0.035	≤0.035	≥0.020
5	U40152	ML15	0.13 ~ 0.18	0.15 ~ 0.35	0.30 ~ 0.60	≤0.035	≤0.035	—
6	U40208	ML20Al	0.18 ~ 0.23	≤0.10	0.30 ~ 0.60	≤0.035	≤0.035	≥0.020
7	U40202	ML20	0.18 ~ 0.23	0.15 ~ 0.35	0.30 ~ 0.60	≤0.035	≤0.035	—

① Alt 指全铝含量。

2）表面硬化型冷镦和冷挤压用钢的化学成分如表4-50所示。

表 4-50　表面硬化型冷镦和冷挤压用钢的化学成分（GB/T 6478—2001）

序号	统一数字代号	牌号	化学成分（质量分数,%）						
			C	Si	Mn	P	S	Cr	Alt[①]
1	U41188	ML18Mn	0.15 ~ 0.20	≤0.10	0.60 ~ 0.90	≤0.030	≤0.035	—	≥0.020
2	U41228	ML22Mn	0.18 ~ 0.23	≤0.10	0.70 ~ 1.00	≤0.030	≤0.035	—	≥0.020
3	A20204	ML20Cr	0.17 ~ 0.23	≤0.30	0.60 ~ 0.90	≤0.035	≤0.035	0.90 ~ 1.20	≥0.020

① Alt 指全铝含量。

3）调质型冷镦和冷挤压用钢的化学成分如表4-51和表4-52所示。

表 4-51　调质型冷镦和冷挤压用钢的化学成分（GB/T 6478—2001）

序号	统一数字代号	牌号	化学成分（质量分数,%）						
			C	Si	Mn	P	S	Cr	Mo
1	U40252	ML25	0.22 ~ 0.29	≤0.20	0.30 ~ 0.60	≤0.035	≤0.035	—	—
2	U40302	ML30	0.27 ~ 0.34	≤0.20	0.30 ~ 0.60	≤0.035	≤0.035	—	—
3	U40352	ML35	0.32 ~ 0.39	≤0.20	0.30 ~ 0.60	≤0.035	≤0.035	—	—
4	U40402	ML40	0.37 ~ 0.44	≤0.20	0.30 ~ 0.60	≤0.035	≤0.035	—	—
5	U40452	ML45	0.42 ~ 0.50	≤0.20	0.30 ~ 0.60	≤0.035	≤0.035	—	—
6	L20158	ML15Mn	0.14 ~ 0.20	0.20 ~ 0.40	1.20 ~ 1.60	≤0.035	≤0.035	—	—
7	U41252	ML25Mn	0.22 ~ 0.29	≤0.25	0.60 ~ 0.90	≤0.035	≤0.035	—	—
8	U41302	ML30Mn	0.27 ~ 0.34	≤0.25	0.60 ~ 0.90	≤0.035	≤0.035	—	—
9	U41352	ML35Mn	0.32 ~ 0.39	≤0.25	0.60 ~ 0.90	≤0.035	≤0.035	—	—
10	A20374	ML37Cr	0.34 ~ 0.41	≤0.30	0.60 ~ 0.90	≤0.035	≤0.035	0.90 ~ 1.20	—

（续）

序号	统一数字代号	牌号	化学成分（质量分数,%）						
			C	Si	Mn	P	S	Cr	Mo
11	A20404	ML40Cr	0.38 ~ 0.45	≤0.30	0.60 ~ 0.90	≤0.035	≤0.035	0.90 ~ 1.20	—
12	A30304	ML30CrMo	0.26 ~ 0.34	≤0.30	0.60 ~ 0.90	≤0.035	≤0.035	0.80 ~ 1.10	0.15 ~ 0.25
13	A30354	ML35CrMo	0.32 ~ 0.40	≤0.30	0.60 ~ 0.90	≤0.035	≤0.035	0.80 ~ 1.10	0.15 ~ 0.25
14	A30424	ML42CrMo	0.38 ~ 0.45	≤0.30	0.60 ~ 0.90	≤0.035	≤0.035	0.90 ~ 1.20	0.15 ~ 0.25

表 4-52　调质型冷镦和冷挤压用钢的化学成分（GB/T 6478—2001）

序号	统一数字代号	牌号	化学成分（质量分数,%）							
			C	Si	Mn	P	S	B	Alt[①]	其他
1	A70204	ML20B	0.17 ~ 0.24	≤0.40	0.50 ~ 0.80	≤0.035	≤0.035	0.0005 ~ 0.0035	≥0.02	—
2	A70284	ML28B	0.25 ~ 0.32	≤0.40	0.60 ~ 0.90	≤0.035	≤0.035	0.0005 ~ 0.0035	≥0.02	—
3	A70354	ML35B	0.32 ~ 0.39	≤0.40	0.50 ~ 0.80	≤0.035	≤0.035	0.0005 ~ 0.0035	≥0.02	—
4	A71154	ML15MnB	0.14 ~ 0.20	≤0.30	1.20 ~ 1.60	≤0.035	≤0.035	0.0005 ~ 0.0035	≥0.02	—
5	A71204	ML20MnB	0.17 ~ 0.24	≤0.40	0.80 ~ 1.20	≤0.035	≤0.035	0.0005 ~ 0.0035	≥0.02	—
6	A71354	ML35MnB	0.32 ~ 0.39	≤0.40	1.10 ~ 1.40	≤0.035	≤0.035	0.0005 ~ 0.0035	≥0.02	—
7	A20378	ML37CrB	0.34 ~ 0.41	≤0.40	0.50 ~ 0.80	≤0.035	≤0.035	0.0005 ~ 0.0035	≥0.02	Cr:0.20 ~ 0.40
8	A74204	ML20MnTiB	0.19 ~ 0.24	≤0.30	1.30 ~ 1.60	≤0.035	≤0.035	0.0005 ~ 0.0035	≥0.02	Ti:0.04 ~ 0.10
9	A73154	ML15MnVB	0.13 ~ 0.18	≤0.30	1.20 ~ 1.60	≤0.035	≤0.035	0.0005 ~ 0.0035	≥0.02	V:0.07 ~ 0.12
10	A73204	ML20MnVB	0.19 ~ 0.24	≤0.30	1.20 ~ 1.60	≤0.035	≤0.035	0.0005 ~ 0.0035	≥0.02	V:0.07 ~ 0.12

注:测定酸溶铝的质量分数不小于0.015%，认为符合要求。

① Alt 指全铝含量。

2. 冷镦和冷挤压用钢的力学性能

1）非热处理型冷镦和冷挤压用钢的力学性能如表4-53 所示。

表 4-53　非热处理型冷镦和冷挤压用钢的力学性能（GB/T 6478—2001）

牌 号	抗拉强度 R_m/MPa≤	断面收缩率 Z(%)≥	牌 号	抗拉强度 R_m/MPa≤	断面收缩率 Z(%)≥
ML04Al	440	60	ML15	530	50
ML08Al	470	60	ML20Al	580	45
ML10Al	490	55	ML20	580	45
ML15Al	530	50			

2）退火状态冷镦和冷挤压用钢的力学性能如表 4-54 所示。

表 4-54　退火状态冷镦和冷挤压用钢的力学性能（GB/T 6478—2001）

牌 号	抗拉强度 R_m/MPa≤	断面收缩率 Z(%)≥	牌 号	抗拉强度 R_m/MPa≤	断面收缩率 Z(%)≥
ML10Al	450	65	ML37Cr	600	60
ML15Al	470	64	ML40Cr	620	58
ML15	470	64	ML20B	500	64
ML20Al	490	63	ML28B	530	62
ML20	490	63	ML35B	570	62
ML20Cr	560	60	ML20MnB	520	62
ML25Mn	540	60	ML35MnB	600	60
ML30Mn	550	59	ML37CrB	600	60
ML35Mn	560	58			

注：钢材直径不大于 12mm 时，断面收缩率可降低 2%。

3）表面硬化型及调质型冷镦和冷挤压用钢的硬度如表 4-55 所示。

表 4-55　表面硬化型及调质型冷镦和冷挤压用钢的硬度 （GB/T 6478—2001）

牌 号	淬火温度/℃	硬度 HRC	牌 号	淬火温度/℃	硬度 HRC
ML20Cr	900 ± 5	23 ~ 38	ML15MnB	880 ± 5	≥28
ML37Cr	850 ± 5	25 ~ 43	ML20MnB	880 ± 5	20 ~ 41
ML40Cr	850 ± 5	41 ~ 58	ML35MnB	850 ± 5	36 ~ 55
ML35Mn	870 ± 5	≤28	ML15MnVB	880 ± 5	≥30
ML20B	880 ± 5	≤37	ML20MnVB	880 ± 5	≥32
ML28B	850 ± 5	22 ~ 44	ML37CrB	850 ± 5	30 ~ 54
ML35B	850 ± 5	24 ~ 52			

4.2　专用结构钢

4.2.1　碳素轴承钢

1. 碳素轴承钢的化学成分（表 4-56）

表 4-56　碳素轴承钢的化学成分（GB/T 28417—2012）

牌 号	化学成分（质量分数,%）										
	C	Si	Mn	S	P	Cr	Ni	Mo	Cu	Al	O
G55	0.52 ~ 0.60	0.15 ~ 0.35	0.60 ~ 0.90	≤0.015	≤0.025	≤0.20	≤0.20	≤0.10	≤0.30	≤0.050	≤0.0012

（续）

牌　号	化学成分（质量分数,%）										
	C	Si	Mn	S	P	Cr	Ni	Mo	Cu	Al	O
G55Mn	0.52 ~ 0.60	0.15 ~ 0.35	0.90 ~ 1.20	≤0.015	≤0.025	≤0.20	≤0.20	≤0.10	≤0.30	≤0.050	≤0.0012
G70Mn	0.65 ~ 0.75	0.15 ~ 0.35	0.80 ~ 1.10								

牌　号	化学成分（质量分数,%）					
	Ti	Ca	Pb	Sn	Sb	As
G55、G55Mn、G70Mn	≤0.0030	≤0.0010	≤0.002	≤0.030	≤0.005	≤0.040

2. 碳素轴承钢成品钢的化学成分允许偏差（表 4-57）

表 4-57　碳素轴承钢成品钢的化学成分允许偏差（GB/T 28417—2012）

化学元素	C	Si	Mn	Cr	S	P	Ni	Cu	Mo	Al	Ti
允许偏差（质量分数,%）	±0.03	±0.02	±0.03	+0.050	+0.0050	+0.0050	+0.030	+0.020	+0.010	+0.0030	+0.00100

4.2.2　渗碳轴承钢

1. 渗碳轴承钢的化学成分（表 4-58）

表 4-58　渗碳轴承钢的化学成分（GB/T 3203—1982）

序号	牌　号	化学成分（质量分数,%）						Cu	P	S
		C	Si	Mn	Cr	Ni	Mo	≤		
1	G20CrMo	0.17 ~ 0.23	0.20 ~ 0.35	0.65 ~ 0.95	0.35 ~ 0.65	—	0.08 ~ 0.15	0.25	0.030	0.030
2	G20CrNiMo	0.17 ~ 0.23	0.15 ~ 0.40	0.60 ~ 0.90	0.35 ~ 0.65	0.40 ~ 0.70	0.15 ~ 0.30	0.25	0.030	0.030
3	G20CrNi2Mo	0.17 ~ 0.23	0.15 ~ 0.40	0.40 ~ 0.70	0.35 ~ 0.65	1.60 ~ 2.00	0.20 ~ 0.30	0.25	0.030	0.030
4	G20Cr2Ni4	0.17 ~ 0.23	0.15 ~ 0.40	0.30 ~ 0.60	1.25 ~ 1.75	3.25 ~ 3.75	—	0.25	0.030	0.030
5	G10CrNi3Mo	0.08 ~ 0.13	0.15 ~ 0.40	0.40 ~ 0.70	1.00 ~ 1.40	3.00 ~ 3.50	0.08 ~ 0.15	0.25	0.030	0.030
6	G20Cr2Mn2Mo	0.17 ~ 0.23	0.15 ~ 0.40	1.30 ~ 1.60	1.70 ~ 2.00	≤0.30	0.20 ~ 0.30	0.25	0.030	0.030

2. 渗碳轴承钢成品的化学成分允许偏差（表 4-59）

表 4-59　渗碳轴承钢成品的化学成分允许偏差（GB/T 3203—1982）

化学元素	C	Si	Mn	Cr	Ni	Mo	Cu	P	S
允许偏差（质量分数,%）	±0.02	±0.03	±0.04	±0.05	±0.05	±0.02	±0.05	±0.005	±0.005

3. 渗碳轴承钢材的纵向力学性能（表4-60）

表4-60　渗碳轴承钢材的纵向力学性能（GB/T 3203—1982）

序号	牌 号	试样毛坯直径/mm	淬 火		冷却介质	回 火		力学性能			
			温度/℃			温度/℃	冷却介质	抗拉强度 R_m/MPa	断后伸长率 A（%）	断面收缩率 Z（%）	冲击韧度 a_K/（J/cm²）
			第一次淬火	第二次淬火				≥			
1	G20CrNiMo	15	880±20	790±20	油	150~200	空	1200	9	45	80
2	G20CrNi2Mo	25	880±20	800±20	油	150~200	空	1000	13	45	80
3	G20Cr2Ni4	15	870±20	790±20	油	150~200	空	1200	10	45	80
4	G10CrNi3Mo	15	880±20	790±20	油	180~200	空	1100	9	45	80
5	G20Cr2Mn2Mo	15	880±20	810±20	油	180~200	空	1300	9	40	70

4. 渗碳轴承钢热轧圆钢的直径及允许偏差（表4-61）

表4-61　渗碳轴承钢热轧圆钢的直径及允许偏差（GB/T 3203—1982）　　（单位：mm）

直 径	允许偏差	直 径	允许偏差	直 径	允许偏差	直 径	允许偏差
8		23		38		75	+1.2
10		24		40		80	0
11		25		42			
12		26	+0.7	43	+0.9	85	
13		27	0	44	0	90	
14	+0.6	28		45		95	+1.8
15	0	29		46		100	0
16		30		48		105	
17		32		50		110	
18		33		52		115	
19		34	+0.9	55	+1.2	120	
20		35	0	60	0	125	+2.5
21	+0.7	36		65		130	0
22	0	37		70		140	
						150	

注：热轧圆钢的圆度误差应不超过该尺寸公差的70%。

4.2.3　高碳铬轴承钢

1. 高碳铬轴承钢的化学成分（表4-62）

表4-62　高碳铬轴承钢的化学成分（GB/T 18254—2002）

统一数字代号	牌 号	化学成分（质量分数，%）										O	
		C	Si	Mn	Cr	Mo	P	S	Ni	Cu	Ni+Cu	模注钢	连铸钢
							≤						
B00040	GCr4	0.95~1.05	0.15~0.30	0.15~0.30	0.35~0.50	≤0.08	0.025	0.020	0.25	0.20	—	15×10⁻⁶	12×10⁻⁶

（续）

统一数字代号	牌号	化学成分（质量分数,%）											
		C	Si	Mn	Cr	Mo	P	S	Ni	Cu	Ni + Cu	O	
												模注钢	连铸钢
							≤						
B00150	GCr15	0.95 ~ 1.05	0.15 ~ 0.35	0.25 ~ 0.45	1.40 ~ 1.65	≤ 0.10	0.025	0.025	0.30	0.25	0.50	15 × 10⁻⁶	12 × 10⁻⁶
B01150	GCr15SiMn	0.95 ~ 1.05	0.45 ~ 0.75	0.95 ~ 1.25	1.40 ~ 1.65	≤ 0.10	0.025	0.025	0.30	0.25	0.50	15 × 10⁻⁶	12 × 10⁻⁶
B03150	GCr15SiMo	0.95 ~ 1.05	0.65 ~ 0.85	0.20 ~ 0.40	1.40 ~ 1.70	0.30 ~ 0.40	0.027	0.020	0.30	0.25	—	15 × 10⁻⁶	12 × 10⁻⁶
B02180	GCr18Mo	0.95 ~ 1.05	0.20 ~ 0.40	0.25 ~ 0.40	1.65 ~ 1.95	0.15 ~ 0.25	0.025	0.020	0.25	0.25	—	15 × 10⁻⁶	12 × 10⁻⁶

(注：表头 O 列上标单位 × 10⁻⁶ 采用 LaTeX 表示：15×10^{-6}、12×10^{-6})

2. 高碳铬轴承钢成品的化学成分及允许偏差（表4-63）

表4-63　高碳铬轴承钢成品的化学成分及允许偏差（GB/T 18254—2002）

化学元素	C	Si	Mn	Cr	P	S	Ni	Cu	Mo
允许偏差（质量分数,%）	±0.03	±0.02	±0.03	±0.05	+0.0050	+0.0050	+0.030	+0.020	≤0.10 时, $^{+0.01}_{\ \ 0}$; >0.10 时, ±0.02

3. 高碳铬轴承钢退火状态的硬度（表4-64）

表4-64　高碳铬轴承钢退火状态的硬度（GB/T 18254—2002）

牌　号	硬度 HBW	牌　号	硬度 HBW
GCr4	179 ~ 207	GCr15SiMo	179 ~ 217
GCr15	179 ~ 207	GCr18Mo	179 ~ 207
GCr15SiMn	179 ~ 217		

4. 高碳铬轴承钢热轧圆钢表面每边总脱碳层深度（表4-65）

表4-65　高碳铬轴承钢热轧圆钢表面每边总脱碳层深度（GB/T 18254—2002）

（单位：mm）

热轧（锻）圆钢直径 D	每边总脱碳层深度 ≤	热轧（锻）圆钢直径 D	每边总脱碳层深度 ≤
5.0 ~ 9.5	0.15	51 ~ 75	0.80
10 ~ 15	0.20	76 ~ 100	1.10
16 ~ 30	0.40	101 ~ 150	1.20
31 ~ 50	0.60		

5. 高碳铬轴承钢管的尺寸及偏差（表 4-66）

表 4-66 高碳铬轴承钢管的尺寸及偏差（GB/T 18254—2002）

钢管种类及生产方法	钢管尺寸		尺寸范围/mm	允许偏差/mm
热轧钢管	阿塞尔法轧制 + 剥皮	外径	55 ~ 148	±0.15
			>148 ~ 170	±0.20
		壁厚	4 ~ 8	+20% t 0
			>8 ~ 34	+15% t 0
	阿塞尔法热轧管	外径	60 ~ 75	±0.35
			>75 ~ 100	±0.50
			>100 ~ 170	±0.50% D
		壁厚/mm 外径<80	<8	+12% t 0
		壁厚/mm 外径≥80	≥8	+10% t 0
冷拉（轧）钢管		外径	≤65	+0.20 -0.10
			>65	±0.20
		壁厚	3 ~ 4	+12% t 0
			>4 ~ 12	+10% t 0

注：D—外径，t—壁厚。

4.2.4 桥梁用结构钢

1. 桥梁用结构钢的化学成分

1）桥梁用结构钢的化学成分如表 4-67 所示。

表 4-67 桥梁用结构钢的化学成分（GB 714—2008）

牌号	质量等级	化学成分(质量分数,%)														
		C	Si	Mn	P	S	Nb	V	Ti	Cr	Ni	Cu	Mo	B	N	Als
					≤											≥
Q235q	C	≤0.17	≤0.35	≤1.40	0.030	0.030	—	—	—	0.30	0.30	0.30	—	—	0.012	0.015
	D				0.025	0.025										
	E				0.020	0.010										
Q345q	C	≤0.20	≤0.55	0.90 ~ 1.70	0.030	0.025	0.06	0.08	0.03	0.80	0.50	0.55	0.20	—	0.012	0.015
	D	≤0.18			0.025	0.020										
	E				0.020	0.010										
Q370q	C	≤0.18	≤0.55	1.00 ~ 1.70	0.030	0.025	0.06	0.08	0.03	0.80	0.50	0.55	0.20	0.004	0.012	0.015
	D				0.025	0.020										
	E				0.020	0.010										
Q420q	C	≤0.18	≤0.55	1.00 ~ 1.70	0.030	0.025	0.06	0.08	0.03	0.80	0.70	0.55	0.35	0.004	0.012	0.015
	D				0.025	0.020										
	E				0.020	0.010										

（续）

牌号	质量等级	化学成分（质量分数,%）													
		C	Si	Mn	P	S	Nb	V	Ti	Cr	Ni	Cu	Mo	B	N	Als
					≤											≥
Q460q	C	≤0.18	≤0.55	1.00~1.80	0.030	0.020	0.06	0.08	0.03	0.80	0.70	0.55	0.35	0.004	0.012	0.015
	D				0.025	0.015										
	E				0.020	0.010										

2）桥梁推荐用结构钢的化学成分如表 4-68 所示。

表 4-68　桥梁推荐用结构钢的化学成分（GB 714—2008）

牌号	质量等级	化学成分（质量分数,%）													
		C	Si	Mn[①]	P	S	Nb	V	Ti	Cr	Ni	Cu	Mo	B	N	Als
					≤											
Q500q	D	≤0.18	≤0.55	1.00~1.70	0.025	0.015	0.06	0.08	0.03	0.80	1.00	0.55	0.40	0.004	0.012	0.015
	E				0.020	0.010										
Q550q	D	≤0.18	≤0.55	1.00~1.70	0.025	0.015	0.06	0.08	0.03	0.80	1.00	0.55	0.40	0.004	0.012	0.015
	E				0.020	0.010										
Q620q	D	≤0.18	≤0.55	1.00~1.70	0.025	0.015	0.06	0.08	0.03	0.80	1.10	0.55	0.60	0.004	0.012	0.015
	E				0.020	0.010										
Q690q	D	≤0.18	≤0.55	1.00~1.70	0.025	0.015	0.09	0.08	0.03	0.80	1.10	0.55	0.60	0.004	0.012	0.015
	E				0.020	0.010										

① 当碳的质量分数不大于 0.12% 时，锰的质量分数上限可达到 2.00%。

2. 桥梁用结构钢的力学性能

1）桥梁用结构钢的力学性能如表 4-69 所示。

表 4-69　桥梁用结构钢的力学性能（GB 714—2008）

牌号	质量等级	拉伸性能[①②]		抗拉强度 R_m /MPa	断后伸长率 $A(\%)$	冲击性能[③]	
		厚度/mm				试验温度 /℃	冲击吸收能量 KV_2/J
		≤50	>50~100				
		下屈服强度 R_{eL}/MPa					
		≥					≥
Q235q	C	235	225	400	26	0	34
	D					-20	
	E					-40	
Q345q[④]	C	345	335	490	20	0	47
	D					-20	
	E					-40	

（续）

牌号	质量等级	拉伸性能①②		抗拉强度 R_m /MPa	断后伸长率 $A(\%)$	冲击性能③	
		厚度/mm				试验温度 /℃	冲击吸收能量 KV_2/J
		≤50	>50~100				
		下屈服强度 R_{eL}/MPa					
		≥					≥
Q370q④	C	370	360	510	20	0	47
	D					-20	
	E					-40	
Q420q④	C	420	410	540	19	0	47
	D					-20	
	E					-40	
Q460q	C	460	450	570	17	0	47
	D					-20	
	E					-40	

① 当屈服不明显时,可测量 $R_{p0.2}$ 代替下屈服强度。

② 钢板及钢带的拉伸试验取横向试样,型钢的拉伸试验取纵向试样。

③ 冲击试验取纵向试样。

④ 厚度不大于16mm 的钢材,断后伸长率提高1%(绝对值)。

2）桥梁推荐用结构钢的力学性能如表4-70 所示。

表 4-70 桥梁推荐用结构钢的力学性能（GB 714—2008）

牌号	质量等级	拉伸性能①②		抗拉强度 R_m /MPa	断后伸长率 $A(\%)$	冲击性能③	
		厚度/mm				试验温度 /℃	冲击吸收能量 KV_2/J
		≤50	>50~100				
		下屈服强度 R_{eL}/MPa					
		≥					≥
Q500q	D	500	480	600	16	-20	47
	E					-40	
Q550q	D	550	530	660	16	-20	47
	E					-40	
Q620q	D	620	580	720	15	-20	47
	E					-40	
Q690q	D	690	650	770	14	-20	47
	E					-40	

① 当屈服不明显时,可测量 $R_{p0.2}$ 代替下屈服强度。

② 拉伸试验取横向试样。

③ 冲击试验取纵向试样。

4.2.5　船舶及海洋工程用结构钢

1. 船舶及海洋工程用结构钢的牌号、Z 向钢级别和用途（表 4-71）

表 4-71　船舶及海洋工程用结构钢的牌号、Z 向钢级别和用途（GB 712—2011）

牌　　号	Z 向钢	用　　途
A、B、D、E	Z25、Z35	一般强度船舶及海洋工程用结构钢
AH32、DH32、EH32、FH32、 AH36、DH36、EH36、FH36、 AH40、DH40、EH40、FH40	Z25、Z35	高强度船舶及海洋工程用结构钢
AH420、DH420、EH420、FH420 AH460、DH460、EH460、FH460 AH500、DH500、EH500、FH500 AH550、DH550、EH550、FH550 AH620、DH620、EH620、FH620 AH690、DH690、EH690、FH690	Z25、Z35	超高强度船舶及海洋工程用结构钢

2. 一般强度和高强度级结构钢的化学成分（表 4-72）

表 4-72　一般强度和高强度级结构钢的化学成分（GB 712—2011）

牌号	化学成分[1][2][3][4]（质量分数，%）													
	C	Si	Mn	P	S	Cu	Cr	Ni	Nb	V	Ti	Mo	N	Als[5]
A	≤0.21[6]	≤0.50	≥0.50	≤0.035	≤0.035	≤0.35	≤0.30	≤0.30	—					—
B			≥0.80[7]											
D		≤0.35	≥0.60	≤0.030	≤0.030									
E	≤0.18		≥0.70	≤0.025	≤0.025									≥0.015
AH32	≤0.18	≤0.50	0.90 ~ 1.60[7]	≤0.030	≤0.030	≤0.35	≤0.20	≤0.40	0.02 ~ 0.05	0.05 ~ 0.10	≤0.02	≤0.08		≥0.015
AH36														
AH40														
DH32				≤0.025	≤0.025									
DH36														
DH40														
EH32														
EH36														
EH40														
FH32	≤0.16			≤0.020	≤0.020			≤0.80					≤0.009	
FH36														
FH40														

① 细化晶粒元素 Al、Nb、V、Ti 可单独或以任一组合形式加入钢中。当单独加入时，其含量应符合本表的规定；若混合加入两种或两种以上细化晶粒元素时，表中细晶元素含量下限的规定不适用。同时要求 $w(Nb - V - Ti) ≤ 0.12\%$ 。

② 当 F 级钢中含铝时，$w(N) ≤ 0.012\%$ 。

③ A、B、D、E 的碳当量 $C_{eq} ≤ 0.40\%$ ，碳当量计算公式 $C_{eq} = w(C) + w(Mn)/6$ 。

④ 添加的任何其他元素，应在质量证明中注明。

⑤ 对于厚度大于 25mm 的 D 级，E 级钢材的铝含量应符合表中规定；可测定总铝含量代替酸溶铝含量，此时总铝的质量分数应不小于 0.020% 。经船级社同意，也可使用其他细化晶粒元素。

⑥ A 级型钢的碳的质量分数最大可到 0.23% 。

⑦ B 级钢材作冲击试验时，锰的质量分数下限可到 0.60% 。当 AH32 ~ EH40 级钢材的厚度 ≤12.5mm 时，锰的质量分数的最小值可为 0.70% 。

3. 超高强度级结构钢的化学成分（表4-73）

表4-73 超高强度级结构钢的化学成分（GB 712—2011）

牌 号	化学成分[1]（质量分数,%）					
	C	Si	Mn	P	S	N
AH420						
AH460						
AH500	≤0.20	≤0.55	≤1.70	≤0.030	≤0.030	
AH550						
AH620						
AH690						
DH420						
DH460						
DH500	≤0.20	≤0.55	≤1.70	≤0.025	≤0.025	
DH550						
DH620						
DH690						≤0.020
EH420						
EH460						
EH500	≤0.20	≤0.55	≤1.70	≤0.025	≤0.025	
EH550						
EH620						
EH690						
FH420						
FH460						
FH500	≤0.18	≤0.55	≤1.70	≤0.020	≤0.020	
FH550						
FH620						
FH690						

[1] 添加的合金化元素及细化晶粒元素 Al、Nb、V、Ti 应符合船级社认可或公认的有关标准规定。

4. 船舶及海洋工程用结构钢的力学性能（表4-74、表4-75）

表4-74 船舶及海洋工程用结构钢的力学性能（Ⅰ）（GB 712—2011）

牌 号	拉伸性能[1][2]				冲击性能					
	上屈服强度 R_{eH}/MPa	抗拉强度 R_m/MPa	断后伸长率 A（%）	试验温度/℃	以下厚度（mm）冲击吸收能量 KV_2/J					
					≤50		>50~70		>70~150	
					纵向	横向	纵向	横向	纵向	横向
					≥					
A[3]				20	—	—	34	24	41	27
B[4]	≥235	400~520		0						
D				-20	27	20	34	24	41	27
E		≥22	-40							
AH32				0						
DH32	≥315	450~570		-20	31	22	38	26	46	31
EH32				-40						
FH32				-60						

（续）

牌　号	拉伸性能[①][②]				冲击性能					
	上屈服强度 R_{eH}/MPa	抗拉强度 R_m/MPa	断后伸长率 A（%）	试验温度/℃	以下厚度（mm）冲击吸收能量 KV_2/J					
					≤50		>50~70		>70~150	
					纵向	横向	纵向	横向	纵向	横向
					≥					
AH36	≥355	490~630	≥21	0	34	24	41	27	50	34
DH36				−20						
EH36				−40						
FH36				−60						
AH40	≥390	510~660	≥20	0	41	27	46	31	55	37
DH40				−20						
EH40				−40						
FH40				−60						

① 拉伸试验取横向试样。经船级社同意，A级型钢的抗拉强度可超上限。

② 当屈服不明显时，可测量 $R_{p0.2}$ 代替上屈服强度。

③ 冲击试验取纵向试样，但供方应保证横向冲击性能。型钢不进行横向冲击试验。厚度大于50mm的A级钢，经细化晶粒处理并以正火状态交货时，可不作冲击试验。

④ 厚度不大于25mm的B级钢，以TMCP状态交货的A级钢，经船级社同意可不作冲击试验。

表4-75　船舶及海洋工程用结构钢的力学性能（Ⅱ）（GB 712—2011）

钢　级	拉伸性能[①][②]				冲击性能	
	上屈服强度 R_{eH}/MPa	抗拉强度 R_m/MPa	断后伸长率 A（%）	试验温度/℃	冲击吸能量 KV_2/J	
					纵　向	横　向
					≥	
AH420	≥420	530~680	≥18	0	42	28
DH420				−20		
EH420				−40		
FH420				−60		
AH460	≥460	570~720	≥17	0	46	31
DH460				−20		
EH460				−40		
FH460				−60		
AH500	≥500	610~770	≥16	0	50	33
DH500				−20		
EH500				−40		
FH500				−60		
AH550	≥550	670~830	≥16	0	55	37
DH550				−20		
EH550				−40		
FH550				−60		

（续）

钢 级	拉伸性能①②			冲击性能		
	上屈服强度 R_{eH}/MPa	抗拉强度 R_m/MPa	断后伸长率 A（%）	试验温度/℃	冲击吸能量 KV_2/J	
					纵　　向	横　　向
					≥	
AH620	≥620	720~890	≥15	0	62	41
DH620				-20		
EH620				-40		
FH620				-60		
AH690	≥690	770~940	≥14	0	69	46
DH690				-20		
EH690				-40		
FH690				-60		

① 拉伸试验取横向试样。冲击试验取纵向试样，但供方应保证横向冲击性能。

② 当屈服不明显时，可测量 $R_{P0.2}$ 代替上屈服强度。

5. Z 向钢厚度方向断面收缩率（表 4-76）

表 4-76　Z 向钢厚度方向断面收缩率（GB 712—2011）

Z 向性能级别		Z25	Z35
厚度方向断面收缩率（%）	3 个试样平均值	≥25	≥35
	单个试验值	≥15	≥25

4.2.6 铁路机车和车辆车轴用钢

1. 铁路机车和车辆车轴用钢的化学成分（表 4-77）

表 4-77　铁路机车和车辆车轴用钢的化学成分（GB 5068—1999）

代号	牌号	化学成分（质量分数,%）							
		C	Mn	Si	P	S	Cr	Ni	Cu
					≤				
LZ、JZ	LZ40	0.37~0.45	0.50~0.80	0.17~0.37	0.030	0.030	0.30	0.30	0.25
	JZ40								
	LZ45	0.40~0.48	0.55~0.85	0.17~0.37	0.030	0.030	0.30	0.30	0.25
	JZ45								
	LZ50	0.47~0.57	0.60~0.90	0.17~0.37	0.030	0.030	0.30	0.30	0.25
	JZ50								

2. 第一类铁路机车和车辆车轴用钢的力学性能（表 4-78）

表 4-78　第一类铁路机车和车辆车轴用钢的力学性能（GB 5068—1999）

牌号	抗拉强度 R_m/MPa	断后伸长率 A（%）	冲击吸收能量 KU（常温）/J	
			4 个试样平均值	其中试样最小值
			≥	
LZ40	550~570	22	47.0	31.0
	>570~600	21	39.0	27.0
LZ45	>600	20	31.0	23.0

（续）

牌号	抗拉强度 R_m/MPa	断后伸长率 A（%）	冲击吸收能量 KU（常温）/J	
			4 个试样平均值	其中试样最小值
			≥	
JZ40	570 ~ 590	21	39.0	27.0
	>590 ~ 620	20	31.0	23.0
JZ45	>620	19	27.0	23.0

3. 第二类铁路机车和车辆车轴用钢的力学性能（表 4-79）

表 4-79　第二类铁路机车、车辆车轴用钢的力学性能（GB 5068—1999）

牌　号	下屈服强度 R_{eL}/MPa	抗拉强度 R_m/MPa	断后伸长率 A（%）	断面收缩率 Z（%）
LZ50	≥345	≥610	≥19	≥35
JZ50				

4. 铁路机车和车辆车轴用钢的尺寸及允许偏差

1）方钢的截面尺寸及允许偏差如表 4-80 所示。

表 4-80　方钢的截面尺寸及允许偏差（GB 5068—1999）　　　（单位：mm）

类　别	代号	方钢截面尺寸（高度 × 宽度）	允许偏差	
			高　度	宽　度
车辆车轴用钢	LZ	220 × 220	±4.0	+6.0 / −4.0
		230 × 230	±4.0	+8.0 / −4.0
		240 × 240	±4.0	+8.0 / −5.0
		250 × 250		
机车车轴用钢	JZ	280 × 280	±5.0	+8.0 / −6.0
		300 × 300 320 × 320 350 × 350	±6.0	+9.0 / −6.0

2）圆钢的截面尺寸及允许偏差如表 4-81 所示。

表 4-81　圆钢的截面尺寸及允许偏差（GB 5068—1999）　　　（单位：mm）

类　别	代号	圆钢直径	允　许　偏　差
车辆、机车车轴用钢	LZ	ϕ230	±3.0
		ϕ240	±4.0
	JZ	ϕ270	±5.0

5. 铁路机车和车辆车轴用钢的理论重量（表 4-82）

表 4-82　铁路机车和车辆车轴用钢的理论重量（GB 5068—1999）

截面尺寸/mm	理论重量/(kg/m)	截面尺寸/mm	理论重量/(kg/m)
220 × 220	372.7	320 × 320	788.6
230 × 230	407.3	350 × 350	943.4
240 × 240	443.6	φ230	326.1
250 × 250	481.3	φ240	355.1
280 × 280	603.7	φ270	449.4
300 × 300	693.1		

4.2.7　重型机械用弹簧钢

1. 重型机械用弹簧钢的化学成分（表 4-83）

表 4-83　重型机械用弹簧钢的化学成分（JB/T 6399—1992）

序号	牌号	化学成分（质量分数,%）							
		C	Si	Mn	P ≤	S ≤	Cr	Ni ≤	V
1	65	0.62 ~ 0.70	0.17 ~ 0.37	0.50 ~ 0.80	0.035	0.035	≤0.25	0.25	—
2	70	0.62 ~ 0.70	0.17 ~ 0.37	0.50 ~ 0.80	0.035	0.035	≤0.25	0.25	—
3	65Mn	0.62 ~ 0.70	0.17 ~ 0.37	0.90 ~ 1.20	0.035	0.035	≤0.25	0.25	—
4	60Si2Mn	0.56 ~ 0.64	1.50 ~ 2.00	0.60 ~ 0.90	0.035	0.035	≤0.35	0.35	—
5	60Si2MnA	0.56 ~ 0.64	1.60 ~ 2.00	0.60 ~ 0.90	0.030	0.030	≤0.35	0.35	—
6	60Si2CrA	0.56 ~ 0.64	1.40 ~ 1.80	0.40 ~ 0.70	0.030	0.030	0.70 ~ 1.00	0.35	—
7	60Si2CrVA	0.56 ~ 0.64	1.40 ~ 1.80	0.40 ~ 0.70	0.030	0.030	0.90 ~ 1.20	0.35	0.10 ~ 0.20
8	50CrVA	0.46 ~ 0.54	0.17 ~ 0.37	0.50 ~ 0.80	0.030	0.030	0.80 ~ 1.10	0.35	0.10 ~ 0.20

2. 重型机械用弹簧钢的力学性能（表 4-84）

表 4-84　重型机械用弹簧钢的力学性能（JB/T 6399—1992）

序号	牌　号	热处理规范		力 学 性 能				
		淬火温度 /℃	回火温度 /℃	R_{eL}/MPa	R_m/MPa	$A(\%)$	$A_{11.3}(\%)$	$Z(\%)$
				≥				
1	65	840（油冷）	500	784	980		9	35
2	70	830（油冷）	480	833	1029		8	30
3	65Mn	830（油冷）	540	784	980		8	30

（续）

序号	牌　号	热处理规范		力学性能				
		淬火温度/℃	回火温度/℃	R_{eL}/MPa	R_m/MPa	A(%)	$A_{11.3}$(%)	Z(%)
				≥				
4	60Si2Mn	870（油冷）	480	1176	1274		5	25
5	60Si2MnA	870（油冷）	440	1372	1568		5	20
6	60Si2CrA	870（油冷）	420	1568	1764	6		20
7	60Si2CrVA	850（油冷）	410	170	190	6		20
8	50CrVA	850（油冷）	500	1127	1274	10		20

注：热处理温度允许偏差：淬火温度 ±20℃，回火温度 ±50℃。

3. 重型机械用弹簧钢的交货状态及硬度（表 4-85）

表 4-85　重型机械用弹簧钢的交货状态及硬度（JB/T 6399—1992）

牌　号	交货状态	硬度 HBW　≤
65、70	不热处理	285
65Mn		302
60Si2Mn、60Si2MnA		302
50CrVA		321
60Si2CrA	热处理	321
60Si2CrVA		321

4.2.8　大型轧辊锻件用钢

1. 热轧工作辊用钢的化学成分（表 4-86）

表 4-86　热轧工作辊用钢的化学成分（JB/T 6401—1992）

牌　号	化学成分（质量分数，%）										备　注
	C	Si	Mn	P	S	Cr	Ni	Mo	V	Cu	
55Cr	0.50～0.60	0.17～0.37	0.35～0.65	≤0.030	≤0.030	1.00～1.30	≤0.30	—	—	≤0.25	850 或 825 初轧辊
50CrMnMo	0.45～0.55	0.20～0.60	1.30～1.70			1.40～1.80	—	0.20～0.60	—		直径 1200mm 以下初轧辊
60CrMnMo	0.55～0.65	0.25～0.40	0.70～1.00			0.80～1.20	≤0.25	0.20～0.30	—		
50CrNiMo	0.45～0.55	0.20～0.60	0.50～0.80			1.40～1.80	1.00～1.50	0.20～0.60	—		
60CrNiMo	0.55～0.65	0.20～0.40	0.60～1.00			0.70～1.00	1.50～2.00	0.10～0.30	—		

（续）

牌 号	化学成分（质量分数,%）										备 注
	C	Si	Mn	P	S	Cr	Ni	Mo	V	Cu	
60SiMnMo	0.55 ~ 0.65	0.70 ~ 1.10	1.10 ~ 1.50	≤0.030	≤0.030	—	—	0.30 ~ 0.40	—		直径 1200mm 以下校直辊
60CrMoV	0.55 ~ 0.65	0.17 ~ 0.37	0.50 ~ 0.80			0.90 ~ 1.20	—	0.30 ~ 0.40	0.15 ~ 0.35	≤ 0.25	校直辊
70Cr3NiMo	0.60 ~ 0.80	0.40 ~ 0.70	0.50 ~ 0.90	≤0.025	≤0.025	2.00 ~ 3.00	0.40 ~ 0.60	0.25 ~ 0.60	—		推荐用初轧辊

2. 冷轧工作辊用钢的化学成分（表4-87）

表 4-87 冷轧工作辊用钢的化学成分（JB/T 6401—1992）

牌 号	化学成分（质量分数,%）											备 注
	C	Si	Mn	P	S	Cr	Ni	Mo	W	V	Cu	
8CrMoV	0.75 ~ 0.85	0.20 ~ 0.40	0.20 ~ 0.40	≤0.025	≤0.025	0.80 ~ 1.10	≤0.25	0.55 ~ 0.70		0.08 ~ 0.12	≤0.25	各种类型
86Cr2MoV	0.83 ~ 0.90	0.18 ~ 0.35	0.30 ~ 0.45			1.60 ~ 1.90		0.20 ~ 0.35		0.05 ~ 0.15		
9Cr	0.85 ~ 0.95	0.25 ~ 0.45	0.20 ~ 0.35			1.40 ~ 1.70		—	—	—		
9Cr2	0.85 ~ 0.95	0.25 ~ 0.45	0.20 ~ 0.35			1.70 ~ 2.10		—	—	—		
9Cr2Mo	0.85 ~ 0.95	0.25 ~ 0.45	0.20 ~ 0.35			1.70 ~ 2.10		0.20 ~ 0.40	—	—		
9Cr2W	0.85 ~ 0.95	0.25 ~ 0.45	0.20 ~ 0.35			1.70 ~ 2.10		—	0.30 ~ 0.60	—		
9Cr3Mo	0.85 ~ 0.95	0.50 ~ 0.70	0.20 ~ 0.40			2.50 ~ 3.50		0.20 ~ 0.40	—	—		高淬硬层深轧辊
60CrMoV	0.55 ~ 0.65	0.17 ~ 0.37	0.50 ~ 0.85			0.90 ~ 1.20		0.30 ~ 0.40		0.15 ~ 0.35		校直辊

3. 支承辊用钢的化学成分（表4-88）

表 4-88 支承辊用钢的化学成分（JB/T 6401—1992）

牌 号	化学成分（质量分数,%）										备 注
	C	Si	Mn	P	S	Cr	Ni	Mo	V	Cu	
60CrMnMo	0.55 ~ 0.65	0.25 ~ 0.40	0.70 ~ 1.00	—	—	0.80 ~ 1.20	—	0.20 ~ 0.30		≤0.25	整锻辊和镶套辊辊套
60CrMoV	0.55 ~ 0.65	0.17 ~ 0.37	0.50 ~ 0.85			0.90 ~ 1.20		0.30 ~ 0.40	0.15 ~ 0.35		

（续）

钢号	化学成分（质量分数,%）										备注
	C	Si	Mn	P	S	Cr	Ni	Mo	V	Cu	
75CrMo	0.70~0.80	0.20~0.60	0.20~0.70			1.40~1.70	—	0.20~0.30	—		整锻辊和镶套辊辊套
70Cr3NiMo	0.60~0.80	0.40~0.70	0.50~0.90			2.00~3.00	0.40~0.60	0.25~0.60			
9Cr2	0.85~0.95	0.25~0.45	0.20~0.45	≤0.025	≤0.025	1.70~2.10	—			≤0.25	
9Cr2Mo	0.85~0.95	0.25~0.45	0.20~0.35			1.70~2.10		0.20~0.40			
9CrV	0.85~0.95	0.25~0.45	0.20~0.45			1.40~1.70	—		0.10~0.25		
55Cr	0.50~0.60	0.20~0.40	0.35~0.65			1.00~1.30	—	—	—		
42CrMo	0.38~0.45	0.20~0.40	0.50~0.80	≤0.030	≤0.030	0.90~1.20	—	0.15~0.25	—		镶套辊芯轴
35CrMo	0.32~0.40	0.20~0.40	0.40~0.70			0.80~1.10	—	0.15~0.25	—		

4. 大型轧辊锻件用钢成品分析时的化学成分偏差（表4-89）

表4-89　大型轧辊锻件用钢成品分析时的化学成分偏差（JB/T 6401—1992）

元素	规定的最大范围（质量分数,%）	截面面积/cm²					
		≤625	>625~1300	>1300~2600	>2600~5200	>5200~10400	>10400
		超过规定值上下限的偏差值（质量分数,%）					
C	0.26~0.56	0.03	0.04	0.04	0.05	0.06	0.06
	>0.56	0.04	0.05	0.05	0.06	0.07	0.07
Si	≤0.35	0.02	0.03	0.04	0.04	0.05	0.06
	≥0.36	0.05	0.06	0.06	0.07	0.07	0.09
Mn	≤0.90	0.03	0.04	0.05	0.05	0.07	0.08
	≥0.91	0.06	0.06	0.07	0.08	0.08	0.09
P	≤0.050	0.008	0.008	0.010	0.010	0.015	0.015
S	≤0.030	0.005	0.005	0.005	0.006	0.006	0.006
Cr	≤0.90	0.03	0.03	0.04	0.05	0.05	0.06
	0.91~2.10	0.05	0.05	0.06	0.07	0.07	0.08
	2.11~10.00	0.10	0.10	0.12	0.14	0.15	0.16
Ni	≤1.00	0.03	0.03	0.03	0.03	0.03	0.03
	1.01~2.00	0.05	0.05	0.05	0.05	0.05	0.05

（续）

元素	规定的最大范围（质量分数，%）	横截面面积/cm²					
		≤625	>625 ~1300	>1300 ~2600	>2600 ~5200	>5200 ~10400	>10400
		超过规定值上下限的偏差值（质量分数，%）					
Mo	≤0.20	0.01	0.01	0.02	0.02	0.03	0.03
	0.21~0.40	0.02	0.02	0.03	0.03	0.04	0.04
	0.41~1.15	0.03	0.04	0.05	0.06	0.07	0.08
V	≤0.10	0.01	0.01	0.01	0.01	0.01	0.01
	0.11~0.25	0.02	0.02	0.02	0.02	0.02	0.02
	0.26~0.50	0.03	0.03	0.03	0.03	0.03	0.03

5. 热轧工作辊的力学性能（表 4-90）

表 4-90　热轧工作辊的力学性能（JB/T 6401—1992）

牌　号	抗拉强度 R_m /MPa ≥	下屈服强度 R_{eL} /MPa ≥	断后伸长率 A(%) ≥	断面收缩率 Z(%) ≥	冲击吸收能量 KU/J ≥
55Cr	690	355	12	30	—
50CrMnMo	785	440	9	25	20
60CrMnMo	930	490	9	25	20
50CrNiMo	755	—	—	—	—
60CrNiMo	785	490	8	33	24
60SiMnMo	—	—	—	—	—
60CrMoV	785	490	15	40	24
70Cr3NiMo	880	450	10	20	20

4.2.9　承压设备用碳素钢和合金钢锻件

承压设备用碳素钢和合金钢锻件的力学性能如表 4-91 所示。

表 4-91　承压设备用碳素钢和合金钢锻件的力学性能（NB/T 47008—2010）

牌　号	公称厚度 /mm	热处理状态	回火温度 /℃ ≥	拉伸性能			冲击性能		硬度 HBW
				R_m/ MPa	R_{eL}/ MPa ≥	A (%) ≥	试验温度 /℃	KV_2 /J ≥	
20	≤100	N N+T	620	410~560	235	24	0	31	110~160
	>100~200			400~550	225	24			—
	>200~300			380~530	205	24			

（续）

牌　号	公称厚度 /mm	热处理状态	回火温度 /℃ ≥	拉伸性能			冲击性能		硬度 HBW
				R_m/ MPa ≥	R_{eL}/ MPa ≥	A (%) ≥	试验温度 /℃	KV_2 /J ≥	
35	≤100	N	590	510~670	265	18	20	34	136~192
	>100~300	N+T		490~640	245	18			—
16Mn	≤100	N	620	480~630	305	20	0	34	128~180
	>100~200	N+T		470~620	295	20			—
	>200~300	Q+T		450~600	275	20			
20MnMo	≤300		620	530~700	370	18	0	41	—
	>300~500	Q+T		510~680	350	18			
	>500~700			490~660	330	18			
20MnMoNb	≤300	Q+T	630	620~790	470	16	0	41	—
	>300~500			610~780	460	16			
20MnNiMo	≤500	Q+T	620	620~790	450	16	-20	41	—
15NiCuMoNb	≤500	N+T Q+T	640	610~780	440	17	20	47	—
35CrMo	≤300	Q+T	580	620~790	440	15	0	41	—
	>300~500			610~780	430	15			
15CrMo	≤300	N+T	620	480~640	280	20	20	47	—
	>300~500	Q+T		470~630	270	20			
12Cr1MoV	≤300	N+T	680	470~630	280	20	20	47	—
	>300~500	Q+T		460~620	270	20			
14Cr1Mo	≤300	N+T	620	490~660	290	19	20	47	—
	>300~500	Q+T		480~650	280	19			
12Cr2Mo1	≤300	N+T	680	510~680	310	18	20	47	—
	>300~500	Q+T		500~670	300	18			
12Cr2Mo1V	≤300	N+T	680	590~760	420	17	-20	60	—
	>300~500	Q+T		580~750	410	17			
12Cr3Mo1V	≤300	N+T	680	590~760	420	17	-20	60	—
	>300~500	Q+T		580~750	410	17			
1Cr5Mo	≤500	N+T Q+T	680	590~760	390	18	20	47	—
10Cr9Mo1VNb	≤500	N+T Q+T	740	590~760	420	18	20	47	—

注:1. 如屈服现象不明显,屈服强度取 $R_{p0.2}$。
　　2. N—正火,Q—淬火,T—回火。

4.2.10 低温承压设备用低合金钢锻件

低温承压设备用低合金钢锻件的力学性能如表 4-92 所示。

表 4-92 低温承压设备用低合金钢锻件的力学性能（NB/T 47009—2010）

钢号	公称厚度 /mm	热处理状态	回火温度 /℃ ≥	拉伸性能			冲击性能	
				R_m/MPa	R_{eL}/MPa ≥	A(%) ≥	试验温度 /℃	KV_2/J ≥
16MnD	≤100	Q + T	620	480 ~ 630	305	20	−45	47
	> 100 ~ 200			470 ~ 620	295	20	−40	
	> 200 ~ 300			450 ~ 600	275	20		
20MnMoD	≤300	Q + T	620	530 ~ 700	370	18	−40	47
	> 300 ~ 500			510 ~ 680	350	18	−30	
	> 500 ~ 700			490 ~ 660	330	18		
08MnNiMoVD	≤300	Q + T	620	600 ~ 770	480	17	−40	60
10Ni3MoVD	≤300	Q + T	620	600 ~ 770	480	17	−50	80
09MnNiD	≤200	Q + T	620	440 ~ 590	280	23	−70	60
	> 200 ~ 300			430 ~ 580	270	23		
08Ni3D	≤300	Q + T	620	460 ~ 610	260	22	−100	47

注:1. 如屈服现象不明显,屈服强度取 $R_{p0.2}$。

2. Q—淬火,T—回火。

4.2.11 工业链条用冷拉钢

1. 工业链条销轴用冷拉钢

1）工业链条销轴用冷拉钢的化学成分如表 4-93 所示。

表 4-93 工业链条销轴用冷拉钢的化学成分（YB/T 5348—2006）

牌号	化学成分(质量分数,%)						Ni	Cu	S	P
	C	Si	Mn	Cr	Mo	Ti	≤			
20CrMo	0.17 ~ 0.24	0.17 ~ 0.37	0.40 ~ 0.70	0.80 ~ 1.10	0.15 ~ 0.25	—	0.30	0.30	0.035	0.035
20CrMnMo	0.17 ~ 0.23	0.17 ~ 0.37	0.90 ~ 1.20	1.10 ~ 1.40	0.20 ~ 0.30	—				
20CrMnTi	0.17 ~ 0.23	0.17 ~ 0.37	0.80 ~ 1.10	1.0 ~ 1.30	—	0.04 ~ 0.10				

2）工业链条销轴用冷拉钢的力学性能如表 4-94 所示。

表 4-94 工业链条销轴用冷拉钢的力学性能（YB/T 5348—2006）

牌号	抗拉强度 R_m/MPa			
	钢丝		圆钢	
	冷拉	退火	冷拉	退火
20CrMo	550 ~ 800	450 ~ 700	620 ~ 870	490 ~ 740
20CrMnMo	550 ~ 800	500 ~ 750	720 ~ 970	575 ~ 825
20CrMnTi	650 ~ 900	500 ~ 750	720 ~ 970	575 ~ 825

2. 工业链条滚子用冷拉钢

1）工业链条滚子用冷拉钢的化学成分如表 4-95 所示。

表 4-95　工业链条滚子用冷拉钢的化学成分（YB/T 5348—2006）

牌号	化学成分（质量分数,%）							
	C	Si	Mn	Cr	Ni	Cu	S	P
					≤			
08	0.05 ~ 0.12	0.17 ~ 0.37	0.35 ~ 0.65	0.10				
10	0.07 ~ 0.14	0.17 ~ 0.37	0.35 ~ 0.65	0.15	0.25	0.25	0.035	0.035
15	0.12 ~ 0.19	0.17 ~ 0.37	0.35 ~ 0.65	0.25				

2）工业链条滚子用冷拉钢的力学性能如表 4-96 所示。

表 4-96　工业链条滚子用冷拉钢的力学性能（YB/T 5348—2006）

牌号	抗拉强度 R_m/MPa			
	钢　丝		圆　钢	
	≥			
	冷拉	退火	冷拉	退火
08	540	440	440	295
10	540	440	440	295
15	590	490	470	340

4.2.12　无缝气瓶用钢坯

1. 无缝气瓶用钢坯的化学成分（表 4-97）

表 4-97　无缝气瓶用钢坯的化学成分（GB 13447—2008）

牌号	化学成分（质量分数,%）										
	C	Si	Mn	P	S	P + S	V	Cr	Mo	Ni	Cu
34Mn2V	0.30 ~ 0.37	0.17 ~ 0.37	1.40 ~ 1.80	≤0.025	≤0.025	—	0.07 ~ 0.12	≤0.30	—	≤0.20	≤0.20
37Mn	0.34 ~ 0.40	0.17 ~ 0.37	1.40 ~ 1.75	≤0.030	≤0.030	—	—	≤0.30	—	≤0.20	≤0.20
30CrMo	0.26 ~ 0.34	0.17 ~ 0.37	0.40 ~ 0.70	≤0.020	≤0.020	≤0.030	—	0.80 ~ 1.10	0.15 ~ 0.25	≤0.20	≤0.20
34CrMo	0.30 ~ 0.37	0.17 ~ 0.37	0.60 ~ 0.90	≤0.020	≤0.020	≤0.030	—	0.90 ~ 1.20	0.15 ~ 0.30	≤0.20	≤0.20

注: 1. 根据需方要求，牌号 30CrMo、34CrMo 的硫含量可降低到 0.010%（质量分数），P + S 可降低到 0.025%（质量分数）。

　　2. 牌号 34CrMo 等同于 EN 10083.1 中的 34CrMo4。

2. 无缝气瓶用钢坯的力学性能（表 6-98）

表 4-98　无缝气瓶用钢坯的力学性能（GB 13447—2008）

牌号	试样状态	下屈服强度 R_{eL}/MPa	抗拉强度 R_m/MPa	断后伸长率 A(%)	断面收缩率 Z(%)	冲击吸收能量 KU/J
34Mn2V	正火	≥510	≥745	≥16	≥45	≥55
	调质	≥550	≥780	≥12	≥45	≥50
37Mn	正火	≥350	≥650	≥16	—	≥45
	调质	≥640	≥760	≥16	—	≥50
30CrMo	调质	≥785	≥930	≥12	≥50	≥63
34CrMo	调质	≥835	≥980	≥12	≥45	≥63

4.2.13 优质合金模具钢

1. 优质合金模具钢的化学成分（表4-99）

表4-99 优质合金模具钢的化学成分（GB/T 24594—2009）

钢组	序号	统一数字代号	新牌号	旧牌号	化学成分（质量分数，%）									
					C	Si	Mn	Cr	Mo	Ni	Cu	W	V	Al
热作模具钢	1-1	T20280	3Cr2W8V	—	0.30~0.40	≤0.40	≤0.40	2.20~2.70	—	≤0.25	≤0.25	7.50~9.00	0.20~0.50	—
	1-2	T20502	4Cr5MoSiV1	—	0.32~0.45	0.80~1.20	0.20~0.50	4.75~5.50	1.10~1.75	≤0.25	≤0.25	—	0.80~1.20	—
	1-3	T20503	4Cr5MoSiV1A	—	0.37~0.42	0.80~1.20	0.20~0.50	5.00~5.50	1.20~1.75	≤0.25	≤0.25	—	0.80~1.20	—
	1-4	T20103	5Cr06NiMo	5CrNiMo	0.50~0.60	≤0.40	0.50~0.80	0.50~0.80	0.15~0.30	1.40~1.80	≤0.25	—	—	—
	1-5	T20102	5Cr08MnMo	5CrMnMo	0.50~0.60	0.25~0.60	1.20~1.60	0.60~0.90	0.15~0.30	≤0.25	≤0.25	—	—	—
冷作模具钢	2-1	T20110	9Cr06WMn	9CrWMn	0.85~0.95	≤0.40	0.90~1.20	0.50~0.80	—	≤0.25	≤0.25	0.50~0.80	—	—
	2-2	T20111	CrWMn	—	0.90~1.05	≤0.40	0.80~1.10	0.90~1.20	—	≤0.25	≤0.25	1.20~1.60	—	—
	2-3	T21202	Cr12Mo1V1	—	1.40~1.60	≤0.60	≤0.60	11.00~13.00	0.70~1.20	≤0.25	≤0.25	—	0.50~1.10	—
	2-4	T20201	Cr12MoV	—	1.45~1.70	≤0.40	≤0.40	11.00~12.50	0.40~0.60	≤0.25	≤0.25	—	0.15~0.30	—
	2-5	T21200	Cr12	—	2.00~2.30	≤0.40	≤0.40	11.50~13.00	—	≤0.25	≤0.25	—	—	—
塑料模具钢	3-1	T22032	1Ni3Mn2CuAl	—	0.10~0.15	≤0.35	1.40~2.00	—	0.25~0.50	2.90~3.40	0.80~1.20	—	—	0.70~1.10
	3-2	S42020	20Cr13	2Cr13	0.16~0.25	≤1.00	≤1.00	12.00~14.00	—	≤0.60	—	—	—	—
	3-3	S45930	30Cr17Mo	3Cr17Mo	0.28~0.35	≤0.80	≤1.00	16.00~18.00	0.75~1.25	≤0.60	—	—	—	—
	3-4	S42040	40Cr13	4Cr13	0.35~0.45	≤0.60	≤0.80	12.00~14.00	—	≤0.60	—	—	—	—
	3-5	T22020	3Cr2MnMo	3Cr2Mo	0.28~0.40	0.20~0.80	0.60~1.00	1.40~2.00	0.30~0.55	≤0.25	≤0.25	—	—	—
	3-6	T22024	3Cr2MnNiMo	—	0.32~0.40	0.20~0.40	1.10~1.50	1.70~2.00	0.25~0.40	0.85~1.15	≤0.25	—	—	—

2. 优质合金模具钢的 S、P 含量（表 4-100）

表 4-100　优质合金模具钢的 S、P 含量（GB/T 24594—2009）

组别	冶炼方法	P（质量分数，%）	S（质量分数，%）	
1	真空脱气	≤0.025	热作模具钢	≤0.020
			冷作模具钢、塑料模具钢	≤0.025
2	电渣重熔①	≤0.025	≤0.010	

① 4Cr5MoSiV1A 钢的 $w(P) \leq 0.015\%$，$w(S) \leq 0.005\%$。

3. 优质合金模具钢的交货硬度（表 4-101）

表 4-101　优质合金模具钢的交货硬度（GB/T 24594—2009）

钢组	序号	统一数字代号	新牌号	旧牌号	交货状态的钢材硬度		试样淬火硬度		
					退火硬度 HBW	预硬化硬度 HRC	淬火温度 /℃	淬火冷却介质	硬度 HRC
热作模具钢	1-1	T20280	3Cr2W8V	—	≤255	—			
	1-2	T20502	4Cr5MoSiV1	—	≤235	—			
	1-3	T20503	4Cr5MoSiV1A	—	≤235	—			
	1-4	T20103	5Cr06NiMo	5CrNiMo	197～241	—			
	1-5	T20102	5Cr08MnMo	5CrMnMo	197～241	—			
冷作模具钢	2-1	T20110	9Cr06WMn	9CrWMn	197～241	—	800～830℃	油	≥62
	2-2	T20111	CrWMn		207～255	—	800～830℃	油	≥62
	2-3	T21202	Cr12Mo1V1		≤255	—	820℃±15℃预热，1000℃（盐浴）或 1010℃（炉控气氛）±6℃加热，保温 10～20min 空冷，200℃±6℃回火		≥59
	2-4	T20201	Cr12MoV	—	207～255	—	950～1000℃	油	≥58
	2-5	T21200	Cr12		217～269	—	950～1000℃	油	≥60
塑料模具钢	3-1	T22032	1Ni3Mn2CuAl	—	≤235	36～43	—	—	—
	3-2	S42020	20Cr13	2Cr13	≤235	30～36	—	—	—
	3-3	S45930	30Cr17Mo	3Cr17Mo	≤235	30～36	—	—	—
	3-4	S42040	40Cr13	4Cr13	≤235	30～36	—	—	—
	3-5	T22020	3Cr2MnMo	3Cr2Mo	≤235	28～36	—	—	—
	3-6	T22024	3Cr2MnNiMo	3Cr2MnNiMo	≤235	30～36	—	—	—

4. 优质合金模具钢的尺寸及允许偏差（表 4-102）

表 4-102　优质合金模具钢的尺寸及允许偏差（GB/T 24594—2009）

（单位：mm）

公称厚度	尺寸允许偏差							
	1 组				2 组		3 组	
	公称宽度 >300～455		公称宽度 >455～610		公称宽度 >300～610		公称宽度 510～610	
	厚度允许偏差	宽度允许偏差	厚度允许偏差	宽度允许偏差	厚度允许偏差	宽度允许偏差	厚度允许偏差	宽度允许偏差
6～12	+1.2 0	+5 0	+1.5 0	+7 0	+1.5 0	+15 0	—	—
>12～20	+1.2 0	+6 -2	+1.5 0	+7 -3	+1.6 0			

（续）

公称厚度	尺寸允许偏差							
	1组				2组		3组	
	公称宽度>300~455		公称宽度>455~610		公称宽度>300~610		公称宽度510~610	
	厚度允许偏差	宽度允许偏差	厚度允许偏差	宽度允许偏差	厚度允许偏差	宽度允许偏差	厚度允许偏差	宽度允许偏差
>20~70	+1.4 0	+6 -2	+1.7 0	+7 -3	+1.8 0	+15 0	—	—
>70~90					+3.0 0			
>90~100	+2.0 0	+7 -3	+2.0 0	+10 -3	+3.0 0		+6 0	+15 0
>100~130								

4.3 盘条

4.3.1 热轧圆盘条

热轧圆盘条的尺寸及理论重量如表 4-103 所示。

表 4-103 热轧圆盘条的尺寸及理论重量（GB/T 14981—2009）

公称直径 /mm	允许偏差/mm			圆度误差/mm			截面面积 /mm^2	理论重量 /(kg/m)
	A级精度	B级精度	C级精度	A级精度	B级精度	C级精度		
5							19.63	0.154
5.5							23.76	0.187
6							28.27	0.222
6.5							33.18	0.260
7							38.48	0.302
7.5	±0.30	±0.25	±0.15	≤0.48	≤0.40	≤0.24	44.18	0.347
8							50.26	0.395
8.5							56.74	0.445
9							63.62	0.499
9.5							70.88	0.556
10							78.54	0.617
10.5							86.59	0.680
11							95.03	0.746
11.5							103.9	0.816
12							113.1	0.888
12.5	±0.40	±0.30	±0.20	≤0.64	≤0.48	≤0.32	122.7	0.963
13							132.7	1.04
13.5							143.1	1.12
14							153.9	1.21
14.5							165.1	1.30
15							176.7	1.39

（续）

公称直径	允许偏差/mm			圆度误差/mm			截面面积	理论重量
/mm	A级精度	B级精度	C级精度	A级精度	B级精度	C级精度	/mm²	/(kg/m)
15.5							188.7	1.48
16							201.1	1.58
17							227.0	1.78
18							254.5	2.00
19							283.5	2.23
20	±0.50	±0.35	±0.25	≤0.80	≤0.56	≤0.40	314.2	2.47
21							346.3	2.72
22							380.1	2.98
23							415.5	3.26
24							452.4	3.55
25							490.9	3.85
26							530.9	4.17
27							572.6	4.49
28							615.7	4.83
29							660.5	5.18
30							706.9	5.55
31							754.8	5.92
32							804.2	6.31
33	±0.60	±0.40	±0.30	≤0.96	≤0.64	≤0.48	855.3	6.71
34							907.9	7.13
35							962.1	7.55
36							1018	7.99
37							1075	8.44
38							1134	8.90
39							1195	9.38
40							1257	9.87
41							1320	10.36
42							1385	10.88
43							1452	11.40
44							1521	11.94
45	±0.80	±0.50	—	≤1.28	≤0.80	—	1590	12.48
46							1662	13.05
47							1735	13.62
48							1810	14.21
49							1886	14.80
50							1964	15.41
51							2042	16.03
52	±1.00	±0.60	—	≤1.60	≤0.96	—	2123	16.66
53							2205	17.31

（续）

公称直径 /mm	允许偏差/mm			圆度误差/mm			截面面积 /mm²	理论重量 /(kg/m)
	A 级精度	B 级精度	C 级精度	A 级精度	B 级精度	C 级精度		
54							2289	17.97
55							2375	18.64
56							2462	19.32
57	±1.00	±0.60	—	≤1.60	≤0.96	—	2550	20.02
58							2641	20.73
59							2733	21.45
60							2826	22.18

注：钢的密度按 7.85g/cm³ 计算。

4.3.2 低碳钢热轧圆盘条

1. 低碳钢热轧圆盘条的化学成分（表4-104）

表4-104 低碳钢热轧圆盘条的化学成分（GB/T 701—2008）

牌 号	化学成分(质量分数,%)				
	C	Mn	Si	S	P
				≤	
Q195	≤0.12	0.25 ~ 0.50	0.30	0.040	0.035
Q215	0.09 ~ 0.15	0.25 ~ 0.60		0.040	0.035
Q235	0.12 ~ 0.20	0.30 ~ 0.70	0.30	0.045	0.045
Q275	0.14 ~ 0.22	0.40 ~ 1.00		0.045	0.045

2. 低碳钢热轧圆盘条的力学性能（表4-105）

表4-105 低碳钢热轧圆盘条的力学性能（GB/T 701—2008）

牌 号	力学性能		冷弯试验180° d—弯心直径 a—试样直径
	抗拉强度 R_m/MPa≥	断后伸长率 $A_{11.3}$（%）≥	
Q195	410	30	$d = 0$
Q215	435	28	$d = 0$
Q235	500	23	$d = 0.5a$
Q275	540	21	$d = 1.5a$

4.3.3 标准件用碳素钢热轧圆钢及盘条

1. 标准件用碳素钢热轧圆钢及盘条的化学成分（表4-106）

表4-106 标准件用碳素钢热轧圆钢及盘条的化学成分（YB/T 4155—2006）

牌 号	化学成分(质量分数,%)				
	C	Si≤	Mn	P≤	S≤
BL1	0.06 ~ 0.12	0.10	0.25 ~ 0.50	0.030	0.030
BL2	0.09 ~ 0.15	0.10	0.25 ~ 0.55	0.030	0.030
BL3	0.14 ~ 0.22	0.10	0.30 ~ 0.60	0.030	0.030

2. 标准件用碳素钢热轧圆钢及盘条的力学性能及工艺性能（表 4-107）

表 4-107　标准件用碳素钢热轧圆钢及盘条的力学性能及工艺性能（YB/T 4155—2006）

牌号	下屈服强度 R_{eL}/MPa	抗拉强度 R_m/MPa	断后伸长率（%）		冷顶锻试验 $x = h_1/h$	热顶锻试验	热状态或冷状态下铆钉头锻平试验
			A	$A_{11.3}$			
BL1	≥195	315 ~ 400	≥35	≥27	$x = 0.4$	达 1/3 高度	顶头直径为公称直径的 2.5 倍
BL2	≥215	335 ~ 410	≥33	≥25	$x = 0.4$	达 1/3 高度	顶头直径为公称直径的 2.5 倍
BL3	≥235	370 ~ 460	≥28	≥21	$x = 0.5$	达 1/3 高度	顶头直径为公称直径的 2.5 倍

注：h 为顶锻前试样高度（公称直径的两倍），h_1 为顶锻后试样高度。

3. 标准件用碳素钢热轧圆钢及盘条的直径、截面面积及理论重量（表 4-108）

表 4-108　标准件用碳素钢热轧圆钢及盘条的直径、截面面积
及理论重量（YB/T 4155—2006）

公称直径/mm	公称截面面积/mm²	理论重量/(kg/m)	公称直径/mm	公称截面面积/mm²	理论重量/(kg/m)
5.5	23.76	0.186	22	380.10	2.980
6	28.27	0.222	23	415.50	3.260
6.5	33.18	0.260	24	452.40	3.550
7	38.48	0.302	25	490.90	3.850
8	50.27	0.395	26	530.90	4.170
9	63.62	0.499	27	572.60	4.490
10	78.54	0.617	28	615.80	4.830
11	95.03	0.746	29	660.50	5.180
12	113.10	0.888	30	706.90	5.550
13	132.70	1.040	31	754.80	5.920
14	153.90	1.210	32	804.20	6.310
15	176.70	1.390	33	855.30	6.710
16	201.10	1.580	34	907.90	7.130
17	227.00	1.780	35	962.10	7.550
18	254.50	2.000	36	1018.00	7.990
19	283.50	2.230	38	1134.00	8.900
20	314.20	2.470	40	1257.00	9.860
21	346.40	2.720			

注：钢的理论重量是按密度为 7.85g/cm³ 计算的。

4.3.4　预应力混凝土钢棒用热轧盘条

预应力混凝土钢棒用热轧盘条的化学成分如表 4-109 所示。

表 4-109 预应力混凝土钢棒用热轧盘条的化学成分（YB/T 4160—2007）

牌号	化学成分（质量分数,%）							
	C	Si	Mn	P	S	Ni	Cr	Cu
30MnSi	0.28 ~ 0.33	0.70 ~ 1.10	0.90 ~ 1.30	≤0.025	≤0.025	≤0.25	≤0.25	≤0.20
30Si2Mn	0.28 ~ 0.33	1.55 ~ 1.85	0.60 ~ 0.90	≤0.025	≤0.025	≤0.25	≤0.25	≤0.20
35Si2Mn	0.34 ~ 0.38	1.55 ~ 1.85	0.60 ~ 0.90	≤0.025	≤0.025	≤0.25	≤0.25	≤0.20
35Si2Cr	0.34 ~ 0.38	1.55 ~ 1.85	0.40 ~ 0.70	≤0.025	≤0.025	≤0.25	0.30 ~ 0.60	≤0.20
40Si2Mn	0.38 ~ 0.43	1.45 ~ 1.85	0.80 ~ 1.20	≤0.025	≤0.025	≤0.25	≤0.25	≤0.20
48Si2Mn	0.46 ~ 0.51	1.45 ~ 1.85	0.80 ~ 1.20	≤0.025	≤0.025	≤0.25	≤0.25	≤0.20
45Si2Cr	0.43 ~ 0.48	1.55 ~ 1.95	0.40 ~ 0.70	≤0.025	≤0.025	≤0.25	0.30 ~ 0.60	≤0.20

4.3.5 预应力钢丝及钢绞线用热轧盘条

1. 预应力钢丝及钢绞线用热轧盘条的化学成分（表 4-110）

表 4-110 预应力钢丝及钢绞线用热轧盘条的化学成分（YB/T 146—1998）

牌 号	化学成分（质量分数,%）					
	C	Si	Mn	P	S	Cu
72A	0.70 ~ 0.75	0.12 ~ 0.32	0.30 ~ 0.60	≤0.025	≤0.025	≤0.20
72MnA	0.70 ~ 0.75	0.12 ~ 0.32	0.60 ~ 0.90	≤0.025	≤0.025	≤0.20
75A	0.73 ~ 0.78	0.12 ~ 0.32	0.30 ~ 0.60	≤0.025	≤0.025	≤0.20
75MnA	0.73 ~ 0.78	0.12 ~ 0.32	0.60 ~ 0.90	≤0.025	≤0.025	≤0.20
77A	0.75 ~ 0.80	0.12 ~ 0.32	0.30 ~ 0.60	≤0.025	≤0.025	≤0.20
77MnA	0.75 ~ 0.80	0.12 ~ 0.32	0.60 ~ 0.90	≤0.025	≤0.025	≤0.20
80A	0.78 ~ 0.83	0.12 ~ 0.32	0.30 ~ 0.60	≤0.025	≤0.025	≤0.20
80MnA	0.78 ~ 0.83	0.12 ~ 0.32	0.60 ~ 0.90	≤0.025	≤0.025	≤0.20
82A	0.80 ~ 0.85	0.12 ~ 0.32	0.30 ~ 0.60	≤0.025	≤0.025	≤0.20
82MnA	0.80 ~ 0.85	0.12 ~ 0.32	0.60 ~ 0.90	≤0.025	≤0.025	≤0.20

2. 预应力钢丝及钢绞线用热轧盘条的力学性能（表 4-111）

表 4-111 预应力钢丝及钢绞线用热轧盘条的力学性能（YB/T 146—1998）

牌 号	抗拉强度 R_m/MPa	断面收缩率 Z(%)	抗拉强度 R_m/MPa	断面收缩率 Z(%)
	直径 8.0 ~ 10.0mm		直径 10.5 ~ 13.0mm	
72A	960 ~ 1080		940 ~ 1060	
72MnA 75A	990 ~ 1110		970 ~ 1090	
75MnA 77A	1020 ~ 1140		1000 ~ 1120	
77MnA 80A	1040 ~ 1160	≥25	1020 ~ 1140	≥25
80MnA 82A	1060 ~ 1180		1040 ~ 1160	
82MnA	1080 ~ 1200		1060 ~ 1180	

4.3.6　制丝用非合金钢盘条

1. 制丝用非合金钢一般用途盘条的化学成分（表4-112）

表4-112　制丝用非合金钢一般用途盘条的化学成分（YB/T 170.2—2000）

牌号	统一数字代号	化学成分（质量分数，%）									
		C	Si	Mn	P≤	S≤	Cr≤	Ni≤	Mo≤	Cu≤	Al≤
C4D	U53042	≤0.06	≤0.30	0.30~0.60	0.035	0.035	0.20	0.25	0.05	0.30	0.01
C7D	U53072	0.05~0.09	≤0.30	0.30~0.60	0.035	0.035	0.20	0.25	0.05	0.30	0.01
C9D	U53092	≤0.10	≤0.30	≤0.60	0.035	0.035	0.25	0.25	0.05	0.30	—
C10D	U53102	0.08~0.13	≤0.30	0.30~0.60	0.035	0.035	0.20	0.25	0.05	0.30	0.01
C12D	U53112	0.10~0.15	≤0.30	0.30~0.60	0.035	0.035	0.20	0.25	0.05	0.30	0.01
C15D	U53152	0.12~0.17	≤0.30	0.30~0.60	0.035	0.035	0.20	0.25	0.05	0.30	0.01
C18D	U53182	0.15~0.20	≤0.30	0.30~0.60	0.035	0.035	0.20	0.25	0.05	0.30	0.01
C20D	U53202	0.18~0.23	≤0.30	0.30~0.60	0.035	0.035	0.20	0.25	0.05	0.30	0.01
C26D	U53262	0.24~0.29	0.10~0.30	0.50~0.80	0.035	0.030	0.20	0.25	0.05	0.30	0.01
C32D	U53322	0.30~0.35	0.10~0.30	0.50~0.80	0.035	0.030	0.20	0.25	0.05	0.30	0.01
C38D	U53382	0.35~0.40	0.10~0.30	0.50~0.80	0.035	0.030	0.20	0.25	0.05	0.30	0.01
C42D	U53422	0.40~0.45	0.10~0.30	0.50~0.80	0.035	0.030	0.20	0.25	0.05	0.30	0.01
C48D	U53482	0.45~0.50	0.10~0.30	0.50~0.80	0.035	0.030	0.15	0.20	0.05	0.25	0.01
C50D	U53502	0.48~0.53	0.10~0.30	0.50~0.80	0.035	0.030	0.15	0.20	0.05	0.25	0.01
C52D	U53522	0.50~0.55	0.10~0.30	0.50~0.80	0.035	0.030	0.15	0.20	0.05	0.25	0.01
C56D	U53562	0.53~0.58	0.10~0.30	0.50~0.80	0.035	0.030	0.15	0.20	0.05	0.25	0.01
C58D	U53582	0.55~0.60	0.10~0.30	0.50~0.80	0.035	0.030	0.15	0.20	0.05	0.25	0.01
C60D	U53602	0.58~0.63	0.10~0.30	0.50~0.80	0.030	0.030	0.15	0.20	0.05	0.25	0.01
C62D	U53622	0.60~0.65	0.10~0.30	0.50~0.80	0.030	0.030	0.15	0.20	0.05	0.25	0.01
C66D	U53662	0.63~0.68	0.10~0.30	0.50~0.80	0.030	0.030	0.15	0.20	0.05	0.25	0.01
C68D	U53682	0.65~0.70	0.10~0.30	0.50~0.80	0.030	0.030	0.15	0.20	0.05	0.25	0.01
C70D	U53702	0.68~0.73	0.10~0.30	0.50~0.80	0.030	0.030	0.15	0.20	0.05	0.25	0.01
C72D	U53722	0.70~0.75	0.10~0.30	0.50~0.80	0.030	0.030	0.15	0.20	0.05	0.25	0.01
C76D	U53762	0.73~0.78	0.10~0.30	0.50~0.80	0.030	0.030	0.15	0.20	0.05	0.25	0.01
C78D	U53782	0.75~0.80	0.10~0.30	0.50~0.80	0.030	0.030	0.15	0.20	0.05	0.25	0.01
C80D	U53802	0.78~0.83	0.10~0.30	0.50~0.80	0.030	0.030	0.15	0.20	0.05	0.25	0.01
C82D	U53822	0.80~0.85	0.10~0.30	0.50~0.80	0.030	0.030	0.15	0.20	0.05	0.25	0.01
C86D	U53862	0.83~0.88	0.10~0.30	0.50~0.80	0.030	0.030	0.15	0.20	0.05	0.25	0.01
C88D	U53882	0.85~0.90	0.10~0.30	0.50~0.80	0.030	0.030	0.15	0.20	0.05	0.25	0.01
C92D	U53922	0.90~0.95	0.10~0.30	0.50~0.80	0.030	0.030	0.15	0.20	0.05	0.25	0.01

2. 制丝用非合金钢特殊用途盘条的化学成分（表 4-113）

表 4-113 制丝用非合金钢特殊用途盘条的化学成分（YB/T 170.4—2002）

牌号	化学成分（质量分数，%）										
	C	Si	Mn	P≤	S≤	Cr≤	Ni≤	Mo≤	Cu≤	Al≤	N≤
C3D2	≤0.05	≤0.30	0.30~0.50	0.020	0.025	0.10	0.10	0.05	0.15	0.01	0.007
C5D2	≤0.07	≤0.30	0.30~0.50	0.020	0.025	0.10	0.10	0.05	0.15	0.01	0.007
C8D2	0.06~0.10	≤0.30	0.30~0.50	0.020	0.025	0.10	0.10	0.05	0.15	0.01	0.007
C10D2	0.08~0.12	≤0.30	0.30~0.50	0.020	0.025	0.10	0.10	0.05	0.15	0.01	0.007
C12D2	0.10~0.14	≤0.30	0.30~0.50	0.020	0.025	0.10	0.10	0.05	0.15	0.01	0.007
C15D2	0.13~0.17	≤0.30	0.30~0.50	0.020	0.025	0.10	0.10	0.05	0.15	0.01	0.007
C18D2	0.16~0.20	≤0.30	0.30~0.50	0.020	0.025	0.10	0.10	0.05	0.15	0.01	0.007
C20D2	0.18~0.23	≤0.30	0.30~0.50	0.020	0.025	0.10	0.10	0.05	0.15	0.01	0.007
C26D2	0.24~0.29	0.10~0.30	0.50~0.70	0.020	0.025	0.10	0.10	0.03	0.15	0.01	0.007
C32D2	0.30~0.34	0.10~0.30	0.50~0.70	0.020	0.025	0.10	0.10	0.03	0.15	0.01	0.007
C36D2	0.34~0.38	0.10~0.30	0.50~0.70	0.020	0.025	0.10	0.10	0.03	0.15	0.01	0.007
C38D2	0.36~0.40	0.10~0.30	0.50~0.70	0.020	0.025	0.10	0.10	0.03	0.15	0.01	0.007
C40D2	0.38~0.42	0.10~0.30	0.50~0.70	0.020	0.025	0.10	0.10	0.03	0.15	0.01	0.007
C42D2	0.40~0.44	0.10~0.30	0.50~0.70	0.020	0.025	0.10	0.10	0.03	0.15	0.01	0.007
C46D2	0.44~0.48	0.10~0.30	0.50~0.70	0.020	0.025	0.10	0.10	0.03	0.15	0.01	0.007
C48D2	0.46~0.50	0.10~0.30	0.50~0.70	0.020	0.025	0.10	0.10	0.03	0.15	0.01	0.007
C50D2	0.48~0.52	0.10~0.30	0.50~0.70	0.020	0.025	0.10	0.10	0.03	0.15	0.01	0.007
C52D2	0.50~0.54	0.10~0.30	0.50~0.70	0.020	0.025	0.10	0.10	0.03	0.15	0.01	0.007
C56D2	0.54~0.58	0.10~0.30	0.50~0.70	0.020	0.025	0.10	0.10	0.03	0.15	0.01	0.007
C58D2	0.56~0.60	0.10~0.30	0.50~0.70	0.020	0.025	0.10	0.10	0.03	0.15	0.01	0.007
C60D2	0.58~0.62	0.10~0.30	0.50~0.70	0.020	0.025	0.10	0.10	0.03	0.15	0.01	0.007
C62D2	0.60~0.64	0.10~0.30	0.50~0.70	0.020	0.025	0.10	0.10	0.03	0.15	0.01	0.007
C66D2	0.64~0.68	0.10~0.30	0.50~0.70	0.020	0.025	0.10	0.10	0.03	0.15	0.01	0.007
C68D2	0.66~0.70	0.10~0.30	0.50~0.70	0.020	0.025	0.10	0.10	0.03	0.15	0.01	0.007
C70D2	0.68~0.72	0.10~0.30	0.50~0.70	0.020	0.025	0.10	0.10	0.03	0.15	0.01	0.007
C72D2	0.70~0.74	0.10~0.30	0.50~0.70	0.020	0.025	0.10	0.10	0.03	0.15	0.01	0.007
C76D2	0.74~0.78	0.10~0.30	0.50~0.70	0.020	0.025	0.10	0.10	0.03	0.15	0.01	0.007
C78D2	0.76~0.80	0.10~0.30	0.50~0.70	0.020	0.025	0.10	0.10	0.03	0.15	0.01	0.007
C80D2	0.78~0.82	0.10~0.30	0.50~0.70	0.020	0.025	0.10	0.10	0.03	0.15	0.01	0.007
C82D2	0.80~0.84	0.10~0.30	0.50~0.70	0.020	0.025	0.10	0.10	0.03	0.15	0.01	0.007
C86D2	0.84~0.88	0.10~0.30	0.50~0.70	0.020	0.025	0.10	0.10	0.03	0.15	0.01	0.007
C88D2	0.86~0.90	0.10~0.30	0.50~0.70	0.020	0.025	0.10	0.10	0.03	0.15	0.01	0.007
C92D2	0.90~0.95	0.10~0.30	0.50~0.70	0.020	0.025	0.10	0.10	0.03	0.15	0.01	0.007
C98D2	0.96~1.00	0.10~0.30	0.50~0.70	0.020	0.025	0.10	0.10	0.03	0.15	0.01	0.007

3. 制丝用非合金沸腾钢及沸腾钢替代品低碳钢盘条的化学成分(表4-114)

表4-114 制丝用非合金沸腾钢及沸腾钢替代品低碳钢盘条的化学成分(YB/T 170.3—2002)

牌号	化学成分(质量分数,%)										
	C≤	Si≤	Mn	P≤	S≤	Cr≤	Ni≤	Mo≤	Cu≤	Al≤	N≤
C2D1	0.03	0.05	0.10~0.35	0.020	0.020	0.10	0.10	0.03	0.10	0.01	0.007
C3D1	0.05	0.05	0.20~0.40	0.025	0.025	0.10	0.10	0.03	0.15	0.05	—
C4D1	0.06	0.10	0.20~0.45	0.025	0.025	0.15	0.15	0.03	0.15	0.05	—

4. 制丝用非合金沸腾钢及沸腾钢替代品低碳钢盘条的抗拉强度(表4-115)

表4-115 制丝用非合金沸腾钢及沸腾钢替代品低碳钢盘条的抗拉强度(YB/T 170.3—2002)

牌　号	C2D1	C3D1	C4D1
抗拉强度 R_m/MPa	≤360	≤390	供需双方协商

4.3.7 油淬火-回火弹簧钢丝用热轧盘条

油淬火-回火弹簧钢丝用热轧盘条的化学成分如表4-116所示。

表4-116 油淬火-回火弹簧钢丝用热轧盘条的化学成分(GB/T 5365—2006)

序号	牌号	化学成分(质量分数,%)							
		C	Si	Mn	P≤	S≤	Cr	V	Cu≤
1	65Mn	0.62~0.70	0.17~0.37	0.90~1.20	0.030	0.030	≤0.25	—	0.20
2	70Mn	0.67~0.75	0.17~0.37	0.90~1.20	0.030	0.030	≤0.25	—	0.20
3	60Si2MnA	0.56~0.64	1.50~2.00	0.60~0.90	0.025	0.025	—	—	0.20
4	60Si2CrA	0.56~0.64	1.40~1.80	0.40~0.70	0.025	0.025	0.70~1.00	—	0.20
5	60Si2CrVA	0.56~0.64	1.40~1.80	0.40~0.70	0.025	0.025	0.90~1.20	0.10~0.20	0.20
6	55SiCrA	0.50~0.60	1.20~1.60	0.50~0.90	0.025	0.025	0.50~0.80	—	0.20
7	50CrVA	0.47~0.55	0.10~0.40	0.50~1.20	0.025	0.025	0.80~1.10	0.15~0.25	0.20
8	67CrVA	0.62~0.72	0.15~0.30	0.50~0.90	0.025	0.025	0.40~0.60	0.15~0.25	0.20

4.3.8 焊接用钢盘条

1. 焊接用钢盘条的化学成分(表4-117)

表4-117 焊接用钢盘条的化学成分(GB/T 3429—2002)

序号	牌号	化学成分(质量分数,%)									
		C	Mn	Si	Cr	Ni	Cu	Mo	V、Ti、Zr、Al	S	P
										≤	
非合金钢											
1	H04E	≤0.04	0.30~0.60	≤0.10	—	—	—	—	—	0.010	0.015
2	H08A	≤0.10	0.35~0.60	≤0.03	≤0.20	≤0.30	≤0.20	—	—	0.030	0.030

（续）

序号	牌号	化学成分（质量分数,%）								S	P
		C	Mn	Si	Cr	Ni	Cu	Mo	V、Ti、Zr、Al	≤	
		非合金钢									
3	H08E	≤0.10	0.35~0.60	≤0.03	≤0.20	≤0.30	≤0.20	—	—	0.020	0.020
4	H08C	≤0.10	0.35~0.60	≤0.03	≤0.10	≤0.10	≤0.10			0.015	0.015
5	H08MnA	≤0.10	0.80~1.10	≤0.07	≤0.20	≤0.30	≤0.20			0.030	0.030
6	H10MnSiA	0.06~0.15	0.90~1.40	0.45~0.75	—	—	≤0.20			0.030	0.025
7	H15A	0.11~0.18	0.35~0.65	≤0.03	≤0.20	≤0.30	≤0.20			0.030	0.030
8	H15Mn	0.11~0.18	0.80~1.10	≤0.03	≤0.20	≤0.30	≤0.20	—		0.035	0.035
		低合金钢									
9[①]	H05MnSiTiZrAlA	≤0.07	0.90~1.40	0.40~0.70	—	—	≤0.20		Ti:0.05~0.15 Zr:0.02~0.12 Al:0.05~0.15	0.025	0.035
10	H08MnSi	≤0.11	1.20~1.50	0.40~0.70	≤0.20	≤0.30	≤0.20	—	—	0.035	0.035
11	H10MnSi	≤0.14	0.80~1.10	0.60~0.90	≤0.20	≤0.30	≤0.20			0.035	0.035
12[①]	H11MnSi	0.07~0.15	1.00~1.50	0.65~0.85	—	—	≤0.20			0.035	0.025
13	H11MnSiA	0.07~0.15	1.00~1.50	0.65~0.95	≤0.20	≤0.30	≤0.20			0.025	0.035
		合 金 钢									
14[①]	H05SiCrMoA	≤0.05	0.40~0.70	0.40~0.70	1.20~1.50	≤0.02	≤0.20	0.40~0.65	—	0.025	0.025
15[①]	H05SiCr2MoA	≤0.05	0.40~0.70	0.40~0.70	2.30~2.70	≤0.02	≤0.20	0.90~1.20		0.025	0.025
16[①]	H05Mn2Ni2MoA	≤0.08	1.25~1.80	0.20~0.50	≤0.30	1.40~2.10	≤0.02	0.25~0.55	V≤0.05 Ti≤0.10 Zr≤0.10 Al≤0.10	0.010	0.010

（续）

序号	牌号	化学成分(质量分数,%)								S	P
		C	Mn	Si	Cr	Ni	Cu	Mo	V、Ti、Zr、Al	≤	≤
合金钢											
17①	H08Mn2Ni2MoA	≤0.09	1.40 ~ 1.80	0.20 ~ 0.55	≤0.50	1.90 ~ 2.60	≤0.20	0.25 ~ 0.55	V≤0.04 Ti≤0.10 Zr≤0.10 Al≤0.10	0.010	0.010
18	H08CrMoA	≤0.10	0.40 ~ 0.70	0.15 ~ 0.35	0.80 ~ 1.10	≤0.30	≤0.20	0.40 ~ 0.60	—	0.030	0.030
19	H08MnMoA	≤0.10	1.20 ~ 1.60	≤0.25	≤0.20	≤0.30	≤0.20	0.30 ~ 0.50	Ti:0.15 (加入量)	0.030	0.030
20	H08CrMoVA	≤0.10	0.40 ~ 0.70	0.15 ~ 0.35	1.00 ~ 1.30	≤0.30	≤0.20	0.50 ~ 0.70	V:0.15 ~ 0.35	0.030	0.030
21	H08Mn2Ni3MoA	≤0.10	1.40 ~ 1.80	0.25 ~ 0.60	≤0.60	2.00 ~ 2.80	≤0.20	0.30 ~ 0.65	V≤0.03 Ti≤0.10 Zr≤0.10 Al≤0.10	0.010	0.010
22	H08CrNi2MoA	0.05 ~ 0.10	0.50 ~ 0.85	0.10 ~ 0.30	0.70 ~ 1.00	1.40 ~ 1.80	≤0.20	0.20 ~ 0.40		0.025	0.030
23①	H08MnSiCrMoVA	0.06 ~ 0.10	1.20 ~ 1.60	0.60 ~ 0.90	1.00 ~ 1.30	≤0.25	≤0.20	0.50 ~ 0.70	V:0.20 ~ 0.40	0.025	0.030
24①	H08MnSiCrMoA	0.06 ~ 0.10	1.20 ~ 1.70	0.60 ~ 0.90	0.90 ~ 1.20	≤0.25	≤0.20	0.45 ~ 0.65		0.025	0.030
25	H08Mn2Si	≤0.11	1.70 ~ 2.10	0.65 ~ 0.95	≤0.20	≤0.30	≤0.20	—		0.035	0.035
26	H08Mn2SiA	≤0.11	1.80 ~ 2.10	0.65 ~ 0.95	≤0.20	≤0.30	≤0.20	—	—	0.030	0.030
27	H08Mn2MoA	0.06 ~ 0.11	1.60 ~ 1.90	≤0.25	≤0.20	≤0.30	≤0.20	0.50 ~ 0.70	Ti:0.15 (加入量)	0.030	0.030
28	H08Mn2MoVA	0.06 ~ 0.11	1.60 ~ 1.90	≤0.25	≤0.20	≤0.30	≤0.20	0.50 ~ 0.70	V0.06 ~ 0.12 Ti:0.15 (加入量)	0.030	0.030
29	H10MoCrA	≤0.12	0.40 ~ 0.70	0.15 ~ 0.35	0.45 ~ 0.65	≤0.30	≤0.20	0.40 ~ 0.60	—	0.030	0.030
30	H10Mn2	≤0.12	1.50 ~ 1.90	≤0.07	≤0.20	≤0.30	≤0.20	—		0.035	0.035

（续）

序号	牌号	化学成分（质量分数，%）									
		C	Mn	Si	Cr	Ni	Cu	Mo	V、Ti、Zr、Al	S	P
										≤	
合金钢											
31[①]	H10MnSiNiA	≤0.12	≤1.25	0.40 ~ 0.80	≤0.15	0.80 ~ 1.10	≤0.20	≤0.35	V≤0.05	0.025	0.025
32[①]	H10MnSiNi2A	≤0.12	≤1.25	0.40 ~ 0.80	—	2.00 ~ 2.75	≤0.20	—		0.025	0.025
33[①]	H10MnSiNi3A	≤0.12	≤1.25	0.40 ~ 0.80	—	3.00 ~ 3.75	≤0.20	—		0.025	0.025
34[①]	H10Mn2SiNiMoA	≤0.12	1.25 ~ 1.80	0.40 ~ 0.80	—	0.50 ~ 1.00	≤0.20	0.20 ~ 0.55	Ti≤0.20 Al≤0.10	0.020	0.020
35[①]	H10Mn2NiMoCuA	≤0.12	1.25 ~ 1.80	0.20 ~ 0.60	≤0.30	0.80 ~ 1.25	0.35 ~ 0.65	0.20 ~ 0.55	V≤0.05 Ti≤0.10 Zr≤0.10 Al≤0.10	0.010	0.010
36[①]	H10Mn2SiMoTiA	≤0.12	1.20 ~ 1.90	0.40 ~ 0.80	—	—	≤0.20	0.20 ~ 0.50	Ti≤0.20	0.025	0.025
37[①]	H10SiCrMoA	0.07 ~ 0.12	0.40 ~ 0.70	0.40 ~ 0.70	1.20 ~ 1.50	≤0.02	≤0.20	0.40 ~ 0.65		0.025	0.025
38[①]	H10SiCr2MoA	0.07 ~ 0.12	0.40 ~ 0.70	0.40 ~ 0.70	2.30 ~ 2.70	≤0.20	≤0.20	0.90 ~ 1.20		0.025	0.025
39[①]	H10Mn2SiMoA	0.07 ~ 0.12	1.60 ~ 2.10	0.50 ~ 0.80	—	≤0.15	≤0.20	0.40 ~ 0.60		0.025	0.025
40	H10MnSiMoTiA	0.08 ~ 0.12	1.00 ~ 1.30	0.40 ~ 0.70	≤0.20	≤0.30	≤0.20	0.20 ~ 0.40	Ti:0.05 ~ 0.15	0.025	0.030
41	H10Mn2MoA	0.08 ~ 0.13	1.70 ~ 2.00	≤0.40	≤0.20	≤0.30	≤0.20	0.60 ~ 0.80	Ti:0.15 （加入量）	0.030	0.030
42	H10Mn2MoVA	0.08 ~ 0.13	1.70 ~ 2.00	≤0.40	≤0.20	≤0.30	≤0.20	0.60 ~ 0.80	V:0.06 ~ 0.12 Ti:0.15 （加入量）	0.030	0.030
43	H10MnSiMo	≤0.14	0.90 ~ 1.20	0.70 ~ 1.10	≤0.20	≤0.30	≤0.20	0.15 ~ 0.25	—	0.035	0.035
44	H10Mn2A	≤0.17	1.80 ~ 2.20	≤0.05	≤0.20	≤0.30	—	—	—	0.030	0.030
45	H11Mn2SiA	0.06 ~ 0.15	1.40 ~ 1.85	0.80 ~ 1.15	≤0.20	≤0.30	≤0.20	—	—	0.025	0.025

（续）

序号	牌号	化学成分(质量分数,%)								S	P
		C	Mn	Si	Cr	Ni	Cu	Mo	V、Ti、Zr、Al	≤	
合金钢											
46	H13CrMoA	0.11 ~ 0.16	0.40 ~ 0.70	0.15 ~ 0.35	0.80 ~ 1.10	≤0.30	≤0.20	0.40 ~ 0.60	—	0.030	0.030
47[①]	H15MnSiAl	0.07 ~ 0.19	0.90 ~ 1.40	0.30 ~ 0.60			≤0.20		Al:0.50 ~0.90	0.035	0.025
48	H18CrMoA	0.15 ~ 0.22	0.40 ~ 0.70	0.15 ~ 0.35	0.80 ~ 1.10	≤0.30	≤0.20	0.15 ~ 0.25	—	0.025	0.030
49	H30CrMnSiA	0.25 ~ 0.35	0.80 ~ 1.10	0.90 ~ 1.20	0.80 ~ 1.10	≤0.30	≤0.20	—	—	0.025	0.025

① 作为残余元素的 Ni、Cr、Mo、V 总的质量分数应不大于 0.50%。

2. 焊接用钢盘条钢号与焊丝型号对照（表 4-118）

表 4-118　焊接用钢盘条钢号与焊丝型号对照（GB/T 3429—2002）

GB/T 3429—2002 推荐钢号	GB/T 8110 中的焊丝型号	GB/T 3429—2002 推荐钢号	GB/T 8110 中的焊丝型号
H08Mn2SiA	ER 49-1	H05SiCr2MoA	ER 62-B3L
H05MnSiTiZrAlA	ER 50-2	H10MnSiNiA	ER 55-C1
H10MnSiA	ER 50-3	H10MnSiNi2A	ER 55-C2
H11MnSi	ER 50-4	H10MnSiNi3A	ER 55-C3
H15MnSiAl	ER 50-5	H10Mn2SiMoTiA	ER 55-D2-Ti
H11Mn2SiA	ER 50-6	H10Mn2SiMoA	ER 55-D2
H10SiCrMoA	ER 55-B2	H05Mn2Ni2MoA	ER 69-1
H05SiCrMoA	ER 55-B2L	H10Mn2NiMoCuA	ER 69-2
H08MnSiCrMoVA	ER 55-B2-MnV	H10Mn2SiNiMoA	ER 69-3
H08MnSiCrMoA	ER 55-B2-Mn	H08Mn2Ni2MoA	ER 76-1
H10SiCr2MoA	ER 62-B3	H08Mn2Ni3MoA	ER 83-1

4.4　钢筋

4.4.1　钢筋混凝土用热轧光圆钢筋

1. 钢筋混凝土用热轧光圆钢筋牌号构成及含义（表 4-119）

表 4-119　钢筋混凝土用热轧光圆钢筋牌号构成及含义（GB 1499.1—2008）

产品名称	牌号	牌号构成	英文字母含义
热轧光圆钢筋	HPB235	由 HPB + 屈服强度特征值构成	HPB—热轧光圆钢筋的英文(Hot rolled Plain Bars)缩写
	HPB300		

2. 钢筋混凝土用热轧光圆钢筋的化学成分（表 4-120）

表 4-120　钢筋混凝土用热轧光圆钢筋的化学成分（GB 1499.1—2008）

牌　号	化学成分（质量分数,%）≤				
	C	Si	Mn	P	S
HPB235	0.22	0.30	0.65	0.045	0.050
HPB300	0.25	0.55	1.50		

3. 钢筋混凝土用热轧光圆钢筋的力学性能及工艺性能（表 4-121）

表 4-121　钢筋混凝土用热轧光圆钢筋的力学性能及工艺性能（GB 1499.1—2008）

牌　号	R_{eL}/MPa	R_m/MPa	$A(\%)$	$A_{gt}(\%)$	冷弯试验180° d—弯心直径 a—钢筋公称直径
	≥				
HPB235	235	370	25.0	10.0	$d=a$
HPB300	300	420			

4. 钢筋混凝土用热轧光圆钢筋的直径、截面面积及理论重量（表 4-122）

表 4-122　钢筋混凝土用热轧光圆钢筋的直径、截面面积及理论重量（GB 1499.1—2008）

公称直径/mm	公称截面面积/mm²	理论重量/(kg/m)	公称直径/mm	公称截面面积/mm²	理论重量/(kg/m)
6(6.5)	28.27(33.18)	0.222(0.260)	16	201.1	1.58
8	50.27	0.395	18	254.5	2.00
10	78.54	0.617	20	314.2	2.47
12	113.1	0.888	22	380.1	2.98
14	153.9	1.21			

注：表中理论重量按密度为 7.85g/cm³ 计算。公称直径 6.5mm 的产品为过渡性产品。

4.4.2　钢筋混凝土用热轧带肋钢筋

1. 钢筋混凝土用热轧带肋钢筋牌号构成及含义（表 4-123）

表 4-123　钢筋混凝土用热轧带肋钢筋牌号构成及含义（GB 1499.2—2007）

类别	牌号	牌号构成	英文字母含义
普通热轧钢筋	HRB335 HRB400 HRB500	由 HRB + 屈服强度特征值构成	HRB—热轧带肋钢筋的英文（Hot rolled Ribbed Bars）缩写
细晶粒热轧钢筋	HRBF335 HRBF400 HRBF500	由 HRBF + 屈服强度特征值构成	HRBF—在热轧带肋钢筋的英文缩写后加"细"的英文（Fine）首位字母

2. 钢筋混凝土用热轧带肋钢筋的化学成分（表 4-124）

表 4-124　钢筋混凝土用热轧带肋钢筋的化学成分（GB 1499.2—2007）

牌　号	化学成分（质量分数,%）≤					
	C	Si	Mn	P	S	Ceq
HRB335 HRBF335						0.52
HRB400 HRBF400	0.25	0.80	1.60	0.045	0.045	0.54
HRB500 HRBF500						0.55

3. 钢筋混凝土用热轧带肋钢筋的力学性能（表4-125）

表 4-125　钢筋混凝土用热轧带肋钢筋的力学性能（GB 1499.2—2007）

牌　号	R_{eL}/MPa	R_m/MPa	$A(\%)$	$A_{gt}(\%)$
	$\geqslant$			
HRB335 HRBF335	335	455	17	
HRB400 HRBF400	400	540	16	7.5
HRB500 HRBF500	500	630	15	

4. 钢筋混凝土用热轧带肋钢筋的弯曲性能（表4-126）

表 4-126　钢筋混凝土用热轧带肋钢筋的弯曲性能（GB 1499.2—2007）

（单位：mm）

牌　号	公称直径 d	弯心直径
HRB335 HRBF335	6～25	$3d$
	28～40	$4d$
	>40～50	$5d$
HRB400 HRBF400	6～25	$4d$
	28～40	$5d$
	>40～50	$6d$
HRB500 HRBF500	6～25	$6d$
	28～40	$7d$
	>40～50	$8d$

5. 月牙肋钢筋（带纵肋）表面及截面形状（图4-1）

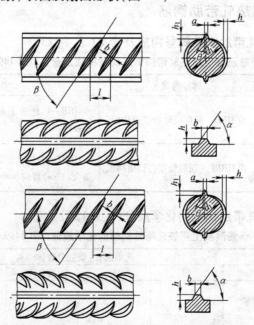

图 4-1　月牙肋钢筋（带纵肋）表面及截面形状

d_1—钢筋内径　α—横肋斜角　h—横肋高度　β—横肋与轴线夹角
h_1—纵肋高度　θ—纵肋斜角　a—纵肋顶宽　l—横肋间距　b—横肋顶宽

6. 月牙肋钢筋的规格尺寸

带纵肋的月牙肋钢筋的规格尺寸如表4-127所示。不带纵肋的月牙肋钢筋的规格尺寸按表4-127的规定调整。

表 4-127　带纵肋的月牙肋钢筋的规格尺寸（GB 1499.2—2007）　　（单位：mm）

公称直径 d	内径 d_1		横肋高 h		纵肋高 h_1（不大于）	横肋宽 b	纵肋宽 a	间距 l		横肋末端最大间隙（公称周长的10%弦长）
	公称尺寸	允许偏差	公称尺寸	允许偏差				公称尺寸	允许偏差	
6	5.8	±0.3	0.6	±0.3	0.8	0.4	1.0	4.0		1.8
8	7.7		0.8	+0.4 −0.3	1.1	0.5	1.5	5.5		2.5
10	9.6		1.0	±0.4	1.3	0.6	1.5	7.0	±0.5	3.1
12	11.5	±0.4	1.2		1.6	0.7	1.5	8.0		3.7
14	13.4		1.4	+0.4 −0.5	1.8	0.8	1.8	9.0		4.3
16	15.4		1.5		1.9	0.9	1.8	10.0		5.0
18	17.3		1.6	±0.5	2.0	1.0	2.0	10.0		5.6
20	19.3		1.7		2.1	1.2	2.0	10.0		6.2
22	21.3	±0.5	1.9	±0.6	2.4	1.3	2.5	10.5	±0.8	6.8
25	24.2		2.1		2.6	1.5	2.5	12.5		7.7
28	27.2		2.2		2.7	1.7	3.0	12.5		8.6
32	31.0	±0.6	2.4	+0.8 −0.7	3.0	1.9	3.0	14.0		9.9
36	35.0		2.6	+1.0 −0.8	3.2	2.1	3.5	15.0	±1.0	11.1
40	38.7	±0.7	2.9	±1.1	3.5	2.2	3.5	15.0		12.4
50	48.5	±0.8	3.2	±1.2	3.8	2.5	4.0	16.0		15.5

注：1. 纵肋斜角 θ 为 0°~30°。

　　2. 尺寸 a、b 为参考数据。

7. 钢筋混凝土用热轧带肋钢筋的直径、截面面积及理论重量（表4-128）

表 4-128　钢筋混凝土用热轧带肋钢筋的直径、截面面积及
理论重量（GB 1499.2—2007）

公称直径 /mm	公称截面面积 /mm²	理论重量 /(kg/m)	公称直径 /mm	公称截面面积 /mm²	理论重量 /(kg/m)
6	28.27	0.222	22	380.1	2.98
8	50.27	0.395	25	490.9	3.85
10	78.54	0.617	28	615.8	4.83
12	113.1	0.888	32	804.2	6.31
14	153.9	1.21	36	1018	7.99
16	201.1	1.58	40	1257	9.87
18	254.5	2.00	50	1964	15.42
20	314.2	2.47			

4.4.3　钢筋混凝土用余热处理钢筋

1. 钢筋混凝土用余热处理钢筋的定义

钢筋混凝土用余热处理钢筋是指热轧后利用热处理原理进行表面控制冷却(穿水),并利用心部余热自身完成回火处理所得的成品钢筋。其牌号有 RRB400、RRB500、RRB400W、RRB500W(牌号中 RRB 为余热处理钢筋的英文缩写,W 为焊接的英文缩写)。

2. 钢筋混凝土用余热处理钢筋的直径、截面面积及重量(表 4-129)

表 4-129　钢筋混凝土用余热处理钢筋的直径、截面面积及重量(GB 13014—2013)

公称直径 /mm	公称截面面积 /mm²	公称重量 /(kg/m)	公称直径 /mm	公称截面面积 /mm²	公称重量 /(kg/m)
8	50.27	0.395	22	380.1	2.98
10	78.54	0.617	25	490.9	3.85
12	113.1	0.888	28	615.8	4.83
14	153.9	1.21	32	804.2	6.31
16	201.1	1.58	36	1018	7.99
18	254.5	2.00	40	1257	9.87
20	314.2	2.47			

3. 钢筋混凝土用余热处理钢筋的重量允许偏差 (表 4-130)

表 4-130　钢筋混凝土用余热处理钢筋的重量允许偏差 (GB 13014—2013)

公称直径/mm	8～12	14～20	22～40
实际重量与公称重量的偏差 (%)	±7	±5	±4

4. 钢筋混凝土用余热处理钢筋的化学成分 (表 4-131)

表 4-131　钢筋混凝土用余热处理钢筋的化学成分 (GB 13014—2013)

牌号	化学成分 (质量分数,%) ≤				
	C	Si	Mn	P	S
RRB400、RRB500	0.03	1.00	1.60	0.045	0.045
RRB400W、RRB500W	0.25	0.80	1.60	0.045	0.045

注:RRB400W 和 RRB500W 中的碳当量分别为 0.54% 和 0.55%。

5. 钢筋混凝土用余热处理钢筋的力学性能 (表 4-132)

表 4-132　钢筋混凝土用余热处理钢筋的力学性能 (GB 13014—2013)

牌号	下屈服强度 R_{eL}/MPa ≥	抗拉强度 R_m/MPa ≥	断后伸长率 A (%) ≥	最大力总延伸率 A_{gt} (%) ≥
RRB400	400	540	14	5.0
RRB500	500	630	13	5.0
RRB400W	430	570	14	5.0
RRB500W	530	660	13	5.0

4.4.4　钢筋混凝土用加工成型钢筋

1. 钢筋混凝土用加工成型钢筋的截面面积及理论重量（表 4-133）

表 4-133　钢筋混凝土用加工成型钢筋的截面面积及理论重量（YB/T 4162—2007）

公称直径 /mm	公称截面面积 /mm²	理论重量 /(kg/m)	公称直径 /mm	公称截面面积 /mm²	理论重量 /(kg/m)
6(6.5)	28.27(33.18)	0.222(0.260)	22	380.1	2.98
8	50.27	0.395	25	490.9	3.85
10	78.54	0.617	28	615.8	4.83
12	113.1	0.888	32	804.2	6.31
14	153.9	1.21	36	1018	7.99
16	201.1	1.58	40	1257	9.87
18	254.5	2.00	50	1964	15.42
20	314.2	2.47			

注：公称直径 6.5mm 的光圆钢筋为过渡性产品。

2. 钢筋混凝土用加工成型钢筋实际重量与理论重量的偏差（表 4-134）

表 4-134　钢筋混凝土用加工成型钢筋实际重量与理论重量的偏差（YB/T 4162—2007）

牌　号	公称直径/mm	实际重量与理论重量的偏差（%）
HPB235、HPB300	6 ~ 12	±7
	14 ~ 22	±5
HRB335、HRB400、HRB500	6 ~ 12	±7
	14 ~ 20	±5
	22 ~ 50	±4
CRB550	4 ~ 12	±4

3. 钢筋混凝土用箍筋

1）钢筋混凝土用箍筋的形状如图 4-2 所示。

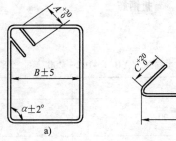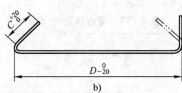

图 4-2　钢筋混凝土用箍筋

a）双支箍筋　b）单支箍筋

2）钢筋混凝土用箍筋尺寸允许偏差如表 4-135 所示。

表 4-135　钢筋混凝土用箍筋尺寸允许偏差（YB/T 4162—2007）

箍 筋 尺 寸	允许偏差/mm	箍 筋 尺 寸		允许偏差/mm
锚固直线段长度 A	+30 0	单支箍	锚固直线段长度 C	+20 0
箍筋内净尺寸 B	±5		纵向尺寸 D	0 −20
箍筋角度 α	±2°			

4. 受力钢筋

1）受力钢筋尺寸允许偏差如表 4-136 所示。

表 4-136　受力钢筋尺寸允许偏差（YB/T 4162—2007）

单件产品成型后长度 L/mm	允许偏差/mm	单件产品成型后长度 L/mm	允许偏差/mm
$L \leqslant 2000$	0 −10	$L > 4000$	±10
$2000 < L \leqslant 4000$	+5 −10	单件产品成型后组成长度 L	±10

2）受力钢筋沿长度方向尺寸偏差如图 4-3 所示。

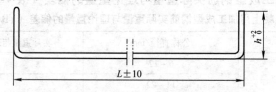

图 4-3　受力钢筋沿长度方向尺寸偏差

5. 弯折钢筋

1）弯折钢筋常见形式如图 4-4 所示。

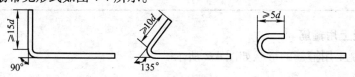

图 4-4　弯折钢筋

2）弯折钢筋尺寸偏差如表 4-137 所示。

表 4-137　弯折钢筋尺寸偏差（YB/T 4162—2007）

项　　目		允许偏差
弯折角度/（°）	90	+6 0
	其他角度 α	+8 0
弯钩平直段长度 L/mm		20 0

3）弯折钢筋角度偏差如图 4-5 所示。

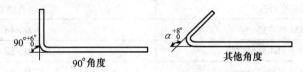

$90°{}^{+6°}_{0}$　　　　　$\alpha\,{}^{+8°}_{0}$

90°角度　　　　　　　其他角度

图 4-5　弯折钢筋角度偏差

4.4.5　混凝土结构用成型钢筋

1. 混凝土结构用成型钢筋冷拉率允许值（表 4-138）

表 4-138　混凝土结构用成型钢筋冷拉率允许值（JG/T 226—2008）

项　　目	允许冷拉率(%)
HPB235 级钢筋	≤4
HRB335、HRB400 和 RRB400 级钢筋	≤1

2. 混凝土结构用成型钢筋加工的允许偏差（表 4-139）

表 4-139　混凝土结构用成型钢筋加工的允许偏差（JG/T 226—2008）

强度级别	型号	标志直径 d/mm	公称截面面积/mm²	理论重量/(kg/m)
CTB550	I	6.5	29.50	0.232
		8	45.30	0.356
		10	68.30	0.536
		12	96.14	0.755
	II	6.5	29.20	0.229
		8	42.30	0.332
		10	66.10	0.519
		12	92.74	0.728
	III	6.5	29.86	0.234
		8	45.24	0.355
		10	70.69	0.555
CTB650	III	6.5	28.20	0.221
		8	42.73	0.335
		10	66.76	0.524

3. 混凝土结构用成型钢筋弯曲和弯折的弯曲内直径（表 4-140）

表 4-140　混凝土结构用成型钢筋弯曲和弯折的弯曲内直径（JG/T 226—2008）

成型钢筋用途	弯弧内直径 D/mm
HPB235 级箍筋、拉筋	$D=5d$，且不小于主筋直径
HPB235 级主筋	$D\geqslant2.5d$，且小于纵向受力成型钢筋直径

（续）

成型钢筋用途	弯弧内直径 D/mm
HRB335 级主筋	$D \geqslant 4d$
HRB400 级和 RRB400 级主筋	$D \geqslant 5d$
平法框架主筋直径 ≤25mm	$D = 8d$
平法框架主筋直径 >25mm	$D = 12d$
平法框架顶层边节点主筋直径 ≤25mm	$D = 12d$
平法框架顶层边节点主筋直径 >25mm	$D = 16d$
轻骨料混凝土结构构件 HPB235 级主筋	$D \geqslant 7d$

注：d 为钢筋原材公称直径。

4. 混凝土结构用成型钢筋形状及代码（表4-141）

表 4-141　混凝土结构用成型钢筋形状及代码（JG/T 226—2008）

形状代码	形状示意图	形状代码	形状示意图
0000		2020	
1000		2021	
1011		2030	
1022		2031	
1033		2040	
		2041	
2010		2050	
2011		2051	

（续）

形状代码	形状示意图	形状代码	形状示意图
2060		3071	
2061		4010	
3010		4011	
3011		4012	
3012		4013	
3013		4020	
3020		4021	
3021		4030	
3022		4031	
3070		5010	

（续）

形状代码	形状示意图	形状代码	形状示意图
5011		5072	
5012		5073	
5013		6010	
5020		6011	
5021		6012	
5022		6013	
5023		6020	
5024		6021	
5025		6022	
5026			
5070			
5071			

（续）

形状代码	形状示意图	形状代码	形状示意图
6023		7020	
7010		7021	
7011		8010	
		8020	
		8021	
7012		8030	
		8031	

注：1. 本表形状代码第一位数字 0~7 代表成型钢筋的弯折次数（不包含端头弯钩），8 代表圆弧状或螺旋状，9 代表所有非标准形状。

2. 本表形状代码第二位数字 0~2 代表成型钢筋端头弯钩特征：0—没有弯钩，1——端有弯钩；2—两端有弯钩。

3. 本表形状代码第三、四位数字 00~99 代表成型钢筋形状。

5. 标记

成型钢筋标记由形状代码、端头特性、钢筋牌号、公称直径、下料长度、总件数或根数组成，如下所示：

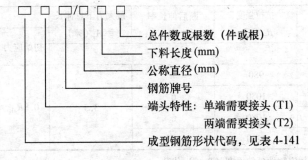

- 总件数或根数（件或根）
- 下料长度(mm)
- 公称直径(mm)
- 钢筋牌号
- 端头特性：单端需要接头 (T1)
  两端需要接头 (T2)
- 成型钢筋形状代码，见表 4-141

4.4.6 预应力混凝土用螺纹钢筋

1. 预应力混凝土用螺纹钢筋表面及截面形状（图 4-6）

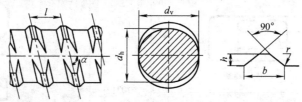

图 4-6　预应力混凝土用螺纹钢筋表面及截面形状

d_h、d_v—基圆直径　h—螺纹高　b—螺纹底宽　l—螺距　r—螺纹根弧　α—导角

2. 预应力混凝土用螺纹钢筋外形尺寸及允许偏差（表 4-142）

表 4-142　预应力混凝土用螺纹钢筋外形尺寸及允许偏差（GB/T 20065—2006）

公称直径/mm	基圆直径/mm				螺纹高/mm		螺纹底宽/mm		螺距/mm		螺纹根弧 r/mm	导角 α
	d_h		d_v		h		b		l			
	公称尺寸	允许偏差	公称尺寸	允许偏差	公称尺寸	允许偏差	公称尺寸	允许偏差	公称尺寸	允许偏差		
18	18.0	±0.4	18.0	+0.4 −0.8	1.2	±0.3	4.0	±0.5	9.0	±0.2	1.0	80°42′
25	25.0		25.0	+0.4 −0.8	1.6		6.0		12.0	±0.3	1.5	81°19′
32	32.0	±0.5	32.0	+0.4 −1.2	2.0	±0.4	7.0		16.0		2.0	80°40′
40	40.0	±0.6	40.0	+0.5 −1.2	2.5	±0.5	8.0		20.0	±0.4	2.5	80°29′
50	50.0		50.0	+0.5 −1.2	3.0	+0.5 −1.0	9.0		24.0		2.5	81°19′

注：螺纹底宽允许偏差属于轧辊设计参数。

3. 预应力混凝土用螺纹钢筋的力学性能（表 4-143）

表 4-143　预应力混凝土用螺纹钢筋的力学性能（GB/T 20065—2006）

级别	下屈服强度 R_{eL}/MPa	抗拉强度 R_m/MPa	断后伸长率 A(%)	最大力下总伸长率 A_{gt}(%)	应力松弛性能	
					初始应力	1000h 后应力松弛率(%)
	≥					
PSB785	785	980	7	3.5	0.8R_{eL}	≤3
PSB830	830	1030	6			
PSB930	930	1080	6			
PSB1080	1080	1230	6			

注：无明显屈服时，用规定塑性延伸强度（$R_{p0.2}$）代替。

4. 预应力混凝土用螺纹钢筋的截面面积及理论重量（表 4-144）

表 4-144 预应力混凝土用螺纹钢筋的截面面积及理论重量（GB/T 20065—2006）

公称直径/mm	公称截面面积/mm²	有效截面系数	理论截面面积/mm²	理论重量/(kg/m)
18	254.5	0.95	267.9	2.11
25	490.9	0.94	522.2	4.10
32	804.2	0.95	846.5	6.65
40	1256.6	0.95	1322.7	10.34
50	1963.5	0.95	2066.8	16.28

4.4.7 冷轧扭钢筋

1. 冷轧扭钢筋的类形（图 4-7）

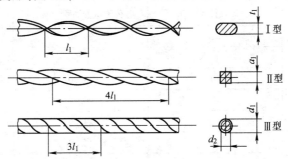

图 4-7 冷轧扭钢筋

2. 标记

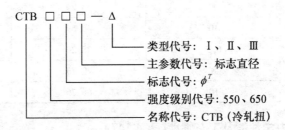

示例：冷轧扭钢筋 550 级 II 型，标志直径 10mm，标记为：CTB550ϕ^T10—II。

3. 冷轧扭钢筋截面控制尺寸及节距（表 4-145）

表 4-145 冷轧扭钢筋截面控制尺寸及节距（JG 190—2006）

强度级别	型号	标志直径 d/mm	截面控制尺寸/mm≥				节距 l_1/mm ≤
			轧扁厚度 δ_1	正方形边长 a_1	外圆直径 d_1	内圆直径 d_2	
CTB550	I	6.5	3.7	—	—	—	75
		8	4.2	—	—	—	95
		10	5.3	—	—	—	110
		12	6.2	—	—	—	150
	II	6.5	—	5.40	—	—	30
		8	—	6.50	—	—	40
		10	—	8.10	—	—	50
		12	—	9.60	—	—	80

（续）

强度级别	型号	标志直径 d/mm	截面控制尺寸/mm≥				节距 l_1/mm
			轧扁厚度 δ_1	正方形边长 a_1	外圆直径 d_1	内圆直径 d_2	≤
CTB550	Ⅲ	6.5	—	—	6.17	5.67	40
		8	—	—	7.59	7.09	60
		10	—	—	9.49	8.89	70
CTB650	Ⅲ	6.5	—	—	6.00	5.50	30
		8	—	—	7.38	6.88	50
		10	—	—	9.22	8.67	70

4. 冷轧扭钢筋公称截面面积及理论重量（表 4-146）

表 4-146　冷轧扭钢筋公称截面面积及理论重量（JG 190—2006）

强度级别	型号	标志直径 d/mm	公称截面面积/mm²	理论重量/(kg/m)
CTB550	Ⅰ	6.5	29.50	0.232
		8	45.30	0.356
		10	68.30	0.536
		12	96.14	0.755
	Ⅱ	6.5	29.20	0.229
		8	42.30	0.332
		10	66.10	0.519
		12	92.74	0.728
	Ⅲ	6.5	29.86	0.234
		8	45.24	0.355
		10	70.69	0.555
CTB650	Ⅲ	6.5	28.20	0.221
		8	42.73	0.335
		10	66.76	0.524

5. 冷轧扭钢筋的力学性能及工艺性能（表 4-147）

表 4-147　冷轧扭钢筋的力学性能及工艺性能（JG 190—2006）

强度级别	型号	抗拉强度 R_m/MPa	断后伸长率 A(%)	180°弯曲试验（弯心直径 = 3d）	应力松弛率(%)	
					10h	1000h
CTB550	Ⅰ	≥550	$A_{11.3}$≥4.5	受弯曲部位钢筋表面不得产生裂纹	—	—
	Ⅱ	≥550	≥10		—	—
	Ⅲ	≥550	≥12		—	—
CTB650	Ⅲ	≥650	A_{100mm}≥4		≤5	≤8

注：1. d 为冷轧扭钢筋标志直径。

2. A、$A_{11.3}$ 分别表示以标距 5.65$\sqrt{S_0}$ 或 11.3$\sqrt{S_0}$（S_0 为试样原始截面面积）的试样断后伸长率，A_{100mm} 表示标距为 100mm 的试样断后伸长率。

4.4.8　冷轧带肋钢筋

1. 冷轧带肋钢筋的外形

1）三面肋钢筋的外形如图 4-8 所示。

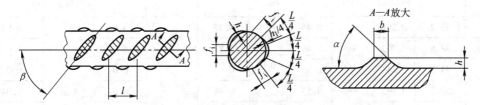

图 4-8　三面肋钢筋

α—横肋斜角　β—横肋与钢筋轴线夹角　h—横肋中点高度　l—横肋间距
b—横肋顶宽　f_i—横肋间隙　L—横肋弧长

2）二面肋钢筋的外形如图 4-9 所示。

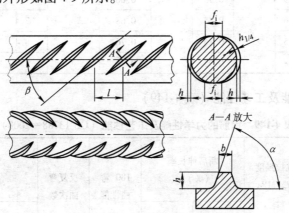

图 4-9　二面肋钢筋

α—横肋斜角　β—横肋与钢筋轴线夹角　h—横肋中点高度
l—横肋间距　b—横肋顶宽　f_i—横肋间隙

2. 钢筋的尺寸、重量及允许偏差（表 4-148）

表 4-148　钢筋的尺寸、重量及允许偏差（GB 13788—2008）

公称直径 d/mm	公称截面面积 /mm²	重量		横肋中点高		横肋 1/4 处高 $h_{1/4}$/mm	横肋顶宽 b/mm	横肋间距		相对肋面积 $f_R \geqslant$
		理论重量/（kg/m）	允许偏差（%）	h/mm	允许偏差/mm			l/mm	允许偏差（%）	
4	12.6	0.099		0.30		0.24		4.0		0.036
4.5	15.9	0.125		0.32		0.26		4.0		0.039
5	19.6	0.154	±4	0.38	+0.10 −0.05	0.26	0.2d	4.0	±15	0.039
5.5	23.7	0.186		0.40		0.32		5.0		0.039
6	28.3	0.222		0.40		0.32		5.0		0.039

（续）

公称直径 d/mm	公称截面面积 /mm²	重量		横肋中点高		横肋 1/4 处高 h₁/₄/mm	横肋顶宽 b/mm	横肋间距		相对肋面积 f_R ≥
		理论重量/ (kg/m)	允许偏差 (%)	h/mm	允许偏差 /mm			l/ mm	允许偏差 (%)	
6.5	33.2	0.261		0.46		0.37		5.0		0.045
7	38.5	0.302		0.46	+0.10 −0.05	0.37		5.0		0.045
7.5	44.2	0.347		0.55		0.44		6.0		0.045
8	50.3	0.395		0.55		0.44		6.0		0.045
8.5	56.7	0.445		0.55		0.44		7.0		0.045
9	63.8	0.490	±4	0.75		0.60	0.2d	7.0	±15	0.052
9.5	70.8	0.556		0.75		0.60		7.0		0.052
10	78.5	0.617		0.75		0.60		7.0		0.052
10.5	86.5	0.679		0.75	±0.10	0.60		7.4		0.052
11	95.0	0.746		0.85		0.68		7.4		0.056
11.5	103.8	0.815		0.85		0.76		8.4		0.056
12	113.7	0.888		0.95		0.76		8.4		0.056

3. 钢筋的力学性能及工艺性能（表 4-149）

表 4-149 钢筋的力学性能及工艺性能（GB 13788—2008）

牌号	规定塑性延伸强度 $R_{p0.2}$/MPa ≥	抗拉强度 R_m/MPa ≥	断后伸长率 (%) ≥		180°弯曲性能	反复弯曲次数	应力松弛初始应力相当于公称抗拉强度的 70%
			$A_{11.3}$	A_{100mm}			1000h 松弛率(%) ≥
CRB550	500	550	8.0	—	D = 3d	—	—
CRB650	585	650	—	4.0		3	8
CRB800	800	800	—	4.0		3	8
CRB970	970	970	—	4.0		3	8

注：表中 D 为弯心直径，d 为钢筋公称直径。

4.4.9 高延性冷轧带肋钢筋

1. 高延性冷轧带肋钢筋外形

1）二面肋钢筋的外形如图 4-9 所示。

2）四面肋钢筋的外形如图 4-10 所示。

2. 高延性冷轧带肋钢筋的尺寸、重量及允许偏差

1）二面肋钢筋的尺寸、重量及允许偏差如表 4-150 所示。

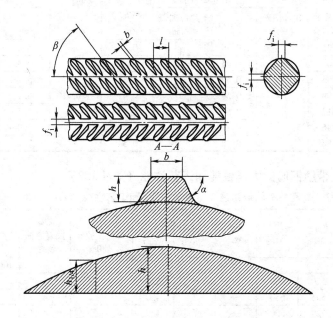

图 4-10　四面肋钢筋的外形

注：A—A 截面指垂直于横肋的截面。

表 4-150　二面肋钢筋的尺寸、重量及允许偏差（YB/T 4260—2011）

公称直径 d /mm	公称截面面积 /mm²	重 量		横肋中点高		横肋 1/4 处高 $h_{1/4}$ /mm	横肋顶宽 b /mm	横肋间距		相对肋面积 f_R
		理论重量 /（kg/m）	允许偏差 （%）	h/mm	允许偏差 /mm			l /mm	允许偏差 （%）	
5	19.6	0.154		0.32		0.26		4.0		0.039
5.5	23.7	0.186		0.40		0.32		5.0		0.039
6	28.3	0.222		0.40	+0.10 −0.05	0.32		5.0		0.039
6.5	33.2	0.261		0.46		0.37		5.0		0.045
7	38.5	0.302	±4	0.46		0.37	≈0.2d	5.0	±15	0.045
8	50.3	0.395		0.55		0.44		6.0		0.045
9	63.6	0.499		0.75		0.60		7.0		0.052
10	78.5	0.617		0.75	±0.10	0.60		7.0		0.052
11	95.0	0.746		0.85		0.68		7.4		0.056
12	113.1	0.888		0.95		0.76		8.4		0.056

注：1. 横肋 1/4 处高、横肋顶宽供孔型设计用。

　　2. 二面肋钢筋允许有高度不大于 0.5h 的纵肋。

　　3. 用于焊接网的钢筋，可以取消纵肋。

2）四面肋钢筋的尺寸、重量及允许偏差如表 4-151 所示。

表4-151　四面肋钢筋的尺寸、重量及允许偏差（YB/T 4260—2011）

公称直径 d /mm	公称截面面积 /mm²	重　量		横肋中点高		横肋1/4处高 $h_{1/4}$ /mm	横肋顶宽 b /mm	横肋间距		相对肋面积 f_R
		理论重量 /（kg/m）	允许偏差（%）	h /mm	允许偏差 /mm			l /mm	允许偏差（%）	
6.0	28.3	0.222		0.39	+0.10 −0.05	0.28		5.0		0.039
7.0	38.5	0.302		0.45		0.32		5.3		0.045
8.0	50.3	0.395	±4	0.52		0.36		5.7		0.045
9.0	63.6	0.499		0.59		0.41	≈0.2d	6.1	±15	0.052
10.0	78.5	0.617		0.65	+0.10	0.45		6.5		0.052
11.0	95.0	0.746		0.72		0.50		6.8		0.056
12.0	113	0.888		0.78		0.54		7.2		0.056

3. 高延性冷轧带肋钢筋的力学性能和工艺性能（表4-152）

表4-152　高延性冷轧带肋钢筋的力学性能[1]和工艺性能（YB/T 4260—2011）

牌　号	公称直径 /mm	$R_{p0.2}$ /MPa	R_m /MPa	A[2] （%）	A_{100mm} （%）	A_{gt} （%）	弯曲试验[3] 180°	反复弯曲次数	应力松弛 初始应力相当于公称抗拉强度的70%
				≥					1000h 松弛率（%）　≤
CRB600H	5~12	520	600	14	—	5.0	$D=3d$	—	—
CRB650H	5, 6	585	650	—	7	4.0	—	4	5
CRB800H	5	720	800	—	7	4.0	—	4	5

① 力学性能为时效后检验结果。

② 经供需双方协商，也可测量 $A_{11.3}$，其数值应不小于10%。

③ D 为弯心直径，d 为钢筋公称直径。反复弯曲试验的弯曲半径为15mm。

4.5　钢棒和钢丝

4.5.1　热轧钢棒

1. 热轧钢棒的截面形状

1）热轧圆钢和方钢的截面形状如图4-11所示。

2）热轧扁钢的截面形状如图4-12所示。

3）热轧六角钢和八角钢的截面形状如图4-13所示。

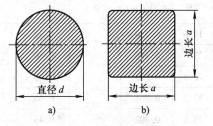

图4-11　热轧（锻制）圆钢和方钢

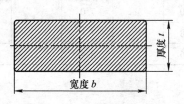

图4-12　热轧（锻制）扁钢

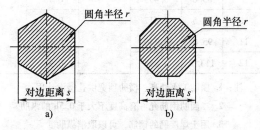

图4-13　热轧六角钢和八角钢

2. 热轧圆钢和方钢的截面尺寸及理论重量（表4-153）

表4-153　热轧圆钢和方钢的截面尺寸及理论重量（GB/T 702—2008）

圆钢公称直径 d 或方钢公称边长 a/mm	理论重量/(kg/m)		圆钢公称直径 d 或方钢公称边长 a/mm	理论重量/(kg/m)	
	圆钢	方钢		圆钢	方钢
5.5	0.186	0.237	56	19.3	24.6
6	0.222	0.283	58	20.7	26.4
6.5	0.260	0.332	60	22.2	28.3
7	0.302	0.385	63	24.5	31.2
8	0.395	0.502	65	26.0	33.2
9	0.499	0.636	68	28.5	36.3
10	0.617	0.785	70	30.2	38.5
11	0.746	0.950	75	34.7	44.2
12	0.888	1.13	80	39.5	50.2
13	1.04	1.33	85	44.5	56.7
14	1.21	1.54	90	49.9	63.6
15	1.39	1.77	95	55.6	70.8
16	1.58	2.01	100	61.7	78.5
17	1.78	2.27	105	68.0	86.5
18	2.00	2.54	110	74.6	95.0
19	2.23	2.83	115	81.5	104
20	2.47	3.14	120	88.8	113
21	2.72	3.46	125	96.3	123
22	2.98	3.80	130	104	133
23	3.26	4.15	135	112	143
24	3.55	4.52	140	121	154
25	3.85	4.91	145	130	165
26	4.17	5.31	150	139	177
27	4.49	5.72	155	148	189
28	4.83	6.15	160	158	201
29	5.18	6.60	165	168	214
30	5.55	7.06	170	178	227
31	5.92	7.54	180	200	254
32	6.31	8.04	190	223	283
33	6.71	8.55	200	247	314
34	7.13	9.07	210	272	
35	7.55	9.62	220	298	
36	7.99	10.2	230	326	
38	8.90	11.3	240	355	
40	9.86	12.6	250	385	
42	10.9	13.8	260	417	
45	12.5	15.9	270	449	
48	14.2	18.1	280	483	
50	15.4	19.6	290	518	
53	17.3	22.0	300	555	
55	18.6	23.7	310	592	

注：表中钢的理论重量是按密度为 7.85g/cm³ 计算。

3. 热轧扁钢的截面尺寸及理论重量（表 4-154）

表 4-154　热轧扁钢的截面尺寸及理论重量（GB/T 702—2008）

理论重量/(kg/m)

宽度 b/mm	厚度 t/mm																								
	3	4	5	6	7	8	9	10	11	12	14	16	18	20	22	25	28	30	32	36	40	45	50	56	60
10	0.24	0.31	0.39	0.47	0.55	0.63																			
12	0.28	0.38	0.47	0.57	0.66	0.75																			
14	0.33	0.44	0.55	0.66	0.77	0.88																			
16	0.38	0.50	0.63	0.75	0.88	1.00	1.15	1.26																	
18	0.42	0.57	0.71	0.85	0.99	1.13	1.27	1.41																	
20	0.47	0.63	0.78	0.94	1.10	1.26	1.41	1.57	1.73	1.88															
22	0.52	0.69	0.86	1.04	1.21	1.38	1.55	1.73	1.90	2.07															
25	0.59	0.78	0.98	1.18	1.37	1.57	1.77	1.96	2.16	2.36	2.75	3.14													
28	0.66	0.88	1.10	1.32	1.54	1.76	1.98	2.20	2.42	2.64	3.08	3.53													
30	0.71	0.94	1.18	1.41	1.65	1.88	2.12	2.36	2.59	2.83	3.30	3.77	4.24	4.71											
32	0.75	1.00	1.26	1.51	1.76	2.01	2.26	2.55	2.76	3.01	3.52	4.02	4.52	5.02											
35	0.82	1.10	1.37	1.65	1.92	2.20	2.47	2.75	3.02	3.30	3.85	4.40	4.95	5.50	6.04	6.87	7.69								
40	0.94	1.26	1.57	1.88	2.20	2.51	2.83	3.14	3.45	3.77	4.40	5.02	5.65	6.28	6.91	7.85	8.79								
45	1.06	1.41	1.77	2.12	2.47	2.83	3.18	3.53	3.89	4.24	4.95	5.65	6.36	7.07	7.77	8.83	9.89	10.60	11.30	12.72					
50	1.18	1.57	1.96	2.36	2.75	3.14	3.53	3.93	4.32	4.71	5.50	6.28	7.06	7.85	8.64	9.81	10.99	11.78	12.56	14.13					
55		1.73	2.16	2.59	3.02	3.45	3.89	4.32	4.75	5.18	6.04	6.91	7.77	8.64	9.50	10.79	12.09	12.95	13.82	15.54					
60		1.88	2.36	2.83	3.30	3.77	4.24	4.71	5.18	5.65	6.59	7.54	8.48	9.42	10.36	11.78	13.19	14.13	15.07	16.96	18.84	21.20			
65		2.04	2.55	3.06	3.57	4.08	4.59	5.10	5.61	6.12	7.14	8.16	9.18	10.20	11.23	12.76	14.29	15.31	16.33	18.37	20.41	22.96			

（续）

厚度 t/mm

理论重量/(kg/m)

宽度 b/mm	3	4	5	6	7	8	9	10	11	12	14	16	18	20	22	25	28	30	32	36	40	45	50	56	60
70		2.20	2.75	3.30	3.85	4.40	4.95	5.50	6.04	6.59	7.69	8.79	9.89	10.99	12.09	13.74	15.39	16.49	17.58	19.78	21.98	24.73			
75		2.36	2.94	3.53	4.12	4.71	5.30	5.89	6.48	7.07	8.24	9.42	10.60	11.78	12.95	14.72	16.48	17.66	18.84	21.20	23.55	26.49			
80		2.51	3.14	3.77	4.40	5.02	5.65	6.28	6.91	7.54	8.79	10.05	11.30	12.56	13.82	15.70	17.58	18.84	20.10	22.61	25.12	28.26	31.40	35.17	
85			3.34	4.00	4.67	5.34	6.01	6.67	7.34	8.01	9.34	10.68	12.01	13.34	14.68	16.68	18.68	20.02	21.35	24.02	26.69	30.03	33.36	37.37	40.04
90			3.53	4.24	4.95	5.65	6.36	7.07	7.77	8.48	9.89	11.30	12.72	14.13	15.54	17.66	19.78	21.20	22.61	25.43	28.26	31.79	35.32	39.56	42.39
95			3.73	4.47	5.22	5.97	6.71	7.46	8.20	8.95	10.44	11.93	13.42	14.92	16.41	18.64	20.88	22.37	23.86	26.85	29.83	33.56	37.29	41.76	44.74
100			3.92	4.71	5.50	6.28	7.06	7.85	8.64	9.42	10.99	12.56	14.13	15.70	17.27	19.62	21.98	23.55	25.12	28.26	31.40	35.32	39.25	43.96	47.10
105			4.12	4.95	5.77	6.59	7.42	8.24	9.07	9.89	11.54	13.19	14.84	16.48	18.13	20.61	23.08	24.73	26.38	29.67	32.97	37.09	41.21	46.16	49.46
110			4.32	5.18	6.04	6.91	7.77	8.64	9.50	10.36	12.09	13.82	15.54	17.27	19.00	21.59	24.18	25.90	27.63	31.09	34.54	38.86	43.18	48.36	51.81
120			4.71	5.65	6.59	7.54	8.48	9.42	10.36	11.30	13.19	15.07	16.96	18.84	20.72	23.55	26.38	28.26	30.14	33.91	37.68	42.39	47.10	52.75	56.52
125				5.89	6.87	7.85	8.83	9.81	10.79	11.78	13.74	15.70	17.66	19.62	21.58	24.53	27.48	29.44	31.40	35.32	39.25	44.16	49.06	54.95	58.88
130				6.12	7.14	8.16	9.18	10.20	11.23	12.25	14.29	16.33	18.37	20.41	22.45	25.51	28.57	30.62	32.66	36.74	40.82	45.92	51.02	57.15	61.23
140					7.69	8.79	9.89	10.99	12.09	13.19	15.39	17.58	19.78	21.98	24.18	27.48	30.77	32.97	35.17	39.56	43.96	49.46	54.95	61.54	65.94
150					8.24	9.42	10.60	11.78	12.95	14.13	16.48	18.84	21.20	23.55	25.90	29.44	32.97	35.32	37.68	42.39	47.10	52.99	58.88	65.94	70.65
160					8.79	10.05	11.30	12.56	13.82	15.07	17.58	20.10	22.61	25.12	27.63	31.40	35.17	37.68	40.19	45.22	50.24	56.52	62.80	70.34	75.36
180					9.89	11.30	12.72	14.13	15.54	16.96	19.78	22.61	25.43	28.26	31.09	35.32	39.56	42.39	45.22	50.87	56.52	63.58	70.65	79.13	84.78
200					10.99	12.56	14.13	15.70	17.27	18.84	21.98	25.12	28.26	31.40	34.54	39.25	43.96	47.10	50.24	56.52	62.80	70.65	78.50	87.92	94.20

注：表中的理论重量按密度 7.85g/cm³ 计算。

4. 热轧六角钢及热轧八角钢的截面尺寸及理论重量（表 4-155）

表 4-155　热轧六角钢及热轧八角钢的截面尺寸及理论重量（GB/T 702—2008）

对边距离 s /mm	截面面积 A/cm^2		理论重量/（kg/m）	
	六角钢	八角钢	六角钢	八角钢
8	0.5543	—	0.435	—
9	0.7015	—	0.551	—
10	0.866	—	0.680	—
11	1.048	—	0.823	—
12	1.247	—	0.979	—
13	1.464	—	1.05	—
14	1.697	—	1.33	—
15	1.949	—	1.53	—
16	2.217	2.120	1.74	1.66
17	2.503	—	1.96	—
18	2.806	2.683	2.20	2.16
19	3.126	—	2.45	—
20	3.464	3.312	2.72	2.60
21	3.819	—	3.00	—
22	4.192	4.008	3.29	3.15
23	4.581	—	3.60	—
24	4.988	—	3.92	—
25	5.413	5.175	4.25	4.06
26	5.854	—	4.60	—
27	6.314	—	4.96	—
28	6.790	6.492	5.33	5.10
30	7.794	7.452	6.12	5.85
32	8.868	8.479	6.96	6.66
34	10.011	9.572	7.86	7.51
36	11.223	10.731	8.81	8.42
38	12.505	11.956	9.82	9.39
40	13.86	13.250	10.88	10.40
42	15.28	—	11.99	—
45	17.54	—	13.77	—
48	19.95	—	15.66	—
50	21.65	—	17.00	—
53	24.33	—	19.10	—
56	27.16	—	21.32	—
58	29.13	—	22.87	—
60	31.18	—	24.50	—
63	34.37	—	26.98	—
65	36.59	—	28.72	—
68	40.04	—	31.43	—
70	42.43	—	33.30	—

注：表中的理论重量按密度 7.85g/cm³ 计算。

5. 热轧工具钢扁钢的截面尺寸及理论重量（表4-156）

表 4-156　热轧工具钢钢的截面尺寸及理论重量（GB/T 702—2008）

理论重量/(kg/m)

宽度 b /mm	厚度 t/mm 4	6	8	10	12	16	18	20	22	25	28	32	36	40	45	50	56	63	71	80	90	100
10	0.31	0.47	0.63																			
12	0.38	0.57	0.75	0.94																		
16	0.50	0.75	1.00	1.26	1.51																	
20	0.63	0.94	1.26	1.57	1.88	2.51	2.83															
25	0.78	1.18	1.57	1.96	2.36	3.14	3.53	3.93	4.32													
32	1.00	1.51	2.01	2.51	3.01	4.02	4.52	5.02	5.53	6.28												
40	1.26	1.88	2.51	3.14	3.77	5.02	5.65	6.28	6.91	7.85	8.79	10.05	11.30									
50	1.57	2.36	3.14	3.93	4.71	6.28	7.07	7.85	8.64	9.81	10.99	12.56	14.13	15.70	17.66							
63	1.98	2.97	3.96	4.95	5.93	7.91	8.90	9.89	10.88	12.36	13.85	15.83	17.80	19.78	22.25	24.73	27.69					
71	2.23	3.34	4.46	5.57	6.69	8.92	10.03	11.15	12.26	13.93	15.61	17.84	20.06	22.29	25.08	27.87	31.21	35.11				
80	2.51	3.77	5.02	6.28	7.54	10.05	11.30	12.56	13.82	15.70	17.58	20.10	22.61	25.12	28.26	31.40	35.17	39.56	44.59			
90	2.83	4.24	5.65	7.07	8.48	11.30	12.72	14.13	15.54	17.66	19.78	22.61	25.43	28.26	31.79	35.33	39.56	44.51	50.16	56.52		
100	3.14	4.71	6.28	7.85	9.42	12.56	14.13	15.70	17.27	19.62	21.98	25.12	28.26	31.40	35.32	39.25	43.96	49.46	55.74	62.80	70.65	
112	3.52	5.28	7.03	8.79	10.55	14.07	15.83	17.58	19.34	21.98	24.62	28.13	31.65	35.17	39.56	43.96	49.24	55.39	62.42	70.34	79.13	87.92
125	3.93	5.89	7.85	9.81	11.78	15.70	17.66	19.63	21.59	24.53	27.48	31.40	35.32	39.25	44.16	49.06	54.95	61.82	69.67	78.50	88.31	98.13
140	4.40	6.59	8.79	10.99	13.19	17.58	19.78	21.98	24.18	27.48	30.77	35.17	39.56	43.96	49.46	54.95	61.54	69.24	78.03	87.92	98.81	109.90
160	5.02	7.54	10.05	12.56	15.07	20.10	22.61	25.12	27.63	31.40	35.17	40.19	45.22	50.24	56.52	62.80	70.34	79.13	89.18	100.48	113.04	125.60
180	5.65	8.48	11.30	14.13	16.96	22.61	25.43	28.26	31.09	35.33	39.56	45.22	50.87	56.52	63.59	70.65	79.13	89.02	100.32	113.04	127.17	141.30
200	6.28	9.42	12.56	15.70	18.84	25.12	28.26	31.40	34.54	39.25	43.96	50.24	56.52	62.80	70.65	78.50	87.92	98.91	111.47	125.60	141.30	157.00
224	7.03	10.55	14.07	17.58	21.10	28.13	31.65	35.17	38.68	43.96	49.24	56.27	63.30	70.34	79.12	87.92	98.47	110.78	124.85	140.67	158.26	175.84
250	7.85	11.78	15.70	19.63	23.55	31.40	35.33	39.25	43.18	49.06	54.95	62.80	70.65	78.50	88.31	98.13	109.90	123.64	139.34	157.00	176.63	196.25
280	8.79	13.19	17.58	21.98	26.38	35.17	39.56	43.96	48.36	54.95	61.54	70.34	79.13	87.92	98.91	109.90	123.09	138.47	156.06	175.84	197.82	219.80
310	9.73	14.60	19.47	24.34	29.20	38.94	43.80	48.67	53.54	60.84	68.14	77.87	87.61	97.34	109.51	121.68	136.28	153.31	172.78	194.68	219.02	243.35

注：表中的理论重量按密度 7.85g/cm³ 计算，对于高合金钢计算理论重量时，应采用相应牌号的密度进行计算。

4.5.2　锻制钢棒

1. 锻制钢棒的截面形状

圆形和方形锻制钢棒的截面形状如图 4-11 所示。扁形锻制钢棒的截面形状如图 4-12 所示。

2. 圆形及方形锻制钢棒的截面尺寸及理论重量（表 4-157）

表 4-157　圆形及方形锻制钢棒的截面尺寸及理论重量（GB/T 908—2008）

圆钢公称直径 d 或方钢公称边长 a/mm	理论重量/(kg/m)		圆钢公称直径 d 或方钢公称边长 a/mm	理论重量/(kg/m)	
	圆钢	方钢		圆钢	方钢
50	15.4	19.6	180	200	254
55	18.6	23.7	190	223	283
60	22.2	28.3	200	247	314
65	26.0	33.2	210	272	346
70	30.2	38.5	220	298	380
75	34.7	44.2	230	326	415
80	39.5	50.2	240	355	452
85	44.5	56.7	250	385	491
90	49.9	63.6	260	417	531
95	55.6	70.8	270	449	572
100	61.7	78.5	280	483	615
105	68.0	86.5	290	518	660
110	74.6	95.0	300	555	707
115	81.5	104	310	592	754
120	88.8	113	320	631	804
125	96.3	123	330	671	855
130	104	133	340	712	908
135	112	143	350	755	962
140	121	154	360	799	1017
145	130	165	370	844	1075
150	139	177	380	890	1134
160	158	201	390	937	1194
170	178	227	400	986	1256

3. 扁形锻制钢棒的截面尺寸及理论重量（表4-158）

表4-158　扁形锻制钢棒的截面尺寸及理论重量（GB/T 908—2008）

厚度 t/mm；理论重量/(kg/m)

宽度 b/mm	20	25	30	35	40	45	50	55	60	65	70	75	80	85	90	100	110	120	130	140	150	160
40	6.28	7.85	9.42																			
45	7.06	8.83	10.6																			
50	7.85	9.81	11.8	13.7	15.7																	
55	8.64	10.8	13.0	15.1	17.3																	
60	9.42	11.8	14.1	16.5	18.8	21.2	23.6															
65	10.2	12.8	15.3	17.9	20.4	23.0	25.5															
70	11.0	13.7	16.5	19.2	22.0	24.7	27.5	30.2	33.0													
75	11.8	14.7	17.7	20.6	23.6	26.5	29.4	32.4	35.3													
80	12.6	15.7	18.8	22.0	25.1	28.3	31.4	34.5	37.7	40.8	44.0											
90	14.1	17.7	21.2	24.7	28.3	31.8	35.3	38.9	42.4	45.9	49.4											
100	15.7	19.6	23.6	27.5	31.4	35.3	39.2	43.2	47.1	51.0	55.0	58.9	62.8	66.7								
110	17.3	21.6	25.9	30.2	34.5	38.8	43.2	47.5	51.8	56.1	60.4	64.8	69.1	73.4								
120	18.8	23.6	28.3	33.0	37.7	42.4	47.1	51.8	56.5	61.2	65.9	70.6	75.4	80.1								
130	20.4	25.5	30.6	35.7	40.8	45.9	51.0	56.1	61.2	66.3	71.4	76.5	81.6	86.7								
140	22.0	27.5	33.0	38.5	44.0	49.4	55.0	60.4	65.9	71.4	76.9	82.4	87.9	93.4	98.9	110						
150	23.6	29.4	35.3	41.2	47.1	53.0	58.9	64.8	70.7	76.5	82.4	88.3	94.2	100	106	118						
160	25.1	31.4	37.7	44.0	50.2	56.5	62.8	69.1	75.4	81.6	87.9	94.2	100	107	113	126	138	151				
170	26.7	33.4	40.0	46.7	53.4	60.0	66.7	73.4	80.1	86.7	93.4	100	107	113	120	133	147	160				
180	28.3	35.3	42.4	49.4	56.5	63.6	70.6	77.7	84.8	91.8	98.9	106	113	120	127	141	155	170	184	198		
190						67.1	74.6	82.0	89.5	96.9	104	112	119	127	134	149	164	179	194	209		
200							78.5	86.4	94.2	102	110	118	126	133	141	157	173	188	204	220		
210							82.4	90.7	98.9	107	115	124	132	140	148	165	181	198	214	231	247	264
220							86.4	95.0	103.6	112	121	130	138	147	155	173	190	207	224	242	259	276
230												135	144	153	162	181	199	217	235	253	271	289
240												141	151	160	170	188	207	226	245	264	283	301
250												147	157	167	177	196	216	235	255	275	294	314
260												153	163	173	184	204	224	245	265	286	306	326
280												165	176	187	198	220	242	264	286	308	330	352
300												177	188	200	212	236	259	283	306	330	353	377

4.5.3　预应力混凝土用钢棒

1. 预应力混凝土用钢棒的分类（表4-159）

表4-159　预应力混凝土用钢棒的分类（GB/T 5223.3—2005）

分类方法	分类名称	代号	分类方法	分类名称	代号
按钢棒表面形状分	1）光圆钢棒	P	按钢棒表面形状分	4）带肋钢棒	R
	2）螺旋槽钢棒	HG	按松弛性能分	1）普通松弛	N
	3）螺旋肋钢棒	HR		2）低松弛	L

注：1. 光圆钢棒是指横截面为圆形的钢棒。
　　2. 螺旋槽钢棒是指沿着表面纵向具有规则间隔的连续螺旋凹槽的钢棒。
　　3. 螺旋肋钢棒是指沿着表面纵向具有规则间隔的连续螺旋凸肋的钢棒。
　　4. 带肋钢棒是指沿着表面纵向具有规则间隔的横肋的钢棒。

2. 预应力混凝土用钢棒的尺寸规格和力学性能（表4-160）

表4-160　预应力混凝土用钢棒的尺寸规格和力学性能（GB/T 5223.3—2005）

表面形状类型	公称直径/mm	公称截面面积/mm²	截面面积/mm² ≥	截面面积/mm² ≤	每米参考重量/(g/m)	抗拉强度 R_m/MPa ≥	规定塑性延伸强度 $R_{p0.2}$/MPa ≥	弯曲性能 性能要求	弯曲性能 弯曲半径/mm
光圆	6	28.3	26.8	29.0	222	对所有规格钢棒 1080 1230 1420 1570	对所有规格钢棒 930 1080 1280 1420	反复弯曲不小于4次/180°	15
	7	38.5	36.3	39.5	302				20
	8	50.3	47.5	51.5	394				20
	10	78.5	74.1	80.4	616				25
	11	95.0	93.1	97.4	746			弯曲160°~180°后弯曲处无裂纹	弯心直径为钢棒公称直径的10倍
	12	113	106.8	115.8	887				
	13	133	130.3	136.3	1044				
	14	154	145.6	157.8	1209				
	16	201	190.2	206.0	1578				
螺旋槽	7.1	40	39.0	41.7	314				—
	9	64	62.4	66.5	502				
	10.7	90	87.5	93.6	707				
	12.6	125	121.5	129.9	981				
螺旋肋	6	28.3	26.8	29.0	222	对所有规格钢棒 1080 1230 1420 1570	对所有规格钢棒 930 1080 1280 1420	反复弯曲不小于4次/180°	15
	7	38.5	36.3	39.5	302				20
	8	50.3	47.5	51.5	394				20
	10	78.5	74.1	80.4	616				25
	12	113	106.8	115.8	888			弯曲160°~180°后弯曲处无裂纹	弯心直径为钢棒公称直径的10倍
	14	154	145.6	157.8	1209				
带肋	6	28.3	26.8	29.0	222				—
	8	50.3	47.5	51.5	394				
	10	78.5	74.1	80.4	616				
	12	113	106.8	115.8	887				
	14	154	145.6	157.8	1209				
	16	201	190.2	206.0	1578				

3. 预应力混凝土用钢棒的伸长特性（表 4-161）

表 4-161　预应力混凝土用钢棒的伸长特性（GB/T 5223.3—2005）

延性级别/级	最大力总伸长率 A_{gt}（%）	断后伸长率（$L_0 = 8d_n$）（%）≥
延性 35	3.5	7.0
延性 25	2.5	5.0

注：1. 日常检验可用断后伸长率，仲裁试验以最大力总伸长率为准。

　　2. 最大力伸长率标距 $L_0 = 200mm$。

　　3. 断后伸长率标距 L_0 为钢棒公称直径的 8 倍，即 $L_0 = 8d_n$。

4. 预应力混凝土用钢棒的最大松弛值（表 4-162）

表 4-162　预应力混凝土用钢棒的最大松弛值（GB/T 5223.3—2005）

初始应力为公称抗拉强度的百分数（%）	1000h 松弛值（%）	
	普通松弛（N）	低松弛（L）
70	4.0	2.0
60	2.0	1.0
80	9.0	4.5

4.5.4　调质汽车曲轴用钢棒

1. 调质汽车曲轴用钢棒的化学成分（表 4-163）

表 4-163　调质汽车曲轴用钢棒的化学成分（GB/T 24595—2009）

统一数字代号	牌号	化学成分（质量分数，%）								
		C	Si	Mn	P	S	Cr	Mo	Cu	Ni
U20452	45[①]	0.42 ~ 0.50	0.17 ~ 0.37	0.50 ~ 0.80	≤0.025	≤0.025	≤0.25	≤0.10	≤0.20	≤0.30
A20402	40Cr	0.37 ~ 0.44	0.17 ~ 0.37	0.50 ~ 0.80	≤0.035	≤0.035	0.80 ~ 1.10	≤0.15	≤0.20	≤0.30
A20403	40CrA	0.37 ~ 0.44	0.17 ~ 0.37	0.50 ~ 0.80	≤0.025	≤0.025	0.80 ~ 1.10	≤0.15	≤0.20	≤0.30
A30422	42CrMo[①]	0.38 ~ 0.45	0.17 ~ 0.37	0.50 ~ 0.80	≤0.035	≤0.035	0.90 ~ 1.20	0.15 ~ 0.25	≤0.20	≤0.30
A30423	42CrMoA	0.38 ~ 0.45	0.17 ~ 0.37	0.50 ~ 0.80	≤0.025	≤0.025	0.90 ~ 1.20	0.15 ~ 0.25	≤0.20	≤0.30

① 根据需方要求，45 和 42CrMo 钢中硫含量可控制为 0.015% ~ 0.035%（质量分数）。

2. 调质汽车曲轴用钢棒的力学性能

1）45 钢热处理后的力学性能如表 4-164 所示。

表 4-164　45 钢热处理后的力学性能（GB/T 24595—2009）

牌号	推荐热处理制度			力学性能				
	正火	淬火	回火	下屈服强度 R_{eL}/MPa	抗拉强度 R_m/MPa	断后伸长率 A（%）	断面收缩率 Z（%）	冲击吸收能量 KU_2/J
45	(850 ± 20)℃，空冷	(840 ± 20)℃，油冷	(600 ± 20)℃，油冷	≥355	≥600	≥16	≥40	≥39

注：用于拉伸毛坯制成的试样采用正火处理工艺，用于冲击毛坯制成的试样采用调质处理工艺。

2）40CrA 和 42CrMoA 热处理后的力学性能如表 4-165 所示。

表 4-165　40CrA 和 42CrMoA 热处理后的力学性能（GB/T 24595—2009）

牌号	推荐热处理制度		力学性能				
	淬火	回火	规定塑性延伸强度 $R_{p0.2}$/MPa	抗拉强度 R_m/MPa	断后伸长率 A（%）	断面收缩率 Z（%）	冲击吸收能量 KU_2/J
40CrA	(850 ± 15)℃，油冷	(520 ± 50)℃，水冷、油冷	≥785	≥980	≥9	≥45	≥47
42CrMoA	(850 ± 15)℃，油冷	(560 ± 50)℃，水冷、油冷	≥930	≥1080	≥12	≥45	≥63

4.5.5　一般用途低碳钢丝

1. 一般用途低碳钢丝的直径及允许偏差（表 4-166）

表 4-166　一般用途低碳钢丝的直径及允许偏差（YB/T 5294—2009）　（单位：mm）

钢丝公称直径	允许偏差	钢丝公称直径	允许偏差
≤0.30	±0.01	>1.60 ~3.00	±0.04
>0.30 ~1.00	±0.02	>3.00 ~6.00	±0.05
>1.00 ~1.60	±0.03	>6.00	±0.06

2. 一般用途镀锌低碳钢丝的直径及允许偏差（表 4-167）

表 4-167　一般用途镀锌低碳钢丝的直径及允许偏差（YB/T 5294—2009）

（单位：mm）

钢丝公称直径	允许偏差	钢丝公称直径	允许偏差
≤0.30	±0.02	>1.60 ~3.00	±0.06
>0.30 ~1.00	±0.04	>3.00 ~6.00	±0.07
>1.00 ~1.60	±0.05	>6.00	±0.08

3. 一般用途低碳钢丝的力学性能（表4-168）

表4-168　一般用途低碳钢丝的力学性能（YB/T 5294—2009）

公称直径/ mm	抗拉强度 R_m/MPa					弯曲试验 （180°/次）		断后伸长率 A_{100mm} （%）	
	冷拉钢丝			退火 钢丝	镀锌钢丝[①]	冷拉钢丝		冷拉建筑 用钢丝	镀锌 钢丝
	普通用	制钉用	建筑用			普通用	建筑用		
≤0.30	≤980	—	—	295~540	295~540	供需协商	—	—	≥10
>0.30~0.80	≤980	—	—				—	—	
>0.80~1.20	≤980	880~1320	—			≥6	—	—	
>1.20~1.80	≤1060	785~1220	—				—	—	
>1.80~2.50	≤1010	735~1170	—				—	—	
>2.50~3.50	≤960	685~1120	≥550			≥4	≥4	≥2	≥12
>3.50~5.00	≤890	590~1030	≥550						
>5.00~6.00	≤790	540~930	≥550						
>6.00	≤690	—	—			—	—	—	

① 对于先镀后拉的镀锌钢丝的力学性能按冷拉钢丝的力学性能执行。

4.5.6　重要用途低碳钢丝

1. 重要用途低碳钢丝直径及允许偏差（表4-169）

表4-169　重要用途低碳钢丝直径及允许偏差（YB/T 5032—2006）　（单位：mm）

公称直径	允许偏差		公称直径	允许偏差	
	光面钢丝	镀锌钢丝		光面钢丝	镀锌钢丝
0.30	±0.02	+0.04 −0.02	1.80	±0.04	+0.08 −0.06
0.40			2.00		
0.50			2.30		
			2.60		
0.60			3.00		
0.80	±0.03	+0.06 −0.02	3.50	±0.05	+0.09 −0.07
1.00			4.00		
1.20			4.50		
1.40			5.00		
1.60			6.00		

2. 重要用途低碳钢丝的力学性能及工艺性能（表4-170）

表4-170　重要用途低碳钢丝的力学性能及工艺性能（YB/T 5032—2006）

公称直径/mm	抗拉强度/MPa≥		扭转次数/（次/360°）≥	弯曲次数/（次/180°）≥
	光面	镀锌		
0.30			30	打结拉伸试验抗拉强度：光面，≥225MPa；镀锌，≥185MPa
0.40			30	
0.50			30	
0.60			30	
0.80			30	
1.00			25	22
1.20			25	18
1.40			20	14
1.60			20	12
1.80	395	365	18	12
2.00			18	10
2.30			15	10
2.60			15	8
3.00			12	10
3.50			12	10
4.00			10	8
4.50			10	8
5.00			8	6
6.00			6	3

4.5.7　混凝土制品用冷拔低碳钢丝

1. 混凝土制品用冷拔低碳钢丝的力学性能（表4-171）

表4-171　混凝土制品用冷拔低碳钢丝的力学性能（JC/T 540—2006）

级别	公称直径 d/mm	抗拉强度 R_m/MPa ≥	断后伸长率 A_{100mm}（%）≥	反复弯曲次数/（次/180°）≥
甲级	5.0	650	3.0	4
		600		
	4.0	700	2.5	
		650		
乙级	3.0、4.0、5.0、6.0	550	2.0	

注：甲级冷拔低碳钢丝作预应力筋用时，如经机械校直则抗拉强度标准值应降低50MPa。

2. 混凝土制品用冷拔低碳钢丝的公称直径及允许偏差（表 4-172）

表 4-172　混凝土制品用冷拔低碳钢丝的公称直径及允许偏差（JC/T 540—2006）

公称直径 d/mm	允许偏差/mm	公称直径 d/mm	允许偏差/mm
3.0	±0.06	5.0	±0.10
4.0	±0.08	6.0	±0.12

注：经供需双方协商，也可生产其他直径的冷拔低碳钢丝。

4.5.8　预应力混凝土用钢丝

1. 预应力混凝土用钢丝的力学性能

1）预应力混凝土用冷拉钢丝的力学性能如表 4-173 所示。

表 4-173　预应力混凝土用冷拉钢丝的力学性能（GB/T 5223—2002）

公称直径/mm	抗拉强度 R_m/MPa ≥	规定塑性延伸强度 $R_{p0.2}$/MPa ≥	最大力总延伸率 A_{gt}（L_0=200mm）（%）≥	弯曲次数/(次/180°)≥	弯曲半径 R/mm	断面收缩率 Z(%)≥	每 210mm 扭距的扭转次数≥	初始应力相当于 70%公称抗拉强度时，1000h 后应力松弛率 r(%)≤
3.00	1470	1100		4	7.5	—	—	
4.00	1570	1180		4	10	35	8	
5.00	1670	1250	1.5	4	15		8	8
	1770	1330		4	15		8	
6.00	1470	1100		5	15		7	
7.00	1570	1180		5	20	30	6	
8.00	1670	1250		5	20		5	
	1770	1330						

2）预应力混凝土用消除应力光圆及螺旋肋钢丝的力学性能如表 4-174 所示。

表 4-174　预应力混凝土用消除应力光圆及螺旋肋钢丝
的力学性能（GB/T 5223—2002）

公称直径/mm	抗拉强度 R_m/MPa ≥	规定塑性延伸强度 $R_{p0.2}$/MPa ≥		最大力总延伸率 A_{gt}（L_0=200mm）（%）≥	弯曲次数/(次/180°)≥	弯曲半径 R/mm	应力松弛性能		
							初始应力相当于公称抗拉强度的百分数(%)	1000h 后应力松弛率 r(%)≤	
		WLR	WNR					WLR[①]	WNR[②]
								对所有规格	
4.00	1470	1290	1250		3	10			
	1570	1380	1330						
4.80	1670	1470	1410		4	15			
5.00	1770	1560	1500						
	1860	1640	1580						
6.00	1470	1290	1250		4	15	60	1.0	4.5
6.25	1570	1380	1330	3.5	4	20			
	1670	1470	1410		4	20	70	2.0	8
7.00	1770	1560	1500		4	20			
8.00	1470	1290	1250		4	20	80	4.5	12
9.00	1570	1380	1330		4	25			
10.00	1470	1290	1250		4	25			
12.00					4	30			

① WLR 表示低松弛钢丝。

② WNR 表示普通松弛钢丝。

3）预应力混凝土用消除应力刻痕钢丝的力学性能如表4-175所示。

表4-175　预应力混凝土用消除应力刻痕钢丝的力学性能（GB/T 5223—2002）

公称直径 /mm	抗拉强度 R_m/ MPa ≥	规定塑性延伸强度 $R_{p0.2}$/ MPa≥		最大力总延伸率 A_{gt} ($L_0=200mm$) (%) ≥	弯曲次数/ (次/180°) ≥	弯曲半径 R/mm	应力松弛性能		
							初始应力相当于公称抗拉强度的百分数 (%)	1000h 后应力松弛率 r(%) ≤	
		WLR	WNR					WLR	WNR
							对所有规格		
≤5.0	1470	1290	1250	3.5	3	15	60	1.5	4.5
	1570	1380	1330						
	1670	1470	1410				70	2.5	8
	1770	1560	1500						
	1860	1640	1580						
>5.0	1470	1290	1250			20	80	4.5	12
	1570	1380	1330						
	1670	1470	1410						
	1770	1560	1500						

2. 预应力混凝土用钢丝的尺寸及允许偏差

1）预应力混凝土用光圆钢丝的尺寸及允许偏差如表4-176所示。

表4-176　预应力混凝土用光圆钢丝的尺寸及允许偏差（GB/T 5223—2002）

公称直径/mm	直径允许偏差/mm	公称截面面积/mm²	每米参考重量/(g/m)
3.00	±0.04	7.07	55.5
4.00		12.57	98.6
5.00		19.63	154
6.00	±0.05	28.27	222
6.25		30.68	241
7.00		38.48	302
8.00		50.26	394
9.00	±0.06	63.62	499
10.00		78.54	616
12.00		113.1	888

2）预应力混凝土用螺旋肋钢丝的尺寸及允许偏差如表4-177所示。

表4-177　预应力混凝土用螺旋肋钢丝的尺寸及
允许偏差（GB/T 5223—2002）

公称直径 /mm	螺旋肋数量/条	基圆尺寸		外轮廓尺寸		单肋尺寸	螺旋肋导程 /mm
		基圆直径 /mm	允许偏差 /mm	外轮廓直径 /mm	允许偏差 /mm	宽度 /mm	
4.00	4	3.85	±0.05	4.25	±0.05	0.90~1.30	24~30
4.80	4	4.60		5.10		1.30~1.70	28~36
5.00	4	4.80		5.30			
6.00	4	5.80		6.30		1.60~2.00	30~38

（续）

公称直径 /mm	螺旋肋 数量/条	基圆尺寸		外轮廓尺寸		单肋尺寸	螺旋肋导程 /mm
		基圆直径 /mm	允许偏差 /mm	外轮廓直径 /mm	允许偏差 /mm	宽度 /mm	
6.25	4	6.00		6.70	±0.05	1.60~2.00	30~40
7.00	4	6.73		7.46		1.80~2.20	35~45
8.00	4	7.75	±0.05	8.45		2.00~2.40	40~50
9.00	4	8.75		9.45	±0.10	2.10~2.70	42~52
10.00	4	9.75		10.45		2.50~3.00	45~58

3）预应力混凝土用三面刻痕钢丝的尺寸及允许偏差如表4-178所示。

表4-178 预应力混凝土用三面刻痕钢丝的尺寸及允许偏差（GB/T 5223—2002）

公称直径 /mm	刻痕深度		刻痕长度		节 距	
	公称深度/mm	允许偏差/mm	公称长度/mm	允许偏差/mm	公称节距/mm	允许偏差/mm
≤5.00	0.12	±0.05	3.5	±0.05	5.5	±0.05
>5.00	0.15		5.0		8.0	

4.5.9 中强度预应力混凝土用钢丝

1. 中强度预应力混凝土用钢丝的分类（表4-179）

表4-179 中强度预应力混凝土用钢丝的分类（YB/T 156—1999）

分 类 方 法	分类名称	代号
按表面状态分	1）光面钢丝	PW
	2）变形钢丝	DW
按规定塑性延伸强度 $R_{p0.2}$ 与抗拉强度 R_m 的对应值分	1）620/800	
	2）780/970	
	3）980/1270	
	4）1080/1370	

2. 中强度预应力混凝土用钢丝的力学性能（表4-180）

表4-180 中强度预应力混凝土用钢丝的力学性能（YB/T 156—1999）

种类	公称直径 /mm	规定塑性延 伸强度 $R_{p0.2}$ /MPa≥	抗拉强度 R_m/MPa ≥	断后伸长率 A_{100mm}（%）≥	反复弯曲		1000h 松弛率 （%）≤
					次数 N /次≥	弯曲半径 r/mm	
620/800	4.0 5.0 6.0 7.0 8.0 9.0	620	800	4	4	10 15 20 20 20 25	8
780/970	4.0 5.0 6.0 7.0 8.0 9.0	780	970	4	4	10 15 20 20 20 25	
980/1270	4.0 5.0 6.0 7.0 8.0 9.0	980	1270	4	4	10 15 20 20 20 25	

（续）

种类	公称直径 /mm	规定塑性延伸强度 $R_{p0.2}$/MPa≥	抗拉强度 R_m/MPa ≥	断后伸长率 A_{100mm}（%）≥	反复弯曲		1000h 松弛率（%）≤
					次数 N /次≥	弯曲半径 r /mm	
1080/1370	4.0 5.0 6.0 7.0 8.0 9.0	1080	1370	4	4	10 15 20 20 20 25	8

3. 中强度预应力混凝土用光面钢丝的尺寸、重量及允许偏差（表 4-181）

表 4-181 中强度预应力混凝土用光面钢丝的尺寸、重量及允许偏差（YB/ T 156—1999）

钢丝公称直径/mm	直径允许偏差/mm	公称截面面积/mm²	理论重量/(kg/m)
4.0		12.57	0.099
5.0	±0.05	19.63	0.154
6.0		28.27	0.222
7.0		38.48	0.302
8.0	±0.06	50.26	0.394
9.0		63.62	0.499

注：1. 计算钢丝理论重量时，钢的密度为 7.85g/cm³。

2. 公称直径是指与公称截面面积相对应的直径。

4.5.10 预应力混凝土用低合金钢丝

1. 预应力混凝土用低合金钢丝拔丝用盘条的化学成分（表 4-182）

表 4-182 预应力混凝土用低合金钢丝拔丝用盘条的化学成分（YB/ T 038—1993）

级别代号	牌号	化学成分（质量分数,%）					
		C	Mn	Si	V、Ti	S	P
YD800	21MnSi	0.17 ~ 0.24	1.20 ~ 1.65	0.30 ~ 0.70	—	≤0.045	≤0.045
	24MnTi	0.19 ~ 0.27	1.20 ~ 1.60	0.17 ~ 0.37	Ti:0.01 ~ 0.05	≤0.045	≤0.045
YD1000	41MnSiV	0.37 ~ 0.45	1.00 ~ 1.40	0.60 ~ 1.10	V:0.05 ~ 0.12	≤0.045	≤0.045
YD1200	70Ti	0.66 ~ 0.70	0.60 ~ 1.00	0.17 ~ 0.37	Ti:0.01 ~ 0.05	≤0.045	≤0.045

2. 预应力混凝土用低合金钢丝的力学性能和工艺性能（表 4-183）

表 4-183 预应力混凝土用低合金钢丝的力学性能和工艺性能（YB/T 038—1993）

公称直径 /mm	级别	抗拉强度 R_m/MPa ≥	断后伸长率 A_{100mm}（%）≥	反复弯曲		应力松弛	
				弯曲半径 R/mm	次数 N/次	张拉应力与公称强度比	应力松弛率最大值
5.0	YD800	800	4	15	4	0.70	8%,1000h 或 5%,10h
7.0	YD1000	1000	3.5	20	4		
7.0	YD1200	1200	3.5	20	4		

3. 预应力混凝土用低合金钢丝的尺寸及允许偏差

1）光面钢丝的尺寸及允许偏差如表4-184 所示。

表 4-184　光面钢丝的尺寸及允许偏差（YB/ T 038—1993）

公称直径/mm	允许偏差/mm	公称截面面积/mm²	理论重量/(g/m)
5.0	+0.08 -0.04	19.63	154.1
7.0	+0.10 -0.10	38.48	302.1

2）轧痕钢丝的尺寸及允许偏差如图4-14 和表4-185 所示。

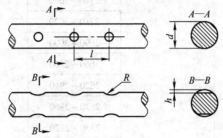

图 4-14　轧痕钢丝

表 4-185　轧痕钢丝的尺寸及允许偏差（YB/T 038—1993）

尺寸/mm	直径 d	轧痕深度 h	轧痕圆柱半径 R	轧痕间距 l	理论重量/(g/m)
	7.0	0.30	8	7.0	302.1
允许偏差/mm	±0.10	±0.05	±0.5	+0.5 -1.0	+8.7 -8.6

注：1. 钢丝直径及偏差用重量法测定，计算钢丝理论重量时的密度为 $7.85g/cm^3$。

　　2. 同一截面上两个轧痕相对错位≤2mm。

4.5.11　冷拉碳素弹簧钢丝

1. 冷拉碳素弹簧钢丝的强度级别、载荷类型及直径范围（表4-186）

表 4-186　冷拉碳素弹簧钢丝的强度级别、载荷类型及直径范围（GB/T 4357—2009）

强度等级	静载荷	公称直径范围/mm	动载荷	公称直径范围/mm
低抗拉强度	SL 型	1.00 ~ 10.00	—	—
中等抗拉强度	SM 型	0.30 ~ 13.00	DM 型	0.08 ~ 13.00
高抗拉强度	SH 型	0.30 ~ 13.00	DH 型	0.05 ~ 13.00

2. 冷拉碳素弹簧钢丝的化学成分（表4-187）

表 4-187　冷拉碳素弹簧钢丝的化学成分（GB/T 4357—2009）

等级	化学成分（质量分数，%）					
	C[①]	Si	Mn[②]	P ≤	S ≤	Cu ≤
SL、SM、SH	0.35 ~ 1.00	0.10 ~ 0.30	0.30 ~ 1.20	0.030	0.030	0.20
DH、DM	0.45 ~ 1.00	0.10 ~ 0.30	0.50 ~ 1.20	0.020	0.025	0.12

① 规定较宽的碳范围是为了适应不同需要和不同工艺，具体应用时碳范围应更窄。

② 规定较宽的锰范围是为了适应不同需要和不同工艺，具体应用时锰范围应更窄。

3. 冷拉碳素弹簧钢丝的抗拉强度（表4-188）

表 4-188　冷拉碳素弹簧钢丝的抗拉强度（GB/T 4357—2009）

钢丝公称直径[①]	抗拉强度[②]/MPa				
/mm	SL 型	SM 型	DM 型	SH 型	DH[③] 型
0.05					2800 ~ 3520
0.06			—		2800 ~ 3520
0.07					2800 ~ 3520
0.08			2780 ~ 3100		2800 ~ 3480
0.09			2740 ~ 3060		2800 ~ 3430
0.10			2710 ~ 3020		2800 ~ 3380
0.11			2690 ~ 3000		2800 ~ 3350
0.12		—	2660 ~ 2960	—	2800 ~ 3320
0.14			2620 ~ 2910		2800 ~ 3250
0.16			2570 ~ 2860		2800 ~ 3200
0.18			2530 ~ 2820		2800 ~ 3160
0.20			2500 ~ 2790		2800 ~ 3110
0.22			2470 ~ 2760		2770 ~ 3080
0.25			2420 ~ 2710		2720 ~ 3010
0.28			2390 ~ 2670		2680 ~ 2970
0.30	2370 ~ 2650	2370 ~ 2650	2370 ~ 2650	2660 ~ 2940	2660 ~ 2940
0.32		2350 ~ 2630	2350 ~ 2630	2640 ~ 2920	2640 ~ 2920
0.34	—	2330 ~ 2600	2330 ~ 2600	2610 ~ 2890	2610 ~ 2890
0.36		2310 ~ 2580	2310 ~ 2580	2590 ~ 2890	2590 ~ 2890
0.38		2290 ~ 2560	2290 ~ 2560	2570 ~ 2850	2570 ~ 2850
0.40		2270 ~ 2550	2270 ~ 2550	2560 ~ 2830	2570 ~ 2830
0.43		2250 ~ 2520	2250 ~ 2520	2530 ~ 2800	2570 ~ 2800
0.45		2240 ~ 2500	2240 ~ 2500	2510 ~ 2780	2570 ~ 2780
0.48		2220 ~ 2480	2240 ~ 2500	2490 ~ 2760	2570 ~ 2760
0.50		2200 ~ 2470	2200 ~ 2470	2480 ~ 2740	2480 ~ 2740
0.53		2180 ~ 2450	2180 ~ 2450	2460 ~ 2720	2460 ~ 2720
0.56		2170 ~ 2430	2170 ~ 2430	2440 ~ 2700	2440 ~ 2700
0.60		2140 ~ 2400	2140 ~ 2400	2410 ~ 2670	2410 ~ 2670
0.63		2130 ~ 2380	2130 ~ 2380	2390 ~ 2650	2390 ~ 2650
0.65		2120 ~ 2370	2120 ~ 2370	2380 ~ 2640	2380 ~ 2640
0.70		2090 ~ 2350	2090 ~ 2350	2360 ~ 2610	2360 ~ 2610
0.80		2050 ~ 2300	2050 ~ 2300	2310 ~ 2560	2310 ~ 2560
0.85		2030 ~ 2280	2030 ~ 2280	2290 ~ 2530	2290 ~ 2530
0.90		2010 ~ 2260	2010 ~ 2260	2270 ~ 2510	2270 ~ 2510

（续）

钢丝公称直径[①]	抗拉强度[②]/MPa				
/mm	SL 型	SM 型	DM 型	SH 型	DH[③] 型
0.95	—	2000~2240	2000~2240	2250~2490	2250~2490
1.00	1720~1970	1980~2220	1980~2220	2230~2470	2230~2470
1.05	1710~1950	1960~2220	1960~2220	2210~2450	2210~2450
1.10	1690~1940	1950~2190	1950~2190	2200~2430	2200~2430
1.20	1670~1910	1920~2160	1920~2160	2170~2400	2170~2400
1.25	1660~1900	1910~2130	1910~2130	2140~2380	2140~2380
1.30	1640~1890	1900~2130	1900~2130	2140~2370	2140~2370
1.40	1620~1860	1870~2100	1870~2100	2110~2340	2110~2340
1.50	1600~1840	1850~2080	1850~2080	2090~2310	2090~2310
1.60	1590~1820	1830~2050	1830~2050	2060~2290	2060~2290
1.70	1570~1800	1810~2030	1810~2030	2040~2260	2040~2260
1.80	1550~1780	1790~2010	1790~2010	2020~2240	2020~2240
1.90	1540~1760	1770~1990	1770~1990	2000~2220	2000~2220
2.00	1520~1750	1760~1970	1760~1970	1980~2200	1980~2200
2.10	1510~1730	1740~1960	1740~1960	1970~2180	1970~2180
2.25	1490~1710	1720~1930	1720~1930	1940~2150	1940~2150
2.40	1470~1690	1700~1910	1700~1910	1920~2130	1920~2130
2.50	1460~1680	1690~1890	1690~1890	1900~2110	1900~2110
2.60	1450~1660	1670~1880	1670~1880	1890~2100	1890~2100
2.80	1420~1640	1650~1850	1650~1850	1860~2070	1860~2070
3.00	1410~1620	1630~1830	1630~1830	1840~2040	1840~2040
3.20	1390~1600	1610~1810	1610~1810	1820~2020	1820~2020
3.40	1370~1580	1590~1780	1590~1780	1790~1990	1790~1990
3.60	1350~1560	1570~1760	1570~1760	1770~1970	1770~1970
3.80	1340~1540	1550~1740	1550~1740	1750~1950	1750~1950
4.00	1320~1520	1530~1730	1530~1730	1740~1930	1740~1930
4.25	1310~1500	1510~1700	1510~1700	1710~1900	1710~1900
4.50	1290~1490	1500~1680	1500~1680	1690~1880	1690~1880
4.75	1270~1470	1480~1670	1480~1670	1680~1840	1680~1840
5.00	1260~1450	1460~1650	1460~1650	1660~1830	1660~1830
5.30	1240~1430	1440~1630	1440~1630	1640~1820	1640~1820
5.60	1230~1420	1430~1610	1430~1610	1620~1800	1620~1800

（续）

钢丝公称直径[①] /mm	抗拉强度[②]/MPa				
	SL 型	SM 型	DM 型	SH 型	DH[③] 型
6.00	1210 ~ 1390	1400 ~ 1580	1400 ~ 1580	1590 ~ 1770	1590 ~ 1770
6.30	1190 ~ 1380	1390 ~ 1560	1390 ~ 1560	1570 ~ 1750	1570 ~ 1750
6.50	1180 ~ 1370	1380 ~ 1550	1380 ~ 1550	1560 ~ 1740	1560 ~ 1740
7.00	1160 ~ 1340	1350 ~ 1530	1350 ~ 1530	1540 ~ 1710	1540 ~ 1710
7.50	1140 ~ 1320	1330 ~ 1500	1330 ~ 1500	1510 ~ 1680	1510 ~ 1680
8.00	1120 ~ 1300	1310 ~ 1480	1310 ~ 1480	1490 ~ 1660	1490 ~ 1660
8.50	1110 ~ 1280	1290 ~ 1460	1290 ~ 1460	1470 ~ 1630	1470 ~ 1630
9.00	1090 ~ 1260	1270 ~ 1440	1270 ~ 1440	1450 ~ 1610	1450 ~ 1610
9.50	1070 ~ 1250	1260 ~ 1420	1260 ~ 1420	1430 ~ 1590	1430 ~ 1590
10.00	1060 ~ 1230	1240 ~ 1400	1240 ~ 1400	1410 ~ 1570	1410 ~ 1570
10.50		1220 ~ 1380	1220 ~ 1380	1390 ~ 1550	1390 ~ 1550
11.00		1210 ~ 1370	1210 ~ 1370	1380 ~ 1530	1380 ~ 1530
12.00	—	1180 ~ 1340	1180 ~ 1340	1350 ~ 1500	1350 ~ 1500
12.50		1170 ~ 1320	1170 ~ 1320	1330 ~ 1480	1330 ~ 1480
13.00		1160 ~ 1310	1160 ~ 1310	1320 ~ 1470	1320 ~ 1470

注：直条定尺钢丝的极限强度最多可能低 10%，矫直和切断作业也会降低扭转值。

① 中间尺寸钢丝抗拉强度值按表中相邻较大钢丝的规定执行。

② 对特殊用途的钢丝，可商定其他抗拉强度。

③ 对直径为 0.08 ~ 0.18mm 的 DH 型钢丝，经供需双方协商，其抗拉强度波动值范围可规定为 300MPa。

4.5.12　重要用途碳素弹簧钢丝

1. 重要用途碳素弹簧钢丝的分类及代号（表4-189）

表 4-189　重要用途碳素弹簧钢丝的分类及代号（YB/T 5311—2010）

组　　别	用　　途
E	主要用于制造承受中等应力的动载荷的弹簧
F	主要用于制造承受较高应力的动载荷的弹簧
G	主要用于制造承受振动载荷的阀门弹簧

2. 重要用途碳素弹簧钢丝的化学成分（表4-190）

表 4-190　重要用途碳素弹簧钢丝的化学成分（YB/T 5311—2010）

组　　别	化学成分（质量分数,%）							
	C	Mn	Si	P	S	Cr	Ni	Cu
E、F、G	0.60 ~ 0.95	0.30 ~ 1.00	≤0.37	≤0.025	≤0.020	≤0.15	≤0.15	≤0.20

3. 重要用途碳素弹簧钢丝的力学性能（表4-191）

表4-191 重要用途碳素弹簧钢丝的力学性能（YB/T 5311—2010）

直径/mm	抗拉强度 R_m/MPa			直径/mm	抗拉强度 R_m/MPa		
	E组	F组	G组		E组	F组	G组
0.10	2440~2890	2900~3380	—	0.90	2070~2400	2410~2740	—
0.12	2440~2860	2870~3320	—	1.00	2020~2350	2360~2660	1850~2110
0.14	2440~2840	2850~3250	—	1.20	1940~2270	2280~2580	1820~2080
0.16	2440~2840	2850~3200	—	1.40	1880~2200	2210~2510	1780~2040
0.18	2390~2770	2780~3160	—	1.60	1820~2140	2150~2450	1750~2010
0.20	2390~2750	2760~3110	—	1.80	1800~2120	2060~2360	1700~1960
0.22	2370~2720	2730~3080	—	2.00	1790~2090	1970~2250	1670~1910
0.25	2340~2690	2700~3050	—	2.20	1700~2000	1870~2150	1620~1860
0.28	2310~2660	2670~3020	—	2.50	1680~1960	1830~2110	1620~1860
0.30	2290~2640	2650~3000	—	2.80	1630~1910	1810~2070	1570~1810
0.32	2270~2620	2630~2980	—	3.00	1610~1890	1780~2040	1570~1810
0.35	2250~2600	2610~2960	—	3.20	1560~1840	1760~2020	1570~1810
0.40	2250~2580	2590~2940	—	3.50	1500~1760	1710~1970	1470~1710
0.45	2210~2560	2570~2920	—	4.00	1470~1730	1680~1930	1470~1710
0.50	2190~2540	2550~2900	—	4.50	1420~1680	1630~1880	1470~1710
0.55	2170~2520	2530~2880	—	5.00	1400~1650	1580~1830	1420~1660
0.60	2150~2500	2510~2850	—	5.50	1370~1610	1550~1800	1400~1640
0.63	2130~2480	2490~2830	—	6.00	1350~1580	1520~1770	1350~1590
0.70	2100~2460	2470~2800	—	6.50	1320~1550	1490~1740	1350~1590
0.80	2080~2430	2440~2770	—	7.00	1300~1530	1460~1710	1300~1540

4. 重要用途碳素弹簧钢丝的扭转性能（表4-192）

表4-192 重要用途碳素弹簧钢丝的扭转性能（YB/T 5311—2010）

公称直径/mm	E组	F组	G组
	单向扭转次数/次 ≥		
0.70~2.00	25	18	20
>2.00~3.00	20	13	18
>3.00~4.00	16	10	15
>4.00~5.00	12	6	10
>5.00~7.00	8	4	6

4.5.13 非机械弹簧用碳素弹簧钢丝

1. 非机械弹簧用碳素弹簧钢丝直径及允许偏差（表4-193）

表4-193 非机械弹簧用碳素弹簧钢丝直径及允许偏差（YB/T 5220—1993）

钢丝直径/mm	允许偏差级别		
	h10	h11	h12
	允许偏差/mm		
0.20~0.30	±0.01	±0.01	±0.02
>0.30~0.60	±0.01	±0.02	±0.03

（续）

钢丝直径/mm	允许偏差级别		
	h10	h11	h12
	允许偏差/mm		
>0.60 ~ 1.00	±0.01	±0.02	±0.03
>1.00 ~ 3.00	±0.02	±0.03	±0.05
>3.00 ~ 6.00	±0.02	±0.04	±0.06
>6.00 ~ 7.00	±0.03	±0.05	±0.08

2. 非机械弹簧用碳素弹簧钢丝的抗拉强度（表4-194）

表4-194　非机械弹簧用碳素弹簧钢丝的抗拉强度（YB/T 5220—1993）

组别	抗拉强度/MPa	组别	抗拉强度/MPa	组别	抗拉强度/MPa
A1	1180 ~ 1380	A4	1780 ~ 1980	A7	2380 ~ 2580
A2	1380 ~ 1580	A5	1980 ~ 2180	A8	2580 ~ 2780
A3	1580 ~ 1780	A6	2180 ~ 2380	A9	2780 ~ 2980

4.5.14　热处理型冷镦钢丝

1. 表面硬化型钢丝的力学性能（表4-195）

表4-195　表面硬化型钢丝的力学性能（GB/T 5953.1—2009）

牌　号[①]	钢丝公称直径/mm	冷拉 + 球化退火 + 轻拉（SALD）			冷拉 + 球化退火（SA）		
		抗拉强度 R_m /MPa	断面收缩率 Z（%）	硬度 HRB	抗拉强度 R_m /MPa	断面收缩率 Z（%）	硬度 HRB
ML10	≤6.00	420 ~ 620	≥55	—	300 ~ 450	≥60	≤75
	>6.00 ~ 12.00	380 ~ 560	≥55	—			
	>12.00 ~ 25.00	350 ~ 500	≥50	≤81			
ML15 ML15Mn ML18 ML18Mn ML20	≤6.00	440 ~ 640	≥55	—	350 ~ 500	≥60	≤80
	>6.00 ~ 12.00	400 ~ 580	≥55	—			
	>12.00 ~ 25.00	380 ~ 530	≥50	≤83			
ML20Mn ML16CrMn ML20MnA ML22Mn ML15Cr ML20Cr ML18CrMo	≤6.00	440 ~ 640	≥55	—	370 ~ 520	≥60	≤82
	>6.00 ~ 12.00	420 ~ 600	≥55	—			
	>12.00 ~ 25.00	400 ~ 550	≥50	≤85			
ML20CrMoA ML20CrNiMo	≤25.00	480 ~ 680	≥45	≤93	420 ~ 620	≥58	≤91

注：直径小于3.00mm 的钢丝断面收缩率仅供参考。

① 牌号的化学成分可参考 GB/T 6478。

2. 调质型碳素钢丝的力学性能（表 4-196）

表 4-196 调质型碳素钢丝的力学性能（GB/T 5953.1—2009）

牌 号[①]	钢丝公称直径 /mm	冷拉 + 球化退火 + 轻拉（SALD）			冷拉 + 球化退火（SA）		
		抗拉强度 R_m /MPa	断面收缩率 Z（%）	硬度 HRB	抗拉强度 R_m /MPa	断面收缩率 Z（%）	硬度 HRB
ML25 ML25Mn ML30Mn ML30 ML35	≤6.00	490~690	≥55	—	380~560	≥60	≤86
	>6.00~12.00	470~650	≥55	—			
	>12.00~25.00	450~600	≥50	≤89			
ML40 ML35Mn	≤6.00	550~730	≥55	—	430~580	≥60	≤87
	>6.00~12.00	500~670	≥55	—			
	>12.00~25.00	450~600	≥50	≤89			
ML45 ML42Mn	≤6.00	590~760	≥55	—	450~600	≥60	≤89
	>6.00~12.00	570~720	≥55	—			
	>12.00~25.00	470~620	≥50	≤96			

① 牌号的化学成分可参考 GB/T 6478。

3. 调质型合金钢丝的力学性能（表 4-197）

表 4-197 调质型合金钢丝的力学性能（GB/T 5953.1—2009）

牌 号[①]	钢丝公称直径 /mm	冷拉 + 球化退火 + 轻拉（SALD）			冷拉 + 球化退火（SA）		
		抗拉强度 R_m /MPa	硬度 HRB	断面收缩率 Z（%）	抗拉强度 R_m /MPa	断面收缩率 Z（%）	硬度 HRB
ML30CrMnSi	≤6.00	600~750	—	≥50	460~660	≥55	≤93
	>6.00~12.00	580~730	—				
	>12.00~25.00	550~700	≤95				
ML38CrA ML40Cr	≤6.00	530~730	—	≥50	430~600	≥55	≤89
	>6.00~12.00	500~650	—				
	>12.00~25.00	480~630	≤91				
ML30CrMo ML35CrMo	≤6.00	580~780	—	≥40	450~620	≥55	≤91
	>6.00~12.00	540~700	—	≥35			
	>12.00~25.00	540~650	≤92	≥35			
ML42CrMo ML40CrNiMo	≤6.00	590~790	—	≥50	480~730	≥55	≤97
	>6.00~12.00	560~760	—				
	>12.00~25.00	540~690	≤95				

注：直径小于 3.00mm 的钢丝断面收缩率仅供参考。

① 牌号的化学成分可参考 GB/T 6478。

4. 含硼钢丝的力学性能（表 4-198）

表 4-198　含硼钢丝的力学性能（GB/T 5953.1—2009）

牌 号[①]	冷拉 + 球化退火 + 轻拉（SALD）			冷拉 + 球化退火（SA）		
	抗拉强度 R_m/MPa	断面收缩率 Z（%）	硬度 HRB	抗拉强度 R_m/MPa	断面收缩率 Z（%）	硬度 HRB
ML20B	≤600	≥55	≤89	≤550	≥65	≤85
ML28B	≤620	≥55	≤90	≤570	≥65	≤87
ML35B	≤630	≥55	≤91	≤580	≥65	≤88
ML20MnB	≤630	≥55	≤91	≤580	≥65	≤88
ML30MnB	≤660	≥55	≤93	≤610	≥65	≤90
ML35MnB	≤680	≥55	≤94	≤630	≥65	≤91
ML40MnB	≤680	≥55	≤94	≤630	≥65	≤91
ML15MnVB	≤660	≥55	≤93	≤610	≥65	≤90
ML20MnVB	≤630	≥55	≤91	≤580	≥65	≤88
ML20MnTiB	≤630	≥55	≤91	≤580	≥65	≤88

注：直径小于 3.00mm 的钢丝断面收缩率仅供参考。

① 牌号的化学成分可参考 GB/T 6478。

4.5.15　非热处理型钢丝

1. 冷拉（HD）钢丝的力学性能（表 4-199）

表 4-199　冷拉（HD）钢丝的力学性能（GB/T 5953.2—2009）

牌 号[①]	钢丝公称直径 d/mm	抗拉强度 R_m/MPa	断面收缩率 Z（%）	硬 度[②] HRB
ML04Al ML08Al ML10Al	≤3.00	≥460	≥50	—
	>3.00 ~ 4.00	≥360	≥50	—
	>4.00 ~ 5.00	≥330	≥50	—
	>5.00 ~ 25.00	≥280	≥50	≤85
ML15Al ML15	≤3.00	≥590	≥50	—
	>3.00 ~ 4.00	≥490	≥50	—
	>4.00 ~ 5.00	≥420	≥50	—
	>5.00 ~ 25.00	≥400	≥50	≤89
ML18MnAl ML20Al ML20 ML22MnAl	≤3.00	≥850	≥35	—
	>3.00 ~ 4.00	≥690	≥40	—
	>4.00 ~ 5.00	≥570	≥45	—
	>5.00 ~ 25.00	≥480	≥45	≤97

注：钢丝公称直径大于 20mm 时，断面收缩率可以降低 5%。

① 牌号的化学成分可参考 GB/T 6478。

② 硬度值仅供参考。

2. 冷拉＋球化退火＋轻拉（SALD）钢丝的力学性能（表 4-200）

表 4-200　冷拉＋球化退火＋轻拉（SALD）钢丝的力学性能（GB/T 5953.2—2009）

牌　号[1]	抗拉强度 R_m/MPa	断面收缩率 Z（%）	硬　度[2]　HRB
ML04Al ML08Al ML10Al	300～450	≥70	≤76
ML15Al ML15	340～500	≥65	≤81
ML18Mn ML20Al ML20 ML22Mn	450～570	≥65	≤90

注：钢丝公称直径大于 20mm 时，断面收缩率可以降低 5%。

[1] 牌号的化学成分可参考 GB/T 6478。

[2] 硬度值仅供参考。

4.5.16　油淬火-回火弹簧钢丝

1. 油淬火-回火弹簧钢丝的分类、代号及直径范围（表 4-201）

表 4-201　油淬火-回火弹簧钢丝的分类、代号及直径范围（GB/T 18983—2003）

分　类		静　态	中疲劳	高疲劳
抗拉强度	低强度	FDC	TDC	VDC
	中强度	FDCrV（A、B）FDSiMn	TDCrV（A、B）TDSiMn	VDCrV（A、B）
	高强度	FDCrSi	TDCrSi	VDCrSi
直径范围/mm		0.50～17.00	0.50～17.00	0.50～10.00

注：1. 静态级钢丝适用于一般用途弹簧，以 FD 表示。

　　2. 中疲劳级钢丝用于离合器弹簧、悬架弹簧等，以 TD 表示。

　　3. 高疲劳级钢丝适用于剧烈运动的场合，例如用于阀门弹簧，以 VD 表示。

2. 油淬火-回火弹簧钢丝的化学成分（表 4-202）

表 4-202　油淬火-回火弹簧钢丝的化学成分（GB/T 18983—2003）

代　号	化学成分(质量分数,%)							
	C	Si	Mn	P≤	S≤	Cr	V	Cu≤
FDC	0.60～ 0.75	0.10～ 0.35	0.50～ 1.20	0.030	0.030	—		0.20
TDC				0.020	0.025			0.12
VDC								
FDCrV-A	0.47～ 0.55	0.10～ 0.40	0.60～ 1.20	0.030	0.030	0.80～ 1.10	0.15～ 0.25	0.20
TDCrV-A				0.025	0.025			0.12
VDCrV-A								
FDCrV-B	0.62～ 0.72	0.15～ 0.30	0.50～ 0.90	0.030	0.030	0.40～ 0.60	0.15～ 0.25	0.20
TDCrV-B				0.025	0.025			0.12
VDCrV-B								

（续）

代 号	化学成分（质量分数，%）							
	C	Si	Mn	P≤	S≤	Cr	V	Cu≤
FDSiMn	0.56 ~	1.50 ~	0.60 ~	0.035	0.035	—	—	0.25
TDSiMn	0.64	2.00	0.90					
FDCrSi	0.50 ~	1.20 ~	0.50 ~	0.030	0.030	0.50 ~	—	0.20
TDCrSi VDCrSi	0.60	1.60	0.90	0.025	0.025	0.80		0.12

3. 油淬火-回火弹簧钢丝的力学性能

1）静态级和中疲劳级油淬火-回火弹簧钢丝的力学性能如表 4-203 所示。

表 4-203　静态级和中疲劳级油淬火-回火弹簧钢丝的
力学性能（GB/T 18983—2003）

直径范围/ mm	抗拉强度/MPa					断面收缩率[①] （%）≥	
	FDC TDC	FDCrV-A TDCrV-A	FDCrV-B TDCrV-B	FDSiMn TDSiMn	FDCrSi TDCrSi	FD	TD
0.50 ~ 0.80	1800 ~ 2100	1800 ~ 2100	1900 ~ 2200	1850 ~ 2100	2000 ~ 2250	—	
> 0.80 ~ 1.00	1800 ~ 2060	1780 ~ 2080	1860 ~ 2160	1850 ~ 2100	2000 ~ 2250	—	
> 1.00 ~ 1.30	1800 ~ 2010	1750 ~ 2010	1850 ~ 2100	1850 ~ 2100	2000 ~ 2250	45	45
> 1.30 ~ 1.40	1750 ~ 1950	1750 ~ 1990	1840 ~ 2070	1850 ~ 2100	2000 ~ 2250	45	45
> 1.40 ~ 1.60	1740 ~ 1890	1710 ~ 1950	1820 ~ 2030	1850 ~ 2100	2000 ~ 2250	45	45
> 1.60 ~ 2.00	1720 ~ 1890	1710 ~ 1890	1790 ~ 1970	1820 ~ 2000	2000 ~ 2250	45	45
> 2.00 ~ 2.50	1670 ~ 1820	1670 ~ 1830	1750 ~ 1900	1800 ~ 1950	1970 ~ 2140	45	45
> 2.50 ~ 2.70	1640 ~ 1790	1660 ~ 1820	1720 ~ 1870	1780 ~ 1930	1950 ~ 2120	45	45
> 2.70 ~ 3.00	1620 ~ 1770	1630 ~ 1780	1700 ~ 1850	1760 ~ 1910	1930 ~ 2100	45	45
> 3.00 ~ 3.20	1600 ~ 1750	1610 ~ 1760	1680 ~ 1830	1740 ~ 1890	1910 ~ 2080	40	45
> 3.20 ~ 3.50	1580 ~ 1730	1600 ~ 1750	1660 ~ 1810	1720 ~ 1870	1900 ~ 2060	40	45
> 3.50 ~ 4.00	1550 ~ 1700	1560 ~ 1710	1620 ~ 1770	1710 ~ 1860	1870 ~ 2030	40	45
> 4.00 ~ 4.20	1540 ~ 1690	1540 ~ 1690	1610 ~ 1760	1700 ~ 1850	1860 ~ 2020	40	45
> 4.20 ~ 4.50	1520 ~ 1670	1520 ~ 1670	1590 ~ 1740	1690 ~ 1840	1850 ~ 2000	40	45
> 4.50 ~ 4.70	1510 ~ 1660	1510 ~ 1660	1580 ~ 1730	1680 ~ 1830	1840 ~ 1990	40	45
> 4.70 ~ 5.00	1500 ~ 1650	1500 ~ 1650	1560 ~ 1710	1670 ~ 1820	1830 ~ 1980	40	45
> 5.00 ~ 5.60	1470 ~ 1620	1460 ~ 1610	1540 ~ 1690	1660 ~ 1810	1800 ~ 1950	35	40
> 5.60 ~ 6.00	1460 ~ 1610	1440 ~ 1590	1520 ~ 1670	1650 ~ 1800	1780 ~ 1930	35	40
> 6.00 ~ 6.50	1440 ~ 1590	1420 ~ 1570	1510 ~ 1660	1640 ~ 1790	1760 ~ 1910	35	40
> 6.50 ~ 7.00	1430 ~ 1580	1400 ~ 1550	1500 ~ 1650	1630 ~ 1780	1740 ~ 1890	35	40

（续）

直径范围/ mm	抗拉强度/MPa					断面收缩率① （%）≥	
	FDC TDC	FDCrV-A TDCrV-A	FDCrV-B TDCrV-B	FDSiMn TDSiMn	FDCrSi TDCrSi	FD	TD
>7.00~8.00	1400~1550	1380~1530	1480~1630	1620~1770	1710~1860	35	40
>8.00~9.00	1380~1530	1370~1520	1470~1620	1610~1760	1700~1850	30	35
>9.00~10.00	1360~1510	1350~1500	1450~1600	1600~1750	1660~1810	30	35
>10.00~12.00	1320~1470	1320~1470	1430~1580	1580~1730	1660~1810	30	—
>12.00~14.00	1280~1430	1300~1450	1420~1570	1560~1710	1620~1770	30	
>14.00~15.00	1270~1420	1290~1440	1410~1560	1550~1700	1620~1770		—
>15.00~17.00	1250~1400	1270~1420	1400~1550	1540~1690	1580~1730	—	

① FDSiMn 和 TDSiMn 的直径≤5.00mm 时，断面收缩率应≥35%；直径>5.00~14.00mm 时，断面收缩率应≥30%。

2）高疲劳级油淬火-回火弹簧钢丝的力学性能如表4-204 所示。

表4-204 高疲劳级油淬火-回火弹簧钢丝的力学性能（GB/T 18983—2003）

直径范围/mm	抗拉强度/MPa				断面收缩率(%) ≥
	VDC	VDCrV-A	VDCrV-B	VDCrSi	
0.50~0.80	1700~2000	1750~1950	1910~2060	2030~2230	—
>0.80~1.00	1700~1950	1730~1930	1880~2030	2030~2230	—
>1.00~1.30	1700~1900	1700~1900	1860~2010	2030~2230	45
>1.30~1.40	1700~1850	1680~1860	1840~1990	2030~2230	45
>1.40~1.60	1670~1820	1660~1860	1820~1970	2000~2180	45
>1.60~2.00	1650~1800	1640~1800	1770~1920	1950~2110	45
>2.00~2.50	1630~1780	1620~1770	1720~1860	1900~2060	45
>2.50~2.70	1610~1760	1610~1760	1690~1840	1890~2040	45
>2.70~3.00	1590~1740	1600~1750	1660~1810	1880~2030	45
>3.00~3.20	1570~1720	1580~1730	1640~1790	1870~2020	45
>3.20~3.50	1550~1700	1560~1710	1620~1770	1860~2010	45
>3.50~4.00	1530~1680	1540~1690	1570~1720	1840~1990	45
>4.20~4.50	1510~1660	1520~1670	1540~1690	1810~1960	45
>4.70~5.00	1490~1640	1500~1650	1520~1670	1780~1930	45
>5.00~5.60	1470~1620	1480~1630	1490~1640	1750~1900	40
>5.60~6.00	1450~1600	1470~1620	1470~1620	1730~1890	40
>6.00~6.50	1420~1570	1440~1590	1440~1590	1710~1860	40
>6.50~7.00	1400~1550	1420~1570	1420~1570	1690~1840	40
>7.00~8.00	1370~1520	1410~1560	1390~1540	1660~1810	40
>8.00~9.00	1350~1500	1390~1540	1370~1520	1640~1790	35
>9.00~10.00	1340~1490	1370~1520	1340~1490	1620~1770	35

4.5.17　胎圈用钢丝

1. 胎圈用钢丝公称直径及允许偏差（表 4-205）

表 4-205　胎圈用钢丝公称直径及允许偏差（GB/T 14450—2008）　　（单位：mm）

公称直径	允许偏差	圆度公差
≤1.65	±0.02	0.02
>1.65	±0.03	0.03

2. 胎圈用钢丝的抗拉强度（表 4-206）

表 4-206　胎圈用钢丝的抗拉强度（GB/T 14450—2008）

公称直径/mm	R_m/MPa≥	
	NT	HT
0.78 ~ <0.95	1900	2150
0.95 ~ <1.25	1850	
1.25 ~ <1.70	1750	2050
1.70 ~ 2.10	1500	

4.5.18　辐条用钢丝

1. 辐条用钢丝的直径及允许偏差（表 4-207）

表 4-207　辐条用钢丝的直径及其允许偏差（YB/T 5005—1993）　　（单位：mm）

钢丝直径	允许偏差	钢丝直径	允许偏差	钢丝直径	允许偏差
1.75	0	2.60	0	3.50	0
2.00	−0.03	2.90	−0.04	4.00	−0.05
2.26		3.20		4.50	

2. 辐条用钢丝的力学性能及工艺性能（表 4-208）

表 4-208　辐条用钢丝的力学性能及工艺性能（YB/T 5005—1993）

钢丝直径/mm	弯曲次数/次　≥	抗拉强度/MPa
1.75	11	
2.00	10	1080 ~ 1370
2.26	14	
2.60	12	
2.90	8	
3.20	10	
3.50	7	980 ~ 1270
4.00	6	
4.50	5	

4.5.19 六角钢丝

1. 六角钢丝的尺寸及允许偏差（表 4-209）

表 4-209 六角钢丝的尺寸及允许偏差（YB/T 5186—2006） （单位：mm）

六角钢丝对边距离	允许偏差		
	10	11	12
1.6~3.0	0 -0.040	0 -0.060	0 -0.100
>3.0~6.0	0 -0.048	0 -0.075	0 -0.120
>6.0~10.0	0 -0.058	0 -0.090	0 -0.140
>10.0	0 -0.068	0 -0.105	0 -0.160

2. 六角钢丝的力学性能

1）冷拉和退火状态六角钢丝的力学性能如表 4-210 所示。

表 4-210 冷拉和退火状态六角钢丝的力学性能（YB/T 5186—2006）

牌 号	冷拉状态		退火状态
	抗拉强度 R_m/MPa	断后伸长率 A(%)	抗拉强度 R_m/MPa
	≥		≤
10~20	440	7.5	540
25~35	540	7.0	635
40~50	610	6.0	735
Y12	660	7.0	—
20Cr~40Cr	440	—	715
30CrMnSiA	540	—	795

2）油淬火-回火状态六角钢丝的力学性能如表 4-211 所示。

表 4-211 油淬火-回火状态六角钢丝的力学性能（YB/T 5186—2006）

六角钢丝对边距离/mm	抗拉强度 R_m/MPa			断面收缩率 Z(%)
	65Mn	60Si2Mn	55CrSi	≥
1.6~3.0	1620~1890	1750~2000	1950~2250	40
>3.0~6.0	1460~1750	1650~1890	1780~2080	40
>6.0~10.0	1360~1590	1600~1790	1660~1910	30
>10.0	1250~1470	1540~1730	1580~1810	30

注：断面收缩率仅为参考，不作为交货验收依据。

4.5.20 汽车附件、内燃机和软轴用异型钢丝

1. 异型钢丝的类型（图4-15）

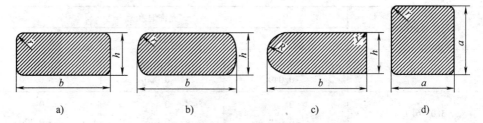

图 4-15 异型钢丝

a) 直边扁钢丝（Zb） b) 弧边扁钢丝（Hb） c) 拱顶扁钢丝（Gb） d) 方形钢丝（Fs）

b—扁钢丝宽度 *h*—扁钢丝厚度 *a*—方钢丝边长 *R*—圆弧半径 *r*—圆角半径

2. 异型钢丝的牌号（表4-212）

表 4-212 异型钢丝的牌号（YB/T 5183—2006）

种　类		牌　号
汽车附件用	玻璃升降器及座椅调角器用	65Mn、50CrVA、60Si2Mn
	挡圈、门锁、滑块	15、25、45
	刮水器	12Cr18Ni9
		70
内燃机用		70、65Mn
软轴用		45

3. 异型钢丝的抗拉强度（表4-213）

表 4-213 异型钢丝的抗拉强度（YB/T 5183—2006）

用　途		牌　号	抗拉强度/MPa	
汽车附件用	玻璃升降器及座椅用调角器	65Mn、50CrVA	≥785	
		60Si2Mn	≥850	
	挡圈、车门滑块、门锁	12、25、45	≥835	
	刮水器	12Cr18Ni9	1080～1280	
		70	1080～1220	
内燃机用	内燃机卡环、活塞环用	70、65Mn	A 组	785～980
			B 组	980～1180
			C 组	1180～1370
	内燃机组合油环用	70、65Mn	A 组	1280～1470
			B 组	1420～1620
			C 组	1570～1760
软轴用		45	1100～1300	

4. 异型钢丝的尺寸允许偏差及波动范围（表 4-214）

表 4-214　异型钢丝的尺寸允许偏差及波动范围

（YB/T 5183—2006）　　　　　　　　　（单位：mm）

尺寸范围 （b、h、a）	允许偏差		同一盘（轴）内波动范围
	h 或 a	b	b
0.60 ~ 1.00	0 -0.07	0 -0.10	0.08
>1.00 ~ 3.00	0 -0.10	0 -0.12	0.08
>3.00 ~ 6.00	0 -0.12	0 -0.14	0.10
>6.00 ~ 8.00	—	0 -0.16	0.12
>8.00 ~ 12.00	—	0 -0.20	0.15
>12.00 ~ 20.00	—	0 -0.25	0.15

4.6　钢管

4.6.1　冷拔或冷轧精密无缝钢管

1. 冷拔或冷轧精密无缝钢管的交货状态（表 4-215）

表 4-215　冷拔或冷轧精密无缝钢管的交货状态（GB/T 3094—2009）

交货状态	代 号	说 明
冷加工/硬	+C	最后冷加工之后钢管不进行热处理
冷加工/软	+LC	最后热处理之后进行适当的冷加工
冷加工后去应力退火	+SR	最后冷加工后，钢管在可控气氛中进行去应力退火
退火	+A	最后冷加工之后，钢管在可控气氛中进行完全退火
正火	+N	最后冷加工之后，钢管在可控气氛中进行正火

2. 冷拔或冷轧精密无缝钢管的力学性能（表 4-216）

表 4-216　冷拔或冷轧精密无缝钢管的力学性能（GB/T 3094—2009）

牌号	交货状态										
	+C[1]		+LC[1]		+SR			+A[2]		+N		
	$R_m/$ MPa	A (%)	$R_m/$ MPa	A (%)	$R_m/$ MPa	$R_{eH}/$ MPa	A (%)	$R_m/$ MPa	A (%)	$R_m/$ MPa	$R_{eH}[3]/$ MPa	A (%)
	≥											
10	430	8	380	10	400	300	16	335	24	320 ~ 450	215	27
20	550	5	520	8	520	375	12	390	21	440 ~ 570	255	21
35	590	5	550	7				510	17	≥460	280	21

（续）

牌号	交货状态											
	+C①		+LC①		+SR			+A②		+N		
	R_m/MPa	A(%)	R_m/MPa	A(%)	R_m/MPa	R_{eH}/MPa	A(%)	R_m/MPa	A(%)	R_m/MPa	R_{eH}③/MPa	A(%)
	≥											
45	645	4	630	6	—	—	—	590	14	≥540	340	18
Q345B	640	4	580	7	580	450	10	450	22	490 ~ 630	355	22

① 受冷加工变形程度的影响，屈服强度非常接近抗拉强度，因此，推荐计算关系式为：+C 状态：$R_{eH} \geq 0.8R_m$；+LC 状态：$R_{eH} \geq 0.7R_m$。

② 推荐下列关系式计算：$R_{eH} \geq 0.5R_m$。

③ 外径不大于 30mm 且壁厚不大于 3mm 的钢管，其最小上屈服强度可降低 10MPa。

4.6.2 结构用无缝钢管

1. 结构用无缝钢管的化学成分

结构用无缝钢管由优质碳素结构钢、低合金高强度结构钢、合金结构钢和 Q235、Q275 钢制成，其中 Q235、Q275 钢的化学成分如表 4-217 所示。

表 4-217　Q235、Q275 钢的化学成分（GB/T 8162—2008）

牌　　号	质量等级	化学成分（质量分数，%）①					
		C	Si	Mn	P	S	Alt（全铝）②
					≤		
Q235	A	≤0.22	≤0.35	≤1.40			
	B	≤0.20			0.030	0.030	
	C	≤0.17			0.030	0.030	
	D				0.025	0.025	≥0.020
Q275	A	≤0.24	≤0.35	≤1.50			
	B	≤0.21			0.030	0.030	
	C				0.030	0.030	
	D	≤0.20			0.025	0.025	≥0.020

① 残余元素 Cr、Ni 的质量分数应各不大于 0.30%，Cu 的质量分数应不大于 0.20%。

② 当分析 Als（酸溶铝）时，Als ≥0.015%（质量分数）。

2. 优质碳素结构钢、低合金高强度结构钢和 Q235、Q275 钢钢管的力学性能（表 4-218）

表 4-218　优质碳素结构钢、低合金高强度结构钢和 Q235、Q275 钢钢管的力学性能

（GB/T 8162—2008）

牌号	质量等级	抗拉强度 R_m/MPa	壁厚/mm			断后伸长率 A(%)	冲击性能	
			≤16	>16~30	>30		温度/℃	冲击吸收能量 KV_2/J
			下屈服强度 R_{eL}①/MPa					
			≥					≥
10	—	≥335	205	195	185	24	—	—

（续）

牌号	质量等级	抗拉强度 R_m/MPa	壁厚/mm			断后伸长率 A(%)	冲击性能	
			≤16	>16~30	>30		温度/℃	冲击吸收能量 KV_2/J
			下屈服强度 R_{eL}[①]/MPa					
			≥					≥
15	—	≥375	225	215	205	22	—	—
20	—	≥410	245	235	225	20	—	—
25	—	≥450	275	265	255	18	—	—
35	—	≥510	305	295	285	17	—	—
45	—	≥590	335	325	315	14	—	—
20Mn	—	≥450	275	265	255	20	—	—
25Mn	—	≥490	295	285	275	18	—	—
Q235	A	375~500	235	225	215	25	—	27
	B						+20	
	C						0	
	D						-20	
Q275	A	415~540	275	265	255	22	—	27
	B						+20	
	C						0	
	D						-20	
Q295	A	390~570	295	275	255	22	—	34
	B						+20	
Q345	A	470~630	345	325	295	20	—	34
	B						+20	
	C						0	
	D					21	-20	
	E						-40	27
Q390	A	490~650	390	370	350	18	—	34
	B						+20	
	C						0	
	D					19	-20	
	E						-40	27
Q420	A	520~680	420	400	380	18	—	34
	B						+20	
	C						0	
	D					19	-20	
	E						-40	27
Q460	C	550~720	460	440	420	17	0	34
	D						-20	
	E						-40	27

①　拉伸试验时，如不能测定屈服强度，可测定规定塑性延伸强度 $R_{p0.2}$ 代替 R_{eL}。

3. 合金钢钢管的力学性能（表4-219）

表4-219　合金钢钢管的力学性能（GB/T 8162—2008）

序号	牌号	推荐的热处理制度[①]					拉伸性能			钢管退火或高温回火交货状态布氏硬度 HBW
		淬火（正火）			回火		抗拉强度 R_m/MPa	下屈服强度 R_{eL}[②]/MPa	断后伸长率 $A(\%)$	
		温度/℃		冷却介质	温度/℃	冷却介质				
		第一次	第二次				≥			≤
1	40Mn2	840	—	水、油	540	水、油	885	735	12	217
2	45Mn2	840	—	水、油	550	水、油	885	735	10	217
3	27SiMn	920	—	水	450	水、油	980	835	12	217
4	40MnB[③]	850	—	油	500	水、油	980	785	10	207
5	45MnB[③]	840	—	油	500	水、油	1030	835	9	217
6	20Mn2B[③④]	880	—	油	200	水、空	980	785	10	187
7	20Cr[④⑤]	880	800	水、油	200	水、空	835	540	10	179
							785	490	10	179
8	30Cr	860	—	油	500	水、油	885	685	11	187
9	35Cr	860	—	油	500	水、油	930	735	11	207
10	40Cr	850	—	油	520	水、油	980	785	9	207
11	45Cr	840	—	油	520	水、油	1030	835	9	217
12	50Cr	830	—	油	520	水、油	1080	930	9	229
13	38CrSi	900	—	油	600	水、油	980	835	12	255
14	12CrMo	900	—	空	650	空	410	265	24	179
15	15CrMo	900	—	空	650	空	440	295	22	179
16	20CrMo[④⑤]	880	—	水、油	500	水、油	885	685	11	197
							845	635	12	197
17	35CrMo	850	—	油	550	水、油	980	835	12	229
18	42CrMo	850	—	油	560	水、油	1080	930	12	217
19	12CrMoV	970	—	空	750	空	440	225	22	241
20	12Cr1MoV	970	—	空	750	空	490	245	22	179
21	38CrMoAl[⑤]	940	—	水、油	640	水、油	980	835	12	229
							930	785	14	229
22	50CrVA	860	—	油	500	水、油	1275	1130	10	255
23	20CrMn	850	—	油	200	水、空	930	735	10	187
24	20CrMnSi[④]	880	—	油	480	水、油	785	635	12	207
25	30CrMnSi[④⑤]	880	—	油	520	水、油	1080	885	8	229
							980	835	10	229

（续）

序号	牌 号	推荐的热处理制度①					拉 伸 性 能			钢管退火或高温回火交货状态布氏硬度 HBW
		淬火（正火）			回火		抗拉强度 R_m/MPa	下屈服强度 R_{eL}②/MPa	断后伸长率 A(%)	
		温度/℃		冷却介质	温度/℃	冷却介质				
		第一次	第二次				≥			≤
26	35CrMnSiA③	880	—	油	230	水、空	1620	—	9	229
27	20CrMnTi④⑥	880	870	油	200	水、空	1080	835	10	217
28	30CrMnTi④⑥	880	850	油	200	水、空	1470	—	9	229
29	12CrNi2	860	780	水、油	200	水、空	785	590	12	207
30	12CrNi3	860	780	油	200	水、空	930	685	11	217
31	12Cr2Ni4	860	780	油	200	水、空	1080	835	10	269
32	40CrNiMoA	850	—	油	600	水、油	980	835	12	269
33	45CrNiMoVA	860	—	油	460	油	1470	1325	7	269

① 表中所列热处理温度允许调整范围：淬火温度 ±20℃，低温回火温度 ±30℃，高温回火温度 ±50℃。
② 拉伸试验时，如不能测定屈服强度，可测定规定塑性延伸强度 $R_{p0.2}$ 代替 R_{eL}。
③ 含硼钢在淬火前可先正火，正火温度应不高于其淬火温度。
④ 于 280～320℃ 等温淬火。
⑤ 按需方指定的一组数据交货，当需方未指定时，可按其中任一组数据交货。
⑥ 含铬锰钛钢第一次淬火可用正火代替。

4.6.3 低中压锅炉用无缝钢管

1. 低中压锅炉用无缝钢管的力学性能（表 4-220）

表 4-220 低中压锅炉用无缝钢管的力学性能（GB 3087—2008）

牌号	抗拉强度 R_m/MPa	壁厚/mm		断后伸长率 A（%）
		≤16	>16	
		下屈服强度 R_{eL}/MPa		
		≥		≥
10	335～475	205	195	24
20	410～550	245	235	20

2. 低中压锅炉用无缝钢管在高温下的规定塑性延伸强度最小值（表 4-221）

表 4-221 低中压锅炉用无缝钢管在高温下的规定塑性延伸强度最小值（GB 3087—2008）

试样状态	试验温度/℃					
	200	250	300	350	400	450
	规定塑性延伸强度 $R_{p0.2}$ 最小值/MPa					
供货状态	165	145	122	111	109	107
	188	170	149	137	134	132

4.6.4　高压锅炉用无缝钢管

1. 高压锅炉用无缝钢管的化学成分（表4-222）

表4-222　高压锅炉用无缝钢管的化学成分（GB 5310—2008）①

钢类	序号	牌号	化学成分（质量分数，%）①														P	S
			C	Si	Mn	Cr	Mo	V	Ti	B	Ni	Alt	Cu	Nb	N	W	≤	
优质碳素结构钢	1	20G	0.17~0.23	0.17~0.37	0.35~0.65	—	—	—	—	—	—	②	—	—	—	—	0.025	0.015
	2	20MnG	0.17~0.23	0.17~0.37	0.70~1.00	—	—	—	—	—	—	—	—	—	—	—	0.025	0.015
	3	25MnG	0.22~0.27	0.17~0.37	0.70~1.00	—	—	—	—	—	—	—	—	—	—	—	0.025	0.015
	4	15MoG	0.12~0.20	0.17~0.37	0.40~0.80	—	0.25~0.35	—	—	—	—	—	—	—	—	—	0.025	0.015
	5	20MoG	0.15~0.25	0.17~0.37	0.40~0.80	—	0.44~0.65	—	—	—	—	—	—	—	—	—	0.025	0.015
合金结构钢	6	12CrMoG	0.08~0.15	0.17~0.37	0.40~0.70	0.40~0.70	0.40~0.55	—	—	—	—	—	—	—	—	—	0.025	0.015
	7	15CrMoG	0.12~0.18	0.17~0.37	0.40~0.70	0.80~1.10	0.40~0.55	—	—	—	—	—	—	—	—	—	0.025	0.015
	8	12Cr2MoG	0.08~0.15	≤0.50	0.40~0.60	2.00~2.50	0.90~1.13	—	—	—	—	—	—	—	—	—	0.025	0.015
	9	12Cr1MoVG	0.08~0.15	0.17~0.37	0.40~0.70	0.90~1.20	0.25~0.35	0.15~0.30	—	—	—	—	—	—	—	—	0.025	0.010
	10	12Cr2MoWVTiB	0.08~0.15	0.45~0.75	0.45~0.65	1.60~2.10	0.50~0.65	0.28~0.42	0.08~0.18	0.0020~0.0080	—	—	—	—	—	0.30~0.55	0.025	0.015
	11	07Cr2MoW2VNbB	0.04~0.10	≤0.50	0.10~0.60	1.90~2.60	0.05~0.30	0.20~0.30	—	0.0005~0.0060	—	≤0.030	—	0.02~0.08	≤0.030	1.45~1.75	0.025	0.010
	12	12Cr3MoVSiTiB	0.09~0.15	0.60~0.90	0.50~0.80	2.50~3.00	1.00~1.20	0.25~0.35	0.22~0.38	0.0050~0.0110	—	—	—	—	—	—	0.025	0.015

（续）

| 钢类 | 序号 | 牌号 | 化学成分（质量分数，%）[①] | | | | | | | | | | | | | | P | S |
			C	Si	Mn	Cr	Mo	V	Ti	B	Ni	Alt	Cu	Nb	N	W	≤	≤
合金结构钢	13	15Ni1MnMoNbCu	0.10~0.17	0.25~0.50	0.80~1.20	—	0.25~0.50	—	—	—	1.00~1.30	≤0.050	0.50~0.80	0.015~0.045	≤0.020	—	0.025	0.015
	14	10Cr9Mo1VNbN	0.08~0.12	0.20~0.50	0.30~0.60	8.00~9.50	0.85~1.05	0.18~0.25	—	—	≤0.40	≤0.020	—	0.06~0.10	0.030~0.070	—	0.020	0.010
	15	10Cr9MoW2VNbBN	0.07~0.13	≤0.50	0.30~0.60	8.50~9.50	0.30~0.60	0.15~0.25	—	0.0010~0.0060	≤0.40	≤0.020	—	0.04~0.09	0.030~0.070	1.50~2.00	0.020	0.010
	16	10Cr11MoW2VNbCu1BN	0.07~0.14	≤0.50	≤0.70	10.00~11.50	0.25~0.60	0.15~0.30	—	0.0005~0.0050	≤0.50	≤0.020	0.30~1.70	0.04~0.10	0.040~0.100	1.50~2.50	0.020	0.010
	17	11Cr9Mo1W1VNbBN	0.09~0.13	0.10~0.50	0.30~0.60	8.50~9.50	0.90~1.10	0.18~0.25	—	0.0003~0.0060	≤0.40	≤0.020	—	0.06~0.10	0.040~0.090	0.90~1.10	0.020	0.010
不锈（耐热）钢	18	07Cr19Ni10	0.04~0.10	≤0.75	≤2.00	18.00~20.00	—	—	—	—	8.00~11.00	—	—	—	—	—	0.030	0.015
	19	10Cr18Ni9NbCu3BN	0.07~0.13	≤0.30	≤1.00	17.00~19.00	—	—	—	0.0010~0.0100	7.50~10.50	0.003~0.030	2.50~3.50	0.30~0.60	0.050~0.120	—	0.030	0.010
	20	07Cr25Ni21NbN	0.04~0.10	≤0.75	≤2.00	24.00~26.00	—	—	—	—	19.00~22.00	—	—	0.20~0.60	0.150~0.350	—	0.030	0.015
	21	07Cr19Ni11Ti	0.04~0.10	≤0.75	≤2.00	17.00~20.00	—	—	4C~0.60	—	9.00~13.00	—	—	—	—	—	0.030	0.015
	22	07Cr18Ni11Nb	0.04~0.10	≤0.75	≤2.00	17.00~19.00	—	—	—	—	9.00~13.00	—	—	8C~1.10	—	—	0.030	0.015
	23	08Cr18Ni11NbFG[③]	0.06~0.10	≤0.75	≤2.00	17.00~19.00	—	—	—	—	9.00~12.00	—	—	8C~1.10	—	—	0.030	0.015

① 除非冶炼需要，未经需方同意，不允许在钢中有意添加本表中未提及的元素，制造厂应采取措施，以防止废铜和生产过程中所使用的其他材料把合削弱钢材力学性能及适用性的元素带入钢中。

② 20G 钢中 Alt 不大于 0.015%（质量分数），不作交货要求，但应填入质量证明书中。

③ 牌号 08Cr18Ni11NbFG 中的"FG"表示细晶粒。

2. 高压锅炉用无缝钢管成品化学成分允许偏差（表4-223）

表4-223　高压锅炉用无缝钢管成品化学成分允许偏差（GB 5310—2008）

元素	规定的熔炼化学成分上限值（质量分数,%）	允许偏差（质量分数,%）	
		上偏差	下偏差
C	≤0.27	0.01	0.01
Si	≤0.37	0.02	0.02
	>0.37~1.00	0.04	0.04
Mn	≤1.00	0.03	0.03
	>1.00~2.00	0.04	0.04
P	≤0.025	0.005	—
S	≤0.015	0.005	—
Cr	≤1.00	0.05	0.05
	>1.00~10.00	0.10	0.10
	>10.00~15.00	0.15	0.15
	>15.00~26.00	0.20	0.20
Mo	≤0.35	0.03	0.03
	>0.35~1.20	0.04	0.04
V	≤0.10	0.01	—
	>0.10~0.42	0.03	0.03
Ti	≤0.01	0	—
	>0.01~0.38	0.01	0.01
Ni	≤1.00	0.03	0.03
	>1.00~1.30	0.05	0.05
	>1.30~10.00	0.10	0.10
	>10.00~22.00	0.15	0.15
Nb	≤0.10	0.005	0.005
	>0.10~1.10	0.05	0.05
W	≤1.00	0.04	0.04
	>1.00~2.50	0.08	0.08
Cu	≤1.00	0.05	0.05
	>1.00~3.50	0.10	0.10
Al	≤0.050	0.005	0.005
B	≤0.0050	0.0005	0.0001
	>0.0050~0.0110	0.0010	0.0003
N	≤0.100	0.005	0.005
	>0.100~0.350	0.010	0.010
Zr	≤0.01	0	—

3. 高压锅炉用无缝钢管的热处理制度（表4-224）

表4-224　高压锅炉用无缝钢管的热处理制度（GB 5310—2008）

序号	牌　号	热处理制度
1	20G[①]	正火：正火温度 880~940℃
2	20MnG[①]	正火：正火温度 880~940℃
3	25MnG[①]	正火：正火温度 880~940℃
4	15MoG[②]	正火：正火温度 890~950℃
5	20MoG[②]	正火：正火温度 890~950℃

（续）

序号	牌号	热处理制度
6	12CrMoG[②]	正火 + 回火：正火温度 900 ~ 960℃，回火温度 670 ~ 730℃
7	15CrMoG[②]	正火 + 回火：正火温度 900 ~ 960℃，回火温度 680 ~ 730℃
8	12Cr2MoG[②]	t≤30mm 的钢管正火 + 回火：正火温度 900 ~ 960℃；回火温度 700 ~ 750℃ t > 30mm 的钢管淬火 + 回火或正火 + 回火：淬火温度不低于 900℃，回火温度 700 ~ 750℃；正火温度 900 ~ 960℃，回火温度 700 ~ 750℃，但正火后应进行快速冷却
9	12Cr1MoVG[②]	t≤30mm 的钢管正火 + 回火：正火温度 980 ~ 1020℃，回火温度 720 ~ 760℃ t > 30mm 的钢管淬火 + 回火或正火 + 回火：淬火温度 950 ~ 990℃，回火温度 720 ~ 760℃；正火温度 980 ~ 1020℃，回火温度 720 ~ 760℃，但正火后应进行快速冷却
10	12Cr2MoWVTiB	正火 + 回火：正火温度 1020 ~ 1060℃；回火温度 760 ~ 790℃
11	07Cr2MoW2VNbB	正火 + 回火：正火温度 1040 ~ 1080℃；回火温度 750 ~ 780℃
12	12Cr3MoVSiTiB	正火 + 回火：正火温度 1040 ~ 1090℃，回火温度 720 ~ 770℃
13	15Ni1MnMoNbCu	t≤30mm 的钢管正火 + 回火：正火温度 880 ~ 980℃，回火温度 610 ~ 680℃ t > 30mm 的钢管淬火 + 回火或正火 + 回火：淬火温度不低于 900℃，回火温度 610 ~ 680℃；正火温度 880 ~ 980℃，回火温度 610 ~ 680℃，但正火后应进行快速冷却
14	10Cr9Mo1VNbN	正火 + 回火：正火温度 1040 ~ 1080℃；回火温度 750 ~ 780℃。t > 70mm 的钢管可淬火 + 回火，淬火温度不低于 1040℃，回火温度 750 ~ 780℃
15	10Cr9MoW2VNbBN	正火 + 回火：正火温度 1040 ~ 1080℃；回火温度 760 ~ 790℃。t > 70mm 的钢管可淬火 + 回火，淬火温度不低于 1040℃，回火温度 760 ~ 790℃
16	10Cr11MoW2VNbCu1BN	正火 + 回火：正火温度 1040 ~ 1080℃；回火温度 760 ~ 790℃。t > 70mm 的钢管可淬火 + 回火，淬火温度不低于 1040℃，回火温度 760 ~ 790℃
17	11Cr9Mo1W1VNbBN	正火 + 回火：正火温度 1040 ~ 1080℃；回火温度 750 ~ 780℃。t > 70mm 的钢管可淬火 + 回火，淬火温度不低于 1040℃，回火温度 750 ~ 780℃
18	07Cr19Ni10	固溶处理：固溶温度≥1040℃，急冷
19	10Cr18Ni9NbCu3BN	固溶处理：固溶温度≥1100℃，急冷
20	07Cr25Ni21NbN[③]	固溶处理：固溶温度≥1100℃，急冷
21	07Cr19Ni11Ti[③]	固溶处理：热轧（挤压、扩）钢管固溶温度≥1050℃，冷拔（轧）钢管固溶温度≥1100℃，急冷
22	07Cr18Ni11Nb[③]	固溶处理：热轧（挤压、扩）钢管固溶温度≥1050℃，冷拔（轧）钢管固溶温度≥1100℃，急冷
23	08Cr18Ni11NbFG	冷加工之前软化热处理：软化热处理温度应至少比固溶处理温度高 50℃；最终冷加工之后固溶处理：固溶温度≥1180℃，急冷

注：t 指钢管公称壁厚。

① 热轧（挤压、扩）钢管终轧温度在相变临界温度 Ar_3 至表中规定温度上限的范围内，且钢管是经过空冷时，则应认为钢管是经过正火的。

② D≥457mm 的热扩钢管，当钢管终轧温度在相变临界温度 Ar_3 至表中规定温度上限的范围内，且钢管是经过空冷时，则应认为钢管是经过正火的；其余钢管在需方同意的情况下，并在合同中注明，可采用符合前述规定的在线正火。

③ 根据需方要求，牌号为 07Cr25Ni21NbN、07Cr19Ni11Ti 和 07Cr18Ni11Nb 的钢管在固溶处理后可接着进行低于初始固溶处理温度的稳定化热处理，稳定化热处理的温度由供需双方协商。

4. 高压锅炉用无缝钢管的力学性能（表4-225）

表 4-225　高压锅炉用无缝钢管的力学性能（GB 5310—2008）

序号	牌　号	抗拉强度 R_m/MPa	下屈服强度或规定塑性延伸强度 R_{eL}或$R_{p0.2}$/MPa	断后伸长率A(%) 纵向	横向	冲击吸收能量 KV_2/J 纵向	横向	硬　度 HBW	HV	HRB
				≥				≤		
1	20G	410~550	245	24	22	40	27	—	—	—
2	20MnG	415~560	240	22	20	40	27	—	—	—
3	25MnG	485~640	275	20	18	40	27	—	—	—
4	15MoG	450~600	270	22	20	40	27	—	—	—
5	20MoG	415~665	220	22	20	40	27	—	—	—
6	12CrMoG	410~560	205	21	19	40	27	—	—	—
7	15CrMoG	440~640	295	21	19	40	27	—	—	—
8	12Cr2MoG	450~600	280	22	20	40	27	—	—	—
9	12Cr1MoVG	470~640	255	21	19	40	27	—	—	—
10	12Cr2MoWVTiB	540~735	345	18	—	40		—	—	—
11	07Cr2MoW2VNbB	≥510	400	22	18	40	27	220	230	97
12	12Cr3MoVSiTiB	610~805	440	16	—	40		—	—	—
13	15Ni1MnMoNbCu	620~780	440	19	17	40	27	—	—	—
14	10Cr9Mo1VNbN	≥585	415	20	16	40	27	250	265	25HRC
15	10Cr9MoW2VNbBN	≥620	440	20	16	40	27	250	265	25HRC
16	10Cr11MoW2VNbCu1BN	≥620	400	20	16	40	27	250	265	25HRC
17	11Cr9Mo1W1VNbBN	≥620	440	20	16	40	27	238	250	23HRC
18	07Cr19Ni10	≥515	205	35	—	—	—	192	200	90
19	10Cr18Ni9NbCu3BN	≥590	235	35	—	—	—	219	230	95
20	07Cr25Ni21NbN	≥655	295	30	—	—	—	256	—	100
21	07Cr19Ni11Ti	≥515	205	35	—	—	—	192	200	90
22	07Cr18Ni11Nb	≥520	205	35	—	—	—	192	200	90
23	08Cr18Ni11NbFG	≥550	205	35	—	—	—	192	200	90

4.6.5 高压锅炉用内螺纹无缝钢管

1. 高压锅炉用内螺纹无缝钢管的化学成分（表4-226）

表4-226 高压锅炉用内螺纹无缝钢管的化学成分（GB/T 20409—2006）

序号	牌 号	化学成分（质量分数,%）						
		C	Mn	Si	Cr	Mo	S	P
1	20G	0.17~0.23	0.35~0.65	0.17~0.37	—	—	≤0.020	≤0.025
2	20MnG	0.17~0.23	0.70~1.00	0.17~0.37	—	—	≤0.020	≤0.025
3	25MnG	0.22~0.29	0.70~1.00	0.17~0.37	—	—	≤0.020	≤0.025
4	12CrMoG	0.08~0.15	0.40~0.70	0.17~0.37	0.40~0.70	0.40~0.55	≤0.020	≤0.025
5	15CrMoG	0.12~0.18	0.40~0.70	0.17~0.37	0.80~1.10	0.40~0.55	≤0.020	≤0.025

注：1. 20G、20MnG、25MnG的残余元素的质量分数应符合：Cu≤0.20%，Cr≤0.25%，Ni≤0.25%，V≤0.08%，Mo≤0.15%；其余牌号的残余元素的质量分数应符合：Cu≤0.20%，Ni≤0.30%。

2. 20G钢中酸溶铝的质量分数应不大于0.010%。

3. 用氧气转炉加炉外精炼制造的钢，氮的质量分数应不大于0.008%。

2. 高压锅炉用内螺纹无缝钢管的热处理制度（表4-227）

表4-227 高压锅炉用内螺纹无缝钢管的热处理制度（GB/T 20409—2006）

序号	牌 号	热处理制度
1	20G	900~930℃正火，保温时间按壁厚1min/mm，但不应小于12min
2	20MnG	900~930℃正火，保温时间按壁厚1min/mm，但不应小于12min
3	25MnG	900~930℃正火，保温时间按壁厚1min/mm，但不应小于12min
4	12CrMoG	900~930℃正火，670~720℃回火；保温时间：周期式炉大于2h，连续炉大于1h
5	15CrMoG	930~960℃正火，680~720℃回火；保温时间：周期式炉大于2h，连续炉大于1h

注：其他推荐牌号的热处理制度由供需双方协商。

3. 高压锅炉用内螺纹无缝钢管的室温纵向力学性能（表4-228）

表4-228 高压锅炉用内螺纹无缝钢管的室温纵向力学性能（GB/T 20409—2006）

序 号	牌 号	抗拉强度 R_m/MPa	下屈服强度 R_{eL}/MPa	断后伸长率 $A(\%)$	冲击吸收能量 A_{KV}/J
			≥		
1	20G	410~550	245	24	35
2	20MnG	≥415	240	22	35
3	25MnG	≥485	275	20	35
4	12CrMoG	410~560	205	21	35
5	15CrMoG	440~640	235	21	35

4. 高压锅炉用内螺纹无缝钢管的尺寸及理论重量（表4-229）

表 4-229　高压锅炉用内螺纹无缝钢管的尺寸及理论重量（GB/T 20409—2006）

序　号	齿　型	外径/mm	公称壁厚/mm	最小壁厚/mm	参考理论重量/(kg/m)
1		28.6	6.38	5.8	3.66
2		44.5	5.66	5.1	5.66
3		45	6	5.4	6.01
4		50.8	6.44	5.8	7.37
5		51	6.33	5.7	7.30
6		60	7	6.3	9.47
7		60	8	7.2	10.58
8		60.3	8.33	7.5	11.00
9		60.3	9	8.1	11.71
10		60.3	14.43	13	16.64
11	A 型	63.5	7.33	6.6	10.48
12		63.5	7.50	6.7	10.68
13		63.5	7.89	7.1	11.14
14		63.5	7.99	7.2	11.26
15		63.5	12.13	10.9	15.69
16		63.5	12.21	11	15.76
17		63.5	14.10	12.7	17.50
18		63.5	14.43	13	17.78
19		69.8	16.04	14.4	21.58
20		70	10	9	15.12
21		70	9	8.1	13.86
22		76.2	18.33	16.5	26.47
23		35	7.20	6.5	5.10
24		38	7.20	6.5	5.64
25		38.1	7.44	6.7	5.79
26	B 型	60	7.20	6.5	9.72
27		60	7.75	7	10.33
28		60	8.30	7.5	10.93
29		66.7	8	7.2	10.80
30		66.7	8.55	7.7	11.40

4.6.6　高压给水加热器用无缝钢管

1. 高压给水加热器用无缝钢管的化学成分（表4-230）

表 4-230　高压给水加热器用无缝钢管的化学成分（GB/T 24591—2009）

牌　号	化学成分（质量分数,%）									
	C	Si	Mn	Cr	Mo	V	Ni	Cu	P	S
									≤	
20GJ	0.17~0.23	0.17~0.37	0.35~0.65	≤0.25	≤0.15	≤0.08	≤0.25	≤0.20	0.025	0.020
20MnGJ	0.17~0.25	0.17~0.37	0.70~1.06	≤0.25	≤0.15	≤0.08	≤0.25	≤0.20	0.025	0.020
15MoGJ	0.12~0.20	0.17~0.37	0.40~0.80	≤0.30	0.25~0.35	—	≤0.30	≤0.20	0.025	0.020

2. 高压给水加热器用无缝钢管的力学性能（表4-231）

表4-231 高压给水加热器用无缝钢管的力学性能（GB/T 24591—2009）

牌 号	拉抻性能			硬度	
	抗拉强度 R_m/MPa	下屈服强度 R_{eL}/MPa	断后伸长率 A_{50mm}（%）	HRB	HV
	≥			≤	
20GJ	410	245	30	85	163
20MnGJ	480	280	30	89	178
15MoGJ	450	270	30	89	178

4.6.7 低压流体输送用焊接钢管

1. 低压流体输送用焊接钢管的力学性能（表4-232）

表4-232 低压流体输送用焊接钢管的力学性能（GB/T 3091—2008）

牌 号	下屈服强度 R_{eL}/MPa ≥		抗拉强度 R_m /MPa ≥	断后伸长率 A（%） ≥	
	$t \leqslant 16mm$	$t > 16mm$		$D \leqslant 168.3mm$	$D > 168.3mm$
Q195	195	185	315		
Q215A、Q215B	215	205	335	15	20
Q235A、Q235B	235	225	370		
Q295A、Q295B	295	275	390	13	18
Q345A、Q345B	345	325	470		

注：t 为钢管壁厚，D 为钢管外径。

2. 低压流体输送用焊接钢管外径和壁厚的允许偏差（表4-233）

表4-233 低压流体输送用焊接钢管外径和壁厚的允许偏差（GB/T 3091—2008）

（单位：mm）

外径 D	外径允许偏差		壁厚 t 允许偏差
	管体	管端（距管端100mm 范围内）	
$D \leqslant 48.3$	±0.5	—	
$48.3 < D \leqslant 273.1$	±1%D		
$273.1 < D \leqslant 508$	±0.75%D	+2.4 −0.8	±10%t
$D > 508$	±1%D 或 ±10.0， 两者取较小值	+3.2 −0.8	

4.6.8 柴油机用高压无缝钢管

1. 柴油机用高压无缝钢管的尺寸（表4-234）

表 4-234 柴油机用高压无缝钢管的尺寸（GB/T 3093—2002）

内径 d/mm	外径 D/mm				内径 d/mm	外径 D/mm			
	6.0	7.0	8.0	10.0		6.0	7.0	8.0	10.0
1.5	×				2.8	×	×	×	×
1.6	×				3.0			×	×
1.8	×				3.3				×
2.0	×	×	×		4.0				×
2.2	×	×	×		建议最小弯曲半径	18	21	25	30
2.5		×	×						

注："×"表示钢管有此规格。

2. 柴油机用高压无缝钢管的化学成分（表 4-235）

表 4-235 柴油机用高压无缝钢管的化学成分（GB/T 3093—2002）

统一数字代号	牌号	化学成分（质量分数，%）							
		C	Si	Mn	P	S	Cr	Ni	Cu
					≤				
U20103	10A	0.07 ~ 0.13	0.17 ~ 0.37	0.35 ~ 0.65	0.030	0.030	0.15	0.30	0.20
U20203	20A	0.17 ~ 0.23	0.17 ~ 0.37	0.35 ~ 0.65	0.030	0.030	0.15	0.30	0.20
U03451	Q345A	≤0.20	≤0.55	1.00 ~ 1.60	0.030	0.030	0.15	0.30	0.20

3. 柴油机用高压无缝钢管的力学性能（表 4-236）

表 4-236 柴油机用高压无缝钢管的力学性能（GB/T 3093—2002）

牌号	抗拉强度 R_m/MPa	下屈服强度 R_{eL}/MPa	断后伸长率 A(%)
		≥	
10A	335 ~ 470	205	30
20A	390 ~ 540	245	25
Q345A	470 ~ 560	345	22

4.6.9 输送流体用无缝钢管

输送流体用无缝钢管的力学性能如表 4-237 所示。

表 4-237 输送流体用无缝钢管的力学性能（GB/T 8163—2008）

牌号	质量等级	拉 伸 性 能					冲击性能	
		抗拉强度 R_m/ MPa	下屈服强度 $R_{eL}^{①}$/MPa			断后伸长率 A(%)	温度 /℃	冲击吸收能量 KV_2/J
			壁厚/mm					
			≤16	>16 ~ 30	>30			
			≥					≥
10	—	335 ~ 475	205	195	185	24	—	—
20	—	410 ~ 530	245	235	225	20	—	—

（续）

牌号	质量等级	拉伸性能					冲击性能	
		抗拉强度 R_m/MPa	下屈服强度 R_{eL}[1]/MPa			断后伸长率 $A(\%)$	温度 /℃	冲击吸收能量 KV_2/J
			壁厚/mm					
			≤16	>16~30	>30			
			≥					≥
Q295	A	390~570	295	275	255	22	—	—
	B						+20	34
Q345	A	470~630	345	325	295	20	—	—
	B						+20	34
	C					21	0	34
	D						−20	
	E						−40	27
Q390	A	490~650	390	370	350	18	—	—
	B						+20	34
	C						0	34
	D					19	−20	
	E						−40	27
Q420	A	520~680	420	400	380	18	—	—
	B						+20	34
	C						0	34
	D					19	−20	
	E						−40	27
Q460	C	550~720	460	440	420	17	0	34
	D						−20	
	E						−40	27

[1] 拉伸试验时，如不能测定屈服强度，可测定规定塑性延伸强度 $R_{p0.2}$ 代替 R_{eL}。

4.6.10 钻探用无缝钢管

1. 钻探用无缝钢管的力学性能（表 4-238）

表 4-238 钻探用无缝钢管的力学性能（GB/T 9808—2008）

序 号	钢 级	抗拉强度 R_m/MPa	规定塑性延伸强度 $R_{p0.2}$/MPa	断后伸长率 $A(\%)$
		≥		
1	ZT380	640	380	14
2	ZT490	690	490	12
3	ZT520	780	520	15
4	ZT540	740	540	12
5	ZT590	770	590	12

（续）

序　号	钢　级	抗拉强度 R_m/MPa	规定塑性延伸强度 $R_{p0.2}$/MPa	断后伸长率 A(%)
		⩾		
6	ZT640	790	640	12
7	ZT740	840	740	10

注：1. 钢级 ZT520 测量 $R_{p0.2}$。

　　2. 钢级 ZT520 拉伸试样采用 GB/T 228.1 中的 S4、S5 或 S6。

2. 钻探用无缝钢管的外径、壁厚及理论重量（表 4-239）

表 4-239　钻探用无缝钢管的外径、壁厚及理论重量（GB/T 9808—2008）

产 品 名 称	公称外径/mm	公称壁厚/mm	理论重量/(kg/m)	产 品 名 称	公称外径/mm	公称壁厚/mm	理论重量/(kg/m)
普通钻杆料	33	6.0	3.99	绳索取心钻杆料	43.5	4.75	4.54
	42	5.0	4.56		55.5	4.75	5.94
	42	7.0	6.04		70	5.0	8.01
	50	5.6	6.13		71	5.0	8.14
	50	6.5	6.97		89	5.5	11.33
	60.3	7.1	9.31		114.3	6.4	17.03
	60.3	7.5	9.77	绳索取心钻杆接头料	45	6.25	5.97
	73	9.0	14.20		57	6.0	7.55
	73	9.19	14.46		70	10.0	14.80
	89	9.35	18.36		73	6.5	10.66
	89	10.0	19.48		76	8.0	13.42
	114	9.19	23.75		95	10.0	20.96
	114	10.0	25.65		120	10.0	27.13
	127	9.19	26.70	套管料、岩心管料	35	2.0	1.63
	127	10.0	28.85		44	3.0	3.03
普通钻杆接头料、钢粒钻头料	75	9.0	14.65		45	3.5	3.58
	76	8.0	13.42		47.5	2.0	2.24
	91	8.0	16.37		54	3.0	3.77
	91	10.0	19.97		58	3.5	4.70
	110	8.0	20.12		60(60.32)	4.2	5.78
	110	10.0	24.66		60(60.32)	4.8	6.53
	130	8.0	24.07		60(60.32)	6.5	8.58
	130	10.0	29.59		62	2.75	4.02
	150	8.0	28.01		73(73.02)	3.0	5.18
	150	10.0	34.52		73(73.02)	4.5	7.60
	171	12.0	47.05		73(73.02)	5.5	9.16
	174	12.0	47.94		73(73.02)	7.0	11.39

（续）

产品名称	公称外径/mm	公称壁厚/mm	理论重量/(kg/m)	产品名称	公称外径/mm	公称壁厚/mm	理论重量/(kg/m)
套管料、岩心管料	75	5.0	8.63	套管料、岩心管料	219(219.08)	6.7	35.08
	76	5.5	9.56		219(219.08)	7.7	40.12
	89(88.90)	4.5	9.38		219(219.08)	8.9	46.11
	89(88.90)	5.5	11.33		219(219.08)	10	51.54
	89(88.90)	6.5	13.22		245(244.48)	7.9	46.19
	95	5.0	11.10		245(244.48)	8.9	51.82
	102(101.6)	5.7	13.54		245(244.48)	10.0	57.95
	102(101.6)	6.7	15.75		245(244.48)	11.0	63.48
	108	4.5	11.49		245(244.48)	12.0	68.95
	114(114.3)	5.21	13.98		273(273.05)	7.1	46.56
	114(114.3)	5.69	15.20		273(273.05)	8.9	57.97
	114(114.3)	6.35	16.86		273(273.05)	10.0	64.86
	114(114.3)	6.9	18.22		273(273.05)	11.0	71.07
	114(114.3)	8.6	22.35		299(298.45)	8.5	60.89
	127	4.5	13.59		299(298.45)	9.5	67.82
	127	5.6	16.77		299(298.45)	11.0	78.13
	127	6.4	19.03		340(339.72)	8.4	68.69
	140(139.7)	6.2	20.46		340(339.72)	9.7	81.57
	140(139.7)	7.0	22.96		340(339.72)	11.0	89.25
	140(139.7)	7.7	25.12		340(339.72)	12.0	97.07
	140(139.7)	9.2	29.68		340(339.72)	13.0	104.84
	146	5.0	17.39	套管接箍料	73	5.5	9.16
	168(168.28)	6.5	25.89		73	6.5	10.66
	168(168.28)	7.3	17.10		89	6.5	13.22
	168(168.28)	8.0	31.56		89	8.0	15.98
	168(168.28)	8.9	34.92		108	6.5	16.27
	177.8	5.9	25.01		108	8.0	19.73
	177.8	6.9	29.08		127	6.5	19.31
	177.8	8.1	33.9		146	6.5	22.36
	177.8	9.2	38.25		168	8.0	31.56
	194(193.68)	7.0	32.28	钻铤、锁接头料	68	20.0	23.67
	194(193.68)	7.6	34.94		68	16.0	20.52
	194(193.68)	8.3	38.01		76	19.0	26.71
	194(193.68)	9.5	43.23		76	20.0	27.62
	194(193.68)	11.0	49.64		83	25.0	35.76

（续）

产品名称	公称外径/mm	公称壁厚/mm	理论重量/(kg/m)	产品名称	公称外径/mm	公称壁厚/mm	理论重量/(kg/m)
	86	21.0	33.66		105	25.5	49.99
钻铤、锁接头料	89	25.0	39.46	钻铤、锁接头料	121	26.5	61.75
	105	25.0	49.32		121	28.0	64.21

注：括号内尺寸表示由相应的英制尺寸换算而成的。

4.6.11　石油裂化用无缝钢管

1. 石油裂化用无缝钢管的化学成分（表4-240）

表4-240　石油裂化用无缝钢管的化学成分（GB 9948—2006）

牌　号	化学成分（质量分数,%）							P	S
	C	Si	Mn	Cr	Mo	Ni	Nb	≤	
10	0.07 ~ 0.13	0.17 ~ 0.37	0.35 ~ 0.65	—	—	—	—	0.030	0.020
20	0.17 ~ 0.23	0.17 ~ 0.37	0.35 ~ 0.65	—	—	—	—	0.030	0.020
12CrMo	0.08 ~ 0.15	0.17 ~ 0.37	0.40 ~ 0.70	0.40 ~ 0.70	0.40 ~ 0.55	—	—	0.030	0.020
15CrMo	0.12 ~ 0.18	0.17 ~ 0.37	0.40 ~ 0.70	0.80 ~ 1.10	0.40 ~ 0.55	—	—	0.030	0.020
1Cr5Mo	≤0.15	≤0.50	≤0.60	4.00 ~ 6.00	0.45 ~ 0.60	≤0.60	—	0.030	0.020
1Cr19Ni9	0.04 ~ 0.10	≤1.00	≤2.00	18.00 ~ 20.00	—	8.00 ~ 11.00	—	0.030	0.020
1Cr19Ni11Nb	0.04 ~ 0.10	≤1.00	≤2.00	17.00 ~ 20.00	—	9.00 ~ 13.00	8C ~ 1.00	0.030	0.020

2. 石油裂化用无缝钢管各牌号残余元素含量（表4-241）

表4-241　石油裂化用无缝钢管各牌号残余元素含量（GB 9948—2006）

牌　号	残余元素（质量分数,%）				
	Ni	Cr	Cu	Mo	V
	≤				
10	0.25	0.15	0.20	—	—
20	0.25	0.25	0.20	0.15	0.08
其他	0.30	0.30	0.20	—	—

3. 石油裂化用无缝钢管的热处理制度（表4-242）

表4-242　石油裂化用无缝钢管的热处理制度（GB 9948—2006）

牌　号	热处理制度
10	正火①
20	正火①
12CrMo	900 ~ 930℃正火,670 ~ 720℃回火,保温时间,周期式炉大于2h,连续炉大于1h
15CrMo	930 ~ 960℃正火,680 ~ 720℃回火,保温时间,周期式炉大于2h,连续炉大于1h
1Cr5Mo	退火

（续）

牌 号	热处理制度
1Cr19Ni9	固溶处理:固溶温度≥1040℃
1Cr19Ni11Nb	固溶处理:热轧(挤压、扩)钢管固溶温度≥1050℃,冷拔(轧)钢管固溶温度≥1095℃

① 热轧钢管终轧温度符合正火温度时,可以代替正火。

4. 石油裂化用无缝钢管的力学性能（表4-243）

表4-243 石油裂化用无缝钢管的力学性能 （GB 9948—2006）

牌 号	抗拉强度 R_m/MPa	下屈服强度 R_{eL}/MPa			断后伸长率 A（%）	冲击吸收能量 KV/J	硬度 HBW
		钢管壁厚/mm					
		≤16	>16~30	>30			
		≥					≤
10	335~475	205	195	185	25	35	—
20	410~550	245	235	225	24	35	—
12CrMo	410~560	205	195	185	21	35	156
15CrMo	440~640	235	225	215	21	35	170
1Cr5Mo	390~590	195	185	175	22	35	187
1Cr19Ni9	≥520	205	195	185	35	—	—
1Cr19Ni11Nb	≥520	205	195	185	35	—	—

4.6.12 矿山流体输送用电焊钢管

1. 矿山流体输送用电焊钢管的力学性能（表4-244）

表4-244 矿山流体输送用电焊钢管的力学性能 （GB/T 14291—2006）

牌 号	抗拉强度 R_m/MPa	下屈服强度 R_{eL}/MPa	断后伸长率 A（%）≥	
	≥	≥	D≤168.3mm	D>168.3mm
Q235A、Q235B	375	235	15	20
Q295A、Q295B	390	295	13	18
Q345A、Q345B	470	345	13	18

注: 拉伸试验伸裁时以纵向试样为准。

2. 矿山流体输送用电焊钢管的尺寸、理论重量及试验压力（表4-245）

表4-245 矿山流体输送用电焊钢管的尺寸、理论重量及试验压力 （GB/T 14291—2006）

公称外径 /mm	公称壁厚 /mm	理论重量 /(kg/m)	试验压力/MPa		
			Q235A、Q235B	Q295A、Q295B	Q345A、Q345B
21.3	2.5	1.16	15.0	15.0	15.0
21.3	3.0	1.35	15.0	15.0	15.0
21.3	3.5	1.54	15.0	15.0	15.0

（续）

公称外径 /mm	公称壁厚 /mm	理论重量 /(kg/m)	试验压力/MPa		
			Q235A、Q235B	Q295A、Q295B	Q345A、Q345B
25	2.5	1.39	15.0	15.0	15.0
25	3.0	1.63	15.0	15.0	15.0
25	3.5	1.86	15.0	15.0	15.0
25	4.0	2.07	15.0	15.0	15.0
26.9	2.5	1.50	15.0	15.0	15.0
26.9	3.0	1.77	15.0	15.0	15.0
26.9	3.5	2.02	15.0	15.0	15.0
26.9	4.0	2.26	15.0	15.0	15.0
31.8	2.5	1.81	15.0	15.0	15.0
31.8	3.0	2.13	15.0	15.0	15.0
31.8	3.5	2.44	15.0	15.0	15.0
31.8	4.0	2.74	15.0	15.0	15.0
33.7	2.5	1.92	15.0	15.0	15.0
33.7	3.0	2.27	15.0	15.0	15.0
33.7	3.5	2.61	15.0	15.0	15.0
33.7	4.0	2.93	15.0	15.0	15.0
38	2.5	2.19	15.0	15.0	15.0
38	3.0	2.59	15.0	15.0	15.0
38	3.5	2.98	15.0	15.0	15.0
38	4.0	3.35	15.0	15.0	15.0
40	2.5	2.31	15.0	15.0	15.0
40	3.0	2.74	15.0	15.0	15.0
40	3.5	3.15	15.0	15.0	15.0
40	4.0	3.55	15.0	15.0	15.0
42.4	2.5	2.46	15.0	15.0	15.0
42.4	3.0	2.91	15.0	15.0	15.0
42.4	3.5	3.36	15.0	15.0	15.0
42.4	4.0	3.79	15.0	15.0	15.0
48.3	2.5	2.82	14.6	15.0	15.0
48.3	3.0	3.35	15.0	15.0	15.0
48.3	3.5	3.87	15.0	15.0	15.0
48.3	4.0	4.37	15.0	15.0	15.0
51	2.5	2.99	13.8	15.0	15.0
51	3.0	3.55	15.0	15.0	15.0
51	3.5	4.10	15.0	15.0	15.0

（续）

公称外径 /mm	公称壁厚 /mm	理论重量 /(kg/m)	试验压力/MPa		
			Q235A、Q235B	Q295A、Q295B	Q345A、Q345B
51	4.0	4.64	15.0	15.0	15.0
51	4.5	5.16	15.0	15.0	15.0
57	2.5	3.36	12.4	15.0	15.0
57	3.0	4.00	14.8	15.0	15.0
57	3.5	4.62	15.0	15.0	15.0
57	4.0	5.23	15.0	15.0	15.0
57	4.5	5.83	15.0	15.0	15.0
60.3	2.5	3.56	11.7	14.7	15.0
60.3	3.0	4.24	14.0	15.0	15.0
60.3	3.5	4.90	15.0	15.0	15.0
60.3	4.0	5.55	15.0	15.0	15.0
60.3	4.5	6.19	15.0	15.0	15.0
63.5	2.5	3.76	11.1	13.9	15.0
63.5	3.0	4.48	13.3	15.0	15.0
63.5	3.5	5.18	15.0	15.0	15.0
63.5	4.0	5.87	15.0	15.0	15.0
63.5	4.5	6.55	15.0	15.0	15.0
70	2.5	4.16	10.1	12.6	14.8
70	3.0	4.96	12.1	15.0	15.0
70	3.5	5.74	14.1	15.0	15.0
70	4.0	6.51	15.0	15.0	15.0
70	4.5	7.27	15.0	15.0	15.0
76.1	2.5	4.54	9.3	11.6	13.6
76.1	3.0	5.41	11.1	14.0	15.0
76.1	3.5	6.27	13.0	15.0	15.0
76.1	4.0	7.11	14.8	15.0	15.0
76.1	4.5	7.95	15.0	15.0	15.0
88.9	3.0	6.36	9.5	11.9	14.0
88.9	3.5	7.37	11.1	13.9	15.0
88.9	4.0	8.38	12.7	15.0	15.0
88.9	4.5	9.37	14.3	15.0	15.0
88.9	5.0	10.35	15.0	15.0	15.0
101.6	3.0	7.29	8.3	10.5	12.2
101.6	3.5	8.47	9.7	12.2	14.3
101.6	4.0	9.63	11.1	13.9	15.0

（续）

公称外径 /mm	公称壁厚 /mm	理论重量 /(kg/m)	试验压力/MPa		
			Q235A、Q235B	Q295A、Q295B	Q345A、Q345B
101.6	4.5	10.78	12.5	15.0	15.0
101.6	5.0	11.91	13.9	15.0	15.0
101.6	5.5	13.03	15.0	15.0	15.0
101.6	6.0	14.15	15.0	15.0	15.0
108	3.0	7.77	7.8	9.8	11.5
108	3.5	9.02	9.1	11.5	13.4
108	4.0	10.26	10.4	13.1	15.0
108	4.5	11.49	11.8	14.8	15.0
108	5.0	12.70	13.1	15.0	15.0
108	5.5	13.90	14.4	15.0	15.0
108	6.0	15.09	15.0	15.0	15.0
108	6.5	16.27	15.0	15.0	15.0
114.3	3.5	9.56	8.6	10.8	12.7
114.3	4.0	10.88	9.9	12.4	14.5
114.3	4.5	12.19	11.1	13.9	15.0
114.3	5.0	13.48	12.3	15.0	15.0
114.3	5.5	14.76	13.6	15.0	15.0
114.3	6.0	16.03	14.8	15.0	15.0
114.3	6.5	17.28	15.0	15.0	15.0
127	3.5	10.66	7.8	9.8	11.4
127	4.0	12.13	8.9	11.1	13.0
127	4.5	13.59	10.0	12.5	14.7
127	5.0	15.04	11.1	13.9	15.0
127	5.5	16.48	12.2	15.0	15.0
127	6.0	17.90	13.3	15.0	15.0
127	6.5	19.32	14.4	15.0	15.0
133	3.5	11.18	7.4	9.3	10.9
133	4.0	12.73	8.5	10.6	12.5
133	4.5	14.26	9.5	12.0	14.0
133	5.0	15.78	10.6	13.3	15.0
133	5.5	17.29	11.7	14.6	15.0
133	6.0	18.79	12.7	15.0	15.0
133	6.5	20.28	13.8	15.0	15.0
139.7	4.0	13.39	8.1	10.1	11.9
139.7	4.5	15.00	9.1	11.4	13.3

(续)

公称外径 /mm	公称壁厚 /mm	理论重量 /(kg/m)	试验压力/MPa		
			Q235A、Q235B	Q295A、Q295B	Q345A、Q345B
139.7	5.0	16.61	10.1	12.7	14.8
139.7	5.5	18.20	11.1	13.9	15.0
139.7	6.0	19.78	12.1	15.0	15.0
139.7	6.5	21.35	13.1	15.0	15.0
139.7	7.0	22.91	14.1	15.0	15.0
141.3	4.0	13.54	8.0	10.0	11.7
141.3	4.5	15.18	9.0	11.3	13.2
141.3	5.0	16.81	10.0	12.5	14.6
141.3	5.5	18.42	11.0	13.8	15.0
141.3	6.0	20.02	12.0	15.0	15.0
141.3	6.5	21.61	13.0	15.0	15.0
141.3	7.0	23.18	14.0	15.0	15.0
152.4	4.0	14.64	7.4	9.3	10.9
152.4	4.5	16.41	8.3	10.5	12.2
152.4	5.0	18.18	9.3	11.6	13.6
152.4	5.5	19.93	10.2	12.8	14.9
152.4	6.0	21.66	11.1	13.9	15.0
152.4	6.5	23.39	12.0	15.0	15.0
152.4	7.0	25.10	13.0	15.0	15.0
159	4.0	15.29	7.1	8.9	10.4
159	4.5	17.15	8.0	10.0	11.7
159	5.0	18.99	8.9	11.1	13.0
159	5.5	20.82	9.8	12.2	14.3
159	6.0	22.64	10.6	13.4	15.0
159	6.5	24.45	11.5	14.5	15.0
159	7.0	26.24	12.4	15.0	15.0
159	8.0	29.79	14.2	15.0	15.0
159	9.0	33.29	15.0	15.0	15.0
168.3	4.5	18.18	7.5	9.5	11.1
168.3	5.0	20.14	8.4	10.5	12.3
168.3	5.5	22.08	9.2	11.6	13.5
168.3	6.0	24.02	10.1	12.6	14.8
168.3	6.5	25.94	10.9	13.7	15.0
168.3	7.0	27.85	11.7	14.7	15.0
168.3	8.0	31.63	13.4	15.0	15.0

（续）

公称外径 /mm	公称壁厚 /mm	理论重量 /(kg/m)	试验压力/MPa		
			Q235A、Q235B	Q295A、Q295B	Q345A、Q345B
168.3	9.0	35.36	15.0	15.0	15.0
177.8	4.5	19.23	7.1	9.0	10.5
177.8	5.0	21.31	7.9	10.0	11.6
177.8	5.5	23.37	8.7	11.0	12.8
177.8	6.0	25.42	9.5	11.9	14.0
177.8	6.5	27.46	10.3	12.9	15.0
177.8	7.0	29.49	11.1	13.9	15.0
177.8	8.0	33.50	12.7	15.0	15.0
177.8	9.0	37.47	14.3	15.0	15.0
193.7	5.0	23.27	7.3	9.1	10.7
193.7	5.5	25.53	8.0	10.1	11.8
193.7	6.0	27.77	8.7	11.0	12.8
193.7	6.5	30.01	9.5	11.9	13.9
193.7	7.0	32.23	10.2	12.8	15.0
193.7	8.0	36.64	11.6	14.6	15.0
193.7	9.0	40.99	13.1	15.0	15.0
219.1	5.0	26.40	6.4	8.1	9.4
219.1	5.5	28.97	7.1	8.9	10.4
219.1	6.0	31.53	7.7	9.7	11.3
219.1	6.5	34.08	8.4	10.5	12.3
219.1	7.0	36.61	9.0	11.3	13.2
219.1	8.0	41.65	10.3	12.9	15.0
219.1	9.0	46.63	11.6	14.5	15.0
244.5	5.0	29.53	5.8	7.2	8.5
244.5	5.5	32.42	6.3	8.0	9.3
244.5	6.0	35.29	6.9	8.7	10.2
244.5	6.5	38.15	7.5	9.4	11.0
244.5	7.0	41.00	8.1	10.1	11.9
244.5	8.0	46.66	9.2	11.6	13.5
244.5	9.0	52.27	10.4	13.0	15.0
244.5	10.0	57.83	11.5	14.5	15.0
273	5.0	33.05	5.2	6.5	7.6
273	5.5	36.28	5.7	7.1	8.3
273	6.0	39.51	6.2	7.8	9.1
273	6.5	42.72	6.7	8.4	9.9

（续）

公称外径 /mm	公称壁厚 /mm	理论重量 /（kg/m）	试验压力/MPa		
			Q235A、Q235B	Q295A、Q295B	Q345A、Q345B
273	7.0	45.92	7.2	9.1	10.6
273	8.0	52.28	8.3	10.4	12.1
273	9.0	58.60	9.3	11.7	13.6
273	10.0	64.86	10.3	13.0	15.0
323.9	6.0	47.04	5.2	6.6	7.7
323.9	6.5	50.88	5.7	7.1	8.3
323.9	7.0	54.71	6.1	7.7	8.9
323.9	8.0	62.32	7.0	8.7	10.2
323.9	9.0	69.89	7.8	9.8	11.5
323.9	10.0	77.41	8.7	10.9	12.8
323.9	11.0	84.88	9.6	12.0	14.1
355.6	6.0	51.73	4.8	6.0	7.0
355.6	6.5	55.96	5.2	6.5	7.6
355.6	7.0	60.18	5.6	7.0	8.1
355.6	8.0	68.58	6.3	8.0	9.3
355.6	9.0	76.93	7.1	9.0	10.5
355.6	10.0	85.23	7.9	10.0	11.6
355.6	11.0	93.48	8.7	11.0	12.8
355.6	12.5	105.77	9.9	12.4	14.6
377	6.0	54.90	4.5	5.6	6.6
377	6.5	59.39	4.9	6.1	7.1
377	7.0	63.87	5.2	6.6	7.7
377	8.0	72.80	6.0	7.5	8.8
377	9.0	81.68	6.7	8.5	9.9
377	10.0	90.51	7.5	9.4	11.0
377	11.0	99.29	8.2	10.3	12.1
377	12.5	112.36	9.4	11.7	13.7
406.4	6.0	59.25	4.2	5.2	6.1
406.4	6.5	64.10	4.5	5.7	6.6
406.4	7.0	68.95	4.9	6.1	7.1
406.4	8.0	78.60	5.6	7.0	8.1
406.4	9.0	88.20	6.2	7.8	9.2
406.4	10.0	97.76	6.9	8.7	10.2
406.4	11.0	107.26	7.6	9.6	11.2
406.4	12.5	121.43	8.7	10.9	12.7

（续）

公称外径 /mm	公称壁厚 /mm	理论重量 /(kg/m)	试验压力/MPa		
			Q235A、Q235B	Q295A、Q295B	Q345A、Q345B
426	6.0	62.15	4.0	5.0	5.8
426	6.5	67.25	4.3	5.4	6.3
426	7.0	72.33	4.6	5.8	6.8
426	8.0	82.47	5.3	6.6	7.8
426	9.0	92.55	6.0	7.5	8.7
426	10.0	102.59	6.6	8.3	9.7
426	11.0	112.58	7.3	9.1	10.7
426	12.5	127.47	8.3	10.4	12.1
457	6.0	66.73	3.7	4.6	5.4
457	6.5	72.22	4.0	5.0	5.9
457	7.0	77.68	4.3	5.4	6.3
457	8.0	88.58	4.9	6.2	7.2
457	9.0	99.44	5.6	7.0	8.2
457	10.0	110.24	6.2	7.7	9.1
457	11.0	120.99	6.8	8.5	10.0
457	12.5	137.03	7.7	9.7	11.3
508	6.0	74.28	3.3	4.2	4.9
508	6.5	80.39	3.6	4.5	5.3
508	7.0	86.49	3.9	4.9	5.7
508	8.0	98.65	4.4	5.6	6.5
508	9.0	110.75	5.0	6.3	7.3
508	10.0	122.81	5.6	7.0	8.1
508	11.0	134.82	6.1	7.7	9.0
508	12.5	152.75	6.9	8.7	10.2
559	6.0	81.83	3.0	3.8	4.4
559	6.5	88.57	3.3	4.1	4.8
559	7.0	95.29	3.5	4.4	5.2
559	8.0	108.71	4.0	5.1	5.9
559	9.0	122.07	4.5	5.7	6.7
559	10.0	135.39	5.0	6.3	7.4
559	11.0	148.66	5.5	7.0	8.1
559	12.5	168.47	6.3	7.9	9.3
559	14.0	188.17	7.1	8.9	10.4
610	6.0	89.37	2.8	3.5	4.1
610	6.5	96.74	3.0	3.8	4.4

（续）

公称外径 /mm	公称壁厚 /mm	理论重量 /（kg/m）	试验压力/MPa		
			Q235A、Q235B	Q295A、Q295B	Q345A、Q345B
610	7.0	104.10	3.2	4.1	4.8
610	8.0	118.77	3.7	4.6	5.4
610	9.0	133.39	4.2	5.2	6.1
610	10.0	147.97	4.6	5.8	6.8
610	11.0	162.49	5.1	6.4	7.5
610	12.5	184.19	5.8	7.3	8.5
610	14.0	205.78	6.5	8.1	9.5
660	6.0	96.77	2.6	3.2	3.8
660	6.5	104.76	2.8	3.5	4.1
660	7.0	112.73	3.0	3.8	4.4
660	8.0	128.63	3.4	4.3	5.0
660	9.0	144.49	3.8	4.8	5.6
660	10.0	160.30	4.3	5.4	6.3
660	11.0	176.06	4.7	5.9	6.9
660	12.5	199.60	5.3	6.7	7.8
660	14.0	223.04	6.0	7.5	8.8

4.6.13　液压支柱用热轧无缝钢管

1. 液压支柱用热轧无缝钢管的化学成分（表4-246）

表4-246　液压支柱用热轧无缝钢管的化学成分（GB/T 17396—2009）

牌　号	化学成分（质量分数,%）										
	C	Si	Mn	Nb	RE	Cr	Ni	Cu	Mo	P	S
20	0.17~ 0.23	0.17~ 0.37	0.35~ 0.65	—	—	≤0.25	≤0.25	≤0.20	—	≤0.035	≤0.035
35	0.32~ 0.39	0.17~ 0.37	0.50~ 0.80			≤0.25	≤0.25	≤0.20		≤0.035	≤0.035
45	0.42~ 0.50	0.17~ 0.37	0.50~ 0.80			≤0.25	≤0.25	≤0.20		≤0.035	≤0.035
27SiMn	0.24~ 0.32	1.10~ 1.40	1.10~ 1.40	—	—	≤0.30	≤0.30	≤0.20	≤0.15	≤0.035	≤0.035
30MnNbRE[1]	0.27~ 0.36	0.20~ 0.60	1.20~ 1.60	0.020~ 0.050	0.02~ 0.04	≤0.30	≤0.30	≤0.20	≤0.15	≤0.035	≤0.035

①　RE 的含量是指按 0.02%～0.04%（质量分数）计算量加入钢液中的。

2. 液压支柱用热轧无缝钢管的力学性能（表4-247）

表4-247　液压支柱用热轧无缝钢管的力学性能（GB/T 17396—2009）

牌　号	试样热处理规范	抗拉强度 R_m/MPa	下屈服强度或规定塑性延伸强度 R_{eL} 或 $R_{p0.2}$/MPa 钢管壁厚 t/mm			断后伸长率 $A(\%)$	断面收缩率 $Z(\%)$	冲击吸收能量 KV_2/J	钢管退火状态硬度 HBW ≤
			≤16	>16~30	>30				
			≥						
20	—	410	245	235	225	20	—	—	—
35	—	510	305	295	285	17	—	—	—
45	—	590	335	325	315	14	—	—	—
27SiMn	920℃ ±20℃，水淬；450℃ ±50℃回火，油冷或水冷	980	835			12	40	39	217
30MnNbRE	880℃ ±20℃，水淬；450℃ ±50℃回火，空冷	850	720			13	45	48	—

4.6.14　气瓶用无缝钢管

1. 气瓶用无缝钢管的化学成分（表4-248）

表4-248　气瓶用无缝钢管的化学成分（GB 18248—2008）

序号	牌　号	化学成分(质量分数,%)										
		C	Si	Mn	P	S[①]	P+S[①]	Cr	Mo	V	Ni	Cu
1	37Mn[②]	0.34~0.40	0.10~0.30	1.35~1.75	≤0.020	≤0.020	≤0.030	≤0.30	—	—	≤0.30	≤0.20
2	34Mn2V	0.30~0.37	0.17~0.37	1.40~1.75	≤0.020	≤0.020	≤0.030	≤0.30	—	0.07~0.12	≤0.30	≤0.20
3	30CrMo[②]	0.26~0.34	0.17~0.37	0.40~0.70	≤0.020	≤0.020	≤0.030	0.80~1.10	0.15~0.25	—	≤0.30	≤0.20
4	35CrMo[②]	0.32~0.40	0.17~0.37	0.40~0.70	≤0.020	≤0.020	≤0.030	0.80~1.10	0.15~0.25	—	≤0.30	≤0.20
5	34CrMo4[②③]	0.30~0.37	≤0.40	0.60~0.90	≤0.020	≤0.020	≤0.030	0.90~1.20	0.15~0.30	—	≤0.30	≤0.20
6	30CrMnSiA	0.28~0.34	0.90~1.20	0.80~1.10	≤0.020	≤0.020	≤0.030	0.80~1.10	≤0.10	—	≤0.30	≤0.20

① 根据需方要求，经供需双方协商，并在合同中注明，可满足 $w(S)$ ≤0.010%，$w(P+S)$ ≤0.025%。

② 应满足 $w(V+Nb+Ti+B+Zr)$ ≤0.15%。

③ 此牌号是根据 EN 10297-1：2003 中34CrMo4 的化学成分，调整了 P、S、Ni、Cu 的成分。

2. 气瓶用无缝钢管的热处理制度及纵向力学性能（表4-249）

表4-249 气瓶用无缝钢管的热处理制度及纵向力学性能（GB 18248—2008）

序号	牌 号	推荐的热处理制度				纵向力学性能[1]				
		淬火（正火）		回火		抗拉强度 R_m/MPa	下屈服强度 R_{eL}[2]/MPa	断后伸长率 A(%)	冲击吸收能量	
		温度/℃	冷却介质	温度/℃	冷却介质	≥			试验温度/℃	KV/J ≥
1	37Mn	820~860	水	550~650	空	750	630	16	-50	27
2	34Mn2V	850~890	空	—	—	745	530	16	-20	27
3	30CrMo	860~900	水、油	490~590	水、油	930	785	12	-50	27
4	35CrMo	830~870	油	500~600	水、油	980	835	12	-50	27
5	34CrMo4	830~870	油	530~630	水、油	980	835	12	-50	27
6	30CrMnSiA	860~900	油	470~570	水、油	1080	885	10	室温	27

[1] 除冲击吸收能量外，试验温度均为室温。

[2] 当屈服现象不明显时，取 $R_{p0.2}$。

4.6.15 低温管道用无缝钢管

1. 低温管道用无缝钢管的化学成分（表4-250）

表4-250 低温管道用无缝钢管的化学成分（GB/T 18984—2003）

牌 号	化学成分（质量分数,%）							
	C	Si	Mn	P	S	Ni	Mo	V
16MnDG	0.12~0.20	0.20~0.55	1.20~1.60	≤0.025	≤0.025	—	—	—
10MnDG	≤0.13	0.17~0.37	≤1.35	≤0.025	≤0.025	—	—	≤0.07
09DG	≤0.12	0.17~0.37	≤0.95	≤0.025	≤0.025	—	—	≤0.07
09Mn2VDG	≤0.12	0.17~0.37	≤1.85	≤0.025	≤0.025	—	—	≤0.12
06Ni3MoDG	≤0.08	0.17~0.37	≤0.85	≤0.025	≤0.025	2.5~3.7	0.15~0.30	≤0.05

注：10MnDG 和 06Ni3MoDG 的酸溶铝的质量分数分别不小于 0.015% 和 0.020%，但不作为交货条件。为改善钢的性能，16MnDG、09DG 和 10MnDG 可加入质量分数为 0.01%~0.05% 的 Ti，09Mn2VDG 可加入质量分数为 0.01%~0.10% 的 Ti 或 0.015%~0.060% 的 Nb。

2. 低温管道用无缝钢管的纵向力学性能（表4-251）

表4-251 低温管道用无缝钢管的纵向力学性能（GB/T 18984—2003）

牌 号	抗拉强度 R_m/MPa	下屈服强度 R_{eL}/MPa		断后伸长率 A[1]（%）		
		壁厚≤16mm	壁厚>16mm	1号试样	2号试样[2]	3号试样
16MnDG	490~665	≥325	≥315		≥30	
10MnDG	≥400	≥240			≥35	
09DG	≥385	≥210			≥35	
09Mn2VDG	≥450	≥300			≥30	
06Ni3MoDG	≥455	≥250			≥30	

[1] 外径小于 20mm 的钢管，本表规定的断后伸长率值不适用，其断后伸长率值由供需双方商定。

[2] 壁厚小于 8mm 的钢管，用 2 号试样进行拉伸试验时，壁厚每减少 1mm 其断后伸长率的最小值应从本表规定最小断后伸长率中减去 1.5%，并按数字修约规则修约为整数。

3. 低温管道用无缝钢管的纵向低温冲击性能（表4-252）

表4-252　低温管道用无缝钢管的纵向低温冲击性能（GB/T 18984—2003）

试样尺寸/mm	冲击吸收能量 KV/J		
	一组(3个)的平均值	2个的各自值	1个的最低值
10×10×55	≥21	≥21	≥15
7.5×10×55	≥18	≥18	≥13
5×10×55	≥14	≥14	≥10
2.5×10×55	≥7	≥7	≥5

注：对不能采用2.5mm×10mm×55mm冲击试样尺寸的钢管，冲击吸收能量由供需双方协商。

4. 低温管道用无缝钢管外径和壁厚的允许偏差（表4-253）

表4-253　低温管道用无缝钢管外径和壁厚的允许偏差（GB/T 18984—2003）

钢 管 种 类	钢管尺寸/mm		允许偏差/mm
热轧(扩)钢管(WH)	外径 D	<351	±1.0% D（最小±0.50）
		≥351	±1.25% D
	壁厚 t	≤25	±12.5% t[①]（最小±0.40）
冷拔(轧)钢管(WC)	外径 D	≤30	±0.20
		>30~50	±0.30
		>50	±0.75% D
	壁厚 t	≤3	+12.5% t −10% t
		>3	±10% t

① 对外径大于等于351mm的热扩管，壁厚允许偏差为±15% t。

4.6.16　高碳铬轴承钢无缝钢管

高碳铬轴承钢无缝钢管的化学成分如表4-254所示。

表4-254　高碳铬轴承钢无缝钢管的化学成分（YB/T 4146—2006）

牌　号	化学成分(质量分数,%)											
	C	Si	Mn	Cr	Mo	P	S	Ni	Cu	Ni+Cu	O	
											模铸钢	连铸钢
						≤						
GCr15	0.95~1.05	0.15~0.35	0.25~0.45	1.40~1.65	≤0.10	0.025	0.025	0.30	0.20	0.45	15×10⁻⁴	12×10⁻⁴
GCr15SiMn	0.95~1.05	0.45~0.75	0.95~1.25	1.40~1.65	≤0.10	0.025	0.025	0.30	0.20	0.45	15×10⁻⁴	12×10⁻⁴
GCr18Mo	0.95~1.05	0.20~0.40	0.25~0.40	1.65~1.95	0.15~0.25	0.025	0.020	0.25	0.20	0.45	15×10⁻⁴	12×10⁻⁴

4.6.17　高温用锻造镗孔厚壁无缝钢管

1. 高温用锻造镗孔厚壁无缝钢管的化学成分（表4-255）

表4-255 高温用锻造镗孔厚壁无缝钢管的化学成分（YB/T 4173—2008）①

序号	牌号	化学成分（质量分数，%）①															
		C	Si	Mn	Cr	Mo	V	Cu	Ni	Alt②	Nb	N	W	B	其他	S	P
																≤	≤
1	20G③	0.17~0.23	0.17~0.37	0.35~0.65	≤0.25	≤0.15	≤0.08	≤0.20	≤0.25	≤0.015	—	—	—	—	—	0.015	0.025
2	20MnG④	0.17~0.23	0.17~0.37	0.70~1.00	≤0.25	≤0.15	≤0.08	≤0.20	≤0.25	—	—	—	—	—	—	0.015	0.025
3	25MnG④	0.22~0.27	0.17~0.37	0.70~1.00	≤0.25	≤0.15	≤0.08	≤0.20	≤0.25	—	—	—	—	—	—	0.015	0.025
4	12CrMoG	0.08~0.15	0.17~0.37	0.40~0.70	0.40~0.70	0.40~0.55	≤0.08	≤0.20	≤0.30	—	—	—	—	—	—	0.015	0.025
5	15CrMoG	0.12~0.18	0.17~0.37	0.40~0.70	0.80~1.10	0.40~0.55	≤0.08	≤0.20	≤0.30	—	—	—	—	—	—	0.015	0.025
6	12Cr2MoG	0.08~0.15	≤0.50	0.40~0.60	2.00~2.50	0.90~1.13	≤0.08	≤0.20	≤0.30	—	—	—	—	—	—	0.015	0.025
7	12Cr1MoVG	0.08~0.15	0.17~0.37	0.40~0.70	0.90~1.20	0.25~0.35	0.15~0.30	≤0.20	≤0.30	—	—	—	—	—	—	0.015	0.025
8	07Cr2MoW2VNbB	0.04~0.10	≤0.50	0.10~0.60	1.90~2.60	0.05~0.30	0.20~0.30	≤0.20	≤0.30	≤0.030	0.020~0.080	≤0.030	1.45~1.75	0.0005~0.0060	—	0.010	0.025
9	15Ni1MnMoNbCu	0.10~0.17	0.25~0.50	0.80~1.20	≤0.30	0.25~0.50	≤0.02	0.50~0.80	1.00~1.30	≤0.050	0.015~0.045	≤0.020	—	—	—	0.015	0.025
10	10Cr9Mo1VNbN	0.08~0.12	0.20~0.50	0.30~0.60	8.00~9.50	0.85~1.05	0.18~0.25	≤0.20	≤0.40	≤0.015	0.060~0.10	0.030~0.070	—	—	Ti≤0.01 Zr≤0.01	0.010	0.020
11	10Cr9MoW2VNbBN	0.07~0.13	≤0.50	0.30~0.60	8.50~9.50	0.30~0.60	0.15~0.25	≤0.20	≤0.40	≤0.015	0.040~0.090	0.030~0.070	1.50~2.00	0.0010~0.0060	Ti≤0.01 Zr≤0.01	0.010	0.020
12	10Cr11MoW2VNbCuBN	0.07~0.14	≤0.50	0.30~0.70	10.00~11.50	0.25~0.60	0.15~0.30	0.30~1.70	≤0.50	≤0.015	0.040~0.100	0.040~0.100	1.50~2.50	0.0005~0.0050	Ti≤0.01 Zr≤0.01	0.010	0.020
13	11Cr9Mo1W1VNbBN	0.09~0.13	0.10~0.50	0.30~0.60	8.50~9.50	0.90~1.10	0.18~0.25	≤0.20	≤0.40	≤0.015	0.060~0.100	0.040~0.090	0.90~1.10	0.0003~0.0060	Ti≤0.01 Zr≤0.01	0.010	0.020

① 除非冶炼需要，未经需方同意，不允许在钢中有意添加本表中未提及的元素。制造厂应采取所有恰当的措施，以防止废钢和生产过程中所使用的其他材料将削弱钢材力学性能及适用性的元素带入钢中。
② Alt指全铝含量。
③ 20G 钢中 Alt 的质量分数不大于 0.015%，不作交货依据，但应填入质量证明书中。
④ 20MnG、25MnG 钢中 Mn 的质量分数上限允许提高到 1.35%。

2. 高温用锻造镗孔厚壁无缝钢管的热处理制度（表4-256）

表4-256　高温用锻造镗孔厚壁无缝钢管的热处理制度（YB/T 4173—2008）

序号	牌　号	热处理制度
1	20G	正火:正火温度 900～940℃
2	20MnG	
3	25MnG	
4	12CrMoG	正火＋回火:正火温度 900～960℃,回火温度 680～730℃
5	15CrMoG	
6	12Cr2MoG	壁厚≤30mm 的钢管正火＋回火:正火温度 900～960℃;回火温度 700～750℃。壁厚＞30mm 的钢管淬火＋回火或正火＋回火:淬火温度不低于 900℃,回火温度 700～750℃;正火温度 900～960℃,回火温度 700～750℃,但正火后应进行快速冷却
7	12Cr1MoVG	壁厚≤30mm 的钢管正火＋回火:正火温度 980～1020℃,回火温度 720～760℃。壁厚＞30mm 的钢管淬火＋回火或正火＋回火:淬火温度 950～990℃,回火温度 700～750℃;正火温度 980～1020℃,回火温度 720～760℃,但正火后应进行快速冷却
8	07Cr2MoW2VNbB	正火＋回火:正火温度 1040～1080℃;回火温度 750～780℃
9	15Ni1MnMoNbCu	壁厚≤30mm 的钢管正火＋回火:正火温度 880～980℃,回火温度 610～680℃。壁厚＞30mm 的钢管淬火＋回火或正火＋回火:淬火温度不低于 900℃,回火温度 610～680℃;正火温度 880～980℃,回火温度 610～680℃,但正火后应进行快速冷却
10	10Cr9Mo1VNb	正火＋回火:正火温度 1040～1080℃;回火温度 750～780℃。壁厚≥76mm 的钢管可淬火＋回火,淬火温度不低于 1040℃,回火温度 750～780℃
11	10Cr9MoW2VNbBN	正火＋回火:正火温度 1040～1080℃;回火温度 760～790℃。壁厚≥76mm 的钢管可淬火＋回火,淬火温度不低于 1040℃,回火温度 760～790℃
12	10Cr11MoW2VNbCu1BN	正火＋回火:正火温度 1040～1080℃;回火温度 760～790℃。壁厚≥76mm 的钢管可淬火＋回火,淬火温度不低于 1040℃,回火温度 760～790℃
13	11Cr9Mo1W1VNbBN	正火＋回火:正火温度 1040～1080℃;回火温度 750～780℃。壁厚≥76mm 的钢管可淬火＋回火,淬火温度不低于 1040℃,回火温度 750～780℃

3. 高温用锻造镗孔厚壁无缝钢管的力学性能（表4-257）

表4-257　高温用锻造镗孔厚壁无缝钢管的力学性能（YB/T 4173—2008）

序号	牌　号	纵向力学性能				横向力学性能			
		抗拉强度 R_m/MPa	规定塑性延伸强度 $R_{p0.2}$/MPa	断后伸长率 $A(\%)$	冲击吸收能量 KV/J	抗拉强度 R_m/MPa	规定塑性延伸强度 $R_{p0.2}$/MPa	断后伸长率 $A(\%)$	冲击吸收能量 KV/J
1	20G	410～550	≥245	≥24	≥40	410～550	≥245	≥22	≥27
2	20MnG	415～560	≥240	≥22	≥40	415～560	≥240	≥20	≥27
3	25MnG	485～640	≥275	≥20	≥40	485～640	≥275	≥18	≥27
4	12CrMoG	410～560	≥205	≥21	≥40	410～560	≥205	≥19	≥27
5	15CrMoG	440～640	≥295	≥21	≥40	440～640	≥295	≥19	≥27

（续）

序号	牌号	纵向力学性能				横向力学性能			
		抗拉强度 R_m/MPa	规定塑性延伸强度 $R_{p0.2}$/MPa	断后伸长率 A(%)	冲击吸收能量 KV/J	抗拉强度 R_m/MPa	规定塑性延伸强度 $R_{p0.2}$/MPa	断后伸长率 A(%)	冲击吸收能量 KV/J
6	12Cr2MoG	450 ~ 600	≥280	≥22	≥40	450 ~ 600	≥280	≥20	≥27
7	12Cr1MoVG	470 ~ 640	≥255	≥21	≥40	470 ~ 640	≥255	≥19	≥27
8	07Cr2MoW2VNbB	≥510	≥400	≥22	≥40	≥510	≥400	≥18	≥27
9	15Ni1MnMoNbCu	620 ~ 780	≥440	≥19	≥40	620 ~ 780	≥440	≥17	≥27
10	10Cr9Mo1VNbN	≥585	≥415	≥20	≥40	≥585	≥415	≥16	≥27
11	10Cr9MoW2VNbBN	≥620	≥440	≥20	≥40	≥620	≥440	≥16	≥27
12	10Cr11MoW2VNbCu1BN	≥620	≥400	≥20	≥40	≥620	≥400	≥16	≥27
13	11Cr9Mo1W1VNbBN	≥620	≥440	≥20	≥40	≥620	≥440	≥16	≥27

4. 高温用锻造镗孔厚壁无缝钢管的硬度（表 4-258）

表 4-258　高温用锻造镗孔厚壁无缝钢管的硬度（YB/T 4173—2008）

牌号	硬度 ≤		牌号	硬度 ≤	
	HBW	HRC 或 HRB		HBW	HRC 或 HRB
07Cr2MoW2VNbB	220	97HRB	10Cr11MoW2VNbCu1BN	250	25HRC
10Cr9Mo1VNbN	250	25HRC	11Cr9Mo1W1VNbBN	238	23HRC
10Cr9MoW2VNbBN	250	25HRC			

5. 高温用锻造镗孔厚壁无缝钢管的高温规定塑性延伸强度（表 4-259）

表 4-259　高温用锻造镗孔厚壁无缝钢管的高温规定塑性延伸强度（YB/T 4173—2008）

序号	牌号	温度/℃										
		100	150	200	250	300	350	400	450	500	550	600
		$R_{p0.2}$/MPa ≥										
1	20G	—	—	215	196	177	157	137	98	49	—	—
2	20MnG	219	214	208	197	183	175	168	156	151	—	—
3	25MnG	252	245	237	226	210	201	192	179	172	—	—
4	12CrMoG	193	187	181	175	170	165	159	150	140	—	—
5	15CrMoG	—	—	269	256	242	228	216	205	198	—	—
6	12Cr2MoG	192	188	186	185	185	185	185	181	173	159	—
7	12Cr1MoVG	—	—	—	230	225	219	211	201	187	—	—
8	07Cr2MoW2VNbB	379	371	363	361	359	352	345	338	330	299	266
9	15Ni1MnMoNbCu	422	412	402	392	382	373	343	304	—	—	—
10	10Cr9Mo1VNbN	384	378	377	377	376	371	358	337	306	260	198
11	10Cr9MoW2VNbBN	619	610	593	577	564	548	528	504	471	414	355
12	10Cr11MoW2VNbCu1BN	618	603	586	574	562	550	533	511	478	434	374
13	11Cr9Mo1W1VNbBN	413	396	384	377	373	368	362	348	326	295	256

注：表中所列牌号 10Cr9MoW2VNbBN 和 10Cr11MoW2VNbCu1BN 的数据为材料在该温度下的抗拉强度。

4.6.18 聚乙烯用高压合金钢管

1. 聚乙烯用高压合金钢管的化学成分（表 4-260）

表 4-260 聚乙烯用高压合金钢管的化学成分（GB/T 24592—2009）

牌 号	化学成分(质量分数,%)										
	C	Si	Mn	Cr	Ni	Mo	V	Cu	Alt	P	S
35CrNi3MoV	0.30 ~ 0.40	0.10 ~ 0.35	0.20 ~ 0.80	0.50 ~ 1.20	2.50 ~ 3.30	0.40 ~ 0.70	0.10 ~ 0.25	≤ 0.20	≤ 0.015	≤ 0.012	≤ 0.005

2. 聚乙烯用高压合金钢管的力学性能（表 4-261）

表 4-261 聚乙烯用高压合金钢管的力学性能（GB/T 24592—2009）

牌 号	规定塑性延伸强度 $R_{p0.2}$/MPa	抗拉强度 R_m/MPa	断后伸长率 $A(\%)$	断面收缩率 $Z(\%)$	$-40℃$夏比 V 型缺口冲击吸收能量 KV_2[①]/J	
	纵向(常温)				纵向	横向
35CrNi3MoV	930 ~ 1035	≤1130	≥15	≥50	≥70	≥50

① 冲击试验试样应优先采用横向试样，当无法制取横向试样时，允许采用纵向试样。

3. 聚乙烯用高压合金钢管的尺寸及偏差（表 4-262）

表 4-262 聚乙烯用高压合金钢管的尺寸及偏差（GB/T 24592—2009）

（单位：mm）

外 径	壁 厚	外径允许偏差	壁厚允许偏差	外 径	壁 厚	外径允许偏差	壁厚允许偏差
76	23	±1	±1	127	37	±1	±1
89	26	±1	±1	140	40	±1	±1
95	28	±1	±1	152	44	±1	±1
102	30	±1	±1	168	48	±1	±1
108	32	±1	±1	203	60	±1	±1
114	32	±1	±1				

4.6.19 建筑结构用冷弯矩形钢管

1. 建筑结构用冷弯矩形钢管的力学性能（表 4-263）

表 4-263 建筑结构用冷弯矩形钢管的力学性能（JG/T 178—2005）

产品屈服强度等级	壁厚/mm	规定塑性延伸强度 $R_{p0.2}$/MPa ≥	抗拉强度 R_m/MPa ≥	断后伸长率 A（%）≥	冲击吸收能量/J ≥
235	4 ~ 12	235	375	23	—
	>12 ~ 22				27
345	4 ~ 12	345	470	21	—
	>12 ~ 22				27
390	4 ~ 12	390	490	19	—
	>12 ~ 22				27

2. 较高级建筑结构用冷弯矩形钢管的屈强比 (表4-264)

表4-264 较高级建筑结构用冷弯矩形钢管的屈强比 (JG/T 178—2005)

产品屈服强度等级	外周长/mm	壁厚/mm	屈强比[①](%) ≤	
			直接成方	先圆后方
235				
345	≥800	12 ~ 22	80	90
390			85	90

注: 当外周长小于800mm时, 屈强比可由供需双方协商确定。

① 指下屈服强度与抗拉强度的比值。

4.6.20 双焊缝冷弯方形及矩形钢管

1. 双焊缝冷弯方形及矩形钢管的分类及代号

双焊缝冷弯方形及矩形钢管按外形分为方形钢管 (见图4-16a) 和矩形钢管 (见图4-16b), 方形钢管代号SHF, 矩形钢管代号SHJ。

2. 方形钢管的边长及壁厚 (表4-265)

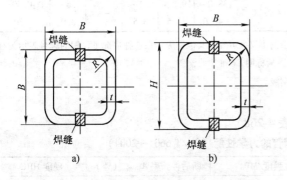

图 4-16 双焊缝冷弯方形及矩形钢管
a) 方形钢管 b) 矩形钢管

表 4-265 方形钢管的边长及壁厚
(YB/T 4181—2008)
(单位: mm)

公称边长 B	公称壁厚 t
300,320	8,10,12,14,16
350,380	8,10,12,14,16,19
400	8,10,12,14,16,19,22
450,500	8,10,12,14,16,19,22,25
550,600	9,10,12,14,16,19,22,25,32
650	12,16,19,25,32,36
700,750,800,850,900	16,19,25,32,36
950,1000	19,25,32,36,40

3. 矩形钢管的边长及壁厚 (表4-266)

表 4-266 矩形钢管的边长及壁厚 (YB/T 4181—2008) (单位: mm)

公称边长 H	公称边长 B	公称壁厚 t	公称边长 H	公称边长 B	公称壁厚 t
350	250	8,10,12,14,16	550	500	10,12,14,16,20
350	300		600	400	9,10,12,14,16
400	200		600	450	
400	250		600	500	9,10,12,14,16,19,22
400	300		600	550	9,10,12,14,16,19,22,25
450	250		700	600	16,19,22,25,32,36
450	300		800	600	
450	350		800	700	19,25,32,36,40
450	400	9,10,12,14,16	900	700	
500	300	10,12,14,16	900	800	
500	400	9,10,12,14,16	1000	850	19,25,32,36,40
500	450		1000	900	
550	400				

4.6.21　耐腐蚀合金管线钢管

1. 耐腐蚀合金管线钢管的化学成分（表4-267）

表4-267　耐腐蚀合金管线钢管的化学成分（SY/T 6601—2004）

钢　级	材料分类	化学成分（质量分数,%）										
		C	Mn	P	S	Si	Ni	Cr	Mo	N	Cu	其他
		≤										
LC30-1812	奥氏体不锈钢	0.030	2.00	0.040	0.030	0.75	10.0 ~ 15.0	16.0 ~ 18.0	2.0 ~ 3.0	≤0.16	—	—
LC52-1200	马氏体不锈钢	0.080	1.00	0.040	0.030	0.75	≤0.5	11.5 ~ 13.5				
LC65-2205	双相不锈钢	0.030	2.00	0.030	0.020	1.00	4.5 ~ 6.5	21.0 ~ 23.0	2.5 ~ 3.5	0.08 ~ 0.20	—	
LC65-2506	双相不锈钢	0.030	1.00	0.030	0.030	0.75	5.5 ~ 7.5	24.0 ~ 26.0	2.5 ~ 3.5	0.10 ~ 0.30	≤1.5	W ≤0.50
LC30-2242	镍基合金	0.050	1.00	0.030	0.030	0.50	38.0 ~ 46.0	19.5 ~ 23.5	2.5 ~ 3.5	—	1.5 ~ 3.0	Ti:0.60 ~ 1.20

注：1. 如需要，所有钢级可以修改，或经购方与制造商协议也可规定其他钢级。在这种情况下，钢的牌号表示为在屈服强度值（单位为 ksi，1ksi = 6.89476MPa）后标明 Cr 和 N 的含量。

2. 在本表中，用钢级排号的前四个符号表示该钢级。

2. 耐腐蚀合金管线钢管的力学性能（表4-268）

表4-268　耐腐蚀合金管线钢管的力学性能（SY/T 6601—2004）

钢　级	屈服强度/MPa	抗拉强度/MPa	断后伸长率 $A_{50.8mm}$（%）	硬度 HRC
	≥			≤
LC30-1812	207	482	25	—
LC52-1200	358	455	20	22
LC65-2205	448	621	25	—
LC65-2506	448	656	25	—
LC30-2242	207	551	30	—

4.6.22　深井水泵用电焊钢管

1. 深井水泵用电焊钢管的外径、壁厚及理论重量（表4-269）

表4-269　深井水泵用电焊钢管的外径、壁厚及理论重量（YB/T 4028—2005）

公称外径 D/mm	公称壁厚 t/mm															
	2.5	3.0	3.5	4.0	4.5	5.0	5.5	6.0	6.5	7.0	8.0	9.0	10.0	11.0	12.5	14.0
	理论重量/（kg/m）															
48.3	2.82	3.35	3.87	4.37												
51	2.99	3.55	4.1	4.64	5.16											
54	3.18	3.77	4.36	4.93	5.49											

(续)

公称外径 D/mm	公称壁厚 t/mm														
	2.5	3.0	3.5	4.0	4.5	5.0	5.5	6.0	6.5	7.0	8.0	9.0	10.0	11.0	12.5	14.0
	理论重量/(kg/m)														
57	3.36	4.00	4.62	5.23	5.83										
60.3	3.56	4.24	4.9	5.55	6.19										
63.5	3.76	4.48	5.18	5.87	6.55										
70	4.16	4.96	5.74	6.51	7.27										
73	4.35	5.18	6.00	6.81	7.60										
76.1	4.54	5.41	6.27	7.11	7.95										
82.5		5.88	6.82	7.74	8.66	9.56									
88.9		6.36	7.37	8.38	9.37	10.35									
101.6		7.29	8.47	9.63	10.78	11.91	13.03	14.15	15.24						
108		7.77	9.02	10.26	11.49	12.70	13.90	15.09	16.27						
114.3			9.56	10.88	12.19	13.48	14.76	16.03	17.28						
127			10.66	12.13	13.59	15.04	16.48	17.9	19.32						
133			11.18	12.73	14.26	15.78	17.29	18.79	20.28						
139.7				13.39	15.00	16.61	18.20	19.78	21.35	22.91					
141.3				13.54	15.18	16.81	18.42	20.02	21.61	23.18					
152.4				14.64	16.41	18.18	19.93	21.66	23.39	25.1					
159				15.29	17.15	18.99	20.82	22.64	24.45	26.24	29.79	33.29			
168.3					18.18	20.14	22.08	24.02	25.94	27.85	31.63	35.36			
177.8					19.23	21.31	23.37	25.42	27.46	29.49	33.5	37.47			
193.7						23.27	25.53	27.77	30.01	32.23	36.64	40.99			
219.1						26.40	28.97	31.53	34.08	36.61	41.65	46.63			
244.5						29.53	32.42	35.29	38.15	41.00	46.66	52.27	57.83		
273						33.05	36.28	39.51	42.72	45.92	52.28	58.60	64.86		
323.9								47.04	50.88	54.71	62.32	69.89	77.41	84.88	
339.7								49.38	53.41	57.43	65.44	73.40	81.31	89.17	
355.6								51.73	55.96	60.18	68.58	76.93	85.23	93.48	
377								54.9	59.39	63.87	72.80	81.68	90.51	99.29	112.36
406.4								59.25	64.10	68.95	78.60	88.20	97.76	107.26	121.43
426								62.15	67.25	72.33	82.47	92.55	102.59	112.58	127.47
457								66.73	72.22	77.68	88.58	99.44	110.24	120.99	137.03
508								74.28	80.39	86.49	98.65	110.75	122.81	134.82	152.75
559								81.83	88.57	95.29	108.71	122.07	135.39	148.66	168.47	188.17
610								89.37	96.74	104.1	118.77	133.39	147.97	162.49	184.19	205.78
660								96.77	104.76	112.73	128.63	144.49	160.30	176.06	199.60	223.04

2. 深井水泵电焊钢管的力学性能（表 4-270）

表 4-270　深井水泵用电焊钢管的力学性能（YB/T 4028—2005）

牌　号	抗拉强度 R_m/MPa ≥	下屈服强度 R_{eL}/MPa ≥	断后伸长率 A(%) ≥
Q195	315	195	20
Q215A、Q215B	335	215	20
Q235A、Q235B	375	235	20

注：拉伸试验仲裁时以纵向试样为准。

4.6.23　低中压锅炉用电焊钢管

1. 低中压锅炉用电焊钢管的化学成分（表 4-271）

表 4-271　低中压锅炉用电焊钢管的化学成分（YB 4102—2000）

牌号	化学成分(质量分数,%)					残余元素		
	C	Mn	Si	P	S	Ni	Cr	Cu
10	0.07 ~ 0.14	0.35 ~ 0.65	0.17 ~ 0.37	≤0.035	≤0.035	≤0.25	≤0.15	≤0.25
20	0.17 ~ 0.24	0.35 ~ 0.65	0.17 ~ 0.37	≤0.035	≤0.035	≤0.25	≤0.25	≤0.25

2. 低中压锅炉用电焊钢管的热处理（表 4-272）

表 4-272　低中压锅炉用电焊钢管的热处理（YB 4102—2000）

牌　号	热　处　理	
	电焊钢管（Ⅰ）	冷拔电焊钢管（Ⅱ）
10 20	无氧化正火	1）无氧化正火 2）在冷拔前经过正火处理的钢管可以进行退火处理

注：对冷拔电焊钢管（Ⅱ），选择其中一种方法。

3. 低中压锅炉用电焊钢管的力学性能（表 4-273）

表 4-273　低中压锅炉用电焊钢管的力学性能（YB 4102—2000）

牌　号	抗拉强度 R_m/MPa	下屈服强度 R_{eL}/MPa	断后伸长率 A(%)
10	335 ~ 475	≥195	≥28
20	410 ~ 550	≥245	≥24

4. 低中压锅炉用电焊钢管外径、壁厚及理论重量（表 4-274）

表 4-274　低中压锅炉用电焊钢管外径、壁厚及理论重量（YB 4102—2000）

公称外径 /mm	公称壁厚/mm								
	1.5	2.0	2.5	3.0	3.5	4.0	4.5	5.0	6.0
	理论重量/(kg/m)								
10	0.314	0.395	0.462						
12	0.388	0.493	0.586						
14		0.592	0.709	0.814					

（续）

公称外径 /mm	公称壁厚/mm								
	1.5	2.0	2.5	3.0	3.5	4.0	4.5	5.0	6.0
	理论重量/(kg/m)								
16		0.691	0.832	0.962					
17		0.740	0.894	1.04					
18		0.789	0.956	1.11					
19		0.838	1.02	1.18					
20		0.888	1.08	1.26					
22		0.986	1.20	1.41	1.60	1.78			
25		1.13	1.39	1.63	1.86	2.07			
30		1.38	1.70	2.00	2.29	2.56			
32			1.82	2.15	2.46	2.76			
35			2.00	2.37	2.72	3.06			
38			2.19	2.59	2.98	3.35			
40			2.31	2.74	3.15	3.55			
42			2.44	2.89	3.32	3.75	4.16	4.56	
45			2.62	3.11	3.58	4.04	4.49	4.93	
48			2.81	3.33	3.84	4.34	4.83	5.30	
51			2.99	3.55	4.10	4.64	5.16	5.67	
57				4.00	4.62	5.23	5.83	6.41	
60				4.22	4.88	5.52	6.16	6.78	
63.5				4.44	5.14	5.82	6.49	7.15	
70				4.96	5.74	6.51	7.27	8.01	9.47
76					6.26	7.10	7.93	8.75	10.36
83					6.86	7.79	8.71	9.62	11.39
89						8.38	9.38	10.36	12.38
102						9.67	10.82	11.96	14.21
108						10.26	11.49	12.70	15.09
114						10.85	12.12	13.44	15.98

4.6.24 换热器用焊接钢管

1. 换热器用焊接钢管的外径、壁厚及理论重量（表 4-275）

表 4-275 换热器用焊接钢管的外径、壁厚及理论重量（YB 4103—2000）

公称外径/mm	公称壁厚/mm				
	2	2.5	3	3.5	4
	理论重量/(kg/m)				
19	0.838	1.02			
25	1.13	1.39	1.63		
32		1.82	2.15	2.46	
38		2.59	2.98	3.35	
45			3.11	3.58	4.04
57				4.62	5.23

2. 换热器用焊接钢管的化学成分（表4-276）

表4-276　换热器用焊接钢管的化学成分（YB 4103—2000）

牌号	化学成分(质量分数,%)							
	C	Si	Mn	P	S	残余元素		
						Ni	Cr	Cu
10	0.07~0.14	0.17~0.37	0.35~0.65	≤0.035	≤0.035	≤0.25	≤0.15	≤0.25

3. 换热器用焊接钢管的热处理（表4-277）

表4-277　换热器用焊接钢管的热处理（YB 4103—2000）

电焊钢管（Ⅰ）	冷拔电焊钢管（Ⅱ）
无氧化正火	1）无氧化正火 2）在冷拔前经过正火处理的钢管可进行退火处理

注：对冷拔电焊钢管Ⅱ，选择其中一种方法。

4. 换热器用焊接钢管的纵向力学性能（表4-278）

表4-278　换热器用焊接钢管的纵向力学性能（YB 4103—2000）

牌　　号	抗拉强度 R_m/MPa	下屈服强度 R_{eL}/MPa	断后伸长率 A(%)
10	335~475	≥195	≥28

4.7　钢板和钢带

4.7.1　冷轧钢板和钢带

1. 冷轧钢板和钢带的分类及代号（表4-279）

表4-279　冷轧钢板和钢带的分类及代号（GB/T 708—2006）

产品形态	边缘状态	分类及代号							
		厚度精度		宽度精度		长度精度		平面度精度	
		普通	较高	普通	较高	普通	较高	普通	较高
钢带	不切边 EM	PT. A	PT. B	PW. A	—	—	—	—	—
	切边 EC	PT. A	PT. B	PW. A	PW. B	—	—	—	—
钢板	不切边 EM	PT. A	PT. B	PW. A	—	PL. A	PL. B	PF. A	PF. B
	切边 EC	PT. A	PT. B	PW. A	PW. B	PL. A	PL. B	PF. A	PF. B
纵切钢带	切边 EC	PT. A	PT. B	PW. A	—	—	—	—	—

2. 冷轧钢板和钢带的厚度及允许偏差（表4-280）

表4-280　冷轧钢板和钢带的厚度及允许偏差（GB/T 708—2006）　（单位：mm）

公称厚度	厚度允许偏差[①]					
	普通精度　PT. A			较高精度　PT. B		
	公称宽度			公称宽度		
	≤1200	>1200~1500	>1500	≤1200	>1200~1500	>1500
≤0.40	±0.04	±0.05	±0.06	±0.025	±0.035	±0.045
>0.40~0.60	±0.05	±0.06	±0.07	±0.035	±0.045	±0.050

（续）

公称厚度	厚度允许偏差①					
	普通精度 PT. A			较高精度 PT. B		
	公称宽度			公称宽度		
	≤1200	>1200~1500	>1500	≤1200	>1200~1500	>1500
>0.60~0.80	±0.06	±0.07	±0.08	±0.040	±0.050	±0.050
>0.80~1.00	±0.07	±0.08	±0.09	±0.045	±0.060	±0.060
>1.00~1.20	±0.08	±0.09	±0.10	±0.055	±0.070	±0.070
>1.20~1.60	±0.10	±0.11	±0.11	±0.070	±0.080	±0.080
>1.60~2.00	±0.12	±0.13	±0.13	±0.080	±0.090	±0.090
>2.00~2.50	±0.14	±0.15	±0.15	±0.100	±0.110	±0.110
>2.50~3.00	±0.16	±0.17	±0.17	±0.110	±0.120	±0.120
>3.00~4.00	±0.17	±0.19	±0.19	±0.140	±0.150	±0.150

① 距钢带焊缝处15mm内的厚度允许偏差比表中规定值增加60%；距钢带两端各15mm内的厚度允许偏差比表中规定值增加60%。

3. 冷轧钢板和钢带的宽度及允许偏差（表4-281）

4. 冷轧钢板和钢带的长度及允许偏差（表4-282）

表4-281 冷轧钢板和钢带的宽度及允许偏差
（GB/T 708—2006）
（单位：mm）

公称宽度	宽度允许偏差	
	普通精度 PW. A	较高精度 PW. B
≤1200	+4 / 0	+2 / 0
>1200~1500	+5 / 0	+2 / 0
>1500	+6 / 0	+3 / 0

表4-282 冷轧钢板和钢带的长度及允许偏差
（GB/T 708—2006）
（单位：mm）

公称长度	长度允许偏差	
	普通精度 PL. A	高级精度 PL. B
≤2000	+6 / 0	+3 / 0
>2000	+0.3%×公称长度 / 0	+0.15%×公称长度 / 0

4.7.2 低碳钢冷轧钢带

低碳钢冷轧钢带的力学性能如表4-283所示。

表4-283 低碳钢冷轧钢带的力学性能（YB/T 5059—2005）

钢带软硬级别	抗拉强度 R_m/MPa	断后伸长率 A_{xmm}（%） ≥
特软 S2	275~390	30
软 S	325~440	20
半软 S1/2	370~490	10
低硬 H1/4	410~540	4
冷硬 H	490~785	不测定

注：A_{xmm}下标中 x 表示试样标距长度值。

4.7.3 冷轧低碳钢板及钢带

1. 冷轧低碳钢板及钢带的分类

1）冷轧低碳钢板及钢带按用途分类如表4-284所示。

表 4-284　冷轧低碳钢板及钢带按用途分类（GB/T 5213—2008）

牌　号	用　途	牌　号	用　途
DC01	一般用	DC05	特深冲用
DC03	冲压用	DC06	超深冲用
DC04	深冲用	DC07	特超深冲用

2）冷轧低碳钢板及钢带按表面质量分类如表 4-285 所示。

3）冷轧低碳钢板及钢带按表面结构类如表 4-286 所示。

表 4-285　冷轧低碳钢板及钢带按表面
质量分类（GB/T 5213—2008）

级　别	代　号
较高级表面	FB
高级表面	FC
超高级表面	FD

表 4-286　冷轧低碳钢板及钢带按表面
结构分类（GB/T 5213—2008）

表 面 结 构	代　号
光亮表面	B
麻面	D

2. 冷轧低碳钢板及钢带的力学性能（表 4-287）

表 4-287　冷轧低碳钢板及钢带的力学性能（GB/T 5213—2008）

牌号	下屈服强度 R_{eL}[1][2]/MPa ≤	抗拉强度 R_m/MPa	断后伸长率[3] A_{80mm}(%) ≥	塑性应变比 r_{90}[4] ≥	应变硬化指数 n_{90}[4] ≥
DC01	280[5]	270 ~ 410	28	—	—
DC03	240	270 ~ 370	34	1.3	—
DC04	210	270 ~ 350	38	1.6	0.18
DC05	180	270 ~ 330	40	1.9	0.20
DC06	170	270 ~ 330	41	2.1	0.22
DC07	150	250 ~ 310	44	2.5	0.23

注：拉伸试样为 GB/T 228.1 中的 P6 试样，试样方向为横向。

① 无明显屈服时采用 $R_{p0.2}$。当厚度大于 0.50mm 且不大于 0.70mm 时，屈服强度上限值可以增加 20MPa；当厚度不大于 0.50mm 时，屈服强度上限值可以增加 40MPa。

② 经供需双方协商同意，DC01、DC03、DC04 屈服强度的下限值可设定为 140MPa，DC05、DC06 屈服强度的下限值可设定为 120MPa，DC07 屈服强度的下限值可设定为 100MPa。

③ 当厚度大于 0.50mm 且不大于 0.70mm 时，断后伸长率最小值可以降低 2%（绝对值）；当厚度不大于 0.50mm 时，断后伸长率最小值可以降低 4%（绝对值）。

④ r_{90} 值和 n_{90} 值的要求仅适用于厚度不小于 0.50mm 的产品。当厚度大于 2.0mm 时，r_{90} 值可以降低 0.2。

⑤ DC01 的屈服强度上限值的有效期仅为从生产完成之日起 8 天内。

4.7.4　碳素结构钢冷轧钢带

1. 碳素结构钢冷轧钢带的力学性能（表 4-288）

表 4-288　碳素结构钢冷轧钢带的力学性能（GB/T 716—1991）

类　别	抗拉强度 R_m/MPa	断后伸长率 A(%) ≥	硬度 HV
软钢带	275 ~ 440	23	≤130
半软钢带	370 ~ 490	10	105 ~ 145
硬钢带	490 ~ 785	—	140 ~ 230

2. 碳素结构钢冷轧钢带的厚度及宽度（表 4-289）

表 4-289 碳素结构钢冷轧钢带的厚度及宽度（GB/T 716—1991） （单位：mm）

厚 度	宽 度
0.10 ~ 3.00	10 ~ 250

4.7.5 碳素结构钢冷轧薄钢板及钢带

1. 碳素结构钢冷轧薄钢板和钢带的化学成分（表 4-290）

表 4-290 碳素结构钢冷轧薄钢板和钢带的化学成分（GB/T 11253—2007）

牌 号	化学成分（质量分数，%） ≤				
	C	Si	Mn	P[①]	S
Q195	0.12	0.30	0.50	0.035	0.035
Q215	0.15	0.35	1.20	0.035	0.035
Q235	0.22	0.35	1.40	0.035	0.035
Q275	0.24	0.35	1.50	0.035	0.035

① 经需方同意，P 为固溶强化元素添加时，上限应不大于 0.12%（质量分数）。

2. 碳素结构钢冷轧薄钢板及钢带的力学性能（表 4-291）

表 4-291 碳素结构钢冷轧薄钢板及钢带的力学性能（GB/T 11253—2007）

牌 号	下屈服强度 R_{eL}/MPa	抗拉强度 R_m/MPa	断后伸长率（%）	
	≥		A_{50mm} ≥	A_{80mm} ≥
Q195	195	315 ~ 430	26	24
Q215	215	335 ~ 450	24	22
Q235	235	370 ~ 500	22	20
Q275	275	410 ~ 540	20	18

注：无明显屈服时，采用 $R_{p0.2}$。

4.7.6 优质碳素结构钢冷轧钢带

1. 优质碳素结构钢冷轧钢带的力学性能（表 4-292）

表 4-292 优质碳素结构钢冷轧钢带的力学性能（GB/T 3522—1983）

牌 号	冷硬钢带	退火钢带	
	抗拉强度 R_m/MPa	抗拉强度 R_m/MPa	断后伸长率 A（%） ≥
15	450 ~ 800	320 ~ 500	220
20	500 ~ 850	320 ~ 550	200
25	550 ~ 900	350 ~ 600	180
30	650 ~ 950	400 ~ 600	160
35	650 ~ 950	400 ~ 650	160
40	650 ~ 1000	450 ~ 700	150
45	700 ~ 1050	450 ~ 700	150
50	750 ~ 1100	450 ~ 750	130
55	750 ~ 1100	450 ~ 750	120
60	750 ~ 1150	450 ~ 750	120
65	750 ~ 1150	450 ~ 750	100
70	750 ~ 1150	450 ~ 750	100

2. 优质碳素结构钢冷轧钢带的尺寸及允许偏差（表4-293）

表4-293　优质碳素结构钢冷轧钢带的尺寸及允许偏差（GB/T 3522—1983）

（单位：mm）

尺　　寸	厚　　度			宽　　度				
	允　许　偏　差			切边钢带			不切边钢带	
	普通精度（P）	较高精度（H）	高精度（J）	尺寸	允许偏差		尺寸	允许偏差
					普通精度（P）	较高精度（K）		
0.10 ~ 0.15	0 −0.020	0 −0.015	0 −0.010	4 ~ 120	0 −0.3	0 −0.2	<50	+2 −1
>0.15 ~ 0.25	0 −0.030	0 −0.020	0 −0.015					
>0.25 ~ 0.40	0 −0.040	0 −0.030	0 −0.020	6 ~ 200				
>0.40 ~ 0.50	0 −0.050	0 −0.040	0 −0.025					
>0.50 ~ 0.70	0 −0.050	0 −0.040	0 −0.025	10 ~ 200	0 −0.4	0 −0.3		
>0.70 ~ 0.95	0 −0.070	0 −0.050	0 −0.030					
>0.95 ~ 1.00	0 −0.090	0 −0.060	0 −0.040					
>1.00 ~ 1.35	0 −0.090	0 −0.060	0 −0.040					
>1.35 ~ 1.75	0 −0.110	0 −0.080	0 −0.050	18 ~ 200	0 −0.6	0 −0.4	>50	+3 −2
>1.75 ~ 2.30	0 −0.130	0 −0.100	0 −0.060					
>2.30 ~ 3.00	0 −0.160	0 −0.120	0 −0.080					
>3.00 ~ 4.00	0 −0.200	0 −0.160	0 −0.100					

4.7.7　优质碳素结构钢冷轧薄钢板和钢带

优质碳素结构钢冷轧薄钢板和钢带的力学性能如表4-294所示。

表4-294　优质碳素结构钢冷轧薄钢板和钢带的力学性能（GB/T 13237—1991）

牌号	拉　延　级　别				
	Z	S和P	Z	S	P
	抗拉强度 R_m/MPa		断后伸长率 $A_{11.3}$（%）　≥		
08F	275 ~ 365	275 ~ 380	34	32	30
08、08Al、10F	275 ~ 390	275 ~ 410	32	30	28
10	295 ~ 410	295 ~ 430	30	29	28

（续）

牌号	拉延级别				
	Z	S 和 P	Z	S	P
	抗拉强度 R_m/MPa		断后伸长率 $A_{11.3}$（%） ≥		
15F	315 ~ 430	315 ~ 450	29	28	27
15	335 ~ 450	335 ~ 470	27	26	25
20	355 ~ 490	355 ~ 500	26	25	24
25	—	390 ~ 540	—	24	23
30	—	440 ~ 590	—	22	21
35	—	490 ~ 635	—	20	19
40	—	510 ~ 650	—	—	18
45	—	530 ~ 685	—	—	16
50	—	540 ~ 715	—	—	14

注：1. Z—最深拉延级；S—深拉延级；P—普通拉延级。

2. 厚度小于 2mm 的钢板和钢带的断后伸长率允许比表中的规定降低 1%（绝对值）。

4.7.8 冷轧取向和无取向电工钢带（片）

1. 普通级取向电工钢带（片）的磁特性和工艺特性（表 4-295）

表 4-295 普通级取向电工钢带（片）的磁特性和工艺特性（GB/T 2521—2008）

牌号	公称厚度 /mm	最大比总损耗 /（W/kg）				最小磁极化强度/T $H=800A/m$	最小叠装系数
		1.5T,50Hz	1.5T,60Hz	1.7T,50Hz	1.7T,60Hz	50Hz	
23Q110	0.23	0.73	0.96	1.10	1.45	1.78	0.950
23Q120	0.23	0.77	1.01	1.20	1.57	1.78	0.950
23Q130	0.23	0.80	1.06	1.30	1.65	1.75	0.950
27Q110	0.27	0.73	0.97	1.10	1.45	1.78	0.950
27Q120	0.27	0.80	1.07	1.20	1.58	1.78	0.950
27Q130	0.27	0.85	1.12	1.30	1.68	1.78	0.950
27Q140	0.27	0.89	1.17	1.40	1.85	1.75	0.950
30Q120	0.30	0.79	1.06	1.20	1.58	1.78	0.960
30Q130	0.30	0.85	1.15	1.30	1.71	1.78	0.960
30Q140	0.30	0.92	1.21	1.40	1.83	1.78	0.960
30Q150	0.30	0.97	1.28	1.50	1.98	1.75	0.960
35Q135	0.35	1.00	1.32	1.35	1.80	1.78	0.960
35Q145	0.35	1.03	1.36	1.45	1.91	1.78	0.960
35Q155	0.35	1.07	1.41	1.55	2.04	1.78	0.960

注：多年来习惯上采用磁感应强度，实际上受泼斯坦方圈测量的是磁极化强度，定义为

$$J = B - \mu_0 H$$

式中，J 是磁极化强度；B 是磁感应强度；μ_0 是真空磁导率，$\mu_0 = 4\pi \times 10^{-7} H/m$；$H$ 是磁场强度。

2. 高磁导率级取向电工钢带（片）的磁特性和工艺特性（表4-296）

表4-296　高磁导率级取向电工钢带（片）的磁特性和工艺特性（GB/T 2521—2008）

牌　　号	公称厚度/mm	最大比总损耗/(W/kg)		最小磁极化强度/T $H=800A/m$	最小叠装系数
		1.7T,50Hz	1.7T,60Hz	50Hz	
23QG085①	0.23	0.85	1.12	1.85	0.950
23QG090①	0.23	0.90	1.19	1.85	0.950
23QG095	0.23	0.95	1.25	1.85	0.950
23QG100	0.23	1.00	1.32	1.85	0.950
27QG090①	0.27	0.90	1.19	1.85	0.950
27QG095①	0.27	0.95	1.25	1.85	0.950
27QG100	0.27	1.00	1.32	1.88	0.950
27QG105	0.27	1.05	1.36	1.88	0.950
27QG110	0.27	1.10	1.45	1.88	0.950
30QG105	0.30	1.05	1.38	1.88	0.960
30QG110	0.30	1.10	1.46	1.88	0.960
30QG120	0.30	1.20	1.58	1.85	0.960
35QG115	0.35	1.15	1.51	1.88	0.960
35QG125	0.35	1.25	1.64	1.88	0.960
35QG135	0.35	1.35	1.77	1.88	0.960

注：1. 在800A/m的磁场下，B 和 J 之间的差值达到0.001T。

　　2. $P1.5$ 和 $P1.7/60$ 作为参考值，不作为交货依据。

① 该级别的钢可以磁畴细化状态交货。

3. 无取向电工钢带（片）的磁特性和工艺特性（表4-297）

表4-297　无取向电工钢带（片）的磁特性和工艺特性（GB/T 2521—2008）

牌号	公称厚度/mm	理论密度/(kg/dm³)	最大比总损耗/(W/kg)		最小磁极化强度/T 50Hz			最小弯曲次数	最小叠装系数
			1.5T,50Hz	1.5T,60Hz	$H=2500A/m$	$H=5000A/m$	$H=10000A/m$		
35W230		7.60	2.30	2.90	1.49	1.60	1.70	2	
35W250		7.60	2.50	3.14	1.49	1.60	1.70	2	
35W270		7.65	2.70	3.36	1.49	1.60	1.70	2	
35W300	0.35	7.65	3.00	3.74	1.49	1.60	1.70	3	0.950
35W330		7.65	3.30	4.12	1.50	1.61	1.71	3	
35W360		7.65	3.60	4.55	1.51	1.62	1.72	5	
35W400		7.65	4.00	5.10	1.53	1.64	1.74	5	
35W440		7.70	4.40	5.60	1.53	1.64	1.74	5	

（续）

牌号	公称厚度/mm	理论密度/(kg/dm³)	最大比总损耗/(W/kg)		最小磁极化强度/T 50Hz			最小弯曲次数	最小叠装系数
			1.5T, 50Hz	1.5T, 60Hz	H=2500A/m	H=5000A/m	H=10000A/m		
50W230		7.60	2.30	3.00	1.49	1.60	1.70	2	
50W250		7.60	2.50	3.21	1.49	1.60	1.70	2	
50W270		7.60	2.70	3.47	1.49	1.60	1.70	2	
50W290		7.60	2.90	3.71	1.49	1.60	1.70	2	
50W310		7.65	3.10	3.95	1.49	1.60	1.70	3	
50W330		7.65	3.30	4.20	1.49	1.60	1.70	3	
50W350		7.65	3.50	4.45	1.50	1.60	1.70	5	
50W400	0.50	7.70	4.00	5.10	1.53	1.63	1.73	5	
50W470		7.70	4.70	5.90	1.54	1.64	1.74	10	
50W530		7.70	5.30	6.66	1.56	1.65	1.75	10	
50W600		7.75	6.00	7.55	1.57	1.66	1.76	10	
50W700		7.80	7.00	8.80	1.60	1.69	1.77	10	0.970
50W800		7.80	8.00	10.10	1.60	1.70	1.78	10	
50W1000		7.85	10.00	12.60	1.62	1.72	1.81	10	
50W1300		7.85	13.00	16.40	1.62	1.74	1.81	10	
65W600		7.75	6.00	7.71	1.56	1.66	1.76	10	
65W700		7.75	7.00	8.98	1.57	1.67	1.76	10	
65W800	0.65	7.80	8.00	10.26	1.60	1.70	1.78	10	
65W1000		7.80	10.00	12.77	1.61	1.71	1.80	10	
65W1300		7.85	13.00	16.60	1.61	1.71	1.80	10	
65W1600		7.85	16.00	20.40	1.61	1.71	1.80	10	

注：$P1.5/60$；$H=2500A/m$、$H=10000A/m$ 的磁极化强度值作为参考值，不作为交货依据。

4. 无取向钢电工钢带（片）的力学性能（表4-298）

表4-298　无取向钢电工钢带（片）的力学性能（GB/T 2521—2008）

牌　号	抗拉强度 R_m/MPa ≥	断后伸长率 A(%) ≥	牌　号	抗拉强度 R_m/MPa ≥	断后伸长率 A(%) ≥
35W230	450	10	50W230	450	10
35W250	440		50W250	450	
35W270	430	11	50W270	450	
35W300	420		50W290	440	
35W330	410	14	50W310	430	
35W360	400		50W330	425	11
35W400	390	16	50W350	420	
35W440	380		50W400	400	14

（续）

牌　号	抗拉强度 R_m/MPa ≥	断后伸长率 A(%) ≥	牌　号	抗拉强度 R_m/MPa ≥	断后伸长率 A(%) ≥
50W470	380	16	65W600	340	22
50W530	360		65W700	320	
50W600	340	21	65W800	300	
50W700	320		65W1000	290	
50W800	300	22	65W1300	290	
50W1000	290		65W1600	290	
50W1300	290				

4.7.9　工业链条用冷轧钢带

1. 工业链条用冷轧钢带的尺寸（表4-299）

表4-299　工业链条用冷轧钢带的尺寸（YB/T 5347—2006）

厚度/mm	宽度/mm
0.60 ~ 4.00	20 ~ 120

2. 工业链条用冷轧钢带的力学性能（表4-300）

表4-300　工业链条用冷轧钢带的力学性能（YB/T 5347—2006）

交货状态	普通强度		较高强度	
	抗拉强度 R_m/MPa	断后伸长率 A(%)	抗拉强度 R_m/MPa	断后伸长率 A(%)
退火	400 ~ 700	≥15	455 ~ 695	≥15
冷硬	≥700	—	≥700	—

4.7.10　自行车链条用冷轧钢带

1. 自行车链条用冷轧钢带的化学成分（表4-301）

表4-301　自行车链条用冷轧钢带的化学成分（YB/T 5064—1993）

牌号	化学成分(质量分数,%)				
	C	Si	Mn	P	S
				≤	
20MnSi	0.17 ~ 0.25	0.40 ~ 0.80	1.20 ~ 1.60	0.045	0.050
19Mn	0.16 ~ 0.22	0.20 ~ 0.40	0.70 ~ 1.00	0.045	0.050
16Mn	0.12 ~ 0.20	0.20 ~ 0.60	1.20 ~ 1.60	0.045	0.050
Q275	0.28 ~ 0.38	0.15 ~ 0.35	0.50 ~ 0.80	0.045	0.050

2. 自行车链条用冷轧钢带的力学性能（表4-302）

表4-302　自行车链条用冷轧钢带的力学性能（YB/T 5064—1993）

抗拉强度组别	抗拉强度 R_m/MPa
Ⅰ组钢带	785 ~ 980
Ⅱ组钢带	835

4.7.11 搪瓷用冷轧低碳钢板及钢带

1. 搪瓷用冷轧低碳钢板及钢带的分类

1）搪瓷用冷轧低碳钢板及钢带按用途分类如表4-303所示。

表4-303 搪瓷用冷轧低碳钢板及钢带按用途分类（GB/T 13790—2008）

牌 号	用 途	牌 号	用 途
DC01EK	一般用	DC05EK	特深冲压用
DC03EK	冲压用		

2）搪瓷用冷轧低碳钢板及钢带按表面质量分类如表4-304所示。

3）搪瓷用冷轧低碳钢板及钢带按表面结构分类如表4-305所示。

表4-304 搪瓷用冷轧低碳钢板及钢带按
表面质量分类（GB/T 13790—2008）

级 别	代 号
较高级的精整表面	FB
高级的精整表面	FC

表4-305 搪瓷用冷轧低碳钢板及钢带按
表面结构分类（GB/T 13790—2008）

表 面 结 构	代 号
麻面	D
粗糙表面	R

2. 搪瓷用冷轧低碳钢板及钢带的化学成分（表4-306）

表4-306 搪瓷用冷轧低碳钢板及钢带的化学成分（GB/T 13790—2008）

牌 号	化学成分（质量分数,%）					
	C	Mn	P	S	Als[1]	Ti
DC01EK[2]	≤0.08	≤0.60	≤0.045	≤0.045	≥0.015	—
DC03EK[2]	≤0.06	≤0.40	≤0.025	≤0.030	≥0.015	[3]
DC05EK	≤0.008	≤0.25	≤0.020	≤0.050	≥0.010	≤0.3[4]

① 可以用 Alt 替代,Alt 的下限值比表中规定值增加0.005%。

② 当碳的质量分数不大于0.008%时,Als 的下限值可为0.010%。

③ 可添加硼等元素。

④ 钛可被铌等所取代,但碳和氮应完全被固定。

3. 搪瓷用冷轧低碳钢板及钢带的力学性能（表4-307）

表4-307 搪瓷用冷轧低碳钢板及钢带的力学性能（GB/T 13790—2008）

牌 号	下屈服强度 R_{eL}[1][2]/MPa ≤	抗拉强度 R_m/MPa	断后伸长率[3][4] A_{80mm}（%）≥	塑性应变比 r_{90}[5] ≥	应变硬化指数 n_{90}[5] ≥
DC01EK	280	270~410	30	—	—
DC03EK	240	270~370	34	1.3	—
DC05EK	200	270~350	38	1.6	0.18

① 无明显屈服时采用 $R_{p0.2}$。当厚度大于0.50mm,且不大于0.70mm 时,屈服强度上限值可以增加20MPa；当厚度不大于0.50mm 时,屈服强度上限值可以增加40MPa。

② 经供需双方协商同意,DC01EK 和 DC03EK 屈服强度下限值可设定为140MPa,DC05EK 可设定为120MPa。

③ 试样宽度 b 为20mm,试样方向为横向。

④ 当厚度大于0.50mm 且不大于0.70mm 时,断后伸长率最小值可以降低2%（绝对值）；当厚度不大于0.50mm 时,断后伸长率最小值可以降低4%（绝对值）。

⑤ r_{90} 值和 n_{90} 值的要求仅适用于厚度不小于0.50mm 的产品。当厚度大于2.0mm 时,r_{90} 值可以降低0.2。

4.7.12　金属软管用碳素钢冷轧钢带

1. 金属软管用碳素钢冷轧钢带的厚度及宽度（表4-308）

表4-308　金属软管用碳素钢冷轧钢带的厚度及宽度（YB/T 023—1992）

厚度 /mm	宽 度 /mm											
	4	6	7.1	8.6	9.5	12.7	15	16	17	21.2	25	35
0.20			×									
0.25	×			×								
0.30		×	×	×	×	×						×
0.35				×	×							
0.40					×	×						
0.45							×					
0.50						×	×	×	×		×	
0.60										×		

注："×"表示有此规格。

2. 金属软管用碳素钢冷轧钢带的力学性能（表4-309）

表4-309　金属软管用碳素钢冷轧钢带的力学性能（YB/T 023—1992）

状　态	抗拉强度 R_m/MPa	断后伸长率 A(%)
软态	275 ~ 440	≥23
冷硬	—	

4.7.13　优质碳素结构钢热轧薄钢板和钢带

优质碳素结构钢热轧薄钢板和钢带的拉伸性能如表4-310所示。

表4-310　优质碳素结构钢热轧薄钢板和钢带的拉伸性能（GB/T 710—2008）

牌　号	拉深级别				
	Z	S 和 P	Z	S	P
	抗拉强度 R_m/MPa		断后伸长率 A(%) ≥		
08、08Al	275 ~ 410	≥300	36	35	34
10	280 ~ 410	≥335	36	34	32
15	300 ~ 430	≥370	34	32	30
20	340 ~ 480	≥410	30	28	26
25	—	≥450	—	26	24
30	—	≥490	—	24	22
35	—	≥530	—	22	20
40	—	≥570	—	—	19
45	—	≥600	—	—	17
50	—	≥610	—	—	16

4.7.14　优质碳素结构钢热轧厚钢板和钢带

1. 优质碳素结构钢热轧厚钢板和钢带的化学成分（表4-311）

表 4-311 优质碳素结构钢热轧厚钢板和钢带的化学成分 （GB/T 711—2008）

牌 号	化学成分（质量分数,%）							
	C	Si	Mn	P	S	Cr	Ni	Cu
				≤				
05F	≤0.06	≤0.03	≤0.04	0.035	0.040	0.10	0.25	0.25
08F	0.05 ~ 0.11	≤0.03	0.25 ~ 0.50	0.035	0.040	0.10	0.25	0.25
08	0.05 ~ 0.12	0.17 ~ 0.37	0.35 ~ 0.65	0.035	0.040	0.10	0.25	0.25
10F	0.07 ~ 0.14	≤0.07	0.25 ~ 0.50	0.035	0.040	0.15	0.25	0.25
10	0.07 ~ 0.14	0.17 ~ 0.37	0.35 ~ 0.65	0.035	0.040	0.15	0.25	0.25
15F	0.12 ~ 0.19	≤0.07	0.25 ~ 0.50	0.035	0.040	0.25	0.25	0.25
15	0.12 ~ 0.19	0.17 ~ 0.37	0.35 ~ 0.65	0.035	0.040	0.25	0.25	0.25
20F	0.17 ~ 0.24	≤0.07	0.25 ~ 0.50	0.035	0.040	0.25	0.25	0.25
20	0.17 ~ 0.24	0.17 ~ 0.37	0.35 ~ 0.65	0.035	0.040	0.25	0.25	0.25
25	0.22 ~ 0.30	0.17 ~ 0.37	0.50 ~ 0.80	0.035	0.040	0.25	0.25	0.25
30	0.27 ~ 0.35	0.17 ~ 0.37	0.50 ~ 0.80	0.035	0.040	0.25	0.25	0.25
35	0.32 ~ 0.40	0.17 ~ 0.37	0.50 ~ 0.80	0.035	0.040	0.25	0.25	0.25
40	0.37 ~ 0.45	0.17 ~ 0.37	0.50 ~ 0.80	0.035	0.040	0.25	0.25	0.25
45	0.42 ~ 0.50	0.17 ~ 0.37	0.50 ~ 0.80	0.035	0.040	0.25	0.25	0.25
50	0.47 ~ 0.55	0.17 ~ 0.37	0.50 ~ 0.80	0.035	0.040	0.25	0.25	0.25
55	0.52 ~ 0.60	0.17 ~ 0.37	0.50 ~ 0.80	0.035	0.040	0.25	0.25	0.25
60	0.57 ~ 0.65	0.17 ~ 0.37	0.50 ~ 0.80	0.035	0.040	0.25	0.25	0.25
65	0.62 ~ 0.70	0.17 ~ 0.37	0.50 ~ 0.80	0.035	0.040	0.25	0.25	0.25
70	0.67 ~ 0.75	0.17 ~ 0.37	0.50 ~ 0.80	0.035	0.040	0.25	0.25	0.25
20Mn	0.17 ~ 0.24	0.17 ~ 0.37	0.70 ~ 1.00	0.035	0.040	0.25	0.25	0.25
25Mn	0.22 ~ 0.30	0.17 ~ 0.37	0.70 ~ 1.00	0.035	0.040	0.25	0.25	0.25
30Mn	0.27 ~ 0.35	0.17 ~ 0.37	0.70 ~ 1.00	0.035	0.040	0.25	0.25	0.25
40Mn	0.37 ~ 0.45	0.17 ~ 0.37	0.70 ~ 1.00	0.035	0.040	0.25	0.25	0.25
50Mn	0.48 ~ 0.56	0.17 ~ 0.37	0.70 ~ 1.00	0.035	0.040	0.25	0.25	0.25
60Mn	0.57 ~ 0.65	0.17 ~ 0.37	0.70 ~ 1.00	0.035	0.040	0.25	0.25	0.25
65Mn	0.62 ~ 0.70	0.17 ~ 0.37	0.90 ~ 1.20	0.035	0.040	0.25	0.25	0.25

2. 优质碳素结构钢热轧厚钢板和钢带的力学性能 （表 4-312）

表 4-312 优质碳素结构钢热轧厚钢板和钢带的力学性能 （GB/T 711—2008）

牌 号	交货状态	抗拉强度 R_m/MPa	断后伸长率 $A(\%)$	牌 号	交货状态	抗拉强度 R_m/MPa	断后伸长率 $A(\%)$
		≥				≥	
08F	热轧或热处理	315	34	10F	热轧或热处理	325	32
08		325	33	10		335	32

（续）

牌　号	交货状态	抗拉强度 R_m/ MPa	断后伸长率 $A(\%)$	牌　号	交货状态	抗拉强度 R_m/ MPa	断后伸长率 $A(\%)$
		≥				≥	
15F	热轧或 热处理	355	30	60	热处理	675	12
15		370	30	65		695	10
20		410	28	70		715	9
25		450	24	20Mn	热轧或 热处理	450	24
30		490	22	25Mn		490	22
35①	热处理	530	20	30Mn		540	20
40①		570	19	40Mn		590	17
45①		600	17	50Mn	热处理	650	13
50		625	16	60Mn		695	11
55		645	13	65Mn		735	9

注：热处理指正火、退火或高温回火。

① 经供需双方协议，也可以热轧状态交货，以热处理样坯测定力学性能，样坯尺寸为 $t \times 3t \times 3t$，t 为钢材厚度。

3. 优质碳素结构钢热轧厚钢板和钢带的冲击吸收能量（表 4-313）

表 4-313　优质碳素结构钢热轧厚钢板和钢带的冲击吸收能量（GB/T 711—2008）

牌　号	冲击吸收能量　KV_2（纵向）/J	
	20℃	−20℃
10	≥34	≥27
15	≥34	≥27
20	≥34	≥27

4.7.15　碳素结构钢和低合金结构钢热轧钢带

碳素结构钢和低合金结构钢热轧钢带的力学性能及工艺性能如表 4-314 所示。

表 4-314　碳素结构钢和低合金结构钢热轧钢带的力学性能及工艺性能（GB/T 3524—2005）

牌　号	下屈服强度 R_{eL}/MPa ≥	抗拉强度 R_m/MPa	断后伸长率 $A(\%)$ ≥	180°冷弯性能 t—试样厚度 d—弯心直径
Q195	(195)①	315 ~ 430	33	$d = 0$
Q215	215	335 ~ 450	31	$d = 0.5t$
Q235	235	375 ~ 500	26	$d = t$
Q255	255	410 ~ 550	24	—
Q275	275	490 ~ 630	20	—
Q295	295	390 ~ 570	23	$d = 2t$
Q345	345	470 ~ 630	21	$d = 2t$

4.7.16 优质碳素结构钢热轧钢带

优质碳素结构钢热轧钢带的力学性能如表4-315所示。

表4-315 优质碳素结构钢热轧钢带的力学性能（GB/T 8749—2008）

牌 号	抗拉强度 R_m/MPa	断后伸长率 $A(\%)$	牌 号	抗拉强度 R_m/MPa	断后伸长率 $A(\%)$
	≥			≥	
08Al	290	35	25	450	24
08	325	33	30	490	22
10	335	32	35	530	20
15	370	30	40	570	19
20	410	25	45	600	17

4.7.17 热连轧低碳钢板及钢带

1. 热连轧低碳钢板及钢带的化学成分（表4-316）

表4-316 热连轧低碳钢板及钢带的化学成分（GB/T 25053—2010）

牌 号	化学成分[1]（质量分数,%）				牌 号	化学成分[1]（质量分数,%）			
	C	Mn	P	S		C	Mn	P	S
HR1	≤0.15	≤0.60	≤0.035	≤0.035	HR3[2]	≤0.10	≤0.50	≤0.030	≤0.030
HR2[2]	≤0.10	≤0.50	≤0.035	≤0.035	HR4[2]	≤0.08	≤0.50	≤0.025	≤0.025

[1] 钢中可添加微量合金元素 Ti、Nb、V、B 等，并在质量证明书中注明。

[2] 为特殊镇静钢。

2. 热连轧低碳钢板及钢带的力学性能（表4-317）

表4-317 热连轧低碳钢板及钢带的力学性能（GB/T 25053—2010）

牌号	拉伸性能[1]							180°弯曲性能[2][3]	
	R_m/MPa	$A_{50mm}(\%)$ $(L_0 = 50mm, b = 25mm)$						d—弯心直径 a—试样厚度	
		厚度/mm						厚度/mm	
		1.2 ~ <1.6	1.6 ~ <2.0	2.0 ~ <2.5	2.5 ~ <3.2	3.2 ~ <4.0	≥4.0	<3.2	≥3.2
HR1	270 ~ 440	≥27	≥29	≥29	≥29	≥31	≥31	$d = 0$	$d = a$
HR2	270 ~ 420	≥30	≥32	≥33	≥35	≥37	≥39	—	—
HR3	270 ~ 400	≥31	≥33	≥35	≥37	≥39	≥41	—	—
HR4	270 ~ 380	≥37	≥38	≥39	≥39	≥40	≥42	—	—

[1][2] 拉伸、弯曲试验取纵向试样。

[3] 供方如能保证，可不进行弯曲试验。

4.7.18 热轧花纹钢板和钢带

1. 热轧花纹钢板和钢带的分类和代号

1）热轧花纹钢板和钢带按边缘状态分为切边（EC）和不切边（EM）两类。

2）热轧花纹钢板和钢带按花纹形状分类和代号如表 4-318 所示。

表 4-318　热轧花纹钢板和钢带按花纹形状分类和代号（YB/T 4159—2007）

花纹形状	代　　号	图　　号	花纹形状	代　　号	图　　号
菱形花纹	LX	图 4-17	圆豆形花纹	YD	图 4-19
扁豆形花纹	BD	图 4-18	组合形花纹	ZH	图 4-20

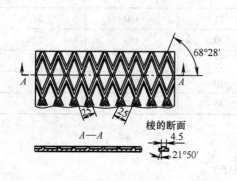

图 4-17　菱形花纹

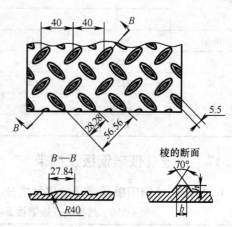

图 4-18　扁豆形花纹

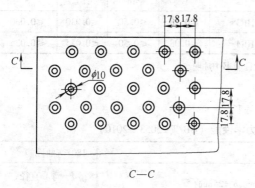

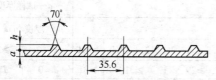

图 4-19　圆豆形花纹

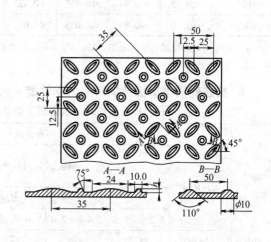

图 4-20　组合形花纹

2. 热轧花纹钢板和钢带的尺寸（表 4-319）

表 4-319　热轧花纹钢板和钢带的尺寸（YB/T 4159—2007）　　　　（单位：mm）

基本厚度	宽　　度	长　　度	
2.0 ~ 10.0	600 ~ 1500	钢板	2000 ~ 12000
		钢带	—

3. 热轧花纹钢板的理论重量（表 4-320）

表 4-320　热轧花纹钢板的理论重量（YB/T 4159—2007）

基本厚度 /mm	理论重量/（kg/m²）				基本厚度 /mm	理论重量/（kg/m²）			
	菱 形	圆豆形	扁豆形	组合形		菱 形	圆豆形	扁豆形	组合形
2.0	17.7	16.1	16.8	16.5	5.0	42.2	39.8	40.1	40.3
2.5	21.6	20.4	20.7	20.4	5.5	46.6	43.8	44.9	44.4
3.0	25.9	24.0	24.8	24.5	6.0	50.5	47.7	48.8	48.4
3.5	29.9	27.9	28.8	28.4	7.0	58.4	55.6	56.7	56.2
4.0	34.4	31.9	32.8	32.4	8.0	67.1	63.6	64.9	64.4
4.5	38.3	35.9	36.7	36.4	10.0	83.2	79.3	80.8	80.27

4.7.19　弹簧钢热轧钢板

弹簧钢热轧钢板的力学性能如表 4-321 所示。

表 4-321　弹簧钢热轧钢板的力学性能（GB/T 3279—2009）

序 号	牌 号	力 学 性 能			
		厚度 <3mm		厚度为 3~15mm	
		抗拉强度 R_m/MPa	断后伸长率 $A_{11.3}$[①]（%）	抗拉强度 R_m/MPa	断后伸长率 A[①]（%）
		≤	≥	≤	≥
1	85	800	10	785	10
2	65Mn	850	12	850	12
3	60Si2Mn	950	12	930	12
4	60Si2MnA	950	13	930	13
5	60Si2CrVA	1100	12	1080	12
6	50CrVA	950	12	930	12

① 厚度不大于 0.90mm 的钢板，断后伸长率仅供参考。

4.7.20　合金结构钢热轧厚钢板

1. 合金结构钢热轧厚钢板的力学性能（表 4-322）

表 4-322　合金结构钢热轧厚钢板的力学性能（GB/T 11251—2009）

牌 号	力 学 性 能			牌 号	力 学 性 能		
	抗拉强度 R_m/MPa	断后伸长率 A（%） ≥	硬度 HBW ≤		抗拉强度 R_m/MPa	断后伸长率 A（%） ≥	硬度 HBW ≤
45Mn2	600~850	13	—	30Cr	500~700	19	—
27SiMn	550~800	18	—	35Cr	550~750	18	—
40B	500~700	20	—	40Cr	550~800	16	—
45B	550~750	18	—	20CrMnSiA	450~700	21	—
50B	550~750	16	—	25CrMnSiA	500~700	20	229
15Cr	400~600	21	—	30CrMnSiA	550~750	19	229
20Cr	400~650	20	—	35CrMnSiA	600~800	16	—

2. 25CrMnSiA 和 30CrMnSiA 的热处理制度和力学性能（表 4-323）

表 4-323　25CrMnSiA 和 30CrMnSiA 的热处理制度和力学性能（GB/T 11251—2009）

牌号	试样热处理制度				力学性能		
	淬火		回火		抗拉强度 R_m/MPa	断后伸长率 A(%)	冲击吸收能量 KU_2/J
	温度/℃	冷却介质	温度/℃	冷却介质	≥		
25CrMnSiA	850~890	油	450~550	水、油	980	10	39
30CrMnSiA	860~900	油	470~570	油	1080	10	39

4.7.21　结构用热轧翼板钢

1. 结构用热轧翼板钢的截面尺寸及理论重量（表 4-324）

表 4-324　结构用热轧翼板钢的截面尺寸及理论重量（GB/T 28299—2012）

宽度 /mm	厚度/mm																	
	6	8	10	12	14	16	18	20	22	24	26	28	30	32	34	36	38	40
	理论重量/kg																	
140	6.59	8.79	10.99	13.19	15.39	17.58	19.78	21.98	24.18	26.38	28.57	30.77	32.97	35.17	37.37	39.56	41.76	43.96
150	7.07	9.42	11.78	14.13	16.49	18.84	21.2	23.55	25.91	28.26	30.62	32.97	35.33	37.68	40.04	42.39	44.75	47.1
160	7.54	10.05	12.56	15.07	17.58	20.1	22.61	25.12	27.63	30.14	32.66	35.17	37.68	40.19	42.7	45.22	47.73	50.24
170	8.01	10.68	13.35	16.01	18.68	21.35	24.02	26.69	29.36	32.03	34.7	37.37	40.04	42.7	45.37	48.04	50.71	53.38
180	8.48	11.3	14.13	16.96	19.78	22.61	25.43	28.26	31.09	33.91	36.74	39.56	42.39	45.22	48.04	50.87	53.69	56.52
190	8.95	11.93	14.92	17.9	20.88	23.86	26.85	29.83	32.81	35.8	38.78	41.76	44.75	47.73	50.71	53.69	56.68	59.66
200	9.42	12.56	15.7	18.84	21.98	25.12	28.26	31.4	34.54	37.68	40.82	43.96	47.1	50.24	53.38	56.52	59.66	62.8
210	9.89	13.19	16.49	19.78	23.08	26.38	29.67	32.97	36.27	39.56	42.86	46.16	49.46	52.75	56.05	59.35	62.64	65.94
220	10.36	13.82	17.27	20.72	24.18	27.63	31.09	34.54	37.99	41.45	44.9	48.36	51.81	55.26	58.72	62.17	65.63	69.08
230	10.83	14.44	18.06	21.67	25.28	28.89	32.5	36.11	39.72	43.33	46.94	50.55	54.17	57.78	61.39	65	68.61	72.22
240	11.3	15.07	18.84	22.61	26.38	30.14	33.91	37.68	41.45	45.22	48.98	52.75	56.52	60.29	64.06	67.82	71.59	75.36
250	11.78	15.7	19.63	23.55	27.48	31.4	35.33	39.25	43.18	47.1	51.03	54.95	58.88	62.8	66.73	70.65	74.58	78.5
260	12.25	16.33	20.41	24.49	28.57	32.66	36.74	40.82	44.9	48.98	53.07	57.15	61.23	65.31	69.39	73.48	77.56	81.64
270	12.72	16.96	21.2	25.43	29.67	33.91	38.15	42.39	46.63	50.87	55.11	59.35	63.59	67.82	72.06	76.3	80.54	84.78
280	13.19	17.58	21.98	26.38	30.77	35.17	39.56	43.96	48.36	52.75	57.15	61.54	65.94	70.34	74.73	79.13	83.52	87.92
290	13.66	18.21	22.77	27.32	31.87	36.42	40.98	45.53	50.08	54.64	59.19	63.74	68.3	72.85	77.4	81.95	86.51	91.06
300	14.13	18.84	23.55	28.26	32.97	37.68	42.39	47.1	51.81	56.52	61.23	65.94	70.65	75.36	80.07	84.78	89.49	94.2
310	14.6	19.47	24.34	29.2	34.07	38.94	43.8	48.67	53.54	58.4	63.27	68.14	73.01	77.87	82.74	87.61	92.47	97.34
320	15.07	20.1	25.12	30.14	35.17	40.19	45.22	50.24	55.26	60.29	65.31	70.34	75.36	80.38	85.41	90.43	95.46	100.48
330	15.54	20.72	25.91	31.09	36.27	41.45	46.63	51.81	56.99	62.17	67.35	72.53	77.72	82.9	88.08	93.26	98.44	103.62
340	16.01	21.35	26.69	32.03	37.37	42.7	48.04	53.38	58.72	64.06	69.39	74.73	80.07	85.41	90.75	96.08	101.42	106.76
350	16.49	21.98	27.48	32.97	38.47	43.96	49.46	54.95	60.45	65.94	71.44	76.93	82.43	87.92	93.42	98.91	104.41	109.9
360	16.96	22.61	28.26	33.91	39.56	45.22	50.87	56.52	62.17	67.82	73.48	79.13	84.78	90.43	96.08	101.74	107.39	113.04

（续）

宽度/mm	厚度/mm																	
	6	8	10	12	14	16	18	20	22	24	26	28	30	32	34	36	38	40
	理论重量/kg																	
370	17.43	23.24	29.05	34.85	40.66	46.47	52.28	58.09	63.9	69.71	75.52	81.33	87.14	92.94	98.75	104.56	110.37	116.18
380	17.9	23.86	29.83	35.8	41.76	47.73	53.69	59.66	65.63	71.59	77.56	83.52	89.49	95.46	101.42	107.39	113.35	119.32
390	18.37	24.49	30.62	36.74	42.86	48.98	55.11	61.23	67.35	73.48	79.6	85.72	91.85	97.97	104.09	110.21	116.34	122.46
400	18.84	25.12	31.4	37.68	43.96	50.24	56.52	62.8	69.08	75.36	81.64	87.92	94.2	100.48	106.76	113.04	119.32	125.6
410	19.31	25.75	32.19	38.62	45.06	51.5	57.93	64.37	70.81	77.24	83.68	90.12	96.56	102.99	109.43	115.87	122.3	128.74
420	19.78	26.38	32.97	39.56	46.16	52.75	59.35	65.94	72.53	79.13	85.72	92.32	98.91	105.5	112.1	118.69	125.29	131.88
430	20.25	27	33.76	40.51	47.26	54.01	60.76	67.51	74.26	81.01	87.76	94.51	101.27	108.02	114.77	121.52	128.27	135.02
440	20.72	27.63	34.54	41.45	48.36	55.26	62.17	69.08	75.99	82.9	89.8	96.71	103.62	110.53	117.44	124.34	131.25	138.16
450	21.2	28.26	35.33	42.39	49.46	56.52	63.59	70.65	77.72	84.78	91.85	98.91	105.98	113.04	120.11	127.17	134.24	141.3
460	21.67	28.89	36.11	43.33	50.55	57.78	65	72.22	79.44	86.66	93.89	101.11	108.33	115.55	122.77	130	137.22	144.44
470	22.14	29.52	36.9	44.27	51.65	59.03	66.41	73.79	81.17	88.55	95.93	103.31	110.69	118.06	125.44	132.82	140.2	147.58
480	22.61	30.14	37.68	45.22	52.75	60.29	67.82	75.36	82.9	90.43	97.97	105.5	113.04	120.58	128.11	135.65	143.18	150.72
490	23.08	30.77	38.47	46.16	53.85	61.54	69.24	76.93	84.62	92.32	100.01	107.7	115.4	123.09	130.78	138.47	146.17	153.86
500	23.55	31.4	39.25	47.1	54.95	62.8	70.65	78.5	86.35	94.2	102.05	109.9	117.75	125.6	133.45	141.3	149.15	157
510	24.02	32.03	40.04	48.04	56.05	64.06	72.06	80.07	88.08	96.08	104.09	112.1	120.11	128.11	136.12	144.13	152.13	160.14
520	24.49	32.66	40.82	48.98	57.15	65.31	73.48	81.64	89.8	97.97	106.13	114.3	122.46	130.62	138.79	146.95	155.12	163.28
530	24.96	33.28	41.6	49.93	58.25	66.57	74.89	83.21	91.53	99.85	108.17	116.49	124.82	133.14	141.46	149.78	158.1	166.42
540	25.43	33.91	42.39	50.87	59.35	67.82	76.3	84.78	93.26	101.74	110.21	118.69	127.17	135.65	144.13	152.6	161.08	169.56
550	25.91	34.54	43.18	51.81	60.45	69.08	77.72	86.35	94.99	103.62	112.26	120.89	129.53	138.16	146.8	155.43	164.07	172.7
560	26.38	35.17	43.96	52.75	61.54	70.34	79.13	87.92	96.71	105.5	114.3	123.09	131.88	140.67	149.46	158.26	167.05	175.84
570	26.85	35.8	44.75	53.69	62.64	71.59	80.54	89.49	98.44	107.39	116.34	125.29	134.24	143.18	152.13	161.08	170.03	178.98
580	27.32	36.42	45.53	54.64	63.74	72.85	81.95	91.06	100.17	109.27	118.38	127.48	136.59	145.7	154.8	163.91	173.01	182.12
590	27.79	37.05	46.32	55.58	64.84	74.1	83.37	92.63	101.89	111.15	120.42	129.68	138.95	148.21	157.47	166.73	176	185.26
600	28.26	37.68	47.1	56.52	65.94	75.36	84.78	94.2	103.62	113.04	122.46	131.88	141.3	150.72	160.14	169.56	178.98	188.4

注：表中的理论重量按密度为 7.85g/cm³ 计算。

2. 结构用热轧翼板钢的截面尺寸允许偏差（表4-325）

表 4-325　结构用热轧翼板钢的截面尺寸允许偏差（GB/T 28299—2012）

（单位：mm）

公 称 厚 度	厚度允许偏差	公 称 宽 度	宽度允许偏差
6.00 ~ 8.00	±0.45	140 ~ 300	+4.0 0
>8.00 ~ 15.00	±0.50		
>15.00 ~ 25.00	±0.55	>300 ~ 600	+6.0 0
>25.00 ~ 40.00	±0.60		

4.7.22　汽车用高强度热轧高扩孔钢板和钢带

1. 汽车用高强度热轧高扩孔钢板和钢带的化学成分（表4-326）

表4-326　汽车用高强度热轧高扩孔钢板和钢带的化学成分（GB/T 20887.2—2010）

牌　号	化学成分[1]（质量分数，%）					
	C≤	Si≤	Mn≤	P≤	S≤	Alt[2]≥
HR300/450HE						
HR440/580HE	0.18	1.2	2.0	0.050	0.010	0.015
HR600/780HE						

① 允许添加其他合金元素，但 $w(Ni + Cr + Mo) \leqslant 1.5\%$。

② 可用 Als 替代 Alt，此时 $w(Als) \geqslant 0.010\%$。

2. 汽车用高强度热轧高扩孔钢板和钢带的力学性能（表4-327）

表4-327　汽车用高强度热轧高扩孔钢板和钢带的力学性能（GB/T 20887.2—2010）

牌　号	拉伸性能[1]			扩孔率（%）
	下屈服强度[2][3] R_{eL}/MPa	抗拉强度 R_m/MPa	断后伸长率 A_{80mm}（%）（$L_0 = 80mm, b = 20mm$）	
HR300/450HE	300 ~ 400	≥450	≥24	≥80
HR440/580HE	440 ~ 620	≥580	≥14	≥75
HR600/780HE	600 ~ 800	≥780	≥12	≥55

① 拉伸试验试样方向为纵向。

② 无明显屈服时采用 $R_{p0.2}$。

③ 经供需双方协商同意，对屈服强度下限值可不作要求。

4.7.23　汽车车轮用热轧钢板和钢带

1. 汽车车轮用热轧钢板和钢带的化学成分（表4-328）

表4-328　汽车车轮用热轧钢板和钢带的化学成分（YB/T 4151—2006）

牌　号	化学成分（质量分数，%）　≤					牌　号	化学成分（质量分数，%）　≤				
	C	Si	Mn	P	S		C	Si	Mn	P	S
330CL	0.12	0.05	0.50	0.030	0.025	490CL	0.16	0.55	1.70	0.030	0.025
380CL	0.16	0.30	1.20	0.030	0.025	540CL	0.16	0.55	1.70	0.030	0.025
440CL	0.16	0.35	1.50	0.030	0.025	590CL	0.16	0.55	1.70	0.030	0.025

2. 汽车车轮用热轧钢板和钢带的力学性能（表4-329）

表4-329　汽车车轮用热轧钢板和钢带的力学性能（YB/T 4151—2006）

牌　号	抗拉强度 R_m/MPa	上屈服强度 R_{eH}/MPa	断后伸长率 A（%）	牌　号	抗拉强度 R_m/MPa	上屈服强度 R_{eH}/MPa	断后伸长率 A（%）
		≥				≥	
330CL	330 ~ 430	225	33	490CL	490 ~ 600	325	24
380CL	380 ~ 480	235	28	540CL	540 ~ 660	355	22
440CL	440 ~ 550	290	26	590CL	590 ~ 710	420	20

4. 7. 24 汽车大梁用热轧钢板和钢带

1. 汽车大梁用热轧钢板和钢带的化学成分（表 4-330）

表 4-330 汽车大梁用热轧钢板和钢带的化学成分（GB/T 3273—2005）

统一数字代号	牌 号	化学成分(质量分数,%) ≤				
		C	Si	Mn	P	S
L11381	370L	0.12	0.50	0.60	0.030	0.030
L12431	420L	0.12	0.50	1.20	0.030	0.030
L13451	440L	0.18	0.50	1.40	0.030	0.030
L14521	510L	0.20	1.00	1.60	0.030	0.030
L15561	550L	0.20	1.00	1.60	0.030	0.030

2. 汽车大梁用热轧钢板和钢带的力学性能（表 4-331）

表 4-331 汽车大梁用热轧钢板和钢带的力学性能（GB/T 3273—2005）

序号	牌号	厚度规格/mm	下屈服强度 R_{eL}/MPa ≥	抗拉强度 R_m/MPa	断后伸长率 A(%) ≥
1	370L	1.6 ~ 14.0	245	370 ~ 480	28
2	420L	1.6 ~ 14.0	280	420 ~ 520	26
3	440L	1.6 ~ 14.0	305	440 ~ 540	26
4	510L	1.6 ~ 14.0	355	510 ~ 630	24
5	550L	1.6 ~ 8.0	400	550 ~ 670	23

4. 7. 25 自行车用热轧碳素钢和低合金钢宽钢带及钢板

1. 自行车用热轧碳素钢和低合金钢宽钢带及钢板的化学成分（表 4-332）

表 4-332 自行车用热轧碳素钢和低合金钢宽钢带及钢板的化学成分（YB/T 5066—1993）

牌号	化学成分(质量分数,%)					
	C	Si	Mn	P	S	Als
ZQ195	≤0.10	0.12 ~ 0.30	0.25 ~ 0.50	≤0.040	≤0.040	—
ZQ195F	≤0.10	≤0.05	0.25 ~ 0.50	≤0.040	≤0.040	—
ZQ215	0.10 ~ 0.15	0.12 ~ 0.30	0.30 ~ 0.55	≤0.040	≤0.040	—
ZQ215Al	0.10 ~ 0.15	≤0.06	0.30 ~ 0.55	≤0.040	≤0.040	≥0.015
ZQ215F	0.10 ~ 0.15	≤0.07	0.25 ~ 0.50	≤0.040	≤0.040	—
ZQ235	0.15 ~ 0.21	0.12 ~ 0.30	0.35 ~ 0.65	≤0.040	≤0.040	—
ZQ235Al	0.15 ~ 0.21	≤0.05	0.35 ~ 0.65	≤0.040	≤0.040	≥0.015
ZQ235F	0.15 ~ 0.21	≤0.07	0.35 ~ 0.60	≤0.040	≤0.040	—
Z06Al	≤0.06	≤0.05	≤0.40	≤0.030	≤0.030	≥0.015
Z09Al	0.05 ~ 0.12	≤0.05	0.20 ~ 0.50	≤0.030	≤0.030	≥0.015
Z09Mn	0.05 ~ 0.12	≤0.10	0.50 ~ 0.90	≤0.040	≤0.040	≥0.015
Z13Mn	0.10 ~ 0.16	0.10 ~ 0.30	0.70 ~ 1.10	≤0.040	≤0.040	≥0.015
Z17Mn	0.14 ~ 0.20	0.10 ~ 0.30	0.70 ~ 1.20	≤0.040	≤0.040	≥0.015
Z21Mn	0.18 ~ 0.25	0.30 ~ 0.60	1.20 ~ 1.60	≤0.040	≤0.040	—

注：牌号中的"Z"为"自"字汉语拼音的第一个字母，表示自行车用钢。

2. 自行车用热轧碳素钢和低合金钢宽钢带及钢板的力学性能（表4-333）

表4-333　自行车用热轧碳素钢和低合金钢宽钢带及钢板的力学性能（YB/T 5066—1993）

牌　　号	下屈服强度 R_{eL}/MPa	抗拉强度 R_m/MPa	断后伸长率 $A(\%)$	180°冷弯性能 d—弯心直径 t—试样厚度
ZQ195 ZQ195F	—	—	—	$d = 0.5t$
ZQ215 ZQ215Al ZQ215F	—	—	—	$d = t$
ZQ235 ZQ235Al ZQ235F	—	—	—	$d = 1.5t$
Z06Al	—	≥275	≥33	$d = 0$
Z09Al	—	≥295	≥32	$d = 0$
Z09Mn	—	≥315	≥32	$d = 0.5t$
Z13Mn	255	≥420	≥28	$d = t$
Z17Mn	275	≥440	≥26	$d = 1.5t$
Z21Mn		540 ~ 635	≥20	—

注：Z06Al 抗拉强度值仅供参考。

3. 自行车用热轧碳素钢和低合金钢宽钢带及钢板的厚度（表4-334）

表4-334　自行车用热轧碳素钢和低合金钢宽钢带及钢板的厚度（YB/T 5066—1993）

名称	公称厚度/mm
钢带	2.0, 2.2, 2.5, 2.6, 2.75, 2.8, 3.0, 3.2, 3.5, 3.8, 4.0, 4.5, 5.0, 5.5, 6.0
钢板	7.0, 8.0

4.7.26　石油天然气输送管用热轧宽钢带

1. PSL1 和 PSL2 两类钢带的主要区别（表4-335）

表4-335　PSL1 和 PSL2 两类钢带的主要区别（GB/T 14164—2005）

比较项目		质量等级	
		PSL1	PSL2
牌　号		S175Ⅰ、S175Ⅱ、S210、S245、S290、S320、S360、S390、S415、S450、S485	S245、S290、S320、S360、S390、S415、S450、S485、S555
化学成分 （质量分数,%）	除 S175Ⅰ、S175Ⅱ、S210 以外	C≤0.26	对牌号 S245,C≤0.22 其他牌号,C≤0.20
	除 S175Ⅰ、S175Ⅱ以外	P≤0.030 S≤0.030	P≤0.025 S≤0.015
碳当量、断裂韧度		无规定	每个牌号均有规定
规定总延伸强度最大值、抗拉强度最大值		无规定	每个牌号均有规定

2. PSL1 钢带的化学成分（表 4-336）

表 4-336　PSL1 钢带的化学成分（GB/T 14164—2005）

牌　号	化学成分（质量分数,%）					
	C①	Si	Mn①	P	S	其　他
	≤					
S175 Ⅰ	0.21	0.35	0.60	0.030	0.030	—
S175 Ⅱ	0.21	0.35	0.60	0.045 ~ 0.080	0.030	—
S210	0.22	0.35	0.90	0.030	0.030	—
S245	0.26	0.35	1.20	0.030	0.030	②④
S290	0.26	0.35	1.30	0.030	0.030	③④
S320	0.26	0.35	1.40	0.030	0.030	③④
S360	0.26	0.35	1.40	0.030	0.030	③④
S390	0.26	0.40	1.40	0.030	0.030	③④
S415⑤	0.26	0.40	1.40	0.030	0.030	③④
S450⑤	0.26	0.40	1.45	0.030	0.030	③④
S485⑤	0.26	0.40	1.65	0.030	0.030	③④

注：S175 Ⅱ为再增磷钢，较 S175 Ⅰ具有较好的螺纹加工性能。由于 S175 Ⅱ比 S175 Ⅰ磷含量高，弯曲可能稍微困难些。

① 碳的质量分数比规定最大碳的质量分数每降低 0.01%，锰的质量分数则允许比规定最大锰的质量分数提高 0.05%，但对 S290 ~ S360，最高锰的质量分数不允许超过 1.50%；对于 S390 ~ S450，最高锰的质量分数不允许超过 1.65%；对于 S485，最高锰的质量分数不允许超过 2.00%。

② 经供需双方协商，可在铌、钒、钛三种元素中或添加其中一种，或添加它们的任一组合。

③ 由生产厂选定，可在铌、钒、钛三种元素中或添加其中一种，或添加它们的任一组合。

④ 铌、钒、钛的质量分数之和不应超过 0.15%。

⑤ 只要满足④的要求以及表中对磷和硫含量的要求，经供需双方协商，还可按其他化学成分交货。

3. PSL1 钢带的力学性能和工艺性能（表 4-337）

表 4-337　PSL1 钢带的力学性能和工艺性能（GB/T 14164—2005）

牌　号	拉伸性能			180°冷弯性能 t—试样厚度 d—弯心直径
	规定总延伸强度 $R_{t0.5}$/MPa	抗拉强度 R_m/MPa	断后伸长率 A(%) ≥	
S175 Ⅰ	175	315	27	
S175 Ⅱ	175	315	27	
S210	210	335	25	
S245	245	415	21	
S290	290	415	21	
S320	320	435	20	d = 2t
S360	360	460	19	
S390	390	490	18	
S415	415	520	17	
S450	450	535	17	
S485	485	570	16	

注：1. 需方在按钢管标准来选用表中的牌号时，应充分考虑制管过程中包辛格效应对规定总延伸强度的影响，由供需双方协商选用合适的钢带牌号，以保证焊管成品性能符合相应标准的要求。

2. 表中所列拉伸和冷弯试验，规定值适用于横向试样。

3. 在供需双方未规定采用何种标距时，由生产方选定。当发生争议时，以标距为 50mm、宽度为 38mm 的试样进行仲裁。

4. PSL2 钢带的化学成分（表 4-338）

表 4-338　PSL2 钢带的化学成分（GB/T 14164—2005）

牌　号	化学成分（质量分数,%）					
	C①	Si	Mn①	P	S	其　他
	≤					
S245	0.22	0.35	1.20	0.025	0.015	②④
S290	0.20	0.35	1.30	0.025	0.015	③④
S320	0.20	0.35	1.40	0.025	0.015	③④
S360	0.20	0.35	1.40	0.025	0.015	③④
S390	0.20	0.40	1.40	0.025	0.015	③④
S415⑤	0.20	0.40	1.40	0.025	0.015	③④
S450⑤	0.20	0.40	1.45	0.025	0.015	③④
S485⑤	0.20	0.40	1.65	0.025	0.015	③④
S555⑤	0.20	0.40	1.85	0.025	0.015	③④

① 碳的质量分数比规定最大碳的质量分数每降低 0.01%，锰的质量分数则允许比规定最大锰的质量分数提高 0.05%，但对 S290 ~ S360，最高锰的质量分数不允许超过 1.50%；对于 S390 ~ S450，最高锰的质量分数不允许超过 1.65%；对于 S485 ~ S555，最高锰的质量分数不允许超过 2.00%。

② 经供需双方协商，可在铌、钒、钛三种元素中或添加其中一种，或添加它们的任一组合。

③ 由生产厂选定，可在铌、钒、钛三种元素中或添加其中一种，或添加它们的任一组合。

④ 铌、钒、钛的质量分数之和不应超过 0.15%。

⑤ 只要满足④的要求以及表中对磷和硫含量的要求，经供需双方协商，还可按其他化学成分交货。

5. PSL2 钢带的力学性能和工艺性能（表 4-339）

表 4-339　PSL2 钢带的力学性能和工艺性能（GB/T 14164—2005）

牌号	拉 伸 性 能			0℃ V 型冲击性能		180°冷弯性能 t—试样厚度 d—弯心直径
	规定总延伸强度 $R_{t0.5}$/MPa	抗拉强度 R_m/MPa	断后伸长率 A(%)　≥	冲击吸收能量 /J	纤维断面率 (%)	
S245	245 ~ 445	415 ~ 755	21	≥40		
S290	290 ~ 495	415 ~ 755	21			
S320	320 ~ 525	435 ~ 755	20			
S360	360 ~ 530	460 ~ 755	19	≥42	—	$d = 2t$
S390	390 ~ 545	490 ~ 755	18			
S415	415 ~ 565	520 ~ 755	17			
S450	450 ~ 600	535 ~ 755	17	≥47		
S485	485 ~ 620	570 ~ 755	16	≥63		
S555	555 ~ 690	625 ~ 825	15	≥96	≥70	

注：1. 需方在按钢管标准来选用表中的牌号时，应充分考虑制管过程中包辛格效应对规定总延伸强度的影响，由供需双方协商选用合适的钢带牌号，以保证焊管成品性能符合相应标准的要求。在考虑包辛格效应时，规定总延伸强度的限制可作相应调整。

2. 表中所列拉伸、冲击和冷弯试验规定值适用于横向试样。

3. 在供需双方未规定采用何种标距时，由生产方选定。当发生争议时，以标距为 50mm、宽度为 38mm 的试样进行仲裁。

4.7.27 连续热镀锌钢板及钢带

连续热镀锌钢板及钢带的力学性能应符合表 4-340 ~ 表 4-347 的规定。

表 4-340 第一类连续热镀锌钢板及钢带的力学性能（GB/T 2518—2008）

牌 号	下屈服强度 R_{eL}[1]/MPa	抗拉强度 R_m/MPa	断后伸长率[2] A_{80mm}（%） ≥	塑性应变比 r_{90} ≥	应变硬化指数 n_{90} ≥
DX51D + Z, DX51D + ZF	—	270 ~ 500	22	—	—
DX52D + Z, DX52D + ZF[3]	140 ~ 300	270 ~ 420	26	—	—
DX53D + Z, DX53D + ZF	140 ~ 260	270 ~ 380	30	—	—
DX54D + Z	120 ~ 220	260 ~ 350	36	1.6	0.18
DX54D + ZF	120 ~ 220	260 ~ 350	34	1.4	0.18
DX56D + Z	120 ~ 180	260 ~ 350	39	1.9[4]	0.21
DX56D + ZF	120 ~ 180	260 ~ 350	37	1.7[4][5]	0.20[5]
DX57D + Z	120 ~ 170	260 ~ 350	41	2.1[4]	0.22
DX57D + ZF	120 ~ 170	260 ~ 350	39	1.9[4][5]	0.21[5]

注：拉伸试样为 GB/T 228.1 中的 P6 试样，试样方向为横向。

[1] 无明显屈服时采用 $R_{p0.2}$。

[2] 当产品公称厚度大于 0.5mm，但不大于 0.7mm 时，断后伸长率允许下降 2%；当产品公称厚度不大于 0.5mm 时，断后伸长率允许下降 4%。

[3] 屈服强度值仅适用于光整的 FB、FC 级表面的钢板和钢带。

[4] 当产品公称厚度大于 1.5mm 时，r_{90} 允许下降 0.2。

[5] 当产品公称厚度小于 0.7mm 时，r_{90} 允许下降 0.2，n_{90} 允许下降 0.01。

表 4-341 第二类连续热镀锌钢板及钢带的力学性能（GB/T 2518—2008）

牌 号	下屈服强度 R_{eL}[1]/MPa ≥	抗拉强度[2] R_m/MPa ≥	断后伸长率[3] A_{80mm}（%） ≥
S220GD + Z, S220GD + ZF	220	300	20
S250GD + Z, S250GD + ZF	250	330	19
S280GD + Z, S280GD + ZF	280	360	18
S320GD + Z, S320GD + ZF	320	390	17
S350GD + Z, S350GD + ZF	350	420	16
S550GD + Z, S550GD + ZF	550	560	—

注：拉伸试样为 GB/T 228.1 中的 P6 试样，试样方向为横向。

[1] 无明显屈服时采用 $R_{p0.2}$。

[2] 除 S550GD + Z 和 S550GD + ZF 外，其他牌号的抗拉强度可要求 140MPa 的范围值。

[3] 当产品公称厚度大于 0.5mm，但不大于 0.7mm 时，断后伸长率允许下降 2%；当产品公称厚度不大于 0.5mm 时，断后伸长率允许下降 4%。

表 4-342　第三类连续热镀锌钢板及钢带的力学性能（GB/T 2518—2008）

牌　号	下屈服强度 R_{eL}[①]/MPa	抗拉强度 R_m/MPa	断后伸长率[②] A_{80mm}（%） ≥	塑性应变比 r_{90}[③] ≥	应变硬化 指数 n_{90} ≥
HX180YD + Z	180 ~ 240	340 ~ 400	34	1.7	0.18
HX180YD + ZF			32	1.5	0.18
HX220YD + Z	220 ~ 280	340 ~ 410	32	1.5	0.17
HX220YD + ZF			30	1.3	0.17
HX260YD + Z	260 ~ 320	380 ~ 440	30	1.4	0.16
HX260YD + ZF			28	1.2	0.16

注：拉伸试样为 GB/T 228.1 中的 P6 试样，试样方向为横向。

① 无明显屈服时采用 $R_{p0.2}$。

② 当产品公称厚度大于 0.5mm，但不大于 0.7mm 时，断后伸长率允许下降 2%；当产品公称厚度不大于 0.5mm 时，断后伸长率允许下降 4%。

③ 当产品公称厚度大于 1.5mm 时，r_{90} 允许下降 0.2。

表 4-343　第四类连续热镀锌钢板及钢带的力学性能（GB/T 2518—2008）

牌　号	下屈服强度 R_{eL}[①]/MPa	抗拉强度 R_m/MPa	断后伸长率[②] A_{80mm}（%） ≥	塑性应变比 r_{90}[③] ≥	应变硬化指数 n_{90} ≥	烘烤硬化值 BH_2/MPa ≥
HX180BD + Z	180 ~ 240	300 ~ 360	34	1.5	0.16	30
HX180BD + ZF			32	1.3	0.16	30
HX220BD + Z	220 ~ 280	340 ~ 400	32	1.2	0.15	30
HX220BD + ZF			30	1.0	0.15	30
HX260BD + Z	260 ~ 320	360 ~ 440	28			30
HX260BD + ZF			26			30
HX300BD + Z	300 ~ 360	400 ~ 480	26			30
HX300BD + ZF			24			30

注：拉伸试样为 GB/T 228.1 中的 P6 试样，试样方向为横向。

① 无明显屈服时采用 $R_{p0.2}$。

② 当产品公称厚度大于 0.5mm，但不大于 0.7mm 时，断后伸长率允许下降 2%；当产品公称厚度不大于 0.5mm 时，断后伸长率允许下降 4%。

③ 当产品公称厚度大于 1.5mm 时，r_{90} 允许下降 0.2。

表 4-344　第五类连续热镀锌钢板及钢带的力学性能（GB/T 2518—2008）

牌　号	下屈服强度 R_{eL}[①]/MPa	抗拉强度 R_m/MPa	断后伸长率[②] A_{80mm}（%） ≥
HX260LAD + Z	260 ~ 330	350 ~ 430	26
HX260LAD + ZF			24
HX300LAD + Z	300 ~ 380	380 ~ 480	23
HX300LAD + ZF			21

（续）

牌 号	下屈服强度 R_{eL}[1]/MPa	抗拉强度 R_m/MPa	断后伸长率[2] A_{80mm}（%） ≥
HX340LAD + Z	340 ~ 420	410 ~ 510	21
HX340LAD + ZF			19
HX380LAD + Z	380 ~ 480	440 ~ 560	19
HX380LAD + ZF			17
HX420LAD + Z	420 ~ 520	470 ~ 590	17
HX420LAD + ZF			15

注：拉伸试样为 GB/T 228.1 中的 P6 试样，试样方向为横向。

① 无明显屈服时采用 $R_{p0.2}$。

② 当产品公称厚度大于 0.5mm，但不大于 0.7mm 时，断后伸长率允许下降 2%；当产品公称厚度不大于 0.5mm 时，断后伸长率允许下降 4%。

表 4-345　第六类连续热镀锌钢板及钢带的力学性能（GB/T 2518—2008）

牌 号	下屈服强度 R_{eL}[1]/MPa	抗拉强度 R_m/MPa ≥	断后伸长率[2] A_{80mm}（%） ≥	应变硬化指数 n_0 ≥	烘烤硬化值 BH_2/MPa ≥
HC260/450DPD + Z	260 ~ 340	450	27	0.16	30
HC260/450DPD + ZF			25		30
HC300/500DPD + Z	300 ~ 380	500	23	0.15	30
HC300/500DPD + ZF			21		30
HC340/600DPD + Z	340 ~ 420	600	20	0.14	30
HC340/600DPD + ZF			18		30
HC450/780DPD + Z	450 ~ 560	780	14		30
HC450/780DPD + ZF			12		30
HC600/980DPD + Z	600 ~ 750	980	10		30
HC600/980DPD + ZF			8		30

注：拉伸试样为 GB/T 228.1 中的 P6 试样，试样方向为横向。

① 无明显屈服时采用 $R_{p0.2}$。

② 当产品公称厚度大于 0.5mm，但不大于 0.7mm 时，断后伸长率允许下降 2%；当产品公称厚度不大于 0.5mm 时，断后伸长率允许下降 4%。

表 4-346　第七类连续热镀锌钢板及钢带的力学性能（GB/T 2518—2008）

牌 号	下屈服强度 R_{eL}[1]/MPa	抗拉强度 R_m/MPa ≥	断后伸长率[2] A_{80mm}（%） ≥	应变硬化指数 n_0 ≥	烘烤硬化值 BH_2/MPa ≥
HC430/690TRD + Z	430 ~ 550	690	23	0.18	40
HC430/690TRD + ZF			21		40
HC470/780TRD + Z	470 ~ 600	780	21	0.16	40
HC470/780TRD + ZF			18		40

注：拉伸试样为 GB/T 228.1 中的 P6 试样，试样方向为横向。

① 无明显屈服时采用 $R_{p0.2}$。

② 当产品公称厚度大于 0.5mm，但不大于 0.7mm 时，断后伸长率允许下降 2%；当产品公称厚度不大于 0.5mm 时，断后伸长率允许下降 4%。

表 4-347　第八类连续热镀锌钢板及钢带的力学性能（GB/T 2518—2008）

牌　号	下屈服强度 R_{eL}[①]/MPa	抗拉强度 R_m/MPa ≥	断后伸长率[②] A_{80mm}（%）≥	烘烤硬化值 BH_2/MPa ≥
HC350/500CPD + Z	350 ~ 500	600	16	30
HC350/500CPD + ZF			14	
HC500/780CPD + Z	500 ~ 700	780	10	30
HC500/780CPD + ZF			8	
HC700/980CPD + Z	700 ~ 900	980	7	30
HC700/980CPD + ZF			5	

注：拉伸试样为 GB/T 228.1 中的 P6 试样，试样方向为横向。

① 无明显屈服时采用 $R_{p0.2}$。

② 当产品公称厚度大于 0.5mm，但不大于 0.7mm 时，断后伸长率允许下降 2%；当产品公称厚度不大于 0.5mm 时，断后伸长率允许下降 4%。

4.7.28　连续热镀铝硅合金钢板和钢带

1. 连续热镀铝硅合金钢板和钢带的分类（表 4-348）

表 4-348　连续热镀铝硅合金钢板和钢带的分类（YB/T 167—2000）

分类方法	类　别	代　号	分类方法	类　别	代　号
按加工性能	普通级	01	按镀层重量 /（g/m²）	80	080
	冲压级	02		60	060
	深冲级	03		40	040
	超深冲	04	按表面处理	铬酸钝化	L
按镀层重量 /（g/m²）	200	200		涂油	Y
	150	150		铬酸钝化加涂油	LY
	120	120	按表面状态	光整	S
	100	100			

2. 连续热镀铝硅合金钢板和钢带的公称尺寸（表 4-349）

表 4-349　连续热镀铝硅合金钢板和钢带的公称尺寸（YB/T 167—2000）

名　称	公称尺寸/mm	名　称	公称尺寸/mm
厚度	0.4 ~ 3.0	钢板长度	1000 ~ 6000
宽度	600 ~ 1500	钢带内径	508、610

3. 连续热镀铝硅合金钢板和钢带的化学成分（表 4-350）

表 4-350　连续热镀铝硅合金钢板和钢带的化学成分（YB/T 167—2000）

品　级		化学成分（质量分数，%）　≤			
代　号	名　称	C	Mn	P	S
01	普通级	0.15	0.60	0.050	0.050
02	冲压级	0.12	0.50	0.035	0.035
03	深冲级	0.08	0.40	0.020	0.030
04	超深冲级	0.005	0.40	0.016	0.015

4. 连续热镀铝硅合金钢板和钢带的力学性能（表4-351）

表4-351　连续热镀铝硅合金钢板和钢带的力学性能（YB/T 167—2000）

基体金属品级		抗拉强度 R_m/MPa	断后伸长率 A_{50mm}（%）
代　号	名　称		
01	普通级	—	—
02	冲压级	≤430	≥30
03	深冲级	≤410	≥34
04	超深冲级	≤410	≥40

4.7.29　宽度小于700mm连续热镀锌钢带

1. 宽度小于700mm连续热镀锌钢带的分类及代号（表4-352）

表4-352　宽度小于700mm连续热镀锌钢带的分类及代号（YB/T 5356—2006）

分类方法	类　别	符　号	分类方法	类　别	符　号
按加工性能	普通用途	PT	按表面结构	正常锌花	Z
	机械咬合	JY		小锌花	X
	深冲	SC		光整锌花	GZ
	超深冲耐时效	CS		锌铁合金	XT
	结构	JG			
按锌层重量　锌		001	按表面质量	Ⅰ	
		100			
		200		Ⅱ	
		275			
		360	按尺寸精度	普通精度	P
		450		较高精度	J
		600			
按锌层重量　锌铁合金		001	按表面处理	铬酸钝化	L
		90		涂油	T
		120		铬酸钝化加涂油	LT
		180			

2. 宽度小于700mm连续热镀锌钢带的力学性能及工艺性能（表4-353）

表4-353　宽度小于700mm连续热镀锌钢带的力学性能及工艺性能（YB/T 5356—2006）

加工性能	锌　层		钢　基			
	锌层符号	180°弯曲性能 d—弯心直径 t—试样厚度	抗拉强度 R_m /MPa	下屈服强度 R_{eL} /MPa	断后伸长率 A （%）	180°冷弯性能 d—弯心直径 t—试样厚度
PT	001 90 100	$d = t$	—	—	—	$d = t$

（续）

加工性能	锌　层		钢　基			
	锌层符号	180°弯曲性能 d—弯心直径 t—试样厚度	抗拉强度 R_m /MPa	下屈服强度 R_{eL} /MPa	断后伸长率 A （%）	180°冷弯性能 d—弯心直径 t—试样厚度
PT	120 180 200 275 350	$d=t$	—	—	—	$d=t$
	450 600	$d=2t$				
JY	001 90 100 120 180 200 275 350	$d=0$	270～500	—	—	$d=0$
SC	001 100 200 275	$d=0$	270～380	—	≥30	—
CS	001 100 200 275	$d=0$	270～380	—	≥30	—
JG	001 90 100 120 180 200 275 350	$d=t$	≥370	≥240	≥18	—
	450 600	$d=2t$				

4.7.30 连续热镀铝锌合金镀层钢板及钢带

1. 连续热镀铝锌合金镀层钢板及钢带的化学成分（表4-354、表4-355）

表4-354　第一类连续热镀铝锌合金镀层钢板及钢带的化学成分（GB/T 14978—2008）

牌　号	化学成分(熔炼分析)(质量分数,%)　≤					
	C	Si	Mn	P	S	Ti
DX51D + AZ	0.12	0.50	0.60	0.10	0.045	0.30
DX52D + AZ						
DX53D + AZ						
DX54D + AZ						

表4-355　第二类连续热镀铝锌合金镀层钢板及钢带的化学成分（GB/T 14978—2008）

牌　号	化学成分(熔炼分析)(质量分数,%)　≤				
	C	Si	Mn	P	S
S250GD + AZ	0.20	0.60	1.70	0.10	0.045
S280GD + AZ					
S300GD + AZ					
S320GD + AZ					
S350GD + AZ					
S550GD + AZ					

2. 连续热镀铝锌合金镀层钢板及钢带的牌号及特性（表4-356）

表4-356　连续热镀铝锌合金镀层钢板及钢带的牌号及特性（GB/T 14978—2008）

牌　号	钢种特性	牌　号	钢种特性
DX51D + AZ	低碳钢或无间隙原子钢	S280GD + AZ	结构钢
DX52D + AZ		S300GD + AZ	
DX53D + AZ		S320GD + AZ	
DX54D + AZ		S350GD + AZ	
S250GD + AZ	结构钢	S550GD + AZ①	

① 适用于轧硬后不完全退火产品。

3. 连续热镀铝锌合金镀层钢板及钢带的力学性能（表4-357、4-358）

表4-357　第一类连续热镀铝锌合金镀层钢板及钢带的力学性能（GB/T 14978—2008）

牌　号	拉伸试验			牌　号	拉伸试验		
	下屈服强度 R_{eL}①/MPa ≤	抗拉强度 R_m/MPa ≤	断后伸长率② A_{80mm}(%) ≥		下屈服强度 R_{eL}①/MPa ≤	抗拉强度 R_m/MPa ≤	断后伸长率② A_{80mm}(%) ≥
DX51D + AZ	—	500	22	DX53D + AZ	260	380	30
DX52D + AZ③	300	420	26	DX54D + AZ	220	350	36

注：试样为GB/T 228.1中的P6试样，试样方向为横向。

① 当屈服现象不明显时采用$R_{p0.2}$。

② 当产品公称厚度大于0.5mm，但小于等于0.7mm时，断后伸长率允许下降2%；当产品公称厚度不大于0.5mm时，断后伸长率允许下降4%。

③ 屈服强度值仅适用于光整的FB级表面的钢板及钢带。

表 4-358　第二类连续热镀铝锌合金镀层钢板及钢带的力学性能（GB/T 14978—2008）

牌　号	拉伸试验			牌　号	拉伸试验		
	上屈服强度 R_{eH}[①]/MPa ≥	抗拉强度 R_m/MPa ≥	断后伸长率[②] A_{80mm}(%) ≥		上屈服强度 R_{eH}[①]/MPa ≥	抗拉强度 R_m/MPa ≥	断后伸长率[②] A_{80mm}(%) ≥
S250GD + AZ	250	330	19	S320GD + AZ	320	390	17
S280GD + AZ	280	360	18	S350GD + AZ	350	420	16
S300GD + AZ	300	380	17	S550GD + AZ	550	560	

注：试样为 GB/T 228.1 中的 P6 试样，试样方向为纵向。

① 当屈服现象不明显时采用 $R_{p0.2}$。

② 当产品公称厚度大于 0.5mm，但小于等于 0.7mm 时，断后伸长率允许下降 2%；当产品公称厚度不大于 0.5mm 时，断后伸长率允许下降 4%。

4.7.31　连续热浸镀锌铝稀土合金镀层钢带和钢板

1. 连续热浸镀锌铝稀土合金镀层钢带和钢板的类别及代号（表 4-359）

表 4-359　连续热浸镀锌铝稀土合金镀层钢带和钢板的类别及代号（YB/T 052—1993）

分类方法	类　别	代　号	分类方法	类　别	代　号
按加工性能	普通用途	PT	按镀层重量	275	GF 275
	机械咬合	JY		350	GF 350
	深冲	SC	按表面结构	正常晶花	Z
	结构	JG	按尺寸精度	普通精度	B
按镀层重量	90	GF 90		高级精度	A
	135	GF 135	按表面处理	铬酸钝化	L
	180	GF 180		涂油	Y
	225	GF 225		铬酸钝化加涂油	LY

2. 连续热浸镀锌铝稀土合金镀层钢带和钢板的公称尺寸（表 4-360）

表 4-360　连续热浸镀锌铝稀土合金镀层钢带和钢板的公称尺寸（YB/T 052—1993）

名　称	公称尺寸/mm	名　称		公称尺寸/mm
厚度	0.25 ~ 2.50	长度	钢带	卷内径≥500
宽度	150 ~ 750		钢板	按订单要求但不大于 6000

3. 连续热浸镀锌铝稀土合金镀层钢带和钢板的钢基性能（表 4-361）

表 4-361　连续热浸镀锌铝稀土合金镀层钢带和钢板的钢基性能（YB/T 052—1993）

类别代号	180°冷弯试验 d—弯心直径 t—试样厚度	抗拉强度 R_m/MPa	下屈服强度 R_{eL}/MPa	断后伸长率 A_{80mm} (%)
PT	$d = t$	—	—	—
JY	$d = 0$	270 ~ 500	—	—
SC	—	270 ~ 380	—	≥30
JG	—	≥370	≥240	≥18

注：1. 钢基冷弯，试样弯曲处不允许出现裂纹、裂缝、断裂及起层。

2. 拉伸试验，试样的标距 $L_0 = 80mm$，宽度 $b_0 = 20mm$。

4.7.32　高强度结构用调质钢板

1. 高强度结构用调质钢板的化学成分（表 4-362）

表 4-362　高强度结构用调质钢板的化学成分（GB/T 16270—2009）

牌　号	化学成分（质量分数,%）　≤													Ceq		
														产品厚度/mm		
	C	Si	Mn	P	S	Cu	Cr	Ni	Mo	B	V	Nb	Ti	≤50	>50~100	>100~150
Q460C Q460D Q460E Q460F	0.20	0.80	1.70	0.025 0.020	0.015 0.010	0.50	1.50	2.00	0.70	0.0050	0.12	0.06	0.05	0.47	0.48	0.50
Q500C Q500D Q500E Q500F	0.20	0.80	1.70	0.025 0.020	0.015 0.010	0.50	1.50	2.00	0.70	0.0050	0.12	0.06	0.05	0.47	0.70	0.70
Q550C Q550D Q550E Q550F	0.20	0.80	1.70	0.025 0.020	0.015 0.010	0.50	1.50	2.00	0.70	0.0050	0.12	0.06	0.05	0.65	0.77	0.83
Q620C Q620D Q620E Q620F	0.20	0.80	1.70	0.025 0.020	0.015 0.010	0.50	1.50	2.00	0.70	0.0050	0.12	0.06	0.05	0.65	0.77	0.83
Q690C Q690D Q690E Q690F	0.20	0.80	1.80	0.025 0.020	0.015 0.010	0.50	1.50	2.00	0.70	0.0050	0.12	0.06	0.05	0.65	0.77	0.83
Q800C Q800D Q800E Q800F	0.20	0.80	2.00	0.025 0.020	0.015 0.010	0.50	1.50	2.00	0.70	0.0050	0.12	0.06	0.05	0.72	0.82	—
Q890C Q890D Q890E Q890F	0.20	0.80	2.00	0.025 0.020	0.015 0.010	0.50	1.50	2.00	0.70	0.0050	0.12	0.06	0.05	0.72	0.82	—
Q960C Q960D Q960E Q960F	0.20	0.80	2.00	0.025 0.020	0.015 0.010	0.50	1.50	2.00	0.70	0.0050	0.12	0.06	0.05	0.82	—	—

注：1. 根据需要生产厂可添加其中一种或几种合金元素，最大值应符合表中规定，其含量应在质量证明书中报告。

2. 钢中至少应添加 Nb、Ti、V、Al 中的一种细化晶粒元素，其中至少一种元素的最小质量分数为 0.015%（对于 Al 为 Als）。也可用 Alt 替代 Als，此时最小质量分数为 0.018%。

2. 高强度结构用调质钢板的力学性能及工艺性能（表4-363）

表4-363　高强度结构用调质钢板的力学性能及工艺性能（GB/T 16270—2009）

牌号	拉伸性能						断后伸长率 $A(\%)$	冲击性能			
	上屈服强度[1] $R_{eH}/MPa \geqslant$			抗拉强度 R_m/MPa				冲击吸收能量（纵向）KV_2/J			
	厚度/mm			厚度/mm				试验温度/℃			
	≤50	>50~100	>100~150	≤50	>50~100	>100~150		0	-20	-40	-60
Q460C	460	440	400	550~720	500~670		17	47			
Q460D									47		
Q460E										34	
Q460F											34
Q500C	500	480	440	590~770	540~720		17	47			
Q500D									47		
Q500E										34	
Q500F											34
Q550C	550	530	490	640~820	590~770		16	47			
Q550D									47		
Q550E										34	
Q550F											34
Q620C	620	580	560	700~890	650~830		15	47			
Q620D									47		
Q620E										34	
Q620F											34
Q690C	690	650	630	770~940	760~930	710~900	14	47			
Q690D									47		
Q690E										34	
Q690F											34
Q800C	800	740	—	840~1000	800~1000	—	13	34			
Q800D									34		
Q800E										27	
Q800F											27
Q890C	890	830	—	940~1100	880~1100	—	11	34			
Q890D									34		
Q890E										27	
Q890F											27
Q960C	960			980~1150			10	34			
Q960D									34		
Q960E										27	
Q960F											27

注：拉伸试验适用于横向试样，冲击试验适用于纵向试样。

[1]　当屈服现象不明显时，采用 $R_{p0.2}$。

4.7.33　风力发电塔用结构钢板

1. 风力发电塔用结构钢板的化学成分（表4-364）

表 4-364　风力发电塔用结构钢板的化学成分（GB/T 28410—2012）

牌号	质量等级	化学成分(质量分数,%)													
		C≤	Mn①	P≤	S≤	Si≤	Nb≤	V≤	Ti≤	Mo≤	Cr≤	Ni≤	Cu≤	Als≥	N≤
Q235FT	B、C	0.18	0.50~1.40	0.030	0.025	0.50	0.050	0.060	0.050	0.10	0.30	0.30	0.30	0.015	0.012
	D、E			0.025	0.020										
Q275FT	C	0.18	0.50~1.50	0.025	0.020	0.50	0.050	0.060	0.050	0.10	0.30	0.30	0.30	0.015	0.012
	D				0.015										
	E、F														0.010
Q345FT	C、D	0.20	0.90~1.65	0.025	0.015	0.50	0.060	0.12	0.050	0.20	0.30	0.50	0.30	0.015	0.012
	E、F				0.010										0.010
Q420FT	C、D	0.20	1.00~1.70	0.025	0.015	0.50	0.060	0.15	0.050	0.20	0.30	0.50	0.30	0.015	0.012
	E、F				0.010										0.010
Q460FT	C、D	0.20	1.00~1.70	0.025	0.015	0.60	0.070	0.15	0.050	0.30	0.60	0.80	0.55	0.015	0.012
	E、F				0.010										0.010
Q550FT	D	0.20	≤1.80	0.020	0.010	0.60	0.070	0.15	0.050	0.50	0.80	0.80	0.80	0.015	0.012
	E														0.010
Q620FT	D	0.20	≤1.80	0.020	0.010	0.60	0.070	0.15	0.050	0.50	0.80	0.80	0.80	0.015	0.012
	E														0.010
Q690FT	D	0.20	≤1.80	0.020	0.010	0.60	0.070	0.15	0.050	0.50	0.80	0.80	0.80	0.015	0.012
	E														0.010

① 交货状态为正火的钢板的 Mn 含量下限按表中的规定，其他交货状态的钢板的 Mn 含量下限不作要求。

2. 风力发电塔用结构钢板的力学性能（表 4-365）

表 4-365　风力发电塔用结构钢板的力学性能（GB/T 28410—2012）

牌号	质量等级	R_{eL}①/MPa ≥			R_m/MPa	$A(\%)$ ≥	$KV_2$②/J ≥	180°弯曲性能 d—弯心直径 a—试样厚度	
		钢板厚度 mm						钢板厚度 mm	
		≤16	>16~40	>40~100				≤16	>16~100
Q235FT	B、C、D	235	225	215	360~510	24③	47	$d=2a$	$d=3a$
	E						34		
Q275FT	C、D	275	265	255	410~560	21③	47		
	E、F						34		
Q345FT	C、D	345	335	325	470~630	21③	47		
	E、F						34		
Q420FT	C、D	420	400	390	520~680	19③	47		
	E、F						34		
Q460FT	C、D	460	440	420	550~720	17	47		
	E、F						34		

（续）

牌号	质量等级	R_{eL}[1]/MPa ≥ 钢板厚度 mm			R_m/MPa	$A(\%)$ ≥	KV_2[2]/J ≥	180°弯曲性能 d—弯心直径 a—试样厚度 钢板厚度 mm	
		≤16	>16~40	>40~100				≤16	>16~100
Q550FT	D	550		530	670~830	16	47		
	E						34		
Q620FT	D	620		600	710~880	15	47	$d=2a$	$d=3a$
	E						34		
Q690FT	D	690		670	770~940	14	47		
	E						34		

① 当屈服不明显时，可采用 $R_{p0.2}$ 代替 R_{eL}。
② 冲击试验采用纵向试样。不同质量等级对应的冲击试验温度：B—20℃，C—0℃，D—20℃，E——40℃，F——50℃。
③ 当钢板厚度 >60mm 时，断后伸长率可降低 1%。

4.7.34　建筑结构用钢板

1. 建筑结构用钢板的化学成分（表4-366）

表 4-366　建筑结构用钢板和化学成分（GB/T 19879—2005）

牌号	质量等级	厚度/mm	化学成分(质量分数,%)										
			C	Si	Mn	P	S	V	Nb	Ti	Als	Cr	Cu	Ni
Q235 GJ	B	6~100	≤0.20	≤0.35	0.60~1.20	≤0.025	≤0.015	—	—	—	≥0.015	≤0.30	≤0.30	≤0.30
	C													
	D		≤0.18			≤0.020								
	E													
Q345 GJ	B	6~100	≤0.20	≤0.55	≤1.60	≤0.025	≤0.015	0.020~0.150	0.015~0.060	0.010~0.030	≥0.015	≤0.30	≤0.30	≤0.30
	C													
	D		≤0.18			≤0.020								
	E													
Q390 GJ	C	6~100	≤0.20	≤0.55	≤1.60	≤0.025	≤0.015	0.020~0.200	0.015~0.060	0.010~0.030	≥0.015	≤0.30	≤0.30	≤0.70
	D													
	E		≤0.18			≤0.020								
Q420 GJ	C	6~100	≤0.20	≤0.55	≤1.60	≤0.025	≤0.015	0.020~0.200	0.015~0.060	0.010~0.030	≥0.015	≤0.40	≤0.30	≤0.70
	D													
	E		≤0.18			≤0.020								
Q460 GJ	C	6~100	≤0.20	≤0.55	≤1.60	≤0.025	≤0.015	0.020~0.200	0.015~0.060	0.010~0.030	≥0.015	≤0.70	≤0.30	≤0.70
	D													
	E		≤0.18			≤0.020								

注：钢板的牌号由代表屈服强度的汉语拼音字母（Q）、屈服强度数值、代表高性能建筑结构用钢的汉语拼音字母（GJ）、质量等级等号（B、C、D、E）组成，如 Q345GJC；对于厚度方向性能钢板，在质量等级后加上厚度方向性能级别（Z15、Z25 或 Z35），如 Q345GJCZ25。

2. 建筑结构用钢板的碳当量和焊接裂纹敏感性指数（表 4-367）

表 4-367 建筑结构用钢板的碳当量和焊接裂纹敏感性指数（GB/T 19879—2005）

牌　号	交货状态	规定厚度下的碳当量 Ceq(%)		规定厚度下的焊接裂纹敏感性指数 Pcm(%)	
		≤50mm	>50~100mm	≤50mm	>50~100mm
Q235GJ	AR、N、NR	≤0.36	≤0.36	≤0.26	≤0.26
Q345GJ	AR、N、NR、N+T	≤0.42	≤0.44	≤0.29	≤0.29
	TMCP	≤0.38	≤0.40	≤0.24	≤0.26
Q390GJ	AR、N、NR、N+T	≤0.45	≤0.47	≤0.29	≤0.30
	TMCP	≤0.40	≤0.43	≤0.26	≤0.27
Q420GJ	AR、N、NR、N+T	≤0.48	≤0.50	≤0.31	≤0.33
	TMCP	≤0.43	供需双方协商	≤0.29	供需双方协商
Q460GJ	AR、N、NR、N+T、Q+T、TMCP	供需双方协商			

注：AR—热轧；N—正火；NR—正火轧制；T—回火；Q—淬火；TMCP—温度—形变控轧控冷。

3. 建筑结构用钢板的力学性能和工艺性能（表 4-368）

表 4-368 建筑结构用钢板的力学性能和工艺性能（GB/T 19879—2005）

牌号	质量等级	上屈服强度 R_{eH}/MPa 钢板厚度/mm				抗拉强度 R_m/MPa	断后伸长率 A (%)	冲击吸收能量（纵向）KV/J 温度/℃	≥	180°弯曲试验 d—弯心直径 t—试样厚度 钢板厚度/mm ≤16	>16	屈强比 ≤
		6~16	>16~35	>35~50	>50~100							
Q235GJ	B	≥235	235~355	225~345	215~335	400~510	≥23	20	34	d=2t	d=3t	0.80
	C							0				
	D							-20				
	E							-40				
Q345GJ	B	≥345	345~465	335~455	325~445	490~610	≥22	20	34	d=2t	d=3t	0.83
	C							0				
	D							-20				
	E							-40				
Q390GJ	C	≥390	390~510	380~500	370~490	490~650	≥20	0	34	d=2t	d=3t	0.85
	D							-20				
	E							-40				
Q420GJ	C	≥420	420~550	410~540	400~530	520~680	≥19	0	34	d=2t	d=3t	0.85
	D							-20				
	E							-40				
Q460GJ	C	≥460	460~600	450~590	440~580	550~720	≥17	0	34	d=2t	d=3t	0.85
	D							-20				
	E							-40				

注：1. 拉伸试样采用系数为 5.65 的比例试样。

2. 断后伸长率按有关标准进行换算时，断后伸长率 A=17% 与 A_{50mm}=20% 相当。

4. 7. 35　高层建筑结构用钢板

1. 高级建筑结构用钢板的化学成分（表4-369）

表4-369　高级建筑结构用钢板的化学成分（YB 4104—2000）

牌号	质量等级	厚度/mm	化学成分（质量分数，%）								
			C	Si	Mn	P	S	V	Nb	Ti	Als
Q235GJ	C	6 ~ 100	≤0.20	≤0.35	0.60 ~ 1.20	≤0.025	≤0.015				≥0.015
	D		≤0.18								
	E										
Q345GJ	C	6 ~ 100	≤0.20	≤0.55	≤1.60	≤0.025	≤0.015	0.02 ~ 0.15	0.015 ~ 0.060	0.01 ~ 0.10	≥0.015
	D		≤0.18								
	E										
Q235GJZ	C	>16 ~ 100	≤0.20	≤0.35	0.60 ~ 1.20	≤0.020	Z15：≤0.010 Z25：≤0.007	—	—	—	≥0.015
	D		≤0.18								
	E										
Q345GJZ	C	>16 ~ 100	≤0.20	≤0.55	≤1.60	≤0.020	Z35：≤0.005	0.02 ~ 0.15	0.015 ~ 0.060	0.01 ~ 0.10	≥0.015
	D		≤0.18								
	E										

注：Z为厚度方向性能级别 Z15、Z25、Z35 的缩写，具体在牌号中注明。

2. 高级建筑结构用钢板的力学性能和工艺性能（表4-370）

表4-370　高级建筑结构用钢板的力学性能和工艺性能（YB 4104—2000）

牌号	质量等级	下屈服强度 R_{eL}/MPa				抗拉强度 R_m/MPa	断后伸长率 A (%) ≥	冲击试验		180°弯曲试验		屈强比 ≤
		钢板厚度/mm						温度/℃	冲击吸收能量 KV（纵向）/J ≥	钢板厚度/mm		
		6 ~ 16	>16 ~ 35	>35 ~ 50	>50 ~ 100					≤16	>16 ~ 100	
Q235GJ	C	≥235	235 ~ 345	225 ~ 335	215 ~ 325	400 ~ 510	23	0	34	2a	3a	0.80
	D							−20				
	E							−40				
Q345GJ	C	≥345	345 ~ 455	335 ~ 445	325 ~ 435	490 ~ 610	22	0	34	2a	3a	0.80
	D							−20				
	E							−40				
Q235GJZ	C	—	235 ~ 345	225 ~ 335	215 ~ 325	400 ~ 510	23	0	34	2a	3a	0.80
	D							−20				
	E							−40				
Q345GJZ	C	—	345 ~ 455	335 ~ 445	325 ~ 435	490 ~ 610	22	0	34	2a	3a	0.80
	D							−20				
	E							−40				

注：Z为厚度方向性能级别 Z15、Z25、Z35 的缩写，具体在牌号中注明。

3. 高级建筑结构用钢板的碳当量和焊接裂纹敏感性指数（表4-371）

表4-371　高级建筑结构用钢板的碳当量和焊接裂纹敏感性指数（YB 4104—2000）

牌　　号	交货状态	碳当量 Ceq(%)		焊接裂纹敏感性指数 Pcm(%)	
		≤50mm	>50~100mm	≤50mm	>50~100mm
Q235GJ Q235GJZ	热轧或正火	≤0.36	≤0.36	≤0.26	
Q345GJ	热轧或正火	≤0.42	≤0.44	≤0.29	
Q345GJZ	TMCP	≤0.38	≤0.40	≤0.24	≤0.26

注：Z 为厚度方向性能级别 Z15、Z25、Z35 的缩写，具体在牌号中注明。

4.7.36　建筑用压型钢板

1. 建筑用压型钢板的化学成分（表4-372）

表4-372　建筑用压型钢板的化学成分（GB/T 12755—2008）

钢　　种	化学成分(质量分数,%)　≤			
	C	Mn	P[1]	S
结构级钢	0.25	1.7	0.05	0.035

[1]　350 以上级别的磷含量不应大于 0.2%（质量分数）。

2. 建筑用压型钢板的力学性能（表4-373）

表4-373　建筑用压型钢板的力学性能[1]（GB/T 12755—2008）

结构钢强度级别	上屈服强度 R_{eH}[2]/MPa	抗拉强度 R_m/MPa	断后伸长率($L_0=80mm, b=20mm$)(%)	
			公称厚度/mm	
	≥	≥	≤0.70	>0.70
250	250	330	17	19
280	280	360	16	18
320	320	390	15	17
350	350	420	14	16
550	550	560	—	—

[1]　拉伸试验样的方向为纵向（延轧制方向）。

[2]　屈服现象不明显时采用 $R_{p0.2}$。

4.7.37　工程机械用高强度耐磨钢板

1. 工程机械用高强度耐磨钢板的化学成分（表4-374）

表4-374　工程机械用高强度耐磨钢板的化学成分（GB/T 24186—2009）

牌号	化学成分[1](质量分数,%)										
	C	Si	Mn	P	S	Cr	Ni	Mo	Ti	B	Als
	≤										≥
NM300	0.23	0.70	1.60	0.025	0.015	0.70	0.50	0.40	0.050	0.0005~0.006	0.010
NM360	0.25	0.70	1.60	0.025	0.015	0.80	0.50	0.50	0.050	0.0005~0.006	0.010

（续）

牌号	化学成分[①]（质量分数，%）										
	C	Si	Mn	P	S	Cr	Ni	Mo	Ti	B	Als
				≤							≥
NM400	0.30	0.70	1.60	0.025	0.010	1.00	0.70	0.50	0.050	0.0005 ~ 0.006	0.010
NM450	0.35	0.70	1.70	0.025	0.010	1.10	0.80	0.55	0.050	0.0005 ~ 0.006	0.010
NM500	0.38	0.70	1.70	0.020	0.010	1.20	1.00	0.65	0.050	0.0005 ~ 0.006	0.010
NM550	0.38	0.70	1.70	0.020	0.010	1.20	1.00	0.70	0.050	0.0005 ~ 0.006	0.010
NM600	0.45	0.70	1.90	0.020	0.010	1.50	1.00	0.80	0.050	0.0005 ~ 0.006	0.010

① 对于 NM400 及以下牌号，其 Si、Mn 的质量分数可分别提高至 2.00% 和 2.20%，合金元素含量由供方确定。

2. 工程机械用高强度耐磨钢板的力学性能（表 4-375）

表 4-375　工程机械用高强度耐磨钢板的力学性能（GB/T 24186—2009）

牌　号	厚度/mm	抗拉强度 R_m/MPa	断后伸长率 A_{50mm}（%）	−20℃冲击吸收能量（纵向）KV_2/J	表面硬度 HBW
NM300	≤80	≥1000	≥14	≥24	270 ~ 330
NM360	≤80	≥1100	≥12	≥24	330 ~ 390
NM400	≤80	≥1200	≥10	≥24	370 ~ 430
NM450	≤80	≥1250	≥7	≥24	420 ~ 480
NM500	≤70	—	—	—	≥470
NM550	≤70	—	—	—	≥530
NM600	≤60	—	—	—	≥570

注：抗拉强度、断后伸长率、冲击吸收能量作为性能的特殊要求，如用户未在合同注明，则只保证硬度。

4.7.38　低温压力容器用低合金钢板

1. 低温压力容器用低合金钢板的化学成分（表 4-376）

表 4-376　低温压力容器用低合金钢板的化学成分（GB 3531—2008）

牌　号	化学成分（质量分数，%）							P	S
	C	Si	Mn	Ni	V	Nb	Alt	≤	
16MnDR	≤0.20	0.15 ~ 0.50	1.20 ~ 1.60	—	—	—	≥0.020	0.025	0.012
15MnNiDR	≤0.18	0.15 ~ 0.50	1.20 ~ 1.60	0.20 ~ 0.60	≤0.06	—	≥0.020	0.025	0.012
09MnNiDR	≤0.12	0.15 ~ 0.50	1.20 ~ 1.60	0.30 ~ 0.80	—	≤0.04	≥0.020	0.020	0.012

2. 低温压力容器用低合金钢板的力学性能和工艺性能（表 4-377）

表 4-377　低温压力容器用低合金钢板的力学性能和工艺性能（GB 3531—2008）

牌号	钢板公称厚度 /mm	拉伸性能[1]			冲击性能		180°弯曲性能[2]弯心直径（b≥35mm）
		抗拉强度 R_m/MPa	下屈服强度 R_{eL}/MPa	断后伸长率 A（%）	温度 /℃	冲击吸收能量 KV_2 /J	
			≥			≥	
16MnDR	6~16	490~620	315	21	−40	34	d = 2t
	>16~36	470~600	295				
	>36~60	460~590	285				d = 3t
	>60~100	450~580	275		−30	34	
	>100~120	440~570	265				
15MnNiDR	6~16	490~620	325	20	−45	34	d = 3t
	>16~36	480~610	315				
	>36~60	470~600	305				
09MnNiDR	6~16	440~570	300	23	−70	34	d = 2t
	>16~36	430~560	280				
	>36~60	430~560	270				
	>60~120	420~550	260				

注：t 为钢材厚度，b 为试样宽度。

[1]　当屈服现象不明显时，采用 $R_{p0.2}$。

[2]　弯曲试验仲裁试样宽度 b = 35mm。

4.7.39　锅炉和压力容器用钢板

1. 锅炉和压力容器用钢板的化学成分（表 4-378）

表 4-378　锅炉和压力容器用钢板的化学成分（GB 713—2008）

牌　号	化学成分（质量分数,%）										
	C[1]	Si	Mn	Cr	Ni	Mo	Nb	V	P	S	Alt
Q245R[2]	≤ 0.20	≤ 0.35	0.50~ 1.00[3]						≤ 0.025	≤ 0.015	≥0.020
Q345R[2]	≤ 0.20	≤ 0.55	1.20~ 1.60						≤ 0.025	≤ 0.015	≥0.020
Q370R	≤ 0.18	≤ 0.55	1.20~ 1.60				0.015~ 0.050		≤ 0.025	≤ 0.015	
18MnMoNbR	≤ 0.22	0.15~ 0.50	1.20~ 1.60			0.45~ 0.65	0.025~ 0.050		≤ 0.020	≤ 0.010	
13MnNiMoR	≤ 0.15	0.15~ 0.50	1.20~ 1.60	0.20~ 0.40	0.60~ 1.00	0.20~ 0.40	0.005~ 0.020		≤ 0.020	≤ 0.010	
15CrMoR	0.12~ 0.18	0.15~ 0.40	0.40~ 0.70	0.80~ 1.20		0.45~ 0.60			≤ 0.025	≤ 0.010	

（续）

牌　号	化学成分（质量分数,%）										
	C[①]	Si	Mn	Cr	Ni	Mo	Nb	V	P	S	Alt
14Cr1MoR	0.05 ~ 0.17	0.50 ~ 0.80	0.40 ~ 0.65	1.15 ~ 1.50		0.45 ~ 0.65			≤ 0.020	≤ 0.010	
12Cr2Mo1R	0.08 ~ 0.15	≤ 0.50	0.30 ~ 0.60	2.00 ~ 2.50		0.90 ~ 1.10			≤ 0.020	≤ 0.010	
12Cr1MoVR	0.08 ~ 0.15	0.15 ~ 0.40	0.40 ~ 0.70	0.90 ~ 1.20		0.25 ~ 0.35		0.15 ~ 0.30	≤ 0.025	≤ 0.010	

① 经供需双方协议，并在合同中注明，C 含量下限可不作要求。
② 如果钢中加入 Nb、Ti、V 等微量元素，Alt 含量的下限不适用。
③ 厚度大于 60mm 的钢板，Mn 的质量分数上限可至 1.20%。

2. 锅炉和压力容器用钢板的高温力学性能（表 4-379）

表 4-379　锅炉和压力容器用钢板的高温力学性能（GB 713—2008）

牌　号	厚度/mm	试验温度/℃						
		200	250	300	350	400	450	500
		下屈服强度 R_{eL}[①]/MPa ≥						
Q245R	>20 ~ 36	186	167	153	139	129	121	
	>36 ~ 60	178	161	147	133	123	116	
	>60 ~ 100	164	147	135	123	113	106	
	>100 ~ 150	150	135	120	110	105	95	
Q345R	>20 ~ 36	255	235	215	200	190	180	
	>36 ~ 60	240	220	200	185	175	165	
	>60 ~ 100	225	205	185	175	165	155	
	>100 ~ 150	220	200	180	170	160	150	
	>150 ~ 200	215	195	175	165	155	145	
Q370R	>20 ~ 36	290	275	260	245	230		
	>36 ~ 60	280	270	255	240	225		
18MnMoNbR	30 ~ 60	360	355	350	340	310	275	
	>60 ~ 100	355	350	345	335	305	270	
13MnNiMoR	30 ~ 100	355	350	345	335	305		
	>100 ~ 150	345	340	335	325	300		
15CrMoR	>20 ~ 60	240	225	210	200	189	179	174
	>60 ~ 100	220	210	196	186	176	167	162
	>100 ~ 150	210	199	185	175	165	156	150
14Cr1MoR	>20 ~ 150	255	245	230	220	210	195	176
12Cr2Mo1R	>20 ~ 150	260	255	250	245	240	230	215
12Cr1MoVR	>20 ~ 100	200	190	176	167	157	150	142

① 如屈服现象不明显，屈服强度取 $R_{p0.2}$。

3. 锅炉和压力容器用钢板的力学性能和工艺性能（表 4-380）

表 4-380 锅炉和压力容器用钢板的力学性能和工艺性能（GB 713—2008）

牌　号	交货状态	钢板厚度 t/mm	拉伸性能			冲击性能		弯曲性能
			抗拉强度 R_m/MPa	下屈服强度 R_{eL}[1]/MPa	断后伸长率 A(%)	温度 /℃	冲击吸收能量 KV/J ≥	180° $b=2t$
				≥				
Q245R	热轧控轧或正火	3~16	400~520	245	25	0	31	$d=1.5t$
		>16~36		235				
		>36~60		225				
		>60~100	390~510	205	24			$d=2t$
		>100~150	380~500	185				
Q345R		3~16	510~640	345	21	0	34	$d=2t$
		>16~36	500~630	325				$d=3t$
		>36~60	490~620	315				
		>60~100	490~620	305				
		>100~150	480~610	285	20			
		>150~200	470~600	265				
Q370R	正火	10~16	530~630	370	20	-20	34	$d=2t$
		>16~36		360				$d=3t$
		>36~60	520~620	340				
18MnMoNbR	正火加回火	30~60	570~720	400	17	0	41	$d=3t$
		>60~100		390				
13MnNiMoR		30~100	570~720	390	18	0	41	$d=3t$
		>100~150		380				
15CrMoR		6~60	450~590	295	19	20	31	$d=3t$
		>60~100		275				
		>100~150	440~580	255				
14Cr1MoR		6~100	520~680	310	19	20	34	$d=3t$
		>100~150	510~670	300				
12Cr2Mo1R		6~150	520~680	310	19	20	34	$d=3t$
12Cr1MoVR		6~60	440~590	245	19	20	34	$d=3t$
		>60~100	430~580	235				

注：b—试样宽度；t—试样厚度；d—弯心直径。

① 如屈服现象不明显，屈服强度取 $R_{p0.2}$。

4.7.40　压力容器用调质高强度钢板

1. 压力容器用调质高强度钢板的化学成分（表4-381）

表4-381　压力容器用调质高强度钢板的化学成分（GB 19189—2011）

牌　号	化学成分（质量分数，%）											
	C	Si	Mn	P	S	Cu	Ni	Cr	Mo	V	B	Pcm[①]
07MnMoVR	≤0.09	0.15 ~ 0.40	1.20 ~ 1.60	≤ 0.020	≤ 0.010	≤0.25	≤0.40	≤0.30	0.10 ~ 0.30	0.02 ~ 0.06	≤ 0.0020	≤0.20
07MnNiVDR	≤0.09	0.15 ~ 0.40	1.20 ~ 1.60	≤ 0.018	≤ 0.008	≤0.25	0.20 ~ 0.50	≤0.30	≤0.30	0.02 ~ 0.06	≤ 0.0020	≤0.21
07MnNiMoDR	≤0.09	0.15 ~ 0.40	1.20 ~ 1.60	≤ 0.015	≤ 0.005	≤0.25	0.30 ~ 0.60	≤0.30	0.10 ~ 0.30	≤0.06	≤ 0.0020	≤0.21
12MnNiVR	≤0.15	0.15 ~ 0.40	1.20 ~ 1.60	≤ 0.020	≤ 0.010	≤0.25	0.15 ~ 0.40	≤0.30	≤0.30	0.02 ~ 0.06	≤ 0.0020	≤0.25

① Pcm 为焊接裂纹敏感性组成，按如下公式计算：

$$Pcm = w(C) + w(Si)/30 + w(Mn - Cu - Cr)20 + w(Ni)60 - w(Mo)/15 + w(V)/10 + 5w(B)。$$

2. 压力容器用调质高强度钢板的力学性能和工艺性能（表4-382）

表4-382　压力容器用调质高强度钢板的力学性能和工艺性能（GB 19189—2011）

牌　号	钢板厚度 mm	拉伸性能			冲击性能	
		R_{eL}[①]/MPa	R_m/MPa	A(%)	温度/℃	KV_2/J
07MnMoVR	10 ~ 50	≥490	610 ~730	≥17	-20	≥80
07MnNiVDR	10 ~ 60	≥490	610 ~730	≥17	-40	≥80
07MnNiMoDR	10 ~ 50	≥490	610 ~730	≥17	-50	≥80
12MnNiVR	10 ~ 60	≥490	610 ~730	≥17	-20	≥80

① 当屈服现象不明显时，采用 $R_{p0.2}$。

4.7.41　焊接气瓶用钢板和钢带

1. 焊接气瓶用钢板和钢带的化学成分（表4-383）

表4-383　焊接气瓶用钢板和钢带的化学成分（GB 6653—2008）

牌　号	化学成分[①]（质量分数，%）					
	C	Si	Mn	P	S	Als[②]
HP235	≤0.16	≤0.10[③]	≤0.80	≤0.025	≤0.015	≥0.015
HP265	≤0.18	≤0.10[③]	≤0.80	≤0.025	≤0.015	≥0.015
HP295	≤0.18	≤0.10[③]	≤1.00	≤0.025	≤0.015	≥0.015
HP325	≤0.20	≤0.35	≤1.50	≤0.025	≤0.015	≥0.015
HP345	≤0.20	≤0.35	≤1.50	≤0.025	≤0.015	≥0.015

① 对于 HP265、HP295，碳的质量分数比规定最大碳的质量分数每降低 0.01%，锰的质量分数则允许比规定最大锰的质量分数提高 0.05%，但对于 HP265，最大锰的质量分数不允许超过 1.00%；对于 HP295，最大锰的质量分数不允许超过 1.20%。

② 酸溶铝含量可以用测定全铝含量代替，此时全铝的质量分数应不小于 0.020%。

③ 对于厚度 ≥6mm 的钢板或钢带，允许 $w(Si) ≤ 0.35\%$。

2. 焊接气瓶用钢板和钢带的力学性能及工艺性能（表4-384）

表 4-384　焊接气瓶用钢板和钢带的力学性能及工艺性能（GB 6653—2008）

牌　号	拉 伸 性 能				180°弯曲性能 弯心直径 （$b \geqslant 35mm$）
	下屈服强度 R_{eL} /MPa	抗拉强度 R_m /MPa	断后伸长率（%）		
			A_{80mm} <3mm	A ≥3mm	
HP235	≥235	380~500	≥23	≥29	1.5t
HP265	≥265	410~520	≥21	≥27	1.5t
HP295	≥295	440~560	≥20	≥26	2.0t
HP325	≥325	490~600	≥18	≥22	2.0t
HP345	≥345	510~620	≥17	≥21	2.0t

注：1. 拉伸试验、弯曲试验均取横向试样。

2. 当屈服现象不明显时，采用 $R_{p0.2}$。

3. 弯曲试样仲裁试样宽度 $b = 35mm$。

4. t 为钢材厚度。

4.7.42　彩色涂层钢板及钢带

1. 彩色涂层钢板的牌号及用途（表4-385）

表 4-385　彩色涂层钢板的牌号及用途（GB/T 12754—2006）

彩涂板的牌号					用　途
热镀锌基板	热镀锌铁合金基板	热镀铝锌合金基板	热镀锌铝合金基板	电镀锌基板	
TDC51D + Z	TDC51D + ZF	TDC51D + AZ	TDC51D + ZA	TDC01 + ZE	一般用
TDC52D + Z	TDC52D + ZF	TDC52D + AZ	TDC52D + ZA	TDC03 + ZE	冲压用
TDC53D + Z	TDC53D + ZF	TDC53D + AZ	TDC53D + ZA	TDC04 + ZE	深冲压用
TDC54D + Z	TDC54D + ZF	TDC54D + AZ	TDC54D + ZA	—	特深冲压用
TS250GD + Z	TS250GD + ZF	TS250GD + AZ	TS250GD + ZA	—	
TS280GD + Z	TS280GD + ZF	TS280GD + AZ	TS280GD + ZA	—	
—	—	TS300GD + AZ	—	—	结构用
TS320GD + Z	TS320GD + ZF	TS320GD + AZ	TS320GD + ZA		
TS350GD + Z	TS350GD + ZF	TS350GD + AZ	TS350GD + ZA		
TS550GD + Z	TS550GD + ZF	TS550GD + AZ	TS550GD + ZA		

2. 彩色涂层钢板的分类及代号（表4-386）

表 4-386　彩色涂层钢板的分类及代号（GB/T 12754—2006）

分　类	项　目	代　号	分　类	项　目	代　号
用途	建筑外用	JW	涂层表面状态	涂层板	TC
	建筑内用	JN		压花板	YA
	家电	JD		印花板	YI
	其他	QT	面漆种类	聚酯	PE
基板类型	热镀锌基板	Z		硅改性聚酯	SMP
	热镀锌铁合金基板	ZF		高耐久性聚酯	HDP
	热镀铝锌合金基板	AZ		聚偏氟乙烯	PVDF
	热镀锌铝合金基板	ZA	涂层结构	正面二层、反面一层	2/1
				正面二层、反面二层	2/2
	电镀锌基板	ZE	热镀锌基板表面结构	光整小锌花	MS
				光整无锌花	FS

3. 彩色涂层钢板的尺寸范围（表4-387）

表4-387 彩色涂层钢板的尺寸范围（GB/T 12754—2006）

项　目	公称尺寸/mm	项　目	公称尺寸/mm
公称厚度	0.20～2.0	钢板公称长度	1000～6000
公称宽度	600～1600	钢卷内径	450、508 或 610

4. 彩色涂层钢板的冲击吸收能量（表4-388）

表4-388 彩色涂层钢板的冲击吸收能量（GB/T 12754—2006）

级别（代号）	冲击吸收能量/J ≥	级别（代号）	冲击吸收能量/J ≥
低（A）	6	高（C）	12
中（B）	9		

5. 热镀基板彩涂板的力学性能（表4-389）

表4-389 热镀基板彩涂板的力学性能（GB/T 12754—2006）

牌　号	下屈服强度 R_{eL}[1]/MPa	抗拉强度 R_m/MPa	断后伸长率 A_{80mm}（%）≥ 公称厚度/mm ≤0.7	>0.70
TDC51D＋Z、TDC51D＋ZF、TDC51D＋AZ、TDC51D＋ZA	—	270～500	20	22
TDC52D＋Z、TDC52D＋ZF、TDC52D＋AZ、TDC52D＋ZA	140～300	270～420	24	26
TDC53D＋Z、TDC53D＋ZF、TDC53D＋AZ、TDC53D＋ZA	140～260	270～380	28	30
TDC54D＋Z、TDC54D＋AZ、TDC54D＋ZA	140～220	270～350	34	36
TDC54D＋ZF	140～220	270～350	32	34
TS250GD＋Z、TS250GD＋ZF、TS250GD＋AZ、TS250GD＋ZA	250	330	17	19
TS280GD＋Z、TS280GD＋ZF、TS280GD＋AZ、TS280GD＋ZA	280	360	16	18
TS300GD＋AZ	300	380	16	18
TS320GD＋Z、TS320GD＋ZF、TS320GD＋AZ、TS320GD＋ZA	320	390	15	17
TS350GD＋Z、TS350GD＋ZF、TS350GD＋AZ、TS350GD＋ZA	350	420	14	16
TS550GD＋Z、TS550GD＋ZF、TS550GD＋AZ、TS550GD＋ZA	550	560	—	—

注：拉伸试验试样的方向为纵向（沿轧制方向）。

① 当屈服现象不明显时采用 $R_{p0.2}$。

6. 电镀锌基板彩涂板的力学性能（表4-390）

表4-390 电镀锌基板彩涂板的力学性能（GB/T 12754—2006）

牌　号	下屈服强度 R_{eL}[1]/MPa	抗拉强度 R_m/MPa ≥	断后伸长率 A_{80mm}（%）≥ 公称厚度/mm ≤0.50	>0.50～0.7	>0.7
TDC01＋ZE	140～280	270	24	26	28
TDC03＋ZE	140～240	270	30	32	34
TDC04＋ZE	140～220	270	33	35	37

注：拉伸试验试样的方向为横向（垂直轧制方向）。

① 当屈服现象不明显时采用 $R_{p0.2}$，否则采用 R_{eL}。公称厚度为0.50～0.7mm时，下屈服强度允许增加20MPa，公称厚度≤0.50mm时，下屈服强度允许增加10MPa。

4.7.43　铠装电缆用钢带

1. 铠装电缆用钢带的力学性能（表4-391）

表4-391　铠装电缆用钢带的力学性能（YB/T 024—2008）

钢带公称厚度/mm	抗拉强度 R_m/MPa	断后伸长率 A(%)	断后伸长率试样标距 /mm
	≥		
≤0.20	295	17	50
>0.20~0.30	295	20	50
>0.30	295	20	80

2. 铠装电缆用涂漆钢带的冲击性能（表4-392）

表4-392　铠装电缆用涂漆钢带的冲击性能（YB/T 024—2008）

厚度/mm	冲击吸收能量/J	冲击半径/mm
≤0.50	1.00	4.0±0.1
>0.50	2.95	4.0±0.1

4.7.44　中频用电工薄钢带

1. 中频用电工晶粒取向钢带的磁性和工艺特性（表4-393）

表4-393　中频用电工晶粒取向钢带的磁性和工艺特性（YB/T 5224—2006）

牌号	公称厚度 /mm	最大比总损耗 P/(W/kg)				$H=800A/m^2$, 最小磁感应强度 B		最小叠装系数	最小弯曲次数/次
		1.0T,400Hz	1.5T,400Hz	1.0T,1000Hz	0.5T,3000Hz	B/T	频率/Hz		
3Q3000	0.03	—	—	—	30	1.70	3000	0.87	3
5Q1700	0.05	—	17.0	24.0	—	1.60	1000	0.88	3
5Q1600		—	16.0	22.0	—	1.64			
5Q1500		—	15.0	20.0	—	1.70			
5Q1450		—	14.5	19.0	—	1.70			
10Q1700	0.10	—	17.0	—	—	1.64	400	0.91	3
10Q1600		—	16.0	—	—	1.68			
10Q1500		—	15.0	—	—	1.73			
10Q1450		—	14.5	—	—	1.78			
15Q1800	0.15	—	18.0	—	—	1.73	400	0.92	3
15Q1700		—	17.0	—	—	1.73			
15Q1650		—	16.5	—	—	1.73			
15Q1600		—	16.0	—	—	1.70			
20Q1000	0.20	10.0	—	—	—	1.64	400	0.93	3
20Q900		9.0	—	—	—	1.68			
20Q820		8.2	—	—	—	1.72			
20Q760		7.6	17.8	—	—	1.73			

2. 中频用电工无取向钢带的磁性和工艺特性（表 4-394）

表 4-394　中频用电工无取向钢带的磁性和工艺特性（YB/T 5224—2006）

牌　　号	公称厚度/mm	$B=1.0T$,最大比总损耗 P		最小叠装系数	最小弯曲次数/次
		$P/(W/kg)$	频率/Hz		
5W4500	0.05	45	1000	0.88	2
10W1300	0.10	13	400	0.91	2
15W1400	0.15	14	400	0.92	2
20W1500	0.20	15[①]	400	0.93[①]	2
20W1700	0.20	17	400	0.93	2

① 从没有涂层的检测样上检测。

4.7.45　包装用钢带

1. 包装用钢带的规格（表 4-395）

表 4-395　包装用钢带的规格（GB/T 25820—2010）　　　　（单位：mm）

公称厚度	公称厚度						公称厚度	公称厚度					
	16	19	25.4	31.75	32	40		16	19	25.4	31.75	32	40
0.4	✓						0.8		✓	✓	✓	✓	
0.5	✓	✓					0.9		✓	✓	✓	✓	
0.6	✓	✓					1.0		✓	✓	✓	✓	✓
0.7		✓					1.2				✓	✓	✓

注：✓表示生产供应的捆带。

2. 包装用钢带的拉伸性能（表 4-396）

表 4-396　包装用钢带的拉伸性能（GB/T 25820—2010）

牌　　号	抗拉强度 R_m[①]/MPa ≥	断后伸长率 A_{30mm}（%）≥	牌　　号	抗拉强度 R_m[①]/MPa ≥	断后伸长率 A_{30mm}（%）≥
650KD	650	6	930KD	930	10
730KD	730	8	980KD	980	12
780KD	780	8	1150KD	1150	8
830KD	830	10	1250KD	1250	6
880KD	880	10			

① 焊缝抗拉强度不得低于规定抗拉强度最小值的80%。

4.7.46　热处理弹簧钢带

1）热处理弹簧钢带应采用 T7A、T8A、T9A、T10A、65Mn、60Si2MnA、70Si2CrA 钢轧制。

2）热处理弹簧钢带的抗拉强度如表 4-397 所示。

表 4-397　热处理弹簧钢带的抗拉强度（YB/T 5063—2007）

强 度 级 别	抗拉强度 R_m/MPa	强 度 级 别	抗拉强度 R_m/MPa
I	1270~1560	III	>1860
II	>1560~1860		

4.8　型钢

4.8.1　冷弯型钢

1. 冷弯型钢的代号

1）冷弯不开口型钢的代号如表 4-398 所示。

表 4-398　冷弯不开口型钢的代号（GB/T 6725—2008）

截面形状	简　称	代　号	截面形状	简　称	代　号
圆形空心型钢	圆管	Y	矩形空心型钢	矩形管	J
方形空心型钢	方管	F	异形空心型钢	异形管	YI

2）冷弯开口型钢的代号如表 4-399 所示。

表 4-399　冷弯开口型钢的代号（GB/T 6725—2008）

截面形状	代　号	截面形状	代　号
等边角钢	JD	内卷边槽钢	CN
不等边角钢	JB	外卷边槽钢	CW
等边槽钢	CD	Z 形钢	Z
不等边槽钢	CB	卷边 Z 形钢	ZJ

2. 冷弯型钢的力学性能（表 4-400）

表 4-400　冷弯型钢的力学性能（GB/T 6725—2008）

产品屈服强度等级	壁厚 t/mm	下屈服强度 R_{eL}/MPa	抗拉强度 R_m/MPa	断后伸长率 A(%)
235		≥235	≥370	≥24
345	≤19	≥345	≥470	≥20
390		≥390	≥490	≥17

4.8.2　护栏波形梁用冷弯型钢

1. 护栏波形梁用冷弯型钢的截面形状（图 4-21）

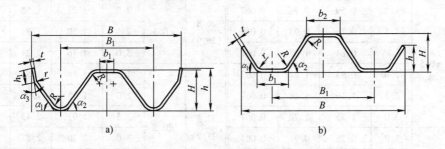

图 4-21　护栏波形梁用冷弯型钢的截面形状

a）A 型　b）B 型

2. 护栏波形梁用冷弯型钢的尺寸及理论重量（表4-401）

表4-401　护栏波形梁用冷弯型钢的尺寸及理论重量（YB/T 4081—2007）

截面型号	公称尺寸/mm										弯曲角度 α/(°)			截面面积/cm²	理论重量/(kg/m)
	H	h	h_1	B	B_1	b_1	b_2	R	r	t	α_1	α_2	α_3		
A 型	83	85	27	310	192	—	28	24	10	3	55	55	10	14.5	11.4
	75	55	—	350	214	63	69	25	25	4	55	60	—	18.6	14.6
B 型	75	53	—	350	218	68	75	25	20	4	57	62	—	18.7	14.7
	79	42	—	350	227	45	60	14	14	4	45	50	—	17.8	14.0
	53	34	—	350	223	63	63	14	14	3.2	45	45	—	13.2	10.4
	52	33	—	350	224	63	63	14	14	2.3	45	45	—	9.4	7.4

注：表中钢的理论重量按密度为 7.85g/cm³ 计算。

4.8.3　结构用冷弯空心型钢

1. 圆形结构用冷弯空心型钢

1）圆形结构用冷弯空心型钢的截面形状如图4-22所示。

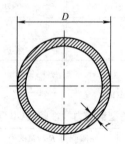

图 4-22　圆形结构用冷弯空心型钢的截面形状

2）圆形结构用冷弯空心型钢的截面尺寸及理论重量如表4-402所示。

表4-402　圆形结构用冷弯空心型钢的截面尺寸及理论重量（GB/T 6728—2002）

外径 D/mm	允许偏差/mm	壁厚 t/mm	理论重量/(kg/m)	截面面积/cm²	单位长度表面积/m²	外径 D/mm	允许偏差/mm	壁厚 t/mm	理论重量/(kg/m)	截面面积/cm²	单位长度表面积/m²
21.3 (21.3)	±0.5	1.2	0.59	0.76	0.067	26.8 (26.9)	±0.5	2.0	1.22	1.56	0.084
		1.5	0.73	0.93	0.067			2.5	1.50	1.91	0.084
		1.75	0.84	1.07	0.067			3.0	1.76	2.24	0.084
		2.0	0.95	1.21	0.067	33.5 (33.7)	±0.5	1.5	1.18	1.51	0.105
		2.5	1.16	1.48	0.067			2.0	1.55	1.98	0.105
		3.0	1.35	1.72	0.067			2.5	1.91	2.43	0.105
26.8 (26.9)	±0.5	1.2	0.76	0.97	0.084			3.0	2.26	2.87	0.105
		1.5	0.94	1.19	0.084			3.5	2.59	3.29	0.105
		1.75	1.08	1.38	0.084			4.0	2.91	3.71	0.105

（续）

外径 D /mm	允许偏差 /mm	壁厚 t/mm	理论重量 /(kg/m)	截面面积 /cm²	单位长度表面积 /m²	外径 D /mm	允许偏差 /mm	壁厚 t/mm	理论重量 /(kg/m)	截面面积 /cm²	单位长度表面积 /m²
42.3 (42.4)	±0.5	1.5	1.51	1.92	0.133	165 (168.3)	±1.65	6	23.53	29.97	0.518
		2.0	1.99	2.53	0.133			8	30.97	39.46	0.518
		2.5	2.45	3.13	0.133	219.1 (219.1)	±2.20	5	26.4	33.60	0.688
		3.0	2.91	3.70	0.133			6	31.53	40.17	0.688
		4.0	3.78	4.81	0.133			8	41.6	53.10	0.688
48 (48.3)	±0.5	1.5	1.72	2.19	0.151			10	51.6	65.70	0.688
		2.0	2.27	2.89	0.151	273 (273)	±2.75	5	33.0	42.1	0.858
		2.5	2.81	3.57	0.151			6	39.5	50.3	0.858
		3.0	3.33	4.24	0.151			8	52.3	66.6	0.858
		4.0	4.34	5.53	0.151			10	64.9	82.6	0.858
60 (60.3)	±0.6	5.0	5.30	6.75	0.151	325 (323.9)	±3.25	5	39.5	50.3	1.20
		2.0	2.86	3.64	0.188			6	47.2	60.1	1.20
		2.5	3.55	4.52	0.188			8	62.5	79.7	1.20
		3.0	4.22	5.37	0.188			10	77.7	99.0	1.20
		4.0	5.52	7.04	0.188			12	92.6	118.0	1.20
		5.0	6.78	8.64	0.188	355.6 (355.6)	±3.55	6	51.7	65.9	1.12
75.5 (76.1)	±0.76	2.5	4.50	5.73	0.237			8	68.6	87.4	1.12
		3.0	5.36	6.83	0.237			10	85.2	109.0	1.12
		4.0	7.05	8.98	0.237			12	101.7	130.0	1.12
		5.0	8.69	11.07	0.237	406.4 (406.4)	±4.10	8	78.6	100	1.28
88.5 (88.9)	±0.90	3.0	6.33	8.06	0.278			10	97.8	125	1.28
		4.0	8.34	10.62	0.278			12	116.7	149	1.28
		5.0	10.30	13.12	0.278	457 (457)	±4.6	8	88.6	113	1.44
		6.0	12.21	15.55	0.278			10	110.0	140	1.44
114 (114.3)	±1.15	4.0	10.85	13.82	0.358			12	131.7	168	1.44
		5.0	13.44	17.12	0.358	508 (508)	±5.10	8	98.6	126	1.60
		6.0	15.98	20.36	0.358			10	123.0	156	1.60
140 (139.7)	±1.40	4.0	13.42	17.09	0.440			12	146.2	187	1.60
		5.0	16.65	21.21	0.440	610	±6.10	8	118.8	151	1.92
		6.0	19.83	25.26	0.440			10	148.0	189	1.92
165 (168.3)	±1.65	4	15.88	20.23	0.518			12.5	184.2	235	1.92
		5	19.73	25.13	0.518			16	234.4	299	1.92

注：括号内为 ISO 4019 所列规格。

2. 方形结构用冷弯空心型钢

1）方形结构用冷弯空心型钢的截面形状如图 4-23 所示。

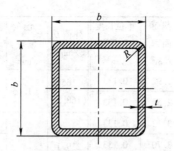

图 4-23　方形结构用冷弯空心型钢的截面形状

2）方形结构用冷弯空心型钢的截面尺寸及理论重量如表 4-403 所示。

表 4-403　方形结构用冷弯空心型钢的截面尺寸及理论重量（GB/T 6728—2002）

边长 b/mm	允许偏差 /mm	壁厚 t /mm	理论重量 /(kg/m)	截面面积 /cm²	边长 b/mm	允许偏差 /mm	壁厚 t /mm	理论重量 /(kg/m)	截面面积 /cm²
20	±0.50	1.2	0.679	0.865	50	±0.50	4.0	5.454	6.947
		1.5	0.826	1.052	60	±0.60	2.0	3.560	4.540
		1.75	0.941	1.199			2.5	4.387	5.589
		2.0	1.050	1.340			3.0	5.187	6.608
25	±0.50	1.2	0.867	1.105			4.0	6.710	8.547
		1.5	1.061	1.352			5.0	8.129	10.356
		1.75	1.215	1.548	70	±0.65	2.5	5.170	6.590
		2.0	1.363	1.736			3.0	6.129	7.808
30	±0.50	1.5	1.296	1.652			4.0	7.966	10.147
		1.75	1.490	1.898			5.0	9.699	12.356
		2.0	1.677	2.136	80	±0.70	2.5	5.957	7.589
		2.5	2.032	2.589			3.0	7.071	9.008
		3.0	2.361	3.008			4.0	9.222	11.747
40	±0.50	1.5	1.767	2.525			5.0	11.269	14.356
		1.75	2.039	2.598	90	±0.75	3.0	8.013	10.208
		2.0	2.305	2.936			4.0	10.478	13.347
		2.5	2.817	3.589			5.0	12.839	16.356
		3.0	3.303	4.208			6.0	15.097	19.232
		4.0	4.198	5.347	100	±0.80	4.0	11.734	11.947
50	±0.50	1.5	2.238	2.852			5.0	14.409	18.356
		1.75	2.589	3.298			6.0	16.981	21.632
		2.0	2.933	3.736	110	±0.90	4.0	12.99	16.548
		2.5	3.602	4.589			5.0	15.98	20.356
		3.0	4.245	5.408			6.0	18.866	24.033

（续）

边长 b/mm	允许偏差/mm	壁厚 t/mm	理论重量/(kg/m)	截面面积/cm²	边长 b/mm	允许偏差/mm	壁厚 t/mm	理论重量/(kg/m)	截面面积/cm²
120	±0.90	4.0	14.246	18.147	200	±1.60	8.0	46.50	59.20
		5.0	17.549	22.356			10	57.00	72.60
		6.0	20.749	26.432	220	±1.80	5.0	33.2	42.4
		8.0	26.840	34.191			6.0	39.6	50.4
130	±1.00	4.0	15.502	19.748			8.0	51.5	65.6
		5.0	19.120	24.356			10	63.2	80.6
		6.0	22.634	28.833			12	73.5	93.7
		8.0	28.921	36.842	250	±2.00	5.0	38.0	48.4
140	±1.10	4.0	16.758	21.347			6.0	45.2	57.6
		5.0	20.689	26.356			8.0	59.1	75.2
		6.0	24.517	31.232			10	72.7	92.6
		8.0	31.864	40.591			12	84.8	108
150	±1.20	4.0	18.014	22.948	280	±2.20	5.0	42.7	54.4
		5.0	22.26	28.356			6.0	50.9	64.8
		6.0	26.402	33.633			8.0	66.6	84.8
		8.0	33.945	43.242			10	82.1	104.6
160	±1.20	4.0	19.270	24.547			12	96.1	122.5
		5.0	23.829	30.356	300	±2.40	6.0	54.7	69.6
		6.0	28.285	36.032			8.0	71.6	91.2
		8.0	36.888	46.991			10	88.4	113
170	±1.30	4.0	20.526	26.148			12	104	132
		5.0	25.400	32.356	350	±2.80	6.0	64.1	81.6
		6.0	30.170	38.433			8.0	84.2	107
		8.0	38.969	49.642			10	104	133
180	±1.40	4.0	21.800	27.70			12	123	156
		5.0	27.000	34.40	400	±3.20	8.0	96.7	123
		6.0	32.100	40.80			10	120	153
		8.0	41.500	52.80			12	141	180
190	±1.50	4.0	23.00	29.30			14	163	208
		5.0	28.50	36.40	450	±3.60	8.0	109	139
		6.0	33.90	43.20			10	135	173
		8.0	44.00	56.00			12	160	204
200	±1.60	4.0	24.30	30.90			14	185	236
		5.0	30.10	38.40	500	±4.00	8.0	122	155
		6.0	35.80	45.60			10	151	193

（续）

边长 b/mm	允许偏差/mm	壁厚 t/mm	理论重量/(kg/m)	截面面积/cm²	边长 b/mm	允许偏差/mm	壁厚 t/mm	理论重量/(kg/m)	截面面积/cm²
500	±4.00	12	179	228	500	±4.00	16	235	299
		14	207	264					

注：表中理论重量按密度 7.85g/cm³ 计算。

3. 矩形结构用冷弯空心型钢

1）矩形结构用冷弯空心型钢的截面形状如图 4-24 所示。

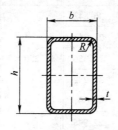

图 4-24　矩形结构用冷弯空心型钢的截面形状

2）矩形结构用冷弯空心型钢的截面尺寸及理论重量如表 4-404 所示。

表 4-404　矩形结构用冷弯空心型钢的截面尺寸及理论重量（GB/T 6728—2002）

边长/mm		允许偏差/mm	壁厚 t/mm	理论重量/(kg/m)	截面面积/cm²	边长/mm		允许偏差/mm	壁厚 t/mm	理论重量/(kg/m)	截面面积/cm²
h	b					h	b				
30	20	±0.50	1.5	1.06	1.35	40	30	±0.50	1.5	1.53	1.95
			1.75	1.22	1.55				1.75	1.77	2.25
			2.0	1.36	1.74				2.0	1.99	2.54
			2.5	1.64	2.09				2.5	2.42	3.09
40	20	±0.50	1.5	1.30	1.65				3.0	2.83	3.61
			1.75	1.49	1.90	50	25	±0.50	1.5	1.65	2.10
			2.0	1.68	2.14				1.75	1.90	2.42
			2.5	2.03	2.59				2.0	2.15	2.74
			3.0	2.36	3.01				2.5	2.62	2.34
40	25	±0.50	1.5	1.41	1.80				3.0	3.07	3.91
			1.75	1.63	2.07	50	30	±0.50	1.5	1.767	2.252
			2.0	1.83	2.34				1.75	2.039	2.598
			2.5	2.23	2.84				2.0	2.305	2.936
			3.0	2.60	3.31				2.5	2.817	3.589

（续）

边长/mm		允许偏差	壁厚	理论重量	截面面积	边长/mm		允许偏差	壁厚	理论重量	截面面积
h	b	/mm	t/mm	/(kg/m)	/cm²	h	b	/mm	t/mm	/(kg/m)	/cm²
50	30	±0.50	3.0	3.303	4.206	80	60	±0.70	5.0	9.699	12.356
			4.0	4.198	5.347				3.0	5.658	7.208
50	40	±0.50	1.5	2.003	2.552	90	40	±0.75	4.0	7.338	9.347
			1.75	2.314	2.948				5.0	8.914	11.356
			2.0	2.619	3.336	90	50	±0.75	2.0	4.190	5.337
			2.5	3.210	4.089				2.5	5.172	6.589
			3.0	3.775	4.808				3.0	6.129	7.808
			4.0	4.826	6.148				4.0	7.966	10.147
55	25	±0.50	1.5	1.767	2.252				5.0	9.699	12.356
			1.75	2.039	2.598	90	55	±0.75	2.0	4.346	5.536
			2.0	2.305	2.936				2.5	5.368	6.839
55	40	±0.50	1.5	2.121	2.702	90	60	±0.75	3.0	6.600	8.408
			1.75	2.452	3.123				4.0	8.594	10.947
			2.0	2.776	3.536				5.0	10.484	13.356
55	50	±0.60	1.75	2.726	3.473	95	50	±0.75	2.0	4.347	5.537
			2.0	3.090	3.936				2.5	5.369	6.839
60	30	±0.60	2.0	2.620	3.337				3.0	6.690	8.408
			2.5	3.209	4.089	100	50	±0.80	4.0	8.594	10.947
			3.0	3.774	4.808				5.0	10.484	13.356
			4.0	4.826	6.147	120	50	±0.90	2.5	6.350	8.089
60	40	±0.60	2.0	2.934	3.737				3.0	7.543	9.608
			2.5	3.602	4.589	120	60	±0.90	3.0	8.013	10.208
			3.0	4.245	5.408				4.0	10.478	13.347
			4.0	5.451	6.947				5.0	12.839	16.356
70	50	±0.60	2.0	3.562	4.537				6.0	15.097	19.232
			3.0	5.187	6.608	120	80	±0.90	3.0	8.955	11.408
			4.0	6.710	8.547				4.0	11.734	11.947
			5.0	8.129	10.356				5.0	14.409	18.356
80	40	±0.70	2.0	3.561	4.536				6.0	16.981	21.632
			2.5	4.387	5.589	140	80	±1.00	4.0	12.990	16.547
			3.0	5.187	6.608				5.0	15.979	20.356
			4.0	6.710	8.547				6.0	18.865	24.032
			5.0	8.129	10.356	150	100	±1.20	4.0	14.874	18.947
80	60	±0.70	3.0	6.129	7.808				5.0	18.334	23.356
			4.0	7.966	10.147				6.0	21.691	27.632

（续）

边长/mm		允许偏差	壁厚	理论重量	截面面积	边长/mm		允许偏差	壁厚	理论重量	截面面积
h	b	/mm	t/mm	/(kg/m)	/cm²	h	b	/mm	t/mm	/(kg/m)	/cm²
150	100	±1.20	8.0	28.096	35.791	260	180	±1.80	10	63.2	80.6
160	60	±1.20	3	9.898	12.608	300	200	±2.00	5.0	38.0	48.4
			4.5	14.498	18.469				6.0	45.2	57.6
160	80	±1.20	4.0	14.216	18.117				8.0	59.1	75.2
			5.0	17.519	22.356				10	72.7	92.6
			6.0	20.749	26.433	350	250	±2.20	5.0	45.8	58.4
			8.0	26.810	33.644				6.0	54.7	69.6
180	65	±1.20	3.0	11.075	14.108				8.0	71.6	91.2
			4.5	16.264	20.719				10	88.4	113
180	100	±1.30	4.0	16.758	21.317	400	200	±2.40	5.0	45.8	58.4
			5.0	20.689	26.356				6.0	54.7	69.6
			6.0	24.517	31.232				8.0	71.6	91.2
			8.0	31.861	40.391				10	88.4	113
200	100	±1.30	4.0	18.014	22.941				12	104	132
			5.0	22.259	28.356	400	250	±2.60	5.0	49.7	63.4
			6.0	26.101	33.632				6.0	59.4	75.6
			8.0	34.376	43.791				8.0	77.9	99.2
200	120	±1.40	4.0	19.3	24.5				10	96.2	122
			5.0	23.8	30.4				12	113	144
			6.0	28.3	36.0	450	250	±2.80	6.0	64.1	81.6
			8.0	36.5	46.4				8.0	84.2	107
200	150	±1.50	4.0	21.2	26.9				10	104	133
			5.0	26.2	33.4				12	123	156
			6.0	31.1	39.6	500	300	±3.20	6.0	73.5	93.6
			8.0	40.2	51.2				8.0	96.7	123
220	140	±1.50	4.0	21.8	27.7				10	120	153
			5.0	27.0	34.4				12	141	180
			6.0	32.1	40.8	550	350	±3.60	8.0	109	139
			8.0	41.5	52.8				10	135	173
250	150	±1.60	4.0	24.3	30.9				12	160	204
			5.0	30.1	38.4				14	185	236
			6.0	35.8	45.6	600	400	±4.00	8.0	122	155
			8.0	46.5	59.2				10	151	193
260	180	±1.80	5.0	33.2	42.4				12	179	228
			6.0	39.6	50.4				14	207	264
			8.0	51.5	65.6				16	235	299

注：表中理论重量按密度 7.85g/cm³ 计算。

4.8.4　优质结构钢冷拉扁钢

优质结构钢冷拉扁钢的理论重量如表 4-405 所示。

表 4-405　冷拉扁钢的理论重量（YB/T 037—2005）

扁钢宽度 b/mm	扁钢厚度 t/mm														
	5	6	7	8	9	10	11	12	14	15	16	18	20	25	30
	理论重量/（kg/m）														
8	0.31	0.38	0.44												
10	0.39	0.47	0.55	0.63	0.71										
12	0.47	0.55	0.66	0.75	0.85	0.94	1.04								
13	0.51	0.61	0.71	0.82	0.92	1.02	1.12								
14	0.55	0.66	0.77	0.88	0.99	1.10	1.21	1.32							
15	0.59	0.71	0.82	0.94	1.06	1.18	1.29	1.41							
16	0.63	0.75	0.88	1.00	1.13	1.26	1.38	1.51	1.76						
18	0.71	0.85	0.99	1.13	1.27	1.41	1.55	1.70	1.96	2.12	2.26				
20	0.78	0.94	1.10	1.26	1.41	1.57	1.73	1.88	2.28	2.36	2.51	2.63			
22	0.86	1.04	1.21	1.38	1.55	1.73	1.90	2.07	2.42	2.69	2.76	3.11	3.45		
24	0.94	1.13	1.32	1.51	1.69	1.88	2.07	2.26	2.64	2.83	3.01	3.39	3.77		
25	0.98	1.18	1.37	1.57	1.77	1.96	2.16	2.36	2.75	2.94	3.14	3.53	3.92		
28	1.10	1.32	1.54	1.76	1.98	2.20	2.42	2.64	3.08	3.28	3.52	3.96	4.40	5.49	
30	1.18	1.41	1.65	1.88	2.12	2.36	2.59	2.83	3.30	3.53	3.77	4.24	4.71	5.59	
32		1.51	1.76	2.01	2.26	2.51	2.76	3.01	3.52	3.77	4.02	4.52	5.02	6.28	7.54
35		1.65	1.92	2.19	2.47	2.75	3.02	3.29	3.85	4.12	4.39	4.95	5.49	6.87	8.24
36		1.70	1.98	2.26	2.54	2.83	3.11	3.39	3.96	4.24	4.52	5.09	5.65	7.06	8.48
38			2.09	2.39	2.68	2.98	3.28	3.58*	4.18	4.47	4.77	5.37	5.97	7.46	8.95
40			2.20	2.51	2.83	3.14	3.45	3.77	4.40	4.71	5.02	5.65	6.20	7.85	9.42
45				2.83	3.18	3.53	3.89	4.24	4.95	5.29	5.56	6.36	7.06	8.83	10.60
50					3.53	3.92	4.32	4.71	5.50	5.89	6.28	7.06	7.85	9.81	11.78

注：表中的理论重量按密度为 7.85kg/dm^3 计算。

4.8.5　热轧型钢

1. 热轧工字钢和槽钢的尺寸及允许偏差（表 4-406）

表 4-406　热轧工字钢和槽钢的尺寸及允许偏差（GB/T 706—2008）

	尺寸/mm	允许偏差/mm	图　示
高度 h	<100	±1.5	
	100 ~ <200	±2.0	
	200 ~ <400	±3.0	
	≥400	±4.0	
腿宽度 b	<100	±1.5	
	100 ~ <150	±2.0	
	150 ~ <200	±2.5	
	200 ~ <300	±3.0	
	300 ~ <400	±3.5	
	≥400	±4.0	
腰厚度 d	<100	±0.4	
	100 ~ <200	±0.5	
	200 ~ <300	±0.7	
	300 ~ <400	±0.8	
	≥400	±0.9	

（续）

外缘斜度 T	$T \leqslant 1.5\% b$ $2T \leqslant 2.5\% b$	
弯腰挠度 W	$W \leqslant 0.15d$	

弯曲度	工字钢	每米弯曲度误差≤2mm,总弯曲度误差≤总长度的0.20%	适用于上下、左右大弯曲
	槽钢	每米弯曲度误差≤3mm,总弯曲度误差≤总长度的0.30%	

2. 热轧角钢的尺寸及允许偏差 （表4-407）

表4-407　热轧角钢的尺寸及允许偏差 （GB/T 706—2008）

项　　目		允许偏差/mm		图　　示
		等边角钢	不等边角钢	
边宽度 B,b /mm	边宽度[①] ≤56	±0.8	+0.8	
	>56~90	±1.2	±1.5	
	>90~140	±1.8	±2.0	
	>140~200	±2.5	±2.5	
	>200	±3.5	±3.5	
边厚度 d /mm	边宽度[①] ≤56	±0.4		
	>56~90	±0.6		
	>90~140	±0.7		
	>140~200	±1.0		
	>200	±1.4		
顶端直角		$\alpha \leqslant 50'$		
弯曲度		每米弯曲度误差≤3mm,总弯曲度误差≤总长度的0.30%		适用于上下、左右大弯曲

① 不等边角钢按长边宽度 B。

3. 热轧 L 型钢的尺寸及允许偏差（表 4-408）

表 4-408　热轧 L 型钢的尺寸及允许偏差（GB/T 706—2008）

项　目		允许偏差/mm	图　示
边宽度 B,b		±4.0	
边厚度	长边厚度 D	$+1.6$ -0.4	
	短边厚度 d/mm　≤20	$+2.0$ -0.4	
	>20~30	$+2.0$ -0.5	
	>30~35	$+2.5$ -0.6	
垂直度 T		$T \leqslant 2.5\% \, b$	
长边平直度 W		$W \leqslant 0.15D$	
弯曲度		每米弯曲度误差≤3mm，总 弯曲度误差≤总长度的0.30%	适用于上下、左右大弯曲

4.8.6　矿用热轧型钢

1. 矿用热轧工字钢

1）矿用热轧工字钢的截面形状如图 4-25 所示。

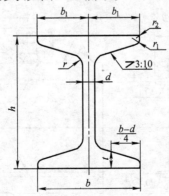

图 4-25　矿用热轧工字钢的截面形状

h—高度　b—腿宽　d—腰厚　t—平均腿厚
r—内圆弧半径　r_1、r_2—腿端圆弧半径

2）矿用热轧工字钢的截面尺寸及理论重量如表4-409所示。

表4-409　矿用热轧工字钢的截面尺寸及理论重量（YB/T 5047—2000）

型　　号	h	b	d	t	r	r_1	r_2	截面面积 /cm²	理论重量 /（kg/m）
				mm					
9	90 ± 2.0	76 ± 2.0	8 ± 0.6	10.9	12	4	1.5	22.54	17.69
11	110 ± 2.0	90 ± 2.0	9 ± 0.6	14.1	12	5	1.5	33.18	26.05
12	120 ± 2.0	95 ± 2.0	11 ± 0.6	15.3	15	5	1.5	39.72	31.18

2. 矿用热轧周期扁钢

1）矿用热轧周期扁钢的形状如图4-26所示。

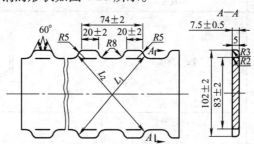

图 4-26　矿用热轧周期扁钢的形状

2）矿用热轧周期扁钢的截面面积及理论重量如表4-410所示。

表4-410　矿用热轧周期扁钢的截面面积及理论重量（YB/T 5047—2000）

名　　称	截面面积/cm²	理论重量/（kg/m）
周期扁钢	6.62	5.20

3. 矿用热轧花边钢

1）矿用热轧花边钢的形状如图4-27所示。

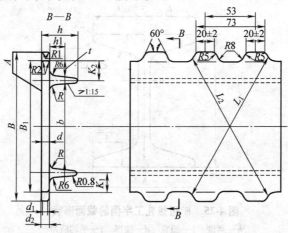

图 4-27　矿用热轧花边钢的形状

2）矿用热轧花边钢的尺寸及允许偏差如表4-411所示。

表4-411　矿用热轧花边钢的尺寸及允许偏差（YB/T 5047—2000）　（单位：mm）

型号	腿高度					腰宽度		腰厚度			偏称值 $\|K_1 - K_2\|$
						齿根距	齿顶距	内腰	外腰厚度		
	h	h_1	t	b	R	B_1	B	厚度 d	d_2	d_1	
7π	45 ± 1.0	18.5	$7.5^{+0.2}_{-0.5}$	47 ± 0.4	8	$83^{+2.5}_{-1.0}$	$100^{+4.0}_{-2.0}$	$7.5^{+0.5}_{-0.2}$	$8^{+0.5}_{-1.0}$	5	≤ 2.5
8π	35 ± 0.5	14	$6^{+0.2}_{-0.5}$	47 ± 0.4	7			$7^{+0.6}_{-0.2}$			

3）矿用热轧花边钢的截面面积及理论重量如表4-412所示。

表4-412　矿用热轧花边钢的截面面积及理论重量（YB/T 5047—2000）

型　号	截面面积/cm²	理论重量/(kg/m)
7π	13	10.2
8π	10.15	7.97

4.8.7　煤机用热轧异型钢

1. 煤机用热轧异型钢的型号、截面面积及理论重量（表4-413）

表4-413　煤机用热轧异型钢的型号、截面面积及理论重量（GB/T 3414—1994）

品种	型号	截面面积 /m²	理论重量 /(kg/m)	平均腿厚 t/mm	品种	型号	截面面积 /m²	理论重量 /(kg/m)	平均腿厚 t/mm
刮板钢	5	8.56	6.72	—	槽帮钢	E15	45.88	36.00	11.00
刮板钢	6.5	12.59	9.89	—	槽帮钢	M18	36.63	28.80	10.00
槽帮钢	D12.5	13.42	10.54	7.50	槽帮钢	E19	67.53	53.00	14.00
槽帮钢	D15	24.28	19.06	9.24	槽帮钢	M22	77.01	60.45	—
槽帮钢	M15	27.74	22.00	9.00	槽帮钢	E22	90.54	71.08	—

2. 煤机用热轧异型钢的定倍尺长度（表4-414）

表4-414　煤机用热轧异型钢的定倍尺长度（GB/T 3414—1994）

型　号	定倍尺长度/mm	型　号	定倍尺长度/mm
5 号	$n \times 332$	E15	$n \times 1510$
6.5 号	$n \times 444$	M18	$n \times 1510$
D12.5	$n \times 1215$	E19	$n \times 1510$
D15	$n \times 1210$	M22	$n \times 1210$
M15	$n \times 1210$	E22	$n \times 1510$

注：n为倍尺数。

4.8.8　矿山巷道支护用热轧U型钢

1. 矿山巷道支护用热轧U型钢的化学成分（表4-415）

表4-415　矿山巷道支护用热轧U型钢的化学成分（GB/T 4697—2008）

牌　号	化学成分(质量分数,%)						
	C	Si	Mn	V	Alt	P	S
20MnK	0.15 ~ 0.26	0.20 ~ 0.60	1.20 ~ 1.60	—	≥0.015	≤0.045	≤0.045
25MnK	0.21 ~ 0.31	0.20 ~ 0.60	1.20 ~ 1.60	—	≥0.015	≤0.045	≤0.045
20MnVK	0.17 ~ 0.24	0.17 ~ 0.37	1.20 ~ 1.60	0.07 ~ 0.17	—	≤0.045	≤0.045

2. 矿山巷道支护用热轧 U 型钢的力学性能（表 4-416）

表 4-416　矿山巷道支护用热轧 U 型钢的力学性能（GB/T 4697—2008）

牌　号	规格	拉伸性能			冲击性能		180°弯曲性能 d—弯心直径 t—试样厚度
		抗拉强度 R_m/MPa	上屈服强度[①] R_{eH}/MPa	断后伸长率 A(%)	温度 /℃	冲击吸收能量 KV/J	
		≥				≥	
20MnK	18UY	490	335	20	—		$d = 3t$
20MnVK	25UY	570	390	20			
25MnK	25U	530	335	20			
	29U						
20MnK	36U	530	350	20	20	27	$d = 3t$
20MnVK	40U	580	390	20	20	27	$d = 3t$

注：拉伸试验、弯曲试验和冲击试验取纵向试样。

① 当屈服现象不明显时，采用 $R_{p0.2}$。

3. 矿山巷道支护用热轧 U 型钢的截面面积及理论重量（表 4-417）

表 4-417　矿山巷道支护用热轧 U 型钢的截面面积及理论重量（GB/T 4697—2008）

规　格	截面面积/cm²	理论重量/(kg/m)	规　格	截面面积/cm²	理论重量/(kg/m)
18UY	24.15	18.96	29U	37.00	29.00
25UY	31.54	24.76	36U	45.69	35.87
25U	31.79	24.95	40U	51.02	40.05

4.8.9　抽油杆用热轧圆钢

1. 抽油杆用热轧圆钢的化学成分（表 4-418）

表 4-418　抽油杆用热轧圆钢的化学成分（YB/T 054—1994）

序号	牌号	化学成分(质量分数,%)										
		C	Si	Mn	Cr	Ni	Mo	V	Ti	Cu	P	S
1	35Mn2A	0.32 ~ 0.39		1.40 ~ 1.80	≤0.35							
2	40Mn2A	0.37 ~ 0.44		1.40 ~ 1.80	≤0.35							
3	20CrMoA	0.17 ~ 0.24	0.17 ~ 0.37	0.40 ~ 0.70	0.80/ 1.10	≤0.30	0.15 ~ 0.25			≤ 0.20	≤ 0.025	≤ 0.025
4	35CrMoA	0.32 ~ 0.40		0.40 ~ 0.70	0.80/ 1.10		0.15 ~ 0.25					
5	42CrMoA	0.38 ~ 0.45		0.50 ~ 0.80	0.90/ 1.20		0.15 ~ 0.25					
6	20Ni2MoA	0.18 ~ 0.23		0.70 ~ 0.90	≤0.35	1.65 ~ 2.00	0.20 ~ 0.30					
7	16Mn2SiCrMoVTiA	0.12 ~ 0.22	0.50 ~ 1.50	1.90 ~ 2.40	0.50 ~ 0.90	≤0.30	0.15 ~ 0.30	0.05 ~ 0.20	0.005 ~ 0.03			
8	40CrMnMoA	0.37 ~ 0.45	0.17 ~ 0.37	0.90 ~ 1.20	0.90 ~ 1.20		0.20 ~ 0.30					

2. 抽油杆用热轧圆钢的热处理制度和力学性能（表 4-419）

表 4-419 抽油杆用热轧圆钢的热处理制度和力学性能（YB/T 054—1994）

序号	牌号	试样毛坯尺寸/mm	热处理制度				力学性能				
			淬火		回火		下屈服强度 R_{eL}/MPa ≥	抗拉强度 R_m/MPa ≥	断后伸长率 A(%) ≥	断面收缩率 Z(%) ≥	冲击吸收能量 /J ≥
			温度/℃	冷却介质	温度/℃	冷却介质					
1	35Mn2A	25	840	水	500	水	735	885	12	45	55
2	40Mn2A						785	930			
3	20CrMoA	15	850	水，油	500	水，油	735	930		50	78
4	35CrMoA	25			550		885	1030		45	63
5	42CrMoA				560		980	1130			
6	20Ni2MoA		880	水，油	630	水，油	440	600	18	60	71
7	16Mn2SiCrMoVTiA	15			300	空冷	790	960	12	50	60
			热 轧				790	960	10	40	47
8	40CrMnMoA	25	850	油	600	水，油	785	980	10	45	63

4.8.10 电梯导轨用热轧型钢

1. 电梯导轨用热轧型钢的截面形状（图 4-28）

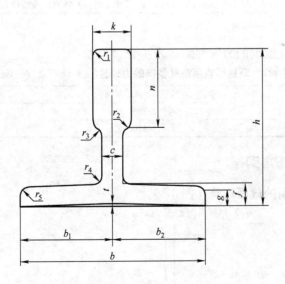

图 4-28 电梯导轨用热轧型钢的截面形状

b—轨底宽度 h—高度 k—轨头宽度 n—轨头高度 c—腰部厚度 g—轨底端部厚度
f—轨底根部厚度 r_1、r_2—轨头圆角 r_3—轨头与轨腰连接处圆角
r_4—轨腰与轨底连接处圆角 r_5—轨底上端部圆角 t—轨底凹度

2. 电梯导轨用热轧型钢的截面尺寸及偏差（表4-420）

表4-420　电梯导轨用热轧型钢的截面尺寸及偏差（YB/T 157—1999）

（单位：mm）

| 型号 | b | | h | | k | | n | | c | | g | | f | r_1 | r_2 | r_3 | r_4 | r_5 | $\lvert b_1 - b_2 \rvert$ |
	尺寸	允许偏差	尺寸	允许偏差	尺寸	允许偏差	尺寸	允许偏差	尺寸	允许偏差	尺寸	允许偏差							
T75	75	±1.5	64		14		32		7.5	±0.5	7		9	2	2	5	5	3	≤1.5
T78	78		58		14		28		7.5		6		8.5	2	2	5	5	2.5	
T82	82.5		70.5		13		27.5		7.5		6		9	2	3	4	5	2.5	
T89	89		64		20		35		10		7.9		11.1	2	3	4	5	3	
T90	90		77		20		44		10		8		11.5	2	3	6	6	3	
T114	114	±1.5（±2.0）	91	+2.5 −0.5	20	+1.5 −0.5	40	+2.0 0	10	+0.5 −0.7	8	±0.75	12.5	2	3	5	6	3	≤2
T125	125		84		20		44		10		9		12	2	3	6	6	3	
T127-1	127		91		20		46.5		10		7.9		11.1	2	3	5	6	3	
T127-2	127		91		20		52.8		10		12.7		15.9	2	3	5	6	3	
T140-1	140		110		23		52.8		12.7	+1.0 −0.5	12.7		15.9	2	3	6	8	4	
T140-2	140		104		32.6		52.8		17.5		14.5		17.5	2	3	6	9	4	
T140-3	140		129		36		59.2		19		17.5		25.4	2	3	7	10	4	

注：括号中尺寸的允许偏差为普通精度级。

3. 电梯导轨用热轧型钢的截面面积及理论重量（表4-421）

表4-421　电梯导轨用热轧型钢的截面面积及理论重量（YB/T 157—1999）

型　号	T75	T78	T82	T89	T90	T114	T125	T127-1	T127-2	T140-1	T140-2	T140-3
截面面积/cm²	13.000	11.752	12.994	17.873	20.453	24.312	25.452	25.442	31.735	38.200	46.826	61.500
理论重量/(kg/m)	10.205	9.225	10.200	14.030	16.056	19.085	19.980	19.972	24.912	29.987	36.758	48.278

注：理论重量按密度7.85g/cm³ 计算。

4. 电梯导轨用热轧型钢的力学性能（表4-422）

表4-422　电梯导轨用热轧型钢的力学性能（YB/T 157—1999）

牌　号	抗拉强度 R_m/MPa	断后伸长率A(%)
Q235A	≥375	≥24
Q255A 或其他牌号	≥410	

4.8.11　铁塔用热轧角钢

1. 铁塔用热轧角钢的截面形状（图4-29）

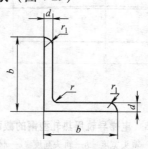

图4-29　铁塔用热轧角钢的截面形状
b—边宽度　d—边厚度　r—内圆弧半径
r_1—边端内圆弧半径

2. 铁塔用热轧角钢的化学成分（表4-423）

表4-423　铁塔用热轧角钢的化学成分（YB/T 4163—2007）

牌号	统一数字代号	质量等级	化学成分(质量分数,%)							
			C	Si	Mn	P	S	V	Nb	Ti
					≤					
Q235T[①]	L92351	A	0.22	—		0.045	0.050	—	—	—
	L92352	B	0.20			0.045	0.045			
	L92353	C	0.17	0.35	0.40	0.040	0.040			
	L92354	D				0.035	0.035			
Q275T	L92751	A	0.24	—		0.045	0.050	—	—	—
	L92752	B	0.21			0.045	0.045			
	L92753	C	0.22	0.35	0.15	0.040	0.040			
	L92754	D	0.20			0.035	0.035			
Q345T[②]	L93451	A	0.20	0.55	1.70	0.045	0.045	0.01~0.15	0.005~0.060	0.01~0.20
	L93452	B				0.040	0.040			
	L93453	C				0.035	0.035			
	L93454	D	0.18			0.030	0.030			
Q420T[②]	L94201	A	0.20	0.55	1.70	0.045	0.045	0.02~0.15	0.005~0.060	0.01~0.20
	L94202	B				0.040	0.040			
	L94203	C				0.035	0.035			
	L94204	D				0.030	0.030			
	L94205	E				0.025	0.025			
Q460T[②]	L94601	A	0.20	0.55	1.70	0.045	0.045	0.02~0.15	0.005~0.060	0.01~0.20
	L94602	B				0.040	0.040			
	L94603	C				0.035	0.035			
	L94604	D				0.030	0.030			
	L94605	E				0.025	0.025			

① 经需方同意，Q235TB 的碳含量可不大于 0.22%（质量分数）。

② 对于 Q345T，根据需要，钢中可添加 V、Nb、Ti 中一种或几种微合金元素，其含量应符合本表的规定；对于 Q420T、Q460T，钢中应至少含有 V、Nb、Ti 中的一种微合金元素，其含量应符合本表的规定。

3. 铁塔用热轧角钢的力学性能（表4-424）

表4-424　铁塔用热轧角钢的力学性能（YB/T 4163—2007）

牌号	质量等级	拉伸性能			冲击性能				180°弯曲性能 d—弯心直径 t—试样厚度	
		上屈服强度 R_{eH}[①]/MPa		抗拉强度 R_m/MPa	断后伸长率 A(%)	+20℃	0℃	-20℃	-40℃	厚度/mm
		厚度/mm				冲击吸收能量 KV/J　≥				
		≤16	>16~35							≤16	>16~35
		≥			≥					≥
Q235T	A	235	225	370~500	26	27				d = t
	B				26	27				
	C				26		27			
	D				26			27		
Q275T	A	275	265	410~540	26	27				d = t
	B				26	27				
	C				26		27			
	D				26			27		

（续）

牌号	质量等级	拉伸性能				冲击性能				180°弯曲性能 d—弯心直径 t—试样厚度	
		上屈服强度 R_{eH}[①]/MPa		抗拉强度 R_m/MPa	断后伸长率 $A(\%)$	+20℃	0℃	-20℃	-40℃	厚度/mm	
		厚度/mm									
		≤16	>16~35			冲击吸收能量 KV/J　≥				≤16	>16~35
		≥			≥						
Q345T	A	345	325	470~630	21	34				$d=2t$	$d=3t$
	B				21		34				
	C				22		34				
	D				22			34			
Q420T	A	420	400	520~680	18	34				$d=2t$	$d=3t$
	B				18		34				
	C				19		34				
	D				19			34			
	E				19				27		
Q460T	A	460	440	550~720	17	34				$d=2t$	$d=3t$
	B				17		34				
	C				17		34				
	D				17			34			
	E				17				27		

注：拉伸和弯曲试验、冲击试验取纵向试样。

① 当屈服现象不明显时，采用 $R_{p0.2}$。

4. 铁塔用热轧角钢的截面尺寸及理论重量（表4-425）

表4-425　铁塔用热轧角钢的截面尺寸及理论重量（YB/T 4163—2007）

型号	尺寸/mm			截面面积 /cm²	理论重量 /(kg/m)	外表面积 /(m²/m)
	b	d	r			
5.6	56	6	6	6.420	5.040	0.220
		7		7.404	5.812	0.219
6.3	63	7	7	8.412	6.603	0.247
7.5	75	9	9	12.825	10.068	0.294
8	80	9	9	13.725	10.774	0.314
9	90	9	10	15.566	12.219	0.353
12.5	125	16	14	37.739	29.625	0.489
15	150	10	14	29.373	23.058	0.591
		12		34.912	27.406	0.591
		14		40.367	31.688	0.590
		15		43.063	33.804	0.590
		16		45.739	35.905	0.589

（续）

型号	尺寸/mm			截面面积 /cm²	理论重量 /(kg/m)	外表面积 /(m²/m)
	b	d	r			
22	220	16	21	68.664	53.901	0.866
		18		76.752	60.250	0.866
		20		84.756	66.533	0.865
		22		92.676	72.751	0.865
		24		100.512	78.902	0.864
		26		108.264	84.987	0.864
25	250	18	24	87.842	68.956	0.985
		20		97.045	76.180	0.984
		24		115.201	90.433	0.983
		26		124.154	97.461	0.982
		28		133.022	104.422	0.982
		30		141.807	111.318	0.981
		32		150.508	118.149	0.981
		35		163.402	128.271	0.980

注：1. 边端内圆弧半径 $r_1 = 1/3d$；内圆弧半径 r、边端内圆弧半径 r_1 的数据用于孔型设计，不作为交货条件。

2. 角钢尺寸表示方法为：边宽度（mm）×边宽度（mm）×边厚度（mm）。例如：100mm×100mm×8mm。

3. Q345T 推荐使用 6.3 以上型号的角钢；Q420T、Q460T 推荐使用 8 以上型号的角钢。

4.8.12　履带用热轧型钢

1. 履带用热轧型钢的化学成分（表 4-426）

表 4-426　履带用热轧型钢的化学成分（YB/T 5034—2005）

牌号	化学成分（质量分数,%）										
	C	Si	Mn	P	S	Ti	B	Cr	Ni	Cu	Mo
40SiMn2	0.37 ~ 0.44	0.60 ~ 1.00	1.40 ~ 1.80	≤ 0.035	≤ 0.035	—	—	≤0.30	≤0.30	≤0.30	≤0.15
30MnTiB	0.27 ~ 0.34	0.17 ~ 0.37	1.20 ~ 1.50	≤ 0.035	≤ 0.035	0.02 ~ 0.06	0.0005 ~ 0.0030	≤0.30	≤0.30	≤0.30	≤0.15
35MnTiB	0.32 ~ 0.39	0.17 ~ 0.37	0.90 ~ 1.30	≤ 0.035	≤ 0.035	0.02 ~ 0.06	0.0005 ~ 0.0030	≤0.30	≤0.30	≤0.30	≤0.15

注：经供需双方协商，30MnTiB 的锰含量下限为 1.00%（质量分数）也可交货。

2. 履带用热轧型钢的热处理（表 4-427）

表 4-427　履带用热轧型钢的热处理（YB/T 5034—2005）

牌号	淬 火		回 火	
	温度/℃	冷却介质	温度/℃	冷却介质
40SiMn2	880 ±20	水或油	550 ±30	水或油
30MnTiB	880 ±20	水	280 ±30	水
35MnTiB	880 ±20	水	400 ±30	水

注：经供需双方协商，30MnTiB 型钢的回火温度可采用（400 ±30）℃。

4.8.13　汽车车轮轮辋用热轧型钢

1. 汽车车轮轮辋用热轧型钢的型号及理论重量（表 4-428）

表 4-428　汽车车轮轮辋用热轧型钢的型号及理论重量（YB/T 5227—2005）

序号	型号	理论重量/(kg/m)	截面面积/mm²	序号	型号	理论重量/(kg/m)	截面面积/mm²
1	5.50F	6.95	885.35	7	7.50VA	15.654	1994.14
2	6.00G	9.36	1192.36	8	7.50VB	15.71	2001.27
3	6.5A	10.812	1377.32	9	8.00VA	17.641	2247.26
4	6.5B	12.01	1529.94	10	8.00VB	17.52	2231.85
5	7.00TA	12.595	1604.46	11	8.5A	20.382	2596.43
6	7.00TB	12.99	1654.78	12	8.5B	20.62	2626.75

2. 汽车车轮轮辋用热轧型钢的化学成分（表 4-429）

表 4-429　汽车车轮轮辋用热轧型钢的化学成分（YB/T 5227—2005）

牌　号	化学成分(质量分数,%)				
	C	Si	Mn	P	S
12LW	≤0.14	≤0.22	0.25~0.55	≤0.035	≤0.035

3. 汽车车轮轮辋用热轧型钢的力学性能（表 4-430）

表 4-430　汽车车轮轮辋用热轧型钢的力学性能（YB/T 5227—2005）

牌　号	抗拉强度 R_m/MPa	断后伸长率 A(%)
12LW	355~470	≥30

4.8.14　汽车车轮挡圈和锁圈用热轧型钢

1. 汽车车轮挡圈和锁圈用热轧型钢的化学成分（表 4-431）

表 4-431　汽车车轮挡圈和锁圈用热轧型钢的牌号和化学成分（YB/T 039—2005）

牌号	化学成分(质量分数,%)				
	C	Mn	Si	S	P
Q345A	≤0.20	1.00~1.60	≤0.55	≤0.045	≤0.045
Q345B	≤0.20	1.00~1.60	≤0.55	≤0.040	≤0.040

2. 汽车车轮挡圈和锁圈用热轧型钢的力学性能（表 4-432）

表 4-432　汽车车轮挡圈和锁圈用热轧型钢的力学性能（YB/T 039—2005）

牌号	下屈服强度 R_{eL}/MPa	抗拉强度 R_m/MPa	断后伸长率 A(%)
	≥		
Q345A	345	510	21
Q345B	345	510	21

4.8.15 拖拉机大梁用槽钢

1. 拖拉机大梁用槽钢的截面形状 (图4-30)

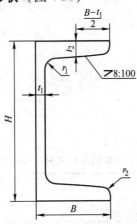

图4-30 拖拉机大梁用槽钢的截面形状

H—高度 B—腿宽 t_1—腰厚 t_2—平均腿厚

r_1—内圆弧半径 r_2—腿端圆弧半径

2. 拖拉机大梁用槽钢的截面尺寸及理论重量 (表4-433)

表4-433 拖拉机大梁用槽钢的截面尺寸及理论重量 (YB/T 5048—2006)

型号	截面尺寸/mm						截面面积 /cm²	理论重量 /(kg/m)
	H	B	t_1	t_2	r_1	r_2		
18c	180	100	9.0	10.5	10.5	5.25	35.31	27.72
18d	180	80	11.5	18.1	10.0	5.00	46.00	36.10

第5章 工 具 钢

5.1 碳素工具钢

5.1.1 碳素工具钢技术条件

1. 碳素工具钢的化学成分（表5-1）

表5-1　碳素工具钢的化学成分（GB/T 1298—2008）

牌　　号	化学成分(质量分数,%)		
	C	Mn	Si
T7	0.65 ~ 0.74	≤0.40	
T8	0.75 ~ 0.84		
T8Mn	0.80 ~ 0.90	0.40 ~ 0.60	
T9	0.85 ~ 0.94		≤0.35
T10	0.95 ~ 1.04		
T11	1.05 ~ 1.14	≤0.40	
T12	1.15 ~ 1.24		
T13	1.25 ~ 1.35		

注：高级优质钢在牌号后加"A"。

2. 碳素工具钢中硫、磷含量及残余铜、铬、镍含量（表5-2）

表5-2　碳素工具钢中硫、磷含量及残余铜、铬、镍含量（GB/T 1298—2008）

钢　类	化学成分(质量分数,%)≤							
	P	S	Cu	Cr	Ni	W	Mo	V
优质钢	0.035	0.030	0.25	0.25	0.20	0.30	0.20	0.02
高级优质钢	0.030	0.020	0.25	0.25	0.20	0.30	0.20	0.02

注：供制造铅浴淬火钢丝时，钢中残余铬的质量分数不大于0.10%，镍的质量分数不大于0.12%，铜的质量分数不大于0.20%，三者之和不大于0.40%。

3. 碳素工具钢的硬度值（表5-3）

表5-3　碳素工具钢的硬度值（GB/T 1298—2008）

牌　　号	交货状态		试样淬火	
	退火	退火后冷拉	淬火温度和淬火冷却介质	硬度 HRC
	硬度 HBW　≤			≥
T7			800 ~ 820℃,水	
T8	187		780 ~ 800℃,水	
T8Mn				
T9	192	241		62
T10	197			
T11	207		760 ~ 780℃,水	
T12				
T13	217			

5.1.2 大型锻件用碳素工具钢

1. 大型锻件用碳素工具钢的化学成分（表5-4）

表5-4 大型锻件用碳素工具钢的牌号和化学成分（JB/T 6394—1992）

牌　号	化学成分(质量分数,%)				
	C	Si ≤	Mn	P	S
				≤	
T7	0.65～0.74	0.35	≤0.40	0.035	0.030
T8	0.75～0.84	0.35	≤0.40	0.035	0.030
T8Mn	0.80～0.90	0.35	0.40～0.60	0.035	0.030
T9	0.85～0.94	0.35	≤0.40	0.035	0.030
T10	0.95～1.04	0.35	≤0.40	0.035	0.030
T11	1.05～1.14	0.35	≤0.40	0.035	0.030
T12	1.15～1.24	0.35	≤0.40	0.035	0.030
T13	1.25～1.35	0.35	≤0.40	0.035	0.030

注：钢中残余元素含量（质量分数）：铬不大于0.25%，镍不大于0.20%，铜不大于0.30%。

2. 大型锻件用碳素工具钢的硬度值（表5-5）

表5-5 大型锻件用碳素工具钢的硬度值（JB/T 6394—1992）

牌　　号	退火状态	淬火状态		
	硬度 HBW ≤	淬火温度/℃	淬火冷却介质	硬度 HRC ≥
T7	187	800～820	水	62
T8	187	780～800	水	62
T8Mn	187	780～800	水	62
T9	192	760～780	水	62
T10	197	760～780	水	62
T11	207	760～780	水	62
T12	207	760～780	水	62
T13	217	760～780	水	62

5.2 合金工具钢

5.2.1 合金工具钢技术条件

1. 合金工具钢的化学成分（表5-6）

表5-6　合金工具钢的化学成分 (GB/T 1299—2000)

钢组	统一数字代号	牌号	化学成分（质量分数，%）									
			C	Si	Mn	P ≤	S ≤	Cr	W	Mo	V	其他
量具刃具用钢	T30100	9SiCr	0.85~0.95	1.20~1.60	0.30~0.60	0.030	0.030	0.95~1.25	—	—	—	—
	T30000	8MnSi	0.75~0.85	0.30~0.60	0.80~1.10	0.030	0.030	—	—	—	—	—
	T30060	Cr06	1.30~1.45	≤0.40	≤0.40	0.030	0.030	0.50~0.70	—	—	—	—
	T30201	Cr2	0.95~1.10	≤0.40	≤0.40	0.030	0.030	1.30~1.65	—	—	—	—
	T30200	9Cr2	0.80~0.95	≤0.40	≤0.40	0.030	0.030	1.30~1.70	—	—	—	—
	T30001	W	1.05~1.25	≤0.40	≤0.40	0.030	0.030	0.10~0.30	0.80~1.20	—	—	—
耐冲击工具用钢	T40124	4CrW2Si	0.35~0.45	0.80~1.10	≤0.40	0.030	0.030	1.00~1.30	2.00~2.50	—	—	—
	T40125	5CrW2Si	0.45~0.55	0.50~0.80	≤0.40	0.030	0.030	1.00~1.30	2.00~2.50	—	—	—
	T40126	6CrW2Si	0.55~0.65	0.50~0.80	≤0.40	0.030	0.030	1.10~1.30	2.20~2.70	—	—	—
	T40100	6CrMnSi2Mo1V	0.50~0.65	1.75~2.25	0.60~1.00	0.030	0.030	0.10~0.50	—	0.20~0.35	0.15~0.35	—
	T40300	5Cr3Mn1SiMo1V	0.45~0.55	0.20~1.00	0.20~0.90	0.030	0.030	3.00~3.50	—	1.30~1.80	≤0.35	—
冷作模具钢	T21200	Cr12	2.00~2.30	≤0.40	≤0.40	0.030	0.030	11.50~13.00	—	—	—	—
	T21202	Cr12Mo1V1	1.40~1.60	≤0.60	≤0.60	0.030	0.030	11.00~13.00	—	0.70~1.20	0.50~1.10	Co≤1.00
	T21201	Cr12MoV	1.45~1.70	≤0.40	≤0.40	0.030	0.030	11.00~12.50	—	0.40~0.60	0.15~0.30	—
	T20503	Cr5Mo1V	0.95~1.05	≤0.50	≤1.00	0.030	0.030	4.75~5.50	—	0.90~1.40	0.15~0.50	—
	T20000	9Mn2V	0.85~0.95	≤0.40	1.70~2.00	0.030	0.030	—	—	—	0.10~0.25	—
	T20111	CrWMn	0.90~1.05	≤0.40	0.80~1.10	0.030	0.030	0.90~1.20	1.20~1.60	—	—	—
	T20110	9CrWMn	0.85~0.95	≤0.40	0.90~1.20	0.030	0.030	0.50~0.80	0.50~0.80	—	—	—
	T20421	Cr4W2MoV	1.12~1.25	0.40~0.70	≤0.40	0.030	0.030	3.50~4.00	1.90~2.60	0.80~1.20	0.80~1.10	—

（续）

钢组	统一数字代号	牌号	化学成分（质量分数,%）									
			C	Si	Mn	P ≤	S ≤	Cr	W	Mo	V	其他
冷作模具钢	T20432	6Cr4W3Mo2VNb	0.60~0.70	≤0.40	≤0.40	0.030	0.030	3.80~4.40	2.50~3.50	1.80~2.50	0.80~1.20	Nb:0.20~0.35
	T20465	6W6Mo5Cr4V	0.55~0.65	≤0.40	≤0.60	0.030	0.030	3.70~4.30	6.00~7.00	4.50~5.50	0.70~1.10	—
	T20104	7CrSiMnMoV	0.65~0.75	0.85~1.15	0.65~1.05	0.030	0.030	0.90~1.20	—	0.20~0.50	0.15~0.30	—
	T20102	5CrMnMo	0.50~0.60	0.35~0.60	1.20~1.60	0.030	0.030	0.60~0.90		0.15~0.30	—	—
	T20103	5CrNiMo	0.50~0.60	≤0.40	0.50~0.80	0.030	0.030	0.50~0.80		0.15~0.30	—	Ni:1.40~1.80
	T20280	3Cr2W8V	0.30~0.40	≤0.40	≤0.40	0.030	0.030	2.20~2.70	7.50~9.00	—	0.20~0.50	—
	T20403	5Cr4Mo3SiMnVA1	0.47~0.57	0.80~1.10	0.80~1.10	0.030	0.030	3.80~4.30	—	2.80~3.40	0.80~1.20	Al:0.30~0.70
	T20323	3Cr3Mo3W2V	0.32~0.42	0.60~0.90	≤0.65	0.030	0.030	2.80~3.30	1.20~1.80	2.50~3.00	0.80~1.20	—
	T20452	5Cr4W5Mo2V	0.40~0.50	≤0.40	≤0.40	0.030	0.030	3.40~4.40	4.50~5.30	1.50~2.10	0.70~1.10	—
热作模具钢	T20300	8Cr3	0.75~0.85	≤0.40	≤0.40	0.030	0.030	3.20~3.80	—	—	—	—
	T20101	4CrMnSiMoV	0.35~0.45	0.80~1.10	0.80~1.10	0.030	0.030	1.30~1.50	—	0.40~0.60	0.20~0.40	—
	T20303	4Cr3Mo3SiV	0.35~0.45	0.80~1.20	0.25~0.70	0.030	0.030	3.00~3.75	—	2.00~3.00	0.25~0.75	—
	T20501	4Cr5MoSiV	0.33~0.43	0.80~1.20	0.20~0.50	0.030	0.030	4.75~5.50	—	1.10~1.60	0.30~0.60	—
	T20502	4Cr5MoSiV1	0.32~0.45	0.80~1.20	0.20~0.50	0.030	0.030	4.75~5.50	—	1.10~1.75	0.80~1.20	—
	T20520	4Cr5W2VSi	0.32~0.42	0.80~1.20	≤0.40	0.030	0.030	4.50~5.50	1.60~2.40	—	0.60~1.00	—
无磁模具钢	T23152	7Mn15Cr2Al3V2WMo	0.65~0.75	≤0.80	14.50~16.50	0.030	0.030	2.00~2.50	0.50~0.80	0.50~0.80	1.50~2.00	Al:2.30~3.30
塑料模具钢	T22020	3Cr2Mo	0.28~0.40	0.20~0.80	0.60~1.00	0.030	0.030	1.40~2.00	—	0.30~0.55	—	—
	T22024	3Cr2MnNiMo	0.32~0.40	0.20~0.40	1.10~1.50	0.030	0.030	1.70~2.00	—	0.25~0.40	—	Ni:0.85~1.15

2. 合金工具钢的硬度值（表5-7）

表5-7　合金工具钢的硬度值（GB/T 1299—2000）

钢组	牌　号	交货状态	试样淬火		
		硬度 HBW	淬火温度/℃	淬火冷却介质	硬度 HRC≥
量具刃具用钢	9SiCr	241 ~ 197	820 ~ 860	油	62
	8MnSi	≤229	800 ~ 820	油	60
	Cr06	241 ~ 187	780 ~ 810	水	64
	Cr2	229 ~ 179	830 ~ 860	油	62
	9Cr2	217 ~ 179	820 ~ 850	油	62
	W	229 ~ 187	800 ~ 830	水	62
耐冲击工具用钢	4CrW2Si	217 ~ 179	860 ~ 900	油	53
	5CrW2Si	255 ~ 207	860 ~ 900	油	55
	6CrW2Si	285 ~ 229	860 ~ 900	油	57
	6CrMnSi2Mo1V	≤229	677℃±15℃预热,885℃（盐浴）或900℃（炉控气氛）±6℃加热,保温5~15min 油冷,180~200℃回火		58
	5Cr3Mn1SiMo1V		677℃±15℃预热,941℃（盐浴）或955℃（炉控气氛）±6℃加热,保温5~15min 空冷,180~200℃回火		56
冷作模具钢	Cr12	269 ~ 217	950 ~ 1000	油	60
	Cr12Mo1V1	≤255	820℃±15℃预热,1000℃（盐浴）或1010℃（炉控气氛）±6℃加热,保温10~20min 空冷,200℃±6℃回火		59
	Cr12MoV	255 ~ 207	950 ~ 1000	油	58
	Cr5Mo1V	≤255	790℃±15℃预热,940℃（盐浴）或950℃（炉控气氛）±6℃加热,保温5~15min 空冷,200℃±6℃回火		60
	9Mn2V	≤229	780 ~ 810	油	62
	CrWMn	255 ~ 207	800 ~ 830	油	62
	9CrWMn	241 ~ 197	800 ~ 830	油	62
	Cr4W2MoV	≤269	960 ~ 980、1020 ~ 1040	油	60
	6Cr4W3Mo2VNb	≤255	1100 ~ 1160	油	60
	6W6Mo5Cr4V	≤269	1180 ~ 1200	油	60
	7CrSiMnMoV	≤235	淬火:870 ~ 900 回火:150 ± 10	油冷或空冷 空冷	60
热作模具钢	5CrMnMo	241 ~ 197	820 ~ 850	油	60
	5CrNiMo	241 ~ 197	830 ~ 860	油	60
	3Cr2W8V	≤255	1075 ~ 1125	油	60
	5Cr4Mo3SiMnVAl	≤255	1090 ~ 1120	油	60
	3Cr3Mo3W2V	≤255	1060 ~ 1130	油	60
	5Cr4W5Mo2V	≤269	1100 ~ 1150	油	60
	8Cr3	255 ~ 207	850 ~ 880	油	60
	4CrMnSiMoV	241 ~ 197	870 ~ 930	油	60
	4Cr3Mo3SiV	≤229	790℃±15℃预热,1010℃（盐浴）或1020℃（炉控气氛）±6℃加热,保温5~15min 空冷,550℃±6℃回火		60

（续）

钢组	牌 号	交货状态	试样淬火		硬度 HRC≥
		硬度 HBW	淬火温度/℃	淬火冷却介质	
热作模具钢	4Cr5MoSiV	≤235	790℃±15℃预热,1010℃（盐浴）或1020℃（炉控气氛）±6℃加热,保温5~15min 空冷,550℃±6℃回火		60
	4Cr5MoSiV1	≤235	790℃±15℃预热,1000℃（盐浴）或1010℃（炉控气氛）±6℃加热,保温5~15min 空冷,550℃±6℃回火		60
	4Cr5W2VSi	≤229	1030~1050	油或空	60
无磁模具钢	7Mn15Cr2Al3V2WMo	—	1170~1190 固溶 650~700 时效	水 空	45
塑料模具钢	3Cr2Mo	—	—	—	—
	3Cr2MnNiMo	—	—	—	—

注：1. 保温时间是指试样达到加热温度后保持的时间。试样在盐浴中进行，在该温度保持时间为 5min，对 Cr12Mo1V1 钢是 10min；试样在炉控气氛中进行，在该温度保持时间为：5~15min，对 Cr12Mo1V1 钢是 10~20min。

2. 回火温度 200℃时应一次回火 2h，550℃时应二次回火，每次 2h。

3. 7Mn15Cr2Al3V2WMo 钢可以热轧状态供应。

5.2.2 大型锻件用合金工具钢

1. 大型锻件用合金工具钢的化学成分（表 5-8）

表 5-8 大型锻件用合金工具钢的化学成分（JB/T 6393—1992）

牌 号	化学成分（质量分数,%）										
	C	Si	Mn	P≤	S≤	Cr	Ni	Mo	V	W	Cu≤
9Cr2	0.80~0.95	≤0.40	≤0.40	0.030	0.030	1.30~1.70	≤0.25	≤0.25	≤0.20	—	0.30
9CrSi	0.85~0.95	1.20~1.60	0.30~0.60	0.030	0.030	0.95~1.25	≤0.25	≤0.25	≤0.20	—	0.30
8Cr3	0.75~0.85	≤0.40	≤0.40	0.030	0.030	3.20~3.80	≤0.25	≤0.25	≤0.20	—	0.30
4CrW2Si	0.35~0.45	0.80~1.10	≤0.40	0.030	0.030	1.00~1.30	≤0.25	≤0.25	≤0.20	2.00~2.50	0.30
5CrW2Si	0.45~0.55	0.50~0.80	≤0.40	0.030	0.030	1.00~1.30	≤0.25	≤0.25	≤0.20	2.00~2.50	0.30
6CrW2Si	0.55~0.65	0.50~0.80	≤0.40	0.030	0.030	1.00~1.30	≤0.25	≤0.25	≤0.20	2.20~2.70	0.30
Cr12	2.00~2.30	≤0.40	≤0.40	0.030	0.030	11.50~13.00	≤0.25	≤0.25	≤0.20	—	0.30
Cr12MoV	1.45~1.70	≤0.40	≤0.40	0.030	0.030	11.00~12.50	≤0.25	0.40~0.60	0.15~0.30	—	0.30
9Mn2V	0.85~0.95	≤0.40	1.70~2.00	0.030	0.030	—	≤0.25	≤0.25	0.10~0.25	—	0.30
5CrMnMo	0.50~0.60	0.25~0.60	1.20~1.60	0.030	0.030	0.60~0.90	≤0.25	0.15~0.30	≤0.20	—	0.30
5CrNiMo	0.50~0.60	≤0.40	0.50~0.80	0.030	0.030	0.50~0.80	1.40~1.80	0.15~0.30	≤0.20	—	0.30
3Cr2W8V	0.30~0.40	≤0.40	≤0.40	0.030	0.030	2.20~2.70	≤0.25	0.20~0.50	—	—	0.30

（续）

牌　号	化学成分（质量分数，%）										
	C	Si	Mn	P≤	S≤	Cr	Ni	Mo	V	W	Cu≤
3Cr2W8MoV	0.30 ~ 0.40	0.17 ~ 0.37	0.50 ~ 0.70	0.030	0.030	2.20 ~ 2.70	≤0.25	0.25 ~ 0.40	0.20 ~ 0.50	7.50 ~ 9.00	0.30
4Cr5MoSiV	0.33 ~ 0.43	0.80 ~ 1.20	0.20 ~ 0.50	0.030	0.030	4.75 ~ 5.50	≤0.25	1.10 ~ 1.60	0.30 ~ 0.60	7.50 ~ 9.00	0.30
4Cr5MoSiV1	0.35 ~ 0.45	0.80 ~ 1.20	0.20 ~ 0.50	0.030	0.030	4.75 ~ 5.50	≤0.25	1.10 ~ 1.75	0.80 ~ 1.20	—	0.30
4SiMnMoV	0.42 ~ 0.50	0.80 ~ 1.10	1.50 ~ 1.80	0.030	0.030	—	≤0.25	0.40 ~ 0.60	0.20 ~ 0.30		0.30
5CrSiMnMoV	0.45 ~ 0.55	0.80 ~ 1.10	0.80 ~ 1.10	0.030	0.030	1.30 ~ 1.60	≤0.25	0.25 ~ 0.40	0.20 ~ 0.30		0.30
6SiMnV	0.55 ~ 0.65	0.80 ~ 1.10	0.90 ~ 1.20	0.030	0.030	—	≤0.25	≤0.25	0.15 ~ 0.30		0.30

2. 大型锻件用合金工具钢的交货硬度值（表 5-9）

表 5-9　大型锻件用合金工具钢的交货硬度值（JB/T 6393—1992）

牌号	退火或高温回火硬度　HBW	牌号	退火或高温回火硬度　HBW
9Cr2	217 ~ 207	5CrMnMo	241 ~ 179
9CrSi	241 ~ 179	5CrNiMo	241 ~ 179
8Cr3	255 ~ 207	3Cr2W8V	255 ~ 207
4CrW2Si	217 ~ 179	3Cr2W8MoV	—
5CrW2Si	255 ~ 207	4Cr5MoSiV	≤235
6CrW2Si	285 ~ 229	4Cr5MoSiV1	≤235
Cr12	269 ~ 217	4SiMnMoV	≤241
Cr12MoV	255 ~ 207	5CrSiMnMoV	≤217
9Mn2V	≤229	6SiMnV	≤229

3. 大型锻件用合金工具钢淬火试样的硬度值（表 5-10）

表 5-10　大型锻件用合金工具钢淬火试样的硬度值（JB/T 6393—1992）

牌　号	淬火状态		牌　号	淬火状态	
	淬火温度及冷却方式	硬度　HRC		淬火温度及冷却方式	硬度　HRC
9Cr2	820 ~ 850℃，油冷	≥62	5CrNiMo	830 ~ 860℃，油冷	53 ~ 58
9CrSi	820 ~ 860℃，油冷	≥62	3Cr2W8V	1075 ~ 1125℃，油冷	49 ~ 52
8Cr3	850 ~ 880℃，油冷	≥55	3Cr2W8MoV	1100 ~ 1150℃，油冷	≥52
4CrW2Si	860 ~ 900℃，油冷	≥53	4Cr5MoSiV	790℃预热，1000℃盐浴或 1010℃油冷，550℃回火	≥60
5CrW2Si	860 ~ 900℃，油冷	≥55			
6CrW2Si	860 ~ 900℃，油冷	≥57	4Cr5MoSiV1	790℃预热，1000℃盐浴或 1010℃油冷，550℃回火	≥60
Cr12	950 ~ 1000℃，油冷	≥60			
Cr12MoV	950 ~ 1000℃，油冷	≥58	4SiMnMoV	900 ~ 930℃，油冷	40 ~ 46
9Mn2V	780 ~ 810℃，油冷	≥62	5CrSiMnMoV	870 ~ 900℃，油冷	38 ~ 49
5CrMnMo	820 ~ 850℃，油冷	53 ~ 58	6SiMnV	820 ~ 860℃，油冷	40 ~ 46

5.3　高速工具钢

5.3.1　高速工具钢技术条件

1. 高速工具钢的化学成分（表 5-11）

表 5-11　高速工具钢的牌号及化学成分（GB/T 9943—2008）

序号	统一数字代号①	牌号①	化学成分（质量分数，%）									
			C	Mn	Si②	S③	P	Cr	V	W	Mo	Co
1	T63342	W3Mo3Cr4V2	0.95~1.03	≤0.40	≤0.45	≤0.030	≤0.030	3.80~4.50	2.20~2.50	2.70~3.00	2.50~2.90	—
2	T64340	W4Mo3Cr4VSi	0.83~0.93	0.20~0.40	0.70~1.00	≤0.030	≤0.030	3.80~4.40	1.20~1.80	3.50~4.50	2.50~3.50	—
3	T51841	W18Cr4V	0.73~0.83	0.10~0.40	0.20~0.40	≤0.030	≤0.030	3.80~4.50	1.00~1.20	17.20~18.70	—	—
4	T62841	W2Mo8Cr4V	0.77~0.87	≤0.40	≤0.70	≤0.030	≤0.030	3.50~4.50	1.00~1.40	1.40~2.00	8.00~9.00	—
5	T62942	W2Mo9Cr4V2	0.95~1.05	0.15~0.40	≤0.70	≤0.030	≤0.030	3.50~4.50	1.75~2.20	1.50~2.10	8.20~9.20	—
6	T66541	W6Mo5Cr4V2	0.80~0.90	0.15~0.40	0.20~0.45	≤0.030	≤0.030	3.80~4.40	1.75~2.20	5.50~6.75	4.50~5.50	—
7	T66542	CW6Mo5Cr4V2	0.86~0.94	0.15~0.40	0.20~0.45	≤0.030	≤0.030	3.80~4.50	1.75~2.10	5.90~6.70	4.70~5.20	—
8	T66642	W6Mo6Cr4V2	1.00~1.10	≤0.40	0.20~0.40	≤0.030	≤0.030	3.80~4.50	2.30~2.60	5.90~6.70	5.50~6.50	—
9	T69341	W9Mo3Cr4V	0.77~0.87	0.20~0.40	0.20~0.40	≤0.030	≤0.030	3.80~4.40	1.30~1.70	8.50~9.50	2.70~3.30	—
10	T66543	W6Mo5Cr4V3	1.15~1.25	0.15~0.40	0.20~0.45	≤0.030	≤0.030	3.80~4.50	2.70~3.20	5.90~6.70	4.70~5.20	—
11	T66545	CW6Mo5Cr4V3	1.25~1.32	0.15~0.40	≤0.70	≤0.030	≤0.030	3.75~4.50	2.70~3.20	5.90~6.70	4.70~5.20	—
12	T66544	W6Mo5Cr4V4	1.25~1.40	≤0.40	≤0.45	≤0.030	≤0.030	3.80~4.50	3.70~4.20	5.20~6.00	4.20~5.00	—
13	T66546	W6Mo5Cr4V2Al	1.05~1.15	0.15~0.40	0.20~0.60	≤0.030	≤0.030	3.80~4.40	1.75~2.20	5.50~6.75	4.50~5.50	Al:0.80~1.20
14	T71245	W12Cr4V5Co5	1.50~1.60	0.15~0.40	0.15~0.40	≤0.030	≤0.030	3.75~5.00	4.50~5.25	11.75~13.00	—	4.75~5.25
15	T76545	W6Mo5Cr4V2Co5	0.87~0.95	0.15~0.40	0.20~0.45	≤0.030	≤0.030	3.80~4.50	1.70~2.10	5.90~6.70	4.70~5.20	4.50~5.00
16	T76438	W6Mo5Cr4V3Co8	1.23~1.33	≤0.40	≤0.70	≤0.030	≤0.030	3.80~4.50	2.70~3.20	5.90~6.70	4.70~5.30	8.00~8.80
17	T77445	W7Mo4Cr4V2Co5	1.05~1.15	0.20~0.60	0.15~0.50	≤0.030	≤0.030	3.75~4.50	1.75~2.25	6.25~7.00	3.25~4.25	4.75~5.75
18	T72948	W2Mo9Cr4VCo8	1.05~1.15	0.15~0.40	0.15~0.65	≤0.030	≤0.030	3.50~4.25	0.95~1.35	1.15~1.85	9.00~10.00	7.75~8.75
19	T71010	W10Mo4Cr4V3Co10	1.20~1.35	≤0.40	≤0.45	≤0.030	≤0.030	3.80~4.50	3.00~3.50	9.00~10.00	3.20~3.90	9.50~10.50

① 表中牌号 W18Cr4V、W12Cr4V5Co5 为钨系高速工具钢，其他牌号为钨钼系高速工具钢。
② 电渣钢的硅含量下限不限。
③ 根据需方要求，为改善钢的可加工性，其硫含量可规定为 0.06%~0.15%（质量分数）。

2. 高速工具钢棒的化学成分允许偏差（表 5-12）

表 5-12　高速工具钢棒的化学成分允许偏差（GB/T 9943—2008）

元　素	规定化学成分上限值 （质量分数,%）	允许偏差 （质量分数,%）	元　素	规定化学成分上限值 （质量分数,%）	允许偏差 （质量分数,%）
C	—	±0.01	Mo	≤6	±0.05
Cr	—	±0.05		>6	±0.10
W	≤10	±0.10	Co	—	±0.15
	>10	±0.20	Si	—	±0.05
V	≤2.5	±0.05	Mn	—	+0.04
	>2.5	±0.10			

3. 高速工具钢棒的硬度值（表 5-13）

表 5-13　高速工具钢棒的硬度值（GB/T 9943—2008）

序号	牌　号	交货硬度[1] （退火态） HBW ≤	试样热处理制度及硬度					
			预热温度/℃	淬火温度/℃		淬火冷却介质	回火温度[2]/℃	硬度[3]HRC ≥
				盐浴炉	箱式炉			
1	W3Mo3Cr4V2	255	800~900	1180~1220	1180~1220	油或盐浴	540~560	63
2	W4Mo3Cr4VSi	255		1170~1190	1170~1190		540~560	63
3	W18Cr4V	255		1250~1270	1260~1280		550~570	63
4	W2Mo8Cr4V	255		1180~1220	1180~1220		550~570	63
5	W2Mo9Cr4V2	255		1190~1210	1200~1220		540~560	64
6	W6Mo5Cr4V2	255		1200~1220	1210~1230		540~560	64
7	CW6Mo5Cr4V2	255		1190~1210	1200~1220		540~560	64
8	W6Mo6Cr4V2	262		1190~1210	1190~1210		550~570	64
9	W9Mo3Cr4V	255		1200~1220	1220~1240		540~560	64
10	W6Mo5Cr4V3	262		1190~1210	1200~1220		540~560	64
11	CW6Mo5Cr4V3	262		1180~1200	1190~1210		540~560	64
12	W6Mo5Cr4V4	269		1200~1220	1200~1220		550~570	64
13	W6Mo5Cr4V2Al	269		1200~1220	1230~1240		550~570	65
14	W12Cr4V5Co5	277		1220~1240	1230~1250		540~560	65
15	W6Mo5Cr4V2Co5	269		1190~1210	1200~1220		540~560	64
16	W6Mo5Cr4V3Co8	285		1170~1190	1170~1190		550~570	65
17	W7Mo4Cr4V2Co5	269		1180~1200	1190~1210		540~560	66
18	W2Mo9Cr4VCo8	269		1170~1190	1180~1200		540~560	66
19	W10Mo4Cr4V3Co10	285		1220~1240	1220~1240		550~570	66

① 退火+冷拉态的硬度，允许比退火态硬度值增加 50HBW。

② 回火温度为 550~570℃时，回火 2 次，每次 1h；回火温度为 540~560℃时，回火 2 次，每次 2h。

③ 供方若能保证试样淬、回火硬度，可不检验。

5.3.2 高速工具钢钢板

高速工具钢钢板交货状态的硬度值如表 5-14 所示。

表 5-14 高速工具钢钢板交货状态的硬度值（GB/T 9941—2009）

牌 号	交货状态硬度 HBW ≤
W6Mo5Cr4V2、W9Mo3Cr4V、W18Cr4V	255
W6Mo5Cr4V2Al、W6Mo5Cr4V2Co5	285

5.3.3 高速工具钢锻件

高速工具钢锻件的退火硬度如表 5-15 所示。

表 5-15 高速工具钢锻件的退火硬度（JB/T 4290—2011）

序号	牌号(系列)		硬度 HBW	序号	牌号(系列)		硬度 HBW
1	W18Cr4V	(钨系)	≤255	8	CW6Mo5Cr4V3	(钨钼系)	≤262
2	W2Mo8Cr4V	(钨钼系)	≤255	9	W2Mo9Cr4V2	(钨钼系)	≤255
3	W6Mo5Cr4V4	(钨钼系)	≤269	10	W6Mo5Cr4V2Co5	(钨钼系)	≤269
4	W6Mo5Cr4V3Co8	(钨钼系)	≤285	11	W7Mo4Cr4V2Co5	(钨钼系)	≤269
5	W6Mo5Cr4V2	(钨钼系)	≤255	12	W2Mo9Cr4VCo8	(钨钼系)	≤269
6	CW6Mo5Cr4V2	(钨钼系)	≤255	13	W9Mo3Cr4V	(钨钼系)	≤255
7	W6Mo5Cr4V3	(钨钼系)	≤262	14	W6Mo5Cr4V2Al	(钨钼系)	≤269

第 6 章 不锈钢和耐热钢

6.1 不锈钢和耐热钢的化学成分

1. 奥氏体型不锈钢和耐热钢的化学成分（表 6-1）

表 6-1 奥氏体型不锈钢和耐热钢的化学成分（GB/T 20878—2007）

| 序号 | 统一数字代号 | 新牌号 | 旧牌号 | 化学成分（质量分数,%） | | | | | | | | | | |
				C	Si	Mn	P	S	Ni	Cr	Mo	Cu	N	其他元素
1	S35350	12Cr17Mn6Ni5N	1Cr17Mn6Ni5N	0.15	1.00	5.50 ~ 7.50	0.050	0.030	3.50 ~ 5.50	16.00 ~ 18.00	—	—	0.05 ~ 0.25	—
2	S35950	10Cr17Mn9Ni4N	—	0.12	0.80	8.00 ~ 10.50	0.035	0.025	3.50 ~ 4.50	16.00 ~ 18.00	—	—	0.15 ~ 0.25	—
3	S35450	12Cr18Mn9Ni5N	1Cr18Mn8Ni5N	0.15	1.00	7.50 ~ 10.00	0.050	0.030	4.00 ~ 6.00	17.00 ~ 19.00	—	—	0.05 ~ 0.25	—
4	S35020	20Cr13Mn9Ni4	2Cr13Mn9Ni4	0.15 ~ 0.25	0.80	8.00 ~ 10.00	0.035	0.025	3.70 ~ 5.00	12.00 ~ 14.00	—	—	—	—
5	S35550	20Cr15Mn15Ni2N	2Cr15Mn15Ni2N	0.15 ~ 0.25	1.00	14.00 ~ 16.00	0.050	0.030	1.50 ~ 3.00	14.00 ~ 16.00	—	—	0.15 ~ 0.30	—
6	S35650	53Cr21Mn9Ni4N	5Cr21Mn9Ni4N	0.48 ~ 0.58	0.35	8.00 ~ 10.00	0.040	0.030	3.25 ~ 4.50	20.00 ~ 22.00	—	—	0.35 ~ 0.50	—
7	S35750	26Cr18Mn12Si2N[①]	3Cr18Mn12Si2N[①]	0.22 ~ 0.30	1.40 ~ 2.20	10.50 ~ 12.50	0.050	0.030	—	17.00 ~ 19.00	—	—	0.22 ~ 0.33	—

（续）

序号	统一数字代号	新牌号	旧牌号	化学成分（质量分数，%）										
				C	Si	Mn	P	S	Ni	Cr	Mo	Cu	N	其他元素
8	S35850	22Cr20Mn10Ni2Si2N①	2Cr20Mn9Ni2Si2N①	0.17~0.26	1.80~2.70	8.50~11.00	0.050	0.030	2.00~3.00	18.00~21.00	—	—	0.20~0.30	—
9	S30110	12Cr17Ni7	1Cr17Ni7	0.15	1.00	2.00	0.045	0.030	6.00~8.00	16.00~18.00	—	—	0.10	—
10	S30103	022Cr17Ni7	—	0.030	1.00	2.00	0.045	0.030	5.00~8.00	16.00~18.00	—	—	0.20	—
11	S30153	022Cr17Ni7N	—	0.030	1.00	2.00	0.045	0.030	5.00~8.00	16.00~18.00	—	—	0.07~0.20	—
12	S30220	17Cr18Ni9	2Cr18Ni9	0.13~0.21	1.00	2.00	0.035	0.025	8.00~10.50	17.00~19.00	—	—	—	—
13	S30210	12Cr18Ni9①	1Cr18Ni9①	0.15	1.00	2.00	0.045	0.030	8.00~10.00	17.00~19.00	—	—	0.10	—
14	S30240	12Cr18Ni9Si3①	1Cr18Ni9Si3①	0.15	2.00~3.00	2.00	0.045	0.030	8.00~10.00	17.00~19.00	—	—	0.10	—
15	S30317	Y12Cr18Ni9	Y1Cr18Ni9	0.15	1.00	2.00	0.20	≥0.15	8.00~10.00	17.00~19.00	(0.60)	—	—	—
16	S30327	Y12Cr18Ni9Se	Y1Cr18Ni9Se	0.15	1.00	2.00	0.20	0.060	8.00~10.00	17.00~19.00	—	—	—	Se≥0.15
17	S30408	06Cr19Ni10①	0Cr18Ni9①	0.08	1.00	2.00	0.045	0.030	8.00~11.00	18.00~20.00	—	—	—	—
18	S30403	022Cr19Ni10	00Cr19Ni10	0.030	1.00	2.00	0.045	0.030	8.00~12.00	18.00~20.00	—	—	—	—
19	S30409	07Cr19Ni10	—	0.04~0.10	1.00	2.00	0.045	0.030	8.00~11.00	18.00~20.00	—	—	—	—

（续）

序号	统一数字代号	新牌号	旧牌号	化学成分(质量分数,%)										
				C	Si	Mn	P	S	Ni	Cr	Mo	Cu	N	其他元素
20	S30450	05Cr19Ni10Si2CeN	—	0.04~0.06	1.00~2.00	0.80	0.045	0.030	9.00~10.00	18.00~19.00	—	—	0.12~0.18	Ce:0.03~0.08
21	S30480	06Cr18Ni9Cu2	0Cr18Ni9Cu2	0.08	1.00	2.00	0.045	0.030	8.00~10.50	17.00~19.00	—	1.00~3.00	—	—
22	S30488	06Cr18Ni9Cu3	0Cr18Ni9Cu3	0.08	1.00	2.00	0.045	0.030	8.50~10.50	17.00~19.00	—	3.00~4.00	—	—
23	S30458	06Cr19Ni10N	0Cr19Ni9N	0.08	1.00	2.00	0.045	0.030	8.00~11.00	18.00~20.00	—	—	0.10~0.16	—
24	S30478	06Cr19Ni9NbN	0Cr19Ni10NbN	0.08	1.00	2.50	0.045	0.030	7.50~10.50	18.00~20.00	—	—	0.15~0.30	Nb:0.15
25	S30453	022Cr19Ni10N	00Cr18Ni10N	0.030	1.00	2.00	0.045	0.030	8.00~11.00	18.00~20.00	—	—	0.10~0.16	—
26	S30510	10Cr18Ni12	1Cr18Ni12	0.12	1.00	2.00	0.045	0.030	10.50~13.00	17.00~19.00	—	—	—	—
27	S30508	06Cr18Ni12	0Cr18Ni12	0.08	1.00	2.00	0.045	0.030	11.00~13.50	16.50~19.00	—	—	—	—
28	S30608	06Cr16Ni18	0Cr16Ni18	0.08	1.00	2.00	0.045	0.030	17.00~19.00	15.00~17.00	—	—	—	—
29	S30808	06Cr20Ni11	—	0.08	1.00	2.00	0.045	0.030	10.00~12.00	19.00~21.00	—	—	—	—
30	S30850	22Cr21Ni12N①	2Cr21Ni12N①	0.15~0.28	0.75~1.25	1.00~1.60	0.040	0.030	10.50~12.50	20.00~22.00	—	—	0.15~0.30	—
31	S30920	16Cr23Ni13①	2Cr23Ni13①	0.20	1.00	2.00	0.040	0.030	12.00~15.00	22.00~24.00	—	—	—	—

（续）

序号	统一数字代号	新牌号	旧牌号	化学成分（质量分数，%）										
				C	Si	Mn	P	S	Ni	Cr	Mo	Cu	N	其他元素
32	S30908	06Cr23Ni13①	0Cr23Ni13①	0.08	1.00	2.00	0.045	0.030	12.00~15.00	22.00~24.00	—	—	—	—
33	S31010	11Cr23Ni18	1Cr23Ni18	0.18	1.00	2.00	0.035	0.025	17.00~20.00	22.00~25.00	—	—	—	—
34	S31020	20Cr25Ni20①	2Cr25Ni20①	0.25	1.50	2.00	0.040	0.030	19.00~22.00	24.00~26.00	—	—	—	—
35	S31008	06Cr25Ni20①	0Cr25Ni20①	0.08	1.50	2.00	0.045	0.030	19.00~22.00	24.00~26.00	—	—	—	—
36	S31053	022Cr25Ni22Mo2N	—	0.030	0.40	2.00	0.030	0.015	21.00~23.00	24.00~26.00	2.00~3.00	—	0.10~0.16	—
37	S31252	015Cr20Ni18Mo6CuN	—	0.020	0.80	1.00	0.030	0.010	17.50~18.50	19.50~20.50	6.00~6.50	0.50~1.00	0.18~0.22	—
38	S31608	06Cr17Ni12Mo2①	0Cr17Ni12Mo2①	0.08	1.00	2.00	0.045	0.030	10.00~14.00	16.00~18.00	2.00~3.00	—	—	—
39	S31603	022Cr17Ni12Mo2	00Cr17Ni14Mo2	0.030	1.00	2.00	0.045	0.030	10.00~14.00	16.00~18.00	2.00~3.00	—	—	—
40	S31609	07Cr17Ni12Mo2①	1Cr17Ni12Mo2①	0.04~0.10	1.00	2.00	0.045	0.030	10.00~14.00	16.00~18.00	2.00~3.00	—	—	—
41	S31668	06Cr17Ni12Mo2Ti①	0Cr18Ni12Mo3Ti①	0.08	1.00	2.00	0.045	0.030	10.00~14.00	16.00~18.00	2.00~3.00	—	—	Ti≥5C
42	S31678	06Cr17Ni12Mo2Nb	—	0.08	1.00	2.00	0.045	0.030	10.00~14.00	16.00~18.00	2.00~3.00	—	0.10	Nb:10C~1.10
43	S31658	06Cr17Ni12Mo2N	0Cr17Ni12Mo2N	0.08	1.00	2.00	0.045	0.030	10.00~13.00	16.00~18.00	2.00~3.00	—	0.10~0.16	—

（续）

序号	统一数字代号	新牌号	旧牌号	化学成分（质量分数，%）										
				C	Si	Mn	P	S	Ni	Cr	Mo	Cu	N	其他元素
44	S31653	022Cr17Ni12Mo2N	00Cr17Ni13Mo2N	0.030	1.00	2.00	0.045	0.030	10.00~13.00	16.00~18.00	2.00~3.00	—	0.10~0.16	—
45	S31688	06Cr18Ni12Mo2Cu2	0Cr18Ni12Mo2Cu2	0.08	1.00	2.00	0.045	0.030	10.00~14.00	17.00~19.00	1.20~2.75	1.00~2.50	—	—
46	S31683	022Cr18Ni14Mo2Cu2	00Cr18Ni14Mo2Cu2	0.030	1.00	2.00	0.045	0.030	12.00~16.00	17.00~19.00	1.20~2.75	1.00~2.50	—	—
47	S31693	022Cr18Ni15Mo3N	00Cr18Ni15Mo3N	0.030	1.00	2.00	0.025	0.010	14.00~16.00	17.00~19.00	2.35~4.20	0.50	0.10~0.20	—
48	S31782	015Cr21Ni26Mo5Cu2	—	0.020	1.00	2.00	0.045	0.035	23.00~28.00	19.00~23.00	4.00~5.00	1.00~2.00	0.10	—
49	S31708	06Cr19Ni13Mo3	0Cr19Ni13Mo3	0.08	1.00	2.00	0.045	0.030	11.00~15.00	18.00~20.00	3.00~4.00	—	—	—
50	S31703	022Cr19Ni13Mo3①	00Cr19Ni13Mo3①	0.030	1.00	2.00	0.045	0.030	11.00~15.00	18.00~20.00	3.00~4.00	—	—	—
51	S31793	022Cr18Ni14Mo3	00Cr18Ni14Mo3	0.030	1.00	2.00	0.025	0.010	13.00~15.00	17.00~19.00	2.25~3.50	0.50	0.10	—
52	S31794	03Cr18Ni16Mo5	0Cr18Ni16Mo5	0.04	1.00	2.50	0.045	0.030	15.00~17.00	16.00~19.00	4.00~6.00	—	—	—
53	S31723	022Cr19Ni16Mo5N	—	0.030	1.00	2.00	0.045	0.030	13.50~17.50	17.00~20.00	4.00~5.00	—	0.10~0.20	—
54	S31753	022Cr19Ni13Mo4N	—	0.030	1.00	2.00	0.045	0.030	11.00~15.00	18.00~20.00	3.00~4.00	—	0.10~0.22	—
55	S32168	06Cr18Ni11Ti①	0Cr18Ni10Ti①	0.08	1.00	2.00	0.045	0.030	9.00~12.00	17.00~19.00	—	—	—	Ti:5C~0.70

（续）

序号	统一数字代号	新牌号	旧牌号	化学成分（质量分数，%）										
				C	Si	Mn	P	S	Ni	Cr	Mo	Cu	N	其他元素
56	S32169	07Cr19Ni11Ti	1Cr18Ni11Ti	0.04~0.10	0.75	2.00	0.030	0.030	9.00~13.00	17.00~20.00	—	—	—	Ti:4C~0.60
57	S32590	45Cr14Ni14W2Mo①	4Cr14Ni14W2Mo①	0.40~0.50	0.80	0.70	0.040	0.030	13.00~15.00	13.00~15.00	0.25~0.40	—	—	W:2.00~2.75
58	S32652	015Cr24Ni22Mo8Mn3CuN	—	0.020	0.50	2.00~4.00	0.030	0.005	21.00~23.00	24.00~25.00	7.00~8.00	0.30~0.60	0.45~0.55	—
59	S32720	24Cr18Ni8W2①	2Cr18Ni8W2①	0.21~0.28	0.30~0.80	0.70	0.030	0.025	7.50~8.50	17.00~19.00	—	—	—	W:2.00~2.50
60	S33010	12Cr16Ni35①	1Cr16Ni35①	0.15	1.50	2.00	0.040	0.030	33.00~37.00	14.00~17.00	—	—	—	—
61	S34553	022Cr24Ni17Mo5Mn6NbN	—	0.030	1.00	5.00~7.00	0.030	0.010	16.00~18.00	23.00~25.00	4.00~5.00	—	0.40~0.60	—
62	S34778	06Cr18Ni11Nb①	0Cr18Ni11Nb①	0.08	1.00	2.00	0.045	0.030	9.00~12.00	17.00~19.00	—	—	—	Nb:10C~1.10
63	S34779	07Cr18Ni11Nb①	1Cr19Ni11Nb①	0.04~0.10	1.00	2.00	0.045	0.030	9.00~12.00	17.00~19.00	—	—	—	Nb:8C~1.10
64	S38148	06Cr18Ni13Si4①②	0Cr18Ni13Si4①②	0.08	3.00~5.00	2.00	0.045	0.030	11.50~15.00	15.00~20.00	—	—	—	—
65	S38240	16Cr20Ni14Si2①	1Cr20Ni14Si2①	0.20	1.50~2.50	1.50	0.040	0.030	12.00~15.00	19.00~22.00	—	—	—	—
66	S38340	16Cr25Ni20Si2	1Cr25Ni20Si2	0.20	1.50~2.50	1.50	0.040	0.030	18.00~21.00	24.00~27.00	—	—	—	—

注：表中所列成分除标明范围或最小值外，其余均为最大值。
① 耐热钢或可作耐热钢使用。
② 必要时，可添加表中以外的合金元素。

2. 奥氏体-铁素体型不锈钢和耐热钢的化学成分 (表6-2)

表6-2 奥氏体-铁素体型不锈钢和耐热钢的化学成分 (GB/T 20878—2007)

序号	统一数字代号	新牌号	旧牌号	化学成分（质量分数,%）										
				C	Si	Mn	P	S	Ni	Cr	Mo	Cu	N	其他元素
67	S21860	14Cr18Ni11Si4AlTi	1Cr18Ni11Si4AlTi	0.10~0.18	3.10~4.00	0.80	0.035	0.030	10.00~12.00	17.50~19.50	—	—	—	Ti:0.40~0.70 Al:0.10~0.30
68	S21953	022Cr19Ni5Mo3Si2N	00Cr18Ni5Mo3Si2	0.030	1.30~2.00	1.00~2.00	0.035	0.030	4.50~5.50	18.00~19.50	2.50~3.00	—	0.05~0.12	—
69	S22160	12Cr21Ni5Ti	1Cr21Ni5Ti	0.09~0.14	0.80	0.80	0.035	0.030	4.80~5.80	20.00~22.00	—	—	—	Ti:5(C-0.02)~0.80
70	S22253	022Cr22Ni5Mo3N	—	0.030	1.00	2.00	0.030	0.020	4.50~6.50	21.00~23.00	2.50~3.50	—	0.08~0.20	—
71	S22053	022Cr23Ni5Mo3N	—	0.030	1.00	2.00	0.030	0.020	4.50~6.50	22.00~23.00	3.00~3.50	—	0.14~0.20	—
72	S23043	022Cr23Ni4MoCuN	—	0.030	1.00	2.50	0.035	0.030	3.00~5.50	21.50~24.50	0.05~0.60	0.05~0.60	0.05~0.20	—
73	S22553	022Cr25Ni6Mo2N	—	0.030	1.00	2.00	0.030	0.030	5.50~6.50	24.00~26.00	1.20~2.50	—	0.10~0.20	—
74	S22583	022Cr25Ni7Mo3WCuN	—	0.030	1.00	0.75	0.030	0.030	5.50~7.50	24.00~26.00	2.50~3.50	0.20~0.80	0.10~0.30	W:0.10~0.50
75	S25554	03Cr25Ni6Mo3Cu2N	—	0.04	1.00	1.50	0.035	0.030	4.50~6.50	24.00~27.00	2.90~3.90	1.50~2.50	0.10~0.25	—
76	S25073	022Cr25Ni7Mo4N	—	0.030	0.80	1.20	0.030	0.020	6.00~8.00	24.00~26.00	3.00~5.00	0.50	0.24~0.32	—
77	S27603	022Cr25Ni7Mo4WCuN	—	0.030	1.00	1.00	0.030	0.010	6.00~8.00	24.00~26.00	3.00~4.00	0.50~1.00	0.20~0.30	W:0.50~1.00 Cr+3.3Mo+16N ≥40

注：表中所列成分除标明范围或最小值外，其余均为最大值。

3. 铁素体型不锈钢和耐热钢的化学成分（表 6-3）

表 6-3　铁素体型不锈钢和耐热钢的化学成分（GB/T 20878—2007）

序号	统一数字代号	新牌号	旧牌号	化学成分（质量分数, %）										
				C	Si	Mn	P	S	Ni	Cr	Mo	Cu	N	其他元素
78	S11348	06Cr13Al①	0Cr13Al①	0.08	1.00	1.00	0.040	0.030	(0.60)	11.50~14.50	—	—	—	Al:0.10~0.30
79	S11168	06Cr11Ti	0Cr11Ti	0.08	1.00	1.00	0.045	0.030	(0.60)	10.50~11.70	—	—	—	Ti:6C~0.75
80	S11163	022Cr11Ti①	—	0.030	1.00	1.00	0.040	0.020	(0.60)	10.50~11.70	—	—	0.030	Ti≥8(C+N)
81	S11173	022Cr11NbTi①	—	0.030	1.00	1.00	0.040	0.020	(0.60)	10.50~11.70	—	—	0.030	Ti:0.15~0.50 Nb:0.10 Ti+Nb:8(C+N)+0.08~0.75 Ti≥0.05
82	S11213	022Cr12Ni①	00Cr12①	0.030	1.00	1.50	0.040	0.015	0.30~1.00	10.50~12.50	—	—	0.030	—
83	S11203	022Cr12①	00Cr12①	0.030	1.00	1.00	0.040	0.030	(0.60)	11.00~13.50	—	—	—	—
84	S11510	10Cr15	1Cr15	0.12	1.00	1.00	0.040	0.030	(0.60)	14.00~16.00	—	—	—	—
85	S11710	10Cr17①	1Cr17①	0.12	1.00	1.00	0.040	0.030	(0.60)	16.00~18.00	—	—	—	—
86	S11717	Y10Cr17	Y1Cr17	0.12	1.00	1.25	0.060	≥0.15	(0.60)	16.00~18.00	(0.60)	—	—	—
87	S11863	022Cr18Ti	00Cr17	0.030	0.75	1.00	0.040	0.030	(0.60)	16.00~19.00	—	—	—	Ti或Nb: 0.10~1.00

（续）

序号	统一数字代号	新牌号	旧牌号	化学成分（质量分数，%）										
				C	Si	Mn	P	S	Ni	Cr	Mo	Cu	N	其他元素
88	S11790	10Cr17Mo	1Cr17Mo	0.12	1.00	1.00	0.040	0.030	(0.60)	16.00~18.00	0.75~1.25	—	—	—
89	S11770	10Cr17MoNb	—	0.12	1.00	1.00	0.040	0.030	—	16.00~18.00	0.75~1.25	—	—	Nb:5C~0.80
90	S11862	019Cr18MoTi	—	0.025	1.00	1.00	0.040	0.030	(0.60)	16.00~19.00	0.75~1.50	—	0.025	Ti、Nb、Zr 或其组合：8(C+N)~0.80
91	S11873	022Cr18NbTi	—	0.030	1.00	1.00	0.040	0.015	(0.60)	17.50~18.50	—	—	—	Ti:0.10~0.60 Nb≥0.30+3C
92	S11972	019Cr19Mo2NbTi	00Cr18Mo2	0.025	1.00	1.00	0.040	0.030	1.00	17.50~19.50	1.75~2.50	—	0.035	(Ti+Nb)：[0.20+4(C+N)]~0.80
93	S12550	16Cr25N①	2Cr25N①	0.20	1.00	1.50	0.040	0.030	(0.60)	23.00~27.00	—	(0.30)	0.25	—
94	S12791	008Cr27Mo②	00Cr27Mo②	0.010	0.40	0.40	0.030	0.020	—	25.00~27.50	0.75~1.50	—	0.015	—
95	S13091	008Cr30Mo2②	00Cr30Mo2②	0.010	0.10	0.40	0.030	0.020	—	28.50~32.00	1.50~2.50	—	0.015	—

注：表中所列成分除标明范围或最小值外，其余均为最大值。括号内值为允许添加的最大值。

① 耐热钢或可作耐热钢使用。

② 允许含有质量分数小于或等于0.50%的Ni，质量分数小于或等于0.20%的Cu，但Ni＋Cu的质量分数应小于或等于0.50%。根据需要，可添加表中以外的合金元素。

4. 马氏体型不锈钢和耐热钢的化学成分（表6-4）

表6-4　马氏体型不锈钢和耐热钢的化学成分（GB/T 20878—2007）

序号	统一数字代号	新牌号	旧牌号	化学成分（质量分数，%）										
				C	Si	Mn	P	S	Ni	Cr	Mo	Cu	N	其他元素
96	S40310	12Cr12②	1Cr12①	0.15	0.50	1.00	0.040	0.030	(0.60)	11.50~13.00	—	—	—	—
97	S41008	06Cr13	0Cr13	0.08	1.00	1.00	0.040	0.030	(0.60)	11.50~13.50	—	—	—	—
98	S41010	12Cr13①	1Cr13①	0.15	1.00	1.00	0.040	0.030	(0.60)	11.50~13.50	—	—	—	—
99	S41595	04Cr13Ni5Mo	—	0.05	0.60	0.50~1.00	0.030	0.030	3.50~5.50	11.50~14.00	0.50~1.00	—	—	—
100	S41617	Y12Cr13	Y1Cr13	0.15	1.00	1.25	0.060	≥0.15	(0.60)	12.00~14.00	(0.60)	—	—	—
101	S42020	20Cr13①	2Cr13①	0.16~0.25	1.00	1.00	0.040	0.030	(0.60)	12.00~14.00	—	—	—	—
102	S42030	30Cr13	3Cr13	0.26~0.35	1.00	1.00	0.040	0.030	(0.60)	12.00~14.00	—	—	—	—
103	S42037	Y30Cr13	Y3Cr13	0.26~0.35	1.00	1.25	0.060	≥0.15	(0.60)	12.00~14.00	(0.60)	—	—	—
104	S42040	40Cr13	4Cr13	0.36~0.45	0.60	0.80	0.040	0.030	(0.60)	12.00~14.00	—	—	—	—
105	S41427	Y25Cr13Ni2	Y2Cr13Ni2	0.20~0.30	0.50	0.80~1.20	0.08~0.12	0.15~0.25	1.50~2.00	12.00~14.00	(0.60)	—	—	—
106	S43110	14Cr17Ni2①	1Cr17Ni2①	0.11~0.17	0.80	0.80	0.040	0.030	1.50~2.50	16.00~18.00	—	—	—	—
107	S43120	17Cr16Ni2①	—	0.12~0.22	1.00	1.50	0.040	0.030	1.50~2.50	15.00~17.00	—	—	—	—
108	S41070	68Cr17	7Cr17	0.60~0.75	1.00	1.00	0.040	0.030	(0.60)	16.00~18.00	(0.75)	—	—	—

（续）

序号	统一数字代号	新牌号	旧牌号	化学成分(质量分数,%)										
				C	Si	Mn	P	S	Ni	Cr	Mo	Cu	N	其他元素
109	S44080	85Cr17	8Cr17	0.75~0.95	1.00	1.00	0.040	0.030	(0.60)	16.00~18.00	(0.75)	—	—	—
110	S44096	108Cr17	11Cr17	0.95~1.20	1.00	1.00	0.040	0.030	(0.60)	16.00~18.00	(0.75)	—	—	—
111	S44097	Y108Cr17	Y11Cr17	0.95~1.20	1.00	1.25	0.060	≥0.15	(0.60)	16.00~18.00	(0.75)	—	—	—
112	S44090	95Cr18	9Cr18	0.90~1.00	0.80	0.80	0.040	0.030	(0.60)	17.00~19.00	—	—	—	—
113	S45110	12Cr5Mo①	1Cr5Mo①	0.15	0.50	0.60	0.040	0.030	(0.60)	4.00~6.00	0.40~0.60	—	—	—
114	S45610	12Cr12Mo①	1Cr12Mo①	0.10~0.15	0.50	0.30~0.50	0.040	0.030	0.30~0.60	11.50~13.00	0.30~0.60	(0.30)	—	—
115	S45710	13Cr13Mo①	1Cr13Mo①	0.08~0.18	0.60	1.00	0.040	0.030	(0.60)	11.50~14.00	0.30~0.60	(0.30)	—	—
116	S45830	32Cr13Mo	3Cr13Mo	0.28~0.35	0.80	1.00	0.040	0.030	(0.60)	12.00~14.00	0.50~1.00	—	—	—
117	S15990	102Cr17Mo	9Cr18Mo	0.95~1.10	0.80	0.80	0.040	0.030	(0.60)	16.00~18.00	0.40~0.70	—	—	—
118	S46990	90Cr18MoV	9Cr18MoV	0.85~0.95	0.80	0.80	0.040	0.030	(0.60)	17.00~19.00	1.00~1.30	—	—	V:0.07~0.12
119	S46010	14Cr11MoV①	1Cr11MoV①	0.11~0.18	0.50	0.60	0.035	0.030	0.60	10.00~11.50	0.50~0.70	—	—	V:0.25~0.40
120	S46110	158Cr12MoV①	1Cr12MoV①	1.45~1.70	0.10	0.35	0.030	0.025	—	11.00~12.50	0.40~0.60	—	—	V:0.15~0.30
121	S46020	21Cr12MoV①	2Cr12MoV①	0.18~0.24	0.10~0.50	0.30~0.80	0.030	0.025	0.30~0.60	11.00~12.50	0.80~1.20	0.30	—	V:0.25~0.35
122	S46250	18Cr12MoVNbN①	2Cr12MoVNbN①	0.15~0.20	0.50~1.00	0.50~1.00	0.035	0.030	(0.60)	10.00~13.00	0.30~0.90	—	0.05~0.10	V:0.10~0.40 Nb:0.20~0.60

（续）

序号	统一数字代号	新牌号	旧牌号	化学成分（质量分数，%）										
				C	Si	Mn	P	S	Ni	Cr	Mo	Cu	N	其他元素
123	S47010	15Cr12WMoV①	1Cr12WMoV①	0.12~0.18	0.50	0.50~0.90	0.035	0.030	0.40~0.80	11.00~13.00	0.50~0.70	—	—	W:0.70~1.10 V:0.15~0.30
124	S47220	22Cr12NiMoV①	2Cr12NiMoV①	0.20~0.25	0.50	0.50~1.00	0.040	0.030	0.50~1.00	11.00~13.00	0.75~1.25	—	—	W:0.75~1.25 V:0.20~0.40
125	S47310	13Cr11Ni2W2MoV①	1Cr11Ni2W2MoV①	0.10~0.16	0.60	0.60	0.035	0.030	1.40~1.80	10.50~12.00	0.35~0.50	—	—	W:1.50~2.00 V:0.18~0.30
126	S47410	14Cr12Ni2WMoVNb①	1Cr12Ni2WMoVNb①	0.11~0.17	0.60	0.60	0.030	0.025	1.80~2.20	11.00~12.00	0.80~1.20	—	—	W:0.70~1.00 V:0.20~0.30 Nb:0.15~0.30
127	S47250	10Cr12Ni3Mo2VN	—	0.08~0.13	0.40	0.50~0.90	0.030	0.025	2.00~3.00	11.00~12.50	1.50~2.00	—	0.020~0.04	V:0.25~0.40
128	S47450	18Cr11NiMoNbVN①	2Cr11NiMoNbVN①	0.15~0.20	0.50	0.50~0.80	0.020	0.015	0.30~0.60	10.50~12.00	0.60~0.90	0.10	0.04~0.09	V:0.20~0.30 Al:0.30 Nb:0.20~0.60
129	S47710	13Cr14Ni3W2VB①	1Cr14Ni3W2VB①	0.10~0.16	0.60	0.60	0.300	0.030	2.80~3.40	13.00~15.00	—	—	—	W:1.60~2.20 Ti:0.05 B:0.004 V:0.18~0.28
130	S48040	42Cr9Si2	4Cr9Si2	0.35~0.50	2.00~3.00	0.70	0.035	0.030	0.60	8.00~10.00	—	—	—	—
131	S48045	45Cr9Si3	—	0.40~0.50	3.00~3.50	0.60	0.030	0.030	0.60	7.50~9.50	—	—	—	—
132	S48140	40Cr10Si2Mo①	4Cr10Si2Mo①	0.35~0.45	1.90~2.60	0.70	0.035	0.030	0.60	9.00~10.50	0.70~0.90	—	—	—
133	S48380	80Cr20Si2Ni①	8Cr20Si2Ni①	0.75~0.85	1.75~2.25	0.20~0.60	0.030	0.030	1.15~1.65	19.00~20.50	—	—	—	—

注：表中所列成分除标明范围或最小值外，其余均为最大值。括号内值为允许添加的最大值。

① 耐热钢或可作耐热钢使用。

5. 沉淀硬化型不锈钢和耐热钢的化学成分（表6-5）

表6-5 沉淀硬化型不锈钢和耐热钢的化学成分（GB/T 20878—2007）

序号	统一数字代号	新牌号	旧牌号	化学成分（质量分数，%）										
				C	Si	Mn	P	S	Ni	Cr	Mo	Cu	N	其他元素
134	SS1380	04Cr13Ni8Mo2Al	—	0.05	0.10	0.20	0.010	0.008	7.50~8.50	12.30~13.20	2.00~3.00	—	0.01	Al:0.90~1.35
135	SS1290	022Cr12Ni9Cu2NbTi	—	0.030	0.50	0.50	0.040	0.030	7.50~9.50	11.00~12.50	0.50	1.50~2.50	—	Ti:0.80~1.40 Nb:0.10~0.50
136	SS1550	05Cr15Ni5Cu4Nb	—	0.07	1.00	1.00	0.040	0.030	3.50~5.50	14.00~15.50	—	2.50~4.50	—	Nb:0.15~0.45
137	SS1740	05Cr17Ni4Cu4Nb①	0Cr17Ni4Cu4Nb①	0.07	1.00	1.00	0.040	0.030	3.00~5.00	15.00~17.50	—	3.00~5.00	—	Nb:0.15~0.45
138	SS1770	07Cr17Ni7Al①	0Cr17Ni7Al①	0.09	1.00	1.00	0.040	0.030	6.50~7.75	16.00~18.00	—	—	—	Al:0.75~1.50
139	SS1570	07Cr15Ni7Mo2Al①	0Cr15Ni7Mo2Al①	0.09	1.00	1.00	0.040	0.030	6.50~7.75	14.00~16.00	2.00~3.00	—	—	Al:0.75~1.50
140	SS1240	07Cr12Ni4Mn5Mo3Al	0Cr12Ni4Mn5Mo3Al	0.09	0.80	4.40~5.30	0.030	0.025	4.00~5.00	11.00~12.00	2.70~3.30	—	—	Al:0.50~1.00
141	SS1750	09Cr17Ni5Mo3N	—	0.07~0.11	0.50	0.50~1.25	0.040	0.030	4.00~5.00	16.00~17.00	2.50~3.20	—	0.07~0.13	—
142	SS1778	06Cr17Ni7AlTi①	—	0.08	1.00	1.00	0.040	0.030	6.00~7.50	16.00~17.50	—	—	—	Al:0.40 Ti:0.40~1.20
143	SS1525	06Cr15Ni25Ti2MoAlVB	0Cr15Ni25Ti2MoAlVB	0.08	1.00	2.00	0.040	0.030	24.00~27.00	13.50~16.00	1.00~1.50	—	—	Al:0.35 Ti:1.90~2.35 B:0.001~0.010 V:0.10~0.50

注：表中所列成分除标明范围或最小值外，其余均为最大值。

① 可作耐热钢使用。

6.2 不锈钢和耐热钢的物理性能

常用不锈钢和耐热钢的物理性能如表6-6所示。

表6-6 常用不锈钢和耐热钢的物理性能 (GB/T 20878—2007)

| 牌号 | | 密度(20℃)/(kg/dm³) | 熔点/℃ | 比热容(0~100℃)/[kJ/(kg·K)] | 热导率/[W/(m·K)] | | 线胀系数/(10⁻⁶/K) | | 电阻率(20℃)/(Ω·mm²/m) | 纵向弹性模量(20℃)/(kN/mm²) | 磁性 |
新牌号	旧牌号				100℃	500℃	0~100℃	0~500℃			
奥氏体型											
12Cr17Mn6Ni5N	1Cr17Mn6Ni5N	7.93	1398~1453	0.50	16.3	—	15.7	—	0.69	197	无[1]
12Cr18Mn9Ni5N	1Cr18Mn8Ni5N	7.93	—	0.50	16.3	19.0	14.8	18.7	0.69	197	
20Cr13Mn9Ni4	2Cr13Mn9Ni4	7.85	—	0.49	—	—	—	—	0.90	202	
12Cr17Ni7	1Cr17Ni7	7.93	1398~1420	0.50	16.3	21.5	16.9	18.7	0.73	193	
022Cr17Ni7	—	7.93	—	0.50	16.3	21.5	16.9	18.7	0.73	193	
022Cr17Ni7N	—	7.93	—	0.50	16.3	—	16.0	18.0	0.73	200	
17Cr18Ni9	2Cr18Ni9	7.85	1398~1453	0.50	18.8	23.5	16.0	18.0	0.73	196	
12Cr18Ni9	1Cr18Ni9	7.93	1398~1120	0.50	16.3	21.5	17.3	18.7	0.73	193	
12Cr18Ni9Si3	1Cr18Ni9Si3	7.93	1370~1398	0.50	15.9	21.6	16.2	20.2	0.73	193	
Y12Cr18Ni9	Y1Cr18Ni9	7.98	1398~1420	0.50	16.3	21.5	17.3	18.4	0.73	193	
Y12Cr18Ni9Se	Y1Cr18Ni9Se	7.93	1398~1420	0.50	16.3	21.5	17.3	18.7	0.73	193	
06Cr19Ni10	0Cr18Ni9	7.93	1398~1454	0.50	16.3	21.5	17.2	18.4	0.73	193	
022Cr19Ni10	00Cr19Ni10	7.90	—	0.50	16.3	21.5	16.8	18.3	—	—	
07Cr19Ni10	—	7.90	—	0.50	16.3	21.5	16.8	18.3	0.73	—	
06Cr18Ni9Cu2	0Cr18Ni9Cu2	8.00	—	0.50	16.3	21.5	17.3	18.7	0.72	200	
06Cr19Ni10N	0Cr19Ni9N	7.93	1398~1454	0.50	16.3	21.5	16.5	18.5	0.72	196	
022Cr19Ni10N	00Cr19Ni10N	7.93	—	0.50	16.3	21.5	16.5	18.5	0.73	200	

（续）

新牌号	旧牌号	密度(20℃)/(kg/dm³)	熔点/℃	比热容(0~100℃)/[kJ/(kg·K)]	热导率/[W/(m·K)] 100℃	热导率 500℃	线胀系数/(10⁻⁶/K) 0~100℃	线胀系数 0~500℃	电阻率(20℃)/(Ω·mm²/m)	纵向弹性模量(20℃)/(kN/mm²)	磁性
					奥氏体型						
10Cr18Ni12	1Cr18Ni12	7.93	1398~1453	0.50	16.3	21.5	17.3	18.7	0.72	193	
06Cr16Ni18	0Cr16Ni18	8.03	1430	0.50	16.2	—	17.3	—	0.75	193	
06Cr20Ni11	—	8.00	1398~1453	0.50	15.5	21.6	17.3	18.7	0.72	193	
22Cr21Ni12N	2Cr21Ni12N	7.73	—	0.50	20.9(24℃)	—	—	16.5	—	—	
16Cr23Ni13	2Cr23Ni13	7.98	1398~1453	0.50	13.8	18.7	14.9	18.0	0.78	200	
06Cr23Ni13	0Cr23Ni13	7.98	1397~1453	0.50	15.5	18.6	14.9	18.0	0.78	193	
14Cr23Ni18	1Cr23Ni18	7.90	1400~1454	0.50	15.9	18.8	15.4	19.2	1.0	196	无①
20Cr25Ni20	2Cr25Ni20	7.98	1398~1453	0.50	14.2	18.6	15.8	17.5	0.78	200	
06Cr25Ni20	0Cr25Ni20	7.98	1397~1453	0.50	16.3	21.5	14.4	17.5	0.78	200	
022Cr25Ni22Mo2N	—	8.02	—	0.45	12.0		15.8		1.0	200	
015Cr20Ni18Mo6CuN	—	8.00	1325~1400	0.50	13.5(20℃)		16.5	—	0.85	200	
06Cr17Ni12Mo2	0Cr17Ni12Mo2	8.00	1370~1397	0.50	16.3	21.5	16.0	18.5	0.74	193	
022Cr17Ni12Mo2	00Cr17Ni14Mo2	8.00		0.50	16.3	21.5	16.0	18.5	0.74	193	
06Cr17Ni12Mo2Ti	0Cr18Ni12Mo3Ti	7.90		0.50	16.0	24.0	15.7	17.6	0.75	199	
022Cr17Ni12Mo2N	0Cr17Ni12Mo2N	8.00		0.50	16.3	21.5	16.5	18.0	0.73	200	
022Cr17Ni12Mo2N	00Cr17Ni13Mo2N	8.04		0.47	16.5		15.0		—	200	
06Cr18Ni12Mo2Cu2	0Cr18Ni12Mo2Cu2	7.96	—	0.50	16.1	21.7	16.6		0.74	186	
022Cr18Ni14Mo2Cu2	00Cr18Ni14Mo2Cu2	7.96	—	0.50	16.1	21.7	16.0	18.6	0.74	191	
015Cr21Ni26Mo5Cu2	—	8.00	—	0.50	13.7		15.0		—	188	

（续）

新　牌　号	旧　牌　号	密度(20℃)/(kg/dm³)	熔点/℃	比热容(0~100℃)/[kJ/(kg·K)]	热导率/[W/(m·K)]		线胀系数/(10⁻⁶/K)		电阻率(20℃)/(Ω·mm²/m)	纵向弹性模量(20℃)/(kN/mm²)	磁性
					100℃	500℃	0~100℃	0~500℃			
奥氏体型											
06Cr19Ni13Mo3	0Cr19Ni13Mo3	8.00	1370~1397	0.50	16.3	21.5	16.0	18.5	0.74	193	无①
022Cr19Ni13Mo3	00Cr19Ni13Mo3	7.98	1375~1400	0.50	14.4	21.5	16.5	—	0.79	200	
022Cr19Ni16Mo5N	—	8.00	—	0.50	12.8	—	15.2	—	—	—	
06Cr18Ni11Ti	0Cr18Ni10Ti	8.03	1398~1427	0.50	16.3	22.2	16.6	18.6	0.72	193	
45Cr14Ni14W2Mo	4Cr14Ni14W2Mo	8.00	—	0.51	15.9	22.2	16.6	18.0	0.81	177	
24Cr18Ni8W2	2Cr18Ni8W2	7.98	—	0.50	15.9	23.0	19.5	25.1	—	—	
12Cr16Ni35	1Cr16Ni35	8.00	1318~1427	0.46	12.6	19.7	16.6	—	1.02	196	
06Cr18Ni11Nb	0Cr18Ni11Nb	8.03	1398~1427	0.50	16.3	22.2	16.6	18.6	0.73	193	
06Cr18Ni13Si4	0Cr18Ni13Si4	7.75	1400~1430	0.50	16.3	—	13.8	—	—	—	
16Cr20Ni14Si2	1Cr20Ni14Si2	7.90	—	0.50	15.0	—	16.5	—	0.85	—	
奥氏体-铁素体型											
14Cr18Ni11Si4AlTi	1Cr18Ni11Si4AlTi	7.51	—	0.48	13.0	19.0	16.3	19.7	1.04	180	有
022Cr19Ni5Mo3Si2N	00Cr18Ni5Mo3Si2	7.70	—	0.46	20.0	24.0(300℃)	12.2	13.5(300℃)	—	196	
12Cr21Ni5Ti	1Cr21Ni5Ti	7.80	—	—	17.6	23.0	10.0	17.4	0.79	187	
022Cr22Ni5Mo3N	—	7.80	1420~1462	0.46	19.0	23.0(300℃)	13.7	14.7(300℃)	0.88	186	
022Cr23Ni4MoCuN	—	7.80	—	0.50	16.0	—	13.0	—	—	200	
022Cr25Ni6Mo2N	—	7.80	—	0.50	21.0	25.0	13.4(200℃)	24.0(300℃)	—	196	
022Cr25Ni7Mo3WCuN	—	7.80	—	0.50	—	25.0	11.5(200℃)	12.7(400℃)	0.75	228	

（续）

新牌号	旧牌号	密度(20℃)/(kg/dm³)	熔点/℃	比热容(0~100℃)/[kJ/(kg·K)]	热导率/[W/(m·K)]		线胀系数/(10⁻⁶/K)		电阻率(20℃)/(Ω·mm²/m)	纵向弹性模量(20℃)/(kN/mm²)	磁性
					100℃	500℃	0~100℃	0~500℃			
奥氏体-铁素体型											
03Cr25Ni6Mo3Cu2N	—	7.80	—	0.46	13.5	—	12.3	—	—	210	
022Cr25Ni7Mo4N	—	7.80	—	—	14	—	12.0	—	—	185(200℃)	有
铁素体型											
06Cr13Al	0Cr13Al	7.75	1480~1530	0.46	24.2	—	10.8	—	0.60	200	
06Cr11Ti	0Cr11Ti	7.75	—	0.46	25.0	—	10.6	12.0	0.60	—	
022Cr11Ti	—	7.75	—	0.46	24.9	28.5	10.6	12.0	0.57	201	
022Cr12	00Cr12	7.75	—	0.46	24.9	28.5	10.6	12.0	0.57	201	
10Cr15	1Cr15	7.70	—	0.46	26.0	—	10.3	11.9	0.59	200	
10Cr17	1Cr17	7.70	1480~1508	0.46	26.0	—	10.5	11.9	0.60	200	有
Y10Cr17	Y1Cr17	7.78	1427~1510	0.46	26.0	—	10.4	11.4	0.60	200	
022Cr18Ti	00Cr17	7.70	—	0.46	35.1(20℃)	—	10.4	—	0.60	200	
10Cr17Mo	1Cr17Mo	7.70	—	0.46	26.0	—	11.9	—	0.60	200	
10Cr17MoNb	—	7.70	—	0.44	30.0	—	11.7	—	0.70	220	
019Cr18MoTi	—	7.70	—	0.46	35.1	—	10.4	—	0.60	200	
019Cr19Mo2NbTi	00Cr18Mo2	7.75	—	0.46	36.9	—	10.6(200℃)	—	0.60	200	
008Cr27Mo	00Cr27Mo	7.67	—	0.46	26.0	—	11.0	—	0.64	206	
008Cr30Mo2	00Cr30Mo2	7.64	—	0.50	26.0	—	11.0	—	0.64	210	

（续）

马氏体型

新牌号	旧牌号	密度(20℃)/(kg/dm³)	熔点/℃	比热容(0~100℃)/[kJ/(kg·K)]	热导率/[W/(m·K)] 100℃	热导率/[W/(m·K)] 500℃	线胀系数/(10⁻⁶/K) 0~100℃	线胀系数/(10⁻⁶/K) 0~500℃	电阻率(20℃)/(Ω·mm²/m)	纵向弹性模量(20℃)/(kN/mm²)	磁性
12Cr12	1Cr12	7.80	1480~1530	0.46	21.2	—	9.9	11.7	0.57	200	
06Cr13	0Cr13	7.75	—	0.46	25.0	—	10.6	12.0	0.60	220	
12Cr13	1Cr13	7.70	1480~1530	0.46	24.2	28.9	11.0	11.7	0.57	200	
04Cr13Ni5Mo	—	7.79	—	0.47	16.30	—	10.7	—	—	201	
Y12Cr13	Y1Cr13	7.78	1482~1532	0.46	25.0	—	9.9	11.5	0.57	200	
20Cr13	2Cr13	7.75	1470~1510	0.46	22.2	26.4	10.3	12.2	0.55	200	
30Cr13	3Cr13	7.76	1365	0.17	25.1	25.5	10.5	12.0	0.52	219	
Y30Cr13	Y3Cr13	7.78	1454~1510	0.46	25.1	—	10.3	11.7	0.57	219	
40Cr13	4Cr13	7.75	—	0.46	28.1	28.9	10.5	12.0	0.59	215	有
14Cr17Ni2	1Cr17Ni2	7.75	—	0.46	20.2	25.1	10.3	12.4	0.72	193	
17Cr16Ni2	—	7.71	—	0.16	27.8	31.8	10.0	11.0	0.70	212	
68Cr17	7Cr17	7.78	1371~1508	0.16	21.2	—	10.2	11.7	0.60	200	
85Cr17	8Cr17	7.78	1371~1508	0.46	24.2	—	10.2	11.9	0.60	200	
108Cr17	11Cr17	7.78	1371~1482	0.46	24.0	—	10.2	11.7	0.60	200	
Y108Cr17	Y11Cr17	7.78	1371~1482	0.46	24.2	—	10.1	—	0.60	200	
95Cr18	9Cr18	7.70	1377~1510	0.48	29.3	—	10.5	12.0	0.60	200	
102Cr17Mo	9Cr18Mo	7.70	—	0.43	16.0	—	10.4	11.6	0.80	215	
90Cr18MoV	9Cr18MoV	7.70	—	0.46	29.3	—	10.5	12.0	0.65	211	
158Cr12MoV	1Cr12MoV	7.70	—	—	—	—	10.9	12.2(600℃)	—	—	
18Cr12MoVNbN	2Cr12MoVNbN	7.75	—	—	27.2	—	9.3	—	—	218	

（续）

马氏体型

新牌号	旧牌号	密度(20℃)/(kg/dm³)	熔点/℃	比热容(0~100℃)/[kJ/(kg·K)]	热导率/[W/(m·K)] 100℃	500℃	线胀系数/(10⁻⁶/K) 0~100℃	0~500℃	电阻率(20℃)/(Ω·mm²/m)	纵向弹性模量(20℃)/(kN/mm²)	磁性
22Cr12NiWMoV	2Cr12NiWMoV	7.78	—	0.46	25.1	—	10.6 (260℃)	11.5	—	206	有
13Cr11Ni2W2MoV	1Cr11Ni2W2MoV	7.80	—	0.48	22.2	28.1	9.3	11.7	—	196	
14Cr12Ni2WMoVNb	1Cr12Ni2WMoVNb	7.80	—	0.47	23.0	25.1	9.9	11.4	—	—	
42Cr9Si2	4Cr9Si2	—	—	—	16.7 (20℃)	—	—	12.0	0.79	—	
40Cr10Si2Mo	4Cr10Si2Mo	7.62	—	—	15.9	25.1	10.4	12.1	0.84	206	
80Cr20Si2Ni	8Cr20Si2Ni	7.60	—	—	—	—	—	12.3 (600℃)	0.95	—	

沉淀硬化型

新牌号	旧牌号	密度(20℃)/(kg/dm³)	熔点/℃	比热容(0~100℃)/[kJ/(kg·K)]	热导率/[W/(m·K)] 100℃	500℃	线胀系数/(10⁻⁶/K) 0~100℃	0~500℃	电阻率(20℃)/(Ω·mm²/m)	纵向弹性模量(20℃)/(kN/mm²)	磁性
04Cr13Ni8Mo2Al	—	7.76	—	0.46	14.0	—	10.4	10.4	1.00	195	有
022Cr12Ni9Cu2NbTi	—	7.7	1400~1440	0.46	17.2	—	10.6	—	0.90	199	
05Cr15Ni5Cu4Nb	—	7.78	1397~1435	0.46	17.9	23.0	10.8	12.0	0.98	195	
05Cr17Ni4Cu4Nb	0Cr17Ni4Cu4Nb	7.78	1397~1435	0.46	17.2	23.0	10.8	12.0	0.98	196	
07Cr17Ni7Al	0Cr17Ni7Al	7.93	1390~1430	0.50	16.3	20.9	15.3	17.1	0.80	200	
07Cr15Ni7Mo2Al	0Cr15Ni7Mo2Al	7.80	1415~1450	0.46	18.0	22.2	10.5	11.8	0.80	185	
07Cr12Ni4Mn5Mo3Al	0Cr12Ni4Mn5Mo3Al	7.80	—	—	17.6	23.9	16.2	18.9	0.80	195	
09Cr17Ni5Mo3N	—	—	—	—	15.4	—	17.3	—	0.79	203	
06Cr15Ni25Ti2MoAlVB	0Cr15Ni25Ti2MoAlVB	7.94	1371~1427	0.46	15.1	23.8 (600℃)	16.9	17.6	0.91	198	无①

① 冷变形后稍有磁性。

6.3　钢棒和钢丝

6.3.1　不锈钢钢棒

1. 经固溶处理的奥氏体型不锈钢棒的力学性能（表 6-7）

表 6-7　经固溶处理的奥氏体型不锈钢棒的力学性能（GB/T 1220—2007）

新牌号	旧牌号	规定塑性延伸强度 $R_{p0.2}$[①]/MPa	抗拉强度 R_m/MPa	断后伸长率 A(%)	断面收缩率 Z[②] (%)	硬度[①] HBW	HRB	HV
		≥				≤		
12Cr17Mn6Ni5N	1Cr17Mn6Ni5N	275	520	40	45	241	100	253
12Cr18Mn9Ni5N	1Cr18Mn8Ni5N	275	520	40	45	207	95	218
12Cr17Ni7	1Cr17Ni7	205	520	40	60	187	90	200
12Cr18Ni9	1Cr18Ni9	205	520	40	60	187	90	200
Y12Cr18Ni9	Y1Cr18Ni9	205	520	40	50	187	90	200
Y12Cr18Ni9Se	Y1Cr18Ni9Se	205	520	40	50	187	90	200
06Cr19Ni10	0Cr18Ni9	205	520	40	60	187	90	200
022Cr19Ni10	00Cr19Ni10	175	480	40	60	187	90	200
06Cr18Ni9Cu3	0Cr18Ni9Cu3	175	480	40	60	187	90	200
06Cr19Ni10N	0Cr19Ni9N	275	550	35	50	217	95	220
06Cr19Ni9NbN	0Cr19Ni10NbN	345	685	35	50	250	100	260
022Cr19Ni10N	00Cr18Ni10N	245	550	40	50	217	95	220
10Cr18Ni12	1Cr18Ni12	175	480	40	60	187	90	200
06Cr23Ni13	0Cr23Ni13	205	520	40	60	187	90	200
06Cr25Ni20	0Cr25Ni20	205	520	40	50	187	90	200
06Cr17Ni12Mo2	0Cr17Ni12Mo2	205	520	40	60	187	90	200
022Cr17Ni12Mo2	00Cr17Ni14Mo2	175	480	40	60	187	90	200
06Cr17Ni12Mo2Ti	0Cr18Ni12Mo3Ti	205	530	40	55	187	90	200
06Cr17Ni12Mo2N	0Cr17Ni12Mo2N	275	550	35	50	217	95	220
022Cr17Ni12Mo2N	00Cr17Ni13Mo2N	245	550	40	50	217	95	220
06Cr18Ni12Mo2Cu2	0Cr18Ni12Mo2Cu2	205	520	40	60	187	90	200
022Cr18Ni14Mo2Cu2	00Cr18Ni14Mo2Cu2	175	480	40	60	187	90	200
06Cr19Ni13Mo3	0Cr19Ni13Mo3	205	520	40	60	187	90	200
022Cr19Ni13Mo3	00Cr19Ni13Mo3	175	480	40	60	187	90	200
03Cr18Ni16Mo5	0Cr18Ni16Mo5	175	480	40	45	187	90	200
06Cr18Ni11Ti	0Cr18Ni10Ti	205	520	40	50	187	90	200
06Cr18Ni11Nb	0Cr18Ni11Nb	205	520	40	50	187	90	200
06Cr18Ni13Si4	0Cr18Ni13Si4	205	520	40	60	207	95	218

注：表中数值仅适用于直径、边长、厚度或对边距离小于或等于 180mm 的钢棒；大于 180mm 的钢棒，可改锻成 180mm 的样坯检验，或由供需双方协商，规定允许降低其力学性能的数据。

① 规定塑性延伸强度和硬度，仅当需方要求时（合同中注明）才进行测定，且供方可根据钢棒的尺寸或状态任选一种方法测定硬度。

② 扁钢不适用，但需方要求时，由供需双方协商。

2. 经固溶处理的奥氏体-铁素体型不锈钢棒的力学性能（表 6-8）

表 6-8　经固溶处理的奥氏体-铁素体型不锈钢棒的力学性能（GB/T 1220—2007）

新　牌　号	旧　牌　号	规定塑性延伸强度 $R_{p0.2}$[1]/MPa	抗拉强度 R_m/MPa	断后伸长率 A（%）	断面收缩率 Z[2]（%）	冲击吸收能量 KU[3]/J	硬度[1]		
							HBW	HRB	HV
		≥					≤		
14Cr18Ni11Si4AlTi	1Cr18Ni11Si4AlTi	440	715	25	40	63	—	—	—
022Cr19Ni5Mo3Si2N	00Cr18Ni5Mo3Si2	390	590	20	40	—	290	30	300
022Cr22Ni5Mo3N		450	620	25			290	—	—
022Cr23Ni5Mo3N		450	655	25			290	—	—
022Cr25Ni6Mo2N		450	620	20			260	—	—
03Cr25Ni6Mo3Cu2N		550	750	25			290	—	—

注：表中数值仅适用于直径、边长、厚度或对边距离小于或等于 180mm 的钢棒；大于 180mm 的钢棒，可改锻成
　　180mm 的样坯检验，或由供需双方协商，规定允许降低其力学性能的数据。
① 规定塑性延伸强度和硬度，仅当需方要求时（合同中注明）才进行测定，且供方可根据钢棒的尺寸或状态任选
　　一种方法测定硬度。
② 扁钢不适用，但需方要求时，由供需双方协商。
③ 直径或对边距离小于等于 16mm 的圆钢、六角钢、八角钢和边长或厚度小于等于 12mm 的方钢、扁钢不作冲击试
　　验。

3. 经退火处理的铁素体型不锈钢棒的力学性能（表 6-9）

表 6-9　经退火处理的铁素体型不锈钢棒的力学性能（GB/T 1220—2007）

新　牌　号	旧　牌　号	规定塑性延伸强度 $R_{p0.2}$[1]/MPa	抗拉强度 R_m/MPa	断后伸长率 A（%）	断面收缩率 Z[2]（%）	冲击吸收能量 KU[3]/J	硬度[1] HBW
		≥					≤
06Cr13Al	0Cr13Al	175	410	20	60	78	183
022Cr12	00Cr12	195	360	22	60	—	183
10Cr17	1Cr17	205	450	22	50	—	183
Y10Cr17	Y1Cr17	205	450	22	50	—	183
10Cr17Mo	1Cr17Mo	205	450	22	60	—	183
008Cr27Mo	00Cr27Mo	245	410	20	45	—	219
008Cr30Mo2	00Cr30Mo2	295	450	20	45	—	228

注：表中数值仅适用于直径、边长、厚度或对边距离小于或等于 75mm 的钢棒；大于 75mm 的钢棒，可改锻成 75mm
　　的样坯检验，或由供需双方协商，规定允许降低其力学性能的数据。
① 规定塑性延伸强度和硬度，仅当需方要求时（合同中注明）才进行测定，且供方可根据钢棒的尺寸或状态任选
　　一种方法测定硬度。
② 扁钢不适用，但需方要求时，由供需双方协商。
③ 直径或对边距离小于等于 16mm 的圆钢、六角钢、八角钢和边长或厚度小于等于 12mm 的方钢、扁钢不作冲击试
　　验。

4. 经热处理的马氏体型不锈钢棒的力学性能（表6-10）

表6-10 经热处理的马氏体型不锈钢棒的力学性能（GB/T 1220—2007）

新牌号	旧牌号	组别	经淬火回火后试样的力学性能和硬度							退火后钢棒的硬度 HBW[①]
			规定塑性延伸强度 $R_{p0.2}$[①]/MPa	抗拉强度 R_m/MPa	断后伸长率 A (%)	断面收缩率 Z[②] (%)	冲击吸收能量 KU[③] /J	HBW	HRC	
			≥							≤
12Cr12	1Cr12		390	590	25	55	118	170	—	200
06Cr13	0Cr13		345	490	24	60	—	—	—	183
12Cr13	1Cr13		345	540	22	55	78	159	—	200
Y12Cr13	Y1Cr13		345	540	17	45	55	159	—	200
20Cr13	2Cr13		440	640	20	50	63	192	—	223
30Cr13	3Cr13		540	735	12	45	24	217	—	235
Y30Cr13	Y3Cr13		540	735	8	35	24	217	—	235
40Cr13	4Cr13								50	235
14Cr17Ni2	1Cr17Ni2			1080	10		39			285
17Cr16Ni2[④]	—	1	700	900 ~ 1050	12	45	25			295
		2	600	800 ~ 950	14					
68Cr17	7Cr17								54	255
85Cr17	8Cr17								56	255
108Cr17	11Cr17								58	269
Y108Cr17	Y11Cr17								58	269
95Cr18	9Cr18								55	255
13Cr13Mo	1Cr13Mo		490	690	20	60	78	192	—	200
32Cr13Mo	3Cr13Mo								50	207
102Cr17Mo	9Cr18Mo								55	269
90Cr18MoV	9Cr18MoV								55	269

注：表中数值仅适用于直径、边长、厚度或对边距离小于或等于75mm 的钢棒；大于75mm 的钢棒，可改锻成75mm 的样坯检验，或由供需双方协商，规定允许降低其力学性能的数据。

① 规定塑性延伸强度和硬度，仅当需方要求时（合同中注明）才进行测定，且供方可根据钢棒的尺寸或状态任选一种方法测定硬度。

② 扁钢不适用，但需方要求时，由供需双方协商。

③ 直径或对边距离小于等于16mm 的圆钢、六角钢、八角钢和边长或厚度小于等于12mm 的方钢、扁钢不作冲击试验。

④ 17Cr16Ni2 钢的性能组别应在合同中注明，未注明时，由供方自行选择。

5. 沉淀硬化型不锈钢棒的力学性能（表6-11）

表 6-11　沉淀硬化型不锈钢棒的力学性能（GB/T 1220—2007）

新牌号	旧牌号	热处理		规定塑性延伸强度 $R_{p0.2}$/MPa	抗拉强度 R_m/MPa	断后伸长率 A（%）	断面收缩率 Z[①]（%）	硬　度[②]	
								HBW	HRC
		类型	组别			≥			
05Cr15Ni5Cu4Nb	—	固溶处理	0	—	—	—	—	≤363	≤38
		沉淀硬化 480℃时效	1	1180	1310	10	35	≥375	≥40
		550℃时效	2	1000	1070	12	45	≥331	≥35
		580℃时效	3	865	1000	13	45	≥302	≥31
		620℃时效	4	725	930	16	50	≥277	≥28
05Cr17Ni4Cu4Nb	0Cr17Ni4Cu4Nb	固溶处理	0	—	—	—	—	≤363	≤38
		沉淀硬化 480℃时效	1	1180	1310	10	40	≥375	≥40
		550℃时效	2	1000	1070	12	45	≥331	≥35
		580℃时效	3	865	1000	13	45	≥302	≥31
		620℃时效	4	725	930	16	50	≥277	≥28
07Cr17Ni7Al	0Cr17Ni7Al	固溶处理	0	≤380	≤1030	20	—	≤229	—
		沉淀硬化 510℃时效	1	1030	1230	4	10	≥388	—
		565℃时效	2	960	1140	5	25	≥363	—
07Cr15Ni7Mo2Al	0Cr15Ni7Mo2Al	固溶处理	0	—	—	—	—	≤269	—
		沉淀硬化 510℃时效	1	1210	1320	6	20	≥388	—
		565℃时效	2	1100	1210	7	25	≥375	—

注：表中数值仅适用于直径、边长、厚度或对边距离小于或等于75mm 的钢棒；大于75mm 的钢棒，可改锻成75mm 的样坯检验，或由供需双方协商，规定允许降低其力学性能的数据。

① 扁钢不适用，但需方要求时，由供需双方协商。

② 供方可根据钢棒的尺寸或状态任选一种方法测定硬度。

6.3.2　不锈钢冷加工钢棒

1. 圆钢、方钢和六角钢的公称尺寸（表6-12）

表 6-12　圆钢、方钢和六角钢的公称尺寸（GB/T 4226—2009）　（单位：mm）

截面形状	公称尺寸[①]
圆	5、6、7、8、9、10、11、12、13、14、15、16、17、18、19、20、22、23、24、25、26、28、30、32、35、36、38、40、42、45、48、50、55、60、65、70、75、80、85、90、95、100
方	5、6、7、8、9、10、12、13、14、15、16、17、19、20、22、25、28、30、32、35、36、38、40、45、50、55、60
六角	5.5、6、7、8、9、10、11、12、13、14、17、19、21、22、23、24、26、27、29、30、32、35、36、38、41、46、50、55、60、65、70、75、80

① 圆钢为直径，方钢为边长，六角钢为对边距离。

2. 扁钢的公称尺寸（表6-13）

表6-13 扁钢的公称尺寸（GB/T 4226—2009） （单位：mm）

厚度	宽度														
	9	10	12	16	19	20	25	30	32	38	40	50	—	—	—
3	9	10	12	16	19	20	25	30	32	38	40	50	—	—	—
4	—	—	12	16	19	20	25	30	32	38	40	50	—	—	—
5	—	—	12	16	19	20	25	30	32	38	40	50	65	—	—
6	—	—	12	16	19	20	25	30	32	—	40	50	65	75	100
9	—	—	—	16	19	20	25	30	32	38	40	50	65	75	100
10	—	—	—	16	19	20	25	30	32	38	40	50	65	75	100
12	—	—	—	—	19	20	25	30	32	38	40	50	65	75	100
16	—	—	—	—	—	20	25	30	32	38	40	50	65	75	100
19	—	—	—	—	—	—	25	30	32	38	40	50	65	75	100
22	—	—	—	—	—	—	25	30	32	38	40	50	65	75	100
25	—	—	—	—	—	—	—	—	32	38	40	50	65	75	100

6.3.3 不锈钢丝

1. 软态不锈钢丝的力学性能（表6-14）

表6-14 软态不锈钢丝的力学性能（GB/T 4240—2009）

牌　　号	公称直径范围/mm	抗拉强度 R_m/MPa	断后伸长率 $A(\%)\geqslant$
12Cr17Mn6Ni5N、12Cr18Mn9Ni5N、12Cr18Ni9、Y12Cr18Ni9、16Cr23Ni13、20Cr25Ni20Si2	0.05～0.10	700～1000	15
	>0.10～0.30	660～950	20
	>0.30～0.60	640～920	20
	>0.60～1.0	620～900	25
	>1.0～3.0	620～880	30
	>3.0～6.0	600～850	30
	>6.0～10.0	580～830	30
	>10.0～16.0	550～800	30
Y06Cr17Mn6Ni6Cu2、Y12Cr18Ni9Cu3、06Cr19Ni9、022Cr19Ni10、10Cr18Ni12、06Cr17Ni12Mo2、06Cr20Ni11、06Cr23Ni13、06Cr25Ni20、06Cr17Ni12Mo2、022Cr17Ni14-Mo2、06Cr19Ni13Mo3、06Cr17Ni12Mo2Ti	0.05～0.10	650～930	15
	>0.10～0.30	620～900	20
	>0.30～0.60	600～870	20
	>0.60～1.0	580～850	25
	>1.0～3.0	570～830	30
	>3.0～6.0	550～800	30
	>6.0～10.0	520～770	30
	>10.0～16.0	500～750	30
30Cr13、32Cr13Mo、Y30Cr13、40Cr13、12Cr2Ni2、Y16Cr17Ni2Mo、20Cr17Ni2	1.0～2.0	600～850	10
	>2.0～16.0	600～850	15

注：易切削钢丝和公称直径小于1.0mm的钢丝，断后伸长率供参考，不作判定依据。

2. 轻拉不锈钢丝的力学性能（表6-15）

表6-15 轻拉不锈钢丝的力学性能（GB/T 4240—2009）

牌　　号	公称尺寸范围/mm	抗拉强度 R_m/MPa
12Cr17Mn6Ni5N、12Cr18Mn9Ni5N、Y06Cr17Mn6Ni6Cu2、12Cr18Ni9、Y12Cr18Ni9、Y12Cr18Ni9Cu3、06Cr19Ni9、022Cr19Ni10、10Cr18Ni12、06Cr20Ni11	0.50～1.0	850～1200
	>1.0～3.0	830～1150
	>3.0～6.0	800～1100
	>6.0～10.0	770～1050
	>10.0～16.0	750～1030

（续）

牌　号	公称尺寸范围/mm	抗拉强度 R_m/MPa
16Cr23Ni13、06Cr23Ni13、06Cr25Ni20、20Cr25Ni20Si2、06Cr17Ni12Mo2、022Cr17Ni14Mo2、06Cr19Ni13Mo3、06Cr17Ni12Mo2Ti	0.50~1.0	850~1200
	>1.0~3.0	830~1150
	>3.0~6.0	800~1100
	>6.0~10.0	770~1050
	>10.0~16.0	750~1030
06Cr13Al、06Cr11Ti、022Cr11Nb、10Cr17、Y10Cr17、10Cr17Mo、10Cr17MoNb	0.30~3.0	530~780
	>3.0~6.0	500~750
	>6.0~16.0	480~730
12Cr13、Y12Cr13、20Cr13	1.0~3.0	600~850
	>3.0~6.0	580~820
	>6.0~16.0	550~800
30Cr13、32Cr13Mo、Y30Cr13、Y16Cr17Ni2Mo	1.0~3.0	650~950
	>3.0~6.0	600~900
	>6.0~16.0	600~850

3. 冷拉不锈钢丝的力学性能（表6-16）

表 6-16　冷拉不锈钢丝的力学性能（GB/T 4240—2009）

牌　号	公称尺寸范围/mm	抗拉强度 R_m/MPa
12Cr17Mn6Ni5N、12Cr18Mn9Ni5N、12Cr18Ni9、06Cr19Ni9、10Cr18Ni12、06Cr17Ni12Mo2	0.10~1.0	1200~1500
	>1.0~3.0	1150~1450
	>3.0~6.0	1100~1400
	>6.0~12.0	950~1250

6.3.4　冷顶锻用不锈钢丝

1. 冷顶锻用不锈钢丝的化学成分（表6-17）

表 6-17　冷顶锻用不锈钢丝的化学成分（GB/T 4232—2009）

牌　号	化学成分(质量分数,%)										
	C	Si	Mn	P	S	Cr	Ni	Mo	Cu	N	其他
ML04Cr17Mn7Ni5CuN	0.05	0.80	6.40~7.50	0.015~0.045	16.00~17.50	—	4.00~5.00	—	0.70~1.30	0.10~0.25	—
ML04Cr16Mn8Ni2Cu3N	0.05	0.80	7.50~9.00	0.045	0.030	15.50~17.50	1.50~3.00	0.60	2.30~3.00	0.10~0.25	—
ML06Cr19Ni9	0.08	1.00	2.00	0.045	0.030	18.00~20.00	8.00~10.50	—	1.00	0.10	—
ML06Cr18Ni9Cu2	0.08	1.00	2.00	0.045	0.030	17.00~19.00	8.00~10.50	—	1.00~3.00	0.10	—
ML022Cr18Ni9Cu3	0.030	1.00	2.00	0.045	0.030	17.00~19.00	8.00~10.00	—	3.00~4.00	—	—
ML03Cr18Ni12	0.04	1.00	2.00	0.045	0.030	17.00~19.00	10.50~13.00	—	1.00	—	—
ML06Cr17Ni12Mo2	0.08	1.00	2.00	0.045	0.030	16.00~18.00	10.00~14.00	2.00~3.00	—	0.10	—

（续）

牌　号	化学成分（质量分数,%）										
	C	Si	Mn	P	S	Cr	Ni	Mo	Cu	N	其他
ML022Cr17Ni13Mo3	0.030	1.00	2.00	0.045	0.030	16.50 ~ 18.50	11.50 ~ 14.50	2.50 ~ 3.00	—	—	—
ML03Cr16Ni18	0.04	1.00	2.00	0.045	0.030	15.00 ~ 17.00	17.00 ~ 19.00	—	—	—	—
ML06Cr12Ti	0.08	1.00	1.00	0.040	0.030	10.50 ~ 12.50	0.50	—	—	—	Ti:6×C ~ 1.00
ML06Cr12Nb	0.08	1.00	1.00	0.040	0.030	10.50 ~ 12.50	0.50	—	—	—	Nb:6×C ~ 1.00
ML10Cr15	0.12	1.00	1.00	0.040	0.030	14.00 ~ 16.00	—	—	—	—	—
ML04Cr17	0.05	1.00	1.00	0.040	0.030	16.00 ~ 18.00	—	—	—	—	—
ML06Cr17Mo	0.08	1.00	1.00	0.040	0.030	16.00 ~ 18.00	1.00	0.90 ~ 1.30	—	—	—
ML12Cr13	0.08 ~ 0.15	1.00	1.00	0.040	0.030	11.50 ~ 13.50	0.60	—	—	—	—
ML22Cr14NiMo	0.15 ~ 0.30	1.00	1.00	0.040	0.030	13.50 ~ 15.00	0.35 ~ 0.85	0.40 ~ 0.85	—	—	—
ML16Cr17Ni2	0.12 ~ 0.20	1.00	1.00	0.040	0.030	15.00 ~ 18.00	2.00 ~ 3.00	0.60	—	—	—

注：表中未规定范围者均为最大值。

2. 软态不锈钢丝的力学性能（表6-18）

表6-18　软态不锈钢丝的力学性能（GB/T 4232—2009）

牌　号	公称直径/mm	抗拉强度 R_m /MPa	断面收缩率 Z(%) ≥	断后伸长率 A(%) ≥
ML04Cr17Mn7Ni5CuN	0.80 ~ 3.00	700 ~ 900	65	20
	>3.00 ~ 11.0	650 ~ 850	65	30
ML04Cr16Mn8Ni2Cu3N	0.80 ~ 3.00	650 ~ 850	65	20
	>3.00 ~ 11.0	620 ~ 820	65	30
ML06Cr19Ni9	0.80 ~ 3.00	580 ~ 740	65	30
	>3.00 ~ 11.0	550 ~ 710	65	40
ML06Cr18Ni9Cu2	0.80 ~ 3.00	560 ~ 720	65	30
	>3.00 ~ 11.0	520 ~ 680	65	40
ML022Cr18Ni9Cu3	0.80 ~ 3.00	480 ~ 640	65	30
	>3.0 ~ 11.0	450 ~ 610	65	40
ML03Cr18Ni12	0.80 ~ 3.00	480 ~ 640	65	30
	>3.00 ~ 11.0	450 ~ 610	65	40

（续）

牌　　号	公称直径/mm	抗拉强度 R_m /MPa	断面收缩率 $Z(\%)$ ≥	断后伸长率 $A(\%)$ ≥
ML06Cr17Ni12Mo2	0.80～3.00	560～720	65	30
	>3.00～11.0	500～660	65	40
ML022Cr17Ni13Mo3	0.80～3.00	540～700	65	30
	>3.00～11.0	500～660	65	40
ML03Cr16Ni18	0.80～3.00	480～640	65	30
	>3.00～11.0	440～600	65	40
ML12Cr13	0.80～3.00	440～640	55	—
	>3.00～11.00	400～600	55	15
ML22Cr14NiMo	0.80～3.00	540～780	55	—
	>3.00～11.0	500～740	55	15
ML16Cr17Ni2	0.80～3.00	560～800	55	—
	>3.00～11.0	540～780	55	15

注：直径不大于3.0mm的钢丝断面收缩率和断后伸长率仅供参考，不作判定依据。

3. 轻拉不锈钢丝的力学性能（表6-19）

表6-19　轻拉不锈钢丝的力学性能（GB/T 4232—2009）

牌　　号	公称直径/mm	抗拉强度 R_m /MPa	断面收缩率 $Z(\%)$ ≥	断后伸长率 $A(\%)$ ≥
ML04Cr17Mn7Ni5CuN	0.80～3.00	800～1000	55	15
	>3.00～20.00	750～950	55	20
ML04Cr16Mn8Ni2Cu3N	0.80～3.00	760～960	55	15
	>3.00～20.0	720～920	55	20
ML06Cr19Ni9	0.80～3.00	640～800	55	20
	>3.00～20.0	590～750	55	25
ML06Cr18Ni9Cu2	0.80～3.00	590～760	55	20
	>3.00～20.0	550～710	55	25
ML022Cr18Ni9Cu3	0.80～3.00	520～680	55	20
	>3.00～20.0	480～640	55	25
ML03Cr18Ni12	0.80～3.00	520～680	55	20
	>3.00～20.0	480～640	55	25
ML06Cr17Ni12Mo2	0.80～3.00	600～760	55	20
	>3.00～20.0	550～710	55	25
ML022Cr17Ni13Mo3	0.80～3.00	580～740	55	20
	>3.00～20.0	550～710	55	25
ML03Cr16Ni18	0.80～3.00	520～680	55	20
	>3.00～20.0	480～640	55	25

（续）

牌　号	公称直径/mm	抗拉强度 R_m /MPa	断面收缩率 Z(%) ≥	断后伸长率 A(%) ≥
ML06Cr12Ti	0.80 ~ 3.00	≤650	55	—
	>3.00 ~ 20.0		55	10
ML06Cr12Nb	0.80 ~ 3.00	≤650	55	—
	>3.00 ~ 20.0		55	10
ML10Cr15	0.80 ~ 3.00	≤700	55	—
	>3.00 ~ 20.0		55	10
ML04Cr17	0.80 ~ 3.00	≤700	55	—
	>3.00 ~ 20.0		55	10
ML06Cr17Mo	0.80 ~ 3.00	≤720	55	—
	>3.00 ~ 20.0		55	10
ML12Cr13	0.80 ~ 3.00	≤740	50	—
	>3.00 ~ 20.0		50	10
ML22Cr14NiMo	0.80 ~ 3.00	≤780	50	—
	>3.00 ~ 20.0		50	10
ML16Cr17Ni2	0.80 ~ 3.00	≤850	50	—
	>3.00 ~ 20.0		50	10

注：直径小于3.00mm 的钢丝断面收缩率和断后伸长率仅供参考，不作判定依据。

6.3.5　弹簧用不锈钢丝

弹簧用不锈钢丝的抗拉强度如表6-20 所示。

表6-20　弹簧用不锈钢丝的抗拉强度（YB/T 11—1983）

钢丝直径/mm	抗拉强度/MPa A组 1Cr18Ni9（12Cr18Ni9）0Cr19Ni10 0Cr17Ni12Mo2（06Cr17Ni12Mo2）	B组 1Cr18Ni9（12Cr18Ni9）0Cr19Ni10	C组 0Cr17Ni8Al	钢丝直径/mm	抗拉强度/MPa A组 1Cr18Ni9（12Cr18Ni9）0Cr19Ni10 0Cr17Ni12Mo2（06Cr17Ni12Mo2）	B组 1Cr18Ni9（12Cr18Ni9）0Cr19Ni10	C组 0Cr17Ni8Al
0.080			—	0.23			1961 ~ 2206
0.090			—	0.26			
0.10				0.29	1569 ~ 1814	2059 ~ 2305	1912 ~ 2157
0.12	1618 ~ 1863	2157 ~ 2403		0.32			
0.14			1961 ~ 2206	0.35			
0.16				0.40			
0.18				0.45	1569 ~ 1814	1961 ~ 2206	1814 ~ 2059
0.20				0.50			

（续）

钢丝直径/mm	抗拉强度/MPa			钢丝直径/mm	抗拉强度/MPa		
	A 组 1Cr18Ni9（12Cr18Ni9）0Cr19Ni10 0Cr17Ni12Mo2（06Cr17Ni12Mo2）	B 组 1Cr18Ni9（12Cr18Ni9）0Cr19Ni10	C 组 0Cr17Ni8Al		A 组 1Cr18Ni9（12Cr18Ni9）0Cr19Ni10 0Cr17Ni12Mo2（06Cr17Ni12Mo2）	B 组 1Cr18Ni9（12Cr18Ni9）0Cr19Ni10	C 组 0Cr17Ni8Al
0.55	1569～1814	1961～2206	1814～2059	2.80	1177～1422	1471～1716	1373～1618
0.60				3.20			
0.65				3.50			
0.70				4.00			
0.80	1471～1716	1863～2108	1765～2010	4.50	1079～1324	1373～1618	1275～1520
0.90				5.00			
1.00				5.50			
1.20	1373～1618	1765～2010	1667～1912	6.00			
1.40				6.50			
1.60	1324～1569	1667～1912	1569～1814	7.00	981～1226	1275～1520	—
1.80				8.00			
2.00				9.00		1128～1373	
2.30	1275～1520	1590～1814	1471～1716	10.00	—	981～1226	—
2.60				12.00		883～1128	

注：括号内牌号为 GB/T 20878—2007 中的牌号。

6.3.6　焊接用不锈钢丝

1. 焊接用不锈钢丝的分类和牌号（表 6-21）

表 6-21　焊接用不锈钢丝的分类和牌号（YB/T 5092—2005）

类　别	牌　号		
奥氏体型	H05Cr22Ni11Mn6Mo3VN	H12Cr24Ni13	H03Cr19Ni12Mo2Si1
	H10Cr17Ni8Mn8Si4N	H03Cr24Ni13Si	H03Cr19Ni12Mo2Cu2
	H05Cr20Ni6Mn9N	H03Cr24Ni13	H08Cr19Ni14Mo3
	H05Cr18Ni5Mn12N	H12Cr24Ni13Mo2	H03Cr19Ni14Mo3
	H10Cr21Ni10Mn6	H03Cr24Ni13Mo2	H08Cr19Ni12Mo2Nb
	H09Cr21Ni9Mn4Mo	H12Cr24Ni13Si1	H07Cr20Ni34Mo2Cu3Nb
	H08Cr21Ni10Si	H03Cr24Ni13Si1	H02Cr20Ni34Mo2Cu3Nb
	H08Cr21Ni10	H12Cr26Ni21Si	H08Cr19Ni10Ti
	H06Cr21Ni10	H12Cr26Ni21	H21Cr16Ni35
	H03Cr21Ni10Si	H08Cr26Ni21	H08Cr20Ni10Nb

（续）

类　别	牌　号		
奥氏体型	H03Cr21Ni10	H08Cr19Ni12Mo2Si	H08Cr20Ni10SiNb
	H08Cr20Ni11Mo2	H08Cr19Ni12Mo2	H02Cr27Ni32Mo3Cu
	H04Cr20Ni11Mo2	H06Cr19Ni12Mo2	H02Cr20Ni25Mo4Cu
	H08Cr21Ni10Si1	H03Cr19Ni12Mo2Si	H06Cr19Ni10TiNb
	H03Cr21Ni10Si1	H03Cr19Ni12Mo2	H10Cr16Ni8Mo2
	H12Cr24Ni13Si	H08Cr19Ni12Mo2Si1	
奥氏体 + 铁素体（双相钢）型	H03Cr22Ni8Mo3N	H04Cr25Ni5Mo3Cu2N	H15Cr30Ni9
马氏体型	H12Cr13	H06Cr12Ni4Mo	H31Cr13
铁素体型	H06Cr14	H01Cr26Mo	H08Cr11Nb
	H10Cr17	H08Cr11Ti	
沉淀硬化型	H05Cr17Ni4Cu4Nb		

2. 焊接用不锈钢丝的直径及允许偏差（表6-22）

表 6-22　焊接用不锈钢丝的直径及允许偏差（YB/T 5092—2005）　（单位：mm）

钢丝公称直径	直径允许偏差	钢丝公称直径	直径允许偏差
0.6~1	0 −0.070	>3~6	0 −0.124
>1~3	0 −0.100	>6~10	0 −0.150

6.3.7　耐热钢钢棒

1. 奥氏体型耐热钢棒的力学性能（表6-23）

表 6-23　奥氏体型耐热钢棒的力学性能（GB/T 1221—2007）

新牌号	旧牌号	热处理状态	规定塑性延伸强度 $R_{p0.2}$[1] /MPa	抗拉强度 R_m/MPa	断后伸长率 $A(\%)$	断面收缩率 Z[2]$(\%)$	硬度 HBW[1]
			≥				≤
53Cr21Mn9Ni4N	5Cr21Mn9Ni4N	固溶 + 时效	560	885	8	—	≥302
26Cr18Mn12Si2N	3Cr18Mn12Si2N	固溶处理	390	685	35	45	248
22Cr20Mn10Ni2Si2N	2Cr20Mn9Ni2Si2N		390	635	35	45	248
06Cr19Ni10	0Cr18Ni9	固溶处理	205	520	40	60	187
22Cr21Ni12N	2Cr21Ni12N	固溶 + 时效	430	820	26	20	269
16Cr23Ni13	2Cr23Ni13	固溶处理	205	560	45	50	201
06Cr23Ni13	0Cr23Ni13		205	520	40	60	187

（续）

新牌号	旧牌号	热处理状态	规定塑性延伸强度 $R_{p0.2}$[1] /MPa	抗拉强度 R_m/MPa	断后伸长率 $A(\%)$	断面收缩率 Z[2]$(\%)$	硬度 HBW[1]
				≥			≤
20Cr25Ni20	2Cr25Ni20		205	590	40	50	201
06Cr25Ni20	0Cr25Ni20		205	520	40	50	187
06Cr17Ni12Mo2	0Cr17Ni12Mo2	固溶处理	205	520	40	60	187
06Cr19Ni13Mo3	0Cr19Ni13Mo3		205	520	40	60	187
06Cr18Ni11Ti	0Cr18Ni10Ti		205	520	40	50	187
45Cr14Ni14W2Mo	4Cr14Ni14W2Mo	退火	315	705	20	35	248
12Cr16Ni35	1Cr16Ni35		205	560	40	50	201
06Cr18Ni11Nb	0Cr18Ni11Nb		205	520	40	50	187
06Cr18Ni13Si4	0Cr18Ni13Si4	固溶处理	205	520	40	60	207
16Cr20Ni14Si2	1Cr20Ni14Si2		295	590	35	50	187
16Cr25Ni20Si2	1Cr25Ni20Si2		295	590	35	50	187

注：53Cr21Mn9Ni4N 和 22Cr21Ni12N 仅适用于直径、边长及对边距离或厚度小于或等于25mm 的钢棒；大于25mm 的钢棒，可改锻成25mm 的样坯检验或由供需双方协商确定允许降低其力学性能的数值。其余牌号仅适用于直径、边长及对边距离或厚度小于或等于180mm 的钢棒；大于180mm 的钢棒，可改锻成180mm 的样坯检验或由供需双方协商确定，允许降低其力学性能数值。

① 规定塑性延伸强度和硬度，仅当需方要求时（合同中注明）才进行测定。

② 扁钢不适用，但需方要求时，可由供需双方协商确定。

2. 经退火的铁素体型耐热钢棒的力学性能（表6-24）

表6-24　经退火的铁素体型耐热钢棒的力学性能（GB/T 1221—2007）

新牌号	旧牌号	热处理状态	规定塑性延伸强度 $R_{p0.2}$[1] /MPa	抗拉强度 R_m /MPa	断后伸长率 $A(\%)$	断面收缩率 Z[2]$(\%)$	硬度[1] HBW
				≥			≤
06Cr13Al	0Cr13Al		175	410	20	60	183
022Cr12	00Cr12	退火	195	360	22	60	183
10Cr17	1Cr17		205	450	22	50	183
16Cr25N	2Cr25N		275	510	20	40	201

注：表中数值仅适用于直径、边长及对边距离或厚度小于或等于75mm 的钢棒；大于75mm 的钢棒，可改锻成75mm 的样坯检验或由供需双方协商确定允许降低其力学性能的数值。

① 规定塑性延伸强度和硬度，仅当需方要求时（合同中注明）才进行测定。

② 扁钢不适用，但需方要求时，由供需双方协商确定。

3. 经淬火+回火的马氏体型耐热钢棒的力学性能（表6-25）

表6-25　经淬火+回火的马氏体型耐热钢棒的力学性能（GB/T 1221—2007）

新牌号	旧牌号	热处理状态	规定塑性延伸强度 $R_{p0.2}$/MPa	抗拉强度 R_m/MPa	断后伸长率 A(%)	断面收缩率 Z[1](%)	冲击吸收能量 KU[2]/J	经淬火回火后的硬度 HBW	退火后的硬度 HBW[3] ≤
			≥		≥	≥	≥		
12Cr13	1Cr13	淬火+回火	345	540	22	55	78	159	200
20Cr13	2Cr13		440	640	20	50	63	192	223
14Cr17Ni2	1Cr17Ni2		—	1080	10	—	39	—	—
17Cr16Ni2[4]	—		700	900~1050	12	45	25	—	295
			600	800~950	14	—	—	—	
12Cr5Mo	1Cr5Mo		390	590	18	—	—	—	200
12Cr12Mo	1Cr12Mo		550	685	18	60	78	217~248	255
13Cr13Mo	1Cr13Mo		490	690	20	60	78	192	200
14Cr11MoV	1Cr11MoV		490	685	16	55	47	—	200
18Cr12MoVNbN	2Cr12MoVNbN		685	835	15	30	—	≤321	269
15Cr12WMoV	1Cr12WMoV		585	735	15	25	47	—	—
22Cr12NiWMoV	2Cr12NiMoWV		735	885	10	25	—	≤341	269
13Cr11Ni2W2MoV[4]	1Cr11Ni2W2MoV		735	885	15	55	71	269~321	269
			885	1080	12	50	55	311~388	
18Cr11NiMoNbVN	(2Cr11NiMoNbVN)		760	930	12	32	20	277~331	255
42Cr9Si2	4Cr9Si2		590	885	19	50	—	—	269
45Cr9Si3	—		685	930	15	35	—	≥269	—
40Cr10Si2Mo	4Cr10Si2Mo		685	885	10	35	—	—	269
80Cr20Si2Ni	8Cr20Si2Ni		685	885	10	15	8	≥262	321

注：
[1] 表中数值仅适用于直径、边长或边长距离或厚度小于或等于75mm的钢棒；大于75mm的钢棒，可改锻成75mm的样坯检验或由供需双方协商确定其力学性能的数值。
[2] 直径或边长距离小于等于16mm的圆钢、六角钢、八角钢和边长或边厚度小于或等于12mm的方钢、扁钢不作冲击试验。
[3] 采用750℃退火时，其硬度由供需双方协商确定允许降低其力学性能的数值。
[4] 17Cr16Ni2和13Cr11Ni2W2MoV钢的性能组别应在合同中注明，未注明时，由供方自行选择。

4. 沉淀硬化型耐热钢棒的力学性能（表6-26）

表6-26　沉淀硬化型耐热钢棒的力学性能（GB/T 1221—2007）

新牌号	旧牌号	热处理		规定塑性延伸强度 $R_{p0.2}$/MPa	抗拉强度 R_m/MPa	断后伸长率 A（%）	断面收缩率 $Z^①$（%）	硬度^②	
		类型	组别	≥				HBW	HRC
05Cr17Ni4Cu4Nb	0Cr17Ni4Cu4Nb	固溶处理	0	—	—	—	—	≤363	≤38
		沉淀硬化　480℃时效	1	1180	1310	10	40	≥375	≥40
		550℃时效	2	1000	1070	12	45	≥331	≥35
		580℃时效	3	865	1000	13	45	≥302	≥31
		620℃时效	4	725	930	16	50	≥277	≥28
07Cr17Ni7Al	0Cr17Ni7Al	固溶处理	0	≤380	≤1030	20	—	≤229	
		沉淀硬化　510℃时效	1	1030	1230	4	10	≥388	
		565℃时效	2	960	1140	5	25	≥363	
06Cr15Ni25Ti2MoAlVB	0Cr15Ni25Ti2MoAlVB	固溶 + 时效		590	900	15	18	≥248	

注：表中数值仅适用于直径、边长、厚度或对边距离小于或等于75mm 的钢棒；大于75mm 的钢棒，可改锻成75mm
　　的样坯检验，或由供需双方协商，规定允许降低其力学性能的数据。
① 扁钢不适用，但需方要求时，由供需双方协商。
② 供方可根据钢棒的尺寸或状态任选一种方法测定硬度。

6.4　钢板和钢带

6.4.1　不锈钢冷轧钢板和钢带

1. 不锈钢冷轧钢板和钢带的公称尺寸范围（表6-27）

表6-27　不锈钢冷轧钢板和钢带的公称尺寸范围（GB/T 3280—2007）（单位：mm）

形　态	公称厚度	公称宽度
宽钢带、卷切钢板	0.01 ~ 8.00	600 ~ <2100
纵剪宽钢带、卷切钢带 I	0.01 ~ 8.00	<600
窄钢带、卷切钢带 II	0.01 ~ 3.00	<600

2. 经固溶处理的奥氏体型不锈钢冷轧钢板和钢带的力学性能（表6-28）

表6-28　经固溶处理的奥氏体型不锈钢冷轧钢板和钢带的力学性能（GB/T 3280—2007）

新牌号	旧牌号	规定塑性延伸强度 $R_{p0.2}$/MPa	抗拉强度 R_m/MPa	断后伸长率 A（%）	硬度值		
		≥			HBW	HRB	HV
					≤		
12Cr17Ni7	1Cr17Ni7	205	515	40	217	95	218
022Cr17Ni7	—	220	550	45	241	100	—
022Cr17Ni7N	—	240	550	45	241	100	—
12Cr18Ni9	1Cr18Ni9	205	515	40	201	92	210

（续）

新 牌 号	旧 牌 号	规定塑性延伸强度 $R_{p0.2}$ /MPa	抗拉强度 R_m/MPa	断后伸长率 $A(\%)$	硬 度 值		
					HBW	HRB	HV
		$\geqslant$			$\leqslant$		
12Cr18Ni9Si3	1Cr18Ni9Si3	205	515	40	217	95	220
06Cr19Ni10	0Cr18Ni9	205	515	40	201	92	210
022Cr19Ni10	00Cr19Ni10	170	485	40	201	92	210
07Cr19Ni10	—	205	515	40	201	92	210
05Cr19Ni10Si2NbN	—	290	600	40	217	95	—
06Cr19Ni10N	0Cr19Ni9N	240	550	30	201	92	220
06Cr19Ni9NbN	0Cr19Ni10NbN	345	685	35	250	100	260
022Cr19Ni10N	00Cr18Ni10N	205	515	40	201	92	220
10Cr18Ni12	1Cr18Ni12	170	485	40	183	88	200
06Cr23Ni13	0Cr23Ni13	205	515	40	217	95	220
06Cr25Ni20	0Cr25Ni20	205	515	40	217	95	220
022Cr25Ni22Mo2N		270	580	25	217	95	—
06Cr17Ni12Mo2	0Cr17Ni12Mo2	205	515	40	217	95	220
022Cr17Ni12Mo2	00Cr17Ni14Mo2	170	485	40	217	95	220
06Cr17Ni12Mo2Ti	0Cr18Ni12Mo3Ti	205	515	40	217	95	220
06Cr17Ni12Mo2Nb		205	515	30	217	95	—
06Cr17Ni12Mo2N	0Cr17Ni12Mo2N	240	550	35	217	95	220
022Cr17Ni12Mo2N	00Cr17Ni13Mo2N	205	515	40	217	95	220
06Cr18Ni12Mo2Cu2	0Cr18Ni12Mo2Cu2	205	520	40	187	90	200
015Cr21Ni26Mo5Cu2	—	220	490	35	—	90	
06Cr19Ni13Mo3	0Cr19Ni13Mo3	205	515	35	217	95	220
022Cr19Ni13Mo3	00Cr19Ni13Mo3	205	515	40	217	95	220
022Cr19Ni16Mo5N		240	550	40	223	96	—
022Cr19Ni13Mo4N		240	550	40	217	95	
06Cr18Ni11Ti	0Cr18Ni10Ti	205	515	40	217	95	220
015Cr24Ni22Mo8Mn3CuN		430	750	40	250		
022Cr24Ni17Mo5Mn6NbN	—	415	795	35	241	100	—
06Cr18Ni11Nb	0Cr18Ni11Nb	205	515	40	201	92	210

3. H1/4 状态的不锈钢冷轧钢板和钢带的力学性能（表 6-29）

表 6-29　H1/4 状态的不锈钢冷轧钢板和钢带的力学性能（GB/T 3280—2007）

新 牌 号	旧 牌 号	规定塑性延伸强度 $R_{p0.2}$/MPa	抗拉强度 R_m/MPa	断后伸长率 $A(\%)$		
				厚度 <0.4mm	厚度 0.4～<0.8mm	厚度 ≥0.8mm
		$\geqslant$				
12Cr17Ni7	1Cr17Ni7	515	860	25	25	25
022Cr17Ni7	—	515	825	25	25	25

（续）

新　牌　号	旧　牌　号	规定塑性延伸强度 $R_{p0.2}$/MPa	抗拉强度 R_m/MPa	断后伸长率 A(%)		
				厚度 <0.4mm	厚度 0.4～<0.8mm	厚度 ≥0.8mm
				≥		
022Cr17Ni7N	—	515	825	25	25	25
12Cr18Ni9	1Cr18Ni9	515	860	10	10	12
06Cr19Ni10	0Cr18Ni9	515	860	10	10	12
022Cr19Ni10	00Cr19Ni10	515	860	8	8	10
06Cr19Ni10N	0Cr19Ni9N	515	860	12	12	12
022Cr19Ni10N	00Cr18Ni10N	515	860	8	8	10
06Cr17Ni12Mo2	0Cr17Ni12Mo2	515	860	10	10	10
022Cr17Ni12Mo2	00Cr17Ni14Mo2	515	860	8	8	8
06Cr17Ni12Mo2Ti	0Cr18Ni12Mo3Ti	515	860	12	12	12

4. H1/2 状态的不锈钢冷轧钢板和钢带的力学性能（表6-30）

表6-30　H1/2 状态的不锈钢冷轧钢板和钢带的力学性能（GB/T 3280—2007）

新　牌　号	旧　牌　号	规定塑性延伸强度 $R_{p0.2}$/MPa	抗拉强度 R_m/MPa	断后伸长率 A(%)		
				厚度 <0.4mm	厚度 0.4～<0.8mm	厚度 ≥0.8mm
				≥		
12Cr17Ni7	1Cr17Ni7	760	1035	15	18	18
022Cr17Ni7	—	690	930	20	20	20
022Cr17Ni7N	—	690	930	20	20	20
12Cr18Ni9	1Cr18Ni9	760	1035	9	10	10
06Cr19Ni10	0Cr18Ni9	760	1035	6	7	7
022Cr19Ni10	00Cr19Ni10	760	1035	5	6	6
06Cr19Ni10N	0Cr19Ni9N	760	1035	6	8	8
022Cr19Ni10N	00Cr18Ni10N	760	1035	6	7	7
06Cr17Ni12Mo2	0Cr17Ni12Mo2	760	1035	6	7	7
022Cr17Ni12Mo2	00Cr17Ni14Mo2	760	1035	5	6	6
06Cr17Ni12Mo2N	0Cr17Ni12Mo2N	760	1035	6	8	8

5. H 状态的不锈钢冷轧钢板和钢带的力学性能（表6-31）

表6-31　H 状态的不锈钢冷轧钢板和钢带的力学性能（GB/T 3280—2007）

新　牌　号	旧　牌　号	规定塑性延伸强度 $R_{p0.2}$/MPa	抗拉强度 R_m/MPa	断后伸长率 A(%)		
				厚度 <0.4mm	厚度0.4～ <0.8mm	厚度 ≥0.8mm
				≥		
12Cr17Ni7	1Cr17Ni7	930	1205	10	12	12
12Cr18Ni9	1Cr18Ni9	930	1205	5	6	6

6. H2 状态的不锈钢冷轧钢板和钢带的力学性能（表6-32）

表6-32　H2 状态的不锈钢冷轧钢板和钢带的力学性能（GB/T 3280—2007）

新　牌　号	旧　牌　号	规定塑性延伸强度 $R_{p0.2}$/MPa	抗拉强度 R_m/MPa	断后伸长率 A(%)		
				厚度 <0.4mm	厚度 0.4~<0.8mm	厚度 ≥0.8mm
				≥		
12Cr17Ni7	1Cr17Ni7	965	1275	8	9	9
12Cr18Ni9	1Cr18Ni9	965	1275	3	4	4

7. 经固溶处理的奥氏体-铁素体型不锈钢冷轧钢板和钢带的力学性能（表6-33）

表6-33　经固溶处理的奥氏体-铁素体型不锈钢冷轧钢板和钢带的力学性能（GB/T 3280—2007）

新　牌　号	旧　牌　号	规定塑性延伸强度 $R_{p0.2}$/MPa	抗拉强度 R_m/MPa	断后伸长率 A(%)	硬度值	
					HBW	HRC
		≥			≤	
14Cr18Ni11Si4AlTi	1Cr18Ni11Si4AlTi	—	715	25	—	—
022Cr19Ni5Mo3Si2N	00Cr18Ni5Mo3Si2	440	630	25	290	31
12Cr21Ni5Ti	1Cr21Ni5Ti	—	635	20	—	—
022Cr22Ni5Mo3N	—	450	620	25	293	31
022Cr23Ni5Mo3N	—	450	620	25	293	31
022Cr23Ni4MoCuN	—	400	600	25	290	31
022Cr25Ni6Mo2N	—	450	640	25	295	31
022Cr25Ni7Mo4WCuN	—	550	750	25	270	—
03Cr25Ni6Mo3Cu2N	—	550	760	15	302	32
022Cr25Ni7Mo4N	—	550	795	15	310	32

注：奥氏体-铁素体型不锈钢不需要作冷弯试验。

8. 经退火处理的铁素体型不锈钢冷轧钢板和钢带的力学性能（表6-34）

表6-34　经退火处理的铁素体型不锈钢冷轧钢板和钢带的力学性能（GB/T 3280—2007）

新　牌　号	旧　牌　号	规定塑性延伸强度 $R_{p0.2}$/MPa	抗拉强度 R_m/MPa	断后伸长率 A(%)	180°冷弯性能	硬度值		
						HBW	HRB	HV
		≥				≤		
06Cr13Al	0Cr13Al	170	415	20	$d=2a$	179	88	200
022Cr11Ti	—	275	415	20	$d=2a$	197	92	200
022Cr11NbTi	—	275	415	20	$d=2a$	197	92	200
022Cr12Ni	—	280	450	18	—	180	88	—
022Cr12	00Cr12	195	360	22	$d=2a$	183	88	200
10Cr15	1Cr15	205	450	22	$d=2a$	183	89	200
10Cr17	1Cr17	205	450	22	$d=2a$	183	89	200
022Cr18Ti	00Cr17	175	360	22	$d=2a$	183	88	200
10Cr17Mo	1Cr17Mo	240	450	22	$d=2a$	183	89	200

（续）

新　牌　号	旧　牌　号	规定塑性延伸强度 $R_{p0.2}$/MPa	抗拉强度 R_m/MPa	断后伸长率 $A(\%)$	180°冷弯性能	硬度值		
						HBW	HRB	HV
		≥				≤		
019Cr18MoTi	—	245	410	20	$d=2a$	217	96	230
022Cr18NbTi	—	250	430	18	—	180	88	—
019Cr19Mo2NbTi	00Cr18Mo2	275	415	20	$d=2a$	217	96	230
008Cr27Mo	00Cr27Mo	245	410	22	$d=2a$	190	90	200
008Cr30Mo2	00Cr30Mo2	295	450	22	$d=2a$	209	95	220

注：d—弯心直径；a—钢板厚度。

9. 经退火处理的马氏体型不锈钢冷轧钢板和钢带的力学性能（表6-35）

表6-35　经退火处理的马氏体型不锈钢冷轧钢板和钢带的力学性能（GB/T 3280—2007）

新牌号	旧牌号	规定塑性延伸强度 $R_{p0.2}$/MPa	抗拉强度 R_m/MPa	断后伸长率 $A(\%)$	180°冷弯性能	硬度值		
						HBW	HRB	HV
		≥				≤		
12Cr12	1Cr12	205	485	20	$d=2a$	217	96	210
06Cr13	0Cr13	205	415	20	$d=2a$	183	89	200
12Cr13	1Cr13	205	450	20	$d=2a$	217	96	210
04Cr13Ni5Mo	—	620	795	15	—	302	32[①]	—
20Cr13	2Cr13	225	520	18	—	223	97	234
30Cr13	3Cr13	225	540	18	—	235	99	247
40Cr13	4Cr13	225	590	15	—	225		
17Cr16Ni2[②]	—	690	880 ~ 1080	12	—	262 ~ 326		
		1050	1350	10	—	388		
68Cr17	1Cr12	245	590	15	—	255	25[①]	269

注：d—弯心直径；a—钢板厚度。

① 为HRC硬度值。

② 表列为淬火、回火后的力学性能。

10. 经固溶处理的沉淀硬化型不锈钢冷轧钢板和钢带的力学性能（表6-36）

表6-36　经固溶处理的沉淀硬化型不锈钢冷轧钢板和钢带的力学性能（GB/T 3280—2007）

新　牌　号	旧　牌　号	钢材厚度/mm	规定塑性延伸强度 $R_{p0.2}$/MPa	抗拉强度 R_m/MPa	断后伸长率 $A(\%)$	硬度值	
						HRC	HBW
			≤	≥		≤	
04Cr13Ni8Mo2Al	—	0.10 ~ <8.0	—	—	—	38	363
022Cr12Ni9Cu2NbTi	—	0.30 ~ 8.0	1105	1205	3	36	331
07Cr17Ni7Al	0Cr17Ni7Al	0.10 ~ <0.30	450	1035	—	—	—
		0.30 ~ 8.0	380	1035	20	92[①]	—

（续）

新 牌 号	旧 牌 号	钢材厚度/mm	规定塑性延伸强度 $R_{p0.2}$/MPa	抗拉强度 R_m/MPa	断后伸长率 A(%)	硬度值 HRC	硬度值 HBW
			≤	≥	≥	≤	
07Cr15Ni7Mo2Al	0Cr15Ni7Mo2Al	0.10 ~ <8.0	450	1035	25	100[①]	—
09Cr17Ni5Mo3N	—	0.10 ~ <0.30	585	1380	8	30	—
		0.30 ~ 8.0	585	1380	12	30	—
06Cr17Ni7AlTi	—	0.10 ~ <1.50	515	825	4	32	—
		1.50 ~ 8.0	515	825	5	32	—

① 为 HRB 硬度值。

11. 经沉淀硬化处理的沉淀硬化型不锈钢冷轧钢板和钢带的力学性能（表6-37）

表6-37 经沉淀硬化处理的沉淀硬化型不锈钢冷轧钢板和钢带的力学性能（GB/T 3280—2007）

新 牌 号	旧 牌 号	钢材厚度/mm	处理温度/℃	规定塑性延伸强度 $R_{p0.2}$/MPa	抗拉强度 R_m/MPa	断后伸长率 A[①] (%)	硬度值 HRC	硬度值 HBW
				≥			≥	
04Cr13Ni8Mo2Al	—	0.10 ~ <0.50	510 ±6	1410	1515	6	45	—
		0.50 ~ <5.0		1410	1515	8	45	—
		5.0 ~ 8.0		1410	1515	10	45	—
		0.10 ~ <0.50	538 ±6	1310	1380	6	43	—
		0.50 ~ <5.0		1310	1380	8	43	—
		5.0 ~ 8.0		1310	1380	10	43	—
022Cr12Ni9Cu2NbTi	—	0.10 ~ <0.50	510 ±6 或 482 ±6	1410	1525	—	44	—
		0.50 ~ <1.50		1410	1525	3	44	—
		1.50 ~ 8.0		1410	1525	4	44	—
07Cr17Ni7Al	0Cr17Ni7Al	0.10 ~ <0.30	760 ±15 加热后冷至 15 ±3,再加热至 566 ±6 后空冷	1035	1240	3	38	—
		0.30 ~ <5.0		1035	1240	5	38	—
		5.0 ~ 8.0		965	1170	7	43	352
		0.10 ~ <0.30	954 ±8 加热后冷至 −73 ±6,再加热至 510 ±6 后空冷	1310	1450	1	44	—
		0.30 ~ <5.0		1310	1450	3	44	—
		5.0 ~ 8.0		1240	1380	6	43	401
07Cr15Ni7Mo2Al	0Cr15Ni7Mo2Al	0.10 ~ <0.30	760 ±15 加热后冷至 15 ±3,再加热至 566 ±6 后空冷	1170	1310	3	40	—
		0.30 ~ <5.0		1170	1310	5	40	—
		5.0 ~ 8.0		1170	1310	4	40	375
07Cr15Ni7Mo2Al	0Cr15Ni7Mo2Al	0.10 ~ <0.30	954 ±8 加热后冷至 −73 ±6,再加热至 510 ±6 后空冷	1380	1550	2	46	—
		0.30 ~ <5.0		1380	1550	4	46	—
		5.0 ~ 8.0		1380	1550	4	45	429
		0.10 ~ 1.2	冷轧	1205	1380	1	41	—
		0.10 ~ 1.2	冷轧 +482	1580	1655	1	46	—

（续）

新 牌 号	旧 牌 号	钢材厚度 /mm	处理温度 /℃	规定塑性延伸强度 $R_{p0.2}$/MPa	抗拉强度 R_m/MPa	断后伸长率 A[1] （%）	硬度值 HRC	硬度值 HBW
				≥			≥	
09Cr17Ni5Mo3N	—	0.10 ~ <0.30	455 ±8	1035	1275	6	42	—
		0.30 ~5.0		1035	1275	8	42	—
		0.10 ~ <0.30	540 ±8	1000	1140	6	36	—
		0.30 ~5.0		1000	1140	8	36	—
06Cr17Ni7AlTi	—	0.10 ~ <0.80	510 ±8	1170	1310	3	39	—
		0.80 ~ <1.50		1170	1310	4	39	—
		1.50 ~8.0		1170	1310	5	39	—
		0.10 ~ <0.80	538 ±8	1105	1240	3	37	—
		0.80 ~ <1.50		1105	1240	4	37	—
		1.50 ~8.0		1105	1240	5	37	—
		0.10 ~ <0.80	566 ±8	1035	1170	3	35	—
		0.80 ~ <1.50		1035	1170	4	35	—
		1.50 ~8.0		1035	1170	5	35	—

① 适用于沿宽度方向的试验，垂直于轧制方向且平行于钢板表面。

6.4.2 弹簧用不锈钢冷轧钢带

1. 弹簧用不锈钢冷轧钢带的类别和牌号（表6-38）

表6-38 弹簧用不锈钢冷轧钢带的类别和牌号（YB/T 5310—2010）

类 别	牌 号
奥氏体型	12Cr17Mn6Ni5N、12Cr17Ni7、06Cr19Ni10、06Cr17Ni12Mo2
铁素体型	10Cr17
马氏体型	20Cr13、30Cr13、40Cr13
沉淀硬化型	07Cr17Ni7Al

2. 弹簧用不锈钢冷轧钢带的规格（表6-39）

表6-39 弹簧用不锈钢冷轧钢带的规格（YB/T 5310—2010） （单位：mm）

厚 度	宽 度
0.03 ~1.60	3 ~ <1250

3. 弹簧用不锈钢冷轧钢带的硬度和冷弯性能（表6-40）

表6-40 弹簧用不锈钢冷轧钢带的硬度和冷弯性能（YB/T 5310—2010）

牌 号	交货状态	冷轧、固溶处理或退火状态		沉淀硬化处理状态	
		硬度 HV	冷弯90°	热处理	硬度 HV
12Cr17Mn6Ni5N	1/4H	≥250	—	—	—
	1/2H	≥310	—	—	—

（续）

牌　号	交货状态	冷轧、固溶处理或退火状态		沉淀硬化处理状态	
		硬度 HV	冷弯 90°	热处理	硬度 HV
12Cr17Mn6Ni5N	3/4H	≥370	—	—	—
	H	≥430	—	—	—
12Cr17Ni7	1/2H	≥310	$d=4a$	—	—
	3/4H	≥370	$d=5a$	—	—
	H	≥430	—	—	—
	EH	≥490	—	—	—
	SEH	≥530	—	—	—
06Cr19Ni10	1/4H	≥210	$d=3a$	—	—
	1/2H	≥250	$d=4a$	—	—
	3/4H	≥310	$d=5a$	—	—
	H	≥370	—	—	—
06Cr17Ni12Mo2	1/4H	≥200	—	—	—
	1/2H	≥250	—	—	—
	3/4H	≥300	—	—	—
	H	≥350	—	—	—
10Cr17	退火	≤210	—	—	—
	冷轧	≤300	—	—	—
20Cr13	退火	≤240	—	—	—
	冷轧	≤290	—	—	—
30Cr13	退火	≤240	—	—	—
	冷轧	≤320	—	—	—
40Cr13	退火	≤250	—	—	—
	冷轧	≤320	—	—	—
07Cr17Ni7Al	固溶	≤200	$d=a$	固溶 + 565℃ 时效	≥450
				固溶 + 510℃ 时效	≥450
	1/2H	≥350	$d=3a$	1/2H + 475℃ 时效	≥380
	3/4H	≥400	—	3/4H + 475℃ 时效	≥450
	H	≥450	—	H + 475℃ 时效	≥530

注：d—弯心直径；a—钢带厚度。

4. 弹簧用不锈钢冷轧钢带的力学性能（表 6-41）

表 6-41　弹簧用不锈钢冷轧钢带的力学性能（YB/T 5310—2010）

统一数字代号	牌　号	交货状态	冷轧、固溶状态			沉淀硬度处理状态		
			规定塑性延伸强度 $R_{p0.2}$/MPa	抗拉强度 R_m/MPa	断后伸长率 $A(\%)$	热处理	规定塑性延伸强度 $R_{p0.2}$/MPa	抗拉强度 R_m/MPa
S30110	12Cr17Ni7	1/2H	≥510	≥930	≥10	—	—	—
		3/4H	≥745	≥1130	≥5	—	—	—

（续）

统一数字代号	牌　号	交货状态	冷轧、固溶状态			沉淀硬度处理状态		
			规定塑性延伸强度 $R_{p0.2}$/MPa	抗拉强度 R_m/MPa	断后伸长率 $A(\%)$	热处理	规定塑性延伸强度 $R_{p0.2}$	抗拉强度 R_m/MPa
S30110	12Cr17Ni7	H	≥1030	≥1320	—	—	—	—
		EH	≥1275	≥1570	—	—	—	—
		SEH	≥1450	≥1740	—	—	—	—
S30408	06Cr19Ni10	1/4H	≥335	≥650	≥10	—	—	—
		1/2H	≥470	≥780	≥6	—	—	—
		3/4H	≥665	≥930	≥3	—	—	—
		H	≥880	≥1130		—	—	—
S51770	07Cr17Ni7Al	固溶	—	≤1030	≥20	固溶 + 565°C 时效 固溶 + 510°C 时效	≥960 ≥1030	≥1140 ≥1230
		1/2H	—	≥1080	≥5	1/2H + 475°C 时效	≥880	≥1230
		3/4H	—	≥1180	—	3/4H + 475°C 时效	≥1080	≥1420
		H	—	≥1420	—	H + 475°C 时效	≥1320	≥1720

6.4.3　不锈钢热轧钢带

1. 不锈钢热轧钢带（普通）的厚度允许偏差（表 6-42）

表 6-42　不锈钢热轧钢带（普通）的厚度允许偏差（YB/T 5090—1993）

（单位：mm）

厚度	宽　　　度		
	<1000	1000 ~ <1250	1250 ~ <1600
	厚度允许偏差		
2.00 ~ <2.50	±0.25	±0.30	—
2.50 ~ <3.00	±0.30	±0.35	±0.40
3.00 ~ <4.00	±0.35	±0.40	±0.45
4.00 ~ <5.00	±0.40	±0.45	±0.50
5.00 ~ <6.00	±0.50	±0.55	±0.60
6.00 ~ <8.00	±0.60	±0.65	±0.70

注：根据需方要求，表中的允许偏差可以限制在正值或负值一边，但是此时的公差值应与表中规定的公差值相等。

2. 不锈钢热轧钢带（高级）的厚度允许偏差（表 6-43）

表 6-43　不锈钢热轧钢带（高级）的厚度允许偏差（YB/T 5090—1993）

（单位：mm）

厚度	宽　　　度			
	<250	250 ~ <400	400 ~ <630	630 ~ <800
	厚度允许偏差			
2.00 ~ <2.50	±0.16	±0.17	±0.18	±0.20
2.50 ~ <3.00	±0.18	±0.19	±0.20	±0.23

（续）

厚度	宽 度			
	<250	250 ~ <400	400 ~ <630	630 ~ <800
	厚度允许偏差			
3.00 ~ <4.00	±0.20	±0.21	±0.23	±0.26
4.00 ~ <5.00	±0.22	±0.24	±0.26	±0.29
5.00 ~ <6.00	±0.25	±0.27	±0.29	±0.32

注：根据需方要求，表中的允许偏差值可以限制在正值或负值的一边，但是此时的公差值应与表中规定的公差值相等。

3. 不锈钢热轧钢带（普通）的宽度允许偏差（表6-44）

表6-44　不锈钢热轧钢带（普通）的宽度允许偏差（YB/T 5090—1993）

（单位：mm）

边缘状态	厚度	宽 度						
		<100	100 ~ <160	160 ~ <250	250 ~ <400	400 ~ <630	630 ~ <1000	≥1000
		宽度允许偏差						
不切边	—	±1	±2	±2	±5	+20 0	+25 0	+30 0
切边	<6.00	+5 0	+5 0	+5 0	+5 0	+10 0	+10 0	+10 0
	≥6.00	+10 0	+10 0	+10 0	+10 0	+10 0	+10 0	+15 0

4. 不锈钢热轧钢带（高级）的宽度允许偏差（表6-45）

表6-45　不锈钢热轧钢带（高级）的宽度允许偏差（YB/T 5090—1993）

（单位：mm）

厚度	宽 度		
	<160	160 ~ <250	250 ~ <630
	宽度允许偏差		
<3.00	±0.3	±0.4	±0.5
3.00 ~ <6.00	±0.5	±0.5	±0.5

6.4.4　耐热钢钢板和钢带

1. 经固溶处理的奥氏体型耐热钢钢板和钢带的力学性能（表6-46）

表6-46　经固溶处理的奥氏体型耐热钢钢板和钢带的力学性能（GB/T 4238—2007）

新牌号	旧牌号	规定塑性延伸强度 $R_{p0.2}$/MPa	抗拉强度 R_m/MPa	断后伸长率 A(%)	硬 度		
					HBW	HRB	HV
		≥			≤		
12Cr18Ni9	1Cr18Ni9	205	515	40	201	92	210
12Cr18Ni9Si3	1Cr18Ni9Si3	205	515	40	217	95	220
06Cr19Ni9	0Cr18Ni9	205	515	40	201	92	210
07Cr19Ni10	—	205	515	40	201	92	210

（续）

新 牌 号	旧 牌 号	规定塑性延伸强度 $R_{p0.2}$/MPa	抗拉强度 R_m /MPa	断后伸长率 A(%)	硬　度		
					HBW	HRB	HV
		≥			≤		
06Cr20Ni11	—	205	515	40	183	88	—
16Cr23Ni13	2Cr23Ni13	205	515	40	217	95	220
06Cr23Ni13	0Cr23Ni13	205	515	40	217	95	220
20Cr25Ni20	2Cr25Ni20	205	515	40	217	95	220
06Cr25Ni20	0Cr25Ni20	205	515	40	217	95	220
06Cr17Ni12Mo2	0Cr17Ni12Mo2	205	515	40	217	95	220
06Cr19Ni13Mo3	0Cr19Ni13Mo3	205	515	35	217	95	220
06Cr18Ni11Ti	0Cr18Ni10Ti	205	515	40	217	95	220
12Cr16Ni35	1Cr16Ni35	205	560	—	201	95	210
06Cr18NiNb	0Cr18Ni11Nb	205	515	40	201	92	210
16Cr25Ni20Si2[①]	1Cr25Ni20Si2	—	540	35	—	—	—

① 16Cr25Ni20Si2 钢板厚度大于 25mm 时，力学性能仅供参考。

2. 经退火处理的铁素体体型耐热钢钢板和钢带的力学性能 （表 6-47）

表 6-47　经退火处理的铁素体型耐热钢钢板和钢带的力学性能 （GB/T 4238—2007）

新 牌 号	旧 牌 号	规定塑性延伸强度 $R_{p0.2}$/MPa	抗拉强度 R_m/MPa	断后伸长率 A(%)	硬　度			弯曲性能	
					HBW	HRB	HV	弯曲角度	d—弯心直径 a—钢板厚度
		≥			≤				
06Cr13Al	0Cr13Al	170	415	20	179	88	200	180°	d = 2a
022Cr11Ti	—	275	415	20	197	92	200	180°	d = 2a
022Cr11NbTi	—	275	415	20	197	92	200	180°	d = 2a
10Cr17	1Cr17	205	450	22	183	89	200	180°	d = 2a
16Cr25N	2Cr25N	275	510	20	201	95	210	135°	—

3. 经退火处理的马氏体型耐热钢钢板和钢带的力学性能 （表 6-48）

表 6-48　经退火处理的马氏体型耐热钢钢板和钢带的力学性能 （GB/T 4238—2007）

新 牌 号	旧 牌 号	规定塑性延伸强度 $R_{p0.2}$/MPa	抗拉强度 R_m/MPa	断后伸长率 A(%)	硬　度			弯曲性能	
					HBW	HRB	HV	弯曲角度	d—弯心直径 a—钢板厚度
		≥			≤				
12Cr12	1Cr12	205	485	25	217	88	210	180°	d = 2a
12Cr13	1Cr13	—	690	15	217	96	210	—	—
22Cr12NiMoWV	2Cr12NiMoWV	275	510	20	200	95	210	—	a≥3mm, d = a

4. 经固溶处理的沉淀硬化型耐热钢钢板和钢带的力学性能（表6-49）

表 6-49　经固溶处理的沉淀硬化型耐热钢钢板和钢带的力学性能（GB/T 4238—2007）

新牌号	旧牌号	钢材厚度 /mm	规定塑性延伸强度 $R_{p0.2}$/MPa	抗拉强度 R_m/MPa	断后伸长率 A(%)	硬度 HRC	硬度 HBW
022Cr12Ni9Cu2NbTi	—	0.30 ~ 100	≤1105	≤1205	≥3	≤36	≤331
05Cr17Ni4Cu4Nb	0Cr17Ni4Cu4Nb	0.4 ~ <100	≤1105	≤1255	≥3	≤38	≤363
07Cr17Ni7Al	0Cr17Ni7Al	0.1 ~ <0.3	≤450	≤1035	—	—	—
		0.3 ~ 100	≤380	≤1035	≥20	≤92[②]	—
07Cr15Ni7Mo2Al	—	0.10 ~ 100	≤450	≤1035	≥25	≤100[②]	—
066Cr17Ni7AlTi	—	0.10 ~ <0.80	≤515	≤825	≥3	≤32	—
		0.80 ~ <1.50	≤515	≤825	≥4	≤32	—
		1.50 ~ 100	≤515	≤825	≥5	≤32	—
06Cr15Ni25Ti2MoAlVB[①]	0Cr15Ni25Ti2MoAlVB	≥2	—	≥725	≥25	≤91[②]	≤192
		≥2	≥590	≥900	≥15	≤101[②]	≤248

①　为时效处理后的力学性能。
②　为 HRB 硬度值。

5. 经沉淀硬化处理的耐热钢钢板和钢带的力学性能（表6-50）

表 6-50　经沉淀硬化处理的耐热钢钢板和钢带的力学性能（GB/T 4238—2007）

牌号	钢材厚度 /mm	热处理温度 /℃	规定塑性延伸强度 $R_{p0.2}$/MPa ≥	抗拉强度 R_m/MPa ≥	断后伸长率 A[①] (%) ≥	硬度 HRC	硬度 HBW
022Cr12Ni9Cu2NbTi	0.10 ~ <0.75	510 ±10 或 480 ±6	1410	1525	—	≥44	—
	0.75 ~ <1.50		1410	1525	3	≥44	—
	1.50 ~ 16		1410	1525	4	≥44	—
05Cr17Ni4Cu4Nb	0.1 ~ <5.0	482 ±10	1170	1310	5	40 ~ 48	—
	5.0 ~ <16		1170	1310	8	40 ~ 48	388 ~ 477
	16 ~ 100		1170	1310	10	40 ~ 48	388 ~ 477
	0.1 ~ <5.0	496 ±10	1070	1170	5	38 ~ 46	—
	5.0 ~ <16		1070	1170	8	38 ~ 47	375 ~ 477
	16 ~ 100		1070	1170	10	38 ~ 47	375 ~ 477
	0.1 ~ <5.0	552 ±10	1000	1070	5	35 ~ 43	—
	5.0 ~ <16		1000	1070	8	33 ~ 42	321 ~ 415
	16 ~ 100		1000	1070	12	33 ~ 42	321 ~ 415
	0.1 ~ <5.0	579 ±10	860	1000	5	31 ~ 40	—
	5.0 ~ <16		860	1000	9	29 ~ 38	293 ~ 375
	16 ~ 100		860	1000	13	29 ~ 38	293 ~ 375
	0.1 ~ <5.0	593 ±10	790	965	5	31 ~ 40	—
	5.0 ~ <16		790	965	10	29 ~ 38	293 ~ 375
	16 ~ 100		790	965	14	29 ~ 38	293 ~ 375

（续）

牌　号	钢材厚度 /mm	热处理温度 /℃	规定塑性延伸强度 $R_{p0.2}$/MPa	抗拉强度 R_m/MPa	断后伸长率 A[①] （%）	硬　度	
			≥			HRC	HBW
05Cr17Ni4Cu4Nb	0.1 ~ <5.0	621 ± 10	725	930	8	28 ~ 38	—
	5.0 ~ <16		725	930	10	26 ~ 36	269 ~ 352
	16 ~ 100		725	930	16	26 ~ 36	269 ~ 352
	0.1 ~ <5.0	760 ± 10 621 ± 10	515	790	9	26 ~ 36	255 ~ 331
	5.0 ~ <16		515	790	11	24 ~ 34	248 ~ 321
	16 ~ 100		515	790	18	24 ~ 34	248 ~ 321
07Cr17Ni7Al	0.05 ~ <0.30	760 ± 15 加热后冷至 15 ± 3，再加热到 566 ± 6 后空冷	1035	1240	3	≥38	—
	0.30 ~ <5.0		1035	1240	5	≥38	—
	5.0 ~ 16		965	1170	7	≥38	≥352
	0.05 ~ <0.30	954 ± 8 加热后冷至 −73 ± 6，再加热到 510 ± 6 后空冷	1310	1450	1	≥44	—
	0.30 ~ <5.0		1310	1450	3	≥44	—
	5.0 ~ 16		1240	1380	6	≥43	≥401
07Cr15Ni7Mo2Al	0.05 ~ <0.30	760 ± 15 加热后冷至 15 ± 3，再加热到 566 ± 6 后空冷	1170	1310	3	≥40	—
	0.30 ~ <5.0		1170	1310	5	≥40	—
	5.0 ~ 16		1170	1310	4	≥40	≥375
	0.05 ~ <0.30	954 ± 8 加热后冷至 −73 ± 6，再加热到 510 ± 6 后空冷	1380	1550	2	≥46	—
	0.30 ~ <5.0		1380	1550	4	≥46	—
	5.0 ~ 16		1380	1550	4	≥45	≥429
06Cr17Ni7AlTi	0.10 ~ <0.80	510 ± 8	1170	1310	3	≥39	—
	0.80 ~ <1.50		1170	1310	4	≥39	—
	1.50 ~ 16		1170	1310	5	≥39	—
	0.10 ~ <0.75	538 ± 8	1105	1240	3	≥37	—
	0.75 ~ <1.50		1105	1240	4	≥37	—
	1.50 ~ 16		1105	1240	5	≥37	—
	0.10 ~ <0.75	566 ± 8	1035	1170	3	≥35	—
	0.75 ~ <1.50		1035	1170	4	≥35	—
	1.50 ~ 16		1035	1170	5	≥35	—
06Cr15Ni25Ti2MoAlVB	2.0 ~ <8.0	700 ~ 760	590	900	15	≥101	≥248

注：表中所列为推荐性热处理温度，供方应向需方提供推荐性热处理制度。

①　适用于沿宽度方向的试验，垂直于轧制方向且平行于钢板表面。

6.5　钢管

6.5.1　不锈钢极薄壁无缝钢管

1. 不锈钢极薄壁无缝钢管的外径及壁厚（表6-51）

表 6-51 不锈钢极薄壁无缝钢管的外径及壁厚（GB/T 3089—2008）（单位：mm）

公称外径	公称壁厚	公称外径	公称壁厚	公称外径	公称壁厚	公称外径	公称壁厚	公称外径	公称壁厚
10.3	0.15	12.4	0.20	15.4	0.20	18.4	0.20	20.4	0.20
24.4	0.20	26.4	0.20	32.4	0.20	35.0	0.50	40.4	0.20
40.6	0.30	41.0	0.50	41.2	0.60	48.0	0.25	50.5	0.25
53.2	0.60	55.0	0.50	59.6	0.30	60.0	0.25	60.0	0.50
61.0	0.35	61.0	0.50	61.2	0.60	67.6	0.30	67.8	0.40
70.2	0.60	74.0	0.50	75.5	0.25	75.6	0.30	82.8	0.40
83.0	0.50	89.6	0.30	89.8	0.40	90.2	0.40	90.5	0.25
90.6	0.30	90.8	0.40	95.0	0.30	101.0	0.50	102.6	0.30
110.9	0.45	125.7	0.35	150.8	0.40	250.8	0.40		

2. 不锈钢极薄壁无缝钢管的力学性能（表 6-52）

表 6-52 不锈钢极薄壁无缝钢管的力学性能（GB/T 3089—2008）

新牌号	旧牌号	抗拉强度 R_m/MPa	断后伸长率 A(%)
		≥	
06Cr19Ni10	0Cr18Ni9	520	35
022Cr19Ni10	00Cr19Ni10	440	40
022Cr17Ni12Mo2	00Cr17Ni14Mo2	480	40
06Cr17Ni12Mo2Ti	0Cr18Ni12Mo3Ti	540	35
06Cr18Ni11Ti	0Cr18Ni10Ti	520	40

6.5.2 不锈钢小直径无缝钢管

1. 不锈钢小直径无缝钢管的外径和壁厚（表 6-53）

表 6-53 不锈钢小直径无缝钢管的外径和壁厚（GB/T 3090—2000）

外径 /mm	壁厚/mm														
	0.10	0.15	0.20	0.25	0.30	0.35	0.40	0.45	0.50	0.55	0.60	0.70	0.80	0.90	1.00
0.30	×														
0.35	×														
0.40	×	×													
0.45	×	×													
0.50	×	×													
0.55	×	×													
0.60	×	×	×												
0.70	×	×	×	×											
0.80	×	×	×	×											
0.90	×	×	×	×	×										
1.00	×	×	×	×	×	×									
1.20	×	×	×	×	×	×	×	×							
1.60	×	×	×	×	×	×	×	×	×	×					
2.00	×	×	×	×	×	×	×	×	×	×	×				

（续）

外径 /mm	壁厚/mm														
	0.10	0.15	0.20	0.25	0.30	0.35	0.40	0.45	0.50	0.55	0.60	0.70	0.80	0.90	1.00
2.20	×	×	×	×	×	×	×	×	×	×	×	×	×		
2.50	×	×	×	×	×	×	×	×	×	×	×	×	×	×	
2.80	×	×	×	×	×	×	×	×	×	×	×	×	×	×	×
3.00	×	×	×	×	×	×	×	×	×	×	×	×	×	×	×
3.20	×	×	×	×	×	×	×	×	×	×	×	×	×	×	×
3.40	×	×	×	×	×	×	×	×	×	×	×	×	×	×	×
3.60	×	×	×	×	×	×	×	×	×	×	×	×	×	×	×
3.80	×	×	×	×	×	×	×	×	×	×	×	×	×	×	×
4.00	×	×	×	×	×	×	×	×	×	×	×	×	×	×	×
4.20	×	×	×	×	×	×	×	×	×	×	×	×	×	×	×
4.50	×	×	×	×	×	×	×	×	×	×	×	×	×	×	×
4.80	×	×	×	×	×	×	×	×	×	×	×	×	×	×	×
5.00	×			×	×	×	×	×	×	×	×	×	×	×	×
5.50		×	×	×	×	×	×	×	×	×	×	×	×	×	×
6.00		×	×	×	×	×		×			×				

注："×"表示有此规格。

2. 不锈钢小直径无缝钢管的力学性能（表 6-54）

表 6-54　不锈钢小直径无缝钢管的力学性能（GB/T 3090—2000）

牌　号	推荐热处理制度	抗拉强度 R_m/MPa	断后伸长率 A(%)	密度 ρ /(kg/dm³)
		≥		
0Cr18Ni9 (06Cr19Ni10)	1010～1150℃,急冷	520	35	7.93
00Cr19Ni10 (022Cr19Ni10)	1010～1150℃,急冷	480	35	7.93
0Cr18Ni10Ti (06Cr18Ni11Ti)	920～1150℃,急冷	520	35	7.95
0Cr17Ni12Mo2 (06Cr17Ni12Mo2)	1010～1150℃,急冷	520	35	7.90
00Cr17Ni14Mo2 (022Cr17Ni14Mo2)	1010～1150℃,急冷	480	35	7.98
1Cr18Ni9Ti	1000～1100℃,急冷	520	35	7.90

注：1. 对于外径小于 3.2mm，或壁厚小于 0.30mm 的较小直径和较薄壁厚的钢管断后伸长率不小于 25%。

　　2. 括号内牌号为 GB/T 20878—2007 中的牌号。

6.5.3　结构用不锈钢无缝钢管

1. 结构用不锈钢无缝钢管的外径、壁厚及允许偏差（表 6-55）

表6-55　结构用不锈钢无缝钢管的外径、壁厚及允许偏差（GB/T 14975—2012）

（单位：mm）

热轧（挤、扩）钢管			冷拔（轧）钢管		
尺　寸	允　许　偏　差		尺　寸	允　许　偏　差	
	普通级 PA	高级 PC		普通级 PA	高级 PC
公称外径 D　<76.1	±1.25%D	±0.60	公称外径 D　<12.7	±0.30	±0.10
76.1～<139.7		±0.80	12.7～<38.1	±0.30	±0.15
139.7～<273.1		±1.20	38.1～<88.9	±0.40	±0.30
			88.9～<139.7		±0.40
273.1～<323.9	±1.5%D	±1.60	139.7～<203.2	±0.9%D	±0.80
			203.2～<219.1		±1.10
≥323.9		±0.6%D	219.1～<323.9		±1.60
			≥323.9		±0.5%D
公称壁厚 t　所有壁厚	+15%t −12.5%t	±12.5%t	公称壁厚 t　所有壁厚	+12.5%t −10%t	±10%t

2. 结构用不锈钢无缝钢管的力学性能（表6-56）

表6-56　结构用不锈钢无缝钢管的力学性能（GB/T 14975—2012）

组织类型	牌　号	推荐热处理工艺	抗拉强度 R_m/MPa	规定塑性延伸强度 $R_{p0.2}$/MPa	断后伸长率 A(%)	硬度 HBW/HV/HRB
			≥			≤
奥氏体型	12Cr18Ni9	1010～1150℃,水冷或其他方式快冷	520	205	35	192/200/90
	06Cr19Ni10	1010～1150℃,水冷或其他方式快冷	520	205	35	192/200/90
	022Cr19Ni10	1010～1150℃,水冷或其他方式快冷	480	175	35	192/200/90
	06Cr19Ni10N	1010～1150℃,水冷或其他方式快冷	550	275	35	192/200/90
	06Cr19Ni9NbN	1010～1150℃,水冷或其他方式快冷	685	345	35	—
	022Cr19Ni10N	1010～1150℃,水冷或其他方式快冷	550	245	40	192/200/90
	06Cr23Ni13	1030～1150℃,水冷或其他方式快冷	520	205	40	192/200/90
	06Cr25Ni20	1030～1180℃,水冷或其他方式快冷	520	205	40	192/200/90
	015Cr20Ni18Mo6CuN	≥1150℃,水冷或其他方式快冷	655	310	35	220/230/96
	06Cr17Ni12Mo2	1010～1150℃,水冷或其他方式快冷	520	205	35	192/200/90
	022Cr17Ni12Mo2	1010～1150℃,水冷或其他方式快冷	480	175	35	192/200/90
	07Cr17Ni12Mo2	≥1040℃,水冷或其他方式快冷	515	205	35	192/200/90
	06Cr17Ni12Mo2Ti	1000～1100℃,水冷或其他方式快冷	530	205	35	192/200/90
	022Cr17Ni12Mo2TN	1010～1150℃,水冷或其他方式快冷	550	245	40	192/200/90
	06Cr17Ni12Mo2N	1010～1150℃,水冷或其他方式快冷	550	275	35	192/200/90
	06Cr18Ni12Mo2Cu2	1010～1150℃,水冷或其他方式快冷	520	205	35	—

（续）

组织类型	牌　号	推荐热处理工艺	抗拉强度 R_m/MPa	规定塑性延伸强度 $R_{p0.2}$/MPa	断后伸长率 A(%)	硬度 HBW/HV/HRB
			≥			≤
奥氏体型	022Cr18Ni14Mo2Cu2	1010~1150℃,水冷或其他方式快冷	480	180	35	—
	015Cr21Ni26Mo5Cu2	≥1100℃,水冷或其他方式快冷	490	215	35	192/200/90
	06Cr19Ni13Mo3	1010~1150℃,水冷或其他方式快冷	520	205	35	192/200/90
	022Cr19Ni13Mo3	1010~1150℃,水冷或其他方式快冷	480	175	35	192/200/90
	06Cr18Ni11Ti	920~1150℃,水冷或其他方式快冷	520	205	35	192/200/90
	07Cr19Ni11Ti	冷拔(轧)≥1100℃,热轧(挤、扩)≥1050℃,水冷或其他方式快冷	520	205	35	192/200/90
	06Cr18Ni11Nb	980~1150℃,水冷或其他方式快冷	520	205	35	192/200/90
	07Cr18Ni11Nb	冷拔(轧)≥1100℃,热轧(挤、扩)≥1050℃,水冷或其他方式快冷	520	205	35	192/200/90
	16Cr25Ni20Si2	1030~1180℃,水冷或其他方式快冷	520	205	40	192/200/90
铁素体型	06Cr13Al	780~830℃,空冷或缓冷	415	205	20	207HBW/95HRB
	10Cr15	780~850℃,空冷或缓冷	415	240	20	190HBW/90HRB
	10Cr17	780~850℃,空冷或缓冷	410	245	20	190HBW/90HRB
	022Cr18Ti	780~950℃,空冷或缓冷	415	205	20	190HBW/90HRB
	019Cr19Mo2NbTi	800~1050℃,空冷	415	275	20	217/230/96
马氏体型	06Cr13	800~900℃,缓冷或750℃空冷	370	180	22	—
	12Cr13	800~900℃,缓冷或750℃空冷	410	205	20	207HBW/95HRB
	20Cr13	800~900℃,缓冷或750℃空冷	470	215	19	—

6.5.4　流体输送用不锈钢无缝钢管

流体输送用不锈钢无缝钢管的力学性能如表6-57所示。

表6-57　流体输送用不锈钢无缝钢管的力学性能（GB/T 14976—2012）

组织类型	牌　号	推荐热处理工艺	抗拉强度 R_m/MPa	规定塑性延伸强度 $R_{p0.2}$/MPa	断后伸长率 A(%)
			≥		
奥氏体型	12Cr18Ni9	1010~1150℃,水冷或其他方式快冷	520	205	35
	06Cr19Ni10	1010~1150℃,水冷或其他方式快冷	520	205	35
	022Cr19Ni10	1010~1150℃,水冷或其他方式快冷	480	175	35
	06Cr19Ni10N	1010~1150℃,水冷或其他方式快冷	550	275	35
	06Cr19Ni9NbN	1010~1150℃,水冷或其他方式快冷	685	345	35
	022Cr19Ni10N	1010~1150℃,水冷或其他方式快冷	550	245	40
	06Cr23Ni13	1030~1150℃,水冷或其他方式快冷	520	205	40

（续）

组织 类型	牌　号	推荐热处理工艺	抗拉强度 R_m/MPa	规定塑性延伸 强度 $R_{p0.2}$/MPa	断后伸长率 A(%)
			≥		
奥氏 体型	06Cr25Ni20	1030～1180℃，水冷或其他方式快冷	520	205	40
	06Cr17Ni12Mo2	1010～1150℃，水冷或其他方式快冷	520	205	35
	022Cr17Ni12Mo2	1010～1150℃，水冷或其他方式快冷	480	175	35
	07Cr17Ni12Mo2	≥1040℃，水冷或其他方式快冷	515	205	35
	06Cr17Ni12Mo2Ti	1000～1100℃，水冷或其他方式快冷	530	205	35
	06Cr17Ni12Mo2N	1010～1150℃，水冷或其他方式快冷	550	275	35
	022Cr17Ni12Mo2N	1010～1150℃，水冷或其他方式快冷	550	245	40
	06Cr18Ni12Mo2Cu2	1010～1150℃，水冷或其他方式快冷	520	205	35
	022Cr18Ni14Mo2Cu2	1010～1150℃，水冷或其他方式快冷	480	180	35
	06Cr19Ni13Mo3	1010～1150℃，水冷或其他方式快冷	520	205	35
	022Cr19Ni13Mo3	1010～1150℃，水冷或其他方式快冷	480	175	35
	06Cr18Ni11Ti	920～1150℃，水冷或其他方式快冷	520	205	35
	07Cr19Ni11Ti	冷拔(轧)≥1100℃，热轧(挤、扩)≥ 1050℃，水冷或其他方式快冷	520	205	35
	06Cr18Ni11Nb	980～1150℃，水冷或其他方式快冷	520	205	35
	07Cr18Ni11Nb	冷拔(轧)≥1100℃，热轧(挤、扩)≥ 1050℃，水冷或其他方式快冷	520	205	35
铁素 体型	06Cr13Al	780～830℃，空冷或缓冷	415	205	20
	10Cr15	780～850℃，空冷或缓冷	415	240	20
	10Cr17	780～850℃，空冷或缓冷	415	240	20
	022Cr18Ti	780～950℃，空冷或缓冷	415	205	20
	019Cr19Mo2NbTi	800～1050℃空冷	415	275	20
马氏 体型	06Cr13	800～900℃，缓冷或750℃空冷	370	180	22
	12Cr13	800～900℃，缓冷或750℃空冷	415	205	20

6.5.5　锅炉和热交换器用不锈钢无缝钢管

锅炉和热交换器用不锈钢无缝钢管的力学性能如表 6-58 所示。

表 6-58　锅炉和热交换器用不锈钢无缝钢管的力学性能（GB 13296—2007）

组织 类型	序 号	牌　号	推荐热处理工艺	抗拉强度 R_m[①]/MPa	规定塑性延伸 强度 $R_{p0.2}$/MPa	断后伸长 率 A(%)
				≥		
奥氏 体型	1	0Cr18Ni9(06Cr19Ni10)	1010～1150℃	520	205	35
	2	1Cr18Ni9(12Cr18Ni9)	1010～1150℃　急冷	520	205	35
	3	1Cr19Ni9	1010～1150℃	520	205	35

（续）

组织类型	序号	牌　号	推荐热处理工艺		抗拉强度 R_m[1]/MPa	规定塑性延伸强度 $R_{p0.2}$/MPa	断后伸长率 $A(\%)$
					≥		
奥氏体型	4	00Cr19Ni10（022Cr19Ni10）	1010～1150℃		480	175	35
	5	0Cr18Ni10Ti（06Cr18Ni11Ti）	920～1150℃		520	205	35
	6	1Cr18Ni11Ti（07Cr19Ni11Ti）	冷轧≥1095℃ 热轧≥1050℃		520	205	35
	7	0Cr18Ni11Nb（06Cr18Ni11Nb）	980～1150℃		520	205	35
	8	1Cr19Ni11Nb（07Cr18Ni11Nb）	冷轧≥1095℃ 热轧≥1050℃		520	205	35
	9	0Cr17Ni12Mo2（06Cr17Ni12Mo2）	1010～1150℃		520	205	35
	10	1Cr17Ni12Mo2（07Cr17Ni12Mo2）	≥1040℃		520	205	35
	11	00Cr17Ni14Mo2（022Cr17Ni12Mo2）	1010～1150℃		480	175	40
	12	0Cr18Ni12Mo2Ti	1000～1100℃		530	205	35
	13	1Cr18Ni12Mo2Ti	1000～1100℃		540	215	35
	14	0Cr18Ni12Mo3Ti（06Cr17Ni12Mo2Ti）	1000～1100℃	急冷	530	205	35
	15	1Cr18Ni12Mo3Ti	1000～1100℃		540	215	35
	16	1Cr18Ni9Ti	920～1150℃		520	205	40
	17	0Cr19Ni13Mo3（06Cr19Ni13Mo3）	1010～1150℃		520	205	35
	18	00Cr19Ni13Mo3（022Cr19Ni13Mo3）	1010～1150℃		480	175	35
	19	00Cr18Ni10N（022Cr19Ni10N）	1010～1150℃		515	205	35
	20	0Cr19Ni9N（06Cr19Ni10N）	1010～1150℃		550	240	35
	21	0Cr23Ni13（06Cr23Ni13）	1030～1150℃		520	205	35
	22	2Cr23Ni13（16Cr23Ni13）	1030～1150℃		520	205	35
	23	0Cr25Ni20（06Cr25Ni20）	1030～1150℃		520	205	35
	24	2Cr25Ni20（20Cr25Ni20）	1030～1150℃		520	205	35
	25	0Cr18Ni13Si4（06Cr18Ni13Si4）	1010～1150℃		520	205	35
	26	00Cr17Ni13Mo2N（022Cr17Ni12Mo2N）	1010～1150℃		515	205	35
	27	0Cr17Ni12Mo2N（06Cr17Ni12Mo2N）	1010～1150℃		550	240	35
	28	0Cr18Ni12Mo2Cu2（06Cr18Ni12Mo2Cu2）	1010～1150℃		520	205	35
	29	00Cr18Ni14Mo2Cu2（022Cr18Ni14Mo2Cu2）	1010～1150℃		480	180	35
铁素体型	30	1Cr17（10Cr17）	780～850℃	空冷	410	245	20
	31	00Cr27Mo（008Cr27Mo）	900～1050℃	急冷	410	245	20

注：括号内牌号为 GB/T 20878—2007 中的牌号。

[1] 热挤压钢管的抗拉强度可降低 20MPa。

6.5.6 奥氏体-铁素体型双相不锈钢无缝钢管

1. 奥氏体-铁素体型双相不锈钢无缝钢管的尺寸及允许偏差（表6-59）

表6-59 奥氏体-铁素体型双相不锈钢无缝钢管的尺寸及允许偏差（GB/T 21833—2008）

制造方法	钢管的尺寸/mm			允许偏差/mm	
				普通级	高 级
热轧(热挤压)钢管	公称外径 D	≤51		±0.40	±0.30
		>51~219	$t≤35$	±0.75%D	±0.5%D
			$t>35$	±1%D	±0.57%D
		>219		±1%D	±0.57%D
	公称厚度 t	≤4.0		±0.45	±0.35
		>4.0~20		+12.5%t −10%t	±10%t
		>20	$D<219$	±10%t	±7.5%t
			$D≥219$	+12.5%t −10%t	±10%t
冷拔(轧)钢管	公称外径 D	12~30		±0.20	±0.15
		>30~50		±0.30	±0.25
		>50~89		±0.50	±0.40
		>89~140		±0.8%D	±0.7%D
		>140		±1%D	±0.9%D
	公称厚度 t	≤3		±14%D	+12%t −10%t
		>3		+12%t −10%t	±10%t

2. 奥氏体-铁素体型双相不锈钢无缝钢管的热处理工艺及力学性能（表6-60）

表6-60 奥氏体-铁素体型双相不锈钢无缝钢管的热处理工艺及力学性能（GB/T 21833—2008）

序号	牌 号	热处理工艺	抗拉强度 R_m/MPa	规定塑性延伸强度 $R_{p0.2}$/MPa	断后伸长率 A(%)	硬度[①]	
						HBW	HRC
			≥	≥	≥	≤	≤
1	022Cr19Ni5Mo8Si2	980~1040℃,急冷	630	440	30	290	30
2	022Cr22Ni5Mo3N	1020~1100℃,急冷	620	450	25	290	30
3	022Cr23Ni4MoCuN	925~1050℃,急冷($D≤25$mm)	690	450	25	—	—
		925~1050℃,急冷($D>25$mm)	600	420	25	290	30
4	022Cr23Ni5Mo3N	1020~1100℃,急冷	655	485	25	290	30

（续）

序号	牌　号	热处理工艺	抗拉强度 R_m/MPa	规定塑性延伸强度 $R_{p0.2}$/MPa	断后伸长率 A(%)	硬度[①] HBW	硬度[①] HRC
			≥	≥	≥	≤	≤
5	022Cr24Ni7Mo4CuN	1080~1120℃,急冷	770	550	25	310	—
6	022Cr25Ni6Mo2N	1050~1100℃,急冷	690	450	25	280	—
7	022Cr25Ni7Mo3WCuN	1020~1100℃,急冷	690	450	25	290	30
8	022Cr25Ni6Mo4N	1025~1125℃,急冷	800	550	15	300	32
9	03Cr25Ni6Mo3Cu2N	≥1040℃,急冷	760	550	15	297	31
10	022Cr25Ni7Mo4WCuN	1100~1140℃,急冷	750	550	25	300	—
11	06Cr26Ni4Mo2	925~955℃,急冷	620	485	20	271	28
12	12Cr21Ni5Ti	950~1100℃,急冷	590	345	20	—	—

① 未要求硬度的牌号，只提供实测数据，不作为交货条件。

6.5.7　机械结构用不锈钢焊接钢管

机械结构用不锈钢焊接钢管的力学性能如表 6-61 所示。

表 6-61　机械结构用不锈钢焊接钢管的力学性能（GB/T 12770—2012）

序号	牌　号	规定塑性延伸强度 $R_{p0.2}$/MPa	抗拉强度 R_m/MPa	断后伸长率 A(%) 热处理状态	断后伸长率 A(%) 非热处理状态
		≥	≥	≥	≥
1	12Cr18Ni9	210	520		
2	06Cr19Ni10	210	520		
3	022Cr19Ni10	180	480		
4	06Cr25Ni20	210	520		
5	06Cr17Ni12Mo2	210	520	35	25
6	022Cr17Ni12Mo2	180	480		
7	06Cr18Ni11Ti	210	520		
8	06Cr18Ni11Nb	210	520		
9	022Cr22Ni5Mo3N	450	620	25	—
10	022Cr23Ni5Mo3N	485	655	25	—
11	022Cr25Ni7Mo4N	550	800	15	—
12	022Cr18Ti	180	360		
13	019Cr19Mo2NbTi	240	410	20	—
14	06Cr13Al	177	410		
15	022Cr11Ti	275	400	18	—
16	022Cr12Ni	275	400	18	—
17	06Cr13	210	410	20	

6.5.8　流体输送用不锈钢焊接钢管

1. 流体输送用不锈钢焊接钢管的外径及允许偏差（表6-62）

表 6-62　流体输送用不锈钢焊接钢管的外径及允许偏差（GB/T 12771—2008）

（单位：mm）

类　别	外径 D	允许偏差	
		较高级（A）	普通级（B）
焊接状态	全部尺寸	±0.5%D 或 ±0.20,两者取较大值	±0.75%D 或 ±0.30,两者取较大值
热处理状态	<40	±0.20	±0.30
	40 ~ <65	±0.30	±0.40
	65 ~ <90	±0.40	±0.50
	90 ~ <168.3	±0.80	±1.00
	168.3 ~ <325	±0.75%D	±1.0%D
	325 ~ <610	±0.6%D	±1.0%D
	≥610	±0.6%D	±0.7%D 或 ±10,两者取较小值
冷拔(轧)状态、磨(抛)光状态	<40	±0.15	±0.20
	40 ~ <60	±0.20	±0.30
	60 ~ <100	±0.30	±0.40
	100 ~ <200	±0.4%D	±0.5%D
	≥200	±0.5%D	±0.75%D

2. 流体输送用不锈钢焊接钢管的力学性能（表6-63）

表 6-63　流体输送用不锈钢焊接钢管力学性能（GB/T 12771—2008）

序号	新牌号	旧牌号	规定塑性延伸强度 $R_{p0.2}$/MPa	抗拉强度 R_m/MPa	断后伸长率 A(%)	
					热处理状态	非热处理状态
					≥	
1	12Cr18Ni9	1Cr18Ni9	210	520	35	25
2	06Cr19Ni10	0Cr18Ni9	210	520		
3	022Cr19Ni10	00Cr19Ni10	180	480		
4	06Cr25Ni20	0Cr25Ni20	210	520		
5	06Cr17Ni12Mo2	0Cr17Ni12Mo2	210	520		
6	022Cr17Ni12Mo2	00Cr17Ni14Mo2	180	480		
7	06Cr18Ni11Ti	0Cr18Ni10Ti	210	520		
8	06Cr18Ni11Nb	0Cr18Ni11Nb	210	520		
9	022Cr18Ti	00Cr17	180	360		
10	019Cr19Mo2NbTi	00Cr18Mo2	240	410	20	—
11	06Cr13Al	0Cr13Al	177	410		
12	022Cr11Ti	—	275	400	18	—
13	022Cr12Ni	—	275	400	18	—
14	06Cr13	0Cr13	210	410	20	

6.5.9　建筑装饰用不锈钢焊接管

1. 建筑装饰用不锈钢焊接管的分类及代号（表6-64）

表6-64　建筑装饰用不锈钢焊接管的分类及代号（JG/T 3030—1995）

类　别	状　态	代　号
1	焊接状态	H
2	磨（抛）光状态	M
3	热处理状态	R

2. 建筑装饰用不锈钢焊接管的截面形状代号（表6-65）

表6-65　建筑装饰用不锈钢焊接管材的截面形状代号（JG/T 3030—1995）

截面形状	圆　管	方　管	矩形管	其他管
代　号	D	F	J	T

3. 建筑装饰用不锈钢焊接圆管的外径和壁厚（表6-66）

表6-66　建筑装饰用不锈钢焊接圆管的外径和壁厚（JG/T 3030—1995）

外径/mm	壁厚/mm															
	0.4	0.5	0.6	0.7	0.8	0.9	1.0	1.2	1.4	1.5	1.8	2.0	2.2	2.5	2.8	3.0
6	○	○	○													
7	○	○	○	○	○											
8	○	○	○	○	○											
9	○	○	○	○	○											
(9.53)	○	○	○	○	○	○	○									
10	○	○	○	○	○	○	○									
11	○	○	○	○	○	○	○	○								
12	○	○	○	○	○	○	○									
(12.7)	○	○	○	○	○	○	○									
13	○	○	○	○	○	○	○									
14	○	○	○	○	○	○	○									
15	○	○	○	○	○	○	○	○	○	○						
(15.9)		○	○	○	○	○	○	○	○	○						
16		○	○	○	○	○	○	○	○	○						
17		○	○	○	○	○	○	○	○	○						
18		○	○	○	○	○	○	○	○	○	○					
19		○	○	○	○	○	○	○	○	○						
20		○	○	○	○	○	○	○	○	○						
21			○	○	○	○	○	○	○	○	○	○				
22			○	○	○	○	○	○	○	○	○	○				
24			○	○	○	○	○	○	○	○	○	○				
25			○	○	○	○	○	○	○	○	○	○	○			
(25.4)			○	○	○	○	○	○	○	○	○	○	○			
26				○	○	○	○	○	○	○	○	○	○			
28				○	○	○	○	○	○	○	○	○				
30						○	○	○	○	○	○	○				

（续）

外径/mm	壁厚/mm															
	0.4	0.5	0.6	0.7	0.8	0.9	1.0	1.2	1.4	1.5	1.8	2.0	2.2	2.5	2.8	3.0
(31.8)					○	○	○	○	○	○	○	○	○	○		
32					○	○	○	○	○	○	○	○	○	○		
36					○	○	○	○	○	○	○	○	○	○	○	○
(38.1)					○	○	○	○	○	○	○	○	○	○	○	○
40				○	○	○	○	○	○	○	○	○	○	○	○	○
45						○	○	○	○	○	○	○	○	○	○	○
50						○	○	○	○	○	○	○	○	○	○	○
(50.8)						○	○	○	○	○	○	○	○	○	○	○
56						○	○	○	○	○	○	○	○	○	○	○
(57.1)						○	○	○	○	○	○	○	○	○	○	○
(60.3)						○	○	○	○	○	○	○	○	○	○	○
63							○	○	○	○	○	○	○	○	○	○
(63.5)							○	○	○	○	○	○	○	○	○	○
71								○	○	○	○	○	○	○	○	○
(76.2)								○	○	○	○	○	○	○	○	○
80								○	○	○	○	○	○	○	○	○
90								○	○	○	○	○	○	○	○	○
100								○	○	○	○	○	○	○	○	○
(101.6)									○	○	○	○	○	○	○	○
(108)											○	○	○	○	○	○
110											○	○	○	○	○	○
(114.3)											○	○	○	○	○	○
125												○	○	○	○	○
(140)												○	○	○	○	○
160											○	○	○	○	○	○

注：括号内尺寸不推荐使用。"○"表示有此规格。

4. 建筑装饰用不锈钢焊接方管的边长和壁厚（表6-67）

表6-67　建筑装饰用不锈钢焊接方管的边长和壁厚（JG/T 3030—1995）

	边长/mm	壁厚/mm															
		0.4	0.5	0.6	0.7	0.8	0.9	1.0	1.2	1.4	1.5	1.8	2.0	2.2	2.5	2.8	3.0
方管	10	○	○	○	○	○	○	○	○								
	(12.7)		○	○	○	○	○	○	○	○	○						
	(15.9)		○	○	○	○	○	○	○	○	○	○	○	○			
	16			○	○	○	○	○	○	○	○	○	○	○			
	20				○	○	○	○	○	○	○	○	○	○			
	25					○	○	○	○	○	○	○	○	○	○		
	(25.4)					○	○	○	○	○	○	○	○	○	○		
	30					○	○	○	○	○	○	○	○	○	○	○	○
	(31.8)					○	○	○	○	○	○	○	○	○	○	○	○
	(38.1)						○	○	○	○	○	○	○	○	○	○	○
	40						○	○	○	○	○	○	○	○	○	○	○

（续）

边长/mm		壁厚/mm															
		0.4	0.5	0.6	0.7	0.8	0.9	1.0	1.2	1.4	1.5	1.8	2.0	2.2	2.5	2.8	3.0
方管	50							○	○	○	○	○	○	○	○	○	○
	60								○	○	○	○	○	○	○	○	○
	70								○	○	○	○	○	○	○	○	○
	80									○	○	○	○	○	○	○	○
	90									○	○	○	○	○	○	○	○
	100											○	○	○	○	○	○
矩形管	20×10		○	○	○	○	○	○	○	○	○						
	25×13			○	○	○	○	○	○	○	○						
	(31.8×15.0)					○	○	○	○	○	○	○	○	○	○	○	○
	(38.1×25.4)					○	○	○	○	○	○	○	○	○	○	○	○
	40×20						○	○	○	○	○	○	○	○	○	○	○
	50×25						○	○	○	○	○	○	○	○	○	○	○
	60×30								○	○	○	○	○	○	○	○	○
	70×30								○	○	○	○	○	○	○	○	○
	75×45										○	○	○	○	○	○	○
	80×45										○	○	○	○	○	○	○
	90×25								○	○	○	○	○	○	○	○	○
	90×45										○	○	○	○	○	○	○
	100×25								○	○	○	○	○	○	○	○	○
	100×45									○	○	○	○	○	○	○	○

注：括号内尺寸不推荐使用。"○"表示有此规格。

5. 建筑装饰用不锈钢焊接管材的力学性能（表6-68）

表6-68　建筑装饰用不锈钢焊接管材的力学性能（JG/T 3030—1995）

牌　　号		焊后经热处理			焊接态		
		抗拉强度 R_m/MPa ≥	规定塑性延伸强度 $R_{p0.2}$/MPa ≥	断后伸长率 A(%) ≥	抗拉强度 R_m/MPa ≥	规定塑性延伸强度 $R_{p0.2}$/MPa ≥	断后伸长率 A(%) ≥
奥氏体型	00Cr19Ni10（022Cr19Ni10）	480	180	35	480	180	25
	00Cr17Ni14Mo						
	0Cr18Ni9（06Cr19Ni10）	520	210		520	210	
	1Cr18Ni9（12Cr18Ni9）						
	1Cr18Ni9Ti						
	0Cr17Ni12Mo2（06Cr17Ni12Mo2）						
铁素体型	1Cr17（10Cr17）	410	210	20	按双方协议		

注：括号内牌号为 GB/T 20878—2007 中的牌号。

6. 建筑装饰用不锈钢焊接管材的理论重量计算公式（表 6-69）

表 6-69　建筑装饰用不锈钢焊接管材的理论重量计算公式（JG/T 3030—1995）

牌　　号	基本重量/kg	管材外形	理论重量计算公式/(kg/m)
0Cr17Ni12Mo2　（06Cr17Ni12Mo2）、00Cr17Ni14Mo2（022Cr17Ni12Mo2）	7.98	圆管	$m = 0.02507S(D - t)$
		方、矩形管	$m = 0.01596[t(A + B - 2t) - 0.11]$
0Cr18Ni9　（06Cr19Ni10）、00Cr19Ni10（022Cr19Ni10）、1Cr18Ni9（12Cr18Ni9）、1Cr18Ni9Ti	7.93	圆管	$m = 0.02491t(D - t)$
		方、矩形管	$m = 0.01586[t(A + B - 2t) - 0.11]$
1Cr17（10Cr17）	7.7	圆管	$m = 0.02419t(D - t)$
		方、矩形管	$m = 0.01540[t(A + B - 2t) - 0.11]$

注：1. 计算公式中：m 是理论重量（kg/m）；t 是实测壁厚（mm）；D 是公称外径（mm）；A、B 是方管或矩形管的公称边长（mm）。

　　2. 括号内牌号为 GB/T 20878—2007 中的牌号。

6.5.10　装饰用焊接不锈钢管

1. 装饰用焊接不锈钢圆管的规格（表 6-70）

表 6-70　装饰用焊接不锈钢圆管的规格（YB/T 5363—2006）

外径/mm	总壁厚/mm																		
	0.4	0.5	0.6	0.7	0.8	0.9	1.0	1.2	1.4	1.5	1.6	1.8	2.0	2.2	2.5	2.8	3.0	3.2	3.5
6	×	×	×																
8	×	×	×																
9	×	×	×	×	×														
10	×	×	×	×	×	×	×												
12		×	×	×	×	×	×	×	×	×	×								
(12.7)			×	×	×	×	×	×	×	×	×								
15			×	×	×	×	×	×	×	×	×								
16			×	×	×	×	×	×	×	×	×								
18			×	×	×	×	×	×	×	×	×								
19			×	×	×	×	×	×	×	×	×								
20			×	×	×	×	×	×	×	×	×	×	○						
22				×	×	×	×	×	×	×	×	×	○	○					
25				×	×	×	×	×	×	×	×	×	○						
28				×	×	×	×	×	×	×	×	×	○	○	○	○			
30				×	×	×	×	×	×	×	×	×	○	○	○				
(31.8)				×	×	×	×	×	×	×	×	×	○	○	○				
32				×	×	×	×	×	×	×	×	×	○	○	○				
38				×	×	×	×	×	×	×	×	×	○	○	○	○	○	○	○
40				×	×	×	×	×	×	×	×	×	○	○	○	○	○	○	○
45				×	×	×	×	×	×	×	×	×	○	○	○	○	○	○	○
48					×	×	×	×	×	×	×	×	○	○	○	○	○	○	○
51								×	×	×	×	×	○	○	○	○	○	○	○

（续）

外径/mm	总壁厚/mm																		
	0.4	0.5	0.6	0.7	0.8	0.9	1.0	1.2	1.4	1.5	1.6	1.8	2.0	2.2	2.5	2.8	3.0	3.2	3.5
56						×	×	×	×	×	×	×	○	○	○	○	○	○	○
57						×	×	×	×	×	×	×	○	○	○	○	○	○	○
(63.5)						×	×	×	×	×	×	×	○	○	○	○	○	○	○
65						×	×	×	×	×	×	×	○	○	○	○	○	○	○
70						×	×	×	×	×	×	×	○	○	○	○	○	○	○
76.2						×	×	×	×	×	×	×	○	○	○	○	○	○	○
80						×	×	×	×	×	×	×	○	○	○	○	○	○	○
83							×	×	×	×	×	×	○	○	○	○	○	○	○
89							×	×	×	×	×	×	○	○	○	○	○	○	○
95							×	×	×	×	×	×	○	○	○	○	○	○	○
(101.6)							×	×	×	×	×	×	○	○	○	○	○	○	○
102								×	×	×	×	×	○	○	○	○	○	○	○
108									×	×	×	×	○	○	○	○	○	○	○
114									×	×	×	×	○	○	○	○	○	○	○
127										×	×	×	○	○	○	○	○	○	○
133													○	○	○	○	○	○	○
140													○	○	○	○	○	○	○
159														○	○	○	○	○	○
168.3															○	○	○	○	○
180																	○	○	○
193.7																			○
219																			○

注：括号内尺寸不推荐使用。"×"表示采用冷轧板（带）制造；"○"表示采用冷轧板（带）或热轧板（带）制造。

2. 装饰用焊接不锈钢方管和矩形管的规格（表6-71）

表6-71　装饰用焊接不锈钢方管和矩形管的规格（YB/T 5363—2006）

（边长/mm）× （边长/mm）		总壁厚/mm																		
		0.4	0.5	0.6	0.7	0.8	0.9	1.0	1.2	1.4	1.5	1.6	1.8	2.0	2.2	2.5	2.8	3.0	3.2	3.5
方管	15×15	×	×	×	×	×	×	×	×											
	20×20		×	×	×	×	×	×	×	×	×	×	×	○						
	25×25			×	×	×	×	×	×	×	×	×	×	○	○	○				
	30×30					×	×	×	×	×	×	×	×	○	○	○				
	40×40					×	×	×	×	×	×	×	×	○	○	○				
	50×50						×	×	×	×	×	×	×	○	○	○				
	60×60								×	×	×	×	×	○	○	○				
	70×70									×	×	×	×	○	○	○				
	80×80											×	×	○	○	○	○	○		
	85×85											×	×	○	○	○	○	○		
	90×90												×	×	○	○	○	○	○	
	100×100													×	×	○	○	○	○	

（续）

（边长/mm）×	总壁厚/mm																		
（边长/mm）	0.4	0.5	0.6	0.7	0.8	0.9	1.0	1.2	1.4	1.5	1.6	1.8	2.0	2.2	2.5	2.8	3.0	3.2	3.5
方管 110×110												×	○	○	○	○	○		
方管 125×125												×	○	○	○	○	○		
方管 130×130													○	○	○	○	○		
方管 140×140														○	○	○	○		
方管 170×170															○	○	○	○	
矩形管 20×10		×	×	×	×	×	×	×	×										
矩形管 25×15			×	×	×	×	×	×	×	×									
矩形管 40×20				×	×	×	×	×	×	×	×								
矩形管 50×30					×	×	×	×	×	×	×	×							
矩形管 70×30							×	×	×	×	×	×	○						
矩形管 80×40							×	×	×	×	×	×	○						
矩形管 90×30							×	×	×	×	×	×	○	○					
矩形管 100×40								×	×	×	×	×	○						
矩形管 110×50									×	×	×	×	○						
矩形管 120×40									×	×	×	×	○						
矩形管 120×60										×	×	×	○	○	○				
矩形管 130×50										×	×	×	○	○					
矩形管 130×70											×	×	○	○					
矩形管 140×60										×	×	×	○	○					
矩形管 140×80												×	○	○	○				
矩形管 150×50												×	○	○	○	○			
矩形管 150×70												×	○	○	○	○			
矩形管 160×40												×	○	○	○				
矩形管 160×60													○	○	○				
矩形管 160×90													○	○	○				
矩形管 170×50													○	○	○				
矩形管 170×80													○	○	○				
矩形管 180×70													○	○	○				
矩形管 180×80													○	○	○				
矩形管 180×100													○	○	○				
矩形管 190×60													○	○	○				
矩形管 190×70														○	○	○			
矩形管 190×90														○	○	○			
矩形管 200×60														○	○	○			
矩形管 200×80														○	○	○	○		
矩形管 200×140														○	○	○			

注："×"表示采用冷轧板（带）制造；"○"表示采用冷轧板（带）或热轧板（带）制造。

3. 装饰用焊接不锈钢管的力学性能（表6-72）

表6-72　装饰用焊接不锈钢管的力学性能（YB/T 5363—2006）

牌　　号	推荐热处理工艺	下屈服强度 R_{eL}/MPa ≥	抗拉强度 R_m/MPa ≥	断后伸长率 A(%)　≥	硬度 HBW ≤
0Cr18Ni9（06Cr19Ni10）	1010～1150℃,急冷	205	520	35	187
1Cr18Ni9（12Cr18Ni9）	1010～1150℃,急冷	205	520	35	187

注：括号内牌号为 GB/T 20878—2007 中的牌号。

6.5.11　奥氏体-铁素体型双相不锈钢焊接钢管

1. 奥氏体-铁素体型双相不锈钢焊接钢管外径及壁厚的允许偏差（表6-73）

表6-73　奥氏体-铁素体型双相不锈钢焊接钢管外径及壁厚的允许偏差（GB/T 21832—2008）

序号	公称外径 D /mm	外径允许偏差/mm		厚度 t 允许偏差
		普通级	高　级	
1	≤38	±0.13	±0.40	±12.5% t
2	>38 ~ 89	±0.25	±0.50	
3	>89 ~ 159	±0.35	±0.80	±10% t 或 ±0.2mm 两者取较大值
4	>159 ~ 219.1	±0.75	±1.00	
5	>219.1	—	±0.75% D	

2. 奥氏体-铁素体型双相不锈钢焊接钢管的热处理工艺及力学性能（表6-74）

表6-74　奥氏体-铁素体型双相不锈钢焊接钢管的热处理工艺及力学性能（GB/T 21832—2008）

序号	牌　号	推荐热处理工艺	抗拉强度 R_m/MPa	规定塑性延伸强度 $R_{p0.2}$/MPa	断后伸长率 A(%)	硬度[①]	
						HBW	HRC
			≥			≤	
1	022Cr19Ni5Mo3Si2N	980 ~ 1040℃，急冷	630	440	30	290	30
2	022Cr22Ni5Mo3N	1020 ~ 1100℃，急冷	620	450	25	290	30
3	022Cr23Ni6Mo3N	1020 ~ 1100℃，急冷	655	485	25	290	30
4	022Cr23Ni4MoCuN	925 ~ 1050℃，急冷（D≤25mm）	690	450	25	—	—
		925 ~ 1050℃，急冷（D>25mm）	600	400	25	290	30
5	022Cr25Ni6Mo2N	1050 ~ 1100℃，急冷	690	450	25	280	—
6	022Cr25Ni7Mo3WCuN	1020 ~ 1100℃，急冷	690	450	25	290	30
7	03Cr25Ni6Mo3Cu2N	≥1040℃，急冷	760	550	15	297	31
8	022Cr25Ni7Mo4N	1025 ~ 1125℃，急冷	800	550	15	300	32
9	022Cr25Ni7Mo4WCuN	1100 ~ 1140℃，急冷	750	550	25	300	—

① 未要求硬度的牌号，只提供实测数据，不作为交货条件。

第7章 铝及铝合金

7.1 变形铝及铝合金

7.1.1 变形铝及铝合金的状态代号

根据 GB/T 16475—2008 的规定，铝及铝合金加工产品状态的基础状态代号有 F、O、H、W、T 五类，O、H、W 和 T 状态还有其细分状态代号。

1. 基础状态代号

F——自由加工状态。适用于在成形过程中，对于加工硬化和热处理条件下无特殊要求的产品，该状态产品对力学性能不作规定。

O——退火状态。适用于经完全退火后获得最低强度的产品状态。

H——加工硬化状态。适用于通过加工硬化提高强度的产品。

W——固溶处理状态。适用于经固溶处理后，在室温下自然时效的一种不稳定状态。该状态不作为产品交货状态，仅表示产品处于自然时效阶段。

T——不同于 F、O 或 H 状态的热处理状态。适用于固溶处理后，经过（或不经过）加工硬化达到稳定的状态。

2. O 状态的细分状态代号

O1——高温退火后慢速冷却状态。适用于超声波检验或尺寸稳定化前，将产品或试样加热至近似固溶处理规定的温度并进行保温（保温时间与固溶处理规定的保温时间相近），然后出炉置于空气中冷却的状态。该状态产品对力学性能不作规定，一般不作为产品的最终交货状态。

O2——热机械处理状态。适用于产品进行热机械处理前，将产品进行高温（可至固溶处理规定的温度）退火，以获得良好成形性的状态。

O3——均匀化状态。适用于连续铸造的拉线坯或铸带，为消除或减少偏析和利于后续加工变形，而进行的高温退火状态。

3. H 状态的细分状态代号

1）H 后面的第一位数字表示获得该状态的基本工艺，用数字 1~4 表示。

H1×——单纯加工硬化的状态。适用于未经附加热处理，只经加工硬化即可获得所需要强度的状态。

H2×——加工硬化后不完全退火的状态。适用于加工硬化程度超过成品规定要求后，经不完全退火，使强度降低到规定指标的产品。对于室温下自然时效软化的合金，H2×状态与对应的 H3×状态具有相同的最小极限抗拉强度值；对于其他合金，H2×状态与对应的 H1×状态具有相同的最小极限抗拉强度值，但伸长率比 H1×稍高。

H3×——加工硬化后稳定化处理的状态。适用于加工硬化后经低温热处理或由于加工过程中的受热作用致使其力学性能达到稳定的产品。H3×状态仅适用于在室温下时效（除非经稳定化处理）的合金。

H4×——加工硬化后涂漆（层）处理的状态。适用于加工硬化后，经涂漆（层）处理导致了不完全退火的产品。

2）H 后面第二位数字表示产品的最终加工硬化状态，用数字 1~9 来表示。

数字 8 表示硬状态。通常采用 O 状态的最小抗拉强度与表 7-1 规定的强度差值之和，来确定 H×8 状态的最小抗拉强度。

表 7-1　铝及铝合金加工产品 H×8 状态与 O 状态的最小抗拉强度差值

（GB/T 16475—2008）

O 状态的最小抗拉强度 /MPa	H×8 状态与 O 状态的最小抗拉强度差值/MPa	O 状态的最小抗拉强度 /MPa	H×8 状态与 O 状态的最小抗拉强度差值/MPa
≤40	55	165~200	100
45~60	65	205~240	105
65~80	75	245~280	110
85~100	85	285~320	115
105~120	90	≥325	120
125~160	95		

H×8 状态与 O 状态之间的状态如表 7-2 所示。

表 7-2　铝及铝合金加工产品 H×8 状态与 O 状态之间的状态（GB/T 16475—2008）

细分状态代号	最终加工硬化程度
H×1	最终抗拉强度极限值，为 O 状态与 H×2 状态的中间值
H×2	最终抗拉强度极限值，为 O 状态与 H×4 状态的中间值
H×3	最终抗拉强度极限值，为 H×2 状态与 H×4 状态的中间值
H×4	最终抗拉强度极限值，为 O 状态与 H×8 状态的中间值
H×5	最终抗拉强度极限值，为 H×4 状态与 H×6 状态的中间值
H×6	最终抗拉强度极限值，为 H×4 状态与 H×8 状态的中间值
H×7	最终抗拉强度极限值，为 H×6 状态与 H×8 状态的中间值

数字 9 为超硬状态，用 H×9 表示。H×9 状态的最小抗拉强度极限值，超过 H×8 状态至少 10MPa。

3）H 后面第三位数字或字母表示影响产品特性，但产品特性仍接近其两位数字状态（H112、H116、H321 状态除外）的特殊处理。

H×11——适用于最终退火后又进行了适量的加工硬化，但加工硬化程度又不及 H11 状态的产品。

H×12——适用于经热加工成形但不经冷加工而获得一些加工硬化的产品，该状态产品对力学性能有要求。

H116——适用于镁的质量分数不小于 3.0% 的 5××× 系合金制成的产品。这些产品最终经加工硬化后，具有稳定的拉伸性能和在快速腐蚀试验中具有合适的耐蚀性。腐蚀试验包括晶间腐蚀试验和剥落腐蚀试验。这种状态的产品适用于温度不大于 65℃ 的环境。

H××4——适用于 H×× 状态坯料制作花纹板或花纹带材的状态。这些花纹板或花纹带材的力学性能可能与带坯不同。

H32A——是对 H32 状态进行强度和弯曲性能改良的工艺改进状态。

4. T 状态的细分状态代号

1）T 后面的附加数字 1~10 表示基本处理状态，T1~T10 状态如表 7-3 所示。

表 7-3　铝及铝合金加工产品 T×细分状态代号说明与代号释义（GB/T 16475—2008）

状态代号	代 号 释 义
T1	高温成形 + 自然时效 适用于高温成形后冷却、自然时效，不再进行冷加工(或影响力学性能极限的矫平、矫直)的产品
T2	高温成形 + 冷加工 + 自然时效 适用于高温成形后冷却，进行冷加工(或影响力学性能极限的矫平、矫直)以提高强度，然后自然时效的产品
T3	固溶处理 + 冷加工 + 自然时效 适用于固溶处理后，进行冷加工(或影响力学性能极限的矫平、矫直)以提高强度，然后自然时效的产品
T4	固溶处理 + 自然时效 适用于固溶处理后，不再进行冷加工(或影响力学性能极限的矫直、矫平)，然后自然时效的产品
T5	高温成形 + 人工时效 适用高温成形后冷却、不经冷加工(或影响力学性能极限的矫直、矫平)，然后进行人工时效的产品
T6	固溶处理 + 人工时效 适用于固溶处理后，不再进行冷加工(或影响力学性能极限的矫直、矫平)，然后人工时效的产品
T7	固溶处理 + 过时效 适用于固溶处理后，进行过时效至稳定化状态。为获取除力学性能外的其他某些重要特性，在人工时效时，强度在时效曲线上越过了最高峰点的产品
T8	固溶处理 + 冷加工 + 人工时效 适用于固溶处理后，经冷加工(或影响力学性能极限的矫直、矫平)以提高强度，然后人工时效的产品
T9	固溶处理 + 人工时效 + 冷加工 适用于固溶处理后，人工时效，然后进行冷加工(或影响力学性能极限的矫直、矫平)以提高强度的产品
T10	高温成形 + 冷加工 + 人工时效 适用于高温成形后冷却，经冷加工(或影响力学性能极限的矫直、矫平)以提高强度，然后进行人工时效的产品

2）T1 ~ T10 后面的附加数字表示影响产品特性的特殊处理。

T _51、T _510 和 T _511——拉伸消除应力状态，如表 7-4 所示。T1、T4、T5、T6 状态的材料不进行冷加工或影响力学性能极限的矫直、矫平，因此拉伸消除应力状态中应无 T151、T1510、T1511、T451、T4510、T4511、T551、T5510、T5511、T651、T6510、T6511 状态。

表 7-4　铝及铝合金加工产品 T×× 及 T×××细分状态代号说明与代号释义

（GB/T 16475—2008）

状态代号	代 号 释 义
T _51	适用于固溶处理或高温成形后冷却，按规定量进行拉伸的厚板、薄板、轧制棒、冷精整棒、自然锻件、环形锻件或轧制环，这些产品拉伸后不再进行矫直，其规定的永久拉伸变形量如下： 1）厚板：1.5% ~3% 2）薄板：0.5% ~3% 3）轧制棒或冷精整棒：1% ~3% 4）自由锻件、环形锻件或轧制：1% ~5%
T _510	适用于固溶处理或高温成形后冷却，按规定量进行拉伸的挤压棒材、型材和管材，以及拉伸（或拉拔）管材，这些产品拉伸后不再进行矫直，其规定的永久拉伸变形量如下： 1）挤制棒材、型材和管材：1% ~3% 2）拉伸（或拉拔）管材：0.5% ~3%

（续）

状态代号	代　号　释　义
T_511	适用于固溶处理或高温成形后冷却，按规定量进行拉伸的挤压棒材、型材和管材，以及拉伸（或拉拔）管材，这些产品拉伸后可轻微矫直以符合标准公差，其规定的永久拉伸变形量如下： 1）挤制棒材、型材和管材：1%～3% 2）拉伸（或拉拔）管材：0.5%～3%

T_52——压缩消除应力状态。适用于固溶处理或高温成形后冷却，通过压缩来消除应力，以产生 1%～5% 的永久变形量的产品。

T_54——拉伸与压缩相结合消除应力状态。适用于在终锻模内通过冷整形来消除应力的模锻件。

T7×——过时效状态，如表 7-5 所示。T7×状态过时效阶段材料的性能变化如表 7-6 所示。

表 7-5　铝及铝合金加工产品 T7×细分状态代号说明与代号释义（GB/T 16475—2008）

状态代号	代　号　释　义
T79	初级过时效状态
T76	中级过时效状态。具有较高强度、好的抗应力腐蚀和剥落腐蚀性能
T74	中级过时效状态。其强度、抗应力腐蚀和抗剥落腐蚀性能介于 T73 与 T76 之间
T73	完全过时效状态。具有最好的抗应力腐蚀和抗剥落腐蚀性能

表 7-6　铝及铝合金加工产品 T7×状态过时效阶段材料的性能变化

性能	T79	T76	T74	T73
抗拉强度				
抗应力腐蚀				
抗剥落腐蚀				

T81——适用于固溶处理后，经 1% 左右的冷加工变形提高强度，然后进行人工时效的产品。

T87——适用于固溶处理后，经 7% 左右的冷加工变形提高强度，然后进行人工时效的产品。

5. W 状态的细分状态代号

1）W 的细分状态 W_h 表示室温下具体自然时效时间的不稳定状态，如 W2h，表示产品淬火后，在室温下自然时效 2h。

2）W 的细分状态 W_h/_51、W_h/_52、W_h/_54 表示室温下具体自然时效时间的不稳定消除应力状态，如 W2h/351，表示产品淬火后，在室温下自然时效 2h 便开始拉伸的消除应力状态。

7.1.2　变形铝及铝合金的化学成分

GB/T 3190—2008 中，规定了两类铝及铝合金加工产品的牌号与化学成分，分别如表 7-7 和表 7-8 所示。

表 7-7　变形铝及铝合金数字牌号（适用国际牌号）的化学成分（GB/T 3190—2008）

化学成分（质量分数,%）

序号	牌号	Si	Fe	Cu	Mn	Mg	Cr	Ni	Zn	其他元素	Ti	Zr	其他单个	其他合计	Al
1	1035	0.35	0.6	0.10	0.05	0.05	—	—	0.10	V: 0.05	0.03	—	0.03	—	99.35
2	1040	0.30	0.50	0.10	0.05	0.05	—	—	0.10	V: 0.05	0.03	—	0.03	—	99.40
3	1045	0.30	0.45	0.10	0.05	0.05	—	—	0.05	V: 0.05	0.03	—	0.03	—	99.45
4	1050	0.25	0.40	0.05	0.05	0.05	—	—	0.05	V: 0.05	0.03	—	0.03	—	99.50
5	1050A	0.25	0.40	0.05	0.05	0.03	—	—	0.07	—	0.05	—	0.03	—	99.50
6	1060	0.25	0.35	0.05	0.03	0.03	—	—	0.05	V: 0.05	0.03	—	0.03	—	99.60
7	1065	0.25	0.30	0.05	0.03	0.03	—	—	0.05	V: 0.05	0.03	—	0.03	—	99.65
8	1070	0.20	0.25	0.04	0.03	0.03	—	—	0.04	V: 0.05	0.03	—	0.03	—	99.70
9	1070A	0.20	0.25	0.03	0.03	0.03	—	—	0.07	—	0.03	—	0.03	—	99.70
10	1080	0.15	0.15	0.03	0.02	0.02	—	—	0.03	Ga: 0.03, V: 0.05	0.03	—	0.02	0.15	99.80
11	1080A	0.15	0.15	0.03	0.02	0.02	—	—	0.06	Ga: 0.03①	0.02	—	0.02	0.15	99.80
12	1085	0.10	0.12	0.03	0.02	0.02	—	—	0.03	Ga: 0.03, V: 0.05	0.02	—	0.01	0.15	99.85
13	1100	Si + Fe: 0.95		0.05 ~ 0.20	0.05	—	—	—	0.10	①	—	—	0.05	0.15	99.00
14	1200	Si + Fe: 1.00		0.05	0.05	—	—	—	0.10	—	0.05	—	0.05	0.15	99.00
15	1200A	Si + Fe: 1.00		0.10	0.30	0.30	0.10	—	0.10	—	—	—	0.05	0.15	99.00
16	1120	0.10	0.40	0.05 ~ 0.35	0.01	0.20	0.01	—	0.05	Ga: 0.03, B: 0.05, V + Ti: 0.02	—	—	0.03	0.10	99.20
17	1230②	Si + Fe: 0.70		0.10	0.05	0.05	—	—	0.10	V: 0.05	0.03	—	0.03	—	99.30
18	1235	Si + Fe: 0.65		0.05	0.05	0.05	—	—	0.10	V: 0.05	0.06	—	0.03	—	99.35
19	1435	0.15	0.30 ~ 0.50	0.02	0.05	0.05	—	—	0.10	V: 0.05	0.03	—	0.03	—	99.35
20	1145	Si + Fe: 0.55		0.05	0.05	0.05	—	—	0.05	V: 0.05	0.03	—	0.03	—	99.45
21	1345	0.30	0.40	0.10	0.05	0.05	—	—	0.05	V: 0.05	0.03	—	0.03	—	99.45

（续）

化学成分（质量分数，%）

序号	牌号	Si	Fe	Cu	Mn	Mg	Cr	Ni	Zn	其他元素	Ti	Zr	其他 单个	其他 合计	Al
22	1350	0.10	0.40	0.05	0.01	—	0.01	—	0.05	Ga: 0.03, B: 0.05, V+Ti: 0.02	—	—	0.03	0.10	99.50
23	1450	0.25	0.40	0.05	0.05	0.05	—	—	0.07	①	0.10~0.20	—	0.03	—	99.50
24	1260	Si+Fe: 0.40		0.04	0.01	0.03	0.01	—	0.05	V: 0.05①	0.03	—	0.03	—	99.60
25	1370	0.10	0.25	0.02	0.01	0.02	0.01	—	0.04	Ga: 0.03, B: 0.02, V+Ti: 0.02	—	—	0.02	0.10	99.70
26	1275	0.08	0.12	0.05~0.10	0.02	0.02	—	—	0.03	Ga: 0.03, V: 0.03	0.02	—	0.01	—	99.75
27	1185	Si+Fe: 0.15		0.01	0.02	0.02	—	—	0.03	Ga: 0.03, V: 0.05	0.02	—	0.01	—	99.85
28	1285	0.08③	0.08③	0.02	0.01	0.01	—	—	0.03	Ga: 0.03, V: 0.05	0.02	—	0.01	—	99.85
29	1385	0.05	0.12	0.02	0.01	0.02	0.01	—	0.03	Ga: 0.03, V+Ti: 0.03④	—	—	0.01	—	99.85
30	2004	0.20	0.20	5.5~6.5	0.10	0.50	—	—	0.10		0.05	0.30~0.50	0.05	0.15	余量
31	2011	0.40	0.7	5.0~6.0	—	—	—	—	0.30	⑤	—	—	0.05	0.15	余量
32	2014	0.50~1.2	0.7	3.9~5.0	0.40~1.2	0.20~0.8	0.10	—	0.25	⑥	0.15	—	0.05	0.15	余量
33	2014A	0.50~0.9	0.50	3.9~5.0	0.40~1.2	0.20~0.8	0.10	0.10	0.25	—	0.15	Zr+Ti: 0.20	0.05	0.15	余量
34	2214	0.50~1.2	0.30	3.9~5.0	0.40~1.2	0.20~0.8	0.10	—	0.25	⑥	0.15	—	0.05	0.15	余量
35	2017	0.20~0.8	0.7	3.5~4.5	0.40~1.0	0.40~0.8	0.10	—	0.25	⑥	0.15	—	0.05	0.15	余量
36	2017A	0.20~0.8	0.7	3.5~4.5	0.40~1.0	0.40~1.0	0.10	—	0.25	—	—	Zr+Ti: 0.25	0.05	0.15	余量
37	2117	0.8	0.7	2.2~3.0	0.20	0.20~0.50	0.10	—	0.25	—	—	—	0.05	0.15	余量
38	2218	0.9	1.0	3.5~4.5	0.20	1.2~1.8	0.10	1.7~2.3	0.25	—	—	—	0.05	0.15	余量

（续）

化学成分（质量分数,%）

序号	牌号	Si	Fe	Cu	Mn	Mg	Cr	Ni	Zn	其他元素	Ti	Zr	其他 单个	其他 合计	Al
39	2618	0.10~0.25	0.9~1.3	1.9~2.7	—	1.3~1.8	—	0.9~1.2	0.10	—	0.04~0.10	—	0.05	0.15	余量
40	2618A	0.15~0.25	0.9~1.4	1.8~2.7	0.25	1.2~1.8	—	0.8~1.4	0.15	—	0.20	Zr+Ti: 0.25	0.05	0.15	余量
41	2219	0.20	0.30	5.8~6.8	0.20~0.40	0.02	—	—	0.10	V: 0.05~0.15	0.02~0.10	0.10~0.25	0.05	0.15	余量
42	2519	0.25⑦	0.30⑦	5.3~6.4	0.10~0.50	0.05~0.40	—	—	0.10	V: 0.05~0.15	0.02~0.10	0.10~0.25	0.05	0.15	余量
43	2024	0.50	0.50	3.8~4.9	0.30~0.9	1.2~1.8	0.10	—	0.25	⑥	0.15	—	0.05	0.15	余量
44	2024A	0.15	0.20	3.7~4.5	0.15~0.8	1.2~1.5	0.10	—	0.25	—	0.15	—	0.05	0.15	余量
45	2124	0.20	0.30	3.8~4.9	0.30~0.9	1.2~1.8	0.10	—	0.25	⑥	0.15	—	0.05	0.15	余量
46	2324	0.10	0.12	3.8~4.4	0.30~0.9	1.2~1.8	0.10	—	0.25	—	0.15	—	0.05	0.15	余量
47	2524	0.06	0.12	4.0~4.5	0.45~0.7	1.2~1.6	0.05	—	0.15	—	0.10	—	0.05	0.15	余量
48	3002	0.08	0.10	0.15	0.05~0.25	0.05~0.20	—	—	0.05	V: 0.05	0.03	—	0.03	0.10	余量
49	3102	0.40	0.7	0.10	0.05~0.40	—	—	—	0.30	—	0.10	—	0.05	0.15	余量
50	3003	0.6	0.7	0.05~0.20	1.0~1.5	—	—	—	0.10	—	—	—	0.05	0.15	余量
51	3103	0.50	0.7	0.10	0.9~1.5	0.30	0.10	—	0.20	①	—	Zr+Ti: 0.10	0.05	0.15	余量
52	3103A	0.50	0.7	0.10	0.7~1.4	0.30	0.10	—	0.20	①	0.10	Zr+Ti: 0.10	0.05	0.15	余量
53	3203	0.6	0.7	0.05	1.0~1.5	—	—	—	0.10	—	—	—	0.05	0.15	余量
54	3004	0.30	0.7	0.25	1.0~1.5	0.8~1.3	—	—	0.25	—	—	—	0.05	0.15	余量
55	3004A	0.40	0.7	0.25	0.8~1.5	0.8~1.5	0.10	—	0.25	Pb: 0.03	0.05	—	0.05	0.15	余量
56	3104	0.6	0.8	0.05~0.25	0.8~1.4	0.8~1.3	—	—	0.25	Ga: 0.05, V: 0.05	0.10	—	0.05	0.15	余量
57	3204	0.30	0.7	0.10~0.25	0.8~1.5	0.8~1.5	—	—	0.25	—	—	—	0.05	0.15	余量

（续）

化学成分（质量分数,%）

序号	牌号	Si	Fe	Cu	Mn	Mg	Cr	Ni	Zn		Ti	Zr	其他 单个	其他 合计	Al
58	3005	0.6	0.7	0.30	1.0~1.5	0.20~0.6	0.10	—	0.25	—	0.10	—	0.05	0.15	余量
59	3105	0.6	0.7	0.30	0.30~0.8	0.20~0.8	0.20	—	0.40	—	0.10	—	0.05	0.15	余量
60	3105A	0.6	0.7	0.30	0.30~0.8	0.20~0.8	0.20	—	0.25	—	0.10	—	0.05	0.15	余量
61	3006	0.50	0.7	0.10~0.30	0.50~0.8	0.30~0.6	0.20	—	0.15~0.40	—	0.10	—	0.05	0.15	余量
62	3007	0.50	0.7	0.05~0.30	0.30~0.8	0.6	0.20	—	0.40	—	0.10	—	0.05	0.15	余量
63	3107	0.6	0.7	0.05~0.15	0.40~0.9	—	—	—	0.20	—	0.10	—	0.05	0.10	余量
64	3207	0.30	0.45	0.10	0.40~0.8	0.10	—	—	0.10	—	—	—	0.05	0.15	余量
65	32207A	0.35	0.6	0.25	0.30~0.8	0.40	0.20	—	0.25	—	—	—	0.05	0.15	余量
66	3307	0.6	0.8	0.30	0.50~0.9	0.30	0.20	—	0.40	—	0.10	—	0.05	0.15	余量
67	4004②	9.0~10.5	0.8	0.25	0.10	1.0~2.0	—	—	0.20	—	—	—	0.05	0.15	余量
68	4032	11.0~13.5	1.0	0.50~1.3	—	0.8~1.3	0.10	0.50~1.3	0.25	—	—	—	0.05	0.15	余量
69	4043	4.5~6.0	0.8	0.30	0.05	0.05	—	—	0.10	①	0.20	—	0.05	0.15	余量
70	4043A	4.5~6.0	0.6	0.30	0.15	0.20	—	—	0.10	①	0.15	—	0.05	0.15	余量
71	4343	6.8~8.2	0.8	0.25	0.10	—	—	—	0.20	—	—	—	0.05	0.15	余量
72	4045	9.0~11.0	0.8	0.30	0.05	0.05	—	—	0.10	①	0.20	—	0.05	0.15	余量
73	4047	11.0~13.0	0.8	0.30	0.15	0.10	—	—	0.20	①	—	—	0.05	0.15	余量
74	4047A	11.0~13.0	0.6	0.30	0.15	0.10	—	—	0.20	①	0.15	—	0.05	0.15	余量
75	5005	0.30	0.7	0.20	0.20	0.50~1.1	0.10	—	0.25	—	—	—	0.05	0.15	余量
76	5005A	0.30	0.45	0.05	0.15	0.7~1.1	0.10	—	0.20	—	—	—	0.05	0.15	余量
77	5205	0.15	0.7	0.03~0.10	0.10	0.6~1.0	0.10	—	0.05	—	—	—	0.05	0.15	余量
78	5006	0.40	0.8	0.10	0.40~0.8	0.8~1.3	0.10	—	0.25	—	0.10	—	0.05	0.15	余量
79	5010	0.40	0.7	0.25	0.10~0.80	0.20~0.6	0.15	—	0.30	—	0.10	—	0.05	0.15	余量

（续）

序号	牌号	化学成分（质量分数，%）											其他		Al
---	---	Si	Fe	Cu	Mn	Mg	Cr	Ni	Zn		Ti	Zr	单个	合计	
80	5019	0.40	0.50	0.10	0.10~0.6	4.5~5.6	0.20	—	0.20	Mn+Cr: 0.10~0.6	0.20	—	0.05	0.15	余量
81	5049	0.40	0.50	0.10	0.50~1.1	1.6~2.5	0.30	—	0.20	—	0.10	—	0.05	0.15	余量
82	5050	0.40	0.7	0.20	0.10	1.1~1.8	0.10	—	0.25	—	—	—	0.05	0.15	余量
83	5050A	0.40	0.7	0.20	0.30	1.1~1.8	0.10	—	0.25	—	—	—	0.05	0.15	余量
84	5150	0.08	0.10	0.10	0.03	1.3~1.7	—	—	0.10	—	0.06	—	0.03	0.10	余量
85	5250	0.08	0.10	0.10	0.04~0.15	1.3~1.8	—	—	0.05	Ga: 0.03, V: 0.05	—	—	0.03	0.10	余量
86	5051	0.40	0.7	0.25	0.20	1.7~2.2	0.10	—	0.25	—	0.10	—	0.05	0.15	余量
87	5251	0.40	0.50	0.15	0.10~0.50	1.7~2.4	0.15	—	0.15	—	0.15	—	0.05	0.15	余量
88	5052	0.25	0.40	0.10	0.10	2.2~2.8	0.15~0.35	—	0.10	—	—	—	0.05	0.15	余量
89	5154	0.25	0.40	0.10	0.10	3.1~3.9	0.15~0.35	—	0.20	①	0.20	—	0.05	0.15	余量
90	5154A	0.50	0.50	0.10	0.50	3.1~3.9	0.25	—	0.20	Mn+Cr: 0.10~0.50	0.20	—	0.05	0.15	余量
91	5454	0.25	0.40	0.10	0.50~1.0	2.4~3.0	0.05~0.20	—	0.25	—	0.20	—	0.05	0.15	余量
92	5554	0.25	0.40	0.10	0.50~1.0	2.4~3.0	0.05~0.20	—	0.25	①	0.05~0.20	—	0.05	0.15	余量
93	5754	0.40	0.40	0.10	0.50	2.6~3.6	0.30	—	0.20	Mn+Cr: 0.10~0.6	0.15	—	0.05	0.15	余量
94	5056	0.30	0.40	0.10	0.05~0.20	4.5~5.6	0.05~0.20	—	0.10	—	—	—	0.05	0.15	余量
95	5356	0.25	0.40	0.10	0.05~0.20	4.5~5.5	0.05~0.20	—	0.10	①	0.06~0.20	—	0.05	0.15	余量
96	5456	0.25	0.40	0.10	0.50~1.0	4.7~5.5	0.05~0.20	—	0.25	—	0.20	—	0.05	0.15	余量
97	5059	0.45	0.50	0.25	0.6~1.2	5.0~6.0	0.25	—	0.40~0.9	—	0.20	0.05~0.25	0.05	0.15	余量
98	5082	0.20	0.35	0.15	0.15	4.0~5.0	0.15	—	0.25	—	0.10	—	0.05	0.15	余量
99	5182	0.20	0.35	0.15	0.20~0.50	4.0~5.0	0.10	—	0.25	—	0.10	—	0.05	0.15	余量
100	5083	0.40	0.40	0.10	0.40~1.0	4.0~4.9	0.05~0.25	—	0.25	—	0.15	—	0.05	0.15	余量
101	5183	0.40	0.40	0.10	0.50~1.0	4.3~5.2	0.05~0.25	—	0.25	①	0.15	—	0.05	0.15	余量

（续）

化学成分（质量分数，%）

序号	牌号	Si	Fe	Cu	Mn	Mg	Cr	Ni	Zn		Ti	Zr	其他		Al
													单个	合计	
102	5383	0.25	0.25	0.20	0.7~1.0	4.0~5.2	0.25	—	0.40	—	0.15	0.20	0.05	0.15	余量
103	5086	0.40	0.50	0.10	0.20~0.7	3.5~4.5	0.05~0.25	—	0.25	—	0.15	—	0.05	0.15	余量
104	6101	0.30~0.7	0.50	0.10	0.03	0.35~0.8	0.03	—	0.10	B: 0.06	—	—	0.03	0.10	余量
105	6101A	0.30~0.7	0.40	0.05	—	0.40~0.9	—	—	—	—	—	—	0.03	0.10	余量
106	6101B	0.30~0.6	0.10~0.30	0.05	0.05	0.35~0.6	—	—	0.10	—	—	—	0.03	0.10	余量
107	6201	0.50~0.9	0.50	0.10	0.03	0.6~0.9	0.03	—	0.10	B: 0.06	—	—	0.03	0.10	余量
108	6005	0.6~0.9	0.35	0.10	0.10	0.40~0.6	0.10	—	0.10	—	0.10	—	0.05	0.15	余量
109	6005A	0.50~0.9	0.35	0.30	0.50	0.40~0.7	0.30	—	0.20	Mn+Cr: 0.12~0.50	0.10	—	0.05	0.15	余量
110	6105	0.6~1.0	0.35	0.10	0.15	0.45~0.8	0.10	—	0.10	—	0.10	—	0.05	0.15	余量
111	6106	0.30~0.6	0.35	0.25	0.05~0.20	0.40~0.8	0.20	—	—	—	—	—	0.05	0.10	余量
112	6009	0.6~1.0	0.50	0.15~0.6	0.20~0.8	0.40~0.8	0.10	—	0.25	—	0.10	—	0.05	0.15	余量
113	6010	0.8~1.2	0.50	0.15~0.6	0.20~0.8	0.6~1.0	0.10	—	0.25	—	0.10	—	0.05	0.15	余量
114	6111	0.6~1.1	0.40	0.50~0.9	0.10~0.45	0.50~1.0	0.10	—	0.15	—	0.10	—	0.05	0.15	余量
115	6016	1.0~1.5	0.50	0.20	0.20	0.25~0.6	0.10	—	0.20	—	0.15	—	0.05	0.15	余量
116	6043	0.40~0.9	0.50	0.30~0.9	0.35	0.6~1.2	0.15	—	0.20	Bi: 0.40~0.7 Sn: 0.20~0.40	0.15	—	0.05	0.15	余量
117	6351	0.7~1.3	0.50	0.10	0.40~0.8	0.40~0.8	—	—	0.20	—	0.20	—	0.05	0.15	余量
118	6060	0.30~0.6	0.10~0.30	0.10	0.10	0.35~0.6	0.05	—	0.15	—	0.10	—	0.05	0.15	余量
119	6061	0.40~0.8	0.7	0.15~0.40	0.15	0.8~1.2	0.04~0.35	—	0.25	—	0.15	—	0.05	0.15	余量
120	6061A	0.40~0.8	0.7	0.15~0.40	0.15	0.8~1.2	0.04~0.35	—	0.25	⑧	0.15	—	0.05	0.15	余量
121	6262	0.40~0.8	0.7	0.15~0.40	0.15	0.8~1.2	0.04~0.14	—	0.25	⑨	0.15	—	0.05	0.15	余量
122	6063	0.20~0.6	0.35	0.10	0.10	0.45~0.9	0.10	—	0.10	—	0.10	—	0.05	0.15	余量

（续）

序号	牌号	化学成分（质量分数，%） Si	Fe	Cu	Mn	Mg	Cr	Ni	Zn		Ti	Zr	其他 单个	其他 合计	Al
123	6063A	0.30~0.6	0.15~0.35	0.10	0.15	0.6~0.9	0.05	—	0.15	—	0.10	—	0.05	0.15	余量
124	6463	0.20~0.6	0.15	0.20	0.05	0.45~0.9	—	—	0.05	—	—	—	0.05	0.15	余量
125	6463A	0.20~0.6	0.15	0.25	0.05	0.30~0.9	—	—	0.05	—	—	—	0.05	0.15	余量
126	6070	1.0~1.7	0.50	0.15~0.40	0.40~1.0	0.50~1.2	0.10	—	0.25	—	0.15	—	0.05	0.15	余量
127	6181	0.8~1.2	0.45	0.10	0.15	0.6~1.0	0.10	—	0.20	—	0.10	—	0.05	0.15	余量
128	6181A	0.7~1.1	0.15~0.50	0.25	0.40	0.6~1.0	0.15		0.30	V:0.10	0.25	—	0.05	0.15	余量
129	6082	0.7~1.3	0.50	0.10	0.40~1.0	0.6~1.2	0.25	—	0.20	—	0.10	—	0.05	0.15	余量
130	6082A	0.7~1.3	0.50	0.10	0.40~1.0	0.6~1.2	0.25	—	0.20	⑧	0.10	—	0.05	0.15	余量
131	7001	0.35	0.40	1.6~2.6	0.20	2.6~3.4	0.18~0.35	—	6.8~8.0	—	0.20	—	0.05	0.15	余量
132	7003	0.30	0.35	0.20	0.30	0.50~1.0	0.20	—	5.0~6.5	—	0.20	0.05~0.25	0.05	0.15	余量
133	7004	0.25	0.35	0.05	0.20~0.7	1.0~2.0	0.05	—	3.8~4.6	—	0.05	0.10~0.20	0.05	0.15	余量
134	7005	0.35	0.40	0.10	0.20~0.7	1.0~1.8	0.06~0.20	—	4.0~5.0	—	0.01~0.06	0.08~0.20	0.05	0.15	余量
135	7020	0.35	0.40	0.20	0.05~0.50	1.0~1.4	0.10~0.35	—	4.0~5.0	⑩	—	0.08~0.18	0.05	0.15	余量
136	7021	0.25	0.40	0.25	0.10	1.2~1.8	0.05	—	5.0~6.0	—	0.10	0.08~0.18	0.05	0.15	余量
137	7022	0.50	0.50	0.50~1.0	0.10~0.40	2.6~3.7	0.10~0.30	—	4.3~5.2	—	—	Ti+Zr: 0.20	0.05	0.15	余量
138	7039	0.30	0.40	0.10	0.10~0.40	2.3~3.3	0.15~0.25	—	3.5~4.5	—	0.10	—	0.05	0.15	余量
139	7049	0.25	0.35	1.2~1.9	0.20	2.0~2.9	0.10~0.22	—	7.2~8.2	—	0.10	—	0.05	0.15	余量
140	7049A	0.40	0.50	1.2~1.9	0.50	2.1~3.1	0.05~0.25	—	7.2~8.4	—	—	Zr+Ti: 0.25	0.05	0.15	余量
141	7050	0.12	0.15	2.0~2.6	0.10	1.9~2.6	0.04	—	5.7~6.7	—	0.06	0.08~0.15	0.05	0.15	余量
142	7150	0.12	0.15	1.9~2.5	0.10	2.0~2.7	0.04	—	5.9~6.9	—	0.06	0.08~0.15	0.05	0.15	余量
143	7055	0.10	0.15	2.0~2.6	0.05	1.8~2.3	0.04	—	7.6~8.4	—	0.06	0.08~0.25	0.05	0.15	余量

（续）

序号	牌号	化学成分（质量分数,%）											其他		Al
		Si	Fe	Cu	Mn	Mg	Cr	Ni	Zn		Ti	Zr	单个	合计	
144	7072	Si+Fe: 0.7		0.10	0.10	0.10	—	—	0.8~1.3	—	—	—	0.05	0.15	余量
145	7075	0.40	0.50	1.2~2.0	0.30	2.1~2.9	0.18~0.28	—	5.1~6.1	⑪	0.20	—	0.05	0.15	余量
146	7175	0.15	0.20	1.2~2.0	0.10	2.1~2.9	0.18~0.28	—	5.1~6.1	—	0.10	—	0.05	0.15	余量
147	7475	0.10	0.12	1.2~1.9	0.06	1.9~2.6	0.18~0.25	—	5.2~6.2	—	0.06	—	0.05	0.15	余量
148	7085	0.06	0.08	1.3~2.0	0.04	1.2~1.8	0.04	—	7.0~8.0	⑫	0.06	0.08~0.15	0.05	0.15	余量
149	8001	0.17	0.45~0.7	0.15	—	—	—	0.9~1.3	0.05	—	—	—	0.05	0.15	余量
150	8006	0.40	1.2~2.0	0.30	0.30~1.0	0.10	—	—	0.10	—	—	—	0.05	0.15	余量
151	8011	0.50~0.9	0.6~1.0	0.10	0.20	0.05	0.05	—	0.10	—	0.08	—	0.05	0.15	余量
152	8011A	0.40~0.8	0.50~1.0	0.10	0.10	0.10	0.10	—	0.10	—	0.05	—	0.05	0.15	余量
153	8014	0.30	1.2~1.6	0.20	0.20~0.6	0.10	—	—	0.10	—	0.10	—	0.05	0.15	余量
154	8021	0.15	1.2~1.7	0.05	—	—	—	—	—	—	—	—	0.05	0.15	余量
155	8021B	0.40	1.1~1.7	0.05	0.03	0.01	0.03	—	0.05	—	0.05	—	0.03	0.10	余量
156	8050	0.15~0.30	1.1~1.2	0.05	0.45~0.55	0.05	0.05	—	0.10	—	—	—	0.05	0.15	余量
157	8150	0.30	0.9~1.3	—	0.20~0.7	—	—	—	—	—	0.05	—	0.05	0.15	余量
158	8079	0.05~0.30	0.7~1.3	0.05	—	—	—	—	0.10	—	—	—	0.05	0.15	余量
159	8090	0.20	0.30	1.0~1.6	0.10	0.6~1.3	0.10	—	0.25	⑬	0.10	0.04~0.16	0.05	0.15	余量

① 焊接电极及填料焊丝的 $w(\mathrm{Be})$≤0.0003%。
② 主要用作包覆材料。
③ $w(\mathrm{Si+Fe})$≤0.14%。
④ $w(\mathrm{Be})$≤0.02%。
⑤ $w(\mathrm{Bi})$ 为0.2%~0.6%，$w(\mathrm{Pb})$ 为0.2%~0.6%。
⑥ 经供需双方协商并同意，挤压产品锻件的 $w(\mathrm{Zr+Ti})$ 最大可达 0.20%。
⑦ $w(\mathrm{Si+Fe})$≤0.40%。
⑧ $w(\mathrm{Pb})$≤0.003%。
⑨ $w(\mathrm{Bi})$ 为0.4%~0.7%，$w(\mathrm{Pb})$ 为0.4%~0.7%。
⑩ $w(\mathrm{Zr})$ 为0.08%~0.20%，$w(\mathrm{Zr+Ti})$ 为0.08%~0.25%。
⑪ 经供需双方协商并同意，挤压产品锻件的 $w(\mathrm{Zr+Ti})$ 最大可达 0.25%。
⑫ $w(\mathrm{Bi})$≤0.01%，$w(\mathrm{Cd})$≤0.001%，$w(\mathrm{Co})$≤0.003%，$w(\mathrm{Li})$≤0.008%。
⑬ $w(\mathrm{Li})$ 为2.2%~2.7%。

表7-8　变形铝及铝合金字符牌号的化学成分（GB/T 3190—2008）

化学成分（质量分数，%）

序号	牌号	Si	Fe	Cu	Mn	Mg	Cr	Ni	Zn		Ti	Zr	其他 单个	其他 合计	Al	旧牌号
1	1A99	0.003	0.003	0.005	—	—	—	—	0.001	—	0.002	—	0.002	—	99.99	LG5
2	1B99	0.0013	0.0015	0.0030	—	—	—	—	0.001	—	0.001	—	0.001	—	99.993	—
3	1C99	0.0010	0.0010	0.0015	—	—	—	—	0.001	—	0.001	—	0.001	—	99.995	—
4	1A97	0.015	0.015	0.005	—	—	—	—	0.001	—	0.002	—	0.005	—	99.97	LG4
5	1B97	0.015	0.030	0.005	—	—	—	—	0.001	—	0.005	—	0.005	—	99.97	—
6	1A95	0.030	0.030	0.010	—	—	—	—	0.003	—	0.008	—	0.005	—	99.95	—
7	1B95	0.030	0.040	0.010	—	—	—	—	0.003	—	0.008	—	0.005	—	99.95	—
8	1A93	0.040	0.040	0.010	—	—	—	—	0.005	—	0.010	—	0.007	—	99.93	LG3
9	1B93	0.040	0.050	0.010	—	—	—	—	0.005	—	0.010	—	0.007	—	99.93	—
10	1A90	0.060	0.060	0.010	—	—	—	—	0.008	—	0.015	—	0.01	—	99.90	LG2
11	1B90	0.060	0.060	0.010	—	—	—	—	0.008	—	0.010	—	0.01	—	99.90	—
12	1A85	0.08	0.10	0.01	—	—	—	—	0.01	—	0.01	—	0.01	—	99.85	LG1
13	1A80	0.15	0.15	0.03	0.02	0.02	—	—	0.03	V: 0.05, Ga: 0.03	0.03	—	0.02	—	99.80	—
14	1A80A	0.15	0.15	0.03	0.02	0.02	—	—	0.06	Ga: 0.03	0.02	—	0.02	—	99.80	—
15	1A60	0.11	0.25	0.01	—	—	—	—	—	—	0.02V + Ti + Mn + Cr	—	0.03	—	99.60	—
16	1A50	0.30	0.30	0.01	0.05	0.05	—	—	0.03	Fe + Si: 0.45	—	—	0.03	—	99.50	LB2
17	1R50	0.11	0.25	0.01	—	—	—	—	—	RE: 0.03 ~ 0.30	V + Ti + Mn + Cr: 0.02	—	0.03	—	99.50	—
18	1R35	0.25	0.35	0.05	0.03	0.03	—	—	0.05	RE: 0.10 ~ 0.25, V: 0.05	0.03	—	0.03	—	99.35	—
19	1A30	0.10 ~ 0.20	0.15 ~ 0.30	0.05	0.01	0.01	—	0.01	0.02		0.02	—	0.03	—	99.30	L4-1

（续）

序号	牌号	化学成分（质量分数,%）											其他		Al	旧牌号
		Si	Fe	Cu	Mn	Mg	Cr	Ni	Zn		Ti	Zr	单个	合计		
20	1B30	0.05~0.15	0.20~0.30	0.03	0.12~0.18	0.03	—	—	0.03	—	0.02~0.05	—	0.03	—	99.30	—
21	2A01	0.50	0.50	2.2~3.0	0.20	0.20~0.50	—	—	0.10	—	0.15	—	0.05	0.10	余量	LY1
22	2A02	0.30	0.30	2.6~3.2	0.45~0.7	2.0~2.4	—	—	0.10	—	0.15	—	0.05	0.10	余量	LY2
23	2A04	0.30	0.30	3.2~3.7	0.50~0.8	2.1~2.6	—	—	0.10	Be: 0.001~0.01①	0.05~0.40	—	0.05	0.10	余量	LY4
24	2A06	0.50	0.50	3.8~4.3	0.50~1.0	1.7~2.3	—	—	0.10	Be: 0.001~0.005②	0.03~0.15	—	0.05	0.10	余量	LY6
25	2B06	0.20	0.30	3.8~4.3	0.40~0.9	1.7~2.3	—	—	0.10	Be: 0.0002~0.005	0.10	—	0.05	0.10	余量	—
26	2A10	0.25	0.20	3.9~4.5	0.30~0.50	0.15~0.30	—	—	0.10	—	0.15	—	0.05	0.10	余量	LY10
27	2A11	0.7	0.7	3.8~4.8	0.40~0.8	0.40~0.8	—	0.10	0.30	Fe + Ni: 0.7	0.15	—	0.05	0.10	余量	LY11
28	2B11	0.50	0.50	3.8~4.5	0.40~0.8	0.40~0.8	—	—	0.10	—	0.15	—	0.05	0.10	余量	LY8
29	2A12	0.50	0.50	3.8~4.9	0.30~0.9	1.2~1.8	—	0.10	0.30	Fe + Ni: 0.50	0.15	—	0.05	0.10	余量	LY12
30	2B12	0.50	0.50	3.8~4.5	0.30~0.7	1.2~1.6	—	—	0.10	—	0.15	—	0.05	0.10	余量	LY9
31	2D12	0.20	0.30	3.8~4.9	0.30~0.9	1.2~1.8	—	0.05	0.10	—	0.10	—	0.05	0.10	余量	—

（续）

化学成分（质量分数，%）

序号	牌号	Si	Fe	Cu	Mn	Mg	Cr	Ni	Zn	其他	Ti	Zr	其他 单个	其他 合计	Al	旧牌号
32	2E12	0.06	0.12	4.0~4.6	0.40~0.7	1.2~1.8	—	—	0.15	Be: 0.0002~0.005	0.10	—	0.10	0.15	余量	—
33	2A13	0.7	0.6	4.0~5.0	—	0.30~0.50	—	—	0.6	—	0.15	—	0.05	0.10	余量	LY13
34	2A14	0.6~1.2	0.7	3.9~4.8	0.40~1.0	0.40~0.8	—	0.10	0.30	—	0.15	—	0.05	0.10	余量	LD10
35	2A16	0.30	0.30	6.0~7.0	0.40~0.8	0.05	—	—	0.10	—	0.10~0.20	0.20	0.05	0.10	余量	LY16
36	2B16	0.25	0.30	5.8~6.8	0.20~0.40	0.05	—	—	—	V: 0.05~0.15	0.08~0.20	0.10~0.25	0.05	0.10	余量	LY16-1
37	2A17	0.30	0.30	6.0~7.0	0.40~0.8	0.25~0.45	—	—	0.10	—	0.10~0.20	—	0.05	0.10	余量	LY17
38	2A20	0.20	0.30	5.8~6.8	—	0.02	—	—	0.10	V: 0.05~0.15 B: 0.001~0.01	0.07~0.16	0.10~0.25	0.05	0.15	余量	LY20
39	2A21	0.20	0.20~0.6	3.0~4.0	0.05	0.8~1.2	—	1.8~2.3	0.20	—	0.05	—	0.05	0.15	余量	—
40	2A23	0.05	0.06	1.8~2.8	0.20~0.6	0.6~1.2	—	—	0.15	Li: 0.30~0.9	0.15	0.06~0.16	0.10	0.15	余量	—
41	2A24	0.20	0.30	3.8~4.8	0.6~0.9	1.2~1.8	0.10	—	0.25	—	Ti+Zr: 0.20	0.08~0.12	0.05	0.15	余量	—
42	2A25	0.06	0.06	3.6~4.2	0.50~0.7	1.0~1.5	—	0.06	—	—	—	—	0.05	0.10	余量	—
43	2B25	0.05	0.15	3.1~4.0	0.20~0.8	1.2~1.8	—	0.15	0.10	Be: 0.0003~0.0008	0.03~0.07	0.08~0.25	0.05	0.10	余量	—

（续）

序号	牌号	化学成分（质量分数，%）											其他		Al	旧牌号
		Si	Fe	Cu	Mn	Mg	Cr	Ni	Zn		Ti	Zr	单个	合计		
44	2A39	0.05	0.06	3.4~5.0	0.30~0.8	0.30~0.8	—	—	0.30	Ag: 0.30~0.6	0.15	0.10~0.25	0.10	0.15	余量	—
45	2A40	0.25	0.35	4.5~5.2	0.40~0.6	0.50~1.0	0.10~0.20	—	—	—	0.04~0.12	0.10~0.25	0.05	0.15	余量	—
46	2A49	0.25	0.8~1.2	3.2~3.8	0.30~0.6	1.8~2.2	—	0.8~1.2	—	—	0.08~0.12	—	0.05	0.15	余量	—
47	2A50	0.7~1.2	0.7	1.8~2.6	0.40~0.8	0.40~0.8	—	0.10	0.30	Fe+Ni: 0.7	0.15	—	0.05	0.10	余量	LD5
48	2B50	0.7~1.2	0.7	1.8~2.6	0.40~0.8	0.40~0.8	0.01~0.20	0.10	0.30	Fe+Ni: 0.7	0.02~0.10	—	0.05	0.10	余量	LD6
49	2A70	0.35	0.9~1.5	1.9~2.5	0.20	1.4~1.8	—	0.9~1.5	0.30	—	0.02~0.10	—	0.05	0.10	余量	LD7
50	2B70	0.25	0.9~1.4	1.8~2.7	0.20	1.2~1.8	—	0.8~1.4	0.15	Pb: 0.05, Sn: 0.05	0.10	Ti+Zr: 0.20	0.05	0.15	余量	—
51	2D70	0.10~0.25	0.9~1.4	2.0~2.6	0.10	1.2~1.8	0.10	0.9~1.4	0.10	—	0.05~0.10	—	0.05	0.10	余量	—
52	2A80	0.50~1.2	1.0~1.6	1.9~2.5	0.20	1.4~1.8	—	0.9~1.5	0.30	—	0.15	—	0.05	0.10	余量	LD8
53	2A90	0.50~1.0	0.50~1.0	3.5~4.5	0.20	0.40~0.8	—	1.8~2.3	0.30	—	0.15	—	0.05	0.10	余量	LD9
54	2A97	0.15	0.15	2.0~3.2	0.20~0.6	0.25~0.50	—	—	0.17~1.0	Be: 0.001~0.10, Li: 0.8~2.3	0.001~0.10	0.08~0.20	0.05	0.15	余量	—
55	3A21	0.6	0.7	0.20	1.0~1.6	0.05	—	—	0.10②	—	0.15	—	0.05	0.10	余量	LF21

（续）

序号	牌号	化学成分（质量分数，%）											其他		Al	旧牌号
		Si	Fe	Cu	Mn	Mg	Cr	Ni	Zn		Ti	Zr	单个	合计		
56	4A01	4.5~6.0	0.6	0.20	—	—	—	—	Zn+Sn: 0.10	—	0.15	—	0.05	0.15	余量	LT1
57	4A11	11.5~13.5	1.0	0.50~1.3	0.20	0.8~1.3	0.10	0.50~1.3	0.25	—	0.15	—	0.05	0.15	余量	LD11
58	4A13	6.8~8.2	0.50	Cu+Zn: 0.15	0.50	0.05	—	—	—	Ca: 0.10	0.15	—	0.05	0.15	余量	LT13
59	4A17	11.0~12.5	0.50	Cu+Zn: 0.15	0.50	0.05	—	—	—	Ca: 0.10	0.15	—	0.05	0.15	余量	LT17
60	4A91	1.0~4.0	0.7	0.7	1.2	1.0	0.20	0.20	1.2	—	0.20	—	0.05	0.15	余量	—
61	5A01	Si+Fe: 0.40		0.10	0.30~0.7	6.0~7.0	0.10~0.20	—	0.25	—	0.15	0.10~0.20	0.05	0.15	余量	LF15
62	5A02	0.40	0.40	0.10	或Cr: 0.15~0.40	2.0~2.8	—	—	—	Si+Fe: 0.6	0.15	—	0.05	0.15	余量	LF2
63	5B02	0.40	0.40	0.10	0.20~0.6	1.8~2.6	0.05	—	0.20	—	0.10	—	0.05	0.10	余量	—
64	5A03	0.50~0.8	0.50	0.10	0.30~0.6	3.2~3.8	—	—	0.20	—	0.15	—	0.05	0.10	余量	LF3
65	5A05	0.50	0.50	0.10	0.30~0.6	4.8~5.5	—	—	0.20	—	—	—	0.05	0.10	余量	LF5
66	5B05	0.40	0.40	0.20	0.20~0.6	4.7~5.7	—	—	—	Si+Fe: 0.6	0.15	—	0.05	0.10	余量	LF10
67	5A06	0.40	0.40	0.10	0.50~0.8	5.8~6.8	—	—	0.20	Be: 0.0001~0.005①	0.02~0.10	—	0.05	0.10	余量	LF6

（续）

化学成分（质量分数，%）

序号	牌号	Si	Fe	Cu	Mn	Mg	Cr	Ni	Zn	其他	Ti	Zr	单个	合计	Al	旧牌号
68	5B06	0.40	0.40	0.10	0.50~0.8	5.8~6.8	—	—	0.20	Be: 0.0001~0.005①	0.10~0.30	—	0.05	0.10	余量	LF14
69	5A12	0.30	0.30	0.05	0.40~0.8	8.3~9.6	—	0.10	0.20	Be: 0.005 Sb: 0.004~0.05	0.05~0.15	—	0.05	0.10	余量	LF12
70	5A13	0.30	0.30	0.05	0.40~0.8	9.2~10.5	—	0.10	0.20	Be: 0.005 Sb: 0.004~0.05	0.05~0.15	—	0.05	0.10	余量	LF13
71	5A25	0.20	0.30	—	0.05~0.50	5.0~6.3	—	—	—	Be: 0.0002~0.002 Sc: 0.10~0.40	0.10	0.06~0.20	0.10	0.15	余量	—
72	5A30	Si+Fe: 0.40		0.10	0.50~1.0	4.7~5.5	—	—	0.25	Cr: 0.05~0.20	0.03~0.15	—	0.05	0.10	余量	LF16
73	5A33	0.35	0.35	0.10	0.10	6.0~7.5	—	—	0.50~1.5	Be: 0.0005~0.005①	0.05~0.15	0.10~0.30	0.05	0.10	余量	LF33
74	5A41	0.40	0.40	0.10	0.30~0.6	6.0~7.0	—	—	0.20	—	0.02~0.10	—	0.05	0.10	余量	LT41
75	5A43	0.40	0.40	0.10	0.15~0.40	0.6~1.4	—	—	—	—	0.15	—	0.05	0.15	余量	LF43
76	5A56	0.15	0.20	0.10	0.30~0.40	5.5~6.5	0.10~0.20	—	0.50~1.0	—	0.10~0.18	—	0.05	0.15	余量	—
77	5A66	0.005	0.01	0.005	—	1.5~2.0	—	—	0.05	—	—	—	0.005	0.01	余量	LT66
78	5A70	0.15	0.25	0.05	0.30~0.7	5.5~6.3	—	—	—	Sc: 0.15~0.30 Be: 0.0005~0.005	0.02~0.05	0.05~0.15	0.05	0.15	余量	—
79	5B70	0.10	0.20	0.05	0.15~0.40	5.5~6.5	—	—	0.05	Sc: 0.20~0.40 Be: 0.0005~0.005	0.02~0.05	0.10~0.20	0.05	0.15	余量	—

（续）

化学成分（质量分数，%）

序号	牌号	Si	Fe	Cu	Mn	Mg	Cr	Ni	Zn	其他	Ti	Zr	单个	合计	Al	旧牌号
80	5A71	0.20	0.30	0.05	0.30~0.7	5.8~6.8	0.10~0.20	—	0.05	Sc：0.20~0.35 Be：0.0005~0.005	0.05~0.15	0.05~0.15	0.05	0.15	余量	—
81	5B71	0.20	0.30	0.10	0.30	5.8~6.8	0.30	—	0.30	Sc：0.30~0.50 Be：0.0005~0.005 B：0.003	0.02~0.05	0.08~0.15	0.05	0.15	余量	—
82	5A90	0.15	0.20	0.05	—	4.5~6.0	—	—	0.25	Na：0.005 Li：1.9~2.3	0.10	0.08~0.15	0.05	0.15	余量	—
83	6A01	0.40~0.9	0.35	0.35	0.50	0.40~0.8	—	—	0.20	Mn+Cr：0.50	—	—	0.05	0.10	余量	6N01
84	6A02	0.50~1.2	0.50	0.20~0.6	或 Cr0.15~0.35	0.45~0.9	—	—	0.20	—	0.15	—	0.05	0.10	余量	LD2
85	6B02	0.7~1.1	0.40	0.10~0.40	0.10~0.8	0.40~0.8	—	—	0.15	—	0.01~0.04	—	0.05	0.10	余量	LD2-1
86	6R05	0.40~0.9	0.30~0.50	0.15~0.25	0.10	0.20~0.6	0.10	—	—	RE：0.10~0.20	0.10	—	0.05	0.15	余量	—
87	6A10	0.7~1.1	0.50	0.30~0.8	0.30~0.9	0.7~1.1	0.05~0.25	—	0.20	—	0.02~0.10	0.04~0.20	0.05	0.15	余量	—
88	6A51	0.50~0.7	0.50	0.15~0.35	—	0.45~0.6	—	—	0.25	Sn：0.15~0.35	0.01~0.04	—	0.05	0.15	余量	—
89	6A60	0.7~1.1	0.30	0.6~0.8	0.50~0.7	0.7~1.0	—	—	0.20~0.40	Ag：0.30~0.50	0.04~0.12	0.10~0.20	0.05	0.15	余量	—
90	7A01	0.30	0.30	0.01	—	—	—	—	0.9~1.3	Si+Fe：0.45	—	—	0.03	—	余量	LB1

（续）

序号	牌号	化学成分（质量分数，%）											其他		Al	旧牌号
		Si	Fe	Cu	Mn	Mg	Cr	Ni	Zn		Ti	Zr	单个	合计		
91	7A03	0.20	0.20	1.8~2.4	0.10	1.2~1.6	0.05	—	6.0~6.7	—	0.02~0.08	—	0.05	0.10	余量	LC3
92	7A04	0.50	0.50	1.4~2.0	0.20~0.6	1.8~2.8	0.10~0.25	—	5.0~7.0	—	0.10	—	0.05	0.10	余量	LC4
93	7B04	0.10	0.05~0.25	1.4~2.0	0.20~0.6	1.8~2.8	0.10~0.25	0.10	5.0~6.5	—	0.05	—	0.05	0.10	余量	—
94	7C04	0.30	0.30	1.4~2.0	0.30~0.50	2.0~2.6	0.10~0.25	—	5.5~6.5	—	—	—	0.05	0.10	余量	—
95	7D04	0.10	0.15	1.4~2.2	0.10	2.0~2.6	0.05	—	5.5~6.7	Be：0.02~0.07	0.10	0.08~0.16	0.05	0.10	余量	—
96	7A05	0.25	0.25	0.20	0.15~0.40	1.1~1.7	0.05~0.15	—	4.4~5.0	—	0.02~0.06	0.10~0.25	0.05	0.15	余量	—
97	7B05	0.30	0.35	0.20	0.20~0.7	1.0~2.0	0.30	—	4.0~5.0	V：0.10	0.20	0.25	0.05	0.10	余量	7N01
98	7A09	0.50	0.50	1.2~2.0	0.15	2.0~3.0	0.16~0.30	—	5.1~6.1	—	0.10	—	0.05	0.10	余量	LC9
99	7A10	0.30	0.30	0.50~1.0	0.20~0.35	3.0~4.0	0.10~0.20	—	3.2~4.2	—	0.10	—	0.05	0.10	余量	LC10
100	7A12	0.10	0.06~0.15	0.8~1.2	0.10	1.6~2.2	0.05	—	6.3~7.2	Be：0.0001~0.02	0.03~0.06	0.10~0.18	0.05	0.10	余量	—
101	7A15	0.50	0.50	0.50~1.0	0.10~0.40	2.4~3.0	0.10~0.30	—	4.4~5.4	Be：0.005~0.01	0.05~0.15	—	0.05	0.15	余量	LC15
102	7A19	0.30	0.40	0.08~0.30	0.30~0.50	1.3~1.9	0.10~0.20	—	4.5~5.3	Be：0.0001~0.004①	—	0.08~0.20	0.05	0.15	余量	LC19

（续）

序号	牌号	化学成分（质量分数，%）											其他		Al	旧牌号
		Si	Fe	Cu	Mn	Mg	Cr	Ni	Zn		Ti	Zr	单个	合计		
103	7A31	0.30	0.6	0.10~0.40	0.20~0.40	2.5~3.3	0.10~0.20	—	3.6~4.5	Be: 0.0001~0.001①	0.02~0.10	0.08~0.25	0.05	0.15	余量	—
104	7A33	0.25	0.30	0.25~0.55	0.05	2.2~2.7	0.10~0.20	—	4.6~5.4	—	0.05	—	0.05	0.10	余量	—
105	7B50	0.12	0.15	1.8~2.6	0.10	2.0~2.8	0.04	—	6.0~7.0	Be: 0.0002~0.002	0.10	0.08~0.16	0.10	0.15	余量	—
106	7A52	0.25	0.30	0.05~0.20	0.20~0.50	2.0~2.8	0.15~0.25	—	4.0~4.8	—	0.05~0.18	0.05~0.15	0.05	0.15	余量	LC52
107	7A55	0.10	0.10	1.8~2.5	0.05	1.8~2.8	0.04	0.20	7.5~8.5	—	0.01~0.05	0.08~0.20	0.10	0.15	余量	—
108	7A68	0.15	0.35	2.0~2.6	0.15~0.40	1.6~2.5	0.10~0.20	—	6.5~7.2	Be: 0.005	0.05~0.20	0.05~0.20	0.05	0.15	余量	—
109	7B68	0.05	0.05	2.0~2.6	0.05	1.8~2.8	0.40	—	7.8~9.0	—	0.01~0.05	0.08~0.25	0.10	0.15	余量	—
110	7D68	0.12	0.25	2.0~2.6	0.10	2.3~3.0	0.05	—	8.0~9.0	Be: 0.0002~0.002	0.03	0.10~0.20	0.05	0.10	余量	7A60
111	7A85	0.05	0.08	1.2~2.0	0.10	1.2~2.0	0.05	—	7.0~8.2	—	0.05	0.08~0.16	0.05	0.15	余量	—
112	7A88	0.50	0.75	1.0~2.0	0.20~0.6	1.5~2.8	0.05~0.20	—	4.5~6.0	—	0.10	—	0.10	0.20	余量	—
113	8A01	0.05~0.30	0.18~0.40	0.15~0.35	0.08~0.35	—	—	0.20	—	—	0.01~0.03	—	0.05	0.15	余量	—
114	8A06	0.55	0.50	0.10	0.10	0.10	—	—	0.10	Si+Fe: 1.0	—	—	0.05	0.15	余量	L6

① 铍含量均按规定加入，可不作分析。
② 用于铆钉线材的 3A21 合金，w(Zn) 不大于 0.03%。

7.2　铝及铝合金板与带

7.2.1　一般工业用铝及铝合金板与带的一般要求

1. 一般工业用铝及铝合金板与带的牌号系列与类别（表7-9）

表7-9　铝及铝合金板与带的牌号系列与类别（GB/T 3880.1—2012）

牌号系列	铝或铝合金类别	
	A	B
1×××	所有	—
2×××	—	所有
3×××	Mn 的最大质量分数不大于1.8%，Mg 的最大质量分数不大于1.8%，Mn 的最大质量分数与 Mg 的最大质量分数之和不大于2.3%，如：3003、3103、3005、3105、3102、3A21	A 类外的其他合金，如：3004、3104
4×××	Si 的最大质量分数不大于2%，如：4006、4007	A 类外的其他合金，如：4015
5×××	Mg 的最大质量分数不大于1.8%，Mn 的最大质量分数不大于1.8%，Mg 的最大质量分数与 Mn 的最大质量分数之和不大于2.3%，如：5005、5005A、5050	A 类外的其他合金，如：5A02、5A03、5A05、5A06、5040、5049、5449、5251、5052、5154A、5454、5754、5082、5182、5083、5383、5086
6×××	—	所有
7×××	—	所有
8×××	不可热处理强化的合金，如：8A06、8011、8011A、8079	可热处理强化的合金

2. 铝及铝合金板与带的尺寸偏差等级（表7-10）

表7-10　铝及铝合金板带材的尺寸偏差等级（GB/T 3880.1—2012）

尺寸项目	尺寸偏差等级	
	板　材	带　材
厚度	冷轧板材：高精级、普通级 热轧板材：不分级	冷轧带材：高精级、普通级 热轧带材：不分级
宽度	冷轧板材：高精级、普通级 热轧板材：不分级	冷轧带材：高精级、普通级 热轧带材：不分级
长度	冷轧板材：高精级、普通级 热轧板材：不分级	—
不平度	高精级、普通级	—
侧边弯曲度	冷轧板材：高精级、普通级 热轧板材：高精级、普通级	冷轧带材：高精级、普通级 热轧带材：不分级
对角线	高精级、普通级	—

3. 一般工业用铝及铝合金板与带的厚度（表7-11）

表7-11 一般工业用铝及铝合金板与带的厚度（GB/T 3880.1—2012）

牌号	铝或铝合金类别	状 态	板材厚度/mm	带材厚度/mm
1A97、1A93、1A90、1A85	A	F	>4.50~150.00	—
		H112	>4.50~80.00	—
1080A	A	O、H111	>0.20~12.50	—
		H12、H22、H14、H24	>0.20~6.00	—
		H16、H26	>0.20~4.00	>0.20~4.00
		H18	>0.20~3.00	>0.20~3.00
		H112	>6.00~25.00	—
		F	>2.50~6.00	—
1070	A	O	>0.20~50.00	>0.20~6.00
		H12、H22、H14、H24	>0.20~6.00	>0.20~6.00
		H16、H26	>0.20~4.00	>0.20~4.00
		H18	>0.20~3.00	>0.20~3.00
		H112	>4.50~75.00	—
		F	>4.50~150.00	>2.50~8.00
1070A	A	O、H111	>0.20~25.00	—
		H12、H22、H14、H24	>0.20~6.00	—
		H16、H26	>0.20~4.00	—
		H18	>0.20~3.00	—
		H112	>6.00~25.00	—
		F	>4.50~150.00	>2.50~8.00
1060	A	O	>0.20~80.00	>0.20~6.00
		H12、H22	>0.50~6.00	>0.50~6.00
		H14、H24	>0.20~6.00	>0.20~6.00
		H16、H26	>0.20~4.00	>0.20~4.00
		H18	>0.20~3.00	>0.20~3.00
		H112	>4.50~80.00	—
		F	>4.50~150.00	>2.50~8.00
1050	A	O	>0.20~50.00	>0.20~6.00
		H12、H22、H14、H24	>0.20~6.00	>0.20~6.00
		H16、H26	>0.20~4.00	>0.20~4.00
		H18	>0.20~3.00	>0.20~3.00
		H112	>4.50~75.00	—
		F	>4.50~150.00	>2.50~8.00

（续）

牌号	铝或铝合金类别	状 态	板材厚度/mm	带材厚度/mm
1050A	A	O	>0.20~80.00	>0.20~6.00
		H111	>0.20~80.00	—
		H12、H22、H14、H24	>0.20~6.00	>0.20~6.00
		H16、H26	>0.20~4.00	>0.20~4.00
		H18、H28、H19	>0.20~3.00	>0.20~3.00
		H112	>6.00~80.00	—
		F	>4.50~150.00	>2.50~8.00
1145	A	O	>0.20~10.00	>0.20~6.00
		H12、H22、H14、H24、H16、H26、H18	>0.20~4.50	>0.20~4.50
		H112	>4.50~25.00	—
		F	>4.50~150.00	>2.50~8.00
1235	A	O	>0.20~1.00	>0.20~1.00
		H12、H22	>0.20~4.50	>0.20~4.50
		H14、H24	>0.20~3.00	>0.20~3.00
		H16、H26	>0.20~4.00	>0.20~4.00
		H18	>0.20~3.00	>0.20~3.00
1100	A	O	>0.20~80.00	>0.20~6.00
		H12、H22、H14、H24	>0.20~6.00	>0.20~6.00
		H16、H26	>0.20~4.00	>0.20~4.00
		H18、H28	>0.20~3.20	>0.20~3.20
		H112	>6.00~80.00	—
		F	>4.50~150.00	>2.50~8.00
1200	A	O	>0.20~80.00	>0.20~6.00
		H111	>0.20~80.00	—
		H12、H22、H14、H24	>0.20~6.00	>0.20~6.00
		H16、H26	>0.20~4.00	>0.20~4.00
		H18、H19	>0.20~3.00	>0.20~3.00
		H112	>6.00~80.00	—
		F	>4.50~150.00	>2.50~8.00
2A11、包铝2A11	B	O	>0.50~10.00	>0.50~6.00
		T1	>4.50~80.00	—
		T3、T4	>0.50~10.00	—
		F	>4.50~150.00	—
2A12、包铝2A12	B	O	>0.50~10.00	—
		T1	>4.50~80.00	—

（续）

牌号	铝或铝合金类别	状　态	板材厚度/mm	带材厚度/mm
2A12、包铝 2A12	B	T3、T4	>0.50~10.00	—
		F	>4.50~150.00	—
2A14	B	O	0.50~10.00	—
		T1	>4.50~40.00	—
		T6	0.50~10.00	—
		F	>4.50~150.00	—
2E12、包铝 2E12	B	T3	0.80~6.00	—
2014	B	O	>0.40~25.00	—
		T3	>0.40~6.00	—
		T4	>0.40~100.00	—
		T6	>0.40~160.00	—
		F	>4.50~150.00	—
包铝 2014	B	O	>0.50~25.00	—
		T3	>0.50~6.30	—
		T4	>0.50~6.30	—
		T6	>0.50~6.30	—
		F	>4.50~150.00	—
2014A、包铝 2014A	B	O	>0.20~6.00	—
		T4	>0.20~80.00	—
		T6	>0.20~140.00	—
2024	B	O	>0.40~25.00	>0.50~6.00
		T3	>0.40~150.00	—
		T4	>0.40~6.00	—
		T8	>0.40~40.00	—
		F	>4.50~80.00	—
包铝 2024	B	O	>0.20~45.50	—
		T3	>0.20~6.00	—
		T4	>0.20~3.20	—
		F	>4.50~80.00	—
2017、包铝 2017	B	O	>0.40~25.00	>0.50~6.00
		T3、T4	>0.40~6.00	—
		F	>4.50~150.00	—
2017A、包铝 2017A	B	O	0.40~25.00	—
		T4	0.40~200.00	—

（续）

牌号	铝或铝合金类别	状　态	板材厚度/mm	带材厚度/mm
2219、包铝2219	B	O	>0.50~50.00	—
		T81	>0.50~6.30	—
		T87	>1.00~12.50	—
3A21	A	O	>0.20~10.00	—
		H14	>0.80~4.50	—
		H24、H18	>0.20~4.50	—
		H112	>4.50~80.00	—
		F	>4.50~150.00	—
3102	A	H18	>0.20~3.00	>0.20~3.00
3003	A	O	>0.20~50.00	>0.20~6.00
		H111	>0.20~50.00	—
		H12、H22、H14、H24	>0.20~5.00	>0.20~6.00
		H16、H26	>0.20~4.00	>0.20~4.00
		H18、H28、H19	>0.20~3.00	>0.20~3.00
		H112	>4.50~80.00	—
		F	>4.50~150.00	>2.50~8.00
3103	A	O、H111	>0.20~50.00	—
		H12、H22、H14、H24、H16	>0.20~6.00	—
		H26	>0.20~4.00	—
		H18、H28、H19	>0.20~3.00	—
		H112	>4.50~80.00	—
		F	>20.00~80.00	—
3004	B	O	>0.20~50.00	>0.20~6.00
		H111	>0.20~50.00	—
		H12、H22、H32、H14	>0.20~6.00	>0.20~6.00
		H24、H34、H26、H36、H18	>0.20~3.00	>0.20~3.00
		H16	>0.20~4.00	>0.20~4.00
		H28、H38、H19	>0.20~1.50	>0.20~1.50
		H112	>4.50~80.00	—
		F	>6.00~80.00	>2.50~8.00
3104	B	O	>0.20~3.00	>0.20~3.00
		H111	>0.20~3.00	—
		H12、H22、H32	>0.50~3.00	>0.50~3.00
		H14、H24、H34、H16、H26、H36	>0.20~3.00	>0.20~3.00
		H18、H28、H38、H19、H29、H39	>0.20~0.50	>0.20~0.50
		F	>6.00~80.00	>2.50~8.00

（续）

牌号	铝或铝合金类别	状态	板材厚度/mm	带材厚度/mm
3005	A	O	>0.20~6.00	>0.20~6.00
		H111	>0.20~6.00	—
		H12、H22、H14	>0.20~6.00	>0.20~6.00
		H24	>0.20~3.00	>0.20~3.00
		H16	>0.20~4.00	>0.20~4.00
		H26、H18、H28	>0.20~3.00	>0.20~3.00
		H19	>0.20~1.50	>0.20~1.50
		F	>6.00~80.00	>2.50~8.00
3105	A	O、H12、H22、H14、H24、H16、H26、H18	>0.20~3.00	>0.20~3.00
		H111	>0.20~3.00	—
		H28、H19	>0.20~1.50	>0.20~1.50
		F	>6.00~80.00	>2.50~8.00
4006	A	O	>0.20~6.00	—
		H12、H14	>0.20~3.00	—
		F	2.50~6.00	—
4007	A	O、H111	>0.20~12.50	—
		H12	>0.20~3.00	—
		F	2.50~6.00	—
4015	B	O、H111	>0.20~3.00	—
		H12、H14、H16、H18	>0.20~3.00	—
5A02	B	O	>0.50~10.00	—
		H14、H24、H34、H18	>0.50~4.50	—
		H112	>4.50~80.00	—
		F	>4.50~150.00	—
5A03	B	O、H14、H24、H34	>0.50~4.50	>0.50~4.50
		H112	>4.50~50.00	—
		F	>4.50~150.00	—
5A05	B	O	>0.50~4.50	>0.50~4.50
		H112	>4.50~50.00	—
		F	>4.50~150.00	—
5A06	B	O	0.50~4.50	>0.50~4.50
		H112	>4.50~50.00	—
		F	>4.50~150.00	—

（续）

牌号	铝或铝合金类别	状　态	板材厚度/mm	带材厚度/mm
5005、5005A	A	O	>0.20~50.00	>0.20~6.00
		H111	>0.20~50.00	—
		H12、H22、H32、H14、H24、H34	>0.20~6.00	>0.20~6.00
		H16、H26、H36	>0.20~4.00	>0.20~4.00
		H18、H28、H38、H19	>0.20~3.00	>0.20~3.00
		H112	>6.00~80.00	—
		F	4.50~150.00	>2.50~8.00
5040	B	H24、H34	0.80~1.80	—
		H26、H36	1.00~2.00	—
5049	B	O、H111	>0.20~100.00	—
		H12、H22、H32、H14、H24、H34、H16、H26、H36	>0.20~6.00	—
		H18、H28、H38	>0.20~3.00	—
		H112	6.00~80.00	—
5449	B	O、H111、H22、H24、H26、H28	>0.50~3.00	—
5050	A	O、H111	>0.20~50.00	—
		H12	>0.20~3.00	—
		H22、H32、H14、H24、H34	>0.20~6.00	—
		H16、H26、H36	>0.20~4.00	—
		H18、H28、H38	>0.20~3.00	—
		H112	6.00~80.00	—
		F	2.50~80.00	—
5251	B	O、H111	>0.20~50.00	—
		H12、H22、H32、H14、H24、H34	>0.20~6.00	—
		H16、H26、H36	>0.20~4.00	—
		H18、H28、H38	>0.20~3.00	—
		F	2.50~80.00	—
5052	B	O	>0.20~80.00	>0.20~6.00
		H111	>0.20~80.00	—
		H12、H22、H32、H14、H24、H34、H16、H26、H36	>0.20~6.00	>0.20~6.00
		H18、H28、H38	>0.20~3.00	>0.20~3.00
		H112	>6.00~80.00	—
		F	>2.50~150.00	>2.50~8.00

（续）

牌号	铝或铝合金类别	状 态	板材厚度/mm	带材厚度/mm
5154A	B	O、H111	>0.20~50.00	—
		H12、H22、H32、H14、H24、H34、H26、H36	>0.20~6.00	>0.20~6.00
		H18、H28、H38	>0.20~3.00	>0.20~3.00
		H19	>0.20~1.50	>0.20~1.50
		H112	6.00~80.00	—
		F	>2.50~80.00	—
5454	B	O、H111	>0.20~80.00	—
		H12、H22、H32、H14、H24、H34、H26、H36	>0.20~6.00	—
		H28、H38	>0.20~3.00	—
		H112	6.00~120.00	—
		F	>4.50~150.00	—
5754	B	O、H111	>0.20~100.00	—
		H12、H22、H32、H14、H24、H34、H16、H26、H36	>0.20~6.00	—
		H18、H28、H38	>0.20~3.00	—
		H112	6.00~80.00	—
		F	>4.50~150.00	—
5082	B	H18、H38、H19、H39	>0.20~0.50	>0.20~0.50
		F	>4.50~150.00	—
5182	B	O	>0.20~3.00	>0.20~3.00
		H111	>0.20~3.00	—
		H19	>0.20~1.50	>0.20~1.50
5083	B	O	>0.20~200.00	>0.20~4.00
		H111	>0.20~200.00	—
		H12、H22、H32、H14、H24、H34	>0.20~6.00	>0.20~6.00
		H16、H26、H36	>0.20~4.00	—
		H116、H321	>1.50~80.00	—
		H112	>6.00~120.00	—
		F	>4.50~150.00	—
5383	B	O、H111	>0.20~150.00	—
		H22、H32、H24、H34	>0.20~6.00	—
		H116、H321	>1.50~80.00	—
		H112	>6.00~80.00	—

（续）

牌号	铝或铝合金类别	状　态	板材厚度/mm	带材厚度/mm
5086	B	O、H111	>0.20~150.00	—
		H12、H22、H32、H14、H24、H34	>0.20~6.00	—
		H16、H26、H36	>0.20~4.00	—
		H18	>0.20~3.00	—
		H116、H321	>1.50~50.00	—
		H112	>6.00~80.00	—
		F	>4.50~150.00	—
6A02	B	O、T4、T6	>0.50~10.00	—
		T1	>4.50~80.00	—
		F	>4.50~150.00	—
6061	B	O	0.40~25.00	0.40~6.00
		T4	0.40~80.00	—
		T6	0.40~100.00	—
		F	>4.50~150.00	>2.50~8.00
6016	B	T4、T6	0.40~3.00	—
6063	B	O	0.50~20.00	—
		T4、T6	0.50~10.00	—
6082	B	O	0.40~25.00	—
		T4	0.40~80.00	—
		T6	0.40~12.50	—
		F	>4.50~150.00	—
7A04、包铝7A04 7A09、包铝7A09	B	O、T6	>0.50~10.00	—
		T1	>4.50~40.00	—
		F	>4.50~150.00	—
7020	B	O、T4	0.40~12.50	—
		T6	0.40~200.00	—
7021	B	T6	1.50~6.00	—
7022	B	T6	3.00~200.00	—
7075	B	O	>0.40~75.00	—
		T6	>0.40~60.00	—
		T76	>1.50~12.50	—
		T73	>1.50~100.00	—
		F	>6.00~50.00	—
包铝7075	B	O	>0.39~50.00	—
		T6	>0.39~6.30	—

（续）

牌号	铝或铝合金类别	状　态	板材厚度/mm	带材厚度/mm
包铝 7075	B	T76	>3.10~6.30	—
		F	>6.00~100.00	—
7475	B	T6	>0.35~6.00	—
		T76、T761	1.00~6.50	—
包铝 7475	B	O、T761	1.00~6.50	—
8A06	A	O	>0.20~10.00	—
		H14、H24、H18	>0.20~4.50	—
		H112	>4.50~80.00	—
		F	>4.50~150.00	>2.50~8.00
8011	—	H14、H24、H16、H26	>0.20~0.50	>0.20~0.50
		H18	0.20~0.50	0.20~0.50
8011A	A	O	>0.20~12.50	>0.20~6.00
		H111	>0.20~12.50	—
		H22	>0.20~3.00	>0.20~3.00
		H14、H24	>0.20~6.00	>0.20~6.00
		H16、H26	>0.20~4.00	>0.20~4.00
		H18	>0.20~3.00	>0.20~3.00
8079	A	H14	>0.20~0.50	>0.20~0.50

4. 一般工业用铝及铝合金板与带的宽度和长度（表 7-12）

表 7-12　一般工业用铝及铝合金板带材的宽度和长度

（GB/T 3880.1—2012）　　　　　　　　　　（单位：mm）

板、带材厚度	板材的宽度和长度		带材的宽度和内径	
	板材的宽度	板材的长度	带材的宽度	带材的内径
>0.20~0.50	500.0~1660.0	500~4000	≤1800.0	75、150、200、300、405、505、605、650、750
>0.50~0.80	500.0~2000.0	500~10000	≤2400.0	
>0.80~1.20	500.0~2400.0①	1000~10000	≤2400.0	
>1.20~3.00	500.0~2400.0	1000~10000	≤2400.0	
>3.00~8.00	500.0~2400.0	1000~15000	≤2400.0	
>8.00~15.00	500.0~2500.0	1000~15000	—	—
>15.00~250.00	500.0~3500.0	1000~20000	—	—

注：带材是否带套筒及套筒材质，由供需双方商定后在订货单（或合同）中注明。

① A 类合金最大宽度为 2000.0mm。

7.2.2　一般工业用铝及铝合金板与带的力学性能

一般工业用铝及铝合金板与带的力学性能如表 7-13 所示。

表 7-13　一般工业用铝及铝合金板与带的力学性能（GB/T 3880.2—2012）

牌号	包铝分类	供应状态	试样状态	厚度/mm	抗拉强度 R_m /MPa	规定塑性延伸强度 $R_{p0.2}$/MPa	断后伸长率①（%） A_{50mm}	断后伸长率①（%） A	弯曲半径② 90°	弯曲半径② 180°
					≥					
1A97 1A93	—	H112	H112	>4.50~80.00	附实测值				—	—
		F	—	>4.50~150.00	—				—	—
1A90 1A85	—	H112	H112	>4.50~12.50	60	—	21	—	—	—
				>12.50~20.00			—	19	—	—
				>20.00~80.00	附实测值				—	—
		F	—	>4.50~150.00	—				—	—
1080A	—	O H111	O H111	>0.20~0.50	60~90	15	26	—	0t	0t
				>0.50~1.50			28	—	0t	0t
				>1.50~3.00			31	—	0t	0t
				>3.00~6.00			35	—	0.5t	0.5t
				>6.00~12.50			35	—	0.5t	0.5t
		H12	H12	>0.20~0.50	8~120	55	5	—	0t	0.5t
				>0.50~1.50			6	—	0t	0.5t
				>1.50~3.00			7	—	0.5t	0.5t
				>3.00~6.00			9	—	1.0t	—
		H22	H22	>0.20~0.50	80~120	50	8	—	0t	0.5t
				>0.50~1.50			9	—	0t	0.5t
				>1.50~3.00			11	—	0.5t	0.5t
				>3.00~6.00			13	—	1.0t	—
		H14	H14	>0.20~0.50	100~140	70	4	—	0t	0.5t
				>0.50~1.50			4	—	0.5t	0.5t
				>1.50~3.00			5	—	1.0t	1.0t
				>3.00~6.00			6	—	1.5t	—
		H24	H24	>0.20~0.50	100~140	60	5	—	0t	0.5t
				>0.50~1.50			6	—	0.5t	0.5t
				>1.50~3.00			7	—	1.0t	1.0t
				>3.00~6.00			9	—	1.5t	—
		H16	H16	>0.20~0.50	110~150	90	2	—	0.5t	1.0t
				>0.50~1.50			2	—	1.0t	1.0t
				>1.50~4.00			3	—	1.0t	1.0t
		H26	H26	>0.20~0.50	110~150	80	3	—	0.5t	—
				>0.50~1.50			3	—	1.0t	—
				>1.50~4.00			4	—	1.0t	—

（续）

牌号	包铝分类	供应状态	试样状态	厚度/mm	抗拉强度 R_m /MPa	规定塑性延伸强度 $R_{p0.2}$/MPa	断后伸长率[①] (%) A_{50mm}	A	弯曲半径[②] 90°	180°
						≥				
1080A	—	H18	H18	>0.20~0.50	125	105	2	—	1.0t	—
				>0.50~1.50	125	105	2	—	2.0t	—
				>1.50~3.00			2	—	2.5t	—
		H112	H112	>6.00~12.50	70	—	20	—	—	—
				>12.50~25.00	70	—	—	20	—	—
		F	—	2.50~25.00	—	—	—	—	—	—
1070	—	O	O	>0.20~0.30	55~95	—	15	—	0t	—
				>0.30~0.50			20	—	0t	—
				>0.50~0.80			25	—	0t	—
				>0.80~1.50		15	30	—	0t	—
				>1.50~6.00			35	—	0t	—
				>6.00~12.50			35	—	—	—
				>12.50~50.00			—	30	—	—
		H12	H12	>0.20~0.30	70~100	—	2	—	0t	—
				>0.30~0.50			3	—	0t	—
				>0.50~0.80			4	—	0t	—
				>0.80~1.50			6	—	0t	—
				>1.50~3.00		55	8	—	0t	—
				>3.00~6.00			9	—	0t	—
		H22	H22	>0.20~0.30	70	—	2	—	0t	—
				>0.30~0.50			3	—	0t	—
				>0.50~0.80			4	—	0t	—
				>0.80~1.50			6	—	0t	—
				>1.50~3.00		55	8	—	0t	—
				>3.00~6.00			9	—	0t	—
		H14	H14	>0.20~0.30	85~120	—	1	—	0.5t	—
				>0.30~0.50			2	—	0.5t	—
				>0.50~0.80			3	—	0.5t	—
				>0.80~1.50			4	—	1.0t	—
				>1.50~3.00		65	5	—	1.0t	—
				>3.00~6.00			6	—	1.0t	—
		H24	H24	>0.20~0.30	85	—	1	—	0.5t	—
				>0.30~0.50			2	—	0.5t	—

（续）

牌号	包铝分类	供应状态	试样状态	厚度/mm	抗拉强度 R_m /MPa	规定塑性延伸强度 $R_{p0.2}$/MPa	断后伸长率[①] (%)		弯曲半径[②]	
							A_{50mm}	A	90°	180°
					≥					
1070	—	H24	H24	>0.50~0.80	85	65	3	—	0.5t	—
				>0.80~1.50			4	—	1.0t	—
				>1.50~3.00			5	—	1.0t	—
				>3.00~6.00			6	—	1.0t	—
		H16	H16	>0.20~0.50	100~135	—	1	—	1.0t	—
				>0.50~0.80			2	—	1.0t	—
				>0.80~1.50		75	3	—	1.5t	—
				>1.50~4.00			4	—	1.5t	—
		H26	H26	>0.20~0.50	100		1	—	1.0t	—
				>0.50~0.80			2	—	1.0t	—
				>0.80~1.50		75	3	—	1.5t	—
				>1.50~4.00			4	—	1.5t	—
		H18	H18	>0.20~0.50	120	—	1	—	—	—
				>0.50~0.80			2	—	—	—
				>0.80~1.50			3	—	—	—
				>1.50~3.00			4	—	—	—
		H112	H112	>4.50~6.00	75	35	13	—	—	—
				>6.00~12.50	70	35	15	—	—	—
				>12.50~25.00	60	25	—	20	—	—
				>25.00~75.00	55	15	—	25	—	—
		F	—	>2.50~150.00			—		—	—
1070A	—	O H111	O H111	>0.20~0.50	60~90	15	23	—	0t	0t
				>0.50~1.50			25	—	0t	0t
				>1.50~3.00			29	—	0t	0t
				>3.00~6.00			32	—	0.5t	0.5t
				>6.00~12.50			35	—	0.5t	0.5t
				>12.50~25.00			—	32	—	—
		H12	H12	>0.20~0.50	80~120	55	5	—	0t	0.5t
				>0.50~1.50			6	—	0t	0.5t
				>1.50~3.00			7	—	0.5t	0.5t
				>3.00~6.00			9	—	1.0t	—
		H22	H22	>0.20~0.50	80~120	50	7	—	0t	0.5t
				>0.50~1.50			8	—	0t	0.5t

（续）

牌号	包铝分类	供应状态	试样状态	厚度/mm	抗拉强度 R_m /MPa	规定塑性延伸强度 $R_{p0.2}$/MPa	断后伸长率[①] (%)		弯曲半径[②]	
					≥		A_{50mm}	A	90°	180°
1070A	—	H22	H22	>1.50~3.00	80~120	50	10	—	0.5t	0.5t
				>3.00~6.00			12	—	1.0t	—
		H14	H14	>0.20~0.50	100~140	70	4	—	0t	0.5t
				>0.50~1.50			4	—	0.5t	0.5t
				>1.50~3.00			5	—	1.0t	1.0t
				>3.00~6.00			6	—	1.5t	—
		H24	H24	>0.20~0.50	100~140	60	5	—	0t	0.5t
				>0.50~1.50			6	—	0.5t	0.5t
				>1.50~3.00			7	—	1.0t	1.0t
				>3.00~6.00			9	—	1.5t	—
		H16	H16	>0.20~0.50	110~150	90	2	—	0.5t	1.0t
				>0.50~1.50			2	—	1.0t	1.0t
				>1.50~4.00			3	—	1.0t	1.0t
		H26	H26	>0.20~0.50	110~150	80	3	—	0.5t	—
				>0.50~1.50			3	—	1.0t	—
				>1.50~4.00			4	—	1.0t	—
		H18	H18	>0.20~0.50	125	105	2	—	1.0t	—
				>0.50~1.50			2	—	2.0t	—
				>1.50~3.00			2	—	2.5t	—
		H112	H112	>6.00~12.50	70	20	20	—	—	—
				>12.50~25.00		—	—	20	—	—
		F	—	2.50~150.00		—			—	—
1060	—	O	O	>0.20~0.30	60~100	15	15	—	—	—
				>0.30~0.50			18	—	—	—
				>0.50~1.50			23	—	—	—
				>1.50~6.00			25	—	—	—
				>6.00~80.00			25	22	—	—
		H12	H12	>0.50~1.50	80~120	60	6	—	—	—
				>1.50~6.00			12	—	—	—
		H22	H22	>0.50~1.50	80	60	6	—	—	—
				>1.50~6.00			12	—	—	—
		H14	H14	>0.20~0.30	95~135	70	1	—	—	—
				>0.30~0.50			2	—	—	—

（续）

牌号	包铝分类	供应状态	试样状态	厚度/mm	抗拉强度 R_m /MPa	规定塑性延伸强度 $R_{p0.2}$/MPa	断后伸长率[①]（%）		弯曲半径[②]	
							A_{50mm}	A	90°	180°
					≥					
1060	—	H14	H14	>0.50~0.80	95~135	70	2	—	—	—
				>0.80~1.50			4	—	—	—
				>1.50~3.00			6	—	—	—
				>3.00~6.00			10	—	—	—
		H24	H24	>0.20~0.30	95	70	1	—	—	—
				>0.30~0.50			2	—	—	—
				>0.50~0.80			2	—	—	—
				>0.80~1.50			4	—	—	—
				>1.50~3.00			6	—	—	—
				>3.00~6.00			10	—	—	—
		H16	H16	>0.20~0.30	110~155	75	1	—	—	—
				>0.30~0.50			2	—	—	—
				>0.50~0.80			2	—	—	—
				>0.80~1.50			3	—	—	—
				>1.50~4.00			5	—	—	—
		H26	H26	>0.20~0.30	110	75	1	—	—	—
				>0.30~0.50			2	—	—	—
				>0.50~0.80			2	—	—	—
				>0.80~1.50			3	—	—	—
				>1.50~4.00			5	—	—	—
		H18	H18	>0.20~0.30	125	85	1	—	—	—
				>0.30~0.50			2	—	—	—
				>0.50~1.50			3	—	—	—
				>1.50~3.00			4	—	—	—
		H112	H112	>4.50~6.00	75		10	—	—	—
				>6.00~12.50	75		10	—	—	—
				>12.50~40.00	70	—	—	18	—	—
				>40.00~80.00	60		—	22	—	—
		F	—	>2.50~150.00		—			—	—
1050	—	O	O	>0.20~0.50	60~100		15	—	0t	—
				>0.50~0.80			20	—	0t	—
				>0.80~1.50		20	25	—	0t	—
				>1.50~6.00			30	—	0t	—

（续）

牌号	包铝分类	供应状态	试样状态	厚度/mm	抗拉强度 R_m /MPa	规定塑性延伸强度 $R_{p0.2}$/MPa	断后伸长率[①]（%）		弯曲半径[②]	
							A_{50mm}	A	90°	180°
					≥					
1050	—	O	O	>6.00~50.00	60~100	20	28	28	—	—
		H12	H12	>0.20~0.30	80~120	—	2	—	0t	—
				>0.30~0.50			3	—	0t	—
				>0.50~0.80			4	—	0t	—
				>0.80~1.50		65	6	—	0.5t	—
				>1.50~3.00			8	—	0.5t	—
				>3.00~6.00			9	—	0.5t	—
		H22	H22	>0.20~0.30	80	—	2	—	0t	—
				>0.30~0.50			3	—	0t	—
				>0.50~0.80			4	—	0t	—
				>0.80~1.50		65	6	—	0.5t	—
				>1.50~3.00			8	—	0.5t	—
				>3.00~6.00			9	—	0.5t	—
		H14	H14	>0.20~0.30	95~130	—	1	—	0.5t	—
				>0.30~0.50			2	—	0.5t	—
				>0.50~0.80			3	—	0.5t	—
				>0.80~1.50		75	4	—	1.0t	—
				>1.50~3.00			5	—	1.0t	—
				>3.00~6.00			6	—	1.0t	—
		H24	H24	>0.20~0.30	95	—	1	—	0.5t	—
				>0.30~0.50			2	—	0.5t	—
				>0.50~0.80			3	—	0.5t	—
				>0.80~1.50		75	4	—	1.0t	—
				>1.50~3.00			5	—	1.0t	—
				>3.00~6.00			6	—	1.0t	—
		H16	H16	>0.20~0.50	120~150	—	1	—	2.0t	—
				>0.50~0.80			2	—	2.0t	—
				>0.80~1.50		85	3	—	2.0t	—
				>1.50~4.00			4	—	2.0t	—
		H26	H26	>0.20~0.50	120	—	1	—	2.0t	—
				>0.50~0.80			2	—	2.0t	—
				>0.80~1.50		85	3	—	2.0t	—
				>1.50~4.00			4	—	2.0t	—

（续）

牌号	包铝分类	供应状态	试样状态	厚度/mm	抗拉强度 R_m /MPa	规定塑性延伸强度 $R_{p0.2}$/MPa	断后伸长率[①]（%）		弯曲半径[②]	
					≥	≥	A_{50mm}	A	90°	180°
1050	—	H18	H18	>0.20~0.50	130	—	1	—	—	—
				>0.50~0.80			2	—	—	—
				>0.80~1.50			3	—	—	—
				>1.50~3.00			4	—	—	—
		H112	H112	>4.50~6.00	85	45	10	—	—	—
				>6.00~12.50	80	45	10	—	—	—
				>12.50~25.00	70	35	—	16	—	—
				>25.00~50.00	65	30	—	22	—	—
				>50.00~75.00	65	30	—	22	—	—
		F	—	>2.50~150.00		—			—	—
1050A	—	O H111	O H111	>0.20~0.50	>65~95	20	20	—	0t	0t
				>0.50~1.50			22	—	0t	0t
				>1.50~3.00			26	—	0t	0t
				>3.00~6.00			29	—	0.5t	0.5t
				>6.00~12.50			35	—	1.0t	1.0t
				>12.50~80.00			—	32	—	—
		H12	H12	>0.20~0.50	>85~125	65	2	—	0t	0.5t
				>0.50~1.50			4	—	0t	0.5t
				>1.50~3.00			5	—	0.5t	0.5t
				>3.00~6.00			7	—	1.0t	1.0t
		H22	H22	>0.20~0.50	>85~125	55	4	—	0t	0.5t
				>0.50~1.50			5	—	0t	0.5t
				>1.50~3.00			6	—	0.5t	0.5t
				>3.00~6.00			11	—	1.0t	1.0t
		H14	H14	>0.20~0.50	>105~145	85	2	—	0t	1.0t
				>0.50~1.50			2	—	0.5t	1.0t
				>1.50~3.00			4	—	1.0t	1.0t
				>3.00~6.00			5	—	1.5t	—
		H24	H24	>0.20~0.50	>105~145	75	3	—	0t	1.0t
				>0.50~1.50			4	—	0.5t	1.0t
				>1.50~3.00			5	—	1.0t	1.0t
				>3.00~6.00			8	—	1.5t	1.5t
		H16	H16	>0.20~0.50	>120~160	100	1	—	0.5t	—

（续）

牌号	包铝分类	供应状态	试样状态	厚度/mm	抗拉强度 R_m /MPa	规定塑性延伸强度 $R_{p0.2}$ /MPa	断后伸长率[①]（%）		弯曲半径[②]	
							A_{50mm}	A	90°	180°
					≥					
1050A	—	H16	H16	>0.50~1.50	>120~160	100	2	—	1.0t	—
				>1.50~4.00			3	—	1.5t	—
		H26	H26	>0.20~0.50	>120~160	90	2	—	0.5t	—
				>0.50~1.50			3	—	1.0t	—
				>1.50~4.00			4	—	1.5t	—
		H18	H18	>0.20~0.50	135	120	1	—	1.0t	—
				>0.50~1.50	140		2	—	2.0t	—
				>1.50~3.00			2	—	3.0t	—
		H28	H28	>0.20~0.50	140	110	2	—	1.0t	—
				>0.50~1.50			2	—	2.0t	—
				>1.50~3.00			3	—	3.0t	—
		H19	H19	>0.20~0.50	155	140		—	—	—
				>0.50~1.50	150	130	1	—	—	—
				>1.50~3.00				—	—	—
		H112	H112	>6.00~12.50	75	30	20	—	—	—
				>12.50~80.00	70	25		20	—	—
		F	—	2.50~150.00	—				—	—
1145	—	O	O	>0.20~0.50	60~100	—	15	—	—	—
				>0.50~0.80			20	—	—	—
				>0.80~1.50		20	25	—	—	—
				>1.50~6.00			30	—	—	—
				>6.00~10.00			28	—	—	—
		H12	H12	>0.20~0.30	80~120	—	2	—	—	—
				>0.30~0.50			3	—	—	—
				>0.50~0.80			4	—	—	—
				>0.80~1.50			6	—	—	—
				>1.50~3.00		65	8	—	—	—
				>3.00~4.50			9	—	—	—
		H22	H22	>0.20~0.30	80		2	—	—	—
				>0.30~0.50			3	—	—	—
				>0.50~0.80			4	—	—	—
				>0.80~1.50			6	—	—	—
				>1.50~3.00			8	—	—	—

（续）

牌号	包铝分类	供应状态	试样状态	厚度/mm	抗拉强度 R_m /MPa	规定塑性延伸强度 $R_{p0.2}$/MPa	断后伸长率① （%）		弯曲半径②	
						≥	A_{50mm}	A	90°	180°
1145	—	H22	H22	>3.00~4.50	80	—	9	—	—	—
		H14	H14	>0.20~0.30	95~125		1	—	—	—
				>0.30~0.50			2	—	—	—
				>0.50~0.80			3	—	—	—
				>0.80~1.50			4	—	—	—
				>1.50~3.00		75	5	—	—	—
				>3.00~4.50			6	—	—	—
		H24	H24	>0.20~0.30	95		1	—	—	—
				>0.30~0.50			2	—	—	—
				>0.50~0.80			3	—	—	—
				>0.80~1.50		—	4	—	—	—
				>1.50~3.00			5	—	—	—
				>3.00~4.50			6	—	—	—
		H16	H16	>0.20~0.50	120~145		1	—	—	—
				>0.50~0.80			2	—	—	—
				>0.80~1.50		85	3	—	—	—
				>1.50~4.50			4	—	—	—
		H26	H26	>0.20~0.50	120		1	—	—	—
				>0.50~0.80			2	—	—	—
				>0.80~1.50			3	—	—	—
				>1.50~4.50			4	—	—	—
		H18	H18	>0.20~0.50	125		1	—	—	—
				>0.50~0.80			2	—	—	—
				>0.80~1.50			3	—	—	—
				>1.50~4.50			4	—	—	—
		H112	H112	>4.50~6.50	85	45	10	—	—	—
				>6.50~12.50	80	45	10	—	—	—
				>12.50~25.00	70	35	—	16	—	—
		F	—	>2.50~150.00					—	—
1235	—	O	O	>0.20~1.00	65~105	—	15	—	—	—
		H12	H12	>0.20~0.30	95~130		2	—	—	—
				>0.30~0.50			3	—	—	—
				>0.50~1.50			6	—	—	—

（续）

牌号	包铝分类	供应状态	试样状态	厚度/mm	抗拉强度 R_m /MPa	规定塑性延伸强度 $R_{p0.2}$/MPa	断后伸长率[①] (%) A_{50mm}	断后伸长率[①] (%) A	弯曲半径[②] 90°	弯曲半径[②] 180°
						≥				
1235	—	H12	H12	>1.50~3.00	95~130	—	8	—	—	—
				>3.00~4.50			9	—	—	—
		H22	H22	>0.20~0.30	95	—	2	—	—	—
				>0.30~0.50			3	—	—	—
				>0.50~1.50			6	—	—	—
				>1.50~3.00			8	—	—	—
				>3.00~4.50			9	—	—	—
		H14	H14	>0.20~0.30	115~150	—	1	—	—	—
				>0.30~0.50			2	—	—	—
				>0.50~1.50			3	—	—	—
				>1.50~3.00			4	—	—	—
		H24	H24	>0.20~0.30	115	—	1	—	—	—
				>0.30~0.50			2	—	—	—
				>0.50~1.50			3	—	—	—
				>1.50~3.00			4	—	—	—
		H16	H16	>0.20~0.50	130~165	—	1	—	—	—
				>0.50~1.50			2	—	—	—
				>1.50~4.00			3	—	—	—
		H26	H26	>0.20~0.50	130	—	1	—	—	—
				>0.50~1.50			2	—	—	—
				>1.50~4.00			3	—	—	—
		H18	H18	>0.20~0.50	145	—	1	—	—	—
				>0.50~1.50			2	—	—	—
				>1.50~3.00			3	—	—	—
1200	—	O H111	O H111	>0.20~0.50	75~105	25	19	—	0t	0t
				>0.50~1.50			21	—	0t	0t
				>1.50~3.00			24	—	0t	0t
				>3.00~6.00			28	—	0.5t	0.5t
				>6.00~12.50			33	—	1.0t	1.0t
				>12.50~80.00			—	30		
		H12	H12	>0.20~0.50	95~135	75	2	—	0t	0.5t
				>0.50~1.50			4	—	0t	0.5t
				>1.50~3.00			5	—	0.5t	0.5t

（续）

牌号	包铝分类	供应状态	试样状态	厚度/mm	抗拉强度 R_m /MPa	规定塑性延伸强度 $R_{p0.2}$/MPa	断后伸长率① (%) A_{50mm}	断后伸长率① (%) A	弯曲半径② 90°	弯曲半径② 180°
						≥				
1200	—	H12	H12	>3.00~6.00	95~135	75	6	—	1.0t	1.0t
		H22	H22	>0.20~0.50	95~135	65	4	—	0t	0.5t
				>0.50~1.50			5	—	0t	0.5t
				>1.50~3.00			6	—	0.5t	0.5t
				>3.00~6.00			10	—	1.0t	1.0t
		H14	H14	>0.20~0.50	105~155	95	1	—	0t	1.0t
				>0.50~1.50			3	—	0.5t	1.0t
				>1.50~3.00	115~155		4	—	1.0t	1.0t
				>3.00~6.00			5	—	1.5t	1.5t
		H24	H24	>0.20~0.50	115~155	90	3	—	0t	1.0t
				>0.50~1.50			4	—	0.5t	1.0t
				>1.50~3.00			5	—	1.0t	1.0t
				>3.00~6.00			7	—	1.5t	—
		H16	H16	>0.20~0.50	120~170	110	1	—	0.5t	
				>0.50~1.50	130~170	115	2	—	1.0t	
				>1.50~4.00			3	—	1.5t	
		H26	H26	>0.20~0.50			2	—	0.5t	
				>0.50~1.50	130~170	105	3	—	1.0t	
				>1.50~4.00			4	—	1.5t	
		H18	H18	>0.20~0.50	150	130	1	—	1.0t	
				>0.50~1.50			2	—	2.0t	
				>1.50~3.00			2	—	3.0t	
		H19	H19	>0.20~0.50	160	140	1	—	—	—
				>0.50~1.50			1	—	—	—
				>1.50~3.00			1	—	—	—
		H112	H112	>6.00~12.50	85	35	16	—	—	—
				>12.50~80.00	80	30	—	16	—	—
		F	—	>2.50~150.00				—	—	—
包铝 2A11 2A11	正常包铝或工艺包铝	O	O	>0.50~3.00	≤225	—	12	—	—	—
				>3.00~10.00	≤235	—	12	—	—	—
			T42③	>0.50~3.00	350	185	15	—	—	—
				>3.00~10.00	355	195	15	—	—	—
		T1	T42	>4.50~10.00	355	195	15	—	—	—

（续）

牌号	包铝分类	供应状态	试样状态	厚度/mm	抗拉强度 R_m /MPa	规定塑性延伸强度 $R_{p0.2}$/MPa	断后伸长率① （%）		弯曲半径②	
							A_{50mm}	A	90°	180°
					≥					
包铝 2A11 2A11	正常包铝或工艺包铝	T1	T42	>10.00~12.50	370	215	11	—	—	—
				>12.50~25.00	370	215	—	11	—	—
				>25.00~40.00	330	195	—	8	—	—
				>40.00~70.00	310	195	—	6	—	—
				>70.00~80.00	285	195	—	4	—	—
		T3	T3	>0.50~1.50	375	215	15	—	—	—
				>1.50~3.00			17	—	—	—
				>3.00~10.00			15	—	—	—
		T4	T4	>0.50~3.00	360	185	15	—	—	—
				>3.00~10.00	370	195	15	—	—	—
		F	—	>4.50~150.00	—				—	—
包铝 2A12 2A12	正常包铝或工艺包铝	O	O	>0.50~4.50	≤215	—	14	—	—	—
				>4.50~10.00	≤235	—	12	—	—	—
			T42③	>0.50~3.00	390	245	15	—	—	—
				>3.00~10.00	410	265	12	—	—	—
		T1	T42	>4.50~10.00	410	265	12	—	—	—
				>10.00~12.50	420	275	7	—	—	—
				>12.50~25.00	420	275	—	7	—	—
				>25.00~40.00	390	255	—	5	—	—
				>40.00~70.00	370	245	—	4	—	—
				>70.00~80.00	345	245	—	3	—	—
		T3	T3	>0.50~1.60	405	270	15	—	—	—
				>1.60~10.00	420	275	15	—	—	—
		T4	T4	>0.50~3.00	405	270	13	—	—	—
				>3.00~4.50	425	275	12	—	—	—
				>4.50~10.00	425	275	12	—	—	—
		F	—	>4.50~150.00	—				—	—
2A14	工艺包铝	O	O	0.50~10.00	≤245	—	10	—	—	—
		T6	T6	0.50~10.00	430	340	5	—	—	—
		T1	T62	>4.50~12.50	430	340	5	—	—	—
				>12.50~40.00	430	340	—	5	—	—
		F	—	>4.50~150.00	—				—	—

（续）

牌号	包铝分类	供应状态	试样状态	厚度/mm	抗拉强度 R_m /MPa	规定塑性延伸强度 $R_{p0.2}$/MPa	断后伸长率[1] （%）		弯曲半径[2]	
					≥		A_{50mm}	A	90°	180°
包铝 2E12 2E12	正常包铝或工艺包铝	T3	T3	0.80 ~ 1.50	405	270	—	15	—	5.0t
				>1.50 ~ 3.00	≥420	275	—	15	—	5.0t
				>3.00 ~ 6.00	425	275	—	15	—	8.0t
2014	工艺包铝或不包铝	O	O	>0.40 ~ 1.50	≤220	≤140	12	—	0t	0.5t
				>1.50 ~ 3.00			13	—	1.0t	1.0t
				>3.00 ~ 6.00			16	—	1.5t	—
				>6.00 ~ 9.00			16	—	2.5t	—
				>9.00 ~ 12.50			16	—	4.0t	—
				>12.50 ~ 25.00			—	10	—	—
		T3	T3	>0.40 ~ 1.50	395	245	14	—	—	—
				>1.50 ~ 6.00	400	245	14	—	—	—
		T4	T4	>0.40 ~ 1.50	395	240	14	—	3.0t	3.0t
				>1.50 ~ 6.00	395	240	14	—	5.0t	5.0t
				>6.00 ~ 12.50	400	250	14	—	8.0t	—
				>12.50 ~ 40.00	400	250		10	—	—
				>40.00 ~ 100.00	395	250		7	—	—
		T6	T6	>0.40 ~ 1.50	440	390	6	—	—	—
				>1.50 ~ 6.00	440	390	7	—	—	—
				>6.00 ~ 12.50	450	395	7	—	—	—
				>12.50 ~ 40.00	460	400		6	5.0t	—
				>40.00 ~ 60.00	450	390		5	7.0t	—
				>60.00 ~ 80.00	435	380		4	10.0t	—
				>80.00 ~ 100.00	420	360		4	—	—
				>100.00 ~ 125.00	410	350		4	—	—
				>125.00 ~ 160.00	390	340		2	—	—
		F	—	>4.50 ~ 150.00				—	—	—
包铝 2014	正常包铝	O	O	>0.50 ~ 0.63	≤205	≤95	16	—	—	—
				>0.63 ~ 1.00	≤220			—	—	—
				>1.00 ~ 2.50	≤205			—	—	—
				>2.50 ~ 12.50	≤205			9	—	—
				>12.50 ~ 25.00	≤220[4]	—	—	5	—	—
		T3	T3	>0.50 ~ 0.63	370	230	14	—	—	—
				>0.63 ~ 1.00	380	235	14	—	—	—

（续）

牌号	包铝分类	供应状态	试样状态	厚度/mm	抗拉强度 R_m /MPa	规定塑性延伸强度 $R_{p0.2}$/MPa	断后伸长率[①] （%）		弯曲半径[②]	
					≥		A_{50mm}	A	90°	180°
包铝 2014	正常包铝	T3	T3	>1.00~2.50	395	240	15	—	—	—
				>2.50~6.30	395	240	15	—	—	—
		T4	T4	>0.50~0.63	370	215	14	—	—	—
				>0.63~1.00	380	220	14	—	—	—
				>1.00~2.50	395	235	15	—	—	—
				>2.50~6.30	395	235	15	—	—	—
		T6	T6	>0.50~0.63	425	370	7	—	—	—
				>0.63~1.00	435	380	7	—	—	—
				>1.00~2.50	440	395	8	—	—	—
				>2.50~6.30	440	395	8	—	—	—
		F	—	>4.50~150.00	—	—	—	—	—	—
包铝 2014A 2014A	正常包铝、工艺包铝或不包铝	O	O	>0.20~0.50	≤235	≤110	—	—	1.0t	—
				>0.50~1.50			14	—	2.0t	—
				>1.50~3.00			16	—	2.0t	—
				>3.00~6.00			16	—	2.0t	—
		T4	T4	>0.20~0.50	400	225	—	—	3.0t	—
				>0.50~1.50		225	13	—	3.0t	—
				>1.50~6.00			14	—	5.0t	—
				>6.00~12.50			14	—		
				>12.50~25.00		250	—	12		
				>25.00~40.00		250	—	10		
				>40.00~80.00	395		—	7		
		T6	T6	>0.20~0.50	440	380	—	—	5.0t	—
				>0.50~1.50			6	—	5.0t	—
				>1.50~3.00			7	—	6.0t	—
				>3.00~6.00			8	—	5.0t •	—
				>6.00~12.50	460	410	8	—	—	—
				>12.50~25.00	460	410	—	6	—	—
				>25.00~40.00	450	400	—	5	—	—
				>40.00~60.00	430	390	—	5	—	—
				>60.00~90.00	430	390	—	4	—	—
				>90.00~115.00	420	370	—	4	—	—
				>115.00~140.00	410	350	—	4	—	—

（续）

牌号	包铝分类	供应状态	试样状态	厚度/mm	抗拉强度 R_m /MPa	规定塑性延伸强度 $R_{p0.2}$/MPa	断后伸长率① (%)		弯曲半径②	
					≥	≥	A_{50mm}	A	90°	180°
2024	工艺包铝或不包铝	O	O	>0.40~1.50	≤220	≤140	12		0t	0.5t
				>1.50~3.00			13	—	1.0t	2.0t
				>3.00~6.00			13		1.5t	3.0t
				>6.00~9.00			13		2.5t	—
				>9.00~12.50			13		4.0t	—
				>12.50~25.00		—	—	11	—	—
		T3	T3	>0.40~1.50	435	290	12	11	4.0t	4.0t
				>1.50~3.00	435	290	14		4.0t	4.0t
				>3.00~6.00	440	290	14	—	5.0t	5.0t
				>6.00~12.50	440	290	13		8.0t	—
				>12.50~40.00	430	290		11	—	—
				>40.00~80.00	420	290		8	—	—
				>80.00~100.00	400	285		7	—	—
				>100.00~120.00	380	270		5	—	—
				>120.00~150.00	360	250		5	—	—
		T4	T4	>0.40~1.50	425	275	12	—	—	4.0t
				>1.50~6.00	425	275	14	—	—	5.0t
		T8	T8	>0.40~1.50	460	400	5	—	—	—
				>1.50~6.00	460	400	6	—	—	—
				>6.00~12.50	460	400	5	—	—	—
				>12.50~25.00	455	400	—	4	—	—
				>25.00~40.00	455	395	—	4	—	—
		F	—	>4.50~80.00		—			—	—
包铝 2024	正常包铝	O	O	>0.20~0.25	≤205	≤95	10	—	—	—
				>0.25~1.60	≤205	≤95	12	—	—	—
				>1.60~12.50	≤220	≤95	12	—	—	—
				>12.50~45.50	≤220④	—	—	10	—	—
		T3	T3	>0.20~0.25	400	270	10	—	—	—
				>0.25~0.50	405	270	12	—	—	—
				>0.50~1.60	405	270	15	—	—	—
				>1.60~3.20	420	275	15	—	—	—
				>3.20~6.00	420	275	15	—	—	—
		T4	T4	>0.20~0.50	400	245	12	—	—	—

（续）

牌号	包铝分类	供应状态	试样状态	厚度/mm	抗拉强度 R_m /MPa	规定塑性延伸强度 $R_\mathrm{p0.2}$/MPa	断后伸长率[1] (%) A_{50mm}	断后伸长率[1] (%) A	弯曲半径[2] 90°	弯曲半径[2] 180°
					≥	≥	≥	≥		
包铝 2024	正常包铝	T4	T4	>0.50~1.60	400	245	15	—	—	—
		T4	T4	>1.60~3.20	420	260	15	—	—	—
		F	—	>4.50~80.00	—	—	—	—	—	—
包铝 2017 2017	正常包铝、工艺包铝或不包铝	O	O	>0.40~1.60	≤215	—	12	—	0.5t	—
				>1.60~2.90					1.0t	
				>2.90~6.00		≤110			1.5t	
				>6.00~25.00					—	
		O	T42③	>0.40~0.50		—	12	—	—	—
				>0.50~1.60			15			
				>1.60~2.90	355	195	17			
				>2.90~6.50			15			
				>6.50~25.00		185	12			
		T3	T3	>0.40~0.50	375		12	—	1.5t	—
				>0.50~1.60		215	15	—	2.5t	
				>1.60~2.90			17	—	3t	
				>2.90~6.00			15	—	3.5t	
		T4	T4	>0.40~0.50	355	—	12	—	1.5t	—
				>0.50~1.60		195	15	—	2.5t	
				>1.60~2.90			17	—	3t	
				>2.90~6.00			15	—	3.5t	
		F	—	>4.50~150.00	—	—	—	—	—	—
包铝 2017A 2017A	正常包铝、工艺包铝或不包铝	O	O	0.40~1.50	≤225	≤145	12	—	5t	0.5t
				>1.50~3.00			14		1.0t	1.0t
				>3.00~6.00					1.5t	—
				>6.00~9.00			13		2.5t	
				>9.00~12.50					4.0t	
				>12.50~25.00			—	12	—	—
		T4	T4	0.40~1.50	390	245	14	—	3.0t	3.0t
				>1.50~6.00		245	15	—	5.0t	5.0t
				>6.00~12.50		260	13	—	8.0t	—
				>12.50~40.00		250	—	12	—	—
				>40.00~60.00	385	245	—	12	—	—
				>60.00~80.00	370	240	—	7	—	—

（续）

牌号	包铝分类	供应状态	试样状态	厚度/mm	抗拉强度 R_m /MPa	规定塑性延伸强度 $R_{p0.2}$/MPa	断后伸长率① （%）		弯曲半径②	
							A_{50mm}	A	90°	180°
					≥					
包铝 2017A 2017A	正常包铝、工艺包铝或不包铝	T4	T4	>80.00~120.00	360	240	—	6	—	—
				>120.00~150.00	350		—	4	—	—
				>150.00~180.00	330	220	—	2	—	—
				>180.00~200.00	300	200	—	2	—	—
包铝 2219 2219	正常包铝、工艺包铝或不包铝	O	O	>0.50~12.50	≤220	≤110	12	—	—	—
				>12.50~50.00	≤220④	≤110④	—	10	—	—
		T81	T81	>0.50~1.00	340	255	6	—	—	—
				>1.00~2.50	380	285	7	—	—	—
				>2.50~6.30	400	295	7	—	—	—
		T87	T87	>1.00~2.50	395	315	6	—	—	—
				>2.50~6.30	415	330	6	—	—	—
				>6.30~12.50	415	330	7	—	—	—
3A21	—	O	O	>0.20~0.80	100~150	—	19	—	—	—
				>0.80~4.50			23	—	—	—
				>4.50~10.00			21	—	—	—
		H14	H14	>0.80~1.30	145~215		6	—	—	—
				>1.30~4.50			6	—	—	—
		H24	H24	>0.20~1.30	145	—	6	—	—	—
				>1.30~4.50			6	—	—	—
		H18	H18	>0.20~0.50	185		1	—	—	—
				>0.50~0.80			2	—	—	—
				>0.80~1.30			3	—	—	—
				>1.30~4.50			4	—	—	—
		H112	H112	>4.50~10.00	110		16	—	—	—
				>10.00~12.50	120		16	—	—	—
				>12.50~25.00	120		—	16	—	—
				>25.00~80.00	110		—	16	—	—
		F	—	>4.50~150.00			—		—	—
3102	—	H18	H18	>0.20~0.50	160	—	3	—	—	—
				>0.50~3.00			2	—	—	—
3003	—	O H111	O H111	>0.20~0.50	95~135	35	15	—	0t	0t
				>0.50~1.50			17	—	0t	0t
				>1.50~3.00			20	—	0t	0t

（续）

牌号	包铝分类	供应状态	试样状态	厚度/mm	抗拉强度 R_m /MPa	规定塑性延伸强度 $R_{p0.2}$/MPa	断后伸长率[①] （%）		弯曲半径[②]	
							A_{50mm}	A	90°	180°
					≥					
3003	—	O H111	O H111	>3.00~6.00	95~135	35	23	—	1.0t	1.0t
				>6.00~12.50			24	—	1.5t	—
				>12.50~50.00			—	23	—	—
		H12	H12	>0.20~0.50	120~160	90	3	—	0t	1.5t
				>0.50~1.50			4	—	0.5t	1.5t
				>1.50~3.00			5	—	1.0t	1.5t
				>3.00~6.00			6	—	1.0t	—
		H22	H22	>0.20~0.50	120~160	80	6	—	0t	1.0t
				>0.50~1.50			7	—	0.5t	1.0t
				>1.50~3.00			8	—	1.0t	1.0t
				>3.00~6.00			9	—	1.0t	—
		H14	H14	>0.20~0.50	145~195	125	2	—	0.5t	2.0t
				>0.50~1.50			2	—	1.0t	2.0t
				>1.50~3.00			3	—	1.0t	2.0t
				>3.00~6.00			4	—	2.0t	—
		H24	H24	>0.20~0.50	145~195	115	4	—	0.5t	1.5t
				>0.50~1.50			4	—	1.0t	1.5t
				>1.50~3.00			5	—	1.0t	1.5t
				>3.00~6.00			6	—	2.0t	—
		H16	H16	>0.20~0.50	170~210	150	1	—	1.0t	2.5t
				>0.50~1.50			2	—	1.5t	2.5t
				>1.50~4.00			2	—	2.0t	2.5t
		H26	H26	>0.20~0.50	170~210	140	2	—	1.0t	2.0t
				>0.50~1.50			3	—	1.5t	2.0t
				>1.50~4.00			3	—	2.0t	2.0t
		H18	H18	>0.20~0.50	190	170	1	—	1.5t	—
				>0.50~1.50			2	—	2.5t	—
				>1.50~3.00			2	—	3.0t	—
		H28	H28	>0.20~0.50	190	160	2	—	1.5t	—
				>0.50~1.50			2	—	2.5t	—
				>1.50~3.00			3	—	3.0t	—
		H19	H19	>0.20~0.50	210	180	1	—	—	—
				>0.50~1.50			2	—	—	—

（续）

牌号	包铝分类	供应状态	试样状态	厚度/mm	抗拉强度 R_m /MPa	规定塑性延伸强度 $R_{p0.2}$/MPa	断后伸长率[①]（%）		弯曲半径[②]	
							A_{50mm}	A	90°	180°
					≥					
3003	—	H19	H19	>1.50~3.00	210	180	2	—	—	—
		H112	H112	>4.50~12.50	115	70	10	—	—	—
				>12.50~80.00	100	40	—	18	—	—
		F	—	>2.50~150.00	—				—	—
3103	—	O H111	O H111	>0.20~0.50	90~130	35	17	—	0t	0t
				>0.50~1.50			19	—	0t	0t
				>1.50~3.00			21	—	0t	0t
				>3.00~6.00			24	—	1.0t	1.0t
				>6.00~12.50			28	—	1.5t	—
				>12.50~50.00			—	25		
		H12	H12	>0.20~0.50	115~155	85	3	—	0t	1.5t
				>0.50~1.50			4	—	0.5t	1.5t
				>1.50~3.00			5	—	1.0t	1.5t
				>3.00~6.00			6	—	1.0t	
		H22	H22	>0.20~0.50	115~155	75	6	—	0t	1.0t
				>0.50~1.50			7	—	0.5t	1.0t
				>1.50~3.00			8	—	1.0t	1.0t
				>3.00~6.00			9	—	1.0t	
		H14	H14	>0.20~0.50	140~180	120	2	—	0.5t	2.0t
				>0.50~1.50			2	—	1.0t	2.0t
				>1.50~3.00			3	—	1.0t	2.0t
				>3.00~6.00			4	—	2.0t	
		H24	H24	>0.20~0.50	140~180	110	4	—	0.5t	1.5t
				>0.50~1.50			4	—	1.0t	1.5t
				>1.50~3.00			5	—	1.0t	1.5t
				>3.00~6.00			6	—	2.0t	
		H16	H16	>0.20~0.50	160~200	145	1	—	1.0t	2.5t
				>0.50~1.50			2	—	1.5t	2.5t
				>1.50~4.00			2	—	2.0t	2.5t
				>4.00~6.00			2	—	1.5t	2.0t
		H26	H26	>0.20~0.50	160~200	135	2	—	1.0t	2.0t
				>0.50~1.50			3	—	1.5t	2.0t
				>1.50~4.00			3	—	2.0t	2.0t

（续）

牌号	包铝分类	供应状态	试样状态	厚度/mm	抗拉强度 R_m /MPa	规定塑性延伸强度 $R_{p0.2}$/MPa	断后伸长率[①] （%）		弯曲半径[②]	
						≥	A_{50mm}	A	90°	180°
3103	—	H18	H18	>0.20~0.50	185	165	1	—	1.5t	—
				>0.50~1.50			2	—	2.5t	—
				>1.50~3.00			2	—	3.0t	—
		H28	H28	>0.20~0.50	185	155	2	—	1.5t	—
				>0.50~1.50			2	—	2.5t	—
				>1.50~3.00			3	—	3.0t	—
		H19	H19	>0.20~0.50	200	175	1	—	—	—
				>0.50~1.50			2	—	—	—
				>1.50~3.00			2	—	—	—
		H112	H112	>4.50~12.50	110	70	10	—	—	—
				>12.50~80.00	95	40	—	18	—	—
		F	—	>20.00~80.00	—				—	—
3004	—	O H111	O H111	>0.20~0.50	155~200	60	13	—	0t	0t
				>0.50~1.50			14	—	0t	0t
				>1.50~3.00			15	—	0t	0.5t
				>3.00~6.00			16	—	1.0t	1.0t
				>6.00~12.50			16	—	2.0t	—
				>12.50~50.00			—	14	—	—
		H12	H12	>0.20~0.50	190~240	155	2	—	0t	1.5t
				>0.50~1.50			3	—	0.5t	1.5t
				>1.50~3.00			4	—	1.0t	2.0t
				>3.00~6.00			5	—	1.5t	—
		H22 H32	H22 H32	>0.20~0.50	190~240	145	4	—	0t	1.0t
				>0.50~1.50			5	—	0.5t	1.0t
				>1.50~3.00			6	—	1.0t	1.5t
				>3.00~6.00			7	—	1.5t	—
		H14	H14	>0.20~0.50	220~265	180	1	—	0.5t	2.5t
				>0.50~1.50			2	—	1.0t	2.5t
				>1.50~3.00			2	—	1.5t	2.5t
				>3.00~6.00			3	—	2.0t	—
		H24 H34	H24 H34	>0.20~0.50	220~265	170	3	—	0.5t	2.0t
				>0.50~1.50			4	—	1.0t	2.0t
				>1.50~3.00			4	—	1.5t	2.0t

（续）

牌号	包铝分类	供应状态	试样状态	厚度/mm	抗拉强度 R_m /MPa	规定塑性延伸强度 $R_{p0.2}$/MPa	断后伸长率[①] (%)		弯曲半径[②]	
					≥		A_{50mm}	A	90°	180°
3004	—	H16	H16	>0.20~0.50	240~285	200	1	—	1.0t	3.5t
				>0.50~1.50			1	—	1.5t	3.5t
				>1.50~4.00			2	—	2.5t	—
		H26 H36	H26 H36	>0.20~0.50	240~285	190	3	—	1.0t	3.0t
				>0.50~1.50			3	—	1.5t	3.0t
				>1.50~3.00			3	—	2.5t	—
		H18	H18	>0.20~0.50	260	230	1	—	1.5t	—
				>0.50~1.50			1	—	2.5t	—
				>1.50~3.00			2	—	—	—
		H28 H38	H28 H38	>0.20~0.50	260	220	2	—	1.5t	—
				>0.50~1.50			3	—	2.5t	—
		H19	H19	>0.20~0.50	270	240	1	—	—	—
				>0.50~1.50			1	—	—	—
		H112	H112	>4.50~12.50	160	60	7	—	—	—
				>12.50~40.00			—	6	—	—
				>40.00~80.00			—	6	—	—
		F	—	>2.50~80.00	—	—	—	—	—	—
3104	—	O H111	O H111	>0.20~0.50	155~195	—	10	—	0t	0t
				>0.50~0.80			14	—	0t	0t
				>0.80~1.30		60	16	—	0.5t	0.5t
				>1.30~3.00			18	—	0.5t	0.5t
		H12 H32	H12 H32	>0.50~0.80	195~245	—	3	—	0.5t	0.5t
				>0.80~1.30		145	4	—	1.0t	1.0
				>1.30~3.00			5	—	1.0t	1.0t
		H22	H22	>0.50~0.80	195		3	—	0.5t	0.5t
				>0.80~1.30			4	—	1.0t	1.0t
				>1.30~3.00			5	—	1.0t	1.0t
		H14 H34	H14 H34	>0.20~0.50	225~265	—	1	—	1.0t	1.0t
				>0.50~0.80			3	—	1.5t	1.5t
				>0.80~1.30		175	3	—	1.5t	1.5t
				>1.30~3.00			4	—	1.5t	1.5t
		H24	H24	>0.20~0.50	225	—	1	—	1.0t	1.0t
				>0.50~0.80			3	—	1.5t	1.5t

（续）

牌号	包铝分类	供应状态	试样状态	厚度/mm	抗拉强度 R_m /MPa	规定塑性延伸强度 $R_{p0.2}$/MPa	断后伸长率[①] （%）		弯曲半径[②]	
							A_{50mm}	A	90°	180°
					≥					
3104	—	H24	H24	>0.80~1.30	225	—	3	—	1.5t	1.5t
				>1.30~3.00		—	4	—	1.5t	1.5t
		H16 H36	H16 H36	>0.20~0.50	245~285	—	1	—	2.0t	2.0t
				>0.50~0.80			2	—	2.0t	2.0t
				>0.80~1.30		195	3	—	2.5t	2.5t
				>1.30~3.00			4	—	2.5t	2.5t
		H26	H26	>0.20~0.50	245	—	1	—	2.0t	2.0t
				>0.50~0.80			2	—	2.0t	2.0t
				>0.80~1.30			3	—	2.5t	2.5t
				>1.30~3.00			4	—	2.5t	2.5t
		H18 H38	H18 H38	>0.20~0.50	265	215	1	—	—	—
		H28	H28	>0.20~0.50	265	—	1	—	—	—
		H19 H29 H39	H19 H29 H39	>0.20~0.50	275	—	1	—	—	—
		F	—	>2.50~80.00	—		—		—	—
3005	—	O H111	O H111	>0.20~0.50	115~165	45	12	—	0t	0t
				>0.50~1.50			14	—	0t	0t
				>1.50~3.00			16	—	0.5t	1.0t
				>3.00~6.00			19	—	1.0t	—
		H12	H12	>0.20~0.50	145~195	125	3	—	0t	1.5t
				>0.50~1.50			4	—	0.5t	1.5t
				>1.50~3.00			4	—	1.0t	2.0t
				>3.00~6.00			5	—	1.5t	—
		H22	H22	>0.20~0.50	145~195	110	5	—	0t	1.0t
				>0.50~1.50			5	—	0.5t	1.0t
				>1.50~3.00			6	—	1.0t	1.5t
				>3.00~6.00			7	—	1.5t	—
		H14	H14	>0.20~0.50	170~215	150	1	—	0.5t	2.5t
				>0.50~1.50			2	—	1.0t	2.5t
				>1.50~3.00			2	—	1.5t	—
				>3.00~6.00			3	—	2.0t	—

（续）

牌号	包铝分类	供应状态	试样状态	厚度/mm	抗拉强度 R_m /MPa	规定塑性延伸强度 $R_{p0.2}$/MPa	断后伸长率[①] (%)		弯曲半径[②]	
						≥	A_{50mm}	A	90°	180°
3005	—	H24	H24	>0.20~0.50	170~215	130	4	—	0.5t	1.5t
				>0.50~1.50			4	—	1.0t	1.5t
				>1.50~3.00			4	—	1.5t	—
		H16	H16	>0.20~0.50	195~240	175	1	—	1.0t	—
				>0.50~1.50			2	—	1.5t	—
				>1.50~4.00			2	—	2.5t	—
		H26	H26	>0.20~0.50	195~240	160	3	—	1.0t	—
				>0.50~1.50			3	—	1.5t	—
				>1.50~3.00			3	—	2.5t	—
		H18	H18	>0.20~0.50	220	200	1	—	1.5t	—
				>0.50~1.50			2	—	2.5t	—
				>1.50~3.00			2	—	—	—
		H28	H28	>0.20~0.50	220	190	2	—	1.5t	—
				>0.50~1.50			2	—	2.5t	—
				>1.50~3.00			3	—	—	—
		H19	H19	>0.20~0.50	235	210	1	—	—	—
				>0.50~1.50	235	210	1	—	—	—
		F	—	>2.50~80.00	—				—	—
4007	—	H12	H12	>0.20~0.50	140~180	110	4	—	—	—
				>0.50~1.50			4	—	—	—
				>1.50~3.00			5	—	—	—
		F	—	2.50~6.00	110	—	—	—	—	—
4015	—	O H111	O H111	>0.20~3.00	≤150	45	20	—	—	—
		H12	H12	>0.20~0.50	120~175	90	4	—	—	—
				>0.50~3.00			4	—	—	—
		H14	H14	>0.20~0.50	150~200	120	2	—	—	—
				>0.50~3.00			3	—	—	—
		H16	H16	>0.20~0.50	170~220	150	1	—	—	—
				>0.50~3.00			2	—	—	—
		H18	H18	>0.20~3.00	200~250	180	1	—	—	—
5A02	—	O	O	>0.50~1.00	165~225	—	17	—	—	—
				>1.00~10.00			19	—	—	—

（续）

牌号	包铝分类	供应状态	试样状态	厚度/mm	抗拉强度 R_m /MPa	规定塑性延伸强度 $R_{p0.2}$/MPa	断后伸长率[①] （%） A_{50mm}	A	弯曲半径[②] 90°	180°
					≥	≥	≥	≥		
5A02	—	H14 H24 H34	H14 H24 H34	>0.50~1.00	235	—	4	—	—	—
				>1.00~4.50			6	—	—	—
		H18	H18	>0.50~1.00	265	—	3	—	—	—
				>1.00~4.50			4	—	—	—
		H112	H112	>4.50~12.50	175		7	—	—	—
				>12.50~25.00	175		—	7	—	—
				>25.00~80.00	155		—	6	—	—
		F	—	>4.50~150.00					—	—
5A03	—	O	O	>0.50~4.50	195	100	16	—	—	—
		H14 H24 H34	H14 H24 H34	>0.50~4.50	225	195	8	—	—	—
		H112	H112	>4.50~10.00	185	80	16	—	—	—
				>10.00~12.50	175	70	13	—	—	—
				>12.50~25.00	175	70	—	13	—	—
				>25.00~50.00	165	60	—	12	—	—
		F	—	>4.50~150.00	—				—	—
5A05	—	O	O	0.50~4.50	275	145	16	—	—	—
		H112	H112	>4.50~10.00	275	125	16	—	—	—
				>10.00~12.50	265	115	14	—	—	—
				>12.50~25.00	265	115	—	14	—	—
				>25.00~50.00	255	105	—	13	—	—
		F	—	>4.50~150.00					—	—
3105	—	O H111	O H111	>0.20~0.50	100~155	40	14	—	—	0t
				>0.50~1.50			15	—	—	0t
				>1.50~3.00			17	—	—	0.5t
		H12	H12	>0.20~0.50	130~180	105	3	—	—	1.5t
				>0.50~1.50			4	—	—	1.5t
				>1.50~3.00			4	—	—	1.5t
		H22	H22	>0.20~0.50	130~180	105	6	—	—	—
				>0.50~1.50			6	—	—	—
				>1.50~3.00			7	—	—	—

（续）

牌号	包铝分类	供应状态	试样状态	厚度/mm	抗拉强度 R_m /MPa	规定塑性延伸强度 $R_{p0.2}$/MPa	断后伸长率[①] （%）		弯曲半径[②]	
							A_{50mm}	A	90°	180°
					≥					
3105	—	H14	H14	>0.20~0.50	150~200	130	2	—	—	2.5t
				>0.50~1.50			2	—	—	2.5t
				>1.50~3.00			2	—	—	2.5t
		H24	H24	>0.20~0.50	150~200	120	4	—	—	2.5t
				>0.50~1.50			4	—	—	2.5t
				>1.50~3.00			5	—	—	2.5t
		H16	H16	>0.20~0.50	175~225	160	1	—	—	—
				>0.50~1.50			2	—	—	—
				>1.50~3.00			2	—	—	—
		H26	H26	>0.20~0.50	175~225	150	3	—	—	—
				>0.50~1.50			3	—	—	—
				>1.50~3.00			3	—	—	—
		H18	H18	>0.20~3.00	195	180	1	—	—	—
		H28	H28	>0.20~1.50	195	170	2	—	—	—
		H19	H19	>0.20~1.50	215	190	1	—	—	—
		F	—	>2.50~80.00						
4006	—	O	O	>0.20~0.50	95~130	40	17	—	—	0t
				>0.50~1.50			19	—	—	0t
				>1.50~3.00			22	—	—	0t
				>3.00~6.00			25	—	—	1.0t
		H12	H12	>0.20~0.50	120~160	90	4	—	—	1.5t
				>0.50~1.50			4	—	—	1.5t
				>1.50~3.00			5	—	—	1.5t
		H14	H14	>0.20~0.50	140~180	120	3	—	—	2.0t
				>0.50~1.50			3	—	—	2.0t
				>1.50~3.00			3	—	—	2.0t
		F	—	2.50~6.00					—	—
4007	—	O H111	O H111	>0.20~0.50	110~150	45	16	—	—	—
				>0.50~1.50			16	—	—	—
				>1.50~3.00			19	—	—	—
				>3.00~6.00			21	—	—	—
				>6.00~12.50			25	—	—	—

（续）

牌号	包铝分类	供应状态	试样状态	厚度/mm	抗拉强度 R_m /MPa	规定塑性延伸强度 $R_{p0.2}$ /MPa	断后伸长率[①] （%）		弯曲半径[②]	
							A_{50mm}	A	90°	180°
					≥					
5A06	工艺包铝或不包铝	O	O	0.50~4.50	315	155	16	—	—	—
		H112	H112	>4.50~10.00	315	155	16	—	—	—
				>10.00~12.50	305	145	12	—	—	—
				>12.50~25.00	305	145	—	12	—	—
				>25.00~50.00	295	135	—	6	—	—
		F	—	>4.50~150.00				—	—	—
5005 5005A	—	O H111	O H111	>0.20~0.50	100~145	35	15	—	0t	0t
				>0.50~1.50			19	—	0t	0t
				>1.50~3.00			20	—	0t	0.5t
				>3.00~6.00			22	—	1.0t	1.0t
				>6.00~12.50			24	—	1.5t	—
				>12.50~50.00			—	20	—	—
		H12	H12	>0.20~0.50	125~165	95	2	—	0t	1.0t
				>0.50~1.50			2	—	0.5t	1.0t
				>1.50~3.00			4	—	1.0t	1.5t
				>3.00~6.00			5	—	1.0t	—
		H22 H32	H22 H32	>0.20~0.50	125~165	80	4	—	0t	1.0t
				>0.50~1.50			5	—	0.5t	1.0t
				>1.50~3.00			6	—	1.0t	1.5t
				>3.00~6.00			8	—	1.0t	—
		H14	H14	>0.20~0.50	145~185	120	2	—	0.5t	2.0t
				>0.50~1.50			2	—	1.0t	2.0t
				>1.50~3.00			3	—	1.0t	2.5t
				>3.00~6.00			4	—	2.0t	—
		H24 H34	H24 H34	>0.20~0.50	145~185	110	3	—	0.5t	1.5t
				>0.50~1.50			4	—	1.0t	1.5t
				>1.50~3.00			5	—	1.0t	2.0t
				>3.00~6.00			6	—	2.0t	—
		H16	H16	>0.20~0.50	165~205	145	1	—	1.0t	—
				>0.50~1.50			2	—	1.5t	—
				>1.50~3.00			3	—	2.0t	—
				>3.00~4.00			3	—	2.5t	—

（续）

牌号	包铝分类	供应状态	试样状态	厚度/mm	抗拉强度 R_m /MPa	规定塑性延伸强度 $R_{p0.2}$/MPa	断后伸长率[①] （%）		弯曲半径[②]	
							A_{50mm}	A	90°	180°
					≥					
5005 5005A	—	H26 H36	H26 H36	>0.20~0.50	165~205	135	2	—	1.0t	—
				>0.50~1.50			3	—	1.5t	—
				>1.50~3.00			4	—	2.0t	—
				>3.00~4.00			4	—	2.5t	—
		H18	H18	>0.20~0.50	185	165	1	—	1.5t	—
				>0.50~1.50			2	—	2.5t	—
				>1.50~3.00			2	—	3.0t	—
		H28 H38	H28 H38	>0.20~0.50	185	160	1	—	1.5t	—
				>0.50~1.50			2	—	2.5t	—
				>1.50~3.00			3	—	3.0t	—
		H19	H19	>0.20~0.50	205	185	1	—	—	—
				>0.50~1.50			2	—	—	—
				>1.50~3.00			2	—	—	—
		H112	H112	>6.00~12.50	115		8	—	—	—
				>12.50~40.00	105		—	10	—	—
				>40.00~80.00	100		—	16	—	—
		F	—	>2.5~150.00	—					
5040	—	H24 H34	H24 H34	0.80~1.80	220~260	170	6	—	—	—
		H26 H36	H26 H36	1.00~2.00	240~280	205	5	—	—	—
5049	—	O H111	O H111	>0.20~0.50	190~240	80	12	—	0t	0.5t
				>0.50~1.50			14	—	0.5t	0.5t
				>1.50~3.00			16	—	1.0t	1.0t
				>3.00~6.00			18	—	1.0t	1.0t
				>6.00~12.50			18	—	2.0t	—
				>12.50~100.00			—	17	—	—
		H12	H12	>0.20~0.50	220~270	170	4	—	—	—
				>0.50~1.50			5	—	—	—
				>1.50~3.00			6	—	—	—
				>3.00~6.00			7	—	—	—
		H22 H32	H22 H32	>0.20~0.50	220~270	130	7	—	0.5t	1.5t
				>0.50~1.50			8	—	1.0t	1.5t

（续）

牌号	包铝分类	供应状态	试样状态	厚度/mm	抗拉强度 R_m /MPa	规定塑性延伸强度 $R_{p0.2}$/MPa	断后伸长率[①] （%）		弯曲半径[②]	
					≥		A_{50mm}	A	90°	180°
5049	—	H22 H32	H22 H32	>1.50~3.00	220~270	130	10	—	1.5t	2.0t
				>3.00~6.00			11	—	1.5t	—
		H14	H14	>0.20~0.50	240~280	190	3	—	—	—
				>0.50~1.50			3	—	—	—
				>1.50~3.00			4	—	—	—
				>3.00~6.00			4	—	—	—
		H24 H34	H24 H34	>0.20~0.50	240~280	160	6	—	1.0t	2.5t
				>0.50~1.50			6	—	1.5t	2.5t
				>1.50~3.00			7	—	2.0t	2.5t
				>3.00~6.00			8	—	2.5t	—
		H16	H16	>0.20~0.50	265~305	220	2	—	—	—
				>0.50~1.50			3	—	—	—
				>1.50~3.00			3	—	—	—
				>3.00~6.00			3	—	—	—
		H26 H36	H26 H36	>0.20~0.50	265~305	190	4	—	1.5t	—
				>0.50~1.50			4	—	2.0t	—
				>1.50~3.00			5	—	3.0t	—
				>3.00~6.00			6	—	3.5t	—
		H18	H18	>0.20~0.50	290	250	1	—	—	—
				>0.50~1.50			2	—	—	—
				>1.50~3.00			2	—	—	—
		H28 H38	H28 H38	>0.20~0.50	290	230	3	—	—	—
				>0.50~1.50			3	—	—	—
				>1.50~3.00			4	—	—	—
		H112	H112	6.00~12.50	210	100	12	—	—	—
				>12.50~25.00	200	90	—	10	—	—
				>25.00~40.00	190	80	—	12	—	—
				>40.00~80.00	190	80	—	14	—	—
5449	—	O H111	O H111	>0.50~1.50	190~240	80	14	—	—	—
				>1.50~3.00			16	—	—	—
		H22	H22	>0.50~1.50	220~270	130	8	—	—	—
				>1.50~3.00			10	—	—	—
		H24	H24	>0.50~1.50	240~280	160	6	—	—	—

（续）

牌号	包铝分类	供应状态	试样状态	厚度/mm	抗拉强度 R_m /MPa	规定塑性延伸强度 $R_{p0.2}$/MPa	断后伸长率[①]（%）		弯曲半径[②]	
							A_{50mm}	A	90°	180°
						≥				
5449	—	H24	H24	>1.50~3.00	240~280	160	7	—	—	—
		H26	H26	>0.50~1.50	265~305	190	4	—	—	—
				>1.50~3.00			5	—	—	—
		H28	H28	>0.50~1.50	290	230	3	—	—	—
				>1.50~3.00			4	—	—	—
5050	—	O H111	O H111	>0.20~0.50	130~170	45	16	—	0t	0t
				>0.50~1.50			17	—	0t	0t
				>1.50~3.00			19	—	0t	0.5t
				>3.00~6.00			21	—	1.0t	—
				>6.00~12.50			20	—	2.0t	—
				>12.50~50.00			—	20	—	—
		H12	H12	>0.20~0.50	155~195	130	2	—	0t	—
				>0.50~1.50			2	—	0.5t	—
				>1.50~3.00			4	—	1.0t	—
		H22 H32	H22 H32	>0.20~0.50	155~195	110	4	—	0t	1.0t
				>0.50~1.50			5	—	0.5t	1.0t
				>1.50~3.00			7	—	1.0t	1.5t
				>3.00~6.00			10	—	1.5t	—
		H14	H14	>0.20~0.50	175~215	150	2	—	0.5t	—
				>0.50~1.50			2	—	1.0t	—
				>1.50~3.00			3	—	1.5t	—
				>3.00~6.00			4	—	2.0t	—
		H24 H34	H24 H34	>0.20~0.50	175~215	135	3	—	0.5t	1.5t
				>0.50~1.50			4	—	1.0t	1.5t
				>1.50~3.00			5	—	1.5t	2.0t
				>3.00~6.00			8	—	2.0t	—
		H16	H16	>0.20~0.50	195~235	170	1	—	1.0t	—
				>0.50~1.50			2	—	1.5t	—
				>1.50~3.00			2	—	2.5t	—
				>3.00~4.00			3	—	3.0t	—
		H26 H36	H26 H36	>0.20~0.50	195~235	160	2	—	1.0t	—
				>0.50~1.50			3	—	1.5t	—
				>1.50~3.00			4	—	2.5t	—

（续）

牌号	包铝分类	供应状态	试样状态	厚度/mm	抗拉强度 R_m /MPa	规定塑性延伸强度 $R_{p0.2}$/MPa	断后伸长率[①] （%）		弯曲半径[②]	
							A_{50mm}	A	90°	180°
					≥					
5050	—	H26 H36	H26 H36	>3.00~4.00	195~235	160	6	—	3.0t	—
		H18	H18	>0.20~0.50	220	190	1	—	1.5t	—
				>0.50~1.50			2	—	2.5t	—
				>1.50~3.00			2	—	—	—
		H28 H38	H28 H38	>0.20~0.50	220	180	1	—	1.5t	—
				>0.50~1.50			2	—	2.5t	—
				>1.50~3.00			3	—	—	—
		H112	H112	6.00~12.50	140	55	12	—	—	—
				>12.50~40.00			—	10	—	—
				>40.00~80.00			—	10	—	—
		F	—	2.50~80.00	—		—	—	—	—
5251	—	O H111	O H111	>0.20~0.50	160~200	60	13	—	0t	0t
				>0.50~1.50			14	—	0t	0t
				>1.50~3.00			16	—	0.5t	0.5t
				>3.00~6.00			18	—	1.0t	—
				>6.00~12.50			18	—	2.0t	—
				>12.50~50.00			—	18	—	—
		H12	H12	>0.20~0.50	190~230	150	3	—	0t	2.0t
				>0.50~1.50			4	—	1.0t	2.0t
				>1.50~3.00			5	—	1.0t	2.0t
				>3.00~6.00			8	—	1.5t	—
		H22 H32	H22 H32	>0.20~0.50	190~230	120	4	—	0t	1.5t
				>0.50~1.50			6	—	1.0t	1.5t
				>1.50~3.00			8	—	1.0t	1.5t
				>3.00~6.00			10	—	1.5t	—
		H14	H14	>0.20~0.50	210~250	170	2	—	0.5t	2.5t
				>0.50~1.50			2	—	1.5t	2.5t
				>1.50~3.00			3	—	1.5t	2.5t
				>3.00~6.00			4	—	2.5t	—
		H24 H34	H24 H34	>0.20~0.50	210~250	140	3	—	0.5t	2.0t
				>0.50~1.50			5	—	1.5t	2.0t
				>1.50~3.00			6	—	1.5t	2.0t

（续）

牌号	包铝分类	供应状态	试样状态	厚度/mm	抗拉强度 R_m /MPa	规定塑性延伸强度 $R_{p0.2}$/MPa	断后伸长率[①] (%) A_{50mm}	A	弯曲半径[②] 90°	180°
						≥				
5251	—	H24 H34	H24 H34	>3.00~6.00	210~250	140	8	—	2.5t	—
		H16	H16	>0.20~0.50	230~270	200	1	—	1.0t	3.5t
				>0.50~1.50			2	—	1.5t	3.5t
				>1.50~3.00			3	—	2.0t	3.5t
				>3.00~4.00			3	—	3.0t	—
		H26 H36	H26 H36	>0.20~0.50	230~270	170	3	—	1.0t	3.0t
				>0.50~1.50			4	—	1.5t	3.0t
				>1.50~3.00			5	—	2.0t	3.0t
				>3.00~4.00			7	—	3.0t	—
		H18	H18	>0.20~0.50	255	230	1	—	—	—
				>0.50~1.50			2	—	—	—
				>1.50~3.00			2	—	—	—
		H28 H38	H28 H38	>0.20~0.50	255	200	2	—	—	—
				>0.50~1.50			3	—	—	—
				>1.50~3.00			3	—	—	—
		F	—	2.50~80.00	—		—		—	—
5052	—	O H111	O H111	>0.20~0.50	170~215	65	12	—	0t	0t
				>0.50~1.50			14	—	0t	0t
				>1.50~3.00			16	—	0.5t	0.5t
				>3.00~6.00			18	—	1.0t	—
				>6.00~12.50			19	—	2.0t	—
				>12.50~80.00	165~215		—	18	—	—
		H12	H12	>0.20~0.50	210~260	160	4	—	—	—
				>0.50~1.50			5	—	—	—
				>1.50~3.00			6	—	—	—
				>3.00~6.00			8	—	—	—
		H22 H32	H22 H32	>0.20~0.50	210~260	130	5	—	0.5t	1.5t
				>0.50~1.50			6	—	1.0t	1.5t
				>1.50~3.00			7	—	1.5t	1.5t
				>3.00~6.00			10	—	1.5t	—
		H14	H14	>0.20~0.50	230~280	180	3	—	—	—
				>0.50~1.50			3	—	—	—

（续）

牌号	包铝分类	供应状态	试样状态	厚度/mm	抗拉强度 R_m /MPa	规定塑性延伸强度 $R_{p0.2}$/MPa	断后伸长率[1]（%）		弯曲半径[2]	
							A_{50mm}	A	90°	180°
					≥					
5052	—	H14	H14	>1.50~3.00	230~280	180	4	—	—	—
				>3.00~6.00			4	—	—	—
		H24 H34	H24 H34	>0.20~0.50	230~280	150	4	—	0.5t	2.0t
				>0.50~1.50			5	—	1.5t	2.0t
				>1.50~3.00			6	—	2.0t	2.0t
				>3.00~6.00			7	—	2.5t	—
		H16	H16	>0.20~0.50	250~300	210	2	—	—	—
				>0.50~1.50			3	—	—	—
				>1.50~3.00			3	—	—	—
				>3.00~6.00			3	—	—	—
		H26 H36	H26 H36	>0.20~0.50	250~300	180	3	—	1.5t	—
				>0.50~1.50			4	—	2.0t	—
				>1.50~3.00			5	—	3.0t	—
				>3.00~6.00			6	—	3.5t	—
		H18	H18	>0.20~0.50	270	240	1	—	—	—
				>0.50~1.50			2	—	—	—
				>1.50~3.00			2	—	—	—
		H28 H38	H28 H38	>0.20~0.50	270	210	3	—	—	—
				>0.50~1.50			3	—	—	—
				>1.50~3.00			4	—	—	—
		H112	H112	>6.00~12.50	190	80	7	—	—	—
				>12.50~40.00	170	70	—	10	—	—
				>40.00~80.00	170	70	—	14	—	—
		F	—	>2.50~150.00	—				—	—
5154A	—	O H111	O H111	>0.20~0.50	215~275	85	12	—	0.5t	0.5t
				>0.50~1.50			13	—	0.5t	0.5t
				>1.50~3.00			15	—	1.0t	1.0t
				>3.00~6.00			17	—	1.5t	—
				>6.00~12.50			18	—	2.5t	—
				>12.50~50.00			—	16	—	—
		H12	H12	>0.20~0.50	250~305	190	3	—	—	—
				>0.50~1.50			4	—	—	—
				>1.50~3.00			5	—	—	—

（续）

牌号	包铝分类	供应状态	试样状态	厚度/mm	抗拉强度 R_m /MPa	规定塑性延伸强度 $R_{p0.2}$/MPa	断后伸长率[1] （%）		弯曲半径[2]	
							A_{50mm}	A	90°	180°
					≥					
		H12	H12	>3.00~6.00	250~305	190	6	—	—	—
		H22 H32	H22 H32	>0.20~0.50	250~305	180	5	—	0.5t	1.5t
				>0.50~1.50			6	—	1.0t	1.5t
				>1.50~3.00			7	—	2.0t	2.0t
				>3.00~6.00			8	—	2.5t	
		H14	H14	>0.20~0.50	270~325	220	2	—	—	—
				>0.50~1.50			3	—		
				>1.50~3.00			3	—		
				>3.00~6.00			4	—		
		H24 H34	H24 H34	>0.20~0.50	270~325	200	4	—	1.0t	2.5t
				>0.50~1.50			5	—	2.0t	2.5t
				>1.50~3.00			6	—	2.5t	3.0t
				>3.00~6.00			7	—	3.0t	
5154A	—	H26 H36	H26 H36	>0.20~0.50	290~345	230	3	—	—	—
				>0.50~1.50			3	—		
				>1.50~3.00			4	—		
				>3.00~6.00			5	—		
		H18	H18	>0.20~0.50	310	270	1	—	—	—
				>0.50~1.50			1	—		
				>1.50~3.00			1	—		
		H28 H38	H28 H38	>0.20~0.50	310	250	3	—	—	—
				>0.50~1.50			3	—		
				>1.50~3.00			3	—		
		H19	H19	>0.20~0.50	330	285	1	—	—	—
				>0.50~1.50			1	—		
		H112	H112	6.00~12.50	220	125	8	—	—	—
				>12.50~40.00	215	90	—	9		
				>40.00~80.00	215	90	—	13		
		F	—	2.50~80.00		—			—	—
5454	—	O H111	O H111	>0.20~0.50	215~275	85	12	—	0.5t	0.5t
				>0.50~1.50			13	—	0.5t	1.0t
				>1.50~3.00			15	—	1.0t	1.0t
				>3.00~6.00			17	—	1.5t	—

（续）

牌号	包铝分类	供应状态	试样状态	厚度/mm	抗拉强度 R_m /MPa	规定塑性延伸强度 $R_{p0.2}$/MPa	断后伸长率[①] (%)		弯曲半径[②]	
							A_{50mm}	A	90°	180°
					≥					
5454	—	O H111	O H111	>6.00~12.50	215~275	85	18	—	2.5t	—
				>12.50~80.00			—	16	—	—
		H12	H12	>0.20~0.50	250~305	190	3	—	—	—
				>0.50~1.50			4	—	—	—
				>1.50~3.00			5	—	—	—
				>3.00~6.00			6	—	—	—
		H22 H32	H22 H32	>0.20~0.50	250~305	180	5	—	0.5t	1.5t
				>0.50~1.50			6	—	1.0t	1.5t
				>1.50~3.00			7	—	2.0t	2.0t
				>3.00~6.00			8	—	2.5t	—
		H14	H14	>0.20~0.50	270~325	220	2	—	—	—
				>0.50~1.50			3	—	—	—
				>1.50~3.00			3	—	—	—
				>3.00~6.00			4	—	—	—
		H24 H34	H24 H34	>0.20~0.50	270~325	200	4	—	1.0t	2.5t
				>0.50~1.50			5	—	2.0t	2.5t
				>1.50~3.00			6	—	2.5t	3.0t
				>3.00~6.00			7	—	3.0t	—
		H26 H36	H26 H36	>0.20~1.50	290~345	230	3	—	—	—
				>1.50~3.00			4	—	—	—
				>3.00~6.00			5	—	—	—
		H28 H38	H28 H38	>0.20~3.00	310	250	3	—	—	—
		H112	H112	6.00~12.50	220	125	8	—	—	—
				>12.50~40.00	215	90	—	9	—	—
				>40.00~120.00			—	13	—	—
		F	—	>4.50~150.00						
5754	—	O H111	O H111	>0.20~0.50	190~240	80	12	—	0t	0.5t
				>0.50~1.50			14	—	0.5t	0.5t
				>1.50~3.00			16	—	1.0t	1.0t
				>3.00~6.00			18	—	1.0t	1.0t
				>6.00~12.50			18	—	2.0t	—
				>12.50~100.00			—	17	—	—

（续）

牌号	包铝分类	供应状态	试样状态	厚度/mm	抗拉强度 R_m /MPa	规定塑性延伸强度 $R_{p0.2}$/MPa	断后伸长率[①] (%) A_{50mm}	断后伸长率[①] (%) A	弯曲半径[②] 90°	弯曲半径[②] 180°
5754	—	H12	H12	>0.20~0.50	220~270	170	4	—	—	—
				>0.50~1.50			5	—	—	—
				>1.50~3.00			6	—	—	—
				>3.00~6.00			7	—	—	—
		H22 H32	H22 H32	>0.20~0.50	220~270	130	7	—	0.5t	1.5t
				>0.50~1.50			8	—	1.0t	1.5t
				>1.50~3.00			10	—	1.5t	2.0t
				>3.00~6.00			11	—	1.5t	—
		H14	H14	>0.20~0.50	240~280	190	3	—	—	—
				>0.50~1.50			3	—	—	—
				>1.50~3.00			4	—	—	—
				>3.00~6.00			4	—	—	—
		H24 H34	H24 H34	>0.20~0.50	240~280	160	6	—	1.0t	2.5t
				>0.50~1.50			6	—	1.5t	2.5t
				>1.50~3.00			7	—	2.0t	2.5t
				>3.00~6.00			8	—	2.5t	—
		H16	H16	>0.20~0.50	265~305	220	2	—	—	—
				>0.50~1.50			3	—	—	—
				>1.50~3.00			3	—	—	—
				>3.00~6.00			3	—	—	—
		H26 H36	H26 H36	>0.20~0.50	265~305	190	4	—	1.5t	—
				>0.50~1.50			4	—	2.0t	—
				>1.50~3.00			5	—	3.0t	—
				>3.00~6.00			6	—	3.5t	—
		H18	H18	>0.20~0.50	290	250	1	—	—	—
				>0.50~1.50			2	—	—	—
				>1.50~3.00			2	—	—	—
		H28 H38	H28 H38	>0.20~0.50	290	230	3	—	—	—
				>0.50~1.50			3	—	—	—
				>1.50~3.00			4	—	—	—
		H112	H112	6.00~12.50	190	100	12	—	—	—
				>12.50~25.00		90	—	10	—	—
				>25.00~40.00		80	—	12	—	—

（续）

牌号	包铝分类	供应状态	试样状态	厚度/mm	抗拉强度 R_m /MPa	规定塑性延伸强度 $R_{p0.2}$/MPa	断后伸长率[①]（%）		弯曲半径[②]	
					≥	≥	A_{50mm}	A	90°	180°
5754	—	H112	H112	>40.00~80.00	190	80	—	14	—	—
		F	—	>4.50~150.00		—				
5082	—	H18 H38	H18 H38	>0.20~0.50	335		1	—	—	—
		H19 H39	H19 H39	>0.20~0.50	355		1	—	—	—
		F	—	>4.50~150.00		—				
5182	—	O H111	O H111	>0.2~0.50	255~315	110	11	—		1.0t
				>0.50~1.50			12	—		1.0t
				>1.50~3.00			13	—		1.0t
		H19	H19	>0.20~1.50	380	320	1	—		
5083	—	O H111	O H111	>0.20~0.50	275~350	125	11	—	0.5t	1.0t
				>0.50~1.50			12	—	1.0t	1.0t
				>1.50~3.00			13	—	1.0t	1.5t
				>3.00~6.30			15	—	1.5t	—
				>6.30~12.50			16	—	2.5t	
				>12.50~50.00	270~345	115	—	15	—	
				>50.00~80.00			—	14	—	
				>80.00~120.00	260	110		12		
				>120.00~200.00	255	105		12		
		H12	H12	>0.20~0.50	315~375	250	3	—	—	—
				>0.50~1.50			4	—	—	—
				>1.50~3.00			5	—	—	—
				>3.00~6.00			6	—	—	—
		H22 H32	H22 H32	>0.20~0.50	305~380	215	5	—	0.5t	2.0t
				>0.50~1.50			6	—	1.5t	2.0t
				>1.50~3.00			7	—	2.0t	3.0t
				>3.00~6.00			8	—	2.5t	
		H14	H14	>0.20~0.50	340~400	280	2	—	—	—
				>0.50~1.50			3	—	—	—
				>1.50~3.00			3	—	—	—
				>3.00~6.00			3	—	—	—

（续）

牌号	包铝分类	供应状态	试样状态	厚度/mm	抗拉强度 R_m /MPa	规定塑性延伸强度 $R_{p0.2}$/MPa	断后伸长率[①]（%） A_{50mm}	A	弯曲半径[②] 90°	180°
						≥				
5083	—	H24 H34	H24 H34	>0.20~0.50	340~400	250	4	—	1.0t	—
				>0.50~1.50			5	—	2.0t	—
				>1.50~3.00			6	—	2.5t	—
				>3.00~6.00			7	—	3.5t	—
		H16	H16	>0.20~0.50	360~420	300	1	—	—	—
				>0.50~1.50			2	—	—	—
				>1.50~3.00			2	—	—	—
				>3.00~4.00			2	—	—	—
		H26 H36	H26 H36	>0.20~0.50	360~420	280	2	—	—	—
				>0.50~1.50			3	—	—	—
				>1.50~3.00			3	—	—	—
				>3.00~4.00			3	—	—	—
		H116 H321	H116 H321	1.50~3.00	305	215	8	—	2.0t	—
				>3.00~6.00			10	—	2.5t	—
				>6.00~12.50			12	—	4.0t	—
				>12.50~40.00			—	10	—	—
				>40.00~80.00	285	200	—	10	—	—
		H112	H112	>6.00~12.50	275	125	12	—	—	—
				>12.50~40.00	275	125	—	10	—	—
				>40.00~80.00	270	115	—	10	—	—
				>40.00~120.00	260	110	—	10	—	—
		F	—	>4.50~150.00	—				—	—
5383	—	O H111	O H111	>0.20~0.50	290~360	145	11	—	0.5t	1.0t
				>0.50~1.50			12	—	1.0t	1.0t
				>1.50~3.00			13	—	1.0t	1.5t
				>3.00~6.00			15	—	1.5t	—
				>6.00~12.50			16	—	2.5t	—
				>12.50~50.00			—	15	—	—
				>50.00~80.00	285~355	135	—	14	—	—
				>80.00~120.00	275	130	—	12	—	—
				>120.00~150.00	270	125	—	12	—	—
		H22 H32	H22 H32	>0.20~0.50	305~380	220	5	—	0.5t	2.0t
				>0.50~1.50			6	—	1.5t	2.0t

（续）

牌号	包铝分类	供应状态	试样状态	厚度/mm	抗拉强度 R_m /MPa	规定塑性延伸强度 $R_{p0.2}$/MPa	断后伸长率[①]（%）		弯曲半径[②]	
							A_{50mm}	A	90°	180°
					≥					
5383	—	H22 H32	H22 H32	>1.50~3.00	305~380	220	7	—	2.0t	3.0t
				>3.00~6.00			8	—	2.5t	—
		H24 H34	H24 H34	>0.20~0.50	340~400	270	4	—	1.0t	—
				>0.50~1.50			5	—	2.0t	—
				>1.50~3.00			6	—	2.5t	—
				>3.00~6.00			7	—	3.5t	—
		H116 H321	H116 H321	1.50~3.00	305	220	8	—	2.0t	3.0t
				>3.00~6.00			10	—	2.5t	—
				>6.00~12.50			12	—	4.0t	—
				>12.50~40.00			—	10		
				>40.00~80.00	285	205	—	10		
		H112	H112	6.00~12.50	290	145	12			
				>12.50~40.00			—	10		
				>40.00~80.00	285	135	—	10		
5086	—	O H111	O H111	>0.20~0.50	240~310	100	11	—	0.5t	1.0t
				>0.50~1.50			12	—	1.0t	1.0t
				>1.50~3.00			13	—	1.0t	1.0t
				>3.00~6.00			15	—	1.5t	1.5t
				>6.00~12.50			17	—	2.5t	—
				>12.50~150.00			—	16	—	—
		H12	H12	>0.20~0.50	275~335	200	3	—	—	—
				>0.50~1.50			4	—	—	—
				>1.50~3.00			5	—	—	—
				>3.00~6.00			6	—	—	—
		H22 H32	H22 H32	>0.20~0.50	275~335	185	5	—	0.5t	2.0t
				>0.50~1.50			6	—	1.5t	2.0t
				>1.50~3.00			7	—	2.0t	2.0t
				>3.00~6.00			8	—	2.5t	—
		H14	H14	>0.20~0.50	300~360	240	2	—	—	—
				>0.50~1.50			3	—	—	—
				>1.50~3.00			3	—	—	—
				>3.00~6.00			3	—	—	—

（续）

牌号	包铝分类	供应状态	试样状态	厚度/mm	抗拉强度 R_m /MPa	规定塑性延伸强度 $R_{p0.2}$/MPa	断后伸长率[①] （%）		弯曲半径[②]	
							A_{50mm}	A	90°	180°
					≥					
5086	—	H24 H34	H24 H34	>0.20~0.50	300~360	220	4	—	1.0t	2.5t
				>0.50~1.50			5	—	2.0t	2.5t
				>1.50~3.00			6	—	2.5t	2.5t
				>3.00~6.00			7	—	3.5t	—
		H16	H16	>0.20~0.50	325~385	270	1	—	—	—
				>0.50~1.50			2	—	—	—
				>1.50~3.00			2	—	—	—
				>3.00~4.00			2	—	—	—
		H26 H36	H26 H36	>0.20~0.50	325~385	250	2	—	—	—
				>0.50~1.50			3	—	—	—
				>1.50~3.00			3	—	—	—
				>3.00~4.00			3	—	—	—
		H18	H18	>0.20~0.50	345	290	1	—	—	—
				>0.50~1.50			1	—	—	—
				>1.50~3.00			1	—	—	—
		H116 H321	H116 H321	1.50~3.00	275	195	8	—	2.0t	2.0t
				>3.00~6.00			9	—	2.5t	—
				>6.00~12.50			10	—	3.5t	—
				>12.50~50.00			—	9	—	—
		H112	H112	>6.00~12.50	250	105	8	—	—	—
				>12.50~40.00	240	105	—	9	—	—
				>40.00~80.00	240	100	—	12	—	—
		F	—	>4.50~150.00						
6A02	—	O	O	>0.50~4.50	≤145	—	21	—	—	—
				>4.50~10.00			16	—	—	—
			T62[⑤]	>0.50~4.50	295	—	11	—	—	—
				>4.50~10.00			8	—	—	—
		T4	T4	>0.50~0.80	195		19	—	—	—
				>0.80~2.90			21	—	—	—
				>2.90~4.50			19	—	—	—
				>4.50~10.00	175		17	—	—	—
		T6	T6	>0.50~4.50	295		11	—	—	—
				>4.50~10.00			8	—	—	—

（续）

牌号	包铝分类	供应状态	试样状态	厚度/mm	抗拉强度 R_m /MPa	规定塑性延伸强度 $R_{p0.2}$/MPa	断后伸长率[①]（%）		弯曲半径[②]	
					≥		A_{50mm}	A	90°	180°
6A02	—	T1	T62[⑥]	>4.50~12.50	295	—	8	—	—	—
				>12.50~25.00			—	7	—	—
				>25.00~40.00	285		—	6	—	—
				>40.00~80.00	275		—	6	—	—
			T42[⑥]	>4.50~12.50	175	—	17	—	—	—
				>12.50~25.00			—	14	—	—
				>25.00~40.00	165		—	12	—	—
				>40.00~80.00			—	10	—	—
		F	—	>4.50~150.00	—		—			
6061	—	O	O	0.40~1.50	≤150	≤85	14	—	0.5t	1.0t
				>1.50~3.00			16		1.0t	1.0t
				>3.00~6.00			19		1.0t	—
				>6.00~12.50			16		2.0t	—
				>12.50~25.00				16		
		T4	T4	0.40~1.50	205	110	12	—	1.0t	1.5t
				>1.50~3.00			14	—	1.5t	2.0t
				>3.00~6.00			16	—	3.0t	—
				>6.00~12.50			18	—	4.0t	—
				>12.50~40.00			—	15	—	—
				>40.00~80.00			—	14	—	—
		T6	T6	0.40~1.50	290	240	6	—	2.5t	—
				>1.50~3.00			7	—	3.5t	—
				>3.00~6.00			10	—	4.0t	—
				>6.00~12.50			9	—	5.0t	—
				>12.50~40.00			—	8	—	—
				>40.00~80.00			—	6	—	—
				>80.00~100.00			—	5	—	—
		F	—	>2.50~150.00	—		—			
6016	—	T4	T4	0.40~3.00	170~250	80~140	24	—	0.5t	0.5t
		T6	T6	0.40~3.00	260~300	180~260	10	—	—	—
6063	—	O	O	0.50~5.00	≤130	—	20	—	—	—
				>5.00~12.50			15	—	—	—
				>12.50~20.00			—	15	—	—

（续）

牌号	包铝分类	供应状态	试样状态	厚度/mm	抗拉强度 R_m /MPa	规定塑性延伸强度 $R_{p0.2}$/MPa	断后伸长率[①] (%)		弯曲半径[②]	
					≥	≥	A_{50mm}	A	90°	180°
6063	—	O	T62[⑤]	0.50~5.00	230	180	—	8	—	—
				>5.00~12.50	220	170	—	6	—	—
				>12.50~20.00	220	170	6	—	—	—
		T4	T4	0.50~5.00	150	—	10	—	—	—
				5.00~10.00	130	—	10	—	—	—
		T6	T6	0.50~5.00	240	190	8	—	—	—
				>5.00~10.00	230	180	8	—	—	—
6082	—	O	O	0.40~1.50	≤150	≤85	14	—	0.5t	1.0t
				>1.50~3.00			16	—	1.0t	1.0t
				>3.00~6.00			18	—	1.5t	
				>6.00~12.50			17	—	2.5t	
				>12.50~25.00	≤155	—	—	16	—	—
		T4	T4	0.40~1.50	205	110	12	—	1.5t	3.0t
				>1.50~3.00			14	—	2.0t	3.0t
				>3.00~6.00			15	—	3.0t	
				>6.00~12.50			14	—	4.0t	
				>12.50~40.00			—	13	—	—
				>40.00~80.00			—	12	—	—
		T6	T6	0.40~1.50	310	260	6	—	2.5t	—
				>1.50~3.00			7	—	3.5t	
				>3.00~6.00			10	—	4.5t	
				>6.00~12.50	300	255	9	—	6.0t	
		F	—	>4.50~150.00			—		—	—
包铝 7A04 包铝 7A09 7A04 7A09	正常包铝或工艺包铝	O	O	0.50~10.00	≤245	—	11	—	—	—
		O	T62[⑤]	0.50~2.90	470	390	—	—	—	—
				>2.90~10.00	490	410	—	—	—	—
		T6	T6	0.50~2.90	480	400	7	—	—	—
				>2.90~10.00	490	410		—	—	—
		T1	T62	>4.50~10.00	490	410		—	—	—
				>10.00~12.50			4	—	—	—
				>12.50~25.00	490	410		—	—	—
				>25.50~40.00			3	—	—	—
		F	—	>4.50~150.00			—		—	—

（续）

牌号	包铝分类	供应状态	试样状态	厚度/mm	抗拉强度 R_m /MPa	规定塑性延伸强度 $R_{p0.2}$/MPa	断后伸长率① (%) A_{50mm}	A	弯曲半径② 90°	180°
						≥				
7020	—	O	O	0.40~1.50	≤220	≤140	12	—	2.0t	—
				>1.50~3.00			13	—	2.5t	—
				>3.00~6.00			15	—	3.5t	—
				>6.00~12.50			12	—	5.0t	—
		T4⑦	T4⑦	0.40~1.50	320	210	11	—	—	—
				>1.50~3.00			12	—	—	—
				>3.00~6.00			13	—	—	—
				>6.00~12.50			14	—	—	—
		T6	T6	0.40~1.50	350	280	7	—	3.5t	—
				>1.50~3.00			8	—	4.0t	—
				>3.00~6.00			10	—	5.5t	—
				>6.00~12.50			10	—	8.0t	—
				>12.50~40.00			—	9	—	—
				>40.00~100.00	340	270	—	8	—	—
				>100.00~150.00			—	7	—	—
				>150.00~175.00	330	260	—	6	—	—
				>175.00~200.00			—	5	—	—
7021	—	T6	T6	1.50~3.00	400	350	7	—	—	—
				>3.00~6.00			6	—	—	—
7022	—	T6	T6	3.00~12.50	450	370	8	—	—	—
				>12.50~25.00			—	8	—	—
				>25.00~50.00			—	7	—	—
				>50.00~100.00	430	350	—	5	—	—
				>100.00~200.00	410	330	—	3	—	—
7075	工艺包铝或不包铝	O	O	0.40~0.80	≤275	≤145		—	0.5t	1.0t
				>0.80~1.50				—	1.0t	2.0t
				>1.50~3.00			10	—	1.0t	3.0t
				>3.00~6.00				—	2.5t	
				>6.00~12.50				—	4.0t	
				>12.50~75.00		—	—	9	—	
			T62⑤	0.40~0.80	525	460	6	—	—	—
				>0.80~1.50	540	460	6	—	—	—
				>1.50~3.00	540	470	7	—	—	—

（续）

牌号	包铝分类	供应状态	试样状态	厚度/mm	抗拉强度 R_m /MPa	规定塑性延伸强度 $R_{p0.2}$/MPa	断后伸长率[①] （%） A_{50mm}	A	弯曲半径[②] 90°	180°
						≥				
7075	工艺包铝或不包铝	O	T62[⑤]	>3.00~6.00	545	475	8	—	—	—
				>6.00~12.50	540	460	8	—	—	—
				>12.50~25.00	540	470	—	6	—	—
				>25.00~50.00	530	460	—	5	—	—
				>50.00~60.00	525	440	—	4	—	—
				>60.00~75.00	495	420	—	4	—	—
		T6	T6	0.40~0.80	525	460	6	—	4.5t	—
				>0.80~1.50	540	460	6	—	5.5t	—
				>1.50~3.00	540	470	7	—	6.5t	—
				>3.00~6.00	545	475	8	—	8.0t	—
				>6.00~12.50	540	460	8	—	12.0t	—
				>12.50~25.00	540	470	—	6	—	—
				>25.00~50.00	530	460	—	5	—	—
				>50.00~60.00	525	440	—	4	—	—
		T76	T76	>1.50~3.00	500	425	7	—	—	—
				>3.00~6.00	500	425	8	—	—	—
				>6.00~12.50	490	415	7	—	—	—
		T73	T73	>1.50~3.00	460	385	7	—	—	—
				>3.00~6.00	460	385	8	—	—	—
				>6.00~12.50	475	390	7	—	—	—
				>12.50~25.00	475	390	—	6	—	—
				>25.00~50.00	475	390	—	5	—	—
				>50.00~60.00	455	360	—	5	—	—
				>60.00~80.00	440	340	—	5	—	—
				>80.00~100.00	430	340	—	5	—	—
		F	—	>6.00~50.00	—	—	—		—	—
包铝 7075	正常包铝	O	O	>0.39~1.60	≤275	≤145	10	—	—	—
				>1.60~4.00					—	—
				>4.00~12.50					—	—
				>12.50~50.00	—		—	9	—	—
			T62[⑤]	>0.39~1.00	505	435	7	—	—	—
				>1.00~1.60	515	445	8	—	—	—
				>1.60~3.20	515	445	8	—	—	—

（续）

牌号	包铝分类	供应状态	试样状态	厚度/mm		抗拉强度 R_m /MPa	规定塑性延伸强度 $R_{p0.2}$/MPa	断后伸长率[①] （%）		弯曲半径[②]	
								A_{50mm}	A	90°	180°
						$\geqslant$					
包铝 7075	正常 包铝	O	T62[⑤]	>3.20~4.00		515	445	8	—	—	—
				>4.00~6.30		525	455	8	—	—	—
				>6.30~12.50		525	455	9	—	—	—
				>12.50~25.00		540	470	—	6	—	—
				>25.00~50.00		530	460	—	5	—	—
				>50.00~60.00		525	440	—	4	—	—
		T6	T6	>0.39~1.00		505	435	7	—	—	—
				>1.00~1.60		515	445	8	—	—	—
				>1.60~3.20		515	445	8	—	—	—
				>3.20~4.00		515	445	8	—	—	—
				>4.00~6.30		525	455	8	—	—	—
		T76	T76	>3.10~4.00		470	390	8	—	—	—
				>4.00~6.30		485	405	8	—	—	—
		F	—	>6.00~100.00		—					
包铝 7475	正常 包铝	O	O	1.00~1.60		≤250	≤140	10	—	—	2.0t
				>1.60~3.20		≤260	≤140	10	—	—	3.0t
				>3.20~4.80		≤260	≤140	10	—	—	4.0t
				>4.80~6.50		≤270	≤145	10	—	—	4.0t
		T761[⑧]	T761[⑧]	1.00~1.60		455	379	9	—	—	6.0t
				>1.60~2.30		469	393	9	—	—	7.0t
				>2.30~3.20		469	393	9	—	—	8.0t
				>3.20~4.80		469	393	9	—	—	9.0t
				>4.80~6.50		483	414	9	—	—	9.0t
7475	工艺包铝或不包铝	T6	T6	>0.35~6.00		515	440	9	—	—	—
		T76 T761[⑧]	T76 T761[⑧]	1.00~1.60	纵向	490	420	9	—	—	6.0t
					横向	490	415	9	—		
				>1.60~2.30	纵向	490	420	9	—	—	7.0t
					横向	490	415	9	—		
				>2.30~3.20	纵向	490	420	9	—	—	8.0t
					横向	490	415	9	—		
				>3.20~4.80	纵向	490	420	9	—	—	9.0t
					横向	490	415	9	—		
				>4.80~6.50	纵向	490	420	9	—	—	9.0t
					横向	490	415	9	—		

（续）

牌号	包铝分类	供应状态	试样状态	厚度/mm	抗拉强度 R_m /MPa	规定塑性延伸强度 $R_{p0.2}$ /MPa	断后伸长率[①] （%）		弯曲半径[②]	
							A_{50mm}	A	90°	180°
					≥					
8A06	—	O	O	>0.20~0.30	≤110	—	16	—	—	—
				>0.30~0.50			21	—	—	—
				>0.50~0.80			26	—	—	—
				>0.80~10.00			30	—	—	—
		H14 H24	H14 H24	>0.20~0.30	100	—	1	—	—	—
				>0.30~0.50			3	—	—	—
				>0.50~0.80			4	—	—	—
				>0.80~1.00			5	—	—	—
				>1.00~4.50			6	—	—	—
		H18	H18	>0.20~0.30	135	—	1	—	—	—
				>0.30~0.80			2	—	—	—
				>0.80~4.50			3	—	—	—
		H112	H112	>4.50~10.00	70		19	—	—	—
				>10.00~12.50	80		19	—	—	—
				>12.50~25.00	80	—	—	19	—	—
				>25.00~80.00	65		—	16	—	—
		F	—	>2.50~150		—			—	—
8011	—	H14	H14	>0.20~0.50	125~165	—	2	—	—	—
		H24	H24	>0.20~0.50	125~165	—	3	—	—	—
		H16	H16	>0.20~0.50	130~185	—	1	—	—	—
		H26	H26	>0.20~0.50	130~185	—	2	—	—	—
		H18	H18	0.20~0.50	165	—	1	—	—	—
8011A	—	O H111	O H111	>0.20~0.50	85~130	30	19	—	—	—
				>0.50~1.50			21	—	—	—
				>1.50~3.00			24	—	—	—
				>3.00~6.00			25	—	—	—
				>6.00~12.50			30	—	—	—
		H22	H22	>0.20~0.50	105~145	90	4	—	—	—
				>0.50~1.50			5	—	—	—
				>1.50~3.00			6	—	—	—
		H14	H14	>0.20~0.50	120~170	110	1	—	—	—
				>0.50~1.50	125~165		3	—	—	—
				>1.50~3.00			3	—	—	—
				>3.00~6.00			4	—	—	—

（续）

牌号	包铝分类	供应状态	试样状态	厚度/mm	抗拉强度 R_m /MPa	规定塑性延伸强度 $R_{p0.2}$/MPa	断后伸长率[①]（%）		弯曲半径[②]	
							A_{50mm}	A	90°	180°
					≥					
8011A	—	H24	H24	>0.20~0.50	125~165	100	3	—	—	—
				>0.50~1.50			4	—	—	—
				>1.50~3.00			5	—	—	—
				>3.00~6.00			6	—	—	—
		H16	H16	>0.20~0.50	140~190	130	1	—	—	—
				>0.50~1.50	145~185		2	—	—	—
				>1.50~4.00			3	—	—	—
		H26	H26	>0.20~0.50	145~185	120	2	—	—	—
				>0.50~1.50			3	—	—	—
				>1.50~4.00			4	—	—	—
		H18	H18	>0.20~0.50	160	145	1	—	—	—
				>0.50~1.50	165		2	—	—	—
				>1.50~3.00			2	—	—	—
8079	—	H14	H14	>0.20~0.50	125~175	—	2	—	—	—

① 当 A_{50mm} 和 A 两栏均有数值时，A_{50mm} 适用于厚度不大于 12.5mm 的板材，A 适用于厚度大于 12.5mm 的板材。

② 弯曲半径中的 t 表示板材的厚度，对表中既有 90°弯曲也有 180°弯曲的产品，当需方未指定采用 90°弯曲或 180°弯曲时，弯曲半径由供方任选一种。

③ 对于 2A11、2A12、2017 合金的 O 状态板材，需要 T42 状态的性能值时，应在订货单（或合同）中注明，未注明时，不检测该性能。

④ 厚度为 >12.5~25.00mm 的 2014、2024、2219 合金 O 状态的板材，其拉伸试样由芯材机加工得到，不得有包铝层。

⑤ 对于 6A02、6063、7A04、7A09 和 7075 合金的 O 状态板材，需要 T62 状态的性能值时，应在订货单（或合同）中注明，未注明时，不检测该性能。

⑥ 对于 6A02 合金 T1 状态的板材，当需方未注明需要 T62 或 T42 状态的性能时，由供方任选一种。

⑦ 应尽量避免订购 7020 合金 T4 状态的产品。T4 状态产品的性能是在室温下自然时效 3 个月后才能达到规定的稳定的力学性能，将淬火后的试样在 60~65℃ 的条件下持续 60h 后也可以得到近似的自然时效性能值。

⑧ T761 状态专用于 7475 合金薄板和带材，与 T76 状态的定义相同，是在固溶处理后进行人工过时效以获得良好的抗剥落腐蚀性能的状态。

7.2.3　铝及铝合金花纹板

1. 铝及铝合金花纹板的状态代号（表 7-14）

表 7-14　铝及铝合金花纹板的状态代号（GB/T 3618—2006）

新状态代号	状态代号含义
T4	花纹板淬火自然时效
O	花纹板成品完全退火

（续）

新状态代号	状态代号含义
H114	用完全退火（O）状态的平板，经过一个道次的冷轧得到的花纹板材
H234	用不完全退火（H22）状态的平板，经过一个道次的冷轧得到的花纹板材
H194	用硬状态（H18）的平板，经过一个道次的冷轧得到的花纹板材

2. 铝及铝合金花纹板的花纹代号、图案、牌号、状态及规格（表7-15）

表7-15 铝及铝合金花纹板的花纹代号、图案、牌号、状态及规格
（GB/T 3618—2006）

花纹代号	花纹图案	牌 号	状 态	底板厚度 /mm	筋高 /mm	宽度 /mm	长度 /mm
1号	方格型（图7-1）	2A12	T4	1.0～3.0	1.0		
2号	扁豆型（图7-2）	2A11、5A02、5052	H234	2.0～4.0	1.0		
		3105、3003	H194				
3号	五条型（图7-3）	1×××、3003	H194	1.5～4.5	1.0		
		5A02、5052、3105、5A43、3003	O、H114				
4号	正三条型（图7-4）	1×××、3003	H194	1.5～4.5	1.0		
		2A11、5A02、5052	H234				
5号	指针型（图7-5）	1×××	H194	1.5～4.5	1.0		
		5A02、5052、5A43	O、H114			1000～1600	2000～10000
6号	菱型（图7-6）	2A11	H234	3.0～8.0	0.9		
7号	四条型（图7-7）	6061	O	2.0～4.0	1.0		
		5A02、5052	O、H234				
8号	斜三条型（图7-8）	1×××	H114、H234、H194	1.0～4.5	0.3		
		3003	H114、H194				
		5A02、5052	O、H114、H194				
9号	星月型（图7-9）	1×××	H114、H234、H194	1.0～4.0	0.7		
		2A11	H194				
		2A12	T4	1.0～3.0			
		3003	H114、H234、H194	1.0～4.0			
		5A02、5052	H114、H234、H194				

注：2A11、2A12合金花纹板双面可带有1A50合金所覆层，其每面包覆层平均厚度应不小于底板公称厚度的4%。

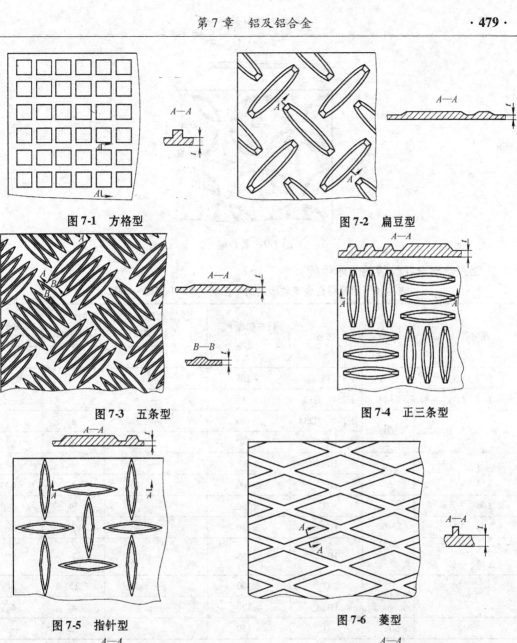

图 7-1　方格型

图 7-2　扁豆型

图 7-3　五条型

图 7-4　正三条型

图 7-5　指针型

图 7-6　菱型

图 7-7　四条型

图 7-8　斜三条型

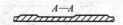

图7-9　星月型

3. 铝及铝合金花纹板的力学性能（表7-16）

表7-16　铝及铝合金花纹板的力学性能（GB/T 3618—2006）

花纹代号	牌号	状态	抗拉强度 R_m/MPa	规定塑性延伸强度 $R_{p0.2}$/MPa	断后伸长率 A_{50mm}（%）	弯曲系数
					≥	
1号、9号	2A12	T4	≥405	255	10	—
2号、4号、6号、9号	2A11	H234、H194	≥215	—	3	—
4号、8号、9号	3003	H114、H234	≥120	—	4	4
		H194	≥140	—	3	8
3号、4号、5号、8号、9号	1×××	H114	≥80	—	4	2
		H194	≥100	—	3	6
3号、7号	5A02、5052	O	≤150	—	14	3
2号、3号		H114	≥180	—	3	3
2号、4号、7号、8号、9号		H194	≥195	—	3	8
3号	5A43	O	≤100	—	15	2
		H114	≥120	—	4	4
7号	6061	O	≤150	—	12	—

注：计算截面积所用的厚度为底板厚度。

7.2.4　铝及铝合金波纹板

1. 铝及铝合金波纹板的形状（图7-10）

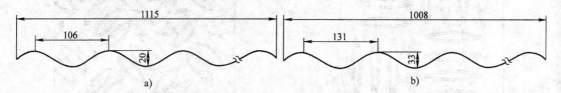

图7-10　铝及铝合金波纹板的形状

a）波20-106　b）波310-131

2. 铝及铝合金波纹板的合金牌号、状态及规格（表 7-17）

表 7-17　铝及铝合金波纹板的合金牌号、状态及规格

（GB/T 4438—2006）　　（单位：mm）

牌　号	状态	波形代号	坯料厚度	长度	宽度	波高	波距
1050A、1050、1060、1070A、1100、1200、3003	H18	波 20-106	0.60～1.00	2000～10000	1115	20	106
		波 33-131			1008	33	131

3. 铝及铝合金波纹板的尺寸及允许偏差（表 7-18）

表 7-18　铝及铝合金波纹板的尺寸及允许偏差（GB/T 4438—2006）　（单位：mm）

波形代号	宽度及允许偏差		波高及允许偏差		波距及允许偏差	
	宽度	允许偏差	波高	允许偏差	波距	允许偏差
波 20-106	1115	+25 -10	20	±2	106	±2
波 33-131	1008	+25 -10	25	±2.5	131	±3

注：波高和波距偏差为 5 个波的平均尺寸与其公称尺寸的差。

7.2.5　铝及铝合金压型板

铝及铝合金压型板共有 12 种规格，其波形如图 7-11～图 7-22 所示，其牌号、状态及规格如表 7-19 所示。

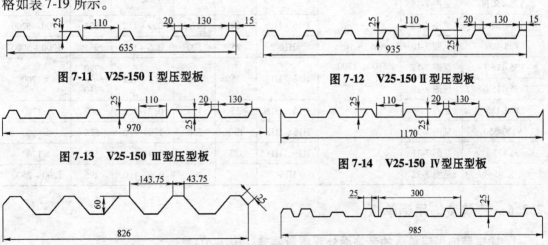

图 7-11　V25-150 I 型压型板　　　　图 7-12　V25-150 II 型压型板

图 7-13　V25-150 III 型压型板　　　　图 7-14　V25-150 IV 型压型板

图 7-15　V60-187.5 型压型板　　　　图 7-16　V25-300 型压型板

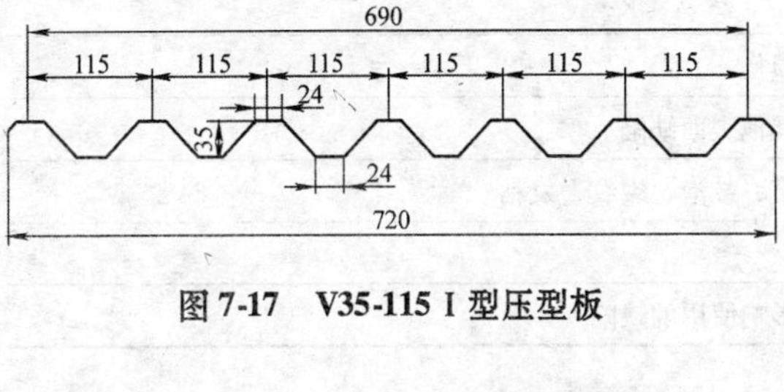

图 7-17　V35-115 I 型压型板 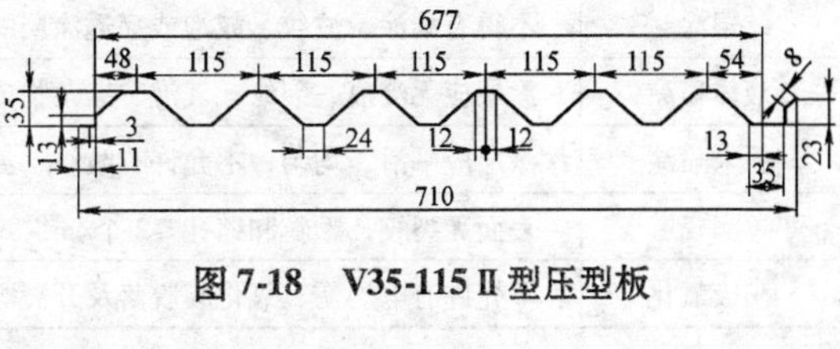　　　　图 7-18　V35-115 II 型压型板

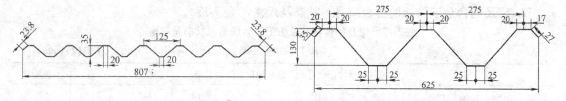

图 7-19　V35-125 型压型板

图 7-20　V130-550 型压型板

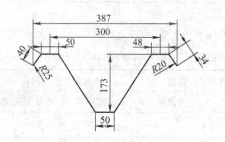

图 7-21　V173 型压型板

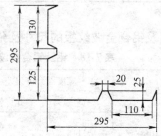

图 7-22　Z295 型压型板

表 7-19　铝及铝合金压型板的牌号、状态及规格（GB/T 6891—2006）（单位：mm）

型号	板型	牌号	状态	波高	波距	坯料厚度	宽度	长度
V25-150 Ⅰ	见图 7-11						635	
V25-150 Ⅱ	见图 7-12		H18	25	150	0.6 ~ 1.0	935	1700 ~ 6200
V25-150 Ⅲ	见图 7-13						970	
V25-150 Ⅳ	见图 7-14						1170	
V60-187.5	见图 7-15	1050A、1050、	H16、H18	60	187.5	0.9 ~ 1.2	826	1700 ~ 6200
V25-300	见图 7-16	1060、1070A、	H16	25	300	0.6 ~ 1.0	985	1700 ~ 5000
V35-115 Ⅰ	见图 7-17	1100、1200、	H16、H18	35	115	0.7 ~ 1.2	720	≥1700
V35-115 Ⅱ	见图 7-18	3003、5005					710	
V35-125	见图 7-19		H16、H18	35	125	0.7 ~ 1.2	807	≥1700
V130-550	见图 7-20		H16、H18	130	550	1.0 ~ 1.2	625	≥6000
V173	见图 7-21		H16、H18	173	—	0.9 ~ 1.2	387	≥1700
Z295	见图 7-22		H18	—	—	0.6 ~ 1.0	295	1200 ~ 2500

7.2.6　建筑装饰用铝单板

1. 建筑装饰用铝单板的装饰面外观质量要求（表 7-20）

表 7-20　建筑装饰用铝单板的装饰面外观质量要求（GB/T 23443—2009）

分类	要　　求
辊涂	不得有漏涂、波纹、鼓泡或穿透涂层的损伤
液体喷涂	涂层应无流痕、裂纹、气泡、夹杂物或其他表面缺陷
粉末喷涂	涂层应平滑、均匀，不允许有皱纹、流痕、鼓泡、裂纹、发粘
陶瓷	表面无裂纹，颗粒和缩孔≤2 个/m²
阳极氧化	不允许有电灼伤、氧化膜脱落及开裂等影响使用的缺陷

2. 建筑装饰用铝单板的膜厚要求（表 7-21）

表 7-21　建筑装饰用铝单板的膜厚要求（GB/T 23443—2009）　　（单位：μm）

表面种类			膜厚要求
辊涂	氟碳		二涂：平均膜厚≥25，最小局部膜厚≥23
			三涂：平均膜厚≥32，最小局部膜厚≥30
	聚酯、丙烯酸		平均膜厚≥16，最小局部膜厚≥14
液体喷涂	氟碳		二涂：平均膜厚≥30，最小局部膜厚≥25
			三涂：平均膜厚≥40，最小局部膜厚≥34
			四涂：平均膜厚≥65，最小局部膜厚≥55
	聚酯、丙烯酸		平均膜厚≥25，最小局部膜厚≥20
粉末喷涂	氟碳		最小局部膜厚≥30
	聚酯		最小局部膜厚≥40
陶瓷			25～40
阳极氧化	室内用	AA5	平均膜厚≥5，最小局部膜厚≥4
		AA10	平均膜厚≥10，最小局部膜厚≥8
	室外用	AA15	平均膜厚≥15，最小局部膜厚≥12
		AA20	平均膜厚≥20，最小局部膜厚≥16
		AA25	平均膜厚≥25，最小局部膜厚≥20

3. 建筑装饰用铝单板的膜性能（表 7-22）

表 7-22　建筑装饰用铝单板的膜性能（GB/T 23443—2009）

项　目		膜性能要求			
		氟碳	聚酯、丙烯酸	陶瓷	阳极氧化
光泽度偏差	光泽度<30	±5			
	30≤光泽度<70	±7			—
	光泽度≥70	±10			
附着力	干式	划格法0级			
	湿式	划格法0级			
	沸水煮	划格法0级			
铅笔硬度		≥1H		≥4H	
耐化学腐蚀性	耐酸性	耐盐酸	无变化		—
		耐硝酸	无起泡等变化		
	耐砂浆性	无变化			—
	耐溶剂性[①]	丁酮，无漏底	二甲苯，擦拭法无漏底或静置法涂层无发暗，划痕试验应无明显划痕	丁酮，无漏底	—
封孔质量		—			≤30mg/dm^2
耐磨性		≥5L/μm	—	≥5L/μm	≥300g/μm

① 聚酯粉末涂层采用静置法，其他涂层均采用擦拭法。

7.2.7　铝及铝合金压花板与带

1. 铝及铝合金压花板与带的牌号、状态及规格（表 7-23）

表 7-23　铝及铝合金压花板与带的牌号、状态及规格（YS/T 490—2005）

牌　　号	状态	基材厚度 /mm	宽度 /mm	长度 /mm	
1070A、1070、1060、1050、1050A、 1145、1100、1200、3003	H14 H24	>0.20~1.50	500.0~ 1500.0	板材	1000~4000
5052	H22			带材	—

2. 铝及铝合金压花板带的花纹高度（表 7-24）

表 7-24　铝及铝合金压花板带的花纹高度（YS/T 490—2005）

花纹图案	花纹高度/mm
1#花纹	0.05~0.12
2#花纹	(0.05~0.08)/单面

3. 铝及铝合金压花板与带的尺寸及氧化膜厚度（表 7-25）

表 7-25　铝及铝合金压花板与带的尺寸及氧化膜厚度（YS/T 490—2005）

花纹图案	基材厚度 /mm	宽度 /mm	长度 /mm	氧化膜局部厚度 /μm
1#花纹	0.40~1.20	800.0	1400	5~20
2#花纹	0.30~1.50	1220.0	2440	5~20

7.2.8　铝及铝合金彩色涂层板与带

1. 铝及铝合金彩色涂层板与带的牌号、状态及规格（表 7-26）

表 7-26　铝及铝合金彩色涂层板带的牌号、状态及规格（YS/T 431—2009）

牌号	合金 类别	涂层板、 带状态	基材 状态	基材 厚度 /mm	板材规格		带材规格	
					宽度 /mm	长度 /mm	宽度 /mm	套筒内径 /mm
1050、1100、3003、3004、3005、 3104、3105、5005、5050	A类	H42 H44、H46 H48	H12、H22 H14、H24 H16、H26	0.20≤t ≤1.80	500~ 1600	500~ 4000	50~ 1600	200、300、350、 405、505
5052	B类		H18					

注：基材状态和基材厚度指板，带材涂层前的状态和厚度。

2. 铝及铝合金彩色涂层板与带的力学性能（表7-27）

表7-27　铝及铝合金彩色涂层板与带的力学性能（YS/T 431—2009）

牌号	状态	厚度 t /mm	抗拉强度 R_m/MPa	规定塑性延伸强度 $R_{p0.2}$/MPa	断后伸长率 A_{50mm}（%）	弯曲半径 180°	弯曲半径 90°
				$\geqslant$			
1050	H12	>0.2~0.3	80~120	—	2	—	0t
		>0.3~0.5	80~120	—	3	—	0t
		>0.5~0.8	80~120	—	4	—	0t
		>0.8~1.5	80~120	65	6	—	0.5t
		>1.5~1.8	80~120	65	8	—	0.5t
	H22	>0.2~0.3	80~120	—	2	—	0t
		>0.3~0.5	80~120	—	3	—	0t
		>0.5~0.8	80~120	—	4	—	0t
		>0.8~1.5	80~120	65	6	—	0.5t
		>1.5~1.8	80~120	65	8	—	0.5t
	H14	>0.2~0.3	95~130	—	1	—	0.5t
		>0.3~0.5	95~130	—	2	—	0.5t
		>0.5~0.8	95~130	—	3	—	0.5t
		>0.8~1.5	95~130	75	4	—	1.0t
		>1.5~1.8	95~130	75	5	—	1.0t
	H24	>0.2~0.3	95~130	—	1	—	0.5t
		>0.3~0.5	95~130	—	2	—	0.5t
		>0.5~0.8	95~130	—	3	—	0.5t
		>0.8~1.5	95~130	75	4	—	1.0t
		>1.5~1.8	95~130	75	5	—	1.0t
	H16	>0.2~0.5	120~150	—	1	—	2.0t
		>0.5~0.8	120~150	85	2	—	2.0t
		>0.8~1.5	120~150	85	3	—	2.0t
		>1.5~1.8	120~150	85	4	—	2.0t
	H26	>0.2~0.5	120~150	—	1	—	2.0t
		>0.5~0.8	120~150	85	2	—	2.0t
		>0.8~1.5	120~150	85	3	—	2.0t
		>1.5~1.8	120~150	85	4	—	2.0t
	H18	>0.2~0.5	130	—	1	—	—
		>0.5~0.8	130	—	2	—	—
		>0.8~1.5	130	—	3	—	—
		>1.5~1.8	130	—	4	—	—

（续）

牌号	状态	厚度 t /mm	抗拉强度 R_m/MPa	规定塑性延伸强度 $R_{p0.2}$/MPa	断后伸长率 A_{50mm}（%）	弯曲半径 180°	弯曲半径 90°
					≥		
1100	H12	>0.2~0.5	95~130	75	3	—	0t
		>0.5~1.5	95~130	75	5	—	0t
		>1.5~1.8	95~130	75	8	—	0t
	H22	>0.2~0.5	95~130	75	3	—	0t
		>0.5~1.5	95~130	75	5	—	0t
		>1.5~1.8	95~130	75	8	—	0t
	H14	>0.2~0.3	110~145	95	1	—	0t
		>0.3~0.5	110~145	95	2	—	0t
		>0.5~1.5	110~145	95	3	—	0t
		>1.5~1.8	110~145	95	5	—	0t
	H24	>0.2~0.3	110~145	95	1	—	0t
		>0.3~0.5	110~145	95	2	—	0t
		>0.5~1.5	110~145	95	3	—	0t
		>1.5~1.8	110~145	95	5	—	0t
	H16	>0.2~0.3	130~165	115	1	—	2t
		>0.3~0.5	130~165	115	2	—	2t
		>0.5~1.5	130~165	115	3	—	2t
		>1.5~1.8	130~165	115	4	—	2t
	H26	>0.2~0.3	130~165	115	1	—	2t
		>0.3~0.5	130~165	115	2	—	2t
		>0.5~1.5	130~165	115	3	—	2t
		>1.5~1.8	130~165	115	4	—	2t
	H18	>0.2~0.5	150	—	1	—	—
		>0.5~1.5	150	—	2	—	—
		>1.5~1.8	150	—	4	—	—
3003	H12	>0.2~0.5	120~160	90	3	1.5t	0t
		>0.5~1.5	120~160	90	4	1.5t	0.5t
		>1.5~1.8	120~160	90	5	1.5t	1.0t
	H22	>0.2~0.5	120~160	80	6	1.0t	0t
		>0.5~1.5	120~160	80	7	1.0t	0.5t
		>1.5~1.8	120~160	80	8	1.0t	1.0t
	H14	>0.2~0.5	145~185	125	2	2.0t	0.5t
		>0.5~1.5	145~185	125	2	2.0t	1.0t
		>1.5~1.8	145~185	125	3	2.0t	1.0t

（续）

牌号	状态	厚度 t /mm	抗拉强度 R_m/MPa	规定塑性延伸强度 $R_{p0.2}$/MPa	断后伸长率 A_{50mm}（%）	弯曲半径	
						180°	90°
				≥			
3003	H24	>0.2~0.5	145~185	115	4	1.5t	0.5t
		>0.5~1.5	145~185	115	4	1.5t	1.0t
		>1.5~1.8	145~185	115	5	1.5t	1.0t
	H16	>0.2~0.5	170~210	150	1	2.5t	1.0t
		>0.5~1.5	170~210	150	2	2.5t	1.5t
		>1.5~1.8	170~210	150	2	2.5t	2.0t
	H26	>0.2~0.5	170~210	140	2	2.0t	1.0t
		>0.5~1.5	170~210	140	3	2.0t	1.5t
		>1.5~1.8	170~210	140	3	2.0t	2.0t
	H18	>0.2~0.5	190	170	1	—	1.5t
		>0.5~1.5	190	170	2	—	2.5t
		>1.5~1.8	190	170	2	—	3.0t
3004	H12	>0.2~0.5	190~240	155	2	1.5t	0t
		>0.5~1.5	190~240	155	3	1.5t	0.5t
		>1.5~1.8	190~240	155	4	2.0t	1.0t
	H22	>0.2~0.5	190~240	145	4	1.0t	0t
		>0.5~1.5	190~240	145	5	1.0t	0.5t
		>1.5~1.8	190~240	145	6	1.5t	1.0t
	H14	>0.2~0.5	220~265	180	1	2.5t	0.5t
		>0.5~1.5	220~265	180	2	2.5t	1.0t
		>1.5~1.8	220~265	180	2	2.5t	1.5t
	H24	>0.2~0.5	220~265	170	3	2.0t	0.5t
		>0.5~1.5	220~265	170	4	2.0t	1.0t
		>1.5~1.8	220~265	170	4	2.0t	1.5t
	H16	>0.2~0.5	240~285	200	1	3.5t	1.0t
		>0.5~1.5	240~285	200	1	3.5t	1.5t
		>1.5~1.8	240~285	200	2	—	2.5t
	H26	>0.2~0.5	240~285	190	3	3.0t	1.0t
		>0.5~1.5	240~285	190	3	3.0t	1.5t
		>1.5~1.8	240~285	190	3	—	2.5t
	H18	>0.2~0.5	260	230	1	—	1.5t
		>0.5~1.5	260	230	1	—	2.5t
		>1.5~1.8	260	230	2	—	—

（续）

牌号	状态	厚度 t /mm	抗拉强度 R_m/MPa	规定塑性延伸强度 $R_{p0.2}$/MPa	断后伸长率 A_{50mm}（%）	弯曲半径 180°	弯曲半径 90°
				≥			
3005	H12	>0.2~0.5	145~195	125	3	1.5t	0t
		>0.5~1.5	145~195	125	4	1.5t	0.5t
		>1.5~1.8	145~195	125	4	2.0t	1.0t
	H22	>0.2~0.5	145~195	110	5	1.0t	0t
		>0.5~1.5	145~195	110	5	1.0t	0.5t
		>1.5~1.8	145~195	110	6	1.5t	1.0t
	H14	>0.2~0.5	170~215	150	1	2.5t	0.5t
		>0.5~1.5	170~215	150	2	2.5t	1.0t
		>1.5~1.8	170~215	150	2	—	1.5t
	H24	>0.2~0.5	170~215	130	4	1.5t	0.5t
		>0.5~1.5	170~215	130	4	1.5t	1.0t
		>1.5~1.8	170~215	130	4	—	1.5t
	H16	>0.2~0.5	195~240	175	1	—	1.0t
		>0.5~1.5	195~240	175	2	—	1.5t
		>1.5~1.8	195~240	175	2	—	2.5t
	H26	>0.2~0.5	195~240	160	3	—	1.0t
		>0.5~1.5	195~240	160	3	—	1.5t
		>1.5~1.8	195~240	160	3	—	2.5t
	H18	>0.2~0.5	220	200	1	—	1.5t
		>0.5~1.5	220	200	2	—	2.5t
		>1.5~1.8	220	200	2	—	—
3104	H12	>0.2~0.5	190~240	155	2	—	0t
		>0.5~1.5	190~240	155	3	—	0.5t
		>1.5~1.8	190~240	155	4	—	1.0t
	H22	>0.2~0.5	190~240	145	4	—	0t
		>0.5~1.5	190~240	145	5	—	0.5t
		>1.5~1.8	190~240	145	6	—	1.0t
	H14	>0.2~0.5	220~265	180	1	—	0t
		>0.5~1.5	220~265	180	2	—	0.5t
		>1.5~1.8	220~265	180	2	—	1.0t
	H24	>0.2~0.5	220~265	170	3	—	0.5t
		>0.5~1.5	220~265	170	4	—	1.0t
		>1.5~1.8	220~265	170	4	—	1.5t
	H16	>0.2~0.5	240~285	200	1	—	1.0t

（续）

牌号	状态	厚度 t /mm	抗拉强度 R_m/MPa	规定塑性延伸强度 $R_{p0.2}$/MPa	断后伸长率 A_{50mm}（%）	弯曲半径 180°	弯曲半径 90°
					≥		
3104	H16	>0.5~1.5	240~285	200	1	—	1.5t
		>1.5~1.8	240~285	200	2	—	2.5t
	H26	>0.2~0.5	240~285	190	3	—	1.0t
		>0.5~1.5	240~285	190	3	—	1.5t
		>1.5~1.8	240~285	190	3	—	2.5t
	H18	>0.2~0.5	260	230	1	—	1.5t
		>0.5~1.5	260	230	1	—	2.5t
		>1.5~1.8	260	230	2	—	—
3105	H12	>0.2~0.5	130~180	105	3	1.5t	—
		>0.5~1.5	130~180	105	4	1.5t	—
		>1.5~1.8	130~180	105	4	1.5t	—
	H22	>0.2~0.5	130~180	105	6	—	—
		>0.5~1.5	130~180	105	6	—	—
		>1.5~1.8	130~180	105	7	—	—
	H14	>0.2~0.5	150~200	130	2	2.5t	—
		>0.5~1.5	150~200	130	2	2.5t	—
		>1.5~1.8	150~200	130	2	2.5t	—
	H24	>0.2~0.5	150~200	120	4	2.5t	—
		>0.5~1.5	150~200	120	4	2.5t	—
		>1.5~1.8	150~200	120	5	2.5t	—
	H16	>0.2~0.5	175~225	160	1	—	—
		>0.5~1.5	175~225	160	2	—	—
		>1.5~1.8	175~225	160	2	—	—
	H26	>0.2~0.5	175~225	150	3	—	—
		>0.5~1.5	175~225	150	3	—	—
		>1.5~1.8	175~225	150	3	—	—
	H18	>0.2~0.5	195	180	1	—	—
		>0.5~1.5	195	180	1	—	—
		>1.5~1.8	195	180	1	—	—
5005	H12	>0.2~0.5	125~165	95	2	1.0t	0t
		>0.5~1.5	125~165	95	2	1.0t	0.5t
		>1.5~1.8	125~165	95	4	1.5t	1.0t
	H22	>0.2~0.5	125~165	80	4	1.0t	0t
		>0.5~1.5	125~165	80	5	1.0t	0.5t

（续）

牌号	状态	厚度 t /mm	抗拉强度 R_m/MPa	规定塑性延伸强度 $R_{p0.2}$/MPa	断后伸长率 A_{50mm}（%）	弯曲半径	
						180°	90°
				≥			
5005	H22	>1.5~1.8	125~165	80	6	1.5t	1.0t
	H14	>0.2~0.5	145~185	120	2	2.0t	0.5t
		>0.5~1.5	145~185	120	2	2.0t	1.0t
		>1.5~1.8	145~185	120	3	2.5t	1.0t
	H24	>0.2~0.5	145~185	110	3	1.5t	0.5t
		>0.5~1.5	145~185	110	4	1.5t	1.0t
		>1.5~1.8	145~185	110	5	2.0t	1.0t
	H16	>0.2~0.5	165~205	145	1	—	1.0t
		>0.5~1.5	165~205	145	2	—	1.5t
		>1.5~1.8	165~205	145	3	—	2.0t
	H26	>0.2~0.5	165~205	135	2	—	1.0t
		>0.5~1.5	165~205	135	3	—	1.5t
		>1.5~1.8	165~205	135	4	—	2.0t
	H18	>0.2~0.5	185	165	1	—	1.5t
		>0.5~1.5	185	165	2	—	2.5t
		>1.5~1.8	185	165	2	—	3.0t
5050	H12	>0.2~0.5	155~195	130	2	—	0t
		>0.5~1.5	155~195	130	2	—	0.5t
		>1.5~1.6	155~195	130	4	—	1.0t
	H22	>0.2~0.5	155~195	110	4	1.0t	0t
		>0.5~1.5	155~195	110	5	1.0t	0.5t
		>1.5~1.8	155~195	110	7	1.5t	1.0t
	H14	>0.2~0.5	175~215	150	2	—	0.5t
		>0.5~1.5	175~215	150	2	—	1.0t
		>1.5~1.8	175~215	150	3	—	1.5t
	H24	>0.2~0.5	175~215	135	3	1.5t	0.5t
		>0.5~1.5	175~215	135	4	1.5t	1.0t
		>1.5~1.8	175~215	135	5	2.0t	1.5t
	H16	>0.2~0.5	195~235	170	1	—	1.0t
		>0.5~1.5	195~235	170	2	—	1.5t
		>1.5~1.8	195~235	170	2	—	2.5t
	H26	>0.2~0.5	195~235	160	2	—	1.0t
		>0.5~1.5	195~235	160	3	—	1.5t
		>1.5~1.8	195~235	160	4	—	2.5t

（续）

牌号	状态	厚度 t /mm	抗拉强度 R_m/MPa	规定塑性延伸强度 $R_{p0.2}$/MPa	断后伸长率 A_{50mm}（%）	弯曲半径 180°	弯曲半径 90°
					≥		
5050	H18	>0.2~0.5	220	190	1	—	1.5t
		>0.5~1.5	220	190	2	—	2.5t
		>1.5~1.8	220	190	2	—	—
5052	H12	>0.2~0.5	210~260	160	4	—	—
		>0.5~1.5	210~260	160	5	—	—
		>1.5~1.8	210~260	160	6	—	—
	H22	>0.2~0.5	210~260	130	5	1.5t	0.5t
		>0.5~1.5	210~260	130	6	1.5t	1.0t
		>1.5~1.8	210~260	130	7	1.5t	1.5t
	H14	>0.2~0.5	230~280	180	3	—	—
		>0.5~1.5	230~280	180	3	—	—
		>1.5~1.8	230~280	180	4	—	—
	H24	>0.2~0.5	230~280	150	4	2.0t	0.5t
		>0.5~1.5	230~280	150	5	2.0t	1.5t
		>1.5~1.8	230~280	150	6	2.0t	2.0t
	H16	>0.2~0.5	250~300	210	2	—	—
		>0.5~1.5	250~300	210	3	—	—
		>1.5~1.8	250~300	210	3	—	—
	H26	>0.2~0.5	250~300	180	3	—	1.5t
		>0.5~1.5	250~300	180	4	—	2.0t
		>1.5~1.8	250~300	180	5	—	3.0t
	H18	>0.2~0.5	270	240	1	—	—
		>0.5~1.5	270	240	2	—	—
		>1.5~1.8	270	240	2	—	—

7.2.9 天花吊顶用铝及铝合金板与带

1. 天花吊顶用铝及铝合金板与带的牌号、状态及规格（表7-28）

表7-28 天花吊顶用铝及铝合金板与带的牌号、状态及规格

（YS/T 690—2009） （单位：mm）

牌号	状态 基材状态	状态 涂层板、带状态	基材厚度	板材 宽度	板材 长度	带材 宽度	带材 套筒内径
1100、3003、3004、3005、3104、3105、5005、5050、5052	H16、H26	H46	0.3~<1.00	500~1600	500~4000	100~1600	405、505、605
	H14、H24	H44	1.00~1.60	500~1200	500~4000	100~1200	405、505、605

2. 天花吊顶用铝及铝合金板与带的力学性能（表7-29）

表7-29 天花吊顶用铝及铝合金板和带的力学性能（YS/T 690—2009）

牌号	基材状态	基材厚度 t/mm	抗拉强度 R_m/MPa	规定塑性延伸强度 $R_{p0.2}$/MPa	断后伸长率 A_{50mm}（%）	弯曲半径 180°	弯曲半径 90°
					≥		
1100	H16	>0.30~0.50	130~165	115	2	—	2t
		>0.50~1.00	130~165	115	3	—	2t
	H26	>0.30~0.50	130~165	115	2	—	2t
		>0.50~1.00	130~165	115	3	—	2t
	H14	>1.00~1.50	110~145	95	3	—	0t
		>1.00~1.60	110~145	95	5	—	0t
	H24	>1.00~1.50	110~145	95	3	—	0t
		>1.50~1.60	110~145	95	5	—	0t
3003	H16	>0.30~0.50	170~210	150	1	2.5t	1.0t
		>0.50~1.00	170~210	150	2	2.5t	1.5t
	H26	>0.30~0.50	170~210	140	2	2.0t	1.0t
		>0.50~1.00	170~210	140	3	2.0t	1.5t
	H14	>1.00~1.50	145~185	125	2	2.0t	1.0t
		>1.50~1.60	145~185	125	2	2.0t	1.0t
	H24	>1.00~1.50	145~185	115	4	1.5t	1.0t
		>1.50~1.60	145~185	115	5	1.5t	1.0t
3004	H16	>0.30~0.50	240~285	200	1	3.5t	1.0t
		>0.50~1.00	240~285	200	1	3.5t	1.5t
	H26	>0.30~0.50	240~285	190	3	3.0t	1.0t
		>0.50~1.00	240~285	190	3	3.0t	1.5t
	H14	>1.00~1.50	220~265	180	2	2.5t	1.0t
		>1.50~1.60	220~265	180	2	2.5t	1.5t
	H24	>1.00~1.50	220~265	170	4	2.0t	1.0t
		>1.50~1.60	220~265	170	4	2.0t	1.5t
3005	H16	>0.30~0.50	195~240	175	1	—	1.0t
		>0.50~1.00	195~240	175	2	—	1.5t
	H26	>0.30~0.50	195~240	160	3	—	1.0t
		>0.50~1.00	195~240	160	3	—	1.5t
	H14	>1.00~1.50	170~215	150	2	2.5t	1.0t
		>1.50~1.60	170~215	150	2	—	1.5t
	H24	>1.00~1.50	170~215	130	4	1.5t	1.0t
		>1.50~1.60	170~215	130	4	—	1.5t

（续）

牌号	基材状态	基材厚度 t/mm	抗拉强度 R_m/MPa	规定塑性延伸强度 $R_{p0.2}$/MPa	断后伸长率 A_{50mm}（%）	弯曲半径 180°	弯曲半径 90°
				≥			
3104	H16	>0.30~0.50	240~285	200	1	3.5t	1.0t
		>0.50~1.00	240~285	200	1	3.5t	1.5t
	H26	>0.30~0.50	250~285	190	3	3.0t	1.0t
		>0.50~1.00	240~285	190	3	3.0t	1.5t
	H14	>1.00~1.50	220~265	180	2	2.5t	1.0t
		>1.50~1.60	220~265	180	2	2.5t	1.5t
	H24	>1.00~1.50	220~265	170	4	2.0t	1.0t
		>1.50~1.60	220~265	170	4	2.0t	1.5t
3105	H16	>0.30~0.50	175~225	160	1	—	—
		>0.50~1.00	175~225	160	2	—	—
	H26	>0.30~0.50	175~225	150	3	—	—
		>0.50~1.00	175~225	150	3	—	—
	H14	>1.00~1.50	150~200	130	2	2.5t	—
		>1.50~1.60	150~200	130	2	2.5t	—
	H24	>1.00~1.50	150~200	120	4	2.5t	—
		>1.50~1.60	150~200	120	5	2.5t	—
5005	H16	>0.30~0.50	165~205	145	1	2.0t	0.5t
		>0.50~1.00	175~225	160	2	2.0t	1.0t
	H26	>0.30~0.50	165~205	135	2	—	1.0t
		>0.50~1.00	165~205	135	3	—	1.5t
	H14	>0.30~0.50	145~185	120	2	2.0t	0.5t
		>0.50~1.00	145~185	120	2	2.0t	1.0t
	H24	>0.30~0.50	145~185	110	3	1.5t	0.5t
		>0.50~1.00	145~185	110	4	1.5t	1.0t
5050	H16	>0.30~0.50	165~205	145	1	—	1.0t
		>0.50~1.00	165~205	145	2	—	1.5t
	H26	>0.30~0.50	165~205	135	2	—	1.0t
		>0.50~1.00	165~205	135	3	—	1.5t
	H14	>1.00~1.50	145~185	120	2	2.0t	1.0t
		>1.50~1.60	145~185	120	3	2.5t	1.0t
	H24	>1.00~1.50	145~185	110	2	1.5t	1.0t
		>1.50~1.60	145~185	110	5	2.0t	1.0t
5052	H16	>0.30~0.50	250~300	210	2	—	—
		>0.50~1.00	250~300	210	3	—	—

（续）

牌号	基材状态	基材厚度 t/mm	抗拉强度 R_m/MPa	规定塑性延伸强度 $R_{p0.2}$/MPa	断后伸长率 A_{50mm}（%）	弯曲半径 180°	弯曲半径 90°
					≥		
5052	H26	>0.30~0.50	250~300	180	3	—	1.5t
		>0.50~1.00	250~300	180	4	—	2.0t
	H14	>1.00~1.50	230~280	180	3	—	—
		>1.50~1.60	230~280	180	4	—	—
	H24	>1.00~1.50	230~280	150	5	2.0t	1.5t
		>1.50~1.60	230~280	150	6	2.0t	2.0t

7.3 铝及铝合金管

7.3.1 铝及铝合金热挤压无缝圆管

1. 铝及铝合金热挤压无缝圆管的牌号和状态（表7-30）

表7-30 铝及铝合金热挤压无缝圆管的牌号和状态（GB/T 4437.1—2000）

牌　　　号	状态
1070A、1060、1100、1200、2A11、2017、2A12、2024、3003、3A21、5A02、5052、5A03、5A05、5A06、5083、5086、5454、6A02、6061、6063、7A09、7075、7A15、8A06	H112、F
1070A、1060、1050A、1035、1100、1200、2A11、2017、2A12、2024、5A06、5083、5454、5086、6A02	O
2A11、2017、2A12、6A02、6061、6063	T4
6A02、6061、6063、7A04、7A09、7075、7A15	T6

2. 铝及铝合金热挤压无缝圆管的室温纵向力学性能（表7-31）

表7-31 铝及铝合金热挤压无缝圆管的室温纵向力学性能（GB/T 4437.1—2000）

牌号	供应状态	试样状态	壁厚 /mm	抗拉强度 R_m/MPa	规定塑性延伸强度 $R_{p0.2}$/MPa	断后伸长率 A_{50mm}（%）	断后伸长率 A（%）
						≥	
1070A、1060	O	O	所有	60~95	—	25	22
	H112	H112	所有	≥60	—	25	22
1050A、1035	O	O	所有	60~100	—	25	23
1100、1200	O	O	所有	75~105	—	25	22
	H112	H112	所有	≥75	—	25	22
2A11	O	O	所有	≤245	—	—	10
	H112	H112	所有	≥350	≥195		10
2017	O	O	所有	≤245	≤125		16
	H112、T4	T4	所有	≥345	≥215		12

（续）

牌号	供应状态	试样状态	壁厚/mm	抗拉强度 R_m/MPa	规定塑性延伸强度 $R_{p0.2}$/MPa	断后伸长率	
						A_{50mm}（%）	A（%）
						≥	
2A12	O	O	所有	≤245	—	—	10
	H112、T4	T4	所有	≥390	≥255	—	10
2017	O	O	所有	≤245	≤130	12	10
	H112	T4	≤18	≥395	≥260	12	10
			>18	≥395	≥260	—	9
3A21	H112	H112	所有	≤165	—	—	—
3003	O	O	所有	95～130	—	25	22
	H112	H112	所有	≥95	—	25	22
5A02	H112	H112	所有	≤225	—	—	—
5052	O	O	所有	170～240	≥70	—	—
5A03	H112	H112	所有	≥175	≥70	—	15
5A05	H112	H112	所有	≥225	≥110	—	15
5A06	O、H112	O、H112	所有	≥315	≥145	—	15
5083	O	O	所有	270～350	≥110	14	12
	H112	H112	所有	≥270	≥110	12	20
5454	O	O	所有	215～285	≥85	14	12
	H112	H112	所有	≥215	≥85	12	10
5086	O	O	所有	240～315	≥95	14	12
	H112	H112	所有	≥240	≥95	12	10
6A02	O	O	所有	≤145	—	—	17
	T4	T4	所有	≥205	—	—	14
	H112、T6	T6	所有	≥295	—	—	8
6061	T4	T4	所有	≥180	≥110	16	14
	T6	T6	≤6.3	≥260	≥240	8	—
			>6.3	≥260	≥240	10	9
6063	T4	T4	≤12.5	≥130	≥70	14	12
			>12.5～25	≥125	≥60	—	12
	T6	T6	所有	≥205	≥170	10	9
7A04、7A09	H112、T6	T6	所有	≥530	≥400	—	5
7075	H112、T6	T6	≤6.3	≥540	≥485	7	—
			>6.3 ≤12.5	≥560	≥505	7	6
			>12.5	≥560	≥495	—	6

（续）

牌号	供应状态	试样状态	壁厚/mm	抗拉强度 R_m/MPa	规定塑性延伸强度 $R_{p0.2}$/MPa	断后伸长率	
						A_{50mm}（%）	A（%）
						≥	
7A15	H112、T6	T6	所有	≥470	≥420	—	6
8A06	H112	H112	所有	≤120	—	—	20

7.3.2　铝及铝合金拉（轧）制无缝管

1. 铝及铝合金拉（轧）制无缝管的牌号及状态（表7-32）

表7-32　铝及铝合金拉（轧）制无缝管的牌号及状态（GB/T 6893—2010）

牌　　　号	状　　　态
1035、1050、1050A、1060、1070、1070A、1100、1200、8A06	O、H14
2017、2024、2A11、2A12	O、T4
2A14	T4
3003	O、H14
3A21	O、H14、H18、H24
5052、5A02	O、H14
5A03	O、H34
5A05、5056、5083	O、H32
5A06、5754	O
6061、6A02	O、T4、T6
6063	O、T6
7A04	O
7020	T6

2. 铝及铝合金拉（轧）制无缝管的室温纵向拉伸性能（表7-33）

表7-33　铝及铝合金拉（轧）制无缝管的室温纵向力学性能（GB/T 6893—2010）

牌号	状态	壁厚/mm	抗拉强度 R_m/MPa	规定塑性延伸强度 $R_{p0.2}$/MPa	断后伸长率（%）		
					全截面试样	其他试样	
					A_{50mm}	A_{50mm}	A
					≥		
1035	O	所有	60~95	—	—	22	25
1050A 1050	H14	所有	100~135	70	—	5	6
1060	O	所有	60~95	—	—		
1070A 1070	H14	所有	85	70	—		
1100	O	所有	70~105	—	—	16	20
1200	H14	所有	110~145	80	—	4	5

（续）

牌号	状态	壁厚/mm		抗拉强度 R_m/MPa	规定塑性延伸强度 $R_{p0.2}$/MPa	断后伸长率（%）		
						全截面试样	其他试样	
						A_{50mm}	A_{50mm}	A
					≥			
2A11	O	所有		≤245			10	
	T4	外径 ≤22	≤1.5	375	195		13	
			>1.5~2.0				14	
			>2.0~5.0				—	
		外径 >22~50	≤1.5	390	225		12	
			>1.5~5.0				13	
		外径>50	所有				11	
2017	O	所有		≤245	≤125	17	16	16
	T4	所有		375	215	13	12	12
2A12	O	所有		≤245	—		10	
	T4	外径 ≤22	≤2.0	410	225		13	
			>2.0~5.0				—	
		外径 >22~50	所有	420	275		12	
		外径>50	所有	420	275		10	
2A14	T4	外径 ≤22	1.0~2.0	360	205		10	
			>2.0~5.0	360	205		—	
		外径 >22	所有	360	205		10	
2024	O	所有		≤240	≤140	—	10	12
	T4	0.63~1.2		440	290	12	10	—
		>1.2~5.0		440	290	14	10	—
3003	O	所有		95~130	35	—	20	25
	H14	所有		130~165	110	—	4	6
3A21	O	所有		≤135	—		—	
	H14	所有		135	—		—	
	H18	外径<60，壁厚0.5~5.0		185	—		—	
		外径≥60，壁厚2.0~5.0		175	—		—	
	H24	外径<60，壁厚0.5~5.0		145	—		8	
		外径≥60，壁厚2.0~5.0		135	—		8	
5A02	O	所有		≤225	—		—	
	H14	外径≤55，壁厚≤2.5		225	—		—	
		其他所有		195	—		—	

（续）

牌号	状态	壁厚/mm	抗拉强度 R_m/MPa	规定塑性延伸强度 $R_{p0.2}$/MPa	断后伸长率（%）		
					全截面试样	其他试样	
					A_{50mm}	A_{50mm}	A
			≥				
5A03	O	所有	175	80	15		
	H34	所有	215	125	8		
5A05	O	所有	215	90	15		
	H32	所有	245	145	8		
5A06	O	所有	315	145	15		
5052	O	所有	170~230	65	—	17	20
	H14	所有	230~270	180	—	4	5
5056	O	所有	≤315	100	16		
	H32	所有	305		—		
5083	O	所有	270~350	110	—	14	16
	H32	所有	280	200	—	4	6
5754	O	所有	180~250	80	—	14	16
6A02	O	所有	≤155	—	14		
	T4	所有	205		14		
	T6	所有	305		8		
6061	O	所有	≤150	≤110	—	14	16
	T4	所有	205	110	—	14	16
	T6	所有	290	240	—	8	10
6063	O	所有	≤130	—	—	15	20
	T6	所有	220	190	—	8	10
7A04	O	所有	≤265	—	8		
7020	T6	所有	350	280	—	8	10
8A06	O	所有	≤120	—	20		
	H14	所有	100		5		

7.3.3 铝及铝合金连续挤压管

1. 铝及铝合金连续挤压管的牌号及状态（表 7-34）

表 7-34　铝及铝合金连续挤压管的牌号及状态（GB/T 20250—2006）

牌　　　号	状　　态
1050、1060、1070、1070A、1100	H112
3003	H112

2. 铝及铝合金连续挤压管的规格（表 7-35）

表 7-35　铝及铝合金连续挤压管的规格（GB/T 20250—2006）

公称外径 /mm	壁　厚/mm									
	0.45	0.50	0.75	0.90	1.00	1.25	1.50	1.75	2.00	3.00
4.00	△	△	△	△	—	—	—	—	—	—
5.00	△	△	△	△	△	△	—	—	—	—
6.00	△	△	△	△	△	△	—	—	—	—
7.00	—	△	△	△	△	△	△	—	—	—
8.00	—	△	△	△	△	△	△	△	△	—
9.00	—	△	△	△	△	△	△	△	△	—
10.00	—	—	△	△	△	△	△	△	△	△
11.00	—	—	△	△	△	△	△	△	△	△
12.00	—	—	—	△	△	△	△	△	△	△
13.00	—	—	—	—	△	△	△	△	△	△
14.00	—	—	—	—	△	△	△	△	△	△
15.00	—	—	—	△	△	△	△	△	△	△
16.00	—	—	—	△	△	△	△	△	△	△
17.00	—	—	—	△	△	△	△	△	△	△
18.00	—	—	—	—	△	△	△	△	△	△
19.00	—	—	—	—	△	△	△	△	△	△

注："△"表示可供货。需其他规格时，可供需双方协商。

3. 铝及铝合金连续挤压管的力学性能（表 7-36）

表 7-36　铝及铝合金连续挤压管的力学性能（GB/T 20250—2006）

牌　号	室温纵向拉伸性能		硬度 HV
	抗拉强度 R_m/MPa	断后伸长率 A_{50mm}（%）	
	≥		
1070、1070A、1060、1050	60	27	20
1100	75	28	25
3003	95	25	30

7.3.4　铝及铝合金热挤压有缝管

1. 铝及铝合金热挤压有缝管的牌号及状态（表 7-37）

表 7-37　铝及铝合金热挤压有缝管的牌号及状态（GB/T 4437.2—2003）

牌　号	状　态
1070A、1060、1050A、1035、1100、1200	O、H112、F
2A11、2017、2A12、2024	O、H112、T4、F
3003	O、H112、F

（续）

牌　号	状　态
5A02	H112、F
5052	O、F
5A03、5A05	H112、F
5A06、5083、5454、5086	O、H112、F
6A02	O、H112、T4、T6、F
6005A、6005	T5、F
6061	T4、T6、F
6063	T4、T5、T6、F
6063A	T5、T6、F

2. 铝及铝合金热挤压有缝管的室温纵向力学性能（表7-38）

表7-38　铝及铝合金热挤压有缝管的室温纵向力学性能（GB/T 4437.2—2003）

牌号	供应状态	试样状态	壁厚 /mm	抗拉强度 R_m/MPa	规定塑性延伸强度 $R_{p0.2}$/MPa	断后伸长率	
						A_{50mm}(%)	A(%)
				≥			
1070A、1060	O	O	所有	60~95	—	25	22
	H112	H112	所有	60	—	25	22
1050A、1035	O	O	所有	60~100	—	25	23
	H112	H112	所有	60	—	25	23
1100、1200	O	O	所有	75~105	—	25	22
	H112	H112	所有	75	—	25	22
2A11	O	O	所有	≤245	—	—	10
	H112、T4	T4	所有	350	195	—	10
2017	O	O	所有	≤245	≤125	—	16
	H112、T4	T4	所有	345	215	—	12
2A12	O	O	所有	≤245	—	—	10
	H112、T4	T4	所有	390	255	—	10
2024	O	O	所有	≤245	≤130	12	10
	H112、T4	T4	≤18	395	260	12	10
			>18	395	260		9
3003	O	O	所有	95~130	—	25	22
	H112	H112	所有	95	—	25	22
5A02	H112	H112	所有	≤225	—	—	—
5052	O	O	所有	170~240	70	—	—
5A03	H112	H112	所有	175	70	—	15
5A05	H112	H112	所有	225	—	—	15

（续）

牌号	供应状态	试样状态	壁厚/mm	抗拉强度 R_m/MPa	规定塑性延伸强度 $R_{p0.2}$/MPa	断后伸长率	
						A_{50mm}(%)	A(%)
				≥			
5A06	O、H112	O、H112	所有	315	145	—	15
5083	O	O	所有	270~350	110	14	12
	H112	H112	所有	270	110	12	10
5454	O	O	所有	215~285	85	14	12
	H112	H112	所有	215	85	12	10
5086	O	O	所有	240~315	95	14	12
	H112	H112	所有	240	95	12	10
6A02	O	O	所有	≤145	—	—	17
	T4	T4	所有	205	—	—	14
	H112、T6	T6	所有	295	—	—	8
6005A	T5	T5	≤6.30	260	215	7	—
			>6.30	260	215	9	8
6005	T5	T5	≤3.20	260	240	8	—
			>3.21~25.00	260	240	10	9
6061	T4	T4	所有	180	110	16	14
	T6	T6	≤6.30	265	245	8	—
			>6.30	265	245	10	9
6063	T4	T4	≤12.50	130	70	14	12
			>12.50~25.00	125	60	—	12
	T6	T6	所有	205	180	10	8
	T5	T5	所有	160	110	—	8
6063A	T5	T5	≤10.00	200	160	—	5
			>10.00	190	150	—	5
	T6	T6	≤10.00	230	190	—	5
			>10.00	220	180	—	4

7.4 铝及铝合金棒

7.4.1 铝及铝合金挤压棒

1. 铝及铝合金挤压棒的牌号、状态及规格（表7-39）

表7-39 铝及铝合金挤压棒的牌号、状态及规格 (GB/T 3191—2010)

牌 号		供货状态	试样状态	规格
Ⅱ类 (2×××系、7×××系合金及 含镁量平均值大于或等于3%的 5×××系合金的棒材)	Ⅰ类 (除Ⅱ类外的 其他棒材)			
—	1070A	H112	H112	
—	1060	O	O	
		H112	H112	
—	1050A	H112	H112	
—	1350	H112	H112	
—	1035	O	O	
		H112	H112	
—	1200	H112	H112	
2A02	—	T1、T6	T62、T6	
2A06	—	T1、T6	T62、T6	
2A11	—	T1、T4	T42、T4	
2A12	—	T1、T4	T42、T4	
2A13	—	T1、T4	T42、T4	
2A14	—	T1、T6、T6511	T62、T6、T6511	
2A16	—	T1、T6、T6511	T62、T6、T6511	圆棒直径：5～
2A50	—	T1、T6	T62、T6	600mm；方棒、六角
2A70	—	T1、T6	T62、T6	棒对边距离：5～
2A80	—	T1、T6	T62、T6	200mm
2A90	—	T1、T6	T62、T6	长度：1～6m
2014、2014A	—	T4、T4510、T4511	T4、T4510、T4511	
		T6、T6510、T6511	T6、T6510、T6511	
2017	—	T4	T42、T4	
2017A	—	T4、T4510、T4511	T4、T4510、T4511	
2024	—	O	O	
		T3、T3510、T3511	T3、T3510、T3511	
—	3A21	O	O	
		H112	H112	
—	3102	H112	H112	
—	3003、3103	O	O	
		H112	H112	
—	4A11	T1	T62	
—	4032	T1	T62	

（续）

牌号		供货状态	试样状态	规格
Ⅱ类 （2×××系、7×××系合金及 含镁量平均值大于或等于3%的 5×××系合金的棒材）	Ⅰ类 （除Ⅱ类外的 其他棒材）			
—	5A02	O	O	
		H112	H112	
5A03	—	H112	H112	
5A05	—	H112	H112	
5A06	—	H112	H112	
5A12	—	H112	H112	
—	5005、5005A	H112	H112	
		O	O	
5019	—	H112	H112	
		O	O	
5049	—	H112	H112	
—	5251	H112	H112	
		O	O	
—	5052	H112	H112	
		O	O	圆棒直径：5～
5154A	—	H112	H112	600mm；方棒、六角
		O	O	棒对边距离：5～
—	5454	H112	H112	200mm
		O	O	长度：1～6m
5754	—	H112	H112	
		O	O	
5083	—	H112	H112	
		O	O	
5086	—	H112	H112	
		O	O	
—	6A02	T1、T6	T62、T6	
—	6101A	T6	T6	
—	6005、6005A	T5	T5	
		T6	T6	
7A04	—	T1、T6	T62、T6	
7A09	—	T1、T6	T62、T6	
7A15	—	T1、T6	T62、T6	

（续）

牌　号		Ⅰ类（除Ⅱ类外的其他棒材）	供货状态	试样状态	规格
Ⅱ类（2×××系、7×××系合金及含镁量平均值大于或等于3%的5×××系合金的棒材）					
7003	—		T5	T5	
			T6	T6	
7005	—		T6	T6	圆棒直径：5～600mm；方棒、六角棒对边距离：5～200mm长度：1～6m
7020	—		T6	T6	
7021	—		T6	T6	
7022	—		T6	T6	
7049A	—		T6、T6510、T6511	T6、T6510、T6511	
7075	—		O	O	
			T6、T6510、T6511	T6、T6510、T6511	
—	8A06		O	O	
			H112	H112	

2. 铝及铝合金挤压棒的室温纵向力学性能（表7-40）

表7-40　铝及铝合金挤压棒的室温纵向力学性能（GB/T 3191—2010）

牌号	供货状态	试样状态	直径（方棒、六角棒指内切圆直径）/mm	抗拉强度 R_m/MPa	规定塑性延伸强度 $R_{p0.2}$/MPa	断后伸长率（%）	
						A	A_{50mm}
				≥			
1070A	H112	H112	≤150.00	55	15	—	—
1060	O	O	≤150.00	60～95	15	22	—
	H112	H112		60	15	22	—
1050A	H112	H112	≤150.00	65	20	—	—
1350	H112	H112	≤150.00	60	—	25	—
1200	H112	H112	≤150.00	75	20	—	—
1035、8A06	O	O	≤150.00	60～120	—	25	—
	H112	H112		60	—	25	—
2A02	T1、T6	T62、T6	≤150.00	430	275	10	—
2A06	T1、T6	T62、T6	≤22.00	430	285	10	—
			>22.00～100.00	440	295	9	—
			>100.00～150.00	430	285	10	—
2A11	T1、T4	T42、T4	≤150.00	370	215	12	—

（续）

牌号	供货状态	试样状态	直径（方棒、六角棒指内切圆直径）/mm	抗拉强度 R_m/MPa	规定塑性延伸强度 $R_{p0.2}$/MPa	断后伸长率（%）	
						A	A_{50mm}
				≥			
2A12	T1、T4	T42、T4	≤22.00	390	255	12	—
			>22.00~150.00	420	255	12	—
2A13	T1、T4	T42、T4	≤22.00	315	—	4	—
			>22.00~150.00	345	—	4	—
2A14	T1、T6、T6511	T62、T6、T6511	≤22.00	440	—	10	—
			>22.00~150.00	450	—	10	—
2014、2014A	T4、T4510、T4511	T4、T4510、T4511	≤25.00	370	230	13	11
			>25.00~75.00	410	270	12	—
			>75.00~150.00	390	250	10	—
			>150.00~200.00	350	230	8	—
2014、2014A	T6、T6510、T6511	T6、T6510、T6511	≤25.00	415	370	6	5
			>25.00~75.00	460	415	7	—
			>75.00~150.00	465	420	7	—
			>150.00~200.00	430	350	6	—
			>200.00~250.00	420	320	5	—
2A16	T1、T6、T6511	T62、T6、T6511	≤150.00	355	235	8	—
2017	T4	T42、T4	≤120.00	345	215	12	—
2017A	T4、T4510、T4511	T4、T4510、T4511	≤25.00	380	260	12	10
			>25.00~75.00	400	270	10	—
			>75.00~150.00	390	260	9	—
			>150.00~200.00	370	240	8	—
			>200.00~250.00	360	220	7	—
2024	O	O	≤150.00	≤250	≤150	12	10
	T3、T3510、T3511	T3、T3510、T3511	≤50.00	450	310	8	6
			>50.00~100.00	440	300	8	—
			>100.00~200.00	420	280	8	—
			>200.00~250.00	400	270	8	—
2A50	T1、T6	T62、T6	≤150.00	355	—	12	—
2A70、2A80、2A90	T1、T6	T62、T6	≤150.00	355	—	8	—
3102	H112	H112	≤250.00	80	30	25	23
3003	O	O	≤250.00	95~130	35	25	20
	H112	H112		90	30	25	20

（续）

牌号	供货状态	试样状态	直径(方棒、六角棒指内切圆直径)/mm	抗拉强度 R_m/MPa	规定塑性延伸强度 $R_{p0.2}$/MPa	断后伸长率(%) A	断后伸长率(%) A_{50mm}
						≥	
3103	O	O	≤250.00	95	35	25	20
	H112	H112		95~135	35	25	20
3A21	O	O	≤150.00	≤165	—	20	20
	H112	H112		90	—	20	—
4A11、4032	T1	T62	100.00~200.00	360	290	2.5	2.5
5A02	O	O	≤150.00	≤225	—	10	—
	H112	H112		170	70	—	—
5A03	H112	H112	≤150.00	175	80	13	13
5A05	H112	H112	≤150.00	265	120	15	15
5A06	H112	H112	≤150.00	315	155	15	15
5A12	H112	H112	≤150.00	370	185	15	15
5052	H112	H112	≤250.00	170	70	—	—
	O	O		170~230	70	17	15
5005、5005A	H112	H112	≤200.00	100	40	18	16
	O	O	≤60.00	100~150	40	18	16
5019	H112	H112	≤200.00	250	110	14	12
	O	O	≤200.00	250~320	110	15	13
5049	H112	H112	≤250.00	180	80	15	15
5251	H112	H112	≤250.00	160	60	16	14
	O	O		160~220	60	17	15
5154A、5454	H112	H112	≤250.00	200	85	16	16
	O	O		200~275	85	18	18
5754	H112	H112	≤150.00	180	80	14	12
			>150.00~250.00	180	70	13	—
	O	O	≤150.00	180~250	80	17	15
5083	O	O	≤200.00	270~350	110	12	10
	H112	H112		270	125	12	10
5086	O	O	≤250.00	240~320	95	18	15
	H112	H112	≤200.00	240	95	12	10
6101A	T6	T6	≤150.00	200	170	10	10
6A02	T1、T6	T62、T6	≤150.00	295	—	12	12
6005、6005A	T5	T5	≤25.00	260	215	8	—
	T6	T6	≤25.00	270	225	10	8

（续）

牌号	供货状态	试样状态	直径(方棒、六角棒指内切圆直径)/mm	抗拉强度 R_m/MPa	规定塑性延伸强度 $R_{p0.2}$/MPa	断后伸长率(%)	
						A	A_{50mm}
				≥			
6005、6005A	T6	T6	>25.00~50.00	270	225	8	—
			>50.00~100.00	260	215	8	—
6110A	T5	T5	≤120.00	380	360	10	8
	T6	T6	≤120.00	410	380	10	8
6351	T4	T4	≤150.00	205	110	14	12
	T6	T6	≤20.00	295	250	8	6
			>20.00~75.00	300	255	8	—
			>75.00~150.00	310	260	8	—
			>150.00~200.00	280	240	6	—
			>200.00~250.00	270	200	6	—
6060	T4	T4	≤150.00	120	60	16	14
	T5	T5		160	120	8	6
	T6	T6		190	150	8	6
6061	T6	T6	≤150.00	260	240	9	—
	T4	T4		180	110	14	—
6063	T4	T4	≤150.00	130	65	14	12
			>150.00~200.00	120	65	12	—
	T5	T5	≤200.00	175	130	8	6
	T6	T6	≤150.00	215	170	10	8
			>150.00~200.00	195	160	10	—
6063A	T4	T4	≤150.00	150	90	12	10
			>150.00~200.00	140	90	10	—
	T5	T5	≤200.00	200	160	7	5
	T6	T6	≤150.00	230	190	7	5
			>150.00~200.00	220	160	7	—
6463	T4	T4	≤150.00	125	75	14	12
	T5	T5		150	110	8	6
	T6	T6		195	160	10	8
6082	T6	T6	≤20.00	295	250	8	6
			>20.00~150.00	310	260	8	—
			>150.00~200.00	280	240	6	—
			>200.00~250.00	270	200	6	—
7003	T5	T5	≤250.00	310	260	10	8

（续）

牌号	供货状态	试样状态	直径(方棒、六角棒指内切圆直径)/mm	抗拉强度 R_m/MPa	规定塑性延伸强度 $R_{p0.2}$/MPa	断后伸长率(%)	
						A	A_{50mm}
					≥		
7003	T6	T6	≤50.00	350	290	10	8
			>50.00~150.00	340	280	10	8
7A04、7A09	T1, T6	T62, T6	≤22.00	490	370	7	—
			>22.00~150.00	530	400	6	—
7A15	T1, T6	T62, T6	≤150.00	490	420	6	—
7005	T6	T6	≤50.00	350	290	10	8
			>50.00~150.00	340	270	10	
7020	T6	T6	≤50.00	350	290	10	8
			>50.00~150.00	340	275	10	
7021	T6	T6	≤40.00	410	350	10	8
7022	T6	T6	≤80.00	490	420	7	5
			>80.00~200.00	470	400	7	—
7049A	T6、T6510、T6511	T6、T6510、T6511	≤100.00	610	530	5	4
			>100.00~125.00	560	500	5	—
			>125.00~150.00	520	430	5	—
			>150.00~180.00	450	400	3	—
7075	O	O	≤200.00	≤275	≤165	10	8
	T6、T6510、T6511	T6、T6510、T6511	≤25.00	540	480	7	5
			>25.00~100.00	560	500	7	—
			>100.00~150.00	530	470	6	—
			>150.00~250.00	470	400	5	—

3. 高强度铝合金挤压棒的室温纵向力学性能（表7-41）

表7-41　高强度铝合金挤压棒的室温纵向力学性能（GB/T 3191—2010）

牌号	供货状态	试样状态	直径(方棒、六角棒指内切圆直径)/mm	抗拉强度 R_m/MPa	规定塑性延伸强度 $R_{p0.2}$/MPa	断后伸长率 A(%)
					≥	
2A11	T1、T4	T42、T4	20.00~120.00	390	245	8
2A12	T1、T4	T42、T4	20.00~120.00	440	305	8
6A02	T1、T6	T62、T6	20.00~120.00	305	—	8
2A50	T1、T6	T62、T6	20.00~120.00	380	—	10
2A14	T1、T6	T62、T6	20.00~120.00	460	—	8
7A04，7A09	T1、T6	T62、T6	≤20.00~100.00	550	450	6
			>100.00~120.00	530	430	6

4. 铝合金挤压棒的高温持久纵向力学性能（表 7-42）

表 7-42　铝合金挤压棒的高温持久纵向力学性能（GB/T 3191—2010）

牌号	温度/℃	应力/MPa	保温时间/h
2A02	270 ± 3	64	100
		78	50
2A16	300 ± 3	69	100

注：2A02 合金棒材，78MPa 应力，保温 50h 的试验结果不合格时，以 64MPa 应力，保温 100h 的试验结果作为高温持久纵向拉伸力学性能是否合格的最终判定依据。

7.4.2　一般工业用铝及铝合金拉制棒

1. 一般工业用铝及铝合金拉制棒的牌号、状态及规格（表 7-43）

表 7-43　一般工业用铝及铝合金拉制棒的牌号、状态及规格（YS/T 624—2007）

牌号	状　态	圆棒直径 /mm	矩形棒		
			方棒边长 /mm	扁　棒	
				厚度/mm	宽度/mm
1060、1100	O、F、H18	5.00 ~ 100.00	5.00 ~ 50.00	5.00 ~ 40.00	5.00 ~ 60.00
2024	O、F、T4、T351				
2014	O、F、T4、T6、T351、T651				
3003、5052	O、F、H14、H18				
7075	O、F、T6、T651				
6061	F、T6				

2. 一般工业用铝及铝合金棒的室温纵向力学性能（表 7-44）

表 7-44　一般工业用铝及铝合金棒的室温纵向力学性能（YS/T 624—2007）

牌号	状态	直径或厚度 /mm	抗拉强度 R_{m} /MPa	规定塑性延伸强度 $R_{\mathrm{p0.2}}$/MPa	断后伸长率(%)	
					A	$A_{50\mathrm{mm}}$
			≥			
1060	O	≤100	55	15	22	25
	H18	≤10	110	90	—	—
	F	≤100	—	—	—	—
1100	O	≤30	75 ~ 105	20	22	25
	H18	≤10	150	—	—	—
	F	≤100	—	—	—	—
2014	O	≤100	≤240	—	10	12
	T4、T351	≤100	380	220	12	16
	T6、T651	≤100	450	380	7	8
	F	≤100	—	—	—	—

（续）

牌号	状态	直径或厚度 /mm	抗拉强度 R_m /MPa	规定塑性延伸强度 $R_{p0.2}$/MPa	断后伸长率(%)	
					A	A_{50mm}
				$\geq$		
2024	O	≤100	≤240	—	14	16
	T4	≤12.5	425	310	—	10
	T4、T351	>12.5~100	425	290	9	—
	F	≤100	—	—	—	—
3003	O	≤50	95~130	35	22	25
	H14	≤10	140			
	H18	≤10	185			
	F	≤100	—	—	—	—
5052	O	≤50	170~220	65	22	25
	H14	≤30	235	180	5	
	H18	≤10	265	220	2	
	F	≤100	—	—	—	—
6061	T6	≤100	290	240	9	10
	F	≤100	—	—	—	—
7075	O	≤100	≤275		9	10
	T6、T651	≤100	530	455	6	7
	F	≤100	—	—	—	—

7.5 铝及铝合金线

7.5.1 铝及铝合金拉制圆线

1. 铝及铝合金拉制圆线的牌号、状态及规格（表7-45）

表7-45 铝及铝合金拉制圆线的牌号、状态及规格（GB/T 3195—2008）

牌　号	状态	直径/mm	典　型　用　途
1035	O	0.8~20.0	焊条用线材
	H18	0.8~1.6	
		>1.6~3.0	焊条用线材、铆钉用线材
		>3.0~20.0	焊条用线材
	H14	3.0~20.0	焊条用线材、铆钉用线材
1350	O	9.5~25.0	导体用线材
	H12、H22		
	H14、H24		
	H16、H26		
	H19	1.2~6.5	

（续）

牌　号	状态	直径/mm	典型用途
1A50	O、H19	0.8~20.0	导体用线材
1050A、1060、1070A、1200	O、H18	0.8~20.0	焊条用线材
	H14	3.0~20.0	
1100	O	0.8~1.6	焊条用线材
		>1.6~20.0	焊条用线材、铆钉用铝线
		>20.0~25.0	铆钉用铝线
	H18	0.8~20.0	焊条用线材
	H14	3.0~20.0	
2A01、2A04、2B11、2B12、2A10	H14、T4	1.6~20.0	铆钉用线材
2A14、2A16、2A20	O、H18	0.8~20.0	焊条用线材
	H14		
	H12	7.0~20.0	
3003	O、H14	1.6~25.0	铆钉用线材
3A21	O、H18	0.8~20.0	焊条用线材
	H14	0.8~1.6	
		>1.6~20.0	焊条用线材、铆钉用线材
	H12	7.0~20.0	
4A01、4043、4047	O、H18	0.8~20.0	焊条用线材
	H14		
	H12	7.0~20.0	
5A02	O、H18	0.8~20.0	
	H14	0.8~1.6	
		>1.6~20.0	焊条用线材、铆钉用线材
	H12	7.0~20.0	焊条用线材
5A03	O、H18	0.8~20.0	焊条用线材
	H14		
	H12	7.0~20.0	
5A05	H18	0.8~7.0	焊条用线材、铆钉用线材
	O、H14	0.8~1.6	焊条用线材
		>1.6~7.0	焊条用线材、铆钉用线材
		>7.0~20.0	铆钉用线材
	H12	>7.0~20.0	
5B05、5A06	O	0.8~20.0	焊条用线材
	H18	0.8~7.0	
	H14	0.8~7.0	
	H12	1.6~7.0	铆钉用线材

（续）

牌　　号	状态	直径/mm	典 型 用 途
5B05、5A06	H12	>7.0~20.0	焊条用线材、铆钉用线材
5005、5052、5056	O	1.6~25.0	铆钉用线材
5B06、5A33、5183、5356、5554、5A56	O	0.8~20.0	焊条用线材
	H18	0.8~7.0	
	H14		
	H12	>7.0~20.0	
6061	O	0.8~1.6	
		>1.6~20.0	焊条用线材、铆钉用线材
		>20.0~25.0	铆钉用线材
	H18	0.8~1.6	焊条用线材
		>1.6~20.0	焊条用线材、铆钉用线材
	H14	3.0~20.0	焊条用线材
	T6	1.6~20.0	焊条用线材、铆钉用线材
6A02	O、H18	0.8~20.0	焊条用线材
	H14	3.0~20.0	
7A03	H14、T6	1.6~20.0	铆钉用线材
8A06	O、H18	0.8~20.0	焊条用线材
	H14	3.0~20.0	

2. 铝及铝合金拉制圆线的力学性能（表7-46）

表7-46　铝及铝合金拉制圆线的力学性能（GB/T 3195—2008）

牌　　号	状　　态	直径/mm	抗拉强度 R_m/MPa	断后伸长率 A_{200mm}（%）
1A50	O	0.8~1.0	≥75	≥10
		>1.0~1.5		≥12
		>1.5~2.0		
		>2.0~3.0		≥15
		>3.0~4.0		≥18
		>4.0~4.5		
		>4.5~5.0		
	H19	0.8~1.0	≥160	≥1.0
		>1.0~1.5	≥155	≥1.2
		>1.5~2.0		≥1.5
		>2.0~3.0		
		>3.0~4.0	≥135	
		>4.0~4.5		≥2.0
		>4.5~5.0		

（续）

牌　号	状　态	直径/mm	抗拉强度 R_m/MPa	断后伸长率 A_{200mm}（%）
1350	O	9.5 ~ 12.7	60 ~ 100	—
	H12、H22	9.5 ~ 12.7	80 ~ 120	—
	H14、H24		100 ~ 140	
	H16、H26		115 ~ 155	
	H19	1.2 ~ 2.0	≥160	≥1.2
		>2.0 ~ 2.5	≥175	≥1.5
		>2.5 ~ 3.5	≥160	
		>3.5 ~ 5.3	≥160	≥1.8
		>5.3 ~ 6.5	≥155	≥2.2
1100	O	1.6 ~ 25.0	≤110	—
	H14		110 ~ 145	—
3003	O		≤130	
	H14		140 ~ 180	
5052	O	1.6 ~ 25.0	≤220	—
5056	O		≤320	—
6061	O		≤155	—

注：1350 线材允许焊接，但 O 状态线材接头处抗拉强度不小于 60MPa，其他状态线材接头处抗拉强度不小于 75MPa。

3. 铝及铝合金拉制圆线的电性能（表 7-47）

表 7-47　铝及铝合金拉制圆线的电性能（GB/T 3195—2008）

牌号	状态	20℃时的电阻率/（Ω·μm）≤	体积电导率（%IACS）≥	20℃时的电阻率/（Ω·μm）≤	体积电导率（%IACS）≥
		普通级		高精级	
1A50	H19	0.0295	58.4	0.0282	61.1
1350	O			0.027899	61.8
	H12、H22			0.028035	61.5
	H14、H24			0.028080	61.4
	H16、H26			0.028126	61.3
	H19			0.028265	61.0

7.5.2　电工圆铝线

1. 电工圆铝线的型号（表 7-48）

表 7-48　电工圆铝线的型号（GB/T 3955—2009）

型号	状态代号	名　称	型号	状态代号	名　称
LR	O	软圆铝线	LY8	H8	H8 状态硬圆铝线
LY4	H4	H4 状态硬圆铝线			
LY6	H6	H6 状态硬圆铝线	LY9	H9	H9 状态硬圆铝线

2. 电工圆铝线的规格（表7-49）

表7-49　电工圆铝线的规格（GB/T 3955—2009）

型　号	直径范围/mm	型　号	直径范围/mm
LR	0.30 ~ 10.00	LY8	0.30 ~ 5.00
LY4	0.30 ~ 6.00	LY9	1.25 ~ 5.00
LY6	0.30 ~ 10.00		

3. 电工圆铝线的力学性能（表7-50）

表7-50　电工圆铝线的力学性能（GB/T 3955—2009）

型　号	直径/mm	抗拉强度 R_m/MPa	断后伸长率 A（%）≥
LR	0.30 ~ 1.00	≤98	15
	1.01 ~ 10.00	≤98	20
LY4	0.30 ~ 6.00	95 ~ 125	—
LY6	0.30 ~ 6.00	125 ~ 165	—
	6.01 ~ 10.00	125 ~ 165	3
LY8	0.30 ~ 5.00	160 ~ 205	—
LY9	≤1.25	≥200	—
	1.26 ~ 1.50	≥195	—
	1.51 ~ 1.75	≥190	—
	1.76 ~ 2.00	≥185	—
	2.01 ~ 2.25	≥180	—
	2.26 ~ 2.50	≥175	—
	2.51 ~ 3.00	≥170	—
	3.01 ~ 3.50	≥165	—
	3.51 ~ 5.00	≥160	—

4. 电工圆铝线的电性能（表7-51）

表7-51　电工圆铝线的电性能（GB/T 3955—2009）

型　号	直流电阻率 ρ_{20}/（Ω·mm²/m）　≤
LR	0.02759
LY4、LY6、LY8、LY9	0.028264

注：计算20℃时的物理参数：密度：2.703g/cm³；线胀系数：0.000023/℃；电阻温度系数：LR 型 0.00413/℃；其余型号0.00403/℃。

7.5.3　电工用铝及铝合金扁线

1. 电工用铝及铝合金扁线的型号（表7-52）

表7-52　电工用铝及铝合金扁线的型号（GB/T 5584.3—2009）

型号	状态	名　称	型号	状态	名　称
LBR	O	软铝扁线	LBY4	H4	H4 状态硬铝扁线
LBY2	H2	H2 状态硬铝扁线	LBY4	H8	H8 状态硬铝扁线

2. 电工用铝及铝合金扁线的力学性能（表7-53）

表7-53 电工用铝及铝合金扁线的力学性能（GB/T 5584.3—2009）

型 号	抗拉强度 R_m/MPa	断后伸长率 $A(\%) \geqslant$	型 号	抗拉强度 R_m/MPa	断后伸长率 $A(\%) \geqslant$
LBR	60.0~95.0	20	LBY4	95.0~140	4
LBY2	75.0~115	6	LBY8	≥130	3

3. 电工用铝及铝合金扁线的电阻率（表7-54）

表7-54 电工用铝及铝合金扁线的电阻率（GB/T 5584.3—2009）

型号	电阻率 ρ_{20}/ $(\Omega \cdot mm^2/m) \leqslant$	型号	电阻率 ρ_{20}/ $(\Omega \cdot mm^2/m) \leqslant$
LBR	0.0280	LBY4	0.028264
LBY2	0.028264	LBY8	0.028264

注：计算 20℃ 时的铝扁线物理参数：密度：2.703g/cm³；线胀系数：0.000023/℃；电阻温度系数：LBR 型 0.00407/℃，其余型：0.00403/℃。

7.5.4 电工用铝及其合金母线

1. 铝及铝合金母线的规格

铝及铝合金母线的规格如图 7-23 和表 7-55 所示。

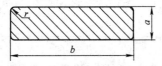

图 7-23 铝及铝合金母线

a—厚度即窄边尺寸（mm）　b—宽度即宽边尺寸（mm）　r—圆角半径（mm）

表 7-55 铝及铝合金母线的规格（GB/T 5585.2—2005）　（单位：mm）

b	a
16.00	2.24, 2.36, 2.50, 2.65, 2.80, 3.00, 3.15, 3.35, 3.55, 3.75, 4.00, 4.25, 4.50, 4.75, 5.00, 5.30, 5.60, 6.00, 6.30, 6.70, 7.10, 8.00[1], 9.00[1], 10.00[1], 11.20[1], 12.50[1], 14.00[1], 16.00[1]
17.00	2.24, 2.50, 2.80, 3.15, 3.55, 4.00, 4.50, 5.00, 5.60, 6.30, 7.10
18.00	2.24[1], 2.36, 2.50[1], 2.65[1], 2.80[1], 3.00, 3.15[1], 3.35, 3.55[1], 3.75, 4.00[1], 4.25, 4.50[1], 4.75, 5.00[1], 5.30, 5.60[1], 6.00, 6.30[1], 6.70, 7.10[1], 8.00[1], 9.00[1], 10.00[1], 11.20[1], 12.50[1], 14.00[1], 16.00[1], 18.00[1]
19.00	2.50, 2.80, 3.15, 3.55, 4.00, 4.50, 5.00, 5.60, 6.30, 7.10
20.00	2.50[1], 2.65[1], 2.80[1], 3.00, 3.15[1], 3.35, 3.55[1], 3.75, 4.00[1], 4.25, 4.50[1], 4.75, 5.00[1], 5.30, 5.60[1], 6.00, 6.30[1], 6.70, 7.10[1], 8.00[1], 9.00[1], 10.00[1], 11.20[1], 12.50[1], 14.00[1], 16.00[1], 18.00[1], 20.00[1]
21.20	2.50, 2.80, 3.15, 3.55, 4.00, 4.50, 5.00, 5.60, 6.30, 7.10
22.40	2.50[1], 2.65[1], 2.80[1], 3.00, 3.15[1], 3.35, 3.55[1], 3.75, 4.00[1], 4.25, 4.50[1], 4.75, 5.00[1], 5.30, 5.60[1], 6.00, 6.30[1], 6.70, 7.10[1], 8.00, 9.00, 10.00[1], 11.20[1], 12.50[1], 14.00[1], 16.00[1], 18.00[1], 20.00[1], 22.40[1]

（续）

b	a
23.60	2.80, 3.15, 3.55, 4.00, 4.50, 5.00, 5.60, 6.30, 7.10
25.00	2.80[①], 3.00, 3.15[①], 3.35, 3.55[①], 3.75, 4.00[①], 4.25, 4.50[①], 4.75, 5.00[①], 5.30, 5.60[①], 6.00, 6.30[①], 6.70, 7.10[①], 8.00[①], 9.00[①], 10.00[①], 11.20[①], 12.50[①], 14.00[①], 16.00[①], 18.00[①], 20.00[①], 22.40[①], 25.00[①]
26.50	3.15, 3.55, 4.00, 4.50, 5.00, 5.60, 6.30, 7.10
28.00	3.35, 3.55[①], 3.75, 4.00[①], 4.25, 4.50[①], 4.75, 5.00[①], 5.30, 5.60[①], 6.00, 6.30[①], 6.70, 7.10[①], 8.00[①], 9.00[①], 10.00[①], 11.20[①], 12.50[①], 14.00[①], 16.00[①], 18.00[①], 20.00[①], 22.40[①], 25.00[①], 28.00[①]
30.00	3.55, 4.00, 4.50, 5.00, 5.60, 6.30, 7.10
31.50	3.75, 4.00[①], 4.25, 4.50[①], 4.75, 5.00[①], 5.30, 5.60[①], 6.00, 6.30[①], 6.70, 7.10[①], 8.00[①], 9.00[①], 10.00[①], 11.20[①], 12.50[①], 14.00[①], 16.00[①], 18.00[①], 20.00[①], 22.40[①], 25.00[①], 28.00[①], 31.50[①]
33.50	4.00, 4.50, 5.00, 5.60, 6.30, 7.10
35.50	3.75, 4.00[①], 4.25, 4.50[①], 4.75, 5.00[①], 5.30, 5.60[①], 6.00, 6.30[①], 6.70, 7.10[①], 8.00[①], 9.00[①], 10.00[①], 11.20[①], 12.50[①], 14.00[①], 16.00[①], 18.00[①], 20.00[①], 22.40[①], 25.00[①], 28.00[①], 31.50[①]
40.00	4.00[①], 4.25[①], 4.50[①], 4.75[①], 5.00[①], 5.30, 5.60[①], 6.00, 6.30[①], 6.70, 7.10[①], 8.00[①], 9.00[①], 10.00[①], 11.20[①], 12.50[①], 14.00[①], 16.00[①], 18.00[①], 20.00[①], 22.40[①], 25.00[①], 28.00[①], 31.50[①]
45.00	4.00[①], 4.25[①], 4.50[①], 4.75[①], 5.00[①], 5.30, 5.60[①], 6.00, 6.30[①], 6.70, 7.10[①], 8.00[①], 9.00[①], 10.00[①], 11.20[①], 12.50[①], 14.00[①], 16.00[①], 18.00[①], 20.00[①], 22.40[①], 25.00[①], 28.00[①], 31.50[①]
50.00	4.00[①], 4.25[①], 4.50[①], 4.75[①], 5.00[①], 5.30, 5.60[①], 6.00, 6.30[①], 6.70, 7.10[①], 8.00[①], 9.00[①], 10.00[①], 11.20[①], 12.50[①], 14.00[①], 16.00[①], 18.00[①], 20.00[①], 22.40[①], 25.00[①], 28.00[①], 31.50[①]
56.00	4.00[①], 4.25[①], 4.50[①], 4.75[①], 5.00[①], 5.30, 5.60[①], 6.00, 6.30[①], 6.70, 7.10[①], 8.00[①], 9.00[①], 10.00[①], 11.20[①], 12.50[①], 14.00[①], 16.00[①], 18.00[①], 20.00[①], 22.40[①], 25.00[①], 28.00[①], 31.50[①]
63.00	4.00[①], 4.25[①], 4.50[①], 4.75[①], 5.00[①], 5.30, 5.60[①], 6.00, 6.30[①], 6.70, 7.10[①], 8.00[①], 9.00[①], 10.00[①], 11.20[①], 12.50[①], 14.00[①], 16.00[①], 18.00[①], 20.00[①], 22.40[①], 25.00[①], 28.00[①], 31.50[①]
71.00	4.00[①], 4.25[①], 4.50[①], 4.75[①], 5.00[①], 5.30, 5.60[①], 6.00, 6.30[①], 6.70, 7.10[①], 8.00[①], 9.00[①], 10.00[①], 11.20[①], 12.50[①], 14.00[①], 16.00[①], 18.00[①], 20.00[①], 22.40[①], 25.00[①], 28.00[①], 31.50[①]
80.00	4.00[①], 4.25[①], 4.50[①], 4.75[①], 5.00[①], 5.30, 5.60[①], 6.00, 6.30[①], 6.70, 7.10[①], 8.00[①], 9.00[①], 10.00[①], 11.20[①], 12.50[①], 14.00[①], 16.00[①], 18.00[①], 20.00[①], 22.40[①], 25.00[①], 28.00[①], 31.50[①]
90.00	4.00[①], 4.25[①], 4.50[①], 4.75[①], 5.00[①], 5.30, 5.60[①], 6.00, 6.30[①], 6.70, 7.10[①], 8.00[①], 9.00[①], 10.00[①], 11.20[①], 12.50[①], 14.00[①], 16.00[①], 18.00[①], 20.00[①], 22.40[①], 25.00[①], 28.00[①], 31.50[①]
100.00	4.00[①], 4.25[①], 4.50[①], 4.75[①], 5.00[①], 5.30, 5.60[①], 6.00, 6.30[①], 6.70, 7.10[①], 8.00[①], 9.00[①], 10.00[①], 11.20[①], 12.50[①], 14.00[①], 16.00[①], 18.00[①], 20.00[①], 22.40[①], 25.00[①], 28.00[①], 31.50[①]
112.00	4.00, 4.25, 4.50, 4.75, 5.00, 5.30, 5.60, 6.00, 6.30[①], 6.70, 7.10[①], 8.00[①], 9.00[①], 10.00[①], 11.20[①], 12.50[①], 14.00[①], 16.00[①], 18.00[①], 20.00[①], 22.40[①], 25.00[①], 28.00[①], 31.50[①]

（续）

b	a
125.00	4.00，4.25，4.50，4.75，5.00，5.30，5.60，6.00，6.30[1]，6.70，7.10[1]，8.00[1]，9.00[1]，10.00[1]，11.20[1]，12.50[1]，14.00[1]，16.00[1]，18.00[1]，20.00[1]，22.40[1]，25.00[1]，28.00[1]，31.50[1]
140.00	4.00，4.25，4.50，4.75，5.00，5.30，5.60，6.00，6.30[1]，6.70，7.10[1]，8.00[1]，9.00[1]，10.00[1]，11.20[1]，12.50[1]，14.00[1]，16.00[1]，18.00[1]，20.00[1]，22.40[1]，25.00[1]，28.00[1]，31.50[1]
160.00	4.00，4.25，4.50，4.75，5.00，5.30，5.60，6.00，6.30[1]，6.70，7.10[1]，8.00[1]，9.00[1]，10.00[1]，11.20[1]，12.50[1]，14.00[1]，16.00[1]，18.00[1]，20.00[1]，22.40[1]，25.00[1]，28.00[1]，31.50[1]
180.00	4.00，4.25，4.50，4.75，5.00，5.30，5.60，6.00，6.30[1]，6.70，7.10[1]，8.00[1]，9.00[1]，10.00[1]，11.20[1]，12.50[1]，14.00[1]，16.00[1]，18.00[1]，20.00[1]，22.40，25.00，28.00，31.50
200.00	4.00，4.25，4.50，4.75，5.00，5.30，5.60，6.00，6.30[1]，6.70，7.10[1]，8.00[1]，9.00[1]，10.00[1]，11.20[1]，12.50[1]，14.00，16.00[1]，18.00，20.00[1]，22.40，25.00，28.00，31.50

① $a \times b$ 为 $R20 \times R20$ 优先规格。不带注的表示 $a \times b$ 为 $R20 \times R40$ 或者 $R40 \times R20$ 的中间规格。

2. 铝及铝合金母线的力学性能（表 7-56）

表 7-56　铝及铝合金母线的力学性能（GB/T 5585.2—2005）

型　　号	抗拉强度 R_m/MPa	断后伸长率 A（%）
LMR、LHMR	≥68.6	≥20
LMY、LHMY	≥118	≥3

7.5.5　电力牵引用铝合金接触线

1. 电力牵引用铝合金接触线的规格

电力牵引用铝合金接触线的规格如图 7-24 和表 7-57 所示。

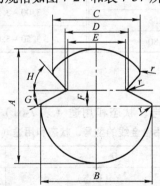

图 7-24　电力牵引用铝合金接触线

表 7-57　电力牵引用铝合金接触线的规格（GB 12971.5—1991）

公称截面面积/mm²	计算截面面积/mm²	等效铜直流电阻截面面积/mm²	尺寸及偏差/mm							G	H	公称重量/（kg/km）
			A（±2%）	B（±1%）	C（±2%）	D（$^{+4}_{-2}$%）	E（±2%）	F	r	偏差±2°	偏差±2°	
130	130.1	70	13.48	13.48	9.55	7.27	6.78	2.67	0.38	27°	51°	350
170	171.1	90	15.40	15.40	9.55	7.27	6.78	3.97	0.38	27°	51°	460
200	200.5	110	16.64	16.64	9.55	7.27	6.78	4.93	0.38	27°	51°	540

2. 电力牵引用铝合金接触线的性能（表7-58）

表7-58　电力牵引用铝合金接触线的性能（GB 12971.5—1991）

公称截面面积 /mm²	拉断力[①]/N ≥	断后伸长率[①]（%） ≥	20℃时电阻率/（Ω·mm²/m） ≥	180°反复扭转（各一次）
130	33130	4	0.0328	无折断和开裂
170	43310	4	0.0328	无折断和开裂
200	50960	4	0.0328	无折断和开裂

① 试验时标距长度为250mm。

7.5.6　架空绞线用硬铝线

1. 架空绞线用硬铝线的直径及允许偏差（表7-59）

表7-59　架空绞线用硬铝线的直径及允许偏差（GB/T 17048—2009）（单位：mm）

公称直径 d	允许偏差
$d \leq 3.00$	±0.03
$d > 3.00$	±1%d

2. 架空绞线用硬铝线的力学性能（表7-60）

表7-60　架空绞线用硬铝线的力学性能（GB/T 17048—2009）

公称直径 d/mm	抗拉强度 R_m/MPa ≥	公称直径 d/mm	抗拉强度 R_m/MPa ≥
1.25	200	>2.25~2.50	175
>1.25~1.50	195	>2.50~3.00	170
>1.50~1.75	190	>3.00~3.50	165
>1.75~2.00	185	>3.50~5.00	160
>2.00~2.25	180		

7.5.7　线缆编织用铝合金线

1. 线缆编织用铝合金线的型号、状态和用途（表7-61）

表7-61　线缆编织用铝合金线的型号、状态和用途（GB/T 24486—2009）

型　号	状　态	用　途
LHP	Y（硬态）	高速编织机用
	R（软态）	普通编织机用

2. 线缆编织用铝合金线的化学成分（表7-62）

表7-62　线缆编织用铝合金线的化学成分（GB/T 24486—2009）

化学成分（质量分数,%）		
主成分		其他成分总和　≤
Mg	Al	1.5
2.8~3.8	余量	

3. 线缆编织用铝合金线的力学性能（表 7-63）

表 7-63　线缆编织用铝合金线的力学性能（GB/T 24486—2009）

型号状态	公称直径 /mm	拉断力/N ≥	抗拉强度 /MPa ≥	断后伸长率 （%）≥	20℃时直流 电阻/(Ω/m) ≤	20℃时直流电阻率 /(Ω·mm²/m) ≤
LHP-Y	0.10	2.36	300	4	6.621	0.052
	0.11	2.85			5.472	
	0.12	3.39			4.598	
	0.13	3.98			3.918	
	0.14	4.62			3.378	
	0.15	5.48			2.943	
	0.16	6.23	310	4	2.586	
	0.18	7.89			2.043	
	0.20	9.74			1.655	
	0.22	11.78			1.368	
	0.24	14.02			1.149	
	0.26	16.46			0.979	
LHP-R	0.10	1.73	220	7	6.621	
	0.11	2.09			5.472	
	0.12	2.49			4.598	
	0.13	2.92			3.918	
	0.14	3.39			3.378	
	0.15	3.89			2.943	
	0.16	4.62	230	7	2.586	
	0.18	5.85			2.043	
	0.20	7.23			1.655	
	0.22	8.74			1.368	
	0.24	10.40			1.149	
	0.26	12.21			0.979	

7.6　铝及铝合金型材

7.6.1　一般工业用铝及铝合金挤压型材

1. 工业用铝及铝合金热挤压型材的分类（表 7-64）

表 7-64　工业用铝及铝合金热挤压型材的分类（GB/T 6892—2006）

型材类别	可供合金
车辆型材	5052、5083、6061、6063、6005A、6082、6106、7003、7005

（续）

型材类别	可 供 合 金
其他型材	1050A、1060、1100、1200、1350、2A11、2A12、2017、2017A、2014、2014A、2024、3A21、3003、3103、5A02、5A03、5A05、5A06、5005、5005A、5051A、5251、5052、5154A、5454、5754、5019、5083、5086、6A02、6101A、6101B、6005、6005A、6106、6351、6060、6061、6261、6063、6063A、6463、6463A、6081、6082、7A04、7003、7005、7020、7022、7049A、7075、7178

注：车辆型材指适用于铁道、地铁、轻轨等轨道车辆车体结构及其他车辆车体结构的型材。

2. 工业用铝及铝合金热挤压型材的化学成分（表7-65）

表7-65　工业用铝及铝合金热挤压型材的化学成分（GB/T 6892—2006）

牌号	化学成分（质量分数,%）								其他杂质		Al
	Si	Fe	Cu	Mn	Mg	Cr	Zn	Ti	单个	合计	
5005A	0.30	0.45	0.05	0.15	0.7~1.1	0.10	0.20		0.05	0.15	余量
5051A	0.30	0.45	0.05	0.25	1.4~2.1	0.30	0.20	0.10	0.05	0.15	余量
6101B	0.30~0.6	0.10~0.30	0.05	0.05	0.35~0.6		0.10		0.03	0.10	余量
6106	0.30~0.6	0.35	0.25	0.05~0.20	0.40~0.8	0.20	0.10		0.05	0.15	余量
6261	0.40~0.7	0.40	0.15~0.40	0.20~0.35	0.7~1.0	0.10	0.10		0.05	0.15	余量
6463	0.20~0.6	0.15	0.20	0.05	0.45~0.9		0.05		0.05	0.15	余量
6463A	0.20~0.6	0.15	0.25	0.05	0.30~0.9				0.05	0.15	余量
6081	0.7~1.1	0.50	0.10	0.10~0.45	0.6~1.0	0.10	0.20	0.15	0.05	0.15	余量
7049A	0.40	0.50	1.2~1.9	0.50	2.1~3.1	0.05~0.25	7.2~8.4	Ti+Zr: 0.25	0.05	0.15	余量
7178	0.40	0.50	1.6~2.4	0.30	2.4~3.1	0.18~0.28	6.3~7.3	0.20	0.05	0.15	余量

注：1. 表中单个数字表示元素质量分数的最大值。

　　2. 其他杂质指表中未列出或未规定数值的金属元素。

　　3. 铝的质量分数为100%与质量分数等于或大于0.01%的所有金属元素质量分数总和的差值，求和前各元素数值要表示到万分位。

7.6.2　铝及铝合金挤压型材

1. 铝及铝合金挤压型材的分类（表7-66）

表7-66　铝及铝合金挤压型材的分类（GB/T 14846—2008）

牌号系别	铝或铝合金型材类别划分		型材典型牌号[①]		型材外接圆直径/mm
	Ⅰ类（软合金）	Ⅱ类（硬合金）	Ⅰ类（软合金）型材典型牌号	Ⅱ类（硬合金）型材典型牌号	
1×××	所有	—	1050A、1060、1100、1200、1350	—	
2×××	—	所有	—	2A11、2A12、2017、2017A、2014、2014A、2024	≤1000
3×××	所有	—	3A21、3003、3103	—	
4×××	所有	—		—	

（续）

牌号系列	铝或铝合金型材类别划分		型材典型牌号①		型材外接圆直径 /mm
	Ⅰ类（软合金）	Ⅱ类（硬合金）	Ⅰ类（软合金）型材典型牌号	Ⅱ类（硬合金）型材典型牌号	
5×××	Mg 质量分数的平均值小于 3.0%	Mg 质量分数的平均值不小于 3.0%	5A02、5005、5005A、5051A、5251、5052、5454	5A03、 5A05、 5A06、5154A、5754、5019、5083、5086	≤1000
6×××	所有	—	6A02、6101A、6101B、6005、6005A、6106、6351、6060、6061、6261、6063、6063A、6463、6463A、6081、6082	—	
7×××	—	所有	—	7A04、7003、7005、7020、7022、7049A、7075、7178	

① 供应其他牌号时，应按表中的规定划分为Ⅰ类或Ⅱ类型材。

2. 铝及铝合金挤压型材的尺寸偏差等级（表7-67）

表7-67 铝及铝合金挤压型材的尺寸偏差等级（GB/T 14846—2008）

偏 差 项 目		偏 差 等 级
横截面	壁厚尺寸偏差	普通级、高精级、超高精级
	非壁厚尺寸偏差	普通级、高精级、超高精级
角度偏差		普通级、高精级、超高精级
倒角半径及圆角半径偏差		不分级
曲面间隙		不分级
平面间隙		普通级、高精级、超高精级
弯曲度	纵向弯曲度	普通级、高精级、超高精级
	纵向波浪度	普通级、高精级、超高精级
	纵向侧弯度	不分级
扭拧度		普通级、高精级、超高精级
切斜度		普通级、高精级、超高精级
长度偏差		不分级

7.7 铝及铝合金铸造产品

7.7.1 铸造铝合金锭

1. 铸造铝合金锭的组别与牌号（表7-68）

表7-68 铸造铝合金锭的组别与牌号系列（GB/T 8733—2007）

组 别	牌 号 系 列
以铜为主要合金元素的铸造铝合金锭	2××.×
以硅、铜和（或）镁为主要合金元素的铸造铝合金锭	3××.×
以硅为主要合金元素的铸造铝合金锭	4××.×
以镁为主要合金元素的铸造铝合金锭	5××.×
以锌为主要合金元素的铸造铝合金锭	7××.×
以钛为主要合金元素的铸造铝合金锭	8××.×
以其他元素为主要合金元素的铸造铝合金锭	9××.×
备用组	6××.×

2. 铸造铝合金锭的化学成分（表7-69）

表7-69 铸造铝合金锭的化学成分（GB/T 8733—2007）

化学成分（质量分数,%）

序号	牌号	Si	Fe	Cu	Mn	Mg	Ni	Zn	Sn	Ti	Zr	Pb	其他杂质[1] 单个	其他杂质[1] 合计	Al[2]	原代号
1	201Z.1	0.30	0.20	4.5~5.3	0.6~1.0	0.05	0.10	0.20	—	0.15~0.35	0.20	—	0.05	0.15	余量	ZLD201
2	201Z.2	0.05	0.10	4.8~5.3	0.6~1.0	0.05	0.05	0.10	—	0.15~0.35	0.15	—	0.05	0.15	余量	ZLD201A
3	201Z.3	0.20	0.15	4.5~5.1	0.35~0.8	0.05	—	—	Cd: 0.07~0.25	0.15~0.35	0.15	—	0.05	0.15	余量	ZLD210A
4	201Z.4	0.05	0.13	4.6~5.3	0.6~0.9	0.05	—	0.10	Cd: 0.15~0.25	0.15~0.35	0.15	—	0.05	0.15	余量	ZLD204A
5	201Z.5	0.05	0.10	4.6~5.3	0.30~0.50	0.05	B: 0.01~0.06	0.10	Cd: 0.15~0.25	0.15~0.35	0.05~0.20	V: 0.05~0.30	0.05	0.15	余量	ZLD205A
6	210Z.1	4.0~6.0	0.50	5.0~8.0	0.50	0.30~0.50	0.30	0.50	0.01	0.15~0.35	—	0.05	0.05	0.20	余量	ZLD110
7	295Z.1	1.2	0.6	4.0~5.0	0.10	0.03	—	0.20	0.01	0.20	0.10	0.05	0.05	0.15	余量	ZLD203
8	304Z.1	1.6~2.4	0.50	0.08	0.30~0.50	0.50~0.65	0.05	0.10	0.05	0.07~0.15	—	0.05	0.05	0.15	余量	—
9	312Z.1	11.0~13.0	0.40	1.0~2.0	0.30~0.9	0.50~1.0	0.30	0.20	0.01	0.20	—	0.05	0.05	0.20	余量	ZLD108
10	315Z.1	4.8~6.2	0.25	0.10	0.10	0.45~0.7	Sb: 0.10~0.25	1.2~1.8	0.01	—	—	0.05	0.05	0.20	余量	ZLD115

（续）

化学成分（质量分数，%）

序号	牌号	Si	Fe	Cu	Mn	Mg	Ni	Zn	Sn	Ti	Zr	Pb	其他杂质[①] 单个	其他杂质[①] 合计	Al[②]	原代号
11	319Z.1	4.0~6.0	0.7	3.0~4.5	0.55	0.25	0.30	0.55	0.05	0.20	Cr: 0.15	0.15	0.05	0.20		—
12	319Z.2	5.0~7.0	0.8	2.0~4.0	0.50	0.50	0.35	1.0	0.10	0.20	Cr: 0.20	0.20	0.10	0.30		—
13	319Z.3	6.5~7.5	0.40	3.5~4.5	0.30	0.10	—	0.20	0.01	—	—	0.05	0.05	0.20		ZLD107
14	328Z.1	7.5~8.5	0.50	1.0~1.5	0.30~0.50	0.35~0.55	—	0.20	0.01	0.10~0.25	—	0.05	0.05	0.20		ZLD106
15	333Z.1	7.0~10.0	0.8	2.0~4.0	0.50	0.50	0.35	1.0	0.10	0.20	Cr: 0.20	0.20	0.10	0.30	余量	—
16	336Z.1	11.0~13.0	0.40	0.50~1.5	0.20	0.9~1.5	0.8~1.5	0.20	0.01	0.20	—	0.05	0.05	0.20		ZLD109
17	336Z.2	11.0~13.0	0.7	0.8~1.3	0.15	0.8~1.3	0.8~1.5	0.15	0.05	0.20	Cr: 0.10	0.05	0.05	0.20		—
18	354Z.1	8.0~10.0	0.35	1.3~1.8	0.10~0.35	0.45~0.65	—	0.10	0.01	0.10~0.35	—	0.05	0.05	0.20		ZLD111
19	355Z.1	4.5~5.5	0.45	1.0~1.5	0.50	0.45~0.65	Be: 0.10	0.20	0.01	Ti+Zr: 0.15	—	0.05	0.05	0.20		ZLD105
20	355Z.2	4.5~5.5	0.15	1.0~1.5	0.10	0.50~0.65	—	0.10	0.01	—	—	0.05	0.05	0.15		ZLD105A
21	356Z.1	6.5~7.5	0.45	0.20	0.35	0.30~0.50	Be: 0.10	0.20	0.01	Ti+Zr: 0.15	—	0.05	0.05	0.15		ZLD101
22	356Z.2	6.5~7.5	0.12	0.10	0.05	0.30~0.50	0.05	0.05	0.01	0.08~0.20	—	0.05	0.05	0.15		ZLD101A
23	356Z.3	6.5~7.5	0.12	0.05	0.05	0.30~0.40	—	0.05	0.01	0.10~0.20	—	—	0.05	0.15		—

（续）

序号	牌号	化学成分（质量分数,%）											其他杂质①		Al②	原代号
		Si	Fe	Cu	Mn	Mg	Ni	Zn	Sn	Ti	Zr	Pb	单个	合计		
24	356Z.4	6.8~7.3	0.10	0.02	0.02	0.30~0.40	Sr: 0.020~0.035	0.10	—	0.10~0.15	Ca: 0.003	—	0.05	0.15	余量	—
25	356Z.5	6.5~7.5	0.15	0.20	0.05	0.30~0.45	—	0.10	—	0.10~0.20	—	—	0.05	0.15		—
26	356Z.6	6.5~7.5	0.40	0.20	0.6	0.25~0.40	0.05	0.30	0.05	0.20	—	0.05	0.05	0.15		—
27	356Z.7	6.5~7.5	0.15	0.10	0.10	0.50~0.65	—	—	—	0.10~0.20	—	—	0.05	0.15		ZLD114A
28	356Z.8	6.5~8.5	0.50	0.30	0.10	0.40~0.60	Be: 0.15~0.40	0.30	0.01	0.10~0.30	Zr: 0.20 B: 0.10	0.05	0.05	0.20		ZLD116
29	A356.2	6.5~7.5	0.12	0.10	0.05	0.30~0.45	—	0.05	—	0.20	—	—	0.05	0.15		—
30	360Z.1	9.0~11.0	0.40	0.03	0.45	0.25~0.45	0.05	0.10	0.05	0.15	—	0.05	0.05	0.15		—
31	360Z.2	9.0~11.0	0.45	0.08	0.45	0.25~0.45	0.05	0.10	0.05	0.15	—	0.05	0.05	0.15		—
32	360Z.3	9.0~11.0	0.55	0.30	0.55	0.25~0.45	0.15	0.35	—	0.15	—	0.10	0.05	0.15		—
33	360Z.4	9.0~11.0	0.45~0.9	0.08	0.55	0.25~0.50	0.15	0.15	0.05	0.15	—	0.15	0.05	0.15		—
34	360Z.5	9.0~10.0	0.15	0.03	0.10	0.30~0.45	—	0.07	—	0.15	—	—	0.03	0.10		—

（续）

化学成分（质量分数，%）

序号	牌号	Si	Fe	Cu	Mn	Mg	Ni	Zn	Sn	Ti	Zr	Pb	其他杂质① 单个	其他杂质① 合计	Al②	原代号
35	360Z.6	8.0~10.5	0.45	0.10	0.20~0.50	0.20~0.35	—	0.25	0.01	Ti+Zr: 0.15	—	0.05	0.05	0.20	余量	ZLD104
36	360Y.6	8.0~10.5	0.8	0.30	0.20~0.50	0.20~0.35	—	0.10	0.01	Ti+Zr: 0.15	—	0.05	0.05	0.20	余量	YLD104
37	A360.1	9.0~10.0	1.0	0.6	0.35	0.45~0.6	0.50	0.40	0.15	—	—	—	—	0.25	余量	—
38	A380.1	7.5~9.5	1.0	3.0~4.0	0.50	0.10	0.50	2.9	0.35	—	—	—	—	0.50	余量	—
39	A380.2	7.5~9.5	0.6	3.0~4.0	0.10	0.10	0.10	0.10	—	—	—	—	0.05	0.15	余量	YLD112
40	380Y.1	7.5~9.5	0.9	2.5~4.0	0.6	0.30	0.50	1.0	0.20	0.20	—	0.30	0.05	0.20	余量	—
41	380Y.2	7.5~9.5	0.9	2.0~4.0	0.50	0.30	0.50	1.0	0.20	—	—	—	—	0.20	余量	—
42	383.1	9.5~11.5	0.6~1.0	2.0~3.0	0.50	0.10	0.30	2.9	0.15	—	—	—	0.05	0.50	余量	—
43	383.2	9.5~11.5	0.6~1.0	2.0~3.0	0.10	0.10	0.10	0.10	0.10	—	—	—	—	0.20	余量	—
44	383Y.1	9.6~12.0	0.9	1.5~3.5	0.50	0.30	0.50	3.0	0.20	—	—	—	—	0.20	余量	—
45	383Y.2	9.6~12.0	0.9	2.0~3.5	0.50	0.30	0.50	0.8	0.20	—	—	—	0.05	0.30	余量	YLD113
46	383Y.3	9.6~12.0	0.9	1.5~3.5	0.50	0.30	0.50	1.0	0.20	—	—	—	—	0.20	余量	—
47	390Y.1	16.0~18.0	0.9	4.0~5.0	0.50	0.50~0.65	0.30	1.5	0.30	—	—	—	0.05	0.20	余量	YLD117

（续）

序号	牌号	化学成分（质量分数，%）											其他杂质①		Al②	原代号
		Si	Fe	Cu	Mn	Mg	Ni	Zn	Sn	Ti	Zr	Pb	单个	合计		
48	398Z.1	19~22	0.50	1.0~2.0	0.30~0.50	0.50~0.8	RE:0.6~1.5	0.10	0.01	0.20	0.10	0.05	0.05	0.20	余量	ZLD118
49	411Z.1	10.0~11.8	0.15	0.03	0.10	0.45	—	0.07	—	0.15	—	—	0.03	0.10		—
50	411Z.2	8.0~11.0	0.55	0.08	0.50	0.10	0.05	0.15	0.05	0.15	—	0.05	0.05	0.15		—
51	413Z.1	10.0~13.0	0.6	0.30	0.50	0.10	—	0.10	—	0.20	—	—	0.05	0.20		ZLD102
52	413Z.2	10.5~13.5	0.55	0.10	0.55	0.10	0.10	0.15	—	0.15	—	0.10	0.05	0.15		—
53	413Z.3	10.5~13.5	0.40	0.03	0.35	—	—	0.10	—	0.15	—	—	0.05	0.15		—
54	413Z.4	10.5~13.5	0.45~0.9	0.08	0.55	—	—	0.15	—	0.15	—	—	0.05	0.25		—
55	413Y.1	10.0~13.0	0.9	0.30	0.40	0.25	0.50	0.10	0.10	—	0.10	—	0.05	0.20		YLD102
56	413Y.2	11.0~13.0	0.9	1.0	0.30	0.30	0.50	0.50	0.10	—	—	—	0.05	0.30		—
57	A413.1	11.0~13.0	1.0	1.0	0.35	0.10	0.50	0.40	0.15	—	—	—	—	0.25		—
58	A413.2	11.0~13.0	0.6	0.10	0.05	0.05	0.05	0.05	0.05	—	—	—	0.05	0.10		—
59	443.1	4.5~6.0	0.6	0.6	0.50	0.05	Cr:0.25	0.50	—	0.25	—	—	—	0.35		—
60	443.2	4.5~6.0	0.6	0.10	0.10	0.05	0.05	0.10	—	0.20	—	—	0.05	0.15		—

（续）

化学成分（质量分数，%）

序号	牌号	Si	Fe	Cu	Mn	Mg	Ni	Zn	Sn	Ti	Zr	Pb	其他杂质① 单个	其他杂质① 合计	Al②	原代号
61	502Z.1	0.8~1.3	0.45	0.10	0.10~0.40	4.6~5.6	—	0.20	—	0.20	—	—	0.05	0.15		ZLD303
62	502Y.1	0.8~1.3	0.9	0.10	0.10~0.40	4.6~5.5	—	0.20	—	—	0.15	—	0.05	0.25		YLD302
63	508Z.1	0.20	0.25	0.10	0.10	7.6~9.0	Be: 0.03~0.10	1.0~1.5	—	0.10~0.20	—	—	0.05	0.15		ZLD305
64	515Y.1	1.0	0.6	0.10	0.40~0.6	2.6~4.0	0.10	0.40	0.10	—	—	—	0.05	0.25	余量	YLD306
65	520Z.1	0.30	0.25	0.10	0.15	9.8~11.0	0.05	0.15	0.01	0.15	—	0.05	0.05	0.15		ZLD301
66	701Z.1	6.0~8.0	0.6	0.6	0.50	0.15~0.35	0.10	9.2~13.0	—	—	0.20	—	0.05	0.20		ZLD401
67	712Z.1	0.30	0.40	0.25	0.10	0.55~0.70	Cr: 0.40~0.6	5.2~6.5	—	0.15~0.25	—	—	0.05	0.20		ZLD402
68	901Z.1	0.20	0.30	—	1.50~1.70	—	RE: 0.03	0.20	RE: 4.4~5.0	0.15	0.15~0.25	—	0.05	0.15		ZLD501
69	907Z.1	1.6~2.0	0.50	3.0~3.4	0.9~1.2	0.20~0.30	0.20~0.30	0.20	—	—	—	—	0.05	0.20		ZLD207

注：表中含量有上下限者为合金元素；含量为单个数值者为最高限；"—"为未规定具体数值，铝为余量。

① 指表中未列出或未规定具体数值的金属元素。

② 指铝的质量分数为 100% 与质量分数大于或等于 0.010% 的所有元素质量分数总和的差值。

7.7.2 细晶铝锭

1. 细晶铝锭的化学成分（表7-70）

表7-70 细晶铝锭的化学成分（YS/T 489—2005）

牌　　号	化学成分(质量分数,%)										
	Ti	杂质≤									Al[④]
		Fe	Si	Cu	Ga	Mg	Zn[①]	其他[②③]			
								每种	总和		
XAl 99.70A-1	0.01~0.05	0.20	0.10	0.01	0.03	0.02	0.03	0.03	0.30		余量
XAl 99.70A-2	>0.05~0.10	0.20	0.10	0.01	0.03	0.02	0.03	0.03	0.30		
XAl 99.70A-3	>0.10~0.15	0.20	0.10	0.01	0.03	0.02	0.03	0.03	0.30		
XAl 99.70A-4	>0.15~0.20	0.20	0.10	0.01	0.03	0.02	0.03	0.03	0.30		

注: 1. 对于表中未规定的其他杂质元素含量, 如需方有特殊要求时, 可由供需双方另行协议。

　　2. 分析数值的判定采用修约比较法, 数值修约规则按 GB/T 8170 的有关规定进行。修约数位与表中所列极限数位一致。

① 杂质 Zn 的质量分数不小于0.010%时, 供方应将其作为常规分析元素, 并纳入杂质总和; 若杂质 Zn 的质量分数小于0.010%时, 供方可不作常规分析, 但应每季度分析一次, 监控其含量。

② 用于食品、卫生、工业用的细晶铝锭, 其杂质 Pb、As、Cd 的质量分数均不大于0.01%。

③ 表中未规定的其他杂质元素, 如 Mn、V, 供方可不作常规分析, 但应定期分析, 每年至少两次。

④ 铝的质量分数为100%与 Ti 的质量分数及等于或大于0.010%的所有杂质总和的差值。

2. 细晶铝锭的颜色标志（表7-71）

表7-71 细晶铝锭的颜色标志（YS/T 489—2005）

细晶铝锭牌号	颜 色 标 志	细晶铝锭牌号	颜 色 标 志
XAl 99.70A-1	一道褐色竖线	XAl 99.70A-3	三道褐色竖线
XAl 99.70A-2	二道褐色竖线	XAl 99.70A-4	四道褐色竖线

7.7.3 重熔用铝锭

重熔用铝锭的化学成分如表7-72所示。

表7-72 重熔用铝锭的化学成分（GB/T 1196—2008）

牌号	化学成分 (质量分数,%)									
	Al ≥	杂质≤								
		Si	Fe	Cu	Ga	Mg	Zn[①]	Mn	其他每种	总和
Al99.90[②]	99.90	0.05	0.07	0.005	0.020	0.01	0.025	—	0.010	0.10
Al99.85[②]	99.85	0.08	0.12	0.005	0.030	0.02	0.030	—	0.015	0.15
Al99.70[②]	99.70	0.10	0.20	0.01	0.03	0.02	0.03	—	0.03	0.30
Al99.60[②]	99.60	0.16	0.25	0.01	0.03	0.03	0.03	—	0.03	0.40
Al99.50[②]	99.50	0.22	0.30	0.02	0.03	0.05	0.05	—	0.03	0.50
Al99.00[②]	99.00	0.42	0.50	0.02	0.05	0.05	0.05	—	0.05	1.00
Al99.7E[②③]	99.70	0.07	0.20			0.02	0.04	0.005	0.03	0.30

（续）

牌号	Al	杂质≤								
	≥	Si	Fe	Cu	Ga	Mg	Zn[①]	Mn	其他每种	总和
Al99.6E[②④]	99.60	0.10	0.30	0.01	—	0.02	0.04	0.007	0.03	0.40

注：1. 铝的质量分数为100%与表中所列有数值要求的杂质元素的质量分数实测值及等于或大于0.010%的其他杂质质量分数总和的差值，求和前数值修约至与表中所列极限数位一致，求和后将数值修约至万分位再与100%求差。

2. 对于表中未规定的其他杂质元素含量，如需方有特殊要求时，可由供需双方另行协议。

3. 分析数值的判定采用修约比较法，数值修约规则按GB/T 8170的有关规定进行。修约数位与表中所列极限值数位一致。

① 若铝锭中杂质锌的质量分数不小于0.010%时，供方应将其作为常规分析元素，并纳入杂质总和；若铝锭中杂质锌的质量分数小于0.010%时，供方可不作常规分析，但应监控其含量。

② Cd、Hg、Pb、As元素，供方可不作常规分析，但应监控其含量，要求 $w(Cd + Hg + Pb) \leqslant 0.0095\%$；$w(As) \leqslant 0.009\%$。

③ $w(B) \leqslant 0.04\%$；$w(Cr) \leqslant 0.004\%$；$w(Mn + Ti + Cr + V) \leqslant 0.020\%$。

④ $w(B) \leqslant 0.04\%$；$w(Cr) \leqslant 0.005\%$；$w(Mn + Ti + Cr + V) \leqslant 0.030\%$。

7.7.4　重熔用精铝锭

重熔用精铝锭的化学成分如表7-73所示。

表 7-73　重熔用精铝锭的化学成分（YS/T 665—2009）

牌号	Al ≥	杂质≤								
		Fe	Si	Cu	Mg	Zn	Ti	Mn	Ga	其他每种
Al99.995	99.995	0.0010	0.0010	0.0015	0.0015	0.0005	0.0005	0.0007	0.0010	0.0010
Al99.993A	99.993	0.0010	0.0010	0.0030	0.0020	0.0010	0.0010	0.0008	0.0010	0.0010
Al99.993	99.993	0.0015	0.0015	0.0030	0.0025	0.0010	0.0010	0.0010	0.0012	0.0010
Al99.99A	99.990	0.0010	0.0010	0.0050	0.0025	0.0010	0.0010	0.0010	0.0012	0.0010
Al99.99	99.990	0.0030	0.0030	0.0050	0.0030	0.0010	0.0010	0.0010	0.0015	0.0010
Al99.98	99.980	0.0070	0.0070	0.0080	0.0030	0.0020	0.0020	0.0015	0.0020	0.0030
Al99.95	99.950	0.0200	0.0200	0.0100	0.0050	0.0050	0.0050	0.0020	0.0020	0.0100

注：1. 铝质量分数为100%与表中所列杂质元素及质量分数等于或大于0.0010%的其他杂质实测值总和的差值。

2. 表中未规定的重金属元素铅、砷、镉、汞含量，供方可不做常规分析，但应定期分析，每年至少检测一次，且应保证 $w(Cd + Hg + Pb) \leqslant 0.0095\%$，$w(As) \leqslant 0.0090\%$。其他杂质元素由供需双方协商。

7.7.5　铸造铝合金

1. 铸造铝合金的化学成分（表7-74）

表 7-74　铸造铝合金的化学成分（GB/T 1173—1995）

序号	牌号	代号	主要元素（质量分数，%）							
			Si	Cu	Mg	Zn	Mn	Ti	其他	Al
1	ZAlSi7Mg	ZL101	6.5 ~ 7.5	—	0.25 ~ 0.45	—	—	—		余量

（续）

序号	牌　　号	代号	主要元素（质量分数,%）							
			Si	Cu	Mg	Zn	Mn	Ti	其他	Al
2	ZAlSi7MgA	ZL101A	6.5 ~ 7.5	—	0.25 ~ 0.45	—	—	0.08 ~ 0.20	—	余量
3	ZAlSi12	ZL102	10.0 ~ 13.0	—	—	—	—	—	—	余量
4	ZAlSi9Mg	ZL104	8.0 ~ 10.5	—	0.17 ~ 0.35	—	0.2 ~ 0.5	—	—	余量
5	ZAlSi5Cu1Mg	ZL105	4.5 ~ 5.5	1.0 ~ 1.5	0.4 ~ 0.6	—	—	—	—	余量
6	ZAlSi5Cu1MgA	ZL105A	4.5 ~ 5.5	1.0 ~ 1.5	0.4 ~ 0.55	—	—	—	—	余量
7	ZAlSi8Cu1Mg	ZL106	7.5 ~ 8.5	1.0 ~ 1.5	0.3 ~ 0.5	—	0.3 ~ 0.5	0.10 ~ 0.25	—	余量
8	ZAlSi7Cu4	ZL107	6.5 ~ 7.5	3.5 ~ 4.5	—	—	—	—	—	余量
9	ZAlSi12Cu2Mg1	ZL108	11.0 ~ 13.0	1.0 ~ 2.0	0.4 ~ 1.0	—	0.3 ~ 0.9	—	—	余量
10	ZAlSi12Cu1Mg1Ni1	ZL109	11.0 ~ 13.0	0.5 ~ 1.5	0.8 ~ 1.3	—	—	—	Ni: 0.8 ~ 1.5	余量
11	ZAlSi5Cu6Mg	ZL110	4.0 ~ 6.0	5.0 ~ 8.0	0.2 ~ 0.5	—	—	—	—	余量
12	ZAlSi9Cu2Mg	ZL111	8.0 ~ 10.0	1.3 ~ 1.8	0.4 ~ 0.6	—	0.10 ~ 0.35	0.10 ~ 0.35	—	余量
13	ZAlSi7Mg1A	ZL114A	6.5 ~ 7.5	—	0.45 ~ 0.60	—	—	0.10 ~ 0.20	Be: 0.04 ~ 0.07[1]	余量
14	ZAlSi5Zn1Mg	ZL115	4.8 ~ 6.2	—	0.4 ~ 0.65	1.2 ~ 1.8	—	—	Sb: 0.1 ~ 0.25	余量
15	ZAlSi8MgBe	ZL116	6.5 ~ 8.5	—	0.35 ~ 0.55	—	—	0.10 ~ 0.30	Be: 0.15 ~ 0.40	余量
16	ZAlCu5Mn	ZL201	—	4.5 ~ 5.3	—	—	0.6 ~ 1.0	0.15 ~ 0.35	—	余量
17	ZAlCu5MnA	ZL201A	—	4.8 ~ 5.3	—	—	0.6 ~ 1.0	0.15 ~ 0.35	—	余量
18	ZAlCu4	ZL203	—	4.0 ~ 5.0	—	—	—	—	—	余量
19	ZAlCu5MnCdA	ZL204A	—	4.6 ~ 5.3	—	—	0.6 ~ 0.9	0.15 ~ 0.35	Cd: 0.15 ~ 0.25	余量

（续）

序号	牌号	代号	主要元素（质量分数,%）							Al
			Si	Cu	Mg	Zn	Mn	Ti	其他	
20	ZAlCu5MnCdVA	ZL205A	—	4.6~5.3	—	—	0.3~0.5	0.15~0.35	Cd：0.15~0.25 V：0.05~0.3 Zr：0.05~0.2 B：0.005~0.06	余量
21	ZAlRE5Cu3Si2	ZL207	1.6~2.0	3.0~3.4	0.15~0.25	—	0.9~1.2	—	Ni：0.2~0.3 Zr：0.15~0.25 RE：4.4~5.0②	余量
22	ZAlMg10	ZL301	—	—	9.5~11.0	—	—	—	—	余量
23	ZAlMg5Si1	ZL303	0.8~1.3	—	4.5~5.5	—	0.1~0.4	—	—	余量
24	ZAlMg8Zn1	ZL305	—	—	7.5~9.0	1.0~1.5	—	0.1~0.2	Be：0.03~0.1	余量
25	ZAlZn11Si7	ZL401	6.0~8.0	—	0.1~0.3	9.0~13.0	—	—	—	余量
26	ZAlZn6Mg	ZL402	—	—	0.5~0.65	5.0~6.5	—	0.15~0.25	Cr：0.4~0.6	余量

①　在保证合金力学性能前提下，可以不加铍。

②　混合稀土含各种稀土总量不小于98%（质量分数），其中含铈约5%（质量分数）。

2. 铸造铝合金的杂质允许含量（表7-75）

表7-75　铸造铝合金的杂质允许含量（GB/T 1173—1995）

序号	牌号	代号	杂质含量（质量分数,%）≤														
			Fe		Si	Cu	Mg	Zn	Mn	Ti	Zr	Ti+Zr	Be	Ni	Sn	Pb	杂质总和	
			S	J													S	J
1	ZAlSi7Mg	ZL101	0.5	0.9	—	0.2	—	0.3	0.35	—	—	0.25	0.1	—	0.01	0.05	1.1	1.5
2	ZAlSi7MgA	ZL101A	0.2	0.2	—	0.1	—	0.1	0.10	—	0.20	—	—	—	0.01	0.03	0.7	0.7
3	ZAlSi12	ZL102	0.7	1.0	—	0.30	0.10	0.1	0.5	—	0.20	—	—	—	—	—	2.0	2.2
4	ZAlSi9Mg	ZL104	0.6	0.9	—	0.1	—	0.25	—	—	—	0.15	—	—	0.01	0.05	1.1	1.4
5	ZAlSi5Cu1Mg	ZL105	0.6	1.0	—	—	—	0.3	0.5	—	—	0.15	0.1	—	0.01	0.05	1.1	1.4
6	ZAlSi5Cu1MgA	ZL105A	0.2	0.2	—	—	—	0.1	0.1	—	—	—	—	—	0.01	0.05	0.5	0.5
7	ZAlSi8Cu1Mg	ZL106	0.6	0.8	—	—	—	0.2	—	—	—	—	—	—	0.01	0.05	0.9	1.0
8	ZAlSi7Cu4	ZL107	0.5	0.6	—	—	—	0.1	0.3	0.5	—	—	—	—	0.01	0.05	1.0	1.2
9	ZAlSi12Cu2Mg1	ZL108	—	0.7	—	—	—	0.2	—	—	0.20	—	—	0.3	0.01	0.05	—	1.2
10	ZAlSi12Cu1Mg1Ni1	ZL109	—	0.7	—	—	—	0.2	0.2	—	0.20	—	—	—	0.01	0.05	—	1.2
11	ZAlSi5Cu6Mg	ZL110	—	0.8	—	—	—	0.6	0.5	—	—	—	—	—	0.01	0.05	—	2.7

（续）

序号	牌号	代号	Fe S	Fe J	Si	Cu	Mg	Zn	Mn	Ti	Zr	Ti+Zr	Be	Ni	Sn	Pb	杂质总和 S	杂质总和 J
12	ZAlSi9Cu2Mg	ZL111	0.4	0.4	—	—	—	0.1	—	—	—	—	—	—	0.01	0.05	1.0	1.0
13	ZAlSi7Mg1A	ZL114A	0.2	0.2	—	—	0.1	—	0.1	0.1	—	0.20	—	—	0.01	0.03	0.75	0.75
14	ZAlSi5Zn1Mg	ZL115	0.3	0.3	—	0.1	—	—	0.1	—	—	—	—	—	0.01	0.05	0.8	1.0
15	ZAlSi8MgBe	ZL116	0.60	0.60	—	0.3	—	0.3	0.1	—	—	0.20	B0.10	—	0.01	0.05	1.0	1.0
16	ZAlCu5Mn	ZL201	0.25	0.3	0.3	—	0.05	0.1	—	—	—	—	—	0.1	—	—	1.0	1.0
17	ZAlCu5MnA	ZL201A	0.15	—	0.1	—	0.05	0.1	—	—	0.15	—	—	0.05	—	—	0.4	
18	ZAlCu4	ZL203	0.8	0.8	1.2	—	0.05	0.25	0.1	0.20	0.1	—	—	—	0.01	0.05	2.1	2.1
19	ZAlCu5MnCdA	ZL204A	0.15	0.15	0.06	—	0.05	—	—	—	0.15	—	—	0.05	—	—	0.4	
20	ZAlCu5MnCdVA	ZL205A	0.15	0.15	0.06	—	0.05	—	—	—	—	—	—	0.01	—	—	0.3	0.3
21	ZAlRE5Cu3Si2	ZL207	0.6	0.6	—	—	0.2	—	—	—	—	—	—	—	—	—	0.8	0.8
22	ZAlMg10	ZL301	0.3	0.3	0.30	0.10	—	0.15	0.15	0.15	0.20	—	0.07	0.05	0.01	0.05	1.0	1.0
23	ZAlMg5Si1	ZL303	0.5	0.5	—	0.1	—	0.2	0.2	—	—	—	—	—	—	—	0.7	0.7
24	ZAlMg8Zn1	ZL305	0.3	—	0.2	0.1	—	—	0.1	—	—	—	—	—	—	—	0.9	
25	ZAlZn11Si7	ZL401	0.7	1.2	—	0.6	—	—	0.5	—	—	—	—	—	—	—	1.8	2.0
26	ZAlZn6Mg	ZL402	0.5	0.8	0.3	0.25	—	—	0.1	—	—	—	—	0.01	—	—	1.35	1.65

注：1. S—砂型铸造；J—金属型铸造。

2. 熔模、壳型铸造的主要元素及杂质含量按砂型指标检验。

3. 铸造铝合金的力学性能（表7-76）

表 7-76　铸造铝合金的力学性能（GB/T 1173—1995）

序号	牌号	代号	铸造方法	状态	抗拉强度 R_m/MPa ≥	断后伸长率 A(%) ≥	布氏硬度 HBW 5/250/30 ≥
1	ZAlSi7Mg	ZL101	S、R、J、K	F	155	2	50
			S、R、J、K	T2	135	2	45
			JB	T4	185	4	50
			S、R、K	T4	175	4	50
			J、JB	T5	205	2	60
			S、R、K	T5	195	2	60
			SB、RB、KB	T5	195	2	60
			SB、RB、KB	T6	225	1	70
			SB、RB、KB	T7	195	2	60
			SB、RB、KB	T8	155	3	55

（续）

序号	牌 号	代号	铸造方法	状态	抗拉强度 R_m/MPa ≥	断后伸长率 $A(\%)$ ≥	布氏硬度 HBW 5/250/30 ≥
2	ZAlSi7MgA	ZL101A	S、R、K	T4	195	5	60
			J、JB	T4	225	5	60
			S、R、K	T5	235	4	70
			SB、RB、KB	T5	235	4	70
			JB、J	T5	265	4	70
			SB、RB、KB	T6	275	2	80
			JB、J	T6	295	3	80
3	ZAlSi12	ZL102	SB、JB、RB、KB	F	145	4	50
			J	F	155	2	50
			SB、JB、RB、KB	T2	135	4	50
			J	T2	145	3	50
4	ZAlSi9Mg	ZL104	S、J、R、K	F	145	2	50
			J	T1	195	1.5	65
			SB、RB、KB	T6	225	2	70
			J、JB	T6	235	2	70
5	ZAlSi5Cu1Mg	ZL105	S、J、R、K	T1	155	0.5	65
			S、R、K	T5	195	1	70
			J	T5	235	0.5	70
			S、R、K	T6	225	0.5	70
			S、J、R、K	T7	175	1	65
6	ZAlSi5Cu1MgA	ZL105A	SB、R、K	T5	275	1	80
			J、JB	T5	295	2	80
7	ZAlSi8Cu1Mg	ZL106	SB	F	175	1	70
			JB	T1	195	1.5	70
			SB	T5	235	2	60
			JB	T5	255	2	70
			SB	T6	245	1	80
			JB	T6	265	2	70
			SB	T7	225	2	60
			J	T7	245	2	60
8	ZAlSi7Cu4	ZL107	SB	F	165	2	65
			SB	T6	245	2	90
			J	F	195	2	70
			J	T6	275	2.5	100

（续）

序号	牌　号	代号	铸造方法	状态	抗拉强度 R_m/MPa ≥	断后伸长率 $A(\%)$ ≥	布氏硬度 HBW 5/250/30 ≥
9	ZAlSi12Cu2Mg1	ZL108	J	T1	195	—	85
			J	T6	255	—	90
10	ZAlSi12Cu1Mg1Ni1	ZL109	J	T1	195	0.5	90
			J	T6	245	—	100
11	ZAlSi5Cu6Mg	ZL110	S	F	125	—	80
			J	F	155	—	80
			S	T1	145	—	80
			J	T1	165	—	90
12	ZAlSi9Cu2Mg	ZL111	J	F	205	1.5	80
			SB	T6	255	1.5	90
			J、JB	T6	315	2	100
13	ZAlSi7Mg1A	ZL114A	SB	T5	290	2	85
			J、JB	T5	310	3	90
14	ZAlSi5Zn1Mg	ZL115	S	T4	225	4	70
			J	T4	275	6	80
			S	T5	275	3.5	90
			J	T5	315	5	100
15	ZAlSi8MgBe	ZL116	S	T4	255	4	70
			J	T4	275	6	80
			S	T5	295	2	85
			J	T5	335	4	90
16	ZAlCu5Mn	ZL201	S、J、R、K	T4	295	8	70
			S、J、R、K	T5	335	4	90
			S	T7	315	2	80
17	ZAlCu5MnA	ZL201A	S、J、R、K	T5	390	8	100
18	ZAlCu4	ZL203	S、R、K	T4	195	6	60
			J	T4	205	6	60
			S、R、K	T5	215	3	70
			J	T5	225	3	70
19	ZAlCu5MnCdA	ZL204A	S	T5	440	4	100
20	ZAlCu5MnCdVA	ZL205A	S	T5	440	7	100
			S	T6	470	3	120
			S	T7	460	2	110

（续）

序号	牌　号	代号	铸造方法	状态	抗拉强度 R_m/MPa ≥	断后伸长率 A(%) ≥	布氏硬度 HBW 5/250/30 ≥
21	ZAlRE5Cu3Si2	ZL207	S	T1	165	—	75
			J	T1	175	·	75
22	ZAlMg10	ZL301	S、J、R	T4	280	10	60
23	ZAlMg5Si1	ZL303	S、J、R、K	F	145	1	55
24	ZAlMg8Zn1	ZL305		T4	290	8	90
25	ZAlZn11Si7	ZL401	S、R、K	T1	195	2	80
			J	T1	245	1.5	90
26	ZAlZn6Mg	ZL402	J	T1	235	4	70
			S	T1	215	4	65

注：1. 铸造方法代号：S—砂型铸造；J—金属型铸造；R—熔模铸造；K—壳型铸造；B—变质处理。

2. 合金状态代号：F—铸态；T1—人工时效；T2—退火；T4—固溶处理加自然时效；T5—固溶处理加不完全人工时效；T6—固溶处理加完全人工时效；T7—固溶处理加稳定化处理；T8—固溶处理加软化处理。

4. 铸造铝合金的热处理种类、代号及特点（表7-77）

表7-77　铸造铝合金的热处理种类、代号及特点（GB/T 1173—1995）

热处理名称	代号	目　的	说　明
未经淬火的人工时效	T1	①改善可加工性，以降低其表面粗糙度值；②提高力学性能（如对于ZL103、ZL105、ZL106 等）	在湿型和金属型铸造时，已获得某种程度淬火效果的铸件，采用这种热处理方法可以得到较好的效果
退火	T2	①消除铸造应力和机械加工过程中引起的加工硬化；②提高塑性	退火温度一般为 280～300℃，保温 2～4h
淬火	T3	使合金得到过饱和固溶体，以提高强度，改善耐蚀性	因铸件从淬火、机械加工到使用，实际已经过一段时间的时效，故 T3 与 T4 无大的区别
淬火＋自然时效	T4	①提高强度；②提高在100℃以下工作的零件的耐蚀性	当零件（特别是由 ZL201、ZL203 所做的零件）要求获得最大强度时，零件从淬火后到机械加工前，至少需要保存 4 昼夜
淬火＋不完全人工时效	T5	获得足够高的强度，并保持高的塑性	人工时效是在较低的温度（150～180℃）和只经短时间（3～5h）保温后完成的
淬火＋完全人工时效	T6	获得最大的强度和硬度，但塑性有所下降	人工时效是在较高的温度（175～190℃）和在较长时间的保温（5～15h）后完成的
淬火＋稳定化回火	T7	预防零件在高温下工作时其力学性能的下降和尺寸的变化，目的在于稳定零件的组织和尺寸，与T5、T6 相比，处理后强度较低而塑性较高	用于高温下工作的零件。铸件在超过一般人工时效温度（接近或略高于零件工作温度）的情况下进行回火，回火温度大约为 200～250℃

（续）

热处理名称	代号	目　的	说　明
淬火＋软化回火	T8	为获得高塑性（但强度降低）并稳定尺寸	回火在比 T7 更高的温度（250~330℃）下进行
循环处理	T9	为使零件获得高的尺寸稳定性	经机械加工后的零件承受循环热处理（冷却到 -70℃，有时到 -196℃，然后再加热到 350℃）。根据零件的用途可进行数次这样的处理，所选用的温度取决于零件的工作条件和所要求的性能

7.7.6　铝合金铸件

1. 铝合金铸件的表面孔洞限量（表 7-78）

表 7-78　铝合金铸件的表面孔洞限量（GB/T 9438—1999）

铸件表面积/cm² ＼ 铸件类别	单个孔洞									成组孔洞									孔洞边缘距铸件边缘的距离/mm≥
	在 10cm×10cm 单位面积上孔洞总数/个≤			孔洞边距/mm≥			一个铸件上的孔洞总数/个≤			以 3cm×3cm 单位面积为一组其孔洞数/个≤			在一个铸件上组的数量/组≤						
	Ⅰ	Ⅱ	Ⅲ	Ⅰ	Ⅱ	Ⅲ	Ⅰ	Ⅱ	Ⅲ	Ⅰ	Ⅱ	Ⅲ	Ⅰ	Ⅱ	Ⅲ				
<1000	2	4	6	15	10	10	4	6	7	2	3	4	1	2	2				
1000~3000	2	4	6	15	10	10	6	8	9	2	3	4	2	3	4	孔洞最大直径的 2 倍			
>3000~6000	2	4	6	15	10	10	10	12	13	2	3	4	2	3	4				
>6000~8000	2	4	6	15	10	10	15	15	17	2	3	4	4	4	6				
>8000~30000	2	4	6	15	10	10	18	18	20	2	3	4	4	4	6				
>30000~100000	2	4	6	15	10	10	20	22	25	2	3	4	4	4	6				

注：在非加工表面上最大直径小于 1mm，加工后表面上最大直径小于 0.5mm 的单个孔洞不予计算。

2. 铝合金铸件的内部缺陷允许级别（表 7-79）

表 7-79　铝合金铸件的内部缺陷允许级别（GB/T 9438—1999）

缺陷种类 ＼ 检验部位 铸件壁厚/mm	Ⅰ类铸件指定部位		Ⅰ类铸件非指定部位和Ⅱ类铸件		其他铸件	
	≤12	>12~50	≤12	>12~50	≤12	>12~50
气孔	1	1	2	3	5	5
缩孔	1	—	2	—	3	—
疏松	1	1	2	4	4	3
夹杂物(低密度)	1	1	2	4	4	4
夹杂物(高密度)	1	1	2	1	4	3

7.7.7　压铸铝合金

1. 压铸铝合金的化学成分（表7-80）

表 7-80　压铸铝合金的化学成分（GB/T 15115—2009）

序号	牌号	代号	化学成分（质量分数,%）										
			Si	Cu	Mn	Mg	Fe	Ni	Ti	Zn	Pb	Sn	Al
1	YZAlSi10Mg	YL101	9.0 ~ 10.0	≤0.6	≤0.35	0.45 ~ 0.65	≤1.0	≤0.50	—	≤0.40	≤0.10	≤0.15	余量
2	YZAlSi12	YL102	10.0 ~ 13.0	≤1.0	≤0.35	≤0.10	≤1.0	≤0.50	—	≤0.40	≤0.10	≤0.15	余量
3	YZAlSi10	YL104	8.0 ~ 10.5	≤0.3	0.2 ~ 0.5	0.30 ~ 0.50	0.5 ~ 0.8	≤0.10	—	≤0.30	≤0.05	≤0.01	余量
4	YZAlSi9Cu4	YL112	7.5 ~ 9.5	3.0 ~ 4.0	≤0.50	≤0.10	≤1.0	≤0.50	—	≤2.90	≤0.10	≤0.15	余量
5	YZAlSi11Cu3	YL113	9.5 ~ 11.5	2.0 ~ 3.0	≤0.50	≤0.10	≤1.0	≤0.30	—	≤2.90	≤0.10	—	余量
6	YZAlSi17Cu5Mg	YL117	15.0 ~ 18.0	4.0 ~ 5.0	≤0.50	0.50 ~ 0.70	≤1.0	≤0.10	≤0.20	≤1.40	≤0.10	—	余量
7	YZAlMg5Si1	YL302	≤0.35	≤0.25	≤0.35	7.60 ~ 8.60	≤1.1	≤0.15	—	≤0.15	≤0.10	≤0.15	余量

注：除有化学成分范围的元素和铁为必检元素外，其余元素在有要求时抽检。

2. 压铸铝合金的特性（表7-81）

表 7-81　压铸铝合金的特性（GB/T 15115—2009）

牌号	YZAlSi10Mg	YZAlSi12	YZAlSi10	YZAlSi9Cu4	YZAlSi11Cu3	YZAlSi17Cu5Mg	YZAlMg5Si1
代号	YL101	YL102	YL104	YL112	YL113	YL117	YL302
抗热裂性	1	1	1	2	1	4	5
致密性	2	1	2	2	2	4	5
充型能力	3	1	3	2	1	1	5
不粘型性	2	1	1	1	2	2	5
耐蚀性	2	2	1	4	3	3	1
可加工性	3	4	3	3	3	5	1
抛光性	3	5	3	3	3	5	1
电镀性	2	3	2	1	1	3	5
阳极处理	3	5	3	3	3	5	1
氧化保护层	3	5	3	4	4	5	1
高温强度	1	3	1	3	2	3	4

注：1~5 表示由最佳到最差。

7.7.8　铝合金压铸件

1. 铝合金压铸件的化学成分（表7-82）

表7-82　铝合金压铸件的化学成分（GB/T 15114—2009）

序号	牌号	代号	化学成分（质量分数,%）										
			Si	Cu	Mn	Mg	Fe	Ni	Ti	Zn	Pb	Sn	Al
1	YZAlSi10Mg	YL101	9.0~10.0	≤0.6	≤0.35	0.40~0.60	≤1.3	≤0.50	—	≤0.50	≤0.10	≤0.15	余量
2	YZAlSi12	YL102	10.0~13.0	≤1.0	≤0.35	≤0.10	≤1.3	≤0.50		≤0.50	≤0.10	≤0.15	余量
3	YZAlSi10	YL104	8.0~10.5	≤0.3	0.2~0.5	0.17~0.30	≤0.10	≤0.50		≤0.40	≤0.05	≤0.01	余量
4	YZAlSi9Cu4	YL112	7.5~9.5	3.0~4.0	≤0.50	≤0.10	≤1.3	≤0.50	—	≤3.00	≤0.10	≤0.15	余量
5	YZAlSi11Cu3	YL113	9.5~11.5	2.0~3.0	≤0.50	≤0.10	≤1.3	≤0.30	—	≤3.00	≤0.10	≤0.35	余量
6	YZAlSi17Cu5Mg	YL117	16.0~18.0	4.0~5.0	≤0.50	0.45~0.65	≤1.3	≤0.10	≤0.1	≤1.50	≤0.10	—	余量
7	YZAlMg5Si1	YL302	≤0.35	≤0.25	≤0.35	7.5~8.5	≤1.8	≤0.15	—	≤0.15	≤0.10	≤0.15	余量

注：除有范围的元素和铁为必检元素外，其余元素在有要求时抽检。

2. 铝合金压铸件的力学性能（表7-83）

表7-83　铝合金压铸件的力学性能（GB/T 15114—2009）

序号	牌号	代号	抗拉强度 R_m/MPa ≥	断后伸长率 A_{50mm}（%）≥	硬度 HBW ≥
1	YZAlSi10Mg	YL101	200	2.0	70
2	YZAlSi12	YL102	220	2.0	60
3	YZAlSi10	YL104	220	2.0	70
4	YZAlSi9Cu4	YL112	320	3.5	85
5	YZAlSi11Cu3	YL113	230	1.0	80
6	YZAlSi17Cu5Mg	YL117	220	<1.0	—
7	YZAlMg5Si1	YL302	220	2.0	70

第 8 章 铜及铜合金

8.1 加工铜及铜合金的化学成分

1. 加工铜的化学成分（表8-1）

表8-1　加工铜的化学成分（GB/T 5231—2012）

分类	代号	牌号	Cu+Ag ≥	化学成分（质量分数，%）											
				P	Ag	Bi①	Sb①	As①	Fe	Ni	Pb	Sn	S	Zn	O
无氧铜	C10100	TU00②	99.99②	0.0003	0.0025	0.0001	0.0004	0.0005	0.0010	0.0010	0.0005	0.0002	0.0015	0.0001	0.0005
				Te≤0.0002, Se≤0.0003, Mn≤0.00005, Cd≤0.0001											
	T10130	TU0	99.97	0.002	—	0.001	0.002	0.002	0.004	0.002	0.003	0.002	0.004	0.003	0.001
	T10150	TU1	99.97	0.002	—	0.001	0.002	0.002	0.004	0.002	0.003	0.002	0.004	0.003	0.002
	T10180	TU2③	99.95	0.002	—	0.001	0.002	0.002	0.004	0.002	0.004	0.002	0.004	0.003	0.003
	T10200	TU3	99.95	—	—	—	—	—	—	—	—	—	—	—	0.0010
银无氧铜	T10350	TU00Ag0.06	99.99	0.002	0.05~0.08	0.0003	0.0005	0.0004	0.0025	0.0006	0.0006	0.0007	—	0.0005	0.0005
	C10500	TUAg0.03	99.95	—	≥0.034	—	—	—	—	—	—	—	—	—	0.0010
	T10510	TUAg0.05	99.96	0.002	0.02~0.06	0.001	0.002	0.002	0.004	0.002	0.004	0.002	0.004	0.003	0.003
	T10530	TUAg0.1	99.96	0.002	0.06~0.12	0.001	0.002	0.002	0.004	0.002	0.004	0.002	0.004	0.003	0.003
	T10540	TUAg0.2	99.96	0.002	0.15~0.25	0.001	0.002	0.002	0.004	0.002	0.004	0.002	0.004	0.003	0.003
	T10550	TUAg0.3	99.96	0.002	0.25~0.35	0.001	0.002	0.002	0.004	0.002	0.004	0.002	0.004	0.003	0.003
锆无氧铜	T10600	TUZr0.15	99.97④	0.002	Zr:0.11~0.21	0.001	0.002	0.002	0.004	0.002	0.003	0.002	0.004	0.003	0.002
纯铜	T10900	T1	99.95	0.001	—	0.001	0.002	0.002	0.005	0.002	0.003	0.002	0.005	0.005	0.02
	T11050	T2⑤⑥	99.90	—	—	0.001	0.002	0.002	0.005	—	0.005	—	0.005	—	—
	T11090	T3	99.70	—	—	0.002	—	—	—	—	0.01	—	—	—	—
银铜	T11200	TAg0.1-0.01	99.9⑦	0.004~0.012	0.08~0.12	—	—	—	0.05	0.05	0.01	0.05	—	—	0.05
	T11210	TAg0.1	99.5⑧	—	0.06~0.12	0.002	0.005	0.01	0.05	0.2	0.01	0.05	0.01	—	0.1

（续）

分类	代号	牌号	Cu+Ag≥	P	Ag	化学成分（质量分数,%）									
						Bi①	Sb①	As①	Fe	Ni	Pb	Sn	S	Zn	O
银铜	T11220	TAg0.15	99.5	—	0.10~0.20	0.002	0.005	0.01	0.05	0.2	0.01	0.05	0.01	—	0.1
磷脱氧铜	C12000	TP1	99.90	0.004~0.012	—	—	—	—	—	—	—	—	—	—	—
	C12200	TP2	99.9	0.015~0.040	—	—	—	—	—	—	—	—	—	—	—
	T12210	TP3	99.9	0.01~0.025	—	—	—	—	—	—	—	—	—	—	0.01
	T12400	TP4	99.90	0.040~0.065	—	—	—	—	—	—	—	—	—	—	0.002

分类	代号	牌号	Cu+Ag≥	P	Ag	化学成分（质量分数,%）									
						Bi①	Sb①	As①	Fe	Ni	Pb	Sn	S	Zn	Cd
碲铜	T14440	TTe0.3	99.9⑨	0.001	Te:0.20~0.35	0.001	0.0015	0.002	0.008	0.002	0.01	0.001	0.0025	0.005	0.01
	T14450	TTe0.5-0.008	99.8⑨	0.004~0.012	Te:0.4~0.6	0.001	0.003	0.002	0.008	0.005	0.01	0.01	0.003	0.008	0.01
	C14500	TTe0.5	99.90⑩	0.004~0.012	Te:0.40~0.7	—	—	—	—	—	—	—	—	—	—
	C14510	TTe0.5-0.02	99.85⑩	0.010~0.030	Te:0.30~0.7	—	—	—	—	—	—	—	—	—	—
硫铜	C14700	TS0.4	99.90⑪	0.002~0.005	—	—	—	—	—	—	0.05	—	0.20~0.50	—	—
锆铜	C15000	TZr0.15⑫	99.80	—	Zr:0.10~0.20	—	—	—	—	—	—	—	—	—	—
	T15200	TZr0.2	99.5④	0.002	Zr:0.15~0.30	0.002	0.005	—	0.05	0.2	0.01	0.05	0.01	—	—
	T15400	TZr0.4	99.5④	—	Zr:0.30~0.50	0.002	0.005	—	0.05	0.2	0.01	0.05	0.01	—	—
弥散无氧铜	T15700	TUAl0.12	余量	0.002	Al₂O₃:0.16~0.26	0.001	0.002	0.002	0.004	0.002	0.003	0.002	0.004	0.003	—

① 砷、铋、锑可不分析，但供方必须保证不大于级限值。
② 此值为铜含量，铜的质量分数不小于99.99%时，铜的质量分数应由差减法求得。
③ 电工用无氧铜TU2中氧的质量分数不大于0.002%。
④ 此值为w(Cu+Ag+Zr)。
⑤ 经双方协商，可供应w(P)不大于0.001%的导电T2铜。
⑥ 电力机车接触材料用纯铜线坯：Bi≤0.0005%，Pb≤0.0050%，O≤0.035%，P≤0.001%，其他杂质总和≤0.03%。
⑦ 此值为w(Cu+Ag+P)。
⑧ 此值为铜含量。
⑨ 此值为w(Cu+Ag+Te)。
⑩ 此值为w(Cu+Ag+Te+P)。
⑪ 此值为w(Cu+Ag+S+P)。
⑫ 此牌号为w(Cu+Ag+Zr)不小于99.9%。

2. 加工高铜合金的化学成分（表8-2）

表8-2　加工高铜合金①的化学成分（GB/T 5231—2012）

化学成分（质量分数,%）

分类	代号	牌号	Cu	Be	Ni	Cr	Si	Fe	Al	Pb	Ti	Zn	Sn	S	P	Mn	Co	杂质总和
镉铜	C16200	TCd1	余量	—	—	—	—	0.02	—	—	—	—	—	—	—	Cd:0.7~1.2	—	0.5
铍铜	C17300	TBe1.9-0.4②	余量	1.80~2.00	—	—	0.20	—	0.20	0.20~0.6	—	—	—	—	—	—	—	0.9
	T17490	TBe0.3-1.5	余量	0.25~0.50	0.2~0.4	—	0.20	0.10	0.20	—	—	—	—	—	—	Ag:0.90~1.10	1.40~1.70	0.5
	C17500	TBe0.6-2.5	余量	0.4~0.7	1.4~2.2	—	0.20	0.10	0.20	—	—	—	—	—	—	—	2.4~2.7	1.0
	C17510	TBe0.4-1.8	余量	0.2~0.6	1.4~2.2	—	0.20	0.10	0.20	—	—	—	—	—	—	—	0.3	1.3
	T17700	TBe1.7	余量	1.6~1.85	0.2~0.4	—	0.15	0.15	0.15	0.005	0.10~0.25	—	—	—	—	—	—	0.5
	T17710	TBe1.9	余量	1.85~2.1	0.2~0.4	—	0.15	0.15	0.15	0.005	0.10~0.25	—	—	—	—	—	—	0.5
	T17715	TBe1.9-0.1	余量	1.85~2.1	0.2~0.4	—	0.15	0.15	0.15	0.005	0.10~0.25	—	—	—	—	Mg:0.07~0.13	—	0.5
	T17720	TBe2	余量	1.80~2.1	0.2~0.5	—	0.15	0.15	0.15	0.005	—	—	—	—	—	—	—	0.5
镍铬铜	C18000	TNi2.4-0.6-0.5	余量	—	1.8~3.0③	0.10~0.8	0.40~0.8	0.15	—	—	—	—	—	—	—	—	—	0.65
铬铜	C18135	TCr0.3-0.3	余量	—	—	0.20~0.6	—	—	—	—	—	—	—	—	—	Cd:0.20~0.6	—	0.5
	T18140	TCr0.5	余量	—	0.05	0.4~1.1	—	0.1	—	—	—	—	—	—	—	—	—	0.5
	T18142	TCr0.5-0.2-0.1	余量	—	0.05	0.4~1.0	0.05	0.05	0.1~0.25	—	—	0.05~0.25	—	—	—	Mg:0.1~0.25	—	0.5
	T18144	TCr0.5-0.1	余量	—	0.05	0.40~0.70	0.05	0.05	—	0.005	—	0.05~0.25	0.01	0.005	—	Ag:0.08~0.13	—	0.25
	T18146	TCr0.7	余量	—	0.05	0.55~0.85	—	0.1	—	—	—	—	—	—	—	—	—	0.5

（续）

分类	代号	牌号	化学成分（质量分数，%）																
			Cu	Zr	Cr	Ni	Si	Fe	Al	Pb	Mg	Zn	Sn	S	P	B	Sb	Bi	杂质总和
铬铜	T18148	TCr0.8	余量	—	0.6~0.9	0.05	0.03	0.03	0.005	—	—	—	—	0.005	—	—	—	—	0.2
	C18150	TCr1-0.15	余量	0.05~0.25	0.50~1.5	—	—	—	—	—	—	—	—	—	—	—	—	—	0.3
	T18160	TCr1-0.18	余量	0.05~0.30	0.5~1.5	—	0.10	0.10	0.05	0.05	0.05	—	—	—	0.10	0.02	0.01	0.01	0.3④
	T18170	TCr0.6-0.4-0.05	余量	0.3~0.6	0.4~0.8	—	0.05	0.05	—	—	0.04~0.08	—	—	—	0.01	—	—	—	0.5
	C18200	TCr1	余量	—	0.6~1.2	—	0.10	0.10	—	0.05	—	—	—	—	—	—	—	—	0.75
镁铜	T18658	TMg0.2	余量	—	—	—	—	—	—	—	0.1~0.3	—	—	—	0.01	—	—	—	0.1
	C18661	TMg0.4	余量	—	—	—	—	0.10	—	—	0.10~0.7	—	0.20	—	0.001~0.02	—	—	—	0.8
	T18664	TMg0.5	余量	—	—	—	—	—	—	—	0.4~0.7	—	—	—	0.01	—	—	—	0.1
	T18667	TMg0.8	余量	—	—	0.006	—	0.005	—	0.005	0.70~0.85	0.005	0.002	0.005	—	—	0.005	0.002	0.3
铅铜	C18700	TPb1	余量	—	—	—	—	—	—	0.8~1.5	—	—	—	—	—	—	—	—	0.5
铁铜	C19200	TFe1.0	98.5	—	—	—	—	0.8~1.2	—	—	—	0.20	—	—	0.01~0.04	—	—	—	0.4
	C19210	TFe0.1	余量	—	—	—	—	0.05~0.15	—	—	—	—	—	—	0.025~0.04	—	—	—	0.2
	C19400	TFe2.5	97.0	—	—	—	—	2.1~2.6	—	0.03	—	0.05~0.20	—	—	0.015~0.15	—	—	—	0.5
钛铜	C19910	TTi3.0-0.2	余量	—	—	—	—	0.17~0.23	—	—	—	—	—	—	—	Ti:2.9~3.4	—	—	0.5

① 高铜合金，指铜的质量分数在96.0%~99.3%之间的合金。
② 该牌号 $w(Ni+Co) \geq 0.20\%$，$w(Ni+Co+Fe) \leq 0.6\%$。
③ 此值为 $w(Ni+Co)$。
④ 此值为表中所列杂质元素实测值总和。

3. 加工黄铜的化学成分（表 8-3）

表 8-3　加工黄铜的化学成分（GB/T 5231—2012）

分类		代号	牌号	化学成分（质量分数，%）								
				Cu	Fe①	Pb	Si	Ni	B	As	Zn	杂质总和
铜锌合金	普通黄铜	C21000	H95	94.0~96.0	0.05	0.05	—	—	—	—	余量	0.3
		C22000	H90	89.0~91.0	0.05	0.05	—	—	—	—	余量	0.3
		C23000	H85	84.0~86.0	0.05	0.05	—	—	—	—	余量	0.3
		C24000	H80②	78.5~81.5	0.05	0.05	—	—	—	—	余量	0.3
		T26100	H70②	68.5~71.5	0.10	0.03	—	—	—	—	余量	0.3
		T26300	H68	67.0~70.0	0.10	0.03	—	—	—	—	余量	0.3
		C26800	H66	64.0~68.5	0.05	0.09	—	—	—	—	余量	0.45
		C27000	H65	63.0~68.5	0.07	0.09	—	—	—	—	余量	0.45
		T27300	H63	62.0~65.0	0.15	0.08	—	—	—	—	余量	0.5
		T27600	H62	60.5~63.5	0.15	0.08	—	—	—	—	余量	0.5
		T28200	H59	57.0~60.0	0.3	0.5	—	—	—	—	余量	1.0
	硼砷黄铜	T22130	H B 90-0.1	89.0~91.0	0.02	0.02	0.5	—	0.05~0.3	—	余量	0.5③
		T23030	H As 85-0.05	84.0~86.0	0.10	0.03	—	—	—	0.02~0.08	余量	0.3
		C26130	H As 70-0.05	68.5~71.5	0.05	0.05	—	—	—	0.02~0.08	余量	0.4
		T26330	H As 68-0.04	67.0~70.0	0.10	0.03	—	—	—	0.03~0.06	余量	0.3

（续）

分类	代号	牌号	化学成分（质量分数，%）								
			Cu	Fe①	Pb	Al	Mn	Sn	As	Zn	杂质总和
铜锌铅合金 铅黄铜	C31400	HPb89-2	87.5~90.5	0.10	1.3~2.5	—	Ni:0.7	—	—	余量	1.2
	C33000	HPb66-0.5	65.0~68.0	0.07	0.25~0.7	—	—	—	—	余量	0.5
	T34700	HPb63-3	62.0~65.0	0.10	2.4~3.0	—	—	—	—	余量	0.75
	T34900	HPb63-0.1	61.5~63.5	0.15	0.05~0.3	—	—	—	—	余量	0.5
	T35100	HPb62-0.8	60.0~63.0	0.2	0.5~1.2	—	—	—	—	余量	0.75
	C35300	HPb62-2	60.0~63.0	0.15	1.5~2.5	—	—	—	—	余量	0.65
	C36000	HPb62-3	60.0~63.0	0.35	2.5~3.7	—	—	—	—	余量	0.85
	T36210	HPb62-2-0.1	61.0~63.0	0.1	1.7~2.8	0.05	0.1	0.1	0.02~0.15	余量	0.55
	T36220	HPb61-2-1	59.0~62.0	—	1.0~2.5	—	—	0.30~1.5	0.02~0.25	余量	0.4
	T36230	HPb61-2-0.1	59.2~62.3	0.2	1.7~2.8	—	—	0.2	0.08~0.15	余量	0.5
	C37100	HPb61-1	58.0~62.0	0.15	0.6~1.2	—	—	—	—	余量	0.55
	C37700	HPb60-2	58.0~61.0	0.30	1.5~2.5	—	—	—	—	余量	0.8
	T37900	HPb60-3	58.0~61.0	0.3	2.5~3.5	—	—	0.3	—	余量	0.8③
	T38100	HPb59-1	57.0~60.0	0.5	0.8~1.9	—	—	—	—	余量	1.0
	T38200	HPb59-2	57.0~60.0	0.5	1.5~2.5	—	—	0.5	—	余量	1.0③
	T38210	HPb58-2	57.0~59.0	0.5	1.5~2.5	—	—	0.5	—	余量	1.0③
	T38300	HPb59-3	57.5~59.5	0.50	2.0~3.0	—	—	—	—	余量	1.2
	T38310	HPb58-3	57.0~59.0	0.5	2.5~3.5	—	—	0.5	—	余量	1.0③
	T38400	HPb57-4	56.0~58.0	0.5	3.5~4.5	—	—	0.5	—	余量	1.2③

（续）

分类	代号	牌号	化学成分（质量分数，%）														
			Cu	Te	B	Si	As	Bi	Cd	Sn	P	Ni	Mn	Fe①	Pb	Zn	杂质总和
铜锌锡合金复杂黄铜／锡黄铜	T41900	HSn90-1	88.0~91.0	—		—	—	—		0.25~0.75	—	—	—	0.10	0.03	余量	0.2
	C44300	HSn72-1	70.0~73.0	—	—	—	0.02~0.06	—		0.8~1.2②④	—	—	—	0.06	0.07	余量	0.4
	T45000	HSn70-1	69.0~71.0	—	—	—	0.03~0.06	—		0.8~1.3	—	—	—	0.10	0.05	余量	0.3
	T45010	HSn70-1-0.01	69.0~71.0	—	0.0015~0.02	—	0.03~0.06	—		0.8~1.3	—	—	—	0.10	0.05	余量	0.3
	T45020	HSn70-1-0.01-0.04	69.0~71.0	—	0.0015~0.02	—	0.03~0.06	—		0.8~1.3	—	0.05~1.00	0.02~2.00	0.10	0.05	余量	0.3
	T46100	HSn65-0.03	63.5~68.0	—	—	—	—	—		0.01~0.2	0.01~0.07	—	—	0.05	0.03	余量	0.3
	T46300	HSn62-1	61.0~63.0	—	—	—	—	—		0.7~1.1	—	—	—	0.10	0.10	余量	0.3
	T46410	HSn60-1	59.0~61.0	—	—	—	—	—		1.0~1.5	—	—	—	0.10	0.30	余量	1.0
铋黄铜	T49230	HBi60-2	59.0~62.0	—	—	—	—	2.0~3.5	0.01	0.3	—	—	—	0.2	0.1	余量	0.5③
	T49240	HBi60-1.3	58.0~62.0	—	—	—	—	0.3~2.3	0.01	0.05~1.2⑤	—	—	—	0.1	0.2	余量	0.3③
	C49260	HBi60-1.0-0.05	58.0~63.0	—	—	0.10	—	0.50~1.8	0.001	0.50	0.05~0.15	—	—	0.50	0.09	余量	1.5

（续）

分类	代号	牌号	化学成分（质量分数，%）											Fe①	Pb	Zn	杂质总和
			Cu	Te	Al	Si	As	Bi	Cd	Sn	P	Ni	Mn				
铋黄铜	T49310	HBi60-0.5-0.01	58.5~61.5	0.010~0.015	—	—	0.01	0.45~0.65	0.01	—	—	—	—	—	0.1	余量	0.5③
	T49320	HBi60-0.8-0.01	58.5~61.5	0.010~0.015	—	—	0.01	0.70~0.95	0.01	—	—	—	—	—	0.1	余量	0.5③
	T49330	HBi60-1.1-0.01	58.5~61.5	0.010~0.015	—	—	0.01	1.00~1.25	0.01	—	—	—	—	—	0.1	余量	0.5③
	T49360	HBi59-1	58.0~60.0	—	—	—	—	0.8~2.0	0.01	0.2	—	—	—	0.2	0.1	余量	0.5③
复杂黄铜	C49350	HBi62-1	61.0~63.0	Sb:0.02~0.10	—	0.30	—	0.50~2.5	—	1.5~3.0	0.04~0.15	—	—	—	0.09	余量	0.9
锰黄铜	T67100	HMn64-8-5-1.5	63.0~66.0	—	4.5~6.0	1.0~2.0	—	—	—	0.5	—	0.5	7.0~8.0	0.5~1.5	0.3~0.8	余量	1.0
	T67200	HMn62-3-3-0.7	60.0~63.0	—	2.4~3.4	0.5~1.5	—	—	—	0.1	—	—	2.7~3.7	0.1	0.05	余量	1.2
	T67300	HMn62-3-3-1	59.0~65.0	—	1.7~3.7	0.5~1.3	Cr:0.07~0.27	—	—	—	—	0.2~0.6	2.2~3.8	0.6	0.18	余量	0.8
	T67310	HMn62-13⑥	59.0~65.0	—	0.5~2.5⑦	0.05	—	—	—	—	—	0.05~0.5⑧	10~15	0.05	0.03	余量	0.15③
	T67320	HMn55-3-1⑨	53.0~58.0	—	—	—	—	—	—	—	—	—	3.0~4.0	0.5~1.5	0.5	余量	1.5

（续）

化学成分(质量分数,%)

分类	代号	牌号	Cu	Fe①	Pb	Al	Mn	P	Sb	Ni	Si	Cd	Sn	Zn	杂质总和
复杂黄铜 — 锰黄铜	T67330	HMn59-2-1.5-0.5	58.0~59.0	0.35~0.65	0.3~0.6	1.4~1.7	1.8~2.2	—	—	—	0.6~0.9	—	—	余量	0.3
	T67400	HMn58-2②	57.0~60.0	1.0	0.1	—	1.0~2.0	—	—	—	—	—	—	余量	1.2
	T67410	HMn57-3-1⑨	55.0~58.5	1.0	0.2	0.5~1.5	2.5~3.5	—	—	—	—	—	—	余量	1.3
	T67420	HMn57-2-2-0.5	56.5~58.5	0.3~0.8	0.3~0.8	1.3~2.1	1.5~2.3	—	—	0.5	0.5~0.7	—	0.5	余量	1.0
铁黄铜	T67600	HFe59-1-1	57.0~60.0	0.6~1.2	0.20	0.1~0.5	0.5~0.8	—	—	—	—	—	0.3~0.7	余量	0.3
	T67610	HFe58-1-1	56.0~58.0	0.7~1.3	0.7~1.3	—	—	—	—	—	—	—	—	余量	0.5
锑黄铜	T68200	HSb61-0.8-0.5	59.0~63.0	0.2	0.2	—	—	—	0.4~1.2	0.05~1.2⑩	0.3~1.0	0.01	—	余量	0.5⑤
	T68210	HSb60-0.9	58.0~62.0	—	0.2	—	—	—	0.3~1.5	0.05~0.9⑪	—	0.01	—	余量	0.3⑨
硅黄铜	T68310	HSi80-3	79.0~81.0	0.6	0.1	—	0.1	—	—	—	2.5~4.0	—	—	余量	1.5
	T68320	HSi75-3	73.0~77.0	0.1	0.1	—	0.1	0.04~0.15	—	0.1	2.7~3.4	0.01	0.2	余量	0.6⑥
	C68350	HSi62-0.6	59.0~64.0	0.15	0.09	0.30	—	0.05~0.40	—	0.20	0.3~1.0	—	0.6	余量	2.0
	T68360	HSi61-0.6	59.0~63.0	0.15	0.2	—	—	0.03~0.12	—	0.05~1.0⑮	0.4~1.0	0.01	—	余量	0.3
铝黄铜	C68700	HAl77-2	76.0~79.0	0.06	0.07	1.8~2.5	As:0.02~0.06	—	—	—	—	—	—	余量	0.6
	T68900	HAl67-2.5	66.0~68.0	0.6	0.5	2.0~3.0	—	—	—	—	—	—	—	余量	1.5
	T69200	HAl66-6-3-2	64.0~68.0	2.0~4.0	0.5	6.0~7.0	1.5~2.5	—	—	—	—	—	—	余量	1.5
	T69210	HAl64-5-4-2	63.0~66.0	1.8~3.0	0.2~1.0	4.0~6.0	3.0~5.0	—	—	—	0.5	—	0.3	余量	1.3

（续）

化学成分（质量分数，%）

分类		代号	牌号	Cu	Fe①	Pb	Al	As	Bi	Mg	Cd	Mn	Ni	Si	Co	Sn	Zn	杂质总和
复杂黄铜	铝黄铜	T69220	HAl61-4-3-1.5	59.0~62.0	0.5~1.3	—	3.5~4.5	—	—	—	—	—	2.5~4.0	0.5~1.5	1.0~2.0	0.2~1.0	余量	1.3
		T69230	HAl61-4-3-1	59.0~62.0	0.3~1.3	—	3.5~4.5	—	—	—	—	—	2.5~4.0	0.5~1.5	0.5~1.0	—	余量	0.7
		T69240	HAl60-1-1	58.0~61.0	0.70~1.50	0.40	0.70~1.50	—	—	—	—	0.1~0.6	—	—	—	—	余量	0.7
		T69250	HAl59-3-2	57.0~60.0	0.50	0.10	2.5~3.5	—	—	—	—	—	2.0~3.0	—	—	—	余量	0.9
	镁黄铜	T69800	HMg60-1	59.0~61.0	0.2	0.1	—	—	0.3~0.8	0.5~2.0	0.01	—	—	—	—	0.3	余量	0.5③
	镍黄铜	T69900	HNi65-5	64.0~67.0	0.15	0.03	—	—	—	—	—	—	5.0~6.5	—	—	—	余量	0.3
		T69910	HNi56-3	54.0~58.0	0.15~0.5	0.2	0.3~0.5	—	—	—	—	—	2.0~3.0	—	—	—	余量	0.6

① 抗磁用黄铜的铁的质量分数不大于0.030%。
② 特殊用途的H70、H80的杂质含量（质量分数）最大值为：Fe0.07%、Sb0.002%、P0.005%、As0.005%、S0.002%，杂质总和为0.20%。
③ 此值为表中所列杂质元素实测值总和。
④ 此牌号为管材产品时，Sn的质量分数最小值为0.9%。
⑤ 此值为w(Sb+B+Ni+Sn)。
⑥ 此牌号w(P)≤0.005%、w(B)≤0.01%、w(Bi)≤0.005%、w(Sb)≤0.005%。
⑦ 此值为w(Ti+Al)。
⑧ 此值为w(Ni+Co)。
⑨ 供异型铸造和热锻用的HMn57-3-1、HMn58-2的磷的质量分数大于0.03%。供特殊使用的HMn55-3-1的铝的质量分数不大于0.1%。
⑩ 此值为w(Ni+Sn+B)。
⑪ 此值为w(Ni+Fe+B)。

4. 加工青铜的化学成分（表 8-4）

表 8-4 加工青铜的化学成分（GB/T 5231—2012）

化学成分（质量分数，%）

分类	代号	牌号	Cu	Sn	P	Fe	Pb	Al	B	Ti	Mn	Si	Ni	Zn	杂质总和
锡青铜② 铜锡、铜锡磷、铜锡铅合金	T50110	QSn0.4	余量	0.15~0.55	0.001	—	—	—	—	—	—	—	≤0.035	—	0.1
	T50120	QSn0.6	余量	0.4~0.8	0.01	0.020	—	—	—	—	—	—	—	—	0.1
	T50130	QSn0.9	余量	0.85~1.05	0.03	0.05	—	—	—	—	—	—	—	—	0.1
	T50300	QSn0.5-0.025	余量	0.25~0.6	0.015~0.035	0.010	—	—	—	—	—	—	—	—	0.1
	T50400	QSn1-0.5-0.5	余量	0.9~1.2	0.09	—	0.01	0.01	S≤0.005	—	0.3~0.6	0.3~0.6	—	—	0.1
	C50500	QSn1.5-0.2	余量	1.0~1.7	0.03~0.35	0.10	0.05	—	—	—	—	—	—	0.30	0.95
	C50700	QSn1.8	余量	1.5~2.0	0.30	0.10	0.05	—	—	—	—	—	—	—	0.95
	T50800	QSn4-3	余量	3.5~4.5	0.03	0.05	0.02	0.002	—	—	—	—	—	2.7~3.3	0.2
	C51000	QSn5-0.2	余量	4.2~5.8	0.03~0.35	0.10	0.05	—	—	—	—	—	—	0.30	0.95
	C51010	QSn5-0.3	余量	4.5~5.5	0.01~0.40	0.1	0.02	—	—	—	—	—	0.2	0.2	0.75
	C51100	QSn4-0.3	余量	3.5~4.9	0.03~0.35	0.10	0.05	—	—	—	—	—	—	0.30	0.95
	T51500	QSn6-0.05	余量	6.0~7.0	0.05	0.10	—	—	Ag:0.05~0.12	—	—	—	—	0.05	0.2
	T51510	QSn6.5-0.1	余量	6.0~7.0	0.10~0.25	0.05	0.02	0.002	—	—	—	—	—	0.3	0.4
	T51520	QSn6.5-0.4	余量	6.0~7.0	0.26~0.40	0.02	0.02	0.002	—	—	—	—	—	0.3	0.4
	T51530	QSn7-0.2	余量	6.0~8.0	0.10~0.25	0.05	0.02	0.01	—	—	—	—	—	0.3	0.45
	C52100	QSn8-0.3	余量	7.0~9.0	0.03~0.35	0.10	0.05	—	—	—	—	—	—	0.20	0.85
	T52500	QSn15-1-1	余量	12~18	0.5	0.1~1.0	—	—	0.002~1.2	0.002	0.6	—	—	0.5~2.0	1.0
	T53300	QSn4-4-2.5	余量	3.0~5.0	0.03	0.05	1.5~3.5	0.002	—	—	—	—	—	3.0~5.0	0.2
	T53500	QSn4-4-4	余量	3.0~5.0	0.03	0.05	3.5~4.5	0.002	—	—	—	—	—	3.0~5.0	0.2

（续）

化学成分（质量分数,%）

分类	代号	牌号	Cu	Al	Fe	Ni	Mn	P	Zn	Sn	Si	Pb	As①	Mg	Sb①	Bi①	S	杂质总和
铬青铜	T55600	QCr4.5-2.5-0.6	余量	Cr:3.5~5.5	0.05	0.2~1.0	0.5~2.0	0.005	0.05	—	—	—	Ti:1.5~3.5	—	—	—	—	0.1⑤
锰青铜	T56100	QMn1.5	余量	0.07	0.1	0.1	1.20~1.80	—	—	0.05	0.1	0.01	Cr≤0.1	—	0.005	0.002	0.01	0.3
锰青铜	T56200	QMn2	余量	0.07	0.1	—	1.5~2.5	—	—	0.05	0.1	0.01	0.01	—	0.05	0.002	—	0.5
锰青铜	T56300	QMn5	余量	—	0.35	—	4.5~5.5	0.01	0.4	0.1	0.1	0.03	—	—	0.002	—	—	0.9
铝青铜	T60700	QAl5	余量	4.0~6.0	0.5	—	0.5	0.01	0.5	0.1	0.1	0.03	—	—	—	—	—	1.6
铝青铜	C60800	QAl6	余量	5.0~6.5	0.10	—	—	—	—	—	—	0.10	0.02~0.35	—	—	—	—	0.7
铝青铜	C61000	QAl7	余量	6.0~8.5	0.50	—	—	—	0.20	—	0.10	0.02	—	—	—	—	—	1.3
铝青铜	T61700	QAl9-2	余量	8.0~10.0	0.5	—	1.5~2.5	0.01	1.0	0.1	0.1	0.03	—	—	—	—	—	1.7
铝青铜	T61720	QAl9-4	余量	8.0~10.0	2.0~4.0	—	0.5	0.01	1.0	0.1	0.1	0.01	—	—	—	—	—	1.7
铝青铜	T61740	QAl9-5-1-1	余量	8.0~10.0	0.5~1.5	4.0~6.0	0.5~1.5	0.01	0.3	0.1	0.1	0.01	0.01	—	—	—	—	0.6
铝青铜	T61760	QAl10-3-1.5③	余量	8.5~10.0	2.0~4.0	—	1.0~2.0	0.01	0.5	0.1	0.1	0.03	—	—	—	—	—	0.75
铝青铜	T61780	QAl10-4-4④	余量	9.5~11.0	3.5~5.5	3.5~5.5	0.3	0.01	0.5	—	0.1	0.02	—	—	—	—	—	1.0
铝青铜	T61790	QAl10-4-1	余量	8.5~11.0	3.0~5.0	3.0~5.0	0.5~2.0	—	—	—	—	—	—	—	—	—	—	0.8
铝青铜	T62100	QAl10-5-5	余量	8.0~11.0	4.0~6.0	4.0~6.0	0.5~2.5	0.01	0.5	0.2	0.1	0.05	—	0.10	—	—	—	1.2
铝青铜	T62200	QAl11-6-6	余量	10.0~11.5	5.0~6.5	5.0~6.5	0.5	0.1	0.6	0.2	0.2	0.05	—	—	—	—	—	1.5

（以上为 铜铬、铜锰、铜铝合金）

化学成分（质量分数,%）

分类	代号	牌号	Cu	Si	Fe	Ni	Zn	Pb	Mn	Sn	P	As①	Sb①	Al	S	杂质总和
硅青铜	C64700	QSi0.6-2	余量	0.40~0.8	0.10	1.6~2.2⑥	0.50	0.09	—	—	—	—	—	—	—	1.2
硅青铜	C64720	QSi1-3	余量	0.6~1.1	0.1	2.4~3.4	0.2	0.15	0.1~0.4	0.1	—	—	—	0.02	—	0.5
硅青铜	C64730	QSi3-1②	余量	2.7~3.5	0.3	0.2	0.5	0.03	1.0~1.5	0.25	—	—	—	—	—	1.1
硅青铜	C64740	QSi3.5-3-1.5	余量	3.0~4.0	1.2~1.8	0.2	2.5~3.5	0.03	0.5~0.9	0.25	0.03	0.002	0.002	—	—	1.1

（以上为 铜硅合金）

① 砷、锑和铋可不分析，但供方必须保证不大于界限值。
② 抗磁用锡青铜的铁的质量分数不大于0.020%，QSi3-1的铁的质量分数不大于0.030%。
③ 非耐磨材料用QAl10-3-1.5，其铸的质量分数可达1%，但杂质总质量分数应不大于1.25%。
④ 经双方协议，焊接或有特殊要求的QAl10-4-4，其铸的质量分数不大于0.2%。
⑤ 此值为表中所列杂质元素实测值总和。
⑥ 此值为 w(Ni+Co)。

5. 加工白铜的化学成分（表8-5）

表8-5　加工白铜的化学成分（GB/T 5231—2002）

化学成分（质量分数,%）

分类	代号	牌号	Cu	Ni+Co	Al	Fe	Mn	Pb	P	S	C	Mg	Si	Zn	Sn	杂质总和
普通白铜	T70110	B0.6	余量	0.57~0.63	—	0.005	—	0.005	0.002	0.005	0.002	—	0.002	—	—	0.1
	T70380	B5	余量	4.4~5.0	—	0.20	—	0.01	0.01	0.01	0.03	—	—	—	—	0.5
	T71050	B19②	余量	18.0~20.0	—	0.5	0.5	0.005	0.01	0.01	0.05	0.05	0.15	0.3	—	1.8
	C71100	B23	余量	22.0~24.0	—	0.10	0.15	0.05	0.01	—	0.05	—	—	0.20	—	1.0
	T71200	B25	余量	24.0~26.0	—	0.5	0.5	0.005	0.01	0.01	0.05	0.05	0.15	0.3	0.03	1.8
	T71400	B30	余量	29.0~33.0	—	0.9	1.2	0.05	0.006	0.01	—	—	0.15	1.0	—	2.3
铁白铜	C70400	BFe5-1.5-0.5	余量	4.8~6.2	—	1.3~1.7	0.30~0.8	0.05	—	—	—	—	—	1.0	—	1.55
	T70510	BFe7-0.4-0.4	余量	6.0~7.0	—	0.1~0.7	0.1~0.7	0.01	0.01	0.01	0.03	—	0.02	0.05	—	0.7
	T70590	BFe10-1-1	余量	9.0~11.0	—	1.0~1.5	0.5~1.0	0.02	0.006	0.01	0.05	—	0.15	0.3	0.03	0.7
	C70610	BFe10-1.5-1	余量	10.0~11.0	—	1.0~2.0	0.50~1.0	0.01	—	0.05	0.05	—	—	—	—	0.6
	T70620	BFe10-1.6-1	余量	9.0~11.0	—	1.5~1.8	0.5~1.0	0.03	0.02	0.01	0.05	—	—	0.20	—	0.4
	T70900	BFe16-1-1-0.5	余量	15.0~18.0	Ti≤0.03	0.50~1.00	0.2~1.0	0.05	0.05（Cr:0.30~0.70）				0.03	1.0	—	1.1
	C71500	BFe30-0.7	余量	29.0~33.0	—	0.40~1.0	1.0	0.05	—	—	—	—	—	1.0	—	2.5
	T71510	BFe30-1-1	余量	29.0~32.0	—	0.5~1.0	0.5~1.2	0.02	0.006	0.01	0.05	—	0.15	0.3	0.03	0.7
	T71520	BFe30-2-2	余量	29.0~32.0	—	1.7~2.3	1.5~2.5	0.01	—	0.03	0.06	—	—	—	—	0.6
锰白铜	T71620	BMn3-12③	余量	2.0~3.5	0.2	0.20~0.50	11.5~13.5	0.020	0.005	0.020	0.05	0.03	0.1~0.3	—	—	0.5
	T71660	BMn40-1.5③	余量	39.0~41.0	—	0.50	1.0~2.0	0.005	0.005	0.02	0.10	0.05	0.10	—	—	0.9
	T71670	BMn43-0.5③	余量	42.0~44.0	—	0.15	0.10~1.0	0.002	0.002	0.01	0.10	0.05	0.10	0.3	0.03	0.6
铝白铜	T72400	BAl6-1.5	余量	5.5~6.5	1.2~1.8	0.50	0.20	0.003	—	—	—	—	—	—	—	1.1
	T72600	BAl13-3	余量	12.0~15.0	2.3~3.0	1.0	0.50	0.003	0.01	—	—	—	—	—	—	1.9

铜镍合金

（续）

分类：铜镍锌合金　锌白铜

代号	牌号	化学成分（质量分数，%）															
		Cu	Ni+Co	Fe	Mn	Pb	Al	Si	P	S	C	Sn	Bi①	Ti	Sb①	Zn	杂质总和
C73500	BZn18-10	70.5~73.5	16.5~19.5	0.25	0.50	0.09	—	—	—	—	—	—	—	—	—	余量	1.35
T74600	BZn15-20	62.0~65.0	13.5~16.5	0.5	0.3	0.02	Mg≤0.05	0.15	0.005	0.01	0.03	—	0.002	As①≤0.010	0.002	余量	0.9
T75200	BZn18-18	63.0~66.5	16.5~19.5	0.25	0.50	0.05	—	—	—	—	—	—	—	—	—	余量	1.3
T75210	BZn18-17	62.0~66.0	16.5~19.5	0.25	0.50	0.03	—	—	—	—	—	—	—	—	—	余量	0.9
T76100	BZn9-29	60.0~63.0	7.2~10.4	0.3	0.5	0.03	0.005	0.15	0.005	0.005	0.03	0.08	0.002	0.005	0.002	余量	0.8④
T76200	BZn12-24	63.0~66.0	11.0~13.0	0.3	0.5	0.03	—	—	—	—	—	0.03	—	—	—	余量	0.8④
T76210	BZn12-26	60.0~63.0	10.5~13.0	0.3	0.5	0.03	0.005	0.15	0.005	0.005	0.03	0.08	0.002	0.005	0.002	余量	0.8④
T76220	BZn12-29	57.0~60.0	11.0~13.5	0.3	0.5	0.03	—	—	—	—	—	0.03	—	—	—	余量	0.8④
T76300	BZn18-20	60.0~63.0	16.5~19.5	0.3	0.5	0.03	0.005	0.15	0.005	0.005	0.03	0.08	0.002	0.005	0.002	余量	0.8④
T76400	BZn22-16	60.0~63.0	20.5~23.5	0.3	0.5	0.03	0.005	0.15	0.005	0.005	0.03	0.08	0.002	0.005	0.002	余量	0.8④
T76500	BZn25-18	56.0~59.0	23.5~26.5	0.3	0.5	0.03	0.005	0.15	0.005	0.005	0.03	0.08	0.002	0.005	0.002	余量	0.8④
T77000	BZn18-26	53.5~56.5	16.5~19.5	0.25	0.50	0.05	—	—	—	—	—	—	—	—	—	余量	0.8
T77500	BZn40-20	38.0~42.0	38.0~41.5	0.3	0.5	0.03	0.005	0.15	0.005	0.005	0.10	0.08	0.002	0.005	0.002	余量	0.8④
T78300	BZn15-21-1.8	60.0~63.0	14.0~16.0	0.3	0.5	1.5~2.0	—	0.15	—	—	—	—	—	—	—	余量	0.9

分类：铜镍锌合金　锌白铜

代号	牌号	化学成分（质量分数，%）												
		Cu	Ni+Co	Fe	Mn	Pb	Al	Si	P	S	C	Sn	Bi①	Zn①	杂质总和
T79500	BZn15-24-1.5	58.0~60.0	12.5~15.5	0.25	0.05~0.5	1.4~1.7	—	—	—	0.02	0.005	—	—	余量	0.75
T79800	BZn10-41-2	45.5~48.5	9.0~11.0	0.25	1.5~2.5	1.5~2.5	—	—	—	—	—	—	—	余量	0.75
T79860	BZn12-37-1.5	42.3~43.7	11.8~12.7	0.20	5.6~6.4	1.3~1.8	—	0.06	0.005	—	—	0.10	—	余量	0.56

① 铋、锑和砷可不分析，但供方必须保证不大于界限值。

② 特殊用途的 B19 白铜带，可供应硅的质量分数不大于 0.05% 的材料。

③ 为保证电气性能，对 BMn3-12 合金，作热电偶用的 BMn40-1.5 和 BMn43-0.5 合金，其规定有最大值和最小值的成分，允许略微超出表中的规定。

④ 此值为表中所列杂质元素实测值总和。

8.2 铜及铜合金板与带

8.2.1 常用铜及铜合金板与带

1. 板材的牌号和规格（表 8-6）

表 8-6 板材的牌号和规格（GB/T 17793—2010）

牌　号	状态	厚度/mm	宽度/mm	长度/mm
T2、T3、TP1、TP2、TU1、TU2、H96、H90、H85、H80、H70、H68、H65、H63、H62、H59、HPb59-1、HPb60-2、HSn62-1、HMn58-2	热轧	4.0~60.0	≤3000	≤6000
	冷轧	0.20~12.00		
HMn55-3-1、HMn57-3-1、HAl60-1-1、HAl67-2.5、HAl66-6-3-2、HNi65-5	热轧	4.0~40.0	≤1000	≤2000
QSn6.5-0.1、QSn6.5-0.4、QSn4-3、QSn4-0.3、QSn7-0.2、QSn8-0.3	热轧	9.0~50.0	≤600	≤2000
	冷轧	0.20~12.00		
QAl5、QAl7、QAl9-2、QAl9-4	冷轧	0.40~12.00	≤1000	≤2000
QCd1	冷轧	0.50~10.00	200~300	800~1500
QCr0.5、QCr0.5-0.2-0.1	冷轧	0.50~15.00	100~600	≥300
QMn1.5、QMn5	冷轧	0.50~5.00	100~600	≤1500
QSi3-1	冷轧	0.50~10.00	100~1000	≥500
QSn4-4-2.5、QSn4-4-4	冷轧	0.80~5.00	200~600	800~2000
B5、B19、BFe10-1-1、BFe30-1-1、BZn15-20、BZn18-17	热轧	7.0~60.0	≤2000	≤4000
	冷轧	0.50~10.00	≤600	≤1500
BAl6-1.5、BAl13-3	冷轧	0.50~12.00	≤600	≤1500
BMn3-12、BMn40-1.5	冷轧	0.50~10.00	100~600	800~1500

2. 带材的牌号和规格（表 8-7）

表 8-7 带材的牌号和规格（GB/T 17793—2010）

牌　号	厚度/mm	宽度/mm
T2、T3、TU1、TU2、TP1、TP2、H96、H90、H85、H80、H70、H68、H65、H63、H62、H59	>0.15~<0.5	≤600
	0.5~3	≤1200
HPb59-1、HSn62-1、HMn58-2	>0.15~0.2	≤300
	>0.2~2	≤550
QAl5、QAl7、QAl9-2、QAl9-4	>0.15~1.2	≤300
QSn7-0.2、QSn6.5-0.4、QSn6.5-0.1、QSn4-3、QSn4-0.3	>0.15~2	≤610
QSn8-0.3	>0.15~2.6	≤610
QSn4-4-4、QSn4-4-2.5	0.8~1.2	≤200
QCd1、QMn1.5、QMn5、QSi3-1	>0.15~1.2	≤300
BZn18-17	>0.15~1.2	≤610
B5、B19、BZn15-20、BFe10-1-1、BFe30-1-1、BMn40-1.5、BMn3-12、BAl13-3、BAl6-1.5	>0.15~1.2	≤400

3. 热轧板的厚度允许偏差（表8-8）

表8-8　热轧板的厚度允许偏差（GB/T 17793—2010）　　　（单位：mm）

厚度	宽度 ≤500	>500~1000	>1000~1500	>1500~2000	>2000~2500	>2500~3000
	厚度允许偏差（±）					
4.0~6.0	—	0.22	0.28	0.40	—	—
>6.0~8.0	—	0.25	0.35	0.45	—	—
>8.0~12.0	—	0.35	0.45	0.60	1.00	1.30
>12.0~16.0	0.35	0.45	0.55	0.70	1.10	1.40
>16.0~20.0	0.40	0.50	0.70	0.80	1.20	1.50
>20.0~25.0	0.45	0.55	0.80	1.00	1.30	1.80
>25.0~30.0	0.55	0.65	1.00	1.10	1.60	2.00
>30.0~40.0	0.70	0.85	1.25	1.30	2.00	2.70
>40.0~50.0	0.90	1.10	1.50	1.60	2.50	3.50
>50.0~60.0	—	1.30	2.00	2.20	3.00	4.30

注：当要求单向允许偏差时，其值为表中数值的2倍。

4. 纯铜和黄铜冷轧板的厚度允许偏差（表8-9）

表8-9　纯铜和黄铜冷轧板的厚度允许偏差（GB/T 17793—2010）　　　（单位：mm）

厚度	≤400 普通级	≤400 高级	>400~700 普通级	>400~700 高级	>700~1000 普通级	>700~1000 高级	>1000~1250 普通级	>1000~1250 高级	>1250~1500 普通级	>1250~1500 高级	>1500~1750 普通级	>1500~1750 高级	>1750~2000 普通级	>1750~2000 高级	>2000~2500 普通级	>2000~2500 高级	>2500~3000 普通级	>2500~3000 高级
0.20~0.35	0.025	0.020	0.030	0.025	0.060	0.050	—	—	—	—	—	—	—	—	—	—	—	—
>0.35~0.50	0.030	0.025	0.040	0.030	0.070	0.060	0.080	0.070	—	—	—	—	—	—	—	—	—	—
>0.50~0.80	0.040	0.030	0.055	0.040	0.080	0.070	0.100	0.080	0.150	0.130	—	—	—	—	—	—	—	—
>0.80~1.20	0.050	0.040	0.070	0.055	0.100	0.080	0.120	0.100	0.160	0.150	—	—	—	—	—	—	—	—
>1.20~2.00	0.060	0.050	0.070	0.075	0.120	0.100	0.150	0.120	0.180	0.160	0.280	0.250	0.350	0.300	—	—	—	—
>2.00~3.20	0.080	0.060	0.150	0.120	0.180	0.150	0.220	0.180	0.330	0.300	0.400	0.350	0.500	0.400	—	—	—	—
>3.20~5.00	0.100	0.080	0.150	0.120	0.180	0.150	0.220	0.180	0.280	0.250	0.400	0.350	0.450	0.400	0.600	0.500	0.700	0.600
>5.00~8.00	0.130	0.100	0.230	0.180	0.260	0.230	0.340	0.260	0.450	0.400	0.550	0.450	0.800	0.700	1.000	0.800	—	—
>8.00~12.00	0.180	0.140	0.230	0.180	0.250	0.230	0.300	0.250	0.400	0.350	0.600	0.500	0.700	0.600	1.000	0.800	1.300	1.000

注：当要求单向允许偏差时，其值为表中数值的2倍。

5. 青铜和白铜冷轧板材的厚度允许偏差（表8-10）

表8-10　青铜和白铜冷轧板的厚度允许偏差（GB/T 17793—2010）　　（单位：mm）

厚度	≤400 普通级	≤400 较高级	≤400 高级	>400~700 普通级	>400~700 较高级	>400~700 高级	>700~1000 普通级	>700~1000 较高级	>700~1000 高级
	厚度允许偏差（±）								
0.20~0.30	0.030	0.025	0.010						
>0.30~0.40	0.035	0.030	0.020						

（续）

厚　度	宽　度								
	≤400			>400~700			>700~1000		
	厚度允许偏差（±）								
	普通级	较高级	高级	普通级	较高级	高级	普通级	较高级	高级
>0.40~0.50	0.040	0.035	0.025	0.060	0.050	0.045	—	—	—
>0.50~0.80	0.050	0.040	0.030	0.070	0.060	0.050	—	—	—
>0.80~1.20	0.060	0.050	0.040	0.080	0.070	0.060	0.150	0.120	0.080
>1.20~2.00	0.090	0.070	0.050	0.110	0.090	0.080	0.200	0.150	0.100
>2.00~3.20	0.110	0.090	0.060	0.140	0.120	0.100	0.250	0.200	0.150
>3.20~5.00	0.130	0.110	0.080	0.180	0.150	0.120	0.300	0.250	0.200
>5.00~8.00	0.150	0.130	0.100	0.200	0.180	0.150	0.350	0.300	0.250
>8.00~12.00	0.180	0.150	0.110	0.230	0.220	0.180	0.450	0.400	0.300
>12.00~15.00	0.200	0.180	0.150	0.250	0.230	0.200	—	—	—

注：当要求单向允许偏差时，其值为表中数值的 2 倍。

6. 纯铜和黄铜带的厚度允许偏差（表 8-11）

表 8-11　纯铜和黄铜带的厚度允许偏差（GB/T 17793—2010）　（单位：mm）

厚　度	宽　度									
	≤200		>200~300		>300~400		>400~700		>700~1200	
	厚度允许偏差（±）									
	普通级	高级	普通级	高级	普通级	高级	普通级	高级	普通级	高级
>0.15~0.25	0.015	0.010	0.020	0.015	0.020	0.015	0.030	0.025	—	—
>0.25~0.35	0.020	0.015	0.025	0.020	0.030	0.025	0.040	0.030	—	—
>0.35~0.50	0.025	0.020	0.030	0.025	0.035	0.030	0.050	0.040	0.060	0.050
>0.50~0.80	0.030	0.025	0.040	0.030	0.040	0.035	0.060	0.050	0.070	0.060
>0.80~1.20	0.040	0.030	0.050	0.040	0.050	0.040	0.070	0.060	0.080	0.070
>1.20~2.00	0.050	0.040	0.060	0.050	0.060	0.050	0.080	0.070	0.100	0.080
>2.00~3.00	0.060	0.050	0.070	0.060	0.080	0.070	0.100	0.080	0.120	0.100

注：当要求单向允许偏差时，其值为表中数值的 2 倍。

7. 青铜和白铜带的厚度允许偏差（表 8-12）

表 8-12　青铜和白铜带的厚度允许偏差（GB/T 17793—1999）（单位：mm）

厚　度	宽　度			
	≤400		>400~610	
	厚度允许偏差（±）			
	普通级	高级	普通级	高级
>0.15~0.25	0.020	0.013	0.030	0.020
>0.25~0.40	0.025	0.018	0.040	0.030
>0.40~0.55	0.030	0.020	0.050	0.045
>0.55~0.70	0.035	0.025	0.060	0.050
>0.70~0.90	0.045	0.030	0.070	0.060

（续）

厚　度	宽　度			
	≤400		>400~610	
	厚度允许偏差（±）			
	普通级	高级	普通级	高级
>0.90~1.20	0.050	0.035	0.080	0.070
>1.20~1.50	0.065	0.045	0.090	0.080
>1.50~2.00	0.080	0.050	0.100	0.090
>2.00~2.60	0.090	0.060	0.120	0.100

注：当要求单向允许偏差时，其值为表中数值的2倍。

8. 板材的宽度允许偏差（表8-13）

表8-13　板材的宽度允许偏差（GB/T 17793—2010）　　　（单位：mm）

厚　度	宽　度							
	≤300	>300~700	≤1000	>1000~2000	>2000~3000	≤1000	>1000~2000	>2000~3000
	卷纵剪允许偏差		剪切允许偏差			锯切允许偏差		
0.20~0.35	±0.3	±0.6	+3 0	—				
>0.35~0.80	±0.4	±0.7	+3 0	+5 0				
>0.80~3.00	±0.5	±0.8	+5 0	+10 0	—	—		
>3.00~8.00			+10 0	+15 0				
>8.00~15.00	—	—	+10 0	+15 0	+1.2%厚度 0			
>15.00~25.00			+10 0	+15 0	+1.2%厚度 0	±2	±3	±5
>25.00~60.00			—	—	—			

注：1. 当要求单向允许偏差时，其值为表中数值的2倍。
　　2. 厚度>15mm的热轧板，可不切边交货。

9. 带材宽度的允许偏差（表8-14）

表8-14　带材的宽度允许偏差（GB/T 17793—2010）　　　（单位：mm）

厚　度	宽　度			
	≤200	>200~300	>300~600	>600~1200
	宽度允许偏差（±）			
>0.15~0.50	0.2	0.3	0.5	
>0.50~2.00	0.3	0.4	0.6	0.8
>2.00~3.00	0.5	0.5	0.6	

10. 板材的长度允许偏差（表 8-15）

表 8-15 板材的长度允许偏差（GB/T 17793—2010）   （单位：mm）

厚　　度	冷轧板（长度）				热轧板
	≤2000	>2000～3500	>3500～5000	>5000～7000	
	长度允许偏差				
≤0.80	+10 0	+10 0	—	—	—
>0.80～3.00	+10 0	+15 0	—	—	—
>3.00～12.00	+15 0	+15 0	+20 0	+25 0	+25 0
>12.00～60.00	—				+30 0

注：厚度 >15mm 时的热轧板，可不切头交货。

11. 板材的平整度（表 8-16）

表 8-16 板材的平整度（GB/T 17793—2010）

厚度/mm	平整度/(mm/m) ≤
≤1.5	15
>1.5～5.0	10
>5.0	8

12. 带材的侧边弯曲度（表 8-17）

表 8-17 带材的侧边弯曲度（GB/T 17793—2010）

宽度/mm	侧边弯曲度/(mm/m) ≤		
	普通级		高级
	厚度 >0.15～0.60	厚度 >0.60～3.0	所有厚度
6～9	9	12	5
>9～13	6	10	4
>13～25	4	7	3
>25～50	3	5	3
>50～100	2.5	4	2
>100～1200	2	3	1.5

8.2.2　铜及铜合金板

1. 铜及铜合金板的牌号、状态和规格（表 8-18）

表 8-18 铜及铜合金板的牌号、状态和规格（GB/T 2040—2008）

牌　　号	状　　态	厚度/mm	宽度/mm	长度/mm
T2、T3、TP1、TP2、TU1、TU2	R	4～60	≤3000	≤6000
	M、Y$_4$、Y$_2$、Y、T	0.2～12	≤3000	≤6000

（续）

牌　号	状　态	厚度/mm	宽度/mm	长度/mm
H96、H80	M、Y			
H90、H85	M、Y$_2$、Y	0.2 ~ 10		
H65	M、Y$_1$、Y$_2$、Y、T、TY			
H70、H68	R	4 ~ 60		
	M、Y$_4$、Y$_2$、Y、T、TY	0.2 ~ 10		
H63、H62	R	4 ~ 60		
	M、Y$_2$、Y、T	0.2 ~ 10		
H59 ·	R	4 ~ 60	≤3000	≤6000
	M、Y	0.2 ~ 10		
HPb59-1	R	4 ~ 60		
	M、Y$_2$、Y	0.2 ~ 10		
HPb60-2	Y、T	0.5 ~ 10		
HMn58-2	M、Y$_2$、Y	0.2 ~ 10		
HSn62-1	R	4 ~ 60		
	M、Y$_2$、Y	0.2 ~ 10		
HMn55-3-1、HMn57-3-1、HAl60-1-1、HAl67-2.5、HAl66-6-3-2、HNi65-5	R	4 ~ 40	≤1000	≤2000
QSn6.5-0.1	R	9 ~ 50	≤600	≤2000
	M、Y$_4$、Y$_2$、Y、T、TY	0.2 ~ 12		
QSn6.5-0.4、QSn4-3、QSn4-0.3、QSn7-0.2	M、Y、T	0.2 ~ 12	≤600	≤2000
QSn8-0.3	M、Y$_4$、Y$_2$、Y、T	0.2 ~ 5	≤600	≤2000
BAl6-1.5	Y	0.5 ~ 12	≤600	≤1500
BAl13-3	CYS			
BZn15-20	M、Y$_2$、Y、T	0.5 ~ 10	≤600	≤1500
BZn18-17	M、Y$_2$、Y	0.5 ~ 5	≤600	≤1500
B5、B19、BFe10-1-1、BFe30-1-1	R	7 ~ 60	≤2000	≤4000
	M、Y	0.5 ~ 10	≤600	≤1500
QAl5	M、Y	0.4 ~ 12	≤1000	≤2000
QAl7	Y$_2$、Y			
QAl9-2	M、Y			
QAl9-4	Y			
QCd1	Y	0.5 ~ 10	200 ~ 300	800 ~ 1500
QCr0.5、QCr0.5-0.2-0.1	Y	0.5 ~ 15	100 ~ 600	≥300
QMn1.5	M	0.5 ~ 5	100 ~ 600	≤1500
QMn5	M、Y			

（续）

牌　号	状　态	厚度/mm	宽度/mm	长度/mm
QSi3-1	M、Y、T	0.5 ~ 10	100 ~ 1000	≥500
QSn4-4-2.5、QSn4-4-4	M、Y₃、Y₂、Y	0.8 ~ 5	200 ~ 600	800 ~ 2000
BMn40-1.5	M、Y	0.5 ~ 10	100 ~ 600	800 ~ 1500
BMn3-12	M			

2. 铜及铜合金板的力学性能（表8-19）

表8-19　铜及铜合金板的力学性能（GB/T 2040—2008）

牌　号	状态	拉伸性能			硬　　度		
		厚度/mm	抗拉强度 R_m/MPa	断后伸长率 $A_{11.3}$(%)	厚度/mm	HV	HRB
T2、T3、TP1、TP2、TU1、TU2	R	4 ~ 14	≥195	≥30	—	—	—
	M	0.3 ~ 10	≥205	≥30	≥0.3	≤70	—
	Y₁		215 ~ 275	≥25		60 ~ 90	
	Y₂		245 ~ 345	≥8		80 ~ 110	
	Y		295 ~ 380	—		90 ~ 120	
	T		≥350	—		≥110	
HSn62-1	R	4 ~ 14	≥340	≥20	—	—	—
	M	0.3 ~ 10	≥295	≥35	—	—	—
	Y₂		350 ~ 400	≥15	—	—	—
	Y		≥390	≥5	—	—	—
HMn57-3-1	R	4 ~ 8	≥440	≥10	—	—	—
HMn55-3-1	R	4 ~ 15	≥490	≥15	—	—	—
HAl60-1-1	R	4 ~ 15	≥440	≥15	—	—	—
HAl67-2.5	R	4 ~ 15	≥390	≥15	—	—	—
HAl66-6-3-2	R	4 ~ 8	≥685	≥3	—	—	—
HNi65-5	R	4 ~ 15	≥290	≥35	—	—	—
QAl5	M	0.4 ~ 12	≥275	≥33	—	—	—
	Y		≥585	≥2.5	—	—	—
QAl7	Y₂	0.4 ~ 12	585 ~ 740	≥10	—	—	—
	Y		≥635	≥5	—	—	—
QAl9-2	M	0.4 ~ 12	≥400	≥18	—	—	—
	Y		≥585	≥5	—	—	—
QAl9-4	Y	0.4 ~ 12	≥585	—	—	—	—
QSn6.5-0.1	R	9 ~ 14	≥290	≥38	≥0.2	—	—
	M	0.2 ~ 12	≥315	≥40		≤120	—
	Y₄	0.2 ~ 12	390 ~ 510	≥35		110 ~ 155	—

（续）

牌　号	状态	拉 伸 性 能			硬　　度		
		厚度 /mm	抗拉强度 R_m/MPa	断后伸长率 $A_{11.3}$(%)	厚度 /mm	HV	HRB
QSn6.5-0.1	Y_2	0.2~12	490~610	≥8	≥0.2	150~190	—
	Y	0.2~3	590~690	≥5		180~230	—
		>3~12	540~690	≥5		180~230	—
	T	0.2~5	635~720	≥1		200~240	—
	TY		≥690	—		≥210	
QSn6.5-0.4、QSn7-0.2	M	0.2~12	≥295	≥40		—	—
	Y		540~690	≥8		—	—
	T		≥665	≥2		—	—
QSn4-3、QSn4-0.3	M	0.2~12	≥290	≥40		—	—
	Y		540~690	≥3		—	—
	T		≥635	≥2		—	—
QSn8-0.3	M	0.2~5	≥345	≥40	≥0.2	≤120	—
	Y_4		390~510	≥35		100~160	—
	Y_2		490~610	≥20		150~205	—
	Y		590~705	≥5		180~235	—
	T		≥685	—		≥210	—
QCd1	Y	0.5~10	≥390	—	—	—	—
QCr0.5、QCr0.5-0.2-0.1	Y		—	—	0.5~15	≥110	—
QMn1.5	M	0.5~5	≥205	≥30	—	—	—
QMn5	M	0.5~5	≥290	≥30	—	—	—
	Y		≥440	≥3		—	—
QSi3-1	M	0.5~10	≥340	≥40	—	—	—
	Y		585~735	≥3		—	—
	T		≥685	≥1		—	—
QSn4-4-2.5、QSn4-4-4	M	0.8~5	≥290	≥35	≥0.8	—	—
	Y_3		390~490	≥10		—	65~85
	Y_2		420~510	≥9		—	70~90
	Y		≥510	≥5		—	—
BZn15-20	M	0.5~10	≥340	≥35	—	—	—
	Y_2		440~570	≥5		—	—
	Y		540~690	≥1.5		—	—
	T		≥640	≥1		—	—
BZn18-17	M	0.5~5	≥375	≥20	≥0.5	—	—
	Y_2		440~570	≥5		120~180	—
	Y		≥540	≥3		≥150	—

（续）

牌　号	状态	拉伸性能			硬　度		
		厚度/mm	抗拉强度 R_m/MPa	断后伸长率 $A_{11.3}$(%)	厚度/mm	HV	HRB
B5	R	7~14	≥215	≥20	—	—	—
	M	0.5~10	≥215	≥30	—	—	—
	Y		≥370	≥10	—	—	—
B19	R	7~14	≥295	≥20	—	—	—
	M	0.5~10	≥290	≥25	—	—	—
	Y		≥390	≥3	—	—	—
BFe10-1-1	R	7~14	≥275	≥20	—	—	—
	M	0.5~10	≥275	≥28	—	—	—
	Y		≥370	≥3	—	—	—
BFe30-1-1	R	7~14	≥345	≥15	—	—	—
	M	0.5~10	≥370	≥20	—	—	—
	Y		≥530	≥3	—	—	—
BAl6-1.5	Y	0.5~12	≥535	≥3	—	—	—
BAl13-3	CYS		≥635	≥5	—	—	—
BMn40-1.5	M	0.5~10	390~590	实测	—	—	—
	Y		≥590	实测	—	—	—
BMn3-12	M	0.5~10	≥350	≥25	—	—	—

3. 铜及铜合金软状态板的晶粒度（表8-20）

表 8-20　铜及铜合金软状态板的晶粒度（GB/T 2040—2008）

牌　号	状态	晶粒度			
		级别	晶粒平均直径/mm	最小直径/mm	最大直径/mm
T2、T3、TP1、TP2、TU1、TU2	M	—		①	0.050
H80、H70、H68、H65	M	A 级	0.015	①	0.025
		B 级	0.025	0.015	0.035
		C 级	0.035	0.025	0.050
		D 级	0.050	0.035	0.070

① 指完全再结晶后的最小晶粒直径。

4. 铜及铜合金板的电性能（表8-21）

表 8-21　铜及铜合金板的电性能（GB/T 2040—2008）

牌　号	电阻率 ρ(20℃±1℃)/($\Omega \cdot mm^2$/m)	电阻温度系数 α(0~100℃)/(1/℃)	与铜的热电动势率 Q(0~100℃)/(μV/℃)
BMn3-12	0.42~0.52	$\pm 6 \times 10^{-5}$	≤1
BMn40-1.5	0.43~0.53	—	—
QMn1.5	≤0.087	$\leq 0.9 \times 10^{-3}$	—

5. 铜及铜合金板的弯曲试验（表 8-22）

表 8-22　铜及铜合金板的弯曲试验（GB/T 2040—2008）

牌　号	状　态	厚度/mm	弯曲角度/(°)	内侧半径
T2、T3、TP1、TP2、TU1、TU2	M	≤2.0	180	紧密贴合
		>2.0	180	0.5 倍板厚
H96、H90、H80、H70、H68、H65、H62、H63	M	1.0 ~ 10	180	1 倍板厚
	Y_2		90	1 倍板厚
QSn6.5-0.4、QSn6.5-0.1、QSn4-3、QSn4-0.3、QSn8-0.3	Y	≥1.0	90	1 倍板厚
	T		90	2 倍板厚
QSi3-1	Y	≥1.0	90	1 倍板厚
	T		90	2 倍板厚
BMn40-1.5	M	≥1.0	180	1 倍板厚
	Y		90	1 倍板厚

8.2.3　无氧铜板与带

1. 无氧铜板与带的牌号、状态及规格（表 8-23）

表 8-23　无氧铜板与带的牌号、状态及规格（GB/T 14594—2005）

牌　号	供应状态	形状	厚度/mm	宽度/mm	长度/mm
TU0、TU1、TU2	M(软)、Y_2(半硬)、Y(硬)	板	0.4 ~ 10.0	200 ~ 1000	1000 ~ 2500
	M(软)、Y_4(1/4 硬)、Y_2(半硬)、Y(硬)	带	0.05 ~ 4.0	≤1000	—

2. 无氧铜板与带的力学性能（表 8-24）

表 8-24　无氧铜板与带的力学性能（GB/T 14594—2005）

牌　号	状态	抗拉强度 R_m/MPa	断后伸长率 $A_{11.3}$(%)	硬度 HV
TU0、TU1、TU2	M	195 ~ 260	≥40	45 ~ 65
	Y_4	215 ~ 275	≥30	50 ~ 70
	Y_2	245 ~ 315	≥15	85 ~ 110
	Y	≥275	—	≥100

注：厚度小于 0.20mm 的带材，力学性能由供需双方协商。

3. 无氧铜板带的弯曲试验（表 8-25）

表 8-25　无氧铜板带的弯曲试验（GB/T 14594—2005）

牌　号	状　态	厚度/mm	弯曲角度	内侧半径
TU0、TU1、TU2	M	≤2	180°	紧密贴合
		>2		1 倍带厚
	Y_4、Y_2	≤2		1 倍带厚
	Y	≤2		1.5 倍带厚

4. 无氧铜板带的晶粒度（表 8-26）

表 8-26　无氧铜板带的晶粒度（GB/T 14594—2005）

牌　号	状　态	晶粒直径/mm
TU0、TU1、TU2	M	0.015 ~ 0.050
	Y_4	$a^{[1]}$ ~ 0.045

[1] a 是指完全再结晶后最小晶粒的直径。

5. 无氧铜板带的电导率（表 8-27）

表 8-27　无氧铜板带的电导率（GB/T 14594—2005）

牌号	状态	电导率 (% IACS) ≥	电阻系数 /(Ω·mm²/m) ≤	牌号	状态	电导率 (% IACS) ≥	电阻系数 /(Ω·mm²/m) ≤
TU0	M	101	0.017070	TU1	Y_2	98	0.017593
	Y_4	100	0.017241		Y	97	0.017774
	Y_2	99	0.017415	TU2	M	99	0.017415
	Y	98	0.017593		Y_4	98	0.017593
TU1	M	100	0.017241		Y_2	97	0.017774
	Y_4	99	0.017415		Y	96	0.017959

8.2.4　铜及铜合金带

1. 铜及铜合金带的牌号、状态和规格（表 8-28）

表 8-28　铜及铜合金带的牌号、状态和规格（GB/T 2059—2008）

牌　号	状　态	厚度/mm	宽度/mm
T2、T3、TU1、TU2、TP1、TP2	软(M)、1/4 硬(Y_4)、 半硬(Y_2)、硬(Y)、特硬(T)	>0.15 ~ 0.50	≤600
		0.50 ~ 3.0	≤1200
H96、H80、H59	软(M)、硬(Y)	>0.15 ~ 0.50	≤600
		0.50 ~ 3.0	≤1200
H85、H90	软(M)、半硬(Y_2)、硬(Y)	>0.15 ~ 0.50	≤600
		0.50 ~ 3.0	≤1200
H70、H68、H65	软(M)、1/4 硬(Y_4)、半硬(Y_2)、 硬(Y)、特硬(T)、弹硬(TY)	>0.15 ~ 0.50	≤600
		0.50 ~ 3.0	≤1200
H63、H62	软(M)、半硬(Y_2)、 硬(Y)、特硬(T)	>0.15 ~ 0.50	≤600
		>0.50 ~ 3.0	≤1200
HPb59-1、HMn58-2	软(M)、半硬(Y_2)、硬(Y)	>0.15 ~ 0.20	≤300
		>0.20 ~ 2.0	≤550
HPb59-1	特硬(T)	0.32 ~ 1.5	≤200
HSn62-1	硬(Y)	>0.15 ~ 0.20	≤300
		>0.20 ~ 2.0	≤550
QAl5	软(M)、硬(Y)	>0.15 ~ 1.2	≤300
QAl7	半硬(Y_2)、硬(Y)		

（续）

牌　号	状　态	厚度/mm	宽度/mm
QAl9-2	软（M）、硬（Y）、特硬（T）	>0.15~1.2	≤300
QAl9-4	硬（Y）		
QSn6.5-0.1	软（M）、1/4 硬（Y_4）、半硬（Y_2）、硬（Y）、特硬（T）、弹硬（TY）	>0.15~2.0	≤610
QSn7-0.2、QSn6.5-0.4、QSn4-3、QSn4-0.3	软（M）、硬（Y）、特硬（T）	>0.15~2.0	≤610
QSn8-0.3	软（M）、1/4 硬（Y_4）、半硬（Y_2）、硬（Y）、特硬（T）	>0.15~2.6	≤610
QSn4-4-4、QSn4-4-2.5	软（M）、1/3 硬（Y_3）、半硬（Y_2）、硬（Y）	0.80~1.2	≤200
QCd1	硬（Y）	>0.15~1.2	
QMn1.5	软（M）	>0.15~1.2	≤300
QMn5	软（M）、硬（Y）		
QSi3-1	软（M）、硬（Y）、特硬（T）	>0.15~1.2	≤300
BZn18-17	软（M）、半硬（Y_2）、硬（Y）	>0.15~1.2	≤610
BZn15-20	软（M）、半硬（Y_2）、硬（Y）、特硬（T）		
B5、B19、BFe10-1-1、BFe30-1-1、BMn40-1.5、BMn3-12	软（M）、硬（Y）	>0.15~1.2	≤400
BAl13-3	淬火+冷加工+人工时效（CYS）	>0.15~1.2	≤300
BAl6-1.5	硬（Y）		

2. 铜及铜合金带的力学性能（表 8-29）

表 8-29　铜及铜合金带的力学性能（GB/T 2059—2008）

牌　号	状态	拉 伸 性 能			硬　度	
		厚度/mm	抗拉强度 R_m/MPa	断后伸长率 $A_{11.3}$（%）	HV	HRB
T2、T3、TU1、TU2、TP1、TP2	M	≥0.2	≥195	≥30	≤70	—
	Y_4		215~275	≥25	60~90	
	Y_2		245~345	≥8	80~110	
	Y		295~380	≥3	90~120	
	T		≥350	—	≥110	
H96	M	≥0.2	≥215	≥30	—	—
	Y		≥320	≥3		
H90	M	≥0.2	≥245	≥35	—	—
	Y_2		330~440	≥5		
	Y		≥390	≥3		
H85	M	≥0.2	≥260	≥40	≤85	—
	Y_2		305~380	≥15	80~115	
	Y		≥350	—	≥105	

（续）

牌　号	状态	拉 伸 性 能			硬　度	
		厚度/mm	抗拉强度 R_m/MPa	断后伸长率 $A_{11.3}$(%)	HV	HRB
H80	M	≥0.2	≥265	≥50	—	—
	Y		≥390	≥3		
H70、H68、H65	M	≥0.2	≥290	≥40	≤90	—
	Y_4		325～410	≥35	85～115	
	Y_2		355～460	≥25	100～130	
	Y		410～540	≥13	120～160	
	T		520～620	≥4	150～190	
	TY		≥570	—	≥180	
H63、H62	M	≥0.2	≥290	≥35	≤95	—
	Y_2		350～470	≥20	90～130	
	Y		410～630	≥10	125～165	
	T		≥585	≥2.5	≥155	
H59	M	≥0.2	≥290	≥10	—	—
	Y		≥410	≥5	≥130	
HPb59-1	M	≥0.2	≥340	≥25	—	—
	Y_2		390～490	≥12		
	Y		≥440	≥5		
	T	≥0.32	≥590	≥3		
HMn58-2	M	≥0.2	≥380	≥30	—	—
	Y_2		440～610	≥25		
	Y		≥585	≥3		
HSn62-1	Y	≥0.2	390	≥5	—	—
QAl5	M	≥0.2	≥275	≥33	—	—
	Y	≥0.2	≥585	≥2.5	—	—
QAl7	Y_2	≥0.2	585～740	≥10	—	—
	Y		≥635	≥5		
QAl9-2	M	≥0.2	≥440	≥18	—	—
	Y		≥585	≥5		
	T		≥880	—		
QAl9-4	Y	≥0.2	≥635	—	—	—
QSn4-3、QSn4-0.3	M	>0.15	≥290	≥40	—	—
	Y		540～690	≥3		
	T		≥635	≥2		
QSn6.5-0.1	M	>0.15	≥315	≥40	≤120	—
	Y_4		390～510	≥35	110～155	

（续）

牌　号	状态	拉 伸 性 能			硬　度	
		厚度/mm	抗拉强度 R_m/MPa	断后伸长率 $A_{11.3}$(%)	HV	HRB
QSn6. 5-0. 1	Y_2	>0. 15	490～610	≥10	150～190	—
	Y		590～690	≥8	180～230	
	T		635～720	≥5	200～240	
	TY		≥690	—	≥210	
QSn7-0. 2、 QSn6. 5-0. 4	M	>0. 15	≥295	≥40	—	—
	Y		540～690	≥8		
	T		≥665	≥2		
QSn8-0. 3	M	≥0. 2	≥345	≥45	≤120	—
	Y_4		390～510	≥40	100～160	
	Y_2		490～610	≥30	150～205	
	Y		590～705	≥12	180～235	
	T		≥685	≥5	≥210	
QSn4-4-4、 QSn4-4-2. 5	M	≥0. 8	≥290	≥35	—	—
	Y_3		390～490	≥10	—	65～85
QSn4-4-4、 QSn4-4-2. 5	Y_2	≥0. 8	420～510	≥9	—	70～90
	Y		≥490	≥5	—	—
QCd1	Y	≥0. 2	≥390	—	—	—
QMn1. 5	M	≥0. 2	≥205	≥30	—	—
QMn5	M	≥0. 2	≥290	≥30	—	—
	Y	≥0. 2	≥440	≥3	—	—
QSi3-1	M	≥0. 15	≥370	≥45	—	—
	Y	≥0. 15	635～785	≥5		
	T	≥0. 15	735	≥2		
BZn15-20	M	≥0. 2	≥340	≥35	—	—
	Y_2		440～570	≥5		
	Y		540～690	≥1. 5		
	T		≥640	≥1		
BZn18-17	M	≥0. 2	≥375	≥20	—	—
	Y_2		440～570	≥5	120～180	
	Y		≥540	≥3	≥150	
B5	M	≥0. 2	≥215	≥32	—	—
	Y		≥370	≥10		
B19	M	≥0. 2	≥290	≥25	—	—
	Y		≥390	≥3		
BFe10-1-1	M	≥0. 2	≥275	≥28	—	—
	Y		≥370	≥3		

（续）

牌　号	状态	拉 伸 性 能			硬　度	
		厚度/mm	抗拉强度 R_m/MPa	断后伸长率 $A_{11.3}$（%）	HV	HRB
BFe30-1-1	M	≥0.2	≥370	≥23	—	—
	Y		≥540	≥3	—	—
BMn3-12	M	≥0.2	≥350	≥25	—	—
BMn40-1.5	M	≥0.2	390～590	实测数据	—	—
	Y		≥635		—	—
BAl13-3	CYS	≥0.2	供实测值		—	—
BAl6-1.5	Y		≥600	≥5	—	—

8.2.5　电工用铜合金铜带

1. 电工用铜合金铜带的型号、状态及名称（表8-30）

表8-30　电工用铜合金铜带的型号、状态及名称（GB/T 5585.4—2009）

型　号	状　态	名　称
TDR	0	软铜带
TDY1	H1	H1 状态硬铜带
TDY2	H2	H2 状态硬铜带

2. 电工用铜合金铜带的公称尺寸（表8-31）

表8-31　电工用铜合金铜带的公称尺寸（GB/T 5585.4—2009）　　（单位：mm）

宽边公称尺寸	窄边公称尺寸					
	0.80	1.00	1.06	1.12	1.18	1.25
	圆角半径 = 0.50					
9.00	6.984	8.786	9.326			
10.00		9.786		10.986	11.586	
11.20	8.744	10.986	11.658	12.330		13.786
12.50		12.286		13.786	14.536	15.411
14.00	10.984	13.786	14.626	15.466		17.286
16.00		15.786		17.706	18.666	19.786
18.00	14.184	17.786	18.866	19.946		22.286
20.00		19.786		22.186	23.386	24.786
22.40	17.704	22.186	23.530	24.874		27.786
25.00		24.786		27.786	29.286	31.036
28.00	22.184	27.786	29.466	31.146		34.786
31.50		31.286		35.066	36.956	39.161
35.50	28.184	35.286	37.416	39.546		44.161
40.00		39.786		44.586	46.986	49.786

（续）

宽边公称尺寸	窄边公称尺寸					
	0.80	1.00	1.06	1.12	1.18	1.25
	圆角半径 = 0.50					
45.00	35.784	44.786	47.486	50.186		56.036
50.00		49.786		55.786	58.786	62.286
56.00	44.584	55.786	59.146	62.506		69.786
63.00		62.786		70.346	74.126	78.536
71.00		70.786				
80.00		79.786				
90.00		89.786				
100.00		99.786				

宽边公称尺寸	窄边公称尺寸					
	1.32	1.40	1.50	1.60	1.70	1.80
	圆角半径 = 0.50				圆角半径 = 0.65	
9.00						
10.00						
11.20						
12.50	16.286	17.286	18.536			
14.00		19.386		22.186		
16.00	20.906	22.186	23.786	25.386	26.837	28.437
18.00		24.986		28.586		32.037
20.00	26.186	27.786	29.786	31.786	33.637	35.637
22.40		31.146		35.626		39.957
25.00	32.786	34.786	37.286	39.786	42.137	44.637
28.00		38.986		44.586		50.037
31.50	41.366	43.886	47.036	50.186	53.187	56.337
35.50		49.486		56.586		63.537
40.00	52.586	55.786	59.786	63.786	67.637	71.637
45.00		67.786		71.786		80.637
50.00	65.786	69.786	74.786	79.786	84.637	89.637
56.00		78.186		89.386		100.437
63.00	82.946	87.986	94.286	100.586	106.737	113.037
71.00				113.386		
80.00				127.786		
90.00				143.786		
100.00				159.786		

（续）

宽边公称尺寸	窄边公称尺寸					
	1.90	2.00	2.12	2.24	2.36	2.50
	圆角半径 = 0.50				圆角半径 = 0.80	
9.00						
10.00						
11.20						
12.50						
14.00						
16.00	30.037					
18.00		35.637		39.957		
20.00	37.637	39.637	42.037	44.437	46.651	
22.40		44.437		49.813		
25.00	47.137	49.637	52.637	55.637	58.451	61.951
28.00		55.637		62.357		69.451
31.50	59.487	63.637	66.417	70.197	73.791	78.201
35.50		70.637		79.157		88.201
40.00	75.637	79.637	84.437	89.237	93.851	99.451
45.00		89.637		100.437		111.951
50.00	94.637	99.637	105.637	111.637	117.451	124.451
56.00		111.637				139.451
63.00	119.337	125.637	133.197		148.131	156.951
71.00		141.637				176.951
80.00		159.637				199.451
90.00		179.537				224.451
100.00		199.637				249.451

3. 电工用铜合金铜带的力学性能（表 8-32）

表 8-32　电工用铜合金铜带的力学性能（GB/T 5585.4—2009）

窄边公称尺寸 /mm	TDR		TDY1		TDY2
	断后伸长率 $A(\%)$	抗拉强度 R_m/MPa	断后伸长率 $A(\%)$	抗拉强度 R_m/MPa	抗拉强度 R_m/MPa
	≥	≥	≥	≥	≥
0.80 ~ 1.32	35	250	10	309	
>1.32 ~ 3.55	35	250	15	289	

8.2.6　电缆用铜带

1. 电缆用铜带的牌号、状态及规格（表 8-33）

表 8-33　电缆用铜带的牌号、状态及规格（GB/T 11091—2005）

牌　　号	供 应 状 态	厚度/mm	宽度/mm
TU1、TU2、T2、TP1	M（软）、Y₈（1/8 硬）、Y₄（1/4 硬）	0.10 ~ 0.70	20 ~ 305

2. 电缆用铜带的力学性能（表8-34）

表8-34 电缆用铜带的力学性能（GB/T 11091—2005）

牌号	状态	抗拉强度 R_m/MPa	规定塑性延伸强度 $R_{p0.2}$/MPa	断后伸长率 $A_{11.3}$（%）	硬度 HV
TU1、TU2	M	200 ~ 260	65 ~ 100	≥35	50 ~ 60
	Y_8	220 ~ 275	70 ~ 105	≥32	50 ~ 65
	Y_4	235 ~ 290		≥30	55 ~ 70
T2、TP1	M	220 ~ 270	70 ~ 110	≥30	50 ~ 65
	Y_8	230 ~ 285	75 ~ 120	≥28	55 ~ 70
	Y_4	245 ~ 300		≥25	—

注：厚度小于 0.20mm 的带材，力学性能由供需双方协商。

3. 电缆用铜带的晶粒度（表8-35）

表8-35 电缆用铜带的晶粒度（GB/T 11091—2005）

牌号	状态	晶粒直径/mm
TU1、TU2、T2、TP1	M	0.015 ~ 0.035
	Y_8	a[①] ~ 0.030

① a 是指完全再结晶后最小晶粒的直径。

4. 电缆用铜带的电性能（表8-36）

表8-36 电缆用铜带的电性能（GB/T 11091—2005）

牌号	状态	电导率（%IACS）≥	电阻系数/(Ω·mm²/m) ≤	牌号	状态	电导率（%IACS）≥	电阻系数/(Ω·mm²/m) ≤
TU1	M	100	0.017241	T2	M	98	0.017593
	Y_8	99	0.017415		Y_8	97	0.017774
	Y_4	98	0.017593		Y_4	96	0.017959
TU2	M	99	0.017415	TP1	M	90	0.019156
	Y_8	98	0.017593		Y_8	89	0.019372
	Y_4	97	0.017774		Y_4	88	0.019592

8.2.7 变压器铜带

1. 变压器铜带的牌号、状态及规格（表8-37）

表8-37 变压器铜带的牌号、状态及规格（GB/T 18813—2002）

牌号	供应状态	厚度/mm	宽度/mm
TU1、T2	M	0.10 ~ 0.50	≤600
		0.50 ~ 2.50	≤1000

2. 变压器铜带的力学性能（表8-38）

表8-38 变压器铜带的力学性能（GB/T 18813—2002）

牌号	状态	抗拉强度 R_m/MPa ≥	断后伸长率 A（%）≥	硬度 HV
TU1、T2	M	195	35	45 ~ 65

注：厚度小于 0.20mm 的带材，力学性能由供需双方协商。

3. 变压器铜带的电性能（表8-39）

表8-39 变压器铜带的电性能（GB/T 18813—2002）

牌号	电导率（%IACS）≥	电阻系数/(Ω·mm²/m) ≤
TU1	100	0.017241
T2	98	0.017593

注：1. 电导率和电阻系数任选一种，并在合同中注明，未注明时，则测试电导率。

2. 电导率 = 100% × 0.017241/电阻系数实测值。

8.3　铜及铜合金管

8.3.1　铜及铜合金无缝管

1. 挤制铜及铜合金圆形管的规格（表 8-40）

表 8-40　挤制铜及铜合金圆形管的规格（GB/T 16866—2006）

公称外径/mm	公称壁厚/mm																										
	1.5	2.0	2.5	3.0	3.5	4.0	4.5	5.0	6.0	7.5	9.0	10.0	12.5	15.0	17.5	20.0	22.5	25.0	27.5	30.0	32.5	35.0	37.5	40.0	42.5	45.0	50.0
20,21,22	○	○	○	○	○	○																					
23,24,25,26	○	○	○	○	○	○																					
27,28,29			○	○	○	○	○	○	○																		
30,32			○	○	○	○	○	○	○																		
34,35,36			○	○	○	○	○	○	○																		
38,40,42,44			○	○	○	○	○	○	○	○	○	○															
45,46,48				○	○	○	○	○	○	○	○	○															
50,52,54,55			○	○	○	○	○	○	○	○	○	○	○	○													
56,58,60				○	○	○	○	○	○	○	○	○	○	○	○												
62,64,65,68,70						○	○	○	○	○	○	○	○	○	○	○											
72,74,75,78,80									○	○	○	○	○	○	○	○	○	○									
85,90										○	○	○	○	○	○	○	○	○	○	○							
95,100										○	○	○	○	○	○	○	○	○	○	○							
105,110												○	○	○	○	○	○	○	○	○							
115,120													○	○	○	○	○	○	○	○	○	○	○				
125,130													○	○	○	○	○	○	○	○	○	○	○				
135,140														○	○	○	○	○	○	○	○	○	○				
145,150															○	○	○	○	○	○	○	○	○				
155,160																○	○	○	○	○	○	○	○	○	○		
165,170																○	○	○	○	○	○	○	○	○	○		
175,180																○	○	○	○	○	○	○	○	○	○		
185,190,195,200																○	○	○	○	○	○	○	○	○	○	○	
210,220																		○	○	○	○	○	○	○	○	○	
230,240,250																		○	○	○	○	○	○	○	○	○	○
260,280													○	○	○	○	○	○	○	○							
290,300														○	○	○	○	○	○	○							

注："○"表示推荐规格，需要其他规格的产品应由供需双方商定。

2. 拉制铜及铜合金圆形管的规格（表 8-41）

表 8-41　拉制铜及铜合金圆形管的规格（GB/T 16866—2006）

公称壁厚/mm

公称外径/mm	0.2	0.3	0.4	0.5	0.6	0.75	1.0	1.25	1.5	2.0	2.5	3.0	3.5	4.0	4.5	5.0	6.0	7.0	8.0	9.0	10.0	11.0	12.0	13.0	14.0	15.0
3、4	○	○	○	○	○	○	○																			
5、6、7	○	○	○	○	○	○	○	○	○																	
8、9、10、11、12、13、14、15	○	○	○	○	○	○	○	○	○	○	○	○														
16、17、18、19、20		○	○	○	○	○	○	○	○	○	○	○	○	○	○											
21、22、23、24、25、26、27、28、29、30			○	○	○	○	○	○	○	○	○	○	○	○	○	○										
31、32、33、34、35、36、37、38、39、40			○	○	○	○	○	○	○	○	○	○	○	○	○	○										
42、44、45、46、48、49、50						○	○	○	○	○	○	○	○	○	○	○	○									
52、54、55、56、58、60							○	○	○	○	○	○	○	○	○	○	○	○	○							
62、64、65、66、68、70							○	○	○	○	○	○	○	○	○	○	○	○	○	○	○	○				
72、74、75、76、78、80										○	○	○	○	○	○	○	○	○	○	○	○	○	○	○		
82、84、85、86、88、90、92、94、96、100											○	○	○	○	○	○	○	○	○	○	○	○	○	○	○	○
105、110、115、120、125、130、135、140、145、150												○	○	○	○	○	○	○	○	○	○	○	○	○	○	○
155、160、165、170、175、180、185、190、195、200												○	○	○	○	○	○	○	○	○	○	○	○	○	○	○
210、220、230、240、250												○	○	○	○	○	○	○	○	○	○	○	○	○	○	○
260、270、280、290、300、310、320、330、340、350、360																○										

注：“○”表示推荐规格，需要其他规格的产品应由供需双方商定。

8.3.2　铜及铜合金拉制管

1. 铜及铜合金拉制管的牌号、状态及规格（表 8-42）

表 8-42　铜及铜合金拉制管的牌号、状态及规格（GB/T 1527—2006）

牌　号	状　态	圆　形		矩（方）形	
		外径/mm	壁厚/mm	对边距/mm	壁厚/mm
T2、T3、TU1、TU2、TP1、TP2	软(M)、轻软(M₂)、硬(Y)、特硬(T)	3 ~ 360	0.5 ~ 15	3 ~ 100	1 ~ 10
	半硬(Y₂)	3 ~ 100			
H96、H90	软(M)、轻软(M₂)、半硬(Y₂)、硬(Y)	3 ~ 200	0.2 ~ 10		0.2 ~ 7
H85、H80、H85A					
H70、H68、H59、HPb59-1、HSn62-1、HSn70-1、H70A、H68A		3 ~ 100			
H65、H63、H62、HPb66-0.5、H65A		3 ~ 200			
HPb63-0.1	半硬(Y₂)	18 ~ 31	6.5 ~ 13	—	—
	1/3 硬(Y₃)	8 ~ 31	3.0 ~ 13		
BZn15-20	硬(Y)、半硬(Y₂)、软(M)	4 ~ 40	0.5 ~ 8	—	—
BFe10-1-1	硬(Y)、半硬(Y₂)、软(M)	8 ~ 160			
BFe30-1-1	半硬(Y₂)、软(M)	8 ~ 80			

注：1. 外径≤100mm 的圆形直管，供应长度为 1000 ~ 7000mm；其他规格的圆形直管供应长度为 500 ~ 6000mm。

2. 矩（方）形直管的供应长度为 1000 ~ 5000mm。

3. 外径≤30mm、壁厚<3mm 的圆形管材和圆周长≤100mm 或圆周长与壁厚之比≤15 的矩（方）形管材，可供应长度≥6000mm 的盘管。

2. 纯铜管的力学性能（表 8-43）

表 8-43　纯铜管的力学性能（GB/T 1527—2006）

牌　号	状　态	壁厚/mm	抗拉强度 R_m[1] /MPa ≥	断后伸长率 $A(\%)$ ≥	硬　度	
					HV[2]	HBW[3]
T2、T3、TU1、TU2、TP1、TP2	软(M)	所有	200	40	40 ~ 65	35 ~ 60
	轻软(M₂)	所有	220	40	45 ~ 75	40 ~ 70
	半硬(Y₂)	所有	250	20	70 ~ 100	65 ~ 95
T2、T3、TU1、TU2、TP1、TP2	硬(Y)	≤6	290	—	95 ~ 120	90 ~ 115
		>6 ~ 10	265	—	75 ~ 110	70 ~ 105
		>10 ~ 15	250	—	70 ~ 100	65 ~ 95
	特硬(T)	所有	360	—	≥110	≥150

① 特硬（T）状态的抗拉强度仅适用于壁厚≤3mm 的管材；壁厚>3mm 的管材，其性能由供需双方协商确定。

② 维氏硬度试验由供需双方协商确定，软（M）状态的维氏硬度试验仅适用于壁厚≥1mm 的管材。

③ 布氏硬度试验仅适用于壁厚≥3mm 的管材。

3. 黄铜管及白铜管的力学性能（表8-44）

表 8-44　黄铜管及白铜管的力学性能（GB/T 1527—2006）

牌　号	状　态	抗拉强度 R_m/MPa ≥	断后伸长率 A(%) ≥	硬　度	
				HV[1]	HBW[2]
H96	M	205	42	45 ~ 70	40 ~ 65
	M_2	220	35	50 ~ 75	45 ~ 70
	Y_2	260	18	75 ~ 105	70 ~ 100
	Y	320	—	≥95	≥90
H90	M	220	42	45 ~ 75	40 ~ 70
	M_2	240	35	50 ~ 80	45 ~ 75
	Y_2	300	18	75 ~ 105	70 ~ 100
	Y	360	—	≥100	≥95
H85、H85A	M	240	43	45 ~ 75	40 ~ 70
	M_2	260	35	50 ~ 80	45 ~ 75
	Y_2	310	18	80 ~ 110	75 ~ 105
	Y	370	—	≥105	≥100
H80	M	240	43	45 ~ 75	40 ~ 70
	M_2	260	40	55 ~ 85	50 ~ 80
	Y_2	320	25	85 ~ 120	80 ~ 115
	Y	390	—	≥115	≥110
H70、H68、H70A、H68A	M	280	43	55 ~ 85	50 ~ 80
	M_2	350	25	85 ~ 120	80 ~ 115
	Y_2	370	18	95 ~ 125	90 ~ 120
	Y	420	—	≥115	≥110
H65、HPb66-0.5、H65A	M	290	43	55 ~ 85	50 ~ 80
	M_2	360	25	80 ~ 115	75 ~ 110
	Y_2	370	18	90 ~ 120	85 ~ 115
	Y	430	—	≥110	≥105
H63、H62	M	300	43	60 ~ 90	55 ~ 85
	M_2	360	25	75 ~ 110	70 ~ 105
	Y_2	370	18	85 ~ 120	80 ~ 115
	Y	440	—	≥115	≥110
H59、HPb59-1	M	340	35	75 ~ 105	70 ~ 100
	M_2	370	20	85 ~ 115	80 ~ 110
	Y_2	410	15	100 ~ 130	95 ~ 125
	Y	470	—	≥125	≥120
HSn70-1	M	295	40	60 ~ 90	55 ~ 85
	M_2	320	35	70 ~ 100	65 ~ 95

（续）

牌　号	状　态	抗拉强度 R_m/ MPa　≥	断后伸长率 A(%) ≥	硬　度	
				HV[1]	HBW[2]
HSn70-1	Y_2	370	20	85 ~ 110	80 ~ 105
	Y	455	—	≥110	≥105
HSn62-1	M	295	35	60 ~ 90	55 ~ 85
	M_2	335	30	75 ~ 105	70 ~ 100
	Y_2	370	20	85 ~ 110	80 ~ 105
	Y	455	—	≥110	≥105
HPb63-0. 1	Y_2	353	20	—	110 ~ 165
	Y_3	—	—	—	70 ~ 125
BZn15-20	M	295	35	—	—
	Y_2	390	20	—	—
	Y	490	8	—	—
BFe10-1-1	M	290	30	75 ~ 110	70 ~ 105
	Y_2	310	12	105	100
	Y	480	8	150	145
BFe30-1-1	M	370	35	135	130
	Y_2	480	12	85 ~ 120	80 ~ 115

[1]　维氏硬度试验力由供需双方协商确定，软（M）状态的维氏硬度试验仅适用于壁厚≥0.5mm 的管材。
[2]　布氏硬度试验仅适用于壁厚≥3mm 的管材。

8.3.3　铜及铜合金毛细管

1. 铜及铜合金毛细管的牌号、状态及规格（表 8-45）

表 8-45　铜及铜合金毛细管的牌号、状态及规格（GB/T 1531—2009）

牌　号	供应状态	规格尺寸(外径×内径)/mm	长度/mm	
			盘管	直管
T2、TP1、TP2、H85、H80、H70、 H68、H65、H63、H62	硬（Y）、半硬 （Y_2）、软（M）	（ϕ0.5 ~ ϕ6. 10）×（ϕ0.3 ~ ϕ4. 45）	≥3000	50 ~ 6000
H96、H90 QSn4-0. 3、QSn6. 5-0. 1	硬（Y）、软（M）			

2. 普通级铜及铜合金毛细管的力学性能（表 8-46）

表 8-46　普通级铜及铜合金毛细管的力学性能（GB/T 1531—2009）

牌　号	状　态	抗拉强度 R_m/MPa	断后伸长率 A(%)	硬度 HV
TP2、T2、TP1	M	≥205	≥40	—
	Y_2	245 ~ 370	—	—
	Y	≥345	—	—
H96	M	≥205	≥42	45 ~ 70
	Y	≥320	—	≥90

（续）

牌　　号	状　　态	抗拉强度 R_m/MPa	断后伸长率 A(%)	硬度 HV
H90	M	≥220	≥42	40～70
	Y	≥360	—	≥95
H85	M	≥240	≥43	40～70
	Y_2	≥310	≥18	75～105
	Y	≥370	—	≥100
H80	M	240	43	40～70
	Y_2	320	25	80～115
	Y	390	—	≥110
H70、H68	M	280	43	50～80
	Y_2	370	18	90～120
	Y	420	—	≥110
H65	M	290	43	50～80
	Y_2	370	18	85～115
	Y	430	—	≥105
H63、H62	M	300	43	55～85
	Y_2	370	18	70～105
	Y	440	—	≥110
QSn4-0.3	M	325	30	≥90
QSn6.5-0.1	Y	490	—	≥120

注：外径与内径之差小于0.30mm的毛细管不作拉伸试验。

8.3.4　铜及铜合金波导管

1. 铜及铜合金波导管的牌号、状态和规格（表8-47）

表8-47　铜及铜合金波导管的牌号、状态和规格（GB/T 8894—2007）（单位：mm）

牌　　号	供应状态	圆形：内径	矩（方）形：长度×宽度			
			矩形（长度/宽度≈2）	中等扁矩形（长度/宽度≈4）	扁矩形（长度/宽度≈8）	方形（长度/宽度＝1）
T2、TU1、H62、H96	硬(Y)	3.581～149	4.775×2.388～165.1×82.55	22.85×5～165.1×41.3	22.86×5～109.2×13.1	15×15～48×48

2. 铜及铜合金波导管的尺寸及允许偏差

1）铜及铜合金圆形波导管的尺寸及允许偏差如图8-1和表8-48所示。

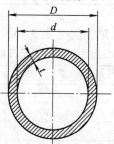

图8-1　铜及铜合金圆形波导管

表 8-48　铜及铜合金圆形波导管材的尺寸及允许偏差（GB/T 8894—2007）

（单位：mm）

型　号	内 径 尺 寸			名义壁厚 t	外 径 尺 寸		
	d	允 许 偏 差			D	允 许 偏 差	
		Ⅰ级	Ⅱ级			Ⅰ级	Ⅱ级
C580	3.581	±0.008	±0.020	0.510	4.601	±0.050	±0.060
C495	4.369	±0.008	±0.020	0.510	5.389	±0.050	±0.060
C430	4.775	±0.008	±0.020	0.510	5.795	±0.050	±0.060
C380	5.563	±0.008	±0.020	0.510	6.583	±0.050	±0.060
C330	6.350	±0.008	±0.020	0.510	7.370	±0.050	±0.060
C290	7.137	±0.008	±0.030	0.760	8.657	±0.050	±0.070
C255	8.331	±0.008	±0.030	0.760	9.851	±0.050	±0.070
C220	9.525	±0.010	±0.030	0.760	11.045	±0.050	±0.070
C190	11.13	±0.010	±0.04	1.015	13.16	±0.050	±0.08
C165	12.70	±0.013	±0.04	1.015	14.73	±0.055	±0.08
C140	15.09	±0.015	±0.05	1.015	17.12	±0.055	±0.08
C120	17.48	±0.017	±0.05	1.270	20.02	±0.065	±0.09
C104	20.24	±0.020	±0.05	1.270	22.78	±0.065	±0.09
C89	23.83	±0.024	±0.06	1.65	27.13	±0.065	±0.10
C76	27.79	±0.028	±0.06	1.65	31.09	±0.065	±0.10
C65	32.54	±0.033	±0.07	2.03	36.60	±0.080	±0.12
C56	38.10	±0.038	±0.07	2.03	42.16	±0.080	±0.12
C48	44.45	±0.044	±0.08	2.54	49.53	±0.080	±0.14
C40	51.99	±0.050	±0.08	2.54	57.07	±0.095	±0.15
C35	61.04	±0.06	±0.09	3.30	67.64	±0.095	±0.16
C30	71.42	±0.07	±0.11	3.30	78.02	±0.095	±0.16
C25	83.62	±0.08	±0.14	3.30	90.22	±0.11	±0.18
C22	97.87	±0.10	±0.16	3.30	104.47	±0.11	±0.18
C18	114.58	±0.11	±0.18	3.30	121.18	±0.13	±0.20
C16	134.11	±0.11	±0.21	3.30	140.71	±0.15	±0.23
—	32.00	±0.033	±0.07	2.0	36.00	±0.080	±0.12
—	35.50	±0.038	±0.07	2.0	39.50	±0.080	±0.12
—	41.00	±0.044	±0.09	2.0	45.00	±0.080	±0.16
—	54.00	±0.050	±0.10	2.0	58.00	±0.095	±0.16
—	65.00	±0.060	±0.12	2.5	70.00	±0.095	±0.17
—	69.00	±0.060	±0.12	2.5	74.00	±0.095	±0.17
—	73.00	±0.070	±0.13	2.5	78.00	±0.095	±0.17
—	100.00	±0.100	±0.16	3.0	106.00	±0.110	±0.18
—	149.00	±0.160	±0.26	4.0	157.0	±0.180	±0.30

2）铜及铜合金矩形波导管的尺寸及允许偏差如图8-2和表8-49所示。

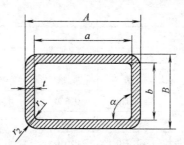

图 8-2　铜及铜合金矩形波导管

表8-49　铜及铜合金矩形波导管的尺寸及允许偏差（GB/T 8894—2007）

（单位：mm）

型号	内孔尺寸					壁厚 t	外缘尺寸					
	基本尺寸		允许偏差		r_1 ≤		基本尺寸		允许偏差		r_2	
	a	b	Ⅰ级	Ⅱ级			A	B	Ⅰ级	Ⅱ级	≥	≤
R500	4.775	2.388	±0.020	±0.030	0.3	1.015	6.81	4.42	±0.05	±0.08	0.5	1.0
R400	5.690	2.845	±0.020	±0.030	0.3	1.015	7.72	4.88	±0.05	±0.08	0.5	1.0
R320	7.112	3.556	±0.020	±0.030	0.4	1.015	9.14	5.59	±0.05	±0.08	0.5	1.0
R260	8.636	4.318	±0.020	±0.030	0.4	1.015	10.67	6.35	±0.05	±0.08	0.5	1.0
R220	10.67	4.318	±0.021	±0.030	0.4	1.015	12.70	6.35	±0.05	±0.08	0.5	1.0
R180	12.95	6.477	±0.026	±0.040	0.4	1.015	14.98	8.51	±0.05	±0.08	0.5	1.0
R140	15.80	7.899	±0.031	±0.040	0.4	1.015	17.83	9.93	±0.05	±0.08	0.5	1.0
R120	19.05	9.525	±0.038	±0.050	0.8	1.270	21.59	12.07	±0.05	±0.08	0.65	1.15
R100	22.86	10.16	±0.046	±0.06	0.8	1.270	25.40	12.70	±0.05	±0.08	0.65	1.15
R84	28.50	12.62	±0.057	±0.08	0.8	1.625	31.75	15.87	±0.05	±0.10	0.8	1.3
R70	34.85	15.8	±0.070	±0.10	0.8	1.625	38.10	19.05	±0.08	±0.14	0.8	1.3
R58	40.39	20.19	±0.081	±0.11	0.8	1.625	43.64	23.44	±0.08	±0.14	0.8	1.3
R48	47.55	22.15	±0.095	±0.13	0.8	1.625	50.80	25.4	±0.10	±0.15	0.8	1.3
R40	58.17	29.08	±0.12	±0.16	1.2	1.625	61.42	32.33	±0.12	±0.18	0.8	1.3
R32	72.14	34.04	±0.14	±0.19	1.2	2.03	76.20	38.1	±0.14	±0.20	1.0	1.5
R26	86.36	43.18	±0.17	±0.24	1.2	2.03	90.42	47.24	±0.17	±0.25	1.0	1.5
R22	109.22	54.61	±0.22	±0.31	1.2	2.03	113.28	58.67	±0.20	±0.32	1.0	1.5
R16	129.54	64.77	±0.26	±0.38	1.2	2.03	133.6	68.83	±0.20	±0.35	1.0	1.5
R14	165.10	82.55	±0.33	±0.47	1.2	2.03	169.16	86.61	±0.20	±0.40	1.0	1.5
—	58.00	25.00	±0.12	±0.1	0.8	2	62.00	29.00	±0.12	±0.18	1.0	1.5

3）铜及铜合金中等扁矩形波导管的尺寸及允许偏差如图8-2和表8-50所示。

表 8-50　铜及铜合金中等扁矩形波导管的尺寸及允许偏差　　　（单位：mm）

型号	内孔尺寸					壁厚 t	外缘尺寸					
	基本尺寸		允许偏差		r_1		基本尺寸		允许偏差		r_2	
	a	b	I级	II级	≤		A	B	I级	II级	≥	≤
M100	22.85	5.000	±0.023	±0.030	0.8	1.27	25.39	7.54	±0.050	±0.08	0.65	1.15
M84	28.50	5.000	±0.028	±0.040	0.8	1.625	31.75	8.25	±0.057	±0.10	0.8	1.3
M70	34.85	8.700	±0.035	±0.060	0.8	1.625	38.10	11.95	±0.070	±0.14	0.8	1.3
M58	40.39	10.10	±0.04	±0.06	0.8	1.625	43.64	13.35	±0.08	±0.14	0.8	1.3
M48	47.55	11.90	±0.048	±0.07	0.8	1.625	50.80	15.15	±0.10	±0.15	0.8	1.3
M40	58.17	14.50	±0.058	±0.09	1.2	1.625	61.42	17.75	±0.12	±0.18	0.8	1.3
M32	72.14	18.00	±0.072	±0.11	1.2	2.030	76.20	22.06	±0.14	±0.20	1.0	1.5
M26	86.36	21.60	±0.086	±0.12	1.2	2.030	90.42	25.66	±0.17	±0.25	1.0	1.5
M22	109.22	27.30	±0.11	±0.17	1.2	2.030	113.28	31.36	±0.22	±0.33	1.0	1.5
M18	129.54	32.40	±0.13	±0.20	1.2	2.030	133.60	36.46	±0.26	±0.38	1.0	1.5
M14	165.10	41.30	±0.17	±0.26	1.2	2.030	169.16	45.36	±0.34	±0.47	1.0	1.5

4）铜及铜合金扁矩形波导管的尺寸及允许偏差如图 8-2 和表 8-51 所示。

表 8-51　铜及铜合金扁矩形波导管的尺寸及允许偏差　　　（单位：mm）

型号	内孔尺寸					壁厚 t	外缘尺寸					
	基本尺寸		允许偏差		r_1		基本尺寸		允许偏差		r_2	
	a	b	I级	II级	≤		A	B	I级	II级	≥	≤
F100	22.86	5.00	±0.02	±0.04	0.8	1	24.86	7.00	±0.05	±0.1	0.65	1.15
F84	28.50	5.00	±0.03	±0.06	0.8	1.5	31.50	8.00	±0.06	±0.12	0.8	1.3
F70	34.85	5.00	±0.035	±0.06	0.8	1.625	38.10	8.25	±0.07	±0.14	0.8	1.3
F58	40.39	5.00	±0.04	±0.06	0.8	1.625	43.64	8.25	±0.08	±0.14	0.8	1.3
F48	47.55	5.70	±0.05	±0.08	0.8	1.625	50.80	8.95	±0.10	±0.15	0.8	1.3
F40	58.17	7.00	±0.06	±0.09	1.2	1.625	61.42	10.25	±0.12	±0.18	0.8	1.3
F32	72.14	8.60	±0.07	±0.11	1.2	2.03	76.2	12.66	±0.14	±0.20	1.0	1.5
F26	86.36	10.40	±0.09	±0.14	1.2	2.03	90.42	14.46	±0.17	±0.25	1.0	1.5
F22	109.22	13.10	±0.11	±0.16	1.2	2.03	113.28	17.16	±0.22	±0.33	1.0	1.5
—	58	10.00	±0.06	±0.09	1.2	2	62	14	±0.12	±0.18	1.0	1.5

5）铜及铜合金方形波导管的尺寸及允许偏差如图 8-3 和表 8-52 所示。

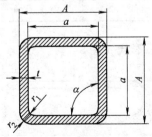

图 8-3　铜及铜合金方形波导管

表 8-52　铜及铜合金方形波导管的尺寸及允许偏差 （GB/T 8894—2007）

（单位：mm）

型　号	内孔尺寸				壁厚 t	外缘尺寸				
	基本尺寸	允许偏差		r_1		基本尺寸	允许偏差		r_2	
	a	Ⅰ级	Ⅱ级	≤		A	Ⅰ级	Ⅱ级	≥	≤
Q130	15.00	±0.030	±0.05	0.4	1.270	17.54	±0.050	±0.08	0.5	1
Q115	17.00	±0.034	±0.06	0.4	1.270	19.54	±0.050	±0.08	0.65	1.15
Q100	19.50	±0.039	±0.06	0.8	1.625	22.75	±0.050	±0.08	0.8	1.3
Q23	23.00	±0.046	±0.07	0.8	1.625	26.25	±0.050	±0.08	0.8	1.3
Q70	26.00	±0.052	±0.08	0.8	1.625	29.25	±0.052	±0.08	0.8	1.3
Q70	28.00	±0.056	±0.08	0.8	1.625	31.25	±0.056	±0.09	0.8	1.3
Q65	30.00	±0.060	±0.09	0.8	2.03	34.06	±0.060	±0.09	1.0	1.5
Q61	32.00	±0.064	±0.10	0.8	2.03	36.06	±0.064	±0.10	1.0	1.5
Q54	36.00	±0.072	±0.11	0.8	2.03	40.06	±0.072	±0.10	1.0	1.5
Q49	40.00	±0.080	±0.12	0.8	2.03	44.06	±0.080	±0.12	1.0	1.5
Q41	48.00	±0.096	±0.15	0.8	2.03	52.06	±0.096	±0.15	1.0	1.5
—	50.00	±0.10	±0.15	0.8	2.03	54.06	±0.10	±0.15	1.0	1.5

8.3.5　铜及铜合金散热扁管

1. 铜及铜合金散热扁管的牌号、状态及规格（表 8-53）

表 8-53　铜及铜合金散热扁管的牌号、状态及规格 （GB/T 8891—2000）

牌　号	状态	（宽度/mm）×（高度/mm）×（壁厚/mm）	长度/mm
T2、H96	硬（Y）		
H85	半硬（Y$_2$）	（16~25）×（1.9~6.0）×（0.2~0.7）	250~1500
HSn70-1	软（M）		

2. 铜及铜合金散热扁管的力学性能（表 8-54）

表 8-54　铜及铜合金散热扁管的力学性能 （GB/T 8891—2000）

牌　号	状　态	抗拉强度 R_m/MPa　≥	断后伸长率 A(%)　≥
T2,H96	硬（Y）	295	—
H85	半硬（Y$_2$）	295	—
HSn70-1	软（M）	295	35

3. 铜及铜合金散热扁管的截面形状（图 8-4）

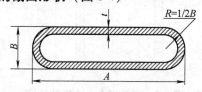

图 8-4　铜及铜合金散热扁管的截面形状

4. 铜及铜合金散热扁管的外形尺寸（表 8-55）

表 8-55　铜及铜合金散热扁管的外形尺寸（GB/T 8891—2000）

宽度 A/mm	高度 B/mm	壁厚 t/mm						
		0.20	0.25	0.30	0.40	0.50	0.60	0.70
16	3.7	○	○	○	○	○	○	○
17	3.5	○	○	○	○	○	○	○
17	5.0	—	○	○	○	○	○	○
18	1.9	○	○	—	—	—	—	—
18.5	2.5	○	○	○	○	—	—	—
18.5	3.5	○	○	○	○	○	○	○
19	2.0	○	○	○	—	—	—	—
19	2.2	○	○	○	—	—	—	—
19	2.4	○	○	○	—	—	—	—
19	4.5	○	○	○	○	○	○	○
21	3.0	○	○	○	○	○	○	○
21	4.0	○	○	○	○	○	○	○
21	5.0	—	—	○	○	○	○	○
22	3.0	○	○	○	○	○	○	○
22	6.0	—	—	○	○	○	○	○
25	4.0	○	○	○	○	○	○	○
25	6.0	—	—	—	—	○	○	○

注："○"表示有产品，"—"表示无产品。

8.3.6　热交换器用铜合金无缝管

1. 热交换器用铜合金无缝管的牌号、状态及规格（表 8-56）

表 8-56　热交换器用铜合金无缝管的牌号、状态及规格（GB/T 8890—2007）

牌　号	种类	状　态	外径/mm	壁厚/mm	长度/mm
BFe10-1-1	盘管	软(M)、半硬(Y₂)、硬(Y)	3~20	0.3~1.5	—
	直管	软(M)	4~160	0.5~4.5	<6000
		半硬(Y₂)、硬(Y)	6~76	0.5~4.5	<18000
BFe30-1-1	直管	软(M)、半硬(Y₂)	6~76	0.5~4.5	<18000
HA177-2、HSn70-1、HSn70-1B、HSn70-1ABH68A、H70A、H85A	直管	软(M) 半硬(Y₂)	6~76	0.5~4.5	<18000

2. 热交换器用铜合金无缝管的力学性能（表 8-57）

表 8-57　热交换器用铜合金无缝管的力学性能（GB/T 8890—2007）

牌　号	状　态	抗拉强度 R_m/MPa	断后伸长率 A(%)
		≥	
BFe30-1-1	M	370	30
	Y₂	490	10

（续）

牌　号	状　态	抗拉强度 R_m/MPa	断后伸长率 A(%)
		≥	
BFe10-1-1	M	290	30
	Y_2	345	10
	Y	480	—
HAl77-2	M	345	50
	Y_2	370	45
HSn70-1、HSn70-1B、HSn70-1AB	M	295	42
	Y_2	320	38
H68A、H70A	M	295	42
	Y_2	320	38
H85A	M	245	28
	Y_2	295	22

8.3.7　空调与制冷设备用无缝铜管

1. 空调与制冷用无缝铜管的牌号、状态及规格（表8-58）

表8-58　空调与制冷用无缝铜管的牌号、状态及规格（GB/T 17791—2007）

牌　号	状　态	种　类	外径/mm	壁厚/mm	长度/mm
TU1 TU2 T2 TP1 TP2	软(M) 轻软(M_2) 半硬(Y_2) 硬(Y)	直管	3~30	0.25~2.0	400~10000
		盘管		0.25~2.0	—

2. 空调与制冷用无缝铜管的平均晶粒度（表8-59）

表8-59　空调与制冷用无缝铜管的平均晶粒度（GB/T 17791—2007）

牌　号	状　态	平均晶粒直径/mm
TU1、TU2、T2、TP1、TP2	M	0.015~0.060
	M_2	≤0.040

3. 空调与制冷用退火态无缝铜管的清洁度（表8-60）

表8-60　空调与制冷用退火态无缝铜管的清洁度（GB/T 17791—2007）

牌　号	外径/mm	内表面残留污物/(g/m^2)
TU1、TU2、T2、TP1、TP2	≤15	≤0.025
	>15	≤0.038

8.3.8　电缆用无缝铜管

1. 电缆用无缝铜管的牌号、状态及规格（表8-61）

表8-61　电缆用无缝铜管的牌号、状态及规格（GB/T 19849—2005）

牌　号	供应状态	外径/mm	壁厚/mm
TU1、TU2、T2	M(软)、盘状	4~22	0.25~1.5

2. 电缆用无缝铜管的外形尺寸及允许偏差（表 8-62）

表 8-62　电缆用无缝铜管的外形尺寸及允许偏差（GB/T 19849—2005）（单位：mm）

外　径	平均外径允许偏差	壁　厚			
		0.25 ~ 0.40	>0.40 ~ 0.60	>0.60 ~ 0.80	>0.80 ~ 1.50
		壁厚允许偏差			
4 ~ 15	±0.05	±0.03	±0.05	±0.06	±0.08
>15 ~ 20	±0.06	±0.03	±0.05	±0.06	±0.09
>20 ~ 22	±0.08	±0.04	±0.06	±0.08	±0.09

3. 电缆用无缝铜管的力学性能（表 8-63）

表 8-63　电缆用无缝铜管的力学性能（GB/T 19849—2005）

牌　号	状　态	抗拉强度 R_m/MPa	断后伸长率 A(%)
TU1、TU2、T2	软（M）	205 ~ 260	≥40

4. 电缆用无缝铜管的电性能（表 8-64）

表 8-64　电缆用无缝铜管的电性能（GB/T 19849—2005）

合金牌号	状　态	电导率(%IACS)
TU1、TU2、T2	M	≥100

8.3.9　导电用无缝圆形铜管

1. 导电用无缝圆形铜管的牌号、状态及规格（表 8-65）

表 8-65　导电用无缝圆形铜管的牌号、状态及规格（GB/T 19850—2005）

牌　号	状　态	外径/mm	壁厚/mm	长度/mm
TU1 TU2 TAg0.1 T1 T2 TP1	软（M） 半硬（Y₂） 硬（Y）	直　管		
		$\phi5 ~ \phi159$	0.5 ~ 25.0	1500 ~ 7500
		盘　管		
		$\phi5 ~ \phi22$	0.5 ~ 6.0	>7500

2. 导电用无缝圆形铜管的外径及允许偏差（表 8-66）

表 8-66　导电用无缝圆形铜管的外径及允许偏差（GB/T 19850—2005）

公称外径/mm	平均外径允许偏差/mm		公称外径/mm	平均外径允许偏差/mm	
	普通级	高精级		普通级	高精级
5 ~ 15	±0.05	±0.04	>75 ~ 100	±0.15	±0.14
>15 ~ 25	±0.07	±0.05	>100 ~ 125	±0.20	±0.18
>25 ~ 50	±0.09	±0.08	>125 ~ 159	±0.28	±0.26
>50 ~ 75	±0.13	±0.12			

3. 导电用无缝圆形铜管的壁厚及允许偏差（表 8-67）

表 8-67　导电用无缝圆形铜管的壁厚及允许偏差（GB/T 19850—2005）

公称外径 /mm	普通级壁厚允许偏差(%)						高精级壁厚允许偏差(%)					
	壁厚/mm						壁厚/mm					
	0.5 ~1.0	>1.0 ~3.0	>3.0 ~6.0	>6.0 ~10.0	>10.0 ~15.0	>15.0 ~25.0	0.5 ~1.0	>1.0 ~3.0	>3.0 ~6.0	>6.0 ~10.0	>10.0 ~15.0	>15.0 ~25.0
5 ~15	±12	±10	±10	—	—	—	±11	±9	±9	—	—	—
>15 ~25	±12	±10	±10	±9	—	—	±11	±9	±9	±8	—	—
>25 ~50	±13	±11	±10	±9	±8	—	±12	±10	±9	±8	±7	—
>50 ~100	—	±12	±11	±10	±9	±9	—	±11	±10	±9	±8	±8
>100 ~159	—	—	±12	±11	±10	±10	—	—	±11	±10	±9	±9

4. 导电用无缝圆形铜管的长度及允许偏差（表 8-68）

表 8-68　导电用无缝圆形铜管的长度及允许偏差（GB/T 19850—2005）（单位：mm）

长度 L		长度允许偏差		
		公称外径		
		≤25	>25 ~100	>100 ~159
直管	1500 ~3000	+2 / 0	+10 / 0	+15 / 0
	>3000 ~4500	+8 / 0	+12 / 0	+18 / 0
	>4500 ~5800	+10 / 0	+14 / 0	+20 / 0
	>5800 ~7500	+15 / 0	+20 / 0	+30 / 0
盘管	≥7500	+1.5%L / 0	—	—

5. 导电用无缝圆形铜管的力学性能（表 8-69）

表 8-69　导电用无缝圆形铜管的力学性能（GB/T 19850—2005）

状　态	尺寸范围/mm	抗拉强度 R_m/MPa	断后伸长率 A(%)　≥
软(M)	全部	200 ~255	40
半硬(Y₂)	壁厚≤5.0	250 ~300	—
	壁厚>5.0	240 ~290	15
硬(Y)	壁厚≤5.0	290 ~360	—
	壁厚>5.0	270 ~320	6

6. 导电用无缝圆形铜管的电性能（表 8-70）

表 8-70　导电用无缝圆形铜管的电性能（GB/T 19850—2005）

状　态	尺寸范围/mm	电导率(20°C)(%IACS)　≥		
		TU1、TU2、T1、TAg0.1	T2	TP1
软(M)	全部	100	98	90
半硬(Y₂)	壁厚≤5.0	97	96	88
	壁厚>5.0	98	97	89
硬(Y)	壁厚≤5.0	97	95	87
	壁厚>5.0	98	96	88

8.3.10　无缝铜水管和铜气管

1. 无缝铜水管和铜气管的牌号、状态及规格（表 8-71）

表 8-71　无缝铜水管和铜气管的牌号、状态及规格（GB/T 18033—2007）

牌　号	状　态	种　类	外径/mm	壁厚/mm	长度/mm
TP2 TU2	硬（Y）	直管	6～325	0.6～8	≤6000
	半硬（Y₂）		6～159		
	软（M）		6～108		
	软（M）	盘管	≤28		≥15000

2. 无缝铜水管和铜气管的外形尺寸系列（表 8-72）

表 8-72　无缝铜水管和铜气管的外形尺寸系列（GB/T 18033—2007）

公称尺寸 DN/mm	公称外径/mm	壁厚/mm			理论重量/(kg/m)			最大工作压力 p/MPa								
								硬态			半硬态			软态		
		A 型	B 型	C 型	A 型	B 型	C 型	A 型	B 型	C 型	A 型	B 型	C 型	A 型	B 型	C 型
4	6	1.0	0.8	0.6	0.140	0.117	0.091	24.00	18.80	13.7	19.23	14.9	10.9	15.8	12.3	8.95
6	8	1.0	0.8	0.6	0.197	0.162	0.125	17.50	13.70	10.0	13.89	10.9	7.98	11.4	8.95	6.57
8	10	1.0	0.8	0.6	0.253	0.207	0.158	13.70	10.70	7.94	10.87	8.55	6.30	8.95	7.04	5.19
10	12	1.2	0.8	0.6	0.364	0.252	0.192	13.67	8.87	6.65	10.87	7.04	5.21	8.96	5.80	4.29
15	15	1.2	1.0	0.7	0.465	0.393	0.281	10.79	8.87	6.11	8.55	7.04	4.85	7.04	5.80	3.99
—	18	1.2	1.0	0.8	0.566	0.477	0.386	8.87	7.31	5.81	7.04	5.81	4.61	5.80	4.79	3.80
20	22	1.5	1.2	0.9	0.864	0.701	0.535	9.08	7.19	5.32	7.21	5.70	4.22	6.18	4.70	3.48
25	28	1.5	1.2	0.9	1.116	0.903	0.685	7.05	5.59	4.62	5.60	4.44	3.30	4.61	3.65	2.72
32	35	2.0	1.5	1.2	1.854	1.411	1.140	7.54	5.54	4.44	5.98	4.44	3.52	4.93	3.65	2.90
40	42	2.0	1.5	1.2	2.247	1.706	1.375	6.23	4.63	3.68	4.95	3.68	2.92	4.08	3.03	2.41
50	54	2.5	2.0	1.2	3.616	2.921	1.780	6.06	4.81	2.85	4.81	3.77	2.26	3.96	3.14	1.86
65	67	2.5	2.0	1.5	4.529	3.652	2.759	4.85	3.85	2.87	3.85	3.06	2.27	3.17	3.05	1.88
—	76	2.5	2.0	1.5	5.161	4.157	3.140	4.26	3.38	2.52	3.38	2.69	2.00	2.80	2.68	1.65
80	89	2.5	2.0	1.5	6.074	4.887	3.696	3.62	2.88	2.15	2.87	2.29	1.71	2.36	2.28	1.41
100	108	3.5	2.5	1.5	10.274	7.408	4.487	4.19	2.97	1.77	3.33	2.36	1.40	2.74	1.94	1.16
125	133	3.5	2.5	1.5	12.731	9.164	5.540	3.38	2.40	1.43	2.68	1.91	1.14	—	—	—
150	159	4.0	3.5	2.0	17.415	15.287	8.820	3.23	2.82	1.60	2.56	2.24	1.27	—	—	—
200	219	6.0	5.0	4.0	35.898	30.055	24.156	3.53	2.93	2.33	—	—	—	—	—	—
250	267	7.0	5.5	4.5	51.122	40.399	33.180	3.37	2.64	2.15	—	—	—	—	—	—
—	273	7.5	5.8	5.0	55.932	43.531	37.640	3.54	2.16	1.53	—	—	—	—	—	—
300	325	8.0	6.5	5.5	71.234	58.151	49.359	3.16	2.56	2.16	—	—	—	—	—	—

注：1. 最大计算工作压力 p 是指工作条件为 65℃ 时，硬态（Y）允许应力为 63MPa，半硬态（Y₂）允许应力为
　　50MPa，软态（M）允许应力为 41.2MPa。

　　2. 加工铜的密度值取 8.94g/cm³，作为计算每米铜管重量的依据。

3. 无缝铜水管和铜气管的力学性能（表 8-73）

表 8-73　无缝铜水管和铜气管的力学性能（GB/T 18033—2007）

牌　号	状　态	公称外径/mm	抗拉强度 R_m/MPa ≥	断后伸长率 A(%) ≥	硬度 HV5
TP2 TU2	Y	≤100	315	—	>100
		>100	295		
	Y_2	≤67	250	30	75~100
		>67~159	250	20	
	M	≤108	205	40	40~75

注：维氏硬度仅供选择性试验。

8.3.11　红色黄铜无缝管

1. 红色黄铜无缝管的牌号、状态及规格（表 8-74）

表 8-74　红色黄铜无缝管的牌号、状态及规格（GB/T 26290—2010）

牌　号	状　态	外径/mm	壁厚/mm A型(普通强度)	B型(高强度)	长度/mm
85	软态(M)	10.3~324	1.57~9.52	2.54~12.7	≤7000
	半硬态(Y_2)				

注：经供需双方协商，可提供其他规格的管材。

2. 红色黄铜无缝管的外径和壁厚及允许偏差（表 8-75）

表 8-75　红色黄铜无缝管的外径和壁厚及允许偏差（GB/T 26290—2010）

（单位：mm）

外　径		壁　厚			壁　厚		
公称外径	平均外径允许偏差	公称壁厚	允许偏差 普通精度	高精度	公称壁厚	允许偏差 普通精度	高精度
		A型(普通强度)			B型(高强度)		
10.3	0 -0.10	1.57		±0.10	2.54		±0.15
13.7	0 -0.10	2.08		±0.13	3.12		±0.18
17.1	0 -0.13	2.29		±0.13	3.23		±0.18
21.3	0 -0.13	2.72	公称壁厚的 ±8%	±0.15	3.78	公称壁厚的 ±8%	±0.20
26.7	0 -0.15	2.90		±0.15	3.99		±0.23
33.4	0 -0.15	3.20		±0.18	4.62		±0.25
42.2	0 -0.15	3.71		±0.20	4.93		±0.25
48.3	0 -0.15	3.81		±0.20	5.16		±0.28

（续）

外　径		壁　厚			壁　厚		
公称外径	平均外径允许偏差	公称壁厚	允许偏差		公称壁厚	允许偏差	
			普通精度	高精度		普通精度	高精度
		A 型（普通强度）			B 型（高强度）		
60.3	0 −0.20	3.96		±0.23	5.61		±0.30
73.0	0 −0.20	4.75		±0.25	7.11		±0.38
88.9	0 −0.25	5.56		±0.30	7.72		±0.41
102	0 −0.25	6.35		±0.33	8.15		±0.43
114	0 −0.30	6.35	公称壁厚的 ±10%	±0.36	8.66	公称壁厚的 ±10%	±0.46
141	0 −0.36	6.35		±0.36	9.52		±0.48
168	0 −0.41	6.35		±0.36	11.1		±0.69
219	0 −0.51	7.92		±0.56	12.7		±0.89
273	0 −0.56	9.27		±0.76	12.7		±1.0
324	0 −0.61	9.52		±0.76	—	—	—

注：管材其他的外径和壁厚要求由供需双方协商确定。

3. 红色黄铜无缝管的长度及允许偏差（表 8-76）

表 8-76　红色黄铜无缝管的长度及其允许偏差（GB/T 26290—2010）

长度/mm	允许偏差/mm	长度/mm	允许偏差/mm
≤4000	+13 0	>4000 ~ 7000	+15 0

注：管材的其他长度要求由供需双方协商确定。

4. 红色黄铜无缝管材标准规格尺寸及允许偏差与理论重量的对比关系（表 8-77）

表 8-77　管材标准规格尺寸及允许偏差与理论重量对比关系

外　径		壁　厚			理论重量 /(kg/m)	壁　厚			理论重量 /(kg/m)
公称外径 /mm	平均外径允许偏差/mm	公称壁厚 /mm	允许偏差/mm			公称壁厚 /mm	允许偏差/mm		
			普通精度	高精度			普通精度	高精度	
		A 型（普通强度）				B 型（高强度）			
10.3	0 −0.10	1.57	公称壁厚的 ±8%	0.10	0.376	2.54	公称壁厚的 ±8%	0.15	0.540
13.7	0 −0.10	2.08		0.13	0.665	3.12		0.18	0.909
17.1	0 −0.13	2.29		0.13	0.933	3.23		0.18	1.23

（续）

外　径		壁　厚			理论重量 /（kg/m）	壁　厚			理论重量 /（kg/m）
公称外径 /mm	平均外径允 许偏差/mm	公称壁厚 /mm	允许偏差/mm			公称壁厚 /mm	允许偏差/mm		
			普通精度	高精度			普通精度	高精度	
		A 型（普通强度）				B 型（高强度）			
21.3	0 −0.13	2.72	公称 壁厚的 ±8%	0.15	1.39	3.78	公称 壁厚的 ±8%	0.20	1.83
26.7	0 −0.15	2.90		0.15	1.89	3.99		0.23	2.48
33.4	0 −0.15	3.20		0.18	2.65	4.62		0.25	3.66
42.2	0 −0.15	3.71		0.20	3.91	4.93		0.25	5.04
48.3	0 −0.15	3.81		0.20	4.66	5.16		0.28	6.10
60.3	0 −0.20	3.96		0.23	6.13	5.61		0.30	8.44
73.0	0 −0.20	4.75		0.25	8.91	7.11		0.38	12.9
88.9	0 −0.25	5.56		0.30	12.7	7.72		0.41	17.3
102	0 −0.25	6.35		0.33	16.7	8.15	公称 壁厚的 ±10%	0.43	21.0
114	0 −0.30	6.35	公称 壁厚的 ±10%	0.36	18.9	8.66		0.46	25.1
141	0 −0.36	6.35		0.36	23.5	9.52		0.48	34.5
168	0 −0.41	6.35		0.36	28.3	11.1		0.69	47.9
219	0 −0.51	7.92		0.56	46.0	12.7		0.89	72.0
273	0 −0.56	9.27		0.76	67.3	12.7		1.0	90.9
324	0 −0.61	9.52		0.76	82.3	—	—	—	—

注：其他外径和壁厚要求的管材由供需双方协商确定。

5. 红色黄铜无缝管的力学性能（表 8-78）

表 8-78　红色黄铜无缝管的力学性能　（GB/T 26290—2010）

状　态	抗拉强度 R_m/MPa ≥	规定塑性延伸强度 $R_{p0.5}$/MPa ≥	断后伸长率 A_{50mm}（%） ≥
M	276	83	35
Y_2	303	124	—

8.3.12　铍青铜无缝管

1. 铍青铜无缝管的牌号、状态及规格（表 8-79）

表 8-79　铍青铜无缝管的牌号、状态及规格（GB/T 26313—2010）

牌号	供应状态	外径/mm	壁厚/mm														长度/mm
			0.3	0.4	0.6	0.8	1.0	1.5	2.0	2.5	3.0	4.0	5.0	6.0	8.0	10.0	
QBe2、C17200	热加工状态（R）	>30~50	○	○	○	—	—	—	—	—	—	—	—	—	—	—	≤6000
		>50~75	—	○	○	○	○	○	○	—	—	—	—	—	—	—	
		>75~90	—	—	—	○	○	○	○	○	○	—	—	—	—	—	
	软态或固溶退火态（M）硬态（Y）、固溶时效或软时效态（TF00）、硬时效（TH04）	3~5	○	○	○	○	—	—	—	—	—	—	—	—	—	—	
		>5~15	○	○	○	○	○	○	—	—	—	—	—	—	—	—	
		>15~30	—	○	○	○	○	○	○	○	—	—	—	—	—	—	
		>30~50	—	—	○	○	○	○	○	○	○	○	—	—	—	—	
		>50~75	—	—	—	○	○	○	○	○	○	○	○	—	—	—	
		>75~90	—	—	—	—	—	—	—	—	—	○	○	○	○	○	

注："○"表示可以按本标准生产的规格，超出表中规格时由供需双方协商确定。

2. 铍青铜无缝管的外径及允许偏差（表 8-80）

表 8-80　铍青铜无缝管的外径及允许偏差（GB/T 26313—2010）　　（单位：mm）

外　径	允许偏差			外　径	允许偏差		
	状态（Y）	状态（M/TF00/TH04）	状态（R）		状态（Y）	状态（M/TF00/TH04）	状态（R）
3~5	±0.05	±0.10	—	>30~50	±0.20	±0.25	±0.75
>5~15	±0.08	±0.15	—	>50~75	±0.25	±0.35	±1.0
>15~30	±0.15	±0.20	—	>75~90	±0.30	±0.50	±1.25

注：当规定为单向偏差时，其值应为表中数值的 2 倍。

3. 铍青铜无缝管的壁厚及允许偏差（表 8-81）

表 8-81　铍青铜无缝管的壁厚允许偏差（GB/T 26313—2010）　　（单位：mm）

壁　厚	外　径			壁　厚	外　径		
	3~15	>15~60	>60		3~15	>15~60	>60
0.3~1.0	±0.07	—	—	>4.0~6.0	—	±0.25	±0.30
>1.0~2.0	±0.12	±0.12	—	>6.0~8.0	—	—	±0.40
>2.0~3.0	—	±0.15	±0.20	>8.0	—	—	壁厚的 ±6%
>3.0~4.0	—	±0.20	±0.25				

注：1. 当规定为单向偏差时，其值应为表中数值的 2 倍。
　　2. 以 R 态供货的壁厚允许偏差为壁厚的 ±10%。

4. 铍青铜无缝管的长度及允许偏差（表 8-82）

表 8-82　铍青铜无缝管的长度及允许偏差（GB/T 26313—2010）　　（单位：mm）

长　度	外径≤30	外径>30	长　度	外径≤30	外径>30
≤2000	+3.0	+5.0	>4000~6000	+12.0	+12.0
>2000~4000	+6.0	+8.0			

注：对定尺长度偏差另有要求的，由供需双方协商确定。

5. 铍青铜无缝管的直线度（表 8-83）

表 8-83　铍青铜无缝管的直线度（GB/T 26313—2010）　　　　（单位：mm）

长　　度	直线度	长　　度	直线度
≤1000	≤1	>2000 ~3000	≤5
>1000 ~2000	≤3		

注：1. 长度大于 3000mm 的管材，全长中任意部位每 3000mm 的直线度误差不大于 5mm。
　　2. 以 M 态或 R 态供货的管材直线度或对管材直线度另有要求的，由供需双方协商确定。

6. 铍青铜无缝管 R 态、M 态及 Y 态的室温力学性能（表 8-84）

表 8-84　铍青铜无缝管 R 态、M 态及 Y 态的室温力学性能（GB/T 26313—2010）

牌　　号	状　　态	硬度 HRB	抗拉强度 R_m/MPa	断后伸长率 $A(\%)$
QBe2、C17200	R	≥50	≥450	≥15
	M	45 ~90	410 ~570	≥30
	Y	≥90	≥590	≥10

注：一般情况下，抗拉强度的上限值仅作为设计参考，不作为材料最终验收标准。

7. 铍青铜无缝管时效热处理后的力学性能（表 8-85）

表 8-85　铍青铜无缝管时效热处理后的力学性能（GB/T 26313—2010）

牌　　号	状　　态	外径/mm	硬度 HRC	抗拉强度 R_m/MPa	规定塑性延伸强度 $R_{p0.2}$/MPa	断后伸长率 $A(\%)$
QBe2、C17200	TF00	所有尺寸	≥35	≥1100	≥860	≥3
	TH04	≤25	≥36	≥1200	≥1030	≥2
		>25 ~50	≥36	≥1170	≥1000	≥2
		>50 ~90	≥36	≥1170	≥930	≥2

8.4　铜及铜合金棒

8.4.1　铜及铜合金拉制棒

1. 铜及铜合金拉制棒的牌号、状态及规格（表 8-86）

表 8-86　铜及铜合金拉制棒的牌号、状态及规格（GB/T 4423—2007）

牌　　号	状态	直径或对边距/mm		牌　　号	状态	直径或对边距/mm	
		圆形棒、方形棒、六角形棒	矩形棒			圆形棒、方形棒、六角形棒	矩形棒
T2、T3、TP2、H96、TU1、TU2	Y（硬） M（软）	3 ~80	3 ~80	H68	Y_2（半硬） M（软）	3 ~80 13 ~35	—
H90	Y（硬）	3 ~40	—	H62	Y_2（半硬）	3 ~80	3 ~80
H80、H65	Y（硬） M（软）	3 ~40	—	HPb59-1	Y_2（半硬）	3 ~80	3 ~80
				H63、HPb63-0.1	Y_2（半硬）	3 ~40	—

（续）

| 牌　号 | 状态 | 直径或对边距/mm | | 牌　号 | 状态 | 直径或对边距/mm | |
		圆形棒、方形棒、六角形棒	矩形棒			圆形棒、方形棒、六角形棒	矩形棒
HPb63-3	Y（硬）	3 ~ 30	3 ~ 80	QCd1	Y（硬）	4 ~ 60	—
	Y₂（半硬）	3 ~ 60			M（软）		
HPb61-1	Y₂（半硬）	3 ~ 20	—	QCr0. 5	Y（硬）	4 ~ 40	—
HFe59-1-1、HFe58-1-1、HSn62-1、HMn58-2	Y（硬）	4 ~ 60	—		M（软）		
				QSi1. 8	Y（硬）	4 ~ 15	—
QSn6. 5-0. 1、QSn6. 5-0. 4、QSn4-3、QSn4-0. 3、QSi3-1、QAl9-2、QAl9-4、QAl10-3-1. 5、QZr0. 2、QZr0. 4	Y（硬）	4 ~ 40	—	BZn15-20	Y（硬）	4 ~ 40	—
					M（软）		
				BZn15-24-1. 5	T（特硬）	3 ~ 18	—
					Y（硬）		
					M（软）		
QSn7-0. 2	Y（硬）	4 ~ 40	—	BFe30-1-1	Y（硬）	16 ~ 50	—
	T（特硬）				M（软）		
				BMn40-1. 5	Y（硬）	7 ~ 40	—

2. 铜及铜合金圆形棒、方形棒和六角形棒的力学性能（表8-87）

表8-87　铜及铜合金圆形棒、方形棒和六角形棒的力学性能（GB/T 4423—2007）

| 牌　号 | 状态 | 直径或对边距/mm | 抗拉强度 R_m/MPa | 断后伸长率 A（%） | 硬度 HBW |
				≥	
T2、T3	Y	3 ~ 40	275	10	—
		>40 ~ 60	245	12	—
		>60 ~ 80	210	16	—
	M	3 ~ 80	200	40	—
TU1、TU2、TP2	Y	3 ~ 80	—	—	—
H96	Y	3 ~ 40	275	8	—
		>40 ~ 60	245	10	—
		>60 ~ 80	205	14	—
	M	3 ~ 80	200	40	—
H90	Y	3 ~ 40	330	—	—
H80	Y	3 ~ 40	390	—	—
	M	3 ~ 40	275	50	—
H68	Y₂	3 ~ 12	370	18	—
		>12 ~ 40	315	30	—
		>40 ~ 80	295	34	—
	M	13 ~ 35	295	50	—

（续）

牌　号	状态	直径或对边距 /mm	抗拉强度 R_m/MPa	断后伸长率 A(%)	硬度 HBW
				≥	
H65	Y	3 ~ 40	390	—	—
	M	3 ~ 40	295	44	—
H62	Y_2	3 ~ 40	370	18	—
		>40 ~ 80	335	24	—
HPb61-1	Y_2	3 ~ 20	390	11	—
HPb59-1	Y_2	3 ~ 20	420	12	—
		>20 ~ 40	390	14	—
		>40 ~ 80	370	19	—
HPb63-0.1 H63	Y_2	3 ~ 20	370	18	—
		>20 ~ 40	340	21	—
HPb63-3	Y	3 ~ 15	490	4	—
		>15 ~ 20	450	9	—
		>20 ~ 30	410	12	—
	Y_2	3 ~ 20	390	12	—
		>20 ~ 60	360	16	—
HSn62-1	Y	4 ~ 40	390	17	—
		>40 ~ 60	360	23	—
HMn58-2	Y	4 ~ 12	440	24	—
		>12 ~ 40	410	24	—
		>40 ~ 60	390	29	—
HFe58-1-1	Y	4 ~ 40	440	11	—
		>40 ~ 60	390	13	—
HFe59-1-1	Y	4 ~ 12	490	17	—
		>12 ~ 40	440	19	—
		>40 ~ 60	410	22	—
QAl9-2	Y	4 ~ 40	540	16	—
QAl9-4	Y	4 ~ 40	580	13	—
QAl10-3-1.5	Y	4 ~ 40	630	8	—
QSi3-1	Y	4 ~ 12	490	13	—
		>12 ~ 40	470	19	—
QSi1.8	Y	3 ~ 15	500	15	—
QSn6.5-0.1 QSn6.5-0.4	Y	3 ~ 12	470	13	—
		>12 ~ 25	440	15	—
		>25 ~ 40	410	18	—
QSn7-0.2	Y	4 ~ 40	440	19	130 ~ 200
	T	4 ~ 40	—	—	≥180

（续）

牌　　号	状态	直径或对边距 /mm	抗拉强度 R_m/MPa	断后伸长率 A(%)	硬度 HBW
				≥	
QSn4-0.3	Y	4 ~ 12	410	10	—
		>12 ~ 25	390	13	—
		>25 ~ 40	355	15	—
QSn4-3	Y	4 ~ 12	430	14	—
		>12 ~ 25	370	21	—
		>25 ~ 35	335	23	—
		>35 ~ 40	315	23	—
QCd1	Y	4 ~ 60	370	5	≥100
	M	4 ~ 60	215	36	≤75
QCr0.5	Y	4 ~ 40	390	6	—
	M	4 ~ 40	230	40	—
QZr0.2　QZr0.4	Y	3 ~ 40	294	6	130[1]
BZn15-20	Y	4 ~ 12	440	6	—
		>12 ~ 25	390	8	—
		>25 ~ 40	345	13	—
	M	3 ~ 40	295	33	—
BZn15-24-1.5	T	3 ~ 18	590	3	—
	Y	3 ~ 18	440	5	—
	M	3 ~ 18	295	30	—
BFe30-1-1	Y	16 ~ 50	490	—	—
	M	16 ~ 50	345	25	—
BMn40-1.5	Y	7 ~ 20	540	6	—
		>20 ~ 30	490	8	—
		>30 ~ 40	440	11	—

注：直径或对边距离小于 10mm 的棒材不作硬度试验。

[1]　此硬度值为经淬火处理及冷加工时效后的性能参考值。

3. 铜及铜合金矩形棒的力学性能（表 8-88）

表 8-88　铜及铜合金矩形棒的力学性能（GB/T 4423—2007）

牌　　号	状　　态	高度/mm	抗拉强度 R_m/MPa	断后伸长率 A(%)
			≥	
T2	M	3 ~ 80	196	36
	Y	3 ~ 80	245	9
H62	Y_2	3 ~ 20	335	17
		>20 ~ 80	335	23
HPb59-1	Y_2	5 ~ 20	390	12
		>20 ~ 80	375	18

（续）

牌 号	状 态	高度/mm	抗拉强度 R_m/MPa	断后伸长率 A(%)
			≥	
HPb63-3	Y_2	3～20	380	14
		>20～80	365	19

8.4.2 铜及铜合金挤制棒

1. 铜及铜合金挤制棒的牌号、状态和规格（表8-89）

表8-89　铜及铜合金挤制棒的牌号、状态和规格（YS/T 649—2007）

牌　号	状态	直径或长边对边距/mm		
		圆形棒	矩形棒①	方形、六角形棒
T2、T3		30～300	20～120	20～120
TU1、TU2、TP2		16～300	—	16～120
H96、HFe58-1-1、HAl60-1-1		10～160	—	10～120
HSn62-1、HMn58-2、HFe59-1-1		10～220	—	10～120
H80、H68、H59		16～120	—	16～120
H62、HPb59-1		10～220	5～50	10～120
HSn70-1、HAl77-2		10～160	—	10～120
HMn55-3-1、HMn57-3-1、HAl66-6-3-2、HAl67-2.5		10～160	—	10～120
QAl9-2	挤制(R)	10～200	—	30～60
QAl9-4、QAl10-3-1.5、QAl10-4-4、QAl10-5-5		10～200	—	—
QAl11-6-6、HSi80-3、HNi56-3		10～160	—	—
QSi1-3		20～100	—	—
QSi3-1		20～160	—	—
QSi3.5-3-1.5、BFe10-1-1、BFe30-1-1、BAl13-3、BMn40-1.5		40～120	—	—
QCd1		20～120	—	—
QSn4-0.3		60～180	—	—
QSn4-3、QSn7-0.2		40～180	—	40～120
QSn6.5-0.1、QSn6.5-0.4		40～180	—	30～120
QCr0.5		18～160	—	—
BZn15-20		25～120	—	—

注：直径（或对边距）为10～50mm的棒材，供应长度为1000～5000mm；直径（或对边距）大于50～75mm的棒材，供应长度为500～5000mm；直径（或对边距）大于75～120mm的棒材，供应长度为500～4000mm；直径（或对边距）大于120mm的棒材，供应长度为300～4000mm。

① 矩形棒的对边距指两短边的距离。

2. 铜及铜合金挤制棒的力学性能（表8-90）

表 8-90　铜及铜合金挤制棒的力学性能（YS/T 649—2007）

牌　号	直径或对边距/mm	抗拉强度 R_m/MPa	断后伸长率 $A(\%)$	硬度 HBW
T2、T3、TU1、TU2、TP2	≤120	≥186	≥40	—
H96	≤80	≥196	≥35	—
H80	≤120	≥275	≥45	—
H68	≤80	≥295	≥45	—
H62	≤160	≥295	≥35	—
H59	≤120	≥295	≥30	—
HPb59-1	≤160	≥340	≥17	—
HSn62-1	≤120	≥365	≥22	—
HSn70-1	≤75	≥245	≥45	—
HMn58-2	≤120	≥395	≥29	—
HMn55-3-1	≤75	≥490	≥17	—
HMn57-3-1	≤70	≥490	≥16	—
HFe58-1-1	≤120	≥295	≥22	—
HFe59-1-1	≤120	≥430	≥31	—
HAl60-1-1	≤120	≥440	≥20	—
HAl66-6-3-2	≤75	≥735	≥8	—
HAl67-2.5	≤75	≥395	≥17	—
HAl77-2	≤75	≥245	≥45	—
HNi56-3	≤75	≥440	≥28	—
HSi80-3	≤75	≥295	≥28	—
QAl9-2	≤45	≥490	≥18	110~190
	>45~160	≥470	≥24	
QAl9-4	≤120	≥540	≥17	110~190
	>120	≥450	≥13	
QAl10-3-1.5	≤16	≥610	≥9	130~190
	>16	≥590	≥13	
QAl10-4-4 QAl10-5-5	≤29	≥690	≥5	170~260
	>29~120	≥635	≥6	
	>120	≥590	≥6	
QAl11-6-6	≤28	≥690	≥4	
	>28~50	≥635	≥5	
QSi1-3	≤80	≥490	≥11	—

（续）

牌　号	直径或对边距/mm	抗拉强度 R_m/MPa	断后伸长率 A(%)	硬度 HBW
QSi3-1	≤100	≥345	≥23	—
QSi3.5-3-1.5	40~120	≥380	≥35	—
QSn4-0.3	60~120	≥280	≥30	—
QSn4-3	40~120	≥275	≥30	—
QSn6.5-0.1、QSn6.5-0.4	≤40	≥355	≥55	—
	>40~100	≥345	≥60	—
	>100	≥315	≥64	—
QSn7-0.2	40~120	≥355	≥64	≥70
QCd1	20~120	≥196	≥38	≤75
QCr0.5	20~160	≥230	≥35	—
BZn15-20	≤80	≥295	≥33	—
BFe10-1-1	≤80	≥280	≥30	—
BFe30-1-1	≤80	≥345	≥28	—
BAl13-3	≤80	≥685	≥7	—
BMn40-1.5	≤80	≥345	≥28	—

注：直径大于50mm的QAl10-3-1.5棒材，当断后伸长率 A 不小于16%时，其抗拉强度可不小于540MPa。

8.4.3　易切削铜合金棒

1. 易切削铜合金棒的牌号、状态及规格（表8-91）

表8-91　易切削铜合金棒的牌号、状态及规格（GB/T 26306—2010）

牌　号	状　态	直径或对边距/mm	长度/mm
HPb57-4、HPb58-2、HPb58-3、HPb59-1、HPb59-2、HPb59-3、HPb60-2、HPb60-3、HPb62-3、HPb63-3	半硬(Y_2)、硬(Y)	3~80	500~6000
HBi59-1、HBi60-1.3、HBi60-2、HMg60-1、HSi75-3、HSi80-3	半硬(Y_2)	3~80	500~6000
HSb60-0.9、HSb61-0.8-0.5	半硬(Y_2)、硬(Y)	4~80	500~6000
HBi60-0.5-0.01、HBi60-0.8-0.01、HBi60-1.1-0.01	半硬(Y_2)	5~60	500~5000
QTe0.3、QTe0.5、QTe0.5-0.008、QS0.4、QSn4-4-4、QPb1	半硬(Y_2)、硬(Y)	4~80	500~5000

注：1. 直径（或对边距）不大于10mm，长度不小于4000mm的棒材可成盘（卷）供货。
　　2. 经双方协商，可供其他规格牌号的棒材，具体要求应在合同中注明。

2. 易切削铜合金棒的化学成分（表8-92）

表8-92 易切削铜合金棒的化学成分（GB/T 26306—2010）

化学成分（质量分数，%）

牌号	Cu	Pb	Fe	Sn	Ni	Bi	Te	P	S	Si	Cd	Sb	As	Zn	杂质总和
HPb57-4	56.0~58.0	3.5~4.5	0.5	0.5	—	—	—	—	—	—	—	—	—	余量	1.2
HPb58-2	57.0~59.0	1.5~2.5	0.5	0.5	—	—	—	—	—	—	—	—	—	余量	1.0
HPb58-3	57.0~59.0	2.5~3.5	0.5	0.5	—	—	—	—	—	—	—	—	—	余量	1.0
HPb59-2	57.0~60.0	1.5~2.5	0.5	0.5	1.0	—	—	—	—	—	—	—	—	余量	1.0
HPb60-3	58.0~61.0	2.5~3.5	0.3	0.3	—	—	—	—	—	—	—	—	—	余量	0.8
HBi59-1	58.0~60.0	0.1	0.2	0.2	0.3	0.8~2.0	—	—	—	—	0.01	—	—	余量	0.2
HBi60-1.3①	59.0~62.0	0.2	0.1	0.2	0.1	0.3~2.3	—	—	—	—	0.01	—	—	余量	0.5
HBi60-2	59.0~62.0	0.1	0.2	0.3	0.3	2.0~3.5	—	—	—	—	0.01	—	—	余量	0.5
HBi60-0.5-0.01	58.5~61.5	0.1	—	—	—	0.45~0.65	0.010~0.015	—	—	—	0.01	—	0.01	余量	0.5
HBi60-0.8-0.01	58.5~61.5	0.1	—	—	—	0.70~0.95	0.010~0.015	—	—	—	0.01	—	0.01	余量	0.5
HBi60-1.0-0.01	58.5~61.5	0.1	—	—	—	1.00~1.25	0.010~0.015	—	—	—	0.01	—	0.01	余量	0.5
HMg60-1	59.0~61.0	0.1	0.2	0.3	0.3	0.3~0.8	Mg0.5~2.0	—	—	—	0.01	—	—	余量	0.5
HSi75-3	73.0~77.0	0.1	0.1	0.2	0.1	—	Mn<0.1	0.04~0.15	—	2.7~3.4	0.01	—	—	余量	0.5
HSi80-3	79.0~81.0	0.1	0.6	0.2	0.5	—	—	—	—	2.5~4.0	0.01	—	—	余量	1.5
HSb60-0.9	58.0~62.0	0.2	0.05~0.9②	—	—	—	—	—	—	—	0.01	0.3~1.5	—	余量	0.2
HSb61-0.8-0.5	59.0~63.0	0.2	—	—	—	—	0.3~1.0	—	—	0.3~1.0	0.01	0.4~1.2	—	余量	0.2
QPb1	≥99.5③	0.8~1.5	—	—	—	—	—	—	—	—	—	—	—	—	—
QS0.4	≥99.90④	—	—	—	—	—	—	0.002~0.005	0.20~0.50	—	—	—	—	—	—
QTe0.3⑤	余量	0.01	0.008	0.001	0.002	0.001	0.20~0.35	0.001	0.0025	—	0.01	0.0015	0.002	0.005	0.1
QTe0.5-0.008⑥	余量	0.01	0.008	0.005	0.005	0.001	0.4~0.6	0.004~0.012	0.003	0.3~1.0	0.01	0.003	0.002	0.008	0.2

注：1. 含量有上下限者为合金元素，含量为单个数值者为杂质元素，单个数值表示最高限值。
2. 杂质总和为表中所列杂质元素实测值总和。

① 此牌号 $0.05 < w(Sb+B+Ni+Sn) < 1.2$。
② 此值为 $w(Ni+Fe+B)$。
③ 此值包含 Pb。
④ 此值包含 Pb。
⑤ 此牌号 $w(Te+Cu+Ag) \geq 99.9\%$。
⑥ 此牌号 $w(Te+P+Cu+Ag) \geq 99.8\%$。

3. 易切削铜合金棒的外形尺寸及允许偏差 （表 8-93）

表 8-93　易切削铜合金棒的外形尺寸及允许偏差 （GB/T 26306—2010）

（单位：mm）

直径或对边距	圆　形		正方形、矩形、正六角形	
	高精级	普通级	高精级	普通级
3 ~ 6	±0.02	±0.04	±0.04	±0.07
>6 ~ 12	±0.03	±0.05	±0.04	±0.08
>12 ~ 18	±0.03	±0.06	±0.05	±0.10
>18 ~ 30	±0.04	±0.07	±0.06	±0.10
>30 ~ 50	±0.08	±0.10	±0.10	±0.13
>50 ~ 80	±0.10	±0.12	±0.15	±0.24

注：当需方有要求时，单向偏差值为表中数值的 2 倍。

4. 易切削铜合金棒的力学性能 （表 8-94）

表 8-94　易切削铜合金棒的力学性能 （GB/T 26306—2010）

牌　号	状态	直径或对边距/mm	抗拉强度 R_m/MPa	断后伸长率 A（%）
			≥	
HPb57-4、HPb58-2、HPb58-3	Y_2	3 ~ 20	350	10
		>20 ~ 40	330	15
		>40 ~ 80	315	20
	Y	3 ~ 20	380	8
		>20 ~ 40	350	12
		>40 ~ 80	320	15
HPb59-1、HPb59-2、HPb60-2	Y_2	3 ~ 20	420	12
		>20 ~ 40	390	14
		>40 ~ 80	370	19
	Y	3 ~ 20	480	5
		>20 ~ 40	460	7
		>40 ~ 80	440	10
HPb59-3、HPb60-3、HPb62-3、HPb63-3	Y_2	3 ~ 20	390	12
		>20 ~ 40	350	15
		>40 ~ 80	330	20
	Y	3 ~ 20	490	6
		>20 ~ 40	450	9
		>40 ~ 80	410	12
HBi59-1、HBi60-2、HBi60-1.3、HMg60-1、HSi75-3	Y_2	3 ~ 20	350	10
		>20 ~ 40	330	12
		>40 ~ 80	320	15

（续）

牌　号	状态	直径或对边距 /mm	抗拉强度 R_m/MPa	断后伸长率 A（%）
			≥	
HBi60-0.5-0.01、 HBi60-0.8-0.01、 HBi60-1.1-0.01	Y_2	5~20	400	20
		>20~40	390	22
		>40~60	380	25
HSb60-0.9、 HSb61-0.8-0.5	Y_2	4~12	390	8
		>12~25	370	10
		>25~80	300	18
	Y	4~12	480	4
		>12~25	450	6
		>25~40	420	10
QSn4-4-4	Y_2	4~12	430	12
		>12~20	400	15
	Y	4~12	450	5
		>12~20	420	7
HSi80-3	Y_2	4~80	295	28
QTe0.3、QTe0.5、 QTe0.5-0.008、QS0.4、QPb1	Y_2	4~80	260	8
	Y	4~80	330	4

注：矩形棒按短边长分档。

8.4.4　再生铜及铜合金棒

1. 再生铜及铜合金棒的牌号、状态及规格（表8-95）

表8-95　再生铜及铜合金棒的牌号、状态及规格（GB/T 26311—2010）

牌号[①]	产品状态	直径或对边距/mm	长度/mm
RT3	硬（Y）、软（M）		
RHPb59-2、RHPb58-2、 RHPb57-3、RHPb56-4	铸（Z）、挤制（R）、半硬（Y_2）	7~80	500~5000
RHPb62-2-0.1	挤制（R）、半硬（Y_2）		

注：经双方协商，可供其他规格棒材，具体要求应在合同中注明。

① 牌号前面"R"取"recycling"含义，表示再生铜及铜合金牌号。

2. 再生铜及铜合金棒的化学成分（表8-96）

表8-96　再生铜及铜合金棒的化学成分（GB/T 26311—2010）

组别	牌号	化学成分（质量分数，%）								
		Cu	Pb	As	Fe	Sn	Fe+Sn	Ni	Zn	其他杂 质总和
纯铜	RT3	≥99.80	≤0.06	—	≤0.10	—	—	—	—	≤0.10

（续）

组别	牌号	化学成分（质量分数,%）								
		Cu	Pb	As	Fe	Sn	Fe + Sn	Ni	Zn	其他杂质总和
铅黄铜	RHPb59-2	57.0 ~ 60.0	1.0 ~ 2.5	—	≤0.5	—	<1.0	≤0.5	余量	≤1.0
	RHPb58-2	56.5 ~ 59.5	1.0 ~ 3.0	—	≤0.8	—	<1.8	≤0.5	余量	≤1.2
铅黄铜	RHPb57-3	56.0 ~ 59.0	2.0 ~ 3.5	—	≤0.9	—	<2.0	≤0.6	余量	≤1.2
	RHPb56-4	54.0 ~ 58.0	3.0 ~ 4.5	—	≤1.0	—	<2.4	≤0.6	余量	≤1.2
含砷铅黄铜	RHPb62-2-0.1	60.0 ~ 63.0	1.7 ~ 2.8	0.08 ~ 0.15	≤0.2	≤0.2			余量	≤0.3

注：1. 经供需双方协议，可供应其他牌号的棒材。
　　2. 其他杂质包括 Al、Si、Mn、Cr、Cd、As、Sb、Bi 等元素。

3. 再生铜及铜合金棒的直线度（表8-97）

表8-97　再生铜及铜合金棒的直线度（GB/T 26311—2010）　　（单位：mm）

长度	圆棒				矩形棒、方形棒、六角棒	
	7 ~ <20		20 ~ 80			
	全长直线度	每米直线度	全长直线度	每米直线度	全长直线度	每米直线度
<1000	≤2	—	≤1.5	—	≤5	—
1000 ~ <2000	≤3	—	≤2	—	≤8	—
2000 ~ <3000	≤6	≤3	≤4	≤3	≤12	≤5
≥3000	≤12	≤3	≤6	≤3	≤15	≤5

4. 再生铜及铜合金棒的力学性能（表8-98）

表8-98　再生铜及铜合金棒的力学性能（GB/T 26311—2010）

牌号	状态	抗拉强度 R_m /MPa	断后伸长率 $A(\%)$	牌号	状态	抗拉强度 R_m /MPa	断后伸长率 $A(\%)$
		≥				≥	
RT3	M	≥205	≥40	RHPb57-3	Z	≥250	
	Y	≥315	—		R	—	
RHPb59-2	Z	≥250	—	RHPb56-4	Y_2	≥320	≥5
	R	≥360	≥12		Z	≥250	
	Y_2	≥360	≥10		R	—	
RHPb58-2	Z	≥250	—		Y_2	≥320	≥5
	R	≥360	≥7	RHPb62-2-0.1	R	≥250	≥22
	Y_2	≥320	≥5		Y_2	≥300	≥20

注：本表规定之外的状态或牌号，性能由供需双方协商确定。

5. 再生铜及铜合金棒的脱锌耐蚀性（表 8-99）

表 8-99　再生铜及铜合金棒的脱锌耐蚀性（GB/T 26311—2010）

失锌层深度/μm
≤

纵　向		横　向	
最大	平均	最大	平均
250	200	120	80

8.4.5　导电用铜棒

1. 导电用铜棒的牌号、状态及规格（表 8-100）

表 8-100　导电用铜棒的牌号、状态及规格（YS/T 615—2006）

牌　号	状　态	直径(或对边距)/mm	长度/m
T1、T2、TU1、TU2、TAg0.1	挤制(R)	12 ~ 90	1 ~ 12
	拉制(M、Y)	6 ~ 75	

注：经供需双方协商，可供应 P≤0.001% 的 T2 铜，也可供应其他规格的棒材，也可成盘供货。

2. 导电用挤制铜棒的尺寸及允许偏差（表 8-101）

表 8-101　导电用挤制铜棒的尺寸及允许偏差（YS/T 615—2006）　（单位：mm）

公称直径（或对边距）D	允　许　偏　差
12 ~ 18	±0.30
>18 ~ 90	±2%D

3. 导电用拉制铜棒的尺寸及允许偏差（表 8-102）

表 8-102　导电用拉制铜棒的尺寸及允许偏差（YS/T 615—2006）　（单位：mm）

公称直径（或对边距）D	允　许　偏　差		公称直径（或对边距）D	允　许　偏　差	
	圆形	矩(方)形、正六角形		圆形	矩(方)形、正六角形
6 ~ 12	±0.04	±0.08	>25 ~ 50	±0.10	±0.25
>12 ~ 18	±0.06	±0.11			
>18 ~ 25	±0.08	±0.18	>50 ~ 75	±0.3%D	±0.6%D

4. 导电用铜棒的力学性能（表 8-103）

表 8-103　导电用铜棒的力学性能（YS/T 615—2006）

牌　号	状态	公称直径（或对边距）/mm	抗拉强度 R_m/MPa ≥	断后伸长率 A(%) ≥
T1、T2、TU1、TU2、TAg0.1	R	12 ~ 90	195	30
	M	6 ~ 75	205	35
	Y	6 ~ 25	290	—
		>25 ~ 50	275	—
		>50 ~ 75	245	—

5. 导电用铜棒的电导率（表 8-104）

表 8-104　导电用铜棒的电导率（YS/T 615—2006）

牌　　号	状　　态	电导率（% IACS）≥
TU1、TU2	R、M	100
	Y	99
T1、T2、TAg0.1	R、M	98
	Y	97

8.4.6　数控车床用铜合金棒

1. 数控车床用铜合金棒的牌号和规格（表 8-105）

表 8-105　数控车床用铜合金棒的牌号和规格（YS/T 551—2009）

牌　　号	状　　态	直径(或最小平行平面距离)/mm
HPb59-1、HPb59-3、HPb60-2(C37700)、HPb62-3(C36000)、HPb63-3	半硬(Y_2) 硬(Y)	4~80 4~40
HSb60-0.9、HSb61-0.8-0.5、HBi60-1.3	半硬(Y_2) 硬(Y)	4~80 4~40
QTe0.5(C14500)、QS 0.4(C14700)	半硬(Y_2) 硬(Y)	4~80 4~40
QSn4-4-4	半硬(Y_2) 硬(Y)	4~20

注：经双方协商，可供其他规格的棒材，也可成盘供货。

2. 数控车床用铜合金棒的化学成分（表 8-106）

表 8-106　数控车床用铜合金棒的化学成分（YS/T 551—2009）

牌号	化学成分（质量分数,%）										
	Cu	Sb	Ni、Fe、B、Sn 等	Si	Fe	Bi	Cd	Pb	Zn	杂质总和
HSb60-0.9	58~62	0.3~1.5	0.05 < Ni + Fe + B < 0.9	—	—	—	0.01	0.2	余量	0.2
HSb61-0.8-0.5	59~63	0.4~1.2	0.05 < Ni + Sn + B < 1.2	0.3~1.0	0.2	—	0.01	0.2	余量	0.4
HBi60-1.3	58~62	0.05 < Sb + B + Ni + Sn < 1.2			0.1	0.3~2.3	0.01	0.2	余量	0.3

注：1. 元素含量为上下限者为合金元素，元素含量为单个数值者为杂质元素，单个数值表示最高限量。

2. 杂质总和为表中所列杂质元素实测值总和。

3. 表中用"余量"表示的元素含量为 100% 减去表中所列元素实测值所得。

3. 数控车床用铜合金棒的力学性能（表 8-107）

表 8-107　数控车床用铜合金棒的力学性能（YS/T 551—2009）

牌号	状态	直径（或最小平行面距离）/mm	抗拉强度 R_m/MPa ≥	断后伸长率 A（%）≥
HPb59-1 HPb60-2	Y_2	4 ~ 20	420	12
		>20 ~ 40	390	14
		>40 ~ 80	370	19
	Y	4 ~ 12	480	5
		>12 ~ 25	460	7
		>25 ~ 40	440	10
HPb59-3 HPb62-3	Y_2	4 ~ 12	400	7
		>12 ~ 25	380	10
		>25 ~ 50	345	15
		>50 ~ 80	310	20
	Y	4 ~ 12	480	4
		>12 ~ 25	450	6
		>25 ~ 40	410	12
HPb63-3	Y_2	4 ~ 20	390	12
		>20 ~ 80	360	16
	Y	4 ~ 15	490	4
		>15 ~ 20	450	9
		>20 ~ 40	410	12
HSb60-0.9	Y_2	4 ~ 12	390	8
		>12 ~ 25	370	10
		>25 ~ 50	335	16
		>50 ~ 80	300	18
	Y	4 ~ 12	480	4
		>12 ~ 25	450	6
		>25 ~ 40	420	10
HSb61-0.8-0.5	Y_2	4 ~ 12	420	7
		>12 ~ 25	400	9
		>25 ~ 50	370	14
		>50 ~ 80	350	16
	Y	4 ~ 12	490	3
		>12 ~ 25	450	5
		>25 ~ 40	410	8

8.4.7　热锻水暖管件用黄铜棒

1. 热锻水暖管件用黄铜棒的牌号、状态及规格（表8-108）

表8-108　热锻水暖管件用黄铜棒的牌号、状态及规格（YS/T 583—2006）

牌　号	状　态	直径（或对边距）/mm	长度/mm
HPb62-2-0.1、HPb61-2-1、HPb61-2-0.1、HPb59-3、HPb59-1、HPb59-2	挤制（R）半硬（Y_2）	10 ~ 80	1000 ~ 8000

2. 热锻水暖管件用黄铜棒的化学成分（表8-109）

表8-109　热锻水暖管件用黄铜棒的化学成分（YS/T 583—2006）

合金牌号	化学成分(质量分数,%)									
	Cu	Pb	Al	Fe	Mn	Ni	Sn	Zn	As	杂质总和
HPb62-2-0.1	61.0 ~ 63.0	1.7 ~ 2.8	≤0.05	≤0.1	≤0.1	≤0.3	≤0.1	余量	0.02 ~ 0.15	≤0.2
HPb61-2-1	59.0 ~ 62.0	1.0 ~ 2.5			0.30 ~ 1.5			余量	0.02 ~ 0.25	≤0.4
HPb61-2-0.1	59.2 ~ 62.3	1.7 ~ 2.8		0.2			0.2	余量	0.08 ~ 0.15	≤0.5
HPb59-2	57.0 ~ 60.0	1.0 ~ 2.5	≤0.25	≤0.8			≤0.8	余量	—	≤2

3. 热锻水暖管件用黄铜棒的尺寸及允许偏差（表8-110）

表8-110　热锻水暖管件用黄铜棒的尺寸及允许偏差（YS/T 583—2006）　　（单位：mm）

公称直径（或对边距）D	允　许　偏　差			公称直径（或对边距）D	允　许　偏　差		
	挤制	拉　制			挤制	拉　制	
		圆形	异形			圆形	异形
10 ~ 18	± 0.30	0 -0.10	0 -0.12	>32 ~ 50	± 0.50	0 -0.25	0 -0.30
>18 ~ 32		0 -0.15	0 -0.20	>50	± 1.0%D	0 -0.35	0 -0.40

4. 热锻水暖管件用黄铜棒的室温纵向力学性能（表8-111）

表8-111　热锻水暖管件用黄铜棒的室温纵向力学性能　（YS/T 583—2006）

牌号	状态	抗拉强度 R_m/MPa ≥	断后伸长率 A（%） ≥	牌号	状态	抗拉强度 R_m/MPa ≥	断后伸长率 A（%） ≥
HPb62-2-0.1	R	315	20	HPb61-2-1	R	315	20
	Y_2	370	15		Y_2	370	15

（续）

牌号	状态	抗拉强度 R_m/MPa ≥	断后伸长率 A（%）≥	牌号	状态	抗拉强度 R_m/MPa ≥	断后伸长率 A（%）≥
HPb61-2-0.1	R	315	20	HPb59-1	R	365	20
	Y_2	365	15		Y_2	390	10
HPb59-3	R	320	12	HPb59-2	R	320	15
	Y_2	350	10		Y_2	350	10

8.5 铜及铜合金线

8.5.1 常用铜及铜合金线

1. 铜及铜合金线的牌号、状态及规格（表 8-112）

表 8-112 铜及铜合金线的牌号、状态及规格（GB/T 21652—2008）

类别	牌 号	状 态	直径或对边距 /mm
纯铜线	T2、T3	软(M)、半硬(Y_2)、硬(Y)	0.05 ~ 8.0
	TU1、TU2	软(M)、硬(Y)	0.05 ~ 8.0
黄铜线	H62、H63、H65	软(M)、1/8 硬(Y_8)、1/4 硬(Y_4)、半硬(Y_2)、3/4 硬(Y_1)、硬(Y)	0.05 ~ 13.0
		特硬(T)	0.05 ~ 4.0
	H68、H70	软(M)、1/8 硬(Y_8)、1/4 硬(Y_4)、半硬(Y_2)、3/4 硬(Y_1)、硬(Y)	0.05 ~ 8.5
		特硬(T)	0.1 ~ 6.0
	H80、H85、H90、H96	软(M)、半硬(Y_2)、硬(Y)	0.05 ~ 12.0
	HSn60-1、HSn62-1	软(M)、硬(Y)	0.5 ~ 6.0
	HPb63-3、HPb59-1	软(M)、半硬(Y_2)、硬(Y)	
	HPb59-3	半硬(Y_2)、硬(Y)	1.0 ~ 8.5
	HPb61-1	半硬(Y_2)、硬(Y)	0.5 ~ 8.5
	HPb62-0.8	半硬(Y_2)、硬(Y)	0.5 ~ 6.0
	HSb60-0.9、HSb61-0.8-0.5、HBi60-1.3	半硬(Y_2)、硬(Y)	0.8 ~ 12.0
	HMn62-13	软(M)、1/4 硬(Y_4)、半硬(Y_2)、3/4 硬(Y_1)、硬(Y)	0.5 ~ 6.0
青铜线	QSn6.5-0.1、QSn6.5-0.4 QSn7-0.2、QSn5-0.2、QSi3-1	软(M)、1/4 硬(Y_4)、半硬(Y_2)、3/4 硬(Y_1)、硬(Y)	0.1 ~ 8.5
	QSn4-3	软(M)、1/4 硬(Y_4)、半硬(Y_2)、3/4 硬(Y_1)	0.1 ~ 8.5
		硬(Y)	0.1 ~ 6.0
	QSn4-4-4	半硬(Y_2)、硬(Y)	0.1 ~ 8.5

（续）

类别	牌　号	状　态	直径或对边距 /mm
青铜线	QSn15-1-1	软(M)、1/4 硬(Y_4)、半硬(Y_2)、3/4 硬(Y_1)、硬(Y)	0.5～6.0
	QAl7	半硬(Y_2)、硬(Y)	1.0～6.0
	QAl9-2	硬(Y)	0.6～6.0
	QCr1、QCr1-0.18	固溶 + 冷加工 + 时效(CYS)、固溶 + 时效 + 冷加工(CSY)	1.0～12.0
	QCr4.5-2.5-0.6	软(M)、固溶 + 冷加工 + 时效(CYS)、固溶 + 时效 + 冷加工(CSY)	0.5～6.0
	QCd1	软(M)、硬(Y)	0.1～6.0
白铜线	B19	软(M)、硬(Y)	0.1～6.0
	BFe10-1-1、BFe30-1-1		
	BMn3-12	软(M)、硬(Y)	0.05～6.0
	BMn40-1.5		
	BZn9-29、BZn12-26、BZn15-20、BZn18-20	软(M)、1/8 硬(Y_8)、1/4 硬(Y_4)、半硬(Y_2)、3/4 硬(Y_1)、硬(Y)	0.1～8.0
		特硬(T)	0.5～4.0
	BZn22-16、BZn25-18	软(M)、1/8 硬(Y_8)、1/4 硬(Y_4)、半硬(Y_2)、3/4 硬(Y_1)、硬(Y)	0.1～8.0
		特硬(T)	0.1～4.0
	BZn40-20	软(M)、1/4 硬(Y_4)、半硬(Y_2)、3/4 硬(Y_1)、硬(Y)	1.0～6.0

2. 铜及铜合金线的力学性能（表 8-113）

表 8-113　铜及铜合金线的力学性能（GB/T 21652—2008）

牌　号	状态	直径或对边距/mm	抗拉强度 R_m/MPa	断后伸长率 A_{100mm}（%）
TU1 TU2	M	0.05～8.0	≤255	≥25
	Y	0.05～4.0	≥345	—
		>4.0～8.0	≥310	≥10
T2 T3	M	0.05～0.3	≥195	≥15
		>0.3～1.0	≥195	≥20
		>1.0～2.5	≥205	≥25
		>2.5～8.0	≥205	≥30
	Y_2	0.05～8.0	255～365	—
	Y	0.05～2.5	≥380	—
		>2.5～8.0	≥365	—
H62 H63	M	0.05～0.25	≥345	≥18
		>0.25～1.0	≥335	≥22

（续）

牌　号	状态	直径或对边距/mm	抗拉强度 R_m/MPa	断后伸长率 A_{100mm}（%）
	M	>1.0~2.0	≥325	≥26
		>2.0~4.0	≥315	≥30
		>4.0~6.0	≥315	≥34
		>6.0~13.0	≥305	≥36
	Y_8	0.05~0.25	≥360	≥8
		>0.25~1.0	≥350	≥12
		>1.0~2.0	≥340	≥18
		>2.0~4.0	≥330	≥22
		>4.0~6.0	≥320	≥26
		>6.0~13.0	≥310	≥30
	Y_4	0.05~0.25	≥380	≥5
		>0.25~1.0	≥370	≥8
		>1.0~2.0	≥360	≥10
		>2.0~4.0	≥350	≥15
		>4.0~6.0	≥340	≥20
		>6.0~13.0	≥330	≥25
H62 H63	Y_2	0.05~0.25	≥430	—
		>0.25~1.0	≥410	≥4
		>1.0~2.0	≥390	≥7
		>2.0~4.0	≥375	≥10
		>4.0~6.0	≥355	≥12
		>6.0~13.0	≥350	≥14
	Y_1	0.05~0.25	590~785	—
		>0.25~1.0	540~735	—
		>1.0~2.0	490~685	—
		>2.0~4.0	440~635	—
		>4.0~6.0	390~590	—
		>6.0~13.0	360~560	—
	Y	0.05~0.25	785~980	—
		>0.25~1.0	685~885	—
		>1.0~2.0	635~835	—
		>2.0~4.0	590~785	—
		>4.0~6.0	540~735	—
		>6.0~13.0	490~685	—
	T	0.05~0.25	≥850	—
		>0.25~1.0	≥830	—

（续）

牌　　号	状态	直径或对边距/mm	抗拉强度 R_m/MPa	断后伸长率 A_{100mm}（%）
H62 H63	T	>1.0~2.0	≥800	—
		>2.0~4.0	≥770	—
H65	M	0.05~0.25	≥335	≥18
		>0.25~1.0	≥325	≥24
		>1.0~2.0	≥315	≥28
		>2.0~4.0	≥305	≥32
		>4.0~6.0	≥295	≥35
		>6.0~13.0	≥285	≥40
	Y_8	0.05~0.25	≥350	≥10
		>0.25~1.0	≥340	≥15
		>1.0~2.0	≥330	≥20
		>2.0~4.0	≥320	≥25
		>4.0~6.0	≥310	≥28
		>6.0~13.0	≥300	≥32
	Y_4	0.05~0.25	≥370	≥6
		>0.25~1.0	≥360	≥10
		>1.0~2.0	≥350	≥12
		>2.0~4.0	≥340	≥18
		>4.0~6.0	≥330	≥22
		>6.0~13.0	≥320	≥28
	Y_2	0.05~0.25	≥410	—
		>0.25~1.0	≥400	≥4
		>1.0~2.0	≥390	≥7
		>2.0~4.0	≥380	≥10
		>4.0~6.0	≥375	≥13
		>6.0~13.0	≥360	≥15
	Y_1	0.05~0.25	540~735	—
		>0.25~1.0	490~685	—
		>1.0~2.0	440~635	—
		>2.0~4.0	390~590	—
		>4.0~6.0	375~570	—
		>6.0~13.0	370~550	—
	Y	0.05~0.25	685~885	—
		>0.25~1.0	635~835	—
		>1.0~2.0	590~785	—
		>2.0~4.0	540~735	—

（续）

牌　号	状态	直径或对边距/mm	抗拉强度 R_m/MPa	断后伸长率 A_{100mm}（%）
H65	Y	>4.0~6.0	490~685	—
		>6.0~13.0	440~635	—
	T	0.05~0.25	≥830	—
		>0.25~1.0	≥810	—
		>1.0~2.0	≥800	—
		>2.0~4.0	≥780	—
H68 H70	M	0.05~0.25	≥375	≥18
		>0.25~1.0	≥355	≥25
		>1.0~2.0	≥335	≥30
		>2.0~4.0	≥315	≥35
		>4.0~6.0	≥295	≥40
		>6.0~8.5	≥275	≥45
	Y_8	0.05~0.25	≥385	≥18
		>0.25~1.0	≥365	≥20
		>1.0~2.0	≥350	≥24
		>2.0~4.0	≥340	≥28
		>4.0~6.0	≥330	≥33
		>6.0~8.5	≥320	≥35
	Y_4	0.05~0.25	≥400	≥10
		>0.25~1.0	≥380	≥15
		>1.0~2.0	≥370	≥20
		>2.0~4.0	≥350	≥25
		>4.0~6.0	≥340	≥30
		>6.0~8.5	≥330	≥32
	Y_2	0.05~0.25	≥410	—
		>0.25~1.0	≥390	≥5
		>1.0~2.0	≥375	≥10
		>2.0~4.0	≥355	≥12
		>4.0~6.0	≥345	≥14
		>6.0~8.5	≥340	≥16
	Y_1	0.05~0.25	540~735	—
		>0.25~1.0	490~685	—
		>1.0~2.0	440~635	—
		>2.0~4.0	390~590	—
		>4.0~6.0	345~540	—
		>6.0~8.5	340~520	—

（续）

牌　号	状态	直径或对边距/mm	抗拉强度 R_m/MPa	断后伸长率 A_{100mm}（%）
H68 H70	Y	0.05～0.25	735～930	—
		>0.25～1.0	685～885	—
		>1.0～2.0	635～835	—
		>2.0～4.0	590～785	—
		>4.0～6.0	540～735	—
		>6.0～8.5	490～685	—
	T	0.1～0.25	≥800	—
		>0.25～1.0	≥780	—
		>1.0～2.0	≥750	—
		>2.0～4.0	≥720	—
		>4.0～6.0	≥690	—
H80	M	0.05～12.0	≥320	≥20
	Y_2	0.05～12.0	≥540	—
	Y	0.05～12.0	≥690	—
H85	M	0.05～12.0	≥280	≥20
	Y_2	0.05～12.0	≥455	—
	Y	0.05～12.0	≥570	—
H90	M	0.05～12.0	≥240	≥20
	Y_2	0.05～12.0	≥385	—
	Y	0.05～12.0	≥485	—
H96	M	0.05～12.0	≥220	≥20
	Y_2	0.05～12.0	≥340	—
	Y	0.05～12.0	≥420	—
HPb59-1	M	0.5～2.0	≥345	≥25
		>2.0～4.0	≥335	≥28
		>4.0～6.0	≥325	≥30
	Y_2	0.5～2.0	390～590	—
		>2.0～4.0	390～590	—
		>4.0～6.0	375～570	—
	Y	0.5～2.0	490～735	—
		>2.0～4.0	490～685	—
		>4.0～6.0	440～635	—
HPb59-3	Y_2	1.0～2.0	≥385	—
		>2.0～4.0	≥380	—
		>4.0～6.0	≥370	—
		>6.0～8.5	≥360	—

（续）

牌　　号	状态	直径或对边距/mm	抗拉强度 R_m/MPa	断后伸长率 A_{100mm}（%）
HPb59-3	Y	1.0 ~ 2.0	≥480	—
		>2.0 ~ 4.0	≥460	—
		>4.0 ~ 6.0	≥435	—
		>6.0 ~ 8.5	≥430	—
HPb61-1	Y_3	0.5 ~ 2.0	≥390	≥10
		>2.0 ~ 4.0	≥380	≥10
		>4.0 ~ 6.0	≥375	≥15
		>6.0 ~ 8.5	≥365	≥15
	Y	0.5 ~ 2.0	≥520	—
		>2.0 ~ 4.0	≥490	—
		>4.0 ~ 6.0	≥465	—
		>6.0 ~ 8.5	≥440	—
HPb62-0.8	Y_2	0.5 ~ 6.0	410 ~ 540	≥12
	Y	0.5 ~ 6.0	450 ~ 560	—
HPb63-3	M	0.5 ~ 2.0	≥305	≥32
		>2.0 ~ 4.0	≥295	≥35
		>4.0 ~ 6.0	≥285	≥35
	Y_2	0.5 ~ 2.0	390 ~ 610	≥8
		>2.0 ~ 4.0	390 ~ 600	≥4
		>4.0 ~ 6.0	390 ~ 590	≥4
	Y	0.5 ~ 6.0	570 ~ 735	—
HSn60-1 HSn62-1	M	0.5 ~ 2.0	≥315	≥15
		>2.0 ~ 4.0	≥305	≥20
		>4.0 ~ 6.0	≥295	≥25
	Y	0.5 ~ 2.0	590 ~ 835	—
		>2.0 ~ 4.0	540 ~ 785	—
		>4.0 ~ 6.0	490 ~ 735	—
HSb60-0.9	Y_2	0.8 ~ 12.0	≥330	≥10
	Y	0.8 ~ 12.0	≥380	≥5
HSb61-0.8-0.5	Y_2	0.8 ~ 12.0	≥380	≥8
	Y	0.8 ~ 12.0	≥400	≥5
HB60-1.3	Y_2	0.8 ~ 12.0	≥350	≥8
	Y	0.8 ~ 12.0	≥400	≥5
HMn62-13	M	0.5 ~ 6.0	400 ~ 550	≥25
	Y_1	0.5 ~ 6.0	450 ~ 600	≥18
	Y_2	0.5 ~ 6.0	500 ~ 650	≥12

（续）

牌　　号	状态	直径或对边距/mm	抗拉强度 R_m/MPa	断后伸长率 A_{100mm}（%）
HMn62-13	Y_3	0.5~6.0	550~700	—
	Y	0.5~6.0	≥650	—
QSn6.5-0.1 QSn6.5-0.4 QSn7-0.2 QSn5-0.2 QSi3-1	M	0.1~1.0	≥350	≥35
		>1.0~8.5		≥45
	Y_4	0.1~1.0	480~680	—
		>1.0~2.0	450~650	≥10
		>2.0~4.0	420~620	≥15
		>4.0~6.0	400~600	≥20
		>6.0~8.5	380~580	≥22
	Y_2	0.1~1.0	540~740	—
		>1.0~2.0	520~720	—
		>2.0~4.0	500~700	≥4
		>4.0~6.0	480~680	≥8
		>6.0~8.5	460~660	≥10
	Y_1	0.1~1.0	750~950	—
		>1.0~2.0	730~920	—
		>2.0~4.0	710~900	—
		>4.0~6.0	690~880	—
		>6.0~8.5	640~860	—
	Y	0.1~1.0	880~1130	—
		>1.0~2.0	860~1060	—
		>2.0~4.0	830~1030	—
		>4.0~6.0	780~980	—
		>6.0~8.5	690~950	—
QSn4-3	M	0.1~1.0	≥350	≥35
		>1.0~8.5		≥45
	Y_4	0.1~1.0	460~580	≥5
		>1.0~2.0	420~540	≥10
		>2.0~4.0	400~520	≥20
		>4.0~6.0	380~480	≥25
		>6.0~8.5	360~450	—
	Y_2	0.1~1.0	500~700	—
		>1.0~2.0	480~680	—
		>2.0~4.0	450~650	—
		>4.0~6.0	430~630	—
		>6.0~8.5	410~610	—

（续）

牌　号	状态	直径或对边距/mm	抗拉强度 R_m/MPa	断后伸长率 A_{100mm}（%）
QSn4-3	Y_1	0.1~1.0	620~820	—
		>1.0~2.0	600~800	—
		>2.0~4.0	560~760	—
		>4.0~6.0	540~740	—
		>6.0~8.5	520~720	—
	Y	0.1~1.0	880~1 130	—
		>1.0~2.0	860~1 060	—
		>2.0~4.0	830~1 030	—
		>4.0~6.0	780~980	—
QSn4-4-4	Y_2	0.1~8.5	≥360	≥12
	Y	0.1~8.5	≥420	≥10
QSn15-1-1	M	0.5~1.0	≥365	≥28
		>1.0~2.0	≥360	≥32
		>2.0~4.0	≥350	≥35
		>4.0~6.0	≥345	≥36
	Y_4	0.5~1.0	630~780	≥25
		>1.0~2.0	600~750	≥30
		>2.0~4.0	580~730	≥32
		>4.0~6.0	550~700	≥35
	Y_2	0.5~1.0	770~910	≥3
		>1.0~2.0	740~880	≥6
		>2.0~4.0	720~850	≥8
		>4.0~6.0	680~810	≥10
	Y_1	0.5~1.0	800~930	≥1
		>1.0~2.0	780~910	≥2
		>2.0~4.0	750~880	≥2
		>4.0~6.0	720~850	≥3
	Y	0.5~1.0	850~1 080	—
		>1.0~2.0	840~980	—
		>2.0~4.0	830~960	—
		>4.0~6.0	820~950	—
QAl7	Y_2	1.0~6.0	≥550	≥8
	Y	1.0~6.0	≥600	≥4
QAl9-2	Y	0.6~1.0	≥580	—
		>1.0~2.0		≥1
		>2.0~5.0		≥2

（续）

牌　号	状态	直径或对边距/mm	抗拉强度 R_m/MPa	断后伸长率 A_{100mm}（%）
QAl9-2	Y	>5.0~6.0	≥530	≥3
QCr1、QCr1-0.18	CYS	1.0~6.0	≥420	≥9
	CSY	>6.0~12.0	≥400	≥10
QCr4.5-2.5-0.6	M	0.5~6.0	400~600	≥25
	CYS、CSY	0.5~6.0	550~850	—
QCd1	M	0.1~6.0	≥275	≥20
	Y	0.1~0.5	590~880	—
		>0.5~4.0	490~735	—
		>4.0~6.0	470~685	—
B19	M	0.1~0.5	≥295	≥20
		>0.5~6.0		≥25
	Y	0.1~0.5	590~880	—
		>0.5~6.0	490~785	—
BFe10-1-1	M	0.1~1.0	≥450	≥15
		>1.0~6.0	≥400	≥18
	Y	0.1~1.0	≥780	—
		>1.0~6.0	≥650	—
BFe30-1-1	M	0.1~0.5	≥345	≥20
		>0.5~6.0		≥25
	Y	0.1~0.5	685~980	—
		>0.5~6.0	590~880	—
BMn3-12	M	0.05~1.0	≥440	≥12
		>1.0~6.0	≥390	≥20
	Y	0.05~1.0	≥785	—
		>1.0~6.0	≥685	—
BMn40-1.5	M	0.05~0.20	≥390	≥15
		>0.20~0.50		≥20
		>0.50~6.0		≥25
	Y	0.05~0.20	685~980	—
		>0.20~0.50	685~880	—
		>0.50~6.0	635~835	—
BZn9-29 BZn12-26	M	0.1~0.2	≥320	≥15
		>0.2~0.5		≥20
		>0.5~2.0		≥25
		>2.0~8.0		≥30
	Y_8	0.1~0.2	400~570	≥12

（续）

牌　号	状态	直径或对边距/mm	抗拉强度 R_m/MPa	断后伸长率 A_{100mm}（%）
BZn9-29 BZn12-26	Y_8	>0.2~0.5	380~550	≥16
		>0.5~2.0	360~540	≥22
		>2.0~8.0	340~520	≥25
	Y_4	0.1~0.2	420~620	≥6
		>0.2~0.5	400~600	≥8
		>0.5~2.0	380~590	≥12
		>2.0~8.0	360~570	≥18
	Y_2	0.1~0.2	480~680	—
		>0.2~0.5	460~640	≥6
		>0.5~2.0	440~630	≥9
		>2.0~8.0	420~600	≥12
	Y_1	0.1~0.2	550~800	—
		>0.2~0.5	530~750	—
		>0.5~2.0	510~730	—
		>2.0~8.0	490~630	—
	Y	0.1~0.2	680~880	—
		>0.2~0.5	630~820	—
		>0.5~2.0	600~800	—
		>2.0~8.0	580~700	—
	T	0.5~4.0	≥720	—
BZn15-20 BZn18-20	M	0.1~0.2	≥345	≥15
		>0.2~0.5		≥20
		>0.5~2.0		≥25
		>2.0~8.0		≥30
	Y_8	0.1~0.2	450~600	≥12
		>0.2~0.5	435~570	≥15
		>0.5~2.0	420~550	≥20
		>2.0~8.0	410~520	≥24
	Y_4	0.1~0.2	470~660	≥10
		>0.2~0.5	460~620	≥12
		>0.5~2.0	440~600	≥14
		>2.0~8.0	420~570	≥16
	Y_2	0.1~0.2	510~780	—
		>0.2~0.5	490~735	—
		>0.5~2.0	440~685	—
		>2.0~8.0	440~635	—

（续）

牌　号	状态	直径或对边距/mm	抗拉强度 R_m/MPa	断后伸长率 A_{100mm}（%）
BZn15-20 BZn18-20	Y_1	0.1~0.2	620~860	—
		>0.2~0.5	610~810	—
		>0.5~2.0	595~760	—
		>2.0~8.0	580~700	—
	Y	0.1~0.2	735~980	—
		0.2~0.5	735~930	—
		>0.5~2.0	635~880	—
		>2.0~8.0	540~785	—
	T	0.5~1.0	≥750	—
		>1.0~2.0	≥740	—
		>2.0~4.0	≥730	—
BZn22-16 BZn25-18	M	0.1~0.2	≥440	≥12
		0.2~0.5		≥16
		>0.5~2.0		≥23
		>2.0~8.0		≥28
	Y_8	0.1~0.2	500~680	≥10
		>0.2~0.5	490~650	≥12
		>0.5~2.0	470~630	≥15
		>2.0~8.0	460~600	≥18
	Y_4	0.1~0.2	540~720	—
		>0.2~0.5	520~690	≥6
		>0.5~2.0	500~670	≥8
		>2.0~8.0	480~650	≥10
	Y_2	0.1~0.2	640~830	—
		>0.2~0.5	620~800	—
		>0.5~2.0	600~780	—
		>2.0~8.0	580~760	—
	Y_1	0.1~0.2	660~880	—
		>0.2~0.5	640~850	—
		>0.5~2.0	620~830	—
		>2.0~8.0	600~810	—
	Y	0.1~0.2	750~990	—
		>0.2~0.5	740~950	—
		>0.5~2.0	650~900	—
		>2.0~8.0	630~860	—

（续）

牌　号	状态	直径或对边距/mm	抗拉强度 R_m/MPa	断后伸长率 A_{100mm}（%）
BZn22-16 BZn25-18	T	0.1~1.0	≥820	—
		>1.0~2.0	≥810	—
		>2.0~4.0	≥800	—
BZn40-20	M	1.0~6.0	500~650	≥20
	Y_4	1.0~6.0	550~700	≥8
	Y_2	1.0~6.0	600~850	—
	Y_1	1.0~6.0	750~900	—
	Y	1.0~6.0	800~1 000	—

注：断后伸长率指标均指拉伸试样在标距内断裂值。

8.5.2　铜及铜合金扁线

1. 铜及铜合金扁线的牌号、状态和规格（表 8-114）

表 8-114　铜及铜合金扁线的牌号、状态和规格（GB/T 3114—2010）

牌　号	状态	规格尺寸（厚度×宽度）/mm
T2、TU1、TP2	软（M）、硬（Y）	(0.5~6.0)×(0.5~15.0)
H62、H65、H68、H70、H80、H85、H90B	软（M）、半硬（Y_2）、硬（Y）	(0.5~6.0)×(0.5~15.0)
HPb59-3、HPb62-3	半硬（Y_2）	(0.5~6.0)×(0.5~15.0)
HBi60-1.3、HSb60-0.9、HSb61-0.8-0.5	半硬（Y_2）	(0.5~6.0)×(0.5~12.0)
QSn6.5-0.1、QSn6.5-0.4、QSn7-0.2、QSn5-0.2	软（M）、半硬（Y_2）、硬（Y）	(0.5~6.0)×(0.5~12.0)
QSn4-3、QSi3-1	硬（Y）	(0.5~6.0)×(0.5~12.0)
BZn15-20、BZn18-20、BZn22-16	软（M）、半硬（Y_2）	(0.5~6.0)×(0.5~15.0)
QCr1-0.18、QCr1	固溶+冷加工+时效（CYS）、 固溶+时效+冷加工（CSY）	(0.5~6.0)×(0.5~15.0)

注：扁线的厚度与宽度之比应在 1:1~1:7 的范围，其他范围的扁线由供需双方协商确定。

2. 铜及铜合金扁线的力学性能（表 8-115）

表 8-115　铜及铜合金扁线的力学性能（GB/T 3114—2010）

牌　号	状态	对边距/mm	抗拉强度 R_m/MPa	伸长率 A_{100mm}（%）
			≥	
T2、TU1、TP2	M	0.5~15.0	175	25
	Y	0.5~15.0	325	—
H62	M	0.5~15.0	295	25
	Y_2	0.5~15.0	345	10
	Y	0.5~15.0	460	—
H68、H65	M	0.5~15.0	245	28
	Y_2	0.5~15.0	340	10
	Y	0.5~15.0	440	—

（续）

牌　　号	状态	对边距/mm	抗拉强度 R_m/MPa	伸长率 A_{100mm}（%）
			≥	
H70	M	0.5 ~ 15.0	275	32
	Y_2	0.5 ~ 15.0	340	15
H80、H85、H90B	M	0.5 ~ 15.0	240	28
	Y_2	0.5 ~ 15.0	330	6
	Y	0.5 ~ 15.0	485	—
HPb59-3	Y_2	0.5 ~ 15.0	380	15
HPb62-3	Y_2	0.5 ~ 15.0	420	8
HSb60-0.9	Y_2	0.5 ~ 12.0	330	10
HSb61-0.8-0.5	Y_2	0.5 ~ 12.0	380	8
HBi60-1.3	Y_2	0.5 ~ 12.0	350	8
QSn6.5-0.1、QSn6.5-0.4、QSn7-0.2、QSn5-0.2	M	0.5 ~ 12.0	370	30
	Y_2	0.5 ~ 12.0	390	10
	Y	0.5 ~ 12.0	540	—
QSn4-3、QSi3-1	Y	0.5 ~ 12.0	735	—
BZn15-20、BZn18-20、BZn22-18	M	0.5 ~ 15.0	345	25
	Y_2	0.5 ~ 15.0	550	—
QCr1-0.18、QCr1	CYS CSY	0.5 ~ 15.0	400	10

注：经双方协商可供其他力学性能的扁线，具体要求应在合同中注明。

8.5.3　电工圆铜线

1. 电工圆铜线的型号、名称及规格（表8-116）

表8-116　电工圆铜线的型号、名称及规格（GB/T 3953—2009）

型　　号	名　　称	规格尺寸范围/mm
TR	软圆铜线	0.020 ~ 14.00
TY	硬圆铜线	0.020 ~ 14.00
TYT	特硬圆铜线	1.50 ~ 5.00

2. 电工圆铜线的公称直径及偏差（表8-117）

表8-117　电工圆铜线的公称直径及偏差（GB/T 3953—2009）　　（单位：mm）

公称直径 d	偏差	公称直径 d	偏差
0.020 ~ 0.025	± 0.002	0.126 ~ 0.400	± 0.004
0.026 ~ 0.125	± 0.003	0.401 ~ 14.00	±1% d

3. 电工圆铜线的力学性能（表8-118）

表8-118　电工圆铜线的力学性能（GB/T 3953—2009）

公称直径 /mm	TR	TY		TYT	
	断后伸长率（%）	抗拉强度/MPa	断后伸长率（%）	抗拉强度/MPa	断后伸长率（%）
			≥		
0.020	10	421	—	—	—
0.100	10	421	—	—	—
0.200	15	420	—	—	—
0.290	15	419	—	—	—
0.300	15	419	—	—	—
0.380	20	418	—	—	—
0.480	20	417	—	—	—
0.570	20	416	—	—	—
0.660	25	415	—	—	—
0.750	25	414	—	—	—
0.850	25	413	—	—	—
0.940	25	412	0.5	—	—
1.03	25	411	0.5	—	—
1.12	25	410	0.5	—	—
1.22	25	409	0.5	—	—
1.31	25	408	0.6	—	—
1.41	25	407	0.6	—	—
1.50	25	406	0.6	446	0.6
1.56	25	405	0.6	445	0.6
1.60	25	404	0.6	445	0.6
1.70	25	403	0.6	444	0.6
1.76	25	403	0.7	443	0.7
1.83	25	402	0.7	442	0.7
1.90	25	401	0.7	441	0.7
2.00	25	400	0.7	440	0.7
2.12	25	399	0.7	439	0.7
2.24	25	398	0.8	438	0.8
2.36	25	396	0.8	436	0.8
2.50	25	395	0.8	435	0.8
2.62	25	393	0.9	434	0.9
2.65	25	393	0.9	433	0.9
2.73	25	392	0.9	432	0.9
2.80	25	391	0.9	432	0.9

（续）

公称直径 /mm	TR	TY		TYT	
	断后伸长率（%）	抗拉强度/MPa	断后伸长率（%）	抗拉强度/MPa	断后伸长率（%）
			≥		
2.85	25	391	0.9	431	0.9
3.00	25	389	1.0	430	1.0
3.15	30	388	1.0	428	1.0
3.35	30	386	1.0	426	1.0
3.55	30	383	1.1	423	1.1
3.75	30	381	1.1	421	1.1
4.00	30	379	1.2	419	1.2
4.25	30	376	1.3	416	1.3
4.50	30	373	1.3	413	1.3
4.75	30	370	1.4	411	1.4
5.00	30	368	1.4	408	1.4
5.30	30	365	1.5	—	—
5.60	30	361	1.6	—	—
6.00	30	357	1.7	—	—
6.30	30	354	1.8	—	—
6.70	30	349	1.8	—	—
7.10	30	345	1.9	—	—
7.50	30	341	2.0	—	—
8.00	30	335	2.2	—	—
8.50	35	330	2.3	—	—
9.00	35	325	2.4	—	—
9.50	35	319	2.5	—	—
10.00	35	314	2.6	—	—
10.60	35	307	2.8	—	—
11.20	35	301	2.9	—	—
11.80	35	294	3.1	—	—
12.50	35	287	3.2	—	—
13.20	35	279	3.4	—	—
14.00	35	271	3.6	—	—

4. 电工圆铜线的电阻率（表 8-119）

表 8-119　电工圆铜线的电阻率（GB/T 3953—2009）

型　号	电阻率 ρ_{20}/（Ω·mm²/m）　≤	
	<2.00mm	≥2.00mm
TR	0.017241	0.017241
TY、TYT	0.01796	0.01777

8.5.4　电工用铜扁线

1. 电工用铜扁线的型号（表8-120）

表 8-120　电工用铜扁线的型号（GB/T 5584.2—2009）

型号	状态	名称	型号	状态	名称
TBR	O	软铜扁线	TBY2	H2	H2 状态硬铜扁线
TBY1	H1	H1 状态硬铜扁线			

2. 电工用铜扁线的力学性能（表8-121）

表 8-121　电工用铜扁线的力学性能（GB/T 5584.2—2009）

公称尺寸/mm	型　号					
	TBR		TBY1		TBY2	
	抗拉强度/MPa ≥	断后伸长率（%）≥	抗拉强度/MPa ≥	断后伸长率（%）≥	抗拉强度/MPa ≥	断后伸长率（%）≥
0.80 ~ 2.00	275	30.0	275 ~ 373	1.5	373	0.4
> 2.00 ~ 4.00	255	34.0	255 ~ 333	2.0	333	0.7
> 4.00 ~ 5.60	245	36.0	245 ~ 304	3.0	304	1.7

8.5.5　电工用铜线坯

1. 电工用铜线坯的牌号、状态及规格（表8-122）

表 8-122　电工用铜线坯的牌号、状态及规格（GB/T 3952—2008）

牌　号	状　态	直径/mm
T1、T2、T3	R	6.0 ~ 35.0
TU1、TU2	R	
	Y	6.0 ~ 12.0

2. T1、TU1 牌号铜线坯的化学成分（表8-123）

表 8-123　T1、TU1 牌号铜线坯的化学成分（GB/T 3952—2008）

元素组	杂质元素	质量分数(%)≤	元素组总质量分数(%)≤	
1	Se	0.0002	0.00030	0.00030
	Te	0.0002		
	Bi	0.0002	—	
2	Cr	—		0.0015
	Mn	—		
	Sb	0.0004		
	Cd	—		
	As	0.0005		
	P	—		

（续）

元素组	杂质元素	质量分数(%) ≤	元素组总质量分数(%) ≤
3	Pb	0.0005	0.0005
4	S	0.0015	0.0015
5	Sn	—	0.0020
	Ni	—	
	Fe	0.0010	
	Si	—	
	Zn	—	
	Co	—	
6	Ag	0.0025	0.0025
杂质元素总质量分数(%)			0.0065

注：T1 的氧的质量分数应不大于 0.040%，TU1 中氧的质量分数应不大于 0.0010%。

3. T2、TU2 牌号铜线坯的化学成分（表 8-124）

表 8-124　T2、TU2 牌号铜线坯的化学成分（GB/T 3952—2008）

Cu + Ag ≥	化学成分(质量分数,%)									
	杂质元素 ≤									
	As	Sb	Bi	Fe	Pb	Sn	Ni	Zn	S	P
99.95	0.0015	0.0015	0.0006	0.0025	0.002	0.001	0.002	0.002	0.0025	0.001

注：T2 的氧的质量分数应不大于 0.045%；TU2 的氧的质量分数应不大于 0.0020%。

4. T3 牌号铜线坯的化学成分（表 8-125）

表 8-125　T3 牌号铜线坯的化学成分（GB/T 3952—2008）

Cu + Ag ≥	化学成分(质量分数,%)												杂质总量
	杂质元素 ≤												
	As	Sb	Bi	Fe	Pb	Sn	Ni	Zn	S	P	Cd	Mn	
99.90	—	—	0.0025	—	0.005	—	—	—	—	—	—	—	0.05

注：1. T3 的氧的质量分数应不大于 0.05%。
　　2. 杂质总量为表中所列杂质元素实测值之和。

5. 电工用铜线坯的力学性能（表 8-126）

表 8-126　电工用铜线坯的力学性能（GB/T 3952—2008）

牌　号	状　态	直径/mm	抗拉强度 R_m/MPa ≥	断后伸长率 A(%) ≥
T1、TU1	R	6.0 ~ 35	—	40
T2、TU2			—	37
T3			—	35

（续）

牌 号	状 态	直径/mm	抗拉强度 R_m/MPa ≥	断后伸长率 A(%) ≥
TU1、TU2	Y	6.0～7.0	370	2.0
		>7.0～8.0	345	2.2
		>8.0～9.0	335	2.4
		>9.0～10.0	325	2.8
		>10.0～11.0	315	3.2
		>11.0～12.0	290	3.6

8.5.6 电工用铜及铜合金母线

1. 电工用铜及铜合金母线的化学成分（表 8-127）

表 8-127 电工用铜及铜合金母线的化学成分（GB/T 5585.1—2005）

型 号	名 称	化学成分（质量分数,%）	
		Cu + Ag ≤	Ag
TM	铜母线	99.90	—
TH11M	一类银铜合金母线	99.90	0.08～0.15
TH12M	二类银铜合金母线	99.90	0.16～0.25

2. 电工用铜及铜合金母线的截面形状（图 8-5）

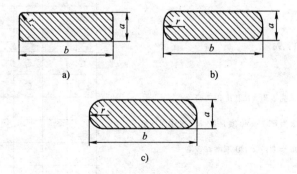

a)   b)

c)

图 8-5 电工用铜及铜合金母线的截面形状

a）圆角 b）圆边 c）全圆边

a—厚度即窄边尺寸（mm） b—宽度即宽边尺寸（mm） r—圆角或圆边半径（mm）

3. 电工用铜及铜合金母线的规格系列（表 8-128）

表8-128　电工用铜及铜合金母线的

b/mm \ a/mm	2.24*	2.36	2.50*	2.65	2.80*	3.00	3.15*	3.35	3.55*	3.75	4.00*	4.25	4.50*	4.75	5.00*	5.30	5.60*	6.00
16.00*																		
17.00		—		—		—		—		—		—		—		—		—
18.00*	○		○		○		○		○		○		○		○		○	
19.00				—		—		—		—		—		—		—		—
20.00*			○		○		○		○		○		○		○		○	
21.20				—		—		—		—		—		—		—		—
22.40*			○		○		○		○		○		○		○		○	
23.60						—		—		—		—		—		—		—
25.00*					○		○		○		○		○		○		○	
26.50								—		—		—		—		—		—
28.00*									○		○		○		○		○	
30.00										—		—		—		—		—
31.50*											○		○		○		○	
33.50												—		—		—		—
35.50*											○		○		○		○	
40.00*											○		○		○		○	
45.00*											○		○		○		○	
50.00*											○		○		○		○	
56.00*											○		○		○		○	
63.00*											○		○		○		○	
71.00*											○		○		○		○	
80.00*											○		○		○		○	
90.00*											○		○		○		○	
100.00*											○		○		○		○	
112.00*																		
125.00*																		
140.00*																		
160.00*																		
180.00*																		
200.00*																		
250.00*																		
315.00*																		
400.00*																		

图例：

- 2.24*　R20 系列
- 2.36　R40 系列
- ○　a×b 为 R20×R20 优先规格
- □　a×b 为 R20×R40 或 R40×R20 的中间规格
- —　a×b 为 R40×R40 不推荐规格

规格系列（GB/T 5585.1—2005）

6.30*	6.70	7.10*	8.00*	9.00*	10.00*	11.20*	12.50*	14.00*	16.00*	18.00*	20.00*	22.40*	25.00*	28.00*	31.50*	35.50*	40.00*	45.00*	50.00*
			○	○	○	○	○	○	○										
	—		—	—	—	—	—	—	—										
○		○	○	○	○	○	○	○	○										
	—		—	—	—	—	—	—	—	—									
○		○	○	○	○	○	○	○	○	○									
	—		—	—	—	—	—	—	—	—									
○		○			○	○	○	○	○	○	○								
	—		—	—	—	—	—	—	—	—	—								
○		○	○	○	○	○	○	○	○	○	○	○							
	—		—	—	—	—	—	—	—	—	—	—							
○		○	○	○	○	○	○	○	○	○	○	○	○						
	—		—	—	—	—	—	—	—	—	—	—	—						
○		○	○	○	○	○	○	○	○	○	○	○	○	○					
	—		—	—	—	—	—	—	—	—	—	—	—	—					
○		○	○	○	○	○	○	○	○	○	○	○	○	○	○				
	—		—	—	—	—	—	—	—	—	—	—	—	—	—				
○		○	○	○	○	○	○	○	○	○	○	○	○	○	○	○			
○		○	○	○	○	○	○	○	○	○	○	○	○	○	○	○	○	○	
○		○	○	○	○	○	○	○	○	○	○	○	○	○	○	○	○	○	○
○		○	○	○	○	○	○	○	○	○	○	○	○	○	○	○	○	○	○
○		○	○	○	○	○	○	○	○	○	○	○	○	○	○	○	○	○	○
○		○	○	○	○	○	○	○	○	○	○	○	○	○	○	○	○	○	○
○		○	○	○	○	○	○	○	○	○	○	○	○	○	○	○	○	○	○
○		○	○	○	○	○	○	○	○	○	○	○	○	○	○	○	○	○	○
○		○	○	○	○	○	○	○	○	○	○	○	○	○	○	○	○	○	○
○		○	○	○	○	○	○	○	○	○	○	○	○	○	○	○	○	○	○
○		○	○	○	○	○	○	○	○	○	○	○							
○		○	○	○	○	○	○				○								
○		○	○	○	○	○	○				○								
○		○			○		○												
											○								

4. 电工用铜及铜合金母线的厚度允许偏差 （表 8-129）

表 8-129　电工用铜及铜合金母线的厚度允许偏差 （GB/T 5585.1—2005）

（单位：mm）

厚度 a	宽 度 b			
	b≤50.00	50.00<b≤100.00	100.00<b≤200.00	>200.0
a≤2.80	±0.03	—	—	—
2.80<a≤4.75	±0.05	±0.08	—	—
4.75<a≤12.50	±0.07	±0.09	±0.12	±0.30
12.50<a≤25.00	±0.10	±0.11	±0.13	±0.30
a>25.00	±0.15	±0.15	±0.15	—

5. 电工用铜及铜合金母线的宽度允许偏差 （表 8-130）

表 8-130　电工用铜及铜合金母线的宽度允许偏差 （GB/T 5585.1—2005）

（单位：mm）

宽 度 b	允许偏差	宽 度 b	允许偏差
b≤25.00	±0.13	35.50<b≤100.00	±0.30
25.00<b≤35.50	±0.15	b>100.00	±0.3%b

6. 电工用铜及铜合金母线的力学性能 （表 8-131）

表 8-131　电工用铜及铜合金母线的力学性能 （GB/T 5585.1—2005）

型 号	抗拉强度/MPa	断后伸长率(%)	硬度 HBW
TMR、THMR	≥206	≥35	—
TMY、THMY	—	—	≥65

7. 电工用铜及铜合金母线的电性能 （表 8-132）

表 8-132　电工用铜及铜合金母线的电性能 （GB/T 5585.1—2005）

型 号	20℃ 直流电阻率/(Ω·mm²/m) ≤	电导率(% IACS) ≥
TMR、THMR	0.017241	100
TMY、THMY	0.01777	97

8.6　铜及铜合金铸造产品

8.6.1　铜中间合金锭

铜中间合金锭的化学成分如表 8-133 所示。

表 8-133 铜中间合金锭的化学成分 (YS/T 283—2009)

序号	牌号	化学成分(质量分数,%)																	物理性能	
		主要化学成分								杂质含量 ≤									熔化温度/℃	特性
		Si	Mn	Ni	Fe	Sb	Be	As	Cu	Si	Mn	Ni	Fe	Sb	P	Pb	Zn	Al	Bi		
1	CuSi16	13.5~16.5	—	—	—	—	—	—	余量	—	—	—	0.50	—	—	—	0.10	0.25	—	800	脆
2	CuSi20	18.0~21.0	—	—	—	—	—	—	余量	—	—	—	0.50	—	—	—	0.10	0.25	—	820	脆
3	CuMn28	—	25.0~28.0	—	—	—	—	—	余量	—	—	—	1.0	0.1	0.1	—	—	—	—	870	韧
4	CuMn30	—	28.0~31.0	—	—	—	—	—	余量	—	—	—	1.0	0.1	0.1	—	—	—	—	850~860	韧
5	CuMn22	—	20.0~25.0	—	—	—	—	—	余量	—	—	—	1.0	0.1	0.1	—	—	—	—	850~900	韧
6	CuNi15	—	—	14.0~18.0	—	—	—	—	余量	—	—	—	0.5	—	—	—	0.3	—	—	1050~1200	韧
7	CuFe10	—	—	—	9.0~11.0	—	—	—	余量	—	0.10	0.10	—	—	—	—	—	—	—	1300~1400	韧
8	CuFe5	—	—	—	4.0~6.0	—	—	—	余量	—	0.10	0.10	—	—	—	—	—	—	—	1200~1300	韧
9	CuSb50	—	—	—	—	49.0~51.0	—	—	余量	—	—	—	0.2	—	0.1	0.1	—	—	—	680	脆
10	CuBe4	—	—	—	—	—	3.8~4.3	—	余量	0.18	—	—	0.15	—	—	—	—	0.13	—	1100~1200	韧
11	CuAs23	—	—	—	—	—	—	20.0~25.0	余量	—	—	—	0.05	0.05	—	0.05	—	0.01	0.05	700~720	脆

（续）

序号	牌号	化学成分（质量分数，%）														物理性能	
		主要化学成分									杂质含量 ≤					熔化温度 /℃	特性
		B	Zr	P	Mg	Cd	Cr	Cu	Si	Mn	Bi	Fe	Sb	Pb	Al		
12	CuP14	—	—	13.0~15.0			—	余量	—	—	—	0.15	—	—	—	900~1020	脆
13	CuP12	—	—	11.0~13.0			—	余量	—	—	—	0.15	—	—	—	900~1020	脆
14	CuP10	—	—	9.0~11.0			—	余量	—	—	—	0.15	—	—	—	900~1020	脆
15	CuP8	—	—	8.0~9.0			—	余量	—	—	—	0.15	—	—	—	900~1020	脆
16	CuMg10	—	—	—	9.0~13.0	—	—	余量	—	—	—	0.15	—	—	—	750~800	脆
17	CuMg15	—	—	—	13.0~17.0	—	—	余量	—	—	—	0.15	—	—	—	760~820	脆
18	CuMg20	—	—	—	17.0~23.0	—	—	余量	—	—	—	0.15	—	—	—	730~818	脆
19	CuCd48	—	—	—	—	45.0~51.0	—	余量	—	—	—	—	—	—	—	780	脆
20	CuCr7	—	—	—	—	—	6.0~8.0	余量	—	—	—	—	—	—	—	1150~1180	韧
21	CuB5	4.0~7.0	—	—	—	—	—	余量	—	—	0.01	0.05	0.02	0.05	0.01	1000~1100	韧
22	CuZr5	—	6.0~10.0	—	—	—	—	余量	—	—	0.01	0.05	0.01	0.05	0.01	970~990	韧

注：作为脱氧剂用的 CuP14、CuP12、CuP10、CuP8，其杂质 Fe 的质量分数允许不大于 0.3%。

8.6.2　铸造铜合金

1. 铸造铜合金的主要化学成分（表 8-134）

表 8-134　铸造铜合金的主要化学成分（GB/T 1176—1987）

序号	牌号	名称	主要化学成分(质量分数,%)									
			Sn	Zn	Pb	P	Ni	Al	Fe	Mn	Si	Cu
1	ZCuSn3Zn8Pb6Ni1	3-8-6-1 锡青铜	2.0~4.0	6.0~9.0	4.0~7.0	—	0.5~1.5					其余
2	ZCuSn3Zn11Pb4	3-11-4 锡青铜	2.0~4.0	9.0~13.0	3.0~6.0	—						
3	ZCuSn5Pb5Zn5	5-5-5 锡青铜	4.0~6.0	4.0~6.0	4.0~6.0							
4	ZCuSn10Pb1	10-1 锡青铜	9.0~11.5	—	—	0.5~1.0						
5	ZCuSn10Pb5	10-5 锡青铜			4.0~6.0							
6	ZCuSn10Zn2	10-2 锡青铜	9.0~11.0	1.0~3.0	—	—						
7	ZCuPb10Sn10	10-10 铅青铜		—	8.0~11.0							
8	ZCuPb15Sn8	15-8 铅青铜	7.0~9.0		13.0~17.0							
9	ZCuPb17Sn4Zn4	17-4-4 铅青铜	3.5~5.0	2.0~6.0	14.0~20.0							
10	ZCuPb20Sn5	20-5 铅青铜	4.0~6.0		18.0~23.0							
11	ZCuPb30	30 铅青铜			27.0~33.0							
12	ZCuAl8Mn13Fe3	8-13-3 铝青铜						7.0~9.0	2.0~4.0	12.0~14.5		
13	ZCuAl8Mn13Fe3Ni2	8-13-3-2 铝青铜					1.8~2.5	7.0~8.5	2.5~4.0	11.5~14.0		
14	ZCuAl9Mn2	9-2 铝青铜				—	—	8.0~10.0		1.5~2.5		
15	ZCuAl9Fe4Ni4Mn2	9-4-4-2 铝青铜					4.0~5.0	8.5~10.0	4.0~5.0	0.8~2.5		
16	ZCuAl10Fe3	10-3 铝青铜						8.5~11.0	2.0~4.0			
17	ZCuAl10Fe3Mn2	10-3-2 铝青铜			—			9.0~11.0	2.0~4.0	1.0~2.0		
18	ZCuZn38	38 黄铜		其余								60.0~63.0
19	ZCuZn25Al6Fe3Mn3	25-6-3-3 铝黄铜						4.5~7.0	2.0~4.0	1.5~4.0		60.0~66.0
20	ZCuZn26Al4Fe3Mn3	26-4-3-3 铝黄铜						2.5~5.0	1.5~4.0			60.0~66.0
21	ZCuZn31Al2	31-2 铝黄铜						2.0~3.0				66.0~68.0
22	ZCuZn35Al2Mn2Fe1	35-2-2-1 铝黄铜						0.5~2.5	0.5~2.0	0.1~3.0		57.0~65.0
23	ZCuZn38Mn2Pb2	38-2-2 锰黄铜			1.5~2.5					1.5~2.5		57.0~60.0
24	ZCuZn40Mn2	40-2 锰黄铜								1.0~2.0		57.0~60.0
25	ZCuZn40Mn3Fe1	40-3-1 锰黄铜							0.5~1.5	3.0~4.0		53.0~58.0
26	ZCuZn33Pb2	33-2 铅黄铜			1.0~3.0							63.0~67.0
27	ZCuZn40Pb2	40-2 铅黄铜			0.5~2.5			0.2~0.8				58.0~63.0
28	ZCuZn16Si4	16-4 硅黄铜			—			—			2.5~4.5	79.0~81.0

2. 铸造铜合金的杂质限量（表8-135）

表8-135　铸造铜合金的杂质限量（GB/T 1176—1987）

杂质限量（质量分数，%）≤

序号	牌　号	Fe	Al	Sb	Si	P	S	As	C	Bi	Ni	Sn	Zn	Pb	Mn	总和
1	ZCuSn3Zn8Pb6Ni1	0.4	0.02	0.3	0.02	0.05	—	—	—	—	—	—	—	—	—	1.0
2	ZCuSn3Zn11Pb4	0.5	0.01	—	0.01	0.05	—	—	—	—	—	—	—	—	—	1.0
3	ZCuSn5Pb5Zn5	0.3	—	0.25	0.02	—	0.10	—	—	—	2.5①	—	0.05	0.25	0.05	0.75
4	ZCuSn10Pb1	0.1	0.01	0.05	—	—	0.05	—	—	—	0.10	—	1.0①	—	—	1.0
5	ZCuSn10Pb5	0.3	0.02	0.3	0.01	0.05	—	—	—	—	—	—	—	1.5①	0.2	1.5
6	ZCuSn10Zn2	0.25	0.01	0.5	0.02	0.10	0.10	—	—	—	2.0①	—	2.0①	—	—	1.0
7	ZCuPb10Sn10	0.4	0.05	0.3	0.01	0.05	0.10	—	—	—	—	—	—	—	—	0.75
8	ZCuPb15Sn8	0.25	0.01	0.75	0.02	0.10	—	—	—	—	2.5①	—	2.0①	—	0.2	
9	ZCuPb17Sn4Zn4	0.5	—	0.2	0.02	0.08	0.10	0.10	—	0.005	—	1.0①	—	—	0.3	
10	ZCuPb20Sn5				0.15	—	—	—	0.10	—	—	—	0.3①	0.02	—	1.0
11	ZCuPb30				0.20	0.10	—	—	—	—	—	—	—	—	—	
12	ZCuAl8Mn13Fe3	—	—	0.05	0.20	—	—	0.05	0.10	—	—	0.2	1.5①	0.1	—	
13	ZCuAl8Mn13Fe3Ni2	—		—	0.15	—	—	—	0.10	—	—	—	—	0.02	—	
14	ZCuAl9Mn9	—			0.20	—	—	—	—	—	3.0①	0.3	0.4	0.2	1.0①	1.0
15	ZCuAl9Fe4Ni4Mn2															
16	ZCuAl10Fe3															

（续）

序号	牌号	杂质限量（质量分数，%）≤													
		Fe	Al	Sb	Si	P	S	As	C	Bi	Ni	Sn	Zn	Pb	Mn	总和
17	ZCuAl10Fe3Mn2	—	—	0.05	0.10	0.01		0.01		—	—	0.1	0.5①	0.3	—	0.75
18	ZCuZn38	0.8	0.5	0.1	—			—		0.002	—	1.0①	—	—	—	1.5
19	ZCuZn25Al6Fe3Mn3	—	—	—	0.1	—		—		—	3.0①	0.2	—	0.2	—	2.0
20	ZCuZn26Al4Fe3Mn3	—	—	—						—					—	
21	ZCuZn31Al2	0.8	0.1	—	0.1	—		—		—	—	1.0①	—	1.0①	0.5	1.5
22	ZCuZn35Al2Mn2Fe1	—	—	—						—	3.0①	2.0①	Sb + P + As 0.4	0.5	—	2.0
23	ZCuZn38Mn2Pb2	0.8	1.0①	—	0.05	0.05				—	—	2.0①	—	—	—	2.0
24	ZCuZn40Mn2	—	—	0.1	0.05					—		1.0	—	—	—	
25	ZCuZn40Mn3Fe1	—	—	—						—		0.5	—	0.5	—	1.5
26	ZCuZn33Pb2	—	0.1	—						—	1.0①	1.5①	—	—	0.2	
27	ZCuZn40Pb2	0.8	—	—						—	—	1.0①	—	—	—	2.0
28	ZCuZn16Si4	0.1	0.1	0.1	—					—	—	0.3	—	0.5	0.5	

注：1. 列出的杂质元素，计入杂质总和。
2. ZCuAl40Fe3 合金用于金属型铸造，铁的质量分数允许为 1.0%~4.0%。该合金用于焊接件，铝的质量分数不得超过 0.04%。
3. ZCuZn40Mn3Fe1 合金用于船舶螺旋桨，铜的质量分数为 55.0%~59.0%。
4. ZCuAl8Mn13Fe3Ni2 合金用于金属型和离心铸造，铝的质量分数为 6.8%~8.5%。
① 该元素不计入杂质总和。

3. 铸造铜合金的力学性能（表 8-136）

表 8-136　铸造铜合金的力学性能（GB/T 1176—1987）

牌　　号	铸造方法	抗拉强度 R_m/MPa ⩾	规定塑性延伸强度 $R_{p0.2}$/MPa ⩾	断后伸长率 A(%) ⩾	硬度 HBW ⩾
ZCuSn2Zn8Pb6Ni1	S	175	—	8	60
	J	215		10	70
ZCuSn3Zn11Pb4	S	175		8	60
	J	215		10	
ZCuSn5Pb5Zn5	S、J	200	90	13	60[1]
	Li、La	250	100[1]		65[1]
ZCuSn10Pb1	S	220	130	3	80[1]
	J	310	170	2	
	Li	330	170[1]	4	90[1]
	La	360		6	
ZCuSn10Pb5	S	195	—	10	70
	J	245			
ZCuSn10Zn2	S	240	120	12	70[1]
	J	245	140[1]	6	80[1]
	Li、La	270		7	
ZCuPb10Sn10	S	180	80	7	65[1]
	J	220	140	5	70[1]
	Li、La		110[1]	6	
ZCuPb15Sn8	S	170	80	5	60
	J	200	100	6	70[1]
	Li、La	220	100[1]	8	
ZCuPb17Sn4Zn4	S	150		5	55
	J	175		7	60
ZCuPb20Sn5	S	150	60	5	45[1]
	J		70[1]	6	55[1]
	La	180	80[1]	7	
ZCuPb30	J	—	—	—	28
ZCuAl18Mn13Fe3	S	600	270[1]	15	160
	J	650	280[1]	10	170
ZCuAl8Mn13Fe3Ni2	S	645	280	20	160
	J	670	310[1]	18	170
ZCuAl9Mn2	S、J	390	20	20	85
	J	440	—	20	95
ZCuAl9Fe4Ni4Mn2	S	630	250	16	160

（续）

牌　号	铸造方法	抗拉强度 R_m/MPa ≥	规定塑性延伸强度 $R_{p0.2}$/MPa ≥	断后伸长率 A(%)　≥	硬度 HBW ≥
ZCuAl10Fe3	S	490	180	13	100[①]
	J	540	200	15	110[①]
	Li、La				
ZCuAl10Fe3Mn2	S	490		15	110
	J	540		20	120
ZCuZn38	S	295		30	60
	J				70
ZCuZn25Al6Fe3Mn3	S	725	380	10	160[①]
	J	740	400[①]	7	170[①]
	Li、La		400		
ZCuZn26Al4Fe3Mn3	S				120[①]
	J	600	300	18	
	Li、La				130[①]
ZCuZn31Al2	S	295		12	80
	J	390		15	90
ZCuZn35Al2Mn2Fe2	S	450	170	20	100[①]
	J	475	200	18	110[①]
	Li、La				
ZCuZn38Mn2Pb2	S	245	—	10	70
	J	345	—	18	80
ZCuZn40Mn2	S	345		20	80
	J	390		25	90
ZCuZn40Mn3Fe1	S	440		18	100
	J	490		15	110
ZCuZn33Pb2	S	180	70[①]	12	50[①]
ZCuZn40Pb2	S	220		15	80[①]
	J	280	120[①]	20	90[①]
ZCuZn16Si4	S	345		15	90
	J	390		20	100

①　参考值。

8.6.3　铜合金铸件

1. 铜合金铸件的分类（表 8-137）

表 8-137　铜合金铸件的分类（GB/T 13819—1992）

类别	工作条件和用途	检验项目
I	承受重载荷,工作条件复杂,用于关键部位或有特殊要求的重要铸件	尺寸、表面质量、化学成分、力学性能及特殊要求
II	承受中等载荷,要求有较高的耐蚀性、耐磨性或用于重要部位的铸件	尺寸、表面质量、化学成分、力学性能及补充要求
III	承受轻载荷,用于一般部位的铸件	尺寸、表面质量、化学成分或力学性能及补充要求

2. 各级铜合金铸件表面存在的允许缺陷（表 8-138）

表 8-138　各级铸件表面存在的允许缺陷（GB/T 13819—1992）

铸件表面面积 /cm²	单个孔洞 在10cm×10cm 单位面积上孔洞数/个 ≤（直径/mm ≤ 加工面 | 非加工面）	孔洞数/个 ≤（a级b级 | c级d级）	孔洞边距/mm ≥（a级/b级/c级/d级）	一个铸件上的孔洞总数/个 ≤（a级/b级/c级/d级）	一个铸件上的孔洞总数 直径/mm ≤（加工面 | 非加工面）	成组孔洞 以3cm×3cm单位面积为一组孔洞数/个 ≤（a级/b级/c级/d级）	一个铸件上组的数量 ≤（a级/b级/c级/d级）	孔洞边缘距铸件边缘或距内孔边缘的距离/mm ≥
≤1000	1.5 | 2.5	2 | 3	25 / 15 / 10 / 10	4 / 5 / 6 / 7	1.0 | 1.5	— / 3 / 3 / 3	— / 1 / 2 / 2	
>1000~3000	2.0 | 3.0	2 | 3	25 / 15 / 10 / 10	6 / 7 / 8 / 9	1.0 | 1.5	— / 3 / 3 / 3	— / 2 / 3 / 4	孔洞最大直径的 2 倍
>3000~6000	2.0 | 3.0	2 | 3	25 / 15 / 10 / 10	10 / 11 / 12 / 13	1.5 | 2.0	— / 3 / 3 / 3	— / 2 / 3 / 4	
>6000	2.5 | 3.5	2 | 3	25 / 15 / 10 / 10	14 / 16 / 18 / 20	1.5 | 2.0	— / 3 / 3 / 3	— / 3 / 4 / 5	

注：非加工表面上的直径和深度均不大于 1.0mm，加工面上的直径小于 0.5mm，深度小于 1.0mm 的单个孔洞可不作缺略计算。

8.6.4　压铸铜合金

压铸铜合金的化学成分和力学性能如表 8-139 所示。

表 8-139　压铸铜合金的化学成分和力学性能（GB/T 15116—1994）

牌　号	代　号	化学成分（质量分数，%）															力学性能　≥		
		主要化学成分						杂质含量≤									抗拉强度 R_m/MPa	断后伸长率 A（%）	硬度 HBW
		Cu	Pb	Al	Si	Mn	Fe	Zn	Fe	Si	Ni	Sn	Mn	Al	Pb	Sb	总和			
YZCuZn40Pb	YT40-1 铅黄铜	58.0 ~ 63.0	0.5 ~ 1.5	0.2 ~ 0.5	—	—	—	余	0.8	0.05	—	—	0.5	—	—	1.0	1.5	300	6	85
YZCuZn16Si4	YT16-4 硅黄铜	79.0 ~ 81.0	—	—	2.5 ~ 4.5	—	—	余	0.6	—	—	0.3	0.5	0.1	0.5	0.1	2.0	345	25	85
YZCuZn30Al3	YT30-3 铝黄铜	66.0 ~ 68.0	—	2.0 ~ 3.0	—	—	—	余	0.8	—	—	1.0	0.5	—	1.0	—	3.0	400	15	110
YZCuZn35Al2Mn2Fe	YT35-2-2-1 铝锰铁 黄铜	57.0 ~ 65.0	—	0.5 ~ 2.5	0.1 ~ 3.0	0.1 ~ 3.0	0.5 ~ 2.0	余		0.1	3.0	1.0	—	—	0.5	Sb + Pb + As0.4	2.0	475	3	130

注：杂质总和中不含镍。

第 9 章　镁及镁合金

9.1　镁及镁合金加工产品
9.1.1　变形镁及镁合金的化学成分

变形镁及镁合金的化学成分如表 9-1 所示。

表 9-1　变形镁及镁合金的化学成分（GB/T 5153—2003）

合金组别	牌号	化学成分（质量分数，%）														
		Mg	Al	Zn	Mn	Ce	Zr	Si	Fe	Ca	Cu	Ni	Ti	Be	其他元素[①]	
															单个	总计
Mg	Mg99.95	≥99.95	≤0.01	—	≤0.004	—	—	≤0.005	≤0.003	—	—	≤0.001	≤0.01	—	≤0.005	≤0.05
	Mg99.50[①]	≥99.50	—	—	—	—	—	—	—	—	—	—	—	—	—	≤0.50
	Mg99.00[②]	≥99.00	—	—	—	—	—	—	—	—	—	—	—	—	—	≤1.0
MgAlZn	AZ31B	余量	2.5～3.5	0.60～1.4	0.20～1.0	—	—	≤0.08	≤0.003	≤0.04	≤0.01	≤0.001	—	—	≤0.05	≤0.30
	AZ31S	余量	2.4～3.6	0.50～1.5	0.15～0.40	—	—	≤0.10	≤0.005	—	≤0.05	≤0.005	—	—	≤0.05	≤0.30
	AZ31T	余量	2.4～3.6	0.50～1.5	0.05～0.40	—	—	≤0.10	≤0.05	—	≤0.05	≤0.005	—	—	≤0.05	≤0.30
	AZ40M	余量	3.0～4.0	0.20～0.80	0.15～0.50	—	—	≤0.10	≤0.05	—	≤0.05	≤0.005	—	≤0.01	≤0.01	≤0.30
	AZ41M	余量	3.7～4.7	0.80～1.4	0.30～0.60	—	—	≤0.10	≤0.05	—	≤0.05	≤0.005	—	≤0.01	≤0.01	≤0.30

（续）

合金组别	牌号	化学成分（质量分数，%）													其他元素①	
		Mg	Al	Zn	Mn	Ce	Zr	Si	Fe	Ca	Cu	Ni	Ti	Be	单个	总计
MgAlZn	AZ61A	余量	5.8~7.2	0.40~1.5	0.15~0.50	—	—	≤0.10	≤0.005	—	≤0.05	≤0.005	—	—	—	≤0.30
	AZ61M	余量	5.5~7.0	0.50~1.5	0.15~0.50	—	—	≤0.10	≤0.05	—	≤0.05	≤0.005	—	≤0.01	≤0.01	≤0.30
	AZ61S	余量	5.5~6.5	0.50~1.5	0.15~0.40	—	—	≤0.10	≤0.005	—	≤0.05	≤0.005	—	—	≤0.05	≤0.30
	AZ62M	余量	5.0~7.0	2.0~3.0	0.20~0.50	—	—	≤0.10	≤0.05	—	≤0.05	≤0.005	—	≤0.01	≤0.01	≤0.30
	AZ63B	余量	5.3~6.7	2.5~3.5	0.15~0.60	—	—	≤0.08	≤0.003	—	≤0.01	≤0.001	—	—	≤0.01	≤0.30
	AZ80A	余量	7.8~9.2	0.20~0.80	0.12~0.50	—	—	≤0.10	≤0.005	—	≤0.05	≤0.005	—	≤0.01	—	≤0.30
	AZ80M	余量	7.8~9.2	0.20~0.80	0.15~0.50	—	—	≤0.10	≤0.05	—	≤0.05	≤0.005	—	—	≤0.05	≤0.30
	AZ80S	余量	7.8~9.2	0.20~0.80	0.12~0.40	—	—	≤0.10	≤0.005	—	≤0.05	≤0.005	—	—	≤0.01	≤0.30
	AZ91D	余量	8.5~9.5	0.45~0.90	0.17~0.40	—	—	≤0.08	≤0.004	—	≤0.025	≤0.001	—	0.0005~0.003	≤0.01	—
MgMn	M1C	余量	≤0.01	—	0.50~1.3	—	—	≤0.05	≤0.01	—	≤0.01	≤0.001	—	≤0.01	≤0.05	≤0.30
	M2M	余量	≤0.20	≤0.30	1.3~2.5	—	—	≤0.10	≤0.05	—	≤0.05	≤0.007	—	≤0.01	≤0.01	≤0.20
	M2S	余量	—	—	1.2~2.0	—	—	≤0.10	—	—	≤0.05	≤0.01	—	—	≤0.05	≤0.30
MgZnZr	ZK61M	余量	≤0.05	5.0~6.0	≤0.10	—	0.30~0.90	≤0.05	≤0.05	—	—	≤0.005	—	≤0.01	≤0.01	≤0.30
	ZK61S	余量	—	4.8~6.2	—	—	0.45~0.80	—	—	—	—	—	—	—	≤0.05	≤0.30
MgMnRE	ME20M	余量	≤0.20	≤0.30	1.3~2.2	0.15~0.35	—	≤0.10	≤0.05	—	≤0.05	≤0.007	—	≤0.01	≤0.01	≤0.30

① 其他元素是指在本表表头中列出了元素符号，但在本表中却未规定极限数值含量的元素。

② Mg99.50、Mg99.00 中镁的质量分数=100% − （Fe+Si）的质量分数 − 除 Fe、Si 之外的所有质量分数≥0.01%的杂质元素的质量分数之和。

9.1.2　镁合金热挤压棒

1. 镁合金挤压棒的牌号及状态（表 9-2）

表 9-2　镁合金挤压棒的牌号及状态（GB/T 5155—2003）

牌　号	状　态
AZ40M、ME20M	H112、F
ZK61M	T5、F

2. 镁合金挤压棒的室温纵向力学性能（表 9-3）

表 9-3　镁合金挤压棒的室温纵向力学性能（GB/T 5155—2003）

牌号	状态	棒材直径 /mm	抗拉强度 R_m/MPa	规定塑性延伸强度 $R_{p0.2}$/MPa	断后伸长率 A（%）
				≥	
AZ40M	H112	≤100.00	245	—	6.0
		>100.00 ~ 130.00	245	—	5.0
ME20M	H112	≤50.00	215	—	4.0
		>50.00 ~ 100.00	205	—	3.0
		>100.00 ~ 130.00	195	—	2.0
ZK61M	T5	≤100.00	315	245	6.0
		>100.00 ~ 130.00	305	235	6.0

注：直径≥130.00mm 的棒材，力学性能附试验结果或由双方商定。

9.1.3　镁合金热挤制矩形棒

1. 镁合金热挤制矩形棒的牌号及状态（表 9-4）

表 9-4　镁合金热挤制矩形棒材的牌号及状态（YS/T 588—2006）

牌　号	状　态
AZ31B、AZ61A、M1A	H112
ZK60A、ZK61A、AZ80A	H112、T5
ZK40A	T5

2. 镁合金热挤制矩形棒的力学性能（表 9-5）

表 9-5　镁合金热挤制矩形棒的力学性能（YS/T 588—2006）

牌号	供应状态	公称厚度/mm	截面面积/mm^2	抗拉强度 R_m/MPa	规定塑性延伸强度 $R_{p0.2}$/MPa	断后伸长率 A(%)
						≥
AZ31B	H112	≤6.30	所有	240	145	7
AZ61A	H112	≤6.30	所有	260	145	8
AZ80A	H112	≤6.30	所有	295	195	9
	T5	≤6.30	所有	325	205	4

（续）

牌号	供应状态	公称厚度/ mm	截面面积/ mm²	抗拉强度 R_m/MPa	规定塑性延伸 强度 $R_{p0.2}$/MPa	断后伸长率 A(%)
					≥	
M1A	H112	≤6.30	所有	205	—	2
ZK40A	T5	所有	≤3200	275	255	4
ZK60A	H112	所有	≤3200	295	215	5
	T5	所有	≤3200	310	250	4

9.1.4　镁合金热挤压管

1. 镁合金热挤压管的牌号及状态（表 9-6）

表 9-6　镁合金热挤压管的牌号及状态（YS/T 495—2005）

牌　号	状　态	牌　号	状　态
AZ31B	H112	M2S	H112
AZ61A	H112	ZK61S	H112、T5

2. 镁合金热挤压圆管的直径允许偏差（表 9-7）

表 9-7　镁合金热挤压圆管的直径允许偏差（YS/T 495—2005）　　（单位：mm）

直径(外径或内径)	直径允许偏差	
	平均直径与公称直径间的偏差	任一点直径与公称直径间的偏差
	$(AA+BB)/2$ 与公称直径之差	AA 与公称直径之差
≤12.50	±0.20	±0.40
>12.50~25.00	±0.25	±0.50
>25.00~50.00	±0.30	±0.64
>50.00~100.00	±0.38	±0.76
>100.00~150.00	±0.64	±1.25
>150.00~200.00	±0.88	±1.90

注：1. 当要求非对称偏差时，其非对称偏差的绝对值的平均值不大于表中标定偏差数值。

　　2. 仅要求内径、外径与壁厚三项中的任意二项的偏差。

　　3. 平均直径为在两个互为垂直方向测得的直径的平均值。

　　4. 表中偏差数值不适用于壁厚小于 2.5%×外径的管材。

3. 镁合金热挤压圆管的壁厚允许偏差（表9-8）

表9-8　镁合金热挤压圆管的壁厚允许偏差（YS/T 495—2005）　　　（单位：mm）

公称壁厚	壁厚允许偏差				任意点的壁厚与平均壁厚的允许偏差
	平均壁厚与公称壁厚间的允许偏差				
	$(AA+BB)/2$ 与公称壁厚之差				AA 与平均壁厚之差
	外径				
	≤30	>30~80	>80~130	>130	
≤1.20	±0.15	—	—	—	
>1.20~1.60	±0.18	±0.20	±0.20	±0.25	
>1.60~2.00	±0.20	±0.20	±0.23	±0.30	
>2.00~3.20	±0.23	±0.25	±0.25	±0.38	
>3.20~6.30	±0.25	±0.25	±0.33	±0.50	
>6.30~10.00	±0.28	±0.28	±0.40	±0.64	±10%×平均壁厚，但最大值：±1.50，最小值：±0.25
>10.00~12.50	—	±0.38	±0.53	±0.88	
>12.5~20.0	—	±0.50	±0.72	±1.15	
>20.00~25.00	—	—	±0.98	±1.40	
>25.00~35.00	—	—	±1.15	±1.65	
>35.00~50.00				±1.90	
>50.00~60.00				±2.15	
>60.00~80.00				±2.40	±3.00
>80.00~90.00				±2.65	
>90.00~100.00				±2.90	

注：1. 仅要求内径、外径与壁厚三项中的任意二项的偏差。

2. 如果标定了外径和内径尺寸，而未标定出壁厚尺寸，则除要求外径和内径尺寸偏差符合本表规定外，还要求任意点壁厚与平均壁厚的允许偏差（偏心度）不大于平均壁厚的 ±10%，但最大：±1.50mm，最小：±0.25mm。

3. 当要求非对称偏差时，其非对称偏差的绝对值的平均值不大于表中标定偏差数值。

4. 平均壁厚是指在管材断面的外径两端测得壁厚的平均值。

4. 镁合金热挤压异形管的宽度及高度允许偏差（表9-9）

表9-9　镁合金热挤压异形管的宽度及高度

允许偏差（YS/T 495—2005）　　　　　　　（单位：mm）

公称宽度或高度	宽度或高度允许偏差		
	棱角处宽度或高度与相应公称宽度或高度间的允许偏差	非棱角处的宽度或高度与相应公称宽度或高度间的允许偏差	
	AA 与公称宽度或高度之差	AA 与公称宽度、高度之差	
	正方形、矩形管	正方形、六角形、八角形管	矩形管
1栏	2栏	3栏	4栏
>12.5 ~ 20.00	±0.30	±0.50	
>20.00 ~ 25.00	±0.36	±0.50	
>25.00 ~ 50.00	±0.46	±0.64	宽度允许偏差采用与高度相对的 3 栏；反之,高度允许偏差采用与宽度相对的 3 栏。但是,当这些数值小于本身所对应的 2 栏数值时,则按 2 栏
>50.00 ~ 100.00	±0.64	±0.88	
>100.00 ~ 130.00	±0.88	±1.15	
>130.00 ~ 150.00	±1.15	±1.40	
>150.00 ~ 180.00	±1.40	±1.65	

注：1. 当要求非对称偏差时，其非对称偏差的绝对值的平均值不大于表中标定偏差数值。

　　2. 仅要求内径、外径与壁厚三项中的任意二项的偏差。

　　3. 不适应于壁厚小于 2.5% ×外接圆直径的管材。

5. 镁合金热挤压异形管的壁厚允许偏差 （表9-10）

表 9-10　镁合金热挤压异形管的壁厚允许偏差 （YS/T 495—2005）　（单位：mm）

公称壁厚	壁厚允许偏差			
	平均壁厚与公称壁厚间的允许偏差 (AA/BB)/2 与公称壁厚之差		任意点的壁厚与平均壁厚的允许偏差(偏心度) AA 与平均壁厚之差	
	外接圆直径			
	≤130	>130	≤130	>130
≤1.20	±0.13	±0.20	±0.13	±10% × 平均壁厚,但最大值为 ±1.50,最小值为 ±0.25
>1.20 ~1.60	±0.15	±0.23	±0.18	
>1.60 ~3.20	±0.18	±0.25	±0.25	
>3.20 ~6.30	±0.20	±0.38	±0.38	
>6.30 ~10.00	±0.28	±0.50	±0.64	
>10.00 ~12.5	±0.36	±0.76	±0.76	
>12.50 ~20.00	±0.64	±1.00	±1.00	
>20.00 ~25.00	±0.88	±1.25	±1.25	
>25.00 ~35.00	±1.15	±1.50	±1.50	
>35.00 ~50.00	—	1.75	—	

注：1. 仅要求内径、外径与壁厚三项中的任意二项的偏差。

2. 如果标定了外径和内径尺寸，而未标定出壁厚尺寸，则除要求外径和内径尺寸偏差符合本表规定外，还要求任意点壁厚与平均壁厚的允许偏差（偏心度）不大于平均壁厚的 ±10%，但最大值为 ±1.50mm，最小值为 ±0.25mm。

3. 当要求非对称偏差时，其非对称偏差的绝对值的平均值不大于表中标定偏差数值。

4. 在分别位于两平行对边上的任意两个对称点处测得的壁厚值的平均值称平均壁厚。

6. 镁合金热挤压管的力学性能（表 9-11）

表 9-11　镁合金热挤压管的力学性能（YS/T 495—2005）

牌　号	状态	管材壁厚/mm	抗拉强度 R_m /MPa	规定塑性延伸强度 $R_{p0.2}$/MPa	断后伸长率 A(%)
			≥		
AZ31B	H112	0.70 ~ 6.30	220	140	8
		> 6.30 ~ 20.00	220	140	4
AZ61A	H112	0.70 ~ 20.00	250	110	7
M2S	H112	0.70 ~ 20.00	195	—	2
ZK61S	H112	0.70 ~ 20.00	275	195	5
	T5	0.70 ~ 6.30	315	260	4
		2.50 ~ 30.00	305	230	4

注：壁厚 < 1.60mm 的管材不要求规定塑性延伸强度。

9.2　镁及镁合金铸造产品

9.2.1　原生镁锭

原生镁锭的化学成分如表 9-12 所示。

表 9-12　原生镁锭的化学成分（GB/T 3499—2011）

牌号	化学成分（质量分数,%）											
	Mg≥	杂质元素≤										
		Fe	Si	Ni	Cu	Al	Mn	Ti	Pb	Sn	Zn	其他单个杂质
Mg9999	99.99	0.002	0.002	0.0003	0.0003	0.002	0.002	0.0005	0.001	0.002	0.003	—
Mg9998	99.98	0.002	0.003	0.0005	0.0005	0.004	0.002	0.001	0.001	0.004	0.004	—
Mg9995A	99.95	0.003	0.006	0.001	0.002	0.008	0.006	—	0.005	0.005	0.005	0.005
Mg9995B	99.95	0.005	0.015	0.001	0.002	0.015	0.015	—	0.005	0.005	0.01	0.01
Mg9990	99.90	0.04	0.03	0.001	0.004	0.02	0.03	—	—	—	—	0.01
Mg9980	99.80	0.05	0.05	0.002	0.02	0.05	0.05	—	—	—	—	0.05

注：Cd、Hg、As、Cr^{6+} 元素，供方可不作常规分析，但应监控其含量，要求 w（Cd + Hg + As + Cr^{6+}）≤0.03%。

9.2.2 铸造镁合金锭

铸造镁合金锭的化学成分如表9-13所示。

表 9-13　铸造镁合金锭的化学成分（GB/T 19078—2003）

合金组别	牌号	化学成分（质量分数,%）														其他元素①	
		Mg	Al	Zn	Mn	RE	Zr	Ag	Y	Li	Be	Si	Fe	Cu	Ni	单个	总计
MgAlZn	AZ81A	余量	7.2~8.0	0.50~0.90	0.15~0.35	—	—	—	—	—	0.0005~0.0015	≤0.20	—	≤0.08	≤0.010	—	≤0.30
	AZ81S	余量	7.2~8.5	0.45~0.90	0.17~0.40	—	—	—	—	—	—	≤0.05	≤0.004	≤0.025	≤0.001	≤0.01	—
	AZ91D	余量	8.5~9.5	0.45~0.90	0.17~0.40	—	—	—	—	—	0.0005~0.003	≤0.05	≤0.004	≤0.025	≤0.001	≤0.01	—
	AZ91S	余量	8.0~10.0	0.30~1.00	0.10~0.50	—	—	—	—	—	—	≤0.30	≤0.03	≤0.20	≤0.010	≤0.05	—
	AZ63A	余量	5.5~6.5	2.7~3.3	0.15~0.35	—	—	—	—	—	0.0005~0.0015	≤0.05	≤0.005	≤0.015	≤0.001	—	≤0.30
MgAlMn	AM20S	余量	1.7~2.5	≤0.20	0.35~0.60	—	—	—	—	—	—	≤0.05	≤0.004	≤0.008	≤0.001	≤0.01	—
	AM50A	余量	4.5~5.3	≤0.20	0.28~0.50	—	—	—	—	—	0.0005~0.003	≤0.05	≤0.004	≤0.008	≤0.001	≤0.01	—
	AM60B	余量	5.6~6.4	≤0.20	0.26~0.50	—	—	—	—	—	0.0005~0.003	≤0.05	≤0.004	≤0.008	≤0.001	≤0.01	—

（续）

化学成分（质量分数，%）

合金组别	牌号	Mg	Al	Zn	Mn	RE	Zr	Ag	Y	Li	Be	Si	Fe	Cu	Ni	其他元素① 单个	其他元素① 总计
MgAlMn	AM100A	余量	9.4~10.6	≤0.20	0.13~0.35	—	—	—	—	—	—	≤0.20	≤0.004	≤0.08	≤0.010	—	≤0.30
MgAlSi	AS21S	余量	1.9~2.5	≤0.20	0.20~0.60	—	—	—	—	—	—	0.70~1.20	≤0.004	≤0.008	≤0.001	≤0.01	—
	AS41B	余量	3.7~4.8	≤0.10	0.35~0.60	—	—	—	—	—	0.0005~0.003	0.60~1.4	≤0.0035	≤0.015	≤0.001	≤0.01	—
	AS41S	余量	3.7~4.8	≤0.20	0.20~0.60	—	—	—	—	—	—	0.70~1.20	≤0.004	≤0.008	≤0.001	≤0.01	—
MgZnCu	ZC63A	余量	≤0.2	5.5~6.5	0.25~0.75	—	—	—	—	—	—	≤0.20	≤0.05	2.40~3.00	≤0.001	≤0.01	≤0.30
MgZnZr	ZK51A	余量	—	3.8~5.3	—	—	0.3~1.0	—	—	—	—	≤0.01	—	≤0.03	≤0.010	—	≤0.30
	ZK61A	余量	—	5.7~6.3	—	—	0.3~1.0	—	—	—	—	≤0.01	—	≤0.03	≤0.010	—	≤0.30
MgZr	K1A	余量	—	—	—	—	0.3~1.0	—	—	—	—	≤0.01	—	≤0.03	≤0.010	—	≤0.30
MgZnREZr②	ZE41A	余量	—	3.7~4.8	≤0.15	1.00~1.75	0.3~1.0	—	—	—	—	≤0.01	≤0.01	≤0.03	≤0.005	≤0.01	≤0.30

（续）

合金组别	牌号	化学成分（质量分数,%）														其他元素[1]	
		Mg	Al	Zn	Mn	RE	Zr	Ag	Y	Li	Be	Si	Fe	Cu	Ni	单个	总计
MgZnREZr[2]	EZ33A	余量	—	2.0~3.0	≤0.15	2.6~3.9	0.3~1.0	—	—	—	—	≤0.01	≤0.01	≤0.03	≤0.005	≤0.01	≤0.30
	QE22A	余量	—	≤0.20	≤0.15	1.9~2.4	0.3~1.0	2.0~3.0	—	—	—	≤0.01	—	≤0.03	≤0.010	—	≤0.30
	QE22S	余量	—	≤0.20	≤0.15	2.0~3.0	0.1~1.0	2.0~3.0	—	—	—	≤0.01	≤0.01	≤0.03	≤0.005	≤0.01	—
MgREAgZr[3]	EQ21A	余量	—	—	≤0.15	1.5~3.0	0.3~1.0	1.3~1.7	—	—	—	≤0.01	—	0.05~0.10	≤0.010	—	≤0.30
	EQ21S	余量	—	≤0.20	≤0.15	1.5~3.0	0.1~1.0	1.3~1.7	—	—	—	≤0.01	≤0.01	0.05~0.10	≤0.005	≤0.01	—
MgYREZr[4][5]	WE54A	余量	—	≤0.20	≤0.15	1.5~4.0	0.3~1.0	—	4.75~5.50	≤0.20	—	≤0.01	≤0.01	≤0.03	≤0.005	≤0.01	≤0.30
	WE43A	余量	—	≤0.20	≤0.15	2.4~4.4	0.3~1.0	—	3.70~4.30	≤0.20	—	≤0.01	≤0.01	≤0.03	≤0.005	≤0.01	≤0.30

① 其他元素是指在本表表头中列出了元素符号，但在本表中却未规定极限数值含量的元素。
② 稀土中富铈。
③ 稀土中富钕，钕含量不小于70%（质量分数）。
④ 稀土中富钕和重稀土，WE54A、WE43A 含稀土元素钕的质量分数分别为1.5%~2.0%、2.0%~2.5%，余量为重稀土。
⑤ 如下调整成分可改善合金耐蚀性：w(Mn) ≤0.03%, w(Fe) ≤0.01%, w(Cu) ≤0.02%, w(Zn+Ag) ≤0.2%。

9.2.3 铸造镁合金

1. 铸造镁合金的化学成分（表9-14）

表9-14 铸造镁合金的化学成分（GB/T 1177—1991）

| 牌 号 | 代号 | 化学成分（质量分数,%）[1] | | | | | | | | | | 杂质总量 |
		Zn	Al	Zr	RE	Mn	Ag	Si	Cu	Fe	Ni	
ZMgZn5Zr	ZM1	3.5~5.5	—	0.5~1.0	—	—	—	—	0.10	—	0.01	0.30
ZMgZn4RE1Zr	ZM2	3.5~5.0	—	0.5~1.0	0.75[2]~1.75	—	—	—	0.10	—	0.01	0.30
ZMgRE3ZnZr	ZM3	0.2~0.7	—	0.4~1.0	2.5[2]~4.0	—	—	—	0.10	—	0.01	0.30
ZMgRE3Zn2Zr	ZM4	2.0~3.0	—	0.5~1.0	2.5[2]~4.0	—	—	—	0.10	—	0.01	0.30
ZMgAl8Zn	ZM5	0.2~0.8	7.5~9.0	—	—	0.15~0.5	—	0.30	0.20	0.05	0.01	0.50
ZMgRE2ZnZr	ZM6	0.2~0.7	—	0.4~1.0	2.0[3]~2.8	—	—	—	0.10	—	0.01	0.30
ZMgZn8AgZr	ZM7	7.5~9.0	—	0.5~1.0	—	—	0.6~1.2	—	0.10	—	0.01	0.30
ZMgAl10Zn	ZM10	0.6~1.2	9.0~10.2	—	—	0.1~0.5	—	0.30	0.20	0.05	0.01	0.50

① 合金可加入铍，其质量分数不大于0.002%。

② 铈的质量分数不小于45%的铈混合稀土金属，其中稀土金属总的质量分数不小于98%。

③ 钕的质量分数不小于85%的钕混合稀土金属，其中 Nd + Pr 的质量分数不小于95%。

2. 铸造镁合金的力学性能（表9-15）

表9-15 铸造镁合金的力学性能（GB/T 1177—1991）

牌 号	代号	热处理状态	抗拉强度 R_m/MPa	规定塑性延伸强度 $R_{p0.2}$/MPa	断后伸长率 A （%）
			≥		
ZMgZn5Zr	ZM1	T1	235	140	5
ZMgZn4RE1Zr	ZM2	T1	200	135	2
ZMgRE3ZnZr	ZM3	F	120	85	1.5
		T2	120	85	1.5
ZMgRE3Zn2Zr	ZM4	T1	140	95	2
ZMgAl8Zn	ZM5	F	145	75	2
		T4	230	75	6
		T6	230	100	2

注："F"指铸态；"T1"指人工时效状态；"T2"指退火状态；"T4"指固溶处理状态；"T6"指固溶处理 + 完全人工时效状态。

3. 砂型单铸镁合金的高温力学性能（表9-16）

表9-16 砂型单铸镁合金的高温力学性能（GB/T 1177—1991）

| 牌 号 | 代 号 | 热处理状态 | 抗拉强度/MPa ≥ | |
			200℃	250℃
ZMgZn4RE1Zr	ZM2	T1	110	—
ZMgRE3ZnZr	ZM3	F	—	110
ZMgRE3Zn2Zr	ZM4	T1	—	100
ZMgRE2ZnZr	ZM6	T6	—	145

9.2.4 镁合金铸件

1. 镁合金铸件切取试样的力学性能（表9-17）

表9-17 镁合金铸件切取试样的力学性能（GB/T 13820—1992）

牌号	代号	取样部位	铸造方法	取样部位厚度 t/mm	热处理状态	抗拉强度[①] R_m/MPa 平均值	最小值	规定塑性延伸强度[①] $R_{p0.2}$/MPa 平均值	最小值	断后伸长率[①] A(%) 平均值	最小值
ZMgZn5Zr	ZM1	无规定	S、J	无规定	T1	205	175	120	100	2.5	—
ZMgZn4RE1Zr	ZM2		S		T1	165	145	100	—	1.5	—
ZMgRE3ZnZr	ZM3		S、J		T2	105	90	—	—	1.5	1.0
ZMgRE3Zn2Zr	ZM4		S		T1	120	100	90	80	2.0	1.0
ZMgAl8Zn	ZM5	I类铸件指定部位	S	≤20	T4	175	145	70	60	3.0	1.5
					T6	175	145	90	80	1.5	1.0
				>20	T4	160	125	70	60	2.0	1.0
					T6	160	125	90	80	1.0	—
			J	无规定	T4	180	145	70	60	3.5	2.0
					T6	180	145	90	80	2.0	1.0
		I类铸件非指定部位；II类铸件	S	≤20	T4	165	130	—	—	2.5	1.5
					T6	165	130	—	—	1.0	—
				>20	T4	150	120	—	—	1.5	—
					T6	150	120	—	—	1.0	—
			J		T4	170	135	—	—	2.5	1.5
					T6	170	135	—	—	1.0	—
ZMgRE2ZnZr	ZM6	无规定	S、J	无规定	T6	180	150	120	100	2.0	1.0
ZMgZn8AgZr	ZM7	I类铸件指定部位	S	无规定	T4	220	190	110	—	4.0	3.0
					T6	235	205	135	—	2.5	1.5
		I类铸件非指定部位；II类铸件	S		T4	205	180	—	—	3.0	2.0
					T6	230	190	—	—	2.0	—
ZMgAl10Zn	ZM10	无规定	S、J	无规定	T4	180	150	70	60	2.0	—
					T6	180	150	110	90	0.5	—

注："S"表示砂型铸造，"J"表示金属型铸造。当铸件某一部分的两个主要散热面在砂芯中成形时，按砂型铸件的性能指标。

① 平均值是指铸件上三根试样的平均值，最小值是指三根试样中允许有一根试样平均值但不低于最小值。

2. 镁合金铸件表面允许的缺陷（表9-18）

表9-18　镁合金铸件表面允许的缺陷（GB/T 13820—1992）

铸件种类	铸件表面面积/cm²	铸件类别	允许缺陷									孔洞边缘距铸件边缘或内孔边缘的距离 ≥
			单个孔洞					成组孔洞				
			孔洞直径/mm ≤	孔洞深度/mm ≤	数量/个 ≤		孔洞之间的距离/mm ≥	孔洞直径/mm ≤	孔洞深度/mm ≤	以3cm×3cm面积为一组，其孔洞数/个 ≤	在一个铸件上组的数量/组 ≤	
					在10cm×10cm面积上	在一个铸件上						
小型铸件	≤1000	I	4	3	3	4	20	2	1.5	4	2	孔洞最大直径的2倍
		II	4	3	3	4	20	2	1.5	5	2	
		III	4	3	3	5	15	2	1.5	6	3	
中型铸件	>1000～6000	I	4	3	3	8	30	2	1.5	4	3	
		II	4	3	3	8	30	2	1.5	5	3	
		III	4	3	3	9	25	2	1.5	6	3	
大型铸件	>6000～8000	I	4	3	3	15	30	2	1.5	4	5	
		II	4	3	3	15	30	2	1.5	5	5	
		III	4	3	3	17	25	2	1.5	6	6	
超大型铸件	>8000	I	4	3	3	28	30	2	1.5	4	7	
		II	4	3	3	28	30	2	1.5	5	7	
		III	4	3	3	30	25	2	1.5	6	8	

9.2.5　压铸镁合金

压铸镁合金的化学成分如表 9-19 所示。

表 9-19　压铸镁合金的化学成分（GB/T 25748—2010）

序号	牌号	代号	化学成分(质量分数,%)									
			Al	Zn	Mn	Si	Cu	Ni	Fe	RE	其他杂质	Mg
1	YZMgAl2Si	YM102	1.9 ~ 2.5	≤0.20	0.20 ~ 0.60	0.70 ~ 1.20	≤0.008	≤0.001	≤0.004	—	≤0.01	余量
2	YZMgAl2Si(B)	YM103	1.9 ~ 2.5	≤0.25	0.05 ~ 0.15	0.70 ~ 1.20	≤0.008	≤0.001	≤0.004	0.06 ~ 0.25	≤0.01	余量
3	YZMgAl4Si(A)	YM104	3.7 ~ 4.8	≤0.10	0.22 ~ 0.48	0.60 ~ 1.40	≤0.040	≤0.010	—	—	—	余量
4	YZMgAl4Si(B)	YM105	3.7 ~ 4.8	≤0.10	0.35 ~ 0.60	0.60 ~ 1.40	≤0.015	≤0.001	≤0.004	—	≤0.01	余量
5	YZMgAl4Si(S)	YM106	3.5 ~ 5.0	≤0.20	0.18 ~ 0.70	0.5 ~ 1.5	≤0.01	≤0.002	≤0.004	—	≤0.02	余量
6	YZMgAl2Mn	YM202	1.6 ~ 2.5	≤0.20	0.33 ~ 0.70	≤0.08	≤0.008	≤0.001	≤0.004	—	≤0.01	余量
7	YZMgAl5Mn	YM203	4.5 ~ 5.3	≤0.20	0.28 ~ 0.50	≤0.08	≤0.008	≤0.001	≤0.004	—	≤0.01	余量
8	YZMgAl6Mn(A)	YM204	5.6 ~ 6.4	≤0.20	0.15 ~ 0.50	≤0.20	≤0.250	≤0.010	—	—	—	余量
9	YZMgAl6Mn	YM205	5.6 ~ 6.4	≤0.20	0.26 ~ 0.50	≤0.08	≤0.008	≤0.001	≤0.004	—	≤0.01	余量
10	YZMgAl8Zn1	YM302	7.0 ~ 8.1	0.40 ~ 1.00	0.13 ~ 0.35	≤0.30	≤0.10	≤0.010	—	—	≤0.30	余量
11	YZMgAl9Zn1(A)	YM303	8.5 ~ 9.5	0.45 ~ 0.90	0.15 ~ 0.40	≤0.20	≤0.080	≤0.010	—	—	—	余量
12	YZMgAl9Zn1(B)	YM304	8.5 ~ 9.5	0.45 ~ 0.90	0.15 ~ 0.40	≤0.20	≤0.250	≤0.010	—	—	—	余量
13	YZMgAl9Zn1(D)	YM305	8.5 ~ 9.5	0.45 ~ 0.90	0.17 ~ 0.40	≤0.08	≤0.025	≤0.001	≤0.004	—	≤0.01	余量

注：除有范围的元素和铁为必检元素外，其余元素有要求时抽检。

9.2.6 镁合金压铸件

1. 镁合金压铸件的化学成分（表9-20）

表9-20 镁合金压铸件的化学成分（GB/T 25747—2010）

序号	牌号	代号	化学成分（质量分数,%）									
			Al	Zn	Mn	Si	Cu	Ni	Fe	RE	其他元素	Mg
1	YZMgAl2Si	YM102	1.8 ~ 2.5	≤0.20	0.18 ~ 0.70	0.70 ~ 1.20	≤0.01	≤0.001	≤0.005	—	≤0.01	余量
2	YZMgAl2Si（B）	YM103	1.8 ~ 2.5	≤0.25	0.05 ~ 0.15	0.70 ~ 1.20	≤0.008	≤0.001	≤0.0035	0.06 ~ 0.25	≤0.01	余量
3	YZMgAl4Si（A）	YM104	3.5 ~ 5.0	≤0.12	0.20 ~ 0.50	0.50 ~ 1.50	≤0.06	≤0.030	—	—		余量
4	YZMgAl4Si（B）	YM105	3.5 ~ 5.0	≤0.12	0.35 ~ 0.70	0.50 ~ 1.50	≤0.02	≤0.002	≤0.0035	—	≤0.02	余量
5	YZMgAl4Si（S）	YM106	3.5 ~ 5.0	≤0.20	0.18 ~ 0.70	0.50 ~ 1.50	≤0.01	≤0.002	≤0.004	—	≤0.02	余量
6	YZMgAl2Mn	YM202	1.6 ~ 2.5	≤0.20	0.33 ~ 0.70	≤0.08	≤0.008	≤0.001	≤0.004	—	≤0.01	余量
7	YZMgAl5Mn	YM203	4.4 ~ 5.4	≤0.22	0.26 ~ 0.60	≤0.10	≤0.01	≤0.002	≤0.004	—	≤0.02	余量
8	YZMgAl6Mn（A）	YM204	5.5 ~ 6.5	≤0.22	0.13 ~ 0.60	≤0.50	≤0.35	≤0.030	—	—		余量
9	YZMgAl6Mn	YM205	5.6 ~ 6.5	≤0.22	0.24 ~ 0.60	≤0.10	≤0.01	≤0.002	≤0.005	—	≤0.02	余量
10	YZMgAl8Zn1	YM302	7.0 ~ 8.1	0.4 ~ 1.0	0.13 ~ 0.35	≤0.30	≤0.10	≤0.010	—	—	≤0.30	余量
11	YZMgAl9Zn1（A）	YM303	8.3 ~ 9.7	0.35 ~ 1.00	0.13 ~ 0.50	≤0.50	≤0.10	≤0.030	—	—	—	余量
12	YZMgAl9Zn1（B）	YM304	8.3 ~ 9.7	0.35 ~ 1.00	0.13 ~ 0.50	≤0.50	≤0.35	≤0.030	—	—	—	余量
13	YZMgAl9Zn1（D）	YM305	8.3 ~ 9.7	0.35 ~ 1.00	0.15 ~ 0.50	≤0.10	≤0.03	≤0.002	≤0.005	—	≤0.02	余量

注：除有范围的元素和铁为必检元素外，其余元素有要求时抽检。

2. 镁合金压铸件的力学性能（表 9-21）

表 9-21　镁合金压铸件的力学性能（GB/T 25747—2010）

序号	牌号	代号	抗拉强度 R_m/MPa	规定塑性延伸强度 $R_{p0.2}$/MPa	断后伸长率 A_{50mm}（%）	硬度 HBW
1	YZMgAl2Si	YM102	230	120	12	55
2	YZMgAl2Si（B）	YM103	231	122	13	55
3	YZMgAl4Si（A）	YM104	210	140	6	55
4	YZMgAl4Si（B）	YM105	210	140	6	55
5	YZMgAl4Si（S）	YM106	210	140	6	55
6	YZMgAl2Mn	YM202	200	110	10	58
7	YZMgAl5Mn	YM203	220	130	8	62
8	YZMgAl6Mn（A）	YM204	220	130	8	62
9	YZMgAl6Mn	YM205	220	130	8	62
10	YZMgAl8Zn1	YM302	230	160	3	63
11	YZMgAl9Zn1（A）	YM303	230	160	3	63
12	YZMgAl9Zn1（B）	YM304	230	160	3	63
13	YZMgAl9Zn1（D）	YM305	230	160	3	63

注：表中未特殊说明的数值均为最小值。

第10章 锌及锌合金

10.1 锌及锌合金加工产品

10.1.1 锌阳极板

1. 锌阳极板的化学成分（表10-1）

表10-1 锌阳极板的化学成分（GB/T 2056—2005）

牌号	Zn ≥	化学成分（质量分数,%）						
		杂质含量 ≤						
		Pb	Cd	Fe	Cu	Sn	Al	总和
Zn1（Zn99.99）	99.99	0.005	0.003	0.003	0.002	0.001	0.002	0.01
Zn2（Zn99.95）	99.95	0.030	0.01	0.02	0.002	0.001	0.01	0.05

2. 锌阳极板的牌号、状态和规格（表10-2）

表10-2 锌阳极板的牌号、状态和规格（GB/T 2056—2005）

牌 号	状 态	厚度/mm	宽度/mm	长度/mm
Zn1（Zn99.99）	热轧（R）	6.0~20.0	100~500	300~2000
Zn2（Zn99.95）	热轧（R）	6.0~20.0	100~500	300~2000

10.1.2 电池锌饼

电池锌饼的化学成分如表10-3所示。

表10-3 电池锌饼的化学成分（GB/T 3610—2010）

牌号	化学成分（质量分数,%）									
	Zn	合金元素			杂质元素					
DX		Al	Ti	Mg	Pb	Cd	Fe	Cu	Sn	杂质总和
	余量	0.002~0.02	0.001~0.05	0.0005~0.0015	<0.004	<0.002	≤0.003	≤0.001	≤0.001	<0.011

注：杂质总和为表中所列杂质元素总和。

10.1.3 电池用锌板和锌带

1. 电池用锌板和锌带的牌号、型号及规格（表10-4）

表10-4 电池用锌板和锌带的牌号、型号及规格（YS/T 565—2010）

牌 号	形 状	型 号	厚度/mm	宽度/mm	长度/mm
DX	板材	B25	0.25	100~510	750~1200
		B30	0.28~0.35		
		B50	0.40~0.60		

（续）

牌　号	形　状	型　号	厚度/mm	宽度/mm	长度/mm
DX	带材	D25	0.25	91 ~ 186	$10^5 \sim 3 \times 10^5$
		D30	0.28 ~ 0.35		
		D50	0.40 ~ 0.60		

2. 电池用锌板和锌带的化学成分（表 10-5）

表 10-5　电池用锌板和锌带的化学成分（YS/T 565—2010）

牌号	化学成分（质量分数,%）									
	Zn	Ti	Mg	Al	Pb	Cd	Fe	Cu	Sn	杂质总和
DX	余量	0.001 ~ 0.05	0.0005 ~ 0.0015	0.002 ~ 0.02	<0.004	<0.002	≤0.003	≤0.001	≤0.001	0.040

注：1. 元素含量为上下限者为合金元素，元素含量为单个数值者为杂质元素，单个数值者表示最高限量。

2. 杂质总和为表中所列杂质元素实测值总和。

3. 表中用"余量"表示的元素含量为 100% 减去表中所列元素实测值所得。

3. 电池用锌板的尺寸及允许偏差（表 10-6）

表 10-6　电池用锌板的尺寸及允许偏差（YS/T 565—2010）　　（单位：mm）

型　号	厚　　度		宽　　度		长　　度	
	公称尺寸	允许偏差	公称尺寸	允许偏差	公称尺寸	允许偏差
B25	0.25	+0.02 -0.01	100 ~ 160	+1 0	750 ~ 1200	+5 0
B30	0.28 0.30 0.35	±0.02				
B50	0.40 0.45 0.50 0.60	+0.02 -0.03	160 ~ 510	+3 0		

4. 电池用锌带的尺寸及允许偏差（表 10-7）

表 10-7　电池用锌带的尺寸及允许偏差（YS/T 565—2010）　　（单位：mm）

型　号	厚　　度		宽　　度		长　　度
	公称尺寸	允许偏差	公称尺寸	允许偏差	公称尺寸
D25	0.25	+0.02 -0.01	91 ~ 186	+1 0	$(1 \sim 3) \times 10^5$
D30	0.28 0.30 0.35	+0.02 -0.01			
D50	0.40 0.45 0.50 0.60	+0.02 -0.01	91 ~ 186	+2 0	

10.2　锌及锌合金铸造产品

10.2.1　锌锭

锌锭的化学成分如表10-8所示。

表10-8　锌锭的化学成分（GB/T 470—2008）

牌　号	化学成分(质量分数,%)							
	Zn ≥	杂质含量 ≤						
		Pb	Cd	Fe	Cu	Sn	Al	总和
Zn99.995	99.995	0.003	0.002	0.001	0.001	0.001	0.001	0.005
Zn99.99	99.99	0.005	0.003	0.003	0.002	0.001	0.002	0.01
Zn99.95	99.95	0.030	0.01	0.02	0.002	0.001	0.01	0.05
Zn99.5	99.5	0.45	0.01	0.05	—	—	—	0.5
Zn98.5	98.5	1.4	0.01	0.05	—	—	—	1.5

注：锌的含量为100%减去表中所列杂质实测值总和的余量。

10.2.2　铸造用锌合金锭

铸造用锌合金锭的化学成分如表10-9所示。

表10-9　铸造用锌合金锭的化学成分（GB/T 8738—2006）

牌号	代号	主要化学成分(质量分数,%)					杂质含量(质量分数,%) ≤							
		Al	Cu	Mg	Ni	Zn	Fe	Pb	Cd	Sn	Si	Cu	Mg	Ni
ZnAl4	ZX01	3.9~4.3	—	0.03~0.06	—	余量	0.035	0.0040	0.0030	0.0015	—	0.1	—	—
ZnAl4Ni	ZX02	3.9~4.3	—	0.01~0.02	0.005~0.020	余量	0.075	0.0020	0.0020	0.0010	—	0.1	—	—
ZnAl4Cu1	ZX03	3.9~4.3	0.7~1.1	0.03~0.06	—	余量	0.035	0.0040	0.0030	0.0015	—	—	—	—
ZnAl4Cu3	ZX04	3.9~4.3	2.6~3.1	0.03~0.06	—	余量	0.035	0.0040	0.0030	0.0015	—	—	—	—
ZnAl6Cu1	ZX05	5.6~6.0	1.2~1.6	—	—	余量	0.020	0.003	0.003	0.001	0.02	—	0.005	0.001
ZnAl8Cu1	ZX06	8.2~8.8	0.9~1.3	0.02~0.03	—	余量	0.035	0.005	0.005	0.002	—	—	—	—
ZnAl9Cu2	ZX07	8.0~10.0	1.0~2.0	0.03~0.06	—	余量	0.05	0.005	0.005	0.002	0.05	—	—	—
ZnAl11Cu1	ZX08	10.8~11.5	0.5~1.2	0.02~0.03	—	余量	0.05	0.005	0.005	0.002	—	—	—	—

（续）

牌号	代号	主要化学成分（质量分数,%）					杂质含量（质量分数,%）≤							
		Al	Cu	Mg	Ni	Zn	Fe	Pb	Cd	Sn	Si	Cu	Mg	Ni
ZnAl11Cu5	ZX09	10.0 ~ 12.0	4.0 ~ 5.5	0.03 ~ 0.06	—	余量	0.05	0.005	0.005	0.002	0.05	—	—	—
ZnAl27Cu2	ZX10	25.5 ~ 28.0	2.0 ~ 2.5	0.012 ~ 0.02	—	余量	0.07	0.005	0.005	0.002	—	—	—	—

注："Z"为"铸"字汉语拼音首字母,代表"铸造用";"X"为"锌"字汉语拼音首字母,表示"锌合金"。

10.2.3　再生锌合金锭

再生锌合金锭的化学成分如表10-10所示。

表10-10　再生锌合金锭的化学成分（GB/T 21651—2008）

牌号	主要化学成分（质量分数,%）				杂质含量（质量分数,%）≤			
	Al	Cu	Mg	Zn	Fe	Pb	Cd	Sn
ZSZnAl4	3.5 ~ 4.3	0.2 ~ 0.75	0.02 ~ 0.08	余量	0.1	0.008	0.004	0.003
ZSZnAl4Cu0.5	3.5 ~ 4.3	0.3 ~ 0.75	0.01 ~ 0.08	余量	0.1	0.012	0.01	0.003
ZSZnAl4Cu1	3.8 ~ 4.3	0.75 ~ 1.25	0.03 ~ 0.08	余量	0.1	0.015	0.01	0.003

注："Z"为"再"字汉语拼音首字母;"S"为"生"字汉语拼音首字母,"ZS"表示"再生"。

10.2.4　铸造锌合金

1. 铸造锌合金的化学成分（表10-11）

表10-11　铸造锌合金的化学成分（GB/T 1175—1997）

牌　号	代　号	主要化学成分（质量分数,%）			
		Al	Cu	Mg	Zn
ZZnAl4Cu1Mg	ZA4-1	3.5 ~ 4.5	0.75 ~ 1.25	0.03 ~ 0.08	余量
ZZnAl4Cu3Mg	ZA4-3	3.5 ~ 4.3	2.5 ~ 3.2	0.03 ~ 0.06	余量
ZZnAl6Cu1	ZA6-1	5.6 ~ 6.0	1.2 ~ 1.6	—	余量
ZZnAl8Cu1Mg	ZA8-1	8.0 ~ 8.8	0.8 ~ 1.3	0.015 ~ 0.030	余量
ZZnAl9Cu2Mg	ZA9-2	8.0 ~ 10.0	1.0 ~ 2.0	0.03 ~ 0.06	余量
ZZnAl11Cu1Mg	ZA11-1	10.5 ~ 11.5	0.5 ~ 1.2	0.015 ~ 0.030	余量
ZZnAl11Cu5Mg	ZA11-5	10.0 ~ 12.0	4.0 ~ 5.5	0.03 ~ 0.06	余量
ZZnAl27Cu2Mg	ZA27-2	25.0 ~ 28.0	2.0 ~ 2.5	0.010 ~ 0.020	余量

牌号	代号	杂质含量（质量分数,%）≤					总和
		Fe	Pb	Cd	Sn	其他	
ZZnAl4Cu1Mg	ZA4-1	0.1	0.015	0.005	0.003	—	0.2
ZZnAl4Cu3Mg	ZA4-3	0.075	Pb + Cd 0.009		0.002	—	—

（续）

牌号	代号	杂质含量（质量分数,%）≤					总和
		Fe	Pb	Cd	Sn	其他	
ZZnAl6Cu1	ZA6-1	0.075	Pb + Cd 0.009		0.002	Mg0.005	—
ZZnAl8Cu1Mg	ZA8-1	0.075	0.006	0.006	0.003	Mn0.01 Cr0.01 Ni0.01	—
ZZnAl9Cu2Mg	ZA9-2	0.2	0.03	0.02	0.01	Si0.1	0.35
ZZnAl11Cu1Mg	ZA11-1	0.075	0.006	0.006	0.003	Mn0.01 Cr0.01 Ni0.01	—
ZZnAl11Cu5Mg	ZA11-5	0.2	0.03	0.02	0.01	Si0.05	0.35
ZZnAl27Cu2Mg	ZA27-2	0.075	0.006	0.006	0.003	Mn0.01 Cr0.01 Ni0.01	—

2. 铸造锌合金的力学性能（表10-12）

表10-12　铸造锌合金的力学性能（GB/T 1175—1997）

牌　号	代　号	铸造方法及状态	抗拉强度 R_m /MPa ≥	断后伸长率 A （%）≥	硬度 HBW ≥
ZZnAlCu1Mg	ZA4-1	JF	175	0.5	80
ZZnAl4Cu3Mg	ZA4-3	SF	220	0.5	90
		JF	240	1	100
ZZnAl6Cu1	ZA6-1	SF	180	1	80
		JF	220	1.5	80
ZZnAl8Cu1Mg	ZA8-1	SF	250	1	80
		JF	225	1	85
ZZnAl9Cu2Mg	ZA9-2	SF	275	0.7	90
		JF	315	1.5	105
ZZnAl11Cu1Mg	ZA11-1	SF	280	1	90
		JF	310	1	90
ZZnAl11Cu5Mg	ZA11-5	SF	275	0.5	80
		JF	295	1.0	100
ZZnAl27Cu2Mg	ZA27-2	SF	400	3	110
		ST3	310	8	90
		JF	420	1	110

10.2.5　压铸锌合金

1. 压铸锌合金的化学成分（表 10-13）

表 10-13　压铸锌合金的化学成分（GB/T 13818—2009）

序号	牌　号	代号	主要化学成分(质量分数,%)			杂质含量(质量分数,%) ≤				
			Al	Cu	Mg	Zn	Fe	Pb	Sn	Cd
1	YZZnAl4A	YX040A	3.9 ~ 4.3	≤0.1	0.030 ~ 0.060	余量	0.035	0.004	0.0015	0.003
2	YZZnAl4B	YX040B	3.9 ~ 4.3	≤0.1	0.010 ~ 0.020	余量	0.075	0.003	0.0010	0.002
3	YZZnAl4Cu1	YX041	3.9 ~ 4.3	0.7 ~ 1.1	0.030 ~ 0.060	余量	0.035	0.004	0.0015	0.003
4	YZZnAl4Cu3	YX043	3.9 ~ 4.3	2.7 ~ 3.3	0.025 ~ 0.050	余量	0.035	0.004	0.0015	0.003
5	YZZnAl8Cu1	YX081	8.2 ~ 8.8	0.9 ~ 1.3	0.020 ~ 0.030	余量	0.035	0.005	0.0050	0.002
6	YZZnAl11Cu1	YX111	10.8 ~ 11.5	0.5 ~ 1.2	0.020 ~ 0.030	余量	0.050	0.005	0.0050	0.002
7	YZZnAl27Cu2	YX272	25.5 ~ 28.0	2.0 ~ 2.5	0.012 ~ 0.020	余量	0.070	0.005	0.0050	0.002

注：YZZnAl4B 中 Ni 的质量分数为 0.005% ~ 0.020%。

10.2.6　锌合金压铸件

1. 锌合金压铸件的分类（表 10-14）

表 10-14　锌合金压铸件的分类（GB/T 13821—2009）

类别	使用要求	检验项目
1	具有结构和功能性要求	尺寸公差、表面质量、化学成分、其他特殊要求
2	无特殊要求的零部件	表面质量、化学成分、尺寸公差

2. 锌合金压铸件的表面分级（表 10-15）

表 10-15　锌合金压铸件的表面分级（GB/T 13821—2009）

序号	缺陷名称	检验范围	表面质量级别			说　明
			1 级	2 级	3 级	
1	花纹麻面有色斑点	三者面积不超过总面积的百分数(%)	5	25	40	
2	流痕	深度/mm	≤0.05	≤0.07	≤0.15	
		面积不大于总面积百分数(%)	5	15	30	
3	冷隔	深度/mm	不允许	≤1/5 壁厚	≤1/4 壁厚	在同一部位对应处不允许同时存在 长度是指缺陷流向的展开长度
		长度不大于铸件最大轮廓尺寸/mm		1/10	1/5	
		所在面上不允许超过的数量		2 处	2 处	
		离铸件边缘距离/mm		≥4	≥4	
		两冷隔间距/mm		≥10	≥10	

（续）

序号	缺陷名称	检验范围	表面质量级别			说　明
			1 级	2 级	3 级	
4	擦伤	深度/mm ≤	0.05	0.01	0.25	除 1 级表面外,浇口部位允许增加一倍
		面积不大于总面积百分数(%)	3	5	10	
5	凹陷	凹入深度/mm	≤0.10	≤0.30	≤0.50	
6	粘附物痕迹	整个铸件不允许超过	不允许	1 处	2 处	
		占带缺陷表面百分数(%)		5	10	
7	边角残缺深度	铸件边长≤100mm 时	0.3	0.5	1.0	不超过边长度的5%
		铸件边长 >100mm 时	0.5	0.8	1.2	
8	气泡	平均直径 ≤3mm 每100cm² 缺陷个数不超过个数	不允许	1	2	允许两种气泡同时存在,但大气泡≤3个,总数≤10个,且边距≥10mm
		整个铸件不超过个数		3	7	
		离铸件边缘距离/mm		≥3	≥3	
		气泡凸起高度/mm		≤0.2	≤0.3	
		平均直径 3 ~6mm 每100cm² 缺陷个数不超过	不允许	1	1	
		整个铸件气泡不超过		1	3	
		离铸件边缘距离/mm		≥5	≥5	
		气泡凸起高度/mm		≤0.3	≤0.5	
9	顶杆痕迹	凹入铸件深度不超过该处壁厚的	不允许	1/10	1/10	
		最大凹入量		0.4	0.4	
		凸起高度/mm		≥0.2	≥0.2	
10	网状痕迹	凸起或凹下/mm	不允许	≤0.2	≤0.2	
11	各类缺陷总和	面积不超过总面积的百分数(%)	5	30	50	

3. 锌合金压铸件的化学成分（表 10-16）

表 10-16　锌合金压铸件的化学成分（GB/T 13821—2009）

序号	牌号	代号	主要化学成分(质量分数,%)				杂质含量(质量分数,%) ≤			
			Al	C	Mg	Zn	Fe	Pb	Sn	Cd
1	YZZnAl4A	YX040A	3.5 ~4.3	≤0.25	0.02 ~0.06	余量	0.10	0.005	0.003	0.004
2	YZZnAl4B	YX040B	3.5 ~4.3	≤0.25	0.005 ~0.02	余量	0.075	0.003	0.001	0.002
3	YZZnAl4Cu1	YX041	3.5 ~4.3	0.75 ~1.25	0.03 ~0.08	余量	0.10	0.005	0.003	0.004
4	YZZnAl4Cu3	YX043	3.5 ~4.3	2.5 ~3.0	0.02 ~0.05	余量	0.10	0.005	0.003	0.004

（续）

序号	牌号	代号	主要化学成分(质量分数,%)				杂质含量(质量分数,%)　≤			
			Al	C	Mg	Zn	Fe	Pb	Sn	Cd
5	YZZnAl8Cu1	YX081	8.0~8.8	0.8~1.3	0.015~0.03	余量	0.075	0.006	0.003	0.006
6	YZZnAl11Cu1	YX111	10.5~11.5	0.5~1.2	0.015~0.03	余量	0.075	0.006	0.003	0.006
7	YZZnAl27Cu2	YX272	25.0~28.0	2.0~2.5	0.010~0.02	余量	0.075	0.006	0.003	0.006

4. 锌合金压铸件的力学性能（10-17）

表 10-17　锌合金压铸件的力学性能（GB/T 13821—2009）

代号	YX040A	YX040B	YX041	YX043	YX081	YX111	YX272
极限抗拉强度/MPa	283	283	328	359	372	400	426
屈服强度/MPa	221	221	269	283	283~296	310~331	359~370
抗压屈服强度/MPa	414	414	600	641	252	269	358
伸长率（%）	10	13	7	7	6~10	4~7	2.0~3.5
硬度　HBW	82	80	91	100	100~106	95~105	116~122
抗剪强度/MPa	214	214	262	317	275	296	325
冲击强度/J	58	58	65	47.5	32~48	20~37	9~16
疲劳强度/MPa	47.6	47.6	56.5	58.6	103	—	145
杨氏模量/GPa	—	—	—	—	85.5	83	77.9

第 11 章 钛及钛合金

11.1 钛及钛合金加工产品

11.1.1 钛及钛合金的化学成分

钛及钛合金的化学成分如表 11-1 所示，其化学成分允许偏差如表 11-2 所示。

表 11-1 钛及钛合金的化学成分 (GB/T 3620.1—2007)

牌 号	名义化学成分	化学成分（质量分数，%）															
		主要成分							杂质 ≤							其他元素	
		Ti	Al	Sn	Mo	Pd	Ni	Si	B	Fe	C	N	H	O	单一	总和
TA1ELI	工业纯钛	余量	—	—	—	—	—	—	—	0.10	0.03	0.012	0.008	0.10	0.05	0.20
TA1	工业纯钛	余量	—	—	—	—	—	—	—	0.20	0.08	0.03	0.015	0.18	0.10	0.40
TA1-1	工业纯钛	余量	≤ 0.20	—	—	—	—	≤ 0.08	—	0.15	0.05	0.03	0.003	0.12	—	0.10
TA2ELI	工业纯钛	余量	—	—	—	—	—	—	—	0.20	0.05	0.03	0.008	0.10	0.05	0.20
TA2	工业纯钛	余量	—	—	—	—	—	—	—	0.30	0.08	0.03	0.015	0.25	0.10	0.40
TA3ELI	工业纯钛	余量	—	—	—	—	—	—	—	0.25	0.05	0.04	0.008	0.18	0.05	0.20
TA3	工业纯钛	余量	—	—	—	—	—	—	—	0.30	0.08	0.05	0.015	0.35	0.10	0.40
TA4ELI	工业纯钛	余量	—	—	—	—	—	—	—	0.30	0.05	0.05	0.008	0.25	0.05	0.20
TA4	工业纯钛	余量	—	—	—	—	—	—	—	0.50	0.08	0.05	0.015	0.40	0.10	0.40
TA5	Ti-4Al-0.005B	余量	3.3~4.7	—	—	—	—	—	0.005	0.30	0.08	0.04	0.015	0.15	0.10	0.40

（续）

牌号	名义化学成分	化学成分(质量分数,%)														
		主要成分								杂质 ≤					其他元素	
		Ti	Al	Sn	Mo	Pd	Ni	Si	B	Fe	C	N	H	O	单一	总和
TA6	Ti-5Al	余量	4.0~5.5	—	—	—	—	—	—	0.30	0.08	0.05	0.015	0.15	0.10	0.40
TA7	Ti-5Al-2.5Sn	余量	4.0~6.0	2.0~3.0	—	—	—	—	—	0.50	0.08	0.05	0.015	0.20	0.10	0.40
TA7ELI①	Ti-5Al-2.5SnELI	余量	4.50~5.75	2.0~3.0	—	—	—	—	—	0.25	0.05	0.035	0.0125	0.12	0.05	0.30
TA8	Ti-0.05Pd	余量	—	—	—	0.04~0.08	—	—	—	0.30	0.08	0.03	0.015	0.25	0.10	0.40
TA8-1	Ti-0.05Pd	余量	—	—	—	0.04~0.08	—	—	—	0.20	0.08	0.03	0.015	0.18	0.10	0.40
TA9	Ti-0.2Pd	余量	—	—	—	0.12~0.25	—	—	—	0.30	0.08	0.03	0.015	0.25	0.10	0.40
TA9-1	Ti-0.2Pd	余量	—	—	—	0.12~0.25	—	—	—	0.20	0.08	0.03	0.015	0.18	0.10	0.40
TA10	Ti-0.3Mo-0.8Ni	余量	—	—	0.2~0.4	—	0.6~0.9	—	—	0.30	0.08	0.03	0.015	0.25	0.10	0.40
TA11	Ti-8AL-1Mo-1V	余量	7.35~8.35	—	0.75~1.25	0.75~1.25	—	—	—	0.30	0.08	0.05	0.015	0.12	0.10	0.30
TA12	Ti-5.5Al-4Sn-2Zr-1Mo-1Nd-0.25Si	余量	4.8~6.0	3.7~4.7	0.75~1.25	—	1.5~2.5	0.2~0.35	0.6~1.2	0.25	0.08	0.05	0.0125	0.15	0.10	0.40
TA12-1	Ti-5.5Al-4Sn-2Zr-1Mo-1Nd-0.25Si	余量	4.5~5.5	3.7~4.7	1.0~2.0	—	1.5~2.5	0.2~0.35	0.6~1.2	0.25	0.08	0.04	0.0125	0.15	0.10	0.30
TA13	Ti-2.5Cu	余量	Cu:2.0~3.0	—	—	—	—	—	—	0.20	0.08	0.05	0.010	0.20	0.10	0.30

（续）

化学成分（质量分数，%）

牌号	名义化学成分	主要成分								杂质 ≤					其他元素	
		Ti	Al	Sn	Mo	V	Zr	Si	Nd	Fe	C	N	H	O	单一	总和
TA14	Ti-2.3Al-11Sn-5Zr-1Mo-0.2Si	余量	2.0~2.5	10.52~11.5	0.8~1.2	—	4.0~6.0	0.10~0.50	—	0.20	0.08	0.05	0.0125	0.20	0.10	0.30
TA15	Ti-6.5Al-1Mo-1V-2Zr	余量	5.5~7.1	—	0.5~2.0	0.8~2.5	1.5~2.5	≤0.15	—	0.25	0.08	0.05	0.015	0.15	0.10	0.30
TA15-1	Ti-2.5Al-1Mo-1V-1.5Zr	余量	2.0~3.0	—	0.5~1.5	0.5~1.5	1.0~2.0	≤0.10	—	0.15	0.05	0.04	0.003	0.12	0.10	0.30
TA15-2	Ti-4Al-1Mo-1V-1.5Zr	余量	3.5~4.5	—	0.5~1.5	0.5~1.5	1.0~2.0	≤0.10	—	0.15	0.05	0.04	0.003	0.12	0.10	0.30
TA16	Ti-2Al-2.5Zr	余量	1.8~2.5	—	—	—	2.0~3.0	≤0.12	—	0.25	0.08	0.04	0.006	0.15	0.10	0.30
TA17	Ti-4Al-2V	余量	3.5~4.5	—	—	1.5~3.0	—	≤0.15	—	0.25	0.08	0.05	0.015	0.15	0.10	0.30
TA18	Ti-3Al-2.5V	余量	2.0~3.5	—	—	1.5~3.0	—	—	—	0.25	0.08	0.05	0.015	0.12	0.10	0.30
TA19	Ti-6Al-2Sn-4Zr-2Mo-0.1Si	余量	5.5~6.5	1.8~2.2	1.8~2.2	—	3.6~4.4	≤0.13	—	0.25	0.05	0.05	0.0125	0.15	0.10	0.30

化学成分（质量分数，%）

牌号	名义化学成分	主要成分								杂质 ≤					其他元素	
		Ti	Al	Mo	V	Mn	Zr	Si	Nd	Fe	C	N	H	O	单一	总和
TA20	Ti-4Al-3V-1.5Zr	余量	3.5~4.5	—	2.5~3.5	—	1.0~2.0	≤0.10	—	0.15	0.05	0.04	0.003	0.12	0.10	0.30

（续）

牌号	名义化学成分	化学成分（质量分数，%）														
		主要成分								杂质 ≤					其他元素	
		Ti	Al	Mo	V	Mn	Zr	Si	Nd	Fe	C	N	H	O	单一	总和
TA21	Ti-1Al-1Mn	余量	0.4~1.5	—		0.5~1.3	≤0.30	≤0.12	—	0.30	0.10	0.05	0.012	0.15	0.10	0.30
TA22	Ti-3Al-1Mo-1Ni-1Zr	余量	2.5~3.5	0.5~1.5	Ni:0.3~1.0	—	0.8~2.0	≤0.15	—	0.20	0.10	0.05	0.015	0.15	0.10	0.30
TA22-1	Ti-3Al-1Mo-1Ni-1Zr	余量	2.5~3.5	0.2~0.8	Ni:0.3~0.8	—	0.5~1.0	≤0.04	—	0.20	0.10	0.04	0.008	0.10	0.10	0.30
TA23	Ti-2.5Al-2Zr-1Fe	余量	2.2~3.0	—	Fe:0.8~1.2	—	1.7~2.3	≤0.15	—		0.10	0.04	0.010	0.15	0.10	0.30
TA23-1	Ti-2.5Al-2Zr-1Fe	余量	2.2~3.0	—	Fe:0.8~1.1	—	1.7~2.3	≤0.10	—		0.10	0.04	0.008	0.10	0.10	0.30
TA24	Ti-3Al-2Mo-2Zr	余量	2.5~3.5	1.0~2.5	—	—	1.0~3.0	≤0.15	—	0.30	0.10	0.05	0.015	0.15	0.10	0.30
TA24-1	Ti-3Al-2Mo-2Zr	余量	1.5~2.5	1.0~2.0	—	—	1.0~3.0	≤0.04	—	0.15	0.10	0.04	0.010	0.10	0.10	0.30
TA25	Ti-3Al-2.5V-0.05Pd	余量	2.5~3.5	—	2.0~3.0	—	—	Pd:0.04~0.08	—	0.25	0.08	0.03	0.015	0.15	0.10	0.40
TA26	Ti-3Al-2.5V-0.1Ru	余量	2.5~3.5	—	2.0~3.0	—	—	Ru:0.08~0.14	—	0.25	0.08	0.03	0.015	0.15	0.10	0.40
TA27	Ti-0.10Ru	余量	—	—	Ru:0.08~0.14	—	—	—	—	0.30	0.08	0.03	0.015	0.25	0.10	0.40
TA27-1	Ti-0.10Ru	余量	—	—	Ru:0.08~0.14	—	—	—	—	0.20	0.08	0.03	0.015	0.18	0.10	0.40
TA28	Ti-3Al	余量	2.0~3.0	—	—	—	—	—	—	0.30	0.08	0.05	0.015	0.15	0.10	0.40

（续）

牌号	名义化学成分	化学成分（质量分数，%）																		
		主要成分											杂质 ≤					其他元素	
		Ti	Al	Sn	Mo	V	Cr	Fe	Zr	Pd	Nb	Si	Fe	C	N	H	O	单一	总和
TB2	Ti-5Mo-5V-8Cr-3Al	余量	2.5~3.5	—	4.7~5.7	4.7~5.7	7.5~8.5	—	—	—	—	—	0.30	0.05	0.04	0.015	0.15	0.10	0.40
TB3	Ti-3.5Al-10Mo-8V-1Fe	余量	2.7~3.7	—	9.5~11.0	7.5~8.5	—	0.8~1.2	—	—	—	—	—	0.05	0.04	0.015	0.15	0.10	0.40
TB4	Ti-4Al-7Mo-10V-2Fe-1Zr	余量	3.0~4.5	—	6.0~7.8	9.0~10.5	—	1.5~2.5	0.5~1.5	—	—	—	—	0.05	0.04	0.015	0.20	0.10	0.40
TB5	Ti-15V-3Al-3Cr-3Sn	余量	2.5~3.5	2.5~3.5	—	14.0~16.0	2.5~3.5	—	—	—	—	—	0.25	0.05	0.05	0.015	0.15	0.10	0.30
TB6	Ti-10V-2Fe-3Al	余量	2.6~3.4	—	—	9.0~11.0	—	1.6~2.2	—	—	—	—	—	0.05	0.05	0.0125	0.13	0.10	0.30
TB7	Ti-32Mo	余量	—	—	30.0~34.0	—	—	—	—	—	—	—	0.30	0.08	0.05	0.015	0.20	0.10	0.40
TB8	Ti-15Mo-3Al-2.7Nb-0.25Si	余量	2.5~3.5	—	14.0~16.0	—	—	—	—	—	2.4~3.2	0.15~0.25	0.40	0.05	0.05	0.015	0.17	0.10	0.40
TB9	Ti-3Al-8V-6Cr-4Mo-4Zr	余量	3.0~4.0	—	3.5~4.5	7.5~8.5	5.5~6.5	—	3.5~4.5	≤0.10	—	—	0.30	0.05	0.03	0.030	0.14	0.10	0.40
TB10	Ti-5Mo-5V-2Cr-3Al	余量	2.5~3.5	—	4.5~5.5	4.5~5.5	1.5~2.5	—	—	—	—	—	0.30	0.05	0.04	0.015	0.15	0.10	0.40
TB11	Ti-15Mo	余量	—	—	14.0~16.0	—	—	—	—	—	—	—	0.10	0.10	0.05	0.015	0.20	0.10	0.40

（续）

牌号	名义化学成分	主要成分											杂质 ≤					其他元素 ≤	

牌号	名义化学成分	Ti	Al	Sn	Mo	V	Cr	Fe	Mn	Cu	Si	Fe	C	N	H	O	单一	总和
TC1	Ti-2Al-1.5Mn	余量	1.0~2.5	—	—	—	—	—	0.7~2.0	—	—	0.30	0.08	0.05	0.012	0.15	0.10	0.40
TC2	Ti-4Al-1.5Mn	余量	3.5~5.0	—	—	—	—	—	0.8~2.0	—	—	0.30	0.08	0.05	0.012	0.15	0.10	0.40
TC3	Ti-5Al-4V	余量	4.5~6.0	—	—	3.5~4.5	—	—	—	—	—	0.30	0.08	0.05	0.015	0.15	0.10	0.40
TC4	Ti-6Al-4V	余量	5.5~6.75	—	—	3.5~4.5	—	—	—	—	—	0.30	0.08	0.05	0.015	0.20	0.10	0.40
TC4ELI	Ti-6Al4VELI	余量	5.5~6.5	—	—	3.5~4.5	—	—	—	—	—	0.25	0.08	0.03	0.0120	0.13	0.10	0.30
TC6	Ti-6Al-1.5Cr-2.5Mo-0.5Fe-0.3Si	余量	5.5~7.0	—	2.0~3.0	—	0.8~2.3	0.2~0.7	—	—	0.15~0.40	—	0.08	0.05	0.015	0.18	0.10	0.40
TC8	Ti-6.5Al-3.5Mo-0.25Si	余量	5.8~6.8	—	2.8~3.8	—	—	—	—	—	0.20~0.35	0.40	0.08	0.05	0.015	0.15	0.10	0.40
TC9	Ti-6.5Al-3.5Mo-2.5Sn-0.3Si	余量	5.8~6.8	1.8~2.8	2.8~3.8	—	—	—	—	—	0.2~0.4	0.40	0.08	0.05	0.015	0.15	0.10	0.40
TC10	Ti-6Al-6V-2Sn-0.5Cu-0.5Fe	余量	5.5~6.5	1.5~2.5	—	5.5~6.5	—	0.35~1.0	—	0.35~1.0	—	—	0.08	0.04	0.015	0.20	0.10	0.40

化学成分（质量分数，%）

牌号	名义化学成分	主要成分											杂质 ≤					其他元素 ≤	

牌号	名义化学成分	Ti	Al	Sn	Mo	V	Cr	Fe	Zr	Nb	Si	Fe	C	N	H	O	单一	总和
TC11	Ti-6.5Al-3.5Mo-1.5Zr-0.3Si	余量	5.8~7.0	—	2.8~3.8	—	—	—	0.8~2.0	—	0.2~0.35	0.25	0.08	0.05	0.012	0.15	0.10	0.40
TC12	Ti-5Al-4Mo-4Cr-2Zr-2Sn-1Nb	余量	4.5~5.5	1.5~2.5	3.5~4.5	—	3.5~4.5	—	1.5~3.0	0.5~1.5	—	0.30	0.08	0.05	0.015	0.20	0.10	0.40

（续）

化学成分（质量分数，%）

主要成分 — 杂质 ≤ — 其他元素

牌号	名义化学成分	Ti	Al	Sn	Mo	V	Cr	Fe	Zr	Nb	Si	Fe	C	N	H	O	单一	总和
TC15	Ti-5Al-2.5Fe	余量	4.5~5.5	—	—	—	—	2.0~3.0	—	—	—	—	0.08	0.05	0.015	0.20	0.10	0.40
TC16	Ti-3Al-5Mo-4.5V	余量	2.2~3.8	—	4.5~5.5	4.0~5.0	—	—	—	—	≤0.15	0.25	0.08	0.05	0.012	0.15	0.10	0.30
TC17	Ti-5Al-2Sn-2Zr-4Mo-4Cr	余量	4.5~5.5	1.5~2.5	3.5~4.5	—	3.5~4.5	—	1.5~2.5	—	—	0.25	0.05	0.05	0.0125	0.08~0.13	0.10	0.30
TC18	Ti-5Al-4.75Mo-4.75V-1Cr-1Fe	余量	4.4~5.7	—	4.0~5.5	4.0~5.5	0.5~1.5	0.5~1.5	≤0.30	—	—	—	0.08	0.05	0.015	0.18	0.10	0.30
TC19	Ti-6Al-2Sn-4Zr-6Mo	余量	5.5~6.5	1.75~2.25	5.5~6.5	—	—	—	3.5~4.5	—	—	0.15	0.04	0.04	0.0125	0.15	0.10	0.40
TC20	Ti-6Al-7Nb	余量	5.5~6.5	—	—	—	—	—	—	6.5~7.5	Ta≤0.5	0.25	0.08	0.05	0.009	0.20	0.10	0.40
TC21	Ti-6Al-2Mo-1.5Cr-2Zr-2Sn-2Nb	余量	5.2~6.8	1.6~2.5	2.2~3.3	—	0.9~2.0	—	1.6~2.5	1.7~2.3	—	0.15	0.08	0.05	0.015	0.15	0.10	0.40
TC22	Ti-6Al-4V-0.05Pd	余量	5.5~6.75	—	—	3.5~4.5	—	—	—	Pd:0.04~0.08	—	0.40	0.08	0.05	0.015	0.20	0.10	0.40
TC23	Ti-6Al-4V-0.1Ru	余量	5.5~6.75	—	—	3.5~4.5	—	—	—	Ru:0.08~0.14	—	0.25	0.08	0.05	0.015	0.13	0.10	0.40
TC24	Ti-4.5Al-3V-2Mo-2Fe	余量	4.0~5.0	—	1.8~2.2	2.5~3.5	—	1.7~2.3	—	—	—	—	0.05	0.05	0.010	0.15	0.10	0.40
TC25	Ti-6.5Al-2Mo-1Zr-1Sn-1W-0.2Si	余量	6.2~7.2	0.8~2.5	1.5~2.5	—	W:0.5~1.5	—	0.8~2.5	—	0.10~0.25	0.15	0.10	0.04	0.012	0.15	0.10	0.30
TC26	Ti-13Nb-13Zr	余量	—	—	—	—	—	—	12.5~14.0	12.5~14.0	—	0.25	0.08	0.05	0.012	0.15	0.10	0.40

① TA7ELI 中 Fe＋O 的质量分数之和应不大于 0.32%。

表 11-2　钛及钛合金加工产品的化学成分允许偏差（GB/T 3620.2—2007）

元　素	化学成分范围 （质量分数,%）	允许偏差 （质量分数,%）	元　素	化学成分范围 （质量分数,%）	允许偏差 （质量分数,%）
C	≤0.20	+0.02 0	Cu	≤1.00	±0.08
	>0.20~0.50	+0.04 0		>1.00~3.00	±0.12
	>0.50	+0.06 0		>3.00~5.00	±0.20
N	≤0.10	+0.02 0	V	≤0.50	±0.05
				>0.50~5.00	±0.15
H	≤0.030	+0.002 0		>5.00~6.00	±0.20
				>6.00~10.00	±0.30
O	≤0.30	+0.03 0		>10.00~20.00	±0.40
	>0.30	+0.04 0	B	≤0.005	±0.001
Fe	≤0.25	±0.10	Zr	≤4.00	±0.15
	>0.25~0.50	±0.15		>4.00~6.00	±0.20
	>0.50~5.00	±0.20		>6.00~10.00	±0.30
	>5.00	±0.25		>10.00~20.00	±0.40
Si	≤0.10	±0.02	Ni	≤1.00	±0.03
	>0.10~0.50	±0.05	Pd	≤0.10	±0.005
	>0.50~0.70	±0.07		>0.10~0.250	±0.02
Al	≤1.00	±0.15	Nb	≤1.00	±0.10
	>1.00~10.00	±0.40		>1.00~5.00	±0.15
	>10.00~35.00	±0.50		>5.00~7.00	±0.20
Cr	≤1.00	±0.08		>7.00~10.00	±0.25
	>1.00~4.00	±0.20		>10.00~15.00	±0.30
	>4.00	±0.25		>15.00~20.00	±0.35
Mo	≤1.00	±0.08		>20.00~30.00	±0.40
	>1.00~10.00	±0.30	Nd	≤1.00	±0.10
	>10.00~35.00	±0.40		>1.00~2.00	±0.20
Sn	≤3.00	±0.15	Ta	≤0.50	±0.05
	>3.00~6.00	±0.25	Ru	≤0.07	±0.005
	>6.00~12.00	±0.40		>0.07	±0.01
Mn	≤0.30	±0.10	Y	≤0.005	+0.001 0
	>0.30~6.00	±0.30			
	>6.00~9.00	±0.40	其他元素 （单一）	≤0.10	+0.02 0
	>9.00~20.00	±0.50			

注：当铁和硅元素为杂质时，其偏差取正偏差。

11.1.2　钛及钛合金板

1. 钛及钛合金板的牌号、供应状态及规格（表 11-3）

表 11-3　钛及钛合金板的牌号、供应状态及规格（GB/T 3621—2007）

牌　　号	制造方法	供应状态	厚度/mm	宽度/mm	长度/mm
TA1、TA2、TA3、TA4、TA5、TA6、TA7、TA8、TA8-1、TA9、TA9-1、TA10、TA11、TA15、TA17、TA18、TC1、TC2、TC3、TC4、TC4ELI	热轧	热加工状态（R）退火状态（M）	>4.75 ~ 60.0	400 ~ 3000	1000 ~ 4000
	冷轧	冷加工状态（Y）退火状态（M）固溶状态（ST）	0.30 ~ 6	400 ~ 1000	1000 ~ 3000
TB2	热轧	固溶状态（ST）	>4.0 ~ 10.0	400 ~ 3000	1000 ~ 4000
	冷轧	固溶状态（ST）	1.0 ~ 4.0	400 ~ 1000	1000 ~ 3000
TB5、TB6、TB8	冷轧	固溶状态（ST）	0.30 ~ 4.75	400 ~ 1000	1000 ~ 3000

注：工业纯钛板材供货的最小厚度为 0.3mm。

2. 钛及钛合金板的室温横向力学性能（表 11-4）

表 11-4　钛及钛合金板的室温横向力学性能（GB/T 3621—2007）

牌　　号	状态	板材厚度/mm	抗拉强度 R_m/MPa	规定塑性延伸强度 $R_{p0.2}$/MPa	断后伸长率 $A(\%) \geqslant$
TA1	M	0.3 ~ 25.0	≥240	140 ~ 310	30
TA2	M	0.3 ~ 25.0	≥400	275 ~ 450	25
TA3	M	0.3 ~ 25.0	≥500	380 ~ 550	20
TA4	M	0.3 ~ 25.0	≥580	485 ~ 655	20
TA5	M	0.5 ~ 1.0	≥685	≥585	20
		>1.0 ~ 2.0			15
		>2.0 ~ 5.0			12
		>5.0 ~ 10.0			12
TA6	M	0.8 ~ 1.5	≥685	—	20
		>1.5 ~ 2.0			15
		>2.0 ~ 5.0			12
		>5.0 ~ 10.0			12
TA7	M	0.8 ~ 1.5	735 ~ 930	≥685	20
		1.6 ~ 2.0			15
		>2.0 ~ 5.0			12
		>5.0 ~ 10.0			12
TA8	M	0.8 ~ 10	≥400	275 ~ 450	20
TA8-1	M	0.8 ~ 10	≥240	140 ~ 310	24

（续）

牌　号		状态	板材厚度 /mm	抗拉强度 R_m/MPa	规定塑性延伸强度 $R_{p0.2}$/MPa	断后伸长率 $A(\%) \geqslant$
TA9		M	0.8~10	≥400	275~450	20
TA9-1		M	0.8~10	≥240	140~310	24
TA10	A类	M	0.8~10.0	≥485	≥345	18
	B类	M	0.8~10.0	≥345	≥275	25
TA11		M	5.0~12.0	≥895	≥825	10
TA13		M	0.5~2.0	540~770	460~570	18
TA15		M	0.8~1.8	930~1130	≥855	12
			>1.8~4.0			10
			>4.0~10.0			8
TA17		M	0.5~1.0	685~835	—	25
			1.1~2.0			15
			2.1~4.0			12
			4.1~10.0			10
TA18		M	0.5~2.0	590~735	—	25
			>2.0~4.0			20
			>4.0~10.0			15
TB2		ST	1.0~3.5	≤980	—	20
		STA		1320		8
TB5		ST	0.8~1.75	705~945	690~835	12
			>1.75~3.18			10
TB6		ST	1.0~5.0	≥1000	—	6
TB8		ST	0.3~0.6	825~1000	795~965	6
			>0.6~2.5			8
TC1		M	0.5~1.0	590~735	—	25
			>1.0~2.0			25
			>2.0~5.0			20
			>5.0~10.0			20
TC2		M	0.5~1.0	≥685	—	25
			>1.0~2.0			15
			>2.0~5.0			12
			>5.0~10.0			12
TC3		M	0.8~2.0	≥880		12
			>2.0~5.0			10
			>5.0~10.0			10
TC4		M	0.8~2.0	≥895	≥830	12

（续）

牌　号	状态	板材厚度 /mm	抗拉强度 R_m/MPa	规定塑性延伸强度 $R_{p0.2}$/MPa	断后伸长率 $A(\%) \geqslant$
TC4	M	>2.0~5.0	≥895	≥830	10
		>5.0~10.0			10
		>10.0~25.0			8
TC4ELI	M	0.8~25.0	≥860	≥795	10

注：1. 厚度不大于 0.64mm 的板材，断后伸长率按实测值。

　　2. 一般按 A 类供货，B 类适应于复合板复材，当需方要求并在合同中注明时，按 B 类供货。

3. 钛及钛合金板的高温力学性能（表 11-5）

表 11-5　钛及钛合金板的高温力学性能（GB/T 3621—2007）

牌　号	板材厚度/mm	试验温度/℃	抗拉强度/MPa≥	持久强度(100h)/MPa≥
TA6	0.8~10	350	420	390
		500	340	195
TA7	0.8~10	350	490	440
		500	440	195
TA11	5.0~12	425	620	—
TA15	0.8~10	500	635	440
		550	570	440
TA17	0.5~10	350	420	390
		400	390	360
TA18	0.5~10	350	340	320
		400	310	280
TC1	0.5~10	350	340	320
		400	310	295
TC2	0.5~10	350	420	390
		400	390	360
TC3、TC4	0.8~10	400	590	540
		500	440	195

4. 钛及钛合金板的厚度及允许偏差（表 11-6）

表 11-6　钛及钛合金板的厚度及允许偏差（GB/T 3621—2007）　　（单位：mm）

厚　度	宽　度		
	400~1000	>1000~2000	>2000
	厚度允许偏差		
0.3~0.5	±0.05	—	—
>0.5~0.8	±0.07	—	—
>0.8~1.1	±0.09	—	—

（续）

厚　　度	宽　　度		
	400 ~ 1000	> 1000 ~ 2000	> 2000
	厚度允许偏差		
> 1.1 ~ 1.5	± 0.11	—	—
> 1.5 ~ 2.0	± 0.15	—	—
> 2.0 ~ 3.0	± 0.18	—	—
> 3.0 ~ 4.0	± 0.22	—	—
> 4.0 ~ 6.0	± 0.35	± 0.40	—
> 6.0 ~ 8.0	± 0.40	± 0.60	± 0.80
> 8.0 ~ 10.0	± 0.50	± 0.60	± 0.80
> 10.0 ~ 15.0	± 0.70	± 0.80	± 1.00
> 15.0 ~ 20.0	± 0.70	± 0.90	± 1.10
> 20.0 ~ 30.0	± 0.90	± 1.00	± 1.20
> 30.0 ~ 40.0	± 1.10	± 1.20	± 1.50
> 40.0 ~ 50.0	± 1.20	± 1.50	± 2.00
> 50.0 ~ 60.0	± 1.60	± 2.00	± 2.50

5. 钛及钛合金板的宽度和长度及允许偏差（表 11-7）

表 11-7　钛及钛合金板的宽度和长度及允许偏差（GB/T 3621—2007）（单位：mm）

厚　　度	宽　　度	宽度允许偏差	长　　度	长度允许偏差
0.3 ~ 4.0	400 ~ 1000	+10 0	1000 ~ 3000	+15 0
> 4.0 ~ 20.0	400 ~ 3000	+15 0	1000 ~ 4000	+20 0
> 20.0 ~ 60.0	400 ~ 3000	+20 0	1000 ~ 4000	+25 0

6. 钛及钛合金板的工艺性能（表 11-8）

表 11-8　钛及钛合金板的工艺性能（GB/T 3621—2007）

牌　　号	状　　态	板材厚度 t/mm	弯心直径/mm	弯曲角 α/(°)
TA1	M	< 1.8	$3t$	
		1.8 ~ 4.75	$4t$	
TA2	M	< 1.8	$4t$	105
		1.8 ~ 4.75	$5t$	
TA3	M	< 1.8	$4t$	
		1.8 ~ 4.75	$5t$	

（续）

牌 号	状 态	板材厚度 t/mm	弯心直径/mm	弯曲角 α/(°)
TA4	M	<1.8	5t	
		1.8~4.75	6t	
TA8	M	<1.8	4t	
		1.8~4.75	5t	
TA8-1	M	<1.8	3t	
		1.8~4.75	4t	
TA9	M	<1.8	4t	
		1.8~4.75	5t	
TA9-1	M	<1.8	3t	
		1.8~4.75	4t	105
TA10	M	<1.8	4t	
		1.8~4.75	5t	
TC4	M	<1.8	9t	
		1.8~4.75	10t	
TC4ELI	M	<1.8	9t	
		1.8~4.75	10t	
TB5	M	<1.8	4t	
		1.8~3.18	5t	
TB8	M	<1.8	3t	
		1.8~2.5	3.5t	
TA5	M	0.5~5.0	3t	60
TA6	M	0.8~1.5	3t	50
		>1.5~5.0		40
TA7	M	0.8~2.0		50
		>2.0~5.0		40
TA13	M	0.5~2.0	2t	180
TA15	M	0.8~5.0	3t	30
TA17	M	0.5~1.0		80
		>1.0~2.0		60
		>2.0~5.0		50
TA18	M	0.5~1.0	3t	100
		>1.0~2.0		70
		>2.0~5.0		60
TB2	ST	1.0~3.5		120

（续）

牌　号	状　态	板材厚度 t/mm	弯心直径/mm	弯曲角 α/(°)
TC1	M	0.5 ~ 1.0		100
		>1.0 ~ 2.0		70
		>2.0 ~ 5.0		60
TC2	M	0.5 ~ 1.0	$3t$	80
		>1.0 ~ 2.0		60
		>2.0 ~ 5.0		50
TC3	M	0.8 ~ 2.0		35
		>2.0 ~ 5.0		30

11.1.3　板式换热器用钛板

1. 板式换热器钛板的牌号、状态及规格（表 11-9）

表 11-9　板式换热器钛板的牌号、状态及规格（GB/T 14845—2007）

牌　号	状态	厚度/mm	宽度/mm	长度/mm
TA1、TA8-1、TA9-1	M	0.5 ~ 1.0	300 ~ 1000	800 ~ 3000

2. 板式换热器钛板的化学成分（表 11-10）

表 11-10　板式换热器钛板的化学成分（GB/T 14845—2007）

牌号	Ti	Pd	杂质含量（质量分数,%）　≤					其他元素	
			Fe	C	N	H	O	单个	总和
TA1	余量	—	0.15	0.05	0.03	0.012	0.10	0.10	0.40
TA8-1	余量	0.04 ~ 0.08	0.20	0.08	0.03	0.015	0.18	0.10	0.40
TA9-1	余量	0.12 ~ 0.25	0.20	0.08	0.03	0.015	0.18	0.10	0.40

注：其他元素一般情况下不作检验，但供方应予以保证。

3. 板式换热器钛板的室温力学性能及工艺性能（表 11-11）

表 11-11　板式换热器钛板的室温力学性能及工艺性能（GB/T 14845—2007）

牌号	状态	抗拉强度 R_m/MPa	规定塑性延伸强度 $R_{p0.2}$/MPa	断后伸长率 A(%)	弯曲角 α/(°)	杯突值 /mm
		≥				
TA1		240	140	55	140	9.5
TA8-1 TA9-1	M	240	140	47	140	9.5

注：厚度小于 0.6mm 的板材的抗拉强度数值报实测值。

4. 板式换热器钛板的尺寸及允许偏差（表 11-12）

表 11-12 板式换热器钛板的尺寸及允许偏差（GB/T 14845—2007）（单位：mm）

厚 度	厚度允许偏差	宽度允许偏差	长度允许偏差
0.5 ~ 0.8	±0.07	+10	+15
>0.8 ~ 1.0	±0.09	0	0

11.1.4 制表用纯钛板

1. 制表用纯钛板的牌号、状态及规格（表 11-13）

表 11-13 制表用纯钛板的牌号、状态及规格（YS/T 580—2006）

牌号	供应状态	表面状态	（厚度/mm）×（宽度/mm）×（长度/mm）
WTP-1	退火（M）或热加工（R）	白化处理	（1.0 ~ 10）×（≤1000）×（≤2400）

2. 制表用纯钛板的化学成分（表 11-14）

表 11-14 制表用纯钛板的化学成分（YS/T 580—2006）

元 素	Ti	Fe	C	N	H	O	Al	其他元素 单一	其他元素 总和
含量(质量分数,%)	余量	0.15	0.08	0.03	0.015	0.15	0.40	0.10	0.40

注：其他元素在正常情况下不作检验，但应保证符合规定；当需方要求并在合同中注明时可予以检验。

3. 制表用纯钛板的尺寸及允许偏差（表 11-15）

表 11-15 制表用纯钛板的尺寸及允许偏差（YS/T 580—2006）（单位：mm）

厚度	厚度偏差	宽度	宽度偏差	长度	长度偏差
<3.0	+0.20 −0.05	≤1000	+10 0	≤2400	+15 0
3.0 ~ 6.0	+0.20 −0.10	≤1000	+15 0	≤2400	+20 0
>6.0 ~ 10.0	+0.30 −0.10	≤1000	+20 0	≤2400	+30 0

11.1.5 钛及钛合金棒

1. 钛及钛合金棒的牌号、状态和规格（表 11-16）

表 11-16 钛及钛合金棒的牌号、状态和规格（GB/T 2965—2007）

牌 号	品种	供应状态	直径或厚度/mm	表面状态
TA1ELI、TA1、TA2、TA3、TA4、TC4、TC4ELI、TC20	板材	冷轧(Y)、退火状态(M)	0.8 ~ 4.75	除油或酸洗
	板材	热加工(R)、退火状态(M)	>4.75 ~ 25	酸洗或黑皮
	棒材	热加工(R)、退火状态(M)	>7.0 ~ 90	光棒或黑皮
	丝材	退火状态(M)	1.0 ~ 7.0	磨光、酸洗 + 退火

注：TC9、TA19 和 TC11 钛合金棒材的供应状态为热加工态（R）和冷加工态（Y）；TC6 钛合金棒材的退火态（M）为普通退火态。

2. 钛及钛合金棒的室温纵向力学性能（表 11-17）

表 11-17　钛及钛合金棒的室温纵向力学性能（GB/T 2965—2007）

牌号	抗拉强度 R_m/MPa	规定塑性延伸强度 $R_{p0.2}$/MPa	断后伸长率 A(%)	断面收缩率 Z(%)	备　注
TA1	240	140	24	30	
TA2	400	275	20	30	
TA3	500	380	18	30	
TA4	580	485	15	25	
TA5	685	585	15	40	
TA6	685	585	10	27	
TA7	785	680	10	25	
TA9	370	250	20	25	
TA10	485	345	18	25	
TA13	540	400	16	35	
TA15	885	825	8	20	
TA19	895	825	10	25	
TB2	≤980	820	18	40	淬火性能
	1370	1100	7	10	时效性能
TC1	585	460	15	30	
TC2	685	560	12	30	
TC3	800	700	10	25	
TC4	895	825	10	25	
TC4ELI	830	760	10	15	
TC6[①]	980	840	10	25	
TC9	1060	910	9	25	
TC10	1030	900	12	25	
TC11	1030	900	10	30	
TC12	1150	1000	10	25	

① TC6 棒材测定普通退火状态的性能，当需方要求并在合同中注明时，才测定等温退火状态的性能。

3. 钛及钛合金棒的高温纵向力学性能（表 11-18）

表 11-18　钛及钛合金棒的高温纵向力学性能（GB/T 2965—2007）

牌号	试验温度/℃	抗拉强度 /MPa ≥	持久强度/MPa ≥		
			100h	50h	35h
TA6	350	420	390	—	—
TA7	350	490	440	—	—
TA15	500	570	—	470	—
TA19	480	620	—	—	480
TC1	350	345	325	—	—

（续）

牌号	试验温度/℃	抗拉强度/MPa ≥	持久强度/MPa ≥		
			100h	50h	35h
TC2	350	420	390	—	—
TC4	400	620	570	—	—
TC6	400	735	665	—	—
TC9	500	785	590	—	—
TC10	400	835	785	—	—
TC11[①]	500	685	—	—	640
TC12	500	700	590	—	—

① TC11 钛合金棒材持久强度不合格时，允许再按 500℃ 的 100h 持久强度 ≥590MPa 进行检验，检验合格则该批棒材的持久强度合格。

4. 钛及钛合金棒的直径或截面厚度及允许偏差（表 11-19）

表 11-19 钛及钛合金棒的直径或截面厚度及允许偏差（GB/T 2965—2007）

（单位：mm）

直径或截面厚度	允许偏差		
	热锻造或挤压棒	热轧棒	车（磨）光棒、冷轧或冷拉棒
>7 ~ 15	±1.0	+0.6 / -0.5	±0.3
>15 ~ 25	±1.5	+0.7 / -0.5	±0.4
>25 ~ 40	±2.0	+1.2 / -0.5	±0.5
>40 ~ 60	±2.5	+1.5 / -1.0	±0.6
>60 ~ 90	±3.0	+2.0 / -1.0	±0.8
>90 ~ 120	±3.5	+2.2 / -1.2	±1.2
>120 ~ 160	±5.0	—	±1.8
>160 ~ 200	±6.5	—	±2.0
>200 ~ 230	±7.0	—	±2.5

5. 钛及钛合金棒的热处理制度（表 11-20）

表 11-20 钛及钛合金棒的热处理制度（GB/T 2965—2007）

牌　号	热处理制度
TA1、TA2、TA3、TA4	600 ~ 700℃，1 ~ 3h，空冷
TA5	700 ~ 850℃，1 ~ 3h，空冷
TA6、TA7	750 ~ 850℃，1 ~ 3h，空冷

（续）

牌　　号	热处理制度
TA9、TA10	600~700℃，1~3h，空冷
TA13	780~800℃，0.5~2h，空冷
TA15	700~850℃，1~4h，空冷
TA19	955~985℃，1~2h，空冷；575~605℃，8h，空冷
TB2	淬火：800~850℃，30min，空冷或水冷 时效：450~500℃，8h，空冷
TC1、TC2	700~850℃，1~3h，空冷
TC3、TC4、TC4ELI	700~800℃，1~3h，空冷
TC6	普通退火：800~850℃，保温1~2h，空冷 等温退火：870℃±10℃，1~3h，炉冷至650℃，2h，空冷
TC9	950~1000℃，1~3h，空冷；530℃±10℃，6h，空冷
TC10	700~800℃，1~3h，空冷
TC11	950℃±10℃，1~3h，空冷；530℃±10℃，6h，空冷
TC12	700~850℃，1~3h，空冷

注：1. TC11 的首次退火温度允许在 β 转变温度以下 30~50℃ 内进行调整。
　　2. 当合同中注明时，可选等温退火。

11.1.6　钛及钛合金丝

1. 钛及钛合金丝的牌号、状态及规格（表 11-21）

表 11-21　钛及钛合金丝的牌号、状态及规格（GB/T 3623—2007）

牌　　号	直径/mm	状　　态
TA1、TA1ELI、TA2、 TA2ELI、TA3、TA3ELI、 TA4、TA4ELI、TA28、TA7、 TA9、TA10、TC1、TC2、TC3	0.1~7.0	热加工态(R) 冷加工态(Y) 退火态(M)
TA1-1、TC4、TC4ELI	1.0~7.0	

注：丝材的用途和供应状态应在合同中注明，未注明时按加工态（Y 或 R）焊丝供应。

2. 钛及钛合金丝的化学成分（表 11-22）

表 11-22　钛及钛合金丝的化学成分（GB/T 3623—2007）

牌号	化学成分(质量分数,%)[①]													
	主要化学成分								杂质含量　≤					
	Ti	Al	Mn	V	Sn	Pd	Mo	Ni	Fe	O	C	N	H	Si	Al
TA1-1	基	—	—	—	—	—	—	—	0.15	0.12	0.05	0.03	0.003	0.08	0.20
TA1	基	—	—	—	—	—	—	—	0.15	0.12	0.05	0.03	0.012	—	—
TA1ELI	基	—	—	—	—	—	—	—	0.08	0.10	0.03	0.012	0.005	—	—
TA2	基	—	—	—	—	—	—	—	0.20	0.18	0.05	0.03	0.012	—	—

（续）

牌号	化学成分（质量分数,%）[①]														
	主要化学成分								杂质含量　≤						
	Ti	Al	Mn	V	Sn	Pd	Mo	Ni	Fe	O	C	N	H	Si	Al
TA2ELI	基	—	—	—	—	—	—	—	0.12	0.16	0.03	0.015	0.008	—	—
TA3	基	—	—	—	—	—	—	—	0.25	0.25	0.05	0.05	0.012	—	—
TA3ELI	基	—	—	—	—	—	—	—	0.16	0.20	0.03	0.02	0.008	—	—
TA4	基	—	—	—	—	—	—	—	0.30	0.35	0.05	0.05	0.012	—	—
TA4ELI	基	—	—	—	—	—	—	—	0.25	0.32	0.03	0.025	0.008	—	—
TA28	基	2.0 ~ 3.0	—	—	—	—	—	—	0.30	0.15	0.05	0.04	0.012	—	—
TA7	基	4.0 ~ 6.0	—	—	2.0 ~ 3.0	—	—	—	0.45	0.15	0.05	0.05	0.012	—	—
TA9	基	—	—	—	—	0.12 ~ 0.25	—	—	0.20	0.18	0.05	0.03	0.012	—	—
TA10	基	—	—	—	—	—	0.2 ~ 0.4	0.6 ~ 0.9	0.25	0.20	0.05	0.03	0.012	—	—
TC1	基	1.0 ~ 2.5	0.7 ~ 2.0	—	—	—	—	—	0.30	0.15	0.10	0.05	0.012	—	—
TC2	基	3.5 ~ 5.0	0.8 ~ 2.0	—	—	—	—	—	0.30	0.15	0.10	0.05	0.012	—	—
TC3	基	4.5 ~ 6.0	—	3.5 ~ 4.5	—	—	—	—	0.25	0.15	0.05	0.05	0.012	—	—
TC4	基	5.5 ~ 6.75	—	3.5 ~ 4.5	—	—	—	—	0.25	0.18	0.05	0.05	0.012	—	—
TC4ELI	基	5.5 ~ 6.5	—	3.5 ~ 4.5	—	—	—	—	0.20	0.03 ~ 0.11	0.03	0.012	0.005	—	—

注：产品出厂时不检验其他元素，需方要求并在合同中注明时可予以检验。

① 其余杂质元素及其含量应符合 GB/T 3620.1 相应牌号的规定；低间隙纯钛牌号中的杂质元素 Al、V、Sn，其单一的质量分数不大于 0.05%，总的质量分数不大于 0.2%。

3. 钛及钛合金丝热处理后的室温力学性能（表 11-23）

表 11-23　钛及钛合金丝热处理后的室温力学性能（GB/T 3623—2007）

牌　　号	直径/mm	抗拉强度 R_m/MPa	断后伸长率 A[①]（%）
			≥
TA1		≥240	24
TA2	4.0 ~ 7.0	≥400	20
TA3		≥500	18
TA4		≥580	15

（续）

牌　号	直径/mm	抗拉强度 R_m/MPa	断后伸长率 $A^{①}$（%）≥
TA1	0.1～4.0	≥240	15
TA2		≥400	12
TA3		≥500	10
TA4		≥580	8
TA1-1	1.0～7.0	295～470	30
TC4ELI	1.0～7.0	≥860	10
TC4	1.0～2.0	≥925	8
	>2.0～7.0	≥895	10

① 直径小于 2.0mm 的丝材的断后伸长率不满足要求时可按实测值报出。

4. 钛及钛合金丝的热处理（表 11-24）

表 11-24　钛及钛合金丝的热处理（GB/T 3623—2007）

牌　号	加热温度/℃	保温时间/h
TA1-1、TA1、TA1ELI、TA2、TA2ELI、TA3、TA3ELI、TA4、TA4ELI	600～700	1
TA28	600～750	1
TA7	700～850	1
TA9、TA10	600～700	1
TC1、TC2、TC3	650～800	1
TC4、TC4ELI	700～850	1

11.1.7　钛及钛合金管

1. 普通钛及钛合金管的牌号、状态及规格（表 11-25）

表 11-25　普通钛及钛合金管的牌号、状态及规格（GB/T 3624—1995）

牌号	状态	外径/mm	壁厚/mm															
			0.2	0.3	0.5	0.6	0.8	1.0	1.25	1.5	2.0	2.5	3.0	3.5	4.0	4.5	5.0	5.5
TA1 TA2 TA3 TA8-1 TA9 TA9-1 TA10	退火状态（M）	3～5	○	○	○	○	—	—	—	—	—	—	—	—	—	—	—	—
		>5～10	—	○	○	○	○	○	○	—	—	—	—	—	—	—	—	—
		>10～15	—	—	○	○	○	○	○	○	—	—	—	—	—	—	—	—
		>15～20	—	—	—	○	○	○	○	○	○	—	—	—	—	—	—	—
		>20～30	—	—	—	—	○	○	○	○	○	○	—	—	—	—	—	—
		>30～40	—	—	—	—	—	○	○	○	○	○	○	—	—	—	—	—
		>40～50	—	—	—	—	—	—	○	○	○	○	○	○	○	—	—	—
		>50～60	—	—	—	—	—	—	—	○	○	○	○	○	○	○	—	—
		>60～80	—	—	—	—	—	—	—	—	○	○	○	○	○	○	○	○
		>80～110	—	—	—	—	—	—	—	—	—	○	○	○	○	○	○	○

注:"○"表示可以生产的规格。

2. TA3 管的牌号、状态及规格（表 11-26）

表 11-26　TA3 管的牌号、状态及规格（GB/T 3624—2010）

牌号	状态	外径/mm	壁厚/mm											
			0.5	0.6	0.8	1.0	1.25	1.5	2.0	2.5	3.0	3.5	4.0	4.5
TA3	退火态（M）	>10~15	○	○	○	○	○	○	○	—	—	—	—	—
		>15~20	—	○	○	○	○	○	○	○	—	—	—	—
		>20~30	—	○	○	○	○	○	○	○	—	—	—	—
		>30~40	—	—	—	○	○	○	○	○	○	—	—	—
		>40~50	—	—	—	—	○	○	○	○	○	○	—	—
		>50~60	—	—	—	—	○	○	○	○	○	○	○	—
		>60~80	—	—	—	—	—	—	○	○	○	○	○	○

注："○"表示可以生产的规格。

3. 钛及钛合金管的室温力学性能（表 11-27）

表 11-27　钛及钛合金管的室温力学性能（GB/T 3624—2010）

合金牌号	状　　态	抗拉强度 R_m/MPa	规定塑性延伸强度 $R_{p0.2}$/MPa	断后伸长率 A_{50mm}（%）
TA1	退火（M）	≥240	140~310	≥24
TA2		≥400	275~450	≥20
TA3		≥500	380~550	≥18
TA8		≥400	275~450	≥20
TA8-1		≥240	140~310	≥24
TA9		≥400	275~450	≥20
TA9-1		≥240	140~310	≥24
TA10		≥460	≥300	≥18

4. 钛及钛合金管的外径及允许偏差（表 11-28）

表 11-28　钛及钛合金管的外径及允许偏差（GB/T 3624—2010）　　（单位：mm）

外　径	允许偏差	外　径	允许偏差
3~10	±0.15	>50~80	±0.65
>10~30	±0.30	>80~100	±0.75
>30~50	±0.50	>100	±0.85

5. 钛及钛合金管的长度及允许偏差（表 11-29）

表 11-29　钛及钛合金管的长度及允许偏差（GB/T 3624—2010）　　（单位：mm）

规格	无缝管		
	外径≤15	外径>15	
		壁厚≤2.0	壁厚>2.0~5.5
长度	500~4000	500~9000	500~6000

11.1.8 钛及钛合金挤压管

1. 钛及钛合金挤压管的牌号、状态及规格（表11-30、表11-31）

表11-30 TA1等钛及钛合金挤压管的牌号、状态及规格（GB/T 26058—2010）

牌号	供应状态	规定外径和壁厚时的允许最大长度/m															
		外径/mm	壁厚/mm														
			4	5	6	7	8	9	10	12	15	18	20	22	25	28	30
TA1 TA2 TA3 TA4 TA8 TA8-1 TA9 TA9-1 TA10 TA18	热挤压状态（R）	25、26	3.0	2.5	—	—	—	—	—	—	—	—	—	—	—	—	—
		28	2.5	2.5	2.5	—	—	—	—	—	—	—	—	—	—	—	—
		30	3.0	2.5	2.0	2.0	—	—	—	—	—	—	—	—	—	—	—
		32	3.0	2.5	2.0	1.5	1.5	—	—	—	—	—	—	—	—	—	—
		34	2.5	2.0	1.5	1.2	1.0	—	—	—	—	—	—	—	—	—	—
		35	2.5	2.0	1.5	1.2	1.0	—	—	—	—	—	—	—	—	—	—
		38	2.0	2.0	1.5	1.2	1.0	—	—	—	—	—	—	—	—	—	—
		40	2.0	2.0	1.5	1.5	1.2	—	—	—	—	—	—	—	—	—	—
		42	2.0	1.8	1.5	1.2	1.2	—	—	—	—	—	—	—	—	—	—
		45	1.5	1.5	1.2	1.2	1.0	—	—	—	—	—	—	—	—	—	—
		48	1.5	1.5	1.2	1.2	1.0	—	—	—	—	—	—	—	—	—	—
		50	—	1.5	1.2	1.2	1.0	—	—	—	—	—	—	—	—	—	—
		53	—	1.5	1.2	1.2	1.0	—	—	—	—	—	—	—	—	—	—
		55	—	1.5	1.2	1.2	1.0	—	—	—	—	—	—	—	—	—	—
		60	—	—	—	—	11	10	—	—	—	—	—	—	—	—	—
		63	—	—	—	—	10	9	—	—	—	—	—	—	—	—	—
		65	—	—	—	—	9	8	—	—	—	—	—	—	—	—	—
		70	—	—	10.0	9.0	8.0	7.0	6.5	6.0	—	—	—	—	—	—	—
		75	—	—	10.0	9.0	8.0	7.0	6.0	5.5	—	—	—	—	—	—	—
		80	—	—	8.0	7.0	6.5	6.0	5.5	5.0	4.5	—	—	—	—	—	—
		85	—	—	8.0	7.0	6.5	6.0	5.5	5.0	4.5	—	—	—	—	—	—
		90	—	—	8.0	7.0	6.0	5.5	5.0	4.5	4.5	4.5	4.0	—	—	—	—
		95	—	—	7.0	6.0	5.5	5.0	4.5	5.5	5.0	4.5	4.0	—	—	—	—
		100	—	—	6.0	5.5	5.0	4.5	5.5	5.0	4.5	4.0	3.5	3.0	2.5	—	—
		105	—	—	—	5.0	4.5	4.0	5.0	4.5	4.0	3.5	3.0	2.5	2.0	—	—
		110	—	—	—	5.0	4.5	4.0	5.0	4.5	4.0	3.5	3.0	2.5	2.0	—	—
		115	—	—	—	5.0	4.5	4.0	5.0	4.5	4.0	3.5	3.0	2.5	2.0	1.5	1.2
		120	—	—	—	6.0	5.5	5.0	4.5	4.0	3.5	3.0	2.5	2.0	1.5	1.5	1.2
		130	—	—	—	5.5	5.0	4.5	4.0	3.5	3.0	2.5	2.0	1.5	1.5	1.2	1.0

（续）

牌号	供应状态	外径/mm	规定外径和壁厚时的允许最大长度/m														
			壁厚/mm														
			4	5	6	7	8	9	10	12	15	18	20	22	25	28	30
TA1 TA2 TA3 TA4 TA8 TA8-1 TA9 TA9-1 TA10 TA18	热挤压状态（R）	140	—	—	—	5.0	4.5	4.0	3.5	3.0	2.5	2.0	1.5	3.5	3.0	2.5	2.0
		150	—	—	—	—				3.5	3.5	3.5	3.0	2.5	2.5	2.0	1.5
		160	—	—	—	—				3.5	3.5	3.5	3.0	2.5	2.0	1.5	1.5
		170								3.5	3.0	2.5	2.5	2.0	1.8	1.5	1.2
		180								3.5	3.0	2.5	2.5	2.0	1.8	1.5	1.2
		190								3.0	2.5	2.5	2.0	1.8	1.5	1.2	1.0
		200								—	2.5	2.0	2.0	1.8	1.5	1.2	1.0
		210	—	—	—	—				—	—	—	2.0	1.8	1.5	1.2	1.0

注：1. 管材的最小长度为500mm。

　　2. 需方要求时，经协商可提供其他规格的管材。

表 11-31　TC1、TC4 挤压管的牌号、状态及规格（GB/T 26058—2010）

牌号	供应状态	外径/mm	规定外径和壁厚时的允许最大长度/m							
			壁厚/mm							
			12	15	18	20	22	25	28	30
TC1 TC4	热挤压状态（R）	90		4.5	4.5	4.0	—	—	—	—
		95		5.0	4.5	4.0				
		100		4.5	4.0	3.5	3.0	2.5	—	—
		105		4.0	3.5	3.0	2.5	2.0	—	—
		110	4.5	4.0	3.5	3.0	2.5	2.0		
		115				3.0	2.5	2.0	1.5	1.2
		120				2.5	2.0	1.5	1.5	1.2
		130		3.0	2.5	2.0	1.5	1.5	1.2	1.0
		140	3.0	2.5	2.0	1.5	3.5	3.0	2.5	2.0
		150	3.5	3.5	3.5	3.0	2.5	2.5	2.0	1.5
		160	3.5	3.5	3.5	3.0	2.5	2.0	1.5	1.5
		170							1.5	1.2
		180	—	—		2.5	2.0	1.8	1.5	1.2
		190	—	2.5	2.5	2.0	1.8	1.5	1.2	1.0
		200	—	2.5	2.0	2.0	1.8	1.5	1.2	1.0
		210								1.0

注：1. 管材的最小长度为500mm。

　　2. 需方要求时，经协商可提供其他规格的管材。

2. 钛及钛合金挤压管的室温力学性能（表 11-32）

表 11-32　钛及钛合金挤压管的室温力学性能（GB/T 26058—2010）

牌　　号	状　　态	抗拉强度 R_m/MPa	断后伸长率 A（%）
TA1	热挤压 （R）	≥240	≥24
TA2		≥400	≥20
TA3		≥450	≥18
TA9		≥400	≥20
TA10		≥485	≥18

11.1.9　钛及钛合金焊接管

1. 钛及钛合金焊接管的牌号、状态及规格（表 11-33）

表 11-33　钛及钛合金焊接管的牌号、状态及规格（GB/T 26057—2010）

牌　号	状　　态	外径 /mm	壁厚/mm							
			0.5	0.6	0.7	0.8	1.0	1.25	1.65	2.1
TA1、TA2、 TA3、TA8、 TA8-1、TA9、 TA9-1、TA10	M（退火态）	10 ~ 15	○	○	○	—	—	—	—	—
		>15 ~ 27	○	○	○	○	○	○	○	—
		>27 ~ 32	○	○	○	○	○	○	○	○
		>32 ~ 38	—	—	○	○	○	○	○	○

注："○"表示可生产的规格。

2. 钛及钛合金焊接管的室温力学性能（表 11-34）

表 11-34　钛及钛合金焊接管的室温力学性能（GB/T 26057—2010）

牌　　号	状　　态	抗拉强度 R_m/MPa	规定塑性延伸强度 $R_{p0.2}$/MPa	断后伸长率 A_{50mm}（%）
TA1	M（退火态）	≥240	140 ~ 310	≥24
TA2		≥400	275 ~ 450	≥20
TA3		≥500	380 ~ 550	≥18
TA8		≥400	275 ~ 450	≥20
TA8-1		≥240	140 ~ 310	≥24
TA9		≥400	275 ~ 450	≥20
TA9-1		≥240	140 ~ 310	≥24
TA10		≥483	≥345	≥18

11.1.10　钛制对焊无缝管件

1. 钛制对焊无缝管件的公称通径和管子外径（表 11-35）

表 11-35　钛制对焊无缝管件的公称通径和管子外径（HG/T 3651—1999）

（单位：mm）

公称通径		15	20	25	32	40	50	65	80	90	100	125	150	200	250	300
管子 外径	A 类	21.3	26.9	33.7	42.4	48.3	60.3	76.1 (73.0)	88.9	101.6	114.3	139.7	168.3	219.1	273.0	323.9
	B 类	18	25	32	38	45	57	76	89	—	108	133	159	219	273	325

2. 钛制对焊无缝管件的种类和代号（表11-36）

表11-36　钛制对焊无缝管件的种类和代号（HG/T 3651—1999）

品　　种	类　　别	代　　号	品　　种	类　　别	代　　号
45°弯头	长半径	45E(L)	异径接头（大小头）	偏心	R(E)
90°弯头	长半径	90E(L)	三通	等径	T(S)
	短半径	90E(S)		异径	T(R)
	长半径异径	90E(LR)	四通	等径	CR(S)
180°弯头	长半径	180E(L)		异径	CR(R)
	短半径	180E(S)	管帽	—	C
异径接头（大小头）	同心	R(C)	松套法兰的对焊环	—	SD

3. 钛制对焊无缝管件的尺寸允许偏差（表11-37）

表11-37　钛制对焊无缝管件的尺寸偏差（HG/T 3651—1999）　　（单位：mm）

项　　目	管件种类	公称通径范围			
		15~65	80~100	125~200	250~300
		允许偏差			
端部外径	所有管件	+1.6 -0.8	±1.6	+2.4 -1.6	+4.0 -3.2
端部内径[①]		±0.8	±1.6		±3.2
壁厚		不小于公称壁厚的87.5%			
中心至端部尺寸	45°弯头	±2			±3
	90°弯头	±2			±3
中心至中心尺寸	180°弯头	±7			±10
背面至端部尺寸		±7			
长度	异径接头	±2			±3
	松套法兰对焊环	±2			±3
中心至端部尺寸 C、M	三通	±2			±3
	四通	±2			±3
背面至端面尺寸	管帽	±4		±7	
凸缘外径 d	松套法兰对焊环	0 -0.7		0 -1.5	
过渡圆弧 R		0 -0.7		0 -1.5	

① 除非用户有特殊要求，应优先保证端部外径和公称壁厚的极限偏差。

11.1.11　工业流体用钛及钛合金管

1. 工业流体用冷轧管的牌号、状态及规格（表 11-38）

表 11-38　工业流体用冷轧管的牌号、状态及规格（YS/T 576—2006）

牌号	状态	外径/mm	壁厚/mm															
			0.5	0.6	0.8	1.0	1.25	1.5	2.0	2.5	3.0	3.5	4.0	4.5	5.0	5.5	6.0	7.0
TA0 TA1 TA2 TA9 TA10	退火态（M）	>10~15	○	○	○	○	○	○	○	—	—	—	—	—	—	—	—	—
		>15~20	—	○	○	○	○	○	○	○	—	—	—	—	—	—	—	—
		>20~30	—	—	○	○	○	○	○	○	○	—	—	—	—	—	—	—
		>30~35	—	—	—	—	○	○	○	○	○	○	—	—	—	—	—	—
		>35~40	—	—	—	—	○	○	○	○	○	○	○	○	○	—	—	—
		>40~50	—	—	—	—	—	○	○	○	○	○	○	○	○	○	○	—
		>50~60	—	—	—	—	—	—	○	○	○	○	○	○	○	○	○	○
		>60~80	—	—	—	—	—	—	—	○	○	○	○	○	○	○	○	○
		>80~110	—	—	—	—	—	—	—	○	○	○	○	○	○	○	○	—

注："○"表示可以生产的规格。

2. 工业流体用焊接管的牌号、状态及规格（表 11-39）

表 11-39　工业流体用焊接管的牌号、状态及规格

（YS/T 576—2006）

牌号	状态	外径/mm	壁厚/mm							
			0.5	0.6	0.8	1.0	1.25	1.5	2.0	2.5
TA0 TA1 TA2 TA9 TA10	退火态（M）	16	○	○	○	○	—	—	—	—
		19	○	○	○	○	○	—	—	—
		25、27	○	○	○	○	○	○	—	—
		31、32、33	—	—	○	○	○	○	○	—
		38	—	—	—	—	—	○	○	○

注："○"表示可以生产的规格。

3. 工业流体用焊接-轧制管的牌号、状态及规格（表 11-40）

表 11-40　工业流体用-轧制管的牌号、状态及规格

（YS/T 576—2006）

牌号	状态	外径/mm	壁厚/mm						
			0.5	0.6	0.8	1.0	1.25	1.5	2.0
TA0、TA1 TA2、TA9 TA10	退火态(M)	>15~20	○	○	○	○	○	○	—
		>20~30	○	○	○	○	○	○	○

注："○"表示可以生产的规格。

4. 工业流体用钛及钛合金管的外径及壁厚允许偏差（表 11-41）

表 11-41 工业流体用钛及钛合金管的外径及壁厚
允许偏差（YS/T 576—2006）　　　　　（单位：mm）

外　　径	外径允许偏差	壁厚允许偏差
>10 ~ 30	±0.30	
>30 ~ 50	±0.50	
>50 ~ 80	±0.65	±10% 名义壁厚
>80 ~ 100	±0.75	
>100 ~ 110	±0.85	

5. 工业流体用无缝管及焊接-轧制管的长度（表 11-42）

表 11-42 工业流体用无缝管及焊接-轧制钛及钛
合金管的长度（YS/T 576—2006）　　　（单位：mm）

种类	无缝管				焊接-轧制管	
	外径≤15	外径>15			壁厚=0.5 ~ 0.8	壁厚>0.8 ~ 2.0
		壁厚≤2.0	壁厚>2.0 ~ 4.5	壁厚>4.5		
长度	500 ~ 4000	500 ~ 9000	500 ~ 6000	500 ~ 4000	500 ~ 8000	500 ~ 5000

6. 工业流体用焊接管的长度（表 11-43）

表 11-43 工业流体用焊接管的长度（YS/T 576—2006）　　　（单位：mm）

种类	焊　接　管		
	壁厚=0.5 ~ 1.25	壁厚>1.25 ~ 2.0	壁厚>2.0 ~ 2.5
长度	500 ~ 15000	500 ~ 6000	500 ~ 4000

7. 工业流体用焊接管的室温力学性能（表 11-44）

表 11-44 工业流体用焊接管的室温力学性能（YS/T 576—2006）

牌　号	状　态	抗拉强度 R_m/MPa	规定塑性延伸强度 $R_{p0.2}$/MPa≥	断后伸长率 $A(\%)$≥
TA0		280 ~ 420	170	22
TA1		370 ~ 530	250	18
TA2	退火态（M）	440 ~ 620	320	18
TA9		370 ~ 530	250	18
TA10		≥440	290	18

注：管材规格在 GB/T 3624 规定的范围内时，力学性能按 GB/T 3624 的指标执行，其中 TA10 的 $R_{p0.2}$≥300MPa，管材规格超出 GB/T 3624 规定的范围时，力学性能按本表的规定。

11.1.12　换热器及冷凝器用钛及钛合金管

1. 换热器及冷凝器用冷轧无缝管的牌号、状态及规格（表11-45）

表11-45　换热器及冷凝器用冷轧无缝管的牌号、状态及规格（GB/T 3625—2007）

牌号	状态	外径/mm	壁厚/mm											
			0.5	0.6	0.8	1.0	1.25	1.5	2.0	2.5	3.0	3.5	4.0	4.5
TA1、 TA2、 TA3、 TA9 TA9-1、 TA10	退火态（M）	>10~15	○	○	○	○	○	○	○	—	—	—	—	—
		>15~20	—	○	○	○	○	○	○	○	—	—	—	—
		>20~30	—	—	○	○	○	○	○	○	○	—	—	—
		>30~40	—	—	—	—	○	○	○	○	○	○	—	—
		>40~50	—	—	—	—	—	○	○	○	○	○	○	—
		>50~60	—	—	—	—	—	—	○	○	○	○	○	○
		>60~80	—	—	—	—	—	—	○	○	○	○	○	○

注："○"表示可以生产的规格。

2. 换热器及冷凝器用焊接管的牌号、状态及规格（表11-46）

表11-46　换热器及冷凝器用焊接管的牌号、状态及规格（GB/T 3625—2007）

牌号	状态	外径/mm	壁厚/mm							
			0.5	0.6	0.8	1.0	1.25	1.5	2.0	2.5
TA1、 TA2、 TA3、 TA9、 TA9-1、 TA10	退火态（M）	16	○	○	○	○	—	—	—	—
		19	○	○	○	○	○	—	—	—
		25、27	○	○	○	○	○	○	—	—
		31、32、33	—	—	○	○	○	○	○	—
		38	—	—	—	—	—	○	○	○
		50	—	—	—	—	—	—	○	○
		63	—	—	—	—	—	—	○	○

注："○"表示可以生产的规格。

3. 换热器及冷凝器用焊接-轧制管的牌号、状态及规格（表11-47）

表11-47　换热器及冷凝器用焊接-轧制管的牌号、状态及规格（GB/T 3625—2007）

牌号	状态	外径/mm	壁厚/mm						
			0.5	0.6	0.8	1.0	1.25	1.5	2.0
TA1、TA2 TA3、TA9-1、 TA9、TA10	退火态（M）	6~10	○	○	○	○	○	—	—
		>10~15	○	○	○	○	○	○	—
		>15~30	○	○	○	○	○	○	○

注："○"表示可以生产的规格。

4. 换热器及冷凝器用钛及钛合金管的室温力学性能（表11-48）

表11-48　换热器及冷凝器用钛及钛合金管的室温力学性能（GB/T 3625—2007）

牌　号	状　态	抗拉强度 R_m/MPa ≥	规定塑性延伸强度 $R_{p0.2}$/MPa	断后伸长率 A_{50mm}（%） ≥
TA1	退火态 （M）	240	140~310	24
TA2		400	275~450	20

（续）

牌 号	状 态	抗拉强度 R_m/MPa	规定塑性延伸强度 $R_{p0.2}$/MPa	断后伸长率 A_{50mm}（%）
		≥		≥
TA3		500	380～550	18
TA9	退火态	400	275～450	20
TA9-1	（M）	240	140～310	24
TA10		460	≥300	18

5. 换热器及冷凝器用钛及钛合金管的外径及壁厚允许偏差（表 11-49）

表 11-49　换热器及冷凝器用钛及钛合金管的外径及壁厚允许偏差（GB/T 3625—2007）　　　（单位：mm）

外　径	外径允许偏差	壁厚允许偏差
6～25	±0.10	
>25～38	±0.13	
>38～50	±0.15	±10% t
>50～60	±0.18	
>60～80	±0.25	

注：t 为名义壁厚。

6. 换热器及冷凝器用无缝管及焊接-轧制管的长度（表 11-50）

表 11-50　换热器及冷凝器用无缝管及焊接-轧制管的长度（GB/T 3625—2007）　　　（单位：mm）

种类	无缝管			焊接-轧制管	
	外径≤15	外径>15		壁厚=0.5～0.8	壁厚>0.8～2.0
		壁厚≤2.0	壁厚>2.0～4.5		
长度	500～4000	500～9000	500～6000	500～8000	500～5000

7. 换热器及冷凝器用焊接管的长度（表 11-51）

表 11-51　换热器及冷凝器用焊接管的长度（GB/T 3625—2007）　（单位：mm）

种类	焊　接　管		
	壁厚=0.5～1.25	壁厚>1.25～2.0	壁厚>2.0～2.5
长度	500～15000	500～6000	500～4000

11.2　钛及钛合金铸造产品

11.2.1　钛及钛合金铸锭

钛及钛合金铸锭的牌号和化学成分应符合 GB/T 3620.1 的规定，外形尺寸及允许偏差如表 11-52 所示。

表 11-52　钛及钛合金铸锭外形尺寸及允许偏差（GB/T 26060—2010）　　（单位：mm）

直径（厚度或宽度）	≤350	>350~550	>550~720	>720~820	>820~1040	>1040
允许偏差	−5 −30	+5 −40	+5 −60	+5 −70	+5 −80	+5 −100

11.2.2　铸造钛及钛合金

1. 铸造钛及钛合金的化学成分（表 11-53）

表 11-53　铸造钛及钛合金的牌号和化学成分（GB/T 15073—1994）

牌号	代号	化学成分（质量分数,%）													
		主要化学成分						杂质含量　≤						其他元素	
		Ti	Al	Sn	Mo	V	Nb	Fe	Si	C	N	H	O	单个	总和
ZTi1	ZTA1	基						0.25	0.10	0.03			0.25		
ZTi2	ZTA2		—					0.30		0.05			0.35		
ZTi3	ZTA3			—				0.40		0.05			0.40		
ZTiAl4	ZTA5		3.3~4.7		—			0.30		0.04			0.20		
ZTiAl5Sn2.5	ZTA7		4.0~6.0	2.0~3.0				0.50	0.15	0.10		0.015	0.20	0.10	0.40
ZTiMo32	ZTB32		—		30.0~34.0			0.30					0.15		
ZTiAl6V4	ZTC4		5.5~6.8		—	3.5~4.5		0.40			0.05		0.25		
ZTiAl6Sn4.5Nb2Mo1.5	ZTC21		5.5~6.5	4.0~5.0	1.0~2.0		1.5~2.0	0.30					0.20		

注：1. 杂质其他元素单个含量和总量只有在有异议时才考虑分析。
　　2. 对杂质含量有特殊要求时，应经供需双方协商后在有关文件中注明。

2. 铸造钛及钛合金的化学成分允许偏差（表 11-54）

表 11-54　铸造钛及钛合金的化学成分允许偏差（GB/T 15073—1994）

元　素	规定化学成分 （质量分数,%）	允许偏差 （质量分数,%）	元　素	规定化学成分 （质量分数,%）	允许偏差 （质量分数,%）
Al	3.3~6.8	±0.40	Fe	>0.20~0.25	+0.05 0
Sn	2.0~3.0	±0.15			
Sn	4.0~5.0	±0.25		>0.25~0.40	+0.08 0
Mo	1.0~2.0	±0.30			
Mo	30.0~34.0	±0.40		>0.40~0.50	+0.15 0
V	3.5~4.5	±0.15			
Nb	1.5~2.0	±0.15			

（续）

元　素	规定化学成分 （质量分数,%）	允许偏差 （质量分数,%）	元　　素		规定化学成分 （质量分数,%）	允许偏差 （质量分数,%）
Si	≤0.15	+0.02 0	O		>0.20~0.25	+0.05 0
C	≤0.10					
N	≤0.05				>0.25~0.40	+0.08 0
H	≤0.015	+0.003 0	杂质其 他元素	单个	≤0.10	+0.02 0
O	≤0.20	+0.04 0		总和	≤0.40	+0.05 0

11.2.3　钛及钛合金铸件

1. 钛及钛合金铸件的牌号和状态（表 11-55）

表 11-55　钛及钛合金铸件的牌号和状态（GB/T 6614—1994）

牌　号	供应状态
ZTi1、ZTi2、ZTi3	铸态（C）
ZTiAl4、ZTiAl5Sn2.5、ZTiAl6Sn4.5Nb2Mo1.5	去应力退火状态（M）
ZTiAl6V4、ZTiMo32	热等静压状态（HIP）

2. 钛及钛合金铸件的室温力学性能（表 11-56）

表 11-56　钛及钛合金铸件的室温力学性能（GB/T 6614—1994）

牌　号	代　号	抗拉强度 R_m/MPa ≥	规定残余延伸 强度 $R_{r0.2}$/MPa ≥	断后伸 长率 A （%）≥	硬度 HBW ≤
ZTi1	ZTA1	345	275	20	210
ZTi2	ZTA2	440	370	13	235
ZTi3	ZTA3	540	470	12	245
ZTiAl4	ZTA5	590	490	10	270
ZTiAl5Sn2.5	ZTA7	795	725	8	335
ZTiAl6V4	ZTC4	895	825	6	365
ZTiMo32	ZTB32	795	—	2	260
ZTiAl6Sn4.5Nb2Mo1.5	ZTC21	980	850	5	350

3. 铸造钛及钛合金消除应力的退火处理（表 11-57）

表 11-57　铸造钛及钛合金消除应力的退火处理（GB/T 6614—1994）

牌号	温度/℃	保温时间/min	冷却方式
ZTi1、ZTi2、ZTi3	500~600	30~60	炉冷
ZTiAl4	550~650	30~90	
ZTiAl5Sn2.5	550~650	30~120	
ZTiAl6V4	550~650	30~240	

第 12 章　镍及镍合金

12.1　加工镍及镍合金的化学成分

加工镍及镍合金的化学成分如表 12-1。

表 12-1　加工镍及镍合金的化学成分（质量分数，%）（GB/T 5235—2007）

组别	名称	牌号	Ni+Co	Cu	Si	Mn	C	Mg	S	P	Fe	Pb	Bi	As	Sb	Zn	Cd	Sn	W	Ca	Cr	Ti	Al	杂质总和	产品形状
纯镍	二号镍	N2	≥99.98	≤0.001	≤0.003	≤0.002	≤0.005	≤0.003	≤0.001	≤0.001	≤0.007	≤0.0003	≤0.0003	≤0.001	≤0.0003	≤0.002	≤0.0003	≤0.001	—	—	—	—	—	≤0.02	板、带、箔
	四号镍	N4	≥99.9	≤0.015	≤0.03	≤0.002	≤0.01	≤0.01	≤0.001	≤0.001	≤0.04	≤0.001	≤0.001	≤0.001	≤0.001	≤0.005	≤0.001	≤0.001	—	—	—	—	—	≤0.1	板、带、箔
	五号镍	N5 (NW2201) (N02201)	≥99.0	≤0.25	≤0.30	≤0.35	≤0.02	—	≤0.01	—	≤0.40	—	—	—	—	—	—	—	—	—	≤0.2	—	—	—	板、带、箔
	六号镍	N6	≥99.5	≤0.10	≤0.10	≤0.05	≤0.10	≤0.10	≤0.005	≤0.002	≤0.10	≤0.002	≤0.002	≤0.002	≤0.002	≤0.007	≤0.002	≤0.002	—	—	—	—	—	≤0.5	板、带、箔、管、棒、线
	七号镍	N7 (NW2200) (N02200)	≥99.0	≤0.25	≤0.30	≤0.35	≤0.15	—	≤0.01	—	≤0.40	—	—	—	—	—	—	—	—	—	≤0.2	—	—	—	板、带、箔
	八号镍	N8	≥99.0	≤0.15	≤0.15	≤0.20	≤0.20	≤0.10	≤0.015	—	≤0.30	—	—	—	—	—	—	—	—	—	—	—	—	≤1.0	板、带、棒、线

(续)

组别	名称	牌号	Ni+Co	Cu	Si	Mn	C	Mg	S	P	Fe	Pb	Bi	As	Sb	Zn	Cd	Sn	W	Ca	Cr	Ti	Al	杂质总和	产品形状
纯镍	九号镍	N9	≥98.63	≤0.25	≤0.35	≤0.35	≤0.02	≤0.10	≤0.005	≤0.002	≤0.4	≤0.002	≤0.002	≤0.002	≤0.002	≤0.007	≤0.002	≤0.002	—	—	—	—	—	≤0.5	板、带、箔
纯镍	电真空镍	DN	≥99.35	≤0.06	0.02~0.10	≤0.05	0.02~0.10	0.02~0.10	≤0.005	≤0.002	≤0.10	≤0.002	≤0.002	≤0.002	≤0.002	≤0.007	≤0.002	≤0.002	—	—	—	—	—	—	板、带、管、棒、线
阳极镍	一号阳极镍	NY1	≥99.7	≤0.1	≤0.10	—	≤0.02	≤0.10	≤0.005	—	≤0.10	—	—	—	—	—	—	—	—	—	—	—	—	≤0.3	板、棒
阳极镍	二号阳极镍	NY2	≥99.4	0.01~0.10	≤0.10	—	0;0.03~0.3	—	0.002~0.01	—	≤0.10	—	—	—	—	—	—	—	—	—	—	—	—	—	板、棒
阳极镍	三号阳极镍	NY3	≥99.0	≤0.15	≤0.2	—	≤0.1	≤0.10	≤0.005	—	≤0.25	—	—	—	—	—	—	—	—	—	—	—	—	—	板
镍锰合金	3镍锰合金	NMn3	余量	≤0.50	≤0.30	2.30~3.30	≤0.30	≤0.10	≤0.03	≤0.010	≤0.65	≤0.002	≤0.002	≤0.030	≤0.002	—	—	—	—	—	—	—	—	≤1.5	线
镍锰合金	4-1镍锰合金	NMn4-1	余量	—	0.75~1.05	3.75~4.25	—	—	—	—	—	—	—	—	—	—	—	—	—	—	—	—	—	—	板、带
镍锰合金	5镍锰合金	NMn5	余量	≤0.50	≤0.30	4.60~5.40	≤0.30	—	≤0.03	≤0.020	≤0.65	≤0.002	≤0.002	≤0.030	≤0.002	—	—	—	—	—	—	—	—	—	线
镍锰合金	1.5-1.5-0.5镍锰合金	NMn1.5-1.5-0.5	余量	—	0.35~0.75	1.3~1.7	—	—	—	—	—	—	—	—	—	—	—	—	—	—	1.3~1.7	—	—	—	板、带

化学成分(质量分数,%)

（续）

组别	名称	牌号	Ni+Co	化学成分（质量分数,%）																					杂质总和	产品形状
				Cu	Si	Mn	C	Mg	S	P	Fe	Pb	Bi	As	Sb	Zn	Cd	Sn	W	Ca	Cr	Ti	Al		
镍铜合金	40-2-1 镍铜合金	NCu 40-2-1	余量	38.0~42.0	≤0.15	1.25~2.25	≤0.30	—	≤0.02	≤0.005	0.2~1.0	≤0.006	—	—	—	—	—	—	—	—	—	—	—	—	—	板、带、管、棒、线
	28-1-1 镍铜合金	NCu28-1-1	余量	28~32	—	1.0~1.4	—	—	—	—	1.0~1.4	—	—	—	—	—	—	—	—	—	—	—	—	—	板、带
	28-2.5-1.5 镍铜合金	NCu 28-2.5-1.5	余量	27.0~29.0	≤0.1	1.2~1.8	≤0.20	≤0.10	≤0.02	≤0.005	2.0~3.0	≤0.003	≤0.002	≤0.010	≤0.002	—	—	—	—	—	—	—	—	—	板、带、管、棒、线
	30 镍铜合金	NCu30 （NW4400）（N04400）	≥63.0	28.0~34.0	≤0.5	≤2.0	≤0.3	—	≤0.024	≤0.005	≤2.5	—	—	—	—	—	—	—	—	—	—	—	—	—	板、带、箔、管
	30-3-0.5 镍铜合金	NCu30-3-0.5 （NW5500）（N05500）	≥63.0	27.0~33.0	≤0.5	≤1.5	≤0.1	—	≤0.01	—	≤2.0	—	—	—	—	—	—	—	—	—	0.35~0.86	2.3~3.15	—	管、棒、线
	35-1.5-1.5 镍铜合金	NCu35-1.5-1.5	余量	34~38	0.1~0.4	1.0~1.5	—	—	—	—	1.0~1.5	—	—	—	—	—	—	—	—	—	—	—	—	—	板、带

（续）

组别	名称	牌号	化学成分（质量分数，%）																					杂质总和	产品形状
			Ni+Co	Cu	Si	Mn	C	Mg	S	P	Fe	Pb	Bi	As	Sb	Zn	Cd	Sn	W	Ca	Cr	Ti	Al		
电子用镍合金	0.1 镍镁合金	NMg0.1	≥99.6	≤0.05	≤0.02	≤0.05	≤0.05	0.07~0.15	≤0.005	≤0.002	≤0.07	≤0.002	≤0.002	≤0.002	≤0.002	≤0.007	≤0.002	≤0.002	—	—	—	—	—	—	板、棒
	0.19 镍硅合金	NSi0.19	≥99.4	≤0.05	0.15~0.25	≤0.05	≤0.10	≤0.05	≤0.005	≤0.002	≤0.07	≤0.002	≤0.002	≤0.002	≤0.002	≤0.007	≤0.002	≤0.002	—	—	—	—	—	—	带、管
	4-0.15 镍钨钙合金	NW4-0.15	余量	≤0.02	≤0.01	≤0.005	≤0.01	≤0.01	≤0.003	≤0.002	≤0.03	≤0.002	≤0.002	≤0.002	≤0.002	≤0.003	≤0.002	≤0.002	3.0~4.0	0.07~0.17	—	—	≤0.01	—	带、线
	4-0.2-0.2 镍钨钙合金	NW4-0.2-0.2	余量	≤0.02	≤0.01	≤0.02	≤0.05	≤0.03	≤0.003	—	≤0.03	P+Pb+Sn+Bi+Sb+Cd+S≤0.002				≤0.003			3.0~4.0	0.1~0.19	—	—	0.1~0.2	—	带
	4-0.1 镍钨锆合金	NW4-0.1	余量	≤0.005	≤0.005	≤0.005	≤0.01	≤0.005	≤0.001	≤0.001	≤0.03	≤0.001	≤0.001	—	≤0.001	≤0.001	≤0.001	≤0.001	3.0~4.0	Zr:0.08~0.14	—	≤0.005	≤0.005	—	带
	4-0.07 镍钨镁合金	NW4-0.07	余量	≤0.02	≤0.01	≤0.005	≤0.01	0.05~0.1	≤0.001	≤0.001	≤0.03	≤0.002	≤0.002	≤0.002	≤0.002	≤0.005	≤0.002	≤0.002	3.5~4.5	—	—	—	≤0.001	—	带
热电偶合金	3 镍硅合金	NSi3	97	—	3	—	—	—	—	—	—	—	—	—	—	—	—	—	—	—	—	—	—	—	线
	10 镍铬合金	NCr10	90	—	—	—	—	—	—	—	—	—	—	—	—	—	—	—	—	—	10	—	—	—	线
	20 镍铬合金	NCr20	余量	—	—	—	—	—	—	—	—	—	—	—	—	—	—	—	—	—	18~20	—	—	—	线

注：1. 元素含量为上下限者为合金元素；元素含量为单个数值者，除镍加钴为最低限量外，其他元素为最高限量。

2. 杂质总和为表中所列杂质元素实测值总和。

3. 除牌号 NCu30、NCu30-3-0.5 中 Ni+Co 的质量分数为实测值外，其余牌号中 Ni+Co 的质量分数为 100% 减去表中所列元素实测值所得。

4. 热电偶合金的化学成分为名义成分。

12.2 镍及镍合金加工产品

12.2.1 镍及镍合金板

1. 镍及镍合金板的牌号、状态及规格（表 12-2）

表 12-2　镍及镍合金板的牌号、状态及规格（GB/T 2054—2005）

牌　号	制造方法	状　态	规格尺寸(厚度×宽度×长度)/mm
N4、N5(NW2201、UNS N02201)、N6、N7(NW2200、UNS N02200)、NSi0.19、NMg0.1、NW4-0.15、NW4-0.1、NW4-0.07、DN、NCu28-2.5-1.5、NCu30(NW4400、UNS N04400)	热轧	热加工态(R) 软态(M)	(4.1~50.0)×(300~3000)×(500~4500)
	冷轧	冷加工(硬)态(Y) 半硬状态(Y₂) 软状态(M)	(0.3~4.0)×(300~1000)×(500~4000)

2. 镍及镍合金板的化学成分（表 12-3）

表 12-3　镍及镍合金板的化学成分（GB/T 2054—2005）

牌　号	化学成分(质量分数,%)							
	Ni + Co	Mn	Cu	Fe	C	Si	Cr	S
N5	≥99.0	≤0.35	≤0.25	≤0.30	≤0.02	≤0.30	≤0.2	≤0.01
N7	≥99.0	≤0.35	≤0.25	≤0.30	≤0.15	≤0.30	≤0.2	≤0.01
NCu30	≥63.0	≤2.0	28.0~34.0	≤2.5	≤0.30	≤0.5	—	≤0.024

3. 镍及镍合金板的力学性能（表 12-4）

表 12-4　镍及镍合金板的力学性能（GB/T 2054—2005）

牌号	交货状态	厚度/mm	抗拉强度 R_m/MPa ≥	规定塑性延伸强度 $R_{p0.2}$[①]/MPa ≥	断后伸长率 A_{50mm} 或 $A_{11.3}$(%) ≥	硬度 HV	硬度 HRB
N4、N5、NW4-0.15、NW4-0.1、NW4-0.07	M	≤1.5[②]	350	85	35	—	—
		>1.5	350	85	40	—	—
	R[③]	>4	350	85	30	—	—
	Y	≤2.5	490	—	2	—	—
N6、N7、DN、NSi0.19、NMg0.1	M	≤1.5[②]	380	105	35	—	—
		>1.5	380	105	40	—	—
	R	>4	380	130	30	—	—
	Y[④]	>1.5	620	480	2	188~215	90~95
		≤1.5[②]	540	—	2	—	—
	Y₂[④]	>1.5	490	290	20	147~170	79~85

（续）

牌号	交货状态	厚度/mm	抗拉强度 R_m/MPa ≥	规定塑性延伸强度 $R_{p0.2}$[1]/MPa ≥	断后伸长率 A_{50mm} 或 $A_{11.3}$(%) ≥	硬度 HV	硬度 HRB
NCu28-2.5-1.5	M	—	440	160	25	—	—
	R[3]	>4	440		25	—	—
	Y_2[4]	—	570	—	6.5	157~188	82~90
NCu30	M	—	480	195	30	—	—
	R[3]	>4	510	275	25	—	—
	Y_2[4]	—	550	300	25	157~188	82~90

① 厚度≤0.5mm 的板材不提供规定非塑性延伸强度。

② 厚度<1.0mm 用于成形换热器的 N4 和 N6 薄板力学性能报实测数据。

③ 热轧板材可在最终热轧前进行一次热处理。

④ 硬态及半硬态供货的板材性能，以硬度作为验收依据，需方要求时，可提供拉伸性能。提供拉伸性能时，不再进行硬度测试。

4. 镍及镍合金热轧板的尺寸及允许偏差（表 12-5）

表 12-5　镍及镍合金热轧板的尺寸及允许偏差（GB/T 2054—2005）　　（单位：mm）

厚度	宽度		宽度允许偏差	长度允许偏差
	300~1000	>1000~3000		
	厚度允许偏差			
>4.0~6.0	±0.35	±0.40	+5 −10	+5 −15
>6.0~8.0	±0.40	±0.50		
>8.0~10.0	±0.50	±0.60		
>10.0~15.0	±0.60	±0.70		
>15.0~20.0	±0.70	±0.90		
>20.0~30.0	±0.90	±1.10	0 −15	0 −20
>30.0~40.0	±1.10	±1.30		
>40.0~50.0	±1.20	±1.50		

5. 镍及镍合金冷轧板的尺寸及允许偏差（表 12-6）

表 12-6　镍及镍合金冷轧板的尺寸及允许偏差（GB/T 2054—2005）　　（单位：mm）

厚度	宽度		宽度允许偏差	长度允许偏差
	300~600	>600~1000		
	厚度允许偏差			
0.3~0.5	±0.04	±0.05	+5 −10	+5 −15
>0.5~0.7	±0.05	±0.07		
>0.7~1.0	±0.07	±0.09		
>1.0~1.5	±0.09	±0.11		
>1.5~2.5	±0.11	±0.13		
>2.5~4.0	±0.13	±0.15		

12.2.2　镍及镍合金带

1. 镍及镍合金带的牌号、状态及规格（表 12-7）

表 12-7　镍及镍合金带的牌号、状态及规格（GB/T 2072—2007）

牌　　号	状　　态	厚度/mm	宽度/mm	长度/mm
N4、N5、N6、N7、NMg0.1、DN、NSi0.19、NCu40-2-1、NCu28-2.5-1.5、NW4-0.15、NW4-0.1、NW4-0.07、NCu30	软态（M）半硬态（Y₂）硬态（Y）	0.05 ~ 0.15	20 ~ 250	≥5000
		> 0.15 ~ 0.55		≥3000
		> 0.55 ~ 1.2		≥2000

注：厚度为 0.55 ~ 1.20mm 的带材，允许交货不超过批重 15% 的长度不短于 1m 的带材。

2. 镍及镍合金带的室温力学性能（表 12-8）

表 12-8　镍及镍合金带的室温力学性能（GB/T 2072—2007）

牌　　号	产品厚度/mm	状态	抗拉强度 R_m/MPa	规定塑性延伸强度 $R_{p0.2}$/MPa	断后伸长率（%） $A_{11.3}$	断后伸长率（%） A_{50mm}
N4、NW4-0.15、NW4-0.1、NW4-0.07	0.25 ~ 1.2	软态（M）	≥345	—	≥30	—
		硬态（Y）	≥490	—	≥2	—
N5	0.25 ~ 1.2	软态（M）	≥350	≥85	—	≥35
N7	0.25 ~ 1.2	软态（M）	≥380	≥105	—	≥35
		硬态（Y）	≥620	≥480	—	≥2
N6、DN、NMg0.1、NSi0.19	0.25 ~ 1.2	软态（M）	≥392	—	≥30	—
		硬态（Y）	≥539	—	≥2	—
NCu28-2.5-1.5	0.5 ~ 1.2	软态（M）	≥441	—	≥25	—
		半硬态（Y₂）	≥568	—	≥6.5	—
NCu30	0.25 ~ 1.2	软态（M）	≥480	≥195	≥25	—
		半硬态（Y₂）	≥550	≥300	≥25	—
		硬态（Y）	≥680	≥620	≥2	—
NCu40-2-1	0.25 ~ 1.2	软态（M）半硬态（Y₂）硬态（Y）	报实测	—	报实测	—

3. 镍及镍合金带的尺寸允许偏差（表 12-9）

表 12-9　镍及镍合金带的尺寸允许偏差（GB/T 2072—2007）　　　（单位：mm）

厚　　度	厚度允许偏差 普通级	厚度允许偏差 较高级	规定宽度范围的宽度允许偏差 20 ~ 150	规定宽度范围的宽度允许偏差 > 150 ~ 250
0.05 ~ 0.09	±0.005	±0.003	0 −0.6	0 −1.0
> 0.09 ~ 0.15	±0.010	±0.007		
> 0.15 ~ 0.30	±0.015	±0.010		
> 0.30 ~ 0.45	±0.020	±0.015		
> 0.45 ~ 0.55	±0.025	±0.020		

（续）

厚　　度	厚度允许偏差		规定宽度范围的宽度允许偏差	
	普通级	较高级	20 ~ 150	>150 ~250
>0.55 ~0.85	±0.030	±0.025	0	0
>0.85 ~0.95	±0.035	±0.030	−0.6	−1.0
>0.95 ~1.20	±0.040	±0.035	0 −1.0	0 −1.5

注：1. 当需方要求厚度偏差仅为"+"或"−"时，其值为表中数值的2倍。

　　2. 若合同中未注明时，厚度允许偏差按普通级执行。

12.2.3　镍及镍铜合金棒

1. 镍及镍合金棒的牌号、状态及规格（表12-10）

表12-10　镍及镍合金棒的牌号、状态及规格（GB/T 4435—2010）

牌号	状态	直径/mm	长度/mm
N4、N5、N6、N7、N8、 NCu28-2.5-1.5、NCu30-3-0.5、 NCu40-2-1、NMn5、NCu30、 NCu35-1.5-1.5	Y（硬） Y₂（半硬） M（软）	3 ~65	300 ~6000
	R（热加工）	6 ~254	

注：经双方协商，可供应其他规格棒材，具体要求应在合同中注明。

2. 镍及镍合金棒材的室温力学性能（表12-11）

表12-11　镍及镍合金棒材的室温纵向力学性能（GB/T 4435—2010）

牌　　号	状　　态	直径/mm	抗拉强度 R_m/MPa	断后伸长率 A（%）
			≥	
N4、N5、M6、 N7、N8	Y	3 ~20	590	5
		>20 ~30	540	6
		>30 ~65	510	9
	M	3 ~30	380	34
		>30 ~65	345	34
	R	32 ~60	345	25
		>60 ~254	345	20
NCu28-2.5-1.5	Y	3 ~15	665	4
		>15 ~30	635	6
		>30 ~65	590	8
	Y₂	3 ~20	590	10
		>20 ~30	540	12
	M	3 ~30	440	20
		>30 ~65	440	20
	R	6 ~254	390	25

（续）

牌　号	状　态	直径/mm	抗拉强度 R_m/MPa	断后伸长率 A（%）
			≥	
NCu30-3-0.5	Y	3~20	1000	15
		>20~40	965	17
		>40~65	930	20
	R	6~254	实测	实测
	M	3~65	895	20
NCu40-2-1	Y	3~20	635	4
		>20~40	590	5
	M	3~40	390	25
	R	6~254	实测	实测
NMn5	M	3~65	345	40
	R	32~254	345	40
NCu30	R	76~152	550	30
		>152~254	515	30
	M	3~65	480	35
	Y	3~15	700	8
	Y_2	3~15	580	10
		>15~30	600	20
		>30~65	580	20
NCu35-1.5-1.5	R	6~254	实测	实测

3. 镍及镍合金冷加工棒的直径及允许偏差（表12-12）

表12-12　镍及镍合金冷加工棒的直径及
允许偏差（GB/T 4435—2010）　　　　（单位：mm）

直　径	允许偏差		直　径	允许偏差	
	高精级（±）	普通级（±）		高精级（±）	普通级（±）
3~6	0.03	0.05	>18~30	0.06	0.10
>6~10	0.04	0.06	>30~50	0.09	0.13
>10~18	0.05	0.08	>50~65	0.12	0.16

注：当要求单向偏差时，其值为表中数值的2倍；当要求棒材的直径为高精级允许偏差时，应在合同中注明，否则
　　按普通级供货。

4. 镍及镍合金热加工棒的直径及允许偏差（表12-13）

表12-13　镍及镍合金热加工棒的直径及
允许偏差（GB/T 4435—2010）　　　　（单位：mm）

直　径	允许偏差				锻　造
	挤　压		热　轧		
	高精级（±）	普通级（±）	+	−	
6~15	0.60	0.80	0.60	0.50	±1.00

（续）

直　　径	允许偏差				锻　造
	挤　　压		热　　轧		
	高精级（±）	普通级（±）	+	−	
>15 ~ 30	0.75	1.00	0.70	0.50	±1.50
>30 ~ 50	1.00	1.20	1.50	1.00	±2.00
>50 ~ 80	1.20	1.55	2.00	1.00	±3.00
>80 ~ 120	1.55	2.00	2.20	1.20	±3.50
>120 ~ 160	—	—	—	—	±5.00
>120 ~ 200	—	—	—	—	±6.50
>200 ~ 254	—	—	—	—	±7.00

注：当要求单向偏差时，其值为表中数值的 2 倍；当要求棒材的直径为高精级允许偏差时，应在合同中注明，否则
　　按普通级供货。

12.2.4　镍及镍合金线及拉制线坯

1. 镍及镍合金线及拉制线坯的牌号、状态及规格（表 12-14）

表 12-14　镍及镍合金线及拉制线坯的牌号、状态及规格（GB/T 21653—2008）

牌　　号	状　　态	直径或对边距/mm
N4、N5、N6、N7、N8	Y（硬） Y$_2$（半硬） M（软）	0.03 ~ 10.0
NCu28-2.5-1.5、NCu40-2-1、 NCu30、NMn3、NMn5	Y（硬） M（软）	0.05 ~ 10.0
NCu30-3-0.5	CYS （淬火、冷加工、时效）	0.5 ~ 7.0
NMg0.1、NSi0.19、NSi3、DN	Y（硬） Y$_2$（半硬） M（软）	0.03 ~ 10.0

2. 镍及镍合金线的直径及允许偏差（表 12-15）

表 12-15　镍及镍合金线的直径及允许偏差（GB/T 21653—2008）　　（单位：mm）

直　　径	允许偏差	直　　径	允许偏差
0.03	±0.0025	>1.20 ~ 2.00	±0.03
>0.03 ~ 0.10	±0.005	>2.00 ~ 3.20	±0.04
>0.10 ~ 0.40	±0.006	>3.20 ~ 4.80	±0.05
>0.40 ~ 0.80	±0.013	>4.80 ~ 8.00	±0.06
>0.80 ~ 1.20	±0.02	>8.00 ~ 10.00	±0.07

3. 镍及镍合金线的力学性能（表 12-16）

表 12-16　镍及镍合金线的力学性能（GB/T 21653—2008）

牌　号	状态	直径或对边距 /mm	抗拉强度 R_m/MPa	断后伸长率 A_{100mm}（%） ≥
N6、N8	Y_2	0.10 ~ 0.50	780 ~ 980	—
		>0.50 ~ 1.00	685 ~ 835	—
		>1.00 ~ 10.00	540 ~ 685	—
	M	0.03 ~ 0.20	≥420	15
		>0.20 ~ 0.50	≥390	20
		>0.50 ~ 1.00	≥370	20
		>1.00 ~ 10.00	≥340	25
N5	M	>0.30 ~ 0.45	≥340	20
		>0.45 ~ 10.0	≥340	25
N7	Y	>0.03 ~ 3.20	≥540	
		>3.20 ~ 10.0	≥460	
	M	>0.30 ~ 0.45	≥380	20
		>0.45 ~ 10.0	≥380	25
NCu28-2.5-1.5、NCu30	Y	0.05 ~ 3.20	≥770	—
		>3.20 ~ 10.0	≥690	—
	M	0.05 ~ 0.45	≥480	20
		>0.45 ~ 10.0	≥480	25
NCu40-2-1	Y	0.1 ~ 10.0	≥635	
	M	0.1 ~ 1.0	≥440	10
		>1.0 ~ 5.0	≥440	15
		>5.0 ~ 10.00	≥390	25
NMn3[①]	Y	0.5 ~ 6.0	≥685	—
	M		≤640	20
NMn5[①]	Y	0.5 ~ 6.0	≥735	—
	M		≤735	18
NCu30-3-0.5	CYS[②]	0.5 ~ 7.0	≥900	
NMg0.1、NSi0.19、NSi3、DN	Y	0.03 ~ 0.09	880 ~ 1325	—
		>0.09 ~ 0.50	830 ~ 1080	—
		>0.50 ~ 1.00	735 ~ 980	—
		>1.00 ~ 6.00	640 ~ 885	—
		>6.00 ~ 10.00	585 ~ 835	—
	Y_2	0.10 ~ 0.50	780 ~ 980	—
		>0.50 ~ 1.00	685 ~ 835	—
		>1.00 ~ 10.00	540 ~ 685	—
	M	0.03 ~ 0.20	≥420	15
		>0.20 ~ 0.50	≥390	20
		>0.50 ~ 1.00	≥370	20
		>1.00 ~ 10.00	≥340	25

① 用于火花塞的镍锰合金线材的抗拉强度应在 735 ~ 935MPa 之间。

② 推荐的固溶处理为最低温度 980℃，水淬火。稳定化和沉淀热处理为 590 ~ 610℃，8 ~ 16h，冷却速率为 8 ~ 15℃/h，炉冷至 480℃，空冷。另一种方法是，炉冷至 535℃，在 535℃保温 6h，炉冷至 480℃，保温 8h，空冷。

12.2.5　镍及镍合金管

1. 镍及镍合金管的牌号、状态和规格（表 12-17）

表 12-17　镍及镍合金管的牌号、状态和规格（GB/T 2882—2005）

牌　号	状　态	外径/mm	壁厚/mm	长度/mm
N2、N4、DN	软（M） 硬（Y）	0.35 ~ 18	0.05 ~ 0.90	100 ~ 8000
N6	软（M） 半硬（Y$_2$） 硬（Y）	0.35 ~ 90	0.05 ~ 5.00	
NCu28-2.5-1.5	软（M） 硬（Y）	0.35 ~ 90	0.05 ~ 5.00	100 ~ 8000
	半硬（Y$_2$）	0.35 ~ 18	0.05 ~ 0.90	
NCu40-2-1	软（M） 硬（Y）	0.35 ~ 90	0.05 ~ 5.00	
	半硬（Y$_2$）	0.35 ~ 18	0.05 ~ 0.90	
NSi0.19 NMg0.1	软（M） 半硬（Y$_2$） 硬（Y）	0.35 ~ 18	0.05 ~ 0.90	

2. 镍及镍合金管的室温力学性能（表 12-18）

表 12-18　镍及镍合金管的室温力学性能（GB/T 2882—2005）

牌　号	壁厚/mm	状态	抗拉强度 R_m/MPa≥	断后伸长率（%）　≥	
				A	A_{50mm}
N2、N4、DN	所有规格	M	390	35	—
		Y	540	—	—
N6	<0.9	M	390	—	35
		Y	540	—	—
	≥0.9	M	370	35	—
		Y$_2$	450	—	12
		Y	520	6	—
NCu28-2.5-1.5 NCu40-2-1 NSi0.19 NMg0.1	所有规格	M	440	—	20
		Y$_2$	540	6	—
		Y	585	3	—

3. 镍及镍合金管的公称尺寸（表12-19）

表12-19　镍及镍合金管的公称尺寸（GB/T 2882—2005）

外径/mm	壁厚/mm																					长度
	0.05~0.06	>0.06~0.09	>0.09~0.12	>0.12~0.15	>0.15~0.20	>0.20~0.25	>0.25~0.30	>0.30~0.40	>0.40~0.50	>0.50~0.60	>0.60~0.70	>0.70~0.90	>0.90~1.00	>1.00~1.25	>1.25~1.50	>1.50~1.80	>1.80~2.00	>2.00~3.00	>3.00~3.50	>3.50~4.00	>4.00~5.00	
0.35~0.40	○	—	—	—	—	—	—	—	—	—	—	—	—	—	—	—	—	—	—	—	—	≤3000
>0.40~0.50	○	○	—	—	—	—	—	—	—	—	—	—	—	—	—	—	—	—	—	—	—	≤3000
>0.50~0.60	○	○	—	—	—	—	—	—	—	—	—	—	—	—	—	—	—	—	—	—	—	≤3000
>0.60~0.70	○	○	—	○	—	—	—	—	—	—	—	—	—	—	—	—	—	—	—	—	—	≤3000
>0.70~0.80	○	○	○	○	○	—	—	—	—	—	—	—	—	—	—	—	—	—	—	—	—	≤3000
>0.80~0.90	○	○	○	○	○	—	○	—	—	—	—	—	—	—	—	—	—	—	—	—	—	≤3000
>0.90~1.50	○	○	○	○	○	○	○	—	—	—	—	—	—	—	—	—	—	—	—	—	—	≤3000
>1.50~1.75	—	○	○	○	○	○	○	○	—	—	—	—	—	—	—	—	—	—	—	—	—	≤3000
>1.75~2.00	—	○	○	○	○	○	○	○	○	—	—	—	—	—	—	—	—	—	—	—	—	≤3000
>2.00~2.25	—	○	○	○	○	○	○	○	○	○	—	—	—	—	—	—	—	—	—	—	—	≤3000
>2.25~2.50	—	—	○	○	○	○	○	○	○	○	○	—	—	—	—	—	—	—	—	—	—	≤3000
>2.50~3.50	—	—	—	○	○	○	○	○	○	○	○	○	—	—	—	—	—	—	—	—	—	≤3000
>3.50~4.20	—	—	—	—	○	○	○	○	○	○	○	○	○	—	—	—	—	—	—	—	—	≤3000
>4.20~6.00	—	—	—	—	—	○	○	○	○	○	○	○	○	○	—	—	—	—	—	—	—	≤3000
>6.00~8.50	—	—	—	—	—	—	○	○	○	○	○	○	○	○	○	—	—	—	—	—	—	≤3000
>8.50~10	—	—	—	—	—	—	—	○	○	○	○	○	○	○	○	○	—	—	—	—	—	≤3000
>10~12	—	—	—	—	—	○	○	○	○	○	○	○	○	○	○	○	○	—	—	—	—	≤3000
>12~14	—	—	—	—	—	—	—	—	○	○	○	○	○	○	○	○	○	○	—	—	—	≤3000
>14~15	—	—	—	—	—	—	—	—	—	○	○	○	○	○	○	○	○	○	○	—	—	≤3000
>15~18	—	—	—	—	—	—	—	—	—	—	○	○	○	○	○	○	○	○	○	○	—	≤3000
>18~20	—	—	—	—	—	—	—	—	—	—	—	○	○	○	○	○	○	○	○	○	○	≤3000
>20~30	—	—	—	—	—	—	—	—	—	—	—	—	—	○	○	○	○	○	○	○	○	≤3000
>30~35	—	—	—	—	—	—	—	—	—	—	—	—	—	—	—	○	○	○	○	○	○	≤3000
>35~40	—	—	—	—	—	—	—	—	—	—	—	—	—	—	—	—	—	○	○	○	○	≤5000
>40~60	—	—	—	—	—	—	—	—	—	—	—	—	—	—	—	—	—	○	○	○	○	≤5000
>60~90	—	—	—	—	—	—	—	—	—	—	—	—	—	—	—	—	—	—	○	○	○	≤8000

注："○"表示推荐采用的规格，"—"表示不推荐采用的规格，需要其他规格的产品应由供需双方商定。

12.2.6　压力容器用镍铜合金无缝管

1. 压力容器用镍铜合金无缝管的外径及壁厚（表 12-20）

表 12-20　压力容器用镍铜合金无缝管的外径及壁厚（JB 4742—2000）

外径 /mm	壁厚/mm													
	1.5	2.0	2.5	3.0	3.5	4.0	4.5	5.0	5.5	6.0	6.5	7.0	7.5	8.0
10	○	○												
14	○	○	○											
19	○	○	○	○										
25	○	○	○	○	○									
32	○	○	○	○	○	○								
38	○	○	○	○	○	○								
45		○	○	○	○	○	○							
51		○	○	○	○	○	○	○	○					
57		○	○	○	○	○	○	○	○	○	○			
63		○	○	○	○	○	○	○	○	○	○			
70				○	○	○	○	○	○	○	○	○		
78				○	○	○	○	○	○	○	○	○		
83					○	○	○	○	○	○	○	○	○	
89					○	○	○	○	○	○	○	○	○	
102						○		○		○	○	○	○	○
114								○	○	○	○	○	○	○

注："○"表示有产品。

2. 压力容器用镍铜合金无缝管的化学成分（表 12-21）

表 12-21　压力容器用镍铜合金无缝管的化学成分（JB 4742—2000）

牌号	化学成分(质量分数,%)						
	Ni	Cu	Fe	Mn	C	Si	S
NCu30	≥63.0	28.0～34.0	≤2.5	≤2.0	≤0.3	≤0.5	≤0.024

注：镍含量系采用算术法减去表中其他元素实测值而确定。

3. 压力容器用镍铜合金无缝管的力学性能（表 12-22）

表 12-22　压力容器用镍铜合金无缝管的力学性能（JB 4742—2000）

状态	抗拉强度 R_m/MPa	规定塑性延伸强度 $R_{p0.2}$/MPa	断后伸长率 A （%）
退火	≥460	≥195	≥35

4. 压力容器用镍铜合金无缝管的许用应力（表 12-23）

表 12-23　压力容器用镍铜合金无缝管的许用应力（JB 4742—2000）

温度/℃	≤20	100	150	200	250	300	350	400	425	450	475
许用应力 /MPa	130	113	106	102	102	102	102	100	98	78	60

注：中间温度的许用应力，可按本表的数值用内插法求得。

5. 压力容器用镍铜合金无缝管的高温屈服强度（表 12-24）

表 12-24　压力容器用镍铜合金无缝管的高温屈服强度（JB 4742—2000）

温度/℃	20	100	150	200	250	300	350	400	425
屈服强度/MPa	195	170	159	153	153	153	153	150	147

6. 压力容器用镍铜合金无缝管的弹性模量（表 12-25）

表 12-25　压力容器用镍铜合金无缝管的弹性模量（JB 4742—2000）

温度/℃	−196	−70	20	100	150	200	250	300	350	400	450	500
弹性模量 E/10^3 MPa	192	185	179	175	172	171	168	167	165	161	158	155

7. 压力容器用镍铜合金无缝管的线胀系数（表 12-26）

表 12-26　压力容器用镍铜合金无缝管的线胀系数（JB 4742—2000）

温度/℃	−196	−70	20	100	150	200	250	300	350	400	450	500
线胀系数 α/$(10^{-6}$/℃)	10.00	12.55	13.46	14.16	14.45	14.74	15.05	15.36	15.67	15.97	16.28	16.60

第 13 章 稀有金属及其合金

13.1 钒、铟、铊、铍、镓和锂

13.1.1 钒

钒的牌号及化学成分如表 13-1 所示。

表 13-1 钒的牌号及化学成分（GB/T 4310—1984）

牌 号	V ≥	化学成分(质量分数,%)						
		杂质含量≤						
		Fe	Cr	Al	Si	O	N	C
V-1	余量	0.005	0.006	0.005	0.004	0.025	0.006	0.01
V-2	余量	0.02	0.02	0.01	0.004	0.035	0.01	0.02
V-3	99.5	0.10	0.10	0.05	0.05	0.08	—	—
V-4	99.0	0.15	0.15	0.08	0.08	0.10	—	—

13.1.2 铟

铟的牌号及化学成分如表 13-2 所示。

表 13-2 铟的化学成分（YS/T 257—2009）

牌 号	In≥	化学成分(质量分数,%)				
		杂质含量≤				
		Cu	Pb	Zn	Cd	Fe
In99995	99.995	0.0005	0.0005	0.0005	0.0005	0.0005
In9999	99.99	0.0005	0.001	0.0015	0.0015	0.0008
In980	98.0	0.15	0.10	—	0.15	0.15

牌 号	In≥	化学成分(质量分数,%)				
		杂质含量≤				
		Tl	Sn	As	Al	Bi
In99995	99.995	0.0005	0.0010	0.0005	0.0005	—
In9999	99.99	0.001	0.0015	0.0005	0.0007	—
In980	98.0	0.05	0.2	—	—	1.5

13.1.3 铊

铊的牌号及化学成分如表 13-3 所示。

表 13-3　铊的牌号及化学成分（YS/T 224—1994）

牌号	Tl 含量 ≥	化学成分(质量分数,%)				
		杂质含量 ≤				
		Pb	Zn	Cu	Fe	Cd
Tl-1	99.99	0.003	0.001	0.001	0.001	0.001
Tl-2	99.9	0.03	0.01	0.01	0.01	0.03
Tl-3	99					

牌号	Tl 含量 ≥	化学成分(质量分数,%)				
		杂质含量 ≤				
		In	Al	Si	Hg	杂质总量
Tl-1	99.99	0.0005	0.001	0.001	0.002	0.01
Tl-2	99.9	—	—	—	0.02	0.10
Tl-3	99			—		1.00

注：1. 牌号 Tl-1、Tl-2 中铊的质量分数为 100% 减去表中杂质的质量分数总和的余量。牌号 Tl-3 中铊的质量分数为直接分析测定值。

　　2. 铊产品为银白色金属，其锭表面应光滑、洁净，无肉眼可见的夹杂物。

　　3. 铊以长方梯形锭状供应，锭表面凹坑应不大于 $30mm \times 5mm \times 2mm$，每锭重为 $200 \sim 700g$。

13. 1. 4　铍片

1. 铍片的品种、状态及规格（表 13-4）

表 13-4　铍片的品种、状态及规格（YS/T 41—2005）

品种	状态	厚度/mm	直径/mm	宽度/mm	长度/mm	角度/(°)	弧长/mm
圆形片	Y、M	0.02 ~ 0.05	≤50	—	—	—	—
	Y、M	>0.05 ~ 0.1	≤100	—	—	—	—
	Y、M	>0.1 ~ 0.5	≤100	—	—	—	—
	Y、M	>0.5 ~ 1.5	≤150	—	—	—	—
矩形片	Y、M	0.02 ~ 0.05	—	≤50	≤50	—	—
	Y、M	>0.05 ~ 0.1	—	≤100	≤100	—	—
	Y、M	>0.1 ~ 0.5	—	≤100	≤150	—	—
	Y、M	>0.5 ~ 1.5	—	≤100	≤200	—	—
半圆环形片	Y、M	0.1 ~ 0.5	—	≤50	—	≤270	≤150
	Y、M	>0.5 ~ 1.5	—	≤30	—	≤270	≤100

2. 铍片的化学成分（表 13-5）

表 13-5　铍片的化学成分（YS/T 41—2005）

Be(质量分数,%)≥	杂质含量(质量分数,%)≤							
	Fe	Al	Mg	Mn	BeO	Be_2C	Si	其他单个金属元素
98	0.15	0.14	0.08	0.02	1.5	0.2	0.07	0.03

注：铍和其他单个金属杂质元素的含量不作分析，为保证值。

3. 圆形铍片的尺寸允许偏差（表13-6）

表13-6 圆形铍片的尺寸允许偏差（YS/T 41—2005） （单位：mm）

直 径	允许偏差	厚 度	允许偏差
≤50	0 / −0.20	0.02~0.05	±0.005
≤100	0 / −0.30	>0.05~0.1	±0.01
≤100	0 / −0.30	>0.1~0.2	±0.02
≤100	0 / −0.30	>0.2~0.5	±0.03
≤150	0 / −0.40	>0.5~1.0	±0.05
≤150	0 / −0.40	>1.0~1.5	±0.10

13.1.5 镓和高纯镓

1. 镓的牌号及化学成分（表13-7）

表13-7 镓的牌号及化学成分（GB/T 1475—2005）

牌 号	Ga ≥	杂质总和
Ga3N	99.9	Cu+Pb+Zn+Al+In+Ca+Fe+Sn+Ni≤0.10
Ga4N	99.99	Cu+Pb+Zn+Al+In+Ca+Fe+Sn+Ni+其他杂质≤0.010
Ga5N	99.999	Cu+Pb+Zn+Al+In+Ca+Fe+Sn+Ni+其他杂质≤0.0010

注：表中镓的质量分数为100%减去表中所列杂质质量分数总和的余量。

2. 高纯镓

1）高纯镓 Ga-06 的化学成分如表13-8 所示。

表13-8 高纯镓 Ga-06 的化学成分（GB/T 10118—2009）

牌号	Ga ≥	Fe	Si	Pb	Zn	Sn	Mg	Cu	Mn	Cr	Ni	总和
Ga-06	99.9999	3	5	3	3	3	3	2	3	3	3	100

注：表中镓百分含量为100%减去表中所列杂质含量的总和。

2）高纯镓 Ga-07 的化学成分如表13-9 所示。

表13-9 高纯镓 Ga-07 的化学成分（GB/T 10118—2009）

牌号	Ga ≥	Fe	Si	Pb	Zn	Sn	Mg	Cu	Mn	Cr	Ni	Na	Ca	总和
Ga-07	99.99999	0.5	0.5	0.5	0.5	0.5	0.5	0.2	0.3	0.5	0.5	0.5	0.5	10

注：表中镓的质量分数为100%减去表中所列杂质质量分数总和的余量。

3）MBE 级高纯镓化学成分如表 13-10 所示。

表 13-10 MBE 级高纯镓的化学成分（GB/T 10118—2009）

牌　号	化学成分(质量分数,%)	
MBE 级	Ga >	杂质含量
	99.999999	除了基体 Ga 和离子源 Ta,其他检出杂质元素的含量都低于 GDMS 分析的检测极限

13.1.6 锂和锂带

1. 锂的牌号及化学成分（表 13-11）

表 13-11 锂的牌号及化学成分（GB/T 4369—2007）

牌号	Li(质量分数,%)≥	杂质含量(质量分数,%)≤										
		K	Na	Ca	Fe	Si	Al	Ni	Cu	Mg	Cl⁻	N
Li-1	99.99	0.0005	0.001	0.0005	0.0005	0.0005	0.0005	0.0005	0.0005	0.0005	0.001	0.004
Li-2	99.95	0.001	0.010	0.010	0.002	0.004	0.005	0.003	0.001	—	0.005	0.010
Li-3	99.90	0.005	0.020	0.020	0.005	0.004	0.005	0.003	0.004	—	0.006	0.020
Li-4	99.00	—	0.200	0.040	0.010	0.040	0.020	—	0.010	—	—	—
Li-5	98.00	0.800 ~ 1.600	0.100	0.030	0.050	0.040					0.010	

注：表中锂的质量分数为 100% 减去表中杂质的质量分数实测总和后的余量。

2. 锂带的牌号及规格（表 13-12）

表 13-12 锂带的牌号及规格（GB/T 20930—2007）　　　　（单位：mm）

牌　号	规　格		厚度及其允许偏差		宽度及其允许偏差	
	厚度	宽度	厚度	偏差	宽度	偏差
Li-1 Li-2 Li-3 Li-4 Li-5	0.1 ~ 4.0	4.0 ~ 300	0.10 ~ 0.30	±0.01	4.0 ~ 30	±0.2
			>0.30 ~ 0.60	±0.02	>30 ~ 75	±0.3
			>0.60 ~ 0.80	±0.03		
			>0.80 ~ 1.00	±0.04	>75 ~ 300	±0.4
			>1.00 ~ 4.00	±0.05		

注：根据需方要求,可供应单向偏差的锂带,其偏差值为表列相应数值 2 倍。

13.2 锆及锆合金

13.2.1 海绵锆

海绵锆的化学成分如表 13-13 所示。

表 13-13　海绵锆的化学成分（YS/T 397—2007）

级　别		原子能级		工　业　级	
牌　号		HZr-01	HZr-02	HZr-1	HZr-2
Zr + Hf≥		—	—	99.4	99.2
化学成分（质量分数，%）	杂质含量 ≤ Hf	0.010	0.015	3.0	4.5
	Co	0.002	0.002	—	—
	Sn	0.005	0.020	—	—
	Ni	0.007	0.030	0.010	—
	Cr	0.020	0.050	0.020	—
	Al	0.0075	0.0075	0.010	—
	Mg	0.060	0.060	0.060	—
	Mn	0.005	0.005	0.010	—
	Pb	0.010	0.010	0.005	—
	Ti	0.005	0.005	0.005	—
	V	0.005	0.005	0.005	—
	Fe	0.150	0.150	—	—
	Cl	0.060	0.080	0.130	—
	Si	0.010	0.010	0.010	—
	B	0.00005	0.00005	—	—
	Cd	0.00005	0.00005	—	—
	Cu	0.003	0.003	—	—
	W	0.005	0.005	—	—
	Mo	0.005	0.005	—	—
	O	0.140	0.140	0.10	0.140
	C	0.030	0.030	0.050	0.050
	N	0.005	0.005	0.010	0.025
	H	0.0075	0.0125	0.0125	0.005
	Fe + Cr	—	—	—	0.20

13.2.2　锆及锆合金板、带、箔

1. 锆及锆合金板、带、箔的牌号、状态及规格（表 13-14）

表 13-14　锆及锆合金板、带、箔的牌号、状态及规格（GB/T 21183—2007）

牌号	品种	状态	（厚度/mm）×（宽度/mm）×（长度/mm）
Zr01	箔材	冷轧 再结晶退火 消除应力退火	(0.01 ~ 0.13)×(50 ~ 300)×(≥500)
Zr-1 ZrSn1.4-0.1	带材		(>0.13 ~ 2.50)×(50 ~ 300)×(≥300)
ZrSn1.4-0.2 ZrNb2.5	板材		(>0.3 ~ 10.0)×(300 ~ 1000)×(≥500)

2. 锆及锆合金板、带、箔的化学成分（表 13-15）

表 13-15　锆及锆合金板、带、箔的化学成分（GB/T 21183—2007）

产品牌号			纯锆		锆合金		
			Zr01 （Zr-0）	Zr-1	ZrSn1. 4-0. 1 （Zr-2）	ZrSn1. 4-0. 2 （Zr-4）	ZrNb2. 5 （Zr-2. 5Nb）
主要化学成分		Zr	基	基	基	基	基
		Sn	—	—	1. 20 ~ 1. 70	1. 20 ~ 1. 70	—
		Fe	—	—	0. 07 ~ 0. 20	0. 18 ~ 0. 24	—
		Ni	—	—	0. 03 ~ 0. 08	—	—
		Cr	—	—	0. 05 ~ 0. 15	0. 07 ~ 0. 13	—
		Nb	—	—	—	—	2. 40 ~ 2. 80
		O	—	—	0. 09 ~ 0. 16	0. 09 ~ 0. 16	0. 09 ~ 0. 15
		Fe + Ni + Cr	—	—	0. 18 ~ 0. 38	—	—
		Fe + Cr	—	—	—	0. 28 ~ 0. 37	—
化学成分（质量分数，%）	杂质含量 ≤	Al	0. 0075	0. 010	0. 0075	0. 0075	0. 0075
		B	0. 00005	—	0. 00005	0. 00005	0. 00005
		Cd	0. 00005	—	0. 00005	0. 00005	0. 00005
		Pb	0. 013	0. 005	0. 013	0. 013	—
		Co	0. 002	—	0. 002	0. 002	0. 002
		Cu	0. 005	—	0. 005	0. 005	0. 005
		Cr	0. 020	0. 020	—	—	0. 020
		Fe	0. 15	—	—	—	0. 15
		Hf	0. 010	2. 5 ~ 3. 0	0. 010	0. 010	0. 010
		Mg	0. 002	0. 060	0. 002	0. 002	0. 002
		Mn	0. 005	0. 010	0. 005	0. 005	0. 005
		Mo	0. 005	—	0. 005	0. 005	0. 005
		Ni	0. 007	0. 010	—	0. 007	0. 007
		Si	0. 012	0. 010	0. 012	0. 012	0. 012
		Sn	0. 005	—	—	—	0. 010
		Ti	0. 005	0. 005	0. 005	0. 005	0. 005
		U	0. 00035	—	0. 00035	0. 00035	0. 00035
		V	0. 005	0. 005	0. 005	0. 005	—
		W	0. 010	—	0. 010	0. 010	0. 010
		Cl	0. 010	0. 120	0. 010	0. 010	—
		C	0. 027	0. 050	0. 027	0. 027	0. 027
		N	0. 008	0. 010	0. 008	0. 008	0. 008
		H	0. 0025	0. 0125	0. 0025	0. 0025	0. 0025
		O	0. 16	0. 10	—	—	—

注：1. Zr-1 为工业用锆；其余牌号为核工业用锆，也可用于其他工业。

　　2. 铀含量出厂时可不作分析，但必须保证。

　　3. 需方对氧含量有特殊要求时，需在合同中注明。

3. 锆及锆合金板、带、箔的化学成分允许偏差（表 13-16）

表 13-16 锆及锆合金板、带、箔的化学成分允许偏差

（GB/T 21183—2007）

元　素	规定范围的允许偏差（质量分数,%）	元　素	规定范围的允许偏差（质量分数,%）
Sn	0.050	Fe + Cr + Ni	0.020
Fe	0.020	Nb	0.050
Cr	0.010	O	0.02
Ni	0.010	其他杂质元素	0.0020 或规定极限的 20%，取较小者
Fe + Cr	0.020		

4. 锆及锆合金板、带、箔的力学性能（表 13-17）

表 13-17 锆及锆合金板、带、箔的力学性能（GB/T 21183—2007）

牌　号	状态	试样方向	试验温度 /℃	抗拉强度 R_m/MPa ≥	规定塑性延伸强度 $R_{p0.2}$/MPa ≥	断后伸长率 A_{50mm}（%）≥
Zr01 Zr-1	M	纵向	室温	290	140	18
		横向		290	205	18
ZrSn1.4-0.1 ZrSn1.4-0.2	M	纵向	室温	400	240	25
		横向	室温	385	300	25
		纵向	290	185	100	30
		横向	290	180	120	30
Zr-Nb2.5	M	纵向	室温	450	310	20
		横向		450	345	20

13.3 钼及钼合金

13.3.1 钼箔

1. 钼箔的化学成分（表 13-18）

表 13-18 钼箔产品的化学成分（GB/T 3877—2006）

牌号	化学成分(质量分数,%)										稀土 La_2O_3 名义添加量
	Mo	杂质含量≤									
		Al	Ca	Fe	Mg	Ni	Si	C	N	O	
Mo1	余量	0.002	0.002	0.010	0.002	0.005	0.01	0.01	0.003	0.008	—
Mo2	余量	0.005	0.004	0.015	0.005	0.005	0.01	0.02	0.003	0.020	—
MoLa	余量	0.002	0.002	0.015	0.005	0.005	0.01	0.02	0.005	—	0.1 ~ 1.8

注：MoLa 牌号的氧含量可根据需方要求报实测值。

2. 钼箔的牌号、状态及规格（表 13-19）

表 13-19　钼箔产品的牌号、状态及规格（GB/T 3877—2006）

牌　号	品　种	状　态	（厚度/mm）×（宽度/mm）×（长度/mm）
Mo1 Mo2 MoLa	箔材	冷轧（Y） 退火（m）	（0.01~0.03）×（50~120）×（≥200） （>0.03~0.13）×（50~240）×（≥200）

3. 钼箔的力学性能（表 13-20）

表 13-20　钼箔产品的力学性能（GB/T 3877—2006）

牌号	状态	厚度/mm	抗拉强度 R_m/MPa	规定塑性延伸强度 $R_{p0.2}$/MPa	断后伸长率 A_{50mm}（%）
Mo1	m	0.10~0.13	≥700	≥550	≥5

13.3.2　掺杂钼条

掺杂钼条的牌号、化学成分及用途如表 13-21 所示。

表 13-21　掺杂钼条的牌号、化学成分及用途（GB/T 4190—1984）

牌号	钼含量（质量分数,%）≥	其他元素总和（质量分数,%）≤	每种元素含量（质量分数,%）≤	添加元素（Ca,Mg 等）含量（质量分数,%）	用　　途
Moδ	99.73	0.07	0.01	0.01~0.20	供制造电子管栅丝及其他要求有较高断后伸长率的电真空零件的坯条

13.3.3　钼钨合金条

1. 钼钨合金条的化学成分、密度及用途（表 13-22）

表 13-22　钼钨合金条的化学成分、密度及用途（GB/T 4185—1984）

牌　号	合金含量（质量分数,%）			密度/（g/cm³）	用　途
	钼	钨	杂质总含量≤		
MoW50	50±1	余量	0.1	12.0~12.6	用于旋锤拉制取钼钨合金丝杆
MoW20	80±1	余量		10.5~11.0	

2. 钼钨合金条的规格及最短长度（表 13-23）

表 13-23　钼钨合金条的规格及最短长度（GB/T 4185—1984）

牌　号	（长/mm）×（宽/mm）×（高/mm）	最短长度/mm≥
MoW50	（10~12）×（10~12）×（300~400）	300
MoW20		

13.3.4　钼条和钼板坯

钼条和钼板坯的化学成分如表 13-24 所示。

表 13-24　钼条和钼板坯的化学成分（GB/T 3462—2007）

牌　号		Mo-1	Mo-2	Mo-3	Mo-4
杂质含量（质量分数,%）≤	Pb	0.0001	0.0001	0.0001	0.0005
	Bi	0.0001	0.0001	0.0001	0.0005
	Sn	0.0001	0.0001	0.0001	0.0005
	Sb	0.0005	0.0005	0.0005	0.0005
	Cd	0.0001	0.0001	0.0001	0.0005
	Fe	0.0050	0.0050	0.0060	0.050
	Ni	0.0030	0.0030	0.0030	0.050
	Al	0.0020	0.0020	0.0020	0.0050
	Si	0.0020	0.0020	0.0030	0.0050
	Ca	0.0020	0.0020	0.0020	0.0040
	Mg	0.0020	0.0020	0.0020	0.0040
	P	0.0010	0.0010	0.0010	0.0050
	C	0.010	0.0050	0.0050	0.050
	O	0.0030	0.0030	0.0030	0.0070
	N	0.0030	0.0030	—	—

注：钼含量用杂质减量法确定。

13.3.5　钼及钼合金板

1. 钼及钼合金板材的牌号、状态和规格（表 13-25）

表 13-25　钼及钼合金板材的牌号、状态和规格（GB/T 3876—2007）

牌　号	状　态	厚度/mm	宽度/mm	长度/mm	坯料生产方法
Mo1 JMo1 Mo2 TZM MoLa	冷轧 去应力退火	0.13 ~ 0.20	50 ~ 220	200 ~ 2500	粉末冶金法
		>0.20 ~ 0.5	50 ~ 510		
		>0.5 ~ 1.0	50 ~ 800		
	热轧	>1.0	50 ~ 800	200 ~ 2000	
Mo1 Mo1 Mo2 TZM MoTi0.5	冷轧 去应力退火	0.13 ~ 0.20	100 ~ 220	200 ~ 2500	真空电弧熔炼
		>0.20 ~ 0.5	100 ~ 510		
		>0.5 ~ 1.0	100 ~ 800		
	热轧	>1.0	100 ~ 800	200 ~ 2000	

2. 钼及钼合金板材的化学成分（表13-26）

表13-26　钼及钼合金板材的化学成分（GB/T 3876—2007）

牌号	主成分(质量分数,%)				杂质含量(质量分数,%)≤								
	Mo	Ti	Zr	C	Al	Ca	Fe	Mg	Ni	Si	C	N	O
Mo1 JMo1	余量	—		—	0.002	0.002	0.010	0.002	0.005	0.010	0.010	0.003	0.008
Mo2	余量			—	0.005	0.004	0.015	0.005	0.005	0.010	0.020	0.003	0.020
MoTi0.5	余量	0.40~0.60	—	0.01~0.04	0.002		0.010	0.002		0.010		0.001	0.003
TZM	余量	0.40~0.55	0.06~0.12	0.01~0.04		0.010			0.005	0.010		0.003	0.080
MoLa	余量	稀土 La_2O_3 名义 添加量:0.1~1.8			0.002	0.002	0.006	0.002	0.003	0.010	0.003	0.020	0.005	报实测

注：1. 真空电弧熔炼法生产的Mo1牌号，其碳的质量分数应不大于0.02%，氧的质量分数应不大于0.005%。

　　2. 对熔炼TZM钼合金，其氧的质量分数应不大于0.005%，且允许加入质量分数为0.02%的硼。

3. 钼及钼合金板材的室温力学性能（表13-27）

表13-27　钼及钼合金板材的室温力学性能（GB/T 3876—2007）

牌号	状态	厚度 /mm	抗拉强度 R_m/MPa≥		断后伸长率 A(%)≥	
			纵向	横向	纵向	横向
JMo1	m	0.13~2.0	685	685	5	5
MoTi0.5	Y	0.13~1.0	880	930	4	3
	m	0.13~1.0	735	785	10	6

注：断后伸长率指标，对厚度小于0.5mm的板材为 A_{50mm}，对厚度大于等于0.5mm的板材为 A。

4. 钼及钼合金板材的弯曲性能（表13-28）

表13-28　钼及钼合金板材的弯曲性能（GB/T 3876—2007）

牌号	状态	试样方向	厚度/mm	心轴半径/mm	弯曲角/(°)
Mo1、JMo1	m	纵向、横向	0.13~1.0	1t	≥90
	R	纵向	>1.0~5.0	2t	≥90

注：t 为板材名义厚度。

13.3.6　钼丝

1. 钼丝的型号表示方法

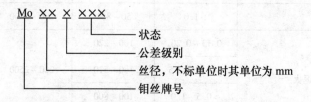

示例1：Moϕ0.18ⅢC-D

表示直径为 ϕ0.18mm、公差为Ⅲ级、冷拉伸的钼丝。

示例 2：Moϕ0.15 Ⅱ H-DAC

表示直径为 ϕ0.15mm、公差为 Ⅱ 级、热拉伸、退火、化学处理的钼丝。

示例 3：Moϕ0.30 Ⅰ H-DSE

表示直径为 ϕ0.30mm、公差为 Ⅰ 级、热拉伸、矫直、电解抛光的钼丝。

示例 4：Moϕ0.60 Ⅱ H-DASE

表示直径为 ϕ0.60mm、公差为 Ⅱ 级、热拉伸、退火、矫直、电解抛光的钼丝。

2. 钼丝的牌号及状态（表 13-29）

表 13-29　钼丝的牌号及状态（GB/T 4182—2003）

牌号	状　态			
	拉伸方式	退火	矫直	表面处理方式
Mo	C-D—冷拉伸 H-D—热拉伸	A—退火	S—矫直	C—化学处理 E—电解抛光

3. 钼丝的化学成分（表 13-30）

表 13-30　钼丝的化学成分（GB/T 4182—2003）

化学成分	Mo	C	N	O	Fe	Ni	Si
含量（质量分数，%）	≥99.95	≤0.01	≤0.002	≤0.007	≤0.010	≤0.005	≤0.010

4. 钼丝的力学性能（表 13-31）

表 13-31　钼丝的力学性能（GB/T 4182—2003）

直径 $d/\mu m$	冷拉伸(C-D)		热拉伸(H-D)		退火(A)	
	抗拉强度 R_m/MPa	断后伸长率 A(%)	抗拉强度 R_m/MPa	断后伸长率 A(%)	抗拉强度 R_m/MPa	断后伸长率 A(%)
$d \leq 35$	—	—	≥1300	≤5	≥800	≥8
$35 < d \leq 40$	—	—	≥1200	≤5	≥800	≥10
$40 < d \leq 60$	—	—	≥1200	≤5	≥740	≥10
$60 < d \leq 100$	—	—	≥1100	≤5	≥740	≥12
$100 < d \leq 150$	—	—	≥1000	≤5	≥700	≥14
$150 < d \leq 400$	—	—	≥1000	≤5	≥700	≥14
$100 < d \leq 200$	≥1500	≤5	—	—	—	—

5. 钼丝的直径允许偏差（表 13-32）

表 13-32　钼丝的直径允许偏差（GB/T 4182—2003）

直径 $d/\mu m$	200mm 丝段的重量 m/mg	200mm 丝段重量偏差（%）			直径偏差（%）		
		Ⅰ级	Ⅱ级	Ⅲ级	Ⅰ级	Ⅱ级	Ⅲ级
$15 \leq d \leq 30$	$0.360 \leq m \leq 1.440$	±2.0	±2.5	±3.0	—	—	—
$30 < d \leq 100$	$1.440 < m \leq 16.00$	±1.5	±2.0	±3.0	—	—	—
$100 < d \leq 400$	$16.00 < m \leq 256$	±1.0	±1.5	±3.0	±0.5	±0.75	±1.5
$400 < d \leq 700$	—	—	—	—	±1.5	±2.0	±2.5
$700 < d \leq 1800$	—	—	—	—	±1.0	±1.5	±2.0

注：每一根丝任意两处直径偏差（即同根差）不得超过同级偏差的 1/2。

6. 钼丝的单根最短长度（表 13-33）

表 13-33　钼丝的单根最短长度（GB/T 4182—2003）

直径 $d/\mu m$	最短长度/m	直径 $d/\mu m$	最短长度/m
$15 \leqslant d \leqslant 30$	2000	$200 < d \leqslant 400$	300
$30 < d \leqslant 100$	1500	$400 < d \leqslant 700$	相当于 200g 重量的长度
$100 < d \leqslant 200$	1000	$700 < d \leqslant 1800$	相当于 250g 重量的长度

13.3.7　钼钨合金丝

1. 钼钨合金丝的化学成分（表 13-34）

表 13-34　钼钨合金丝的化学成分（GB/T 4183—2002）

牌　号	化学成分（质量分数,%）		
	钼	钨	杂质总含量 ≤
MoW50	余量	50 ± 1	0.1
MoW30	余量	30 ± 1	0.1
MoW20	余量	20 ± 1	0.1

2. 钼钨合金丝的牌号及状态（表 13-35）

表 13-35　钼钨合金丝的牌号及状态（GB/T 4183—2002）

牌　号	MoW50	MoW30	MoW20
表面状态	C、D、E、G、S		

注：C 代表化学处理，D 代表拉拔，E 代表电解抛光，G 代表研磨，S 代表矫直。

3. 钼钨合金丝的力学性能（表 13-36）

表 13-36　钼钨合金丝的力学性能（GB/T 4183—2002）

直径 $d/\mu m$	牌　号	加工态（R）		热处理态（M）		断后伸长率 A（%）≥
		抗拉强度 ≥		抗拉强度 ≥		
		N/mg	MPa	N/mg	MPa	
	MoW50	0.8	2136	0.463	1236	12
$50 \leqslant d \leqslant 1800$	MoW30	0.8	1900	0.463	1100	12
	MoW20	0.8	1802	0.463	1043	12

4. 钼钨合金丝的直径及允许偏差（表 13-37）

表 13-37　钼钨合金丝的直径及允许偏差（GB/T 4183—2002）

直径 $d/\mu m$	200mm 丝段重量偏差（%）			直径偏差（%）		
	Ⅰ级	Ⅱ级	Ⅲ级	Ⅰ级	Ⅱ级	Ⅲ级
$30 \leqslant d \leqslant 100$	±1.5	±2.0	±2.5	—	—	—
$100 < d \leqslant 350$	±1.0	±1.5	±2.0	—	—	—
$350 < d \leqslant 700$	—	—	—	±1.5	±2.0	±2.5
$700 < d \leqslant 1800$	—	—	—	±1.0	±1.5	±2.0

注：每一根丝任意两处直径偏差（即同根差）不得超过同级公差的 1/2。

5. 钼钨合金丝的单根最短长度（表 13-38）

表 13-38　钼钨合金丝的单根最短长度（GB/T 4183—2002）

直径 $d/\mu m$	最短长度/m	直径 $d/\mu m$	最短长度/m
$30 \leqslant d \leqslant 100$	200	$350 < d \leqslant 700$	相当于 100g 重量的长度
$100 < d \leqslant 350$	150	$700 < d \leqslant 1800$	相当于 150g 重量的长度

13.3.8　钼杆

1. 钼杆的牌号、化学成分及用途（表 13-39）

表 13-39　钼杆的牌号、化学成分及用途（GB/T 4188—1984）

牌号	钼含量 （质量分数,%） ≥	其他元素总和 （质量分数,%）≤	每种元素含量 （质量分数,%） ≤	用　　途
Mo1	99.93	0.07	0.01	制造电真空零件、气体管及灯泡的电极等
Mo2	99.90	0.10	0.01	制造电子管和电光源用的引出线、支杆、边杆等零件

2. 钼杆的种类及直径范围（表 13-40）

表 13-40　钼杆的种类及直径范围（GB/T 4188—1984）

种　　类		直径/mm
黑钼杆	锻　　制	3.0 ~ 16.0
	矫　　直	0.8 ~ 3.0
磨光钼杆		0.8 ~ 12.0

3. 钼杆的最短长度（表 13-41）

表 13-41　钼杆的最短长度（GB/T 4188—1984）

钼杆直径 d	最短长度	钼杆直径 d	最短长度
$0.8 \leqslant d < 2.5$	1000	$5.0 \leqslant d < 8.0$	500
$2.5 \leqslant d < 5.0$	800	$8.0 \leqslant d < 16.0$	300

注：1. 每个提交批磨光钼杆的总根数中允许有 15% 不短于最短长度的 1/2。
　　2. 每个提交批矫直钼杆的总根数中允许有 10% 不短于最短长度的 70%。

4. 钼杆的直径允许偏差（表 13-42）

表 13-42　钼杆的直径允许偏差（GB/T 4188—1984）

直径 d/mm	直径偏差/mm	
	钼杆	磨光钼杆
$0.8 \leqslant d < 2.5$		± 0.03
$2.5 \leqslant d < 5.0$	$\pm 2\% d$	± 0.1
$5.0 \leqslant d < 8.0$		± 0.15
$8.0 \leqslant d < 16.0$		± 0.2

5. **钼杆的表面质量要求**（表 13-43）

表 13-43　钼杆的表面质量要求（GB/T 4188—1984）

名　　　称	表 面 状 态	表 面 颜 色
锻制钼杆	无裂纹、分层、毛刺，许可有轻微的锻锤痕迹	允许有氧化膜
矫直钼杆	无裂纹、毛刺和明显的波纹、螺纹、凹坑，允许有不影响使用的轻微的刻痕、沟槽	呈黑色到深灰色
磨光钼杆	不允许有裂纹、纵向纹路、粗糙痕迹	应有金属光泽，不允许有显著的氧化色

13.3.9　钼钨合金杆

1. **钼钨合金杆的牌号、化学成分及用途**（表 13-44）

表 13-44　钼钨合金杆的牌号、化学成分及用途（GB/T 4186—2002）

牌　　号	化学成分（质量分数，%）		
	钼	钨	杂质总含量
MoW50	50 ± 1	余量	<0.1
MoW20	80 ± 1	余量	

2. **钼钨合金杆的表面质量要求**（表 13-45）

表 13-45　钼钨合金杆的表面质量要求（GB/T 4186—2002）

品　　种	缺　　陷	颜　　色
锻制合金杆	无裂缝、毛刺，允许有轻微锻锤痕迹	允许有氧化膜
矫直合金杆	无裂缝、毛刺和明显的螺纹	黑色或深灰色，允许有轻微氧化
磨光合金杆	不允许有裂缝、纵向纹路及粗糙痕迹	应有金属光泽，不允许有显著的氧化色

3. **钼钨合金杆的直径范围**（表 13-46）

表 13-46　钼钨合金杆的直径范围（GB/T 4186—2002）

品种	直径/mm	品种	直径/mm
锻制合金杆品	3.00 ~ 11.00	磨光合金杆	0.80 ~ 10.00
矫直合金杆品	0.80 ~ 3.00		

4. **钼钨合金杆的直径允许偏差**（表 13-47）

表 13-47　钼钨合金杆的直径允许偏差（GB/T 4186—2002）

直径 d/mm	直径偏差（%）	
	锻制、矫直合金杆	磨光合金杆
$0.8 \leqslant d \leqslant 1.0$	±2.5	±1.5
$1.0 < d \leqslant 2.5$	±2.0	
$2.5 < d \leqslant 5.0$		
$5.0 < d \leqslant 11.0$		

13.3.10　钼及钼合金棒

1. 钼及钼合金棒的牌号、规格及状态（表13-48）

表 13-48　钼及钼合金棒的牌号、规格及状态（GB/T 17792—1999）

牌　号	直径/mm	供应状态	制造方法举例
Mo1	30～130	烧结状态(Sh)	烧结
	16～100	热加工状态(ShR)	烧结-锻造
	24～80	热加工状态(ShR)	烧结-挤压
MoTi0.5	50～130	烧结状态(Sh)	烧结
	16～100	热加工状态(ShR)	烧结-锻造
RMo1	24～65	热加工状态(R)	电子轰击或真空电弧炉熔炼后挤压
	16～85	热加工状态(R)	电子轰击或真空电弧炉熔炼后锻造
RMoTi0.1	28～60	热加工状态(R)	电子轰击或真空电弧炉熔炼后挤压
	16～85	热加工状态(R)	电子轰击或真空电弧炉熔炼后锻造

注:Sh 代表烧结,R 代表热加工,钼及钼合金棒的热加工方法通常是挤压、锻造和轧制等。

2. 钼及钼合金棒的化学成分（表13-49）

表 13-49　钼及钼合金棒的化学成分（GB/T 17792—1999）

	牌　号		Mo1	RMo1	MoTi0.5	RMoTi0.5
		Mo	余量	余量	余量	余量
	主要化学成分	Ti	—	—	0.40～0.55	0.40～0.55
		C	—	—	0.01～0.04	0.01～0.04
化学成分（质量分数,%）		Al	0.002	0.002	0.002	0.002
		Fe	0.010	0.010	0.010	0.010
		Mg	0.002	0.002	0.002	0.002
	杂质含量 ≤	Ni	0.005	0.005	0.005	0.005
		Si	0.010	0.010	0.010	0.010
		C	0.010	0.030	—	—
		N	0.002	0.002	0.002	0.001
		O	0.008	0.002	0.030	0.003

3. 钼及钼合金棒的尺寸及允许偏差（表13-50）

表 13-50　钼及钼合金棒的尺寸及允许偏差（GB/T 17792—1999）　（单位：mm）

直径	锻造棒		挤压棒		经磨削或机加棒
	直径允许偏差	不定尺长度	直径允许偏差	不定尺长度	直径允许偏差
16～25	±1.0	200～2000	±1.5	200～1000	±0.5
>25～45	±1.5	200～2000	±2.0	200～1000	±0.5
>45～55	±2.0	200～1900	±2.5	150～1000	±0.7
>55～60	±2.5	200～1600	±2.5	100～1000	±0.8

（续）

直径	锻造棒		挤压棒		经磨削或机加棒
	直径允许偏差	不定尺长度	直径允许偏差	不定尺长度	直径允许偏差
>60~70	±3.0	200~1200	±3.0	100~1000	±0.8
>70~75	±3.5	200~1000	—	—	±1.5
>75~85	±4.0	200~800	—	—	±1.8
>85~90	±4.5	200~800	—	—	±1.8
>90~100	±4.5	200~600	—	—	±1.8

烧 结 棒		
直径	直径允许偏差	不定尺长度
30~70	±5	200~700
>70~130	±8	200~700

13.4　铌及铌合金

13.4.1　铌板、带和箔

1. 铌板、带、箔的牌号、状态及规格（表13-51）

表13-51　铌板、带、箔的牌号、状态及规格（GB/T 3630—2006）

牌　号	状　态	厚　度/mm	宽　度/mm	长　度/mm	品　种
Nb1 Nb2 FNb1 FNb2	Y	0.01~0.1	30~300	>300	箔材
	M、Y	>0.1~0.5	50~450	100~10000	带材、板材
		>0.5~0.8	50~450	50~2000	
	M、Y	>0.8~2.0	50~650	50~2000	板材
		>2.0~6.0	50~650	50~1500	
		>6.0	50~650	50~1500	

注：1. 表中 M 为软状态，Y 为硬状态。

　　2. 牌号说明如下：

　　Nb1：用真空电弧或真空电子束熔炼的工业一级铌材。

　　Nb2：用真空电弧或真空电子束熔炼的工业二级铌材。

　　FNb1：用粉末冶金方法制得的工业一级铌材。

　　FNb2：用粉末冶金方法制得的工业二级铌材。

2. 铌板、带、箔的化学成分（表13-52）

表13-52　铌板、带、箔的化学成分（GB/T 3630—2006）

牌号	Nb(质量分数,%)	杂质含量(质量分数,%)≤											
		Fe	Ni	W	Si	Mo	Cr	Ti	Ta	O	C	H	N
Nb1	余量	0.005	0.005	0.03	0.005	0.01	0.002	0.002	0.10	0.015	0.01	0.001	0.015
Nb2	余量	0.03	0.01	0.05	0.02	0.05	0.01	0.005	0.25	0.025	0.02	0.005	0.05
FNb1	余量	0.01	0.005	0.05	0.01	0.02	0.005	0.005	—	0.030	0.03	0.002	0.035
FNb2	余量	0.04	0.01	0.05	0.03	0.05	0.01	0.01	—	0.060	0.05	0.005	0.05

3. 铌板、带的室温纵向力学性能（表 13-53）

表 13-53　铌板、带的室温纵向力学性能（GB/T 3630—2006）

牌　　号	状　　态	抗拉强度 R_m/MPa≥	断后伸长率 $A(\%)$≥
Nb1、Nb2、	M	200	25
FNb1、FNb2	Y	400	1.0

注：1. 厚度不小于 0.5mm 的板材试样的标距长度 $L_0 = 5.65\sqrt{S_0}$（S_0 为平行长度的原始横截面积）。

　　2. 厚度小于 0.5mm 的板、带材试样的标距长度 $L_0 = 50$mm，试样宽度 $b = 12.5$mm。

　　3. 退火状态下，厚度小于 0.3mm 的板带材，其断后伸长率不小于 20%。

4. 铌板、带的外形尺寸及允许偏差（表 13-54）

表 13-54　铌板、带的外形尺寸及允许偏差（GB/T 3630—2006）　　（单位：mm）

厚　　度	厚度允许偏差		宽度	宽度允许偏差	长度	长度允许偏差
	一级	二级				
0.01 ~ 0.02	±0.002	±0.003	30 ~ 300	±2.0	≥300	—
>0.02 ~ 0.05	±0.003	±0.004	30 ~ 300	±2.0	≥300	—
>0.05 ~ 0.07	±0.005	±0.006	30 ~ 300	±2.0	≥300	—
>0.07 ~ 0.1	±0.006	±0.008	30 ~ 300	±2.0	≥300	—
>0.1 ~ 0.2	±0.015	±0.02	50 ~ 450	±3.0	100 ~ 10000	±3.0
>0.2 ~ 0.3	±0.02	±0.03	50 ~ 450	±3.0	100 ~ 10000	±3.0
>0.3 ~ 0.5	±0.03	±0.04	50 ~ 450	±3.0	100 ~ 10000	±3.0
>0.5 ~ 0.8	±0.04	±0.06	50 ~ 450	±3.0	50 ~ 2000	±3.0
>0.8 ~ 1.0	±0.06	±0.08	50 ~ 650	±4.0	50 ~ 2000	±4.0
>1.0 ~ 1.5	±0.08	±0.10	50 ~ 650	±4.0	50 ~ 2000	±4.0
>1.5 ~ 2.0	±0.12	±0.14	50 ~ 650	±4.0	50 ~ 2000	±4.0
>2.0 ~ 3.0	±0.16	±0.18	50 ~ 650	±4.0	50 ~ 1500	±4.0
>3.0 ~ 4.0	±0.18	±0.20	50 ~ 650	±4.0	50 ~ 1500	±4.0
>4.0 ~ 6.0	±0.20	±0.24	50 ~ 650	±4.0	50 ~ 1500	±4.0

注：板材厚度 >6.0mm，宽度 <450mm 时，厚度偏差为其厚度的 ±6%；板材厚度 >6.0mm，宽度 ≥450mm 时，厚度偏差为其厚度的 ±10%。

13.4.2　铌条

铌条的牌号及化学成分如表 13-55 所示。

表 13-55　铌条的牌号及化学成分（GB/T 6896—2007）

牌　　号		TNb1	TNb2	牌　　号		TNb1	TNb2
杂质含量（质量分数,%）≤	Ta	0.10	0.15	杂质含量（质量分数,%）≤	Mo	0.0050	0.0050
	O	0.05	0.15		Ti	0.0050	0.01
	N	0.03	0.05		Al	0.0030	0.0050
	C	0.02	0.03		Cu	0.0020	0.0030
	Si	0.003	0.0050		Cr	0.0050	0.0050
	Fe	0.0050	0.02		Ni	0.005	0.010
	W	0.005	0.01		Zr	0.020	0.020

注：Nb 的化学成分按杂质减量法确定。

13.4.3 铌及铌合金棒

1. 铌及铌合金棒的牌号、状态和规格（表 13-56）

表 13-56 铌及铌合金棒的牌号、状态和规格（GB/T 14842—2007）

牌　　号	供应状态	直径或边长/mm[①]	长度/mm[②]
Nb1 Nb2 NbZr1 NbZr2	冷加工态（Y） 热加工态（R） 退火态（M）	3.0 ~ 80	≥500
FNb1 FNb2	冷加工态（Y） 退火态（M）	3.5 ~ 5.0 >5.0 ~ 12	≥500 ≥300
NbHf10-1	冷加工态（Y） 退火态（M）	20 ~ 80	500 ~ 2000

① 锻制方棒的边长不小于 25mm，长度不大于 4000mm。

② NbHf10-1 合金仅为圆棒。

2. 铌及铌合金棒间隙元素含量（表 13-57）

表 13-57 铌及铌合金棒间隙元素含量（GB/T 14842—2007）

牌　号	间隙元素含量（质量分数,%）≤			
	O	C	N	H
Nb1	0.025	0.01	0.01	0.0015
Nb2	0.04	0.015	0.01	0.0015
NbZr1	0.025	0.01	0.01	0.0015
NbZr2	0.04	0.015	0.01	0.0015
FNb1	0.05	0.02	0.02	0.002
FNb2	0.08	0.05	0.05	0.005

3. 退火态铌及铌合金棒的室温力学性能（表 13-58）

表 13-58 退火态铌及铌合金棒的室温力学性能（GB/T 14842—2007）

牌号	直径 /mm	抗拉强度 R_m/MPa	规定塑性延伸长强度 $R_{p0.2}$/MPa	断后伸长率 A（%）	断面收缩率 Z（%）
Nb1、Nb2	3.0 ~ 18	≥125	≥85	≥25	—
NbZr1、NbZr2		≥195	≥125	≥20	—
FNb1、FNb2	3.0 ~ 12	≥125	≥85	≥25	—
NbHf10-1	20 ~ 80	≥372	≥274	≥20	≥40

13.4.4　铌及铌合金无缝管

1. 铌及铌合金无缝管的牌号、状态及规格（表 13-59）

表 13-59　铌及铌合金无缝管的牌号、状态及规格（GB/T 8183—2007）

牌号	状态	外径/mm	壁厚/mm												
			0.2	0.3	0.4	0.5	0.6	0.8	1.0	1.2	1.5	2.0	2.5	3.0	3.5	4.0
Nb1 Nb2 NbZr1 NbZr2	退火 （M） 冷轧 （冷拔） （Y） 消除应力 （m）	1～3	○	○	○	—	—	—	—	—	—	—	—	—	—	—
		>3～5	○	○	○	○	○	—	—	—	—	—	—	—	—	—
		>5～15	—	○	○	○	○	○	○	○	—	—	—	—	—	—
		>15～25	—	—	—	—	○	○	○	○	○	○	○	—	—	—
		>25～35	—	—	—	—	○	○	○	○	○	○	○	○	○	—
		>35～40	—	—	—	—	—	—	○	○	○	○	○	○	○	○
		>40～50	—	—	—	—	—	—	—	○	○	○	○	○	○	○
		>50～65	—	—	—	—	—	—	—	—	○	○	○	○	○	○

注："○"表示可以生产的规格。

2. 铌及铌合金无缝管的间隙元素含量（表 13-60）

表 13-60　铌及铌合金无缝管的间隙元素含量（GB/T 8183—2007）

牌　号	间隙元素含量（质量分数,%）≤			
	O	N	H	C
Nb1	0.0250	0.0100	0.0015	0.0100
Nb2	0.0400	0.0100	0.0015	0.0150
NbZr1	0.0250	0.0100	0.0015	0.0100
NbZr2	0.0400	0.0100	0.0015	0.0150

3. 退火状态铌及铌合金无缝管的室温力学性能（表 13-61）

表 13-61　退火状态铌及铌合金无缝管的室温力学性能（GB/T 8183—2007）

牌　号	状态	抗拉强度 R_m/MPa	规定塑性延伸强度 $R_{p0.2}$/MPa	断后伸 长率 A(%)
Nb1、Nb2	退火态	≥125	≥73	≥25
NbZr1、NbZr2	M	≥195	≥125	≥20

4. 铌及铌合金无缝管的外径允许偏差（表 13-62）

表 13-62　铌及铌合金无缝管的外径允许偏差
（GB/T 8183—2007）　　　　　　　　（单位：mm）

外　径	允许偏差	外　径	允许偏差
1～3	±0.04	>25～35	±0.19
>3～5	±0.06	>35～40	±0.19
>5～15	±0.10	>40～50	±0.19
>15～25	±0.13	>50～65	±0.25

5. 铌及铌合金无缝管的长度允许偏差（表 13-63）

表 13-63　铌及铌合金无缝管的长度允许偏差（GB/T 8183—2007）　　（单位：mm）

管材长度	允许偏差	
	冷轧（或冷拔）状态（Y）和消除应力状态（m）外	退火状态（M）
≤1000	+3 0	+3 0
>1000	+6 0	—

13.5　钨及其合金
13.5.1　钨条

钨条的牌号及化学成分如表 13-64 所示。

表 13-64　钨条的牌号及化学成分（GB/T 3459—2006）

牌号		TW-1	TW-2	TW-4	牌号		TW-1	TW-2	TW-4
W		余量	余量	余量	W		余量	余量	余量
杂质含量（质量分数，%）≤	Pb	0.0001	0.0005	0.0005	杂质含量（质量分数，%）≤	Si	0.0020	0.0020	0.0050
	Bi	0.0001	0.0005	0.0005		Ca	0.0020	0.0020	0.0050
	Sn	0.0003	0.0005	0.0005		Mg	0.0010	0.0010	0.0050
	Sb	0.0010	0.0010	0.0010		Mo	0.0040	0.0040	0.050
	As	0.0015	0.0020	0.0020		P	0.0010	0.0010	0.0030
	Fe	0.0030	0.0040	0.030		C	0.0030	0.0050	0.010
	Ni	0.0020	0.050	0.050		O	0.0020	0.0020	0.0070
	Al	0.0020	0.0020	0.0050		N	0.0020	0.0020	0.0050

13.5.2　掺杂钨条

掺杂钨条的牌号、化学成分及用途如表 13-65 所示。

表 13-65　掺杂钨条的牌号、化学成分及用途（GB/T 4189—1984）

牌号	W（质量分数，%）≥	其他元素总和（质量分数，%）≤	每种元素含量（质量分数，%）≤	用　　途
WAL1	99.92	0.08	0.01	供制造高色温灯泡和耐冲击特殊泡的螺旋灯丝、双螺旋灯丝、发射管阴极和有较高要求的电子管折叠式热丝、栅极及其他零件的坯条
WAL2	99.92	0.08	0.01	供制造电子管、白炽灯泡的螺旋式灯丝和电子管折叠式热丝、栅丝、阴极及其他零件的坯条
WAL3				供制造普通照明灯泡用灯丝、半导体弹簧丝等的坯条

注：WAL1 中钼的质量分数不大于 0.005%。

13.5.3　钨板

1. 钨板的牌号、状态及规格（表 13-66）

表 13-66　钨板的牌号、状态及规格（GB/T 3875—2006）

牌　号	状　　态	厚度/mm	宽度/mm	长度/mm
W1	消除应力状态(m)	0.10 ~ 0.20	30 ~ 300	50 ~ 1000
		>0.20 ~ 1.0	50 ~ 400	50 ~ 1000
	热轧状态(R) 消除应力状态(m)	>1.0 ~ 4.0	50 ~ 400	50 ~ 1000
		>4.0 ~ 6.0	50 ~ 400	50 ~ 800
		>6.0	50 ~ 300	50 ~ 800

2. 钨板的化学成分（表 13-67）

表 13-67　钨板的化学成分（GB/T 3875—2006）

牌号	化学成分（质量分数,%）										
	W	杂质含量≤									
		Al	Ca	Fe	Mg	Mo	Ni	Si	C	N	O
W1	余量	0.002	0.005	0.005	0.003	0.010	0.003	0.005	0.008	0.003	0.005

3. 钨板的密度（表 13-68）

表 13-68　钨板的密度（GB/T 3875—2006）

板材厚度/mm	≤3.0	>3.0 ~ 6.0
密度/(g/cm³)	≥19.20	≥19.15

4. 钨板的尺寸允许偏差（表 13-69）

表 13-69　钨板的尺寸允许偏差（GB/T 3875—2006）　　　　（单位：mm）

名义厚度	厚度允许偏差		宽度	宽度允许偏差	长度	长度允许偏差
	Ⅰ级	Ⅱ级				
0.10 ~ 0.20	±0.02	±0.03	30 ~ 300	±3	50 ~ 1000	±3
>0.20 ~ 0.30	±0.025	±0.035	50 ~ 400	±3	50 ~ 1000	±3
>0.30 ~ 0.40	±0.03	±0.04	50 ~ 400	±3	50 ~ 1000	±3
>0.40 ~ 0.60	±0.04	±0.05	50 ~ 400	±4	50 ~ 1000	±4
>0.60 ~ 1.0	±0.06	±0.10	50 ~ 400	±4	50 ~ 1000	±4
>1.0 ~ 2.0	±0.10	±0.20	50 ~ 400	±5	50 ~ 1000	±5
>2.0 ~ 4.0	±0.20	±0.30	50 ~ 400	±5	50 ~ 1000	±5
>4.0 ~ 6.0	±0.30	±0.40	50 ~ 400	±5	50 ~ 800	±5
>6.0	±6%	±8%	50 ~ 300	—	50 ~ 800	—

13.5.4　钨丝

1. 钨丝的化学成分（表 13-70）

表 13-70　钨丝的化学成分（GB/T 4181—1997）

牌　号	钨含量（质量分数,%）≥	杂质元素总和（质量分数,%）≤	每种杂质元素含量（质量分数,%）≤
WAL1、WAL2	99.95	0.05	0.01
W1	99.95	0.05	0.01
W2	99.92	0.08	0.01

注：钾不作为杂质元素；钨的质量分数是由 100% 减去铁、钼及不挥发成分的质量分数后的余量。

2. 钨丝的牌号及类型（表 13-71）

表 13-71　钨丝的牌号及类型（GB/T 4181—1997）

牌　号	WAL1	WAL2	W1、W2
类　型	T、L、W	T、L、W	—

注："T"类型钨丝采用"推拉"法或低倍芯线绕螺旋检验其绕丝性能，"L"类型钨丝采用绕螺旋检验其绕丝性能，"W"类型钨丝采用弯折试验检验其脆性。

3. "W"型钨丝抗拉强度（表 13-72）

表 13-72　"W"型钨丝抗拉强度（GB/T 4181—1997）

直径 d /μm	200mm 丝段极限抗拉强度下限		直径 d /μm	200mm 丝段极限抗拉强度下限	
	N/mg	MPa		N/mg	MPa
$5 \leq d \leq 12$	0.9316	3578	$45 < d \leq 55$	0.7061	2711
$12 < d \leq 26$	0.8826	3389	$55 < d \leq 112$	0.6669	2561
$26 < d \leq 36$	0.8532	3276	$112 < d \leq 140$	0.6472	2485
$36 < d \leq 40$	0.7943	3050	$140 < d \leq 200$	0.5884	2260
$40 < d \leq 45$	0.7649	2937			

注：特殊用途的电子管栅极用钨丝要求同一轴丝抗拉强度波动值不大于 0.05N/mg（188MPa）。

4. 钨丝的最大和最小直径（表 13-73）

表 13-73　钨丝的最大和最小直径（GB/T 4181—1997）　　　　（单位：μm）

牌　号	WAL1、WAL2		W1、W2
	黑丝	白丝	
最小直径	12	5	400
最大直径	1800	350	1800

5. 钨丝的直径及允许偏差（表 13-74）

表 13-74　钨丝的直径及允许偏差（GB/T 4181—1997）

直径 d/μm	200mm 丝段重量 /mg	200mm 丝段重量偏差（%）			直径偏差（%）		
		0 级	Ⅰ 级	Ⅱ 级	Ⅰ 级	Ⅱ 级	Ⅲ 级
$5 \leq d \leq 12$	0.075 ~ 0.44	—	±4	±5	—	—	—

（续）

直径 $d/\mu m$	200mm 丝段重量 /mg	200mm 丝段重量偏差（%）			直径偏差（%）		
		0 级	Ⅰ级	Ⅱ级	Ⅰ级	Ⅱ级	Ⅲ级
$12 < d \le 18$	$>0.44 \sim 0.98$	—	±3	±4	—	—	—
$18 < d \le 40$	$>0.98 \sim 4.85$	±2	±2.5	±3	—	—	—
$40 < d \le 80$	$>4.85 \sim 19.39$	±1.5	±2.0	±2.5	—	—	—
$80 < d \le 300$	$>19.39 \sim 272.71$	±1.0	±1.5	±2.0	—	—	—
$300 < d \le 350$	$>272.71 \sim 371.19$	—	±1.0	±1.5	—	—	—
$350 < d \le 500$	—				±1.5	±2.0	±2.5
$500 < d \le 1800$	—				±1.0	±1.5	±2.0

注：1. 直径 >12～250μm 钨丝，每根丝任两处 200mm 丝段重量差不超过同级公差的 1/2。

2. 直径 >250～300μm 钨丝，每根丝任两处 200mm 丝段重量差不超过Ⅱ级公差的 1/2。

6. 钨丝的单根最短长度（表 13-75）

表 13-75　钨丝的单根最短长度（GB/T 4181—1997）

直径 $d/\mu m$	200mm 丝段重量/mg	最短长度/m
$5 \le d \le 12$	$0.075 \sim 0.44$	350
$12 < d \le 60$	$>0.44 \sim 10.91$	700
$60 < d \le 100$	$>10.91 \sim 30.30$	400
$100 < d \le 150$	$>30.30 \sim 68.18$	250
$150 < d \le 200$	$>68.18 \sim 121.20$	150
$200 < d \le 350$	$>121.20 \sim 371.19$	100
$350 < d \le 700$	—	相当于 150g 重量的长度
$700 < d \le 1800$	—	相当于 200g 重量的长度

注：每提交批中按表规定的最短长度的盘数应不超过总盘数的 5%。

13.5.5　推拉钨丝

1. 推拉钨丝的直径及允许偏差（表 13-76）

表 13-76　推拉钨丝的直径及允许偏差（SJ 20599—1996）

直径/μm	200mm 丝段重量 /mg	200mm 丝段重量偏差（%）		
		0 级	Ⅰ级	Ⅱ级
$20 < d \le 40$	$1.21 \sim 4.85$	±2.0	±2.5	±3.0
$40 < d \le 80$	$>4.85 \sim 19.39$	±1.5	±2.0	±2.5
$80 < d \le 120$	$>19.39 \sim 43.63$	±1.0	±1.5	±2.0

注：每根丝任两处 200mm 丝段重量差应不超过同级公差的 1/2。

2. 推拉钨丝的单根最短长度（表 13-77）

表 13-77　推拉钨丝的单根最短长度（SJ 20599—1996）

直径/μm	200mm 丝段重量/mg	最短长度/m
$20 < d \le 60$	$1.21 \sim 10.91$	800
$60 < d \le 120$	$>10.91 \sim 43.63$	600

3. 推拉钨丝的曲环直径（表13-78）

表13-78　推拉钨丝的曲环直径（SJ 20599—1996）

直径/μm	曲环直径/mm≥	直径/μm	曲环直径/mm≥
20 < d ≤ 30	5	60 < d ≤ 120	15
30 < d ≤ 60	10		

4. 推拉钨丝的高温性能（表13-79）

表13-79　推拉钨丝的高温性能（SJ 20599—1996）

ϕ1.25mm 蠕变残余伸长(%)	ϕ1.25mm 金相组织	ϕ0.40mm 高温退火金相组织	ϕ0.32mm 抗下垂(%)
≤2	合格	合格	≤3

5. 推拉钨丝的抗拉强度（表13-80）

表13-80　推拉钨丝的抗拉强度（SJ 20599—1996）

直径/μm	200mm 丝段重量/mg	抗拉强度 R_m/MPa
20 < d ≤ 26	1.21 ~ 2.05	3389
26 < d ≤ 36	> 2.05 ~ 3.93	3276
36 < d ≤ 40	> 3.93 ~ 4.85	3050
40 < d ≤ 45	> 4.85 ~ 6.14	2937
45 < d ≤ 55	> 6.14 ~ 9.17	2711
55 < d ≤ 112	> 9.17 ~ 38.01	2561
112 < d ≤ 120	> 38.01 ~ 43.63	2485

注：特殊用途的电子管栅极用钨丝，要求同一盘丝的抗拉强度波动值应不大于188MPa。

13.5.6　电子器件用钨丝

1. 电子器件用钨丝的牌号、状态及用途（表13-81）

表13-81　电子器件用钨丝的牌号、状态及用途（SJ 20143—1992）

牌　号	类型	用　途
WAL1	T	制造高色灯灯丝、耐振灯灯丝、双螺旋灯丝等
	L	制造白炽灯灯丝、发射管阴极、高温电极、钨绞丝等
	W	制造电子管折叠热丝等
WAL2	T	制造荧光灯灯丝等
	L	制造电子管热丝、白炽灯灯丝、钨绞丝等
	W	制造电子管折叠热丝、栅丝、阴极等

注："T"类型钨丝采用"推拉"法或低倍芯线绕螺旋法检验其绕丝性能；"L"类型钨丝采用绕螺旋法检验其绕丝性能；"W"类型钨丝采用弯折试验检验其脆性。

2. 电子器件用钨丝的化学成分（表 13-82）

表 13-82 电子器件用钨丝的化学成分（SJ 20143—1992）

牌　号	钨含量 （质量分数,%）≥	杂质元素总和 （质量分数,%）≤	每种杂质元素含量 （质量分数,%）≤
WAL1、WAL2	99.92	0.08	0.01

注：钾不作为杂质含量。

3. 电子器件用 W 型钨丝的抗拉强度（表 13-83）

表 13-83 电子器件用 W 型钨丝的抗拉强度（SJ 20143—1992）

直径 d/μm	200mm 丝段极限抗拉强度 R_m/MPa≥	直径 d/μm	200mm 丝段极限抗拉强度 R_m/MPa≥
5≤d≤26	3578	45<d≤55	2711
26<d≤36	3276	55<d≤140	2561
36<d≤45	3050	140<d≤200	2485

4. 电子器件用钨丝成品直径偏差（表 13-84）

表 13-84 电子器件用钨丝成品直径偏差（SJ 20143—1992）

直径 d/μm	200mm 丝段重量/mg	200mm 丝段重量偏差 （%）		直径偏差 （%）	
		0 级	I 级	I 级	II 级
5≤d≤18	0.075~0.30	—	±3	—	—
18<d≤80	>0.30~19.39	±2	±2.5	—	—
80<d≤300	>19.39~272.71	±1.5	±2.0	—	—
300<d≤350	>272.71~371.19	±1.0	±1.5	—	—
350<d≤500	—	—	—	±1.5	±2.0
500<d≤1800	—	—	—	±1.0	±1.5

注：同一根丝的偏差不超过同级偏差的1/2。

5. 电子器件用钨丝单根最短长度（表 13-85）

表 13-85 电子器件用钨丝单根最短长度（SJ 20143—1992）

直径 d/μm	最短长度/m	最小重量/g
5≤d≤60	500	—
60<d≤150	300	—
150<d≤350	100	—
350<d≤700	—	相当于 80g 重量的长度
700<d≤1800	—	相当于 100g 重量的长度

6. 电子器件用钨丝高温下垂值（表 13-86）

表 13-86 电子器件用钨丝高温下垂值（SJ 20143—1992）

牌　号	WAL1	WAL2
下垂值/mm	≤3	≤8

13.5.7　照明及电子设备用钨丝

1. 照明及电子设备用钨丝的牌号、加工状态及用途（表 13-87）

表 13-87　照明及电子设备用钨丝的牌号、加工状态及用途（GB/T 23272—2009）

牌号	加工状态	用途
W91	拉制/矫直/退火/电解抛光/化学清洗	制造高色温灯灯丝、耐振灯丝,如卤素灯
W71	拉制/矫直/退火/电解抛光/化学清洗	制造高温耐振灯丝
W61	拉制/矫直/退火/电解抛光/化学清洗	制造双螺旋普灯、荧光灯、节能灯灯丝
W31	拉制/矫直/退火/电解抛光/化学清洗	制造普灯灯丝、支架丝、栅丝、照明电极
W41	拉制/矫直/退火/电解抛光/化学清洗	制造钨加热子、引线、炉体加热材料
W42	拉制/矫直/退火/电解抛光/化学清洗	制造钨加热子、引线、高温构件
W11	拉制/矫直/退火/电解抛光/化学清洗	制造焊接电极,炉体加热材料、引线

注：经退火/电解抛光/化学清洗去除表面石墨、氧化层后的钨丝称为白钨丝，表面有石墨乳涂层的钨丝称为黑钨丝。

2. 照明及电子设备用钨丝的标识方法（表 13-88）

表 13-88　照明及电子设备用钨丝的标识方法（GB/T 23272—2009）

公差等级		加工状态	
分　类	标　识	分　类	标　识
超 0 级	00	拉制	D
0 级	0	矫直	S
Ⅰ级	Ⅰ	退火	H
Ⅱ级	不标识	电解抛光	E
		化学清洗	C

3. 照明及电子设备用钨丝的化学成分（表 13-89）

表 13-89　照明及电子设备用钨丝的化学成分（GB/T 23272—2009）

牌号	W(质量分数,%)≥	K(质量分数,%)	杂质含量(质量分数,%)≤						
			Fe	Al	Mo	Co	As、Ca、Cr、Mg、Mn、Na、Ni、Ti、Si 中的每个	Bi、Cd、Cu、Pb、Sb 中的每个	Sn
W91	99.95	0.0080 ~ 0.0100	0.002	0.0015	0.003	0.001	0.001	0.0005	0.0005
W71	99.90	0.0065 ~ 0.0100	0.002	0.0015	0.003	0.020	0.001	0.0005	0.0020
W61	99.95	0.0070 ~ 0.0085	0.002	0.0015	0.003	0.001	0.001	0.0005	0.0005
W31	99.95	0.0060 ~ 0.0075	0.002	0.0015	0.003	0.001	0.001	0.0005	0.0005
W41	99.95	0.0040 ~ 0.0060	0.002	0.0015	0.01	0.001	0.001	0.0005	0.0005
W42	99.95	0.0050 ~ 0.0100	0.005	0.0015	0.01	0.001	0.001	0.0005	0.0005
W11	99.98	<0.0015	0.005	0.0015	0.01	0.001	0.001	0.0005	0.0005

注：W 的质量分数等于 100% 减去 K 的质量分数，再减去实测其他元素的质量分数总和。

4. 照明及电子设备用钨丝的单根最短长度（表 13-90）

表 13-90　照明及电子设备用钨丝的单根最短长度（GB/T 23272—2009）

钨丝直径 $d/\mu m$	钨丝 200mm 丝段重量 m/mg	最短长度/m
$8 \leqslant d < 15$	$0.19 \leqslant m < 0.68$	3000
$15 \leqslant d < 25$	$0.68 \leqslant m < 1.89$	2000
$25 \leqslant d < 50$	$1.89 \leqslant m < 7.57$	1000
$50 \leqslant d < 80$	$7.57 \leqslant m < 19.39$	800
$80 \leqslant d < 130$	$19.39 \leqslant m < 51.21$	300
$130 \leqslant d < 200$	$51.21 \leqslant m < 121.20$	200
$200 \leqslant d < 390$	$121.20 \leqslant m < 460.86$	100
$390 \leqslant d < 500$	—	相当于 400g 重量的长度
$500 \leqslant d < 1800$	—	相当于 600g 重量的长度

5. 照明及电子设备用钨丝的直径允许偏差（表 13-91）

表 13-91　照明及电子设备用钨丝的直径允许偏差（GB/T 23272—2009）

钨丝直径 $d/\mu m$	钨丝 200mm 丝段重量 m/mg	200mm 丝段重量偏差(%)			直径偏差(%)		
		0 级	Ⅰ 级	Ⅱ 级	0 级	Ⅰ 级	Ⅱ 级
$8 \leqslant d < 15$	$0.19 \leqslant m < 0.68$	±3.0	±4.0	±5.0	—	—	—
$15 \leqslant d < 25$	$0.68 \leqslant m < 1.89$	±2.0	±3.0	±4.0	—	—	—
$25 \leqslant d < 50$	$1.89 \leqslant m < 7.57$	±2.0	±2.5	±3.0	—	—	—
$50 \leqslant d < 80$	$7.57 \leqslant m < 19.39$	±1.5	±2.0	±2.5	—	—	—
$80 \leqslant d < 130$	$19.39 \leqslant m < 51.21$	±1.0	±1.5	±2.0	—	—	—
$130 \leqslant d < 200$	$51.21 \leqslant m < 121.20$	±1.0	±1.5	±2.0	—	—	—
$200 \leqslant d < 390$	$121.20 \leqslant m < 460.86$	—	±1.0	±1.5	—	—	—
$390 \leqslant d < 500$	—	—			±1.0	±1.5	±2.0
$500 \leqslant d < 1800$	—	—			±0.5	±1.0	±1.5

6. 照明及电子设备用钨丝的抗拉强度（表 13-92）

表 13-92　照明及电子设备用钨丝的抗拉强度（GB/T 23272—2009）

规格范围		C/D/E/S 状态抗拉强度/MPa	H 状态抗拉强度/MPa
钨丝直径 $d/\mu m$	200mm 钨丝重量 m/mg		
$8 \leqslant d < 15$	$0.19 \leqslant m < 0.68$	3200 ~ 4600	2500 ~ 3800
$15 \leqslant d < 25$	$0.68 \leqslant m < 1.89$	3000 ~ 4400	2300 ~ 3500
$25 \leqslant d < 50$	$1.89 \leqslant m < 7.57$	2800 ~ 4100	2200 ~ 3400
$50 \leqslant d < 80$	$7.57 \leqslant m < 19.39$	2500 ~ 3800	2000 ~ 3200
$80 \leqslant d < 130$	$19.39 \leqslant m < 51.21$	2200 ~ 3500	1800 ~ 3000
$130 \leqslant d < 200$	$51.21 \leqslant m < 121.20$	2000 ~ 3200	1600 ~ 2800
$200 \leqslant d < 390$	$121.20 \leqslant m < 460.86$	1800 ~ 3000	1400 ~ 2600

7. 照明及电子设备用钨丝的高温性能（表 13-93）

表 13-93　照明及电子设备用钨丝的高温性能（GB/T 23272—2009）

牌　号	W91	W71	W61	W31
ϕ0.39mm 高温下垂值/mm	≤2.0	≤2.0	≤3.0	≤4.0
起始再结晶温度/℃	≥1910	≥1960	≥1850	≥1800

13.5.8　钨铼合金丝

1. 钨铼合金丝的牌号、规格及用途（表 13-94）

表 13-94　钨铼合金丝的牌号、规格及用途（GB/T 4184—2002）

牌　　号	类型代号	类　　型
W-1Re、W-3Re	L	螺旋型
	W	弯折型

2. 钨铼合金丝的化学成分（表 13-95）

表 13-95　钨铼合金丝的化学成分（GB/T 4184—2002）

牌　号	钨	Re（质量分数,%）	K（质量分数,%）	每种杂质元素含量（质量分数,%）	杂质元素总量（质量分数,%）
W-1Re	余量	1.00 ± 0.10	0.004 ~ 0.009	≤0.01	≤0.05
W-3Re		3.00 ± 0.15			

3. 钨铼合金丝的抗拉强度（表 13-96）

表 13-96　钨铼合金丝的抗拉强度（GB/T 4184—2002）

直径 $d/\mu m$	200mm 丝段抗拉强度			
	高强度钨铼丝		中强度钨铼丝	
	MPa	N/mg	MPa	N/mg
12 < d ≤ 20	3281 ~ 4632	0.85 ~ 1.20	2625 ~ 3281	0.68 ~ 0.85
20 < d ≤ 40	3088 ~ 4439	0.80 ~ 1.15	2470 ~ 3088	0.64 ~ 0.80
40 < d ≤ 60	2895 ~ 4246	0.75 ~ 1.10	2316 ~ 2895	0.60 ~ 0.75
60 < d ≤ 110	2702 ~ 4053	0.70 ~ 1.05	2123 ~ 2702	0.55 ~ 0.70
110 < d ≤ 200	2509 ~ 3860	0.65 ~ 1.00	1930 ~ 2509	0.50 ~ 0.65

4. 钨铼合金丝的直径及允许偏差（表 13-97）

表 13-97　钨铼合金丝的直径及允许偏差（GB/T 4184—2002）

直径 $d/\mu m$	200mm 丝段重量 /mg	200mm 丝段重量偏差（%）			直径偏差（%）	
		0 级	Ⅰ 级	Ⅱ 级	Ⅰ 级	Ⅱ 级
12 < d ≤ 20	0.44 ~ 1.21	±2.5	±3.0	±4.0	—	—
20 < d ≤ 40	>1.21 ~ 4.85	±2.0	±2.5	±3.0	—	—
40 < d ≤ 80	>4.85 ~ 19.39	±1.5	±2.0	±2.5	—	—
80 < d ≤ 290	>19.39 ~ 254.83	±1.0	±1.5	±2.0	—	—

（续）

直径 $d/\mu m$	200mm 丝段重量 /mg	200mm 丝段重量偏差（%）			直径偏差（%）	
		0 级	Ⅰ 级	Ⅱ 级	Ⅰ 级	Ⅱ 级
$290 < d \leqslant 350$	> 254.83 ~ 371.19	±0.5	±1.0	±1.5	—	—
$350 < d \leqslant 500$	> 371.19	—	—	—	±1.5	±2.0
$500 < d \leqslant 1800$					±1.0	±1.5

注：直径小于250μm 的钨铼丝，每一轴的允许公差不得超过同级允许公差的1/2；直径为250~350μm 的钨铼丝，每一轴的允许公差不得超过Ⅱ级公差的1/2。

5. 钨铼合金丝的单根最短长度（表 13-98）

表 13-98　钨铼合金丝的单根最短长度（GB/T 4184—2002）

直径 $d/\mu m$	200mm 丝段重量/mg	每轴或每卷丝最短长度/m	
		W-1Re	W-3Re
$12 < d \leqslant 60$	0.44 ~ 10.91	700	300
$60 < d \leqslant 100$	> 10.91 ~ 30.30	400	200
$100 < d \leqslant 200$	> 30.30 ~ 121.20	150	100
$200 < d \leqslant 350$	> 121.20 ~ 371.19	100	50
$350 < d \leqslant 700$	> 371.19	相当于100g 丝重	相当于50g 丝重
$700 < d \leqslant 1800$	—	相当于150g 丝重	相当于75g 丝重

13.5.9　钨钍合金丝

1. 钨钍合金丝的牌号表示方法

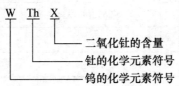

示例：WTh7 表示钨钍合金中二氧化钍的质量分数为 0.70% ~ 0.99%。

2. 钨钍合金丝的牌号及用途（表 13-99）

表 13-99　钨钍合金丝的牌号及用途（SJ/T 10536.1—1994）

牌　号	用　途
WTh7	制造电子管的挂钩、弹簧、高温电极、气体放电光源的阴极等
WTh10	制造电子管的阴极、栅极、高温电极、耐振灯丝等
WTh15	制造电子管的阴极、栅极、高温电极、耐振灯丝等

3. 钨钍合金丝的化学成分（表 13-100）

表 13-100　钨钍合金丝的化学成分（SJ/T 10536.1—1994）

牌　号	钨含量 （质量分数,%）≥	二氧化钍含量 （质量分数,%）	杂质元素总含量 （质量分数,%）≤	每种杂质元素含量 （质量分数,%）≤
WTh7	98.91	0.70 ~ 0.99	0.10	0.01
WTh10	98.41	1.00 ~ 1.49	0.10	0.01
WTh15	97.91	1.50 ~ 1.99	0.10	0.01

4. 钨钍合金丝的直径范围（表 13-101）

表 13-101　钨钍合金丝的直径范围（SJ/T 10536.1—1994）

牌　号	WTh7	WTh10	WTh15
最大直径/μm		1800	
最小直径/μm		150	

5. 钨钍合金丝的直径允许偏差（表 13-102）

表 13-102　钨钍合金丝的直径允许偏差（SJ/T 10536.1—1994）

直径 d/μm	200mm 丝段重量偏差（%）		直径偏差（%）	
	Ⅰ 级	Ⅱ 级	Ⅰ 级	Ⅱ 级
$150 \leqslant d \leqslant 300$	±1.5	±2.0	—	—
$300 < d \leqslant 350$	±1.0	±1.5	—	—
$350 < d \leqslant 500$	—	—	±1.5	±2.0
$d > 500$	—	—	±1.0	±1.5

6. 钨钍合金丝单根钨丝的最短长度（表 13-103）

表 13-103　钨钍合金丝单根钨丝的最短长度（SJ/T 10536.1—1994）

直径 d/μm	200mm 丝段重量/mg	最短长度/m
$150 \leqslant d \leqslant 300$	65.95 ~ 263.79	40
$300 < d \leqslant 350$	>263.79 ~ 354	30
$350 < d \leqslant 500$	—	相当于 50g 重量的长度
$d > 500$	—	相当于 75g 重量的长度

13.5.10　钨杆

1. 钨杆的牌号、化学成分及用途（表 13-104）

表 13-104　钨杆的牌号、化学成分及用途（GB/T 4187—1984）

牌　号	W（质量分数,%）	其他元素总和（质量分数,%）≤	每种元素含量（质量分数,%）≤	用　途
WAL1 WAL2	99.92	0.08	0.01	灯丝、阴极、电子管零件及气体放电灯电极等
WAL3				栅极边杆、引出线、支架、气体放电灯电极等
W1	99.95	0.05	0.01	栅极边杆、支架、引出线及电极等
W2	99.92	0.08	0.01	

2. 钨杆的最短长度（表 13-105）

表 13-105　钨杆的最短长度（GB/T 4187—1984）

直径 d/mm	0.8≤d<1.0	1.0≤d<3.0	3.0≤d<5.0	5.0≤d<6.5	6.5≤d<11.0
最短长度/mm	1000	800	600	300	200

注：1. 每个提交批磨光钨杆的总根数中允许有 15% 不短于最短长度的 1/2。

　　2. 每个提交批矫直钨杆的总根数中允许有 10% 不短于最短长度的 1/2。

3. 钨杆的直径范围（表 13-106）

表 13-106　钨杆的直径范围（GB/T 4187—1984）

种　　类		直径范围/mm
黑钨杆	锻制	2.8~11.0
	矫直	0.8~3.0
磨光钨杆		0.8~10.0

4. 钨杆的直径允许偏差（表 13-107）

表 13-107　钨杆的直径允许偏差（GB/T 4187—1984）

直径 d/mm	直径允许偏差	
	黑钨杆(%)	磨光钨杆/mm
0.8<d≤3.0		±0.03
3.0<d≤6.5	±2	±0.05
6.5<d≤11.0		±0.08

5. 钨杆的表面质量要求（表 13-108）

表 13-108　钨杆的表面质量要求（GB/T 4187—1984）

类　型	表　面　状　态	表　面　颜　色
锻制钨杆	无裂纹、分层、毛刺,允许有轻微的锻锤痕迹	允许有氧化膜
矫直钨杆	无裂纹、毛刺和明显的波纹、螺纹、凹坑,允许有不影响使用的轻微的刻痕、沟槽	呈黑色到深灰色
磨光钨杆	不允许有裂纹、纵向纹路及粗糙痕迹	应呈金属光泽,不允许有显著的氧化色

13.5.11　钨钍合金杆

1. 钨钍合金杆的牌号及用途（表 13-109）

表 13-109　钨钍合金杆的牌号及用途（SJ/T 10536.2—1994）

牌　　号	用　　途
WTh7	制造电子管、发射管的挂钩、弹簧、高温电极和电弧焊电极等
WTh10 WTh15	制造电子管的阴极、气体放电光源的阴极、高温电极和电弧焊接电极等

2. 钨钍合金杆的种类及规格（表 13-110）

表 13-110　钨钍合金杆的种类及规格（SJ/T 10536.2—1994）

种　　类		最大直径	最小直径
黑杆	锻制杆	10.0	2.8
	矫直杆	2.8	0.8
磨光杆		9.0	0.8

3. 钨钍合金杆的直径及允许偏差（表 13-111）

表 13-111　钨钍合金杆的直径及允许偏差（SJ/T 10536.2—1994）

直径 d/mm	直径偏差（%）		磨光杆
	黑杆		
	Ⅰ级	Ⅱ级	
$0.8 \leqslant d \leqslant 1.5$	±1.0	±1.5	±0.02
$1.5 < d \leqslant 3.0$	±1.5	±2.0	±0.03
$3.0 < d \leqslant 6.5$	±1.5	±2.0	±0.05
$6.5 < d \leqslant 10$	±1.5	±2.0	±0.08

4. 钨钍合金杆的单杆最短长度（表 13-112）

表 13-112　钨钍合金杆的单杆最短长度（SJ/T 10536.2—1994）　　（单位：mm）

直径 d	最短长度	直径 d	最短长度
$0.8 \leqslant d \leqslant 1.5$	500	$3.0 < d \leqslant 6.5$	400
$1.5 < d \leqslant 3.0$	500	$6.5 < d \leqslant 10$	200

5. 钨钍合金杆的表面质量要求（表 13-113）

表 13-113　钨钍合金杆的表面质量要求（SJ/T 10536.2—1994）

种　类	质　量　要　求	表　面　颜　色
锻制杆	无裂痕、分层、毛刺，允许有轻微锻锤痕迹和氧化膜	呈黑色
矫直杆	无裂纹、毛刺、扭伤，允许有轻微矫直痕迹和螺纹线	呈黑色和深灰色
磨光杆	无裂纹、纵向纹线，表面粗糙度值 $Ra < 6.3\mu m$	呈金属光泽

13.6　钽及钽合金

13.6.1　钽及钽合金板、带和箔

1. 钽及钽合金板、带、箔的牌号、状态和规格（表 13-114）

表 13-114　钽及钽合金板材、带、箔的牌号、状态和规格（GB/T 3629—2006）

牌　号	状　态	厚度/mm	宽度/mm	长度/mm	品　种
Ta1	Y	0.005 ~ 0.1	30 ~ 300	>300	箔材
Ta2	M、Y	>0.1 ~ 0.5	50 ~ 450	100 ~ 10000	带材
FTa1		>0.5 ~ 0.8	50 ~ 450	50 ~ 2000	板材
FTa2		>0.8 ~ 2.0	50 ~ 650	50 ~ 2000	
TaNb20					板材
TaNb3	M、Y	>2.0 ~ 6.0	50 ~ 650	50 ~ 1500	
TaW2.5		>6.0	50 ~ 650	50 ~ 1500	

注：1. 表中 M 为软状态，Y 为硬状态。

2. 牌号说明：

Ta1—用真空电弧或真空电子束熔炼的工业一级钽材；Ta2—用真空电弧或真空电子束熔炼的工业二级钽材；FTa1—用粉末冶金方法制得的工业一级钽材；FTa2—用粉末冶金方法制得的工业二级钽材；TaNb20—用真空电弧或真空电子束熔炼的钽基合金材；TaNb3—用真空电弧或真空电子束熔炼的钽基合金材；TaW2.5—用真空电弧或真空电子束熔炼的钽基合金材。

2. 钽和钽合金板、带、箔的化学成分（表13-115）

表13-115　钽和钽合金板、带、箔的化学成分（GB/T 3629—2006）

牌号	主要化学成分（质量分数，%）			杂质含量（质量分数，%）≤										
	Ta	Nb	W	Fe	Si	Ni	W	Mo	Ti	Nb	O	C	H	N
Ta1	余量	—	—	0.005	0.005	0.002	0.01	0.01	0.002	0.05	0.015	0.01	0.002	0.005
Ta2	余量	—	—	0.03	0.02	0.005	0.04	0.02	0.005	0.1	0.03	0.02	0.005	0.025
TaNb3	余量	1.5~3.5	—	0.03	0.03	0.005	0.04	0.03	0.005	—	0.03	0.02	0.005	0.025
TaNb20	余量	17~23	—	0.03	0.03	0.005	0.04	0.03	0.005	—	0.03	0.02	0.005	0.025
FTa1	余量	—	—	0.01	0.005	0.005	0.01	0.005	0.005	0.05	0.01	0.01	0.002	0.01
FTa2	余量	—	—	0.03	0.03	0.01	0.04	0.03	0.010	0.10	0.035	0.05	0.005	0.03
TaW2.5	余量	—	2.0~3.5	0.01	0.005	0.005	—	0.02	0.003	0.05	0.015	0.01	0.002	0.01

3. 钽及钽合金板、带的室温纵向力学性能（表13-116）

表13-116　钽及钽合金板、带的室温纵向力学性能（GB/T 3629—2006）

牌号	状态	厚度/mm	抗拉强度 R_m/MPa≥	断后伸长率 $A(\%)$≥
Ta1 Ta2	M	0.1~0.25	200	20
	Y		500	2
	M	>0.25~0.5	200	25
	Y		500	2
	M	>0.5	200	30
	Y		500	2
FTa1 FTa2	M	0.1~0.25	200	18
	Y		450	1.5
	M	>0.25~0.5	200	20
	Y		450	1.5
	M	>0.5	200	25
	Y		450	1.5
TaW2.5	M	0.1~1.5	250	18
		>1.5	250	20

注：1. 厚度不小于0.5mm的板材试样的标距长度 $L_0 = 5.65\sqrt{S_0}$。

　　2. 厚度小于0.5mm的板、带材试样的标距长度 $L_0 = 50$mm，试样宽度 $b = 12.5$mm。

13.6.2　电容器用钽箔

1. 电容器用钽箔的牌号、状态及规格（表13-117）

表13-117　电容器用钽箔的牌号、状态及规格（YS/T 640—2007）

牌　号	供应状态	厚度/mm	宽度/mm	长度/mm
Ta1	Y	0.005~0.02	70~120	>500

2. 电容器用钽箔的化学成分（表13-118）

表13-118　电容器用钽箔的化学成分（YS/T 640—2007）

牌号	Ta(质量分数,%)	杂质含量(质量分数,%)≤										
		Fe	Si	Ni	W	Mo	Ti	Nb	O	C	H	N	总量
Ta1	余量	0.0025	0.0025	0.002	0.005	0.005	0.002	0.02	0.01	0.01	0.002	0.005	0.10

3. 电容器用钽箔的尺寸允许偏差（表13-119）

表13-119　电容器用钽箔的尺寸允许偏差（YS/T 640—2007）　　（单位：mm）

厚　　度	厚度允许偏差		宽度	宽度允许偏差	长度
	一级	二级			
0.005 ~ 0.01	± 0.001	± 0.002	70 ~ 120	± 1.0	> 500
> 0.01 ~ 0.02	± 0.002	± 0.003			

13.6.3　钽及钽合金棒

1. 钽及钽合金棒的牌号、状态和规格（表13-120）

表13-120　钽及钽合金棒的牌号、状态和规格（GB/T 14841—2008）　（单位：mm）

牌　号	状　态	直径或边长	长度
Ta1 Ta2 TaNb3 TaNb20 TaNb40 TaW2. 5 TaW10	冷加工态 热加工态 退火态	3. 0 ~ 95	≥200
FTa1 FTa2	冷加工态 退火态	3. 5 ~ 5. 0	≥500
		> 5. 0 ~ 25	≥300

注：锻制方棒的边长不小于25mm,长度不大于4000mm。

2. 钽及钽合金棒的化学成分（表13-121）

表13-121　钽及钽合金棒的化学成分（GB/T 14841—2008）

牌号			Ta1	Ta2	TaNb3	TaNb20	TaNb40	TaW2. 5	TaW10	FTa1	FTa2
化学成分（质量分数,%）	主要化学成分	Ta	余量	余量	余量	余量	余量	余量	余量	余量	余量
		Nb	—	—	1. 5 ~ 3. 5	17 ~ 23	35. 0 ~ 42. 0	—	—	—	—
		W	—	—	—	—	—	2. 0 ~ 3. 5	9. 0 ~ 11. 0	—	—
	杂质含量≤	Fe	0.005	0.030	0.030	0.030	0.010	0.010	0.010	0.010	0.030
		Si	0.005	0.020	0.030	0.030	0.005	0.005	0.005	0.005	0.030
		Ni	0.002	0.005	0.005	0.005	0.010	0.010	0.010	0.010	0.010

（续）

牌号			Ta1	Ta2	TaNb3	TaNb20	TaNb40	TaW2.5	TaW10	FTa1	FTa2
化学成分（质量分数,%）	杂质含量 ≤	W	0.010	0.040	0.040	0.040	0.050	—	—	0.010	0.040
		Mo	0.010	0.030	0.030	0.020	0.020	0.020	0.020	0.010	0.020
		Ti	0.002	0.005	0.005	0.005	0.010	0.010	0.010	0.005	0.010
		Nb	0.050	0.100	—	—	—	0.500	0.100	0.050	0.100
		O	0.015	0.030	0.030	0.030	0.020	0.015	0.015	0.030	0.035
		C	0.010	0.020	0.020	0.020	0.020	0.020	0.020	0.010	0.050
		H	0.0015	0.0050	0.0050	0.0050	0.0015	0.0015	0.0015	0.0020	0.0050
		N	0.005	0.025	0.025	0.025	0.010	0.010	0.010	0.010	0.030

3. 退火态钽及钽合金棒的力学性能（表 13-122）

表 13-122　退火态钽及钽合金棒的力学性能（GB/T 14841—2008）

牌号	直径或边长/mm	抗拉强度 R_m/MPa≥	规定塑性延伸强度 $R_{p0.2}$/MPa≥	断后伸长率 $A(\%)$≥
Ta1 Ta2	3 ~ 18	175	140	25
FTa1 FTa2	3 ~ 12			
TaNb40	3 ~ 63.5	244	103	25
TaW2.5	3 ~ 63.5	276	193	20
TaW10	3 ~ 63.5	482	379	20

13.6.4　钽及钽合金无缝管

1. 钽及钽合金无缝管的牌号、供货状态和规格（表 13-123）

表 13-123　钽及钽合金无缝管的牌号、供货状态和规格（GB/T 8182—2008）

牌号	供货状态	外径/mm	壁厚/mm													
			0.2	0.3	0.4	0.5	0.6	0.8	1.0	1.2	1.5	2.0	2.5	3.0	3.5	4.0
Ta1 Ta2 TaNb3 TaNb20 TaW2.5	退火（M）冷轧、冷拔（Y）消除应力（m）	1 ~ 3	○	○	—	—	—	—	—	—	—	—	—	—	—	—
		>3 ~ 5	○	○	○	○	○	—	—	—	—	—	—	—	—	—
		>5 ~ 15	—	○	○	○	○	○	○	—	—	—	—	—	—	—
		>15 ~ 25	—	—	○	○	○	○	○	○	○	—	—	—	—	—
		>25 ~ 35	—	—	—	○	○	○	○	○	○	○	○	○	—	—
		>35 ~ 40	—	—	—	—	○	○	○	○	○	○	○	○	○	—
		>40 ~ 50	—	—	—	—	—	○	○	○	○	○	○	○	○	—
		>50 ~ 65	—	—	—	—	—	○	○	○	○	○	○	○	○	○

注：“○”表示可以生产的规格。

2. 钽及钽合金无缝管的化学成分（表 13-124）

表 13-124　钽及钽合金无缝管的化学成分（GB/T 8182—2008）

牌　　号			Ta1	Ta2	TaNb3	TaNb20	TaW2.5
化学成分（质量分数,%）	主要化学成分	Ta	余量	余量	余量	余量	余量
		W	—	—	—	—	2.0 ~ 3.5
		Nb	—	—	1.5 ~ 3.5	17 ~ 23	—
	杂质含量 ≤	Fe	0.005	0.030	0.030	0.030	0.010
		Si	0.005	0.020	0.030	0.030	0.005
		Ni	0.002	0.005	0.005	0.005	0.010
		W	0.010	0.040	0.040	0.040	—
		Mo	0.010	0.030	0.030	0.030	0.020
		Ti	0.002	0.005	0.005	0.005	0.010
		Nb	0.050	0.100	—	—	0.500
		O	0.015	0.030	0.030	0.030	0.015
		C	0.010	0.020	0.020	0.020	0.010
		H	0.0015	0.0050	0.0050	0.0050	0.0015
		N	0.005	0.025	0.025	0.025	0.010

3. 钽及钽合金无缝管退火状态的室温力学性能（表 13-125）

表 13-125　钽及钽合金无缝管退火状态的室温力学性能

（GB/T 8182—2008）

牌　　号	状态	抗拉强度 R_m/MPa ≥	规定塑性延伸强度 $R_{p0.2}$/MPa ≥	断后伸长率 A（%）≥
Ta1、Ta2	退火（M）	210	140	25
TaW2.5		276	193	20

4. 钽及钽合金无缝管的外径允许偏差（表 13-126）

表 13-126　钽及钽合金无缝管的外径允许偏差（GB/T 8182—2008）（单位：mm）

外　　径	允许偏差	外　　径	允许偏差
1 ~ 3	±0.04	>25 ~ 35	±0.12
>3 ~ 5	±0.06	>35 ~ 50	±0.15
>5 ~ 15	±0.08	>50 ~ 65	±0.17
>15 ~ 25	±0.10	—	—

5. 钽及钽合金无缝管的长度允许偏差（表 13-127）

表 13-127　钽及钽合金无缝管的长度允许偏差（GB/T 8182—2008）（单位：mm）

长　　度	长度允许偏差	
	冷轧（或冷拔）状态（Y）和消除应力状态（m）	退火状态（M）
200 ~ 1000	+3 / 0	+3 / 0
>1000 ~ 3000	+6 / 0	—

13.7　锗及锗合金

13.7.1　还原锗锭

1. 还原锗锭的牌号表示方法

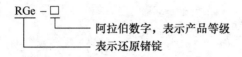

2. 还原锗锭的电性能（表 13-128）

表 **13-128**　还原锗锭的电性能（GB/T 11070—2006）

牌　　　号	电阻率(23℃ ±0.5℃)/Ω·cm≥
RGe-0	30
RGe-1	10

3. 还原锗锭的外形尺寸（表 13-129）

表 **13-129**　还原锗锭的外形尺寸（GB/T 11070—2006）　　　　　（单位：mm）

锗锭的梯形截面尺寸≥			锭长
上宽度	下宽度	高度	
26	21	23	100 ~ 500

13.7.2　区熔锗锭

1. 区熔锗锭的牌号表示方法

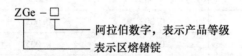

2. 区熔锗锭的电性能（表 13-130）

表 **13-130**　区熔锗锭的电性能（GB/T 11071—2006）

牌　　　号	电阻率 (20℃ ±0.5℃) /Ω·cm	检验单晶的参数(77K)	
		载流子浓度/cm^{-3}	载流子迁移率/[cm^2/(V·S)]
ZGe-0	≥50	≤1.5 × 10^{12}	≥3.7 × 10^4
ZGe-1	≥50	—	—

第 14 章　贵金属及其合金

14.1　海绵钯

海绵钯的牌号和化学成分如表 14-1 所示。

表 14-1　海绵钯的牌号和化学成分（GB/T 1420—2004）

牌　号		SM-Pd99.99	SM-Pd99.95	SM-Pd99.9
钯含量（质量分数,%）≥		99.99	99.95	99.9
杂质含量（质量分数,%）≤	Pt	0.003	0.02	0.03
	Rh	0.002	0.02	0.03
	Ir	0.002	0.02	0.03
	Ru	0.003	0.02	0.04
	Au	0.002	0.01	0.03
	Ag	0.001	0.005	0.01
	Cu	0.001	0.005	0.01
	Fe	0.001	0.005	0.01
	Ni	0.001	0.005	0.01
	Al	0.003	0.005	0.01
	Pb	0.002	0.005	0.01
	Mn	0.002	0.005	0.01
	Cr	0.002	0.005	0.01
	Mg	0.002	0.005	0.01
	Sn	0.002	0.005	0.01
	Si	0.003	0.005	0.01
	Zn	0.002	0.005	0.01
	Bi	0.002	0.005	0.01
	Ca	—	—	—
杂质总量（质量分数,%）≤		0.01	0.05	0.1

注：Ca 为非必测元素。

14.2　铂及铂合金

14.2.1　海绵铂

海绵铂的化学成分如表 14-2 所示。

表 14-2 海绵铂的化学成分（GB/T 1419—2004）

牌 号		SM-Pt99.99	SM-Pt99.95	SM-Pt99.9
Pt（质量分数,%）≥		99.99	99.95	99.9
杂质含量（质量分数,%）≤	Pd	0.003	0.01	0.03
	Rh	0.003	0.02	0.03
	Ir	0.003	0.02	0.03
	Ru	0.003	0.02	0.04
	Au	0.003	0.01	0.03
	Ag	0.001	0.005	0.01
	Cu	0.001	0.005	0.01
	Fe	0.001	0.005	0.01
	Ni	0.001	0.005	0.01
	Al	0.003	0.005	0.01
	Pb	0.002	0.005	0.01
	Mn	0.002	0.005	0.01
	Cr	0.002	0.005	0.01
	Mg	0.002	0.005	0.01
	Sn	0.002	0.005	0.01
	Si	0.003	0.005	0.01
	Zn	0.002	0.005	0.01
	Bi	0.002	0.005	0.01
	Ca	—	—	—
杂质总量（质量分数,%）≤		0.01	0.05	0.1

注：Ca 为非必测元素。

14.2.2 高纯海绵铂

高纯海绵铂的化学成分如表 14-3 所示。

表 14-3 高纯海绵铂的化学成分（YS/T 81—2006）

牌 号			SM-Pt99.995	SM-Pt99.999
化学成分（质量分数,%）		Pt≥	99.995	99.999
	杂质含量≤	Pd	0.0015	0.0003
		Rh	0.0015	0.0001
		Ir	0.0015	0.0003
		Au	0.0015	0.0001
		Ag	0.0008	0.0001
		Cu	0.0008	0.0001
		Fe	0.0008	0.0001
		Ni	0.0008	0.0001

（续）

牌　号			SM-Pt99.995	SM-Pt99.999
化学成分 （质量分数,%）		Pt≥	99.995	99.999
	杂质含量≤	Al	0.001	0.0003
		Pb	0.0015	0.0001
		Mg	0.0008	0.0002
		Si	0.002	0.0008
	杂质总量≤		0.005	0.001

14.2.3　电阻温度计用铂丝

1. 电阻温度计用铂丝的特性（表14-4）

表14-4　电阻温度计用铂丝的特性（GB/T 5977—1999）

品　种	代号	电阻比 W （100℃）	电阻温度系数 $\alpha/℃^{-1}$	适　用　范　围
1 号铂丝	Pt1	≥1.39254	—	制造标准铂电阻温度计
2 号铂丝	Pt2	—	0.003850±0.000004	制造 A 级允差工业铂热电阻温度计
3 号铂丝	Pt3	—	0.003850±0.000010	制造 B 级允差工业铂热电阻温度计
4 号铂丝	Pt4	—	≥0.003920	标准铂电阻温度计用引线及其他
5 号铂丝	Pt5	—	≥0.003840	工业铂热电阻温度计用引线及其他

2. 电阻温度计用铂丝的稳定性（表14-5）

表14-5　电阻温度计用铂丝的稳定性（GB/T 5977—1999）

代　号	铂电阻温度计 试样允差等级	试验时间/h		温度变化值 /℃
		上限使用温度	下限使用温度	
Pt2	A	250	250	0.13
Pt3	B	250	250	0.26

3. 电阻温度计用铂丝的直径及允许偏差（表14-6）

表14-6　电阻温度计用铂丝的直径及允许偏差（GB/T 5977—1999）　（单位：mm）

直径	允许偏差	直径	允许偏差
0.020		0.10	
0.030		0.20	
0.040		0.30	
0.050	0 -0.003	0.40	0 -0.01
0.060		0.50	
0.070		0.80	
0.080		1.00	

14.3 金及金合金

14.3.1 高纯金

高纯金的化学成分如表 14-7 所示。

表 14-7 高纯金的化学成分（GB/T 25933—2010）

牌　号	Au ≥	化学成分（质量分数，%）																					杂质总量/10^{-4} ≤
		杂质元素/10^{-4} ≤																					
		Ag	Cu	Fe	Pb	Bi	Sb	Si	Pd	Mg	As	Sn	Cr	Ni	Mn	Cd	Al	Pt	Rh	Ir	Ti	Zn	
Au99.999	99.999	2	1	2	1	1	1	2	1	1	1	1	1	1	1	1	1	1	1	1	2	1	10

14.3.2 金锭

金锭的化学成分如表 14-8 所示。

表 14-8 金锭的化学成分（GB/T 4134—2003）

牌　号		IC-Au99.995	IC-Au99.99	IC-Au99.95	IC-Au99.5
Au（质量分数，%） ≥		99.995	99.99	99.95	99.50
杂质含量（质量分数，%）≤	Ag	0.001	0.005	0.020	—
	Cu	0.001	0.002	0.015	—
	Fe	0.001	0.002	0.003	—
	Pb	0.001	0.001	0.003	—
	Bi	0.001	0.002	0.002	—
	Sb	—	0.001	0.002	—
	Si	0.001	0.005	—	—
	Pd	0.001	0.005	0.02	—
	Mg	0.001	0.003	—	—
	As	—	0.003	—	—
	Sn	0.001	0.001	—	—
	Cr	0.0003	0.0003	—	—
	Ni		0.0003	—	—
	Mn	0.0003	0.0003	—	—

14.3.3 合质金锭

合质金锭的品级及化学成分如表 14-9 所示。

表 14-9 合质金锭的品级及化学成分（GB/T 8930—2001）

品　级	化学成分（质量分数，%）		
	Au	杂质含量	
		Pb	Hg
一　级	>90 ~99.9	不规定	≤0.01
二　级	>80 ~90	≤10	≤0.02
三　级	>70 ~80	≤12	≤0.04
四　级	40 ~70	≤12	≤0.04

14.3.4　金箔

金箔的尺寸及允许偏差如表 14-10 所示。

表 14-10　金箔的尺寸及允许偏差（QB/T 1734—2008）　　　　（单位：mm）

规格尺寸	长　度		宽　度	
	基本尺寸	允许偏差	基本尺寸	允许偏差
93.3 × 93.3	93.3		93.3	
83.3 × 83.3	83.3	±0.5	83.3	±0.5
44.5 × 44.5	44.5		44.5	

14.3.5　金条

1. 金条的牌号（表 14-11）

表 14-11　金条的牌号（GB/T 26021—2010）

序　号	牌　号	对应生产工艺	序　号	牌　号	对应生产工艺
1	IC-Au99.99	浇铸法	3	Pl-Au99.99	压制
2	IC-Au99.95		4	Pl-Au99.95	

2. 金条的尺寸（表 14-12）

表 14-12　金条的尺寸（GB/T 26021—2010）

序　号	标称重/g	加工工艺	长/mm	宽/mm
1	1000	铸锭	115 ±2	52 ±2
2	500	铸锭	96 ±2	40 ±2
3	300	铸锭	88 ±2	32 ±2
4	200	铸锭	68 ±2	25 ±2
5	100	铸锭	60 ±1	16 ±1
7	50	铸锭	40 ±1	12 ±1
8	100	压制	60 ±2	20 ±2
9	68	压制	45 ±1	16 ±1
10	30	压制	42 ±1	14 ±1
11	20	压制	40 ±1	13 ±1

14.3.6　半导体器件键合用金丝

1. 半导体器件键合用金丝的类型、状态及规格（表 14-13）

表 14-13　半导体器件键合用金丝的类型、状态及规格（GB/T 8750—2007）

名称	类型	状态	用　途	直径/mm
掺杂金丝	D-Y	Y、Y₂、M	用于手动或半自动热压焊，适用于半导体分立器件和部分 IC	0.013、0.015、0.018、0.020、0.023、0.025、0.030、0.032、0.035、0.038、0.040、0.050、0.060、0.070
	D-GS		用于高速自动热压焊或超声焊，适用于半导体分立器件和部分 IC	

（续）

名称	类型	状态	用　　途	直径/mm
掺杂金丝	D-GW	Y、Y₂、M	用于高温高速全自动热压焊或热超声焊，适用于半导体分立器件和部分 IC	0.013、0.015、0.018、0.020、0.023、0.025、0.030、0.032、0.035、0.038、0.040、0.050、0.060、0.070
掺杂金丝	D-TS	Y、Y₂、M	用于高温高速全自动热压焊或热超声焊的金丝，满足特种使用要求，适用于半导体分立器件和部分 IC	
合金金丝	A		用于高温高速全自动热压焊或热超声焊的金丝，满足特种使用要求，适用于可靠性等要求较高的 IC	

注：类型中，Y 表示一般用途，GS 表示高速键合金丝，GW 表示高温高速键合金丝，TS 表示特殊用途金丝。

2. 半导体器件键合用金丝化学成分（表 14-14）

表 14-14　半导体器件键合用金丝化学成分（GB/T 8750—2007）

类　　型	化学成分（质量分数，%）	
	Au≥	所有可测杂质总和≤
D-Y		
D-GS	99.99	0.01
D-GW		
D-TS		
A	不限制	不限制

3. 掺杂金丝最小拉断力及断后伸长率（表 14-15）

表 14-15　掺杂金丝最小拉断力及断后伸长率（GB/T 8750—2007）

公称直径/mm	状态	最小拉断力/10^{-2}N	断后伸长率（%）	断后伸长率波动范围（%）
0.013	Y	2.0	0.5~2.5	—
	Y₂	1.5	2.0~5.0	2
	M	1.0	4.0~8.0	2
0.015	Y	3.0	0.5~2.5	—
	Y₂	2.0	2.0~5.0	3
	M	1.5	4.0~8.0	3
0.018	Y	4.0	0.5~2.5	—
	Y₂	2.5	2.0~5.0	3
	M	1.5	4.0~8.0	3
0.020	Y	5.0	0.5~2.5	—
	Y₂	3.0	2.0~6.0	3
	M	2.0	4.0~8.0	3
0.023	Y	9.0	0.5~2.5	—
	Y₂	5.0	2.0~7.0	3
	M	4.0	8.0~12.0	3
0.025	Y	11.0	0.5~2.5	—
	Y₂	7.0	2.0~8.0	3
	M	5.0	8.0~12.0	3

（续）

公称直径 /mm	状态	最小拉断力 /10^{-2}N	断后伸长率 （%）	断后伸长率 波动范围（%）
0.030	Y	16.0	0.5~3.0	—
	Y_2	10.0	3.0~8.0	3
	M	8.0	8.0~12.0	3
0.032	Y	19.0	0.5~3.0	—
	Y_2	11.0	3.0~8.0	3
	M	9.0	8.0~12.0	3
0.035	Y	22.0	0.5~3.0	—
	Y_2	14.0	3.0~10.0	3
	M	11.0	8.0~12.0	3
0.038	Y	25.0	0.5~3.5	—
	Y_2	16.0	3.0~10.0	4
	M	14.0	8.0~15.0	4
0.040	Y	28.0	0.5~3.0	—
	Y_2	18.0	3.0~10.0	4
	M	16.0	8.0~15.0	4
0.050	Y	48.0	0.5~3.5	—
	Y_2	30.0	3.0~12.0	4
	M	25.0	10.0~18.0	4
0.060	Y	55.0	0.5~3.5	—
	Y_2	45.0	7.0~14.0	4
	M	35.0	10.0~18.0	4
0.070	Y	65.0	0.5~3.5	—
	Y_2	55.0	7.0~14.0	4
	M	45.0	10.0~18.0	4

4. 合金金丝最小拉断力及断后伸长率（表14-16）

表14-16　合金金丝最小拉断力及断后伸长率（GB/T 8750—2007）

公称直径 /mm	状态	最小拉断力 /10^{-2}N	断后伸 长率（%）	断后伸长率 波动范围（%）
0.013	Y	3.0	0.5~2.5	—
	Y_2	2.0	2.0~5.0	2
	M	1.5	4.0~8.0	2
0.015	Y	5.0	0.5~2.5	—
	Y_2	3.0	2.0~5.0	3
	M	2.0	4.0~8.0	3

（续）

公称直径 /mm	状态	最小拉断力 /10^{-2}N	断后伸 长率（%）	断后伸长率 波动范围（%）
0.018	Y	8.0	0.5~2.5	—
	Y_2	5.0	2.0~5.0	3
	M	3.0	4.0~8.0	3
0.020	Y	10.0	0.5~2.5	—
	Y_2	6.0	2.0~6.0	3
	M	3.5	4.0~8.0	3
0.023	Y	14.0	0.5~2.5	—
	Y_2	8.0	2.0~7.0	3
	M	6.0	8.0~12.0	3
0.025	Y	17.0	0.5~2.5	—
	Y_2	10.0	2.0~8.0	3
	M	8.0	8.0~12.0	3
0.030	Y	24.0	0.5~3.0	—
	Y_2	15.0	3.0~8.0	3
	M	12.0	8.0~12.0	3
0.032	Y	26.0	0.5~3.0	—
	Y_2	16.0	3.0~8.0	3
	M	13.0	8.0~12.0	3
0.035	Y	30.0	0.5~3.0	—
	Y_2	19.0	3.0~10.0	3
	M	15.0	8.0~12.0	3
0.038	Y	36.0	0.5~3.5	—
	Y_2	22.0	3.0~10.0	4
	M	17.0	8.0~15.0	4
0.040	Y	40.0	0.5~3.5	—
	Y_2	25.0	3.0~10.0	4
	M	19.0	8.0~15.0	4
0.050	Y	56.0	0.5~3.5	—
	Y_2	36.0	3.0~12.0	4
	M	29.0	10.0~18.0	4
0.060	Y	62.0	0.5~3.5	—
	Y_2	52.0	7.0~14.0	4
	M	42.0	10.0~18.0	4
0.070	Y	78.0	0.5~3.5	—
	Y_2	68.0	7.0~14.0	4
	M	58.0	10.0~18.0	4

5. 半导体器件键合用金丝的直径及允许偏差（表 14-17）

表 14-17　半导体器件键合用金丝的直径及允许偏差（GB/T 8750—2007）

公称直径 /mm	直径允许偏差 /mm	重量允许范围 /（mg/200mm）	公称直径 /mm	直径允许偏差 /mm	重量允许范围 /（mg/200mm）
0.013	±0.001	0.44 ~ 0.59	0.032	±0.001	2.91 ~ 3.30
0.015	±0.001	0.59 ~ 0.78	0.035	±0.001	3.51 ~ 3.93
0.018	±0.001	0.88 ~ 1.10	0.038	±0.001	4.15 ~ 4.61
0.020	±0.001	1.10 ~ 1.34	0.040	±0.001	4.61 ~ 5.10
0.023	±0.001	1.47 ~ 1.75	0.050	±0.002	6.99 ~ 8.20
0.025	±0.001	1.75 ~ 2.05	0.060	±0.003	9.85 ~ 12.04
0.030	±0.001	2.55 ~ 2.91	0.070	±0.003	13.62 ~ 16.16

14.4　其他贵金属

14.4.1　银

银的化学成分如表 14-18 所示。

表 14-18　银的化学成分（GB/T 4135—2002）

牌号	Ag ≥	化学成分（质量分数,%）								
		杂质含量≤								杂质总量
		Cu	Bi	Fe	Pb	Sb	Pd	Se	Te	
IC-Ag99.99	99.99	0.003	0.0008	0.001	0.001	0.001	0.001	0.0005	0.0005	0.01
IC-Ag99.95	99.95	0.025	0.001	0.002	0.015	0.002	—			0.05
IC-Ag99.90	99.90	0.05	0.002	0.002	0.025	—				0.10

注：IC-Ag99.99、IC-Ag99.95 中银的质量分数是以 100% 减去表中杂质实测质量分数所得。IC-Ag99.90 中银的质量分数是直接测定。

14.4.2　贵金属及其合金板带材

贵金属及其合金板带材的尺寸及允许偏差如表 14-19 所示。

表 14-19　贵金属及其合金板带材的尺寸及允许偏差（YS/T 201—2007）

厚度/mm	厚度允许偏差/mm			宽度/mm	宽度允许偏差/mm	长度/mm ≥	表面粗糙度 Rz/μm
	普通精度	较高精度	高精度				
0.05 ~ 0.10	0 −0.015	0 −0.010	—	20 ~ 100	±1.0	300	1.6 ~ 3.2
>0.10 ~ 0.15	0 −0.020	0 −0.015	—				
>0.15 ~ 0.25	0 −0.03	0 −0.02	0 −0.01				
>0.25 ~ 0.50	0 −0.04	0 −0.03	0 −0.02				
>0.50 ~ 0.70	0 −0.06	0 −0.05	0 −0.03	20 ~ 200	±1.5	200	

（续）

厚度/mm	厚度允许偏差/mm			宽度/mm	宽度允许偏差/mm	长度/mm ≥	表面粗糙度 $Rz/\mu m$
	普通精度	较高精度	高精度				
>0.70~1.00	0 −0.08	0 −0.06	0 −0.04	20~200			1.6~3.2
>1.00~1.50	0 −0.10	0 −0.08	0 −0.05			200	
>1.50~2.00	0 −0.12	0 −0.09	0 −0.06		±1.5		
>2.00~3.00	0 −0.14	0 −0.10	0 −0.07	20~380			3.2~6.3
>3.00~4.00	0 −0.16	0 −0.12	0 −0.08				
>4.00~10.00	0 −0.20	0 −0.15	0 −0.10	20~200	±2.0		

14.4.3　贵金属及其合金异型丝材

1. 贵金属及其合金异型丝材横截面的形状（图 14-1）

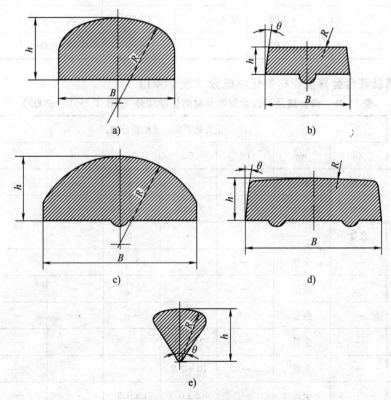

a)　　　　　　　　　　　　b)

c)　　　　　　　　　　　　d)

e)

图 14-1　异形丝横截面形状

a) 01 型　b) 02 型　c) 03 型　d) 04 型　e) 05 型

2. 贵金属及其合金异型丝材的标记方法

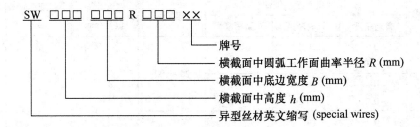

上述尺寸表示中，每一尺寸的后两位为小数位。

3. 贵金属及其合金异型丝材的尺寸及允许偏差（表 14-20）

表 14-20　贵金属及其合金异型丝材的尺寸及允许偏差（GB/T 23516—2009）

分类	项　　目					
	底边宽度 B/mm	允许偏差/ mm	高度 h/ mm	允许偏差/ mm	圆弧工作面曲率 半径 R/mm	张角 θ/（°）
01 型	0.90 ~ 1.10	±0.05	0.50 ~ 0.54	±0.03	0.70 ±0.07	—
02 型	0.68 ~ 0.72	±0.02	0.21 ~ 0.24	±0.02	3.00 ±0.10	7 ±0.8
03 型	1.24 ~ 1.28	±0.05	0.52 ~ 0.54	±0.03	0.70 ±0.07	—
04 型	0.90 ~ 1.20	±0.05	0.31 ~ 0.37	±0.02	4.00 ±0.10	7 ±0.8
05 型	0.29 ~ 0.31	±0.02	—	—	0.60 ±0.06	7 ±1.0

4. 贵金属及其合金异型丝材的化学成分（表 14-21）

表 14-21　贵金属及其合金异型丝材的化学成分（GB/T 23516—2009）

牌　号	主要化学成分（质量分数,%）							
	Au	Ag	Pd	Cu	Ni	Ce	Sn	La
Au92Ag	余量	8 ±0.5	—	—	—	—	—	—
Au60AgCu	余量	35 ±0.5	—	5 ±0.5	—	—	—	—
Au95Ni	余量	—	—	—	5 ±0.5	—	—	—
Ag90Ni	—	余量	—	—	$10^{+1.0}_{0}$	—	—	—
Ag80Ni	—	余量	—	—	$20^{+1.0}_{0}$	—	—	—
Ag99Cu	—	余量	—	1 ±0.3	—	—	—	—
Ag98Cu	—	余量	—	2 ±0.5	—	—	—	—
Ag90Cu	—	余量	—	10 ±0.5	—	—	—	—
Ag94.5CuNi	—	余量	—	4.5 ±0.5	1 ±0.3	—	—	—
Ag98SnCeLa	—	余量	—	—	—	$0.5^{+0.3}_{-0.2}$	$1.0^{+0.3}_{-0.2}$	$0.5^{+0.3}_{-0.2}$

（续）

牌　号	主要化学成分（质量分数,%）							
	Au	Ag	Pd	Cu	Ni	Ce	Sn	La
Pd99.9	—	—	≥99.9	—	—	—	—	—
Pd80Ag	—	余量	20 ± 0.5	—	—	—	—	—
Pd30Ag	—	余量	$30^{+0.5}_{0}$	—	—	—	—	—
Pd40Ag	—	余量	$40^{+0.7}_{0}$	—	—	—	—	—
Pd50Ag	—	余量	$50^{+0.8}_{0}$	—	—	—	—	—

牌　号	杂质含量（质量分数,%）≤					
	Au	Fe	Pb	Sb	Bi	总量
Au92Ag	—	0.1	0.005	0.005	0.005	0.3
Au60AgCu	—	0.2	0.005	0.005	0.005	0.3
Au95Ni	—	0.2	0.005	0.005	0.005	0.3
Ag90Ni	—	—		—	—	0.3
Ag80Ni	—	—		—	—	0.3
Ag99Cu	—	0.1	0.005	0.005	0.005	0.2
Ag98Cu	—	0.1	0.005	0.005	0.005	0.2
Ag90Cu	—	0.15	0.005	0.005	0.005	0.3
Ag94.5CuNi	—	—	—	—	—	0.3
Ag98SnCeLa	—	0.1	0.005	0.005	0.005	0.3
Pd99.9	0.01	0.01		—	—	0.1
Pd80Ag	0.03	0.06	0.005	0.005	0.005	0.3
Pd30Ag	0.03	0.06	0.005	0.005	0.005	0.3
Pd40Ag	0.03	0.06	0.005	0.004	0.005	0.3
Pd50Ag	0.03	0.06	0.005	0.005	0.005	0.3

第15章 特殊合金

15.1 耐蚀合金

15.1.1 耐蚀合金的分类与牌号表示方法

1. 耐蚀合金的分类

1）根据合金的基本成形方式，将合金分为变形耐蚀合金和铸造耐蚀合金。

2）根据合金的基本组成元素，将合金分为铁镍基合金和镍基合金。铁镍基合金中镍的质量分数为30%～50%且镍加铁的质量分数不小于60%；镍基合金中镍的质量分数不小于50%。

3）根据合金的主要强化特征，将合金分为固溶强化型合金和时效硬化型合金。

2. 耐蚀合金的牌号表示方法

（1）变形耐蚀合金 采用汉语拼音字母符号"NS"作前缀（"N"和"S"分别为"耐"和"蚀"汉语拼音的第一个字母），后接四位阿拉伯数字。

1）符号"NS"后第一位数字表示分类号，即NS1×××表示固溶强化型铁镍基合金；NS2×××表示时效硬化型铁镍基合金；NS3×××表示固溶强化型镍基合金；NS4×××表示时效硬化型镍基合金。

2）符号"NS"后第二位数字表示不同合金系列号，例如：NS×1××表示镍-铬系；NS×2××表示镍-铝系；NS×3××表示镍-铬-钼系；NS×4××表示镍-铬-铝-铜系；NS×5××表示镍-铬-钼-氮系；NS×6××表示镍-铬-钼-铜-氮系。

3）符号"NS"后第三位和第四位数字表示不同合金牌号顺序号。

4）焊接用变形耐蚀合金丝，在前缀符号"NS"前加"H"符号（"H"为"焊"字汉语拼音的第一个字母），即采用"HNS"作前缀，后接四位阿拉伯数字。各数字表示意义与变形耐蚀合金相同。

（2）铸造耐蚀合金 在前缀符号"NS"前加"Z"符号（"Z"为"铸"字汉语拼音第一个字母），即采用"ZNS"作前缀，后接四位阿拉伯数字。各数字表示意义与变形耐蚀合金相同。

15.1.2 耐蚀合金的化学成分

1. 变形耐蚀合金的化学成分（表15-1）

2. 铸造耐蚀合金的化学成分（表15-2）

表15-1 变形耐蚀合金的化学成分(GB/T 15007—2008)

化学成分(质量分数,%)

序号	统一数字代号	新牌号	旧牌号	C	N	Cr	Ni	Fe	Mo	W	Cu	Al	Ti	Nb	V	Co	Si	Mn	P	S
1	H01101	NS1101	NS111	≤0.10	—	19.0~23.0	30.0~35.0	余量	—	—	≤0.75	0.15~0.60	0.15~0.60	—	—	—	≤1.00	≤1.50	≤0.030	≤0.015
2	H01102	NS1102	NS112	0.05~0.10	—	19.0~28.0	30.0~35.0	余量	—	—	≤0.75	0.15~0.60	0.15~0.60	—	—	—	≤1.00	≤1.50	≤0.030	≤0.015
3	H01103	NS1103	NS113	≤0.030	—	24.0~26.5	34.0~37.0	余量	12.5~13.5	—	—	0.15~0.45	0.15~0.60	—	—	—	0.30~0.70	0.5~1.50	≤0.030	≤0.030
4	H01301	NS1301	NS131	≤0.05	—	19.0~21.0	42.0~44.0	余量	—	—	—	—	—	—	—	—	≤0.70	≤1.00	≤0.030	≤0.030
5	H01401	NS1401	NS141	≤0.030	—	25.0~27.0	34.0~37.0	余量	2.0~3.0	—	3.0~4.0	—	0.40~0.90	—	—	—	≤0.70	≤1.00	≤0.030	≤0.030
6	H01402	NS1402	NS142	≤0.05	—	19.0~23.5	38.0~45.0	余量	2.5~3.5	—	1.5~3.0	≤0.20	0.60~1.20	—	—	—	≤0.50	≤1.00	≤0.030	≤0.030
7	H01403	NS1403	NS143	≤0.07	—	19.0~21.0	32.0~38.0	余量	2.0~3.0	—	3.0~4.0	—	—	0.80~1.00	—	—	≤1.00	≤2.00	≤0.030	≤0.030

（续）

化学成分（质量分数，%）

序号	统一数字代号	新牌号	旧牌号	C	N	Cr	Ni	Fe	Mo	W	Cu	Al	Ti	Nb	V	Co	Si	Mn	P	S
8	H01501	NS1501	—	≤0.030	0.17~0.24	22.0~24.0	34.0~36.0	余量	7.0~8.0	—		—	—	—	—	—	≤1.00	≤1.00	≤0.030	≤0.010
9	H01601	NS1601	—	≤0.015	0.15~0.25	26.0~28.0	30.0~32.0	余量	6.0~7.0	—	0.5~1.5	—	—	—	—	—	≤0.30	≤2.00	≤0.020	≤0.010
10	H01602	NS1602	—	≤0.015	0.35~0.60	31.0~35.0	余量	30.0~33.0	0.50~2.0	—	0.30~1.20	—	—	—	—	—	≤0.50	≤2.00	≤0.020	≤0.010
11	H03101	NS3101	NS311	≤0.06	—	28.0~31.0	余量	≤1.0	—	—	—	≤0.30	—	—	—	—	≤0.50	≤1.20	≤0.020	≤0.020
12	H03102	NS3102	NS312	≤0.15	—	14.0~17.0	余量	6.0~10.0	—	—	≤0.50	—	—	—	—	—	≤0.50	≤1.00	≤0.030	≤0.015
13	H03103	NS3103	NS313	≤0.10	—	21.0~25.0	余量	10.0~15.0	—	—	≤1.00	1.00~1.70	—	—	—	—	≤0.50	≤1.00	≤0.030	≤0.015
14	H03104	NS3104	NS314	≤0.030	—	35.0~38.0	余量	≤1.0	—	—	—	0.20~0.50	—	—	—	—	≤0.50	≤1.00	≤0.030	≤0.020

（续）

化学成分（质量分数，%）

序号	统一数字代号	新牌号	旧牌号	C	N	Cr	Ni	Fe	Mo	W	Cu	Al	Ti	Nb	V	Co	Si	Mn	P	S
15	H03105	NS3105	NS315	≤0.05	—	27.0~31.0	余量	7.0~11.0	—	—	≤0.50	—	—	—	—	—	≤0.50	≤0.50	≤0.030	≤0.015
16	H03201	NS3201	NS321	≤0.05	—	≤1.00	余量	4.0~6.0	26.0~30.0	—	—	—	—	—	0.20~0.40	≤2.5	≤1.00	≤1.00	≤0.030	≤0.030
17	H03202	NS3202	NS322	≤0.020	—	≤1.00	余量	≤2.0	26.0~30.0	—	—	—	—	—	—	≤1.0	≤0.10	≤1.00	≤0.040	≤0.030
18	H03203	NS3203	—	≤0.010	—	1.0~3.0	≥65.0	1.0~3.0	27.0~32.0	≤3.0	≤0.20	≤0.50	≤0.20	≤0.20	≤0.20	≤3.00	≤0.10	≤3.00	≤0.030	≤0.010
19	H03204	NS3204	—	≤0.010	—	0.5~1.5	≥65.0	1.0~6.0	26.0~30.0	—	≤0.5	0.1~0.5	—	—	—	≤2.50	≤0.05	≤1.5	≤0.040	≤0.010
20	H03301	NS3301	NS331	≤0.030	—	14.0~17.0	余量	≤8.0	2.0~3.0	—	—	—	0.40~0.90	—	—	—	≤0.70	≤1.00	≤0.030	≤0.020
21	H03302	NS3302	NS332	≤0.030	—	17.0~19.0	余量	≤1.0	16.0~18.0	—	—	—	—	—	—	—	≤0.70	≤1.00	≤0.030	≤0.030

（续）

序号	统一数字代号	新牌号	旧牌号	化学成分（质量分数，%）																
				C	N	Cr	Ni	Fe	Mo	W	Cu	Al	Ti	Nb	V	Co	Si	Mn	P	S
22	H03303	NS3303	NS333	≤0.08	—	14.5~16.5	余量	4.0~7.0	15.0~17.0	3.0~4.5	—	—	—	—	≤0.35	≤2.5	≤1.00	≤1.00	≤0.040	≤0.30
23	H03304	NS3304	NS334	≤0.020	—	14.5~16.5	余量	4.0~7.0	15.0~17.0	3.0~4.5	—	—	—	—	≤0.35	≤2.5	≤0.08	≤1.00	≤0.040	≤0.030
24	H03305	NS3305	NS335	≤0.015	—	14.0~18.0	余量	≤3.0	14.0~17.0	—	—	—	≤0.70	—	—	≤2.0	≤0.08	≤1.00	≤0.040	≤0.030
25	H03306	NS3306	NS336	≤0.10	—	20.0~23.0	余量	≤5.0	8.0~10.0	—	—	≤0.40	≤0.40	3.15~4.15	—	≤1.0	≤0.50	≤0.50	≤0.015	≤0.015
26	H03307	NS3307	NS337	≤0.030	—	19.0~21.0	余量	≤5.0	15.0~17.0	—	≤0.10	—	—	—	—	≤0.10	≤0.40	0.50~1.50	≤0.020	≤0.020
27	H03308	NS3308	—	≤0.015	—	20.0~22.5	余量	2.0~6.0	12.5~14.5	2.5~3.5	—	—	0.02~0.025	—	≤0.35	≤2.50	≤0.08	≤0.50	≤0.020	≤0.020
28	H03309	NS3309	—	≤0.010	—	19.0~23.0	余量	≤5.0	15.0~17.0	3.0~4.4	—	—	—	—	—	—	≤0.08	≤0.75	≤0.040	≤0.020

（续）

序号	统一数字代号	新牌号	旧牌号	化学成分（质量分数,%）																
				C	N	Cr	Ni	Fe	Mo	W	Cu	Al	Ti	Nb	V	Co	Si	Mn	P	S
29	H03310	NS3310	—	≤0.015	—	19.0 ~ 31.0	余量	15.0 ~ 20.0	8.0 ~ 10.0	≤1.0	≤0.50	≤0.4	—	≤0.5	—	≤2.5	≤1.00	≤1.00	≤0.040	≤0.015
30	H03311	NS3311	—	≤0.010	—	22.0 ~ 24.0	余量	≤1.5	15.0 ~ 16.5	—	—	0.1 ~ 0.4	—	—	—	≤0.3	≤0.10	≤0.50	≤0.015	≤0.005
31	H03401	NS3401	NS341	≤0.030	—	19.0 ~ 21.0	余量	≤7.0	2.0 ~ 3.0	—	1.0 ~ 2.0	—	0.4 ~ 0.9	—	—	—	≤0.70	≤1.00	≤0.030	≤0.030
32	H03402	NS3402	—	≤0.05	—	21.0 ~ 23.0	余量	18.0 ~ 21.0	5.5 ~ 7.5	≤1.0	1.5 ~ 2.5	—	—	1.75 ~ 2.50	—	≤2.5	≤1.0	1.0 ~ 2.0	≤0.040	≤0.030
33	H03403	NS3403	—	≤0.015	—	21.0 ~ 23.5	余量	18.0 ~ 21.0	6.0 ~ 8.0	≤1.5	1.5 ~ 2.5	—	—	≤0.50	—	≤5.0	≤1.0	≤1.0	≤0.040	≤0.030
34	H03404	NS3404	—	≤0.03	—	28.0 ~ 31.5	余量	13.0 ~ 17.0	4.0 ~ 6.0	1.5 ~ 4.0	1.0 ~ 2.4	—	—	0.30 ~ 1.50	—	≤5.0	≤0.80	≤1.50	≤0.04	≤0.020
35	H03405	NS3405	—	≤0.010	—	22.0 ~ 24.0	余量	≤3.0	15.0 ~ 17.0	—	1.3 ~ 1.9	≤0.50	—	—	—	≤2.0	≤0.08	≤1.50	≤0.025	≤0.010
36	H04101	NS4101	NS411	≤0.05	—	19.0 ~ 21.0	余量	5.0 ~ 9.0	—	—	—	0.40 ~ 1.00	2.25 ~ 2.75	0.70 ~ 1.20	—	—	≤0.80	≤1.00	≤0.030	≤0.030

表 15-2　铸造耐蚀合金的化学成分（GB/T 15007—2008）

序号	统一数字代号	牌号	化学成分（质量分数，%）															
			C	Cr	Ni	Fe	Mo	W	Cu	Al	Ti	Nb	V	Co	Si	Mn	P	S
1	C71301	ZNS1301	≤0.050	19.5~23.5	38.0~44.0	余量	2.5~3.5	—	—	—	—	0.60~1.2	—	—	≤1.0	≤1.0	≤0.03	≤0.03
2	C73101	ZNS3101	≤0.40	14.0~17.0	余量	≤11.0	—	—	—	—	—	—	—	—	≤3.0	≤1.5	≤0.03	≤0.03
3	C73201	ZNS3201	≤0.12	≤1.00	余量	4.0~6.0	26.0~30.0	—	—	—	—	—	0.20~0.60	—	≤1.00	≤1.00	≤0.040	≤0.030
4	C73202	ZNS3202	≤0.07	≤1.00	余量	≤3.00	30.0~33.0	—	—	—	—	—	—	—	≤1.00	≤1.00	≤0.040	≤0.040
5	C73301	ZNS3301	≤0.12	15.5~17.5	余量	4.5~7.5	16.0~18.0	3.75~5.25	—	—	—	—	0.20~0.40	—	≤1.00	≤1.00	≤0.040	≤0.030
6	C73302	ZNS3302	≤0.07	17.0~20.0	余量	≤3.0	17.0~20.0	—	—	—	—	—	—	—	≤1.00	≤1.00	≤0.040	≤0.030
7	C73303	ZNS3303	≤0.02	15.0~17.5	余量	≤2.0	15.0~17.5	≤1.0	—	—	—	—	—	—	≤0.80	≤1.00	≤0.03	≤0.03
8	C73304	ZNS3304	≤0.02	15.0~16.5	余量	≤1.50	15.0~16.5	2.5~3.5	—	—	—	—	—	—	≤0.50	≤1.00	≤0.020	≤0.020
9	C73305	ZNS3305	≤0.05	20.0~22.50	余量	2.0~6.0	12.5~14.5	—	—	—	—	3.15~4.15	≤0.35	—	≤0.80	≤1.00	≤0.025	≤0.025
10	C74301	ZNS4301	≤0.06	20.0~23.0	余量	≤5.0	8.0~10.0	—	—	—	—	—	—	—	≤1.00	≤1.00	≤0.015	≤0.015

3. 耐蚀合金成品的化学成分允许偏差（表 15-3）

表 15-3　耐蚀合金成品化学成分允许偏差（GB/T 15007—2008）

元　　素	规定元素的范围（质量分数,%）	允许偏差(质量分数,%)	
		下偏差	上偏差
C	≤0.05	—	0.005
	>0.05	0.01	0.01
N	≤0.05	—	0.005
	>0.05	0.01	0.01
Si	≤0.10		0.02
	>0.10~0.50	0.03	0.03
	>0.50~1.00	0.05	0.05
Mn	≤1.00	0.03	0.03
	>1.00~2.00	0.04	0.04
P	全范围	—	0.05
S	≤0.020	—	0.003
	>0.020		0.005
V	全范围	0.02	0.02
Cr	≤5.0	0.10	0.10
	>5.0~15.0	0.15	0.15
	>15.0~25.0	0.25	0.25
	>25.0	0.30	0.30
Fe	≤5.0	0.05	0.05
	>5.0~10.0	0.10	0.10
	>10.0~15.0	0.15	0.15
	>20.0~30.0	0.25	0.25
Ni	>30.0~40.0	0.30	0.30
	>40.0~50.0	0.35	0.35
Al	≤0.5	0.05	0.05
	>0.5~1.5	0.10	0.10
	>1.5~3.0	0.15	0.15
Ti	≤0.50	0.03	0.03
	>0.50~1.00	0.04	0.04
	>1.00~2.00	0.05	0.05
	>2.00~3.00	0.07	0.07
Cu	≤0.20	0.02	0.02
	>0.20~1.00	0.03	0.03
	>1.00~5.00	0.05	0.05
Nb	≤5.0	0.05	0.05
	>5.0	0.10	0.10

（续）

元　　素	规定元素的范围 （质量分数，%）	允许偏差（质量分数，%）	
		下偏差	上偏差
W	≤5.0	0.05	0.05
	>5.0	0.10	0.10
Mo	≤5.0	0.05	0.05
	>5.0～10.0	0.10	0.10
	>10.0～20.0	0.15	0.15
	>20.0～30.0	0.20	0.20
Co	≤0.20	0.02	0.02
	>0.20～0.50	0.03	0.03
	>0.50～5.00	0.04	0.04

15.1.3　耐蚀合金的特性和用途

1. 耐蚀合金的主要特性和用途（表 15-4）

表 15-4　耐蚀合金的主要特性和用途（GB/T 15007—2008）

牌　　号	主　要　特　性	用　途　举　例
NS1101	抗氧化性介质腐蚀，高温上抗渗碳性良好	换热器及蒸汽发生器管、合成纤维的加热管
NS1102	抗氧化性介质腐蚀，抗高温渗碳，热强度高	合成纤维工程中的加热管、炉管及耐热构件等
NS1103	耐高温高压水的应力腐蚀及苛性介质应力腐蚀	核电站的蒸汽发生器管
NS1301	在含卤素离子氧化-还原复合介质中耐点腐蚀	湿法冶金、制盐、造纸及合成纤维工业的含氯离子环境
NS1302	抗氯离子点腐蚀	烟气脱硫装置，制盐设备，海水淡化装置
NS1401	耐氧化-还原介质腐蚀及氯化物介质的应力腐蚀	硫酸及含有多种金属离子和卤族离子的硫酸装置
NS1402	耐氧化物应力腐蚀及氧化-还原性复合介质腐蚀	换热器及冷凝器、含多种离子的硫酸环境
NS1403	耐氧化-还原性复合介质腐蚀	硫酸环境及含有卤族离子及金属离子的硫酸溶液中应用，如湿法冶金及硫酸工业装置
NS1404	抗氯化物、磷酸、硫酸腐蚀	烟气脱硫系统、造纸工业、磷酸生产、有机酸和酯合成
NS1405	耐强氧化性酸、氯化物、氢氟酸腐蚀	硫酸设备、硝酸-氢氟酸酸洗设备、换热器
NS3101	抗强氧化性及含氟离子高温硝酸腐蚀，无磁	高温硝酸环境及强腐蚀条件下的无磁构件
NS3102	耐高温氧化物介质腐蚀	热处理及化学加工工业装置
NS3103	抗强氧化性介质腐蚀，高温强度高	强腐蚀性核工程废物烧结处理炉
NS3104	耐强氧化性介质及高温硝酸、氢氟酸混合介质腐蚀	核工业中靶件及元件的溶解器
NS3105	抗氯化物及高温高压水应力腐蚀，耐强氧化性介质及 HNO_3-HF 混合腐蚀	核电站换热器、蒸发器管、核工程化工后处理耐蚀构件

（续）

牌　号	主要特性	用途举例
NS3201	耐强还原性介质腐蚀	热浓盐酸及氯化氢气体装置及部件
NS3202	耐强还原性介质腐蚀，改善抗晶间腐蚀性	盐酸及中等浓度硫酸环境（特别是高温下）的装置
NS3203	耐强还原性介质腐蚀	盐酸及中等浓度硫酸环境（特别是高温下）的装置
NS3204	耐强还原性介质腐蚀	盐酸及中等浓度硫酸环境（特别是高温下）的装置
NS3301	耐高温氟化氢、氯化氢气体及氟气腐蚀易形焊接	化工、核能及有色冶金中高温氟化氢炉管及容器
NS3302	耐含氯离子的氧化-还原介质腐蚀，耐点腐蚀	湿氯、亚硫酸、次氯酸、硫酸、盐酸及氯化物溶液装置
NS3303	耐卤族及其化合物腐蚀	强腐蚀性氧化-还原复合介质及高温海水中应用装置
NS3304	耐氧化性氯化物水溶液及湿氯、次氯酸盐腐蚀	强腐蚀性氧化-还原复合介质及高温海水中的焊接构件
NS3305	耐含氯离子的氧化-还原复合腐蚀，组织热稳定性好	湿氯、次氯酸、硫酸、盐酸、混合酸、氯化物装置，焊后直接应用
NS3306	耐氧化-还原复合介质、耐海水腐蚀，且热强度高	化学加工工业中苛刻腐蚀环境或海洋环境
NS3307	焊接材料，焊接覆盖面大，耐苛刻环境腐蚀	多种高铬钼镍基合金的焊接及与不锈钢的焊接
NS3308	耐含氯离子的氧化性溶液腐蚀	醋酸、磷酸制造、核燃料回收、换热器，堆焊阀门
NS3309	耐含高氯化物的混合酸腐蚀	化工设备、环保设备、造纸工业
NS3310	耐酸性气体腐蚀，抗硫化物应力腐蚀	含有二氧化碳、氯离子和高硫化氢的酸性气体环境中的管件
NS3311	耐硝酸、磷酸、硫酸和盐酸腐蚀，抗氯离子应力腐蚀	含氯化物的有机化工工业、造纸工业、脱硫装置
NS3401	耐含氟、氯离子的酸性介质的冲刷冷凝腐蚀	化工及湿法冶金凝器和炉管、容器
NS3402	耐热硫酸和磷酸的腐蚀	用于含有硫酸和磷酸的化工设备
NS3403	优异的耐热硫酸和磷酸的腐蚀	用于含有硫酸和磷酸的化工设备
NS3404	耐强氧化性的复杂介质和磷酸腐蚀	用于磷酸、硫酸、硝酸及核燃料制造、后处理等设备中
NS3405	耐氧化性、还原性的硫酸、盐酸、氢氟酸的腐蚀	化工设备中的反应器、换热器、阀门、泵等
NS4101	抗强氧化性介质腐蚀，可沉淀硬化，耐腐蚀冲击	硝酸等氧化性酸中工作的球阀及承载构件

2. 耐蚀合金棒的固溶处理温度和力学性能（表 15-5）

表 15-5　耐蚀合金棒的固溶处理温度和力学性能（GB/T 15008—2008）

牌号	推荐的固溶 处理温度 /℃	抗拉强度 R_m /MPa	规定塑性延伸强度 $R_{p0.2}$ /MPa	断后伸长率 $A(\%)$
			≥	
NS111	1000 ~ 1060	515	205	30
NS112	1100 ~ 1170	450	170	30
NS113	1000 ~ 1050	515	205	30
NS131	1150 ~ 1200	590	240	30
NS141	1000 ~ 1050	540	215	35
NS142	1000 ~ 1050	590	240	30
NS143	1000 ~ 1050	540	215	35
NS311	1050 ~ 1100	570	245	40
NS312	1000 ~ 1050	550	240	30
NS313	1100 ~ 1150	550	195	30
NS314	1080 ~ 1120	520	195	35
NS315	1000 ~ 1050	550	240	30
NS321	1140 ~ 1190	690	310	40
NS322	1040 ~ 1090	760	350	40
NS331	1050 ~ 1100	540	195	35
NS332	1160 ~ 1210	735	295	30
NS333	1160 ~ 1210	690	315	30
NS334	1150 ~ 1200	690	285	40
NS335	1050 ~ 1100	690	275	40
NS336	1100 ~ 1150	690	275	30
NS341	1050 ~ 1100	590	195	40

3. NS411 的固溶处理温度和力学性能（表 15-6）

表 15-6　NS411 的固溶处理温度和力学性能（GB/T 15008—2008）

牌号	推荐的固溶处 理温度/℃	抗拉强度 R_m /MPa	规定塑性延伸强 度 $R_{p0.2}$/MPa	断后伸长 率 $A(\%)$	冲击吸收 能量 KU/J	硬度 HRC
			≥			
NS411	1080 ~ 1100（水冷）， 750 ~ 780（8h，空冷）， 620 ~ 650（8h，空冷）	910	690	20	≥80	≥32

15.2　高温合金
15.2.1　高温合金的分类与牌号表示方法

1. 高温合金的分类

根据合金的基本成形方式或特殊用途，将合金分为变形高温合金、铸造高温合金（等轴晶铸造高温合金、定向凝固柱晶高温合金和单晶高温合金）、焊接用高温合金丝、粉末冶金高温合金和弥散强化高温合金。

对于金属间化合物高温材料，根据高温材料的基本组成元素，可分为镍铝系金属间化合物高温材料和钛铝系金属间化合物高温材料。

2. 高温合金的牌号表示方法

高温合金的牌号采用字母加阿拉伯数字相结合的方法表示。根据特殊需要，可以在牌号后加英文字母表示原合金的改型合金，如表示某种特定工艺或特定化学成分等。高温合金牌号的一般形式如下：

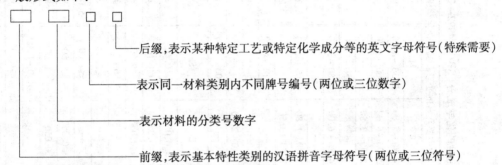

后缀，表示某种特定工艺或特定化学成分等的英文字母符号（特殊需要）

表示同一材料类别内不同牌号编号（两位或三位数字）

表示材料的分类号数字

前缀，表示基本特性类别的汉语拼音字母符号（两位或三位符号）

牌号中的前缀说明如下：

1）变形高温合金牌号采用汉语拼音字母"GH"作前缀（"G"和"H"分别为"高"和"合"两字汉语拼音的第一个字母）。

2）等轴晶铸造高温合金牌号采用汉语拼音字母"K"作前缀。

3）定向凝固柱晶高温合金牌号采用汉语拼音字母"DZ"作前缀（"D"和"Z"分别为"定"和"柱"两字汉语拼音第一个字母）。

4）单晶高温合金牌号采用汉语拼音字母"DD"作前缀（"D"和"D"分别为"定"和"单"两字汉语拼音第一个字母）。

5）焊接用高温合金丝牌号采用汉语拼音字母"HGH"作前缀（"GH"符号前的"H"为"焊"字汉语拼音第一个字母）。

6）粉末冶金高温合金牌号采用汉语拼音字母"FGH"作前缀（"GH"符号前的"F"为"粉"字汉语拼音第一个字母）。

7）弥散强化高温合金牌号采用汉语拼音字母"MGH"作前缀（"GH"符号前的"M"为"弥"字汉语拼音第一个字母）。

8）金属间化合物高温材料牌号采用汉语拼音字母"JG"作前缀（"J"和"G"为"金"和"高"两字汉语拼音第一个字母）。

15.2.2　高温合金的化学成分

1. 变形高温合金的化学成分（表15-7）

表15-7　变形高温合金的化学成分（GB/T 14992—2005）

铁或铁镍（镍的质量分数小于50%）为主要元素的变形高温合金化学成分（质量分数，%）

新牌号	原牌号	C	Cr	Ni	W	Mo	Al	Ti	Fe	Nb	Mg	V	B	Ce	Si	Mn	P	S ≤	Cu
GH1015	GH15	≤0.08	19.00~22.00	34.00~39.00	4.80~5.80	2.50~3.20	—	—	余量	1.10~1.60	—	—	≤0.010	≤0.050	≤0.60	≤1.50	0.020	0.015	0.250
GH1016①	GH16	≤0.08	19.00~22.00	32.00~36.00	5.00~6.00	2.60~3.30	—	—	余量	0.90~1.40	—	0.100~0.300	≤0.010	≤0.050	≤0.60	≤1.80	0.020	0.015	—
GH1035②	GH35	0.06~0.12	20.00~23.00	35.00~40.00	2.50~3.50	—	≤0.50	0.70~1.20	余量	1.20~1.70	—	—	—	≤0.050	≤0.80	≤0.70	0.030	0.020	—
GH1040③	GH40	≤0.12	15.00~17.50	24.00~27.00	—	5.50~7.00	—	—	余量	—	—	—	0.005	—	0.50~1.00	1.00~2.00	0.030	0.020	0.200
GH1131④	GH131	≤0.10	19.00~22.00	25.00~30.00	4.80~6.00	2.80~3.50	—	—	余量	0.70~1.30	—	—	≤0.010	—	≤0.80	≤1.20	0.020	0.020	—
GH1139⑤	GH139	≤0.12	23.00~26.00	15.00~18.00	—	—	—	—	余量	—	—	—	—	—	≤1.00	5.00~7.00	0.035	0.020	—
GH1140	GH140	0.06~0.12	20.00~23.00	35.00~40.00	1.40~1.80	2.00~2.50	0.20~0.60	0.70~1.20	余量	—	—	—	0.010	≤0.050	≤0.80	≤0.70	0.025	0.015	—
GH2035A	GH35A	0.05~0.11	20.00~23.00	35.00~40.00	2.50~3.50	—	0.20~0.70	0.80~1.30	余量	—	—	—	—	0.050	≤0.80	≤0.70	0.030	0.020	—
GH2036	GH36	0.34~0.40	11.50~13.50	7.00~9.00	—	1.10~1.40	—	≤0.12	余量	0.25~0.50	≤0.010	1.250~1.550	—	—	0.30~0.80	7.50~9.50	0.035	0.030	—
GH2038	GH38A	≤0.10	10.00~12.50	18.00~21.00	—	—	—	—	余量	—	—	—	≤0.008	—	≤1.00	≤1.00	0.030	0.020	—
GH2130	GH130	≤0.08	12.00~16.00	35.00~40.00	—	—	2.30~2.80	2.40~3.20	余量	—	—	—	0.020	—	≤0.60	≤0.50	0.015	0.015	—
GH2132	GH132	≤0.08	13.50~16.00	24.00~27.00	1.40~2.20	1.00~1.50	≤0.40	1.75~2.35	余量	—	—	0.100~0.500	0.001~0.010	0.020	≤1.00	1.00~2.00	0.030	0.020	—

（续）

铁或铁镍（镍的质量分数小于 50%）为主要元素的变形高温合金化学成分（质量分数，%）

新牌号	原牌号	C	Cr	Ni	Co	W	Mo	Al	Ti	Fe	Nb
GH2135	GH135	≤0.08	14.00~16.00	33.00~36.00	—	1.70~2.20	1.70~2.20	2.00~2.80	2.10~2.50	余量	—
GH2150	GH150	≤0.08	14.00~16.00	45.00~50.00	—	2.50~3.50	4.50~6.00	0.80~1.30	1.80~2.40	余量	0.90~1.40
GH2302	GH302	≤0.08	12.00~16.00	38.00~42.00	—	3.50~4.50	1.50~2.50	1.80~2.30	2.30~2.80	余量	—
GH2696	GH696	≤0.10	10.00~12.50	21.00~25.00	—	—	1.00~1.60	≤0.80	2.60~3.20	余量	—
GH2706	GH706	≤0.06	14.50~17.50	39.00~44.00	—	—	—	≤0.40	1.50~2.00	余量	2.50~3.30
GH2747	GH747	≤0.10	15.00~17.00	44.00~46.00	—	—	—	2.90~3.90	—	余量	—
GH2761	GH761	0.02~0.07	12.00~14.00	42.00~45.00	—	2.80~3.30	1.40~1.90	1.40~1.85	3.20~3.65	余量	—
GH2901	GH901	0.02~0.06	11.00~14.00	40.00~45.00	—	—	5.00~6.50	≤0.30	2.80~3.10	余量	—
GH2903	GH903	≤0.05	—	36.00~39.00	14.00~17.00	—	—	0.70~1.15	1.35~1.75	余量	2.70~3.50
GH2907	GH907	≤0.06	≤1.00	35.00~40.00	12.00~16.00	—	—	≤0.20	1.30~1.80	余量	4.30~5.20
GH2909	GH909	≤0.06	≤1.00	35.00~40.00	12.00~16.00	—	—	≤0.15	1.30~1.80	余量	4.30~5.20
GH2984	GH984	≤0.08	18.00~20.00	40.00~45.00	—	2.00~2.40	0.90~1.30	0.20~0.50	0.90~1.30	余量	—

新牌号	原牌号	B	Zr	Ce	Si	Mn	P	S	Cu
						≤			
GH2135	GH135	≤0.015	—	≤0.030	≤0.50	0.40	0.020	0.020	—
GH2150	GH150	≤0.010	≤0.050	≤0.020	≤0.40	0.40	0.015	0.015	0.070
GH2302	GH302	≤0.010	≤0.050	≤0.020	≤0.60	0.60	0.020	0.010	—
GH2696	GH696	≤0.020	—	—	≤0.60	0.60	0.020	0.010	—
GH2706	GH706	≤0.006	—	≤0.030	≤0.35	0.35	0.020	0.015	0.300
GH2747	GH747	—	—	—	≤1.00	1.00	0.025	0.020	—
GH2761	GH761	≤0.015	—	≤0.030	≤0.40	0.50	0.020	0.008	0.200
GH2901	GH901	0.010~0.020	—	—	≤0.40	0.50	0.020	0.008	0.200
GH2903	GH903	0.005~0.010	—	—	≤0.20	0.20	0.015	0.015	—
GH2907	GH907	≤0.012	—	—	0.07~0.35	1.00	0.015	0.015	0.500
GH2909	GH909	≤0.012	—	—	0.25~0.50	1.00	0.015	0.015	0.500
GH2984	GH984	—	—	—	≤0.50	0.50	0.010	0.010	—

（续）

镍为主要元素的变形高温合金化学成分（质量分数，%）

新牌号	原牌号	C	Cr	Ni	Co	W	Mo	Al	Ti	Fe	Nb
GH3007	GH5K	≤0.12	20.00~35.00	余量	—	—	—	—	—	≤8.00	—
GH3030	GH30	≤0.12	19.00~22.00	余量	—	—	—	≤0.15	0.15~0.35	≤1.50	—
GH3039	GH39	≤0.08	19.00~22.00	余量	—	—	1.80~2.30	0.35~0.75	0.35~0.75	≤3.00	0.90~1.30
GH3044	GH44	≤0.10	23.50~26.50	余量	—	13.00~16.00	≤1.50	≤0.50	0.30~0.70	≤4.00	—
GH3128	GH128	≤0.05	19.00~22.00	余量	—	7.50~9.00	7.50~9.00	0.40~0.80	0.40~0.80	≤2.00	—
GH3170	GH170	≤0.06	18.00~22.00	余量	15.00~22.00	17.00~21.00	—	≤0.50	≤0.15	—	—
GH3536	GH536	0.05~0.15	20.50~23.00	余量	0.50~2.50	0.20~1.00	8.00~10.00	≤0.50	—	17.00~20.00	≤1.00
GH3600	GH600	≤0.15	14.00~17.00	≥72.00	—	—	—	≤0.35	≤0.50	6.00~10.00	—

新牌号	原牌号	La	B	Zr	Ce	Si	Mn	P	S	Cu
GH3007	GH5K	—	—	—	—	1.00	0.50	0.040	0.040	0.500~2.000
GH3030	GH30	—	—	—	—	0.80	0.70	0.030	0.020	≤0.200
GH3039	GH39	—	—	—	—	0.80	0.40	0.020	0.012	—
GH3044	GH44	—	—	—	—	0.80	0.50	0.013	0.013	—
GH3128	GH128	—	≤0.005	≤0.060	≤0.050	0.80	0.50	0.013	0.013	≤0.070
GH3170	GH170	0.100	≤0.005	0.100~0.200	—	0.80	0.50	0.013	0.013	—
GH3536	GH536	—	≤0.010	—	—	1.00	1.00	0.025	0.015	≤0.500
GH3600	GH600	—	—	—	—	0.50	1.00	0.040	0.015	≤0.500

（续）

镍为主要元素的变形高温合金化学成分（质量分数，%）

新牌号	原牌号	C	Cr	Ni	Co	W	Mo	Al	Ti	Fe	Nb
GH3625	GH625	≤0.10	20.00~23.00	余量	≤1.00	—	8.00~10.00	≤0.40	≤0.40	≤5.00	3.15~4.15
GH3652	GH652	≤0.10	26.50~28.50	余量	—	—	—	2.80~3.50	—	≤1.00	—
GH4033	GH33	0.03~0.08	19.00~22.00	余量	—	—	—	0.60~1.00	2.40~2.80	≤4.00	—
GH4037	GH37	0.03~0.10	13.00~16.00	余量	—	5.00~7.00	2.00~4.00	1.70~2.30	1.80~2.30	≤5.00	—
GH4049	GH49	0.04~0.10	9.50~11.00	余量	14.00~16.00	5.00~6.00	4.50~5.50	3.70~4.40	1.40~1.90	≤1.50	—
GH4080A	GH80A	0.04~0.10	18.00~21.00	余量	≤2.00	—	—	1.00~1.80	1.80~2.70	≤1.50	—
GH4090	GH90	≤0.13	18.00~21.00	余量	15.00~21.00	—	—	1.00~2.00	2.00~3.00	≤1.50	—
GH4093	GH93	≤0.13	18.00~21.00	余量	15.00~21.00	—	—	1.00~2.00	2.00~3.00	≤1.00	—
GH4098	GH98	≤0.10	17.50~19.50	余量	5.00~8.00	5.50~7.00	3.50~5.00	2.50~3.00	1.00~1.50	≤3.00	≤1.50
GH4099	GH99	≤0.08	17.00~20.00	余量	5.00~8.00	5.00~7.00	3.50~4.50	1.70~2.40	1.00~1.50	≤2.00	—

新牌号	原牌号	Mg	V	B	Zr	Ce	Si	Mn	P ≤	S	Cu
GH3625	GH625	—	—	—	—	—	0.50	0.50	0.015	0.015	0.070
GH3652	GH652	—	—	—	—	≤0.030	0.80	0.30	0.020	0.020	—
GH4033	GH33	—	—	≤0.010	—	≤0.020	0.65	0.40	0.015	0.007	—
GH4037	GH37	—	0.100~0.500	≤0.020	—	≤0.020	0.40	0.50	0.015	0.010	0.070
GH4049	GH49	—	0.200~0.500	≤0.025	—	≤0.020	0.50	0.50	0.010	0.010	0.070
GH4080A	GH80A	—	—	≤0.008	—	—	0.80	0.40	0.020	0.015	0.200
GH4090	GH90	—	—	≤0.020	≤0.150	—	0.80	0.40	0.020	0.015	0.200
GH4093	GH93	—	—	≤0.020	—	—	1.00	1.00	0.015	0.015	0.200
GH4098	GH98	—	—	≤0.005	—	≤0.020	0.30	0.30	0.015	0.015	0.070
GH4099	GH99	≤0.010	—	≤0.005	—	≤0.020	0.50	0.40	0.015	0.015	—

（续）

镍为主要元素的变形高温合金化学成分（质量分数，%）

新牌号	原牌号	C	Cr	Ni	Co	W	Mo	Al	Ti	Fe	Nb
GH4105	GH105	0.12~0.17	14.00~15.70	余量	18.00~22.00	—	4.50~5.50	4.50~4.90	1.18~1.50	≤1.00	—
GH4133	GH133A	≤0.07	19.00~22.00	余量	—	—	—	0.70~1.20	2.50~3.00	≤1.50	1.15~1.65
GH4133B	GH133B	≤0.06	19.00~22.00	余量	—	—	—	0.75~1.15	2.50~3.00	≤1.50	1.30~1.70
GH4141	GH141	0.06~0.12	18.00~20.00	余量	10.00~12.00	—	9.00~10.50	1.40~1.80	3.00~3.50	≤5.00	—
GH4145	GH145	≤0.08	14.00~17.00	≥70.00	≤1.00	—	—	0.40~1.00	2.25~2.75	5.00~9.00	0.70~1.20
GH4163	GH163	0.04~0.08	19.00~21.00	余量	19.00~21.00	—	5.60~6.10	0.30~0.60	1.90~2.40	≤0.70	—
GH4169	GH169	≤0.08	17.00~21.00	50.00~55.00	≤1.00	—	2.80~3.30	0.20~0.80	0.65~1.15	余量	4.75~5.50
GH4199	GH199	≤0.10	19.00~21.00	余量	—	9.00~11.00	4.00~6.00	2.10~2.60	1.10~1.60	≤4.00	—
GH4202	GH202	≤0.08	17.00~20.00	余量	—	4.00~5.00	4.00~5.00	1.00~1.50	2.20~2.80	≤4.00	—
GH4220	GH220	≤0.08	9.00~12.00	余量	14.00~15.50	5.00~6.50	5.00~7.00	3.90~4.80	2.20~2.90	≤3.00	—

新牌号	原牌号	Mg	V	B	Zr	Ce	Si	Mn	P ≤	S	Cu
GH4105	GH105	—	—	0.003~0.010	0.070~0.150	—	0.25	0.40	0.015	0.010	0.200
GH4133	GH33A	—	—	≤0.010	—	≤0.010	0.65	0.35	0.015	0.007	0.070
GH4133B	GH4133B	0.001~0.010	—	≤0.010	0.010~0.100	≤0.010	0.65	0.35	0.015	0.007	0.070
GH4141	GH141	—	—	0.003~0.010	≤0.070	—	0.50	0.50	0.015	0.015	0.500
GH4145	GH145	—	—	—	—	—	0.50	1.00	0.015	0.010	0.500
GH4163	GH163	—	—	≤0.005	—	—	0.40	0.60	0.015	0.007	0.200
GH4169	GH169	—	—	≤0.006	—	—	0.35	0.35	0.015	0.015	0.300
GH4199	GH199	≤0.010	—	≤0.008	—	—	0.55	0.50	0.015	0.015	0.070
GH4202	GH202	—	—	≤0.010	—	≤0.010	0.60	0.50	0.015	0.010	—
GH4220	GH220	≤0.010	0.250~0.800	≤0.020	—	≤0.020	0.35	0.50	0.015	0.009	0.070

（续）

镍为主要元素的变形高温合金化学成分（质量分数，%）

新牌号	原牌号	C	Cr	Ni	Co	W	Mo	Al	Ti	Fe	Nb
GH4413	GH413	0.04~0.10	13.00~16.00	余量	—	5.00~7.00	2.50~4.00	2.40~2.90	1.70~2.20	≤5.00	
GH4500	GH500	≤0.12	18.00~20.00	余量	15.00~20.00	—	3.00~5.00	2.75~3.25	2.75~3.25	≤4.00	—
GH4586	GH586	≤0.08	18.00~20.00	余量	10.00~12.00	2.00~4.00	7.00~9.00	1.50~1.70	3.20~3.50	≤5.00	—
GH4648	GH648	≤0.10	32.00~35.00	余量	—	4.30~5.30	2.30~3.30	0.50~1.10	0.50~1.10	≤4.00	0.50~1.10
GH4698	GH698	≤0.08	13.00~16.00	余量	—	—	2.80~3.20	1.30~1.70	2.35~2.75	≤2.00	1.80~2.20
GH4708	GH708	0.05~0.10	17.50~20.00	余量	≤0.50	5.50~7.50	4.00~6.00	1.90~2.30	1.00~1.40	≤4.00	
GH4710	GH710	≤0.10	16.50~19.50	余量	13.50~16.00	1.00~2.00	2.50~3.50	2.00~3.00	4.50~5.50	≤1.00	—
GH4738 (GH684)	GH738 (GH684)	0.03~0.10	18.00~21.00	余量	12.00~15.00	—	3.50~5.00	1.20~1.60	2.75~3.25	≤2.00	
GH4742	GH742	0.04~0.08	13.00~15.00	余量	9.00~11.00	—	4.50~5.50	2.40~2.80	2.40~2.80	≤1.00	2.40~2.80

新牌号	原牌号	La	Mg	V	B	Zr	Ce	Si	Mn	P ≤	S	Cu
GH4413	GH413	—	≤0.005	0.200~1.000	0.020	—	0.020	0.60	0.50	0.015	0.009	0.070
GH4500	GH500	—	—	—	0.003~0.008	≤0.060	—	0.75	0.75	0.015	0.015	0.100
GH4586	GH586	≤0.015	≤0.015	—	≤0.005	—	<0.030	0.50	0.10	0.010	0.010	—
GH4648	GH648	—	—	—	≤0.008	≤0.050	<0.005	0.40	0.50	0.015	0.010	—
GH4698	GH698	—	≤0.008	—	≤0.005	≤0.060	<0.030	0.60	0.40	0.015	0.007	0.070
GH4708	GH708	—	—	—	≤0.008	—	0.020	0.40	0.50	0.015	0.015	—
GH4710	GH710	—	—	—	0.010~0.030	—	—	0.15	0.15	0.015	0.010	0.100
GH4738 (GH684)	GH738 (GH684)	—	—	—	0.003~0.010	0.020~0.080	—	0.15	0.10	0.015	0.015	0.100
GH4742	GH742	≤0.100	—	—	≤0.010	—	0.010	0.30	0.40	0.015	0.010	—

（续）

钴为主要元素的变形高温合金化学成分（质量分数，%）

新牌号	原牌号	C	Cr	Ni	Co	W	Mo	Al	Ti	Fe	Nb
GH5188	GH188	0.05~0.15	20.00~24.00	20.00~24.00	余量	13.00~16.00	—	—	—	≤3.00	—
GH5605	GH605	0.05~0.15	19.00~21.00	9.00~11.00	余量	14.00~16.00	—	—	—	≤3.00	—
GH5941	GH941	≤0.10	19.00~23.00	19.00~23.00	余量	17.00~19.00	—	—	—	≤1.50	—
GH6159	GH159	≤0.04	18.00~20.00	余量	34.00~38.00	—	6.00~8.00	0.10~0.30	2.50~3.25	8.00~10.00	0.25~0.75
GH6783⑥	GH783	≤0.03	2.50~3.50	26.00~30.00	余量	—	—	5.00~6.00	≤0.40	24.00~27.00	2.50~3.50

新牌号	原牌号	La	B	Si	Mn	P	S ≤	Cu
GH5188	GH188	0.030~0.120	≤0.015	0.20~0.50	≤1.25	0.020	0.015	0.070
GH5605	GH605	—	—	≤0.40	1.00~2.00	0.040	0.030	—
GH5941	GH941	—	—	≤0.50	≤1.50	0.020	0.015	0.500
GH6159	GH159	—	≤0.030	≤0.20	≤0.20	0.020	0.010	—
GH6783	GH783	—	0.003~0.012	≤0.50	≤0.50	0.015	0.005	0.500

① 氮的质量分数在0.130%~0.250%之间。
② 加钽或加铌，但两者不得同时加入。
③ 氮的质量分数在0.100%~0.200%之间。
④ 氮的质量分数在0.150%~0.300%之间。
⑤ 氮的质量分数在0.300%~0.450%之间。
⑥ 钽的质量分数不大于0.050%。

2. 铸造高温合金的化学成分（表15-8）

表15-8　铸造高温合金的化学成分（GB/T 14992—2005）

等轴晶铸造高温合金化学成分（质量分数，%）

新牌号	原牌号	C	Cr	Ni	Co	W	Mo	Al	Ti	Fe
K211	K11	0.10~0.20	19.50~20.50	45.00~47.00	—	7.50~8.50	—	—	—	余量
K213	K13	<0.10	14.00~16.00	34.00~38.00	—	4.00~7.00	—	1.50~2.00	3.00~4.00	余量
K214	K14	≤0.10	11.00~13.00	40.00~45.00	—	6.50~8.00	—	1.80~2.40	4.20~5.00	余量
K401	K1	≤0.10	14.00~17.00	余量	—	7.00~10.00	≤0.30	4.50~5.50	1.50~2.00	≤0.20
K402	K2	0.13~0.20	10.50~13.50	余量	—	6.00~8.00	4.50~5.50	4.50~5.30	2.00~2.70	≤2.00
K403	K3	0.11~0.18	10.00~12.00	余量	4.50~6.00	4.80~5.50	3.80~4.50	5.30~5.90	2.30~2.90	≤2.00
K405	K5	0.10~0.18	9.50~11.00	余量	9.50~10.50	4.50~5.20	3.50~4.20	5.00~5.80	2.00~2.90	≤0.50
K406	K6	0.10~0.20	14.00~17.00	余量	—	—	4.50~6.00	3.25~4.00	2.00~3.00	≤1.00
K406C	K6C	0.03~0.08	18.00~19.00	余量	—	—	4.50~6.00	3.25~4.00	2.00~3.00	≤1.00
K407	K7	≤0.12	20.00~35.00	余量	—	—	—	—	—	≤8.00

新牌号	原牌号	B	Zr	Ce	Si	Mn	P ≤	S	Cu
K211	K11	0.030~0.050	—	—	0.40	0.50	0.040	0.040	—
K213	K13	0.050~0.100	—	—	0.50	0.50	0.015	0.015	—
K214	K14	0.100~0.150	—	—	0.50	0.50	0.015	0.015	—
K401	K1	0.030~0.100	—	—	0.80	0.80	0.015	0.010	—
K402	K2	0.015	—	0.015	0.04	0.04	0.015	0.015	—
K403	K3	0.012~0.022	0.030~0.080	0.010	0.50	0.50	0.020	0.010	—
K405	K5	0.015~0.026	0.030~0.100	0.010	0.30	0.10	0.020	0.010	—
K406	K6	0.050~0.100	0.030~0.080	—	0.30	0.10	0.020	0.010	—
K406C	K6C	0.050~0.100	≤0.030	—	0.30	0.10	0.020	0.010	—
K407	K7	—	—	—	1.00	0.50	0.040	0.040	0.500~2.000

（续）

等轴晶铸造高温合金化学成分（质量分数，%）

新牌号	原牌号	C	Cr	Ni	Co	W	Mo	Al	Ti	Fe	Nb	Ta
K408	K8	0.10~0.20	14.90~17.00	余量	—	—	4.50~6.00	2.50~3.50	1.80~2.50	8.00~12.50	—	—
K409	K9	0.08~0.13	7.50~8.50	余量	9.50~10.50	≤0.10	5.75~6.25	5.75~6.25	0.80~1.20	≤0.35	≤0.10	4.00~4.50
K412	K12	0.11~0.16	14.00~18.00	余量	—	4.50~6.50	3.00~4.50	1.60~2.20	1.60~2.30	≤8.00	—	—
K417	K17	0.13~0.22	8.50~9.50	余量	14.00~16.00	—	2.50~3.50	4.80~5.70	4.50~5.00	≤1.00	—	—
K417G	K17G	0.13~0.22	8.50~9.50	余量	9.00~11.00	—	2.50~3.50	4.80~5.70	4.10~4.70	≤1.00	—	—
K417L	K17L	0.05~0.22	11.00~15.00	余量	3.00~5.00	—	2.50~3.50	4.00~5.70	3.00~5.00	—	—	—
K418	K18	0.08~0.16	11.50~13.50	余量	—	—	3.80~4.80	5.50~6.40	0.50~1.00	≤1.00	1.80~2.50	—
K418B	K18B	0.03~0.07	11.00~13.00	余量	≤1.00	—	3.80~5.20	5.50~6.50	0.40~1.00	≤0.50	1.50~2.50	—
K419	K19	0.09~0.14	5.50~6.50	余量	11.00~13.00	9.50~10.50	1.70~2.30	5.20~5.70	1.00~1.50	≤0.50	2.50~3.30	—
K419H	K19H	0.09~0.14	5.50~6.50	余量	11.00~13.00	9.50~10.70	1.70~2.30	5.20~5.70	1.00~1.50	≤0.50	2.25~2.75	—

新牌号	原牌号	Hf	Mg	V	B	Zr	Ce	Si	Mn	P ≤	S	Cu
K408	K8	—	—	—	0.060~0.080	—	0.010	0.60	0.60	0.015	0.020	—
K409	K9	—	—	—	0.010~0.020	0.050~0.100	—	0.25	0.20	0.015	0.015	—
K412	K12	—	—	≤0.300	0.005~0.010	—	—	0.60	0.60	0.015	0.009	—
K417	K17	—	—	0.600~0.900	0.012~0.022	0.050~0.090	—	0.50	0.50	0.015	0.010	—
K417G	K17G	—	—	0.600~0.900	0.012~0.024	0.050~0.090	—	0.20	0.20	0.015	0.010	—
K417L	K17L	—	—	—	0.003~0.012	—	—	—	—	0.010	0.006	—
K418	K18	—	—	—	0.008~0.020	0.060~0.150	—	0.50	0.50	0.015	0.010	—
K418B	K18B	—	—	—	0.005~0.015	0.050~0.150	—	0.50	0.25	0.015	0.015	0.500
K419	K19	—	≤0.003	≤0.100	0.050~0.100	0.030~0.080	—	0.20	0.50	—	0.015	0.400
K419H	K19H	1.200~1.600	—	≤0.100	0.050~0.100	0.030~0.080	—	0.20	0.20	—	0.015	0.100

（续）

等轴晶铸造高温合金化学成分（质量分数，%）

新牌号	原牌号	C	Cr	Ni	Co	W	Mo	Al	Ti	Fe	Nb	Ta
K423	K23	0.12~0.18	14.50~16.50	余量	9.00~10.50	≤0.20	7.60~9.00	3.90~4.40	3.40~3.80	≤0.50	≤0.25	—
K423A	K23A	0.12~0.18	14.00~15.50	余量	8.20~9.50	≤0.20	6.80~8.30	3.90~4.40	3.40~3.80	≤0.50	≤0.25	—
K424	K24	0.14~0.20	8.50~10.50	余量	12.00~15.00	1.00~1.80	2.70~3.40	5.00~5.70	4.20~4.70	≤2.00	0.50~1.00	—
K430	K430	≤0.12	19.00~22.00	≥75.00	—	—	—	≤0.15	—	≤1.50	—	—
K438	K38	0.10~0.20	15.70~16.30	余量	8.00~9.00	2.40~2.80	1.50~2.00	3.20~3.70	3.00~3.50	≤0.50	0.60~1.10	1.50~2.00
K438G	K38G	0.13~0.20	15.30~16.30	余量	8.00~9.00	2.30~2.90	1.40~2.00	3.50~4.50	3.20~4.00	≤0.20	0.40~1.00	1.40~2.00
K441	K41	0.02~0.10	15.00~17.00	余量	—	12.00~15.00	1.50~3.00	3.10~4.00	—	—	—	—
K461	K461	0.12~0.17	15.00~17.00	余量	≤0.50	2.10~2.50	3.60~5.00	2.10~2.80	2.10~3.00	6.00~7.50	—	—
K477	K77	0.05~0.09	14.00~15.25	余量	14.00~16.00	—	3.90~4.50	4.00~4.60	3.00~3.70	≤1.00	—	—
K480①	K80	0.15~0.19	13.70~14.30	余量	9.00~10.00	3.70~4.30	3.70~4.30	2.80~3.20	4.80~5.20	≤0.35	≤0.10	≤0.10
K491	K91	≤0.02	9.50~10.50	余量	9.50~10.50	—	2.75~3.25	5.25~5.75	5.00~5.50	≤0.50	—	—

新牌号	原牌号	Hf	Mg	V	Zr	B	Ce	Si	Mn	P	S	Cu
										≤	≤	
K423	K23	≤0.250	—	—	—	0.004~0.008	—	≤0.20	0.20	0.010	0.010	—
K423A	K23A	—	—	—	—	0.005~0.015	—	≤0.20	0.20	—	0.010	—
K424	K24	—	—	0.500~1.000	0.020	0.015	0.020	≤0.40	0.40	0.015	0.015	—
K430	K430	—	—	—	—	—	—	≤1.20	1.20	0.030	0.020	0.200
K438	K38	—	—	—	0.050~0.150	0.005~0.015	—	≤0.30	0.20	0.015	0.015	—
K438G	K38G	—	—	—	—	0.005~0.015	—	≤0.01	0.20	0.0005	0.010	0.100
K441	K41	—	—	—	0.050	0.001~0.010	—	—	—	0.015	0.010	—
K461	K461	—	—	—	—	0.100~0.130	—	1.20~2.00	0.30	0.020	0.020	—
K477	K77	—	—	—	≤0.040	0.012~0.020	≤0.100	≤0.50	0.20	0.015	0.010	—
K480	K80	≤0.100	≤0.010	≤0.100	≤0.020	0.010~0.020	—	≤0.10	0.50	0.015	0.010	0.100
K491	K91	—	≤0.005	—	≤0.040	0.080~0.120	—	≤0.10	0.10	0.010	0.010	—

（续）

等轴晶铸造高温合金化学成分（质量分数，%）

新牌号	原牌号	C	Cr	Ni	Co	W	Mo	Al	Ti	Fe	Nb	Ta
K4002	K002	0.13~0.17	8.00~10.00	余量	9.00~11.00	9.00~11.00	≤0.50	5.25~5.75	1.25~1.75	≤0.50	—	2.25~2.75
K4130	K130	<0.01	20.00~23.00	余量	≤1.00	≤0.20	9.00~10.50	0.70~0.90	2.40~2.80	≤0.50	≤0.25	—
K4163	K163	0.04~0.08	19.50~21.00	余量	18.50~21.00	≤0.20	5.60~6.10	0.40~0.60	2.00~2.40	0.70	0.25	—
K4169	K4169	0.02~0.08	17.00~21.00	50.00~55.00	≤1.00	—	2.80~3.30	0.30~0.70	0.65~1.15	余量	4.40~5.40	≤0.10
K4202	K202	≤0.08	17.00~20.00	余量	—	4.00~5.00	4.00~5.00	1.00~1.50	2.20~2.80	≤4.00	—	—
K4242	K242	0.27~0.35	20.00~23.00	余量	9.55~11.00	≤0.20	10.00~11.00	≤0.20	≤0.30	≤0.75	≤0.25	—
K4536	K536	≤0.10	20.50~23.00	余量	0.50~2.50	0.20~1.00	8.00~10.00	—	—	17.00~20.00	—	—
K4537②	K537	0.07~0.12	15.00~16.00	余量	9.00~10.00	4.70~5.20	1.20~1.70	2.70~3.20	3.20~3.70	≤0.50	1.70~2.20	—
K4648	K648	0.03~0.10	32.00~35.00	余量	4.30~5.50	2.30~3.50	0.70~1.30	0.70~1.30	≤0.50	0.70~1.30	—
K4708	K708	0.05~0.10	17.50~20.50	余量	—	5.50~7.50	4.00~6.00	1.90~2.30	1.00~1.40	≤4.00	—	—

新牌号	原牌号	Hf	Mg	V	B	Zr	Ce	Si	Mn	P	S ≤	Cu
K4002	K002	1.300~1.700	≤0.003	≤0.100	0.010~0.020	0.030~0.080	—	≤0.20	≤0.20	0.010	0.010	0.100
K4130	K130	—	—	—	—	—	—	≤0.60	≤0.60	—	—	—
K4163	K163	—	—	—	≤0.005	—	—	≤0.40	≤0.60	—	0.007	0.200
K4169	K4169	—	—	—	≤0.006	≤0.050	—	≤0.35	≤0.35	0.015	0.015	0.300
K4202	K202	—	—	—	≤0.015	—	≤0.010	≤0.60	≤0.50	0.015	0.010	—
K4242	K242	—	—	—	—	—	—	0.20~0.45	0.20~0.50	—	—	—
K4536	K536	—	—	—	0.010	—	—	≤1.00	≤1.00	0.040	0.030	—
K4537	K537	—	—	—	0.010~0.020	0.030~0.070	—	—	—	0.015	0.015	—
K4648	K648	—	—	—	≤0.008	—	≤0.030	≤0.30	—	—	0.010	—
K4708	K708	—	—	—	≤0.008	—	≤0.030	≤0.60	≤0.50	0.015	0.015	—

（续）

等轴晶铸造高温合金化学成分(质量分数,%)

新牌号	原牌号	C	Cr	Ni	Co	W	Mo	Al	Ti	Fe	Ta
K605	K605	≤0.40	19.00~21.00	9.00~11.00	余量	14.00~16.00	—	—	—	≤3.00	—
K610	K10	0.15~0.25	25.00~28.00	3.00~3.70	余量	≤0.50	4.50~5.50	—	—	≤1.50	—
K612	K612	1.70~1.95	27.00~31.00	≤1.50	余量	8.00~10.00	≤2.50	1.00	—	≤2.50	—
K640	K40	0.45~0.55	24.50~26.50	9.50~11.50	余量	7.00~8.00	—	—	—	≤2.00	—
K640M	K40M	0.45~0.55	24.50~26.50	9.50~11.50	余量	7.00~8.00	0.10~0.50	0.70~1.20	0.05~0.30	≤2.00	0.10~0.50
K6188③	K188	0.15	20.00~24.00	20.00~24.00	余量	13.00~16.00	—	—	—	3.00	—
K825④	K25	0.02~0.08	余量	39.50~42.50	—	1.40~1.80	—	—	0.20~0.40	—	—

新牌号	原牌号	V	B	Zr	Ce	Si	Mn	P ≤	S ≤
K605	K605	—	≤0.030	—	—	≤0.40	1.00~2.00	0.040	0.030
K610	K10	—	—	—	—	≤0.50	≤0.60	0.025	0.025
K612	K612	—	—	—	—	≤1.50	≤1.50	0.025	—
K640	K40	—	—	—	—	≤1.00	≤1.00	0.040	0.040
K640M	K40M	—	0.008~0.040	0.100~0.300	—	≤1.00	≤1.00	0.040	0.040
K6188	K188	—	≤0.015	—	—	0.20~0.50	≤1.50	0.020	0.015
K825	K25	0.200~0.400	—	—	—	≤0.50	≤0.50	0.015	0.010

（续）

定向凝固柱晶高温合金化学成分（质量分数，%）

新牌号	原牌号	C	Cr	Ni	Co	W	Mo
DZ404	DZ4	0.10~0.16	9.00~10.00	余量	5.50~6.50	5.10~5.80	3.50~4.20
DZ405	DZ5	0.07~0.15	9.50~11.00	余量	9.50~10.50	4.50~5.50	3.50~4.20
DZ417G	DZ17G	0.13~0.22	8.50~9.50	余量	9.00~11.00	—	2.50~3.50
DZ422	DZ22	0.12~0.16	8.00~10.00	余量	9.00~11.00	11.50~12.50	—
DZ422B⑤	DZ22B	0.12~0.14	8.00~10.00	余量	9.00~11.00	11.50~12.50	—
DZ438G⑥	DZ38G	0.08~0.14	15.50~16.40	余量	8.00~9.00	2.40~2.80	1.50~2.00
DZ4002	DZ002	0.13~0.17	8.00~10.00	余量	9.00~11.00	9.00~11.00	≤0.50
DZ4125	DZ125	0.07~0.12	8.40~9.40	余量	9.50~10.50	6.50~7.50	1.50~2.50
DZ4125L	DZ125L	0.06~0.14	8.20~9.80	余量	9.20~10.80	6.20~7.80	1.50~2.50
DZ640M	DZ40M	0.45~0.55	24.50~26.50	9.50~11.50	余量	7.00~8.00	0.10~0.50

定向凝固柱晶高温合金化学成分（质量分数，%）

新牌号	原牌号	Al	Ti	Fe	Nb	Ta	Hf
DZ404	DZ4	5.60~6.40	1.60~2.20	≤1.00	—	—	—
DZ405	DZ5	5.00~6.00	2.00~3.00	—	—	—	—
DZ417G	DZ17G	4.80~5.70	4.10~4.70	≤0.50	—	—	—
DZ422	DZ22	4.75~5.25	1.75~2.25	≤0.20	0.75~1.25	—	1.40~1.80
DZ422B⑤	DZ22B	4.75~5.25	1.75~2.25	≤0.25	0.75~1.25	—	0.80~1.10
DZ438G⑥	DZ38G	3.50~4.30	3.50~4.30	≤0.30	0.40~1.00	1.50~2.00	—
DZ4002	DZ002	5.25~5.75	1.25~1.75	≤0.50	—	2.25~2.75	1.30~1.70
DZ4125	DZ125	4.80~5.40	0.70~1.20	≤0.30	—	3.50~4.10	1.20~1.80
DZ4125L	DZ125L	4.30~5.30	2.00~2.80	≤0.20	—	3.30~4.00	—
DZ640M	DZ40M	0.70~1.20	0.05~0.30	≤2.00	—	0.10~0.50	—

（续）

定向凝固柱晶高温合金化学成分（质量分数，%）

新牌号	原牌号	V	B	Zr	Si	Mn	P	S
							≤	
DZ404	DZ4	—	0.012~0.025	≤0.020	0.500	0.500	0.020	0.010
DZ405	DZ5	—	0.010~0.020	≤0.100	0.500	0.500	0.020	0.010
DZ417G	DZ17G	0.600~0.900	0.012~0.024	—	0.200	0.200	0.005	0.008
DZ422	DZ22	—	0.010~0.020	≤0.050	0.150	0.200	0.010	0.015
DZ422B	DZ22B	—	0.010~0.020	≤0.050	0.120	0.120	0.015	0.010
DZ438G	DZ38G	—	0.005~0.015	—	0.150	0.150	0.0005	0.015
DZ4002	DZ002	≤0.100	0.010~0.020	0.030~0.080	0.200	0.200	0.020	0.010
DZ4125	DZ125	—	0.010~0.020	≤0.080	0.150	0.150	0.010	0.010
DZ4125L	DZ125L	—	0.005~0.015	≤0.050	0.150	0.150	0.001	0.010
DZ640M	DZ40M	—	0.008~0.018	0.100~0.300	1.000	1.000	0.040	0.040

新牌号	原牌号	Pb	Sb	As	Sn	Bi	Ag	Cu
					≤			
DZ404	DZ4	0.001	0.001	0.005	0.002	0.0001	—	—
DZ405	DZ5	—	—	—	—	—	—	—
DZ417G	DZ17G	0.0005	0.001	0.005	0.002	0.0001	—	—
DZ422	DZ22	0.0005	—	—	—	0.00005	—	0.100
DZ422B	DZ22B	0.0005	0.001	—	—	0.00003	—	0.100
DZ438G	DZ38G	0.001	—	—	0.002	0.0001	—	—
DZ4002	DZ002	—	—	—	—	—	—	0.100
DZ4125	DZ125	0.0005	0.001	0.001	0.001	0.00005	0.0005	—
DZ4125L	DZ125L	0.0005	0.001	0.001	0.001	0.00005	0.0005	—
DZ640M	DZ40M	0.0005	0.001	0.001	0.001	0.00005	—	—

（续）

单晶高温合金化学成分（质量分数，%）

新牌号	原牌号	C	Cr	Ni	Co	W	Mo	Al	Ti	Fe	Nb	Ta	Hf	Re
DD402	DD402	≤0.006	7.00~8.20	余量	4.30~4.90	7.60~8.40	0.30~0.70	5.45~5.75	0.80~1.20	≤0.20	≤0.15	5.80~6.20	≤0.0075	—
DD403	DD3	≤0.010	9.00~10.00	余量	4.50~5.50	5.00~6.00	3.50~4.50	5.50~6.20	1.70~2.40	≤0.50	—	—	—	—
DD404	DD4	≤0.01	8.50~9.50	余量	7.00~8.00	5.50~6.50	1.40~2.00	3.40~4.00	3.90~4.70	≤0.50	0.35~0.70	3.50~4.80	—	—
DD406	DD6	0.001~0.04	3.80~4.80	余量	8.50~9.50	7.00~9.00	1.50~2.50	5.20~6.20	≤0.10	≤0.30	≤1.20	6.00~8.50	0.050~0.150	1.600~2.400
DD408⑦	DD8	<0.03	15.50~16.50	余量	8.00~9.00	5.60~6.40	—	3.60~4.20	3.60~4.20	≤0.50	—	0.70~1.20	—	—

新牌号	Ga	Tl	Te	Se	Yb	Zn≤	Mg	[N]	[H]	[O]	B	Zr
DD402	0.002	0.00003	0.00003	0.0001	0.100	0.0005	0.008	0.0012	—	0.0010	0.003	0.0075
DD403	—	—	—	—	—	—	0.003	0.0012	—	0.0010	0.005	0.0075
DD404	—	—	—	—	—	—	0.003	0.0015	—	0.0015	0.010	0.050
DD406	—	—	—	—	—	—	0.003	0.0015	0.001	0.004	0.020	0.100
DD408	—	—	—	—	—	—	0.003	0.0012	—	0.001	0.005	0.007

新牌号	Si	Mn	P	S	Cu	Pb≤	Sb	As	Sn	Bi	Ag
DD402	0.040	0.020	0.005	0.002	0.050	0.0002	0.0005	0.0005	0.0015	0.00003	0.0005
DD403	0.200	0.200	0.010	0.002	0.100	0.0005	0.0010	0.0010	0.0010	0.00005	0.0005
DD404	0.200	0.200	0.010	0.010	0.100	0.0005	0.002	0.001	0.001	0.0005	0.0005
DD406	0.200	0.150	0.018	0.004	0.100	0.0005	0.001	0.001	0.001	0.00005	0.0005
DD408	0.150	0.150	0.010	0.010	0.100	0.001	—	0.005	0.002	0.0001	—

① 钨加钼的质量分数不小于7.70%。
② 氮的质量分数小于0.200%。
③ 镧的质量分数在0.020%~0.120%之间。
④ 铼的质量分数小于0.030%。
⑤ 硒的质量分数不大于0.0001%；碲的质量分数不大于0.00005%；铊的质量分数不大于0.00005%；铋的质量分数不大于0.00005%。
⑥ 铝加钽的质量分数不小于7.30%。
⑦ 铝加钛的质量分数在7.50%~7.90%之间。

3. 焊接用高温合金丝的化学成分（表 15-9）

表 15-9 焊接用高温合金丝的化学成分（GB/T 14992—2005）

新牌号	原牌号	化学成分（质量分数,%）									
		C	Cr	Ni	W	Mo	Al	Ti	Fe	Nb	V
HGH1035	HGH35	0.06 ~ 0.12	20.00 ~ 23.00	35.00 ~ 40.00	2.50 ~ 3.50	—	≤0.50	0.70 ~ 1.20	余量	—	—
HGH1040	HGH40	≤0.10	15.00 ~ 17.50	24.00 ~ 27.00	—	5.50 ~ 7.00			余量	—	—
HGH1068	HGH68	≤0.10	14.00 ~ 16.00	21.00 ~ 23.00	7.00 ~ 8.00	2.00 ~ 3.00	—	—	余量	—	—
HGH1131	HGH131	≤0.10	19.00 ~ 22.00	25.00 ~ 30.00	4.80 ~ 6.00	2.80 ~ 3.50			余量	0.70 ~ 1.30	—
HGH1139	HGH139	≤0.12	23.00 ~ 26.00	14.00 ~ 18.00	—	—	—	—	余量	—	—
HGH1140	HGH140	0.06 ~ 0.12	20.00 ~ 23.00	35.00 ~ 40.00	1.40 ~ 1.80	2.00 ~ 2.50	0.20 ~ 0.60	0.70 ~ 1.20	余量	—	—
HGH2036	HGH36	0.34 ~ 0.40	11.50 ~ 13.50	7.00 ~ 9.00	—	1.10 ~ 1.40	—	≤0.12	余量	0.25 ~ 0.50	1.25 ~ 1.55
HGH2038	HGH38	≤0.10	10.00 ~ 12.50	18.00 ~ 21.00	—	—	≤0.50	2.30 ~ 2.80	余量	—	—
HGH2042	HGH42	≤0.05	11.50 ~ 13.00	34.50 ~ 36.50	—	—	0.90 ~ 1.20	2.70 ~ 3.20	余量	—	—

新牌号	原牌号	化学成分（质量分数,%）							
		B	Ce	Si	Mn	P	S	Cu	其他
						≤			
HGH1035	HGH35	—	≤0.05	≤0.80	≤0.70	0.020	0.020	0.200	
HGH1040	HGH40	—	—	0.50 ~ 1.00	1.00 ~ 2.00	0.030	0.020	0.200	N：0.100 ~ 0.200
HGH1068	HGH68	—	≤0.020	≤0.20	5.00 ~ 6.00	0.010	0.010	—	
HGH1131	HGH131	≤0.005	—	≤0.80	≤1.20	0.020	0.020	—	N：0.150 ~ 0.300
HGH1139	HGH139	≤0.010	—	≤1.00	5.00 ~ 7.00	0.030	0.025	0.200	N：0.250 ~ 0.450
HGH1140	HGH140	—	—	≤0.80	≤0.70	0.020	0.015	—	
HGH2036	HGH36			0.30 ~ 0.80	7.50 ~ 9.50	0.035	0.030		
HGH2038	HGH38	≤0.008	—	≤1.00	≤1.00	0.030	0.020	0.200	
HGH2042	HGH42	—	—	≤0.60	0.80 ~ 1.30	0.020	0.020	0.200	

（续）

新牌号	原牌号	化学成分（质量分数,%）									
		C	Cr	Ni	W	Mo	Al	Ti	Fe	Nb	V
HGH2132	HGH132	≤0.08	13.50 ~ 16.00	24.50 ~ 27.00	—	1.00 ~ 1.50	≤0.35	1.75 ~ 2.35	余量	—	0.10 ~ 0.50
HGH2135	HGH135	≤0.06	14.00 ~ 16.00	33.00 ~ 36.00	1.70 ~ 2.20	1.70 ~ 2.20	2.40 ~ 2.80	2.10 ~ 2.50	余量	—	—
HGH2150	HGH150	≤0.06	14.00 ~ 16.00	45.00 ~ 50.00	2.50 ~ 3.50	4.50 ~ 6.00	0.80 ~ 1.30	1.80 ~ 2.40	余量	0.90 ~ 1.40	—
HGH3030	HGH30	≤0.12	19.00 ~ 22.00	余量	—	—	≤0.15	0.15 ~ 0.35	≤1.00	—	—
HGH3039	HGH39	≤0.08	19.00 ~ 22.00	余量	—	1.80 ~ 2.30	0.35 ~ 0.75	0.35 ~ 0.75	≤3.00	0.90 ~ 1.30	—
HGH3041	HGH41	≤0.25	20.00 ~ 23.00	72.00 ~ 78.00	—	—	≤0.06	—	≤1.70	—	—
HGH3044	HGH44	≤0.10	23.50 ~ 26.50	余量	13.60 ~ 16.00	—	≤0.50	0.30 ~ 0.70	≤4.00	—	—
HGH3113	HGH113	≤0.08	14.50 ~ 16.50	余量	3.00 ~ 4.50	15.00 ~ 17.00	—	—	4.00 ~ 7.00	—	≤0.35
HGH3128	HGH128	≤0.05	18.00 ~ 22.00	余量	7.50 ~ 9.00	7.5 ~ 9.00	0.40 ~ 0.80	0.40 ~ 0.80	≤2.00	—	—
HGH3367	HGH367	≤0.06	14.00 ~ 16.00	余量	—	14.00 ~ 16.00	—	—	≤4.00	—	—

新牌号	原牌号	化学成分（质量分数,%）							
		B	Ce	Si	Mn	P	S	Cu	其 他
						≤			
HGH2132	HGH132	0.001 ~ 0.010	—	0.40 ~ 1.00	1.00 ~ 2.00	0.020	0.015	—	
HGH2135	HGH135	≤0.015	≤0.030	≤0.50	≤0.40	0.020	0.020	—	
HGH2150	HGH150	≤0.010	≤0.020	≤0.40	≤0.40	0.015	0.015	0.070	Zr: 0.050
HGH3030	HGH30	—	—	≤0.80	≤0.70	0.015	0.010	0.200	
HGH3039	HGH39	—	—	≤0.80	≤0.40	0.020	0.012	0.200	
HGH3041	HGH41	—	—	0.20 ~ 1.50	≤0.60	0.035	0.030	0.200	
HGH3044	HGH44	—	—	≤0.80	≤0.50	0.013	0.013	0.200	
HGH3113	HGH113	—	—	≤1.00	≤1.00	0.015	0.015	0.200	
HGH3128	HGH128	≤0.005	≤0.050	≤0.80	≤0.50	0.013	0.013	—	Zr: 0.060
HGH3367	HGH367	—	—	≤0.30	1.00 ~ 2.00	0.015	0.010	—	

（续）

新牌号	原牌号	化学成分（质量分数,%）								
		C	Cr	Ni	W	Mo	Al	Ti	Fe	Nb
HGH3533	HGH533	≤0.08	17.00~20.00	余量	7.00~9.00	7.00~9.00	≤0.40	2.30~2.90	≤3.00	—
HGH3536	HGH536	0.05~0.15	20.50~23.00	余量	0.20~1.00	8.00~10.00	—	—	17.00~20.00	—
HGH3600	HGH600	≤0.10	14.00~17.00	≥72.00	—	—	—	—	6.00~10.00	—
HGH4033	HGH33	≤0.06	19.00~22.00	余量	—	—	0.60~1.00	2.40~2.80	≤1.00	—
HGH4145	HGH145	≤0.08	14.00~17.00	余量	—	—	0.40~1.00	2.50~2.75	5.00~9.00	0.70~1.20
HGH4169	HGH169	≤0.08	17.00~21.00	50.00~55.00	—	2.80~3.30	0.20~0.60	0.65~1.15	余量	4.75~5.50
HGH4356	HGH356	≤0.08	17.00~20.00	余量	4.00~5.00	4.00~5.00	1.00~1.50	2.20~2.80	≤4.00	—
HGH4642	HGH642	≤0.04	14.00~16.00	余量	2.00~4.00	12.00~14.00	0.60~0.90	1.30~1.60	≤4.00	—
HGH4648	HGH648	≤0.10	32.00~35.00	余量	4.30~5.30	2.30~3.30	0.50~1.10	0.50~1.10	≤4.00	0.50~1.10

新牌号	原牌号	化学成分（质量分数,%）						其　他
		B	Ce	Si	Mn	P	S	Cu
				≤				
HGH3533	HGH533	—	—	0.30	0.60	0.010	0.010	—	
HGH3536	HGH536	≤0.010	—	1.00	1.00	0.025	0.025	—	Co：0.50~2.50
HGH3600	HGH600	—	—	0.50	1.00	0.020	0.015	0.500	Co：≤1.00
HGH4033	HGH33	≤0.010	≤0.010	0.65	0.35	0.015	0.007	0.07	
HGH4145	HGH145	—	—	0.50	1.00	0.020	0.010	0.200	
HGH4169	HGH169	≤0.006	—	0.30	0.35	0.015	0.015	—	
HGH4356	HGH356	≤0.010	≤0.010	0.50	1.00	0.015	0.010	—	
HGH4642	HGH642	—	≤0.020	0.35	0.60	0.010	0.010	—	
HGH4648	HGH648	≤0.008	≤0.030	0.40	0.50	0.015	0.010	—	

4. 粉末冶金高温合金的化学成分（表 15-10）

表 15-10　粉末冶金高温合金的化学成分（GB/T 14992—2005）

新牌号	原牌号	化学成分(质量分数,%)									
		C	Cr	Ni	Co	W	Mo	Al	Ti	Fe	Nb
FGH4095	FGH95	0.04 ~ 0.09	12.00 ~ 14.00	余量	7.00 ~ 9.00	3.30 ~ 3.70	3.30 ~ 3.70	3.30 ~ 3.70	2.30 ~ 2.70	≤ 0.50	3.30 ~ 3.70
FGH4096	FGH96	0.02 ~ 0.05	15.00 ~ 16.50	余量	12.50 ~ 13.50	3.80 ~ 4.20	3.80 ~ 4.20	2.00 ~ 2.40	3.50 ~ 3.90	≤ 0.50	0.60 ~ 1.00
FGH4097	FGH97	0.02 ~ 0.06	8.00 ~ 10.00	余量	15.00 ~ 16.50	4.80 ~ 5.90	3.50 ~ 4.20	4.85 ~ 5.25	1.60 ~ 2.00	≤ 0.50	2.40 ~ 2.80

新牌号	原牌号	化学成分(质量分数,%)						Si	Mn	P	S
		Hf	Mg	Ta	B	Zr	Ce	≤			
FGH4095	FGH95	—	≤ 0.020	—	0.006 ~ 0.015	0.030 ~ 0.070	—	0.20	0.15	0.015	0.015
FGH4096	FGH96	—	≤ 0.020	—	0.006 ~ 0.015	0.025 ~ 0.050	0.005 ~ 0.010	0.20	0.15	0.015	0.015
FGH4097	FGH97	0.100 ~ 0.400	0.002 ~ 0.050	—	0.006 ~ 0.015	0.010 ~ 0.015	0.005 ~ 0.010	0.20	0.15	0.015	0.009

5. 弥散强化高温合金的化学成分（表 15-11）

表 15-11　弥散强化高温合金的化学成分（GB/T 14992—2005）

新牌号	原牌号	化学成分(质量分数,%)										
		C	Cr	Ni	W	Mo	Al	Ti	Fe	[O]	Y_2O_3	S
MGH2756	MGH2756	≤0.10	18.50 ~ 21.50	<0.50	—	—	3.75 ~ 5.75	0.20 ~ 0.60	余	—	0.30 ~ 0.70	—
MGH2757[1]	MGH2757	≤0.20	9.00 ~ 15.00	< 1.00	1.00 ~ 3.00	0.20 ~ 1.50	—	0.30 ~ 2.50	余	—	0.20 ~ 1.00	—
MGH4754	MGH754	≤0.05	18.50 ~ 21.50	余量	—	—	0.25 ~ 0.55	0.40 ~ 0.70	<1.20	<0.50	0.50 ~ 0.70	<0.005
MGH4755	MGH5K	≤0.10	25.00 ~ 35.00	余量	—	—	—	—	≤ 4.0	—	0.10 ~ 2.00	—
MGH4758[2]	MGH4758	≤0.05	28.00 ~ 32.00	余量	—	—	0.25 ~ 0.55	0.40 ~ 0.70	<1.20	<0.50	0.50 ~ 0.70	<0.005

① 钨、钼元素只可任选一种加入。
② 铜的质量分数为 0.50% ~ 1.50%。

6. 金属间化合物高温合金的化学成分（表15-12）

表15-12 金属间化合物高温合金的化学成分（GB/T 14992—2005）

化学成分（质量分数，%）

新牌号	原牌号	C	Cr	Ni	W	Mo	Al	Ti	Nb	Ta	V	Fe
JG1101	TAC-2	—	1.20~1.60	—	—	—	32.30~34.60	余量	—	—	3.00~3.60	—
JG1102	TAC-2M	—	1.20~1.60	0.65~0.85	—	—	32.10~33.10	余量	—	—	2.30~2.90	—
JG1201	TAC-3A	—	—	—	—	—	9.90~11.90	余量	41.60~43.60	—	—	—
JG1202	TAC-3B	—	—	—	—	—	9.70~11.70	余量	44.20~46.20	—	—	—
JG1203	TAC-3C	—	—	—	—	—	9.20~11.20	余量	37.50~39.50	9.00~9.60	—	—
JG1204	TAC-3D	—	—	—	—	—	8.60~10.60	余量	29.20~31.20	20.10~21.10	—	—
JG1301	TAC-1	—	—	—	—	0.80~1.20	12.10~14.10	余量	25.30~27.30	—	2.80~3.40	—
JG1302	TAC-1B	—	—	—	—	—	11.20~13.20	余量	30.10~32.10	—	—	—
JG4006	IC6	≤0.02	—	余量	—	13.50~14.30	7.40~8.00	—	—	—	—	≤1.00
JG4006A	IC6A	≤0.02	—	余量	—	13.50~14.30	7.40~8.00	—	—	—	—	≤1.00
JG4246	MX246	0.06~0.16	7.40~8.20	余量	—	3.50~4.50	7.00~8.50	0.60~1.20	—	—	—	≤2.00
JG4246A	MX246A	0.06~0.20	7.40~8.20	余量	1.70~2.30	—	7.60~8.50	0.60~1.20	—	—	—	≤2.00

（续）

新牌号	原牌号	化学成分（质量分数，%）															
		B	Zr	Hf	Y	Si	Mn	P	S	Pb	Sb	As	Sn	Bi	O	N	H
												≤					
JG1101	TAC-2	—	—	—	—	—	—	—	—	—	—	—	—	—	0.100	0.020	0.010
JG1102	TAC-2M	—	—	—	—	—	—	—	—	—	—	—	—	—	0.100	0.020	0.010
JG1201	TAC-3A	—	—	—	—	—	—	—	—	—	—	—	—	—	0.100	0.020	0.010
JG1202	TAC-3B	—	—	—	—	—	—	—	—	—	—	—	—	—	0.100	0.020	0.010
JG1203	TAC-3C	—	—	—	—	—	—	—	—	—	—	—	—	—	0.100	0.020	0.010
JG1204	TAC-3D	—	—	—	—	—	—	—	—	—	—	—	—	—	0.100	0.020	0.010
JG1301	TAC-1	—	—	—	—	—	—	—	—	—	—	—	—	—	0.100	0.020	0.010
JG1302	TAC-1B	—	—	—	—	—	—	—	—	—	—	—	—	—	0.100	0.020	0.010
JG4006	IC6	0.020~0.060	—	—	—	0.50	0.50	0.015	0.010	0.001	0.001	0.005	0.002	0.0001	—	—	—
JG4006A	IC6A	0.020~0.060	0.300~0.800	—	0.010~0.050	0.50	0.50	0.015	0.010	0.001	0.001	0.005	0.002	0.0001	—	—	—
JG4246	MX246	0.010~0.050	—	—	—	1.00	0.50	0.020	0.015	0.001	0.001	0.005	0.002	0.0001	—	—	—
JG4246A	MX246A	0.010~0.050	—	0.300~0.600	—	1.00	0.50	0.020	0.015	0.001	0.001	0.005	0.002	0.0001	—	—	—

15.2.3 高温合金的力学性能

1. 转动部件用高温合金热轧棒热处理后的室温力学性能（表 15-13）

表 15-13 转动部件用高温合金热轧棒热处理后的室温力学性能（GB/T 14993—2008）

牌号	组别	试样热处理制度	试验温度/℃	抗拉强度 R_m/MPa	规定塑性延伸强度 $R_{p0.2}$/MPa ≥	断后伸长率 A(%) ≥	断面收缩率 Z(%)	冲击吸收能量 KU/J	高温持久性能 试验温度 t/℃	持久强度 σ_t/MPa	时间/h ≥	室温硬度 HBW
GH2130	Ⅰ	(1180℃±10℃,保温 2h,空冷)+(1050℃±10℃, 保温 4h,空冷)+(800℃±10℃,空冷)	800	665	—	3	8	—	850	195	40	269~341
	Ⅱ								800	245	100	
GH2150A	—	(1000~1130℃,保温 2~3h,空冷)+(780~830℃, 保温 5h,空冷)+(650~730℃,保温 16h,空冷)	20	1130	685	12	14.0	27	600	785	60	293~363
GH4033①	Ⅰ	(1080℃±10℃,保温 8h,空冷)+ (700℃±10℃,保温 16h,空冷)	700	685	—	15	20.0	—	700	430	60	255~321
	Ⅱ									410	80	
GH4037②	Ⅰ	(1180℃±10℃,保温 2h,空冷)+(1050℃±10℃, 保温 4h,空冷)+(800℃±10℃,空冷)	800	665	—	5.0	8.0	—	850	196	50	269~341
	Ⅱ								800	245	100	
GH4049③	Ⅰ	(1200℃±10℃,保温 2h,空冷)+(1050℃±10℃, 保温 4h,空冷)+(850℃±10℃,保温 8h,空冷)	900	570	—	7.0	11.0	—	900	245	40	302~363
	Ⅱ									215	80	
GH4133B	Ⅰ	(1080℃±10℃,保温 8h,空冷) + (750℃±10℃,保温 16h,空冷)	20	1060	735	16	18.0	31	750	392	50	262~352
	Ⅱ		750	750	实测	12	16.0		750	345	50	262~352

注: 1. GH4033、GH4049 合金的高温持久性能Ⅱ检验组别复验时采用。

2. 需方在要求时应在合同中注明 GH2130、GH4037 合金的高温持久性能检验组别，如合同不注明则由供方任意选择。

3. 订货时应注明 GH4133B 合金的力学性能检验组别，不注明时按Ⅰ组供货。

4. 直径小于 20mm 棒材的高温持久性能指标按表中规定，直径小于 16mm 棒材的冲击性能，直径小于 14mm 棒材的持久性能，直径小于 10mm 棒材的高温拉伸性能，在中同坯上取样作试验。

直径 45~55mm 棒材，硬度为 255~311HBW，高温持久性能每 10 炉应有一根拉至断裂，实测断后伸长率和断面收缩率。

① 每 5~30 炉取一个高温持久试样按Ⅱ组条件拉伸，实测断后伸长率和断面收缩率。

② 每 10~20 炉取一个高温持久试样按Ⅱ组条件拉伸，实测断后伸长率和断面收缩率。

③ 直径小于 20mm 设断，如 200h 设断，则一次加力至 245MPa 拉断，实测断后伸长率和断面收缩率。

2. 高温合金冷拉棒的力学性能（表 15-14）

表 15-14　高温合金冷拉棒的力学性能（GB/T 14994—2008）

牌号	瞬时拉伸性能						硬度 HBW	高温持久性能			
	试验温度/℃	抗拉强度 R_m/MPa	规定塑性延伸强度 $R_{p0.2}$/MPa	断后伸长率 A (%)	断面收缩率 Z (%)	室温冲击吸收能量 KU/J		试验温度/℃	持久强度 σ/MPa	时间/h	断后伸长率 A (%)
				≥							≥
GH1040	800	295	—	—	—	—	—	—	—	—	—
GH2063	室温	835	590	15	20	27	276~311	650	375 (345)	35 (100)	—
GH2132①	室温	900	590	15	20		247~341	650	450 (390)	23 (100)	5 (3)
GH2696	室温	1250	1050	10	35	—	229~302		600	570	实测	—
		1300	1100	10	30	24	143~229				实测	—
		980	685	10	12	24	285~341				50	
		930	635	10	12		285~341				50	
GH3030	室温	685	—	30				—	—	—	—
GH4033	700	685		15	20			700	430 (410)	60 (80)	—
GH4080A	室温	1000	620	20			≥285	750	340	30	
GH4090	650	820	590	8				870	140	30	
GH4169②	室温	1270	1030	12	15		≥345	650	690	23	4
	650	1000	860	12	15						

① 如果 GH2132 合金热处理后性能不合格，则可调整时效温度至不高于 760℃，保温 16h，重新检验。GH2132 合金高温持久试验拉至 23h 试样不断，则可采用逐渐增加应力的方法进行：间隔 8~16h，以 35MPa 递增加载。如果试样断裂时间小于 48h，断后伸长率 A 应不小于 5%；如果断裂时间大于 48h，断后伸长率 A 应不小于 3%。

② GH4169 合金高温持久试验 23h 后试样不断，可采用逐渐增加应力的方法进行，23h 后，每间隔 8~16h，以 35MPa 递增加载至断裂，试验结果应符合表中的规定。

3. 一般用途高温合金管的力学性能

1）一般用途高温合金管的室温力学性能如表 15-15 所示。

表 15-15　一般用途高温合金管的室温力学性能（GB/T 15062—2008）

牌号	交货状态推荐热处理制度	抗拉强度 R_m/MPa	规定塑性延伸强度 $R_{p0.2}$/MPa	断后伸长率 A(%)
GH1140	1050~1080℃,水冷	≥590	—	≥35
GH3030	980~1020℃,水冷	≥590	—	≥35
GH3039	1050~1080℃,水冷	≥635	—	≥35
GH3044	1120~1210℃,空冷	≥685	—	≥30
GH3536	1130~1170℃,≤30min 保温,快冷	≥690	≥310	≥25

2）一般用途高温合金管的高温力学性能如表 15-16 所示。

表 15-16　一般用途高温合金管的高温力学性能（GB/T 15062—2008）

牌号	交货状态 + 时效热处理	管材壁厚 /mm	温度 /℃	抗拉强度 R_m/MPa	规定塑性延伸强 度 $R_{p0.2}$/MPa	断后伸长率 A（%）
GH4163	交货状态 + 时效： （800℃ ± 10℃）× 8h，空冷	<0.5	780	≥540	—	—
		≥0.5		≥540	≥400	≥9

4. 高温合金热轧板的力学性能（表 15-17）

表 15-17　高温合金热轧板的力学性能（GB/T 14995—2010）

新牌号	原牌号	检验试样状态	试验温度 /℃	抗拉强度 R_m/MPa	断后伸长率 A（%）	断面收缩率 Z（%）
GH1035	GH35	交货状态	室温	≥590	≥35.0	实测
			700	≥345	≥35.0	实测
GH1131[①]	GH131	交货状态	室温	≥735	≥34.0	实测
			900	≥180	≥40.0	实测
			1000	≥110	≥43.0	实测
GH1140	GH140	交货状态	室温	≥635	≥40.0	≥45.0
			800	≥245	≥40.0	≥50.0
GH2018	GH18	交货状态 + 时效（800℃ ± 10℃， 保温 16h，空冷）	室温	≥930	≥15.0	实测
			800	≥430	≥15.0	实测
GH2132[②]	GH132	交货状态 + 时效 （700 ~ 720℃，保温 12 ~ 16h，空冷）	室温	≥880	≥20.0	实测
			650	≥735	≥15.0	实测
			550	≥785	≥16.0	实测
GH2302	GH302	交货状态	室温	≥685	≥30.0	实测
		交货状态 + 时效 （800℃ ± 10℃，保温 16h，空冷）	800	≥540	≥6.0	实测
GH3030	GH30	交货状态	室温	≥685	≥30.0	实测
			700	≥295	≥30.0	实测
GH3039	GH39	交货状态	室温	≥735	≥40.0	≥45.0
			800	≥245	≥40.0	≥50.0
GH3044	GH44	交货状态	室温	≥735	≥40.0	实测
			900	≥185	≥30.0	实测
GH3128	GH128	交货状态	室温	≥735	≥40.0	实测
		交货状态 + 固溶 （1200℃ ± 10℃，空冷）	950	≥175	≥40.0	实测
GH4099	GH99	交货状态 + 时效 （900℃ ± 10℃，保温 5h，空冷）	900	≥295	≥23.0	—

①　高温拉伸可由供方任选一组温度，若合同未注明时，按 900℃进行检验。
②　高温拉伸可由供方任选一组温度，若合同未注明时，按 650℃进行检验。

5. 高温合金冷轧板的力学性能（表 15-18）

表 15-18　高温合金冷轧板的力学性能（GB/T 14996—2010）

牌　号	检验试样状态		试验温度 /℃	抗拉强度 R_m/MPa	规定塑性延伸强度 $R_{p0.1}$/MPa	断后伸长率 A（%）
GH1035	交货状态		室温	≥590	—	≥35.0
			700	≥345	—	≥35.0
GH1131[①②]	交货状态		室温	≥735	—	≥34.0
			900	≥180	—	≥40.0
			1000	≥110	—	≥43.0
GH1140	交货状态		室温	≥635	—	≥40.0
			800	≥225	—	≥40.0
GH2018	交货状态 + 时效（800℃ ±10℃，保温 16h，空冷）		室温	≥930	—	≥15.0
			800	≥430	—	≥15.0
GH2132[①]	交货状态 + 时效（700 ~ 720℃，保温 12 ~ 16h，空冷）		室温	≥880	—	≥20.0
			650	≥735	—	≥15.0
			550	≥785	—	≥16.0
GH2302	交货状态		室温	≥685	—	≥30.0
	交货状态 + 时效（800℃ ±10℃，保温 16h，空冷）		800	≥540	—	≥6.0
GH3030	交货状态		室温	≥685	—	≥30.0
			700	≥295	—	≥30.0
GH3039	交货状态		室温	≥735	—	≥40.0
			800	≥245	—	≥40.0
GH3044	交货状态		室温	≥735	—	≥40.0
			900	≥196	—	≥30.0
GH3128	交货状态		室温	≥735	—	≥40.0
	交货状态 + 固溶（1200℃ ±10℃，空冷）		950	≥175	—	≥40.0
GH4033	交货状态 + 时效（750℃ ±10℃，保温 4h，空冷）		室温	≥885	—	≥13.0
			700	≥685	—	≥13.0
GH4099	交货状态		室温	≤1130	—	≥35.0
	交货状态 + 时效（900℃ ±10℃，保温 5h，空冷）		900	≥295	—	≥23.0
GH4145	厚度≤0.60mm	交货状态	室温	≤930	≤515	≥30.0
	厚度 >0.60mm			≤930	≤515	≥35.0
	厚度 0.50 ~ 4.0mm	交货状态 + 时效（730℃ ±10℃，保温 8h，炉冷到 620℃ ±10℃，保温 >10h，空冷）		≥1170	≥795	≥18.0

① GH2132、GH1131 高温瞬时拉伸性能检验只在一个温度下进行。如合同中不注明时，供方应分别按 650℃ 和 900℃ 检验。

② GH1131 的 1000℃ 瞬时拉伸性能只适用于厚度不小于 2.0mm 的板材。

15.3　精密合金

15.3.1　精密合金的分类与牌号表示方法

精密合金的分类与牌号表示方法如表 15-19 所示。

表 15-19　精密合金的分类及牌号表示方法

分类	定　　义	表示方法
软磁合金	一般指矫顽力低于几百安/米的铁磁性或亚铁磁性合金	1J××
变形永磁合金	一般指矫顽力大于 10^4 A/m 可变形的铁磁性或亚铁磁性合金	2J××
弹性合金	具有特定弹性性能的合金	3J××
膨胀合金	具有特定线胀系数的合金	4J××
热双金属	由两层或多层具有不同线胀系数的金属或合金构成的复合材料	5J××
精密电阻合金	电阻温度系数绝对值和对铜热电动势绝对值均小，并且稳定性好的电阻合金	6J××

注：1. 字母"J"后第一、二位数字表示不同合金牌号（热双金属例外）的序号。序号从 01 开始，可编到 99。

　　2. 合金牌号的序号，原则上应以主元素（除铁外）百分含量中值表示。若合金序号重复，其中某合金序号可采用主元素百分含量与另一合金元素百分含量之和的中值表示，或以主元素百分含量的上（或下）限表示，以示区别。

15.3.2　精密合金的特性和用途

精密合金产品的主要特性和用途如表 15-20 所示。

表 15-20　精密合金产品的主要特性和用途

牌号	主要特性	主要用途
1J46、1J50、1J54	具有较高的饱和磁感应强度和磁导率	在中等磁场中工作的各种变压器、继电器、电磁离合器铁心
1J76、1J77、1J79、1J80、1J85、1J86	具有高的初始磁导率	在弱磁场中工作的各种变压器、互感器、磁放大器、扼流圈铁心及磁屏蔽
1J34、1J51、1J52、1J65、1J67、1J83、1J40	具有矩形磁滞回线和较高饱和磁感应强度	在中等磁场中工作的磁放大器、阻流圈、整流圈，以及计算机装置元件等
1J06	具有较高的饱和磁感应强度、低的剩余磁感应强度及一定的耐大气腐蚀能力	电磁阀、电磁离合器中的铁心及电感元件
1J12	较高的饱和磁感应强度和磁导率	在中等磁场中工作的微电机、变压器、磁放大器及继电器铁心。可代替 1J46 合金使用
1J13	较高的饱和磁致伸缩系数和饱和磁感应强度	磁致伸缩换能器元件
1J16	较高磁导率和高电阻率	变压器、继电器铁心、磁屏蔽以及分频器的高频元件
1J30、1J31、1J32、1J33、1J38	在环境温度范围内，磁感应强度随温度变化而急剧变化	电磁回路和永磁回路中的磁分路补偿元件

（续）

牌号	主要特性	主要用途
1J36、1J17、1J18	较高饱和磁感应强度，较低的剩余磁感应强度，在水气、盐雾或肼类介质中耐腐蚀	在受介质、温度、压力影响条件下工作的各种控制系统中的电磁阀
1J66	在较宽的磁场、温度和频率范围内，磁导率变化很小	恒电感元件
1J22	高饱和磁感应强度、高居里点和高磁致伸缩系数	电磁铁极头，磁控管中的端焊管，电话耳机振动膜，力矩马达转子，磁致伸缩换能器铁心
1J87、1J88、1J89、1J90、1J91	高初始磁导率、高硬度、高电阻率，而且磁性对应力不敏感，耐磨性好	各种磁带机磁头、芯片，以及录音机、高频器件的铁心
2J04	在低工作磁场下具有极优异的磁滞特性	在低磁场中工作的磁滞电机转子
2J07、2J09、2J10、2J11、2J12	在中、高工作磁场下具有优良的磁滞特性	在中、高磁场中工作的磁滞电机转子
2J51、2J52	在较低工作磁场下具有良好的磁滞特性	在较低磁场中工作的磁滞电机转子
2J53	在中等工作磁场中具有良好的磁滞特性	在中等磁场中工作的磁滞电机转子
2J31、2J32、2J33	具有较高饱和磁感应强度，而且磁性能稳定	形状复杂的小截面永磁元件
2J21、2J23、2J25、2J27	在中、高工作磁场下具有良好的磁滞特性	整体磁滞电机转子
2J63、2J64、2J65、2J67	磁能积较低，但易于加工	在磁性能要求不高的场合，作磁针及其他永磁元件
2J83、2J84、2J85	磁能积相当于铸造铝镍钴5，而且加工性能好	形状复杂，尺寸小的永磁元件
3J01	时效后可获得高弹性和强度，而且耐腐蚀、弱磁性	仪表工业中各种膜片、膜盒、波纹管、弹簧等弹性元件
3J53	较高的弹性和强度，在 -60~100℃ 范围内具有低的弹性模量温度系数	
3J53P、3J58	在 -40~80℃ 范围内具有低的频率温度系数	机械滤波器中的振子、频率谐振器中的音叉及谐振继电器中的簧片等元件
3J63	在 -40~80℃ 范围内具有正的频率温度系数	机械滤波器中的换能振子以及复合振子等元件
3J53Y	较 3J53 的防磁性能高，频率温度系数更稳定	手表、钟表游丝
3J40	无磁、抗振、耐磨	仪器、仪表的轴尖
3J22	无磁，耐腐蚀	仪表轴尖
3J21	无磁、耐腐蚀，高弹性，高强度和良好的耐疲劳性能	400℃ 以下工作的各种仪表弹簧及其他弹性元件
3J60	具有较大的磁致伸缩系数和低的机械品质因数，纵振传播速度变化小	机械滤波器中的换能丝和耦合丝

（续）

牌号	主要特性	主要用途
3J09	无磁，高弹性，高强度，高硬度	钟表、定时器发条及仪表的弹性元件
4J32、4J36	在 20～100℃ 范围内具有低的线胀系数	要求尺寸稳定的各种仪器、仪表零件、热双金属被动层，谐振腔
4J38	在 20～100℃ 范围内具有低的线胀系数，而且易切削加工	要求尺寸稳定的各种仪器、仪表零件，谐振腔
4J40	在 −20～300℃ 范围内具有较低的线胀系数。系高温低膨胀型合金	在真空工业中制作各种速调管，微波管的谐振腔等
4J06、4J47、4J49	在一定温度范围内具有与软玻璃相近的线胀系数	在电真空工业中和相应的软玻璃进行匹配封接
4J42、4J45、4J50	在一定温度范围内具有一定的线胀系数	在电真空工业中和软玻璃或相应陶瓷进行匹配封接
4J29	在一定温度范围内具有与硬玻璃相近的线胀系数	在真空工业中和硬玻璃进行匹配封接
4J44	在 20～500℃ 范围内具有一定的线胀系数	在电真空工业中和相应的硬玻璃进行匹配封接
4J28	在一定温度范围内具有和软玻璃相近的线胀系数。耐腐蚀	在电真空工业中和相应的软玻璃进行匹配封接
4J43	在 20～400℃ 范围内具有一定的线胀系数	杜美丝芯
4J33、4J34	在 −60～600℃ 范围内具有与 95%（质量分数）Al_2O_3 陶瓷相近的线胀系数	与 95%（质量分数）Al_2O_3 等陶瓷进行匹配封接
4J58	在 20～50℃ 范围内具有一定的线胀系数。有较高的尺寸稳定性	要求尺寸稳定的精密线纹尺等
4J78、4J80、4J82	在室温至 600℃ 范围内具有中等线胀系数。无磁，耐蚀，同时具有较高强度和韧性	用作陀螺仪和其他电真空器件中的无磁非匹配瓷封材料
5J20110	具有高热敏感性及高电阻率	
5J14140	具有高电阻率及中热敏感性	
5J15120	具有高电阻率及中热敏感性	
5J1378	具有中热敏感性和较高电阻率	中温测量及自动控制设备中的热敏感元件
5J1480	具有中热敏感性和较高电阻率	
5J1478	在 0℃ 以下具有较高热敏感性和较高电阻率	低温测量及自动控制设备中热敏感元件
5J1578	具有较高热敏感性和较高电阻率	
5J1017	具有低热敏感性和低电阻率	中温测量及自动控制设备中热敏感元件
5J1416	具有中热敏感性及低电阻率，高导热	
5J1070	具有低热敏感性，线性温度范围宽	较高温测量及自动控制设备中的热敏感元件

（续）

牌号	主要特性	主要用途
5J0756	具有低热敏感性，线性温度范围宽	高温测量及自动控制设备中的热敏感元件
5J1306A、5J1306B、5J1411A、5J1411B、5J1417A、5J1417B、5J1220A、5J1220B、5J1325A、5J1325B、5J1430A、5J1430B、5J1435A、5J1435B、5J1440A、5J1440B、5J1455A、5J1455B	均具有中热敏感性，而电阻率各不相同	热继电器、断路器、电机过载饱和器等热敏元件
5J1075	具有低热敏感性，耐腐蚀	热继电器、断路器、电机过载饱和器等热敏元件
6J10	具有低的电阻率，较低的电阻温度系数	各种测量仪器、仪表等电阻元件
6J15、6J20	具有较高的电阻率，较低的电阻温度系数	
6J22、6J23、6J24	系镍铬改良型合金。具有低的电阻温度系数和小的对铜热电动势	各种测量仪器、仪表等精密电阻元件

第 16 章 塑料及其制品

16.1 基础资料

16.1.1 塑料的分类

塑料是指以高聚物（树脂）为主要成分，大多含有添加剂（如增塑剂、填充剂、润滑剂、防紫外线剂以及颜料等）且在加工过程中能流动成型的一大类高分子材料。

1. 按用途分类

（1）通用塑料 一般指产量大、用途广、成型性好、价廉的一类塑料，如聚乙烯、聚丙烯、聚氯乙烯、聚苯乙烯和酚醛塑料等。

（2）工程塑料 一般指能承受一定的外力作用且有良好的力学性能和尺寸稳定性，并在高低温下仍能保持优良性能，可作为工程结构件的一类塑料。如尼龙、聚砜、聚甲醛、聚苯硫醚和耐热环氧等。

（3）特种塑料 一般指具有特种功能（如耐热、自润滑等），应用于特殊领域的一类塑料，如氟塑料、有机硅塑料、聚酰亚氨塑料等。

2. 按成型方法分类

（1）浇注塑料 一般指能在无压或稍加压力的情况下，倾注于模具中能硬化成二定形状制品的液态树脂混合物，如尼龙。

（2）层压塑料 一般指浸渍有树脂的纤维织物经叠合、热压结合而成为整体材料的一类塑料，如 SMC 塑料等。

（3）模压塑料 供压缩成形的树脂混合料，如常用熟固性塑料。

（4）注射、挤出和吹塑塑料 一般指能在料筒温度下熔融、流动，并在模具中能迅速硬化的一类树脂混合物。

（5）反应注射模塑料 一般特指液态原材料加压注入模腔内，使其发生化学反应经交链而固化成制品的一类高聚物，如聚氨酯等。

3. 按物理化学性能分类

（1）热固性塑料 在热或其他条件作用下能固化成不熔、不溶性物料的一类塑料，如酚醛塑料、环氧塑料、DAP 塑料、氨基塑料及不饱和聚酯塑料等。

（2）热塑性塑料 在特定的温度范围内能反复加热熔融和冷却硬化的一类塑料，如聚乙烯塑料、ABS 塑料、聚碳酸酯塑料、聚酰胺塑料和聚甲醛塑料等。

4. 按半成品和制品分类

（1）泡沫塑料 整体内含有无数微孔的一类塑料，如聚氨酯泡沫塑料、聚苯乙烯泡沫塑料、低发泡结构塑料等。

（2）增强塑料 加有增强剂，使其某些力学性能比原树脂有较大提高的一类塑料，如玻璃纤维增强塑料、碳纤维增强塑料和硅纤维增强塑料等。

（3）薄膜　一般指厚度在0.25mm以下的平整而柔软的一类塑料制品，如聚乙烯薄膜、聚氯乙烯薄膜、聚酯薄膜等。

（4）模塑粉　俗称塑料粉，主要由热固性树脂（如酚醛等）和填料（如木粉等），经充分混合、滚压、粉碎而得的一类塑料，如酚醛塑料粉等。

16.1.2　塑料名称及代号

常用塑料名称及缩写代号如表16-1所示。

表16-1　常用塑料名称及缩写代号（GB/T 1844.1—2008）

名称	缩写代号[①]	名称	缩写代号[①]
丙烯腈-丁二烯塑料	AB	全氟(乙烯-丙烯)塑料	FEP(PEEP)
丙烯腈-丁二烯-丙烯酸酯塑料	ABAK(ABA)	呋喃-甲醛树脂	FF
丙烯腈-丁二烯-苯乙烯塑料	ABS	液晶聚合物	LCP
丙烯腈-氯化聚乙烯-苯乙烯塑料	ACS(ACPES)	甲基丙烯酸甲酯-丙烯腈-丁二烯-苯乙烯塑料	MABS
丙烯腈-(乙烯-丙烯-二烯)-苯乙烯塑料	AEPDS(AEPDMS)	甲基丙烯酸甲酯-丁二烯-苯乙烯塑料	MBS
丙烯腈-甲基丙烯酸甲酯塑料	AMMA	甲基纤维素	MC
丙烯腈-苯乙烯-丙烯酸酯塑料	ASA	三聚氰胺-甲醛树脂	MF
乙酸纤维素	CA	三聚氰胺-酚醛树脂	MP
乙酸丁酸纤维素	CAB	α-甲基苯乙烯-丙烯脂塑料	MSAN
乙酸丙酸纤维素	CAP	聚酰胺	PA
甲醛纤维素	CEF	聚丙烯酸	PAA
甲酚-甲醛树脂	CF	聚芳醚酮	PAEK
羧甲基纤维素	CMC	聚酰胺(酰)亚胺	PAI
硝酸纤维素	CN	聚丙烯酸酯	PAK
环烯烃共聚物	COC	聚丙烯腈	PAN
丙酸纤维素	CP	聚芳酯	PAR
三乙酸纤维素	CTA	聚芳酰胺	PARA
乙烯-丙烯酸塑料	EAA	聚丁烯	PB
乙烯-丙烯酸丁酯塑料	EBAK(EBA)	聚丙烯酸丁酯	PBAK
乙基纤维素	EC	1,2-聚丁二烯	PBD
乙烯-丙烯酸乙酯塑料	EEAK(EEA)	聚萘二甲酸丁二酯	PBN
乙烯-甲基丙烯酸塑料	EMA	聚对苯二甲酸丁二酯	PBT
环氧树脂或环氧塑料	EP	聚碳酸酯	PC
乙烯-丙烯塑料	E/P(EPM)	聚亚环己基-二亚甲基-环己基二羧酸酯	PCCE
乙烯-四氟乙烯塑料	ETFE		
乙烯-乙酸乙烯酯塑料	EVAC(EVA)		
乙烯-乙烯醇塑料	EVOH	聚己内酯	PCL

（续）

名称	缩写代号①	名称	缩写代号①
聚对苯二甲酸亚环己基-二亚甲酯	PCT	聚丙烯	PP
		可发性聚丙烯	PP-E（EPP）
聚三氟氯乙烯	PCTFE	高抗冲聚丙烯	PP-HI（HIPP）
聚邻苯二甲酸二烯丙酯	PDAP	聚苯醚	PPE
聚二环戊二烯	PDCPD	聚氧化丙烯	PPOX
聚乙烯	PE	聚苯硫醚	PPS
氯化聚乙烯	PE-C（CPE）	聚苯砜	PPUS
高密度聚乙烯	PE-HD（HDPE）	聚苯乙烯	PS
低密度聚乙烯	PE-LD（LDPE）	可发聚苯乙烯	PS-E
线型低密度聚乙烯	PE-LLD（LLDPE）	高抗冲聚苯乙烯	PS-HI
中密度聚乙烯	PE-MD（MDPE）	聚砜	PSU
超高分子量聚乙烯	PE-UHMW（UHMWPE）	聚四氟乙烯	PTFE
极低密度聚乙烯	PE-VLD（VLDPE）	聚对苯二甲酸丙二酯	PTT
聚酯碳酸酯	PEC	聚氨酯	PUR
聚醚醚酮	PEEK	聚乙酸乙烯酯	PVAC
聚醚酯	PEEST	聚乙烯醇	PVAL（PVOH）
聚醚（酰）亚胺	PEI	聚乙烯醇缩丁醛	PVB
聚醚酮	PEK	聚氯乙烯	PVC
聚萘二甲酸乙二酯	PEN	氯化聚氯乙烯	PVC-C（CPVC）
聚氧化乙烯	PEOX	未增塑聚氯乙烯	PVC-U（UPVC）
聚酯型聚氨酯	PESTUR	聚偏二氯乙烯	PVDC
聚醚砜	PESU	聚偏二氟乙烯	PVDF
聚对苯二甲酸乙二酯	PET	聚氟乙烯	PVF
聚醚型聚氨酯	PEUR	聚乙烯醛缩甲醛	PVFM
酚醛树脂	PF	聚-N-乙烯基咔唑	PVK
全氟烷氧基烷树脂	PFA	聚-N-乙烯基吡咯烷酮	PVP
聚酰亚胺	PI	苯乙烯-丁二烯塑料	SB
聚异丁烯	PIB	苯乙烯-顺丁烯二酸酐塑料	SMAH（S/MA、SMA）
聚异氰脲酸酯	PIR	苯乙烯-α-甲基苯乙烯塑料	SMS
聚酮	PK	脲-甲醛树脂	UF
聚甲基丙烯酰亚胺	PMI	不饱和聚酯树脂	UP
聚甲基丙烯酸甲酯	PMMA	氯乙烯-乙烯塑料	VCE
聚-N-甲基甲基丙烯酰亚胺	PMMI	氯乙烯-乙烯-丙烯酸甲酯塑料	VCEMAK（VCEMA）
聚-4-甲基-1-戊烯	PMP	氯乙烯-乙烯-丙烯酸乙酯塑料	VCEVAC
聚-α-甲基苯乙烯	PMS	氯乙烯-丙烯酸甲酯塑料	VCMAK（VCMA）
聚氧亚甲基	POM	氯乙烯-甲基丙烯酸甲酯塑料	VCMMA

（续）

名称	缩写代号①	名称	缩写代号①
氯乙烯-丙烯酸辛酯塑料	VCOAK（VCOA）	氯乙烯-偏二氯乙烯塑料	VCVDC
氯乙烯-乙酸乙酯塑料	VCVAC	乙烯基酯树脂	VE

① 括号内的字母组合是曾推荐使用的缩写代号。

16.1.3 塑料填充及增强材料

1. 填充及增强材料的表示符号（表16-2）

表 16-2　填充及增强材料的表示符号（GB/T 1844.2—2008）

符号	材　料①	符号	材　料①
B	硼	P	云母
C	碳	Q	硅
D	三水合氧化铝	R	聚芳基酰胺
E	黏土	S	合成有机物（例如，细粒聚四氟乙烯，聚酰亚胺或热固树脂）
G	玻璃		
K	碳酸钙	T	滑石
L	纤维素	W	木
M	矿物,金属②	X	未规定
N	天然有机物(棉,剑麻,大麻,亚麻等)	Z	该表内未包括的其他物质

① 这些材料可以被进一步定义，例如：使用化学符号或由其他相关标准定义的符号。

② 若为金属（M）时，应该使用化学符号表示金属的类型。

2. 表示填充及增强材料的形状或结构符号（表16-3）

表 16-3　表示填充及增强材料的形状或结构符号

（GB/T 1844.2—2008）

符号	形状或结构	符号	形状或结构
B	珠状,球状,球体	P	纸
C	片状,切片	R	粗纱
D	微粉,粉末	S	薄片
F	纤维	T	缠绕或纺织成的织物,绳
G	研磨	V	板坯
H	须状物,晶须	W	纺织物
K	针织织物	X	未规定
L	片坯	Y	纱
M	毡片(厚型)	Z	该表内未包括的其他材料
N	无纺织物(纺织物,薄型)		

16.1.4　塑料增塑剂名称及代号

塑料增塑剂名称及代号如表16-4所示。

表16-4　塑料增塑剂名称及代号（GB/T 1844.3—2008）

缩写代号	增塑剂名称	缩写代号	增塑剂名称
DCHP	dicyclohexyl phthalate 邻苯二甲酸二环己酯	DIOA	diisooctyl adipate 己二酸二异辛酸
DCP	dicapryl phthalate 邻苯二甲酸二辛酯	DIOM	diisooctyl maleate 顺丁烯二酸二异辛酯； 马来酸二异辛酯
DDP	didecyl phthalate 邻苯二甲酸二癸酯	DIOP	diisooctyl phthalate 邻苯二甲酸二异辛酯
DEGDB	diethylene glycol dibenzoate 二苯甲酸二甘醇酯	DIOS	diisooctyl sebacate 癸二酸二异辛酯
DEP	diethyl phthalate 邻苯二甲酸二乙酯	DIOZ	diisooctyl azelate 壬二酸二异辛酸
DHP	diheptyl phthalate 邻苯二甲酸二庚酯	DIPP	diisopentyl phthalate 邻苯二甲酸二异戊酯
DHXP	dihexyl phthalate 邻苯二甲酸二己酯	DMEP	di-(2-methyloxyethyl) phthalate 邻苯二甲酸二 (2-甲氧基乙)酯
DIBA	diisobutyl adipate 己二酸二异丁酯	DMP	dimethyl phthalate 邻苯二甲酸二甲酯
DIBM	diisobutyl maleate 顺丁烯二酸二异丁酯； 马来酸二异丁酯	DMS	dimethyl sebacate 癸二酸二甲酯
DIBP	diisobutyl phthalate 邻苯二甲酸二异丁酯	DNF	dinonyl fumarate 反丁烯二酸二壬酯； 富马酸二壬酯
DIDA	diisodecyl adipate 己二酸二异癸酯	DNM	dinonyl maleate 顺丁烯二酸二壬酯； 马来酸二壬酯
DIDP	diisodecyl phthalate 邻苯二甲酸二异癸酯	DNOP	di-n-octyl phthalate 邻苯二甲酸二正辛酯
DIHP	diisoheptyl phthalate 邻苯二甲酸二异庚酯	DNP	dinonyl phthalate 邻苯二甲酸二壬酯
DIHXP	diisohexyl phthalate 邻苯二甲酸二二异己酯	DNS	dinonyl sebacate 癸二酸二壬酯
DINA	diisononyl adipate 己二酸二异壬酯	DOA	dioctyl adipate 己二酸二辛酯
DINP	diisononyl phthalate 邻苯二甲酸二异壬酯		

（续）

缩写代号	增塑剂名称	缩写代号	增塑剂名称
DOIP	dioctyl isophthalate 间苯二甲酸二辛酯	HXODP	hexyl octyl decyl phthalate （=610P） 邻苯二甲酸己·辛·癸酯
DOP	dioctyl phthalate 邻苯二甲酸二辛酯	NUA	nonyl undecyl adipate （=911A） 己二酸壬基十一烷酯
DOS	dioctyl sebacate 癸二酸二辛酯	NUP	nonyl undecyl phthalate （=911P） 邻苯二甲酸壬基十一烷酯
DOTP	dioctyl terephthalate 对苯二甲酸二辛酯		
DOZ	dioctyl azelate 壬二酸二辛酯	ODA	octyl decyl adipate 己二酸辛·癸酯
DPCF	diphenyl cresyl phosphate 磷酸二苯甲酚酯	ODP	octyl decyl phthalate 邻苯二甲酸辛·癸酯
DPGDB	di-x-propylene glycol dibenzoate 二苯甲酸二-x-丙二醇酯	ODTM	n-octyl decyl trimellitate 偏苯三酸辛基癸基酯
DPOF	diphenyl octyl phosphate 磷酸二苯辛酯	PO	paraffin oil 石蜡油
DPP	diphenyl phthalate 邻苯二甲酸二苯酯	PPA	poly(propylene adipate) 聚己二酸丙二醇酯
DTDP	diisotridecyl phthalate（see2.8） 邻苯二甲酸二异十三烷酯	PPS	poly(propylene sebacate) 聚癸二酸丙二酯
DUP	diundecyi phthalate 邻苯二甲酸双十一烷酯	SOA	sucrose octa-acetate 蔗糖八乙酸酯
ELO	epoxidized linseed oil 环氧化亚麻子油	TBAC	tributyl o-acetylcitrate 邻乙酰柠檬酸三丁酯
ESO	epoxidized soya bean oil 环氧化大豆油	TBEP	tri-(2-butoxyethyl) phosphate 磷酸三(2-丁氧乙基)酯
GTA	glycerol triacetate 三乙酸甘油酯	TBP	tributyl phosphate 磷酸三丁酯
HNUA	heptyl nonyl undecyl adipate （=711A） 己二酸庚基·壬十一烷酯	TCEF	trichloroethyl phosphate 磷酸三氯乙酯
HNUP	heptyl nonyl undecyl phthalate （=711P） 邻苯二甲酸庚·壬十一烷酯	TCF	tricresyl phosphate 磷酸三甲酚酯
HXODA	hexyl octyl decyl adipate （=610A） 己二酸己辛·癸酯	TDBPP	tri-(2,3-dibromopropyl) phosphate 磷酸三(2,3-二溴丙)酯

（续）

缩写代号	增塑剂名称	缩写代号	增塑剂名称
TDCPP	tri-(2,3-dichloropropyl) phosphate 磷酸三(2,3-二氯丙)酯	TOF	trioctyl phosphate 磷酸三辛酯
TEAC	triethyl o-acetylcitrate 邻乙酰柠檬酸三乙酯	TOPM	tetraoctyl pyromellitate 均苯四甲酸四辛酯
THFO	tetrahydrofurfuryl oleate 油酸四氢糠醇酯	TOTM	trioctyl trimellitate 偏苯三酸三辛酯
THTM	triheptyl trimellitate 偏苯三酸三庚酯	TPP	triphenyl phosphate 磷酸三苯酯
TIOTM	triisooctyl trimellitate 偏苯三酸三异辛酯	TXF	trixylyl phosphate 磷酸三二甲苯酯

16.1.5　塑料阻燃剂名称及符号

塑料阻燃剂的符号是先以大写字母"FR"写成缩略语，紧接着不留空格，按表16-5选出合适的两位数代号，并用括号括起来。当阻燃剂的质量分数超过1%时应予以标识。这些代号是对塑料名称与代号、塑料填充及增强材料、塑料增塑剂的名称及代号的补充。

示例1：

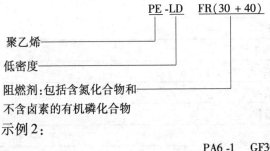

示例2：

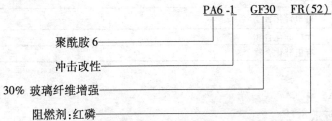

表16-5　阻燃剂名称及代号（GB/T 1844.4—2008）

类别	代号	名称
卤代化合物	10	脂肪族/脂环族氯化合物
	11	含有锑化合物的脂肪族/脂环族氯化合物
	12	芳香族氯代化合物
	13	含有锑化合物的芳香族氯代化合物

（续）

类别	代号	名称
卤代化合物	14	脂肪族/脂环族溴代化合物
	15	含有锑化合物的脂肪族/脂环族溴代化合物
	16	芳香族溴代化合物（溴代二苯醚和溴代联苯除外）
	17	含有锑化合物的芳香族溴代化合物（溴代二苯醚和溴代联苯除外）
	18	多溴代二苯醚
	19	含有锑化合物的多溴代二苯醚
	20	多溴代联苯
	21	含有锑化合物的多溴代联苯
	22	脂肪族/脂环族氯代和溴代化合物
	25	脂肪族氟代化合物
含氮化合物	30	含氮化合物（限于三聚氰胺、三聚氰胺脲酸醋、脲）
有机磷化合物	40	不含卤素的有机磷化合物
	41	氯代有机磷化合物
	42	溴代有机磷化合物
无机磷化合物	50	正磷酸铵
	51	多磷酸铵
	52	红磷
金属氧化物 金属氢氧化物 金属盐	60	氢氧化铝
	61	氢氧化镁
	62	氧化锑（Ⅲ）
	63	锑酸碱金属盐
	64	水合碳酸镁/水合碳酸钙
硼化合物和 锌化合物	70	无机硼化合物
	71	有机硼化合物
	72	硼酸锌
	73	有机锌化合物
硅化合物	75	无机硅化合物
	76	有机硅化合物

16.1.6　塑料制品的标志

塑料制品的标志如表 16-6 所示。

表 16-6　塑料制品的标志 （GB/T 16288—2008）

图　形	名　称	图　形	名　称
	可重复使用		可回收再生利用

（续）

图　形	名　称	图　形	名　称
	不可回收再生利用塑料		回收再加工利用塑料
	再生塑料		

16.2　常用塑料的性能

16.2.1　常用热塑性塑料的性能

1. 常用热塑性塑料的使用性能（表16-7）

表 16-7　常用热塑性塑料的使用性能

塑料名称	性　能	用　途
硬聚氯乙烯 （RPVC）	力学强度高,电气性能优良,耐酸碱力极强,化学稳定性好,但软化点低	适于制造棒、管、板、焊条、输油管及耐酸碱零件
软聚氯乙烯 （SPVC）	伸长率大,力学强度、耐蚀性、电绝缘性均低于硬聚氯乙烯,且易老化	适于制作薄板、薄膜、电线电缆绝缘层、密封件等
聚乙烯 （PE）	耐蚀性、电绝缘性(尤其高频绝缘性)优良,可以氯化、辐照改性,可用玻璃纤维增强 高密度聚乙烯熔点、刚性、硬度和强度较高,吸水性小,有突出的电气性能和良好的耐辐射性 低密度聚乙烯柔软性、伸长率、冲击强度和透明性较好 超高分子量聚乙烯冲击强度高,耐疲劳,耐磨,用冷压烧结成型	HDPE 适于制作耐腐蚀零件和绝缘零件 LDPE 适于制作薄膜等 超高分子量聚乙烯适于制作减摩、耐磨及传动零件
聚丙烯 （PP）	密度小,强度、刚性、硬度、耐热性均优于 HDPE,可在 100℃ 左右使用。具有优良的耐蚀性,良好的高频绝缘性,不受湿度影响,但低温变脆,不耐磨,易老化	适于制作一般机械零件、耐腐蚀零件和绝缘零件
聚苯乙烯 （PS）	电绝缘性(尤其高频绝缘性)优良,无色透明,透光率仅次于有机玻璃,着色性、耐水性、化学稳定性良好,力学强度一般,但性脆,易产生应力破裂,不耐苯、汽油等有机溶剂	适于制作绝缘透明件、装饰件及化学仪器、光学仪器等零件
丁苯橡胶改性聚苯乙烯 （203A）	与聚苯乙烯相比,有较高的韧性和冲击强度,其余性能相似	适于制作各种仪表和无线电结构零件
聚苯乙烯改性有机玻璃 （372）	透明性极好,力学强度较高,有一定的耐热、耐寒和耐气候性,耐腐蚀。绝缘性良好,综合性能超过聚苯乙烯,但质脆,易溶于有机溶剂,如作透光材料,其表面硬度稍低,容易擦毛	适于制作绝缘零件及透明和强度一般的零件

（续）

塑料名称	性　能	用　途
苯乙烯-丙烯腈共聚物（AS）	冲击强度比聚苯乙烯高,耐热、耐油、耐蚀性好,弹性模量为现有热塑性塑料中较高的一种,并能很好地耐某些使聚苯乙烯应力开裂的烃类	广泛用来制作耐油、耐热、耐化学腐蚀的零件及电信仪表的结构零件
苯乙烯-丁二烯-丙烯腈共聚物（ABS）	综合性能较好,冲击强度、力学强度较高,尺寸稳定,耐化学性、电性能良好;易于成型和机械加工,与372有机玻璃的熔接性良好,可作双色成型塑件,且表面可镀铬	适于制作一般机械零件、减摩耐磨零件、传动零件和电信结构零件
聚酰胺（PA）	坚韧,耐磨,耐疲劳,耐油,耐水,抗霉菌,但吸水率大 PA6 弹性好,冲击强度高,吸水性较大 PA66 强度高,耐磨性好 PA610 与 PA66 相似,但吸水性和刚性都较小 PA1010 半透明,吸水性较小,耐寒性较好	适于制作一般机械零件,减摩耐磨零件,传动零件,以及化工、电器、仪表等零件
聚甲醛（POM）	综合性能良好,强度、刚度高,冲击强度、疲劳性能、蠕变性能较好,减摩耐磨性好,吸水小,尺寸稳定性好,但热稳定性差,易燃烧,长期在大气中曝晒会老化	适于制作减摩零件、传动零件、化工容器及仪器仪表外壳
聚碳酸酯（PC）	冲击强度高,弹性模量和尺寸稳定性较高。无色透明,差色性好,耐热性比尼龙、聚甲醛高,抗蠕变和电绝缘性较好,耐蚀性、耐磨性良好,但自润性差,不耐碱、酮、胺、芳香烃,有应力开裂倾向,高温易水解,与其他树脂相溶性差	适于制作仪表小零件,绝缘透明件和耐冲击零件
氯化聚醚	突出的耐蚀性(略次于氟塑料),摩擦因数低,吸水性很小,尺寸稳定性高,耐热性比硬聚氯乙烯好,抗氧化性比尼龙好,可焊接、喷涂,但低温性能差	适于制作腐蚀介质中的减摩耐磨零件、传动零件、一般机械及精密机械零件
聚砜（PSF）	耐热耐寒性、抗蠕变及尺寸稳定性优良,耐酸,耐碱,耐高温蒸汽 聚砜硬度和冲击强度高,可在 -65～150℃下长期使用,在水、湿空气或高温下仍保持良好的绝缘性,但不耐芳香烃和卤化烃 聚芳砜耐热和耐寒性好,可在 -240～260℃下使用,硬度高,耐辐射	适于制作耐热件,绝缘件,减摩、耐磨传动件,仪器仪表零件,计算机零件及抗蠕变结构零件。聚芳砜还可用于低温下工作零件
聚苯醚（PPO）	综合性能良好,拉伸、刚性、冲击、抗蠕变及耐热性较高,可在120℃蒸汽中使用。电绝缘性优越,受温度及频率变化的影响很小,吸水性小,但有应力开裂倾向。改性聚苯醚可消除应力开裂,成型加工性好,但耐热性略差	适于制作耐热件、绝缘件、减摩耐磨件、传动件、医疗器械零件和电子设备零件
氟塑料	耐腐蚀性、耐老化及电绝缘性优越,吸水性很小 聚四氟乙烯对所有化学药品都能耐蚀,摩擦因数在塑料中最低,不粘,不吸水,可在 -195～250℃长期使用,但冷流性大,不能注射成型 聚三氟氯乙烯耐蚀,耐热和电绝缘性略次于聚四氟乙烯,可在 -180～190℃下长期使用,可注射成型,在芳香烃和卤化烃中稍微溶胀 聚全氟乙丙烯除使用温度外,几乎保留聚四氟乙烯所有的优点,且可挤压、模压及注射成型,黏性好,可热焊	适于制作耐腐蚀件、减摩耐磨件、密封件、绝缘件和医疗器械零件

（续）

塑料名称	性　能	用　途
醋酸纤维素（EC）	强韧性很好,耐油耐稀酸,透明有光泽,尺寸稳定性好,易涂饰、染色、粘合、切削,在低温下冲击强度和拉伸强度下降	适于制作汽车、飞机、建筑用品,机械、工具用品,化妆品器具,照相、电影胶卷
聚酰亚胺（PI）	综合性能优良,强度高,抗蠕变,耐热性好,可在 − 200 ~ 260℃下长期使用,减摩耐磨、电绝缘性优良,耐辐射,耐电晕,耐稀酸,但不耐碱、强氧化剂和高压蒸汽 均苯型聚酰亚胺成型困难 醚酐型聚酰亚胺可挤压、模压、注射成型	适于制作减摩耐磨零件、传动零件、绝缘零件、耐热零件,用作防辐射材料、涂料和绝缘薄膜

2. 常用热塑性塑料的力学性能（表 16-8）

表 16-8　常用热塑性塑料的力学性能

塑料名称		屈服强度/MPa	拉伸强度/MPa	断裂伸长率/（%）	拉伸弹性模量/GPa	弯曲强度/MPa	弯曲弹性模量/GPa	压缩强度/MPa	剪切强度/MPa	冲击强度（缺口试样简支梁）/（kJ/m²）	布氏硬度HB
聚乙烯	高密度	22 ~ 30	27	15 ~ 100	0.84 ~ 0.95	27 ~ 40	1.1 ~ 1.4	22	—	65.5	2.07 邵氏 D60 ~ 70
	低密度	7 ~ 19	7 ~ 16	90 ~ 650	0.12 ~ 0.24	25	0.11 ~ 0.24	—	—	48	邵氏 D41 ~ 46
聚丙烯	纯聚丙烯	37	—	>200	—	67	1.45	56	—	3.5 ~ 4.8	8.65 洛氏 R95 ~ 105
	乙烯丙烯嵌段共聚	36	—	>430	—	53	1.23	43	—	10	6.94
	玻璃纤维增强	78 ~ 90	78 ~ 90	—	—	132	4.5	70	—	14.1	9.1
	添加 CaCO₃ 等填充物	16 ~ 185	16 ~ 175	43	—	77	—	35	190	7.4	5.4
聚甲基丙烯酸甲酯	聚甲基丙烯酸甲酯	80	80	2 ~ 10	3.16	145	2.56	84 ~ 127	—	3	15.3
	与苯乙烯共聚	63	—	4 ~ 5	3.5	113 ~ 130	—	77 ~ 105	—	0.75 ~ 1.1（悬臂缺口）	洛氏 M70 ~ 85
	与 α-甲基苯乙烯共聚	35 ~ 63	—	>15 ~ 50	1.4 ~ 2.8	56 ~ 91	—	28 ~ 98	—	0.64（悬臂缺口）	洛氏 R99 ~ 120
聚氯乙烯	硬质	35 ~ 50	35 ~ 50	20 ~ 40	2.4 ~ 4.2	≥90	0.05 ~ 0.09	68	—	58	16.2 洛氏 R110 ~ 120
	软质	10 ~ 24		300			0.006 ~ 0.012				邵氏 A96
聚苯乙烯	一般型	35 ~ 63	35 ~ 63	1.0	2.8 ~ 3.5	61 ~ 98	—	80 ~ 112	—	0.54 ~ 0.86（悬臂缺口）	洛氏 M65 ~ 80

（续）

塑料名称		屈服强度/MPa	拉伸强度/MPa	断裂伸长率(%)	拉伸弹性模量/GPa	弯曲强度/MPa	弯曲弹性模量/GPa	压缩强度/MPa	剪切强度/MPa	冲击强度（缺口试样简支梁）/(kJ/m²)	布氏硬度HB
聚苯乙烯	抗冲型	14 ~ 48	14 ~ 48	5.0	1.4 ~ 3.1	35 ~ 70	—	28 ~ 63	—	1.1 ~ 23.6（悬臂缺口）	洛氏 M20 ~ 80
	20% ~30%玻璃纤维增强	77 ~ 106	77 ~ 106	0.75	3.23	70 ~ 119	—	84 ~ 112	—	0.75 ~13（悬臂缺口）	洛氏 M65 ~ 90
苯乙烯共聚	ACS	36	31	11	—	47	1.34	44	—	49	4.98
	AAS	36	35	37	1.7 ~ 2.3	59	1.7	46	—	11	5.98
	ABS	50	38	35	1.8	80	1.4	53	24	11	9.7 洛氏 R121
	改性聚苯乙烯（丁苯橡胶改性）	33	38	30.8	—	56	1.8	72	—	14.4	9.8
聚对苯二甲酸乙二醇酯	纯	68	68	78	2.9	104	—	77	63	5.3	14.2
	玻璃纤维增强	125	125	0	—	138 ~ 210	9.1	159	—	12.4	16.6
纤维素	乙基纤维素	—	14 ~ 56	5 ~ 40	0.7 ~ 2.1	28 ~ 84	—	70 ~ 240	—	4.3 ~ 18.2	洛氏 R50 ~ 115
	醋酸纤维素	—	13 ~ 59	6 ~ 70	0.46 ~ 2.8	14 ~ 110	—	15 ~ 250	—	0.86 ~ 11.1	洛氏 R35 ~ 125
	硝酸纤维素	—	49 ~ 56	40 ~ 45	1.3 ~ 1.5	63 ~ 77	—	150 ~ 246	—	10.7 ~ 15	洛氏 R95 ~ 115
聚碳酸酯	纯	72	60	75 泊松比 0.38	2.3	113	1.54	77	40	55.8 ~ 90	11.4 洛氏 M75
	20% ~30%	120	120	泊松比 0.38	—	169	4.0	130	—	22	14.5
	长玻璃纤维	84	84	泊松比 0.38	6.5	134	3.12	110	53	10.7	13.5
改性聚碳酸酯	与低压聚乙烯共混	64	62	92	—	97	1.53	69	—	90	10.4
	与ABS共混	71	59	86	2.1 ~2.3	108	1.84	92	—	74	11.30
聚甲醛	纯	69	60	55	2.5	104	1.8	69	45	15	11.20 洛氏 M78
	聚四氟乙烯填充	62	45 ~ 50	59 ~ 72	—	105	2.1 ~ 2.8	73 ~ 88	—	13 ~ 16	12.5

（续）

塑料名称		屈服强度/MPa	拉伸强度/MPa	断裂伸长率（%）	拉伸弹性模量/GPa	弯曲强度/MPa	弯曲弹性模量/GPa	压缩强度/MPa	剪切强度/MPa	冲击强度（缺口试样简支梁）/(kJ/m²)	布氏硬度HB
聚砜	纯	82	58	30	2.5	>120	2.0	85	45	20	12.7 洛氏 M69、R120
	30%玻璃纤维增强	>103	>103	0	3.0	>180	3.1	116	>45	10.1	14
	聚四氟乙烯填充	77	55	28	2.0	107	1.8	>60	>40	10.9	12.8
	聚芳砜	98	98	—	—	154	2.1	127	—	17	14.0 洛氏 M110
	聚醚砜	101	97	26	2.6	147	2.1	113		18	12.93
聚苯醚	纯	87	69	14	2.5	140	2.0	103	725	13.5	13.3 洛氏 R118~123
	改性聚苯醚（与聚苯乙烯共混）	82	67	55	2.1	130	1.7	93	—	27	13.5 洛氏 R119
氯化聚醚	纯	32	26	230	1.1	49	0.9	38	—	10.7	4.2 洛氏 R100
	改性氯化聚醚（与聚乙烯共混）	34	26	120	—	41		44	—	7.7	3.9
聚酚氧	纯	68	48~53	40~100	2.7	137	2.4	81	—	13.4	10 洛氏 R121
聚酰胺树脂	尼龙1010 纯	62	54	168	1.8	88	1.3	57	42	25.3	9.75
	尼龙1010 30%玻璃纤维增强	174	174	0	8.7	208	4.6	134	59	18	13.6
	尼龙6 纯	70	62	90~200	2.6	96	2.3	92	59	11.8	11.6 洛氏 R85~114
	尼龙6 30%玻璃纤维增强	164	164	0	—	227	7.5	180		15.5	14.5
	尼龙610 纯	75	56	66	2.3	110	1.8	76	42	15.2	9.52 洛氏 R90~113
	尼龙610 40%玻璃纤维增强	210	210	0	11.4	281	6.5	165	93	38	14.9

（续）

塑料名称		屈服强度/MPa	拉伸强度/MPa	断裂伸长率（%）	拉伸弹性模量/GPa	弯曲强度/MPa	弯曲弹性模量/GPa	压缩强度/MPa	剪切强度/MPa	冲击强度（缺口试样简支梁）/(kJ/m²)	布氏硬度HB
聚酰胺树脂	尼龙66 纯	89	74	28	1.2 ~ 2.8	126	2.8	71 ~ 98	67	6.5	12.2 洛氏 R100 ~ 118
	尼龙66 30%玻璃纤维增强	146	146	0	6.0 ~ 12.6	215	4.7	105 ~ 168	98	17.5	15.6 洛氏 M94
	尼龙9 纯	55	38	75		90	1.3	60	50		8.31
	尼龙11 纯	54	42	80	1.4	101	1.6	51	40	15	7.5 洛氏 R100
	MC-尼龙 浇铸尼龙	97	84	36	3.6	134	4.2	86	—		12.5 R91
含氟树脂	聚四氟乙烯	14 ~ 25		25 ~ 35	0.4	11 ~ 14		12 42 (1%变形)		16.4	R58 邵氏 D50 ~ 65
	聚三氟氯乙烯	32 ~ 40		30 ~ 190	1.1 ~ 1.3	55 ~ 70	1.3 ~ 1.8	32 ~ 52	38 ~ 42	13 ~ 17	9 ~ 13 邵氏 D74 ~ 78
	聚偏氟乙烯	46 ~ 49		30 ~ 300	0.8		1.4	70		20.3	邵氏 D80
	聚四氟乙烯与六氟丙烯共聚	20 ~ 25		250 ~ 370	0.3	—	—	—	—	—	洛氏 R25

注：表中玻璃纤维前百分数为质量分数，后同。

3. 常用热塑性塑料的物理性能（表 16-9）

表 16-9　常用热塑性塑料的物理性能

塑料名称		密度/(g/m³)	比体积/(cm³/g)	吸水率(24h 长时期)（质量分数,%）	折射率	透光率或透明度（%）	摩擦因数
聚乙烯	高密度	0.941 ~ 0.965	1.03 ~ 1.06	<0.01	1.54	不透明	0.23
	低密度	0.910 ~ 0.925	1.08 ~ 1.10		1.51	半透明	—
聚丙烯	纯聚丙烯	0.90 ~ 0.91	1.10 ~ 1.11	0.01 ~ 0.03 浸水 18d,0.5	—	半透明	聚丙烯/钢(无润滑)0.34 聚丙烯/铜(油润滑)0.16
	乙烯、丙烯嵌段共聚	0.91	1.10	—	—		
	玻璃纤维增强	—	—	0.05			
	添加 CuCO₃ 等填充物	—	—	—	—		

（续）

塑料名称		密度/(g/m³)	比体积/(cm³/g)	吸水率(24h长时期)(质量分数,%)	折射率	透光率或透明度(%)	摩擦因数
聚甲基丙烯酸甲酯	聚甲基丙烯酸甲酯	1.17~1.20	0.83~0.84	0.3~0.4	1.41	90~92	Taher法:12mm/1000r
	与苯乙烯共聚	1.12~1.16	0.86~0.89	0.2	—	90	Taher法:5.5mm/1000r
	与α-甲基苯乙烯共聚	1.16	0.86	0.2	—	—	—
聚氯乙烯	硬质	1.35~1.45	0.69~0.74	0.07~0.4	1.52~1.55	透明	
	软质	1.16~1.35	0.74~0.86	0.15~0.75	—	透明	负荷10N,1000转磨损量15~17mg
聚苯乙烯	一般型	1.04~1.06	0.94~0.96	0.03~0.05	1.59~1.60	—	
	抗冲型	0.98~1.10	0.91~1.02	0.1~0.3	1.57	透明	—
	20%~30%玻璃纤维增强	1.20~1.33	0.75~0.83	0.05~0.07	—	透明	—
苯乙烯共聚树脂	ACS	1.07~1.10	0.91~0.93	0.20~0.30	—	不透明	—
	AAS	1.05~1.12	0.89~0.95	0.5	—	不透明	—
	ABS	1.02~1.16	0.86~0.98	0.2~0.4	—		—
	ABS玻璃纤维增强	1.20~1.38	0.72~0.83	0.1~0.7	—		—
聚对苯二甲酸乙二醇酯	纯	1.32~1.37	0.73~0.76	0.26	—		阿姆斯勒试验,$\mu=0.27,b=2.5$
	玻璃纤维增强	1.63~1.70	0.59~0.61	—	—		—
纤维素	乙基纤维素	1.09~1.17	0.85~0.92	0.8~1.8	1.47		
	醋酸纤维素	1.23~1.34	0.75~0.81	1.9~6.5	1.46~1.50		
	硝酸纤维素	1.35~1.40	0.71~0.74	1.0~2.0	1.49~1.51	—	
聚碳酸酯	纯	1.20	0.83	23℃、50%RH, 0.15 23℃浸水中, 0.35	1.586 (25℃)	—	阿姆斯勒试验,$\mu=0.37,b=16.0$ PC/PC0.24(速度1cm/s) PC/不锈钢0.73 (速度1cm/s)
	20%~30%长玻璃纤维	1.35~1.50	0.67~0.74	23℃、50%RH, 0.09~0.15 23℃浸水中, 0.2~0.4	—	—	—
	20%~30%短玻璃纤维	1.34~1.35	0.74~0.75	0.09~0.15 0.2~0.4	—	—	—

（续）

塑料名称		密度/(g/m³)	比体积/(cm³/g)	吸水率(24h长时期)(质量分数,%)	折射率	透光率或透明度(%)	摩擦因数
改性聚碳酸酯	与高密度聚乙烯共混	1.18	0.85	0.15	—	—	
	与 ABS 共混	1.15	0.87	0.15	—	—	
聚甲醛	纯	1.41	0.71	0.12~0.15 0.8	—	—	阿姆斯勒试验 $\mu=0.31, b=6.0$ 负荷 28N/cm² 动 0.14,静 0.21 POM/POM0.2~0.4 POM/钢 0.1~0.2
	聚四氟乙烯填充	1.52	0.66	0.06~0.15 0.55	—	—	负荷 28N/cm² 动 0.07~0.12 静 0.15~0.18
聚砜	纯	1.24	0.80	0.12~0.22 23℃28d,0.62	1.63	透明	阿姆斯勒试验, $\mu=0.46, b=16.0$ 聚砜/聚砜0.67 聚砜/不锈钢0.40
	30% 玻璃纤维增强	1.34~1.40	0.71~0.75	<0.1	—	—	
	聚四氟乙烯填充	1.34	0.75	<0.1	—	—	阿姆斯勒试验, $\mu=0.15~0.16$, $b=5.5~6.0$
	聚芳砜	1.37	0.73	1.8	1.67		
	聚醚砜	1.36	0.73	0.43	1.65		
聚苯醚	纯	1.06~1.07	0.93~0.94	24h,0.06 23℃水中长期,0.14	—	—	阿姆斯勒试验, $\mu=0.36, b=11.5$ PPO/PPO0.18~0.23 磨损(CS-17,1000r)17mg
	改性聚苯醚（与聚苯乙烯共混）	1.06	0.94	0.06 0.11	—	不透明	PPO/PPO0.24~0.30 磨损(CS-17,1000r)20mg
氯化聚醚	纯	1.4~1.41	0.71	<0.01 <0.01	1.586	80~87	油润滑 0.843
	改性氯化聚醚(与聚乙烯共混)	—	—	—	—	—	—

（续）

塑料名称		密度/(g/m³)	比体积/(cm³/g)	吸水率($\frac{24h}{长时期}$)（质量分数,%）	折射率	透光率或透明度（%）	摩擦因数
聚酚氧	纯	1.17	0.85	0.13	—	透明至不透明	阿姆斯勒试验,$\mu=0.45,b=23.5$
聚酰胺树脂	尼龙1010　纯	1.04	0.96	0.2~0.4 23℃水中长期 0.5~1.7	—	半透明	阿姆斯勒试验,$\mu=0.50,b=6.0$
	尼龙1010　30%玻纤增强	1.19~1.30	0.77~0.84	0.4~1.0	—	不透明	—
	尼龙6　纯	1.10~1.15	0.87~0.91	1.6~3.0 8~12	—	半透明	负荷28N/cm² 动0.22,静0.26
	尼龙6　30%玻纤增强	1.21~1.35	0.74~0.83	0.9~1.3 4.0~7.0	—	不透明	—
	尼龙610　纯	1.07~1.13	0.88~0.93	0.4~0.5 3.0~3.5	—	半透明	—
	尼龙610　40%玻纤增强	1.38	0.72	0.17~0.28 1.8~2.1	—	不透明	—
	尼龙66　纯	1.10	0.91	0.9~1.6 7~10.0	—		负荷28N/cm² 动0.24,静0.26 尼龙66/尼龙66 0.11~0.19(无润滑)
	尼龙66　30%玻纤增强	1.35	0.74	0.5~9.3 3.8~5.8	—		—
	尼龙9　纯	1.05	0.95	0.15 1.2	—	半透明	—
	尼龙11　纯	1.04	0.96	0.5 0.6~1.2	—	半透明	0.17
	MC尼龙　碱聚合浇铸尼龙	1.14	0.88	0.8~1.14 5.5	—	不透明	0.45
含氟树脂	聚四氟乙烯	2.1~2.2	0.45~0.48	0.005	—	—	对钢:动50~65,静0.04 阿姆斯勒试验,$\mu=0.13,b=14.5$ 聚四氟乙烯/聚四氟乙烯0.04
	聚三氟氯乙烯	2.11~2.3	0.43~0.47	0.005	—	—	—
	聚偏氟乙烯	1.76	0.57	0.04	—	透明-半透明	对钢:0.14~0.17 磨损(5N)17.6mg/1000r
	四氟乙烯与六氟丙烯共聚	2.14~2.17	0.46~0.47	0.005	—	—	—

4. 常用热塑性塑料的热性能（表 16-10）

表 16-10　常用热塑性塑料的热性能

塑料名称		玻璃化温度/℃	熔点(或黏流温度)/℃	熔融指数/(g/10min)	维卡针入度/℃	马丁耐热/℃	热变形温度 $\left(\dfrac{45\text{N/cm}^2}{180\text{N/cm}^2}\right)$/℃	线胀系数/$10^{-5}℃^{-1}$	计算收缩率/(%)	比热容/[J/(kg·K)]	热导率/[W/(m·K)]	燃烧性/(cm/min)
聚乙烯	高密度	-125~-120	105~137	0.37(100℃,负荷21N,φ2.09mm)	121~127	—	60~82 / 48	11~13	1.5~3.0	2310	0.490	很慢
	低密度	-125~-120	105~125	0.3~17.0			38~49	16~18	1.5~5.0	2310	0.335	很慢
聚丙烯	纯聚丙烯	-18~-10	170~176	2.03~8.69(230℃,负荷21N,φ2.09)	140~150	—	102~115 / 56~67	9.8	1.0~3.0	1930	0.118	慢
	乙烯、丙烯嵌段共聚	—	160~170	1.0~4.0	105	<60				2100	0.126	—
	玻璃纤维增强	—	170~180	1.5~2.5	—	65	127	4.9				
	添加 CuCO₃ 等填充物	—	160~170									
聚甲基丙烯酸甲酯	聚甲基丙烯酸甲酯	105	160~200	1.07(200℃,负荷50N,φ2.09)	—	68	74~109 / 68~99	5~9	1.5~1.8	1470	0.210	慢
	与苯乙烯共聚	—	—	—	≥110	<60	85~99	6~8			0.147	慢
	与 α-甲基苯乙烯共聚						127~131 / 108~112	5.4				慢
聚氯乙烯	硬质	87	160~212	—	—	65	67~82 / 54	5.0~18.5	0.6~1.0	1260	0.210	自熄
	软质		110~160	—	—	<60		7.0~25	1.5~2.5	1680	0.147	自熄
聚苯乙烯	一般型	100	131~165	23.9(190℃,负荷50N,φ2.09)	—	70	65~96	6~8	0.5~0.6	1340	0.120	慢
	抗冲型	—				70	64~92.5	3.4~21	0.3~0.6	1400	0.084	慢
	20%~30% 玻璃纤维增强						82~112	3.4~6.8	0.3~0.5	1000	0.163	慢
苯乙烯共聚树脂	ACS		200		93~94		85~100	6.8	0.4~1.0	1180	0.122	慢
	AAS		200		90		106~108 / 80~102	8~11	0.4~1.0	1470	0.263	慢
	ABS	—	130~160	0.41~0.82(200℃,负荷50N,φ2.09)	71~122	63	90~108 / 83~103	7.0	0.4~0.7	1470	0.263	慢
	ABS 玻璃纤维增强		—		—		116~121 / 112~116	2.8	0.1~0.2		0.263	慢

（续）

塑料名称		玻璃化温度/℃	熔点(或黏流温度)/℃	熔融指数/(g/10min)	维卡针入度/℃	马丁耐热/℃	热变形温度 $\left(\begin{array}{c}45N/cm^2\\180N/cm^2\end{array}\right)$/℃	线胀系数/$10^{-5}℃^{-1}$	计算收缩率/(%)	比热容/[J/(kg·K)]	热导率/[W/(m·K)]	燃烧性/(cm/min)
聚对苯二甲酸乙二醇酯	纯	69	255~260	—	—	82	115 85	6.0	1.8	2200	0.250	慢
	玻璃纤维增强	—	—	—	—	150~178	240	2.5	0.2~1.0	1800	0.270	慢
纤维素	乙基纤维素	—	165~185	—	—	—	46~88	10~20		2200	0.227	快
	醋酸纤维素						49~76 44~88	8~16		1680	0.252	快
	硝酸纤维素	53					60~71	8~12		1480	0.231	快
聚碳酸酯	纯	149	225~250 (267)	—	150~162	116~129	132~141 132~138	6	0.5~0.7	1220	0.193	自熄
	20%~30%长玻璃纤维	—	245~250			134	146~157 143~149	2.13~5.16	0.05~0.4	840	0.290	自熄
	20%~30%短玻璃纤维	—	235~245			129	146~149 140~145	3.2~4.8	0.05~0.5	840	0.218	自熄
改性聚碳酸酯	与高密度聚乙烯共混		225~240			114	—	—		1500	—	慢
	与ABS共混	—	220~240			104	—			1900		慢
聚甲醛	纯	~50	180~200	2.71~16.9 (190℃,负荷21N,φ2.09)	152~160	≤60	158~174 110~157	10.7	1.5~3.0	1470	0.231	2.54
	聚四氟乙烯填充	—	—	—	—	<60	160~165 100	8.0~9.6	1.0~2.5	—	0.203	2.0
聚砜	纯	190	250~280		173	156	182 174	3.5	0.5~0.6	1300	0.118	自熄
	30%玻璃纤维增强	—			180	177~200	191 185	2.85	0.3~0.4	—	0.319	自熄
	聚四氟乙烯填充				170	157	160~165 100	4.2~5.8	0.5~0.6		—	自熄
	聚芳砜	288	—			182	—	—	0.5~0.8		0.190	自熄
	聚醚砜	230				183	274	2.6	0.8	1100	0.160	自熄
聚苯醚	纯	190~220	300		217	120~140	180~204 175~193	5.2~6.6	0.4~0.7		0.195	12.7 自熄
	改性聚苯醚(与聚苯乙烯共混)	—				120	190	6.7	0.5~0.7	1340	0.217	自熄
氯化聚醚	纯	74	178~182	3.2~14.7 (230℃,负荷21N,φ2.09)	165	72	141 100	12	0.4~0.8	—	0.130	自熄

（续）

塑料名称		玻璃化温度/℃	熔点(或黏流温度)/℃	熔融指数/(g/10min)	维卡针入度/℃	马丁耐热/℃	热变形温度$\left(\dfrac{45N/cm^2}{180N/cm^2}\right)$/℃	线胀系数/10⁻⁵℃⁻¹	计算收缩率/(%)	比热容/[J/(kg·K)]	热导率/[W/(m·K)]	燃烧性/(cm/min)
氯化聚醚	改性氯化聚醚(与聚乙烯共混)	—	—	3.28	—	—	—	—	0.5~1.0	—	—	自熄
聚酚氧	纯	—	—	—	—	71	92 86	3.2~3.8	0.3~0.4	1680	0.176	自熄
聚酰胺树脂	尼龙1010 纯	—	2.05	3.19~7.18(215℃,负荷50N,φ1.18)	190	<60	148 55	10	1.3~2.3(纵向) 0.7~1.7(横向)	1050	0.125	自熄
	尼龙1010 30%玻纤增强	—	—	—	172	—	—	1.3~1.8	0.3~0.6	—	—	自熄
	尼龙6 纯	50	210~225	1.18~8.94(230℃,负荷50N,φ1.18)	160~180	<60	140~176 80~120	7.9	0.6~1.4	1680	0.243	自熄
	尼龙6 30%玻纤增强	—	—	—	190	—	216~264 204~259	1.95	0.3~0.7	1870	0.353	自熄
	尼龙610 纯	40	215~225	—	195~205	<60	149~185 57~100	12	1.0~2.0	1700	0.223	自熄
	尼龙610 40%玻纤增强	—	—	—	185	—	215~226 200~225	—	0.2~0.6	1470	0.370	自熄
	尼龙66 纯	47	250~265	—	220~257	—	149~176 82~121	7.1~8.9	1.5	1680	0.247	自熄
	尼龙66 30%玻纤增强	—	—	—	240~247	190	262~265 245~262	2.5	0.2~0.8	1260	0.479	自熄
	尼龙9 纯	—	210~215	1.73(215℃,负荷50N,φ1.0)	194~202	<60	—	15	1.5~2.5	—	0.630	自熄
	尼龙11 纯	—	186~190	—	173~178	<60	68~150 47~55	11	1.0~2.0	1260	0.273	自熄
	MC尼龙 碱聚合浇铸尼龙	—	235~250	—	—	60~90	204~218 149~218	5~8	—	—	—	自熄
含氟树脂	聚四氟乙烯	-126	327	—	—	—	121~126 120	10~12	3.1~7.7	1050	0.252	不燃
	聚三氟氯乙烯	45	260~280	—	—	—	130 75	4.5~7.0	1~2.5	920	0.210	不燃
	聚偏氟乙烯	—	204~285	—	—	—	150 90	15.3	2.0	1400	0.126	自熄
	四氟乙烯与六氟丙烯共聚	—	265~278	5.5~8.0	—	—	—	—	—	1170	0.252	不燃

5. 常用热塑性塑料的电气性能（表16-11）

表16-11　常用热塑性塑料的电气性能

塑料名称		表面电阻率 /Ω	体积电阻率 /Ω·m	击穿电压 /(kV/mm)	介电常数 $(10^6 Hz)$	介电损耗角正切$(10^6 Hz)$	耐电弧性 /s
聚乙烯	高密度	—	$10^{13} \sim 10^{14}$	$17.7 \sim 19.7$	$2.30 \sim 2.35$	$<3 \times 10^{-4}$	150
	低密度	—	$>10^{14}$	$18.1 \sim 27.5$	$2.25 \sim 2.35$	$<5 \times 10^{-4}$	$135 \sim 160$
聚丙烯	纯聚丙烯	—	$>10^{14}$	30	$2.0 \sim 2.6$	1×10^{-3}	$125 \sim 185$
	乙烯丙烯嵌段共聚	—	$>10^{14}$	24	—	—	—
	玻璃纤维增强	—	—	—	—	—	—
	添加 $CaCO_3$ 等填充物	—	—	—	—	—	—
聚甲基丙烯酸甲酯	聚甲基丙烯酸甲酯		$>10^{12}$	$17.7 \sim 21.6$	$2.7 \sim 3.2$	$(2 \sim 3) \times 10^{-2}$	
	与苯乙烯共聚	1.35×10^{13}	$>10^{12}$	$15.7 \sim 17.7$	2.81	1.9×10^{-2}	
	与 α-甲基苯乙烯共聚	—		18.7	3.03	—	
聚氯乙烯	硬质	—	6.71×10^{11}	26.5		5.79×10^{-2}	—
	软质	—	6.71×10^{11}	26.5	4.24	5.79×10^{-2}	—
聚苯乙烯	一般型	—	$>10^{14}$	$19.7 \sim 27.5$	$2.4 \sim 2.65$	$(1 \sim 40) \times 10^{-5}$	$60 \sim 80$
	抗冲型	—	$>10^{14}$	—	$2.4 \sim 3.8$	$(4 \sim 20) \times 10^{-4}$	$20 \sim 100$
	20%~30%玻璃纤维增强	—	$10^{11} \sim 10^{15}$	—	$2.4 \sim 3.1$	$(5 \sim 50) \times 10^{-4}$	$60 \sim 135$
苯乙烯共聚树脂	ACS	6.2×10^{15}	2.55×10^{14}	21.7	3.01	1.14×10^{-2}	—
	AAS	1.2×10	—	—	—	—	—
	ABS	1.2×10^{13}	6.9×10^{14}		3.04	7×10^{-3}	$50 \sim 85$
	改性聚苯乙烯（丁苯橡胶改性）						90
聚对苯二甲酸乙二醇酯	纯	3.02×10^{16}	3.92×10^{14}	—	3.04	1.61×10^{-2}	
	玻璃纤维增强	2.86×10^{16}	3.67×10^{14}	$30 \sim 35$	3.7	1.33×10^{-2}	$90 \sim 120$
纤维素	乙基纤维素	—	$10^{10} \sim 10^{12}$	$9.8 \sim 14.4$	$3.2 \sim 7.0$	$(1 \sim 10) \times 10^{-2}$	$50 \sim 310$
	醋酸纤维素	—	$10^{10} \sim 10^{12}$	$11.8 \sim 23.6$	6.4	$(6 \sim 9) \times 10^{-2}$	
	硝酸纤维素	—	$(1.0 \sim 1.5) \times 10^9$	>15	2.54	$(6 \sim 7) \times 10^{-3}$	120
聚碳酸酯	纯	3.02×10^{15}	3.06×10^{15}	$17 \sim 22$	2.54	$(6 \sim 7) \times 10^{-3}$	120
	20%~30% 长玻璃纤维	10^{16}	10^{15}	22	3.17	7×10^{-3}	$5 \sim 120$
	20%~30% 短玻璃纤维	10^{16}	10^{15}	22	3.17	$(3 \sim 5) \times 10^{-3}$	$5 \sim 120$

（续）

塑料名称		表面电阻率 /Ω	体积电阻率 /Ω·m	击穿电压 /(kV/mm)	介电常数 (10⁶Hz)	介电损耗角 正切(10⁶Hz)	耐电弧性 /s
改性聚碳酸酯	与低压聚乙烯共混	—	9.98×10^{13}	—	3.06	8×10^{-3}	—
	与 ABS 共混	6.6×10^{13}	2.9×10^{15}	13 ~ 19	2.40	5×10^{-3}	70 ~ 120
聚甲醛	纯	—	1.87×10^{14}	18.6	3.56	7.8×10^{-3}	129 ~ 140
	聚四氟乙烯填充					—	129 ~ 140
聚砜	纯	6.5×10^{16}	9.46×10^{14}	16.1	2.97	5.6×10^{-3}	122
	30% 玻璃纤维增强	$>10^{16}$	$>10^{14}$	20	—		122
	聚四氟乙烯填充	$>10^{16}$	$>10^{14}$	22	—		122
	聚芳砜	1.8×10^{14}	1.1×10^{15}	29.7	3.57	8.2×10^{-3}	67
	聚醚砜	4.52×10^{16}	6.14×10^{14}	—	3.07	6.92×10^{-3}	—
聚苯醚	纯	2.1×10^{16}	2.0×10^{15}	16 ~ 20.5	2.70	1.33×10^{-3}	—
	改性聚苯醚(与聚苯乙烯共混)	2.96×10^{14}	3.8×10^{14}		2.95	2.03×10^{-3}	75
氯化聚醚	纯	2.61×10^{16}	1.56×10^{14}	16.4 ~ 20.2	3.1	8.38×10^{-3}	—
	改性氯化聚醚(与聚乙烯共混)	—	—	—	—	—	—
聚酚氧	纯	—	5.75×10^{13}	—	3.69	4.9×10^{-2}	—
聚酰胺树脂	尼龙1010 纯	4.7×10^{15}	1.5×10^{13}	20	3.1	1.6×10^{-2}	—
	尼龙1010 30%玻纤增强	3.7×10^{15}	6.7×10^{13}	>20	2.73	2.7×10^{-2}	—
	尼龙6 纯	6.1×10^{15}	1.7×10^{14}	>20	3.4	7.0×10^{-2}	—
	尼龙6 30%玻纤增强	1.57×10^{13}	4.77×10^{13}	—	3.43	1.59×10^{-2}	—
	尼龙610 纯	4.9×10^{13}	3.7×10^{14}	15 ~ 25	2.98	9.05×10^{-3}	—
	尼龙610 40%玻纤增强	$>10^{13}$	$>10^{12}$	23	3.1	1.7×10^{-2}	—
	尼龙66 纯	3.1×10^{13}	4.2×10^{12}	>15	4	4×10^{-3}	—
	尼龙66 30%玻纤增强		5×10^{13}	16.4 ~ 20.2	4.7	$(1.7 ~ 2.6) \times 10^{-2}$	—
	尼龙9,纯	3.06×10^{14}	4.44×10^{13}	>15	3.1	2.49×10^{-2}	—
	尼龙11,纯	3.1×10^{14}	1.6×10^{13}	>15	3.7	6×10^{-2}	—
	MC 尼龙,浇铸尼龙	9.3×10^{14}	3×10^{13}	19.1	3.7 (60Hz)	2×10^{-2}	—

（续）

塑料名称		表面电阻率 /Ω	体积电阻率 /Ω·m	击穿电压 /(kV/mm)	介电常数 $(10^6\,Hz)$	介电损耗角正切$(10^6\,Hz)$	耐电弧性 /s
含氟树脂	聚四氟乙烯	$>10^{17}$	$>10^{16}$	25～40	2.0～2.7	2×10^{-4} (60Hz)	>200
	聚三氟氯乙烯	$>10^{16}$	$>10^{15}$	19.7	2.3～2.7	1.2×10^{-3} (60Hz)	360
	聚偏氟乙烯	—	2×10^{12}	10.2		4.9×10^{-2} (60Hz)	50～70
	四氟乙烯与六氟丙烯共聚		$0.94\sim2.1\times10^{16}$	40	2.1	7×10^{-4}	>165

6. 常用热塑性塑料的化学性能（表16-12）

表16-12　常用热塑性塑料的化学性能

塑料性能		聚乙烯		聚丙烯				聚甲基丙烯甲酯		
		高密度	低密度	纯聚丙烯	乙烯丙烯嵌段共聚	玻璃纤维增强	添加 $CaCO_3$ 等填充物	聚甲基丙烯酸甲酯	与苯乙烯共聚	与 α-甲基苯乙烯共聚
化学性能	日光及气候影响	在大气中会被紫外线破坏,若加入质量分数为 2.0%～2.5% 炭黑及稳定剂,能改善抗大气老化性能		不含稳定剂时表面迅速变色、发脆,若添加抗氧化剂会改善其抗大气老化性能				能透过紫外线达 73.5%,有一定的耐候性		
	耐酸性及对盐溶液的稳定性	不耐氧化性酸		60℃以下中等浓度的酸类无影响。强酸及高浓度氧化剂能引起破坏,对水和无机盐溶液稳定				除强氧化酸外,对酸、盐、水均稳定		
	耐碱性	耐碱类化合物		对碱类稳定				除强碱有侵蚀外,对弱碱较为稳定		
	耐油性	对动物油、植物油、矿物油溶胀,随温度提高更甚		对多数油类中稳定,能吸收极少量矿物油、植物油				对动物油、植物油、矿物油稳定		
	耐有机溶剂性	脂肪烃、芳香烃、酮类、醇类、酯类增塑剂等有机溶剂会加速聚乙烯应力开裂		室温下不溶于有机溶剂,超过80℃能溶于苯、甲苯等芳香烃及氯化烃中,与溶剂长期接触不产生脆裂				对芳香族、氟化烃等有机化合物能溶解,醇类脂肪族无影响		

（续）

塑料性能	聚氯乙烯		聚苯乙烯			苯乙烯共聚			
	硬质	软质	一般型	抗冲型	20%~30%玻璃纤维增强	ACS	AAS	ABS	ABS玻纤增强
化学性能 日光及气候影响	对紫外线敏感		受阳光的作用会变黄,变色的程度取决于聚合物中存在杂质含量			耐候性要比聚苯乙烯强,加黑色颜料的苯乙烯共聚物经户外大气侵蚀二年,其外观和性能基本不变			
耐酸性及对盐溶液的稳定性	对大多数无机酸和盐类等水溶液稳定,但强酸略有侵蚀		能耐有机酸、盐等水溶液			对酸、水、无机盐几乎完全不受影响,在冰醋酸中会引起应力开裂			
耐碱性	对强碱侵蚀,弱碱稳定		对碱类化合物稳定			耐碱类性能优良			
耐油性	对各种油类稳定		影响表面及颜色			某些植物油会引起应力开裂			
耐有机溶剂性	可溶解于酮类和其他芳香族溶剂。通常增塑剂加入会使聚氯乙烯制品侵蚀和萃取		受许多烃类、酮类高级脂肪族的侵蚀而软化或溶解,对醇类稳定			在酮、醛、酯以及有些氯化烃中要溶解,长期接触烃类会软化和溶胀			

塑料性能	聚对苯二甲酸乙二醇酯		纤维素			聚碳酸酯			改性聚碳酸酯	
	纯	玻璃纤维增强	乙基纤维素	醋酸纤维素	硝酸纤维素	纯	20%~30%长玻璃纤维增强	20%~30%短玻璃纤维增强	与低压聚乙烯共混	与ABS共混
化学性能 日光及气候影响	在大气中缓慢老化		大气中易老化			日光照射微脆化,经玻璃纤维增强后紫外线影响减弱			日光照射微脆化	
耐酸性及对盐溶液的稳定性	受大多数的浓无机酸侵蚀,对弱无机酸稳定,在热水中有水解作用		强酸侵蚀,弱酸稳定			对稀无机酸、有机酸、盐溶液和水稳定,强酸、氧化剂有破坏作用,在大于60℃水中发生水解作用			对稀无机酸、有机酸、盐溶液和水稳定,不耐强酸、氧化剂	
耐碱性	不耐强碱,耐弱碱		强碱弱碱均稳定			弱碱影响较轻,强碱溶液、氨和胺类能引起腐蚀或分解			弱碱影响较轻,胺类强碱溶液要引起腐蚀	
耐油性	对油类稳定		在油类中稳定			对动、植物油和多数烃油及其酯类稳定,含有极性溶剂的某些矿物油类有影响			对动、植物油和多数烃油及酯类稳定	
耐有机溶剂性	能耐多种有机溶剂如氯化烃、芳香烃等		在芳香烃、脂肪烃中稳定,可溶解在氯化烃中			溶于氯化烃和部分酮、酯及芳香烃中,不溶于脂肪族碳氢化合物、醚和醇类			溶于氯化烃、酮、酯及芳香烃中,对醇、醚、脂肪族稳定	

（续）

塑料性能		聚甲醛		聚砜					聚苯醚	
		纯	聚四氟乙烯填充	纯	30%玻璃纤维增强	聚四氟乙烯填充	聚芳砜	聚醚砜	纯	改性聚苯醚（与聚苯乙烯共混）
化学性能	日光及气候影响	长期暴露于紫外线辐射下冲击强度显著下降，表面粉化、龟裂，力学强度下降		抗氧性较优异,不耐强辐射紫外线,较长期照射后冲击强度将有明显下降					对紫外线不稳定,在阳光中长期暴露,表面颜色变深	
	耐酸性及对盐溶液的稳定性	有机酸、盐溶液和水无影响,对强酸、强氧化剂的耐蚀性较差		除浓硝酸、浓硫酸外,对其他强和弱的无机酸、有机酸、盐和水均稳定					对水、盐溶液、强和弱的无机酸和有机酸稳定	
	耐碱性	强和弱碱均无影响,长期作用后微有侵蚀		在强碱、弱碱中稳定					弱碱无影响,强碱长时间作用能引起缓慢分解	
	耐油性	耐各种油类、酯类		对一般烃油稳定,含有极性的某些矿物油类有影响					不耐汽油,在汽油中会发生开裂	
	耐有机溶剂性	耐醛、酯、醚、烃,仅酚类有影响		在酯和酮类中会发生溶胀且有部分溶解,并溶于氯化烃和芳香烃中					溶于氯化烃、芳香烃中,不溶于脂肪烃、醚和醇类	

塑料性能		氯化聚醚		聚酚氧	聚酰胺树脂					
		纯	改性氯化聚醚（与聚乙烯共混）	纯	尼龙1010		尼龙6		尼龙610	
					纯	30%玻纤增强	纯	30%玻纤增强	纯	40%玻纤增强
化学性能	日光及气候影响	日光照射后,伸长率明显下降		不耐紫外线长期照射	在阳光下暴晒半年后,其物理力学性能特别是冲击强度和伸长率将明显下降;若添加抗氧剂或加炭黑,其耐日光照射性能将有明显改善					
	耐酸性及对盐溶液的稳定性	除强氧化剂如浓硝酸、双氧水、发烟硫酸在较高温度下引起腐蚀外,其他均好		耐稀酸盐溶液,不耐强氧化酸	能被硫酸、甲酸、乙酸等溶解或部分溶解,能被硝酸、盐酸所水解;在常温下某些盐类如氯化钙饱和的甲醇溶液和强氧化剂引起破坏					
	耐碱性	在较高温度下可耐各种碱类		弱碱稳定,不耐强碱、胺类化合物	能耐各种浓度的碱					
	耐油性	对汽油、松节油稳定		对油类稳定	对各种动、植物油和矿物油类有很好的稳定性					
	耐有机溶剂性	对脂肪烃、芳香烃、醇类稳定,丙酮、酯类及苯胺有影响		耐溶剂性能差,对脂肪烃稳定	不受醇、酯碳氢化合物、卤化碳氢化合物、酮等的影响,可在高温下,尼龙溶解于乙二醇、冰醋酸、氯乙醇、丙二醇、1,5-戊二醇、三氯乙烯和氯化锌的甲醇溶液,能溶于高极性物质(如苯酚、甲酚)中					

（续）

塑料性能		聚酰胺树脂				含氟树脂			
		尼龙66		尼龙9	尼龙11	MC-尼龙	聚四氟乙烯	聚三氟氯乙烯	聚偏氟乙烯	四氟乙烯与六氟丙烯共聚
		纯	30%玻纤增强	纯	纯	浇铸尼龙				
化学性能	日光及气候影响	在阳光下暴晒半年后，其物理力学性能特别是冲击强度和伸长率将明显下降；若添加抗氧剂或加炭黑，其耐日光照射性能将有明显改善					能耐紫外线，耐辐射性能较差，当 γ 射线辐照后变脆，当辐照剂量达 2.58×10^4 C/kg 时，就分解成粉末			
	耐酸性及对盐溶液的稳定性	能被硫酸、甲酸、乙酸等溶解或部分溶解，能被硝酸、盐酸所水解；在常温下，某些盐类如氯化钙饱和的甲醇溶液和强氧化剂可引起破坏					高温下浓酸、稀酸或强氧化剂不起作用，仅发现与熔融碱金属起作用			
	耐碱性	能耐各种浓度的碱					浓碱、稀碱均无影响			
	耐油性	对各种动、植物油和矿物油类有很好的稳定性					矿物油、润滑油脂、石蜡均无影响			
	耐有机溶剂性	不受醇、酯碳氢化合物、卤化碳氢化合物、酮等的影响，在高温下溶解于乙二醇、冰醋酸、氯乙醇、丙二醇、1,5-戊二醇、三氯乙烯和氯化锌的甲醇溶液，能溶于高极性物质如苯酚、甲酚中					任何有机溶剂均无影响			

16.2.2　常用热固性塑料的性能

1. 常用热固性塑料的使用性能（表16-13）

表16-13　常用热固性塑料的使用性能

塑料名称	型号举例	性　　能	用　　途
酚醛塑料	R131、R121 R132、R126 R133、R136 R135、R137 R128、R138	可塑性和成型工艺性良好。适宜于压塑成型	主要用来制造日常生活和文教用品
	D131、D133 D138、D135	机电性能和物理、化学性能良好，成型快，工艺性良好。适宜于压塑成型	主要用来制造日用电器的绝缘结构件
	D141、D144 D145、D151		用来制造低压电器的绝缘结构件或纺织机械零件
	U1601、U1801 U2101、U2301	电绝缘性能和力学、物理、化学性能良好。适宜于压塑成型。U1601 还适用于压注成型	用来制造介电性较高的电信仪表和交通电器的绝缘结构件。U1601 可在湿热地区使用
	P2301 P7301 P3301	耐高频绝缘性和耐热、耐水性优良。适宜于热压法加工成型	用来制造高频无线电绝缘零件和高压电器零件，并可在湿热地区使用
	Y2304	电气绝缘性和电气强度优良，防湿、防霉及耐水性良好。适宜于压塑成型，也可用于压注成型	用来制造在湿度大、频率高、电压高的条件下工作的机电、电信仪表、电工产品的绝缘结构件

（续）

塑料名称	型号举例	性　能	用　途
酚醛塑料	A1501	物理、力学性能和电气绝缘性能良好。适宜于压塑成型也可用于压注成型	主要用来制造在长期使用过程中不放出氨的工业制品和机电、电信工业用的绝缘结构件
	S5802	耐水、耐酸性、介电性、力学强度良好。适宜于压塑成型,也可用于压注成型	主要用来制造受酸和水蒸气侵蚀的仪表、电器的绝缘结构件,以及卫生医药用零件
	H161	防霉、耐湿性优良,力学、物理性能和电绝缘性能良好。适宜于压塑成型,也可用于压注成型	用来制造电器、仪表的绝缘结构件,可在湿热条件下使用
	E631 E431 E731	耐热、耐水性、电气绝缘性良好。E631、E431适宜于压塑成型,E731适宜于压注成型	主要用来制造受热较高的电气绝缘件和电热仪器制件。适宜在湿热带使用
	M441 M4602 M5802	力学强度和耐磨性优良。适宜于压塑成型	主要用来制造耐磨零件
	J1503 J8603	冲击强度、耐油、耐磨性和电绝缘性能优良。J8603还具有防霉、防湿、耐水性能。适宜于压塑成型	主要用来制造震动频率的电工产品的绝缘结构件和带金属嵌件的复杂制品
	T171 T661	力学性能良好。T661还具有良好的导热性	用来制造特种要求的零件。T661主要用于制造砂轮
	H161-Z H1606-Z D151-Z	力学、物理性能、电绝缘性能良好。适宜于注射成型	用来制造电器、仪表的绝缘结构件。H1606-Z还可在湿热地区使用
氨基塑料	塑33-3 塑33-5	耐弧性和电绝缘性良好,耐水、耐热性较高。适宜于压塑成型,塑33-5还宜于压注成型	主要用来制造要求耐电弧的电工零件以及绝缘、防爆等矿用电器零件
	脲-甲醛塑料	着色性好,色泽鲜艳,外观光亮,无特殊气味,不怕电火花,有灭弧能力,防霉性良好,耐热、耐水性比酚醛塑料弱	用来制造日用品、航空和汽车的装饰件、电器开关、灭弧器材及矿用电器等
有机硅塑料	浇铸料	耐高低温、耐潮、憎水性好,电阻高、高频绝缘性好,耐辐射、耐臭氧	主要用于电工、电子元件及线圈的灌封与固定
	塑料粉		用来制造耐高温、耐电弧和高频绝缘零件
硅酮塑料		电性能良好,可在很宽的频率和温度范围内保持良好性能,耐热性好,可在 -90℃ ~ 300℃ 下长期使用,耐辐射、防水、化学稳定性好,抗裂性良好。可低压成型	主要用于低压压注封装整流器、半导体管及固体电路等

（续）

塑料名称	型号举例	性　能	用　途
环氧塑料	浇铸料	强度高、电绝缘性优良、化学稳定性和耐有机溶剂性好，对许多材料的粘结力强，但性能受填料品种和用量的影响。脂环族环氧塑料的耐热性较高。适用于浇注成型和低压压注成型	主要用于电工、电子元件及线圈的灌封与固定，还可用来修复零件

2. 常用热固性塑料的力学性能 （表 16-14）

表 16-14　常用热固性塑料的力学性能

塑料名称		拉伸强度/MPa	断裂伸长率（%）	拉伸弹性模量/GPa	弯曲强度/MPa	弯曲弹性模量/GPa	压缩强度/MPa	剪切强度/MPa	冲击强度悬臂梁（缺口）/(J/m)	洛氏硬度
酚醛树脂	无填料	49～56	1.0～1.5	5.2～7.0	84.0～105.0	—	70.0～210.0	—	10.6～19.2	M124～128
	木粉填充	35～63	0.4～0.8	5.6～11.9	49.0～98.0	7.0～8.4	154～252	13～15	12.8～32.0	M100～115
	石棉填充	31～52	0.2～0.5	7.0～21.0	49.0～98.0	7.0～15.4	140～245	13～20	13.8～186.8	M105～115
	玻纤填充	35～126	0.2	13.3～23.1	70.0～420.0	14.0～23.1	112～490	30	16.0～960	E54～101
脲醛树脂	α-纤维素填充	38～91	0.5～1.0	7.0～10.5	70.0～126.0	9.1～11.2	175～315		13.3～21.3	M110～120
密胺树脂	无填料	—	—	—	77.0～84.0		280～315		—	—
	α-纤维素填充	49～91	0.6～0.9	8.4～9.8	70.0～112.0	7.7	280～315		12.8～18.6	M115～125
呋喃树脂	石棉填充	21～31	—	11.0	4.2～63.0		70～91			R110
有机硅树脂	浇铸（软质）	2.4～7.0	100～10000	63			0.7		—	邵氏 A15～65
	玻纤填充	28～45			70.0～98.0	7.0～17.5	70.0～98.0		16.0～427	M80～90
环氧树脂	无机物填充	28～70	—		42.0～105.0		126～210		16.0～24.0	M100～112
	玻纤填充	35～100	—		56.0～140.0		126～210		26.6～106.7	M100～112
	酚醛改性	42～84	2.0～6.0							
	脂环族环氧	56～84	2.0～10.0		70.0～91.0		105～140			

（续）

塑料名称		拉伸强度/MPa	断裂伸长率(%)	拉伸弹性模量/GPa	弯曲强度/MPa	弯曲弹性模量/GPa	压缩强度/MPa	剪切强度/MPa	冲击强度悬臂梁(缺口)/(J/m)	洛氏硬度
醇酸树脂	无机物填充	21~63	—	3.5~21.0	42.0~119.0	14.0	84.0~266		16.0~26.6	60~70(巴氏)
	石棉填充	31~63	—	14.0~21.0	56.0~70.0	14.0~21.0	157.5		24.0~26.6	M99
	玻纤填充	28~66	—	14.0~19.6	59.5~182.0	14.0	105~252		26.6~854	55~80(巴氏)
邻苯二甲酸二烯丙酯	玻纤填充	42~77	—	9.8~15.4	77.0~175.0	—	175~245		21.3~800	E80~87
	无机物填充	35~60	—	8.4~15.4	59.5~77.0	—	140~224		16.0~24.0	E61
不饱和聚酯	浇铸(硬)	42~91	<5.0	2.1~4.5	59.5~161.0	—	91.0~210		10.6~21.3	M70~115
	浇铸(软)	3.5~21	40~310	—	—	—	—		>370	邵氏 D84~94
	玻纤丝填充	100~210	0.5~5.0	5.6~14.0	70.0~280.0	7.0~21.0	105~210	—	106~1060	50~80(巴氏)
	玻纤布填充	210~350	0.5~2.0	10.5~31.5	280~560	—	175~350		266~1600	60~80(巴氏)
聚酰亚胺	F₄改性	35	<1.0	—	49.7	2.7	140	—	13.3	M115
	石墨填充	40	<1.0	—	89.6	6.3	140		13.3	M110
	玻纤填充	189	<1.0	20.0	346.5	22.7	227.5		907	M120
	包封级	18	<1.0	—	70.0	4.3	67.9		40.5	邵氏 D50
聚氨酯	纯	—	100~1000	—	4.9~31.5	0.07~0.70	140	—	1334	邵氏 A10~邵氏 D90

3. 常用热固性塑料的物理性能（表 16-15）

表 16-15　常用热固性塑料的物理性能

塑料名称		密度/(g/cm³)	比体积/(cm³/g)	吸水率(24h长期)(质量分数,%)	热变形温度(180N/cm²)/℃	线胀系数/10⁻⁵℃⁻¹	成型收缩率(%)	比热容/[J/(kg·K)]	热导率/[W/(m·K)]	燃烧性/(cm/min)
酚醛树脂	无填料	1.25~1.30	0.80~0.77	0.1~0.2	115~126	2.5~6.0	1.0~1.2	1680	0.189	极慢
	木粉填充	1.34~1.45	0.75~0.69	0.3~1.2	148~187	3.0~4.5	0.4~0.9	1510	0.256	极慢

（续）

塑料名称		密度/ （g/cm³）	比体积/ （cm³/g）	吸水率 （24h 长期） （质量分 数,%）	热变形 温度（180N /cm²） /℃	线胀 系数/ 10⁻⁵℃⁻¹	成型 收缩率 （%）	比热容/ [J/ （kg·K）]	热导率/ [W/ （m·K）]	燃烧性/ （cm /min）
酚醛 树脂	石棉填充	1.45 ~ 2.00	0.69 ~ 0.50	0.1 ~ 0.5	148 ~ 260	0.8 ~ 4.0	0.2 ~ 0.9	1260	0.546	0.80
	玻纤填充	1.69 ~ 1.95	0.59 ~ 0.51	0.03 ~ 1.20	150 ~ 310	0.8 ~ 2.0	0 ~ 0.4	1070	0.478	1.60
脲醛 树脂	α-纤维素填充	1.47 ~ 1.52	0.68 ~ 0.66	0.4 ~ 0.8	126 ~ 140	2.2 ~ 3.6	0.6 ~ 1.4	1680	0.357	自熄
密胺 树脂	无填料	1.48	0.67	0.3 ~ 0.5	147	—	1.1 ~ 1.2	—	—	自熄
	α-纤维素填充	1.47 ~ 1.52	0.68 ~ 0.66	0.1 ~ 0.6	176 ~ 187	4.0	0.5 ~ 1.5	1680	0.357	不燃
呋喃 树脂	石棉填充	1.75	0.57	0.01 ~ 0.20						慢燃
有机硅 树脂	浇铸（软质）	0.99 ~ 1.50	1.01 ~ 0.67	7d,0.12	—	8.0 ~ 30.0	0 ~ 0.6	—	0.231	自熄
	玻璃纤维填充	1.80 ~ 1.90	0.55 ~ 0.53	0.2	480	2.0 ~ 5.0	0 ~ 0.5	840	0.336	慢燃
环氧 树脂	无机物填充	1.70 ~ 2.10	0.58 ~ 0.47	0.03 ~ 0.20	107 ~ 230	3.0 ~ 6.0	0.4 ~ 1.0	—	0.294	慢燃
	玻纤填充	1.70 ~ 2.00	0.58 ~ 0.50	0.04 ~ 0.20	107 ~ 230	3.0 ~ 5.0	0.4 ~ 0.8	—	0.294	自熄
	酚醛改性	1.16 ~ 1.21	0.86 ~ 0.83	优良	148 ~ 260	—	—	—	—	—
	脂环族环氧	1.16 ~ 1.21	0.86 ~ 0.83	—	90 ~ 230	—	—	—	—	—
醇酸 树脂	无机物填充	1.60 ~ 2.30	0.62 ~ 0.43	0.05 ~ 0.50	176 ~ 260	2.0 ~ 5.0	0.3 ~ 1.0	1050	0.781	慢燃
	石棉填充	1.65 ~ 2.20	0.60 ~ 0.45	0.14	157	—	0.4 ~ 0.7	—	—	自熄
	玻纤填充	2.03 ~ 2.33	0.49 ~ 0.43	0.03 ~ 0.50	200 ~ 260	1.5 ~ 3.3	0.1 ~ 1.0	1050	0.840	慢燃
邻苯二 甲酸二 烯丙脂	玻纤填充	1.51 ~ 1.78	0.66 ~ 0.56	0.12 ~ 0.35	165 ~ 230	1.0 ~ 3.6	0.1 ~ 0.5	—	0.420	不燃
	无机物填充	1.65 ~ 1.68	0.61 ~ 0.59	0.20 ~ 0.5	160 ~ 280	1.0 ~ 4.2	0.5 ~ 0.7	—	0.672	不燃

（续）

塑料名称		密度/(g/cm³)	比体积/(cm³/g)	吸水率(24h长期)(质量分数,%)	热变形温度(180N/cm²)/℃	线胀系数/10⁻⁵℃⁻¹	成型收缩率(%)	比热容/[J/(kg·K)]	热导率/[W/(m·K)]	燃烧性/(cm/min)
不饱和聚酯	浇铸(硬)	1.10~1.46	0.91~0.68	0.15~0.60	60~200	5.5~10.0	—	—	0.168	—
	浇铸(软)	1.01~1.20	0.99~0.83	0.50~2.50	—	—	—	—	—	—
	玻纤丝填充	1.35~2.30	0.74~0.43	0.01~1.00	200	2.5~5.0	0~0.2	—	—	3.4
	玻纤布填充	1.50~2.10	0.66~0.47	0.05~0.50	200	1.3~3.0	0~0.2	—	—	—
聚酰亚胺	F₄改性	1.42	0.70	0.30	287	6.6	0.6	—	0.218	不燃
	石墨填充	1.45	0.69	0.60	287	1.5	0.6	—	0.147	不燃
	玻纤填充	1.90	0.53	0.20	348	1.5	0.1~0.2	—	0.504	不燃
	包封级	1.55	0.64	0.11	287	4.5	0.3	—	0.281	不燃
聚胺酯	纯	1.10~1.50	0.91~0.67	0.02~1.50	—	—	—	1800	0.210	自熄

4. 常用热固性塑料的电气性能（表16-16）

表16-16　常用热固性塑料的电气性能

塑料名称		表面电阻率/Ω	体积电阻率/Ω·m	介电强度/(kV/mm)	介电常数(60Hz)	介电损耗角正切(60Hz)	耐电弧性/s
酚醛树脂	无填料	10¹⁰~10¹²	10⁹~10¹⁰	11.8~15.7	5.0~6.5	0.06~0.100	—
	木粉填充	10⁹~10¹²	10⁷~10¹¹	10.2~15.7	5.0~13.0	0.05~0.30	—
	石棉填充	10⁸~10¹²	10⁸~10¹¹	7.8~14.2	5.0~20.0	0.05~0.20	10~190
	玻纤填充	10⁹~10¹²	10¹⁰~10¹¹	5.5~15.7	5.0~7.1	0.04~0.05	4~190
脲醛树脂	α-纤维素填充	—	10¹⁰~10¹¹	11.8~15.7	7.0~9.5	0.035~0.043	80~150
密胺树脂	无填料	—	—	—	—	—	100~145
	α-纤维素填充	—	0.8~2.0×10¹⁰	10.6~11.8	7.9~9.5	0.030~0.083	110~140
呋喃树脂	石棉填充	—	—	—	—	—	—
有机硅树脂	浇铸(软质)	—	10¹²~10¹³	21.6	2.7~4.2	0.001~0.025	115~130
	玻纤填充	—	10¹²	7.8~15.7	3.3~5.0	0.004~0.030	200~250
环氧树脂	无机物填充	—	>10¹²	9.8~15.7	3.5~5.0	0.01	120~180
	玻纤填充	10¹¹~10¹³	>10¹²	9.8~15.7	3.5~5.0	0.01	120~180
	酚醛改性	—	>10¹³	—	3.7	0.003	—
	脂环族环氧	—	>10¹³	—	3.2	0.005	优良

（续）

塑料名称		表面电阻率 /Ω	体积电阻率 /Ω·m	介电强度/ (kV/mm)	介电常数 (60Hz)	介电损耗角正切 (60Hz)	耐电弧性 /s
醇酸树脂	无机物填充	—	$10^{12} \sim 10^{13}$	13.7～17.7	5.1～7.5	0.009～0.060	75～240
	石棉填充	—	6.6×10^{6}	14.9	—	—	138
	玻纤填充	—	$6 \times 10^{10} \sim 1.5 \times 10^{13}$	9.8～20.8	5.9～7.3	0.007～0.041	130～420
邻苯二甲酸二烯丙酯	玻纤填充	—	$10^{11} \sim 10^{14}$	15.5～17.7	4.3～4.6	0.010～0.050	125～180
	无机物填充	—	10^{11}	15.5～16.5	5.2	0.030～0.100	140～190
不饱和聚酯	浇铸(硬)	—	10^{13}	14.9～19.6	3.0～4.3	0.003～0.028	125
	浇铸(软)	—	—	9.8～15.7	4.4～8.1	0.026～0.310	135
	玻纤丝填充	—	10^{12}	13.7～19.6	3.8～6.0	0.01～0.04	120～180
	玻纤布填充	—	10^{12}	13.5～19.6	4.1～5.5	0.01～0.04	60～120
聚酰亚胺	F_4改性	—	2×10^{14}	14.9	—	0.002	—
	石墨填充	—	10^{6}	—	—	—	—
	玻纤填充	—	5×10^{13}	19.6	4.8	0.003	—
	包封级	—	8×10^{12}	28.5	—	—	—
聚氨酯	纯	—	$2 \times 10^{9} \sim 10^{13}$	11.8～19.6	4.0～7.5	0.050～0.060	—

5. 常用热固性塑料的化学性能（表16-17）

表16-17　常用热固性塑料的化学性能

塑料名称		有机溶剂	弱酸	强酸	弱碱	强碱	日光
酚醛树脂	无填料	尚耐	无至轻微，与酸的种类有关	受氧化酸分解，对还原酸和有机酸作用，无至轻微	轻微至明显，与碱的种类有关	分解，侵蚀	表面变黑
	木粉填充						
	石棉填充						
	玻纤填充						
脲醛树脂	α-纤维素填充	无至轻微	侵蚀	分解，侵蚀	轻微至明显	分解	变成灰色
密胺树脂	无填料	无	无	分解	无	侵蚀	退色
	α-纤维素填充						变黄
呋喃树脂	石棉填充	耐	无至轻微	氧化侵蚀	无	稍蚀	无
有机硅树脂	浇铸(软质)	溶胀	无至轻微	轻微至激烈	无至轻微	轻微至明显	无
	玻璃纤维填充	侵蚀					
环氧树脂	无机物填充	轻微至无	无	轻微至稍蚀	轻微至无	轻微至侵蚀	轻微
	玻纤填充						
	酚醛改性					无或稍蚀	变黑色
	脂环族环氧						无
醇酸树脂	无机物填充	尚好	无	侵蚀	侵蚀	分解	无
	石棉填充	无	无	轻微	无	轻微	无
	玻纤填充	尚好	差至稍好	差至稍好	差至稍好	差至稍好	无

（续）

塑料名称		有机溶剂	弱酸	强酸	弱碱	强碱	日光
邻苯二甲酸二烯丙脂	玻纤填充	无	无	轻微	无至轻微	轻微	无
	无机物填充						
不饱和聚酯	浇铸（硬）	稍耐	耐	侵蚀	耐	稍蚀至侵蚀	微黄至轻微
	浇铸（软）						
	玻纤丝填充						
	玻纤布填充						
聚酰亚胺	F$_4$改性	极耐	耐	耐	侵蚀	侵蚀	—
	石墨填充						
	玻纤填充						
	包封级						
聚胺酯	纯	中等	轻微	侵蚀	轻微	侵蚀	变黄

16.3　塑料管材及管件

16.3.1　建筑排水用再生塑料管材

1. 建筑排水用再生塑料管材的物理力学性能（表 16-18）

表 16-18　建筑排水用再生塑料管材的物理力学性能

（NY/T 669—2003）

项　　目	技术要求	项　　目	技术要求
拉伸屈服强度/MPa	≥25	落锤冲击试验	9/10 通过
维卡软化温度/℃	≥79	纵向回缩率(%)	≤9.0
扁平试验	无破裂		

注：落锤冲击试验温度为 20℃。

2. 建筑排水用再生塑料管材的规格（图 16-1、表 16-19）

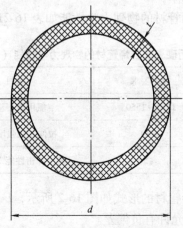

图 16-1　管材公称外径和公称壁厚

表 16-19　建筑排水用再生塑料管材的规格（NY/T 669—2003）　　（单位：mm）

公称外径	平均外径	公称壁厚 t		长度 L	
d	极限偏差	基本尺寸	极限偏差	基本尺寸	极限偏差
40	+0.3 0	2.0	+0.4 0	4000 或 6000	±10
50	+0.3 0	2.0	+0.4 0		
75	+0.3 0	2.3	+0.4 0		
90	+0.3 0	3.2	+0.6 0		
110	+0.4 0	3.2	+0.6 0		
125	+0.4 0	3.2	+0.6 0		
160	+0.5 0	4.0	+0.6 0		

注：长度也可由供需双方协商确定。

16.3.2　建筑排水用硬聚氯乙烯管材及管件

1. 建筑排水用硬聚氯乙烯管材

1）建筑排水用硬聚氯乙烯的材料及颜色如表 16-20 所示。

表 16-20　建筑排水用硬聚氯乙烯管材的材料及颜色（GB/T 5836.1—2006）

材　料	聚氯乙烯(PVC)树脂,质量分数不低于80%
颜　色	灰色或白色

注：允许使用本单位产生的清洁回用料。

2）建筑排水用硬聚氯乙烯管材的物理力学性能如表 16-21 所示。

表 16-21　建筑排水用硬聚氯乙烯管材的物理力学性能（GB/T 5836.1—2006）

项目	技术要求	项目	技术要求
密度/(kg/m³)	1350 ~ 1550	二氯甲烷浸渍试验	表面变化不劣于4L
维卡软化温度/℃	≥79	拉伸屈服强度/MPa	≥40
纵向回缩率(%)	≤5	落锤冲击性能 TIR(%)	≤10

3）建筑排水用硬聚氯乙烯管材的形式如图 16-2 所示，L 是总长度，L_1 是有效长度，管材的长度一般为 4m 或 6m，不允许有负偏差。

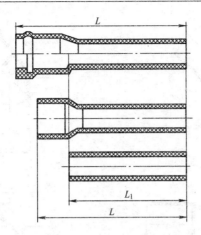

图 16-2 建筑排水用硬聚氯乙烯管材的形式

4）建筑排水用硬聚氯乙烯管材的平均外径和壁厚如表 16-22 所示。

表 16-22 建筑排水用硬聚乙烯管材的平均外径和壁厚（GB/T 5836.1—2006）

（单位：mm）

公称外径	平均外径		壁厚	
	最小	最大	最小	最大
32	32.0	32.2	2.0	2.4
40	40.0	40.2	2.0	2.4
50	50.0	50.2	2.0	2.4
75	75.0	75.3	2.3	2.7
90	90.0	90.3	3.0	3.5
110	110.0	110.3	3.2	3.8

2. 建筑排水用硬聚氯乙烯管件

1）建筑排水用硬聚氯乙烯管件的物理力学性能如表 16-23 所示。

表 16-23 建筑排水用硬聚氯乙烯管件的物理力学性能（GB/T 5836.2—2006）

项目	技术要求	项目	技术要求
密度/(kg/m³)	1350～1550	烘箱试验	符合 GB/T 8803 的规定
维卡软化温度/℃	≥74	坠落试验	无破裂

2）弯头的形式如图 16-3 所示，弯头的尺寸如表 16-24 所示。

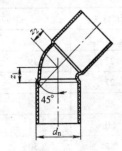
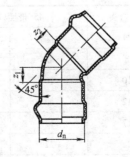

a)

图 16-3 弯头的形式

a）45°弯头

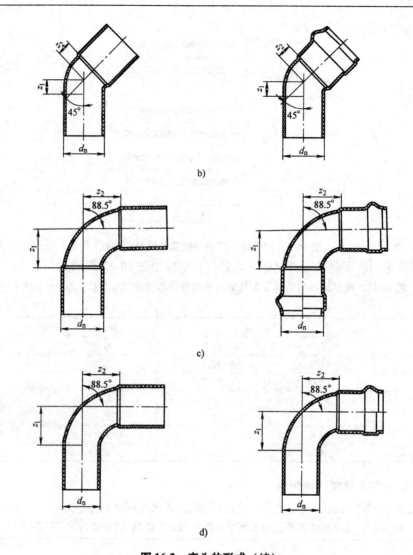

b)

c)

d)

图 16-3　弯头的形式（续）

b) 45°带插口弯头　c) 90°弯头　d) 90°带插口弯头

表 16-24　弯头的尺寸（GB/T 5836.2—2006）　　　　　（单位：mm）

公称外径 d_n	45°弯头	45°带插口弯头		90°弯头	90°带插口弯头	
	z_{1min} 和 z_{2min}	z_{1min}	z_{2min}	z_{1min} 和 z_{2min}	z_{1min}	z_{2min}
32	8	8	12	23	19	23
40	10	10	14	27	23	27
50	12	12	16	40	28	32
75	17	17	22	50	41	45
90	22	22	27	52	50	55
110	25	25	31	70	60	66
125	29	29	35	72	67	73

（续）

公称外径	45°弯头	45°带插口弯头		90°弯头	90°带插口弯头	
d_n	z_{1min} 和 z_{2min}	z_{1min}	z_{2min}	z_{1min} 和 z_{2min}	z_{1min}	z_{2min}
160	36	36	44	90	86	93
200	45	45	55	116	107	116
250	57	57	68	145	134	145
315	72	72	86	183	168	183

3）斜三通的形式如图 16-4 所示，斜三通的尺寸如表 16-25 所示。

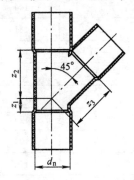 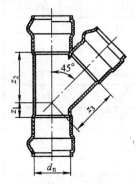

a)

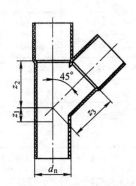 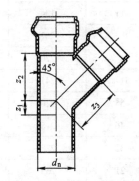

b)

图 16-4　斜三通的形式

a）45°斜三通　b）45°带插口斜三通

表 16-25　45°斜三通的尺寸（GB/T 5836.2—2006）　　　（单位：mm）

公称外径	45°斜三通			45°带插口斜三通		
d_n	z_{1min}	z_{2min}	z_{3min}	z_{1min}	z_{2min}	z_{3min}
50 × 50	13	64	64	12	61	61
75 × 50	−1	75	80	0	79	74
75 × 75	18	94	94	17	91	91
90 × 50	−8	87	95	−6	88	82
90 × 90	19	115	115	21	109	109

（续）

公称外径 d_n	45°斜三通			45°带插口斜三通		
	z_{1min}	z_{2min}	z_{3min}	z_{1min}	z_{2min}	z_{3min}
110×50	−16	94	110	−15	102	92
110×75	−1	113	121	2	115	110
110×110	25	138	138	25	133	133
125×50	−26	104	120	−23	113	100
125×75	−9	122	132	−6	125	117
125×110	16	147	150	18	144	141
125×125	27	157	157	29	151	151
160×75	−26	140	158	−21	149	135
160×90	−16	151	165	−12	157	145
160×110	−1	165	175	2	167	159
160×125	9	176	183	13	175	169
160×160	34	199	199	36	193	193
200×75	−34	176	156	−39	176	156
200×90	−25	184	166	−30	184	166
200×110	−11	194	179	−16	194	179
200×125	0	202	190	−5	202	190
200×160	24	220	214	18	220	214
200×200	51	241	241	45	241	241
250×75	−55	210	182	−61	210	182
250×90	−46	218	192	−52	218	192
250×110	−32	228	206	−38	228	206
250×125	−21	235	216	−27	235	216
250×160	2	253	240	−4	253	240
250×200	29	274	267	23	274	267
250×250	63	300	300	57	300	300
315×75	−84	253	216	−90	253	216
315×90	−74	261	226	−81	261	226
315×110	−60	272	239	−67	272	239
315×125	−50	279	250	−56	279	250
315×160	−26	297	274	−33	297	274
315×200	1	318	301	−6	318	301
315×250	35	311	334	28	344	334
315×315	78	378	378	72	378	378

4）90°顺水三通的形式如图 16-5 所示，其尺寸如表 16-26 所示。

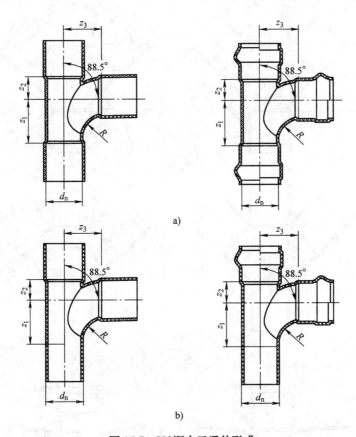

图 16-5　90°顺水三通的形式

a）90°顺水三通　b）90°带插口顺水三通

表 16-26　90°顺水三通的尺寸（GB/T 5836.2—2006）　　　（单位：mm）

公称外径 d_n	90°顺水三通				90°带插口顺水三通			
	z_{1min}	z_{2min}	z_{3min}	R_{min}	z_{1min}	z_{2min}	z_{3min}	R_{min}
32×32	20	17	23	25	21	17	23	25
40×40	26	21	29	30	26	21	29	30
50×50	30	26	35	31	33	26	35	35
75×75	47	39	54	49	49	39	52	48
90×90	56	47	64	59	58	46	63	56
110×110	68	55	77	63	70	57	75	62
125×125	77	65	88	72	79	64	86	68
160×160	97	83	110	82	99	82	110	81
200×200	119	103	138	92	121	103	138	92
250×250	144	129	173	104	147	129	173	104
315×315	177	162	217	118	181	162	217	118

5）四通的形式如图 16-6 所示，其尺寸与相应的三通相同。

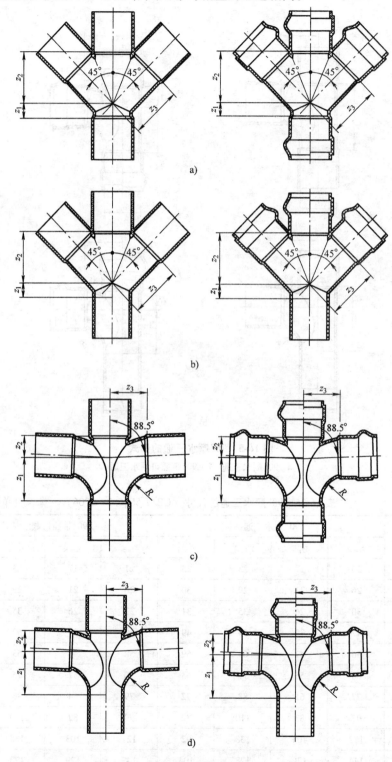

图 16-6　四通的形式

a) 45°正四通　b) 45°带插口正四通　c) 90°正四通　d) 90°带插口正四通

6）异径形式如图 16-7 所示，异径的尺寸如表 16-27 所示。

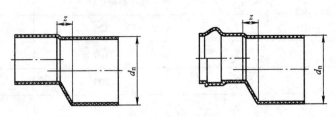

图 16-7　异径的形式

表 16-27　异径的尺寸（GB/T 5836.2—2006）　　　　（单位：mm）

公称外径 d_n	z_{min}	公称外径 d_n	z_{min}
75×50	20	200×110	58
90×50	28	200×125	49
90×75	14	200×160	32
110×50	39	250×50	116
110×75	25	250×75	103
110×90	19	250×90	90
125×50	48	250×110	85
125×75	34	250×125	77
125×90	28	250×160	59
125×110	17	250×200	39
160×50	67	315×50	152
160×75	53	315×75	139
160×90	47	315×90	132
160×110	36	315×110	121
160×125	27	315×125	112
200×50	89	315×160	95
200×75	75	315×200	74
200×90	69	315×250	49

7）直通的形式如图 16-8 所示，直通的尺寸如表 16-28 所示。

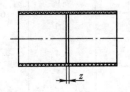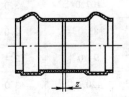

图 16-8　直通的形式

表16-28　直通的尺寸（GB/T 5836. 2—2006）　　　　（单位：mm）

公称外径 d_n	z_{min}	公称外径 d_n	z_{min}
32	2	125	3
40	2	160	4
50	2	200	5
75	2	250	6
90	3	315	8
110	3		

16.3.3　建筑用硬聚氯乙烯雨落水管材及管件

1. 矩形管材

1）矩形管材的形式如图 16-9 所示。

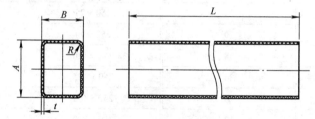

图 16-9　矩形管材的形式

2）矩形管材的尺寸如表 16-29 所示。

表16-29　矩形管材的尺寸（QB/T 2480—2000）　　　　（单位：mm）

规格	基本尺寸及偏差		壁厚 t		转角半径	长度 L	
	A	B	基本尺寸	偏差	R	基本尺寸	偏差
63 × 42	$63.0^{+0.3}_{0}$	$42.0^{+0.3}_{0}$	1.6	$^{+0.2}_{0}$	4.6		
75 × 50	$75.0^{+0.4}_{0}$	$50.0^{+0.4}_{0}$	1.8	$^{+0.2}_{0}$	5.3		
110 × 73	$110.0^{+0.4}_{0}$	$73.0^{+0.4}_{0}$	2.0	$^{+0.2}_{0}$	5.5	3000	
125 × 83	$125.0^{+0.4}_{0}$	$83.0^{+0.4}_{0}$	2.4	$^{+0.2}_{0}$	6.4	4000	+0.4%
160 × 107	$160.0^{+0.5}_{0}$	$107.0^{+0.5}_{0}$	3.0	$^{+0.3}_{0}$	7.0	5000	−0.2%
110 × 83	$110.0^{+0.4}_{0}$	$83.0^{+0.4}_{0}$	2.0	$^{+0.2}_{0}$	5.5	6000	
125 × 94	$125.0^{+0.4}_{0}$	$94.0^{+0.4}_{0}$	2.4	$^{+0.2}_{0}$	6.4		
160 × 120	$160.0^{+0.5}_{0}$	$120.0^{+0.5}_{0}$	3.0	$^{+0.3}_{0}$	7.0		

2. 圆形管材

1）圆形管材的形式如图 16-10 所示。

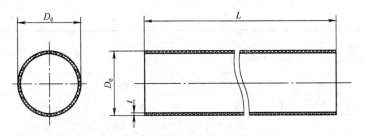

图 16-10　圆形管材的形式

2）圆形管材的尺寸如表 16-30 所示。

表 16-30　圆形管材的尺寸（QB/T 2480—2000）　　　（单位：mm）

公称外径 D_e		壁厚 t		长度 L	
基本尺寸	偏差	基本尺寸	偏差	基本尺寸	偏差
50	$^{+0.3}_{0}$	1.8	$^{+0.3}_{0}$	3000	
75	$^{+0.3}_{0}$	1.9	$^{+0.4}_{0}$	4000	$+0.4\%$
110	$^{+0.3}_{0}$	2.1	$^{+0.4}_{0}$	5000	-0.2%
125	$^{+0.4}_{0}$	2.3	$^{+0.5}_{0}$	6000	
160	$^{+0.5}_{0}$	2.8	$^{+0.5}_{0}$		

3. 矩形管件承插口

1）矩形管件承插口的形式如图 16-11 所示。

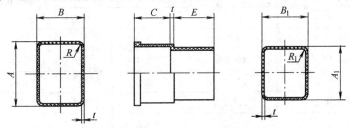

图 16-11　矩形管件承插口

2）矩形管件承插口的尺寸如表 16-31 所示。

表 16-31　矩形管件承插口的尺寸（QB/T 2480—2000）　　　（单位：mm）

规格	承口基本尺寸及偏差		插口基本尺寸及偏差		承插口壁厚 t 及偏差		转角半径		承口长度 C	插口长度 E
	A	B	A_1	B_1	基本尺寸	偏差	R	R_1		
63×42	$67.6^{+0.3}_{0}$	$46.6^{+0.3}_{0}$	$58.6^{+0.3}_{0}$	$37.6^{+0.3}_{0}$	1.8	$^{+0.3}_{0}$	6.9	2.5	35	40
75×50	$80.0^{+0.4}_{0}$	$55.0^{+0.4}_{0}$	$70.2^{+0.3}_{0}$	$45.2^{+0.3}_{0}$	2.0	$^{+0.3}_{0}$	7.8	3.0	40	45
110×73	$115.8^{+0.4}_{0}$	$78.8^{+0.4}_{0}$	$104.6^{+0.4}_{0}$	$67.6^{+0.4}_{0}$	2.2	$^{+0.4}_{0}$	8.4	2.8	50	55
125×83	$132.6^{+0.4}_{0}$	$90.6^{+0.4}_{0}$	$118.0^{+0.4}_{0}$	$76.0^{+0.4}_{0}$	2.8	$^{+0.4}_{0}$	10.2	3.0	60	70
160×107	$169.0^{+0.5}_{0}$	$116.0^{+0.5}_{0}$	$151.6^{+0.4}_{0}$	$98.6^{+0.4}_{0}$	3.5	$^{+0.4}_{0}$	11.5	3.0	80	90
110×83	$116.4^{+0.4}_{0}$	$89.4^{+0.4}_{0}$	$104.0^{+0.4}_{0}$	$77.0^{+0.4}_{0}$	2.5	$^{+0.4}_{0}$	8.7	2.8	50	55

（续）

规格	承口基本尺寸及偏差		插口基本尺寸及偏差		承插口壁厚 t 及偏差		转角半径		承口长度	插口长度
	A	B	A_1	B_1	基本尺寸	偏差	R	R_1	C	E
125×94	$132.6_{\ 0}^{+0.4}$	$101.6_{\ 0}^{+0.4}$	$118.0_{\ 0}^{+0.4}$	$87.0_{\ 0}^{+0.4}$	2.8	$_{\ 0}^{+0.4}$	10.2	3.0	60	70
160×120	$169.0_{\ 0}^{+0.5}$	$129.0_{\ 0}^{+0.5}$	$151.6_{\ 0}^{+0.5}$	$111.6_{\ 0}^{+0.4}$	3.5	$_{\ 0}^{+0.4}$	11.5	3.0	80	90

注：承口加强部位的加强肋厚度及高度尺寸由生产企业决定。

4. 圆形管件承插口

1）圆形管件承插口的形式如图 16-12 所示。

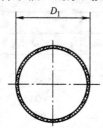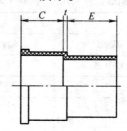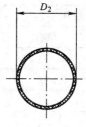

图 16-12　圆形管件承插口

2）圆形管件承插口的尺寸如表 16-32 所示。

表 16-32　圆形管件承插口的尺寸（QB/T 2480—2000）　（单位：mm）

公称外径 D_e	承口基本尺寸及偏差 D_1	插口基本尺寸及偏差 D_2	承插口壁厚 t 及偏差		承口长度 C	插口长度 E
			基本尺寸	偏差		
50	$54.8_{\ 0}^{+0.3}$	$45.2_{\ 0}^{+0.3}$	2.0	$_{\ 0}^{+0.3}$	35	40
75	$80.6_{\ 0}^{+0.3}$	$69.0_{\ 0}^{+0.3}$	2.4	$_{\ 0}^{+0.3}$	40	45
110	$116.6_{\ 0}^{+0.4}$	$103.4_{\ 0}^{+0.4}$	2.8	$_{\ 0}^{+0.4}$	50	55
125	$132.4_{\ 0}^{+0.4}$	$117.6_{\ 0}^{+0.4}$	3.2	$_{\ 0}^{+0.4}$	60	70
160	$168.2_{\ 0}^{+0.5}$	$151.8_{\ 0}^{+0.4}$	3.6	$_{\ 0}^{+0.4}$	80	90

注：承口加强部位的加强肋厚度及高度尺寸由生产企业决定。

5. 矩形管 135° 弯管

1）矩形管 135° 弯管的形式如图 16-13 所示。

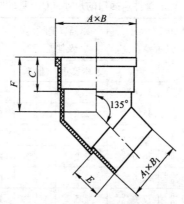

图 16-13　矩形管 135° 弯管的形式

2）矩形管 135°弯管的尺寸如表 16-33 所示。

表 16-33　矩形管 135°弯管的尺寸（QB/T 2480—2000）　　　（单位：mm）

公称规格	基本尺寸		C	E	F
	$A \times B$	$A_1 \times B_1$			
63 ×42	67.6 ×46.6	58.6 ×37.6	36.8	40	55
75 ×50	80.0 ×55.0	70.2 ×45.2	42.0	45	65
110 ×73	115.8 ×78.4	104.6 ×67.6	52.5	55	80
125 ×83	132.6 ×90.6	118.0 ×76.0	62.8	70	95
160 ×107	169.0 ×116.0	151.6 ×98.6	83.5	90	120
110 ×83	116.4 ×89.4	104.0 ×77.0	52.5	55	80
125 ×94	132.6 ×101.6	118.0 ×87.0	62.8	70	95
160 ×120	169.0 ×129.0	151.6 ×111.6	83.5	90	120

6. 矩形管泄水口

1）矩形管泄水口的形式如图 16-14 所示。

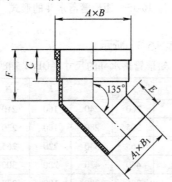

图 16-14　矩形管泄水口的形式

2）矩形管泄水口的尺寸如表 16-34 所示。

表 16-34　矩形管泄水口的尺寸（QB/T 2480—2000）　　　（单位：mm）

公称规格	基本尺寸		C	E	F
	$A \times B$	$A_1 \times B_1$			
63 ×42	67.6 ×46.6	63 ×42	36.8	40	55
75 ×50	80.0 ×55.0	75 ×50	42.0	45	65
110 ×73	115.8 ×78.4	110 ×73	52.5	55	80
125 ×83	132.6 ×90.6	125 ×83	62.8	70	95
160 ×107	169.0 ×116.0	160 ×107	83.5	90	120
110 ×83	116.4 ×89.4	110 ×83	52.5	55	80
125 ×94	132.6 ×101.6	125 ×94	62.8	70	95
160 ×120	169.0 ×129.0	160 ×120	83.5	90	120

7. 矩形管落水斗

1）矩形管落水斗的形式如图 16-15 所示。

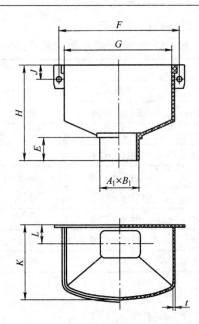

图 16-15   矩形管落水斗的形式

2）矩形管落水斗的尺寸如表 16-35 所示。

表 16-35   矩形管落水斗的尺寸（QB/T 2480—2000）   （单位：mm）

公称规格	插口尺寸 $A_1 \times B_1$	F	G	K	H	E	L	J	t
75	70.2×45.2	260	240	160	210	45	26.0	30	2.4
110	104.6×67.6	305	280	180	230	55	41.5	35	2.8
125	118.0×76.0	365	340	220	265	70	46.5	38	3.2
160	151.6×98.6	450	420	280	300	90	58.5	40	3.6
110	104.0×77.0	305	280	180	230	55	46.5	35	2.8
125	118.0×87.0	365	340	220	265	70	52.0	38	3.2
160	151.6×111.6	450	420	280	300	90	65.0	40	3.6

8. 圆形管135°弯管

1）圆形管 135°弯管的形式如图 16-16 所示。

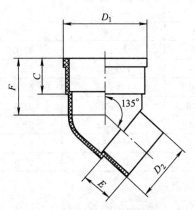

图 16-16   圆形管 135°弯管的形式

2）圆形管 135°弯管的尺寸如表 16-36 所示。

表 16-36　圆形管 135°弯管的尺寸（QB/T 2480—2000）　　　（单位：mm）

公称规格	基本尺寸		C	E	F
	D_1	D_2			
50	54.8	$45.2^{+0.3}_{0}$	37.0	40	55
75	80.6	$69.0^{+0.3}_{0}$	42.4	45	65
110	116.6	$103.4^{+0.4}_{0}$	52.8	55	80
125	132.4	$117.6^{+0.4}_{0}$	63.2	70	95
160	168.2	$151.8^{+0.4}_{0}$	83.6	90	120

9. 圆形管泄水口

1）圆形管泄水口的形式如图 16-17 所示。

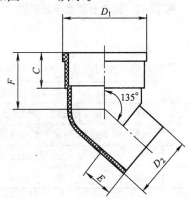

图 16-17　圆形管泄水口的形式

2）圆形管泄水口的尺寸如表 16-37 所示。

表 16-37　圆形管泄水口的尺寸（QB/T 2480—2000）　　　（单位：mm）

公称规格	基本尺寸		C	E	F
	D_1	D_2			
50	54.8	50	37.0	40	55
75	80.6	75	42.4	45	65
110	116.6	110	52.8	55	80
125	132.4	125	63.2	70	95
160	168.2	160	83.6	90	120

10. 圆形管落水斗

1）圆形管落水斗的形式如图 16-18 所示。

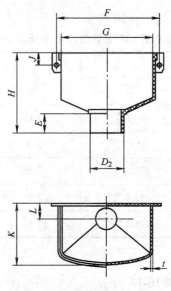

图 16-18　圆形管落水斗的形式

2）圆形管落水斗的尺寸如表 16-38 所示。

表 16-38　圆形管落水斗的尺寸 （QB/T 2480—2000）　　　　（单位：mm）

公称规格	插口外径 D_2	F	G	K	H	E	L	J	t
75	69.0	260	240	160	210	45	42.5	30	2.4
110	103.4	305	280	180	230	55	60.0	35	2.8
125	117.6	365	340	220	265	70	67.5	38	3.2
160	151.8	450	420	280	300	90	85.0	40	3.6

16.3.4　排水用芯层发泡硬聚氯乙烯管材

1. 排水用芯层发泡硬聚氯乙烯管材的性能（表 16-39）

表 16-39　排水用芯层发泡硬聚氯乙烯管材的性能

（GB/T 16800—2008）

项目	技术要求	项目	技术要求
维卡软化温度/℃	≥79	断裂伸长率(%)	≥80
拉伸屈服强度/MPa	≥43		

2. 排水用芯层发泡硬聚氯乙烯管材的级别及环刚度（表 16-40）

表 16-40　排水用芯层发泡硬聚氯乙烯管材的级别及环刚度

（GB/T 16800—2008）

级别	S_2	S_4	S_8
环刚度/(kN/m²)	≥2	≥4	≥8

注：1. S_2 管材供建筑物排水选用。

　　2. S_4、S_8 管材供埋地排水选用，也可用于建筑物排水。

3. 排水用芯层发泡硬聚氯乙烯管材的形式（图 16-19）

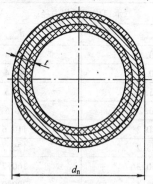

图 16-19　排水用芯层发泡硬聚氯乙烯管材的形式

4. 排水用芯层发泡硬聚氯乙烯管材的平均外径及壁厚（表 16-41）

表 16-41　排水用芯层发泡硬聚氯乙烯管材的平均外径及壁厚（GB/T 16800—2008）

（单位：mm）

公称外径 d_n	平均外径 及偏差	壁厚 t 及偏差		
		S_2	S_4	S_8
40	$40.0^{+0.3}_{0}$	$2.0^{+0.4}_{0}$	—	—
50	$50.0^{+0.3}_{0}$	$2.0^{+0.4}_{0}$	—	—
75	$75.0^{+0.3}_{0}$	$2.5^{+0.4}_{0}$	$3.0^{+0.5}_{0}$	—
90	$90.0^{+0.3}_{0}$	$3.0^{+0.5}_{0}$	$3.0^{+0.5}_{0}$	—
110	$110.0^{+0.4}_{0}$	$3.0^{+0.5}_{0}$	$3.2^{+0.5}_{0}$	—
125	$125.0^{+0.4}_{0}$	$3.2^{+0.5}_{0}$	$3.2^{+0.5}_{0}$	$3.9^{+1.0}_{0}$
160	$160.0^{+0.5}_{0}$	$3.2^{+0.5}_{0}$	$4.0^{+0.6}_{0}$	$5.0^{+1.3}_{0}$
200	$200.0^{+0.6}_{0}$	$3.9^{+0.6}_{0}$	$4.9^{+0.7}_{0}$	$6.3^{+1.6}_{0}$
250	$250.0^{+0.8}_{0}$	$4.9^{+0.7}_{0}$	$6.2^{+0.9}_{0}$	$7.8^{+1.8}_{0}$
315	$315.0^{+1.0}_{0}$	$6.2^{+0.9}_{0}$	$7.7^{+1.0}_{0}$	$9.8^{+2.4}_{0}$
400	$400.0^{+1.2}_{0}$	—	$9.8^{+1.5}_{0}$	$12.3^{+3.2}_{0}$
500	$500.0^{+1.5}_{0}$	—	—	$15.0^{+4.2}_{0}$

5. 排水用芯层发泡硬聚氯乙烯管材的承口尺寸

1）胶粘剂连接型管材的形式及尺寸如图 16-20 和表 16-42 所示。

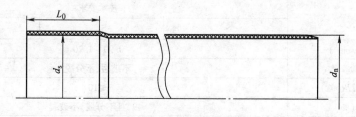

图 16-20　胶粘剂连接型管材的形式

表 16-42　胶粘剂连接型管材的尺寸（GB/T 16800—2008）　　（单位：mm）

公称外径 d_n	承口中部平均内径		承口深度 L_{0min}
	d_{smin}	d_{smax}	
40	40.1	40.4	26
50	50.1	50.4	30
75	75.2	75.5	40
90	90.2	90.5	46
110	110.2	110.6	48
125	125.2	125.7	51
160	160.3	160.7	58
200	200.4	200.9	66
250	250.4	250.9	66
315	315.5	316.0	66

2）弹性密封圈连接型管材的形式及尺寸如图 16-21 和表 16-43 所示。

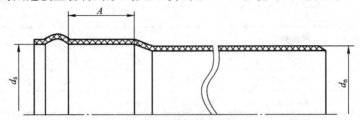

图 16-21　弹性密封圈连接型管材的形式

表 16-43　弹性密封圈连接型管材的尺寸（GB/T 16800—2008）　　（单位：mm）

公称外径 d_n	承口端部最小平均内径 d_{smin}	承口配合深度 A_{min}	公称外径 d_n	承口端部最小平均内径 d_{smin}	承口配合深度 A_{min}
75	75.4	20	200	200.6	40
90	90.4	22	250	250.8	70
110	110.4	26	315	316.0	70
125	125.4	26	400	401.2	70
160	160.5	32	500	501.5	80

6. 排水用芯层发泡硬聚氯乙烯管材的物理力学性能（表 16-44）

表 16-44　排水用芯层发泡硬聚氯乙烯管材的物理力学性能（GB/T 16800—2008）

项目	技术要求		
	S_2	S_4	S_8
表观密度/(g/cm^3)	0.90 ~ 1.20		
扁平试验	不破裂、不分脱		
落锤冲击性能 $TIR(\%)$	≤10		
纵向回缩率(%)	≤9，且不分脱、不破裂		
二氯甲烷浸渍	内外表面不劣于 4L		

16.3.5　无压埋地排污和排水用硬聚氯乙烯管材

1. 无压埋地排污和排水用硬聚氯乙烯管材的物理力学性能（表 16-45）

表 16-45　无压埋地排污和排水用硬聚氯乙烯管材的物理力学性能（GB/T 20221—2006）

项　目		技术要求
密度/(g/cm³)		≤1.55
环刚度/(kN/m²)	SN2	≥2
	SN4	≥4
	SN8	≥8
落锤冲击性能 TIR(%)		≤10
维卡软化温度/℃		≥79
纵向回缩率(%)		≤5,管材表面应无气泡和裂纹
二氯甲烷浸渍		表面无变化

2. 无压埋地排污和排水用硬聚氯乙烯管材的规格尺寸（表 16-46）

表 16-46　无压埋地排污和排水用硬聚氯乙烯管材的规格尺寸（GB/T 20221—2006）

（单位：mm）

公称外径 d_n	平均外径 d		壁　厚					
			SN2 SDR51		SN4 SDR41		SN8 SDR34	
			t	t	t	t	t	t
	min	max	min	max	min	max	min	max
110	110.0	110.3	—	—	3.2	3.8	3.2	3.8
125	125.0	125.3	—	—	3.2	3.8	3.7	4.3
160	160.0	160.4	3.2	3.8	4.0	4.6	4.7	5.4
200	200.0	200.5	3.9	4.5	4.9	5.6	5.9	6.7
250	250.0	250.5	4.9	5.6	6.2	7.1	7.3	8.3
315	315.0	315.6	6.2	7.1	7.7	8.7	9.2	10.4
(355)	355.0	355.7	7.0	7.9	8.7	9.8	10.4	11.7
400	400.0	400.7	7.9	8.9	9.8	11.0	11.7	13.1
(450)	450.0	450.8	8.8	9.9	11.0	12.3	13.2	14.8
500	500.0	500.9	9.8	11.0	12.3	13.8	14.6	16.3
630	630.0	631.1	12.3	13.8	15.4	17.2	18.4	20.5
(710)	710.0	711.2	13.9	15.5	17.4	19.4	—	—
800	800.0	801.3	15.7	17.5	19.6	21.8	—	—
(900)	900.0	901.5	17.6	19.6	22.0	24.4	—	—
1000	1000.0	1001.6	19.6	21.8	24.5	27.2	—	—

注：1. 括号内为非优选尺寸。

　　2. SDR 为标准尺寸比。

16.3.6　给水用硬聚氯乙烯管材及管件

1. 给水用硬聚氯乙烯管材

1）管材的物理性能如表 16-47 所示。

表 16-47　管材的物理性能（GB/T 10002.1—2006）

项　　目	技术要求	项　　目	技术要求
密度/（kg/m³）	1350 ~ 1450	纵向回缩率（%）	≤5
维卡软化温度/℃	≥80	二氯甲烷浸渍试验（15℃,15min）	表面变化不劣于 4N

2）管材的力学性能如表 16-48 所示。

表 16-48　管材的力学性能（GB/T 10002.1—2006）

项　　目	技术要求	项　　目	技术要求
落锤冲击性能 TIR（0℃）（%）	≤5	液压试验	无破裂,无渗漏

3）管材的公称压力等级和规格尺寸如表 16-49 所示。

表 16-49　管材的公称压力等级和规格尺寸（GB/T 10002.1—2006）（单位：mm）

公称外径 d_n	管材 S 系列和标准尺寸比 SDR 系列、公称压力						
	S16 SDR33 PN0.63MPa	S12.5 SDR26 PN0.8MPa	S10 SDR21 PN1.0MPa	S8 SDR17 PN1.25MPa	S6.3 SDR13.6 PN1.6MPa	S5 SDR11 PN2.0MPa	S4 SDR9 PN2.5MPa
	公称壁厚 t_n						
20	—	—	—	—	—	2.0	2.3
25	—	—	—	—	2.0	2.3	2.8
32	—	—	—	2.0	2.4	2.9	3.6
40	—	—	2.0	2.4	3.0	3.7	4.5
50	—	2.0	2.4	3.0	3.7	4.6	5.6
63	2.0	2.5	3.0	3.8	4.7	5.8	7.1
75	2.3	2.9	3.6	4.5	5.6	6.9	8.4
90	2.8	3.5	4.3	5.4	6.7	8.2	10.1
110	2.7	3.4	4.2	5.3	6.6	8.1	10.0
125	3.1	3.9	4.8	6.0	7.4	9.2	11.4
140	3.5	4.3	5.4	6.7	8.3	10.3	12.7
160	4.0	4.9	6.2	7.7	9.5	11.8	14.6
180	4.4	5.5	6.9	8.6	10.7	13.3	16.4
200	4.9	6.2	7.7	9.6	11.9	14.7	18.2

（续）

公称外径 d_n	管材 S 系列和标准尺寸比 SDR 系列、公称压力						
	S16 SDR33 PN0.63MPa	S12.5 SDR26 PN0.8MPa	S10 SDR21 PN1.0MPa	S8 SDR17 PN1.25MPa	S6.3 SDR13.6 PN1.6MPa	S5 SDR11 PN2.0MPa	S4 SDR9 PN2.5MPa
	公称壁厚 t_n						
225	5.5	6.9	8.6	10.8	13.4	16.6	—
250	6.2	7.7	9.6	11.9	14.8	18.4	—
280	6.9	8.6	10.7	13.4	16.6	20.6	—
315	7.7	9.7	12.1	15.0	18.7	23.2	—
355	8.7	10.9	13.6	16.9	21.1	26.1	—
400	9.8	12.3	15.3	19.1	23.7	29.4	—
450	11.0	13.8	17.2	21.5	26.7	33.1	—
500	12.3	15.3	19.1	23.9	29.7	36.8	—
560	13.7	17.2	21.4	26.7	—	—	—
630	15.4	19.3	24.1	30.0	—	—	—
710	17.4	21.8	27.2	—	—	—	—
800	19.6	24.5	30.6	—	—	—	—
900	22.0	27.6	—	—	—	—	—
1000	24.5	30.6	—	—	—	—	—

注：公称壁厚（t_n）根据设计应力 12.5MPa 确定。

4）承插口的形式如图 16-22 所示，承插口的尺寸如表 16-50 所示。

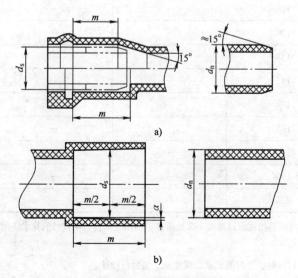

图 16-22　承插口的形式

a）弹性密封圈式　　b）溶剂粘接式

表 16-50 承插口的尺寸 （GB/T 10002.1—2006）　　　　（单位：mm）

公称外径 d_n	弹性密封圈承口最小配合深度 m_{min}	溶剂粘接承口最小深度 m_{min}	溶剂粘接承口中部平均内径 d_{sm}	
			d_{smmin}	d_{smmax}
20	—	16.0	20.1	20.3
25	—	18.5	25.1	25.3
32	—	22.0	32.1	32.3
40	—	26.0	40.1	40.3
50	—	31.0	50.1	50.3
63	64	37.5	63.1	63.3
75	67	43.5	75.1	75.3
90	70	51.0	90.1	90.3
110	75	61.0	110.1	110.4
125	78	68.5	125.1	125.4
140	81	76.0	140.2	140.5
160	86	86.0	160.2	160.5
180	90	96.0	180.3	180.6
200	94	106.0	200.3	200.6
225	100	118.5	225.3	225.6
250	105	—	—	—
280	112	—	—	—
315	118	—	—	—
355	124	—	—	—
400	130	—	—	—
450	138	—	—	—
500	145	—	—	—
560	154	—	—	—
630	165	—	—	—
710	177	—	—	—
800	190	—	—	—
1000	220	—	—	—

注：1. 承口中部的平均内径是指在承口深度 1/2 处所测定的相互垂直的两直径的算术平均值。承口的最大锥度（α）不超过 0°30′。

　　2. 当管材长度大于 12m 时，密封圈式承口深度 m_{min} 需另行设计。

2. 给水用硬聚氯乙烯管件

1）管件的物理力学性能如表 16-51 所示。

表 16-51　管件的物理力学性能（GB/T 10002.2—2003）

项　目	技术要求			
维卡软化温度/℃	≥74			
烘箱试验	符合 GB/T 8803			
坠落试验	无破裂			
液压试验	公称外径 d_n/mm	试验温度/℃	试验压力/MPa	试验时间/h	试验要求
	≤90	20	4.2PN	1	无破裂 无渗漏
			3.2PN	1000	
	>90	20	3.36PN	1	
			2.56PN	1000	

注：1. d_n 指与管件相连的管材的公称外径。
　　2. 用管材弯制成型管件只作 1h 试验。
　　3. 弯制管件所用的管材应符合 GB/T 10002.1 对物理力学性能的要求。

2）弯头、三通和接头的形式如图 16-23 所示，安装尺寸如表 16-52 所示。

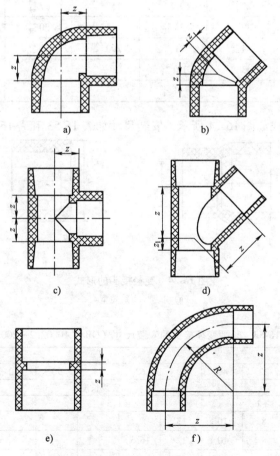

图 16-23　弯头、三通和接头的形式
a）90°弯头　b）45°弯头　c）90°三通
d）45°三通　e）直接头　f）90°长弯头

表 16-52　弯头、三通和接头的安装尺寸（GB/T 10002.2—2003）　　（单位：mm）

公称外径	安装长度 z						
	管件类型						
	90°弯头	45°弯头	90°三通	45°三通		直接头	90°长弯头
				z	z_1		
20	11^{+1}_{-1}	5^{+1}_{-1}	11^{+1}_{-1}	27^{+3}_{-3}	6^{+2}_{-1}	3^{+1}_{-1}	40^{+1}_{-1}
25	$13.5^{+1.2}_{-1}$	$6^{+1.2}_{-1}$	$13.5^{+1.2}_{-1}$	33^{+3}_{-3}	7^{+2}_{-1}	$3^{+1.2}_{-1}$	$50^{+1.2}_{-1}$
32	$17^{+1.6}_{-1}$	$7.5^{+1.6}_{-1}$	$17^{+1.6}_{-1}$	42^{+4}_{-3}	8^{+2}_{-1}	$3^{+1.6}_{-1}$	$64^{+1.6}_{-1}$
40	21^{+2}_{-1}	9.5^{+2}_{-1}	21^{+2}_{-1}	51^{+5}_{-3}	10^{+2}_{-1}	3^{+2}_{-1}	80^{+2}_{-1}
50	$26^{+2.5}_{-1}$	$11.5^{+2.5}_{-1}$	$26^{+2.5}_{-1}$	63^{+6}_{-3}	12^{+2}_{-1}	3^{+2}_{-1}	$100^{+2.5}_{-1}$
63	$32.5^{+3.2}_{-1}$	$14^{+3.2}_{-1}$	$32.5^{+3.2}_{-1}$	79^{+7}_{-3}	14^{+2}_{-1}	3^{+2}_{-1}	$126^{+3.2}_{-1}$
75	38.5^{+4}_{-1}	16.5^{+4}_{-1}	38.5^{+4}_{-1}	94^{+9}_{-3}	17^{+2}_{-1}	4^{+1}_{-1}	150^{+4}_{-1}
90	46^{+5}_{-1}	19.5^{+5}_{-1}	46^{+5}_{-1}	112^{+11}_{-3}	20^{+3}_{-1}	5^{+2}_{-1}	180^{+5}_{-1}
110	56^{+6}_{-1}	23.5^{+6}_{-1}	56^{+6}_{-1}	137^{+12}_{-4}	24^{+2}_{-1}	6^{+3}_{-1}	220^{+6}_{-1}
125	63.5^{+6}_{-1}	27^{+6}_{-1}	63.5^{+6}_{-1}	157^{+15}_{-4}	27^{+3}_{-1}	6^{+3}_{-1}	250^{+5}_{-1}
140	71^{+7}_{-1}	30^{+7}_{-1}	71^{+7}_{-1}	175^{+17}_{-5}	30^{+4}_{-1}	8^{+3}_{-1}	280^{+7}_{-1}
160	81^{+8}_{-1}	34^{+8}_{-1}	81^{+8}_{-1}	200^{+20}_{-5}	35^{+4}_{-1}	8^{+4}_{-1}	320^{+8}_{-1}
200	101^{+9}_{-1}	43^{+9}_{-1}	101^{+9}_{-1}	—	—	8^{+5}_{-1}	—
225	114^{+10}_{-1}	48^{+10}_{-1}	114^{+10}_{-1}	—	—	10^{+5}_{-1}	—

3）变径接头的形式如图 16-24 所示，安装尺寸如表 16-53 和表 16-54 所示。

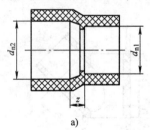 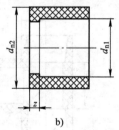

a)　　　　　　　　　　　　　　b)

图 16-24　变径接头的形式

a）长型　b）短型

表 16-53　长型变径接头的安装尺寸（GB/T 10002.2—2003）　　（单位：mm）

公称外径 d_{n1}	d_{n2}										
	25	32	40	50	63	75	90	110	125	140	160
	安装长度 z										
	±1			±1.5				±2			
20	6.5	8	10	13							
25		8	10	12	16.5						
32			10	13	16.5	18.5					
40				13	16.5	18.5	23				
50					16.5	18.5	23	27			

（续）

公称外径 d_{n1}	d_{n2}										
	25	32	40	50	63	75	90	110	125	140	160
	安装长度 z										
	±1			±1.5			±2				
63						18.5	23	27	31.5		
75							23	27	31.5	35	
90								27	31.5	35	40
110									31.5	35	40
125										35	40
140											40

表 16-54　短型变径接头的安装尺寸（GB/T 10002.2—2003）　　（单位：mm）

公称外径 d_{n1}	d_{n2}											
	20	25	32	40	50	63	75	90	110	125	140	160
	安装长度 $z\pm1$											
20		2.5	6	10	15							
25			3.5	7.5	12.5	19						
32				4	9	15.5	21.5					
40					5	11.5	17.5	25				
50						6.5	12.5	20	30			
63							6	13.5	23.5	31		
75								7.5	17.5	25	32.5	
90									10	17.5	25	35
110										7.5	15	25
125											7.5	17.5
140												10

4）双承口管件的形式如图 16-25 所示，安装尺寸如表 16-55 所示。

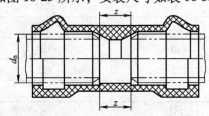

图 16-25　双承口管件的形式

表 16-55　双承口管件的安装尺寸（GB/T 10002.2—2003）　　（单位：mm）

公称外径 d_n	63	75	90	110	125	140	160	200	225
z_{min}	2	3	3	4	4	5	5	6	7

5）三承口管件的形式如图 16-26 所示，安装尺寸如表 16-56 所示。

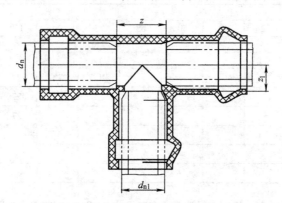

图 16-26　三承口管件的形式

表 16-56　三承口管件的安装尺寸（GB/T 10002.2—2003）　（单位：mm）

公称外径		z_{min}①	z_{1min}②
d_n	d_{n1}		
63	63	63	32
75	75	75	38
	63	63	38
90	63	63	45
	75	75	45
	90	90	45
110	63	63	55
	75	75	55
	90	90	55
	110	110	55
(125)	63	63	63
	75	75	63
	90	90	63
	110	110	63
	125	125	63
140	63	63	70
	75	75	70
	90	90	70
	110	110	70
	(125)	125	70
	140	140	70
160	(63)	63	80
	(75)	75	80

（续）

公称外径		z_{min} [1]	z_{1min} [2]
d_n	d_{n1}		
160	90	90	80
	110	110	80
	(125)	125	80
	140	140	80
	160	160	80
(200)	90	90	100
	110	110	100
	125	125	100
	140	140	100
	160	160	100
	200	200	100
225	(63)	63	113
	(75)	75	113
	90	90	113
	110	110	113
	(125)	125	113
	140	140	113
	160	160	113
	200	200	113
	225	225	113

[1]　$z_{min} = d_{n1}$，异径三承管件的安装 z 与正三承管件的安装尺寸 z 确定方式相同。

[2]　$z_{1min} = 0.5d_n$，并圆整进位。

6）异径接头的形式如图 16-27 所示，安装尺寸如表 16-57 所示。

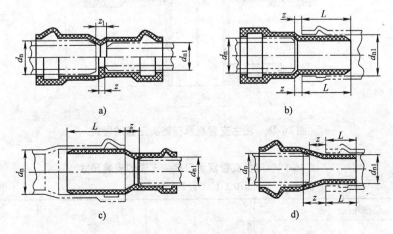

图 16-27　异径接头的形式

a）注塑 A 型　b）注塑 B 型　c）注塑 C 型　d）管材加工型

表 16-57　异径接头的安装尺寸（GB/T 10002. 2—2003）　　（单位：mm）

公称外径		z_{min}			
d_n	d_{n1}	第一类	第二类	第三类	第四类
75	63	3	6	6	34
90	63	4	14	14	62
	75	4	8	8	41
110	75	5	18	18	79
	90	5	10	10	53
(125)	90	5	18	18	81
	110	5	8	8	47
140	90	7	25	25	109
	110	7	15	15	76
	125	7	8	8	50
160	110	7	25	25	113
	125	7	18	18	88
	140	7	10	10	62
(200)	140	10	30	30	137
	160	10	20	20	103
225	160	10	33	33	150
	200	10	13	13	81

7）法兰支管双承口接头三通的形式如图 16-28 所示，安装尺寸如表 16-58 所示。

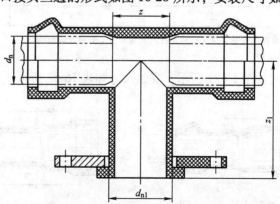

图 16-28　法兰支管双承口接头三通的形式

表 16-58　法兰支管双承口接头三通的安装尺寸

（GB/T 10002. 2—2003）　　（单位：mm）

公称外径		z_{min}	z_{1min} [①]	z_{1max} [②]
d_n	d_{n1}			
63	63	63	130	170

（续）

公称外径		z_{min}	z_{1min} ①	z_{1max} ②
d_n	d_{n1}			
75	75	75	140	180
	63	63	140	180
90	63	63	150	190
	75	75	150	190
	90	90	150	190
110	63	63	160	200
	75	75	160	200
	90	90	170	210
	110	110	180	220
(125)	63	63	170	210
	75	75	170	210
	90	90	180	220
	110	110	190	230
	125	125	190	230
140	63	63	180	220
	75	75	180	220
	90	90	190	230
	110	110	200	240
	(125)	125	200	240
	140	140	200	240
160	63	63	190	230
	75	75	190	230
	90	90	200	240
	110	110	210	250
	125	125	210	250
	140	140	210	250
	160	160	230	270
(200)	90	90	225	265
	110	110	235	275
	125	125	235	275
	140	140	235	275
	160	160	255	295
	200	200	265	305
225	(63)	(63)	230	270
	(75)	(75)	230	270

（续）

公称外径		z_{min}	z_{1min} ①	z_{1max} ②
d_n	d_{n1}			
225	90	90	240	280
	110	110	250	290
	125	125	250	290
	140	140	250	290
	160	160	270	310
	200	200	280	320
	225	225	280	320

注：法兰尺寸应符合 GB/T 9113.1—2000。

① $z_{1min} = d_{n1}$；异径三通的安装尺寸 z 与正三通的安装尺寸 z 确定方式相同。

② $z_{1max} = z_{1min} + 40mm$。

8）法兰和承口接头的形式如图 16-29 所示，安装尺寸如表 16-59 所示。

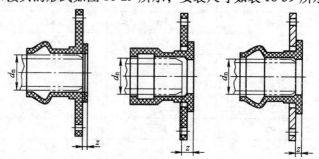

图 16-29　法兰和承口接头的形式

表 16-59　法兰和承口接头的安装尺寸（GB/T 10002.2—2003）　　（单位：mm）

公称外径 d_n	63	75	90	110	(125)	140	160	(200)	225
z_{min}	3	3	5	5	5	5	5	6	6

9）法兰和插口接头的形式如图 16-30 所示，安装尺寸如表 16-60 所示。

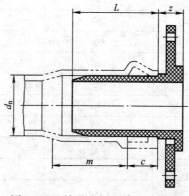

图 16-30　法兰和插口接头的形式

表16-60 法兰和插口接头的安装尺寸（GB/T 10002.2—2003） （单位：mm）

公称外径 d_n	63	75	90	110	(125)	140	160	(200)	225
z_{min} [1]	33	34	35	37	39	40	42	46	49
L_{min} [2]	76	82	89	98	104	111	121	139	151
L_{max} [3]	96	102	109	118	124	131	141	159	171

注：法兰尺寸应符合 GB/T 9113.1—2000。

[1] $z_{min} = 0.1 d_n + 26mm$。

[2] $L_{min} = m_{min} + C_{max} - 40mm$，$C_{max} = 35mm + 0.25 d_n$，$m_{min}$ 应符合 GB/T 10002.1 的相关要求。

[3] $L_{max} = L_{min} + 20mm$。

10）活套法兰变接头的形式如图 16-31 所示，安装尺寸如表 16-61 所示。

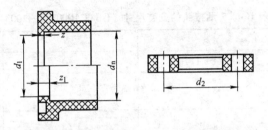

图 16-31 活套法兰变接头的形式

表16-61 活套法兰变接头的安装尺寸（GB/T 10002.2—2003） （单位：mm）

公称外径 d_n	d_1	z_{min}	z_{1min}
20	16	3	6
25	21	3	6
32	28	3	6
40	36	3	8
50	45	3	8
63	57	3	8
75	69	3	8
90	82	5	10
110	102	5	11
125	117	5	11
140	132	5	11
160	152	5	11
200	188	6	12
225	217	6	12

注：d_2 见 GB/T 9113.1—2000，其他尺寸根据材质而定。

11）活接头的形式如图 16-32 所示，安装尺寸如表 16-62 所示。

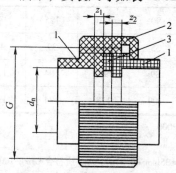

图 16-32　活接头的形式

1—承口端　2—PVC 螺母　3—平面密封垫

表 16-62　活接头的安装尺寸（GB/T 10002.2—2003）　　　　（单位：mm）

公称外径 d_n	z_1	z_2	接头螺母 G/in[①]
20	8 ± 1	3 ± 1	1
25	$8^{+1.2}_{-1}$	3 ± 1	$1\frac{1}{4}$
32	$8^{+1.6}_{-1}$	3 ± 1	$1\frac{1}{2}$
40	10^{+2}_{-1}	3 ± 1	2
50	12^{+2}_{-1}	3 ± 1	$2\frac{1}{4}$
63	15^{+2}_{-1}	3 ± 1	$2\frac{3}{4}$

注：螺纹尺寸符合 GB/T 7306.1—2000。

① 1in = 25.4mm。

12）90°弯头及三通的形式如图 16-33 所示，安装尺寸如表 16-63 所示。

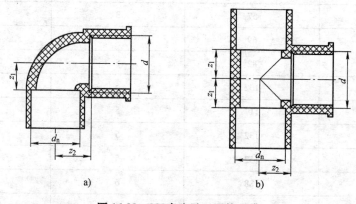

a)　　　　　　　　　　b)

图 16-33　90°弯头及三通的形式

a）90°弯头　b）90°三通

表 16-63　90°弯头及三通的安装尺寸（GB/T 10002.2—2006）　（单位：mm）

公称外径 d_n	螺纹尺寸 d/in[①]	z_1	z_2
20	RC $\frac{1}{2}$	11 ± 1	14 ± 1
25	RC $\frac{3}{4}$	$13.5 _{-1}^{+1.2}$	$17 _{-1}^{+1.2}$
32	RC1	$17 _{-1}^{+1.5}$	$22 _{-1}^{+1.5}$
40	RC1 $\frac{1}{4}$	$21 _{-1}^{+2}$	$28 _{-1}^{+2}$
50	RC1 $\frac{1}{2}$	$26 _{-1}^{+2.5}$	$38 _{-1}^{+2.5}$
63	RC2	$32.5 _{-1}^{+3.2}$	$47 _{-1}^{+3.2}$

注：1. 螺纹尺寸符合 GB/T 7306.1—2000。

　　2. 在有内螺纹的接头端，应适当加强。

① 1in = 25.4mm。

13）粘结和内螺纹变接头的形式如图 16-34 所示，安装尺寸如表 16-64 所示。

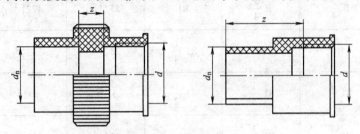

图 16-34　粘结和内螺纹变接头的形式

表 16-64　粘结和内螺纹变接头的安装尺寸（GB/T 10002.2—2003）　（单位：mm）

公称外径 d_n	螺纹尺寸 d/in[①]		z	
	第一类	第二类	第一类	第二类
20	RC $\frac{1}{2}$	RC $\frac{3}{8}$	5 ± 1	24 ± 1
25	RC $\frac{3}{4}$	RC $\frac{1}{2}$	$5 _{-1}^{+1.2}$	$27 _{-1}^{+1.2}$
32	RC1	RC $\frac{3}{4}$	$5 _{-1}^{+1.5}$	$32 _{-1}^{+1.5}$
40	RC1 $\frac{1}{4}$	RC1	$5 _{-1}^{+2}$	$38 _{-1}^{+2}$
50	RC1 $\frac{1}{2}$	RC1 $\frac{1}{4}$	$7 _{-1}^{+2}$	$46 _{-1}^{+2.5}$
63	RC2	RC1 $\frac{1}{2}$	$7 _{-1}^{+2}$	$57 _{-1}^{+3.2}$

注：1. 螺纹尺寸符合 GB/T 7306.1—2000。

　　2. 在有内螺纹的接头端，应适当加强。

① 1in = 25.4mm。

14）粘结和外螺纹变接头的形式如图16-35所示，安装尺寸如表16-65所示。

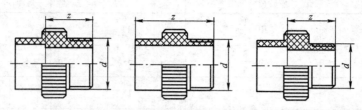

图16-35　粘结和外螺纹变接头的形式

表16-65　粘结和外螺纹变接头的安装尺寸（GB/T 10002.2—2003）　（单位：mm）

公称外径 d_n	螺纹尺寸 d/in[①]			z		
	第一类	第二类	第三类	第一类	第二类	第三类
20	$R\frac{1}{2}$	$R\frac{1}{2}$	$R\frac{3}{4}$	23 ± 1	42 ± 1	22 ± 1
25	$R\frac{3}{4}$	$R\frac{3}{4}$	$R1$	$25^{+1.2}_{-1}$	$47^{+1.2}_{-1}$	$27^{+1.2}_{-1}$
32	$R1$	$R1$	$R1\frac{1}{4}$	$28^{+1.5}_{-1}$	$54^{+1.5}_{-1}$	$29^{+1.5}_{-1}$
40	$R1\frac{1}{4}$	$R1\frac{1}{4}$	$R1\frac{1}{2}$	31^{+2}_{-1}	60^{+2}_{-1}	29^{+2}_{-1}
50	$R1\frac{1}{2}$	$R1\frac{1}{2}$	$R2$	$32^{+2.5}_{-1}$	$66^{+2.5}_{-1}$	$34^{+2.5}_{-1}$
63	$R2$	$R2$	—	$38^{+3.2}_{-1}$	$78^{+3.2}_{-1}$	—

注：螺纹尺寸符合 GB/T 7306.1—2000。

① 1in = 25.4mm。

15）PVC接头端和金属件接头的形式如图16-36所示，安装尺寸如表16-66所示。

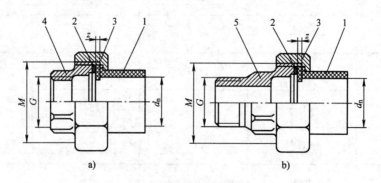

a)　　　　　　　　　　　b)

图16-36　PVC接头端和金属件接头的形式

a）金属件上有内螺纹　b）金属件上有外螺纹

1—接头端（PVC）　2—垫圈　3—接头螺母（金属）

4—接头端（金属内螺纹）　5—接头端（金属外螺纹）

表 16-66　PVC 接头端和金属件接头的安装尺寸

（GB/T 10002.2—2003）　　　　　　　　（单位：mm）

接头端（PVC）		接头螺母	内或外螺纹接头端
公称外径 d_n	z	M	（金属）G/in [1]
20	3 ± 1	39×2	$\frac{1}{2}$
25	3 ± 1	42×2	$\frac{3}{4}$
32	3 ± 1	52×2	1
40	3 ± 1	62×2	$1\frac{1}{4}$
50	3 ± 1	72×2	$1\frac{1}{2}$
63	3 ± 1	82×2	3

① 1in = 25.4mm。

16）PVC 接头端和活动金属外螺母的形式如图 16-37 所示，安装尺寸如表 16-67 和表 16-68 所示。

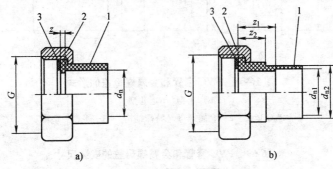

图 16-37　PVC 接头端和活动金属外螺母的形式

a）短型　b）长型

1—接头端（PVC）　2—金属螺母　3—平密封垫圈

表 16-67　短型 PVC 接头端和活动金属外螺母的安装尺寸

（GB/T 10002.2—2003）　　　　　　　　（单位：mm）

接头端（承口）		金属螺母 G	接头端（承口）		金属螺母 G
d_n	z	$/in$ [1]	d_n	z	$/in$ [1]
20	3 ± 1	1	40	3 ± 1	2
25	3 ± 1	$1\frac{1}{4}$	50	3 ± 1	$2\frac{1}{4}$
32	3 ± 1	$1\frac{1}{2}$	63	3 ± 1	$2\frac{3}{4}$

① 1in = 25.4mm。

表 16-68　长型 PVC 接头端和活动金属外螺母的安装尺寸

（GB/T 10002. 2—2003）　　　　　　　（单位：mm）

接头端（承口）		接头端（插口）		金属螺母 G
d_{n2}	z_2	d_{n1}	z_1	/in[1]
20	22^{+2}_{-1}	—	—	$\frac{3}{4}$
25	23^{+2}_{-1}	20	26^{+3}_{-1}	1
32	26^{+3}_{-1}	25	29^{+3}_{-1}	$1\frac{1}{4}$
40	28^{+3}_{-1}	32	32^{+4}_{-1}	$1\frac{1}{2}$
50	31^{+3}_{-1}	40	36^{+4}_{-1}	2

[1]　1in = 25.4mm。

17）PVC 套管和金属螺母盖的形式如图 16-38 所示，安装尺寸如表 16-69 所示。

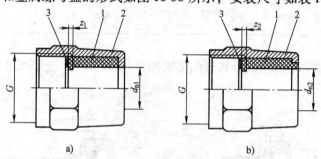

图 16-38　PVC 套管和金属螺母盖的形式

a）Ⅰ型　b）Ⅱ型

1—PVC 套管　2—金属螺母（特殊结构）　3—平密封垫圈

表 16-69　PVC 套管和金属螺母盖的安装尺寸

（GB/T 10002. 2—2003）　　　　　　　（单位：mm）

PVC 管（承口）		PVC 管（承口）		金属螺母 G
d_{n1}	z_1	d_{n2}	z_2	/in[1]
20	3 ± 1	—	—	$\frac{3}{4}$
25	3 ± 1	20	6 ± 1	1
32	3 ± 1	25	7 ± 1	$1\frac{1}{4}$
40	3 ± 1	32	7 ± 1	$1\frac{1}{2}$
50	3 ± 1	40	8 ± 1	2
63	3 ± 1	50	10 ± 1	$2\frac{1}{2}$

[1]　1in = 25.4mm。

16.3.7　给水用聚乙烯管材

1. 给水用聚乙烯管材用材料的命名（表 16-70）

表 16-70　材料的命名（GB/T 13663—2000）

σ_{LPL}/MPa	MRS/MPa	材料分级数	材料的命名
6.30 ~ 7.99	6.3	63	PE63
8.00 ~ 9.99	8.0	80	PE80
10.00 ~ 11.19	10.0	100	PE100

注：σ_{LPL} 是与 20℃、50 年、概率预测 97.5% 相应的静液压强度，MRS 是最小要求强度。

2. 给水用聚乙烯管材的基本性能要求（表 16-71）

表 16-71　给水用聚乙烯管材的基本性能要求（GB/T 13663—2000）

序号	项　目	要　求
1	炭黑含量[①]（质量分数,%）	2.5 ± 0.5
2	炭黑分散[①]	≤ 等级 3
3	颜料分散[②]	≤ 等级 3
4	氧化诱导时间(200℃)/min	≥ 20
5	熔体流动速率[③](5kg,190℃)/(g/10min)	与产品标称值的偏差不应超过 ±25%

[①]　仅适用于黑色管材料。

[②]　仅适用于蓝色管材料。

[③]　仅适用于混配料。

3. 给水用聚乙烯管材的公称压力和规格尺寸

PE 63 级聚乙烯管材的公称压力和规格尺寸如表 16-72 所示，PE 80 级聚乙烯管材的公称压力和规格尺寸如表 16-73 所示，PE 100 级聚乙烯管材的公称压力和规格尺寸如表 16-74 所示。

表 16-72　PE 63 级聚乙烯管材的公称压力和规格尺寸（GB/T 13663—2000）

公称外径 d_n/mm	公称壁厚/mm				
	标准尺寸比 SDR				
	SDR33	SDR26	SDR17.6	SDR13.6	SDR11
	公称压力/MPa				
	0.32	0.4	0.6	0.8	1.0
16	—	—	—	—	2.3
20	—	—	—	2.3	2.3
25	—	—	2.3	2.3	2.3
32	—	—	2.3	2.4	2.9
40	—	2.3	2.3	3.0	3.7
50	—	2.3	2.9	3.7	4.6
63	2.3	2.5	3.6	4.7	5.8

（续）

公称外径 d_n/mm	公称壁厚/mm				
	标准尺寸比 SDR				
	SDR33	SDR26	SDR17.6	SDR13.6	SDR11
	公称压力/MPa				
	0.32	0.4	0.6	0.8	1.0
75	2.3	2.9	4.3	5.6	6.8
90	2.8	3.5	5.1	6.7	8.2
110	3.4	4.2	6.3	8.1	10.0
125	3.9	4.8	7.1	9.2	11.4
140	4.3	5.4	8.0	10.3	12.7
160	4.9	6.2	9.1	11.8	14.6
180	5.5	6.9	10.2	13.3	16.4
200	6.2	7.7	11.4	14.7	18.2
225	6.9	8.6	12.8	16.6	20.5
250	7.7	9.6	14.2	18.4	22.7
280	8.6	10.7	15.9	20.6	25.4
315	9.7	12.1	17.9	23.2	28.6
355	10.9	13.6	20.1	26.1	32.2
400	12.3	15.3	22.7	29.4	36.3
450	13.8	17.2	25.5	33.1	40.9
500	15.3	19.1	28.3	36.8	45.4
560	17.2	21.4	31.7	41.2	50.8
630	19.3	24.1	35.7	46.3	57.2
710	21.8	27.2	40.2	52.2	
800	24.5	30.6	45.3	58.8	
900	27.6	34.4	51.0		
1000	30.6	38.2	56.6		

表 16-73　PE 80 级聚乙烯管材的公称压力和规格尺寸（GB/T 13663—2000）

公称外径 d_n/mm	公称壁厚/mm				
	标准尺寸比 SDR				
	SDR33	SDR21	SDR17	SDR13.6	SDR11
	公称压力/MPa				
	0.4	0.6	0.8	1.0	1.25
16	—	—	—	—	—
20	—	—	—	—	—
25	—	—	—	—	2.3

（续）

公称外径 d_n/mm	公称壁厚/mm				
	标准尺寸比 SDR				
	SDR33	SDR21	SDR17	SDR13.6	SDR11
	公称压力/MPa				
	0.4	0.6	0.8	1.0	1.25
32	—	—	—	—	3.0
40	—	—	—	—	3.7
50	—	—	—	—	4.6
63	—	—	—	4.7	5.8
75	—	—	4.5	5.6	6.8
90	—	4.3	5.4	6.7	8.2
110	—	5.3	6.6	8.1	10.0
125	—	6.0	7.4	9.2	11.4
140	4.3	6.7	8.3	10.3	12.7
160	4.9	7.7	9.5	11.8	14.6
180	5.5	8.6	10.7	13.3	16.4
200	6.2	9.6	11.9	14.7	18.2
225	6.9	10.8	13.4	16.6	20.5
250	7.7	11.9	14.8	18.4	22.7
280	8.6	13.4	16.6	20.6	25.4
315	9.7	15.0	18.7	23.2	28.6
355	10.9	16.9	21.1	26.1	32.2
400	12.3	19.1	23.7	29.4	36.3
450	13.8	21.5	26.7	33.1	40.9
500	15.3	23.9	29.7	36.8	45.4
560	17.2	26.7	33.2	41.2	50.8
630	19.3	30.0	37.4	46.3	57.2
710	21.8	33.9	42.1	52.2	
800	24.5	38.1	47.4	58.8	
900	27.6	42.9	53.3		
1000	30.6	47.7	59.3		

表 16-74　PE 100 级聚乙烯管材的公称压力和规格尺寸（GB/T 13663—2000）

公称外径 d_n/mm	公称壁厚/mm				
	标准尺寸比 SDR				
	SDR26	SDR21	SDR17	SDR13.6	SDR11
	公称压力/MPa				
	0.6	0.8	1.0	1.25	1.6
32	—	—	—	—	3.0
40	—	—	—	—	3.7

（续）

公称外径 d_n/mm	公称壁厚/mm				
	标准尺寸比 SDR				
	SDR26	SDR21	SDR17	SDR13.6	SDR11
	公称压力/MPa				
	0.6	0.8	1.0	1.25	1.6
50	—	—	—	—	4.6
63	—	—	—	4.7	5.8
75	—	—	4.5	5.6	6.8
90	—	4.3	5.4	6.7	8.2
110	4.2	5.3	6.6	8.1	10.0
125	4.8	6.0	7.4	9.2	11.4
140	5.4	6.7	8.3	10.3	12.7
160	6.2	7.7	9.5	11.8	14.6
180	6.9	8.6	10.7	13.3	16.4
200	7.7	9.6	11.9	14.7	18.2
225	8.6	10.8	13.4	16.6	20.5
250	9.6	11.9	14.8	18.4	22.7
280	10.7	13.4	16.6	20.6	25.4
315	12.1	15.0	18.7	23.2	28.6
355	13.6	16.9	21.1	26.1	32.2
400	15.3	19.1	23.7	29.4	36.3
450	17.2	21.5	26.7	33.1	40.9
500	19.1	23.9	29.7	36.8	45.4
560	21.4	26.7	33.2	41.2	50.8
630	24.1	30.0	37.4	46.3	57.2
710	27.2	33.9	42.1	52.2	
800	30.6	38.1	47.4	58.8	
900	34.4	42.9	53.3		
1000	38.2	47.7	59.3		

4. 给水用聚乙烯管材的平均外径（表 16-75）

表 16-75　给水用聚乙烯管材的平均外径（GB/T 13663—2000）　　（单位：mm）

公称外径	最小平均外径	最大平均外径	
		等级 A	等级 B
16	16.0	16.3	16.3
20	20.0	20.3	20.3
25	25.0	25.3	25.3

（续）

公称外径	最小平均外径	最大平均外径	
		等级 A	等级 B
32	32.0	32.3	32.3
40	40.0	40.4	40.3
50	50.0	50.5	50.3
63	63.0	63.6	63.4
75	75.0	75.7	75.5
90	90.0	90.9	90.6
110	110.0	111.0	110.7
125	125.0	126.2	125.8
140	140.0	141.3	140.9
160	160.0	161.5	161.0
180	180.0	181.7	181.1
200	200.0	201.8	201.2
225	225.0	227.1	226.4
250	250.0	252.3	251.5
280	280.0	282.6	281.7
315	315.0	317.9	316.9
355	355.0	358.2	357.2
400	400.0	403.6	402.4
450	450.0	454.1	452.7
500	500.0	504.5	503.0
560	560.0	565.0	563.4
630	630.0	635.7	633.8
710	710.0	716.4	714.0
800	800.0	807.2	804.2
900	900.0	908.1	904.0
1000	1000.0	1009.0	1004.0

5. 给水用聚乙烯管材的静液压强度（表 16-76）

表 16-76 给水用聚乙烯管材的静液压强度（GB/T 13663—2000）

序号	项 目	环向应力/MPa			技术要求
		PE63	PE80	PE100	
1	20℃静液压强度（100h）	8.0	9.0	12.4	不破裂,不渗漏
2	80℃静液压强度（165h）	3.5	4.6	5.5	不破裂,不渗漏
3	80℃静液压强度（1000h）	3.2	4.0	5.0	不破裂,不渗漏

6. 给水用聚乙烯管材的物理性能要求（表 16-77）

表 16-77 给水用聚乙烯管材的物理性能要求（GB/T 13663—2000）

序号	项 目		技术要求
1	断裂伸长率(%)		≥350
2	纵向回缩率(110℃)(%)		≤3
3	氧化诱导时间(200℃)/min		≥20
4	耐候性[①] （管材累计接受≥3.5GJ/m² 老化能量后）	80℃静液压强度(165h)，试验条件同表 16-76	不破裂，不渗漏
		断裂伸长率(%)	≥350
		氧化诱导时间(200℃)/min	≥10

① 仅适用于蓝色管材。

16. 3. 8 给水用抗冲改性聚氯乙烯管材及管件

1. 给水用抗冲改性聚氯乙烯管材的物理性能（表 16-78）

表 16-78 给水用抗冲改性聚氯乙烯管材的物理性能（CJ/T 272—2008）

项 目	技术要求
密度/(kg/m³)	1350 ~ 1460
维卡软化温度/℃	≥80
纵向回缩率(%)	≤5
二氯甲烷浸渍试验(15℃ ±1℃ ,30min)	表面无变化

2. 给水用抗冲改性聚氯乙烯管材的力学性能（表 16-79）

表 16-79 给水用抗冲改性聚氯乙烯管材的力学性能（CJ/T 272—2008）

项 目	技术要求
落锤冲击试验（0℃）TIR（%）	≤5
高速冲击试验（22℃）（d_n≥110mm）	不发生脆性破坏
液压试验	无破裂，无渗漏
切口管材液压试验	无破裂，无渗漏
C-环韧性试验	韧性破坏
长期静液压试验 σ_{LPL}/MPa	≥24. 5

3. 给水用抗冲改性聚氯乙烯管件的物理力学性能（表16-80）

表16-80 给水用抗冲改性聚氯乙烯管件的物理力学性能（CJ/T 272—2008）

项　　目		技　术　要　求			
维卡软化温度/℃		≥72			
烘箱试验		符合 GB/T 8803			
坠落试验		无破裂			
液压试验	公称外径 d_n/mm	试验温度/℃	试验压力/MPa	试验时间/h	试验要求
	$d_n \leqslant 63$	20	4.2PN	1	无破裂 无渗漏
			3.2PN	1000	
	$d_n > 63$	20	3.36PN	1	
			2.56PN	1000	

4. 给水用抗冲改性聚氯乙烯管材公称压力等级和规格尺寸（表16-81）

表16-81 给水用抗冲改性聚氯乙烯管材公称压力等级和规格尺寸

（CJ/T 272—2008）　　　　　　　　　　　　　　（单位：mm）

公称外径 d_n	管材 S 系列和标准尺寸比 SDR、公称压力					
	S25 SDR51 PN0.63MPa	S20 SDR41 PN0.8MPa	S16 SDR33 PN1.0MPa	S12.5 SDR26 PN1.25MPa	S10 SDR21 PN1.6MPa	S8 SDR17 PN2.0MPa
	公称壁厚					
20					2.0	2.0
25					2.0	2.0
32					2.0	2.0
40					2.0	2.4
50				2.0	2.4	3.0
63			2.0	2.5	3.0	3.8
75		2.0	2.3	2.9	3.6	4.5
90	2.0	2.2	2.8	3.5	4.3	5.4
110	2.2	2.7	3.4	4.2	5.3	6.6
125	2.5	3.1	3.9	4.8	6.0	7.4
140	2.8	3.5	4.3	5.4	6.7	8.3
160	3.2	4.0	4.9	6.2	7.7	9.5
180	3.6	4.4	5.5	6.9	8.6	10.7

（续）

公称外径 d_n	管材 S 系列和标准尺寸比 SDR、公称压力					
	S25 SDR51 PN0.63MPa	S20 SDR41 PN0.8MPa	S16 SDR33 PN1.0MPa	S12.5 SDR26 PN1.25MPa	S10 SDR21 PN1.6MPa	S8 SDR17 PN2.0MPa
	公称壁厚					
200	3.9	4.9	6.2	7.7	9.6	11.9
225	4.4	5.5	6.9	8.6	10.8	13.4
250	4.9	6.2	7.7	9.6	11.9	14.8
280	5.5	6.9	8.6	10.7	13.4	16.6
315	6.2	7.7	9.7	12.1	15.0	18.7
355	7.0	8.7	10.9	13.6	16.9	21.1
400	7.9	9.8	12.3	15.3	19.1	23.7
450	8.8	11.0	13.8	17.2	21.5	26.7
500	9.8	12.3	15.3	19.1	23.9	29.7
560	11.0	13.7	17.2	21.4	26.7	33.2
630	12.3	15.4	19.3	24.1	30.0	37.4
710	13.9	17.4	21.8	27.2	33.9	42.1
800	15.7	19.6	24.5	30.6	38.1	47.4

注：公称壁厚根据最小要求强度（MRS）24.5MPa、设计应力16MPa确定，管材最小壁厚为2.0mm。

5. 承口的形式和尺寸（图16-39 和表16-82）

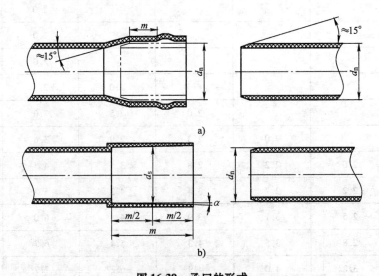

图16-39　承口的形式

a）弹性密封圈式　b）溶剂粘接式

表 16-82　承口的尺寸（CJ/T 272—2008）　　　　　（单位：mm）

公称外径 d_n	弹性密封圈承口最小配合深度	溶剂粘接承口最小深度	溶剂粘接承口中部平均内径	
			最小	最大
20	—	16.0	20.1	20.3
25	—	18.5	25.1	25.3
32	—	22.0	32.1	32.3
40	—	26.0	40.1	40.3
50	—	31.0	50.1	50.3
63	64	37.5	63.1	63.3
75	67	43.5	75.1	75.3
90	70	51.0	90.1	90.3
110	75	61.0	110.1	110.4
125	78	68.5	125.1	125.4
140	81	76.0	140.2	140.5
160	86	86.0	160.2	160.5
180	90	96.0	180.3	180.6
200	94	106.0	200.3	200.6
225	100	118.5	225.3	225.6
250	105	—	—	—
280	112	—	—	—
315	118	—	—	—
355	124	—	—	—
400	130	—	—	—
450	138	—	—	—
500	145	—	—	—
560	154	—	—	—
630	165	—	—	—
710	177	—	—	—
800	190	—	—	—

注：1. 承口中部的平均内径是指在承口深度 1/2 处所测定的互相垂直的两直径的算术平均值。承口的最大锥度（α）不超过 0°30′。

　　2. 当管材长度大于 12m 时，密封圈式承口深度 m_{min} 需另行设计。

16.3.9　冷热水用聚丙烯管材及管件

1. 冷热水用聚丙烯管材

1）冷热水用聚丙烯管材的物理力学性能及化学性能如表 16-83 所示。

表 16-83　冷热水用聚丙烯管材的物理力学性能及化学性能（GB/T 18742.2—2002）

项目	材料	试验参数			试样数量	技术要求
		试验温度/℃	试验时间/h	静液压应力/MPa		
纵向回缩率（%）	PP-H	150±2	公称壁厚 $t_n \leq 8mm$：1	—	3	≤2
	PP-B	150±2	$8mm < t_n \leq 16mm$：2	—		
	PP-R	135±2	$t_n > 16mm$：4	—		
简支梁冲击试验	PP-H	23±2			10	破损率＜试样的10%
	PP-B	0±2	—			
	PP-R	0±2				
静液压试验	PP-H	20	1	21.0	3	无破裂无渗漏
		95	22	5.0		
		95	165	4.2		
		95	1000	3.5		
	PP-B	20	1	16.0	3	
		95	22	3.4		
		95	165	3.0		
		95	1000	2.6		
	PP-R	20	1	16.0	3	
		95	22	4.2		
		95	165	3.8		
		95	1000	3.5		
熔体质量流动速率 MFR（230℃/2.16kg）/（g/10min）					3	变化率≤原料的30%
静液压状态下热稳定性试验	PP-H	110	8760	1.9	1	无破裂无渗漏
	PP-B			1.4		
	PP-R			1.9		

2）冷热水用聚丙烯管材的规格尺寸如表 16-84 所示。

表 16-84　冷热水用聚丙烯管材的规格尺寸（GB/T 18742.2—2002）　（单位：mm）

公称外径 d_n	平均外径		管 系 列				
			S5	S4	S3.2	S2.5	S2
	最小	最大	公称壁厚 t_n				
12	12.0	12.3	—	—	—	2.0	2.4
16	16.0	16.3	—	2.0	2.2	2.7	3.3
20	20.0	20.3	2.0	2.3	2.8	3.4	4.1
25	25.0	25.3	2.3	2.8	3.5	4.2	5.1
32	32.0	32.3	2.9	3.6	4.4	5.4	6.5
40	40.0	40.4	3.7	4.5	5.5	6.7	8.1
50	50.0	50.5	4.6	5.6	6.9	8.3	10.1

（续）

公称外径 d_n	平均外径		管 系 列				
			S5	S4	S3.2	S2.5	S2
	最小	最大	公称壁厚 t_n				
63	63.0	63.6	5.8	7.1	8.6	10.5	12.7
75	75.0	75.7	6.8	8.4	10.3	12.5	15.1
90	90.0	90.9	8.2	10.1	12.3	15.0	18.1
110	110.0	111.0	10.0	12.3	15.1	18.3	22.1
125	125.0	126.2	11.4	14.0	17.1	20.8	25.1
140	140.0	141.3	12.7	15.7	19.2	23.3	28.1
160	160.0	161.5	14.6	17.9	21.9	26.6	32.1

2. 冷热水用聚丙烯管件

1）冷热水用聚丙烯管件的物理力学性能如表 16-85 所示，其静液压状态下热稳定性能如表 16-86 所示。

表 16-85　冷热水用聚丙烯管件的物理力学性能（GB/T 18742.2—2002）

项目	管系列	试验压力/MPa			试验温度 /℃	试验时间 /h	试样数量	技术要求
		材料						
		PP-H	PP-B	PP-R				
静液压 试验	S5	4.22	3.28	3.11	20	1	3	无破裂 无渗漏
	S4	5.19	3.83	3.88				
	S3.2	6.48	4.92	5.05				
	S2.5	8.44	5.75	6.01				
	S2	10.55	8.21	7.51				
	S5	0.70	0.50	0.68	95	1000	3	无破裂 无渗漏
	S4	0.88	0.62	0.80				
	S3.2	1.10	0.76	1.11				
	S2.5	1.41	0.93	1.31				
	S2	1.76	1.31	1.64				
熔体质量流动速率 MFR(230℃/2.16kg)/(g/10min)							3	变化率≤原料的 30%

表 16-86　冷热水用聚丙烯管件静液压状态下热稳定性能（GB/T 18742.2—2002）

项目	材料	试验参数			试样数量	技术要求
		试验温度/℃	试验时间/h	静液压应力/MPa		
静液压状态下热 稳定性试验	PP-H	110	8760	1.9	1	无破裂 无渗漏
	PP-B			1.4	1	
	PP-R			1.9	1	

注：1. 用管状试样或管件与管材相连进行试验。管状试样按实际壁厚计算试验压力；管件与管材相连作为试样时按
　　　相同管系列 S 的管材的公称壁厚计算试验压力。如试验中管材破裂则试验应重作。

　　2. 相同原料同一生产厂家生产的管材已作过本试验，则管件可不作。

2) 热熔承插连接管件的承口的形式及尺寸如图 16-40 和表 16-87 所示。

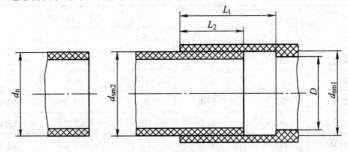

图 16-40　热熔承插连接管件的承口的形式

表 16-87　热熔承插连接管件的承口的尺寸（GB/T 18742.2—2002）　（单位：mm）

公称外径 d_n[1]	最小承口深度 L_1	最小承插深度 L_2	承口的平均内径				最大圆度	最小通径 D
			d_{sm1}		d_{sm2}			
			最小	最大	最小	最大		
16	13.3	9.8	14.8	15.3	15.0	15.5	0.6	9
20	14.5	11.0	18.8	19.3	19.0	19.5	0.6	13
25	16.0	12.5	23.5	24.1	23.8	24.4	0.7	18
32	18.1	14.6	30.4	31.0	30.7	31.3	0.7	25
40	20.5	17.0	38.3	38.9	38.7	39.3	0.7	31
50	23.5	20.0	48.3	48.9	48.7	49.3	0.8	39
63	27.4	23.9	61.1	61.7	61.6	62.2	0.8	49
75	31.0	27.5	71.9	72.7	73.2	74.0	1.0	58.2
90	35.5	32.0	86.4	87.4	87.8	88.8	1.2	69.8
110	41.5	38.0	105.8	106.8	107.3	108.5	1.4	85.4

① 此处的公称外径 d_n 是指与管件相连的管材的公称外径。

3) 电熔连接管件的承口的形式及尺寸如图 16-41 和表 16-88 所示。

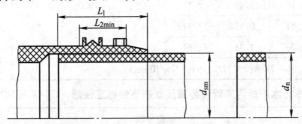

图 16-41　电熔承插连接管件的承口的形式

表 16-88　电熔承插连接管件的承口的尺寸（GB/T 18742.2—2002）　（单位：mm）

公称外径 d_n[1]	熔合段最小内径 d_{sm}	熔合段最小长度 L_{2min}	插入长度 L_1	
			最小	最大
16	16.1	10	20	35
20	20.1	10	20	37

（续）

公称外径 d_n[1]	熔合段最小内径 d_{sm}	熔合段最小长度 L_{2min}	插入长度 L_1	
			最小	最大
25	25.1	10	20	40
32	32.1	10	20	44
40	40.1	10	20	49
50	50.1	10	20	55
63	63.2	11	23	63
75	75.2	12	25	70
90	90.2	13	28	79
110	110.3	15	32	85
125	125.3	16	35	90
140	140.3	18	38	95
160	160.4	20	42	101

① 此处的公称外径 d_n 是指与管件相连的管材的公称外径。

16.3.10　冷热水用交联聚乙烯管材

1. 冷热水用交联聚乙烯管材的力学性能（表16-89）

表16-89　冷热水用交联聚乙烯管材的力学性能（GB/T 18992.2—2003）

项目	要求	试验参数		
		静液压应力/MPa	试验温度/℃	试验时间/h
耐静液压	无渗漏，无破裂	12.0	20	1
		4.8	95	1
		4.7	95	22
		4.6	95	165
		4.4	95	1000

2. 冷热水用交联聚乙烯管材的物理化学性能（表16-90）

表16-90　冷热水用交联聚乙烯管材的物理化学性能（GB/T 18992.2—2003）

项　目	技术要求	试验参数		数值
		参　数		数值
纵向回缩率（%）	≤3	温度/℃		120
		试验时间/h	$t_n ≤ 8mm$	1
			$8mm < t_n ≤ 16mm$	2
			$t_n > 16mm$	4
		试样数量		3
静液压状态下的热稳定性	无破裂 无渗漏	静液压应力/MPa		2.5
		试验温度/℃		110
		试验时间/h		8760
		试样数量		1

（续）

项　目		技术要求	试　验　参　数	
			参　数	数值
交联度（%）	过氧化物交联	≥70	—	
	硅烷交联	≥65	—	
	电子束交联	≥60	—	
	偶氮交联	≥60	—	

注：t_n 为壁厚。

3. 冷热水用交联聚乙烯管材的尺寸（表16-91）

表16-91　冷热水用交联聚乙烯管材的尺寸（GB/T 18992.2—2003）　（单位：mm）

公称外径 d_n	平均外径		最小壁厚 t_{min}（数值等于 t_n）			
	最小	最大	管　系　列			
			S6.3	S5	S4	S3.2
16	16.0	16.3	1.8①	1.8①	1.8	2.2
20	20.0	20.3	1.9①	1.9	2.3	2.8
25	25.0	25.3	1.9	2.3	2.8	3.5
32	32.0	32.3	2.4	2.9	3.6	4.4
40	40.0	40.4	3.0	3.7	4.5	5.5
50	50.0	50.5	3.7	4.6	5.6	6.9
63	63.0	63.6	4.7	5.8	7.1	8.6
75	75.0	75.7	5.6	6.8	8.4	10.3
90	90.0	90.9	6.7	8.2	10.1	12.3
110	110.0	111.0	8.1	10.0	12.3	15.1
125	125.0	126.2	9.2	11.4	14.0	17.1
140	140.0	141.3	10.2	12.7	15.7	19.2
160	160.0	161.5	11.8	14.6	17.9	21.9

① 考虑到刚性与连接的要求，该厚度不按管系列计算。

16.3.11　冷热水用氯化聚氯乙烯管材及管件

1. 冷热水用氯化聚氯乙烯管材

1）冷热水用氯化聚氯乙烯管材的物理性能如表16-92所示。

表16-92　冷热水用氯化聚氯乙烯管材的物理性能（GB/T 18993.2—2003）

项　目	技术要求	项　目	技术要求
密度/(kg/m³)	1450～1650	纵向回缩率(%)	≤5
维卡软化温度/℃	≥110		

2）冷热水用氯化聚氯乙烯管材的力学性能如表16-93所示。

表 16-93　冷热水用氯化聚氯乙烯管材的力学性能（GB/T 18993.2—2003）

项　目	试　验　参　数			技术要求
	试验温度/℃	试验时间/h	静液压应力/MPa	
静液压试验	20	1	43.0	无破裂 无泄漏
	95	165	5.6	
	95	1000	4.6	
静液压状态下的热稳定性试验	95	8760	3.6	无破裂 无泄漏
落锤冲击性能 TIR(0℃)(%)	—			≤10
拉伸屈服强度/MPa	—			≥50

3）冷热水用氯化聚氯乙烯管材的规格尺寸如表 16-94 所示。

表 16-94　冷热水用氯化聚氯乙烯管材的规格尺寸（GB/T 18993.2—2003）

（单位：mm）

公称外径 d_n	平均外径		管　系　列		
			S6.3	S5	S4
	最小	最大	公称壁厚 t_n		
20	20.0	20.2	2.0(1.5)*	2.0(1.9)*	2.3
25	25.0	25.2	2.0(1.9)*	2.3	2.8
32	32.0	32.2	2.4	2.9	3.6
40	40.0	40.2	3.0	3.7	4.5
50	50.0	50.2	3.7	4.6	5.6
63	63.0	63.3	4.7	5.8	7.1
75	75.0	75.3	5.6	6.8	8.4
90	90.0	90.3	6.7	8.2	10.1
110	110.0	110.4	8.1	10.0	12.3
125	125.0	125.4	9.2	11.4	14.0
140	140.0	140.5	10.3	12.7	15.7
160	160.0	160.5	11.8	14.6	17.9

注：考虑到刚度要求，带"＊"的最小壁厚为 2.0mm，计算液压试验压力时使用括号中的壁厚。

2. 冷热水用氯化聚氯乙烯管件

1）冷热水用氯化聚氯乙烯管件的力学性能如表 16-95 所示。

表 16-95　冷热水用氯化聚氯乙烯管件的力学性能（GB/T 18993.3—2003）

项目	试验温度/℃	管系列	试验压力/MPa	试验时间/h	要　求
静液压试验	20	S6.3	6.56	1	无破裂,无渗漏
		S5	8.76		
		S4	10.94		

（续）

项目	试验温度/℃	管系列	试验压力/MPa	试验时间/h	要　求
静液压试验	60	S6.3	4.10	1	无破裂,无渗漏
		S5	5.47		
		S4	6.84		
	80	S6.3	1.20	3000	无破裂,无渗漏
		S5	1.59		
		S4	1.99		

2）冷热水用氯化聚氯乙烯管件的管件体壁厚如表 16-96 所示。

表 16-96　冷热水用氯化聚氯乙烯管件的管件体壁厚（GB/T 18993.3—2003）

（单位：mm）

公称外径 d_n	S6.3	S5	S4	公称外径 d_n	S6.3	S5	S4
	管件体最小壁厚 t_{min}				管件体最小壁厚 t_{min}		
20	2.1	2.6	3.2	75	7.6	9.2	11.4
25	2.6	3.2	3.8	90	9.1	11.1	13.7
32	3.3	4.0	4.9	110	11.0	13.5	16.7
40	4.1	5.0	6.1	125	12.5	15.4	18.9
50	5.0	6.3	7.6	140	14.0	17.2	21.2
63	6.4	7.9	9.6	160	16.0	19.8	24.2

3）溶剂粘接圆柱形承口的形式及尺寸如图 16-42 和表 16-97 所示。

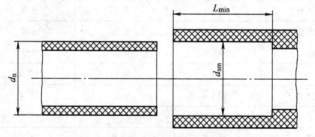

图 16-42　溶剂粘接圆柱形承口的形式

表 16-97　溶剂粘接圆柱形承口的尺寸（GB/T 18993.3—2003）　　（单位：mm）

公称外径 d_n	承口的平均内径 d_{sm}[①]		最大圆度[②]	承口最小长度 L_{min}[③]	公称外径 d_n	承口的平均内径 d_{sm}[①]		最大圆度[②]	承口最小长度 L_{min}[③]
	最小	最大				最小	最大		
20	20.1	20.3	0.25	16.0	50	50.1	50.3	0.3	31.0
25	25.1	25.3	0.25	18.5	63	63.1	63.3	0.4	37.5
32	32.1	32.3	0.25	22.0	75	75.1	75.3	0.5	43.5
40	40.1	40.3	0.25	26.0	90	90.1	90.3	0.6	51.0

（续）

公称外径 d_n	承口的平均内径 $d_{sm}^①$		最大圆度②	承口最小长度 $L_{min}^③$	公称外径 d_n	承口的平均内径 $d_{sm}^①$		最大圆度②	承口最小长度 $L_{min}^③$
	最小	最大				最小	最大		
110	110.1	110.4	0.7	61.0	140	140.2	140.5	0.9	76.0
125	125.1	125.4	0.8	68.5	160	160.2	160.5	1.0	86.0

① 承口的平均内径 d_{sm}，应在承口中部测量，承口部分最大夹角应不超过 0°30′。

② 圆度公差小于等于 $0.007d_n$，若 $0.007d_n < 0.2mm$，则圆度公差小于等于 0.2mm。

③ 承口最小长度等于 $0.5d_n + 6mm$，最短为 12mm。

4）活套法兰变接头的形式及尺寸如图 16-43 和表 16-98 所示。

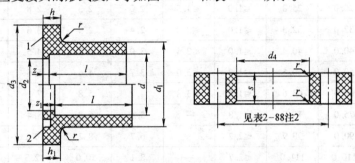

图 16-43　活套法兰变接头的形式

1—平面垫圈接合面　2—密封圈槽接合面

表 16-98　活套法兰变接头的尺寸（GB/T 18993.3—2003）（单位：mm）

承口公称直径 d	法 兰 变 接 头									活套法兰		
	d_1	d_2	d_3	l	r 最大	h	z	h_1	z_1	d_4	r 最小	s
20	27 ± 0.15	16	34	16	1	6	3	9	6	$28_{-0.5}^{0}$	1	
25	33 ± 0.15	21	41	19	1.5	7	3	10	6	$34_{-0.5}^{0}$	1.5	
32	41 ± 0.2	28	50	22	1.5	7	3	10	6	$42_{-0.5}^{0}$	1.5	
40	50 ± 0.2	36	61	26	2	8	3	13	8	$51_{-0.5}^{0}$	2	
50	61 ± 0.2	45	73	31	2	8	3	13	8	$62_{-0.5}^{0}$	2	
63	76 ± 0.3	57	90	38	2.5	9	3	14	8	78_{-1}^{0}	2.5	根据材质而定
75	90 ± 0.3	69	106	44	2.5	10	3	15	8	92_{-1}^{0}	2.5	
90	108 ± 0.3	82	125	51	3	11	5	16	10	110_{-1}^{0}	3	
110	131 ± 0.3	102	150	61	3	12	5	18	11	133_{-1}^{0}	3	
125	148 ± 0.4	117	170	69	3	13	5	19	11	150_{-1}^{0}	3	
140	165 ± 0.4	132	188	76	4	14	5	20	11	167_{-1}^{0}	4	
160	188 ± 0.4	152	213	86	4	16	5	22	11	190_{-1}^{0}	4	

注：1. 承口尺寸及公差按照图 16-42、表 16-98 的规定。

　　2. 法兰外径螺栓孔直径及孔数按照 GB/T 9112 规定。

16.3.12　冷热水用耐热聚乙烯管材及管件

1. 冷热水用耐热聚乙烯管材的规格尺寸（表16-99）

表 16-99　冷热水用耐热聚乙烯管材的规格尺寸（CJ/T 175—2002）　（单位：mm）

公称外径 d_n	平均外径		圆度		管 系 列				
					S6.3	S5	S4	S3.2	S2.5
	最小	最大	直管	盘管	公称壁厚 t_n				
12	12.0	12.3	≤1.0	≤1.0	—	—	—	—	2.0
16	16.0	16.3	≤1.0	≤1.0	—	—	2.0	2.2	2.7
20	20.0	20.3	≤1.0	≤1.2	—	2.0	2.3	2.8	3.4
25	25.0	25.3	≤1.0	≤1.5	2.0	2.3	2.8	3.5	4.2
32	32.0	32.3	≤1.0	≤2.0	2.4	2.9	3.6	4.4	5.4
40	40.0	40.4	≤1.0	≤2.4	3.0	3.7	4.5	5.5	6.7
50	50.0	50.5	≤1.2	≤3.0	3.7	4.6	5.6	6.9	8.3
63	63.0	63.6	≤1.6	≤3.8	4.7	5.8	7.1	8.6	10.5
75	75.0	75.7	≤1.8	—	5.6	6.8	8.4	10.3	12.5
90	90.0	90.9	≤2.2	—	6.7	8.2	10.1	12.3	15.0
110	110.0	111.0	≤2.7	—	8.1	10.0	12.3	15.1	18.3
125	125.0	126.2	≤3.0	—	9.2	11.1	14.0	17.1	20.8
140	140.0	141.3	≤3.4	—	10.3	12.7	15.7	19.2	23.3
160	160.0	161.6	≤3.9	—	11.8	11.6	17.9	21.9	26.6

2. 热熔承插管件承口

1）热熔承插管件承口的形式如图 16-44 所示。

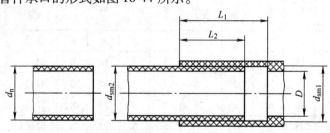

图 16-44　热熔承插管件承口的形式

2）热熔承插管件承口的尺寸如表 16-100 所示。

表 16-100　热熔承插管件承口的尺寸（CJ/T 175—2002）　（单位：mm）

公称外径 $d_n^{①}$	最小承口深度 L_1	最小承插深度 L_2	承口的平均内径				圆度	最小通径 D
			d_{sm1}		d_{sm2}			
			最小	最大	最小	最大		
16	13.3	9.8	14.8	15.3	15.0	13.5	≤0.6	9.0
20	11.5	11.0	18.8	19.3	19.0	19.5	≤0.6	13.0

（续）

公称外径 d_n[①]	最小承口深度 L_1	最小承插深度 L_2	承口的平均内径				圆度	最小通径 D
			d_{sm1}		d_{sm2}			
			最小	最大	最小	最大		
25	16.0	12.5	23.5	24.1	23.8	24.4	≤0.7	18.0
32	18.1	14.6	30.4	31.0	30.7	31.3	≤0.7	25.0
40	20.5	17.0	38.3	38.9	38.7	39.3	≤0.7	31.0
50	23.5	20.0	48.3	48.9	48.7	49.3	≤0.8	39.0
63	27.4	23.9	61.1	61.7	61.6	62.2	≤0.8	49.0
75	31.0	27.5	71.9	72.7	73.2	74.0	≤1.0	58.2
90	35.5	32.0	86.1	87.4	87.8	88.8	≤1.2	69.8
110	41.5	38.0	105.8	106.8	107.3	108.5	≤1.4	85.4

① 此处的公称外径 d_n 指与管件相连的管材的公称外径。

3. 电熔承插管件承口

1）电熔承插管件承口的形式如图 16-45 所示。

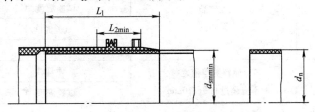

图 16-45　电熔承插管件承口的形式

2）电熔承插管件承口的尺寸如表 16-101 所示。

表 16-101　电熔承插管件承口的尺寸（CJ/T 175—2002）　　（单位：mm）

公称外径 d_n[①]	熔合段最小内径 d_{smmin}	熔合段最小长度 L_{2min}	插入长度 L_1		公称外径 d_n[①]	熔合段最小内径 d_{smmin}	熔合段最小长度 L_{2min}	插入长度 L_1	
			最小	最大				最小	最大
16	16.1	10	20	35	75	75.2	12	25	70
20	20.1	10	20	37	90	90.2	13	28	79
25	25.1	10	20	40	110	110.3	15	32	85
32	32.1	10	20	44	125	125.3	16	35	90
40	40.1	10	20	49	110	140.3	18	38	95
50	50.1	10	20	55	160	160.4	20	42	101
63	63.2	11	23	63					

① 此处的公称外径 d_n 是指与管件相连的管材的公称外径。

16.3.13　冷热水用聚丁烯管材及管件

1. 冷热水用聚丁烯管材

1）冷热水用聚丁烯管材的力学性能如表 16-102 所示。

表 16-102　冷热水用聚丁烯管材的力学性能（GB/T 19473.2—2004）

项目	技术要求	静液压应力/MPa	试验温度/℃	试验时间/h
静液压试验	无渗漏，无破裂	15.5	20	1
		6.5	95	22
		6.2	95	165
		6.0	95	1000

2）冷热水用聚丁烯管材的物理化学性能如表 16-103 所示。

表 16-103　冷热水用聚丁烯管材的物理化学性能（GB/T 19473.2—2004）

项目	技术要求	试 验 参 数		
纵向回缩率(%)	≤2		温度/℃	110
		试验时间/h	$t_n \leqslant 8mm$	1
			$8mm < t_n \leqslant 16mm$	2
			$t_n > 16mm$	4
静液压状态下的热稳定性	无破裂无渗漏		静液压应力/MPa	2.4
			试验温度/℃	110
			试验时间/h	8760
			试样数量	1
熔体质量流动速率 MFR	与对原料测定值之差，不应超过 0.3g/10min		质量/kg	5
			试验温度/℃	190

注：t_n 为公称壁厚。

3）冷热水用聚丁烯管材的尺寸如表 16-104 所示。

表 16-104　冷热水用聚丁烯管材的尺寸（GB/T 19473.2—2004）　　（单位：mm）

公称外径 d_n	平均外径		公称壁厚 t_n					
	最小	最大	S10	S8	S6.3	S5	S4	S3.2
12	12.0	12.3	1.3	1.3	1.3	1.3	1.4	1.7
16	16.0	16.3	1.3	1.3	1.3	1.5	1.8	2.2
20	20.0	20.3	1.3	1.3	1.5	1.9	2.3	2.8
25	25.0	25.3	1.3	1.5	1.9	2.3	2.8	3.5
32	32.0	32.3	1.6	1.9	2.4	2.9	3.6	4.4
40	40.0	40.4	2.0	2.4	3.0	3.7	4.5	5.5
50	50.0	50.5	2.4	3.0	3.7	4.6	5.6	6.9
63	63.0	63.6	3.0	3.8	4.7	5.8	7.1	8.6
75	75.0	75.7	3.6	4.5	5.6	6.8	8.4	10.3
90	90.0	90.9	4.3	5.4	6.7	8.2	10.1	12.3
110	110.0	111.0	5.3	6.6	8.1	10.0	12.3	15.1
125	125.0	126.2	6.0	7.4	9.2	11.4	14.0	17.1
140	140.0	141.3	6.7	8.3	10.3	12.7	15.7	19.2
160	160.0	161.5	7.7	9.5	11.8	14.6	17.9	21.9

2. 冷热水用聚丁烯管件

1）冷热水用聚丁烯管件的力学性能如表 16-105 所示。

表 16-105　冷热水用聚丁烯管件的力学性能（GB/T 19473.3—2004）

项目	管系列	试验压力/MPa	试验温度/℃	试验时间/h	试样数量	技术要求
静液压试验	S10	1.42	20	1	3	无破裂无渗漏
	S8	1.85				
	S6.3	2.46				
	S5	3.08				
	S4 S3.2	3.60				
	S10	0.55	95	1000	3	无破裂无渗漏
	S8	0.71				
	S6.3	0.95				
	S5	1.19				
	S4 S3.2	1.39				

2）热熔承插连接管件承口的形式和尺寸如图 16-46 和表 16-106 所示。

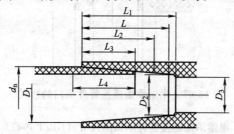

图 16-46　热熔承插连接管件承口的形式

表 16-106　热熔承插连接管件承口的尺寸（GB/T 19473.3—2004）　（单位：mm）

公称外径 d_n[1]	承口平均内径				最大圆度	最小通径 D_{3min}	承口参照深度 L_{min} $(0.3d_n + 8.5)$	承口加热深度		承插深度	
	口部		根部					L_{2min} $(L - 2.5)$	L_{2max} (L)	L_{3min} $(L - 3.5)$	L_{3max} (L)
	D_{1min}	D_{1max}	D_{2min}	D_{2max}							
16	15.0	15.5	14.8	15.3	0.6	9	13.3	10.8	13.3	9.8	13.3
20	19.0	19.5	18.8	19.3	0.6	13	14.5	12.0	14.5	11.0	14.5
25	23.8	24.4	23.5	24.1	0.7	18	16.0	13.5	16.0	12.5	16.0
32	30.7	31.3	30.4	31.0	0.7	25	18.1	15.6	18.1	14.6	18.1
40	38.7	39.3	38.3	38.9	0.7	31	20.5	18.0	20.5	17.0	20.5
50	48.7	49.3	48.3	48.9	0.8	39	23.5	21.0	23.5	20.0	23.5
63	61.6	62.2	61.1	61.7	0.8	49	27.4	24.9	27.4	23.9	27.4

（续）

公称外径 $d_n^①$	承口平均内径				最大圆度	最小通径 D_{3min}	承口参照深度 L_{min} (0.3d_n+8.5)	承口加热深度		承插深度	
	口部		根部					L_{2min} (L-2.5)	L_{2max} (L)	L_{3min} (L-3.5)	L_{3max} (L)
	D_{1min}	D_{1max}	D_{2min}	D_{2max}							
不去皮											
75	73.2	74.0	71.9	72.7	1.0	58.2	31.0	28.5	31.0	27.5	31.0
90	87.8	88.8	86.4	87.4	1.2	69.8	35.5	33.0	35.5	32.0	35.5
110	107.3	108.5	105.8	106.8	1.4	85.4	41.5	39.0	41.5	38.0	41.5
去皮											
75	72.6	73.2	72.3	72.9	1.0	58.2	31.0	28.5	31.0	27.5	31.0
90	87.1	87.8	86.7	87.4	1.2	69.8	35.5	33.0	35.5	32.0	35.5
110	106.3	107.1	105.7	106.5	1.4	85.4	41.5	39.0	41.5	38.0	41.5

① 管件的公称外径 d_n 是指与管件相连的管材的公称外径。

3）电熔承插连接管件承口的形式和尺寸如图 16-47 和表 16-107 所示。

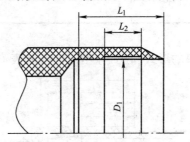

图 16-47　电熔承插连接管件承口的形式

表 16-107　电熔承插连接管件承口的尺寸 （GB/T 19473.3—2004） （单位：mm）

公称外径 $d_n^①$	熔融区平均内径 D_{1min}	加热长度 L_{2min}	承插深度 L_1		公称外径 $d_n^①$	熔融区平均内径 D_{1min}	加热长度 L_{2min}	承插深度 L_1	
			L_{1min}	L_{1max}				L_{1min}	L_{1max}
16	16.1	10	20	35	75	75.2	12	25	70
20	20.1	10	20	37	90	90.2	13	28	79
25	25.1	10	20	40	110	110.3	15	32	85
32	32.1	10	20	44	125	125.3	16	35	90
40	40.1	10	20	49	140	140.3	18	38	95
50	50.1	10	20	55	160	160.4	20	42	101
63	63.2	11	23	63					

① 此处的公称外径 d_n 是指与管件相连的管材的公称外径。

16.3.14　工业用氯化聚氯乙烯管材及管件

1. 工业用氯化聚氯乙烯管材

1）工业用氯化聚氯乙烯管材的物理性能如表 16-108 所示。

表 16-108 工业用氯化聚氯乙烯管材的物理性能（GB/T 18998.2—2003）

项　目	技术要求	项　目	技术要求
密度/(kg/m³)	1450~1650	纵向回缩率(%)	≤5
维卡软化温度/℃	≥110	氯含量(质量分数,%)	≥60

2）工业用氯化聚氯乙烯管材的力学性能如表 16-109 所示。

表 16-109 工业用氯化聚氯乙烯管材的力学性能（GB/T 18998.2—2003）

项目	试　验　参　数			技术要求
	温度/℃	静液压应力/MPa	时间/h	
静液压试验	20	43	≥1	无破裂，无渗漏
	95	5.6	≥165	
	95	4.6	≥1000	
静液压状态下热稳定性试验	95	3.6	≥8760	
落锤冲击性能 TIR(%)	试验温度(0±1)℃			≤10

3）工业用氯化聚氯乙烯管材的规格尺寸如表 16-110 所示。

表 16-110 工业用氯化聚氯乙烯管材的规格尺寸（GB/T 18998.2—2003）

（单位：mm）

公称外径 d_n	公称壁厚 t_n				公称外径 d_n	公称壁厚 t_n			
	管 系 列 S					管 系 列 S			
	S10	S6.3	S5	S4		S10	S6.3	S5	S4
	标准尺寸比 SDR					标准尺寸比 SDR			
	SDR21	SDR13.6	SDR11	SDR9		SDR21	SDR13.6	SDR11	SDR9
20	2.0(0.96)*	2.0(1.5)*	2.0(1.9)*	2.3	110	5.3	8.1	10.0	12.3
25	2.0(1.2)*	2.0(1.9)*	2.3	2.8	125	6.0	9.2	11.4	14.0
32	2.0(1.6)*	2.4	2.9	3.6	140	6.7	10.3	12.7	15.7
40	2.0(1.9)*	3.0	3.7	4.5	160	7.7	11.8	14.6	17.9
50	2.4	3.7	4.6	5.6	180	8.6	13.3	—	—
63	3.0	4.7	5.8	7.1	200	9.6	14.7	—	—
75	3.6	5.6	6.8	8.4	225	10.8	16.6	—	—
90	4.3	6.7	8.2	10.1					

注：考虑到刚度的要求，带"＊"号规格的管材壁厚增加到 2.0mm，进行液压试验时用括号内的壁厚计算试验压力。

2. 工业用氯化聚氯乙烯管件

1）工业用氯化聚氯乙烯管件的力学性能如表 16-111 所示。

2）溶剂粘接型管件分圆柱形和圆锥形承口两类。

①圆柱形承口的形式和尺寸如图 16-48 和表 16-112 所示。

表 16-111　工业用氯化聚氯乙烯管件的力学性能（GB/T 18998.3—2003）

项目	试验参数			技术要求
	温度/℃	静液压应力/MPa	时间/h	
静液压试验	20	28.5	≥1000	无破裂,无渗漏
	60	21.1	≥1	
	80	6.9	≥1000	

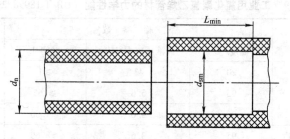

图 16-48　圆柱形承口的形式

表 16-112　圆柱形承口的尺寸（GB/T 18998.3—2003）　　（单位：mm）

公称外径 d_n	承口的平均内径 d_{sm}		最大圆度①	最小承口长度 L_{min}②	公称外径 d_n	承口的平均内径 d_{sm}		最大圆度①	最小承口长度 L_{min}②
	最小	最大				最小	最大		
20	20.1	20.3	0.25	16.0	110	110.1	110.4	0.7	61.0
25	25.1	25.3	0.25	18.5	125	125.1	125.4	0.8	68.5
32	32.1	32.3	0.25	22.0	140	140.2	140.5	0.9	76.0
40	40.1	40.3	0.25	26.0	160	160.2	160.5	1.0	86.0
50	50.1	50.3	0.3	31.0	180	180.2	180.6	1.1	96.0
63	63.1	63.3	0.4	37.5	200	200.3	200.6	1.2	106.0
75	75.1	75.3	0.5	43.5	225	225.3	225.7	1.4	118.5
90	90.1	90.3	0.6	51.0					

注：承口的平均内径 d_{sm} 应在承口中部测量，承口部分最大夹角应不超过0°30′。

① 圆度公差小于等于 $0.007d_n$。若 $0.007d_n < 0.2mm$，则圆度公差小于等于0.2mm。

② 承口最小长度 L_{min} 等于 $0.5d_n + 6mm$，最短为12mm。

②圆锥形承口的形式和尺寸如图 16-49 和表 16-113 所示。

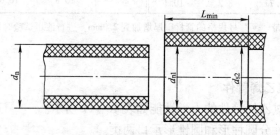

图 16-49　圆锥形承口的形式

表 16-113　圆锥形承口的尺寸（GB/T 18998.3—2003）　　　　（单位：mm）

公称外径 d_n	接 头 内 径				最大圆度①	最小承口长度 L_{min}
	承口口部 d_{s1}		承口底部 d_{s2}			
	最小	最大	最小	最大		
20	20.25	20.45	19.9	20.1	0.25	20.0
25	25.25	25.45	24.9	25.1	0.25	25.0
32	32.25	32.45	31.9	32.1	0.25	30.0
40	40.25	40.25	39.8	40.1	0.25	35.0
50	50.35	50.45	49.8	50.1	0.3	41.0
63	63.25	63.45	62.8	63.1	0.4	50.0
75	75.3	75.6	74.75	75.1	0.5	60.0
90	90.3	90.6	89.75	90.1	0.6	72.0
110	110.3	110.6	109.75	110.1	0.7	88.0

① 圆度公差小于等于 $0.007d_n$，或当 $0.007d_n < 0.2mm$ 时，圆度公差小于等于 0.2mm。

3）法兰平承的形式和尺寸如图 16-50 和表 16-114 所示。

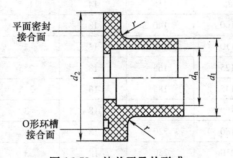

图 16-50　法兰平承的形式

表 16-114　法兰平承的尺寸（GB/T 18998.3—2003）　　　　（单位：mm）

对应管材的公称外径 d_n	承口底部的外径 d_1	法兰接头的外径 d_2	承口底部的倒角 r	对应管材的公称外径 d_n	承口底部的外径 d_1	法兰接头的外径 d_2	承口底部的倒角 r
20	27	34	1	110	131	150	3
25	33	41	1.5	125	148	170	3
32	41	50	1.5	140	165	188	4
40	50	61	2	160	188	213	4
50	61	73	2	180	201	247	4
63	76	90	2.5	200	224	250	4
75	90	106	1.5	225	248	274	4
90	108	125	3				

4）法兰盘的形式和尺寸如图 16-51 和表 16-115 所示。

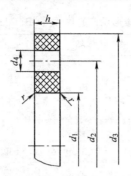

图 16-51　法兰盘的形式

表 16-115　法兰盘的尺寸（GB/T 18998. 3—2003）　　　　　（单位：mm）

对应管材的公称外径 d_n	法兰盘内径 d_1	螺栓孔节圆直径 d_2	法兰盘外径 d_3 min	螺栓孔直径 d_4	倒角 r	螺栓孔数 n	法兰盘最小厚度 h
20	28	65	95	14	1	4	13
25	34	75	105	14	1. 5	4	17
32	42	85	115	14	1. 5	4	18
40	51	100	140	18	2	4	20
50	62	110	150	18	2	4	20
63	78	125	165	18	2. 5	4	25
75	92	145	185	18	2. 5	4	25
90	110	160	200	18	3	8	26
110	133	180	220	18	3	8	26
125	150	210	250	18	3	8	28
140	167	210	250	18	4	8	28
160	190	240	285	22	4	8	30
180	203	270	315	22	4	8	30
200	226	295	340	22	4	8	32
225	250	295	340	22	4	8	32

5）呆兰盘的形式和尺寸如图 16-52 和表 16-116 所示。

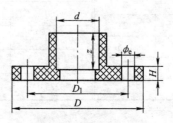

图 16-52　呆兰盘的形式

表 **16-116**　呆兰盘的尺寸（GB/T 18998.3—2003）　　　　　（单位：mm）

公称外径	外 形 尺 寸						公称外径	外 形 尺 寸					
d_n	D	d	z_{min}	D_1	ϕ_e	n	d_n	D	d	z_{min}	D_1	ϕ_e	n
20	95	20	16.0	65	14	4	110	220	110	61.0	180	18	8
25	105	25	18.5	75	14	4	125	250	125	68.5	210	18	8
32	115	32	22.0	85	14	4	140	250	140	76.0	210	18	8
40	140	40	26.0	100	18	4	160	285	160	86.0	240	22	8
50	150	50	31.0	110	18	4	180	315	180	96.0	270	22	8
63	165	63	37.5	125	18	4	200	340	200	106.0	295	22	8
75	185	75	43.5	145	18	4	225	340	225	118.5	295	22	8
90	200	90	51.0	160	18	8							

16.3.15　埋地用硬聚氯乙烯加筋管材

1. 埋地用硬聚氯乙烯加筋管材的公称环刚度等级（表16-117）

表 **16-117**　埋地用硬聚氯乙烯加筋管材的公称环刚度等级（QB/T 2782—2006）

级别	SN4	(SN6.3)	SN8	(SN12.5)	SN16
环刚度/(kN/m²)≥	4.0	(6.3)	8.0	(12.5)	16.0

注：括号内为非首选环刚度。

2. 埋地用硬聚氯乙烯加筋管材的标记

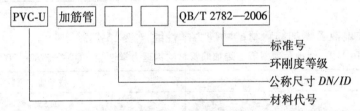

示例：公称内径为400mm，环刚度等级为 SN8 的 PVC-U 管材的标记为：PVC-U　加筋管　公称尺寸 DN/ID400　SN8　QB/T 2782—2006。

3. 埋地用硬聚氯乙烯加筋管材的形式（图16-53）

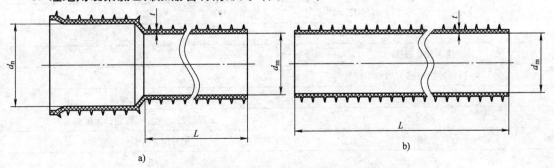

图 **16-53**　埋地用硬聚氯乙烯加筋管材的形式

a）承口管材　b）直管管材

4. 埋地用硬聚氯乙烯加筋管材的连接方式（图16-54）

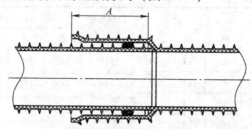

图16-54　埋地用硬聚氯乙烯加筋管材的连接方式

5. 埋地用硬聚氯乙烯加筋管材的尺寸（表16-118）

表16-118　埋地用硬聚氯乙烯加筋管材的尺寸（QB/T 2782—2006）　（单位：mm）

公称尺寸 d_n	最小平均内径 d_m	最小壁厚 t	最小承口深度 A
150	145.0	1.3	85.0
225	220.0	1.7	115.0
300	294.0	2.0	145.0
400	392.0	2.5	175.0
500	490.0	3.0	185.0
600	588.0	3.5	220.0
800	785.0	4.5	290.0
1000	982.0	5.0	330.0

6. 埋地用硬聚氯乙烯加筋管材的物理力学性能（表16-119）

表16-119　埋地用硬聚氯乙烯加筋管材的物理力学性能（QB/T 2782—2006）

项　　目		技术要求
密度/(g/cm³)	≤	1.55
环刚度/(kN/m²)	SN4　≥	4.0
	(SN6.3)① 　≥	6.3
	SN8　≥	8.0
	(SN12.5)① 　≥	12.5
	SN16　≥	16.0
维卡软化温度/℃	≥	79
落锤冲击性能 TIR(%)	≤	10
静液压试验②		无破裂，无渗漏
环柔性		试样圆滑，无反向弯曲，无破裂
烘箱试验		无分层、开裂、起泡
蠕变比率	≤	2.5

① 括号内为非首选环刚度。

② 当管材用于低压输水灌溉时应进行此项试验。

16.3.16　地下通信管道用双壁波纹管

1. 地下通信管道用双壁波纹管的形式（图 16-55）

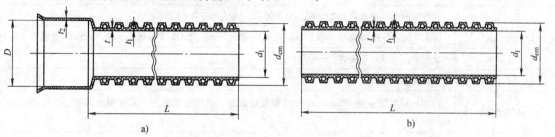

图 16-55　双壁波纹管的形式
a）带承口　b）无承口

2. 地下通信管道用双壁波纹管的连接方式（图 16-56）

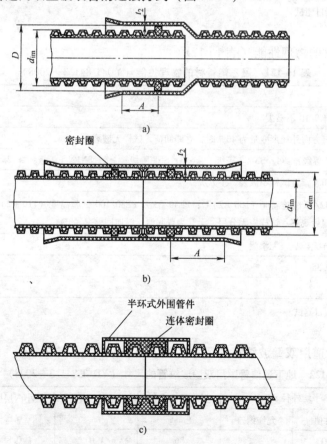

图 16-56　双壁波纹管的连接方式
a）承插连接式　b）套筒连接式　c）哈呋外固连接式

3. 地下通信管道用双壁波纹管的物理性能
1）聚氯乙烯管材的物理性能（表 16-120）

表 16-120　　聚氯乙烯管材的物理性能（YD/T 841.3—2008）

检验项目	技 术 要 求
落锤冲击试验	试样 9/10 不破裂
扁平试验	垂直方向外径形变量为 25% 时，立即卸荷，试样无破裂
环刚度/(kN/m²)	SN4 等级：≥4；SN6.3 等级：≥6.3；SN8 等级：≥8；SN12.5 等级：≥12.5；SN16 等级：≥16
复原率	≥90%；且试样不破裂、不分层
坠落试验	试样无破损或裂纹
纵向回缩率	(150±2)℃下保持 60min，冷却至室温后观察：试样应无分层、无开裂或起泡；纵向回缩率 ≤5%
连接密封性	试样无破裂，无渗漏
维卡软化温度/℃	≥79
静摩擦因数	≤0.35
蠕变比率[①]	≤4

①　必要时进行此项目测试。

2）聚乙烯管材的物理性能（表 16-121）

表 16-121　　聚乙烯管材的物理性能（YD/T 841.3—2008）

项目	技 术 要 求
落锤冲击试验	试样 9/10 不破裂
扁平试验	垂直方向外径形变量为 40% 时，立即卸荷，试样无破裂
环刚度/(kN/m²)	SN4 等级：≥4；SN6.3 等级：≥6.3；SN8 等级：≥8；SN12.5 等级：≥12.5；SN16 等级：≥16
复原率	≥90%；且试样不破裂、不分层
纵向回缩率	PE32/40 试验温度（100±2）℃；PE50/63 及 PE80/100 试验温度（110±2）℃下保持 60min，冷却至室温后观察：试样应无分层、无开裂或起泡；纵向回缩率 ≤3%
连接密封性	试样无破裂，无渗漏
静摩擦因数	≤0.35
蠕变比率[①]	≤4

①　必要时进行此项目测试。

4. 地下通信管道用双壁波纹管的尺寸（表 16-122）

表 16-122　　地下通信管道用双壁波纹管的尺寸（YD/T 841.3—2008）　　（单位：mm）

公称外径 DN/OD	平均外径 d_{em}		最小平均内径 d_{immin}	最小层压壁厚 t_{min}	最小内层壁厚 t_{1min}	最小接合长度 A_{min}
	公称值	允许偏差				
100	100	+0.4 −0.6	86	1.0	0.8	30
110	110		90	1.0	0.8	32
125	125		105	1.1	1.0	35
140	140	+0.5 −0.9	118	1.1	1.0	38
160	160		134	1.2	1.0	42

（续）

公称外径 DN/OD	平均外径 d_{em}		最小平均内径 d_{immin}	最小层压壁厚 t_{min}	最小内层壁厚 t_{1min}	最小接合长度 A_{min}
	公称值	允许偏差				
200	200	+0.6 −1.2	167	1.4	1.1	50

16.3.17　埋地通信用硬聚氯乙烯多孔一体管材

1. 埋地通信用硬聚氯乙烯多孔一体管材的物理力学性能（表 16-123）

表 16-123　埋地通信用硬聚氯乙烯多孔一体管材的物理力学性能（QB/T 2667.1—2004）

项目	技 术 要 求		
拉伸屈服强度/MPa	≥30		
纵向回缩率(%)	≤5.0		
维卡软化温度/℃	≥75		
落锤冲击试验(0℃)	9/10 不破裂		
耐外负荷性能 /(kN/200mm)	梅花状多孔管材	格栅状多孔管材	蜂窝状多孔管材
	≥1.0	≥9.5	≥1.0
静摩擦因数	≤0.35		

2. 埋地通信用硬聚氯乙烯多孔一体管材的标记

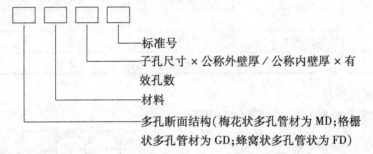

标准号

子孔尺寸 × 公称外壁厚 / 公称内壁厚 × 有
效孔数

材料

多孔断面结构(梅花状多孔管材为 MD;格栅
状多孔管材为 GD;蜂窝状多孔管状为 FD)

示例：梅花状、内孔为 28mm、公称外壁厚为 2.2mm、公称内壁厚为 1.8mm 的硬聚氯乙烯 5 孔管材的标记为：MD　PVC-U　28 ×2.2/1.8 ×5　QB/T 2667.1—2004。

3. 梅花状多孔管材

1）梅花状多孔管材的截面如图 16-57 所示。

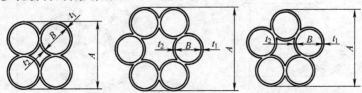

图 16-57　梅花状多孔管材的截面

A—管材耐外负荷性能试验时的压缩初始高度　B—子孔尺寸　t_1—最小外壁厚　t_2—最小内壁厚

2）梅花状多孔管材的结构尺寸如表 16-124 所示。

表 16-124　梅花状多孔管材的结构尺寸（QB/T 2667.1—2004）　　（单位：mm）

有效孔数	子孔尺寸 B	允许偏差	最小内壁厚 t_2	最小外壁厚 t_1
四孔、五孔	28	±0.5	1.8	2.2
四孔、五孔	32（33）	±0.5	1.8	2.2
五孔、七孔			2.0	2.5

4. 格栅状多孔管材

1）格栅状多孔管材的形式如图 16-58 所示。

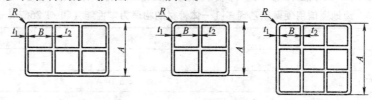

图 16-58　格栅状多孔管材的形式

A—管材耐外负荷性能试验时的压缩初始高度　B—子孔尺寸　t_1—最小外壁厚　t_2—最小内壁厚

2）格栅状多孔管材的结构尺寸如表 16-125 所示。

表 16-125　格栅状多孔管材的结构尺寸（QB/T 2667.1—2004）　　（单位：mm）

有效孔数	子孔尺寸 B	允许偏差	最小内壁厚 t_2	最小外壁厚 t_1
四孔、六孔、九孔	28	±0.5	1.6	2.0
四孔、六孔、九孔	33（32）	±0.5	1.8	2.2
四孔	42	±0.5	2.0	2.8
四孔	50（48）	±0.6	2.6	3.2

5. 蜂窝状多孔管材

1）蜂窝状多孔管材的形式如图 16-59 所示。

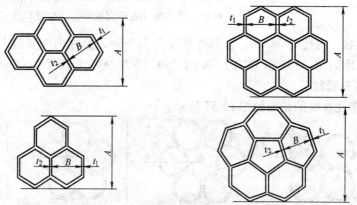

图 16-59　蜂窝状多孔管材的形式

A—管材耐外负荷性能试验时的压缩初始高度　B—子孔尺寸　t_1—最小外壁厚　t_2—最小内壁厚

2）蜂窝状多孔管材的结构尺寸如表 16-126 所示。

表 16-126　蜂窝状多孔管材的结构尺寸（QB/T 2667.1—2004）　　　（单位：mm）

有效孔数	子孔尺寸 B	允许偏差	最小内壁厚 t_2	最小外壁厚 t_1
三孔、四孔 五孔、七孔	32（33）	±0.5	1.6	2.0

16.3.18　埋地通信用聚乙烯多孔一体管材

1. 埋地通信用聚氯乙烯多孔一体管材的物理力学性能（表 16-127）

表 16-127　埋地通信用聚氯乙烯多孔一体管材的物理力学性能（QB/T 2667.2—2004）

项　目	技　术　要　求	
拉伸强度/MPa	≥12	
断裂伸长率（%）	≥120	
纵向回缩率（%）	≤3.0	
耐外负荷性能/（kN/200mm）	梅花状多孔管材	格栅状多孔管材
	≥1.0	≥6.0
静摩擦因数	≤0.35	

2. 埋地通信用聚氯乙烯多孔一体管材的标记

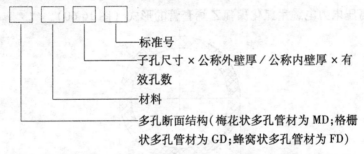

示例：梅花状、内孔为 28mm、公称外壁厚为 2.2mm、公称内壁厚为 1.8mm 的聚氯乙烯 5 孔管材的标记为：MD PVC-U 28×2.2/1.8×5 QB/T 2667.2—2004。

3. 梅花状多孔管材

1）梅花状多孔管材的形式如图 16-57 所示。

2）梅花状多孔管材的结构尺寸如表 16-128 所示。

表 16-128　梅花状多孔管材的结构尺寸（QB/T 2667.2—2004）　　　（单位：mm）

有效孔数	子孔尺寸 B	允许偏差	最小内壁厚 t_2	最小外壁厚 t_1
五孔	24（26）	±0.5	1.6	1.8
四孔、五孔	28	±0.5	1.8	2.0
四孔、五孔、七孔	32（33）	±0.5	2.0	2.2

4. 格栅状多孔管材

1）格栅状多孔管材的形式如图 16-58 所示。

2）格栅状多孔管材的结构尺寸如表16-129所示。

表16-129　格栅状多孔管材的结构尺寸（QB/T 2667.2—2004）　（单位：mm）

有效孔数	子孔尺寸 B	允许偏差	最小内壁厚 t_2	最小外壁厚 t_1
四孔、六孔	32（33）	±0.5	2.2	2.6
九孔			2.5	3.0
四孔	48（50）	±0.6	2.8	3.2

16.3.19　埋地式高压电力电缆用氯化聚氯乙烯套管

1. 埋地式高压电力电缆用氯化聚氯乙烯套管的物理力学性能（表16-130）

表16-130　埋地式高压电力电缆用氯化聚氯乙烯套管的物理力学性能（QB/T 2479—2005）

项　目			技术要求
维卡软化温度/℃　≥			93
环段热压缩力/kN ≥	公称壁厚 t_n/mm	5.0 ~ <8.0	0.45
		≥8.0	1.26
体积电阻率/Ω·m　≥			1.0×10^{11}
落锤冲击试验			9/10 通过
纵向回缩率（%）　≤			5

2. 埋地式高压电力电缆用氯化聚氯乙烯套管的形式（图16-60）

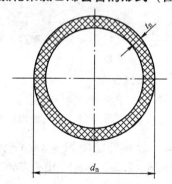

图16-60　埋地式高压电力电缆用氯化聚氯乙烯套管的形式

3. 埋地式高压电力电缆用氯化聚氯乙烯套管的规格尺寸·（表16-131）

表16-131　埋地式高压电力电缆用氯化聚氯乙烯套管的规格尺寸（QB/T 2479—2005）　（单位：mm）

规格尺寸 $(d_n \times t_n)$/mm	平均外径 d_n/mm		公称壁厚 t_n/mm		规格尺寸 $(d_n \times t_n)$/mm	平均外径 d_n/mm		公称壁厚 t_n/mm	
	基本尺寸	极限偏差	基本尺寸	极限偏差		基本尺寸	极限偏差	基本尺寸	极限偏差
110×5.0	110	+0.8 −0.4	5.0	+0.5 0	167×6.0	167	+0.8 −0.4	6.0	+0.5 0
139×6.0	139	+0.8 −0.4	6.0	+0.5 0	167×8.0	167	+1.0 −0.5	8.0	+0.6 0

（续）

规格尺寸	平均外径 d_n/mm		公称壁厚 t_n/mm		规格尺寸	平均外径 d_n/mm		公称壁厚 t_n/mm	
($d_n \times t_n$)/mm	基本尺寸	极限偏差	基本尺寸	极限偏差	($d_n \times t_n$)/mm	基本尺寸	极限偏差	基本尺寸	极限偏差
192×6.5	192	+1.0 −0.5	6.5	+0.5 0	219×7.0	219	+1.0 −0.5	7.0	+0.5 0
192×8.5	192	+1.0 −0.5	8.5	+0.6 0	219×9.5	219	+1.0 −0.5	9.5	+0.8 0

注：其他规格可按用户要求生产。

4. 埋地式高压电力电缆用氯化聚氯乙烯套管的连接

　　套管采用弹性密封圈连接，管材插入端应做出明显的插入深度标记。承插口如图 16-61 所示，套管承口尺寸如表 16-132 所示。

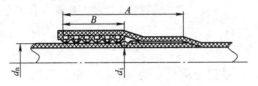

图 16-61　承插口

表 16-132　套管承口尺寸（QB/T 2479—2005）　　　　（单位：mm）

规格尺寸（$d_n \times t_n$）/mm	最小承口长度 A_{min}/mm	承口第一阶最小长度 B_{min}/mm	承口第二阶最小内径 d_{imin}/mm
110×5.0	100		111.0
139×6.0	120	60	140.2
167×6.0	140		168.5
167×8.0			
192×6.5	160		193.8
192×8.5		60	
219×7.0	180		221.0
219×9.5			

5. 不同型号套管的环段热压缩力与对应的环刚度（表 16-133）

表 16-133　不同型号套管的环段热压缩力与对应的环刚度（QB/T 2479—2005）

规格尺寸 ($d_n \times t_n$) /mm	环段热压缩力 F_i/kN ≥	环刚度 S_i /(kN/m²) ≥	规格尺寸 ($d_n \times e_n$) /mm	环段热压缩力 F_i/kN ≥	环刚度 S_i /(kN/m²) ≥
110×5.0	0.45	8.8	192×6.5	0.45	5.0
139×6.0	0.45	7.0	192×8.5	1.26	14.1
167×6.0	0.45	5.8	219×7.0	0.45	4.4
167×8.0	1.26	16.2	219×9.5	1.26	12.4

16.3.20 聚氯乙烯塑料波纹电线管

1. 聚氯乙烯塑料波纹电线管的形式（图 16-62）

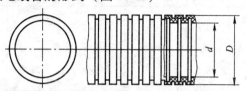

图 16-62 聚氯乙烯塑料波纹电线管的形式

2. 聚氯乙烯塑料波纹电线管的标记

示例：BVG-15A 表示 A 系列公称尺寸为 15mm 的聚氯乙烯塑料波纹电线管。

3. 聚氯乙烯塑料波纹电线管的物理力学性能（表 16-134）

表 16-134 聚氯乙烯塑料波纹电线管的物理力学性能（QB/T 3631—1999）

检 测 项 目		技 术 要 求
扁平	管径变化率（%）	≤25
	管径弹性复原变化率（%）	≤10
热变形		塞规自重通过
常温弯曲		塞规自重通过，无裂缝
低温弯曲		塞规自重通过，无裂缝
低温冲击		合格
氧指数（%）		≥30
耐电压（2kV，15min）		不击穿

4. 聚氯乙烯塑料波纹电线管的规格尺寸

1）A 系列聚氯乙烯塑料波纹电线管的规格尺寸如表 16-135 所示。

表 16-135 A 系列聚氯乙烯塑料波纹电线管的规格尺寸（QB/T 3631—1999）

公称尺寸/mm	外径 D/mm		最小内径 d/mm	每卷长度/m	公称尺寸/mm	外径 D/mm		最小内径 d/mm	每卷长度/m
	基本尺寸	极限偏差				基本尺寸	极限偏差		
9	14	±0.3	9.2	≥100	25	30 32	±0.4	24.3	≥50
10	16	±0.3	10.7	≥100					
15	20	±0.4	14.1	≥100	32	40	±0.4	31.2	≥50
					40	50	±0.5	39.6	≥25
20	25	±0.4	18.3	≥50	50	63	±0.6	50.6	≥15

2）B 系列聚氯乙烯塑料波纹电线管的规格尺寸如表 16-136 所示。

表 16-136 B 系列聚氯乙烯塑料波纹电线管的规格尺寸（QB/T 3631—1999）

公称尺寸 /mm	外径 D/mm		最小内径 d/mm	每卷长度 /m	公称尺寸 /mm	外径 D/mm		最小内径 d/mm	每卷长度 /m
	基本尺寸	极限偏差				基本尺寸	极限偏差		
9	13.8	±0.10	9.3	≥100	25	28.5	±0.15	22.7	≥50
10	15.8	±0.10	10.3	≥100	32	34.5	±0.16	28.4	≥50
15	18.7	±0.10	13.8	≥100	40	45.5	±0.20	35.6	≥25
20	21.2	±0.15	16.0	≥50	50	54.5	±0.20	46.9	≥15

16.3.21 氯化聚氯乙烯及硬聚氯乙烯塑料电缆导管

1. 氯化聚氯乙烯及硬聚氯乙烯塑料电缆导管的形式（图 16-63）

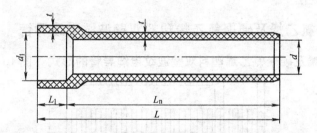

图 16-63 氯化聚氯乙烯及硬聚氯乙烯塑料电缆导管的形式

d—公称内径　d_1—承口内径　L_1—承口深度　t—壁厚　L—总长　L_n—有效长度

2. 氯化聚氯乙烯及硬聚氯乙烯塑料电缆导管的规格尺寸（表 16-137）

表 16-137 氯化聚氯乙烯及硬聚氯乙烯塑料电缆导管的规格尺寸

（DL/T 802.3—2007）　　　　　　　　　　（单位：mm）

公称内径	公称壁厚[1]			公称长度
	硬聚氯乙烯塑料电缆导管环刚度(3%)等级(常温)[2]			
	SN16	SN24	SN32	
	氯化聚氯乙烯塑料电缆导管环刚度(3%)等级(80℃)[3]			
	SN8	SN12	SN16	
100	4	5	6	
125	5	6.5	8	
150	6.5	8	9.5	
175	8	9.5	11	6000
200	9	11	13	
225	10	12	14	
250	11	13	15	

① 特殊情况下，对用于有混凝土包封的工程，经供需双方商定可以生产公称壁厚小于表中规定的薄壁导管。

② SN16、SN24、SN32 分别为硬聚氯乙烯塑料电缆导管的环刚度（3%）等级（常温）。

③ SN8、SN12、SN16 分别为氯化聚氯乙烯塑料电缆导管的环刚度（3%）等级（80℃）。

3. 氯化聚氯乙烯及硬聚氯乙烯塑料电缆导管的物理力学性能（表 16-138）

表 16-138　氯化聚氯乙烯及硬聚氯乙烯塑料电缆导管的物理力学性能（DL/T 802.3—2007）

项　　目		氯化聚氯乙烯塑料电缆导管	硬聚氯乙烯塑料电缆导管
密度/（g/cm³）		≤1.60	≤1.55
环刚度（3%） /kPa	常温		应符合表 16-137 的规定
	80℃	应符合表 16-137 的规定	
压扁试验		加载至试样垂直方向变形量为原内径 30% 时，试样不应出现裂缝或破裂	
落锤冲击试验		试样不应出现裂缝或破裂	
维卡软化温度/℃		≥93	≥80
纵向回缩率（%）		≤5	
接头密封性能①		0.10MPa 水压下保持 15min，接头处不应渗水、漏水	

① 在用户有要求时进行。

16.3.22　氯化聚氯乙烯及硬聚氯乙烯塑料双壁波纹电缆导管

1. 氯化聚氯乙烯及硬聚氯乙烯塑料双壁波纹电缆导管的形式（图 16-64）

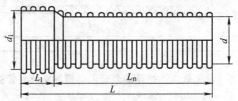

图 16-64　氯化聚氯乙烯及硬聚氯乙烯塑料双壁波纹电缆导管的形式

d—公称内径　d_1—承口内径　L_1—承口深度　L—总长　L_n—有效长度

2. 氯化聚氯乙烯及硬聚氯乙烯塑料双壁波纹电缆导管的规格尺寸（表 16-139）

表 16-139　氯化聚氯乙烯及硬聚氯乙烯塑料双壁波纹电缆导管的规格尺寸

（DL/T 802.4—2007）

公称内径 /mm	插口最小内径 /mm	公称长度 /mm	环刚度（3%）等级 （常温）/kPa	公称内径 /mm	插口最小内径 /mm	公称长度 /mm	环刚度（3%）等级 （常温）/kPa
100	95			200	195		
125	120	6000	8	225	220	6000	8
150	145			250	245		
175	170						

注：其他规格由供需双方协商确定，其插口最小内径以与表中最接近的一档为准。

3. 氯化聚氯乙烯及硬聚氯乙烯塑料双壁波纹电缆导管的物理力学性能（表 16-140）

表 16-140　氯化聚氯乙烯及硬聚氯乙烯塑料双壁波纹电缆导管的物理力学性能

（DL/T 802.4—2007）

项　　目	氯化聚氯乙烯塑料双壁波纹电缆导管	硬聚氯乙烯塑料双壁波纹电缆导管
密度/（g/cm³）	≤1.60	≤1.55

（续）

项　目		氯化聚氯乙烯塑料双壁波纹电缆导管	硬聚氯乙烯塑料双壁波纹电缆导管
环刚度(3%)/kPa	常温	≥8	≥8
	80℃	≥6	
压扁试验		当压至试样在垂直方向变形量为原内径的40%时，试样应未破裂、两壁未脱开	
烘箱试验		试样不应出现分层、开裂或起皮	
落锤冲击试验		试样内、外壁不应出现裂缝或破裂	
二氯甲烷浸渍		试样不应出现内外壁分层、破洞、爆皮、裂口或内外表面变化劣于4L	
维卡软化温度/℃		≥93	≥80
接头密封性能①		0.10MPa 水压下保持 15min，接头处不应渗水、漏水	

① 在用户有要求时进行。

16.3.23　低压输水灌溉用硬聚氯乙烯管材

1. 低压输水灌溉用硬聚氯乙烯管材的物理力学性能（表 16-141）

表 16-141　低压输水灌溉用硬聚氯乙烯管材的物理力学性能（GB/T 13664—2006）

项　目		技术要求
密度/(kg/m^3)		1350 ~ 1550
纵向回缩率(%)		≤5
拉伸屈服应力/MPa		≥40
静液压试验(20℃，4 倍公称压力，1h)		不破裂，不渗漏
落锤冲击试验(0℃)		9/10 为通过
环刚度/(kN/m^2)	公称压力 0.2MPa 管材	≥0.5
	公称压力 0.25MPa 管材	≥1.0
	公称压力 0.32MPa 管材	≥2.0
	公称压力 0.4MPa 管材	≥4.0
扁平试验(压至50%)		不破裂

2. 低压输水灌溉用硬聚氯乙烯管材的规格尺寸（表 16-142）

表 16-142　低压输水灌溉用硬聚氯乙烯管材的规格尺寸（GB/T 13664—2006）

（单位：mm）

公称外径 d_n	平均外径极限偏差	壁 厚 t							
		公称压力 0.2MPa		公称压力 0.25MPa		公称压力 0.32MPa		公称压力 0.4MPa	
		公称壁厚	极限偏差	公称壁厚	极限偏差	公称壁厚	极限偏差	公称壁厚	极限偏差
75	+0.30	—	—	—	—	1.6	+0.40	1.9	+0.40
90	+0.30	—	—	—	—	1.8	+0.40	2.2	+0.50
110	+0.40	—	—	1.8	+0.40	2.2	+0.40	2.7	+0.50

（续）

公称外径 d_n	平均外径极限偏差	壁厚 t							
		公称压力 0.2MPa		公称压力 0.25MPa		公称压力 0.32MPa		公称压力 0.4MPa	
		公称壁厚	极限偏差	公称壁厚	极限偏差	公称壁厚	极限偏差	公称壁厚	极限偏差
125	+0.4 0	—	—	2.0	+0.4 0	2.5	+0.4 0	3.1	+0.6 0
140	+0.5 0	2.0	+0.4 0	2.2	+0.4 0	2.8	+0.5 0	3.5	+0.6 0
160	+0.5 0	2.0	+0.4 0	2.5	+0.4 0	3.2	+0.5 0	4.0	+0.6 0
180	+0.6 0	2.3	+0.5 0	2.8	+0.5 0	3.6	+0.5 0	4.4	+0.7 0
200	+0.6 0	2.5	+0.5 0	3.2	+0.5 0	3.9	+0.5 0	4.9	+0.8 0
225	+0.7 0	2.8	+0.5 0	3.5	+0.5 0	4.4	+0.7 0	5.5	+0.9 0
250	+0.8 0	3.1	+0.6 0	3.9	+0.6 0	4.9	+0.8 0	6.2	+1.0 0
280	+0.9 0	3.5	+0.6 0	4.4	+0.7 0	5.5	+0.9 0	6.9	+1.1 0
315	+1.0 0	4.0	+0.6 0	4.9	+0.8 0	6.2	+1.0 0	7.7	+1.2 0

注：公称壁厚（t_n）根据设计应力 8MPa 确定。

16.3.24 压缩空气用织物增强热塑性塑料软管

1. 压缩空气用织物增强热塑性塑料软管的分类（表 16-143）

表 16-143 压缩空气用织物增强热塑性塑料软管的分类（HG/T 2301—2008）

类别	工 作 环 境
A 型（轻型）	普通工业用，最大工作压力在 23℃ 下为 0.7MPa，在 60℃ 下为 0.45MPa
B 型（中型）	普通工业用，最大工作压力在 23℃ 下为 1.0MPa，在 60℃ 下为 0.65MPa
C 型（重型）	最大工作压力在 23℃ 下为 1.6MPa，在 60℃ 下为 1.1MPa
D 型（重型）	采矿和户外工作用，最大工作压力在 23℃ 下为 2.5MPa，在 60℃ 下为 1.3MPa

2. 压缩空气用织物增强热塑性塑料软管的拉伸强度和扯断伸长率（表 16-144）

表 16-144 压缩空气用织物增强热塑性塑料软管的拉伸强度和扯断伸长率（HG/T 2301—2008）

软管组分	最小拉伸强度/MPa	最小拉断伸长率(%)
内衬层	15.0	250
外覆层	15.0	250

3. 压缩空气用织物增强热塑性塑料软管的规格尺寸（表 16-145）

表 16-145　压缩空气用织物增强热塑性塑料软管的规格尺寸（HG/T 2301—2008）

（单位：mm）

公称直径	内径	极限偏差	最 小 壁 厚			
			A 型	B 型	C 型	D 型
4	4	±0.25	1.5	1.5	1.5	2.0
5	5	±0.25	1.5	1.5	1.5	2.0
6.3	6.3	±0.25	1.5	1.5	1.5	2.3
8	8	±0.25	1.5	1.5	1.5	2.3
9	8.5	±0.25	1.5	1.5	1.5	2.3
10	9.5	±0.35	1.5	1.5	1.8	2.3
12.5	12.5	±0.35	2.0	2.0	2.3	2.8
16	16	±0.5	2.4	2.4	2.8	3.0
19	19	±0.7	2.4	2.4	2.8	3.5
25	25	±1.2	2.7	3.0	3.3	4.0
31.5	31.5	±1.2	3.0	3.3	3.5	4.5
38	38	±1.2	3.0	3.5	3.8	4.5
40	40	±1.5	3.3	3.5	4.1	5.0
50	50	±1.5	3.5	3.8	4.5	5.0

16.3.25　玻璃纤维增强塑料夹砂管

1. 玻璃纤维增强塑料夹砂管的标记

玻璃纤维增强塑料夹砂管（FRPM）适用于公称直径为 100～4000mm，压力等级为 0.1 ～2.5MPa，环刚度等级为 1250～10000N/m² 地下和地面用给排水、水利、农田灌溉等管道工程用，介质最高温度不超过 50℃。其标记方法如下：

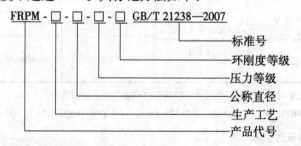

示例：采用定长缠绕工艺生产、公称直径为 1200mm、压力等级为 0.6MPa、环刚度等级为 5000 N/m² 的 FRPM 管标记为：FRPM-Ⅰ-1200-0.17-5000　GB/T 21238—2007。

2. 外径系列 FRPM 管的尺寸（表 16-146）

表 16-146　外径系列 FRPM 管的尺寸（GB/T 21238—2007）　　（单位：mm）

公称直径 DN	外直径	极限偏差	公称直径 DN	外直径	极限偏差
200	208.0	+1.0 −1.0	250	259.0	+1.0 −1.0

（续）

公称直径 DN	外直径	极限偏差	公称直径 DN	外直径	极限偏差
300	310.0	+1.0 -1.0	1800	1842.0	+2.0 -3.0
350	361.0	+1.0 -1.2	2000	2046.0	+2.0 -3.0
400	412.0	+1.0 -1.4	2200	2250.0	+2.0 -3.2
450	463.0	+1.0 -1.6	2400	2453.0	+2.0 -3.4
500	514.0	+1.0 -1.8	2600	2658.0	+2.0 -3.6
600	616.0	+1.0 -2.0	2800	2861.0	+2.0 -3.8
700	718.0	+1.0 -2.2	3000	3066.0	+2.0 -4.0
800	820.0	+1.0 -2.4	3200	3270.0	+2.0 -4.2
900	924.0	+1.0 -2.6	3400	3474.0	+2.0 -4.4
1000	1026.0	+2.0 -2.6	3600	3678.0	+2.0 -4.6
1200	1229.0	+2.0 -2.6	3800	3882.0	+2.0 -4.8
1400	1434.0	+2.0 -2.8	4000	4086.0	+2.0 -5.0
1600	1638.0	+2.0 -2.8			

注：1. 可根据实际情况采用其他外径系列尺寸，但其外径偏差应满足相应需求。

　　2. 对于 DN300 的 FRPM 管，外直径也可采用 323.8mm；对于 DN400 的 FRPM 管，外直径也可采用 426.6mm。该两种规格的极限偏差（mm）为 $^{+1.5}_{-0.3}$。

3. 内径系列 FRPM 管的尺寸（表 16-147）

表 16-147　内径系列 FRPM 管的尺寸（GB/T 21238—2007）　　（单位：mm）

公称直径 DN	内直径范围		极限偏差	公称直径 DN	内直径范围		极限偏差
	最小	最大			最小	最大	
100	97	103	±1.5	200	196	204	±1.5
125	122	128	±1.5	250	246	255	±1.5
150	147	153	±1.5	300	296	306	±1.8

（续）

公称直径 DN	内直径范围		极限偏差	公称直径 DN	内直径范围		极限偏差
	最小	最大			最小	最大	
350	346	357	±2.1	1800	1795	1820	±5.0
400	396	408	±2.4	2000	1995	2020	±5.0
450	446	459	±2.7	2200	2195	2220	±5.0
500	496	510	±3.0	2400	2395	2420	±6.0
600	595	612	±3.6	2600	2595	2620	±6.0
700	659	714	±4.2	2800	2795	2820	±6.0
800	795	816	±4.2	3000	2995	3020	±6.0
900	895	918	±4.2	3200	3195	3220	±6.0
1000	995	1020	±4.2	3400	3395	3420	±6.0
1200	1195	1220	±5.0	3600	3595	3620	±6.0
1400	1395	1420	±5.0	3800	3795	3820	±7.0
1600	1595	1620	±5.0	4000	3995	4020	±7.0

注：管两端内直径的设计值应在本表的内直径范围内，两端内直径的极限偏差应在本表规定的极限偏差范围之内。

4. FRPM 管的最大堆放层数（表 16-148）

表 16-148　FRPM 管的尺寸的最大堆放层数（GB/T 21238—2007）

公称直径/mm	200	250	300	400	500	600～700	800～1200	≥1400
最大堆放层数/层	8	7	6	5	4	3	2	1

16.3.26　硬聚氯乙烯双壁波纹管材

1. 硬聚氯乙烯双壁波纹管材的标记

示例：公称内径为 400mm，环刚度等级为 SN8 的硬聚氯乙烯双壁波纹管材的标记为：
DN/ID　400 SN8 QB/T 1916—2004。

2. 硬聚氯乙烯双壁波纹管材的形式（图 16-65）

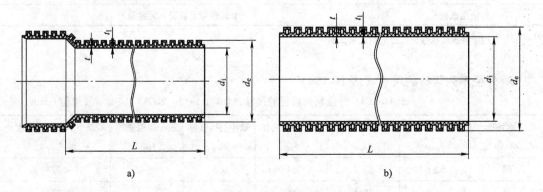

a)　　　　　　　　　　　　　　b)

图 16-65　硬聚氯乙烯双壁波纹管材的形式
a) 带括口　b) 不带括口

3. 硬聚氯乙烯双壁波纹管材弹性密封圈连接方式（图 16-66）

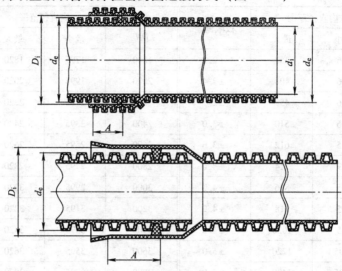

图 16-66　硬聚氯乙烯双壁波纹管材弹性密封圈连接方式

4. 硬聚氯乙烯双壁波纹管材的物理力学性能（表 16-149）

表 16-149　硬聚氯乙烯双壁波纹管材的物理力学性能（QB/T 1916—2004）

项　目		技　术　要　求
环刚度 /（kN/m²）	SN2	≥2
	SN4	≥4
	SN8	≥8
	SN16	≥16
落锤冲击性能 TIR(%)		≤10
环柔性		试样圆滑，无反向弯曲，无破裂，两壁无脱开
烘箱试验		无分层，无开裂
蠕变比率		≤2.5
连接密封性试验		无破裂，无渗漏
静液压试验[1]		三个试样均无破裂、无渗漏

[1]　当用于低压输水灌溉时应进行此项试验。

5. 外径系列管材的尺寸（表 16-150）

表 16-150　外径系列管材的尺寸（QB/T 1916—2004）　　　　（单位：mm）

公称外径 DN/OD	最小平均外径 d_{emin}	最大平均外径 d_{emax}	最小平均内径 d_{min}	最小层压壁厚 t_{min}	最小内层壁厚 t_{1min}	最小承口接合长度 A_{min}
63	62.6	63.3	54	0.5	—	32
75	74.5	75.3	65	0.6	—	32
90	89.4	90.3	77	0.8	—	32

（续）

公称外径 DN/OD	最小平均外径 d_{emin}	最大平均外径 d_{emax}	最小平均内径 d_{min}	最小层压壁厚 t_{min}	最小内层壁厚 t_{1min}	最小承口接合长度 A_{min}
(100)	99.4	100.4	93	0.8	—	32
110	109.4	110.4	97	1.0	—	32
125	124.3	125.4	107	1.1	1.0	35
160	159.1	160.5	135	1.2	1.0	42
200	198.8	200.6	172	1.4	1.1	50
250	248.5	250.8	216	1.7	1.4	55
280	278.3	280.9	243	1.8	1.5	58
315	313.2	316.0	270	1.9	1.6	62
400	397.6	401.2	340	2.3	2.0	70
450	447.3	451.4	383	2.5	2.4	75
500	497.0	501.5	432	2.8	2.8	80
630	626.3	631.9	540	3.3	3.3	93
710	705.7	712.2	614	3.8	3.8	101
800	795.2	802.4	680	4.1	4.1	110
1000	994.0	1003.0	854	5.0	5.0	130

6. 内径系列管材的尺寸（表 16-151）

表 16-151　内径系列管材的尺寸（QB/T 1916—2004）　　　（单位：mm）

公称内径 DN/ID	最小平均内径 d_{1min}	最小层压壁厚 t_{min}	最小内层壁厚 t_{1min}	最小承口接合长度 A_{min}	公称内径 DN/ID	最小平均内径 d_{1min}	最小层压壁厚 t_{min}	最小内层壁厚 t_{1min}	最小承口接合长度 A_{min}
100	95	1.0	—	32	300	294	2.0	1.7	64
125	120	1.2	1.0	38	400	392	2.5	2.3	74
150	145	1.3	1.0	43	500	490	3.0	3.0	85
200	195	1.5	1.1	54	600	588	3.5	3.5	96
225	220	1.7	1.4	55	800	785	4.5	4.5	118
250	245	1.8	1.5	59	1000	985	5.0	5.0	140

16.3.27　燃气用埋地聚乙烯管材

1. 燃气用埋地聚乙烯管材的物理性能（表 16-152）

表 16-152　燃气用埋地聚乙烯管材的物理性能（GB 15558.1—2003）

项　　目	技　术　要　求	试验参数
热稳定性(氧化诱导时间)/min	>20	200℃
熔体质量流动速率 MFR/(g/10min)	加工前后 MFR 变化 <20%	190℃,5kg
纵向回缩率(%)	≤3	110℃

2. 燃气用埋地聚乙烯管材的力学性能（表 16-153）

表 16-153　燃气用埋地聚乙烯管材的力学性能（GB 15558.1—2003）

性　能	要　求	试验参数	
静液压强度 （HS）	破坏时间≥100h	20℃时的环 应力/MPa	PE80：9.0
			PE100：12.4
	破坏时间≥165h	80℃时的环 应力/MPa	PE80：4.5①
			PE100：5.4①
	破坏时间≥1000h	80℃时的环 应力/MPa	PE80：4.0
			PE100：5.0
断裂伸长率(%)	≥350		
耐候性 （仅适用于非黑色 管材气候老化后）	热稳定性②：20min/200℃	$E \geqslant 3.5 \text{GJ/m}^2$	
	静液压强度 HS：165h/80℃		
	断裂伸长率≥350%		
耐快速腐蚀裂纹 扩展（RCP）③	全尺寸试验临界压力 $P_{c,FS}$/MPa	≥1.5MOP	0℃
	S4 试验临界压力 $P_{c,S4}$/MPa	≥MOP/2.4−0.072④	0℃
耐慢速裂纹增长 $e_n > 5\text{mm}$	165h	80℃，0.8MPa(试验压力)⑤	
		80℃，0.92MPa(试验压力)⑥	

注：1. MOP 为最大工作应力。

2. E 为耐候性试验中曝晒接受的总能量。

3. S4 试验为耐快速裂纹扩展测定小尺寸稳态试验。

① 仅考虑脆性破坏。如果在 165h 前发生韧性破坏，则选择较低的应力和相应的最小破坏时间重新开始。

② 热稳定试验，试验前应去除外表面 0.2mm 厚的材料。

③ RCP 试验适用于在以下条件下使用的 PE 管材：最大工作压力 MOP > 0.01MPa，$d_a \geqslant 250\text{mm}$ 的输配系统；最大工作压力 MOP > 0.4MPa，$d_a \geqslant 90\text{mm}$ 的输配系统。对于恶劣的工作条件（如温度在 0℃ 以下），也建议作 RCP 试验。

④ 如果 S4 试验结果不符合要求，可以按照全尺寸试验重新进行测试，以全尺寸试验的结果作为最终依据。

⑤ PE80，SDR11 试验参数（SDR 为标准尺寸比，下同）。

⑥ PE100，SDR11 试验参数。

3. 燃气用埋地聚乙烯管材的外径（表 16-154）

表 16-154　燃气用埋地聚乙烯管材的外径（GB 15558.1—2003）　　（单位：mm）

公称外径 d_n	最小平均外径 d_{emin}	最大平均外径 d_{emax}		公称外径 d_n	最小平均外径 d_{emin}	最大平均外径 d_{emax}	
		等级 A	等级 B			等级 A	等级 B
16	16.0	—	16.3	75	75.0	—	75.5
20	20.0	—	20.3	90	90.0		90.6
25	25.0	—	25.3	110	110.0		110.7
32	32.0	—	32.3	125	125.0		125.8
40	40.0	—	40.4	140	140.0		140.9
50	50.0	—	50.4	160	160.0		161.0
63	63.0	—	63.4	180	180.0		181.1

（续）

公称外径	最小平均外径	最大平均外径 d_{emax}		公称外径	最小平均外径	最大平均外径 d_{emax}	
d_n	d_{emin}	等级 A	等级 B	d_n	d_{emin}	等级 A	等级 B
200	200.0	—	201.2	400	400.0	403.6	402.4
225	225.0	—	226.4	450	450.0	454.1	452.7
250	250.0	—	251.5	500	500.0	504.5	503.0
280	280.0	282.6	281.7	560	560.0	565.0	563.4
315	315.0	317.9	316.9	630	630.0	635.7	633.8
355	355.0	358.2	357.2				

16.3.28　工业用硬聚氯乙烯管道系统用管材

1. 工业用硬聚氯乙烯管道系统用管材的物理性能（表 16-155）

表 16-155　工业用硬聚氯乙烯管道系统用管材的物理性能（GB/T 4219.1—2008）

项　　目	技术要求	项　　目	技术要求
密度/(kg/m³)	1330 ~ 1460	纵向回缩率(%)	≤5
维卡软化温度/℃	≥80	二氯甲烷浸渍试验	试样表面无破坏

2. 工业用硬聚氯乙烯管道系统用管材的力学性能（表 16-156）

表 16-156　工业用硬聚氯乙烯管道系统用管材的力学性能（GB/T 4219.1—2008）

项目	试验参数			要求
	温度/℃	环应力/MPa	时间/h	
静液压试验	20	40.0	1	无破裂,无渗漏
	20	34.0	100	
	20	30.0	1000	
	60	10.0	1000	
落锤冲击性能 TIR(%)	0℃(-5℃)[①]			≤10

①　如果使用温度不低于0℃,则在0℃时进行落锤试验;如果使用温度低于0℃,则在-5℃时进行落锤试验。

3. 工业用硬聚氯乙烯管道系统用管材的尺寸（表 16-157）

表 16-157　工业用硬聚氯乙烯管道系统用管材的尺寸（GB/T 4219.1—2008）

（单位：mm）

公称外径 d_n	壁厚及其偏差													
	管系列 S 和标准尺寸比 SDR													
	S20 SDR41		S16 SDR33		S12.5 SDR26		S10 SDR21		S8 SDR17		S6.3 SDR13.6		S5 SDR11	
	最小	偏差	最小	偏差	最小	偏差	最小	偏差	最小	偏差	最小	偏差	最小	偏差
16	—	—	—	—	—	—	—	—	—	—	—	—	2.0	+0.4
20	—	—	—	—	—	—	—	—	—	—	—	—	2.0	+0.4

（续）

公称外径 d_n	壁厚及其偏差													
	管系列 S 和标准尺寸比 SDR													
	S20 SDR41		S16 SDR33		S12.5 SDR26		S10 SDR21		S8 SDR17		S6.3 SDR13.6		S5 SDR11	
	最小	偏差	最小	偏差	最小	偏差	最小	偏差	最小	偏差	最小	偏差	最小	偏差
25	—	—	—	—	—	—	—	—	—	—	2.0	+0.4	2.3	+0.5
32	—	—	—	—	—	—	—	—	2.0	+0.4	2.4	+0.5	2.9	+0.5
40	—	—	—	—	—	—	2.0	+0.4	2.4	+0.5	3.0	+0.5	3.7	+0.6
50	—	—	—	—	2.0	+0.4	2.4	+0.5	3.0	+0.5	3.7	+0.6	4.6	+0.7
63	—	—	2.0	+0.4	2.5	+0.5	3.0	+0.5	3.8	+0.6	4.7	+0.7	5.8	+0.8
75	—	—	2.3	+0.5	2.9	+0.5	3.6	+0.6	4.5	+0.7	5.6	+0.8	6.8	+0.9
90	—	—	2.8	+0.5	3.5	+0.6	4.3	+0.7	5.4	+0.8	6.7	+0.9	8.2	+1.1
110	—	—	3.4	+0.6	4.2	+0.7	5.3	+0.8	6.6	+0.9	8.1	+1.1	10.0	+1.2
125	—	—	3.9	+0.6	4.8	+0.7	6.0	+0.8	7.4	+1.0	9.2	+1.2	11.4	+1.4
140	—	—	4.3	+0.7	5.4	+0.8	6.7	+0.9	8.3	+1.1	10.4	+1.3	12.7	+1.5
160	4.0	+0.6	4.9	+0.7	6.2	+0.9	7.7	+1.0	9.5	+1.2	11.8	+1.4	14.6	+1.7
180	4.4	+0.7	5.5	+0.8	6.9	+0.9	8.6	+1.1	10.7	+1.3	13.3	+1.6	16.4	+1.9
200	4.9	+0.7	6.2	+0.9	7.7	+1.0	9.6	+1.2	11.9	+1.4	14.7	+1.7	18.2	+2.1
225	5.5	+0.8	6.9	+0.9	8.6	+1.1	10.8	+1.3	13.4	+1.6	16.6	+1.9	—	—
250	6.2	+0.9	7.7	+1.0	9.6	+1.2	11.9	+1.4	14.8	+1.7	18.4	+2.1	—	—
280	6.9	+0.9	8.6	+1.1	10.7	+1.3	13.4	+1.6	16.6	+1.9	20.6	+2.3	—	—
315	7.7	+1.0	9.7	+1.2	12.1	+1.5	15.0	+1.7	18.7	+2.1	23.2	+2.6	—	—
355	8.7	+1.1	10.9	+1.3	13.6	+1.6	16.9	+1.9	21.1	+2.4	26.1	+2.9	—	—
400	9.8	+1.2	12.3	+1.5	15.3	+1.8	19.1	+2.2	23.7	+2.6	29.4	+3.2	—	—

注：1. 考虑到安全性，最小壁厚应不小于 2.0mm。

　　2. 除了有其他规定之外，尺寸应与 GB/T 10798 一致。

16.4　塑料板（片）

16.4.1　聚乙烯挤出板

1. 聚乙烯挤出板的物理力学性能（表 16-158）

表 16-158　聚乙烯挤出板的物理力学性能（QB/T 2490—2000）

项　目	技　术　要　求	
密度/(g/cm³)	0.919 ~ 0.925	0.940 ~ 0.960
拉伸屈服强度(纵、横向)/MPa	≥7.00	≥22.0
简支梁冲击强度(纵、横向)/(kJ/m²)	无破裂	18.0

2. 聚乙烯挤出板材的规格尺寸及极限偏差（表 16-159）

表 16-159 聚乙烯挤出板材的规格尺寸及极限偏差（QB/T 2490—2000）

（单位：mm）

项　目	规格尺寸	极限偏差	项　目	规格尺寸	极限偏差
厚度	2 ~ 8	±(0.08 + 0.03S)	长度	≥2000	±10
宽度	≥1000	±5	对角线最大差值	每 1000 边长	≤5

注：1. 卷状板材不测定对角线最大差值。

　　2. 其他板材规格供需双方可商定。

16.4.2 聚乙烯塑料中空板

1. 聚乙烯塑料中空板的物理力学性能（表 16-160）

表 16-160 聚乙烯塑料中空板的物理力学性能（QB/T 1651—1992）

项目	厚度 /mm	技 术 要 求			
		优等品		一等品、合格品	
		纵向	横向	纵向	横向
拉断力 /N	2.0 ~ 2.7	≥180	≥130	≥120	≥70
	2.8 ~ 3.7	≥230	≥175	≥170	≥110
	3.8 ~ 5.4	≥270	≥210	≥210	≥140
	5.5 ~ 6.0	≥350	≥260	≥255	≥170
断裂伸长率 （%）	2.0 ~ 3.7	≥170	≥60	≥130	≥35
	3.8 ~ 6.0	≥220	≥70	≥150	≥45
撕裂力 /N	2.0 ~ 3.7	≥60		≥45	
	3.8 ~ 6.0	≥65		≥50	
平面压缩力 /N	2.0 ~ 2.7	≥1300		≥1000	
	2.8 ~ 3.7	≥1100		≥900	
	3.8 ~ 5.4	≥1000		≥800	
	5.5 ~ 6.0	≥900		≥700	
垂直压缩力 /N	2.0 ~ 2.7	≥65		≥45	
	2.8 ~ 3.7	≥180		≥120	
	3.8 ~ 5.4	≥240		≥180	
	5.5 ~ 6.0	≥350		≥240	

2. 聚乙烯塑料中空板的外观要求（表 16-161）

表 16-161 聚乙烯塑料中空板的外观要求（QB/T 1651—1992）

项目	技 术 要 求
色泽	同一颜色产品色泽均匀无明显色差
板体表面	光滑平整，无裂纹、孔洞、明显杂质及气泡等影响使用的缺陷

3. 聚乙烯塑料中空板的规格尺寸及极限偏差（表 16-162）

表 16-162　聚乙烯塑料中空板的规格尺寸及极限偏差（QB/T 1651—1992）

项　目	规格尺寸	极限偏差(%)	项　目	规格尺寸	极限偏差(%)
长度/mm	≥50	±1	厚度/mm	2.0~6.0	±10
宽度/mm	≤2000	±1			

4. 聚乙烯塑料中空板的立筋数及单位面积质量极限偏差（表 16-163）

表 16-163　聚乙烯塑料中空板的立筋数及单位面积质量极限偏差（QB/T 1651—1992）

厚度/mm	立筋数/(根/10cm)	单位面积质量偏差(%)
2.0~3.9	≥24	±5
4.0~6.0	≥15	

16.4.3　高发泡聚乙烯挤出片

1. 高发泡聚乙烯挤出片的物理力学性能（表 16-164）

表 16-164　高发泡聚乙烯挤出片的物理力学性能（QB/T 2188—1995）

项　目	技术要求	项　目	技术要求
拉伸强度(纵/横向)/MPa	≥0.20/0.10	撕裂强度(纵/横向)/(N/cm)	≥20/4.0
断裂伸长率(纵/横向)(%)	≥80	热收缩率(纵/横向)(70℃)(%)	≤2.5/2.0

2. 高发泡聚乙烯挤出片的发泡倍率（表 16-165）

表 16-165　高发泡聚乙烯挤出片的发泡倍率（QB/T 2188—1995）

厚度/mm	发泡倍率		
	优等品	一等品	合格品
0.5~1.0	≥20	≥15	≥12
>1.0	≥25	≥20	≥15

3. 高发泡聚乙烯挤出片的规格尺寸与极限偏差（表 16-166）

表 16-166　高发泡聚乙烯挤出片的规格尺寸与极限偏差（QB/T 2188—1995）

（单位：mm）

项　目		极限偏差		
		优等品	一等品	合格品
厚度	0.5~1.0	±0.10	±0.20	±0.30
	>1.0~1.5	±0.20	±0.30	±0.40
	>1.5~2.0	±0.30	±0.40	±0.60
	>2.0~3.0	±0.40	±0.50	±0.70
	>3.0	±0.50	±0.60	±0.80
宽度		±3%		
长度		每卷断头数≤2 个,长度≥20m		

16.4.4　硬质聚氯乙烯层板

1. 硬质聚氯乙烯层板的分类及分级（表 16-167）

表 16-167　硬质聚氯乙烯层板的分类及分级（GB/T 22789.1—2008）

类别	级别	类别	级别
第一类	一般用途级	第四类	高抗冲级
第二类	透明级		
第三类	高模量级	第五类	耐热级

2. 硬质聚氯乙烯层板的基本性能（表 16-168）

表 16-168　硬质聚氯乙烯层板的基本性能（GB/T 22789.1—2008）

性　能	试验方法	层压板材					挤出板材				
		第 1 类 一般用途级	第 2 类 透明级	第 3 类 高模量级	第 4 类 高抗冲级	第 5 类 耐热级	第 1 类 一般用途级	第 2 类 透明级	第 3 类 高模量级	第 4 类 高抗冲级	第 5 类 耐热级
拉伸屈服应力 /MPa	GB/T 1040.2 ⅠB 型	≥50	≥45	≥60	≥45	≥50	≥50	≥45	≥60	≥45	≥50
拉伸断裂伸长率 (%)	GB/T 1040.2 ⅠB 型	≥5	≥5	≥8	≥10	≥8	≥8	≥5	≥3	≥8	≥10
拉伸弹性模量 /MPa	GB/T 1040.2 ⅠB 型	≥2500	≥2500	≥3000	≥2000	≥2500	≥2500	≥2000	≥3200	≥2300	≥2500
缺口冲击强度（厚度小于 4mm 的板材不做缺口冲击强度）/(kJ/m²)	GB/T 1043.1 1epA 型	≥2	≥1	≥2	≥10	≥2	≥2	≥1	≥2	≥5	≥2
维卡软化温度 /℃	ISO 306:2004 方法 B50	≥75	≥65	≥78	≥70	≥90	≥70	≥60	≥70	≥70	≥85
加热尺寸变化率 (%)		−3 ~ +3					厚度：1.0mm≤t≤2.0mm：−10 ~ +10　2.0mm<t≤5.0mm：−5 ~ +5　5.0mm<t≤10.0mm：−4 ~ +4　t>10.0mm：−4 ~ +4				
层积性（层间剥离力）		无气泡、破裂或剥落（分层剥离）					—				
总透光率（只适用于第 2 类）(%)	ISO13468-1	厚度：t≤2.0mm：　　　　≥82　2.0mm<t≤6.0mm：≥78　6.0mm<t≤10.0mm：≥75　t>10.0mm：　　　　—									

注：压花板材的基本性能由当事双方协商确定。

3. 硬质聚氯乙烯层板的其他物理力学性能（表 16-169）

表 16-169　硬质聚氯乙烯层板的其他物理力学性能（GB/T 22789.1—2008）

性　能	单位	试 验 方 法
无缺口简支梁冲击强度(0℃和−20℃)	kJ/m²	GB/T 1043.1，1eU 型/摆锤冲击能量 4J
负荷变形温度	℃	ISO 75-2：2004 方法 A
5MPa 弯曲蠕变	MPa	ISO 899-2，40℃
密度	g/cm³	GB/T 1033.1 或 ISO 1183-2
弯曲强度	MPa	GB/T 9341，$b^{①}$ = 35mm
球压痕硬度	N/mm²	GB/T 3398.1
体积电阻率	Ω·cm	GB/T 1410

① b 为试样宽度。

16.4.5　软聚氯乙烯压延薄膜和片

1. 软聚氯乙烯压延薄膜和片的分类

1）软聚氯乙烯压延薄膜和片按用途分类如表 16-170 所示。

表 16-170　软聚氯乙烯压延薄膜和片按用途分类（GB/T 3830—2008）

分　类	简　称	分　类	简　称
雨衣用薄膜	雨衣膜	农业用薄膜	农业膜
民杂用薄膜或片材	民杂膜或片	工业用薄膜	工业膜
印花用薄膜	印花膜	玩具用薄膜	玩具膜

2）软聚氯乙烯压延薄膜和片按增塑剂添加量分类如表 16-171 所示。

表 16-171　软聚氯乙烯压延薄膜和片按增塑剂添加量分类（GB/T 3830—2008）

分类	简称	增塑剂添加量
特软质薄膜	特软膜	增塑剂含量大于等于 56PHR 的薄膜
软质薄膜	软质膜	增塑剂含量在 20~55PHR 的薄膜

注：PHR 指每百份聚氯乙烯树脂中添加的增塑剂份数，软质膜包括表 16-170 中的 6 类产品。

3）软聚氯乙烯压延薄膜和片按透明程度分类如表 16-172 所示。

表 16-172　软聚氯乙烯压延薄膜和片按透明程度分类（GB/T 3830—2008）

分类	简称	透明程度
高透明薄膜	高透膜	雾度小于等于 2% 的薄膜
一般薄膜	一般膜	雾度大于 2% 的薄膜

2. 软聚氯乙烯压延薄膜和片的外观（表 16-173）

表 16-173　软聚氯乙烯压延薄膜和片的外观（GB/T 3830—2008）

项　目	技术要求	项　目	技术要求
色泽	均匀	花纹	清晰、均匀

（续）

项　目	技术要求	项　　目	技术要求
冷疤	不明显	永久性皱褶	不应存在
气泡	不明显	卷端面错位/mm	≤5
喷霜	不明显		
穿孔	不应存在	收卷	平整

3. 软聚氯乙烯压延薄膜和片的黑点和杂质的累计许可量及分散度（表 16-174）

表 16-174　软聚氯乙烯压延薄膜和片的黑点和杂质的累计许可量及分散度（GB/T 3830—2008）

项　　目	技　术　要　求				
	雨衣膜 特软膜	印花膜	民杂片 工业膜	玩具膜 高透膜	民杂膜 农业膜
0.8mm 以上的黑点、杂质	不允许	不允许	不允许	不允许	不允许
0.3~0.8mm 的黑点、杂质许可量/（个/m²）	20	25	35	20	25
0.3~0.8mm 的黑点、杂质分散度/[个/（100mm×100mm）]	5	6	7	5	6

4. 雨衣膜、民杂膜（片）、印花膜、玩具膜、农业膜和工业膜的物理力学性能（表 16-175）

表 16-175　雨衣膜、民杂膜（片）、印花膜、玩具膜、农业膜和工业膜的
物理力学性能（GB/T 3830—2008）

项　　目		技　术　要　求						
		雨衣膜	民杂膜	民杂片	印花膜	玩具膜	农业膜	工业膜
拉伸强度/MPa	纵向	≥13.0	≥13.0	≥15.0	≥11.0	≥16.0	≥16.0	≥16.0
	横向							
断裂伸长率(%)	纵向	≥150	≥150	≥180	≥130	≥220	≥210	≥200
	横向							
低温伸长率(%)	纵向	≥20	≥10	—	≥8	≥20	≥22	≥10
	横向							
直角撕裂强度 /(kN/m)	纵向	≥30	≥40	≥45	≥30	≥45	≥40	≥40
	横向							
尺寸变化率(%)	纵向	≤7	≤7	≤5	≤7	≤6	—	—
	横向							
加热损失率(%)		≤5.0	≤5.0	≤5.0	≤5.0		≤5.0	≤5.0
低温冲击性(%)		—	≤20	≤20	—	—	—	—
水抽出率(%)		—	—	—	—	—	≤1.0	—
耐油性		—	—	—	—	—	—	不破裂

注：低温冲击性属供需双方协商确定的项目，测试温度由供需双方协商确定。

5. 特软膜、高透腊的物理力学性能（表16-176）

表16-176　特软膜、高透腊的物理力学性能（GB/T 3830—2008）

项　目		技　术　要　求		项　目		技　术　要　求	
		特软膜	高透膜			特软膜	高透膜
拉伸强度/MPa	纵向	≥9.0	≥15.0	直角撕裂强度 /（kN/m）	纵向	≥20	≥50
	横向				横向		
断裂伸长率(%)	纵向	≥140	≥180	尺寸变化率(%)	纵向	≤8	≤7
	横向				横向		
低温伸长率(%)	纵向	≥30	≥10	加热损失率(%)		≤5.0	≤5.0
	横向			雾度(%)		—	≤2.0

16.4.6　建筑装饰用硬聚氯乙烯挂板

1. 建筑装饰用硬聚氯乙烯挂板的分类

按不同用途，挂板分为墙体板、吊顶板，其配件包括 J 型槽、收口条、外角柱、内角柱等；按不同加工工艺，挂板分为普通型和复合型；按不同可视面，挂板分为光面型和压花型。

2. 建筑装饰用硬聚氯乙烯挂板的物理力学性能（表16-177）

表16-177　建筑装饰用硬聚氯乙烯挂板的物理力学性能（QB/T 2781—2006）

项　目	技　术　要　求	项　目	技　术　要　求
拉伸强度(纵向)/MPa	≥40	抗冲击性能	至少有 9 次冲击无裂纹或断裂
断裂伸长率(纵向)(%)	≥120	加热后状态	不应出现气泡，明显凹凸不平
热收缩率(纵向)(%)	≤3.0	低温柔韧性	至少有 4 个无断裂或裂纹
线膨胀系数(纵向)/℃$^{-1}$	≤8.1×10^{-5}	低温剪切性能	至少有 4 个无龟裂或劈裂

16.4.7　环氧树脂工业硬质层压板

1. 环氧树脂工业硬质层压板的型号（表16-178）

表16-178　环氧树脂工业硬质层压板的型号（GB/T 1303.4—2009）

层压板型号			用　途　与　特　性
树脂	增强材料	系列号[①]	
	CC	301	机械和电气用。耐电痕化、耐磨、耐化学品性能好
	CP	201	电气用。高湿下电气性能稳定性好，低燃烧性
EP	GC	201	机械、电气及电子用。中温下机械强度极高，高温下电气性能稳定性好
		202	类似于 EP GC 201 型。低燃烧性
		203	类似于 EP GC 201 型。高温下机械强度高
		204	类似于 EP GC 203 型。低燃烧性
		205	类似于 EP GC 203 型，但采用粗布
		306	类似于 EP GC 203 型，但改进了电痕化指数
		307	类似于 EP GC 205 型，但改进了电痕化指数
		308	类似于 EP GC 203 型，但改进了耐热性

（续）

层压板型号			用　途　与　特　性
树脂	增强材料	系列号①	
EP	GM	201	机械和电气用。中温下机械强度极高，高湿下电气性能稳定性好
		202	类似于 EP GM 201 型。低燃烧性
		203	类似于 EP GM 201 型。高温下机械强度高
		204	类似于 EP GM 203 型。低燃烧性
		305	类似于 EP GM 203 型，但改进了热稳定性
		306	类似于 EP GM 305 型，但改进了电痕化指数
	PC	301	电气和机械用。耐 SF_6 性能好

注：不应根据表中得出：某一具体型号的层压板一定不适用于未被列出的用途，或者特定的层压板一定适用于所述
大范围内的各种用途。

① 200 系列的型号名称按 ISO 1642 规定，而 300 系列的型号名称是后加的。

2. 环氧树脂工业硬质层压板的性能要求（表 16-179）

表 16-179　环氧树脂工业硬质层压板的性能要求（GB/T 1303.4—2009）

性　能		要　求							
		型　号							
		EP CC 301	EP CP 201	EP GC 201	EP GC 202	EP GC 203	EP GC 204	EP GC 205	EP GC 306
垂直层向弯曲强度/MPa	常态下	≥135	≥110	≥340	≥340	≥340	≥340	≥340	≥340
	150℃±3℃	—	—	—	—	—	≥170	≥170	≥170
表观弯曲弹性模量/MPa		—	—	≥24000	—	—	—	—	—
垂直层向压缩强度/MPa				≥350					
平行层向冲击强度（简支梁法）/(kJ/m²)		≥3.5		≥33	≥33	≥33	≥33	≥50	≥33
平行层向冲击强度（悬臂梁法）/(kJ/m²)		≥6.5		≥34	≥34	≥34	≥34	≥54	≥35
平行层向剪切强度/MPa		—		≥30	—	—	—	—	—
拉伸强度/MPa				≥300					
垂直层向电气强度(90℃油中)/(kV/mm)		见表 16-180							
平行层向击穿电压(90℃油中)/kV		≥35	≥20	≥35	≥35	≥35	≥35	≥35	≥35
介电常数(50Hz)		—	—	≤5.5	—	—	—	—	—
介电常数(1MHz)		—	—	≤5.5	—	—	—	—	—
介质损耗因数(50Hz)		—	—	≤0.04	—	—	—	—	—
介质损耗因数(1MHz)		—	—	≤0.04	—	—	—	—	—
浸水后绝缘电阻/MΩ		≥1×10³	≥1×10⁴	≥5×10⁴	≥5×10⁴	≥5×10⁴	≥5×10⁴	≥1×10⁴	≥5×10⁴
耐电痕化指数		—	—	≥200	—	—	—	—	—

（续）

性　能	要　求							
	型　号							
	EP CC 301	EP CP 201	EP GC 201	EP GC 202	EP GC 203	EP GC 204	EP GC 205	EP GC 306
长期耐热性	—	—	≥130	—	—	—	—	—
密度/（g/cm³）	—	—	1.7~1.9					
燃烧性/级	—	V-0	—	V-0	—	V-0	—	—
吸水性/mg	见表16-181							

注：1. 表观弯曲弹性模量、垂直层向压缩强度、平行层向剪切强度、拉伸强度、工频介质损耗因数、工频介电常数、1MHz下介质损耗因数、1MHz下介电常数、密度为特殊性能要求，由供需双方商定。

　　2. 垂直层向弯曲强度（150℃±3℃）是指在150℃±3℃、1h处理后在150℃±3℃测定。

　　3. 平行层向冲击强度（简支梁法）和平行层向冲击强度（悬臂梁法）任选一项达到要求即可。

　　4. 介电常数（50Hz）和介电常数（1MHz）任选一项达到要求即可。

　　5. 介质损耗因数（50Hz）和介质损耗因数（1MHz）任选一项达到要求即可。

3. 环氧树脂工业硬质层压板的垂直层向电气强度（90℃油中）（表16-180）

表16-180　环氧树脂工业硬质层压板的垂直层向电气强度（90℃油中）

（GB/T 1303.4—2009）　　　　　　　　（单位：kV/mm）

型号	测得的试样厚度平均值/mm																		
	0.4	0.5	0.6	0.7	0.8	0.9	1.0	1.2	1.4	1.5	1.8	2.0	2.2	2.4	2.5	2.6	2.8	3.0
EP CC 301	—	—	—	—	10.0	9.6	9.2	8.6	8.2	8.0	7.4	7.1	6.8	6.5	6.4	6.2	5.6	5.0
EP CP 201	19.0	18.2	17.6	17.1	16.6	16.2	15.8	15.2	14.7	14.5	13.9	13.6	13.4	13.3	13.3	13.2	13.0	13.0
EP GC 201	16.9	16.1	15.6	15.2	14.8	14.5	14.2	13.7	13.2	13.0	12.2	11.8	11.4	11.1	10.9	10.8	10.5	10.2
EP GC 202	16.9	16.1	15.6	15.2	14.8	14.5	14.2	13.7	13.2	13.0	12.2	11.8	11.4	11.1	10.9	10.8	10.5	10.2
EP GC 203	16.9	16.1	15.6	15.2	14.8	14.5	14.2	13.7	13.2	13.0	12.2	11.8	11.4	11.1	10.9	10.8	10.5	10.2
EP GC 204	16.9	16.1	15.6	15.2	14.8	14.5	14.2	13.7	13.2	13.0	12.2	11.8	11.4	11.1	10.9	10.8	10.5	10.2
EP GC 205	—	—	—	—	—	—	—	—	—	—	—	—	—	—	—	—	—	9.0
EP GC 306	16.9	16.1	15.6	15.2	14.8	14.5	14.2	13.7	13.2	13.0	12.2	11.8	11.4	11.1	10.9	10.8	10.5	10.2
EP GC 307	—	—	—	—	—	—	—	—	—	—	—	—	—	—	—	—	—	9.0
EP GC 308	16.9	16.1	15.6	15.2	14.8	14.5	14.2	13.7	13.2	13.0	12.2	11.8	11.4	11.1	10.9	10.8	10.5	10.2
EP GM 201	—	—	—	—	—	—	—	12.3	12.0	11.0	10.5	10.0	9.8	9.6	9.4	9.2		9.0
EP GM 202	—	—	—	—	—	—	—	12.3	12.0	11.0	10.5	10.0	9.8	9.6	9.4	9.2		9.0
EP GM 203	—	—	—	—	—	—	—	12.3	12.0	11.0	10.5	10.0	9.8	9.6	9.4	9.2		9.0
EP GM 204	—	—	—	—	—	—	—	12.3	12.0	11.0	10.5	10.0	9.8	9.6	9.4	9.2		9.0
EP GM 305	—	—	—	—	—	—	—	12.3	12.0	11.0	10.5	10.0	9.8	9.6	9.4	9.2		9.0
EP GM 306	—	—	—	—	—	—	—	12.3	12.0	11.0	10.5	10.0	9.8	9.6	9.4	9.2		9.0
EP PC 301	—	—	—	—	—	—	—	13.7	13.2	13.0	12.2	11.8	11.4	11.1	10.9	10.8	10.5	10.2

注：1. 垂直层向电气强度（90℃油中）和1min耐压试验或20s逐级升压试验两者试验任取其一。对满足两者中任何一个要求的应视其垂直层向电气强度（90℃油中）符合要求。

　　2. 如果测得的试样厚度算术平均值介于表中所示两种厚度之间，则其极限值应由内插法求得。如果测得的试样厚度算术平均值低于给出极限值的最小厚度，则电气强度极限值取相应最小厚度的值。如果公称厚度为3mm而测得的厚度算术平均值超过3mm，则取3mm厚度的极限值。

4. 环氧树脂工业硬质层压板的吸水性极限值（表 16-181）

表 16-181　环氧树脂工业硬质层压板的吸水性极限值（GB/T 1303.4—2009）

（单位：mg）

型号	测得的试样厚度平均值/mm																				
	0.4	0.5	0.6	0.8	1.0	1.2	1.5	2.0	2.5	3.0	4.0	5.0	6.0	8.0	10.0	12.0	14.0	16.0	20.0	25.0	22.5
EP CC 301	—	—	—	67	69	71	76	—	—	—	—	—	—	—	—	—	—	—	—	—	—
EP CP 201	30	31	31	33	35	37	41	45	50	55	60	68	76	90	—	—	—	—	—	—	—
EP GC 201	17	17	17	18	18	18	19	20	21	22	23	25	27	31	34	38	41	46	52	61	73
EP GC 202	17	17	17	18	18	18	19	20	21	22	23	25	27	31	34	38	41	46	52	61	73
EP GC 203	17	17	17	18	18	18	19	20	21	22	23	25	27	31	34	38	41	46	52	61	73
EP GC 204	17	17	17	18	18	18	19	20	21	22	23	25	27	31	34	38	41	46	52	61	73
EP GC 205	—	—	—	—	—	—	—	—	—	22	23	25	27	31	34	38	41	46	52	61	73
EP GC 306	17	17	17	18	18	18	19	—	—	22	23	25	27	31	34	38	41	46	52	61	73
EP GC 307	—	—	—	—	—	—	—	—	—	—	—	25	27	31	34	38	41	46	52	61	73
EP GC 308	17	17	17	18	18	18	19	—	—	22	23	25	27	31	34	38	41	46	52	61	73
EP GM 201	—	—	—	—	25	26	27	28	29	31	33	35	40	44	48	55	60	70	90	—	—
EP GM 202	—	—	—	—	25	26	27	28	29	31	33	35	40	44	48	55	60	70	90	—	—
EP GM 203	—	—	—	—	25	26	27	28	29	31	33	35	40	44	48	55	60	70	90	—	—
EP GM 204	—	—	—	—	25	26	27	28	29	31	33	35	40	44	48	55	60	70	90	—	—
EP GM 305	—	—	—	—	25	26	27	28	29	31	33	35	40	44	48	55	60	70	90	—	—
EP GM 306	—	—	—	—	25	26	27	28	29	31	33	35	40	44	48	55	60	70	90	—	—
EP PC 301	—	—	—	—	130	135	140	145	150	160	170	180	200	220	240	260	280	320	370	440	—

注：1. 如果测得的试样厚度算术平均值介于表中所示两种厚度之间，则其极限值由内插法求得。如果测得的厚度算术平均值低于给出极限值的那个最小厚度，则其吸水性极限值取相应最小厚度的那个值。如果公称厚度为 25mm 而测得的厚度均值超过 25mm，则取 25mm 厚度的那个极限值。

　　2. 公称厚度大于 25mm 的板应单面机加工至 22.5mm±0.3mm，并且加工面应光滑。

5. 环氧树脂工业硬质层压板宽度和长度及允许偏差（表 16-182）

表 16-182　环氧树脂工业硬质层压板宽度和长度及允许偏差（GB/T 1303.4—2009）

（单位：mm）

宽度和长度	允许偏差
450~1000	±15
>1000~2600	±25

6. 环氧树脂工业硬质层压板公称厚度及允许偏差（表 16-183）

表 16-183　环氧树脂工业硬质层压板公称厚度及允许偏差（GB/T 1303.4—2009）

（单位：mm）

公称厚度	允许偏差(所有型号)					
	EP CC 301	EP CP 201	EP GC 201、202 203、204 306、308	EP GC 205、307	EP GM 201、202 203、204 305、306	EP PC 301
0.4	—	±0.07	±0.10	—	—	—

（续）

公称厚度	允许偏差（所有型号）					
	EP CC 301	EP CP 201	EP GC 201、202 203、204 306、308	EP GC 205、307	EP GM 201、202 203、204 305、306	EP PC 301
0.5	—	±0.08	±0.12	—	—	—
0.6	—	±0.09	±0.13	—	—	—
0.8	±0.16	±0.10	±0.16	—	—	—
1.0	±0.18	±0.12	±0.18	—	—	—
1.2	±0.19	±0.14	±0.20	—	—	±0.21
1.5	±0.19	±0.16	±0.24	—	±0.30	±0.24
2.0	±0.22	±0.19	±0.28	—	±0.35	±0.28
2.5	±0.24	±0.22	±0.33	—	±0.40	±0.33
3.0	±0.30	±0.25	±0.37	±0.50	±0.45	±0.37
4.0	±0.34	±0.30	±0.45	±0.60	±0.50	±0.45
5.0	±0.39	±0.34	±0.52	±0.70	±0.55	±0.52
6.0	±0.44	±0.37	±0.60	1.60	±0.60	±0.60
8.0	±0.52	±0.47	±0.72	1.90	±0.70	±0.72
10.0	±0.60	—	±0.82	2.20	±0.80	±0.82
12.0	±0.68	—	±0.94	2.40	±0.90	±0.94
14.0	±0.74	—	±1.02	2.60	±1.00	±1.02
16.0	±0.80	—	±1.12	2.80	±1.10	±1.12
20.0	±0.93	—	±1.30	3.00	±1.30	±1.30
25.0	±1.08	—	±1.50	3.50	±1.40	±1.50
30.0	±1.22	—	±1.70	4.00	±1.45	±1.70
35.0	±1.34	—	±1.95	4.40	±1.50	±1.95
40.0	±1.47	—	±2.10	4.80	±1.55	±2.10
45.0	±1.60	—	±2.30	5.10	±1.65	±2.30
50.0	±1.74	—	±2.45	5.40	±1.75	±2.45
60.0	±2.02	—	—	5.80	±1.90	—
70.0	±2.32	—	—	6.20	±2.00	—
80.0	±2.62	—	—	6.60	±2.20	—
90.0	±2.92	—	—	6.80	±2.35	—
100.0	±3.22	—	—	7.00	±2.50	—

注：1. 对于公称厚度不在本表所列的优选厚度时，其偏差应采用最接近的优选公称厚度的偏差。

　　2. 其他偏差要求可由供需双方商定。

7. 环氧树脂工业硬质层压板切割板条的宽度允许偏差（表 16-184）

表 16-184　环氧树脂工业硬质层压板切割板条的宽度偏差（GB/T 1303.4—2009）

（单位：mm）

公称厚度 t	公称宽度(所有型号)b					
	3 < b ≤50	50 < b ≤100	100 < b ≤160	160 < b ≤300	300 < b ≤500	500 < b ≤600
	宽度允许偏差					
0.4	0.5	0.5	0.5	0.6	1.0	1.5
0.5	0.5	0.5	0.5	0.6	1.0	1.5
0.6	0.5	0.5	0.5	0.6	1.0	1.5
0.8	0.5	0.5	0.5	0.6	1.0	1.0
1.0	0.5	0.5	0.5	0.6	1.0	1.0
1.2	0.5	0.5	0.5	1.0	1.2	1.2
1.5	0.5	0.5	0.5	1.0	1.2	1.2
2.0	0.5	0.5	0.5	1.0	1.2	1.5
2.5	0.5	1.0	1.0	1.5	2.0	2.5
3.0	0.5	1.0	1.0	1.5	2.0	2.5
4.0	0.5	2.0	2.0	3.0	4.0	5.0
5.0	0.5	2.0	2.0	3.0	4.0	5.0

注：通常表中所列切割板条宽度的偏差均为单向的负偏差。其他偏差可由供需双方商定。

8. 环氧树脂工业硬质层压板的平直度（表 16-185）

表 16-185　环氧树脂工业硬质层压板的平直度（GB/T 1303.4—2009）（单位：mm）

厚度 t	直尺长度	
	1000	500
	平直度	
3 < t ≤6	10	2.5
6 < t ≤8	8	2.0
t > 8	6	1.5

16.4.8　酚醛树脂工业硬质层压板

1. 酚醛树脂工业硬质层压板的型号（表 16-186）

表 16-186　酚醛树脂工业硬质层压板的型号（GB/T 1303.6—2009）

层压板型号			用途与特性[①]
树脂	增强材料	系列号	
PF	CC	201	机械用。较 PF CC 202 型力学性能好，但电气性能较其差
		202	机械和电气用
		203	机械用。推荐用于制作小零件。较 PF CC 204 型力学性能好，但电气性能较其差

（续）

层压板型号			用途与特性[①]
树脂	增强材料	系列号	
PF	CC	204	机械和电气用。推荐用于制作小零件
		305	机械和电气用。用于高精度机加工
	CP	201	机械用。力学性能较其他 PF CP 型更好，一般湿度下电气性能较差。适用于热冲加工
		202	工频高电压用。油中电气强度高，一般湿度下空气中电气强度好
		203	机械和电气用。一般湿度下电气性能好。适用于热冲加工
		204	电气和电子用。高湿度下电气性能稳定性好。适用于冷冲加工或热冲加工
		205	类似于 PF CP 204 型，但具低燃烧性
		206	机械和电气用，高湿度下电气性能好。适用于热冲加工
		207	类似于 PF CP 201 型，但提高了低温下的冲孔性
		308	类似于 PF CP 205 型，但具低燃烧性
	GC	201	机械和电气用。一般湿度下力学强度高、电气性能好，耐热
	WV	201	机械用。交叉层叠，力学性能好
		202	机械和电气用，交叉层叠，一般湿度下电气性能好
		303	机械用。同向层叠，力学性能好
		304	机械和电气用，同向层叠

① 不应根据表中得出：某一具体型号的层压板一定不适用于未被列出的用途，或者特定的层压板一定适用于所述大范围内的各种用途。

2. 酚醛树脂工业硬质层压板的性能要求（表 16-187）

表 16-187　酚醛树脂工业硬质层压板的性能要求（GB/T 1303.6—2009）

性　能	要　求							
	PF CP 201	PF CP 202	PF CP 203	PF CP 204	PF CP 205	PF CP 206	PF CP 207	PF CP 308
弯曲强度/MPa	≥135	≥120	≥120	≥75	≥75	≥85	≥80	≥85
表观弯曲弹性模量/MPa	≥7000	≥7000	≥7000	≥7000	≥7000	≥7000	≥7000	≥7000
垂直层向压缩强度/MPa	≥300	≥300	≥250	≥250	≥250	≥250	≥250	≥250
平行层向剪切强度/MPa	≥10	≥10	≥10	≥10	≥10	≥10	≥10	≥10
拉伸强度/MPa	≥100	≥100	≥100	≥100	≥100	≥100	≥100	≥100
粘合强度/N	≥3600	≥3600	≥3200	≥3200	≥3200	≥3200	≥3200	≥3200
垂直层向电气强度(90°C 油中)/(kV/mm)	见表 16-188							
平行层向击穿电压(90°C 油中)[①]/kV	—	≥35	≥15	≥25	≥20	≥25	—	≥25
工频介质损耗因数	—	≤0.05	—	—	—	—	—	—
工频介电常数	—	≤5.5	—	—	—	—	—	—
1MHz 下介质损耗因数	—	—	≤0.05	≤0.05	≤0.05	≤0.05	≤0.05	≤0.05
1MHz 下介电常数	—	—	≤5.5	≤5.5	≤5.5	≤5.5	≤5.5	≤5.5

（续）

性　能	要　求							
	PF CP 201	PF CP 202	PF CP 203	PF CP 204	PF CP 205	PF CP 206	PF CP 207	PF CP 308
浸水后绝缘电阻/Ω	—	—	$\geq 5.0 \times 10^7$	$\geq 5.0 \times 10^9$	$\geq 1.0 \times 10^9$	$\geq 1.0 \times 10^9$	—	≥ 1.0
耐电痕化指数	—	≥ 100	≥ 100	≥ 100	≥ 100	≥ 100	—	≥ 100
密度/（g/cm³）	1.3～1.4							
燃烧性/级	—	—	—	—	—	V-1	—	V-1
吸水性/mg	见表 16-189							

注：1. "—"表示无此要求。

2. 平行层向剪切强度与粘合强度任选一项达到要求即可。

3. 表中，燃烧性试验主要用于监控层压板生产的一致性，所测结果并不全面代表材料实际使用过程的着火危险性。

4. 表观弯曲弹性模量、垂直层向压缩强度、平行层向剪切强度、拉伸强度、粘合强度、工频介质损耗因数、工频介电常数、1MHz下介质损耗因数、1MHz下介电常数、耐电痕化指数、密度为特殊性能要求，由供需双方商定。

① 试验前经（105℃±5℃）、96h 空气中处理，然后立即浸入 90℃±2℃ 热油中测定。

3. 酚醛树脂工业硬质层压板的垂直层向电气强度（90℃油中）（表 16-188）

表 16-188　酚醛树脂工业硬质层压板的垂直层向电气强度（90℃油中）

（GB/T 1303.6—2009）　　　　　（单位：kV/mm）

型　号	测得的试样厚度平均值/mm															
	0.4	0.5	0.6	0.7	0.8	0.9	1.0	1.2	1.5	1.8	2.0	2.2	2.4	2.6	2.8	3.0
PF CC 201	—	—	—	—	0.89	0.84	0.82	0.80	0.74	0.69	0.65	0.61	0.58	0.56	0.53	0.50
PF CC 202	—	—	—	—	5.60	5.30	5.10	4.60	4.00	3.60	3.40	3.30	3.20	3.10	3.00	3.00
PF CC 203	—	0.98	0.95	0.92	0.89	0.84	0.82	0.80	0.74	0.69	0.65	0.61	0.58	0.56	0.53	0.50
PF CC 204	—	8.10	7.70	7.30	7.00	6.60	6.30	5.50	5.25	4.80	4.60	4.40	4.20	4.10	4.10	4.00
PF CC 305	2.72	2.50	2.30	2.15	1.97	1.80	1.72	1.52	1.21	1.10	1.03	1.00	0.90	0.85	0.83	0.80
PF CP 202①	19.00	18.20	17.60	17.10	16.60	16.20	15.80	15.20	14.50	13.90	13.60	13.40	13.30	13.20	13.00	13.00
PF CP 203	7.70	7.60	7.50	7.40	7.30	7.20	7.00	6.90	6.70	6.40	6.20	5.90	5.70	5.50	5.20	5.00
PF CP 204	15.70	14.70	14.00	13.40	12.90	12.50	12.10	11.40	10.40	9.30	9.20	8.80	8.60	8.50	8.50	8.40
PF CP 205	15.70	14.70	14.00	13.40	12.90	12.50	12.10	10.10	10.10	9.30	9.00	8.80	8.60	8.50	8.50	8.40
PF CP 206	17.50	16.00	15.00	14.10	13.40	12.90	12.10	11.40	10.30	9.30	8.80	8.20	8.00	7.90	7.90	7.70
PF CP 308	17.50	16.00	15.00	14.10	13.40	12.90	12.10	11.40	10.30	9.30	8.80	8.20	8.00	7.90	7.90	7.70
PF GC 201	10.80	10.20	9.70	9.30	9.00	8.70	8.40	8.00	7.45	7.00	6.80	6.50	6.30	6.10	5.90	5.70

注：如果测得的试样厚度算术平均值介于表中所示两种厚度之间，则其极限值应由内插法求得。如果测得的试样厚度算术平均值低于给出极限值的最小厚度，则电气强度极限值取相应最小厚度的值。如果公称厚度为 3mm 而测得的厚度算术平均值超过 3mm，则取 3mm 厚度的极限值。

① PF CP202 型板试验前应在 105℃±5℃ 的空气中预处理 96h，然后立即浸入 90℃±2℃ 热油中测定。

4. 酚醛树脂工业硬质层压板的吸水性极限值（表 16-189）

表 16-189　酚醛树脂工业硬质层压板的吸水性极限值（GB/T 1303.6—2009）

（单位：mg）

性能	测得的试样厚度平均值/mm																				
	0.4	0.5	0.6	0.8	1.0	1.2	1.5	2.0	2.5	3.0	4.0	5.0	6.0	8.0	10.0	12.0	14.0	16.0	20.0	25.0	22.5
PF CC 201	—	—	—	201	206	211	218	229	239	249	262	275	284	301	319	336	354	371	406	450	540
PF CC 202	—	—	—	133	136	139	144	151	157	162	169	175	182	195	209	223	236	250	277	311	373
PF CC 203	—	190	194	201	206	211	218	229	239	249	262	275	284	301	319	336	354	371	406	450	540
PF CC 204	—	127	129	133	136	139	144	151	157	162	169	175	182	195	209	223	236	250	277	311	373
PF CC 305	—	190	194	201	206	211	218	229	239	249	262	275	284	301	319	335	354	371	406	450	540
PF CP 201	410	417	423	437	450	460	475	500	525	550	600	650	700	810	920	1020	1130	1230	1440	1700	2040
PF CP 202	165	167	168	173	180	188	200	220	240	260	300	342	382	147	550	630	720	800	970	1150	1380
PF CP 203	160	162	163	167	170	174	180	190	195	200	220	235	250	285	320	350	390	420	490	570	684
PF CP 204	44	45	46	47	48	50	52	56	58	63	70	77	84	99	113	128	142	157	196	222	266
PF CP 205	44	45	46	47	48	50	52	56	58	63	70	77	84	99	113	128	142	157	196	222	266
PF CP 206	62	63	65	67	69	71	75	80	85	90	100	110	118	135	149	162	175	175	202	219	263
PF CP 207	410	417	423	437	450	460	475	500	525	550	600	650	700	810	920	1020	1130	1230	1440	1700	2040
PF CP 308	62	63	65	67	69	71	75	80	85	90	100	110	118	135	149	162	175	186	202	219	263
PF GC 201	80	85	89	95	100	105	115	127	140	153	178	202	226	270	310	347	380	410	465	525	630
PF WV 201	—	—	—	—	—	—	—	—	—	—	—	—	—	—	2500	2650	2810	3110	3500	4200	
PF WV 202	—	—	—	—	—	—	—	—	—	—	—	—	—	—	600	630	660	720	800	960	
PF WV 303	—	—	—	—	—	—	—	—	—	—	—	—	—	—	2500	2650	2810	3110	3500	4200	
PF WV 304	—	—	—	—	—	—	—	—	—	—	—	—	—	—	600	630	660	720	800	960	

注：1. 如果测得的试样厚度算术平均值介于表中所示两种厚度之间，则其极限值应由内插法求得。如果测得的试样厚度算术平均值低于给出极限值的最小厚度，则其吸水性极限值取相应最小厚度的值。如果公称厚度为 25mm 而测得的厚度算术平均值超过 25mm，则取 25mm 厚度的极限值。

2. 公称厚度大于 25mm 的板应从单面机加工至 22.5mm ± 0.3mm，并且加工面应光滑。

5. 酚醛树脂工业硬质层压板宽度和长度及允许偏差（表 16-190）

表 16-190　酚醛树脂工业硬质层压板宽度和长度及允许偏差（GB/T 1303.6—2009）

（单位：mm）

宽度和长度	允许偏差
450 ~ 1000	± 15
> 1000 ~ 2600	± 25

6. 酚醛树脂工业硬质层压板公称厚度及允许偏差（表 16-191）

表 16-191　酚醛树脂工业硬质层压板公称厚度及允许偏差（GB/T 1303.6—2009）

（单位：mm）

公称厚度	允许偏差(所有型号)				
	PF CP 所有型号	PF CC 201 PF CC 202	PF CC 203 PF CC 204 PF CC 305	PF GC 201	PF WV 所有型号
0.4	± 0.07	—	—	± 0.10	

（续）

公称厚度	允许偏差（所有型号）				
	PF CP 所有型号	PF CC 201 PF CC 202	PF CC 203 PF CC 204 PF CC 305	PF GC 201	PF WV 所有型号
0.5	±0.08	—	±0.13	±0.12	—
0.6	±0.09	—	±0.14	±0.13	—
0.8	±0.10	±0.19	±0.15	±0.16	—
1.0	±0.12	±0.20	±0.16	±0.18	—
1.2	±0.14	±0.22	±0.17	±0.21	—
1.5	±0.16	±0.24	±0.19	±0.24	—
2.0	±0.19	±0.26	±0.21	±0.28	—
2.5	±0.22	±0.29	±0.24	±0.33	—
3.0	±0.25	±0.31	±0.26	±0.37	—
4.0	±0.30	±0.36	±0.32	±0.45	—
5.0	±0.34	±0.42	±0.36	±0.52	—
6.0	±0.37	±0.46	±0.40	±0.60	—
8.0	±0.47	±0.55	±0.49	±0.72	—
10.0	±0.55	±0.63	±0.56	±0.82	—
12.0	±0.62	±0.70	±0.64	±0.94	±1.25
14.0	±0.69	±0.78	±0.70	±1.02	±1.35
16.0	±0.75	±0.85	±0.76	±1.12	±1.45
20.0	±0.86	±0.95	±0.87	±1.30	±1.60
25.0	±1.00	±1.10	±1.02	±1.50	±1.80
30.0	±1.15	±1.22	±1.12	±1.70	±2.00
35.0	±1.25	±1.34	±1.24	±1.95	±2.10
40.0	±1.35	±1.45	±1.35	±2.10	±2.25
45.0	±1.45	±1.55	±1.45	±2.30	±2.40
50.0	±1.55	±1.65	±1.55	±2.45	±2.50
60.0	—	—	—	—	±2.80
70.0	—	—	—	—	±3.00
80.0	—	—	—	—	±3.25
90.0	—	—	—	—	±3.60
100.0	—	—	—	—	±3.75

注：1. 对于公称厚度不在本表所列的优选厚度时，其偏差应采用最接近的优选公称厚度的偏差。

　　2. 其他偏差要求可由供需双方商定。

7. 酚醛树脂工业硬质层压板切割板条的宽度允许偏差（表 16-192）

表 16-192　酚醛树脂工业硬质层压板切割板条的宽度偏差（GB/T 1303.6—2009）

（单位：mm）

公称厚度 t	公称宽度（所有型号）b					
	$3 < b \leqslant 50$	$50 < b \leqslant 100$	$100 < b \leqslant 160$	$160 < b \leqslant 300$	$300 < b \leqslant 500$	$500 < b \leqslant 600$
	宽度允许偏差					
0.4	0.5	0.5	0.5	0.6	1.0	1.5
0.5	0.5	0.5	0.5	0.6	1.0	1.5
0.6	0.5	0.5	0.5	0.6	1.0	1.5
0.8	0.5	0.5	0.5	0.6	1.0	1.0
1.0	0.5	0.5	0.5	0.6	1.0	1.0
1.2	0.5	0.5	0.5	1.0	1.2	1.2
1.5	0.5	0.5	0.5	1.0	1.2	1.2
2.0	0.5	0.5	0.5	1.0	1.2	1.5
2.5	1.0	1.0	1.0	1.5	2.0	2.5
3.0	0.5	1.0	1.0	1.5	2.0	2.5
4.0	0.5	2.0	2.0	3.0	4.0	5.0
5.0	0.5	2.0	2.0	3.0	4.0	5.0

注：表中所列宽度的偏差均为单向负偏差，其他偏差可由供需双方而定。

8. 酚醛树脂工业硬质层压板的平直度（表 16-193）

表 16-193　酚醛树脂工业硬质层压板的平直度（GB/T 1303.6—2009）（单位：mm）

材　料	厚度 t	直尺长度	
		1000	500
		平直度	
PFWV 型	$t \geqslant 12$	9	2.0
所有其他型号	$3 < t \leqslant 6$	10	2.5
	$6 < t \leqslant 8$	8	2.0
	$t > 8$	6	1.5

16.4.9　聚酯树脂工业硬质层压板

1. 聚酯树脂工业硬质层压板的型号（表 16-194）

表 16-194　聚酯树脂工业硬质层压板的型号（GB/T 1303.7—2009）

层压板型号			用　途　和　性　能
树脂	增强材料	系列号	
UP	GM	201	机械和电气用。高湿度下电气性能良好，中温下力学性能良好
		202	机械和电气用。类似 UP GM201，但阻燃性好
		203	机械和电气用。类似 UP GM202，但提高了耐电弧和耐电痕化

（续）

层压板型号			用　途　和　性　能
树脂	增强材料	系列号	
UP	GM	204	机械和电气用。室温下力学性能良好，高温下力学性能良好
		205	机械和电气性能用。类似 UP GM204 型，但阻燃性好

注：不应根据表中得出：某一具体型号的层压板一定不适用于未被列出的用途，或者特定的层压板一定适用于所述
大范围内的各种用途。

2. 聚酯树脂工业硬质层压板的性能要求（表 16-195）

表 16-195　聚酯树脂工业硬质层压板的性能要求（GB/T 1303.7—2009）

序号	性能		要　求				
			UP GM 201	UP GM 202	UP GM 203	UP GM 204	UP GM 205
1	弯曲强度/MPa	常态	≥130	≥130	≥130	≥250	≥250
		130℃±2℃	—	≥65	≥65	—	—
		150℃±2℃	—	—	—	≥125	≥125
2	平行层向简支梁冲击强度/(kJ/m²)		≥40	≥40	≥40	≥50	≥50
3	平行层向悬臂梁冲击强度/(kJ/m²)		≥35	≥35	≥35	≥44	≥44
4	垂直层向电气强度(90℃±2℃油中)/(kV/mm)		见表 16-196				
5	平行层向击穿电压(90℃±2℃油中)/kV		≥35	≥35	≥35	≥35	≥35
6	浸水后绝缘电阻/MΩ		≥5.0×10²	≥5.0×10²	≥5.0×10²	≥5.0×10²	≥5.0×10²
7	耐电痕化指数(PTI)		≥500	≥500	≥500	≥500	≥500
8	耐电痕化和蚀损/级		—	—	1B2.5	—	—
9	燃烧性/级		—	V-0	V-0	—	V-0
10	吸水性/mg		见表 16-197				

注：1. 对所有 UP GM 型号，切自未经修边板的外缘 13mm 的板条不要求符合本部分的规定。

2. "—"表示无此要求。

3. 平行层向简支梁冲击强度和平行层向悬臂梁冲击强度，两者之一满足要求即可。

4. 燃烧性试验主要用于监控层压板产生的一致性，所测结果并不全面代表材料实际使用过程中潜在的着火危险
性。

3. 聚酯树脂工业硬质层压板的垂直层向电气强度（90℃油中）（表 16-196）

表 16-196　聚酯树脂工业硬质层压板的垂直层向电气强度（90℃油中）

（GB/T 1303.7—2009）　　　　　　　　（单位：kV/mm）

型号	测得的试样厚度平均值/mm								
	1.5	1.8	2.0	2.2	2.4	2.5	2.6	2.8	3.0
UP GM201	12.0	11.0	10.5	10.0	9.6	9.4	9.2	9.0	9.0
UP GM202	12.0	11.0	10.5	10.0	9.6	9.4	9.2	9.0	9.0
UP GM203	12.0	11.0	10.5	10.0	9.6	9.4	9.2	9.0	9.0

（续）

型号	测得的试样厚度平均值/mm								
	1.5	1.8	2.0	2.2	2.4	2.5	2.6	2.8	3.0
UP GM204	12.0	11.0	10.5	10.0	9.6	9.4	9.2	9.0	9.0
UP GM205	12.0	11.0	10.5	10.0	9.6	9.4	9.2	9.0	9.0

注：1. 两种试验任取其一。满足两者中任何一个要求应视其垂直层向电气强度（90℃油中）符合要求。

　　2. 如果测得的试样厚度算术平均值介于表中所示两种厚度之间，则其极限值应由内插法求得。如果测得的试样厚度算术平均值低于给出极限值的最小厚度，则电气强度极限值取相应最小厚度的值，如果公称厚度为3mm而测得的厚度算术平均值超过3mm，则取3mm电气强度值。

4. 聚酯树脂工业硬质层压板的吸水性极限值（表16-197）

表 16-197　聚酯树脂工业硬质层压板的吸水性极限值（GB/T 1303.7—2009）

（单位：mg）

型　号	测得的试样厚度平均值/mm								
	0.8	1.0	1.2	1.5	2.0	2.5	3.0	4.0	5.0
UP GM201				43	47	51	55	63	69
UP GM202				43	47	51	55	63	69
UP GM203				43	47	51	55	63	69
UP GM204				43	47	51	55	63	69
UP GM205				43	47	51	55	63	69

型　号	测得的试样厚度平均值/mm								
	6.0	8.0	10.0	12.0	14.0	16.0	20.0	25.0	22.5
UP GM201	76	89	101	112	124	135	157	185	200
UP GM202	76	89	101	112	124	135	157	185	200
UP GM203	76	89	101	112	124	135	157	185	200
UP GM204	76	89	101	112	124	135	157	185	200
UP GM205	76	89	101	112	124	135	157	185	200

注：1. 如果测得的试样厚度算术平均值介于表中所示两种厚度之间，则其极限值应由内插法求得。如果测得的试样厚度算术平均值低于给出极限值的最小厚度，则其吸水性极限值取相应最小厚度的值。如果公称厚度为25mm而测得的厚度算术平均值超过25mm，则取25mm的吸水性。

　　2. 公称厚度大于25mm的板应从单面机加工至（22.5±0.3）mm，并且加工面应光滑。

5. 聚酯树脂工业硬质层压板宽度和长度及允许偏差（表16-198）

表 16-198　聚酯树脂工业硬质层压板宽度和长度及允许偏差（GB/T 1303.7—2009）

（单位：mm）

宽度和长度	允许偏差
450～1000	±15
>1000～2600	±25

6. 聚酯树脂工业硬质层压板公称厚度及允许偏差（表 16-199）

表 16-199　聚酯树脂工业硬质层压板公称厚度及允许偏差（GB/T 1303.7—2009）

（单位：mm）

公称厚度	允许偏差（所有型号）	公称厚度	允许偏差（所有型号）	公称厚度	允许偏差（所有型号）
0.8	±0.23	6.0	±0.60	35.0	±1.50
1.0	±0.23	8.0	±0.70	40.0	±1.55
1.2	±0.23	10.0	±0.80	45.0	±1.65
1.5	±0.25	12.0	±0.90	50.0	±1.75
2.0	±0.25	14.0	±1.00	60.0	±1.90
2.5	±0.30	16.0	±1.10	70.0	±2.00
3.0	±0.35	20.0	±1.30	80.0	±2.20
4.0	±0.40	25.0	±1.40	90.0	±2.35
5.0	±0.55	30.0	±1.45	100.0	±2.50

注：对于公称厚度不在本表所列的优选厚度时，其允许偏差应采用最接近的优选公称厚度的偏差。

7. 聚酯树脂工业硬质层压板切割板条的宽度允许偏差（表 16-200）

表 16-200　聚酯树脂工业硬质层压板切割板条的宽度允许偏差（GB/T 1303.7—2009）

（单位：mm）

公称厚度 t	公称宽度（所有型号）					
	$3 < b \leqslant 50$	$50 < b \leqslant 100$	$100 < b \leqslant 160$	$160 < b \leqslant 300$	$300 < b \leqslant 500$	$500 < b \leqslant 600$
	宽度允许偏差					
0.8	0.5	0.5	0.5	0.6	1.0	1.0
1.0	0.5	0.5	0.5	0.6	1.0	1.0
1.2	0.5	0.5	0.5	1.0	1.2	1.2
1.5	0.5	0.5	0.5	1.0	1.2	1.2
2.0	0.5	0.5	0.5	1.0	1.2	1.5
2.5	0.5	1.0	1.0	1.5	2.0	2.5
3.0	0.5	1.0	1.0	1.5	2.0	2.5
4.0	0.5	2.0	2.0	3.0	4.0	5.0
5.0	0.5	2.0	2.0	3.0	4.0	5.0

注：表中所列宽度的偏差均为单向的负偏差，其他偏差可由供需双方而定。

8. 聚酯树脂工业硬质层压板的平直度（表 16-201）

表 16-201　聚酯树脂工业硬质层压板的平直度（GB/T 1303.7—2009）　　（单位：mm）

厚度 t	直尺长度	
	1000	500
	平直度	
$3 < t \leqslant 6$	≤10	≤2.5
$6 < t \leqslant 8$	≤8	≤2.0
$t > 8$	≤6	≤1.5

16.4.10　聚酰亚胺树脂工业硬质层压板

1. 聚酰亚胺树脂工业硬质层压板的型号（表16-202）

表16-202　聚酰亚胺树脂工业硬质层压板的型号（GB/T 1303.9—2009）

型　号	用途和特性
PI GC 301	机械和电气用。高温下力学性能和电气性能较好

注：不应从表中推论：任何具体型号的层压板一定不适用于未被列出的用途，或者特定的层压板适用于所述大范围内的各种用途。

2. 聚酰亚胺树脂工业硬质层压板的性能要求（表16-203）

表16-203　聚酰亚胺树脂工业硬质层压板的性能要求（GB/T 1303.9—2009）

序号	性　　能		要　　求
			PI GC 301
1	弯曲强度/MPa	常态	≥400
		200℃ ±3℃	≥300
2	平行层向简支梁冲击强度/(kJ/m²)		≥70
3	平行层向悬臂梁冲击强度/(kJ/m²)		≥54
4	表观弯曲弹性模量/MPa		≥14000
5	垂直层向压缩强度/MPa		≥350
6	平行层向剪切强度/MPa		≥30
7	拉伸强度/MPa		≥300
8	粘合强度/N		≥4900
9	垂直层向电气强度(90℃ ±2℃油中)/(kV/mm)		见表16-204
10	平行层向击穿电压(90℃ ±2℃油中)/kV		≥40
11	1MHz下介质损耗因数		≤0.01
12	1MHz下介电常数		≤4.5
13	浸水后绝缘电阻/Ω		$\geq 1.0 \times 10^8$
14	耐电痕化指数		≥600
15	温度指数		≥200
16	密度/(g/cm³)		1.7～1.9
17	燃烧性/级		HB40
18	吸水性/mg		见表16-205

注：1. 平行层向简支梁冲击强度和平行层向悬臂梁冲击强度，两者之一满足要求即可。

　　2. 平行层向剪切强度与粘合强度任选一项达到即可。

　　3. 燃烧性试验主要用于监控层压板生产的一致性，所测结果并不能全面代表材料实际使用过程中的潜在的着火危险性。

　　4. "表观弯曲弹性模量"、"垂直层向压缩强度"、"平行层向剪切强度"、"拉伸强度"、"粘合强度"、"1MHz下介质损耗因数"、"1MHz下介电常数"、"耐电痕化指数"、"温度指数"和"密度"为特殊性能要求，由供需双方商定。

3. 聚酰亚胺树脂工业硬质层压板的垂直层向电气强度（90℃油中）（表16-204）

表16-204　聚酰亚胺树脂工业硬质层压板的垂直层向电气强度（90℃油中）

（GB/T 1303.9—2009）　　　　　（单位：kV/mm）

型号	测得的试样厚度平均值/mm												
	0.8	0.9	1.0	1.2	1.5	1.8	2.0	2.2	2.4	2.5	2.6	2.8	3.0
PI GC 301	15.0	14.6	14.0	13.2	12.0	11.6	11.2	10.8	10.5	10.4	10.2	10.1	10.0

注：如果测得的试样厚度算术平均值介于表中所示两种厚度之间，则其极限值应由内插法求得。如果测得的试样厚
度算术平均值低于给出极限值的最小厚度，则电气强度极限值取相应最小厚度的值。如果公称厚度为3mm而测
得的算术平均值超过3mm，则取3mm厚度的电气强度值。

4. 聚酰亚胺树脂工业硬质层压板的吸水性极限值（表16-205）

表16-205　聚酰亚胺树脂工业硬质层压板的吸水性极限值（GB/T 1303.9—2009）

（单位：mg）

型号	测得的试样厚度平均值/mm								
	0.8	1.0	1.2	1.5	2.0	2.5	3.0	4.0	5.0
PI GC301	60	64	66	71	74	77	80	87	93

型号	测得的试样厚度平均值/mm								
	6.0	8.0	10.0	12.0	14.0	16.0	20.0	25.0	22.5
PI GC301	100	113	127	140	153	166	193	227	250

注：1. 如果测得的试样厚度算术平均值介于表中所示两种厚度之间，则其极限值应由内插法求得。如果测得的试样
厚度算术平均值低于给出极限值的最小厚度，则其吸水性极限值取相应最小厚度的值。如果公称厚度为
25mm而测得的厚度算术平均值超过25mm，则取25mm的吸水性。

　2. 公称厚度大于25mm的板应从单面机加工至（22.5±0.3）mm，并且加工面应光滑。

5. 聚酰亚胺树脂工业硬质层压板宽度和长度及允许偏差（表16-206）

表16-206　聚酰亚胺树脂工业硬质层压板宽度和长度及允许偏差（GB/T 1303.9—2009）

（单位：mm）

宽度和长度	允许偏差
450～1000	±15
>1000～2600	±25

6. 聚酰亚胺树脂工业硬质层压板公称厚度及允许偏差（表16-207）

表16-207　聚酰亚胺树脂工业硬质层压板公称厚度及允许偏差（GB/T 1303.9—2009）

（单位：mm）

公称厚度	允许偏差（所有型号）	公称厚度	允许偏差（所有型号）	公称厚度	允许偏差（所有型号）
0.8	±0.16	3.0	±0.37	12.0	±0.94
1.0	±0.18	4.0	±0.45	14.0	±1.02
1.2	±0.21	5.0	±0.52	16.0	±1.12
1.5	±0.24	6.0	±0.60	20.0	±1.30
2.0	±0.28	8.0	±0.72	25.0	±1.50
2.5	±0.33	10.0	±0.82	30.0	±1.70

注：1. 对于公称厚度不在本表所列的优选厚度时，其偏差应采用最接近的优选公称厚度的偏差。

　2. 其他偏差要求可由供需双方商定。

7. 聚酰亚胺树脂工业硬质层压板切割板条的宽度允许偏差（表 16-208）

表 16-208　聚酰亚胺树脂工业硬质层压板切割板条的宽度允许偏差（GB/T 1303.9—2009）

（单位：mm）

公称厚度 t	公称宽度（所有型号）b					
	3 < b ≤ 50	50 < b ≤ 100	100 < b ≤ 160	160 < b ≤ 300	300 < b ≤ 500	500 < b ≤ 600
	宽度允许偏差					
0.8	0.5	0.5	0.5	0.6	1.0	1.0
1.0	0.5	0.5	0.5	0.6	1.0	1.0
1.2	0.5	0.5	0.5	1.0	1.2	1.2
1.5	0.5	0.5	0.5	1.0	1.2	1.2
2.0	0.5	0.5	0.5	1.0	1.2	1.5
2.5	0.5	1.0	1.0	1.5	2.0	2.5
3.0	0.5	1.0	1.0	1.5	2.0	2.5
4.0	0.5	2.0	2.0	3.0	4.0	5.0
5.0	0.5	2.0	2.0	3.0	4.0	5.0

注：表中所列宽度的偏差均为单向的负偏差，其他偏差可由供需双方商定。

8. 聚酰亚胺树脂工业硬质层压板的平直度（表 16-209）

表 16-209　聚酰亚胺树脂工业硬质层压板的平直度（GB/T 1303.9—2009）

（单位：mm）

厚度 t	直尺长度	
	1000	500
	平直度	
3 < t ≤ 6	≤ 10	≤ 2.5
6 < t ≤ 8	≤ 8	≤ 2.0
t > 8	≤ 6	≤ 1.5

16.4.11　有机硅树脂工业硬质层压板

1. 有机硅树脂工业硬质层压板的型号（表 16-210）

表 16-210　有机硅树脂工业硬质层压板的型号（GB/T 1303.8—2009）

层压板型号			用途与特性
树脂	增强材料	系列号	
SI	GC	201	电气和电子用。干燥条件下电气性能极好，潮湿条件下电气性能好
		202	高温下机械和电气用。耐热性好

注：不应从表中推论层压板一定不适用于未被列出的用途，或者特定的层压板将适用于大范围内的各种用途。

2. 有机硅树脂工业硬质层压板的性能要求（表 16-211）

表 16-211　有机硅树脂工业硬质层压板的性能要求（GB/T 1303.8—2009）

性　能	要　求	
	型　号	
	SI GC 201	SI GC 202
垂直层向弯曲强度/MPa	≥90	≥120
平行层向间支梁冲击强度/（kJ/m^2）	≥20	≥25
平行层向悬臂梁冲击强度/（kJ/m^2）	≥21	≥26
垂直层向电气强度(90℃油中)/（kV/mm）	见表 16-212	
平行层向击穿电压(90℃油中)/kV	≥30	≥25
介电常数(50Hz)	≤4.5	≤6.0
介电常数(1MHz)	≤4.5	≤6.0
介质损耗因数(50Hz)	≤0.02	≤0.07
介质损耗因数(1MHz)	≤0.02	≤0.07
浸水后绝缘电阻/MΩ	≥1×10^4	≥1×10^3
燃烧性/级	V-0	V-0
吸水性/mg	见表 16-213	

注：平行层向间支梁冲击强度和平行层向悬臂梁冲击强度两者之一满足要求即可；介电常数（50Hz）和介电常数（1MHz）两者之一满足要求即可；介质损耗因数（50Hz）和介质损耗因数（1MHz）两者之一满足要求即可。

3. 有机硅树脂工业硬质层压板的垂直层向电气强度（90℃油中）（表 16-212）

表 16-212　有机硅树脂工业硬质层压板的垂直层向电气强度（90℃油中）

（GB/T 1303.8—2009）　　　　　　　　　　（单位：kV/mm）

型号	测得的试样厚度平均值/mm								
	0.4	0.5	0.6	0.7	0.8	0.9	1.0	1.2	1.5
SI GC 201	10.0	9.4	8.9	8.5	8.2	8.0	7.7	7.3	7.0
SI GC 202	9.1	8.6	8.2	7.9	7.6	7.3	7.0	6.6	6.2

型号	测得的试样厚度平均值/mm							
	1.8	2.0	2.2	2.4	2.5	2.6	2.8	3.0
SI GC 201	6.4	6.2	6.0	5.8	5.6	5.4	5.2	5.0
SI GC 202	5.6	5.4	5.3	5.2	5.2	5.2	5.1	5.0

注：如果测得的试样厚度算术平均值介于表中所示两种厚度之间，则其极限值应由内插法求得。如果测得的试样厚度算术平均值低于给出极限值的那个最小厚度，则电气强度极限值取相应的那个最小厚度的那个值。如果公称厚度为 3mm 而测得的厚度算术平均值超过 3mm，则取 3mm 厚度的那个极限值。

4. 有机硅树脂工业硬质层压板的吸水性极限值（表 16-213）

表 16-213　有机硅树脂工业硬质层压板的吸水性极限值（GB/T 1303.8—2009）

（单位：mg）

型　号	测得的试样厚度平均值/mm										
	0.4	0.5	0.6	0.8	1.0	1.2	1.5	2.0	2.5	3.0	4.0
SI GC 201	7	7	8	8	9	9	10	11	12	13	15
SI GC 202	28	29	29	31	32	33	35	36	38	40	45

（续）

型　号	测得的试样厚度平均值/mm									
	5.0	6.0	8.0	10.0	12.0	14.0	16.0	20.0	25.0	22.5
SI GC 201	17	19	23	27	31	35	39	47	57	68
SI GC 202	50	55	65	75	82	95	105	125	150	180

注：1. 如果测得的试样厚度算术平均值介于表中所示两种厚度之间，则其极限值应由内插法求得。如果测得的试样厚度算术平均值低于给出极限值的那个最小厚度，则其吸水性极限值取相应最小厚度的那个值。如果公称厚度为25mm而测得的厚度算术平均值超过25mm，则取25mm厚度的那个极限值。

2. 公称厚度大于25mm的板应单面机加工至22.5mm±0.3mm，并且加工面应光滑。

5. 有机硅树脂工业硬质层压板宽度和长度及允许偏差（表16-214）

表16-214　有机硅树脂工业硬质层压板宽度和长度及允许偏差（GB/T 1303.8—2009）

（单位：mm）

宽度和长度	允许偏差
450～1000	±15
>1000～2600	±25

6. 有机硅树脂工业硬质层压板公称厚度及允许偏差（表16-215）

表16-215　有机硅树脂工业硬质层压板公称厚度及允许偏差（GB/T 1303.8—2009）

（单位：mm）

公称厚度	允许偏差（所有型号）	公称厚度	允许偏差（所有型号）	公称厚度	允许偏差（所有型号）
0.4	±0.10	3.0	±0.37	16.0	±1.12
0.5	±0.12	4.0	±0.45	20.0	±1.30
0.6	±0.13	5.0	±0.52	25.0	±1.50
0.8	±0.16	6.0	±0.60	30.0	±1.70
1.0	±0.18	8.0	±0.72	35.0	±1.95
1.2	±0.21	10.0	±0.82	40.0	±2.10
1.5	±0.24	12.0	±0.94	45.0	±2.30
2.0	±0.28	14.0	±1.02	50.0	±2.45
2.5	±0.33				

注：1. 对公称厚度不是所列的优选厚度之一者，其偏差应采用相近最大优选公称厚度的偏差。

2. 其他偏差可由供需双方商定。

7. 有机硅树脂工业硬质层压板切割板条的宽度允许偏差（表16-216）

表16-216　有机硅树脂工业硬质层压板切割板条的宽度允许偏差（GB/T 1303.8—2009）

（单位：mm）

公称厚度 t	公称宽度（所有型号）b					
	3<b≤50	50<b≤100	100<b≤160	160<b≤300	300<b≤500	500<b≤600
	宽度允许偏差					
0.4	0.5	0.5	0.5	0.6	1.0	1.5
0.5	0.5	0.5	0.5	0.6	1.0	1.5

（续）

公称厚度 t	公称宽度（所有型号）b					
	$3 < b \leqslant 50$	$50 < b \leqslant 100$	$100 < b \leqslant 160$	$160 < b \leqslant 300$	$300 < b \leqslant 500$	$500 < b \leqslant 600$
	宽度允许偏差					
0.6	0.5	0.5	0.5	1.0	1.2	1.5
0.8	0.5	0.5	0.5	0.6	1.0	1.0
1.0	0.5	0.5	0.5	0.6	1.0	1.0
1.2	0.5	1.0	0.5	1.0	1.2	1.2
1.5	0.5	0.5	0.5	1.0	1.2	1.2
2.0	0.5	0.5	0.5	1.0	1.2	1.5
2.5	0.5	1.0	1.0	1.5	2.0	2.5
3.0	0.5	1.0	1.0	1.5	2.0	2.5
4.0	0.5	2.0	2.0	3.0	4.0	5.0
5.0	0.5	2.0	2.0	3.0	4.0	5.0

注：通常表中所列切割板条宽度的偏差均为单向的负偏差。其他偏差可由供需双方商定。

16.4.12　电气用热固性树脂工业硬质层压板

电气用热固性树脂工业硬质层压板按所用的树脂和补强材料的不同以及板特性的不同可划分为多种型号，各种树脂和补强材料的缩写如表 16-217 所示。

表 16-217　各种树脂和补强材料的缩写（GB/T 1303.1—2009）

树脂类型	缩　写	补强材料类型	缩　写
环氧	EP	（纺织）棉布	CC
三聚氰胺	MF	纤维素纸	CP
酚醛	PF	（纺织）玻璃布	GC
不饱和聚酯	UP	玻璃毡	GM
有机硅	SI	纺织聚酯纤维布	PC
聚酰亚胺	PI	木质胶合板	WV
—	—	组合补强材料	CR

1. 电气用热固性树脂工业硬质层压板的优选公称厚度（表 16-218）

表 16-218　电气用热固性树脂工业硬质层压板的优选公称厚度（GB/T 1303.1—2009）

层压板型号	优选公称厚度/mm
所有型号	0.4, 0.5, 0.6, 0.8, 1.0, 1.2, 1.5, 2.0, 2.5, 3.0, 4.0, 5.0, 6.0, 8.0, 10.0, 12.0, 14.0, 16.0, 20.0, 25.0, 30.0, 35.0, 40.0, 45.0, 50.0, 60.0, 70.0, 80.0, 90.0, 100.0

2. 电气用热固性树脂工业硬质层压板的型号（表 16-219）

表 16-219　电气用热固性树脂工业硬质层压板的型号（GB/T 1303.3—2008）

层压板型号			用　途　与　特　性
树脂	增强材料	系列号	
EP	CC	301	机械和电气用。耐电痕化、耐磨、耐化学性能好
	CP	201	电气用。高湿度下电气性能稳定性好，低燃烧性

（续）

层压板型号			用　途　与　特　性
树脂	增强材料	系列号	
EP	GC	201	机械、电气及电子用。中温下力学强度极高，高温下电气性能稳定性好
		202	类似于 EP GC 201 型。低燃烧性
		203	类似于 EP GC 201 型。高温下力学强度高
		204	类似于 EP GC 203 型。低燃烧性
		205	类似于 EP GC 203 型，但采用粗布
		306	类似于 EP GC 203 型，但提高了电痕化指数
		307	类似于 EP GC 205 型，但提高了电痕化指数
		308	类似于 EP GC 203 型，但提高了耐热性
	GM	201	机械和电气用。中温下机械强度极高，高湿度下电气性能稳定性好
		202	类似于 EP GM 201 型。低燃烧性
		203	类似于 EP GM 201 型。高温下力学强度高
		204	类似于 EP GM 203 型。低燃烧性
		305	类似于 EP GM 203 型，但提高了热稳定性
		306	类似于 EP GM 305 型，但提高了电痕化指数
	PC	301	电气和机械用。耐 SF_6 性能好
MF	CC	201	机械和电气用。耐电弧和耐电痕化
	GC	201	机械和电气用。力学强度高，耐电弧和耐电痕化，低燃烧性
PF	CC	201	机械用。较 PF CC 202 型力学性能好，但电气性能较其差
		202	机械和电气用
		203	机械用。推荐用于制作小零件。较 PF CC 204 型力学性能好，但电气性能较其差
		204	机械和电气用。推荐用于制作小零件
		305	机械和电气用。用于高精度机加工
	CP	201	机械用。力学性能较其他 PF CP 型更好，一般湿度下电气性能较差，适用于热冲加工
		202	工频高电压用。油中电气强度高，一般湿度下在空气中电气强度好
		203	机械和电气用。一般湿度下电气性能好。适用于热冲加工
		204	电气和电子用。高湿度下电气性能稳定性好。适用于冷冲加工或热冲加工
		205	类似于 PF CP 204 型，但具低燃烧性
		206	机械和电气用。高湿度下电气性能好。适用于热冲加工
		207	类似于 PF CP 201 型，但提高了低温下的冲孔性
		308	类似于 PF CP 206 型，但具低燃烧性
	GC	201	机械和电气用。一般湿度下力学强度高、电气性能较好，耐热
	WV	201	机械用。交叉层叠。一般湿度下电气性能好
		202	机械和电气用。类似于 UP GM 201 型。低燃烧性
		303	机械用。同向层叠。力学性能好
		304	机械和电气用。同向层叠

（续）

层压板型号			用 途 与 特 性
树脂	增强材料	系列号	
UP	GM	201	机械和电气用。高湿度下电气性能稳定性好，中温下力学性能好
		202	机械和电气用。类似于 UP GM 201 型。低燃烧性
		203	机械和电气用。类似于 UP GM 202 型，但提高了耐电弧和耐电痕化
		204	机械和电气用。室温下力学性能很好，高温下力学性能好
		205	机械和电气用。类似于 UP GM 204 型。低燃烧性
SI	GC	201	电气和电子用。干燥条件下电气性能极好，潮湿条件下电气性能好
		202	高温下机械和电气用。耐热性好
PI	GC	301	机械和电气用。高温下力学性能和电气性能很好
BMI	GC	301	机械和电气用。高温下力学性能和电气性能很好，耐热性很好
PAI	GC	301	机械和电气用。高温下力学性能和电气性能很好，耐热性很好
DPO	GC	301	机械和电气用。力学性能和电气性能好，耐热性很好

注：1. 200 系列的型号名称依据 ISO 1642，300 系列的型号名称为后加的。

2. 不应根据表中推论：某具体型号的层压板一定不适用于未被列出的用途，或者特定的层压板适用于所述大范围内的各种用途。

16.4.13　聚丙烯挤出片

1. 聚丙烯挤出片的物理力学性能（表 16-220）

表 16-220　聚丙烯挤出片的物理力学性能（QB/T 2471—2000）

项　　目	技 术 要 求	
	共聚物	均聚物
拉伸屈服强度（纵/横）/MPa	≥20.0	≥25.0
纵向尺寸变化率（%）	≤60	

注：厚度小于 0.5mm 的片材不考虑纵向尺寸变化率。

2. 聚丙烯挤出片材的厚度与允许偏差（表 16-221）

表 16-221　聚丙烯挤出片材的厚度与允许偏差（QB/T 2471—2000）

厚度/mm	允许偏差（%）
0.2～1.0	±10

16.4.14　双向拉伸聚苯乙烯板

1. 双向拉伸聚苯乙烯板的外观质量（表 16-222）

表 16-222　双向拉伸聚苯乙烯板的外观质量（GB/T 16719—2008）

项　　目	技 术 要 求
裂纹、折痕、划痕、穿孔	不允许
条纹、暴筋、变形	轻微，不影响使用

(续)

项　目		技　术　要　求
气泡数 /[个/(30cm×30cm)]	直径≤1mm	≤3
	直径>1mm	不允许
异点数 /[个/(30cm×30cm)]	粒径0.5~1mm	≤3
	粒径>1mm	不允许
卷筒表观		表面光洁
每卷接头数		允许1个，每段长度不小于50m，每批有接头的卷数不超过10%
端面		平整度在±5mm内，且平缓过渡
卷筒管芯端部		不允许有影响使用的缺陷

2. 双向拉伸聚苯乙烯板的物理力学性能（表16-223）

表16-223　双向拉伸聚苯乙烯板的物理力学性能（GB/T 16719—2008）

项　目	技术要求	项　目	技术要求
拉伸强度(纵、横向)/MPa	≥55.0	透光率[2](%)	≥90.0
断裂伸长率(纵、横向)(%)	≥3.0	雾度[2](%)	≤2.0
防雾性[1]/级	≥3	润湿张力[3]/(mN/m)	≥40.0

① 适用于透明防雾片材。
② 适用于透明片材。
③ 适用于经电晕处理未涂膜的片材。

3. 双向拉伸聚苯乙烯板的厚度允许偏差（表16-224）

表16-224　双向拉伸聚苯乙烯板的厚度允许偏差（GB/T 16719—2008）

公称厚度/mm	0.100~0.250	0.251~0.400	0.401~0.700
允许偏差（%）	±7	±6	±5

16.5　泡沫塑料

16.5.1　绝热用模塑聚苯乙烯泡沫塑料

1. 绝热用模塑聚苯乙烯泡沫塑料的分类

1）绝热用模塑聚苯乙烯泡沫塑料按密度分类如表16-225所示。

表16-225　绝热用模塑聚苯乙烯泡沫塑料按密度分类（GB/T 10801.1—2002）

类　别	密度/(kg/m³)	类　别	密度/(kg/m³)
Ⅰ	15~<20	Ⅳ	40~<50
Ⅱ	20~<30	Ⅴ	50~<60
Ⅲ	30~<40	Ⅵ	≥60

2）绝热用模塑聚苯乙烯泡沫塑料按使用性能分为阻燃型和普通型。

2. 绝热用模塑聚苯乙烯泡沫塑料的力学性能（表 16-226）

表 16-226 绝热用模塑聚苯乙烯泡沫塑料的力学性能（GB/T 10801.1—2002）

项　目		技 术 要 求					
		Ⅰ	Ⅱ	Ⅲ	Ⅳ	Ⅴ	Ⅵ
表观密度/（kg/m³）　≥		15.0	20.0	30.0	40.0	50.0	60.0
压缩强度/kPa　≥		60	100	150	200	300	400
热导率/［W/（m·K）］　≤		0.041			0.039		
尺寸稳定性（%）　≤		4	3	2	2	2	1
水蒸气透过系数/［ng/（Pa·m·s）］≤		6	4.5	4.5	4	3	2
吸水率（体积分数,%）　≤		6	4	2			
熔结性[1]　≥	断裂弯曲负荷/N	15	25	35	60	90	120
	弯曲变形/mm	20					
燃烧性能[2]	氧指数（%）　≥	30					
	燃烧分级	达到 B₂ 级					

① 断裂弯曲负荷或弯曲变形有一项能符合指标要求即为合格。

② 普通型聚苯乙烯泡沫塑料板材不要求。

3. 绝热用模塑聚苯乙烯泡沫塑料的规格尺寸（表 16-227）

表 16-227 绝热用模塑聚苯乙烯泡沫塑料的规格尺寸（GB/T 10801.1—2002）

（单位：mm）

长度、宽度尺寸	长度、宽度允许偏差	厚度尺寸	厚度允许偏差	对角线尺寸	对角线差
<1000	±5	<50	±2	<1000	5
1000～2000	±8	50～75	±3	1000～2000	7
>2000～4000	±10	>75～100	±4	>2000～4000	13
>4000	−10（正偏差不限）	>100	供需双方决定	>4000	15

16.5.2 绝热用挤塑聚苯乙烯泡沫塑料

1. 绝热用挤塑聚苯乙烯泡沫塑料的分类

1）绝热用挤塑聚苯乙烯泡沫塑料按压缩强度分类如表 16-228 所示。

表 16-228 绝热用挤塑聚苯乙烯泡沫塑料按压缩强度分类（GB/T 10801.2—2002）

型号	压缩强度/kPa　≥	表面状态	型号	压缩强度/kPa　≥	表面状态
X150	150	带表皮	X400	400	带表皮
X200	200	带表皮	X450	450	带表皮
X250	250	带表皮	X500	500	带表皮
X300	300	带表皮	W200	200	不带表皮
X350	350	带表皮	W300	300	不带表皮

注：其他表面结构的产品，由供需双方协商。

2）绝热用挤塑聚苯乙烯泡沫塑料按制品边缘结构分类：①SS 平头型产品（见图 16-67）；②SL 型搭接产品（见图 16-68）；③TG 型榫槽产品（见图 16-69）；④RC 雨槽型产品（见图 16-70）。

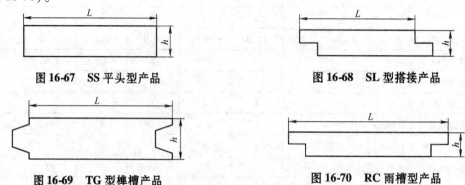

图 16-67　SS 平头型产品　　　　　　　　　图 16-68　SL 型搭接产品

图 16-69　TG 型榫槽产品　　　　　　　　　图 16-70　RC 雨槽型产品

2. 绝热用挤塑聚苯乙烯泡沫塑料的标记

1）标记顺序为产品名称-类别-边缘结构形式-长度×宽度×厚度-标准号。

2）边缘结构形式代号表示方法：SS 表示四边平头；SL 表示两长边搭接；TG 表示两长边为榫槽型；RC 表示两长边为雨槽型。若需四边搭接、四边榫槽或四边雨槽型需特殊说明。

3）标记示例：类别为 XZ250、边缘结构为两长边搭接，长度 1200mm、宽度 600mm、厚度 50mm 的挤出聚苯乙烯板标记为 XPS-X250-SL-1200×600×50-GB/T 10801.2。

3. 绝热用挤塑聚苯乙烯泡沫塑料的物理力学性能（表 16-229）

表 16-229　绝热用挤塑聚苯乙烯泡沫塑料的物理力学性能（GB/T 10801.2—2002）

项　　目			技 术 要 求								
			带 表 皮								不带表皮	
			X150	X200	X250	X300	X350	X400	X450	X500	W200	W300
压缩强度/kPa			≥150	≥200	≥250	≥300	≥350	≥400	≥450	≥500	≥200	≥300
吸水率(浸水 96h，体积分数,%)			≤1.5		≤1.0						≤2.0	≤1.5
透湿系数(23°C±1°C，RH50%±6%)/[mg/(m·s·Pa)]			≤3.5		≤3.0			≤2.0			≤3.5	≤3.0
绝热性能	热阻(厚度 25mm 时)/[(m²·K)/W]	10°C	≥0.89					≥0.93			≥0.76	≥0.83
		25°C	≥0.83					≥0.86			≥0.71	≥0.78
	热导率/[W/(m·K)]	10°C	≤0.028					≤0.027			≤0.033	≤0.030
		25°C	≥0.030					≥0.029			≥0.035	≥0.032
尺寸稳定性(70°C±2°C 下，48h)(%)			≤2.0		≤1.5			≤1.0			≤2.0	≤1.5

4. 绝热用挤塑聚苯乙烯泡沫塑料的规格尺寸（表 16-230）

表 16-230　绝热用挤塑聚苯乙烯泡沫塑料的规格尺寸（GB/T 10801.2—2002）

（单位：mm）

长　　度	宽　　度	厚　　度
L		h
1200、1250、2450、2500	600、900、1200	20、25、30、40、50、75、100

5. 绝热用挤塑聚苯乙烯泡沫塑料的允许偏差（表 16-231）

表 16-231　绝热用挤塑聚苯乙烯泡沫塑料的允许偏差（GB/T 10801.2—2002）

（单位：mm）

长度和宽度		厚度		对角线差	
尺寸 L	允许偏差	尺寸 h	允许偏差	尺寸 T	对角线差
$L < 1000$	±5	$h < 50$	±2	$T < 1000$	5
$1000 \leqslant L < 2000$	±7.5			$1000 \leqslant T < 2000$	7
$L \geqslant 2000$	±10	$h \geqslant 50$	±3	$T \geqslant 2000$	13

16.5.3　聚苯乙烯泡沫塑料包装材料

1. 聚苯乙烯泡沫塑料包装材料的分类（表 16-232）

表 16-232　聚苯乙烯泡沫塑料包装材料的分类（QB/T 1649—1992）

类　别	密度/(kg/m³)	类　别	密度/(kg/m³)
I	15.0 ~ 19.9	III	25.0 ~ 29.9
II	20.0 ~ 24.9	IV	30.0 ~ 34.9

2. 聚苯乙烯泡沫塑料包装材料的外观要求（表 16-233）

表 16-233　聚苯乙烯泡沫塑料包装材料的外观要求（QB/T 1649—1992）

项目	技　术　要　求	项目	技　术　要　求
色泽	白色	熔结	熔结良好，无明显掉粒现象
外形	表面平整，无明显鼓胀、收缩变形	杂质	无明显污渍和杂质

3. 聚苯乙烯泡沫塑料包装材料的物理力学性能（表 16-234）

表 16-234　聚苯乙烯泡沫塑料包装材料的物理力学性能（QB/T 1649—1992）

项　　目	技　术　要　求			
	I	II	III	IV
表观密度偏差/(kg/m³)	±2.5		±3.0	
压缩强度(相对形变10%时的压缩应力)/kPa	≥75	≥100	≥130	≥180
断裂弯曲负荷/N	≥11	≥15	≥21	≥27
尺寸稳定性(%)	≤2			
含水量(质量分数,%)	≤4			

4. 聚苯乙烯泡沫塑料包装材料长度、宽度、高度的允许偏差（表 16-235）

表 16-235　聚苯乙烯泡沫塑料包装材料长度、宽度、高度的允许偏差（QB/T 1649—1992）

（单位：mm）

公称尺寸	允许偏差	公称尺寸	允许偏差
<400	±2	601 ~ 800	±4
400 ~ 600	±3	801 ~ 1000	±5

5. 聚苯乙烯泡沫塑料包装材料厚度的允许偏差（表 16-236）

表 16-236　聚苯乙烯泡沫塑料包装材料厚度的允许偏差（QB/T 1649—1992）

（单位：mm）

公称尺寸	允许偏差
<25	±1.5
≥25	±2.0

16.5.4　公路工程保温隔热挤塑聚苯乙烯泡沫塑料板

1. 公路工程保温隔热挤塑聚苯乙烯泡沫塑料板的标记

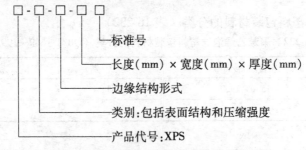

注：边缘结构形式若需四边搭接、四边榫槽或四边雨槽型应有特殊说明。

示例：类别为 X250，边缘结构为两长边搭接，尺寸为 1200mm × 600mm × 50mm 的挤塑聚苯乙烯板标记表示为：挤塑聚苯乙烯板 XPS-X250-SL-1200 × 600 × 50 JT/T 538—2004。

2. 公路工程保温隔热挤塑聚苯乙烯泡沫塑料板的物理力学性能

1）普通型公路工程保温隔热挤塑聚苯乙烯泡沫塑料板的物理力学性能如表 16-237 所示。

表 16-237　普通型公路工程保温隔热挤塑聚苯乙烯泡沫塑料板的物理力学性能

（JT/T 538—2004）

项　目			带表皮		不带表皮
			X150	X200	W200
压缩强度/kPa			≥150	≥200	≥200
吸水率(浸水96h)(%)			≤1.5		≤2.0
透湿系数(21°C,RH50% ±5%)/[ng/(m·s·Pa)]			≤3.5		≤3.5
绝热性能	热阻(厚25mm 平均温度)/[(m²·K)/W]	10°C	≤0.89		≤0.76
		25°C	≤0.83		≤0.71
	热导率(平均温度)/[W/(m·K)]	10°C	≤0.028		≤0.033
		25°C	≤0.03		≤0.035
尺寸稳定性(70°C±2°C,48h)(%)			≤2.0		≤2.0

2）承重型公路工程保温隔热挤塑聚苯乙烯泡沫塑料板的物理力学性能如表 16-238 所示。

表 16-238　承重型公路工程保温隔热挤塑聚苯乙烯泡沫塑料板的物理力学性能

（JT/T 538—2004）

项　目			带表皮						不带表皮
			X250	X300	X350	X400	X450	X500	W300
压缩强度/kPa			≥250	≥300	≥350	≥400	≥450	≥500	≥300
吸水率（浸水 96h）（%）			≤1.0						≤1.5
透湿系数(21℃,RH50% ±5%)/[ng/(m·s·Pa)]			≤3.0		≤2.0				≤3.0
绝热性能	热阻（厚度 25mm 平均温度）/[(m²·K)/W]	−30℃	≤0.92			≤0.95			≤0.80
		10℃	≤0.89			≤0.93			≤0.83
		25℃	≤0.83			≤0.86			≤0.78
	热导率（平均温度）/[W/(m·K)]	−30℃	≤0.026			≤0.025			≤0.028
		10℃	≤0.028			≤0.027			≤0.030
		25℃	≤0.030			≤0.029			≤0.032
尺寸稳定性(48h)（%）	70℃ ±2℃		≤1.5			≤1.0			≤1.5
	−30℃ ±2℃		≤1.5			≤1.0			≤1.5

3. 公路工程保温隔热挤塑聚苯乙烯泡沫塑料板的低温耐持久性（表 16-239）

表 16-239　公路工程保温隔热挤塑聚苯乙烯泡沫塑料板的低温耐持久性（JT/T 538—2004）

尺寸变形(%)	热导率/[W/(m·K)]	压缩强度损失率(%)	重量损失率(%)
≤2.0	≤0.03	≤8	≤2.0

16.5.5　通用软质聚醚型聚氨酯泡沫塑料

1. 通用软质聚醚型聚氨酯泡沫塑料的分类

1）通用软质聚醚型聚氨酯泡沫塑料按 25% 压陷硬度分为 8 个等级：245N、196N、151N、120N、93N、67N、40N、22N。

2）通用软质聚醚型聚氨酯泡沫塑料按恒定负荷反复压陷疲劳性能分为 AP、BP、CP、DP 四类，其适用类型和应用领域如表 16-240 所示。

表 16-240　通用软质聚醚型聚氨酯泡沫塑料的适用类型和应用领域（GB/T 10802—2006）

类别	适用类型	应用领域	类别	适用类型	应用领域
AP	非常严峻	运输机械坐椅	CP	一般	手扶椅、靠背
BP	严峻	垫子、床垫	DP	轻微	其他的缓冲物

2. 通用软质聚醚型聚氨酯泡沫塑料的感官要求（表 16-241）

表 16-241　通用软质聚醚型聚氨酯泡沫塑料的感官要求（GB/T 10802—2006）

项目	要　求
色泽	颜色应均匀，允许轻微杂色、黄芯
气孔	不允许有长度大于 6mm 的对穿孔和长度大于 10mm 的气孔
裂缝	每平方米内弥和裂缝总长小于 100mm，最大裂缝小于 30mm
两侧表皮	片材两侧斜表皮宽度不超过厚度的一倍，并且最大不得超过 40mm

（续）

项　目	要　　　求
污染	不允许严重污染
气味	无刺激性气味

3. 通用软质聚醚型聚氨酯泡沫塑料的物理力学性能（表 16-242）

表 16-242　通用软质聚醚型聚氨酯泡沫塑料的物理力学性能（GB/T 10802—2006）

项　　目	技 术 要 求							
等级/N	245	196	151	120	93	67	40	22
25%压陷硬度/N	245±18	196±18	151±14	120±14	93±12	67±12	40±8	22±8
65%/25%压陷比	≥1.8							
75%压缩永久变形(%)	≤8							
回弹率(%)	≥35							
拉伸强度/kPa	≥100			≥90			≥80	
伸长率(%)	≥100			≥130			≥150	
撕裂强度/(N/cm)	≥1.8			≥2.0			≥2.5	
干热老化后拉伸强度/kPa	≥55							
干热老化后拉伸强度变化率(%)	±30							
湿热老化后拉伸强度/kPa	≥55							
湿热老化后拉伸强度变化率(%)	±30							

4. 通用软质聚醚型聚氨酯泡沫塑料的恒定负荷反复压陷疲劳性能（表 16-243）

表 16-243　通用软质聚醚型聚氨酯泡沫塑料的恒定负荷反复压陷疲劳性能（GB/T 10802—2006）

类　别	恒定负荷反复压陷疲劳后 40%压陷硬度损失值(%)	类　别	恒定负荷反复压陷疲劳后 40%压陷硬度损失值(%)
AP	≤20	CP	≤35
BP	≤30	DP	≤40

5. 通用软质聚醚型聚氨酯泡沫塑料的长度、宽度及允许偏差（表 16-244）

表 16-244　通用软质聚醚型聚氨酯泡沫塑料的长度、宽度及允许偏差（GB/T 10802—2006）

（单位：mm）

长度、宽度	允许偏差	长度、宽度	允许偏差
<250	+5 0	>2000~3000	+40 0
>250~500	+10 0	>3000~4000	+50 0
>500~1000	+20 0		
>1000~2000	+30 0	>4000	+70 0

6. 通用软质聚醚型聚氨酯泡沫塑料的厚度及允许偏差（表 16-245）

表 16-245　通用软质聚醚型聚氨酯泡沫塑料的厚度及允许偏差（GB/T 10802—2006）

（单位：mm）

厚　　度	允许偏差	厚　　度	允许偏差
<25	±1.5	>75~125	+4.5 −1.5
>25~75	+3.0 −1.5	>125	+4.5 −3.0

16.5.6　软质聚氨酯泡沫塑料复合材料

1. 软质聚氨酯泡沫塑料复合材料的分类

1）按加工方法分两种型号：H 型（火焰法）、J 型（胶粘法）。

2）按不同复合面料分为三大类：化纤织物类、棉织物类、人造革类。

2. 软质聚氨酯泡沫塑料复合材料的外观要求（表 16-246）

表 16-246　软质聚氨酯泡沫塑料复合材料的外观要求（QB/T 1232—1991）

缺陷名称	优等品	一等品	合格品
停车接痕	不超过 200mm	不超过 300mm	不超过 400mm
接头接痕	不超过 50mm	不超过 70mm	不超过 100mm
脱粘	不允许存在	每卷累计不超过总面积的 1%，每平方米中不超过 150cm^2	每卷累计不超过总面积的 2%，每平方米中不超过 300cm^2
折皱	无折皱（距面料边缘 30mm 内除外）	允许存在轻微不影响使用的折皱（头尾 0.5m 长度内除外，距面料边缘 30mm 内除外）	允许存在轻度不影响使用的折皱（头尾 1m 长度内除外，距面料边缘 30mm 内除外）
偏离	单面复合不允许偏差，双面复合≤20mm	单面复合≤15mm，双面复合≤30mm	单面复合≤25mm，双面复合≤40mm
边缘复合失效	每边≤20mm	每边≤30mm	每边≤40mm
污染	泡沫和面料不允许有污染存在	泡沫和面料不允许有污染存在	泡沫和面料允许有轻微污染存在
杂质	泡沫和面料之间不允许夹有杂质	泡沫和面料之间不允许夹有杂质	泡沫和面料之间允许夹有少量杂质

3. 软质聚氨酯泡沫塑料复合材料的剥离力（表 16-247）

表 16-247　软质聚氨酯泡沫塑料复合材料的剥离力（QB/T 1232—1991）

型　号	优等品			一等品			合格品		
	化纤织物类	棉织物类	人造革类	化纤织物类	棉织物类	人造革类	化纤织物类	棉织物类	人造革类
H 型	≥2.5	≥2.0	≥1.5	≥2.0	≥1.5	≥1.2	≥1.5	≥1.0	≥0.6
J 型	≥2.8	≥2.5	≥1.8	≥2.5	≥1.8	≥1.4	≥2.0	≥1.5	≥0.8

16.5.7　软质阻燃聚氨酯泡沫塑料

1. 软质阻燃聚氨酯泡沫塑料的分类

1）根据生产原料的不同分为聚醚型软质阻燃聚氨酯泡沫塑料和聚酯型软质阻燃聚氨酯泡沫塑料。

2）根据使用领域的不同分为聚醚型软质阻燃聚氨酯泡沫塑料、铁道客车用软质阻燃聚氨酯泡沫塑料、汽车用软质阻燃聚氨酯泡沫塑料。

2. 软质阻燃聚氨酯泡沫塑料的外观要求（表16-248）

表16-248　软质阻燃聚氨酯泡沫塑料的外观要求（GA 303—2001）

项　　目	技　术　要　求
色泽	允许有杂色、黄芯
气孔	不允许有尺寸大于 $\phi6mm$ 的对穿孔和大于 $\phi10mm$ 的气孔
裂缝	每平方米内弥合裂缝总长小于200mm
两侧表面	片材两侧斜表皮宽度不超过40mm
污染	不允许严重污染

3. 软质阻燃聚氨酯泡沫塑料的物理力学性能（表16-249）

表16-249　软质阻燃聚氨酯泡沫塑料的物理力学性能（GA 303—2001）

项　　目		JM(Z)	JZ(Z)
拉伸强度/kPa		≥80	≥160
伸长率(%)		≥120	≥250
75%压缩永久变形(%)		≤10.0	<10.0
回弹率(%)		≥20	≥15
撕裂强度/(N/cm)		≥1.5	≥4.0
压陷性能	压陷25%时的硬度/N	≥50	—
	压陷65%时的硬度/N	≥90	—
	65%/25%压陷比	≥1.4	—
吸潮率(%)		≤20	

4. 建筑等领域用软质阻燃聚氨酯泡沫塑料的燃烧性能及其分级（表16-250）

表16-250　建筑等领域用软质阻燃聚氨酯泡沫塑料的燃烧性能及其分级（GA 303—2001）

燃 烧 性 能		级　　别	
		B_1级	B_2级
氧指数(%)		≥32	≥26
垂直燃烧试验	平均燃烧时间/s	≤30	—
	平均燃烧高度/mm	≤250	—
水平燃烧试验	平均燃烧时间/s	—	≤90
	平均燃烧范围/mm	—	≤50
烟密度等级(SDR)		≤75	

5. 铁道客车用软质阻燃聚氨酯泡沫塑料的燃烧性能（表 16-251）

表 16-251　铁道客车用软质阻燃聚氨酯泡沫塑料的燃烧性能（GA 303—2001）

燃　烧　性　能	T 级
氧指数(%)	≥25
45°角燃烧试验	难燃级

6. 汽车用软质阻燃聚氨酯泡沫塑料的燃烧性能及分级（表 16-252）

表 16-252　汽车用软质阻燃聚氨酯泡沫塑料的燃烧性能及分级（GA 303—2001）

燃烧性能		级　　别		
		Q_1 级	Q_2 级	
			$Q_2(A)$	$Q_2(B)$
水平燃烧试验	平均燃烧速度/(mm/min)	0	≤100	—
	平均燃烧距离/mm	—	—	≤50
	平均自熄时间/s	—	—	≤60

7. 软质阻燃聚氨酯泡沫塑料的规格尺寸（表 16-253）

表 16-253　软质阻燃聚氨酯泡沫塑料的规格尺寸（GA 303—2001）　　（单位：mm）

长度、宽度		厚　　度	
公称尺寸	偏　差	公称尺寸	偏　差
≤1000	±30	10 ~ 19	±2.0
1001 ~ 2000	±40	20 ~ 29	±3.0
2001 ~ 3000	±50	30 ~ 49	±4.0
3001 ~ 4000	±60	50 ~ 79	±6.0
>4000	±70	80 ~ 149	±8.0

16.5.8　高回弹软质聚氨酯泡沫塑料

1. 高回弹软质聚氨酯泡沫塑料的恒定负荷反复压陷疲劳性能分级（表 16-254）

表 16-254　高回弹软质聚氨酯泡沫塑料的恒定负荷反复压陷疲劳性能分级（QB/T 2080—2010）

级别	程度描述	应用领域（推荐）	40%压陷硬度最大损失率（%）
X	要求非常高	公众长期连续使用重载座垫、重载公共运输工具座垫及类似用途	12
V	要求很高	私人和商用交通工具驾驶员座垫、影剧院座垫、公共和办公用座垫、床垫及类似用途	22
S	要求高	私人和商用交通工具乘客座垫、家居座垫、公共交通工具、影剧院和商用座椅的靠背、扶手及类似用途	32
A	要求一般	私人交通工具和家居座椅的靠背、扶手	39
L	要求低	填充垫、靠垫、枕垫、其他的缓冲物	45

2. 高回弹软质聚氨酯泡沫塑料的外观要求（表16-255）

表16-255　高回弹软质聚氨酯泡沫塑料的外观要求（QB/T 2080—2010）

项目	技 术 要 求
色泽	颜色应基本均匀，允许有杂色、黄芯，但应由供需双方之间约定
气孔	不允许有尺寸大于6mm的对穿孔和尺寸大于10mm的气孔
裂缝	每平方米内弥和裂缝总长小于200mm
两侧表皮	片材两侧斜表皮宽度不超过厚度的一倍，并且最大不应超过40mm
污染	不允许严重污染
气味	无令人难受的气味

3. 高回弹软质聚氨酯泡沫塑料的物理力学性能（表16-256）

表16-256　高回弹软质聚氨酯泡沫塑料的物理力学性能（QB/T 2080—2010）

项　目		级　别				
		X	V	S	L	A
40%压陷硬度最大损失率(%)	≤	12	22	32	39	45
压陷比	≥	2.7	2.6	2.4	2.4	2.4
回弹率(%)	≥	50	50	55	55	55
拉伸强度/kPa	≥	82	80	75	50	50
断裂伸长率(%)	≥	100	90	90	90	90
撕裂强度/(N/cm)	≥	1.75	1.75	1.50	1.50	1.50
压缩永久变形(75%)(%)	≤	8	8	12	15	15
干热老化后拉伸强度/kPa	≥	57.5	56	52.5	35	35
干热老化后拉伸强度变化率(%)	≥	30	30	30	30	30
湿热老化后拉伸强度/kPa	≥	57.5	56	52.5	35	35
湿热老化后拉伸强度变化率(%)	≥	30	30	30	30	30

4. 高回弹软质聚氨酯泡沫塑料的长度、宽度及允许偏差（表16-257）

表16-257　高回弹软质聚氨酯泡沫塑料的长度、宽度及允许偏差

（QB/T 2080—2010）　　　　　　　　　　　　（单位：mm）

长度、宽度	允许偏差	长度、宽度	允许偏差
≤250	+5 0	2001～3000	+40 0
251～500	+10 0	3001～4000	+50 0
501～1000	+20 0		
1001～2000	+30 0	>4000	+70 0

5. 高回弹软质聚氨酯泡沫塑料的厚度及允许偏差（表 16-258）

表 16-258　高回弹软质聚氨酯泡沫塑料的厚度及允许偏差（QB/T 2080—2010）

（单位：mm）

厚　　度	允许偏差	厚　　度	允许偏差
≤25	+3.0 0	101 ~ 250	+8.0 0
26 ~ 50	+4.0 0	>250	+10 0
51 ~ 100	+6.0 0		

16.5.9　慢回弹软质聚氨酯泡沫塑料

1. 慢回弹软质聚氨酯泡沫塑料 40% 压陷硬度的分级（表 16-259）

表 16-259　慢回弹软质聚氨酯泡沫塑料 40% 压陷硬度的分级（GB/T 24451—2009）

级　　别	40% 压陷硬度/N	级　　别	40% 压陷硬度/N
30	>25 ~ 40	210	>190 ~ 235
50	>40 ~ 60	270	>235 ~ 295
70	>60 ~ 85	330	>295 ~ 360
100	>85 ~ 110	400	>360 ~ 425
130	>110 ~ 145	470	>425 ~ 520
170	>145 ~ 190	600	>520 ~ 650

2. 慢回弹软质聚氨酯泡沫塑料的感官要求（表 16-260）

表 16-260　慢回弹软质聚氨酯泡沫塑料的感官要求（GB/T 24451—2009）

项　　目	技　术　要　求
色泽	颜色均匀，可有轻微杂色、黄芯，但应在供需双方之间达成协议
气孔	不应有直径大于 6mm 的对穿孔和直径大于 10mm 的气孔
裂缝	每平方米内弥合裂缝总长小于 100mm，最大裂缝小于 30mm，不应有不弥合裂缝
两侧表皮	片材两侧斜表皮宽度不超过厚度的一倍，并且最大不得超过 40mm
污染	不应有明显污染
气味	无刺激性气味

3. 慢回弹软质聚氨酯泡沫塑料的物理力学性能（表 16-261）

表 16-261　慢回弹软质聚氨酯泡沫塑料的物理力学性能（GB/T 24451—2009）

项　　目		X	V	S	A	L
复原时间/s		3 ~ 15				
75% 压缩永久变形(%)	≤	6	6	8	10	12
回弹率(%)	≤	12				
拉伸强度/kPa	≥	50				

（续）

项　目		X	V	S	A	L
伸长率(%)	≥	100				
撕裂强度/(N/cm)	≥	1.30				
气味等级/级	≤	3.0				
干热老化后拉伸强度变化率(%)		±30				
湿热老化后拉伸强度变化率(%)		±30				
65%/25%压陷比	≥	1.8				
恒定负荷反复压陷疲劳后40%压陷硬度损失值(%)	≤	10	18	26	31	36
慢回弹温湿度敏感指数[①]	≤	1.2	1.5	1.8	2.1	2.4

① 慢回弹海绵在相对湿度50%时，温度为5℃的硬度值与温度为40℃时的硬度值之间的比值。

4. 慢回弹软质聚氨酯泡沫塑料的密度及偏差（表16-262）

表16-262　慢回弹软质聚氨酯泡沫塑料的密度及允许偏差（GB/T 24451—2009）

（单位：kg/m³）

密度范围	允许偏差	密度范围	允许偏差
≤40	±2.0	>80~100	±5.0
>40~50	±2.5	>100~120	±8.0
>50~60	±3.0	>120~150	±12
>60~70	±3.5	>150~200	±20
>70~80	±4.0	>200	±30

注：产品的密度要求可由供需双方协商确定。

5. 慢回弹软质聚氨酯泡沫塑料40%压陷硬度的允许偏差（表16-263）

表16-263　慢回弹软质聚氨酯泡沫塑料40%压陷硬度的允许偏差（GB/T 24451—2009）

（单位：N）

40%压陷硬度	允许偏差	40%压陷硬度	允许偏差
≤20	±2	>220~290	±24
>20~40	±4	>290~360	±27
>40~60	±8	>360~450	±30
>60~90	±12	>450~540	±35
>90~120	±15	>540~630	±45
>120~170	±18	>630	±55
>170~220	±21		

6. 慢回弹软质聚氨酯泡沫塑料的长度、宽度及允许偏差（表16-264）

表16-264　慢回弹软质聚氨酯泡沫塑料的长度、宽度及允许偏差（GB/T 24451—2009）

（单位：mm）

长度、宽度	允许偏差	长度、宽度	允许偏差
≤250	+5 0	>250~500	+10 0

（续）

长度、宽度	允许偏差	长度、宽度	允许偏差
>500~1000	+20 0	>3000~4000	+50 0
>1000~2000	+30 0	>4000	+60 0
>2000~3000	+40 0		

7. 慢回弹软质聚氨酯泡沫塑料的厚度及允许偏差（表 16-265）

表 16-265　慢回弹软质聚氨酯泡沫塑料的厚度及允许偏差（GB/T 24451—2009）

（单位：mm）

厚　度	允许偏差	厚　度	允许偏差
≤25	±1.5	>75~125	+4.0 -2.0
>25~75	+2.5 -1.5	>125	+5.0 -3.0

16.5.10　自结皮硬质聚氨酯泡沫塑料

1. 自结皮硬质聚氨酯泡沫塑料的基本物理力学性能（表 16-266）

表 16-266　自结皮硬质聚氨酯泡沫塑料的基本物理力学性能（QB/T 2904—2007）

项　目		技术要求		
等级		100kg/m³	150kg/m³	300kg/m³
表观密度/(kg/m³)	≥	100	150	300
弯曲强度/kPa	≥	1000	3000	4000
表面硬度(邵氏 D)	≥	20	25	35
尺寸稳定性(70℃,48h)(%)	≤	3	3	2

2. 自结皮硬质聚氨酯泡沫塑料的其他物理力学性能（表 16-267）

表 16-267　自结皮硬质聚氨酯泡沫塑料的其他物理力学性能（QB/T 2904—2007）

项　目		技术要求		
等级		100kg/m³	150kg/m³	300kg/m³
简支梁冲击强度/(kJ/m²)	≥	3 或不断裂	4 或不断裂	6 或不断裂
拉伸强度/kPa	≥	1000	2000	3000
剪切强度(去皮)/kPa	≥	400	600	1000
握螺钉力/N	≥	800	800	800
热导率(去皮)/[W/(m·K)]	≤	0.027	0.035	0.039
绝缘强度		15min 内不被击穿	15min 内不被击穿	15min 内不被击穿

（续）

项　目		技术要求		
线胀系数(室温~50°C)/(10⁻⁶/°C)	≤	120	100	90
线胀系数(室温-50°C)/(10⁻⁶/°C)	≤	115	95	85
负荷变形温度(去皮)/°C	≥	—	—	40

3. 自结皮硬质聚氨酯泡沫塑料的规格尺寸的允许（表16-268）

表16-268　自结皮硬质聚氨酯泡沫塑料的规格尺寸的允许（QB/T 2904—2007）

项　目	允许偏差
长度	不允许负偏差
宽度	±2%
厚度	±2%

16.5.11　喷涂硬质聚氨酯泡沫塑料

1. 喷涂硬质聚氨酯泡沫塑料的分类

喷涂硬质聚氨酯泡沫塑料产品根据使用状况分为非承载面层（Ⅰ类）和承载面层（Ⅱ类）两类。Ⅰ类是指暴露或不暴露于大气中的无载荷隔热面，例如墙体隔热、屋顶内面隔热及其他仅需要类似自体支撑的用途；Ⅱ类是指仅需承受人员行走的主要暴露于大气的负载隔热面，例如屋面隔热或其他类似可能遭受温升和需要耐压缩蠕变的用途。

2. 喷涂硬质聚氨酯泡沫塑料的物理性能（表16-269）

表16-269　喷涂硬质聚氨酯泡沫塑料的物理性能（GB/T 20219—2006）

项　目			技术要求	
			Ⅰ类	Ⅱ类
压缩强度或形变10%的压缩应力/kPa		≥	100	200①
初始热导率/[W/(m·K)]	平均温度10°C	≤	0.020	0.020
	平均温度23°C		0.022	0.022
老化热导率②[W/(m·K)]	10°C平均温度,制造后3~6个月之间	≤	0.024	0.024
	23°C平均温度,制造后3~6个月之间		0.026	0.026
水蒸气透过率/[ng/(Pa·m·s)]	23°C,相对湿度0~50%		1.5~4.5	1.5~4.5
	38°C,相对湿度0~88.5%		—	2.0~6.0
尺寸稳定性(%)	(−25±3)°C,48h		−1.5~0	−1.5~0
	(70±2)°C,相对湿度(90±5)% 48h		±4	±4
	(100±2)°C,48h		±3	±3
闭孔率(%)		≥	85	90
粘结强度试验			泡沫体内部破坏	
80°C和20kPa压力下48h后压缩蠕变(%)		≤	—	5

① 必要时供需双方可根据涂层性能商定较高的要求值。

② 喷涂聚氨酯的绝热性能随发泡剂种类、温度、湿度、厚度和时间的变化而变化。

16.5.12　建筑绝热用硬质聚氨酯泡沫塑料

1. 建筑绝热用硬质聚氨酯泡沫塑料的物理力学性能（表16-270）

表16-270　建筑绝热用硬质聚氨酯泡沫塑料的物理力学性能（GB/T 21558—2008）

项　目			技术要求		
			Ⅰ类	Ⅱ类	Ⅲ类
芯密度/(kg/m³)		≥	25	30	35
压缩强度或形变10%压缩应力/kPa		≥	80	120	180
热导率/[W/(m·K)]	平均温度10℃、28d	≤	—	0.022	0.022
	平均温度23℃、28d		0.026	0.024	0.024
长期热阻(180d)/[(m²·K)/W]		≥	供需双方协商	供需双方协商	供需双方协商
尺寸稳定性(%) ≤	高温尺寸稳定性(70℃、48h,长、宽、厚)		3.0	2.0	2.0
	低温尺寸稳定性(-30℃、48h,长、宽、厚)		2.5	1.5	1.5
压缩蠕变(%) ≤	80℃、20kPa、48h 压缩蠕变		—	5	—
	70℃、40kPa、7d 压缩蠕变		—	—	5
水蒸气透过系数(23℃/相对湿度梯度0~50%)/[ng/(Pa·m·s)] ≤			6.5	6.5	6.5
吸水率(%)		≤	4	4	3

2. 建筑绝热用硬质聚氨酯泡沫塑料的长度、宽度及允许偏差（表16-271）

表16-271　建筑绝热用硬质聚氨酯泡沫塑料的长度、宽度及允许偏差（GB/T 21558—2008）

（单位：mm）

长度或宽度	允许偏差①	对角线差②
<1000	±8	≤5
≥1000	±10	≤5

① 其他允许偏差要求，由供需双方协商。
② 基于板材的长宽面。

3. 建筑绝热用硬质聚氨酯泡沫塑料的厚度及允许偏差（表16-272）

表16-272　建筑绝热用硬质聚氨酯泡沫塑料的厚度及允许偏差（GB/T 21558—2008）

（单位：mm）

厚　度	允许偏差①
≤50	±2
50~100	±3
>100	供需双方协商

① 其他允许偏差要求，由供需双方协商。

第 17 章 涂 料

17.1 基础资料

17.1.1 涂料的组成

涂料是由成膜物质、分散介质（溶剂）、颜料和填料及助剂组成的复杂的多相分散体系（见图 17-1），经适当的涂装工艺转变成具有一定力学性能的涂层，发挥保护、装饰和功能作用。涂料的各种组分在形成涂层过程中发挥其作用。

在某些与涂料有关的资料中，也把涂料的组成分为主要成膜物质、次要成膜物质和辅助成膜物质三个部分。

1）主要成膜物质包括（半）干性油、天然树脂、合成树脂等，它是涂料中不可缺少的成分，涂膜的性质也主要由它所决定，故又称之为基料。其中合成树脂的品种多、工业生产规模大、性能好，是现代涂料工业的基础。这些合成树脂包括：酚醛树脂、环氧树脂、醇酸树脂、丙烯酸树脂、氨基树脂、聚氨酯树脂、聚酯树脂、乙烯基树脂、氟碳树脂及氯化烯基树脂等。

2）次要成膜物质包括颜料和填料、功能性材料添加剂，它自身没有形成完整涂膜的能力，但能与主要成膜物质一起参与成膜，赋予涂膜色彩或某种功能，也能改变涂膜的物理力学性能。

3）辅助成膜物质包括稀释剂和助剂。稀释剂由溶剂、非溶剂和助溶剂组成。溶剂直接影响到涂料的稳定性、施工性和涂膜质量：①选用的溶剂应该赋予涂料适当的黏度，使之与涂料施工方式相适应；②应保持溶剂在一定的挥发速度下与涂膜的干燥性相适宜，使之形成理想的膜层，避免出现发白、失光、桔纹、针孔等涂膜缺陷；③应增加涂料对物体表面的润湿性，赋予涂膜良好的附着力。

图 17-1 涂料的组成

成膜物质 —— 油料 —— 干性油、半干性油

成膜物质 —— 树脂 —— 天然树脂、合成树脂

颜料和填料 —— 着色颜料、防锈颜料、体质颜料

分散介质(溶剂) —— 真溶剂、助溶剂、稀释剂

助剂 —— 增塑剂、催干剂、防潮剂、固化剂、润滑剂、分散剂、乳化剂、稳定剂

17.1.2 涂料的分类

1. 第一种分类方法

涂料的第一种分类方法是以涂料产品的用途为主线，并辅以主要成膜物的分类方法，如表 17-1 所示。

2. 第二种分类方法

涂料的第二种分类方法是除建筑涂料外，主要以涂料产品的主要成膜物为主线，并适当辅以产品主要用途的分类方法。该方法将涂料产品划分为两个主要类别：建筑涂料、其他涂料及辅助材料。

表 17-1　涂料的第一种分类方法（GB/T 2705—2003）

主要产品类型			主要成膜物类型
建筑涂料	墙面涂料	合成树脂乳液内墙涂料 合成树脂乳液外墙涂料 溶剂型外墙涂料 其他墙面涂料	丙烯酸酯类及其改性共聚乳液，醋酸乙烯及其改性共聚乳液，聚氨酯、氟碳等树脂，无机粘合剂等
	防水涂料	溶剂型树脂防水涂料 聚合物乳液防水涂料 其他防水涂料	EVA、丙烯酸酯类乳液，聚氨酯、沥青、PVC 胶泥或油膏、聚丁二烯等树脂
	地坪涂料	水泥基等非木质地面用涂料	聚氨酯、环氧等树脂
	功能性建筑涂料	防火涂料 防霉（藻）涂料 保温隔热涂料 其他功能性建筑涂料	聚氨酯、环氧、丙烯酸酯类、乙烯类、氟碳等树脂
工业涂料	汽车涂料（含摩托车涂料）	汽车底漆（电泳漆） 汽车中涂漆 汽车面漆 汽车罩光漆 汽车修补漆 其他汽车专用漆	丙烯酸酯类、聚酯、聚氨酯、醇酸、环氧、氨基、硝基、PVC 等树脂
	木器涂料	溶剂型木器涂料 水性木器涂料 光固化木器涂料 其他木器涂料	聚酯、聚氨酯、丙烯酸酯类、醇酸、硝基、氨基、酚醛、虫胶等树脂
	铁路、公路涂料	铁路车辆涂料 道路标志涂料 其他铁路、公路设施用涂料	丙烯酸酯类、聚氨酯、环氧、醇酸、乙烯类等树脂
	轻工涂料	自行车涂料 家用电器涂料 仪器、仪表涂料 塑料涂料 纸张涂料 其他轻工专用涂料	聚氨酯、聚酯、醇酸、丙烯酸酯类、环氧、酚醛、氨基、乙烯类等树脂
	船舶涂料	船壳及上层建筑物漆 船底防锈漆 船底防污漆 水线漆 甲板漆 其他船舶漆	聚氨酯、醇酸、丙烯酸酯类、环氧、乙烯类、酚醛、氯化橡胶、沥青等树脂

（续）

主要产品类型			主要成膜物类型
工业涂料	防腐涂料	桥梁涂料 集装箱涂料 专用埋地管道及设施涂料 耐高温涂料 其他防腐涂料	聚氨酯、丙烯酸酯类、环氧、醇酸、酚醛、氯化橡胶、乙烯类、沥青、有机硅、氟碳等树脂
	其他专用涂料	卷材涂料 绝缘涂料 机床、农机、工程机械等涂料 航空、航天涂料 军用器械涂料 电子元器件涂料 以上未涵盖的其他专用涂料	聚酯、聚氨酯、环氧、丙烯酸酯类、醇酸、乙烯类、氨基、有机硅、氟碳、酚醛、硝基等树脂
通用涂料及辅助材料	调合漆 清漆 磁漆 底漆 腻子 稀释剂 防潮剂 催干剂 脱漆剂 固化剂 其他通用涂料及辅助材料	以上未涵盖的无明确应用领域的涂料产品	改性油脂，天然树脂，酚醛、沥青、醇酸等树脂

注：主要成膜物类型中树脂类型包括水性、溶剂型、无溶剂型、固体粉末等。

（1）建筑涂料的分类方法　建筑涂料的分类方法如表 17-1 所示。

（2）其他涂料的分类方法　其他涂料的分类方法如表 17-2 所示。

表 17-2　其他涂料的分类方法（GB/T 2705—2003）

主要成膜物类型		主要产品类型
油脂漆类	天然植物油、动物油（脂）、合成油等	清油、厚漆、调合漆、防锈漆、其他油脂漆
天然树脂[①]漆类	松香、虫胶、乳酪素、动物胶及其衍生物等	清漆、调合漆、磁漆、底漆、绝缘漆、生漆、其他天然树脂漆
酚醛树脂漆类	酚醛树脂、改性酚醛树脂等	清漆、调合漆、磁漆、底漆、绝缘漆、船舶漆、防锈漆、耐热漆、黑板漆、防腐漆、其他酚醛树脂漆
沥青漆类	天然沥青、（煤）焦油沥青、石油沥青等	清漆、磁漆、底漆、绝缘漆、防污漆、船舶漆、耐酸漆、防腐漆、锅炉漆、其他沥青漆
醇酸树脂漆类	甘油醇酸树脂、季戊四醇醇酸树脂、其他醇类的醇酸树脂、改性醇酸树脂等	清漆、调合漆、磁漆、底漆、绝缘漆、船舶漆、防锈漆、汽车漆、木器漆、其他醇酸树脂漆

（续）

主要成膜物类型		主要产品类型
氨基树脂漆类	三聚氰胺甲醛树脂、脲（甲）醛树脂及其改性树脂等	清漆、磁漆、绝缘漆、美术漆、闪光漆、汽车漆、其他氨基树脂漆
硝基漆类	硝基纤维素（酯）等	清漆、磁漆、铅笔漆、木器漆、汽车修补漆、其他硝基漆
过氯乙烯树脂漆类	过氯乙烯树脂等	清漆、磁漆、机床漆、防腐漆、可剥漆、胶液、其他过氯乙烯树脂漆
烯类树脂漆类	聚二乙烯乙炔树脂、聚多烯树脂、氯乙烯醋酸乙烯共聚物、聚乙烯醇缩醛树酯、聚苯乙烯树脂、含氟树脂、氯化聚丙烯树脂、石油树脂等	聚乙烯醇缩醛树脂漆、氯化聚烯烃树脂漆、其他烯类树脂漆
丙烯酸酯类树脂漆类	热塑性丙烯酸酯类树脂、热固性丙烯酸酯类树脂等	清漆、透明漆、磁漆、汽车漆、工程机械漆、摩托车漆、家电漆、塑料漆、标志漆、电泳漆、乳胶漆、木器漆、汽车修补漆、粉末涂料、船舶漆、绝缘漆、其他丙烯酸酯类树脂漆
聚酯树脂漆类	饱和聚酯树脂、不饱和聚酯树脂等	粉末涂料、卷材涂料、木器漆、防锈漆、绝缘漆、其他聚酯树脂漆
环氧树脂漆类	环氧树脂、环氧酯、改性环氧树脂等	底漆、电泳漆、光固化漆、船舶漆、绝缘漆、划线漆、罐头漆、粉末涂料、其他环氧树脂漆
聚氨酯树脂漆类	聚氨（基甲酸）酯树脂等	清漆、磁漆、木器漆、汽车漆、防腐漆、飞机蒙皮漆、车皮漆、船舶漆、绝缘漆、其他聚氨酯树脂漆
元素有机漆类	有机硅、氟碳树脂等	耐热漆、绝缘漆、电阻漆、防腐漆、其他元素有机漆
橡胶漆类	氯化橡胶、环化橡胶、氯丁橡胶、氯化氯丁橡胶、丁苯橡胶、氯磺化聚乙烯橡胶等	清漆、磁漆、底漆、船舶漆、防腐漆、防火漆、划线漆、可剥漆、其他橡胶漆
其他成膜物类涂料	无机高分子材料、聚酰亚胺树脂、二甲苯树脂等以上未包括的主要成膜材料	

注：主要成膜物类型中树脂类型包括水性、溶剂型、无溶剂型、固体粉末等。

① 包括直接来自天然资源的物质及其经过加工处理后的物质。

（3）辅助材料的分类方法　辅助材料分为稀释剂、防潮剂、催干剂、脱漆剂、固化剂和其他辅助材料 6 类。

17.1.3　涂料的命名

1. 命名原则

涂料全名一般是由颜色或颜料名称加上成膜物质名称，再加上基本名称而组成。对于不含颜料的清漆，其全名一般是由成膜物质名称加上基本名称而组成。

2. 颜色名称

颜色名称通常由红、黄、蓝、白、黑、绿、紫、棕、灰等颜色，有时再加上深、中、浅（淡）等词构成。若颜料对漆膜性能起显著作用，则可用颜料的名称代替颜色的名称，例如铁红、锌黄、红丹等。

3. 成膜物质名称

成膜物质名称可作适当简化，如聚氨基甲酸酯简化成聚氨酯，环氧树脂简化成环氧，硝酸纤维素（酯）简化为硝基等。漆基中含有多种成膜物质时，选取起主要作用的一种成膜物质命名。必要时也可选取两种或三种成膜物质命名，主要成膜物质名称在前，次要成膜物质名称在后，如红环氧硝基磁漆。

4. 基本名称

基本名称表示涂料的基本品种、特性和专业用途，如清漆、磁漆、底漆、锤纹漆、罐头漆、甲板漆、汽车修补漆等。涂料的基本名称如表 17-3 所示。

表 17-3　涂料的基本名称（GB/T 2705—2003）

基　本　名　称	基　本　名　称
清油	铅笔漆
清漆	罐头漆
厚漆	木器漆
调合漆	家用电器涂料
磁漆	自行车涂料
粉末涂料	玩具涂料
底漆	塑料涂料
腻子	（浸渍）绝缘漆
大漆	（覆盖）绝缘漆
电泳漆	抗弧（磁）漆、互感器漆
乳胶漆	（粘合）绝缘漆
水溶（性）漆	漆包线漆
透明漆	硅钢片漆
斑纹漆、裂纹漆、桔纹漆	电容器漆
锤纹漆	电阻漆、电位器漆
皱纹漆	半导体漆
金属漆、闪光漆	电缆漆
防污漆	可剥漆
水线漆	卷材涂料
甲板漆、甲板防滑漆	光固化涂料
船壳漆	保温隔热涂料
船底防锈漆	机床漆
饮水舱漆	工程机械用漆
油舱漆	农机用漆

（续）

基　本　名　称	基　本　名　称
压载舱漆	发电、输配电设备用漆
化学品舱漆	内墙涂料
车间（预涂）底漆	外墙涂料
耐酸漆、耐碱漆	防水涂料
防腐漆	地板漆、地坪漆
防锈漆	锅炉漆
耐油漆	烟囱漆
耐水漆	黑板漆
防火涂料	标志漆、路标漆、马路划线漆
防霉（藻）涂料	汽车底漆、汽车中涂漆、汽车面漆、汽车罩光漆
耐热（高温）涂料	汽车修补漆
示温涂料	集装箱涂料
涂布漆	铁路车辆涂料
桥梁漆、输电塔漆及其他（大型露天）钢结构漆	胶液
航空、航天用漆	其他未列出的基本名称

5. 插入语

在成膜物质名称和基本名称之间，必要时可插入适当词语来标明专业用途和特性等，如白硝基球台磁漆、绿硝基外用磁漆、红过氯乙烯静电磁漆等。

6. 烘烤干燥漆

需烘烤干燥的漆，名称中（成膜物质名称和基本名称之间）应有"烘干"字样，如银灰氨基烘干磁漆、铁红环氧聚酯酚醛烘干绝缘漆。如果名称中无"烘干"词，则表明该漆是自然干燥，或自然干燥、烘烤干燥均可。

7. 双（多）组分涂料

凡双（多）组分的涂料，在名称后应增加"（双组分）"或"（三组分）"等字样，如聚氨酯木器漆（双组分）。

17.1.4　油漆产品物资的分类及代码

1. 油漆产品物资分类及代码的编排

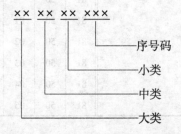

2. 油漆产品物资分类及代码（表 17-4）

表 17-4　油漆产品物资分类及代码（CB/T 3782—1996）

大类	中类	小类	物资名称	大类	中类	小类	物资名称
81			油漆	81	10		乙烯漆类
81	01		油脂漆类	81	10	29	磷化底漆
81	01	01	清油	81	10	30	乙烯树脂漆
81	01	02	厚漆	81	11		丙烯酸漆类
81	01	03	油性调合漆	81	11	31	丙烯酸树脂漆
81	01	04	油性防锈漆	81	12		聚酯树脂漆类
81	01	05	其他油脂漆	81	12	32	聚酯树脂漆
81	02		天然树脂漆类	81	13		环氧树脂漆类
81	02	06	脂胶清漆	81	13	33	环氧清漆（绝缘漆）
81	02	07	脂胶调合漆	81	13	34	环氧磁漆
81	02	08	脂胶磁漆	81	13	35	环氧底漆
81	02	09	脂胶底漆	81	13	36	其他环氧型涂料
81	02	10	松香防污漆	81	14		聚氨酯漆类
81	02	11	其他天然树脂漆	81	14	37	聚氨酯漆
81	03		酚醛树脂漆类	81	15		有机硅漆类
81	03	12	酚醛清漆	81	15	38	有机硅树脂漆
81	03	13	酚醛调合漆	81	16		橡胶漆类
81	03	14	酚醛磁漆	81	16	39	橡胶漆
81	03	15	酚醛防锈底漆	81	17		其他漆类
81	03	16	其他酚醛树脂漆	81	17	40	其他漆
81	04		沥青漆类	81	18		辅助材料
81	04	17	沥青清漆	81	18	41	硝基漆稀释剂
81	04	18	沥青烘漆	81	18	42	过氯乙烯漆稀释剂
81	04	19	沥青底漆	81	18	43	氨基漆稀释剂
81	04	20	其他沥青漆	81	18	44	醇酸漆稀释剂
81	05		醇酸树脂漆类	81	18	45	催干剂
81	05	21	醇酸清漆	81	18	46	脱漆剂
81	05	22	醇酸磁漆	81	18	47	防潮剂
81	05	23	醇酸底漆	81	18	48	其他辅料
81	06		氨基树脂漆类	81	50		进口油漆类
81	06	24	氨基树脂漆	81	50	01	醇酸树脂漆类
81	07		硝基漆类	81	50	02	乙烯漆类
81	07	25	硝基漆	81	50	03	环氧树脂漆类
81	07	26	硝基铅笔漆	81	50	04	橡胶漆类
81	08		纤维素漆类	81	50	05	辅助材料
81	08	27	纤维素漆				
81	09		过氯乙烯漆类				
81	09	28	过氯乙烯漆				

17.2 路桥用涂料

17.2.1 道路标线涂料

1. 道路标线涂料的分类（表 17-5）

表 17-5 道路标线涂料的分类（GA/T 298—2001）

种类		施工条件	使用方法	涂料状态
常温型标线涂料	A	常温	涂料中不含玻璃珠，施工时也不撒布玻璃珠	液态
	B		涂料中不含玻璃珠，施工时随涂料喷涂后撒布玻璃珠于湿膜上	
加热型标线涂料	A	加热（40~60℃）	涂料中不含玻璃珠，加热施工时也不撒布玻璃珠	液态
	B		涂料中不含玻璃珠或含 15%（质量分数）以下的玻璃珠，加热施工时随涂料喷涂后撒布玻璃珠于湿膜上	
热熔型标线涂料	A	加热	涂料中不含玻璃珠或含 15%（质量分数）以下的玻璃珠，加热施工时也不撒布玻璃珠	固态
	B		涂料中含 15%~23%（质量分数）的玻璃珠，加热施工时再在涂膜上撒布玻璃珠	

2. 常温型及加热型标线涂料的技术要求（表 17-6）

表 17-6 常温型及加热型标线涂料的技术要求（GA/T 298—2001）

项 目		技 术 要 求			
		常温型标线涂料		加热型标线涂料	
		A	B	A	B
容器中状态		应无结块、结皮现象，易于搅匀			
黏度（KU 值）		≥60	≥75	90~130	
施工性能		刷涂、空气或无空气喷涂施工性能良好		加热至 40~60℃时无空气喷涂性能良好	
漆膜颜色及外观		应无发皱、泛花、起泡、开裂、发黏等现象，颜色范围应符合 GB/T 8416 的规定			
不粘胎干燥时间/min		≤15		≤10	
遮盖力/(g/m²)	白色	≤190			
	黄色	≤200			
固体含量（%）		≥60		≥65	
附着力		≤5 级		≤4 级	
耐磨性/mg		≤40（200r/1000g 磨耗减重）			
耐水性		漆膜经蒸馏水 24h 浸泡后应无开裂、起泡、孔隙、起皱等异常现象			
耐碱性		在氢氧化钙饱和溶液中浸泡 18h 应无开裂、起泡、孔隙、剥离、起皱及严重变色等异常现象			
漆膜柔韧性		经 5mm 直径圆棒屈曲试验，应无龟裂、剥离等异常现象			
玻璃珠撒布试验		—	玻璃珠应均匀附在漆膜上	—	玻璃珠应均匀附在漆膜上

（续）

项　目		技　术　要　求			
		常温型标线涂料		加热型标线涂料	
		A	B	A	B
玻璃珠牢固附着率		—	玻璃珠应有 90% 以上牢固附着率	—	玻璃珠应有 90% 以上牢固附着率
逆反射系数 /[mcd/(lx · m^2)]	白	—	≥200	—	≥200
	黄	—	≥100	—	≥100

3. 热熔型标线涂料的技术要求（表 17-7）

表 17-7　热熔型标线涂料的技术要求（GA/T 298—2001）

项　目		技　术　要　求	
		A	B
密度/(g/cm^3)		1.8 ~ 2.3	
软化温度/℃		90 ~ 140	
涂膜颜色及外观		涂膜冷却后应无皱纹、斑点、起泡、裂纹、脱落及表面无发黏等现象，颜色范围应符合 GB/T 8416 的规定	
不粘胎干燥时间/min		≤3	
压缩强度/Pa		≥1.2 × 10^7	
耐磨性/mg		≤60（200r/1000g 磨耗减重）	
白色度		≥65	
耐碱性		在氢氧化钙饱和溶液中浸泡 18h 应无开裂、起泡、孔隙、剥离、起皱及严重变色等异常现象	
加热残留分（质量分数,%）		≥99	
逆反射系数 /[mcd/(lx · m^2)]	白	—	≥200
	黄	—	≥100

4. 玻璃珠的技术要求（表 17-8）

表 17-8　玻璃珠的技术要求（GA/T 298—2001）

项　目		技　术　要　求			
		A		B	
容器中玻璃珠状态		粒状或松散团状			
密度（在23℃ ±2℃的二甲苯中）/(g/cm^3)		2.4 ~ 2.6			
粒　径	标准筛筛号/目	筛余物（%）	标准筛筛号/目	筛余物（%）	
	20	0	30	0	
	20 ~ 30	5 ~ 30	—	—	
	30 ~ 50	30 ~ 80	30 ~ 50	40 ~ 90	
	50 ~ 140	10 ~ 40	—	—	
	140 以下	95 ~ 100	100	95 ~ 100	

（续）

项　目	技　术　要　求	
	A	B
外　观	无色透明球状，放大 10～50 倍观察时，熔融团、片状、尖状物、有色气泡等瑕疵珠不应超过总量的 20%	
折射率（20℃浸渍法）	≥1.5	
耐水性	取 10g 样品放于 100mL 蒸馏水中，于沸腾水浴中加热 1h 后冷却，玻璃珠表面不应出现糊状。中和这 100mL 水所需 0.01mol/L 的盐酸应在 10mL 以下	

注：对玻璃珠品质要求仅供厂家参考，在型式检验中不作为检验项目。

17.2.2　路面标线涂料

1. 路面标线涂料的分类（表 17-9）

表 17-9　路面标线涂料的分类（JT/T 280—2004）

型号	规格	玻璃珠含量和使用方法	状态
溶剂型	普通型	涂料中不含玻璃珠，施工时也不撒布玻璃珠	液态
	反光型	涂料中不含玻璃珠，施工时涂布涂层后立即将玻璃珠撒布在其表面	
热熔型	普通型	涂料中不含玻璃珠，施工时也不撒布玻璃珠	固态
	反光型	涂料中含 18%～25%（质量分数）的玻璃珠，施工时涂布涂层后立即将玻璃珠撒布在其表面	
	突起型	涂料中含 18%～25%（质量分数）的玻璃珠，施工时涂布涂层后立即将玻璃珠撒布在其表面	
双组分	普通型	涂料中不含玻璃珠，施工时也不撒布玻璃珠	液态
	反光型	涂料中不含或含 18%～25%（质量分数）玻璃珠，施工时涂布涂层后立即将玻璃珠撒布在其表面	
	突起型	涂料中含 18%～25%（质量分数）的玻璃珠，施工时涂布涂层后立即将玻璃珠撒布在其表面	
水性	普通型	涂料中不含玻璃珠，施工时也不撒布玻璃珠	液态
	反光型	涂料中不含或含 18%～25%（质量分数）玻璃珠，施工时涂布涂层后立即将玻璃珠撒布在其表面	

2. 溶剂型涂料的技术要求（表 17-10）

表 17-10　溶剂型涂料的技术要求（JT/T 280—2004）

项　目	技　术　要　求	
	普　通　型	反　光　型
容器中状态	应无结块、结皮现象、易于搅匀	
黏度	≥100s（涂-4 杯）	80～120（KU 值）
密度/（g/cm³）	≥1.2	≥1.3
施工性能	空气或无空气喷涂（或刮涂）施工性能良好	

（续）

项　目		技　术　要　求	
		普　通　型	反　光　型
加热稳定性		—	应无结块、结皮现象，易于搅匀，KU 值不小于 140
涂膜外观		干燥后，应无发皱、泛花、起泡、开裂、粘胎等现象，涂膜颜色和外观应与标准板差异不大	
不粘胎干燥时间/min		≤15	≤10
遮盖率（%）	白色	≥95	
	黄色	≥80	
色度性能（45/0）	白色	涂料的色品坐标和亮度因数应符合表 17-14 和图 17-2 规定的范围	
	黄色		
耐磨性(200r，1000g 后减重)/mg		≤40（JM-100 橡胶砂轮）	
耐水性		在水中浸 24h 应无异常现象	
耐碱性		在氢氧化钙饱和溶液中浸 24h 应无异常	
附着性（划圈法）		≤4 级	
柔韧性/mm		5	
固体含量（质量分数,%）		≥60	≥65

3. 热熔型涂料的技术要求（表 17-11）

表 17-11　热熔型涂料的技术要求（JT/T 280—2004）

项　目		技　术　要　求		
		普通型	反光型	突起型
密度/(g/cm³)		1.8～2.3		
软化点/℃		90～125		≥100
涂膜外观		干燥后应无皱纹、斑点、起泡、裂纹、脱落、粘胎现象，涂膜的颜色和外观应与标准板差别不大		
不粘胎干燥时间/min		≤3		
色度性能（45/0）	白色	涂料的色品坐标和亮度因数应符合表 17-14 和图 17-2 规定的范围		
	黄色			
压缩强度/MPa		≥12		23℃±1℃时，≥12 50℃±2℃时，≥2
耐磨性（200r，1000g 后减重）		≤80（JM-100 橡胶砂轮）		—
耐水性		在水中浸 24h 应无异常现象		
耐碱性		在氢氧化钙饱和溶液中浸 24h 无异常现象		
玻璃珠含量（质量分数,%）		—	18～25	
流动度/s		35±10		—

（续）

项　目	技　术　要　求		
	普通型	反光型	突起型
涂层低温抗裂性	-10℃保持4h，室温放置4h为一个循环，连续做3个循环后应无裂纹		
加热稳定性	200～220℃在搅拌状态下保持4h，应无明显泛黄、焦化、结块等现象		
人工加速耐候性	经人工加速耐候性试验后，试板涂层不产生龟裂、剥落，允许轻微粉化和变色，但色品坐标应符合表17-14和图17-2规定的范围，亮度因数变化范围应不大于原样板亮度因数的20%		

4. 双组分涂料的技术要求（表17-12）

表17-12　双组分涂料的技术要求（JT/T 280—2004）

项　目		技　术　要　求		
		普通型	反光型	突起型
容器中状态		应无结块、结皮现象，易于搅匀		
密度/(g/cm³)		1.5～2.0		
施工性能		按生产厂的要求，将A、B组分按一定比例混合搅拌均匀后，喷涂、刮涂施工性能良好		
涂膜外观		涂膜固化后应无皱纹、斑点、起泡、裂纹、脱落、粘贴等现象，涂膜颜色和外观应与样板差别不大		
不粘胎干燥时间/min		≤35		
色度性能 (45/0)	白色	涂膜的色品坐标和亮度因数应符合表17-14和图17-2规定的范围		
	黄色			
耐磨性（200r，1000g后减重）/mg		≤40（JM-100 橡胶砂轮）		
耐水性		在水中浸24h应无异常现象		
耐碱性		在氢氧化钙饱和溶液中浸24h应无异常		
附着性（划圈法）		≤4级（不含玻璃珠）	—	—
柔韧性/mm		5（不含玻璃珠）	—	—
玻璃珠含量（质量分数，%）		—	18～25	18～25
人工加速耐候		经人工加速耐候性试验后，试板涂层不允许产生龟裂、剥落，允许轻微粉化和变色，但色品坐标应符合表17-14和图17-2规定的范围，亮度因数变化范围应不大于原样板亮度因数的20%		

5. 水性涂料的技术要求（表17-13）

表17-13　水性涂料的技术要求（JT/T 280—2004）

项　目	技　术　要　求	
	普通型	反光型
容器中状态	应无结块、结皮现象，易于搅匀	
黏度	≥70（KU值）	80～120（KU值）
密度/(g/cm³)	≥1.4	≥1.6

（续）

项　目		技 术 要 求	
		普 通 型	反 光 型
施工性能		空气或无气喷涂（或刮涂）施工性能良好	
涂膜外观		应无发皱、泛花、起泡、开裂、粘贴等现象，涂膜颜色和外观应与样板差异不大	
不粘胎干燥时间/min		≤15	≤10
遮盖率（％）	白色	≥95	
	黄色	≥80	
色度性能 （45/0）	白色	涂料的色品坐标和亮度因数应符合表17-14和图17-2规定的范围	
	黄色		
耐磨性（200r，1000g后 减重）/mg		≤40（JM-100橡胶砂轮）	
耐水性		在水中浸24h应无异常现象	
耐碱性		在氢氧化钙饱和溶液中浸24h应无异常	
冻融稳定性		在 -5℃±2℃条件下放置18h后，立即置于23℃±2℃条件下放置6h为一个周期，3个周期后应无结块、结皮现象，易于搅匀	
早期耐水性		在温度为23℃±2℃、湿度为90%±3%的条件下，实干时间≤120min	
附着性（划圈法）		≤5级	—
固体含量（质量分数，%）		≥70	≥75

6. 路面标线涂料的色品坐标和亮度因数的（图17-2、表17-14）

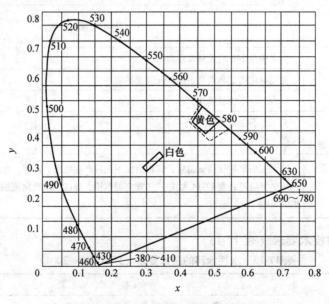

图 17-2　普通材料和逆反射材料的颜色范围

注：1. 采用标准光源 D_{65}，照明和观测几何条件为45/0。

　　2. 图中粗实线表示表面色，虚线表示逆反射材料色。

　　3. 图中的数字为光的波长，单位为 nm。

表 17-14 路面标线涂料的色品坐标和亮度因数（JT/T 280—2004）

颜　色		坐标	用角点的色品坐标来决定可使用的颜色范围 （光源：标准光源 D_{65}，照明和观测几何条件：45/0）				亮度因数
		坐标	1	2	3	4	
普通材料色	白	x	0.350	0.300	0.290	0.340	≥0.75
		y	0.360	0.310	0.320	0.370	
	黄	x	0.519	0.468	0.427	0.465	≥0.45
		y	0.480	0.442	0.483	0.534	
逆反材料色	白	x	0.350	0.300	0.290	0.340	≥0.35
		y	0.360	0.310	0.320	0.370	
	黄	x	0.545	0.487	0.427	0.465	≥0.27
		y	0.454	0.423	0.483	0.534	

17.2.3　路面防滑涂料

1. 路面防滑涂料的一般技术要求（表 17-15）

表 17-15　路面防滑涂料的一般技术要求（JT/T 712—2008）

序号	项　目	技　术　要　求		
		普通防滑型	中防滑型	高防滑型
1	涂膜外观	干燥成形后，颜色、骨料颗粒分布应均匀，无裂纹，骨料颗粒无脱落等现象		
2	耐水性	在水中浸 24h 应无异常现象		
3	耐碱性	在氢氧化钙饱和溶液中浸 24h 无异常现象		
4	涂层低温抗裂性	−10℃保持 4h，室温放置 4h 为一个循环，连续做 3 个循环后应无裂纹		
5	抗滑性（BPN 值）	45≤BPN<55	55≤BPN<70	BPN≥70
6	人工加速耐候性	经人工加速老化试验后，试板涂层不产生龟裂、剥落，允许轻微粉化和变色		

2. 热熔型路面防滑涂料的特定技术要求（表 17-16）

表 17-16　热熔型路面防滑涂料的特定技术要求（JT/T 712—2008）

序号	项　目	技 术 要 求
1	不粘胎干燥时间/min	≤10
2	压缩强度（23℃±1℃）/MPa	≥8①
3	耐变形性（60℃，50kPa，1h）（%）	≥90
4	加热稳定性	200～220℃ 在搅拌状态下保持 4h，应无明显泛黄、焦化、结块等现象

① 脆性材料压至破碎，柔性材料压下试块高度的 20%。

3. 冷涂型路面防滑涂料的特定技术要求（表 17-17）

表 17-17　冷涂型路面防滑涂料的特定技术要求（JT/T 712—2008）

序号	项　目	技　术　要　求
1	基料在容器中的状态	应无结块、结皮现象，易于搅匀

（续）

序号	项　　目	技　术　要　求	
2	凝胶时间①/min	≥10	
3	基料附着性（画圈法）/级	≤4	
4	不粘胎干燥时间/h	≤1（快干冷涂型）	≤5（慢干冷涂型）

① 物理干燥方式成膜的冷涂型路面防滑涂料对凝胶时间不作规定。

4. 防滑骨料的技术要求（表 17-18）

表 17-18　防滑骨料的技术要求（JT/T 712—2008）

序　号	项　　目	技　术　要　求
1	莫氏硬度	≥6
2	骨料粒径/mm	≤4

17.2.4　公路用防腐蚀粉末涂料及涂层

1. 公路用防腐蚀粉末涂料及涂层的通用技术要求（表 17-19）

表 17-19　公路用防腐蚀粉末涂料及涂层的通用技术要求（JT/T 600.1—2004）

序号	项　　目			技　术　要　求	
				单涂①	双涂②
1	涂层厚度/mm	热塑性粉末涂料涂层	钢管、钢板、钢带	0.38～0.80	0.25～0.60
			钢丝直径 >1.8～4.0	0.30～0.80	0.15～0.60
			钢丝直径 >4.0～5.0	0.38～0.80	
			其他基材	0.38～0.80	0.25～0.60
		热固性粉末涂料涂层		0.076～0.150	0.076～0.120
2	涂层附着性能	热塑性粉末涂料涂层		一般不低于2级	
		热固性粉末涂料涂层		0级	
3	涂层耐冲击性（0.5kg·m）			试验后，除冲击部位外，无明显裂纹及皱纹及涂层脱落现象	
4	涂层抗弯曲性			试验后，应无肉眼可见的裂纹及涂层脱落现象	
5	涂层耐化学腐蚀性			试验后，涂层应无气泡、溶解、溶胀、软化、丧失黏结等现象，试液应无混浊、褪色和填料沉淀的现象	
6	涂层耐盐雾性能	钢质基底无其他防护层		经8h试验后，划痕部位任何一侧0.5mm外，涂层应无气泡、剥离的现象	
		金属防护层基底	第Ⅰ段（8h）	经8h试验后，划痕部位任何一侧0.5mm外，涂层应无气泡、剥离的现象	
			第Ⅱ段（200h）	经200h试验后，基底金属无锈蚀	
7	涂层耐湿热性能			经8h试验后，划痕部位任何一侧0.5mm外，涂层应无气泡、剥离的现象	
8	涂层耐低温脆化性能			经168h试验后，涂层应无明显变色及开裂现象，经耐冲击性试验后，性能仍应符合第3项的要求	

① 单涂：对基底仅涂装有机防腐蚀涂层的防护类型。

② 双涂：基底材质为钢质，表层经金属防腐蚀涂层防护再涂装有机防腐蚀涂层的防护类型。

2. 公路用防腐蚀粉末涂料检测用样板 （表 17-20）

表 17-20　公路用防腐蚀粉末涂料检测用样板 （JT/T 600.1—2004）　（单位：mm）

涂层种类	试样类型	试板材料	试板厚度	涂层厚度	样品尺寸
热塑性	A1	冷轧钢板	2 ~ 3	0.30 ~ 0.80	65 × 142
热固性	A2			0.076 ~ 0.120	65 × 142
热塑性	B1	马口铁板 （镀锡钢板）	0.2 ~ 0.3	0.30 ~ 0.80	50 × 100
热固性	B2			0.076 ~ 0.120	50 × 100

3. 公路用防腐蚀粉末涂料及涂层的耐候性能

公路用防腐蚀粉末涂料及涂层经过人工加速老化试验累积能量达到 $3.5 \times 10^6 \text{kJ/m}^2$ 后，涂层外观质量应不低于表 17-21 中质量等级的要求。

表 17-21　涂层外观质量等级评定要求 （JT/T 600.1—2004）

评定项目		等级要求	变 化 程 度
变色等级		2	目测轻微变色
粉化等级		1	很轻微，用仪器加压的试布或手指用力擦样板，试布或手指上刚可观察到微量颜料粒子
开裂等级	开裂数量	1	仅有几条值得注意的开裂
	开裂大小	S1	10 倍放大镜下可见开裂
起泡等级		0	无泡
生锈等级	锈点数量	1	很少，几个锈点
	锈点大小	S1	10 倍放大镜下可见锈点
剥落等级	剥落面积	0	0
	剥落大小	—	—
综合评定等级		1	—

4. 热塑性聚乙烯粉末涂料及涂层

热塑性聚乙烯粉体的技术要求如表 17-22 所示，涂层的技术要求如表 17-23 所示。

表 17-22　热塑性聚乙烯粉体的技术要求 （JT/T 600.2—2004）

序　号	项　目	技 术 要 求
1	挥发物含量 （质量分数，%）	≤1
2	表观密度/(g/cm³)	0.35 ~ 0.50
3	筛余物 （50 目）① （%）	<5
4	熔融指数/(g/10min)	5 ~ 10

① 筛网目数为 50 目时，对应筛网筛孔大小为 270μm。

表 17-23　热塑性聚乙烯涂层的技术要求 （JT/T 600.2—2004）

序号	项　目		技 术 要 求
1	物理力学性能	光泽度 （60°，%）	≥40
		拉伸强度/MPa	≥13

（续）

序号	项 目		技 术 要 求
1	物理力学性能	拉断伸长率（%）	≥300
		涂层硬度（邵氏 D 型）	40～55
		维卡软化点/℃	≥80
		耐环境应力开裂（F50）/h	≥500
2	涂层厚度		符合表 17-19 中第 1 项的要求
3	涂层附着性能		不低于 1 级
4	涂层耐冲击性（0.5kg·m）		表 17-19 中第 3 项
5	涂层抗弯曲性		表 17-19 中第 4 项
6	涂层耐化学腐蚀性		表 17-19 中第 5 项
7	涂层耐盐雾性能		表 17-19 中第 6 项
8	涂层耐湿热性能		表 17-19 中第 7 项
9	涂层耐低温脆化性能		表 17-19 中第 8 项

5. 热塑性聚氯乙烯粉末涂料及涂层

热塑性聚氯乙烯粉体的技术要求如表 17-24 所示，涂层的技术要求如表 17-25 所示。

表 17-24　热塑性聚氯乙烯粉体的技术要求（JT/T 600.3—2004）

序号	项 目	技 术 要 求
1	挥发物含量（质量分数,%）	≤1
2	表观密度/（g/cm³）	0.32～0.40
3	筛余物（50 目）[①]（%）	<5

① 筛网目数为 50 目时，对应筛网筛孔大小为 270μm。

表 17-25　热塑性聚氯乙烯涂层的技术要求（JT/T 600.3—2004）

序号	项 目		技 术 要 求
1	物理力学性能	光泽度（60°,%）	≥40
		拉伸强度/MPa	≥17
		拉断伸长率（%）	≥200
		涂层硬度（邵氏 D 型）	≥38
2	涂层厚度		表 17-19 中第 1 项
3	涂层附着性能		表 17-19 中第 2 项
4	涂层耐冲击性（0.5kg·m）		表 17-19 中第 3 项
5	涂层抗弯曲性		表 17-19 中第 4 项
6	涂层耐化学腐蚀性		表 17-19 中第 5 项
7	涂层耐盐雾性能		表 17-19 中第 6 项
8	涂层耐湿热性能		表 17-19 中第 7 项

6. 热固性聚酯粉末涂料及涂层

热固性聚酯粉体的技术要求如表 17-26 所示，涂层的技术要求如表 17-27 所示。

表 17-26　热固性聚酯粉体的技术要求（JT/T 600.4—2004）

序号	项　目		技 术 要 求
1	挥发物含量（质量分数,%）		≤0.5
2	密度/（g/cm³）		1.4～1.8
3	粒度分布（%）	>100μm	≤1
		<16μm	≤5
4	胶化时间（180℃）/min		1～5
5	水平流动性/（mm）		20～50

表 17-27　热固性聚酯涂层的技术要求（JT/T 600.4—2004）

序号	项　目		技 术 要 求
1	物理力学性能	光泽度（60°,%）	≥75
		铅笔硬度	H～2H
		杯突试验/mm	≥6
2	涂层厚度		表 17-19 中第 1 项
3	涂层附着性能（划格法）		表 17-19 中第 2 项
4	涂层耐冲击性（0.5kg·m）		表 17-19 中第 3 项
5	涂层抗弯曲性		表 17-19 中第 4 项
6	涂层耐化学腐蚀性		表 17-19 中第 5 项
7	涂层耐盐雾性能		表 17-19 中第 6 项
8	涂层耐湿热性能		表 17-19 中第 7 项

注：光泽度（60°）一般要求为高光状态，若供求双方选用其他形式，则此项不作要求或由双方另行议定。

17.2.5　混凝土桥梁结构表面用溶剂型防腐涂料

1. 环氧封闭底漆的技术要求（表 17-28）

表 17-28　环氧封闭底漆的技术要求（JT/T 821.1—2011）

项　目		技 术 要 求	
		普 通 型	高固体分型
在容器中状态		淡黄色或其他色透明均一液体	
细度/μm		≤15	
不挥发物含量（质量分数,%）		40～50	70～90
干燥时间/h	表干	≤2	≤6
	实干	≤12	≤24
黏度（涂-4 杯）/s		≤25	≤35
柔韧性/mm		≤2	
附着力（划圈法）/级		1	
耐冲击性/cm		50	

2. 环氧云铁中间漆的技术要求（表 17-29）

表 17-29　环氧云铁中间漆的技术要求（JT/T 821.1—2011）

项　　目		技 术 要 求	
		普 通 型	厚 浆 型
在容器中状态		搅拌混合后无硬块，呈均匀状态	
细度/μm		≤90	
不挥发物含量（质量分数，%）		≥75	≥85
		符合产品要求，允许偏差值 ±2	
密度/(g/mL)		1.7 ~ 1.9	
		符合产品要求，允许偏差值 ±0.05	
干燥时间/h	表干	≤1	≤4
	实干	≤8	≤24
抗流挂性/μm		≥150	≥250
柔韧性/mm		≤2	
附着力（划圈法）/级		≤2	
耐冲击性/cm		50	

3. 丙烯酸聚氨酯面漆和氟碳面漆的技术要求（表 17-30）

表 17-30　丙烯酸聚氨酯面漆和氟碳面漆的技术要求（JT/T 821.1—2011）

项　　目		技 术 要 求	
		丙烯酸聚氨酯面漆	氟碳面漆
在容器中状态		搅拌混合后无硬块，呈均匀状态	
细度/μm		≤35	
不挥发物含量（质量分数，%）		≥55	
干燥时间/h	表干	≤1	
	实干	≤12	
柔韧性/mm		≤2	
附着力（划圈法）/级		≤2	
耐冲击性/cm		50	
耐水性（24h）		漆膜无失光、变色、起泡等现象	
耐酸性（10% H_2SO_4，240h）		白色漆膜无失光、变色、起泡等现象，其他颜色漆膜无起泡、开裂、明显变色和失光等现象	
耐碱性（10% NaOH，240h）		漆膜无变化	优等品漆膜无失光、变色、起泡等现象；一等品漆膜无起泡、开裂、明显变色和失光等现象
主剂溶剂可溶物氟含量[1]（质量分数，%）		—	≥24（优等品） ≥22（一等品）

① 生产氟碳涂料所用的 FEVE 氟碳树脂的氟含量，优等品不小于 25%，一等品不小于 23%。

4. 配套涂层体系的技术要求（表 17-31）

表 17-31　配套涂层体系的技术要求（JT/T 821.1—2011）

项　目	技　术　要　求
耐碱性（720h）	漆膜无起泡、开裂、脱落等现象，附着力≥3MPa 或混凝土破坏
耐人工气候老化性/h	丙烯酸聚氨酯面漆1000h，氟碳面漆一等品3000h，氟碳面漆优等品5000h，漆膜无起泡、脱落和粉化等现象，允许轻微变色，保光率≥80%
抗氯离子渗透性 /[mg/（cm² · d）]	≤1.5×10⁻⁴

17.2.6　混凝土桥梁结构湿表面防腐涂料

1. 混凝土桥梁结构湿表面防腐涂料配套涂层体系

混凝土桥梁结构湿表面防腐涂料配套涂层体系如表 17-32 所示，配套涂层体系的技术要求如表 17-33 所示。

表 17-32　混凝土桥梁结构湿表面防腐涂料配套涂层体系（JT/T 821.2—2011）

配套涂层体系编号	涂料（涂层）名称	涂装道数	干膜厚度/μm	涂装环境适应性	装饰效果
1	潮湿表面容忍性环氧封闭底漆	1	—	恶劣	一般
	快干型环氧云铁厚浆漆	3	450		
2	潮湿表面容忍性环氧封闭底漆	1	—	一般	较好
	快干型环氧云铁厚浆漆	2	300		
	快干型丙烯酸聚氨酯面漆	1~2	80		
3	潮湿表面容忍性环氧封闭底漆	1	—	较恶劣	较好
	快干型环氧云铁厚浆漆	2	300		
	聚天门冬氨酸酯聚脲面漆	1	100		

表 17-33　混凝土桥梁结构湿表面防腐蚀涂料配套涂层体系的技术要求（JT/T 821.2—2011）

项　目	技　术　要　求
配套涂层体系附着力/MPa	≥2.5
耐湿热性（1000h）	漆膜无起泡、脱落和开裂等现象，允许轻微变色和轻微失光
人工加速老化性（1500h）	漆膜不起泡、不剥落、不开裂、不粉化、无明显变色
抗氯离子渗透性/[mg/（cm² · d）]	≤1.0×10⁻⁴

2. 潮湿表面容忍性环氧封闭底漆的技术要求（表 17-34）

表 17-34　潮湿表面容忍性环氧封闭底漆的技术要求（JT/T 821.2—2011）

项　目	技　术　要　求
在容器中状态	淡黄色或其他色透明均一液体
细度/μm	≤15

（续）

项　目		技　术　要　求
不挥发物含量（质量分数,%）		≥40
干燥时间/h	表干	≤2
	实干	≤12
黏度（涂-4 杯）/s		≤25
柔韧性/mm		≤2
附着力（划圈法）/级		1
耐冲击性/cm		50
潮湿混凝土基面施涂性		试样能够均匀涂刷并且形成均匀涂膜

3. 快干型环氧云铁厚浆漆的技术要求（表 17-35）

表 17-35　　快干型环氧云铁厚浆漆的技术要求（JT/T 821.2—2011）

项　目		技　术　要　求
在容器中状态		搅拌混合后无硬块，呈均匀状态
细度/μm		≤90
不挥发物含量（质量分数,%）		≥85
密度/(g/mL)		1.55 ~ 1.65
干燥时间/h	表干	≤1.5
	实干	≤8
抗流挂性/μm		≥250
柔韧性/mm		≤2
附着力（划圈法）/级		≤2
耐冲击性/cm		50

4. 快干型丙烯酸聚氨酯面漆和聚天门冬氨酸酯聚脲面漆的技术要求（表 17-36）

表 17-36　　快干型丙烯酸聚氨酯面漆和聚天门冬氨酸酯聚脲面漆的技术要求

（JT/T 821.2—2011）

项　目		技　术　要　求	
		快干型丙烯酸聚氨酯面漆	聚天门冬氨酸酯聚脲面漆
在容器中状态		搅拌混合后无硬块，呈均匀状态	
细度/μm		≤35	
不挥发物含量（质量分数,%）		≥60	≥85
干燥时间/h	表干	≤0.5	≤1
	实干	≤10	≤12
柔韧性/mm		≤2	1
附着力（划圈法）/级		≤2	1
耐冲击性/cm		50	
耐水性（72h）		漆膜无失光、变色、起泡等现象	

（续）

项　目	技　术　要　求	
	快干型丙烯酸聚氨酯面漆	聚天门冬氨酸酯聚脲面漆
耐酸性（10% H$_2$SO$_4$，240h）	漆膜无起泡、开裂、明显变色和失光等现象	
耐碱性（10% NaOH，240h）		
耐磨性（1kg，500r）/g	≤0.05	
适用期/min	≥120	≥45

17.2.7　混凝土桥梁结构柔性表面防腐涂料

1. 混凝土桥梁结构柔性表面防腐涂料配套涂层体系

混凝土桥梁结构柔性表面防腐涂料配套涂层体系如表17-37所示，配套涂层体系的技术要求如表17-38所示。

表 17-37　混凝土桥梁结构柔性表面防腐涂料配套涂层体系（JT/T 821.3—2011）

涂层	涂料品种	施工道数	干膜厚度/μm
底涂层	环氧封闭底漆	1	—
中间涂层	柔性环氧中间漆或柔性聚氨酯中间漆	1~2	80~200①
面涂层	柔性聚氨酯面漆或柔性氟碳面漆	2	≥100 ≥60

① 中间涂层厚度依据混凝土基面状况、腐蚀环境情况及预期防腐蚀年限而定。

表 17-38　混凝土桥梁结构柔性表面防腐涂料配套涂层体系的技术要求（JT/T 821.3—2011）

项　目	技　术　要　求
附着力/MPa	≥1.5
耐人工气候老化性/h	柔性聚氨酯面漆1000h，柔性氟碳面漆3000h，漆膜无起泡、脱落和粉化等现象，允许轻微变色
裂缝追随性/mm	≥1
抗氯离子渗透性/［mg/(cm^2·d)］	≤2.0×10^{-4}

2. 环氧封闭底漆的技术要求（表17-39）

表 17-39　环氧封闭底漆的技术要求（JT/T 821.3—2011）

项　目		技　术　要　求
在容器中状态		淡黄色或其他色透明均一液体
细度/μm		≤15
不挥发物含量（质量分数，%）		≥40
干燥时间/h	表干	≤4
	实干	≤24
黏度（涂-4杯）/s		≤25
柔韧性/mm		1
附着力（划圈法）/级		1
耐冲击性/cm		50

3. 柔性环氧中间漆和柔性聚氨酯中间漆的技术要求（表17-40）

表17-40　柔性环氧中间漆和柔性聚氨酯中间漆的技术要求（JT/T 821.3—2011）

项　目		技　术　要　求
在容器中状态		搅拌混合后无硬块，呈均匀状态
细度/μm		≤60
不挥发物含量（质量分数,%）		≥90
黏度（涂-4 杯）/s		40～100
密度/(g/mL)		≤1.45
干燥时间/h	表干	≤4
	实干	≤24
拉伸强度/MPa		≥8
拉断伸长率（%）		≥60

4. 柔性聚氨酯面漆和柔性氟碳面漆的技术要求（表17-41）

表17-41　柔性聚氨酯面漆和柔性氟碳面漆的技术要求（JT/T 821.3—2011）

项　目		技　术　要　求	
		柔性聚氨酯面漆	柔性氟碳面漆
在容器中状态		搅拌混合后无硬块，呈均匀状态	
细度/μm		≤35	
主剂溶剂可溶物氟含量（质量分数,%）		—	≥20
不挥发物含量（质量分数,%）		≥80	≥60
黏度（涂-4 杯）/s		40～80	
干燥时间/h	表干	≤4	≤2
	实干	≤24	≤24
拉伸强度/MPa		≥10	
拉断伸长率（%）		≥150	≥100
耐水性（24h）		漆膜无失光、变色、起泡等现象	
耐酸性（10% H_2SO_4, 72h）		漆膜无起泡、开裂、明显变色和明显失光等现象	
耐碱性（10% NaOH, 72h）			

17.2.8　混凝土桥梁结构水性表面防腐涂料

1. 混凝土桥梁结构水性表面防腐涂料配套涂层体系

混凝土桥梁结构水性表面防腐涂料配套涂层体系如表 17-42 所示，配套涂层体系的技术要求如表 17-43 所示。

表17-42　混凝土桥梁结构水性表面防腐涂料配套涂层体系（JT/T 821.4—2011）

涂层	涂料品种	施工道数	最小干膜厚度/μm
底涂层	水性丙烯酸封闭底漆或水性环氧封闭底漆	1	—
中间涂层	水性丙烯酸中间漆	2	80
面涂层	水性氟碳面漆	2	60

表 17-43　混凝土桥梁结构水性表面防腐涂料配套涂层体系的技术要求（JT/T 821.4—2011）

项　目	技 术 要 求
附着力/MPa	≥1.0
人工加速老化性/h	优等品 5000h，一等品 3000h，漆膜无起泡、脱落、粉化、明显变色等现象
中性化深度（28d）/mm	≤1
耐冻融循环性（5 次）	漆膜无起泡、开裂、剥落、掉粉、明显变色、明显失光等现象

2. 水性丙烯酸封闭底漆和水性环氧封闭底漆的技术要求（表 17-44）

表 17-44　水性丙烯酸封闭底漆和水性环氧封闭底漆的技术要求（JT/T 821.4—2011）

项　目	技 术 要 求	
	水性丙烯酸封闭底漆	水性环氧封闭底漆
在容器中状态	乳白色透明或半透明均一液体	
漆膜外观	漆膜均匀，无流挂、发花、针孔、开裂和剥落等异常现象	
低温稳定性	不变质	
干燥时间（表干）/h	≤2	≤3
耐碱性（168h）	漆膜无起泡、开裂、明显变色和失光等现象	漆膜无失光、变色、起泡等现象

3. 水性丙烯酸中间漆的技术要求（表 17-45）

表 17-45　水性丙烯酸中间漆的技术要求（JT/T 821.4—2011）

项　目	技 术 要 求
在容器中状态	搅拌混合后，无硬块，呈均匀状态
细度/μm	≤80
低温稳定性	不变质
漆膜外观	漆膜均匀，无流挂、发花、针孔、开裂和剥落等异常现象
干燥时间（表干）/h	≤2
拉伸强度/MPa	≥1.5
拉断伸长率（%）	≥100
耐水性/h	168h 漆膜不起泡、不开裂、不粉化，允许轻微变色和失光

4. 水性氟碳面漆的技术要求（表 17-46）

表 17-46　水性氟碳面漆的技术要求（JT/T 821.4—2011）

项　目	技 术 要 求		
	含氟丙烯酸类[②]	FEVE 类	PVDF 类
在容器中状态	搅拌混合后无硬块，呈均匀状态		
细度/μm	≤40		
低温稳定性	不变质		
漆膜外观	漆膜均匀，无流挂、发花、针孔、开裂和剥落等异常现象		
基料中氟含量[①]（质量分数,%）	≥6	≥14	≥16
干燥时间/h	≤2		

（续）

项　　目	技　术　要　求		
	含氟丙烯酸类[②]	FEVE 类	PVDF 类
拉伸强度/MPa	≥1.5		
拉断伸长率（%）	≥100		
耐水性/h	168h漆膜不起泡、不开裂、不粉化，允许很轻微变色和失光		

① 制备涂料所用氟树脂的氟含量（质量分数）：含氟丙烯酸类型不小于8%；FEVE 类型不小于16%；PVDF 类型不小于18%。

② 含氟丙烯酸类应通过红外光谱或其他适宜的检测手段鉴定不含氯元素。

17.3　建筑装饰用涂料

17.3.1　室内装饰装修用溶剂型醇酸木器涂料

室内装饰装修用溶剂型醇酸木器涂料的技术要求如表 17-47 所示。

表 17-47　室内装饰装修用溶剂型醇酸木器涂料的技术要求（GB/T 23995—2009）

项　　目		技　术　要　求
在容器中状态		搅拌后均匀无硬块
细度/μm		≤40
干燥时间	表干/h	≤8
	实干/h	≤24
贮存稳定性	结皮性（24h）	不结皮
	沉降性（50℃，7d）	无异常
涂膜外观		正常
光泽度（60°,%）		商定
附着力（划格间距2mm）/级		≤1
耐干热性［（70±2）℃，15min］/级		≤2
耐水性（24h）		无异常
耐碱性（50g/L 的 NaHCO₃，1h）		无异常
耐污染性（1h）	醋	无异常
	茶	无异常

17.3.2　室内装饰装修用溶剂型金属板涂料

室内装饰装修用溶剂型金属板涂料的技术要求如表 17-48 所示。

表 17-48　室内装饰装修用溶剂型金属板涂料的技术要求（GB/T 23996—2009）

项　　目	技　术　要　求
涂膜外观	正常
耐冲击性/cm	50
柔韧性/mm	1

（续）

项　目		技 术 要 求
光泽度（60°,%）		商定
铅笔硬度（擦伤）		≥B
附着力	干附着力/级	≤1
	湿附着力/级	≤1；试验区域无起泡等涂膜病态现象
耐沸水性（30min）		无异常
耐洗涤剂性（24h）		无异常
耐油污性（24h）		无异常
耐污染性		通过
耐湿热性（120h）		无异常
重金属含量（限色漆）/（mg/kg）	可溶性铅	≤90
	可溶性镉	≤75
	可溶性铬	≤60
	可溶性汞	≤60

17.3.3　室内装饰装修用溶剂型聚氨酯木器涂料

室内装饰装修用溶剂型聚氨酯木器涂料的技术要求如表 17-49 所示。

表 17-49　室内装饰装修用溶剂型聚氨酯木器涂料的技术要求（GB/T 23997—2009）

项　目		技 术 要 求		
		家具厂和装修用面漆	地板用面漆	通用底漆
在容器中状态		搅拌后均匀无硬块		
施工性		施涂无障碍		
遮盖率（色漆）		商定	—	
干燥时间	表干/h	≤1		
	实干/h	≤24		
涂膜外观		正常		—
贮存稳定性（50℃，7d）		无异常		
打磨性		—		易打磨
光泽度（60°,%）		商定		—
铅笔硬度（擦伤）		≥HB	F	—
附着力（划格间距2mm）/级		≤1		
耐干热性 [（90±2）℃，15min]/级		≤2		
耐磨性（750g，500r）/g		≤0.050	≤0.040	
耐冲击性		—	涂膜无脱落、无开裂	
耐水性（24h）		无异常		—
耐碱性（2h）		无异常		—
耐醇性（8h）		无异常		—

（续）

项　目		技 术 要 求		
		家具厂和装修用面漆	地板用面漆	通用底漆
耐污染性（1h）	醋	无异常		—
	茶	无异常		—
耐黄变性[1]（168h）ΔE*	清漆	一级	≤3.0	
		二级	3.1 ~ 6.0	
	色漆		≤3.0	

注：清漆产品必须在产品外包装上注明所达到的等级。

[1] 该项目仅限于标称具有耐黄变等类似功能的产品。

17.3.4　室内装饰装修用溶剂型硝基木器涂料

室内装饰装修用溶剂型硝基木器涂料的技术要求如表 17-50 所示。

表 17-50　室内装饰装修用溶剂型硝基木器涂料的技术要求（GB/T 23998—2009）

项　目		技 术 要 求	
		面　漆	底　漆
在容器中状态		搅拌后均匀无硬块	
细度/μm		≤40	≤60
干燥时间	表干/min	≤20	
	实干/h	≤2	
涂膜外观		正常	—
回黏性/级		≤2	—
打磨性		—	易打磨
光泽度（60°，%）		商定	—
铅笔硬度（擦伤）		B	—
附着力（划格间距2mm）/级		≤2	
耐干热性 [（90±2）℃，15min] /级		≤2	—
耐水性（24h）		无异常	—
耐碱性（50g/L 的 NaHCO₃，1h）		无异常	—
耐污染性（1h）	醋	无异常	—
	茶	无异常	—

17.3.5　室内装饰装修用溶剂型木器涂料

1. 室内装饰装修用溶剂型木器涂料中的禁用物质（表 17-51）

表 17-51　室内装饰装修用溶剂型木器涂料中的禁用物质（HJ/T 414—2007）

禁用种类	禁 用 物 质
乙二醇醚及其酯类	乙二醇甲醚、乙二醇甲醚醋酸酯、乙二醇乙醚、乙二醇乙醚醋酸酯、二乙二醇丁醚醋酸酯
邻苯二甲酸酯类	邻苯二甲酸二辛酯（DOP）、邻苯二甲酸二正丁酯（DBP）

（续）

禁用种类	禁　用　物　质
烷烃类	正己烷
酮类	3，5，5-三甲基-2-环己烯基-1-酮（异佛尔酮）
卤代烃类	二氯甲烷、二氯乙烷、三氯甲烷、三氯乙烷、四氯化碳
芳香烃	苯
醇类	甲醇

2. 室内装饰装修用溶剂型木器涂料中的有害物限量要求（表17-52）

表 17-52　室内装饰装修用溶剂型木器涂料中的有害物限量要求（HJ/T 414—2007）

	硝基类溶剂型涂料		聚氨酯类溶剂型涂料			醇酸类溶剂型涂料	
	面漆	底漆	面漆	面漆	底漆	色漆	清漆
光泽度（60°）	—	—	≥80	<80	—		
VOC①/（g/L）	≤700		≤550	≤650	≤600	≤450	≤500
苯质量分数①（%）	≤0.05						
甲苯+二甲苯+乙苯质量分数①（%）	≤25		≤25			≤5	
可溶性重金属/（mg/kg） 可溶性铅（Pb）	≤90						
可溶性镉（Cd）	≤75						
可溶性铬（Cr）	≤60						
可溶性汞（Hg）	≤60						
固化剂中游离甲苯二异氰酸酯（TDI）（质量分数，%）	—		≤0.5			—	
甲醇①/（mg/kg）	≤500		—			—	

① 按产品规定的配比和稀释比例混合后测定。若稀释剂的使用量为某一范围时，应按照推荐的最大稀释量稀释。

17.3.6　室内装饰装修用水性木器涂料

室内装饰装修用水性木器涂料的技术要求如表17-53所示。

表 17-53　室内装饰装修用水性木器涂料的技术要求（GB/T 23999—2009）

项　目		技　术　要　求			
		A 类	B 类	C 类	D 类
在容器中状态		搅拌后均匀无硬块			
细度/μm		≤35	清漆和透明色漆：≤35，色漆：≤40		≤60
不挥发物含量（质量分数,%）		≥30	≥30		清漆和透明色漆：≥30，色漆：≥40
干燥时间	表干/min	单组分：≤30；双组分：≤60			
	实干/h	单组分：≤6；双组分：≤24			

（续）

项 目	技 术 要 求			
	A 类	B 类	C 类	D 类
贮存稳定性 [（50±2）℃，7d]	无异常			
耐冻融性①	不变质			
涂膜外观	正常			—
光泽度（60°，%）	商定			—
打磨性	—			易打磨
铅笔硬度（擦伤）	≥B			—
附着力（划格间距2mm）/级	≤1			
耐冲击性	涂膜无脱落，无开裂	—	—	—
抗粘连性 [500g，（50±2）℃，4h]	MM：A-0，MB：A-0		—	
耐磨性（750g，500r）/g	≤0.030	—	—	—
耐划伤性（100g）	未划伤			
耐水性 / 耐水性（24h）	无异常			
耐水性 / 耐沸水性（15min）	无异常			
耐碱性（50g/L NaHCO₃，1h）	无异常			
耐醇性（50%，1h）	无异常			
耐污染性（1h） / 醋	无异常			
耐污染性（1h） / 绿茶	无异常			
耐干热性 [（70±2）℃，15min] /级	≤2			—
耐黄变性②（168h）ΔE^*	≤3.0			

① 用于工厂涂装且对此项无要求的产品可不作该项。

② 该项目仅限标称具有耐黄变等类似功能的产品。

17.3.7 室内装饰装修用天然树脂木器涂料

室内装饰装修用天然树脂木器涂料的技术要求如表17-54所示。

表17-54 室内装饰装修用天然树脂木器涂料的技术要求（GB/T 27811—2011）

项 目		技 术 要 求
在容器中状态		搅拌后均匀无硬块
细度/μm		≤40
干燥时间/h	表干	≤8
干燥时间/h	实干	≤24
贮存稳定性	结皮性（24h）	不结皮
贮存稳定性	沉降性 [（50±2）℃，7d]	无异常
涂膜外观		正常
光泽度（60°，%）		商定

(续)

项　　目		技 术 要 求
铅笔硬度（擦伤）		≥B
附着力（划格间距 2mm）/级		≤1
耐干热性［（70±2）℃，15min］/级		≤2
耐水性（24h）		无异常
耐碱性（50g/L NaHCO₃ 溶液，1h）		无异常
耐醇性（8h）		无异常
耐污染性（1h）	醋	无异常
	茶	无异常
挥发性有机化合物（VOC）含量①/（g/L）		≤450
苯含量①（质量分数，%）		≤0.1
甲苯、二甲苯、乙苯含量总和①（质量分数,%）		≤1.0
卤代烃含量①②（质量分数,%）		≤0.1
可溶性重金属含量/（mg/kg）	铅（Pb）	≤90
	镉（Cd）	≤75
	铬（Cr）	≤60
	汞（Hg）	≤60

① 按产品明示的施工配比混合后测定。若稀释剂的使用量为某一范围时，应按照产品施工配比规定的最大稀释比例混合后进行测定。

② 包括二氯甲烷、1,1-二氯乙烷、1,2-二氯乙烷、三氯甲烷、1,1,1-三氯乙烷、1,1,2-三氯乙烷、四氯化碳。

17.3.8　水溶性内墙涂料

1. 水溶性内墙涂料的技术要求（表 17-55）

表 17-55　水溶性内墙涂料的技术要求（JC/T 423—1991）

序号	性能项目	技术要求	
		Ⅰ类	Ⅱ类
1	容器中状态	无结块、沉淀和絮凝	
2	黏度①/s	30～75	
3	细度/μm	≤100	
4	遮盖力/（g/m²）	≤300	
5	白度②（%）	≥80	
6	涂膜外观	平整，色泽均匀	
7	附着力（%）	100	
8	耐水性	无脱落、起泡和桔皮	
9	耐干擦性/级	—	≤1
10	耐洗刷性/次	≥300	—

① GB/T 1723—1993 中涂-4 黏度计的测定结果的单位为 "s"。

② 白度规定只适用于白色涂料。

2. 水溶性内墙涂料耐干擦性等级及脱粉状况（表17-56）

表 17-56   水溶性内墙涂料耐干擦性等级及脱粉状况（JC/T 423—1991）

等　级	脱　粉　状　况
0	用力擦拭板表面，手指不沾有涂料粒子
1	用力擦拭板表面，手指沾有少量涂料粒子
2	用力擦拭板表面，手指沾有较多的涂料粒子
3	用力较轻，手指沾有较多涂料粒子

17.3.9　多彩内墙涂料

多彩内墙涂料的技术要求如表17-57所示。

表 17-57   多彩内墙涂料的技术要求（JG/T 3003—1993）

试验类别	项　　目	技　术　要　求
涂料 性能	容器中的状态	搅拌后呈均匀状态无结块
	黏度（25℃，KU值，B法）	80～100
	不挥发物含量（质量分数,%）	≥19
	施工性	喷涂无困难
	贮存稳定性（0～30℃）/月	6
涂层 性能	实干时间/h	≤24
	涂膜外观	与样本相比无明显差别
	耐水性（去离子水，23℃±2℃）	96h不起泡，不掉粉，允许轻微失光和变色
	耐碱性（饱和氢氧化钙溶液，23℃±2℃）	48h不起泡，不掉粉，允许轻微失光和变色
	耐洗刷性/次	≥300

17.3.10　建筑室内用仿瓷涂料

建筑室内用仿瓷涂料的技术要求如表17-58所示。其耐干擦性等级及脱粉状况与水溶性内墙涂料相同（见表17-56）。

表 17-58   建筑室内用仿瓷涂料的技术要求（DB41/T 506—2007）

项　　目	技术要求	项　　目	技术要求
施工性	施工无障碍	附着力（%）	≥95
低温稳定性	不变质	白度	≥80
不挥发分（质量分数,%）	≥50	耐干擦性/级	≤1
涂膜外观	涂膜平整、色泽均匀	耐湿擦性/次	≥100
干燥时间（表干）/h	≤2	耐碱性（24h）	无异常
初期干燥抗裂性	无裂纹	游离甲醛/（mg/kg）	≤100

17.3.11　建筑弹性涂料

建筑弹性涂料的技术要求如表17-59所示。

表 17-59　建筑弹性涂料的技术要求（JG/ 172—2005）

序号	项　目		技 术 要 求	
			外　墙	内墙
1	容器中状态		搅拌混合后无硬块，呈均匀状态	
2	施工性		施工无障碍	
3	涂膜外观		正常	
4	干燥时间（表干）/h		≤2	
5	对比率（白色或浅色①）		≥0.90	≥0.93
6	低温稳定性		不变质	
7	耐碱性		48h 无异常	
8	耐水性		96h 无异常	—
9	耐洗刷性/次		≥2000	≥1000
10	耐人工老化性（白色或浅色①）		400h 不起泡，不剥落，无裂纹粉化≤1 级，变色≤2 级	—
11	涂层耐温变性（5 次循环）		无异常	—
12	耐沾污性（5 次）（白色或浅色①）（%）		<30	—
13	拉伸强度/MPa	标准状态下	≥1.0	≥1.0
14	拉断伸长率（%）	标准状态下	≥200	≥150
		−10℃	≥40	—
		热处理	≥100	≥80

注：根据 JGJ 75 的划分，在夏热冬暖地区使用，指标为 0℃时的拉断伸长率≥40%。

① 浅色是指以白色涂料为主要成分，添加适量色浆后配制成的浅色涂料形成的涂膜所呈现的浅颜色，按 GB/T 15608 中规定的明度值为 6~9 之间（三刺激值中的 Y_{D65}≥31.26）。

17.3.12　饰面型防火涂料

饰面型防火涂料是指涂覆于可燃基材（如木材、纤维板、纸板及其制品）表面，能形成具有防火阻燃保护及一定装饰作用涂膜的防火涂料。饰面型防火涂料的技术要求如表 17-60 所示。

表 17-60　饰面型防火涂料的技术要求（GB 12441—2005）

序号	项　目		技 术 要 求	缺陷类别
1	在容器中的状态		无结块，搅拌后呈均匀状态	C
2	细度/μm		≤90	C
3	干燥时间	表干/h	≤5	C
		实干/h	≤24	
4	附着力/级		≤3	A
5	柔韧性/mm		≤3	B
6	耐冲击性/cm		≥20	B

（续）

序号	项　目	技　术　要　求	缺陷类别
7	耐水性/h	经24h试验，不起皱，不剥落，起泡在标准状态下24h能基本恢复，允许轻微失光和变色	B
8	耐湿热性/h	经48h试验，涂膜无起泡，无脱落，允许轻微失光和变色	B
9	耐燃时间/min	≥15	A
10	火焰传播比值	≤25	A
11	质量损失/g	≤5.0	A
12	炭化体积/cm³	≤25	A

17.3.13　硅酸盐复合绝热涂料

硅酸盐复合绝热涂料的技术要求如表17-61所示。

表 17-61　硅酸盐复合绝热涂料的技术要求（GB/T 17371—2008）

项　目		技　术　要　求		
		A 等级	B 等级	C 等级
外观质量		色泽均匀一致黏稠状浆体		
浆体密度/（kg/m³）		≤1000		
浆体 pH 值		9～11		
干密度/（kg/m³）		≤180	≤220	≤280
体积收缩率（%）		≤15.0	≤20.0	≤20.0
拉伸强度/kPa		≥100		
粘结强度/kPa		≥25		
热导率/［W/（m·K）］	平均温度350℃±5℃	≤0.10	≤0.11	≤0.12
	平均温度70℃±2℃	≤0.06	≤0.07	≤0.08
高温后拉伸强度（600℃恒温4h）/kPa		≥50		

17.3.14　溶剂型外墙涂料

溶剂型外墙涂料的技术要求如表17-62所示。

表 17-62　溶剂型外墙涂料的技术要求（GB/T 9757—2001）

项　目	技　术　要　求		
	优等品	一等品	合格品
容器中状态	无硬块，搅拌后呈均匀状态		
施工性	刷涂2道无障碍		
干燥时间（表干）/h	≤2		
涂膜外观	正常		
对比率（白色和浅色①）	≥0.93	≥0.90	≥0.87
耐水性	168h无异常		

（续）

项　目		技 术 要 求		
		优等品	一等品	合格品
耐碱性		48h 无异常		
耐洗刷性/次		≥5000	≥3000	≥2000
耐人工气候老化性②	白色和浅色①	1000h 不起泡，不剥落，无裂纹	500h 不起泡，不剥落，无裂纹	300h 不起泡，不剥落，无裂纹
	其他色	商定		
耐沾污性（白色和浅色①）（%）		≤10	≤10	≤15
涂层耐温变性（5 次循环）		无异常		

① 浅色是指以白色涂料为主要成分，添加适量色浆后配制成的浅色涂料形成的涂膜所呈现的浅颜色，按 GB/T 15608 中规定的明度值为 6～9（三刺激值中的 Y_{D65}≥31.26）。

② 对于白色和浅色，还应满足粉化不大于 1 级，变色不大于 2 级。

17.3.15　合成树脂乳液砂壁状建筑涂料

合成树脂乳液砂壁状建筑涂料的技术要求如表 17-63 所示。

表 17-63　合成树脂乳液砂壁状建筑涂料的技术要求（JG/T 24—2000）

项　目		技 术 要 求	
		N 型（内用）	W 型（外用）
容器中状态		搅拌后无结块，呈均匀状态	
施工性		喷涂无困难	
涂料低温贮存稳定性		3 次试验后，无结块、凝聚及组成物的变化	
涂料热贮存稳定性		1 个月试验后，无结块、霉变、凝聚及组成物的变化	
初期干燥抗裂性		无裂纹	
干燥时间（表干）/h		≤4	
耐水性		—	96h 涂层无起鼓、开裂、剥落，与未浸泡部分相比，允许颜色轻微变化
耐碱性		48h 涂层无起鼓、开裂、剥落，与未浸泡部分相比，允许颜色轻微变化	96h 涂层无起鼓、开裂、剥落，与未浸泡部分相比，允许颜色轻微变化
耐冲击性		涂层无裂纹、剥落及明显变形	
涂层耐温变性①		—	10 次涂层无粉化、开裂、剥落、起鼓，与标准板相比，允许颜色轻微变化
耐沾污性		—	5 次循环试验后≤2 级
粘结强度/MPa	标准状态	≥0.70	
	浸水后	—	≥0.50
耐人工老化性		—	500h 涂层无开裂、起鼓、剥落，粉化 0 级，变色≤1 级

① 涂层耐温变性即为涂层耐冻融循环性。

17.3.16 建筑外表面用热反射隔热涂料

建筑外表面用热反射隔热涂料的技术要求如表 17-64 所示。

表 17-64 建筑外表面用热反射隔热涂料的技术要求（JC/T 1040—2007）

项　目		技　术　要　求	
		W 型（水性）	S 型（溶剂型）
容器中状态		搅拌后无硬块、凝聚，呈均匀状态	
施工性		刷涂两道无障碍	
涂膜外观		无针孔、流挂，涂膜均匀	
低温稳定性		无硬块、凝聚及分离	—
干燥时间（表干）/h		≤2	
耐碱性		48h 无异常	
耐水性		96h 无异常	168h 无异常
耐洗刷性/次		2000	5000
耐沾污性（白色和浅色①，%）		<20	<10
涂层耐温变性（5 次循环）		无异常	
太阳反射比（白色）		≥0.83	
半球发射率		≥0.85	
耐弯曲性/mm		—	≤2
拉伸性能	拉伸强度/MPa	≥1.0	—
	拉断伸长率（%）	≥100	—
耐人工气候老化性（W 类 400h，S 类 500h）	外观	不起泡，不剥落，无裂纹	
	粉化/级	≤1	
	变色（白色和浅色①）/级	≤2	
	太阳反射比（白色）	≥0.81	
	半球发射率	≥0.83	
不透水性②		0.3MPa，30min 不透水	
水蒸气透湿率②/ [g/(m²·s·Pa)]		≥8.0×10⁻⁸	

注：仅对白色涂料的太阳反射比提出要求，浅色涂料太阳反射比由供需双方商定。
① 浅色是指以白色涂料为主要成分，添加适量色浆后配制成的浅色涂料形成的涂膜干燥后所呈现的浅颜色，按 GB/T 15608 中规定的明度值为 6～9。
② 附加要求，由供需双方协商。

17.3.17 建筑反射隔热涂料

1. 建筑反射隔热涂料的分类

建筑反射隔热涂料按应用场合分为屋面反射隔热涂料（WM 型）和外墙反射隔热涂料（WQ 型）两种。

2. 建筑反射隔热涂料的隔热性能要求（表 17-65）

表 17-65　建筑反射隔热涂料的隔热性能要求（JG/T 235—2008）

序号	项　目	技　术　要　求	
		WM 型（屋面）	WQ 型（外墙）
1	太阳光反射比（白色）	≥0.80	
2	半球发射率	≥0.80	
3	隔热温差/℃	≥10	
4	隔热温差衰减（白色）/℃	根据不同工程，由设计确定	≤12

17.3.18　建筑物外墙表面用无机建筑涂料

1. 建筑物外墙表面用无机建筑涂料的分类

建筑物外墙表面用无机建筑涂料按主要粘结剂分为两类：①Ⅰ类，碱金属硅酸盐类，是以硅酸钾、硅酸钠等碱金属硅酸盐为主要粘结剂，加入颜料、填料和助剂配制而成；②Ⅱ类，硅溶胶类，是以硅溶胶为主要粘结剂加入适量的合成树脂乳液、颜料、填料和助剂配制而成。

2. 建筑物外墙表面用无机建筑涂料的技术要求（表 17-66）

表 17-66　建筑物外墙表面用无机建筑涂料的技术要求（JG/T 26—2002）

项　目		技　术　要　求
容器中状态		搅拌后无结块，呈均匀状态
施工性		刷涂两道无障碍
涂膜外观		涂膜外观正常
对比率（白色和浅色①）		≥0.95
热贮存稳定性（30d）		无结块、凝聚、霉变现象
低温贮存稳定性（3 次）		无结块、凝聚现象
表干时间/h		≤2
耐洗刷性/次		≥1000
耐水性（168h）		无起泡、裂纹、剥落，允许轻微掉粉
耐碱性（168h）		无起泡、裂纹、剥落，允许轻微掉粉
耐温变性（10 次）		无起泡、裂纹、剥落，允许轻微掉粉
耐沾污性（%）	Ⅰ型	≤20
	Ⅱ型	≤15
耐人工老化性（白色和浅色①）	（Ⅰ800h）	无起泡、裂纹、剥落，粉化≤1 级，变色≤2 级
	（Ⅱ500h）	无起泡、裂纹、剥落，粉化≤1 级，变色≤2 级

① 浅色是指以白色涂料为主要成分，添加适量色浆后配制成的浅色涂料形成的涂膜所呈现的灰色、粉红色、奶黄色、浅绿色等浅颜色，按 GB/T 15608 中规定的明度值为 6 ~ 9。

17.3.19　建筑用防涂鸦抗粘贴涂料

建筑用防涂鸦抗粘贴涂料的技术要求如表 17-67 所示。

表 17-67　建筑用防涂鸦抗粘贴涂料的技术要求（JG/T 304—2011）

项　目		技 术 要 求		
		A 型	B 型	C 型
容器中状态		搅拌后无硬块，无凝聚，呈均匀状态		
施工性		施涂无障碍		
涂膜外观		涂膜均匀，无针孔，无流挂		
表干时间/h		≤1		
耐水性		96h 无起泡，无掉粉，无明显变色和失光		
耐碱性①		48h 无起泡，无掉粉，无明显变色和失光		
铅笔硬度		≥2H		
耐溶剂擦拭性		100 次不露底		
附着力（划格法）/级		≤1		
抗粘贴性(180°剥离强度)/(N/mm)		≤0.10	—	≤0.10
抗反复粘贴性 （50 次）	外观	无剥落，无明显失光，无胶残留物	—	无剥落，无明显失光，无胶残留物
	180°剥离强度/ （N/mm）	≤0.20	—	≤0.20
抗高温粘贴性 （50℃，24h）	外观	无剥落，无明显失光，无胶残留物	—	无剥落，无明显失光，无胶残留物
	180°剥离强度/ （N/mm）	≤0.25		≤0.25
耐人工气 候老化性 （400h）	外观	无开裂，无剥落，无明显失光	—	无开裂，无剥落，无明显失光
	180°剥离强度/ （N/mm）	≤0.20		≤0.20
防涂鸦性 （可清洗级别）	墨汁/级	—	≤2	≤2
	油性记号笔/级	—	≤3	≤3
	喷漆/级	—	≤3	≤3

① 仅适用于混凝土、砂浆等碱性基面上使用的产品。

17.3.20　复层建筑涂料

复层建筑涂料的技术要求如表 17-68 所示。

表 17-68　复层建筑涂料的技术要求（GB/T 9779—2005）

项　目	技 术 要 求		
	优等品	一等品	合格品
容器中状态	无硬块，呈均匀状态		
涂膜外观	无开裂，无明显针孔，无气泡		
低温稳定性	不结块，无组成物分离，无凝聚		
初期干燥抗裂性	无裂纹		

（续）

项 目			技 术 要 求		
			优等品	一等品	合格品
粘结强度 /MPa	标准状态	RE	≥1.0		
		E、Si	≥0.7		
		CE	≥0.5		
	浸水后	RE	≥0.7		
		E、Si、CE	≥0.5		
涂层耐温变性（5次循环）			不剥落，不起泡，无裂纹，无明显变色		
透水性/mL	A 型		<0.5		
	B 型		<2.0		
耐冲击性			无裂纹、剥落以及明显变形		
耐沾污性（白色和浅色①）	平状（%）		≤15	≤15	≤20
	立体状/级		≤2	≤2	≤3
耐候性（白色和浅色①）	老化时间/h		600	400	250
	外观		不起泡，不剥落，无裂纹		
	粉化/级		≤1		
	变色/级		≤2		

① 浅色是指以白色涂料为主要成分，添加适量色浆后配置成的浅色涂料形成的涂膜所呈现的浅颜色，按 GB/T 15608 中规定的明度值为 6~9（三刺激值中的 $Y_{D65} \geq 31.26$）。其他颜色的耐候性要求由供需双方商定。

17.3.21 外墙保温用环保型硅丙乳液复层涂料

外墙保温用环保型硅丙乳液复层涂料的技术要求如表 17-69 所示。

表 17-69 外墙保温用环保型硅丙乳液复层涂料的技术要求（JG/T 206—2007）

项 目		技 术 要 求	项 目		技 术 要 求
外观		正常	耐人工老化性	变色/级	≤2
铅笔硬度		≥HB		失光/级	≤2
耐冲击性/cm		50	粘结强度/MPa		≥0.6
耐水性		144h 无异常	耐沾污性（白色及浅色①）（%）		≤10
耐碱性		48h 无异常			
耐酸性		48h 无异常	涂层耐湿变性（30次循环）		无异常
耐洗刷性/次		≥6000			
耐人工老化性	白色和浅色①	1500h 不起泡，不剥落，无裂纹	有害物质限量		符合 HJ/T 201—2005 要求
	粉化/级	≤1			

① 浅色是指以白色涂料为主要成分，添加适量色浆后配制成的浅色涂料形成的涂膜所呈现的浅颜色，按 GB/T 15608 中规定的明度值为 6~9（三刺激值中的 $Y_{D65} \geq 31.26$）。

17.4　混凝土用涂料

17.4.1　烟囱混凝土耐酸防腐蚀涂料

1. 烟囱混凝土耐酸防腐蚀涂料的分类

烟囱混凝土耐酸防腐蚀涂料按其使用的部位、耐热性能和耐酸性能的要求分为两类：Ⅰ型涂料，适用于烟囱内衬为轻质混凝土、直接与烟气接触的表面防腐处理，极限耐热温度为250℃，耐硫酸腐蚀极限质量分数为40%；Ⅱ涂料，适用于不直接与烟气接触的混凝土烟囱筒壁内侧的防腐处理，极限耐热温度为150℃，耐硫酸腐蚀极限质量分数为30%。

2. 烟囱混凝土耐酸防腐蚀涂料的技术要求（表17-70）

表17-70　烟囱混凝土耐酸防腐蚀涂料的技术要求（DL/T 693—1999）

序号	项　　目			技 术 要 求
1	贮存稳定性	常温（23℃±2℃）		270d 后可搅拌，无凝聚、发霉现象
		高温（50℃±2℃）		30d 无结块、凝聚及组成物的变化
		低温（-5℃±1℃）		循环 3 次后无结块、凝聚及组成物的变化
2	表面干燥时间			23℃±2℃下，4h 不粘手
3	浸水 24h 吸水率			≤1%
4	粘结强度	与水泥砂浆		≥1MPa
		与钢板		≥2MPa
5	耐磨性			压重 450g 的棕刷往复 1000 次不露底
6	耐热性	Ⅰ型		250℃±5℃，恒温 1h，冷却后表面无任何变化
		Ⅱ型		150℃±5℃，恒温 1h，冷却后表面无任何变化
7	耐蚀性	Ⅰ型	20℃±5℃，30d	40% H_2SO_4 浸泡后，涂层无裂纹、起泡、剥落现象
			80℃，15d	
		Ⅱ型	20℃±5℃，30d	30% H_2SO_4 浸泡后，涂层无裂纹、起泡、剥落现象
			80℃，15d	
8	耐冻融循环性（50℃±2℃；-23℃±2℃）			各恒温 3h，循环 10 次，无裂纹、起泡、剥落现象
9	耐急冷、急热性	Ⅰ型	250℃±5℃；23℃±2℃+吹风	各恒温 1h，循环 5 次，无裂纹、起泡、剥落现象
		Ⅱ型	150℃±5℃；23℃±2℃+吹风	各恒温 1h，循环 5 次，无裂纹、起泡、剥落现象
10	耐老化性			500h 试验后涂层无裂纹、起泡、剥落、粉化现象

17.4.2　混凝土结构防火涂料

1. 混凝土结构防火涂料的技术要求（表17-71）

表17-71　混凝土结构防火涂料的技术要求（GB 28375—2012）

序号	检验项目	技 术 要 求		缺陷分类
		膨胀型（PH）	非膨胀型（FH）	
1	在容器中的状态	经搅拌后呈均匀液态或稠厚液体，无结块	经搅拌后呈均匀稠厚液体，无结块	C

（续）

序号	检验项目		技 术 要 求		缺陷分类
			膨胀型（PH）	非膨胀型（FH）	
2	干燥时间（表干）/h		≤12	≤24	C
3	粘结强度/MPa		≥0.15	≥0.05	A
4	干密度/(kg/m³)		—	≤600	C
5	耐水性/h		经24h试验后，涂层不开裂、起层、脱落，允许轻微发胀和变色	经24h试验后，涂层不开裂、起层、脱落，允许轻微发胀和变色	B
6	耐碱性/h		经24h试验后，涂层不开裂、起层、脱落，允许轻微发胀和变色	经24h试验后，涂层不开裂、起层、脱落，允许轻微发胀和变色	B
7	耐冷热循环试验/次		经15次试验后，涂层不开裂、起层、脱落、变色	经15次试验后，涂层不开裂、起层、脱落、变色	B
8	耐火性能	涂层厚度/mm	7.0±1.0	15±2	A
		耐火极限/h	≥1.5	≥2.0	

2. 隧道防火涂料的技术要求（表17-72）

表 17-72　隧道防火涂料的技术要求（GB 28375—2012）

序号	检验项目		技 术 要 求	缺陷分类
1	在容器中的状态		经搅拌后呈均匀稠厚液体，无结块	C
2	干燥时间（表干）/h		≤24	C
3	粘结强度/MPa		≥0.1	A
4	干密度/(kg/m³)		≤800	C
5	耐水性/h		经720h试验后，涂层不开裂、起层、脱落，允许轻微发胀和变色	A
6	耐酸性/h		经360h试验后，涂层不开裂、起层、脱落，允许轻微发胀和变色	B
7	耐碱性/h		经360h试验后，涂层不开裂、起层、脱落，允许轻微发胀和变色	B
8	耐冻融循环试验/次		经15次试验后，涂层不开裂、起层、脱落、变色	B
9	耐湿热性/h		经720h试验后，涂层不开裂、起层、脱落、变色	B
10	耐火性能	涂层厚度/mm	20±2	A
		耐火极限/h	≥2.0	

17.5　钢结构用涂料

17.5.1　钢结构防火涂料

1. 钢结构防火涂料的命名

钢结构防火涂料以汉语拼音字母的缩写作为代号，N 和 W 分别代表室内和室外，CB、B 和 H 分别代表超薄型、薄型和厚型，如表17-73 所示。

表 17-73　钢结构防火涂料各类名称与代号（GB 14907—2002）

名　称	代　号	名　称	代　号
室内超薄型钢结构防火涂料	NCB	室外薄型钢结构防火涂料	WB
室外超薄型钢结构防火涂料	WCB	室内厚型钢结构防火涂料	NH
室内薄型钢结构防火涂料	NB	室外厚型钢结构防火涂料	WH

2. 室内钢结构防火涂料的技术要求（表 17-74）

表 17-74　室内钢结构防火涂料的技术要求（GB 14907—2002）

序号	检验项目		技　术　要　求			缺陷分类
			NCB	NB	NH	
1	在容器中的状态		经搅拌后呈均匀细腻状态，无结块	经搅拌后呈均匀液态或稠厚流体状态，无结块	经搅拌后呈均匀稠厚流体状态，无结块	C
2	干燥时间（表干）/h		≤8	≤12	≤24	C
3	外观与颜色		涂层干燥后，外观与颜色同样品相比应无明显差别	涂层干燥后，外观与颜色同样品相比应无明显差别	—	C
4	初期干燥抗裂性		不应出现裂纹	允许出现 1~3 条裂纹，其宽度应≤0.5mm	允许出现 1~3 条裂纹，其宽度应≤1mm	C
5	粘结强度/MPa		≥0.20	≥0.15	≥0.04	B
6	压缩强度/MPa		—	—	≥0.3	C
7	干密度/(kg/m³)		—	—	≤500	C
8	耐水性		≥24h 涂层应无起层、发泡、脱落现象	≥24h 涂层应无起层、发泡、脱落现象	≥24h 涂层应无起层、发泡、脱落现象	B
9	耐冷热循环性		≥15 次涂层应无开裂、剥落、起泡现象	≥15 次涂层应无开裂、剥落、起泡现象	≥15 次涂层应无开裂、剥落、起泡现象	B
10	耐火性能	涂层厚度/mm	≤2.00±0.20	≤5.0±0.5	≤25±2	A
		耐火极限（以 I36b 或 I40b 标准工字钢梁作基材）/h	≥1.0	≥1.0	≥2.0	

注：裸露钢梁耐火极限为 15min（I36b、I40b 验证数据），作为表中 0mm 涂层厚度耐火极限基础数据。

3. 室外钢结构防火涂料的技术要求（表 17-75）

表 17-75　室外钢结构防火涂料的技术要求（GB 14907—2002）

序号	检验项目	技　术　要　求			缺陷分类
		WCB	WB	WH	
1	在容器中的状态	经搅拌后呈细腻状态，无结块	经搅拌后呈均匀液态或稠厚流体状态，无结块	经搅拌后呈均匀稠厚流体状态，无结块	C
2	干燥时间（表干）/h	≤8	≤12	≤24	C

（续）

序号	检验项目	技 术 要 求			缺陷分类
		WCB	WB	WH	
3	外观与颜色	涂层干燥后，外观与颜色同样品相比应无明显差别	涂层干燥后，外观与颜色同样品相比应无明显差别	—	C
4	初期干燥抗裂性	不应出现裂纹	允许出现 1~3 条裂纹，其宽度应≤0.5mm	允许出现 1~3 条裂纹，其宽度应≤1mm	C
5	粘结强度/MPa	≥0.20	≥0.15	≥0.04	B
6	压缩强度/MPa	—	—	≥0.5	C
7	干密度/(kg/m³)	—	—	≤650	C
8	耐曝热性	≥720h 涂层应无起层、脱落、空鼓、开裂现象	≥720h 涂层应无起层、脱落、空鼓、开裂现象	≥720h 涂层应无起层、脱落、空鼓、开裂现象	B
9	耐湿热性	≥504h 涂层应无起层、脱落现象	≥504h 涂层应无起层、脱落现象	≥504h 涂层应无起层、脱落现象	B
10	耐冻融循环性	≥15 次涂层应无开裂、剥落、起泡现象	≥15 次涂层应无开裂、剥落、起泡现象	≥15 次涂层应无开裂、剥落、起泡现象	B
11	耐酸性	≥360h 涂层应无起层、脱落、开裂现象	≥360h 涂层应无起层、脱落、开裂现象	≥360h 涂层应无起层、脱落、开裂现象	B
12	耐碱性	≥360h 涂层应无起层、脱落、开裂现象	≥360h 涂层应无起层、脱落、开裂现象	≥360h 涂层应无起层、脱落、开裂现象	B
13	耐盐雾腐蚀性	≥30 次涂层应无起泡、明显的变质、软化现象	≥30 次涂层应无起泡、明显的变质、软化现象	≥30 次涂层应无起泡、明显的变质、软化现象	B
14	耐火性能 涂层厚度/mm ≤	2.00±0.20	5.0±0.5	25±2	A
	耐火极限（以 I36b 或 I40b 标准工字钢梁作基材）/h ≥	1.0	1.0	2.0	

注：裸露钢梁耐火极限为 15min（I36b、I40b 验证数据），作为表中 0mm 涂层厚度耐火极限基础数据。耐久性项目（耐曝热性、耐湿热性、耐冻融循环性、耐酸性、耐碱性、耐盐雾腐蚀性）的技术要求除表中规定外，还应满足附加耐火性能的要求方能判定该对应项性能合格。耐酸性和耐碱性可仅进行其中一项测试。

17.5.2 建筑用钢结构防腐蚀涂料

1. 建筑用钢结构防腐蚀涂料底漆及中间漆的技术要求（表 17-76）

表 17-76 建筑用钢结构防腐蚀涂料底漆及中间漆的技术要求（JG/T 219—2007）

序号	项 目	技 术 要 求		
		普通底漆	长效型底漆	中间漆
1	容器中状态	搅拌后无硬块，呈均匀状态		
2	施工性	涂刷两道无障碍		

（续）

序号	项 目		技 术 要 求		
			普通底漆	长效型底漆	中间漆
3	干燥时间/h	表干	≤4		
		实干	≤24		
4	细度①/μm		≤70（片状颜料除外）		
5	耐水性		168h 无异常		
6	附着力（划格法）/级		≤1		
7	耐弯曲性/mm		≤2		
8	耐冲击性/cm		≥30		
9	涂层耐温变性（5 次循环）		无异常		
10	贮存稳定性	结皮性/级	≥8		
		沉降性/级	≥6		
11	耐盐雾性		200h 不剥落、不出现红锈②	1000h 不剥落、不出现红锈②	—
12	面漆适应性		商定		

① 对多组分产品，细度是指主漆的细度。

② 红锈指漆膜下面的钢铁表面局部或整体产生红色的氧化铁层的现象。它常伴随有漆膜的起泡、开裂、片落等病态。

2. 建筑用钢结构防腐蚀涂料面漆的技术要求（表 17-77）

表 17-77 建筑用钢结构防腐蚀涂料面漆的技术要求（JG/T 224—2007）

序号	项 目		技 术 要 求	
			I 型面漆	II 型面漆
1	容器中状态		搅拌后无硬块，呈均匀状态	
2	施工性		涂刷两道无障碍	
3	漆膜外观		正常	
4	遮盖力（白色或浅色①）/(g/m²)		≤150	
5	干燥时间/h	表干	≤4	
		实干	≤24	
6	细度②/μm		≤60（片状颜料除外）	
7	耐水性		168h 无异常	
8	耐酸性③（5% H_2SO_4）		96h 无异常	168h 无异常
9	耐盐水性（3% NaCl）		120h 无异常	240h 无异常
10	耐盐雾性		500h 不起泡，不脱落	1000h 不起泡，不脱落
11	附着力（划格法）/级		≤1	
12	耐弯曲性/mm		≤2	
13	耐冲击性/cm		≥30	

（续）

序号	项　目		技　术　要　求	
			Ⅰ型面漆	Ⅱ型面漆
14	涂层耐温变性（5 次循环）		无异常	
15	贮存稳定性	结皮性/级	≥8	
		沉降性/级	≥6	
16	耐人工老化性（白色或浅色①④）		500h 不起泡，不剥落，无裂纹粉化≤1 级，变色≤2 级	1000h 不起泡，不剥落，无裂纹粉化≤1 级，变色≤2 级

① 浅色是指以白色涂料为主要成分，添加适量色浆后配制成的浅色涂料形成的涂膜所呈现的浅颜色。按 GB/T 15608 中规定的明度值为 6~9（三刺激值中的 $Y_{D65} \geq 31.26$）。

② 对多组分产品，细度是指主漆的细度。

③ 面漆中含有金属颜料时不测定耐酸性。

④ 其他颜色变色等级双方商定。

17.5.3　交通钢构件聚苯胺防腐涂料

1. 交通钢构件聚苯胺防腐涂料的技术要求（表 17-78）

表 17-78　交通钢构件聚苯胺防腐涂料的技术要求（JT/T 657—2006）

序号	项　目		技　术　要　求	
			面　漆	底　漆
1	外观		漆膜平整光滑，色泽均匀	漆膜平整光滑，色泽均匀
2	黏度		≥40s（涂-4 杯）	≥80（斯托默黏度计法，KU 值）
3	细度/μm		≤30	≤70
4	表干时间/h	单组分涂料	≤2	≤2
		双组分涂料	≤4	≤5
5	实干时间/h		≤24	≤24
6	双组分适用期/h		≥4	≥3
7	附着力（划格法）/级		≤1	≤1
8	抗弯曲性/mm		≤2	≤2
9	耐冲击性/cm		≥40	≥40

2. 交通钢构件聚苯胺防腐涂层的技术要求（表 17-79）

表 17-79　交通钢构件聚苯胺防腐涂层的技术要求（JT/T 657—2006）

序号	项　目	技　术　要　求	
		单组分	双组分
1	耐化学腐蚀性（在 30% 硫酸溶液、40% 氢氧化钠溶液、10% 氯化钠溶液内浸泡）	480h，涂层无脱落、起泡、生锈、变色	1200h，涂层无脱落、起泡、生锈、变色
2	耐盐雾性	600h，除划痕部位任何一侧 0.5mm 内，涂层不起泡、不脱落、表面无锈点	1500h，除划痕部位任何一侧 0.5mm 内，涂层不起泡、不脱落、表面无锈点

（续）

序号	项　目	技 术 要 求	
		单组分	双组分
3	耐湿热性	100h，除划痕部位任何一侧 0.5mm 内，涂层无气泡、剥离、生锈等现象	200h，除划痕部位任何一侧 0.5mm 内，涂层无气泡、剥离、生锈等现象
4	耐候性	600h，涂层不产生开裂、破损等现象，允许轻微褪色	1000h，涂层不产生开裂、破损等现象，允许轻微褪色

注：涂层为底漆加面漆的双涂层，底漆厚度为（80±5）μm，面漆厚度为（70±5）μm。

17.6　食品容器用涂料

17.6.1　食品容器漆酚涂料

食品容器漆酚涂料的理化指标如表 17-80 所示。

表 17-80　食品容器漆酚涂料的理化指标（GB/T 9680—1988）（单位：mg/L）

项　目		指　标
蒸发残渣	蒸馏水浸泡液，60℃，2h	≤30
	65% 乙醇浸泡液，60℃，2h	
	4% 乙酸浸泡液，60℃，2h	
	正乙烷浸泡液，20℃，2h	
高锰酸钾消耗量（蒸馏水浸泡液，60℃，2h）		≤10
重金属（以 Pb 计；4% 乙酸浸泡液，60℃，2h）		≤1
甲醛（4% 乙酸浸泡液，60℃，2h）		≤5
游离酚（蒸馏水浸泡液，95℃，30min）		≤0.1

17.6.2　食品容器内壁聚四氟乙烯涂料

食品容器内壁聚四氟乙烯涂料的理化指标如表 17-81 所示。

表 17-81　食品容器内壁聚四氟乙烯涂料的理化指标（GB 11678—1989）

（单位：mg/L）

项　目		指　标
蒸发残渣	蒸馏水，煮沸 0.5h，再室温放置 24h	≤30
	正己烷，室温 24h	
	4% 乙酸，煮沸 0.5h，再室温放置 24h	≤60
高锰酸钾消耗量（蒸馏水，煮沸 0.5h，再室温放置 24h）		≤10
铬（4% 乙酸，煮沸 0.5h，再室温放置 24h）		≤0.01
氟（蒸馏水，煮沸 0.5h，再室温放置 24h）		≤0.2

17.6.3 食品罐头内壁脱模涂料

1. 食品罐头内壁脱模涂料的感官指标（表 17-82）

表 17-82 食品罐头内壁脱模涂料的感官指标（GB 9682—1988）

样品	指标		
	617 号环氧酯化氧化锌脱模涂料	214 号环氧酚醛脱模涂料	XE-2 环氧二甲苯甲醛铝粉脱模涂料
涂膜	呈米黄色，光滑，均匀，经模拟液浸泡后色泽正常，无泛白、无脱落现象	呈深黄色，光滑，均匀，经模拟液浸泡后色泽正常，无泛白、无脱落现象	呈银灰色，整洁光滑，无气泡，经模拟液浸泡后色泽正常，无脱落现象
涂膜浸泡液	无异色，无异味，不混浊		

2. 食品罐头内壁脱模涂料的理化指标（表 17-83）

表 17-83 食品罐头内壁脱模涂料的理化指标（GB 9682—1988）（单位：mg/L）

项 目		指 标		
		617 号环氧酯化氧化锌脱模涂料	214 号环氧酚醛脱模涂料	XE-2 环氧二甲苯甲醛铝粉脱模涂料
游离酚（水浸泡液，95℃，30min）		—	≤0.1	—
重金属（以 Pb 计；4%乙酸浸泡液，60℃，30min）		—	—	≤1
游离甲醛酚（水浸泡液，95℃，30min）		—	≤0.1	—
高锰酸钾消耗量（蒸馏水浸泡液，60℃，2h）		≤10		
蒸发残渣	水浸泡液，95℃，30min	≤30		
	20%乙醇浸泡液，60℃，30min			
	4%乙酸浸泡液，60℃，30min			
	正己烷浸泡液，37℃，2h			

17.6.4 食品罐头内壁环氧酚醛涂料

1. 食品罐头内壁环氧酚醛涂料的感官指标（表 17-84）

表 17-84 食品罐头内壁环氧酚醛涂料的感官指标（GB 4805—1994）

样 品	指 标
涂料	棕黄色黏稠状液体
涂膜	表面呈金黄色，光洁均匀，经浸泡后色泽正常、无泛白、无脱落现象
涂膜浸泡液	无异色，无异味，不混浊

2. 食品罐头内壁环氧酚醛涂料的理化指标（表 17-85）

表 17-85 食品罐头内壁环氧酚醛涂料的理化指标（GB 4805—1994）

项 目		指 标
游离酚（质量分数,%）	酚醛树脂	≤10
	环氧酚醛涂料	≤3.5

3. 食品罐头内壁环氧酚醛涂膜的理化指标（表 17-86）

表 17-86　食品罐头内壁环氧酚醛涂膜的理化指标（GB 4805—1994）（单位：mg/L）

项　目		指　标
游离酚（水，95℃，30min）		≤0.1
游离甲醛（水，95℃，30min）		≤0.1
高锰酸钾消耗量（95℃，30min）		≤10
蒸发残渣	水，95℃，30min	≤30
	20%乙醇，60℃，30min	
	4%乙酸，60℃，30min	
	正己烷，37℃，2h	

17.7　防腐涂料

17.7.1　氯化橡胶防腐涂料

氯化橡胶防腐涂料的技术要求如表 17-87 所示。

表 17-87　氯化橡胶防腐涂料的技术要求（GB/T 25263—2010）

项　目		技　术　要　求		
		底漆	中间层漆	面　漆
在容器中的状态		搅拌混合后无硬块，呈均匀状态		
细度①/μm		≤60		≤40
施工性		施涂无障碍		
遮盖力 /(g/m²)	白色和浅色②	—		≤160
	其他色			商定
不挥发物含量（质量分数，%）		≥50		≥45
漆膜外观		正常		
干燥时间 /h	表干	≤1		
	实干	≤8		
弯曲试验/mm		≤6		≤10
耐盐水性（3% NaCl 溶液，168h）		无异常		—
耐碱性③（0.5% NaOH 溶液，48h）		—		无异常
划格试验/级		≤1		—
附着力（拉开法）/MPa		—		≥3.0
光泽度（60°，%）		—		商定
耐盐雾性（600h）		—		不起泡，不生锈，不脱落
耐人工气候老 化性（300h）	白色和浅色②	—		不起泡，不剥落，不开裂，不生锈，变色≤2级，粉化≤2级
	其他色			不起泡，不剥落，不开裂，不生锈，变色≤3级，粉化≤2级

① 含片状颜料和效应颜料，铝粉、云母氧化铁、玻璃鳞片、珠光粉等的产品除外。

② 浅色是指以白色涂料为主要成分，添加适量色浆后配制成的浅色涂料形成的涂膜所呈现的浅颜色，按 GB/T 15608 中规定的明度值为 6～9（三刺激值中的 Y_{D65}≥31.26）。

③ 铝粉面漆除外。

17.7.2　环氧沥青防腐蚀涂料

环氧沥青防腐蚀涂料的技术要求如表 17-88 所示。

表 17-88　环氧沥青防腐蚀涂料的技术要求（GB/T 27806—2011）

项　目	技术要求	
	普通型	厚浆型
在容器中状态	搅拌后均匀无硬块	
流挂性/μm	—	≥400
不挥发物含量（质量分数,%）	≥65	
适用期[1]（3h）	通过	
施工性	施涂无障碍	
干燥时间/h	≤24	
漆膜外观	正常	
弯曲试验/mm	≤8	≤10
耐冲击性/cm	≥40	
冷热交替试验（3 次循环）	无异常	
耐水性（30d）	无异常	
耐盐水性（浸入 3% NaCl 溶液中 168h）	无异常	
耐碱性[2]（浸入 5% NaOH 溶液中 168h）	无异常	
耐酸性[2]（浸入 5% H_2SO_4 溶液中 168h）	无异常	
耐挥发油性（浸入 3 号普通型油漆及清洗用溶剂油中 48h）	无异常	
耐湿热性（120h）	无异常	
耐盐雾性（120h）	无异常	

① 不挥发物含量大于 95%（质量分数）的产品除外。

② 含铝粉的产品除外。

17.7.3　分装式环氧沥青防腐涂料

分装式环氧沥青防腐涂料的技术要求如表 17-89 所示。

表 17-89　分装式环氧沥青防腐涂料的技术要求[1]（HG/T 2884—1997）

项　目	技　术　要　求			
	普通型		厚膜型	
	底漆	面漆	底漆	面漆
在容器中的状态	搅拌混合后无硬块，呈均匀状态			
混合性	能均匀混合			
施工性	喷涂无障碍		对无空气喷涂施工无障碍	
干燥时间/h	≤24			
涂膜的外观	正常			
适用期/h	≥3			

（续）

项　目	技　术　要　求			
	普通型		厚膜型	
	底漆	面漆	底漆	面漆
耐弯曲性/mm	≤10			
耐冲击性/cm	≥30			
不挥发物含量① （质量分数,%）	≥60		≥65	
环氧树脂的检验	存在环氧树脂			
冷热交替试验（经受 -20℃与80℃冷热交替3个循环）	漆膜无异常			
耐碱性① （浸于5% NaOH 溶液 168h）				
耐酸性② （浸于5% H$_2$SO$_4$ 溶液 168h）				
耐挥发油性（浸于石油醚:甲苯 = 8:2 的溶液中，48h）	漆膜无异常			
耐油性（浸于煤油，168h）				
耐湿热性③ （温度47℃ ±1℃，相对湿度96% ±2%，120h）	不起泡，不剥落，不生锈			
耐盐雾性（120h）				

① 铝粉漆无耐碱性要求。
② 铝粉漆无耐酸性要求。
③ 铝粉漆无耐湿热性要求。

17.7.4　氯磺化聚乙烯双组分防腐涂料

1. 氯磺化聚乙烯双组分防腐涂料底漆的技术要求（表17-90）

表 17-90　氯磺化聚乙烯双组分防腐涂料底漆的技术要求（HG/T 2661—1995）

项　目		技　术　要　求	
		云铁底漆	铁红底漆
容器中状态（组分 A、B）		无硬块，搅拌后呈均匀状态	
流出时间（组分 A）/s		≥80	
细度（A、B组分混合后）/μm		≤65	
固体含量（组分 A；质量分数,%）		≥35	≥30
漆膜颜色及外观		云铁红色、漆膜平整	铁红色、漆膜平整
干燥时间/h	表干	≤0.5	
	实干	≤24	
附着力（划圈法）/级		≤2	
柔韧性/mm		1	
耐冲击性/cm		50	
耐盐水性/4d		不起泡，不脱落，不生锈，允许轻微变色	
闪点/℃	组分 A	≥20	
	组分 B	≥10	
贮存稳定性（组分 A；50℃，15d）	沉降程度/级	≥4	
	粘度变化/级	≥2	
适用期（A、B组分混合后）/h		≥8	

2. 氯磺化聚乙烯双组分防腐涂料面漆的技术要求（表17-91）

表17-91 氯磺化聚乙烯双组分防腐涂料面漆的技术要求（HG/T 2661—1995）

项 目		技 术 要 求
容器中状态（组分A、B）		无硬块，搅拌后呈均匀状态
流出时间（组分A）/s		≥60
细度（A、B组分混合后）/μm		≤55
固体含量（组分A；质量分数,%）		≥23
遮盖力/（g/m²）	天蓝色	≤160
	中灰色	≤110
	中绿色	≤110
	白色	≤210
漆膜颜色及外观		符合色板及允差范围，漆膜平整光滑
干燥时间/h	表干	≤0.5
	实干	≤24
附着力（划格法）/级		0
柔韧性/mm		1
耐冲击性/cm		50
闪点/℃	组分A	≥15
	组分B	≥10
贮存稳定性（组分A；50℃，15d）	沉降程度/级	≥6
	黏度变化/级	≥2
耐湿热性（7d）		不起泡，不脱落，不生锈
适用期（A、B组分混合后）/h		≥8
耐候性（经广州地区12个月天然曝晒）	失光/级	≤3
	变色/级	≤3
	粉化/级	≤2
	裂纹/级	≤1

3. 氯磺化聚乙烯双组分防腐涂料底面漆复合涂层的耐化学介质性（表17-92）

表17-92 氯磺化聚乙烯双组分防腐涂料底面漆复合涂层的耐化学介质性

（HG/T 2661—1995）

项 目	技 术 要 求
30%硫酸水溶液，30d	
30%氢氧化钠水溶液，30d	不起泡，不脱落，不生锈
3%氯化钠水溶液，30d	

注：漆膜总厚度为（100±10）μm。

17.8 防水涂料
17.8.1 防水涂料基本要求

1. 防水涂料产品中不得人为添加的物质（表 17-93）

表 17-93 防水涂料产品中不得人为添加的物质（HJ/T 457—2009）

类　别	物　质
乙二醇醚及其酯类	乙二醇甲醚、乙二醇甲醚醋酸酯、乙二醇乙醚、乙二醇乙醚醋酸酯、二乙二醇丁醚醋酸酯
邻苯二甲酸酯类	邻苯二甲酸二辛酯（DOP）、邻苯二甲酸二正丁酯（DBP）
二元胺	乙二胺、丙二胺、丁二胺、己二胺
表面活性剂	烷基酚聚氧乙烯醚（APEO）、支链十二烷基苯磺酸钠（ABS）
酮类	3，5，5-三甲基-2-环己烯基-1-酮（异佛尔酮）
有机溶剂	二氯甲烷、二氯乙烷、三氯甲烷、三氯乙烷、四氯化碳、正己烷

2. 挥发固化型防水涂料中有害物限值（表 17-94）

表 17-94 挥发固化型防水涂料中有害物限值（HJ/T 457—2009）

项　目		双组分聚合物水泥防水涂料		单组分丙烯酸酯聚合物乳液防水涂料
		液料	粉料	
VOC/（g/L）	≤	10	—	10
内照射指数	≤	—	0.6	—
外照射指数	≤		0.6	
可溶性铅(Pb)/(mg/kg)	≤	90		90
可溶性镉(Cd)/(mg/kg)	≤	75		75
可溶性铬(Cr)/(mg/kg)	≤	60	—	60
可溶性汞(Hg)/(mg/kg)	≤	60		60
甲醛/(mg/kg)	≤	100		100

3. 反应固化型防水涂料中有害物限值（表 17-95）

表 17-95 反应固化型防水涂料中有害物限值（HJ/T 457—2009）

项　目		环氧防水涂料	聚脲防水涂料	聚氨酯防水涂料	
				单组分	双组分
VOC/（g/kg）	≤	150	50	100	
苯/（g/kg）	≤	0.5			
苯类溶剂/（g/kg）	≤	80	50	80	
可溶性铅(Pb)/(mg/kg)	≤	90			
可溶性镉(Cd)/(mg/kg)	≤	75			
可溶性铬(Cr)/(mg/kg)	≤	60			
可溶性汞(Hg)/(mg/kg)	≤	60			
固化剂中游离甲苯二异氰酸酯(TDI)（质量分数,%)	≤	—	0.5		0.5

17.8.2 聚氨酯防水涂料

1. 单组分聚氨酯防水涂料的技术要求（表 17-96）

表 17-96 单组分聚氨酯防水涂料的技术要求（GB/T 19250—2003）

序号	项 目		技术要求	
			I	II
1	拉伸强度/MPa		≥1.9	≥2.45
2	拉断伸长率（%）		≥550	≥450
3	撕裂强度/（N/mm）		≥12	≥14
4	低温弯折性/℃		≤ -40	
5	不透水性（0.3MPa，30min）		不透水	
6	固体含量（质量分数,%）		≥80	
7	表干时间/h		≤12	
8	实干时间/h		≤24	
9	加热伸缩率（%）		≤1.0	
			≥ -4.0	
10	潮湿基面粘结强度[①]/MPa		≥0.50	
11	定伸时老化	加热老化	无裂纹及变形	
		人工气候老化[②]	无裂纹及变形	
12	热处理	拉伸强度保持率（%）	80~150	
		拉断伸长率（%）	≥500	≥400
		低温弯折性/℃	≤ -35	
13	碱处理	拉伸强度保持率（%）	60~150	
		拉断伸长率（%）	≥500	≥400
		低温弯折性/℃	≤ -35	
14	酸处理	拉伸强度保持率（%）	80~150	
		拉断伸长率（%）	≥500	≥400
		低温弯折性/℃	≤ -35	
15	人工气候老化[②]	拉伸强度保持率（%）	80~150	
		拉断伸长率（%）	≥500	≥400
		低温弯折性/℃	≤ -35	

① 仅在用于地下工程潮湿基面时要求。

② 仅用于外露使用的产品。

2. 多组分聚氨酯防水涂料的技术要求（表 17-97）

表 17-97 多组分聚氨酯防水涂料的技术要求（GB/T 19250—2003）

序号	项 目	技术要求	
		I	II
1	拉伸强度/MPa	≥1.9	≥2.45

（续）

序号	项目		技术要求	
			Ⅰ	Ⅱ
2	拉断伸长率（%）		≥450	≥450
3	撕裂强度/（N/mm）		≥12	≥14
4	低温弯折性/℃		≤-35	
5	不透水性（0.3MPa，30min）		不透水	
6	固体含量（质量分数，%）		≥92	—
7	表干时间/h		≤8	—
8	实干时间/h		≤24	—
9	加热伸缩率（%）		≤1.0 ≥-4.0	
10	潮湿基面粘结强度①/MPa		≥0.50	
11	定伸时老化	加热老化	无裂纹及变形	
		人工气候老化②	无裂纹及变形	
12	热处理	拉伸强度保持率（%）	80~150	
		拉断伸长率（%）	≥400	
		低温弯折性/℃	≤-30	
13	碱处理	拉伸强度保持率（%）	60~150	
		拉断伸长率（%）	≥400	
		低温弯折性/℃	≤-30	
14	酸处理	拉伸强度保持率（%）	80~150	
		拉断伸长率（%）	≥400	
		低温弯折性/℃	≤-30	
15	人工气候老化②	拉伸强度保持率（%）	80~150	
		拉断伸长率（%）	≥400	
		低温弯折性/℃	≤-30	

① 仅在用于地下工程潮湿基面时要求。
② 仅用于外露使用的产品。

17.8.3　聚合物水泥防水涂料

聚合物水泥防水涂料的技术要求如表17-98所示。

表17-98　聚合物水泥防水涂料的技术要求（GB/T 23445—2009）

序号	试验项目		技术要求		
			Ⅰ型	Ⅱ型	Ⅲ型
1	固体含量（质量分数，%）	≥	70	70	70
2	拉伸强度	无处理/MPa　≥	1.2	1.8	1.8
		加热处理后保持率（%）≥	80	80	80

（续）

序号	试 验 项 目			技 术 要 求		
				Ⅰ型	Ⅱ型	Ⅲ型
2	拉伸强度	碱处理后保持率（%）	≥	60	70	70
		浸水处理后保持率（%）	≥	60	70	70
		紫外线处理后保持率（%）	≥	80	—	—
3	拉断伸长率	无处理（%）	≥	200	80	30
		加热处理（%）	≥	150	65	20
		碱处理（%）	≥	150	65	20
		浸水处理（%）	≥	150	65	20
		紫外线处理（%）	≥	150	—	—
4	低温柔性（φ10mm 棒）			−10℃ 无裂纹	—	—
5	粘结强度	无处理/MPa	≥	0.5	0.7	1.0
		潮湿基层/MPa	≥	0.5	0.7	1.0
		碱处理/MPa	≥	0.5	0.7	1.0
		浸水处理/MPa	≥	0.5	0.7	1.0
6	不透水性（0.3MPa，30min）			不透水	不透水	不透水
7	抗渗性（砂浆背水面）/MPa		≥	—	0.6	0.8

17.8.4 聚合物乳液建筑防水涂料

聚合物乳液建筑防水涂料的技术要求如表 17-99 所示。

表 17-99 聚合物乳液建筑防水涂料的技术要求（JC/T 864—2008）

序号	试验项目		技 术 要 求	
			Ⅰ型	Ⅱ型
1	固体含量（质量分数,%）		≥65	
2	干燥时间/h	表干时间	≤4	
		实干时间	≤8	
3	拉伸强度/MPa		≥1.0	≥1.5
4	处理后的拉伸强度保持率(%)	加热处理	≥80	
		碱处理	≥60	
		酸处理	≥40	
		人工气候老化处理①	—	80~150
5	拉断伸长率（%）		≥300	
6	处理后的拉断伸长率（%）	加热处理	≥200	
		碱处理		
		酸处理		
		人工气候老化处理①	≥200	

（续）

序号	试验项目	技术 要 求	
		I 型	II 型
7	低温柔性（φ10mm 棒）	-10℃无裂纹	-20℃无裂纹
8	不透水性（0.3MPa，30min）	不透水	
9	加热伸缩率（%）伸长	≤1.0	
	缩短	≤1.0	

① 仅用于外露使用的产品。

17.8.5 喷涂聚脲防水涂料

1. 喷涂聚脲防水涂料的基本性能（表 17-100）

表 17-100 喷涂聚脲防水涂料的基本性能（GB/T 23446—2009）

序号	项 目		技 术 要 求	
			I 型	II 型
1	固体含量（质量分数，%）		≥96	≥98
2	凝胶时间/s		≤45	
3	表干时间/s		≤120	
4	拉伸强度/MPa		≥10.0	≥16.0
5	拉断伸长率（%）		≥300	≥450
6	撕裂强度/（N/mm）		≥40	≥50
7	低温弯折性/℃		≤ -35	≤ -40
8	不透水性		0.4MPa，2h 不透水	
9	加热伸缩率（%）	伸长	≤1.0	
		收缩	≤1.0	
10	粘结强度/MPa		≥2.0	≥2.5
11	吸水率（%）		≤5.0	

2. 喷涂聚脲防水涂料的耐久性能（表 17-101）

表 17-101 喷涂聚脲防水涂料的耐久性能（GB/T 23446—2009）

序号	项 目		技 术 要 求	
			I 型	II 型
1	定伸时老化	加热老化	无裂纹及变形	
		人工气候老化	无裂纹及变形	
2	热处理	拉伸强度保持率（%）	80~150	
		拉断伸长率（%）	≥250	≥400
		低温弯折性/℃	≤ -30	≤ -35
3	碱处理	拉伸强度保持率（%）	80~150	
		拉断伸长率（%）	≥250	≥400
		低温弯折性/℃	≤ -30	≤ -35

（续）

序号	项　目		技　术　要　求	
			I 型	II 型
4	酸处理	拉伸强度保持率（%）	80 ~ 150	
		拉断伸长率（%）	≥250	≥400
		低温弯折性/℃	≤ - 30	≤ - 35
5	盐处理	拉伸强度保持率（%）	80 ~ 150	
		拉断伸长率（%）	≥250	≥400
		低温弯折性/℃	≤ - 30	≤ - 35
6	人工气候老化	拉伸强度保持率（%）	80 ~ 150	
		拉断伸长率（%）	≥250	≥400
		低温弯折性/℃	≤ - 30	≤ - 35

3. 喷涂聚脲防水涂料的特殊性能（表 17-102）

表 17-102　喷涂聚脲防水涂料的特殊性能（GB/T 23446—2009）

序号	项　目	技　术　要　求	
		I 型	II 型
1	硬度（邵氏 A）	≥70	≥80
2	耐磨性（750g，500r）/mg	≤40	≤30
3	耐冲击性/kg·m	≥0.6	≥1.0

17.8.6　聚氯乙烯弹性防水涂料

1. 聚氯乙烯弹性防水涂料的分类

聚氯乙烯弹性防水涂料分为热塑型（代号 J）和热熔型（代号 G）两类，并分为 801 和 802 两个型号，其中 80 代表耐热温度为 80℃，1、2 分别代表低温柔性分别为 " - 10℃" 和 " - 20℃"。

2. 聚氯乙烯弹性防水涂料的技术要求（表 17-103）

表 17-103　聚氯乙烯弹性防水涂料的技术要求（JC/T 674—1997）

序号	项　目		技　术　要　求	
			801	802
1	密度/（g/cm³）		规定值[①] ± 0.1	
2	耐热性（80℃，5h）		无流淌、起泡和滑动	
3	低温柔性（φ20mm）/℃		- 10	- 20
			无裂纹	
4	拉断伸长率（%）	无处理	≥350	
		加热处理	≥280	
		紫外线处理	≥280	
		碱处理	≥280	

（续）

序号	项　目	技　术　要　求	
		801	802
5	恢复率（%）	≥70	
6	不透水性（0.1MPa，30min）	不渗水	
7	粘结强度/MPa	≥0.20	

① 规定值是指企业标准或产品说明所规定的密度值。

17.8.7　水乳型沥青防水涂料

水乳型沥青防水涂料的技术要求如表 17-104 所示。

表 17-104　水乳型沥青防水涂料的技术要求（JC/T 408—2005）

项　目		技　术　要　求	
		L	H
固体含量（质量分数,%）		≥45	
耐热度/℃		80±2	110±2
		无流淌、滑动和滴落	
不透水性		0.10MPa，30min 无渗水	
粘结强度/MPa		≥0.30	
表干时间/h		≤8	
实干时间/h		≤24	
低温柔性①/℃	标准条件	−15	0
	碱处理	−10	5
	热处理		
	紫外线处理		
拉断伸长率（%）	标准条件	≥600	
	碱处理		
	热处理		
	紫外线处理		

① 供需双方可以商定温度更低的低温柔性指标。

17.8.8　溶剂型橡胶沥青防水涂料

溶剂型橡胶沥青防水涂料的技术要求如表 17-105 所示。

表 17-105　溶剂型橡胶沥青防水涂料的技术要求（JC/T 852—1999）

项　目		技　术　要　求	
		一等品	合格品
固体含量（质量分数,%）		≥48	
抗裂性	基层裂缝/mm	0.3	0.2
	涂膜状态	无裂纹	

（续）

项 目	技 术 要 求	
	一等品	合格品
低温柔性（φ10mm，2h）/℃	−15	−10
	无裂纹	
粘结性/MPa	≥0.20	
耐热性（80℃，5h）	无流淌、鼓泡和滑动	
不透水性（0.2MPa，30min）	不渗水	

17.8.9 道桥用防水涂料

1. 道桥用防水涂料的通用性能（表 17-106）

表 17-106 道桥用防水涂料的通用性能（JC/T 975—2005）

序号	项 目		PB		PU	JS
			I	II		
1	固体含量[①]（质量分数，%） ≥		45	50	98	65
2	表干时间[①]/h ≤		4			
3	实干时间[①]/h ≤		8			
4	耐热度/℃		140	160	160	
			无流淌、滑动和滴落			
5	不透水性（0.3MPa，30min）		不透水			
6	低温柔性/℃		−15	−26	−40	−10
			无裂纹			
7	拉伸强度/MPa ≥		0.50	1.00	2.45	1.20
8	拉断伸长率（%） ≥		800		450	200
9	盐处理	拉伸强度保持率（%） ≥	80			
		拉断伸长率（%） ≥	800		400	140
		低温柔性/℃	−10	−20	−35	−5
			无裂纹			
		质量增加（%） ≤	2.0			
10	热老化	拉伸强度保持率（%） ≥	80			
		拉断伸长率（%） ≥	600		400	150
		低温柔性/℃	−10	−20	−35	−5
			无裂纹			
		加热伸缩率（%） ≤	1.0			
		质量损失（%） ≤	1.0			
·11	涂料与水泥混凝土粘结强度/MPa ≥		0.40	0.60	1.00	0.70

① 不适用于 R 型道桥用聚合物改性沥青防水涂料。

2. 道桥用防水涂料的应用性能（表 17-107）

表 17-107　道桥用防水涂料的应用性能（JC/T 975—2005）

序号	项　目		PB		PU	JS
			I 型	II 型		
1	50℃剪切强度[①]/MPa	≥	0.15	0.20	0.20	
2	50℃粘结强度[①]/MPa	≥	0.050			
3	热碾压后抗渗性		0.1MPa，30min 不透水			
4	接缝变形能力		10 000 次循环无破坏			

①　供需双方根据需要可以采用其他温度。

17.9　树脂涂料

17.9.1　酚醛树脂涂料

酚醛树脂涂料的技术要求如表 17-108 所示。

表 17-108　酚醛树脂涂料的技术要求（GB/T 25253—2010）

项　目			技　术　要　求			
			清漆	色　漆		
				调合漆	磁漆	底漆
在容器中状态			搅拌混合后无硬块，呈均匀状态			
原漆颜色[①]/号		≤	14	—		
流出时间（ISO 6 号杯）/s		≥	35	40		45
细度[②]/μm		≤	—	40	30	60
遮盖力[③]/（g/m²） ≤	黑色			45	45	
	白色		—	200	120	
	其他色			商定	商定	
不挥发物含量（质量分数，%）		≥	45	50		
结皮性（48h）			不结皮			
施工性			施涂无障碍			
耐硝基漆性			—	涂膜不膨胀，不起皱，不渗色		
涂膜外观			正常			
干燥时间/h ≤	表干		8			
	实干		24			
双摆硬度		≥	0.20	0.20	0.25	—
柔韧性/mm		≤	2			—
耐冲击性/cm			—		50	—
附着力/级		≤	2			
光泽度（60°，%）			商定			—
耐水性（8h）			无异常			—

①　仅限于透明液体。

②　含铝粉、云母氧化铁、玻璃鳞片、锌粉等颜料的产品除外。

③　含有透明颜料的产品除外。

17.9.2　酚醛树脂防锈涂料

酚醛树脂防锈涂料的技术要求如表 17-109 所示。

表 17-109　酚醛树脂防锈涂料的技术要求（GB/T 25252—2010）

项　目		技　术　要　求				
		红丹	铁红	锌黄	云母氧化铁	其他
在容器中状态		搅拌混合后无硬块，呈均匀状态				
流出时间（ISO 6 号杯）/s	≥	35	45	55	40	45
细度/μm	≤	60	55	50	—	55①
遮盖力/（g/m²）	≤	商定	55	180	商定	
施工性		施涂无障碍				
干燥时间/h　≤	表干	5				
	实干	24				
涂膜外观		正常				
耐冲击性/cm		50				
双摆硬度	≥	0.20	0.20	0.20	0.30	0.20
附着力/级	≤	2				
结皮性（48h）		不结皮				
耐盐水性（3% NaCl 溶液）		120h	48h	168h	120h	48h
		无异常				

① 含片状颜料、铝粉等颜料的产品除外。

17.9.3　醇酸树脂涂料

1. 醇酸树脂清漆的技术要求（表 17-110）

表 17-110　醇酸树脂清漆的技术要求（GB/T 25251—2010）

项　目		技　术　要　求
在容器中状态		搅拌混合后无硬块，呈均匀状态
原漆颜色（不透明产品除外）/号	≤	12
不挥发物含量（质量分数,%）	≥	40
流出时间（ISO 6 号杯）/s	≥	25
结皮性（24h）		不结皮
施工性		施涂无障碍
漆膜外观		正常
干燥时间/h	表干　≤	5
	实干　≤	15
弯曲试验/mm	≤	3
回黏性/级	≤	3
耐水性（6h）		无异常
耐挥发油性（4h）		无异常

2. 醇酸树脂色漆的技术要求（表 17-111）

表 17-111　醇酸树脂色漆的技术要求（GB/T 25251—2010）

项　目		技 术 要 求				
		底漆	防锈漆	调合漆	磁　漆	
					室内用	室外用
在容器中状态		搅拌混合后无硬块，呈均匀状态				
流出时间(ISO 6 号杯)/s ≥		商定		40		35
细度① /μm ≤		50	60	40		20[光泽(60°)≥80] 40[光泽(60°)≥80]
遮盖力 /(g/m²) ≤	白色	—		200		120
	黑色			45		45
	其他色(含有透明颜料的产品除外)			商定		商定
不挥发物含量(质量分数,%) ≥		—		50		42(黑色、红色、蓝色、透明色) 50(其他色)
施工性		施涂无障碍				
重涂适应性		—		重涂时无障碍		
与面漆的适应性		不咬起、不渗色	对面漆无不良影响	—		
干燥时间/h	表干 ≤	5		8	8	8
	实干 ≤	24		24	15	18
漆膜外观		正常				
光泽度(60°,%)		—		商定		
双摆硬度 ≥		—		0.2		0.2
弯曲试验/mm ≤		—		3		
划格试验/级 ≤		1				
打磨性		易打磨,不粘砂纸		—		
渗色性(白色、银色、红色不测)		—		无渗色		
结皮性(48h)		不结皮				
耐盐水性(3% NaCl 溶液)		24h 无异常	48h 无异常	—		
耐水性(8h)		—		无异常		
耐挥发油性(4h)		—		无异常		
耐酸性②(10g/L H₂SO₄ 溶液,24h)		—		无异常		
耐人工气候老化性(200h)		—		不起泡、不开裂、不剥落、不粉化 白色、黑色:变色≤2 级,失光≤3 级 其他色:变色、失光商定		

① 含片状颜料和效应颜料、铝粉、云母氧化铁、玻璃鳞片、珠光粉等的产品除外。

② 含铝粉颜料的产品除外。

17.9.4 氨基醇酸树脂涂料

氨基醇酸树脂涂料的技术要求如表 17-112 所示。

表 17-112 氨基醇酸树脂涂料的技术要求 (GB/T 25249—2010)

项 目			技 术 要 求			
			清漆	色 漆		Ⅱ型
				Ⅰ型		
				室外用	室内用	
在容器中状态			搅拌混合后无硬块，呈均匀状态			
原漆颜色① /号		≤	6	—		
流出时间(ISO 6 号杯)/s		≥	30	—		
不挥发物含量(质量分数,%)		≥	—	47		
细度② /μm	光泽度(60°,%)≥80	≤	20			
	光泽度(60°,%)<80		36			
遮 盖 力③ /(g/ m²)	白色	≤	—	110		—
	黑色			40		
	其他色			商定		
贮存稳定性[(50±2)℃, 72h]			通过			
干燥时间			通过			
漆膜外观			正常			
光泽度(60°,%)			商定			—
划格试验/级		≤	1			
耐冲击性/cm			50	≥40		
铅笔硬度(刮破)		≥	HB			
弯曲试验/mm		≤	3			
耐热性[(150±2)℃, 1.5h]			—	通过 10mm 弯曲试验，允许轻微变色和失光		
渗色性④			—	无渗色		—
耐水性(24h)			无异常			
耐碱性⑤(5% Na_2CO_3 溶液, 24h)			—		无异常	
耐酸性⑤(10% H_2SO_4 溶液, 5h)			无异常			—
耐挥发油性(3 号普通型油漆及清洗用溶剂油)			48h 无异常	24h 无异常		
耐人工气候老化性(350h)			—	不起泡，不开裂，变色≤ 2 级，失光≤2 级		—

① 非透明液体除外。
② 含片状颜料和效应颜料、铝粉、云母氧化铁、玻璃鳞片、珠光粉等的产品除外。
③ 含有透明颜料的产品除外。
④ 白色、银色、红色漆除外。
⑤ 含铝粉的产品除外。

17.9.5　过氯乙烯树脂防腐涂料

过氯乙烯树脂防腐涂料的技术要求如表 17-113 所示。

表 17-113　过氯乙烯树脂防腐涂料的技术要求（GB/T 25258—2010）

项　　目		技　术　要　求
黏度（涂-4 杯）/s		≥30
不挥发物含量（质量分数,%）		≥20
遮盖力/（g/m²）	白色	≤70
	黑色	≤30
	其他色	商定
干燥时间（实干）/min		≤60
涂膜外观		正常
双摆硬度		≥0.40
弯曲试验/mm		2
耐冲击性/cm		50
附着力/级		≤2
耐酸性（25% H_2SO_4 溶液，30d）		不起泡，不生锈，不脱落
耐碱性（40% NaOH 溶液，20d）		不起泡，不生锈，不脱落

17.9.6　溶剂型丙烯酸树脂涂料

溶剂型丙烯酸树脂涂料分为 I 型和 II 型两种。

I 型：以热塑性丙烯酸酯树脂为主要成膜物质，可加入适量纤维素酯等成膜物改性而成的单组分面漆。I 型产品又可分为 A 类和 B 类两个类别，其中 A 类产品主要适用于金属表面，B 类产品主要适用于塑料表面。

II 型：以热固性丙烯酸酯树脂为主要成膜物质，加入氨基树脂交联剂等调制而成的单组分面漆。产品主要适用于金属表面。

1. I 型涂料的技术要求（表 17-114）

表 17-114　I 型涂料的技术要求（GB/T 25264—2010）

项　　目		技　术　要　求			
		A 类		B 类	
		清漆	色漆	清漆	色漆
在容器中状态		搅拌混合后无硬块，呈均匀状态			
原漆颜色[①]（铁钴比色计）/号　≤		2	—	2	—
细度[②]/μm　≤	光泽度（60°,%）≥80	—	20	—	20
	光泽度（60°,%）<80	—	40	—	40
遮盖力[③]/（g/m²）　≤	白色	—	110	—	110
	其他色	—	商定	—	商定
流出时间（ISO 6 号杯）/s　≥		20	40	20	40
不挥发物含量（质量分数,%）　≥		35	40	35	40

（续）

项　目		技　术　要　求			
		A 类		B 类	
		清漆	色漆	清漆	色漆
干燥时间	表干时间/min　≤	30			
	实干时间/h　≤	2			
漆膜外观		正常			
弯曲试验/mm	光泽度（60°,%）≥80	2		—	
	光泽度（60°,%）<80	商定			
划格试验/级	≤	1			
铅笔硬度（擦伤）	≥	HB			
光泽度（60°,%）		商定			
耐汽油性［符合 SH 0004—1990（1998）的溶剂油，1h］		不发软，不发黏，不起泡		—	
耐水性(8h)		不起泡，不脱落，允许轻微变色			
耐热性［(90±2)℃，3h］		不鼓泡，不起皱			
与底材的适应性		—		通过	

① 不透明液体除外。

② 含效应颜料、珠光粉、铝粉等的产品除外。

③ 含有透明颜料的产品除外。

2. Ⅱ 型涂料的技术要求（表 17-115）

表 17-115　Ⅱ 型涂料的技术要求（GB/T 25264—2010）

项　目		技　术　要　求	
		清漆	色漆
在容器中状态		搅拌混合后无硬块，呈均匀状态	
原漆颜色①（铁钴比色计）/号		≤2	—
细度②/μm	光泽（60°）≥80	—	20
	光泽（60°）<80		30
遮盖力③/（g/m²）	白色	—	≤110
	其他色		商定
流出时间（ISO 6 号杯）/s		≥20	≥40
不挥发物含量（质量分数,%）		≥35	≥40
干燥时间（实干）/h		通过	
漆膜外观		正常	
弯曲试验/mm		2	
划格试验/级		≤1	
耐冲击性/cm		50	
铅笔硬度（擦伤）		≥H	
光泽度（60°,%）		商定	
耐汽油性［符合 SH 0004—1990(1998)的溶剂油，3h］		不发软，不发黏，不起泡	

（续）

项 目	技 术 要 求	
	清漆	色漆
耐水性(24h)	不起泡，不脱落，允许轻微变色	

① 不透明液体除外。

② 含效应颜料，珠光粉、铝粉等的产品除外。

③ 含有透明颜料的产品除外。

17.9.7 内壁环氧聚酰胺树脂涂料

内壁环氧聚酰胺树脂涂料的技术要求如表 17-116 所示。

表 17-116 内壁环氧聚酰胺树脂涂料的技术要求（GB 9686—2012）

项 目		技术要求	检验方法
蒸发残渣/(mg/dm²)	65% 乙醇(60℃，2h)	≤6	按 GB/T 5009.156 方法进行预处理，按 GB/T 5009.70 方法进行样品制备和测定
	4% 乙酸(60℃，2h)	≤6	
	正乙烷(室温，2h)	≤6	
高锰酸钾消耗量(蒸馏水，60℃，2h)/(mg/dm²)		≤2	
重金属(以 Pb 计；4% 乙酸，60℃，2h)/(mg/dm²)		≤0.2	

17.9.8 合成树脂乳液外墙涂料

合成树脂乳液外墙涂料的技术要求如表 17-117 所示。

表 17-117 合成树脂乳液外墙涂料的技术要求（GB/T 9755—2001）

项 目		技 术 要 求		
		优等品	一等品	合格品
容器中状态		无硬块，搅拌后呈均匀状态		
施工性		刷涂两道无障碍		
低温稳定性		不变质		
干燥时间（表干）/h		≤2		
涂膜外观		正常		
对比率（白色和浅色①）		≥0.93	≥0.90	≥0.87
耐水性		96h 无异常		
耐碱性		48h 无异常		
耐洗刷性/次		≥2000	≥1000	≥500
耐人工气候老化性②	白色和浅色①	600h 不起泡，不剥落，无裂纹	400h 不起泡，不剥落，无裂纹	250h 不起泡，不剥落，无裂纹
	其他色	商定		
耐沾污性（白色和浅色①）（%）		≤15	≤15	≤20
涂层耐温变性（5 次循环）		无异常		

① 浅色是指以白色涂料为主要成分，添加适量色浆后配制成的浅色涂料形成的涂膜所呈现的浅颜色，按 GB/T 15608 中规定的明度值为 6～9（三刺激值中的 $Y_{D65} \geq 31.26$）。

② 对于白色和浅色，还应满足粉化不大于 1 级，变色不大于 2 级。

17.9.9　合成树脂乳液内墙涂料

1. 合成树脂乳液内墙底漆的技术要求（表17-118）

表17-118　合成树脂乳液内墙底漆的技术要求（GB/T 9756—2009）

项　目	技　术　要　求	项　目	技　术　要　求
容器中状态	无硬块，搅拌后呈均匀状态	干燥时间（表干）/h	2
施工性	刷涂无障碍	耐碱性（24h）	无异常
低温稳定性（3次循环）	不变质	抗泛碱性（48h）	无异常
涂膜外观	正常		

2. 合成树脂乳液内墙面漆的技术要求（表17-119）

表17-119　合成树脂乳液内墙面漆的技术要求（GB/T 9756—2009）

项　目	技　术　要　求		
	合格品	一等品	优等品
容器中状态	无硬块，搅拌后呈均匀状态		
施工性	刷涂两道无障碍		
低温稳定性（3次循环）	不变质		
涂膜外观	正常		
干燥时间（表干）/h	≤2		
对比率（白色和浅色①）	≥0.90	≥0.93	≥0.95
耐碱性（24h）	无异常		
耐洗刷性/次	≥300	≥1000	≥5000

① 浅色是指以白色涂料为主要成分，添加适量色浆后配制成的浅色涂料形成的涂膜所呈现的浅颜色，按GB/T 15608中规定的明度值为6~9（三刺激值中的Y_{D65}≥31.26）。

17.9.10　交联型氟树脂涂料

交联型氟树脂涂料的技术要求如表17-120所示。

表17-120　交联型氟树脂涂料的技术要求（HG/T 3792—2005）

项　目		技　术　要　求	
		Ⅰ型	Ⅱ型
容器中状态		搅拌后均匀无硬块	
细度（含铝粉、珠光颜料的涂料组分除外）/μm		商定	
不挥发物含量（质量分数,%）	白色和浅色①（含铝粉、珠光颜料的涂料除外）	—	≥50
	其他色		≥40
溶剂可溶物氟含量（质量分数,%）	双组分（漆组分）	≥18	
	单组分	—	10
干燥时间/h	表干（自干漆）	≤2	
	实干（自干漆）	≤24	
	烘干（烘烤型漆140℃±2℃）		≤0.5或商定

（续）

项　目		技 术 要 求	
		Ⅰ型	Ⅱ型
遮盖率	白色和浅色[①]（含铝粉、珠光颜料的涂料除外）	≥0.90	
	其他色	商定	
涂膜外观		正常	
适用期（5h，烘烤型除外）		通过	
重涂性		重涂无障碍	
光泽度（60°,%,含铝粉、珠光颜料的涂料除外）		商定	
铅笔硬度（擦伤）		—	≥F
耐冲击性/cm		—	≥40
附着力/级		≤1	
耐弯曲性/mm		—	≤3
耐酸性（168h）		无异常	
耐砂浆性（24h）		无变化	—
耐碱性（168h）		—	无异常
耐水性（168h）		无异常	—
耐湿冷热循环性（10 次）		无异常	
耐洗刷性/次		≥10 000	—
耐污染性		通过	
耐沾污性（白色和浅色[①]，含铝粉、珠光颜料的涂料除外,%）		≤10	
耐溶剂擦拭性（Ⅰ型为二甲苯、Ⅱ型为丁酮）/次		≥100	
耐湿热性		—	1 000h 不起泡，不生锈，不脱落
耐盐雾性		—	1 000h 不起泡，不生锈，不脱落
耐人工气候老化性	白色和浅色[①]	2 500h 不起泡，不脱落，不开裂	2 500h 不起泡，不生锈，不开裂，不脱落
	粉化/级	≤1	≤1
	变色/级	≤2	≤2
	失光/级	≤2	≤2
	其他色	2 500h 不起泡，不脱落，不开裂	2 500h 不起泡，不生锈，不开裂，不脱落
	粉化/级	商定	商定
	变色/级	商定	商定
	失光/级	商定	商定

①　浅色是指以白色涂料为主要成分，添加适量色浆后配制成的浅色涂料形成的涂膜所呈现的浅颜色，按 GB/T 15608 中规定的明度值为 6~9（三刺激值中的 $Y_{D65} \geq 31.26$）。

17.9.11　热熔型氟树脂涂料

热熔型氟树脂（PVDF）涂料的技术要求如表 17-121 所示。

表 17-121　热熔型氟树脂（PVDF）涂料的技术要求（HG/T 3793—2005）

项　目		技　术　要　求
容器中状态		搅拌混合后均匀无硬块
树脂中 PVDF 树脂含量（质量分数,%）		≥70
涂膜外观		正常
涂膜颜色一致性		符合商定的颜色
耐溶剂（丁酮）擦拭性/次		≥200
光泽度（60°,%）		商定
铅笔硬度（擦伤）		≥F
附着力	干附着力/级	≤1
	湿附着力/级	≤1；试验区域无起泡等涂膜病态现象
	沸水附着力/级	≤1；试验区域无起泡等涂膜病态现象
耐冲击性		通过
耐磨性/（L/μm）		≥2.8
耐化学性	耐盐酸性（15min）	无变化
	耐砂浆性（24h）	无变化
	耐硝酸性（30min）	颜色变化 $\Delta E \leqslant 5.0$
	耐洗涤剂性（72h）	无异常
	耐窗洗液性（24h）	无异常
耐湿热性（4 000h）		不起泡或少量气泡
耐盐雾性（4 000h）		划线处破坏≥7 级，未划线区破坏≥8 级
耐人工气候老化性（4 000h）		变色≤2 级 失光≤2 级 白色漆粉化≤1 级，其他颜色漆粉化≤2 级 无其他涂膜病态现象

17.9.12　易拉罐内壁水基改性环氧树脂涂料

1. 易拉罐内壁水基改性环氧树脂涂料的感官要求（表 17-122）

表 17-122　易拉罐内壁水基改性环氧树脂涂料的感官要求（GB/T 11677—2012）

项目	要　求		
	涂　料	涂　膜	涂膜浸泡液
色泽	呈乳白色	呈无色透明或者浅金黄色	无色
外观	不透明的乳液	经模拟液浸泡后无起泡，无泛白，无脱落	无异味，不浑浊
杂质	无肉眼可见杂质		

2. 易拉罐内壁水基改性环氧树脂涂料的理化指标（表 17-123）

表 17-123　易拉罐内壁水基改性环氧树脂涂料的理化指标（GB/T 11677—2012）

项　目		指标	检验方法
蒸发残渣/(mg/dm^2)	水，95℃，30min		GB/T 5009.60
	20% 乙醇，60℃，30min	≤6	
	4% 乙酸，60℃，30min		
高锰酸钾消耗量(水，95℃，30min)/(mg/dm^2)		≤2	GB/T 5009.60
游离酚(以苯酚计；水，95℃，30min)/(mg/dm^2)		≤0.02	GB/T 5009.69
游离甲醛(水，95℃，30min)/(mg/dm^2)		≤0.02	GB/T 5009.69
重金属(以 Pb 计；4% 乙酸，60℃，30min)/(mg/dm^2)		≤0.2	GB/T 5009.60

17.10　硝基涂料及防潮剂

17.10.1　硝基涂料

1. 硝基底漆的技术要求（表 17-124）

表 17-124　硝基底漆的技术要求（GB/T 25271—2010）

项　目		技　术　要　求
在容器中状态		搅拌混合后无硬块，呈均匀状态
不挥发物含量（质量分数,%）		≥35
干燥时间/min	表干	≤10
	实干	≤50
涂膜外观		正常
施工性		施涂无障碍
划格试验/级		≤2
与面漆的适应性		对面漆无不良影响
打磨性（用 P400 水砂纸打磨 30 次）		易打磨

2. 硝基面漆的技术要求（表 17-125）

表 17-125　硝基面漆的技术要求（GB/T 25271—2010）

项　目		技　术　要　求	
		清　漆	色　漆
在容器中状态		搅拌混合后无硬块，呈均匀状态	
原漆颜色[①]/号		≤9	—
细度[②]/μm	光泽（60°）≥80	—	≤26
	光泽（60°）<80		≤36
不挥发物含量（质量分数,%）		≥28	≥30
遮盖力[③]/(g/m^2)	黑色		≤20
	白色	—	≤60
	其他色		商定

（续）

项　目		技 术 要 求	
		清　漆	色　漆
施工性		施涂无障碍	
干燥时间/min	表干	≤10	
	实干	≤50	
涂膜外观		正常	
光泽度（60°，%）		—	商定
回黏性/级		≤2	
渗色性④		—	不渗色
耐热性	清漆（115~120℃，2h）	无起泡，无起皱，无裂纹，允许颜色和光泽有轻微变化	
	色漆（100~105℃，2h）		
耐水性		18h 无异常	24h 无异常
耐挥发油性（2h）		无异常	

① 非透明液体除外。

② 含片状颜料和效应颜料、含铝粉、珠光粉等的产品除外。

③ 含有透明颜料的产品除外。

④ 白色、红色、银色漆除外。

17.10.2　硝基涂料防潮剂

硝基涂料防潮剂的技术要求如表 17-126 所示。

表 17-126　硝基涂料防潮剂的技术要求（GB/T 25272—2010）

项　目	技术要求	项　目	技术要求
颜色(铁钴比色计)/号	≤1	挥发性/倍	商定
外观	清澈透明，无机械杂质	胶凝数/mL	≥60
酸值(以 KOH 计)/(mg/g)	≤0.1	白化性	漆膜不发白及没有无光斑点
水分	不浑浊，不分层		

17.11　其他涂料

17.11.1　电缆防火涂料

电缆防火涂料的技术要求如表 17-127 所示。

表 17-127　电缆防火涂料的技术要求（GB 28374—2012）

序号	项　目		技 术 要 求	缺陷类别
1	在容器中的状态		无结块，搅拌后呈均匀状态	C
2	细度/μm		≤90	C
3	黏度/s		≥70	C
4	干燥时间/h	表干	≤5	C
		实干	≤24	

（续）

序号	项　目	技　术　要　求	缺陷类别
5	耐油性	浸泡 7d，涂层无起皱、无剥落、无起泡	B
6	耐盐水性	浸泡 7d，涂层无起皱、无剥落、无起泡	B
7	耐湿热性	经过 7d 试验，涂层无开裂、无剥落、无起泡	B
8	耐冻融循环	经 15 次循环，涂层无起皱、无剥落、无起泡	B
9	抗弯性	涂层无起层、无脱落、无剥落	A
10	阻燃性/m	炭化高度≤2.50	A

注：A 为致命缺陷，B 为严重缺陷，C 为轻缺陷。

17.11.2　X、γ 辐射屏蔽涂料

1. X、γ 辐射屏蔽涂料的技术要求（表 17-128）

表 17-128　X、γ 辐射屏蔽涂料的技术要求（GB/T 24100—2009）

项　目	技术要求	项　目	技术要求
铅当量(Pb/10mm 涂层)/mm	≥0.9	弯曲强度/MPa	≥3.0
体积密度/(kg/m³)	≥2 850	拉伸强度/MPa	≥2.0
压缩强度/MPa	≥20.0	粘结强度(混凝土)/MPa	≥0.20

2. X、γ 辐射屏蔽涂料的有害物质含量要求（表 17-129）

表 17-129　X、γ 辐射屏蔽涂料的有害物质含量要求（GB/T 24100—2009）

项　目		技术要求
挥发性有机化合物(VOC)/(g/L)		≤120
苯、甲苯、乙苯、二甲苯含量总和/(mg/kg)		≤300
游离甲醛/(mg/kg)		≤100
可溶性重金属/(mg/kg)	铅(Pb)	≤90
	镉(Cd)	≤75
	铬(Cr)	≤60
	汞(Hg)	≤60

17.11.3　表面喷涂用特种导电涂料

1. 表面喷涂用特种导电涂料的牌号表示方法

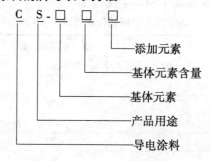

2. 表面喷涂用特种导电涂料的化学成分（表17-130）

表17-130　表面喷涂用特种导电涂料的化学成分（GB/T 26004—2010）

牌　号	化学成分（质量分数,%）							
	主要成分			杂质元素 ≤				
	Ag	Cu	Ni	Pb	Sb	Bi	Fe	总量
CS-Ag99.99	≥99.99	—	—	0.002	0.002	0.002	0.002	0.01
CS-Ag90Cu	90 ± 0.5	10 ± 0.5	—	0.004	0.004	0.004	0.004	0.3
CS-Ag80Cu	80 ± 0.5	20 ± 0.5	—	0.004	0.004	0.004	0.004	0.3
CS-Ag70Cu	70 ± 0.5	30 ± 0.5	—	0.005	0.005	0.005	0.005	0.3
CS-Ag90Ni	90 ± 0.5	—	10 ± 0.5	0.004	0.004	0.004	0.004	0.3
CS-Ag80Ni	80 ± 0.5	—	20 ± 0.5	0.004	0.004	0.004	0.004	0.3
CS-Ag70Ni	70 ± 0.5	—	30 ± 0.5	0.005	0.005	0.005	0.005	0.3
CS-Cu99.95	—	≥99.95	—	0.004	0.004	0.004	0.004	0.05
CS-Ni99.95	—	—	≥99.95	0.004	0.004	0.004	0.004	0.05

注：化学成分若需方有特殊要求可在订货合同中注明。

3. 表面喷涂用特种导电涂料的技术要求（表17-131）

表17-131　表面喷涂用特种导电涂料的技术要求（GB/T 26004—2010）

牌　号	粒度范围/μm	粉末含量（质量分数,%）
CS-Ag99.99	0.1 ~ 20	30 ~ 50（根据具体用户要求来定）
CS-Ag90Cu	0.1 ~ 30	40 ~ 70（根据具体用户要求来定）
CS-Ag80Cu	0.1 ~ 30	
CS-Ag70Cu	0.1 ~ 30	
CS-Ag90Ni	0.1 ~ 30	
CS-Ag80Ni	0.1 ~ 30	
CS-Ag70Ni	0.1 ~ 30	
CS-Cu99.95	0.1 ~ 30	50 ~ 70（根据具体用户要求来定）
CS-Ni99.95	0.1 ~ 30	

17.11.4　溶剂型聚氨酯双组分涂料

1. Ⅰ型溶剂型聚氨酯双组分涂料的技术要求（表17-132）

表17-132　Ⅰ型溶剂型聚氨酯双组分涂料的技术要求（HG/T 2454—2006）

项　目		技　术　要　求		
		家具厂和装修用面漆	地板用面漆	通用底漆
在容器中状态		搅拌后均匀无硬块		
施工性		施涂无障碍		
遮盖率(色漆)		商定	—	
干燥时间	表干/h	≤1		
	实干/h	≤24		

（续）

项　目			技　术　要　求		
			家具厂和装修用面漆	地板用面漆	通用底漆
涂膜外观			正常		—
贮存稳定性(50℃,7d)			无异常		
打磨性			—		易打磨
光泽度(60°,%)			商定		—
铅笔硬度(擦伤)			≥F	≥H	
附着力(划格间距2mm)/级			≤1		
耐干热性[(90±2)℃,15min]/级			≤2		—
耐磨性(750g,500r)/g			≤0.050	≤0.040	—
耐冲击性			—	涂膜无脱落、无开裂	—
耐水性(24h)			无异常		
耐碱性(2h)			无异常		
耐醇性(8h)			无异常		
耐污染性(1h)	醋		无异常		—
	茶		无异常		
耐黄变性[1](168h)ΔE*	清漆	一级	≤3.0		
		二级	≤6.0		
	色漆		≤3.0		

① 该项目仅限于标称具有耐黄变等类似功能的产品。

2. Ⅱ型溶剂型聚氨酯双组分涂料的技术要求（表17-133）

表17-133　Ⅱ型溶剂型聚氨酯双组分涂料的技术要求（HG/T 2454—2006）

项　目		技　术　要　求	
		内用面漆	外用面漆
在容器中状态		搅拌后均匀无硬块	
遮盖率	白色和浅色[1]	≥0.90	
	其他色	商定	
干燥时间/h	表干	≤2	
	实干	≤24	
涂膜外观		正常	
贮存稳定性(50℃,7d)		无异常	
适用期/h		商定	
光泽度(60°,%)		商定	
耐弯曲性/mm		2	
耐冲击性/cm		50	

（续）

项 目		技 术 要 求	
		内用面漆	外用面漆
附着力（划格间距1mm）/级			≤1
铅笔硬度（擦伤）			≥H
耐碱性		48h 无异常	168h 无异常
耐酸性		48h 无异常	168h 无异常
耐盐水性		168h 无异常	—
耐湿冷热循环性（5次）		—	无异常
耐人工气候老化性	白色和浅色[①] 粉化/级		800h[②] 不起泡、不生锈、不开裂、不脱落 ≤2
	变色/级		≤2
	失光/级		≤2
	其他色		商定
耐盐雾性		—	800h[②]不起泡、不生锈、不开裂
耐湿热性		—	800h[②]不起泡、不生锈、不开裂

① 浅色是指以白色涂料为主要成分，添加适量色浆后配制成的浅色涂料形成的涂膜所呈现的浅颜色，按GB/T 15608中规定的明度值为6~9（三刺激值中的 $Y_{D65} \geq 31.26$）。

② 耐人工气候老化性、耐盐雾性、耐湿热性试验时间也可根据使用场合的要求进行商定。

17.11.5 地坪涂料

1. 地坪涂料底漆的技术要求（表17-134）

表17-134 地坪涂料底漆的技术要求（HG/T 3829—2006）

项 目		技 术 要 求
在容器中状态		搅拌后均匀无硬块
固体含量（混合后；质量分数,%）		50（或商定）
干燥时间/h	表干	≤3
	实干	≤24
适用期（时间商定）		通过
附着力（划格间距1mm）/级		≤1
柔韧性/mm		≤2

2. 薄型地坪涂料面漆的技术要求（表17-135）

表17-135 薄型地坪涂料面漆的技术要求（HG/T 3829—2006）

项 目		技 术 要 求
在容器中状态		搅拌后均匀无硬块
固体含量（混合后；质量分数,%）		≥60
干燥时间/h	表干	≤4
	实干	≤24

（续）

项　　目	技 术 要 求
适用期（时间商定）	通过
铅笔硬度（擦伤）	≥H
耐冲击性/cm	50
柔韧性/mm	≤2
附着力（划格间距1mm）/级	≤1
耐磨性（750g，500r）/g	≤0.060
耐水性（7d）	不起泡、不脱落，允许轻微变色
耐油性（120号汽油，7d）	不起泡、不脱落，允许轻微变色
耐酸性（10% H_2SO_4，48h）	不起泡、不脱落，允许轻微变色
耐碱性（10% NaOH，48h）	不起泡、不脱落，允许轻微变色
耐盐水性（3% NaCl，7d）	不起泡、不脱落，允许轻微变色

3. 厚型地坪涂料面漆的技术要求（表17-136）

表17-136　厚型地坪涂料面漆的技术要求（HG/T 3829—2006）

项　　目		技 术 要 求
在容器中状态		搅拌后均匀无硬块
干燥时间/h	表干	≤8
	实干	≤24
适用期（时间商定）		通过
硬度（邵氏D）		≥75
耐冲击性		涂层无裂纹、剥落及明显变形
耐磨性（750g，500r）/g		≤0.060
耐水性（7d）		不起泡、不脱落，允许轻微变色
耐油性（120号汽油，7d）		不起泡、不脱落，允许轻微变色
耐酸性（20% H_2SO_4，48h）		不起泡、不脱落，允许轻微变色
耐碱性（20% NaOH，72h）		不起泡、不脱落，允许轻微变色
耐盐水性（3% NaCl，7d）		不起泡、不脱落，允许轻微变色
粘结强度/MPa		≥3.0
压缩强度/MPa		≥80

17.11.6　卷材涂料

卷材涂料的技术要求如表17-137所示。

表17-137　卷材涂料的技术要求（HG/T 3830—2006）

项　　目	底漆	背面漆	技 术 要 求	
			面　漆	
			通用型	耐久型
在容器中状态			搅拌后均匀无硬块	

（续）

项 目		底漆	背面漆	面漆	
				通用型	耐久型
黏度(涂-4 杯)/s		商定			
固体含量(质量分数,%) ≥		45	55	60(浅色①漆) 50(深色漆) 45(闪光漆②)	
固体含量(体积分数,%) ≥		25	35	40(浅色①漆) 35(深色漆) 35(闪光漆②)	
细度③/μm ≤		25			
涂膜外观		正常			
耐溶剂(MEK)擦拭/次 ≥		—	50	100 50(闪光漆②)	
涂膜色差		—		商定	
光泽(60°)/单位值		—		商定	
铅笔硬度(擦伤) ≥		—	2H	H	
反向冲击/kg·cm④ ≥		—	60	90	
T 弯/T ≤		—	5	3	
杯突/mm ≥		—	4.0	6.0	
划格附着力(间距1mm)/级		—		0	
耐划痕(1200g)		—		通过	
耐酸性		—	—	无变化	
耐中性盐雾		—	—	480h:允许轻微变色,起泡等级 ≤2(S3),无其他漆膜病态现象	720h:允许轻微变色,起泡等级 ≤2(S3),无其他漆膜病态现象
耐人工老化⑤	荧光紫外 UVA-340	—	—	600h:无生锈、起泡、开裂,变色≤2级,粉化≤1级	960h:无生锈、起泡、开裂,变色≤2级,粉化≤1级
	荧光紫外 UVB-313			400h:无生锈、起泡、开裂,变色≤2级,粉化≤1级	600h:无生锈、起泡、开裂,变色≤2级,粉化≤1级
	氙灯			800h:无生锈、起泡、开裂,变色、失光≤2级,粉化≤1级	1500h:无生锈、起泡、开裂,变色、失光≤2级,粉化≤1级

技术要求（表头）

① 浅色是指以白色涂料为主要成分,添加适量色浆后配制成的浅色涂料形成的涂膜所呈现的浅颜色,按 GB/T 15608 中规定的明度值为 6~9（三刺激值中的 $Y_{D65} \geq 31.26$）。

② 闪光漆是指含有金属颜料或珠光颜料的涂料。

③ 特殊品种除外,如闪光漆、PVDF 类涂料、含耐磨助剂类涂料等。

④ 1kg·cm≈0.098J。

⑤ 三种试验方法中任选一种。

17.11.7 集装箱涂料

1. 集装箱涂料的主要品种（表 17-138）

表 17-138　集装箱涂料的主要品种（JT/T 810—2011）

名称	主　要　品　种	用途
底漆	环氧富锌漆	箱内、箱外
中间漆	环氧漆	箱外
内面漆	环氧面漆	箱内
外面漆	丙烯酸面漆、氯化橡胶面漆、聚氨酯面漆	箱外
底架漆①	改性环氧底架漆	底架

① 常用的底架漆还有沥青底架漆，不作规定。

2. 集装箱涂料的基本要求（表 17-139）

表 17-139　集装箱涂料的基本要求（JT/T 810—2011）

序号	项　　目		底漆	中间漆	内面漆	外面漆	改性环氧底架漆
1	容器中的状态		搅拌后无硬块,呈均匀状态				
2	涂膜外观		平整无异常				
3	涂膜颜色		—	—	颜色色差符合标准样板范围,$\Delta E \leqslant 2$		—
4	细度/μm		≤60	≤60	≤60	≤40	≤70
5	重涂间隔时间/min		≤3	≤5	—	—	—
6	半硬干燥时间(80℃烘烤)/min		≤5	≤15	≤15	≤15	—
7	固体含量(体积分数,%)		≥45	≥50	≥50	≥40	≥65
8	不挥发物含量(质量分数,%)		≥70	≥60	≥70	≥45	≥70
9	附着力等级(人工辐射曝露 600h)		≤1	≤1	≤1	≤1	≤1
10	耐弯曲开裂性(人工辐射曝露 600h)/mm		≤3	≤3	≤3	≤3	≤3
11	耐冲击性(人工辐射曝露 600h)/kg·cm		≥50	≥50	≥50	≥50	≥40
12	锌粉含量（质量分数,%）	一类	65 ~ <77	—			
		二类	77 ~ <85	—			
		三类	≥85	—			

3. 集装箱底架涂料的配套要求（表 17-140）

表 17-140　集装箱底架涂料的配套要求（JT/T 810—2011）

用　途		涂　料　品　种	干膜厚度/μm
箱外面	底漆	环氧富锌底漆	30
	中间漆	环氧中间漆	40 ~ 50
	外面漆	丙烯酸面漆或氯化橡胶漆或聚氨酯面漆	40 ~ 55
箱内面	底漆	环氧富锌底漆	30
	内面漆	环氧面漆	40 ~ 50

（续）

用　途		涂料品种	干膜厚度/μm	
底架	底漆	环氧富锌底漆	30	30
	面漆	沥青漆	150~200	—
		改性环氧底架漆	—	80~110

注：此表为 5 年质量保用的典型涂料配套系统。

4. 集装箱涂料配套系统的基本要求（表 17-141）

表 17-141　集装箱涂料配套系统的基本要求（JT/T 810—2011）

序号	项　目		要求或等级	
			外表面系统	内表面系统
1	耐盐雾性(600h)	生锈等级	10	
		起泡等级	10	
		边界腐蚀/mm	<1	
2	耐候性(人工辐射曝露 600h)	颜色变化	$\Delta E < 5$	—
		粉化等级	≤1	
3	附着力等级(人工辐射曝露 600h 前/后)		≤1/1	
4	耐冲击性(人工辐射曝露 600h 前/后) /kg·cm	正面	≥50/50	≥50[①]
		反面	≥20/20	≥20[①]
5	耐磨性(CS10,250g×2,1000r/min)/mg		—	<25
6	铅笔硬度		>HB	>2H
7	耐盐水性(168h,25℃,5% NaCl)		无变化	
8	耐弯曲开裂性(人工辐射曝露 600h 前/后)/mm		≤12/14	

① 内表面系统的耐冲击性指人工辐射 600h 后。

17.11.8　船用饮水舱涂料

1. 船用饮水舱涂料的技术要求（表 17-142）

表 17-142　船用饮水舱涂料的技术要求（GB 5369—2008）

序号	项　目		技术要求
1	细度/μm		≤70
2	固体含量(质量分数,%)		≥70
3	干燥时间/h	表干	≤4
		实干	≤24
4	柔韧性/mm		≤5
5	附着力/MPa		≥3.0
6	耐盐雾性(600h)		无起泡、无脱落、无生锈
7	耐水性(720h)		无起泡、无脱落、无生锈
8	贮存稳定性/a		≥1

注：细度、固体含量、干燥时间及贮存稳定性等项目指标的检测对象为单一涂料，柔韧性、附着力、耐盐雾性、耐水性等项目指标的检测对象为复合涂层。

2. 船用饮水舱涂料浸泡试验基本项目的卫生要求（表17-143）

表17-143　船用饮水舱涂料浸泡试验基本项目的卫生要求（GB 5369—2008）

序号	项　目	卫　生　要　求
1	色/度	增加量≤5
2	浑浊度/度	增加量≤0.2
3	臭和味（NTU)/度	浸泡后水无异臭、异味
4	肉眼可见物	浸泡后水不产生任何肉眼可见的碎片杂物等
5	pH	改变量≤0.5
6	溶解性总固体/(mg/L)	增加量≤10
7	耗氧量/(mg/L)	增加量（以 O_2 计)≤1
8	砷/(mg/L)	增加量≤0.005
9	镉/(mg/L)	增加量≤0.0005
10	铬/(mg/L)	增加量≤0.005
11	铝/(mg/L)	增加量≤0.02
12	铅/(mg/L)	增加量≤0.001
13	汞/(mg/L)	增加量≤0.0002
14	三氯甲烷/(mg/L)	增加量≤0.006
15	挥发酚类/(mg/L)	增加量≤0.002

3. 船用饮水舱涂料浸泡试验增测项目的卫生要求（表17-144）

表17-144　船用饮水舱涂料浸泡试验增测项目的卫生要求（GB 5369—2008）

序号	项　目	卫　生　要　求
1	铁/(mg/L)	增加量≤0.06
2	锰/(mg/L)	增加量≤0.02
3	铜/(mg/L)	增加量≤0.2
4	锌/(mg/L)	增加量≤0.2
5	钡/(mg/L)	增加量≤0.05
6	镍/(mg/L)	增加量≤0.002
7	锑/(g/L)	增加量≤0.0005
8	四氯化碳/(mg/L)	增加量≤0.0002
9	邻苯二甲酸酯类/(mg/L)	增加量≤0.01
10	银/(mg/L)	增加量≤0.005
11	锡/(mg/L)	增加量≤0.002
12	氯乙烯/(mg/kg)	材料中含量≤1.0
13	苯乙烯/(mg/L)	增加量≤0.002
14	环氧氯丙烷/(mg/L)	增加量≤0.002
15	甲醛/(mg/L)	增加量≤0.05
16	丙烯腈/(mg/kg)	材料中含量≤11

（续）

序号	项　　目	卫　生　要　求
17	总 α 放射性	不得增加(不超过测量偏差的 3 个标准差)
18	总 β 放射性	不得增加(不超过测量偏差的 3 个标准差)
19	苯/(mg/L)	增加量≤0.001
20	总有机碳(TOC)/(mg/L)	增加量≤1
21	受试产品在水中可能溶出的其他成分	一般根据国内外相关标准判定项目及限值

4. 与饮用水接触的防护材料浸泡试验增测项目（表 17-145）

表 17-145　船用饮水舱涂料浸泡试验增测项目（GB 5369—2008）

防护材料	检测项目											其他
	铁	锌	氟化物	四氯化碳	甲醛	环氧氯丙烷	苯乙烯	苯	总有机碳	GC/MS鉴定	ICP鉴定	
漆酚	●	●	—	●	●	—	—	●	○	○	○	根据具体条件和需要确定
聚酰胺环氧树脂	—	—	—	●	—	●	●	—	○	○	○	
有机硅	—	—	●	●	—	—	—	—	○	○	○	
聚四氟乙烯	—	—	—	●	—	—	—	—	○	○	○	
环氧酚醛	—	—	—	●	●	●	●	●	○	○	○	
水基改性环氧树脂	—	—	—	●	●	●	●	●	○	○	○	
脱模涂料	—	—	—	●	●	—	—	●	○	○	○	
其他	—	—	—	●	—	—	—	—	○	○	○	
新化学物质	●	●	●	●	●	●	●	●	○	○	○	

注：●表示必检项目，○表示选检项目，—表示不检项目。

17.11.9　热固性粉末涂料

热固性粉末涂料的技术要求如表 17-146 所示。

表 17-146　热固性粉末涂料的技术要求（HG/T 2006—2006）

项　　目	技　术　要　求			
	室内用		室外用	
	合格品	优等品	合格品	优等品
在容器中状态	色泽均匀，无异物，呈松散粉末状		色泽均匀，无异物，呈松散粉末状	
筛余物(125μm)	全部通过		全部通过	
粒径分布	商定		商定	
胶化时间	商定		商定	

（续）

项　目		技　术　要　求			
		室内用		室外用	
		合格品	优等品	合格品	优等品
流动性		商定		商定	
涂膜外观		正常		正常	
铅笔硬度（擦伤）		≥F	≥H	≥F	≥H
附着力/级		≤1		≤1	
耐冲击性 /cm	光泽（60°）≤60	≥40	50	≥40	50
	光泽（60°）>60	50	正冲50，反冲50	50	正冲50，反冲50
弯曲试验 /mm	光泽度（60°,%）≤60	≤4	2	≤4	2
	光泽度（60°,%）>60	2	2	2	2
杯突 /mm	光泽度（60°,%）≤60	≥4	≥6	≥4	≥6
	光泽度（60°,%）>60	≥6	≥8	≥6	≥8
光泽度（60°,%）		商定		商定	
耐碱性（5% NaOH）		168h 无异常		商定	
耐酸性（3% HCl）		240h 无异常		240h 无异常	500h 无异常
耐沸水性		商定		商定	
耐湿热性		500h 无异常		500h 无异常	1000h 无异常
耐盐雾性 （500h）		划线处：单向锈蚀≤2.0mm 未划线区：无异常		划线处：单向锈蚀≤2.0mm 未划线区：无异常	
耐人工气候老化性		—		500h：变色≤2级，失光≤2级，无粉化、起泡、开裂、剥落等异常现象	800h：变色≤2级，失光≤2级，无粉化、起泡、开裂、剥落等异常现象
重金属 /（mg/kg）	可溶性铅	—	≤90		≤90
	可溶性镉		≤75		≤75
	可溶性铬		≤60		≤60
	可溶性汞		≤60		≤60

17.11.10　砂型铸造用涂料

1. 砂型铸造用涂料按耐火粉料分类代号（表 17-147）

表 17-147　砂型铸造用涂料按耐火粉料分类代号（JB/T 9226—2008）

代号	SM	HS	SY	LF	GY	GS	MS	MG	GK
耐火粉料	石墨粉	滑石粉	石英粉	铝矾土粉	刚玉粉	锆石粉	镁砂粉	镁橄榄石粉	铬铁矿粉

2. 砂型铸造用涂料牌号表示方法

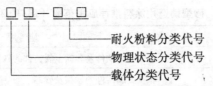

耐火粉料分类代号
物理状态分类代号
载体分类代号

涂料按载体分为水基涂料（代号 S）和有机溶剂涂料（代号 Y）两类；按物理状态分为浆状涂料（代号 J）、膏状涂料（代号 G）和粉粒状涂料（代号 F）三类。

3. 水基浆状涂料的技术要求（表 17-148）

表 17-148　水基浆状涂料的技术要求（JB/T 9226—2008）

指　标	牌　号								
	SJ-SM	SJ-HS	SJ-SY	SJ-LF	SJ-GY	SJ-GS	SJ-MS	SJ-MG	SJ-GK
涂料密度/（g/cm³）	1.10 ~ 1.60	1.10 ~ 1.45	1.30 ~ 1.70	1.30 ~ 1.70	1.60 ~ 2.20	1.60 ~ 2.20	1.50 ~ 1.80	1.50 ~ 1.80	1.60 ~ 2.00
涂料条件黏度（φ6mm 流杯）/s	5.5 ~ 12	5.5 ~ 12	5.5 ~ 12	5.5 ~ 12	5.5 ~ 12	5.5 ~ 12	5.5 ~ 12	5.5 ~ 12	5.5 ~ 12
放置 6h 涂料悬浮率(%)	≥96	≥96	≥96	≥96	≥96	≥96	≥96	≥96	≥96
放置 24h 涂料悬浮率(%)	≥93	≥93	≥93	≥93	≥93	≥93	≥93	≥93	≥93
发气量/（mL/g）	<35	<40	<20	<20	<20	<20	<20	<20	<20
涂层耐磨性(64r)/g	<0.5	<0.5	<0.5	<0.5	<0.5	<0.5	<0.5	<0.5	<0.5
涂敷、烘干、冷却后涂层外观	无裂纹，无肉眼可见针孔的均匀涂层								
高温曝热裂纹等级	Ⅰ级 ~ Ⅱ级								

注：膏状涂料和粉（粒）状涂料的各种性能指标须按供需双方在协议中规定的比例用水稀释或调成浆状涂料后测定。

4. 有机溶剂浆状涂料的技术要求（表 17-149）

表 17-149　有机溶剂涂料的技术要求（JB/T 9226—2008）

指　标	牌　号								
	YJ-SM	YJ-HS	YJ-SY	YJ-LF	YJ-GY	YJ-GS	YJ-MS	YJ-MG	YJ-GK
涂料密度/（g/cm³）	1.10 ~ 1.60	1.10 ~ 1.45	1.30 ~ 1.70	1.30 ~ 1.70	1.60 ~ 2.20	1.60 ~ 2.20	1.50 ~ 1.80	1.50 ~ 1.80	1.60 ~ 2.00
涂料条件黏度（φ6mm 流杯）/s	5.5 ~ 12	5.5 ~ 12	5.5 ~ 12	5.5 ~ 12	5.5 ~ 12	5.5 ~ 12	5.5 ~ 12	5.5 ~ 12	5.5 ~ 12
放置 2h 涂料悬浮率(%)	≥95	≥95	≥95	≥95	≥95	≥95	≥95	≥95	≥95
放置 24h 涂料悬浮率(%)	≥90	≥90	≥90	≥90	≥90	≥90	≥90	≥90	≥90
发气量/（mL/g）	<35	<40	<20	<20	<20	<20	<20	<20	<20
涂层耐磨性(64r)/g	<0.5	<0.5	<0.5	<0.5	<0.5	<0.5	<0.5	<0.5	<0.5
涂敷、烘干、冷却后涂层外观	无裂纹，无起泡和肉眼可见的针孔的均匀涂层								
高温曝热裂纹等级	Ⅰ级 ~ Ⅱ级								

注：膏状涂料和粉（粒）状涂料的各种性能指标须按供需双方在协议中规定的比例用有机溶剂稀释并调成浆状涂料后测定。

5. 砂型铸造用涂料推荐应用范围（表17-150）

表 17-150　砂型铸造用涂料推荐应用范围（JB/T 9226—2008）

牌　　号	应 用 范 围
SJ-SM、YJ-SM	大中型铸铁件及非铁金属铸件的砂型及砂芯
SJ-HS、YJ-HS	非铁金属铸件的砂型及砂芯
SJ-SY、YJ-SY、SJ-LF、YJ-LF	中小型碳钢铸件、大中型铸铁件的砂型及砂芯
SJ-GY、SJ-GS、YJ-GY、YJ-GS	碳钢及合金钢铸件、大型铸铁件的砂型及砂芯
SJ-MS、YJ-MS、SJ-MG、YJ-MG	锰钢铸件的砂型及砂芯
SJ-GK、YJ-GK	碳钢及合金钢铸件的砂型及砂芯

注：膏状涂料和粉（粒）状涂料需用载体稀释成浆状涂料后使用，在此只列出浆状涂料，膏状涂料和粉（粒）状涂料同样适用。

17. 11. 11　户用沼气池密封涂料

户用沼气池密封涂料的技术要求如表17-151所示。

表 17-151　户用沼气池密封涂料的技术要求（NY/T 860—2004）

项　　目[1]		技 术 要 求
外观		乳胶状产品应为无杂质、无硬块的均匀膏状体
固体含量(质量分数,%)		≥12[2]
毒害性		涂料不应降低沼气池发酵微生物的产气性能
贮存稳定性		涂料在0℃和50℃放置24h后，其外观应符合技术要求
亲和性		将涂料甲组分与乙组分混匀后静置30min应无分层现象
抗渗性(1000mm水柱下降率,%)		<3.0%[3]
空气渗透率(%)		<3.0%[3]
潮湿基面粘结强度/MPa		≥0.2
耐碱(饱和氢氧化钙溶液，48h)		试样表面无起泡、裂痕、剥落、粉化、软化和溶出现象
耐酸(pH 为 5 的溶液，48h)		试样表面无起泡、裂痕、剥落、粉化、软化和溶出现象
耐热度(60℃，5h)[4]		试样表面无鼓泡、流淌和滑动现象
干燥时间/h	表干	≤4
	实干	≤24

① 表中前4个测试项目的样品为甲组分，后8个测试项目的样品为甲乙组分混合后的涂料（备用涂料）。
② 为甲组分的固体含量指标。
③ 技术指标符合 GB/T 4751 中的规定。
④ 若产品用于高温发酵沼气池，该项目应测试。

17. 11. 12　高炉内衬维修用喷涂料

高炉内衬维修用喷涂料的技术要求如表17-152所示。

表 17-152　高炉内衬维修用喷涂料的技术要求（YB/T 4194—2009）

项　　目	技 术 要 求		
	GWP-35	GWP-45	GWP-55
$w(Al_2O_3)(\%)$	≥35	≥45	≥55

（续）

项　目		技 术 要 求		
		GWP-35	GWP-45	GWP-55
$w(Fe_2O_3)(\%)$		≤1.5	≤1.5	≤1.0
耐火度/CN		≥152	≥164	≥168
体积密度(110℃ ×3h)/(g/cm³)		≥2.00	≥2.10	≥2.20
常温耐压强度 /MPa	110℃ ×24h 干后	≥30	≥35	≥35
	1000℃ ×3h 烧后	≥25	≥30	≥30
	热处理温度×3h 烧后	45(1200℃)	50(1400℃)	55(1500℃)
加热永久线 变化(%)	1000℃ ×3h 烧后	±0.5	±0.5	±0.5
	试验温度×3h 烧后	±1.0(1200℃)	±1.0(1400℃)	±1.0(1500℃)

17.12　涂料辅助材料

17.12.1　涂料用催干剂

涂料用催干剂的技术要求如表 17-153 所示。

表 17-153　涂料用催干剂的技术要求（HG/T 2276—1996）

项　目		技 术 要 求									
		环烷酸(及环烷酸与脂肪酸混合物)系					2-乙基己酸系				
		钴	铅	锰	锌	钙	钴	铅	锰	锌	钙
外　观		紫红色黏稠均匀液体	棕黄色均匀透明液体	红棕色均匀透明液体	棕黄色均匀透明液体	深黄色均匀透明液体	红紫色黏稠均匀液体	浅黄色均匀透明液体	红棕色均匀透明液体	浅黄色均匀透明液体	浅黄色均匀透明液体
颜色/号	≤	—	—	—	—	—	—	5	—	4	5
细度① /μm	≤	15	15	15	15	15	15	15	15	15	15
金属含量②(质量分数,%)		8 ±0.2	4 ±0.2	10 ±0.2	2 ±0.1	4 ±0.2	2 ±0.1	10 ±0.2	8 ±0.2	10 ±0.2	2 ±0.1	3 ±0.1	2 ±0.1
溶剂中溶解性		全溶	全溶	全溶	全溶	全溶	全溶	全溶	全溶	全溶	全溶
溶液稳定性		无析出物	透明,无析出物	透明,无析出物	透明,无析出物	透明,无析出物	无析出物	透明,无析出物	透明,无析出物	透明,无析出物	透明,无析出物
闪点/℃	≥	30	30	30	30	30	30	30	30	30	30
催干性能(表干时间)/h	≤	3					3				

① 指悬浮颗粒大小。

② 允许供需双方另行商定。

17.12.2　涂料用稀土催干剂

涂料用稀土催干剂的技术要求如表 17-154 所示。

表 17-154　涂料用稀土催干剂的技术要求（HG/T 2247—2012）

项　目		技 术 要 求	
		环烷酸稀土	异辛酸稀土
外观		透明液体，无机械杂质	
颜色/号		≤14	≤8
细度/μm		≤15	
总稀土含量	总稀土氧化物/(g/100mL)	4.0±0.2	
	总稀土金属离子（质量分数，%）	4.0±0.2	
混溶性		全溶	
催干性能		通过	
总铅含量/(mg/kg)		≤500	

17.12.3　硝基漆稀释剂

硝基漆稀释剂的技术要求如表 17-155 所示。

表 17-155　硝基漆稀释剂的技术要求（HG/T 3378—2003）

项　目	技 术 要 求	
	Ⅰ 型	Ⅱ 型
颜色(铁钴比色计)/号	1	1
外观和透明度	清彻透明，无机械杂质	
酸值（以 KOH 计）/(mg/g)	≤0.15	≤0.20
水分	不浑浊，不分层	
胶凝数/mL	≥20	≥18
白化性	漆膜不发白及没有无光斑点	—

17.12.4　过氯乙烯漆稀释剂

过氯乙烯漆稀释剂的技术要求如表 17-156 所示。

表 17-156　过氯乙烯漆稀释剂的技术要求（HG/T 3379—2003）

项　目	技 术 要 求
颜色(铁钴比色计)/号	1
外观和透明度	清彻透明，无机械杂质
酸值（以 KOH 计）/(mg/g)	≤0.15
水分	不浑浊，不分层
胶凝数/mL	≥30
白化性	漆膜不发白及没有无光斑点

17.12.5　氨基漆稀释剂

氨基漆稀释剂的技术要求如表 17-157 所示。

表 17-157 氨基漆稀释剂的技术要求（HG/T 3380—2003）

项 目	技 术 要 求	项 目	技 术 要 求
外观	清彻透明,无机械杂质	溶解性	完全溶解
颜色(铁钴比色计)/号	1	水分	不浑浊,不分层

17.12.6 脱漆剂

脱漆剂的技术要求如表 17-158 所示。

表 17-158 脱漆剂的技术要求（HG/T 3381—2003）

项 目	技 术 要 求	
	Ⅰ 型	Ⅱ 型
外观和透明度	乳白色糊状物,36℃时为均匀透明的液体	均匀透明液体
酸值(以 KOH 计)/(mg/g)	—	≤0.08
脱漆效率[1]/(%)	≥85	≥90
对金属的腐蚀作用	无任何腐蚀现象	无任何腐蚀现象

[1] Ⅰ型:涂脱漆剂 30min 后测试;Ⅱ型:涂脱漆剂 5min 后测试。

17.12.7 硝基漆防潮剂

硝基漆防潮剂的技术要求如表 17-159 所示。

表 17-159 硝基漆防潮剂的技术要求（HG/T 3383—2003）

项 目	技 术 要 求
颜色(铁钴比色计)/号	1
外观和透明度	清彻透明,无机械杂质
酸值(以 KOH 计)/(mg/g)	≤0.1
水分	不浑浊,不分层
挥发性/倍	16~25
胶凝数/mL	≤60
白化性	漆膜不发白及没有无光斑点

17.12.8 过氯乙烯漆防潮剂

过氯乙烯漆防潮剂的技术要求如表 17-160 所示。

表 17-160 过氯乙烯漆防潮剂的技术要求（HG/T 3384—2003）

项 目	技术要求	项 目	技术要求
颜色(铁钴比色计)/号	1	挥发性/倍	≤14
外观和透明度	清彻透明,无机械杂质	胶凝数/mL	≥50
水分	不浑浊,不分层	白化性	漆膜不呈白雾及无光斑点

17.12.9 硝基涂料防潮剂

硝基涂料防潮剂的技术要求如表 17-161 所示。

表 17-161　硝基涂料防潮剂的技术要求 （GB/T 25272—2010）

项　目	技　术　要　求
颜色(铁钴比色计)/号	1
外观	清澈透明,无机械杂质
酸值(以 KOH 计)/(mg/g)	≤0.1
水分	不浑浊,不分层
挥发性/倍	商定
胶凝数/mL	≥60
白化性	漆膜不发白及没有无光斑点

17.12.10　有机硅消泡剂

有机硅消泡剂的技术要求如表 17-162 所示。

表 17-162　有机硅消泡剂的技术要求 （GB/T 26527—2011）

项　目		技　术　要　求		
		本体型	乳液型	固体型
外观		半透明至白色黏稠液体,无可见机械杂质	白色至微显黄色的均匀乳状液体,无沉淀物,无可见机械杂质	白色粉末或颗粒状固体,无可见异物
pH 值		—	5.0~8.5	6.5~10.0
稳定性/mL		≤0.5	≤0.5	—
消泡性能(消泡时间)/s	10 次	≤15	≤15	≤30
	100 次	≤30	≤30	≤60
抑泡性能(泡沫体积)/mL	气鼓 30min	≤200	≤150	≤200
固体含量[①](质量分数,%)		≥85.0	≥10.0	—

①　乳液型消泡剂固含量指标可根据用户的特殊要求双方商定。

17.12.11　有机硅高温消泡剂

有机硅高温消泡剂的技术要求如表 17-163 所示。

表 17-163　有机硅高温消泡剂的技术要求 （GB/T 4028—2008）

项　目	技　术　要　求
外观	白色黏稠浆状物
固体含量(质量分数,%)	≥30.0
pH 值	7.5~9.5
消泡力/s	≤60
高温消泡力/s	≤30

17.12.12　分散剂 MF

分散剂 MF 的技术要求如表 17-164 所示。

表 17-164　分散剂 MF 的技术要求（GB/T 2499—2006）

项　　目		技　术　要　求	
		一等品	合格品
分散力（为标准品的）（%）		≥100	≥95
硫酸钠含量（质量分数,%）		≤5	≤8
pH 值（1% 水溶液）		7～9	
钙镁离子总含量（质量分数,%）		≤0.10	≤0.40
不溶于水的杂质含量（质量分数,%）		≤0.05	≤0.10
细度（通过孔径为 300μm 筛的残余物）（质量分数,%）		≤3	≤5
耐热稳定性/℃		≥140	≥130
水分（质量分数,%）		≤7	≤9
沾污性	涤沾/级	≥4	≥3
	棉沾/级	4～5	3～4

17.12.13　分散剂 N

分散剂 N 的技术要求如表 17-165 所示。

表 17-165　分散剂 N 的技术要求（GB/T 2562—2012）

项　　目	技　术　要　求	
	优等品	合格品
分散力（标准品）（%）	≥115	≥100
pH 值（1% 水溶液）	7.0～9.0	7.0～9.0
色泽（Pt-Co）0.5% 水溶液	≤80	≤150
钙镁离子总含量（质量分数,%）	≤0.10	≤0.15
游离甲醛含量/（mg/kg）	≤100	≤200
不溶于水的杂质含量（质量分数,%）	≤0.05	≤0.10
细度（通过孔径为 300μm 筛的残余物）（质量分数,%）	≤1	≤5
水分（质量分数,%）	≤9	≤9
硫酸钠含量（质量分数,%）	≤18	≤18

17.12.14　分散剂 XY

分散剂 XY 的技术要求如表 17-166 所示。

表 17-166　分散剂 XY 的技术要求（HG/T 4064—2008）

项　　目	技　术　要　求	
	一等品	合格品
分散性能	4～5	3～4
耐热稳定性/℃	≥150±2	≥140±2
pH 值（1% 水溶液）	7.0～9.0	
水分含量（质量分数,%）	≤7.0	≤9.0

（续）

项 目		技 术 要 求	
		一等品	合格品
硫酸钠含量（质量分数,%）		≤5.0	≤8.0
钙镁离子总含量（质量分数,%）		≤0.10	≤0.40
细度（通过孔径为300μm筛的残余物）（质量分数,%）		≤3.0	≤5.0
不溶于水的杂质含量（质量分数,%）		≤0.05	≤0.10
沾污性	涤纶/级	≥4	≥3
	锦纶/级	≥4	≥3
	棉/级	4～5	3～4

17.12.15　浮化剂 S-60

浮化剂 S-60 的技术要求如表 17-167 所示。

表 17-167　浮化剂 S-60 的技术要求（HG/T 2500—2011）

项 目	技 术 要 求	
	优等品	合格品
外观	白色片状物	米黄至棕黄色蜡状固体或片状物
酸值/(mgKOH/g)	≤8	≤10
皂化值/(mgKOH/g)	145～155	145～160
羟值/(mgKOH/g)	240～260	240～270
水分（质量分数,%）	≤1.0	≤1.5

17.12.16　浮化剂 S-80

浮化剂 S-80 的技术要求如表 17-168 所示。

表 17-168　浮化剂 S-80 的技术要求（HG/T 3508—2010）

项 目	技 术 要 求	
	优等品	合格品
外观	淡黄色至黄色透明黏稠液体	琥珀色至棕色黏稠油状物
酸值/(mgKOH/g)	≤6.0	≤8.0
皂化值/(mgKOH/g)	149～160	140～160
羟值/(mg/g)	193～209	190～220
水分（质量分数,%）	≤0.5	≤1.5

17.12.17　浮化剂 T-60

浮化剂 T-60 的技术要求如表 17-169 所示。

表 17-169　浮化剂 T-60 的技术要求（HG/T 3509—2000）

项　目	技　术　要　求	
	优等品	合格品
酸值（以氢氧化钾计）/（mg/g）	≤2.0	≤2.0
皂化值（以氢氧化钾计）/（mg/g）	45～55	40～55
羟值（以氢氧化钾计）/（mg/g）	81～96	80～105
水分（质量分数,%）	≤2.0	≤3.0

17.12.18　浮化剂 T-80

浮化剂 T-80 的技术要求如表 17-170 所示。

表 17-170　浮化剂 T-80 的技术要求（HG/T 3510—2000）

项　目	技　术　要　求	
	优等品	合格品
酸值（以氢氧化钾计）/（mg/g）	≤2.0	≤2.0
皂化值（以氢氧化钾计）/（mg/g）	48～53	43～55
羟值（以氢氧化钾计）/（mg/g）	65～80	65～82
水分（质量分数,%）	≤1.0	≤2.0

17.12.19　浮化剂 FM

浮化剂 FM 的技术要求如表 17-171 所示。

表 17-171　浮化剂 FM 的技术要求（HG/T 4037—2008）

项　目	技　术　要　求
外观	无色至浅黄色透明液体或膏状物
pH 值	5.0～7.0
乳化力/min	≥20

17.13　清漆

17.13.1　醇酸清漆

1. 醇酸清漆的分类

醇酸清漆的产品组成由生产厂确定，按其性能和用途分为两种类型：Ⅰ型醇酸清漆以中、短油度醇酸树脂为主要成膜物质，适用于室内一般金属、木材表面的涂饰或涂层的罩光，分为优等品、一等品和合格品；Ⅱ型醇酸清漆以长油度醇酸树脂为主要成膜物质，适用于室外一般金属、木材表面的涂饰或涂层的罩光。

2. 醇酸清漆的技术要求（表 17-172）

表 17-172　醇酸清漆的技术要求（HG 2453—1993）

项　目		技　术　要　求			
		Ⅰ型			Ⅱ型
		优等品	一等品	合格品	
原漆颜色	铁钴比色计/号	≤8	≤10	≤12	≤12
	罗维朋色度总值	≤25.0	≤55.0	≤75.0	≤75.0

（续）

项　目		技　术　要　求			
		Ⅰ型			Ⅱ型
		优等品	一等品	合格品	
原漆透明性		透明，无机械杂质			
不挥发物（质量分数，%）		≥40			≥45
流出时间/s		≥25			
结皮性		不结皮			
施工性		刷涂无障碍			
漆膜外观		无异常			
干燥时间/h	表干	≤5	≤5	≤5	≤6
	实干	≤10	≤12	≤15	≤15
弯曲试验/mm		≤3			≤2
回黏性/级		≤2	≤3	≤3	—
耐水性（浸入 GB/T 6682 三级水中）		无异常（18h）	无异常（12h）	无异常（6h）	无异常（18h）
耐溶剂油性（4h，浸入 GB 1922 的 120 溶剂油中）		无异常			
耐候性（经广州地区一年天然曝晒）/级		—	—	—	失光≤2 裂纹≤2 生锈≤0
苯酐含量（质量分数，%）		≥23			≥20

17.13.2　硝基清漆

1. 硝基清漆的分类

硝基清漆按其性能和用途分为两种类型：Ⅰ型硝基木器漆适用于室内木器制品表面的涂饰；Ⅱ型硝基罩光漆适用于室外木器制品和金属表面的涂饰，也可用于硝基磁漆的表面罩光。

2. 硝基清漆的技术要求（表 17-173）

表 17-173　硝基清漆的技术要求（HG/T 2592—1994）

项　目			技　术　要　求	
			Ⅰ型	Ⅱ型
原漆颜色	铁钴比色法/号		≤10	≤9
	罗维朋色度	黄	≤55	≤35
		红	≤5	≤3
原漆透明度/级			≤1	
施工性			喷涂两道无障碍	
不挥发物含量（质量分数，%）			≥30	≥28
干燥时间/min	表干		≤10	
	实干		≤50	

（续）

项　目	技　术　要　求	
	Ⅰ型	Ⅱ型
漆膜外观	漆膜平整光滑	
回黏性/级	≤2	≤3
耐热性(在 115～120℃中 2h)	无气泡、起皱、裂纹，允许颜色和光泽有轻微变化	
耐水性(浸入 GB/T 6682 三级水中 18h)	—	无异常
耐沸水性(浸入沸水中 10min)	无异常	—
耐挥发性溶剂(浸入 SH 0005 油漆工业用溶剂油中 2h)	无异常	浸入 SH 0005 油漆工业用溶剂油加甲苯等于 9 +1 混合溶剂中无异常
溶剂可溶物中硝基	硝基存在	

17.13.3　丙烯酸清漆

1. 丙烯酸清漆的分类

丙烯酸清漆分为两种类型：Ⅰ型产品由甲基丙烯酸酯-甲基丙烯酸共聚树脂溶于有机混合溶剂中，并加入适量助剂调制而成；Ⅱ型产品由甲基丙烯酸酯-甲基丙烯酸共聚树脂及氨基树脂溶于有机混合溶剂中，并加入适量助剂调制而成。

2. 丙烯酸清漆的技术要求（表 17-174）

表 17-174　丙烯酸清漆的技术要求（HG/T 2593—1994）

项　目		技　术　要　求	
		Ⅰ型	Ⅱ型
原漆外观		无色透明液体，无机械杂质，允许微带乳光	
原漆颜色(铁钴比色计)/号		≤5	
漆膜颜色及外观		漆膜无色或微黄透明，平整，光亮	
弯曲试验/mm		≤2	
科尼格摆杆硬度/s		≥80	
流出时间(4 号杯)/s		≥20	
酸价/(mgKOH/g)		—	≤0.2
不挥发物含量(质量分数,%)		≥8	≥10
干燥时间	表干/min	≤30	
	实干/h	≤2	
	烘干(80℃±2℃)/h		≤4
划格试验/级		≤2	≤1
耐汽油性		浸 1h，取出 10min 后不发软，不发黏，不起泡	浸 3h，取出 10min 后不发软，不发黏，不起泡
耐水性		8h，不起泡，允许轻微失光	24h，不起泡，不脱落，允许轻微发白
耐热性		在 90℃±2℃下，烘 3h 后漆膜不鼓泡，不起皱	

17.14 底漆

17.14.1 C06-1 铁红醇酸底漆

C06-1 铁红醇酸底漆是以中油或长油度醇酸树脂为漆基、以铁红为主要颜料的醇酸底漆。该底漆适于涂覆在钢铁材料表面上，起打底防锈作用，它与硝基漆、醇酸漆结合力良好。

C06-1 铁红醇酸底漆的技术要求如表 17-175 所示。

表 17-175　C06-1 铁红醇酸底漆的技术要求（HG/T 2009—1991）

项　目		技 术 要 求
液态漆的性质	在容器中的状态	无结皮，无干硬块
	黏度/s	≥45
	密度/(g/mL)	≥1.20
	细度/μm	≥50
干漆膜的性能	漆膜颜色及外观	铁红色，色调不定，漆膜平整
	铅笔硬度	2B
	耐盐水性(浸于3% NaCl 水溶液 24h)	不起泡，不生锈
	耐硝基性	不咬起，不渗色
	杯突试验/mm	≥6
	附着力/级	1
施工使用性能	刷涂性	较好
	干燥时间　表干/min	≤20
	无印痕干(1000g)/h	≤36
	烘干(105℃±2℃，1000g)/h	≤0.5
贮存稳定性/级	结皮性(48h)	≥10
	沉降性	≥6
	打磨性	易打磨，不粘砂纸
闪点/℃		≥29

17.14.2 锌黄、铁红过氯乙烯底漆

锌黄、铁红过氯乙烯底漆是由过氯乙烯树脂、醇酸树脂、增塑剂、颜料、体质颜料和混合有机溶剂等调制而成的锌黄过氯乙烯底漆，分为锌黄过氯乙烯底漆（Ⅰ型）和铁红过氯乙烯底漆（Ⅱ型）两种。

锌黄、铁红过氯乙烯底漆的技术要求如表 17-176 所示。

表 17-176　锌黄、铁红过氯乙烯底漆的技术要求（HG/T 2595—1994）

项　目	技 术 要 求	
	Ⅰ型	Ⅱ型
漆膜颜色及外观	锌黄，色调不定，漆膜平整，无粗粒	铁红，色调不定，漆膜平整，无粗粒

（续）

项　目		技 术 要 求	
		I 型	II 型
流出时间/s		35～100	
不挥发物含量(质量分数,%)		≥40	≥45
干燥时间(实干)/min		≤60	
弯曲试验/mm		≤2	
划格试验/级		≤2	
耐盐水性	锌黄(48h)	不起泡,不生锈,允许轻微变色	—
	铁红(24h)	—	不起泡,不生锈,允许轻微变色
复合涂层耐酸性(30d)		不起泡,不脱落	
复合涂层耐碱性(20d)		不起泡,不脱落	
闪点/℃		≥ -4	

17.14.3　各色硝基底漆

各色硝基底漆由硝化棉、醇酸树脂、松香甘油醋、颜料、体质颜料、增塑剂和有机溶剂调制而成。该漆干燥快、易打磨,主要用于铸件、车辆表面的涂覆及各种硝基漆的配套底漆。

各色硝基底漆的技术要求如表 17-177 所示。

表 17-177　各色硝基底漆的技术要求 （HG/T 3355—2003）

项　目		技 术 要 求
漆膜颜色及外观		各色,漆膜平整,无粗粒,无光泽
黏度(涂-1杯)/s		120～200
固体含量(质量分数,%)		≥40
干燥时间/min	表干	≤10
	实干	≤50
附着力/级		≤2
打磨性(用 P300 水砂纸打磨 30 次)		易打磨,不起卷

17.14.4　硝基铅笔漆

硝基铅笔漆由硝化棉加适量其他合成树脂为主要成膜物质制成,主要用于木质铅笔笔杆表面的保护与装饰。硝基铅笔漆分为硝基锥笔底漆和硝基铅笔面漆两大类,其中硝基铅笔面漆分为清漆和色漆。

硝基铅笔漆技术要求如表 17-178 所示。

表 17-178　硝基铅笔漆的技术要求 （HG/T 2245—2012）

项　目	技 术 要 求		
	面漆		底漆
	清漆	色漆	
流出时间(ISO 6 号杯)/s	商定	≥30	≥18

（续）

项　目		技　术　要　求		
		面漆		底漆
		清漆	色漆	
不挥发物含量(质量分数,%)		≥28	黑色,≥30	≥50
			其他色,≥40	
干燥时间/min	表干	3		1
≤	实干	—		20
涂膜外观		正常		
划格试验/级		≤2		
耐热性[(45±2)℃,30min]		漆膜无裂痕		

17.14.5　机床底漆

机床底漆是指各种机床表面打底用涂料,分为氯乙烯底漆（Ⅰ型）和环氧酯底漆（Ⅱ型）。

机床底漆的技术要求如表 17-179 所示。

表 17-179　机床底漆的技术要求（HG/T 2244—1991）

项　目		技　术　要　求	
		Ⅰ型	Ⅱ型
漆膜颜色及外观		色调不定,漆膜平整	
流出时间(6 号杯)/s		≥40	≥30
细度/μm		≤80	≤60
不挥发物含量(质量分数,%)		≥45	≥45
干燥时间	表干时间/min	≤10	—
	实干时间/h	≤1	≤24
遮盖力/(g/m²)		≤40	≤40
划格试验(1mm)/级		0	0
铅笔硬度		B	HB
耐盐水 (3% NaCl)	24h	不起泡,不脱落,允许轻微发白	
	48h	—	不起泡,不脱落,允许轻微发白
贮存稳定性	结皮性/级	—	10
	沉降性/级	6	6
闪点/℃		—	≥23

17.14.6　汽车用底漆

汽车用底漆是适用于各种汽车车身、车箱及其零部件的底层涂饰的涂料。

汽车用底漆的技术要求如表 17-180 所示。

表 17-180 汽车用底漆的技术要求（GB/T 13493—1992）

项 目		技 术 要 求
容器中的物料状态		应无异物，无硬块，易搅拌成黏稠液体
黏度(6 号杯)/s		≥50
细度/μm		≤60
贮存稳定性 /级	沉降性	≥6
	结皮性	≥10
闪点/℃		≥26
颜色及外观		色调不定，漆膜平整，无光或半光
干燥时间 /h	实干	≤24
	烘干(120±2℃)	≤1
铅笔硬度		≥B
杯突试验/mm		≥5
划格试验/级		0
打磨性(20 次)		易打磨，不粘砂纸
耐油性(48h)		外观无明显变化
耐汽油性(6h)		不起泡，不起皱，允许轻微变色
耐水性(168h)		不起泡，不生锈
耐酸性(0.05mol/L H_2SO_4 中，7h)		不起泡，不起皱，允许轻微变色
耐碱性(0.1mol/L NaOH 中，7h)		不起泡，不起皱，允许轻微变色
耐硝基漆性		不咬起，不渗红
耐盐雾性(168h)		切割线一侧 2mm 外，通过一级
耐湿热性(96h)/级		≤1

17.14.7 铁路机车车辆用防锈底漆

铁路机车车辆用防锈底漆适用于铁路机车车辆和铁路运输用集装箱等钢结构，不适用于铁路货车用厚浆型醇酸漆。防锈底漆由树脂、颜料、缓蚀剂、助剂和溶剂等组成，应为单组分或双组分产品。

铁路机车车辆用防锈底漆的技术要求如表 17-181 所示。

表 17-181 铁路机车车辆用防锈底漆的技术要求（TB/T 2260—2001）

项 目		技 术 要 求
漆膜颜色和外观		颜色符合需方要求，漆膜平整、无明显颗粒
不挥发物含量(质量分数,%)		≥60
流出时间/s		≥20
细度 /μm	一般颜料	≤50
	铁棕 T 颜料、云铁颜料	≤70
双组分涂料适用期/h		≥4
干燥时间 /h	表干	≤4
	实干	≤24

（续）

项 目	技 术 要 求
施工性能	漆膜厚度为所要求厚度的 1.5 倍时成膜性良好
弯曲性能/mm	≤2
杯突试验/mm	≥4.0
划格试验/级	≤1
耐冲击性/cm	≥50
耐盐雾性(500h)	板面无起泡，不生锈；十字划痕处锈蚀宽度≤2mm(单向)

注：耐盐雾性为型式检验项目。

17.15　面漆

17.15.1　醇酸晾干覆盖漆

醇酸晾干覆盖漆的技术要求如表 17-182 所示。

表 17-182　醇酸晾干覆盖漆的技术要求（JB/T 875—1999）

序号	项 目		技 术 要 求
1	外观		漆应溶解均匀，不应含有杂质和不溶解的粒子，漆膜干后应光滑
2	黏度(涂-4 杯，23℃±2℃)/s		≥80
3	酸值/(mg KOH/g)		≤18
4	固体含量(105±2℃，2h；质量分数，%)		50±3
5	漆膜干燥要求(23℃±2℃，20h)		不黏(表面允许稍有黏性)
6	弹性(芯轴直径 3mm，150℃±2℃，6h)		不开裂
7	耐绝缘液体能力(105℃±2℃变压器油中，24h)		漆膜不溶解，不起泡，不起皱，不松胀
8	工频电气强度/ (MV/m)	23℃±2℃	≥70
		90℃±2℃	≥45
		23℃±2℃，浸水 24h 后	≥30

17.15.2　各色汽车用面漆

各色汽车用面漆的技术要求如表 17-183 所示。

表 17-183　各色汽车用面漆的技术要求（GB/T 13492—1992）

项 目		技 术 要 求		
		Ⅰ型	Ⅱ型	Ⅲ型
容器中的物料状态		应无异物、硬块，易搅起的均匀液体	应无异物、硬块，易搅起的均匀液体	应无异物、硬块，易搅起的均匀液体
细度/μm　　　≤		10	20	20
贮存稳定性/级　≥	沉淀性	8	8	8
	结皮性	10	10	10

（续）

项目	技术要求		
	Ⅰ型	Ⅱ型	Ⅲ型
划格试验/级　　　　≤	1	1	1
铅笔硬度	H	HB	B
弯曲试验/mm　　　　≤	2	2	2
光泽(60°)　　　　　≥	白色85，其他色90	白色85，其他色90	白色85，其他色90
杯突试验/mm　　　　≥	3	4	5
耐水性(240h)	不起泡，不起皱，不脱落，允许轻微变色、失光	不起泡，不起皱，不脱落，允许轻微变色、失光	—
耐汽油性　4h	不起泡，不起皱，不脱落，允许轻微变色	—	—
耐汽油性　2h	—	不起泡，不起皱，不脱落，允许微变色	不起泡，不起皱，不脱落，允许微变色
耐温变性/级　　　　≤	2	商定	
耐候性(广州地区24个月)	应无明显龟裂，允许轻微变色，抛光后失光率≤30%	应无明显龟裂，变色≤3级，失光率≤60%	
人工加速老化(800h)	应无明显龟裂，允许轻微变色，抛光后失光率≤30%	应无明显龟裂，变色≤3级，失光率≤60%	
鲜映性(Gd值)	0.6~0.8	—	—

17.15.3　自行车用面漆

自行车用面漆是由树脂、颜料、溶剂、助剂经研磨而成的主要用于自行车表面涂装的涂料，分为Ⅰ型和Ⅱ型两种类型，Ⅰ型为各色氨基烘干磁漆或丙烯酸氨基烘干磁漆等同类产品，Ⅱ型为沥青烘干清漆。

自行车用面漆的技术要求如表17-184所示。

表17-184　自行车用面漆的技术要求（HG/T 3832—2006）

项目	技术要求	
	Ⅰ型	Ⅱ型
容器中状态	搅拌以后无硬块	
施工性	喷涂两道无障碍	—
干燥时间/h　130~150℃	≤0.5	
干燥时间/h　(200±2)℃	—	≤0.5
漆膜颜色和外观	符合标准样板及色差范围，平整光滑	
黏度(ISO 6号杯)/s	≥40	≥50
细度/μm	≤20	≤30
光泽度(60°,%)	≥85	≥90
冲击强度/cm	≥50	

（续）

项　　目	技　术　要　求	
	Ⅰ型	Ⅱ型
铅笔硬度（擦伤）	≥HB	
柔韧性/mm	≤2	
附着力（划格法）/级	≤1	
耐挥发油性（浸于 GB/T 15894 的石油醚中 24h）	无异常	—
耐水性（23℃±2℃）	60h 不起泡，不脱落，允许其他轻微变化	48h 不起泡，不脱落，允许其他轻微变化
固体含量（质量分数,%）	≥50	≥45
漆膜加热试验	通过直径 10mm 弯曲	—
耐汽油性（浸于 GB 1922 中的 NY-120 号溶剂油中 24h）	—	不起泡，不起皱，不脱落，允许其他轻微变化
耐油性（浸于 GB 2536 中的 10 号变压器油中 24h）	—	不起泡，不起皱，不脱落，允许其他轻微变化

　　注：漆膜加热试验为型式检验项目，每半年抽检一次。

17.15.4　机床面漆

　　机床面漆是指用于各种机床表面的保护和装饰涂料，分为过氯乙烯漆类（Ⅰ型）和聚氨酯漆类（Ⅱ型）两种。

　　机床面漆的技术要求如表 17-185 所示。

表 17-185　机床面漆的技术要求（HG/T 2243—1991）

项　　目		技　术　要　求	
		Ⅰ型	Ⅱ型
漆膜颜色及外观		符合标准色板，平整光滑	
流出时间（6 号杯）/s　　　　≥		20	30
细度/μm　　　　　　　　　　≤		50	30
不挥发物含量（质量分数,%）≥	红、蓝、黑	28	—
	其他色	33	—
划格试验（1mm）/级		1	0
铅笔硬度		B	B
冲击强度/kg·cm		50	50
干燥时间　　　　　≤	表干时间/min	15	90
	实干时间/h	1	24
遮盖力/（g/m²）　≤	黑	20	—
	红、黄	80	—
	白、正蓝	60	—

（续）

项　目		技　术　要　求	
		Ⅰ型	Ⅱ型
遮盖力/(g/m²)　≤	浅复色	50	50
	深复色	40	40
耐油性(30d)		不起泡，不脱落，允许轻微变色	
耐切削液	23℃±2℃，3d	不起泡，不脱落，允许轻微发白	—
	23℃±2℃，7d	—	不起泡，不脱落，允许轻微发白
耐盐雾/级	14d	2	—
	21d	—	1
耐湿热/级	14d	2	—
	21d	—	1
光泽度(60°,%)　　　　　≥		80	90
贮存稳定性(沉降性)/级		6	6

17.16　磁漆

17.16.1　各类酚醛磁漆

各类酚醛磁漆适用于由干性植物油和松香改性酚醛树脂熬炼后与颜料及体质颜料研磨，加入催干剂，并以SH0005油漆溶剂油或松节油调制而成的各色酚醛磁漆。该漆漆膜坚硬，光泽、附着力较好，但耐候性差，主要用于建筑工程、交通工具、机械设备等室内木材和金属表面的涂覆，作保护装饰之用。

各类酚醛磁漆的技术要求如表17-186所示。

表17-186　各类酚醛磁漆的技术要求（HG/T 3349—2003）

项　目		技　术　要　求	项　目		技　术　要　求
漆膜颜色及外观		各色平整光滑	干燥时间/h	表干	≤6
黏度(涂-4杯)/s		≥70		实干	≤18
细度/μm		≤30	双摆硬度		≥0.25
遮盖力/(g/m²)	黑色	≤40	柔韧性/mm		1
	铁红、草绿色	≤60	耐冲击性/cm		50
	绿、灰色	≤70	附着力/级		≤2
	蓝色	≤80	光泽度(60°,%)		≥90
	浅灰色	≤100	耐水性(浸2h，取出后恢复2h)		保持原状，附着力不减
	红、黄色	≤160			
	其他色	商定	回黏性/级		≤2

17.16.2　各色硝基外用磁漆

各色硝基外用磁漆是由硝化棉、醇酸树脂（或加适量其他合成树脂），各种颜料、增塑剂和有机溶剂等调制而成的。该漆主要用于机器设备和工具等金属表面的保护和装饰。

各色硝基外用磁漆的技术要求如表 17-187 所示。

表 17-187　各色硝基外用磁漆的技术要求（HG/T 2277—1992）

项　　目		技　术　要　求		
		优等品	一等品	合格品
容器中状态		搅拌后无硬块，呈均匀状态		
细度/μm		≤15	≤20	—
施工性		喷涂两道无障碍		
干燥时间 /min	表干	≤10		
	实干	≤50		
涂膜颜色及外观		符合标准样板及其色差范围，漆膜平整光滑		
遮盖力 （以干膜计） /(g/m)	黑色	≤20		
	铝色	≤30		
	深复色	≤40		
	浅复色、绿色	≤50		
	白色、正蓝	≤60		
	红色	≤70		
光泽度(60°,%)		≤80	≤75	≤70
回黏性/级		≤2	≤2	≤3
渗色性(白色、红色除外)		不渗色		
漆膜加热试验(在 100～105℃加热 2h)		允许轻微变化		
耐水性[浸于三级蒸馏水中，GB/T 6682]/h		36	24	24
		允许漆膜轻微发白、失光、起泡，在 2h 内恢复		
耐挥发性 溶剂	浸于 90 号溶剂油（GB 1922）：甲苯 ＝9∶1 的混合溶剂中 2h	无异常		
	浸于 90 号溶剂油（GB 1922）中 2h			
固体含量(质 量分数,%)	红色、黑色、深蓝、紫红、铝色	≥34		
	白色及其他各色	≥38		
溶剂可溶物中硝基		存在硝基		
闪点/℃		≥3		

注：铝色漆加入铝粉浆后，细度、光泽两项指标不检验。

17.16.3　各类氨基烘干磁漆

各类氨基烘干磁漆的技术要求如表 17-188 所示。

表 17-188　各类氨基烘干磁漆的技术要求（HG/T 2594—1994）

项　　目	技　术　要　求		
	Ⅰ 型	Ⅱ 型	Ⅲ 型
容器中状态	搅拌后无硬块，呈均匀状态		

（续）

项 目		技 术 要 求		
		I 型	II 型	III 型
施工性		喷涂两道无障碍		
干燥时间/min		30(130℃)	30(120℃)	30(130℃)
漆膜外观		平整光滑		
遮盖力 /(g/m²)	白色	≤110		
	黑色	≤40		
	红色	≤160		
	中绿色	≤55		
	其他色	商定		
光泽度(60°,%)		≥90		
耐冲击性/cm		≥40		
渗色性		除红色允许有轻微渗色外，其他颜色不应有渗色		
(铅笔)硬度		≥HB		
耐光性		—	允许颜色变化 不大于灰卡三级	—
弯曲试验/mm		≤3		
漆膜加热试验(150℃，1.5h)		颜色光泽稍有变化并通过10mm弯曲试验		
耐水性	40℃±1℃，72h	—	—	无异常
	40℃±1℃，24h	—	无异常	
耐碱性(40℃±1℃，5% NaOH， 24h)			无异常	无异常
耐酸性(10% H₂SO₄，5h)		无起泡，无剥落，与标准样品相比，其颜色、光泽差异不大	—	无起泡，无剥落，与标准样品相比，其颜色、光泽差异不大
耐湿热性(6h)				不起泡
耐挥发油性(4h)		无异常		
不挥发物 (质量分数, %)	白色	≥60		
	浅色	≥55		
	深色及其他色	≥47		
耐污染性		商定		
溶剂可溶物 组成	硝基纤维素	不存在		
	邻苯二甲酸酐(质量分数,%)	≥12		
	含氮量(质量分数,%)	≥4		
贮存稳定性(50℃，72h)		稳定		

（续）

项　目	技 术 要 求		
	Ⅰ型	Ⅱ型	Ⅲ型
耐候性(12 个月)	无起泡、开裂、剥落、生锈，与标准样品相比颜色和光泽变化不大，粉化 2 级	—	无起泡、开裂、剥落、生锈，与标准样品相比颜色和光泽变化不大，粉化 2 级
细度/μm	≤20		

17.16.4　各类过氯乙烯磁漆

各类过氯乙烯磁漆是由过氯乙烯树脂、醇酸树脂、增塑剂、颜料、体质颜料（半光磁漆）及有机混合溶剂等调制而成的，分为有光磁漆（Ⅰ型）和半光磁漆（Ⅱ型）。

各类过氯乙烯磁漆的技术要求如表 17-189 所示。

表 17-189　各类过氯乙烯磁漆的技术要求　（HG/T 2596—1994）

项　目		技 术 要 求	
		Ⅰ型	Ⅱ型
漆膜颜色及外观		符合商定标准色卡及其色差范围，漆膜平整、光亮	符合商定标准色卡及其色差范围，漆膜平整、半光
细度/μm		≤36	—
流出时间/s		25～80	20～55
不挥发物含量(质量分数,%)	红、蓝、黑色	≥26	≥26
	其他各色	≥31	≥33
遮盖力/(g/m²)	黑色	≤20	≤20
	深复色	≤40	≤50
	浅复色	≤50	≤70
	白、正蓝色	≤60	≤60
	红色	≤80	≤80
	黄色	≤90	—
	深蓝、紫红色	≤100	—
	柠檬黄色	≤120	—
干燥时间/min	表干	≤20	—
	实干	≤60	≤60
硬度	单摆仪/s	≥42	≥42
	双摆仪	≥0.40	≥0.40
弯曲试验/mm		≤2	≤2
耐冲击性/cm		50	50
划格试验/级		≤2	≤2
光泽度(60°,%)	黑色	85	—
	各色	75	20～40

（续）

项　目		技　术　要　求	
		Ⅰ型	Ⅱ型
磨光性(60°,%)	黑色	75	—
	各色	65	
耐油性(浸入油中24h或60~65℃油中3h)			不起泡,不脱落,不膨胀,允许漆膜颜色轻微变黄
耐水性(24h)		不起泡,不脱落,允许漆膜颜色轻微变白	
闪点/℃		≥ -4	

17.16.5　电气绝缘用醇酸磁漆

1. 电气绝缘用醇酸磁漆的命名（表17-190）

表17-190　电气绝缘用醇酸磁漆的命名（JB/T 9555—1999）

序号	名称	使　用　范　围
1320	醇酸灰瓷漆	适用于电机和电器线圈的覆盖
1321	醇酸晾干灰瓷漆	适用于电机定子和电器线圈的覆盖及各种零件的表面修饰
1322	醇酸晾干红瓷漆	适用于电机定子和电器线圈的覆盖及各种零件的表面修饰

2. 电气绝缘用醇酸磁漆的技术要求（表17-191）

表17-191　电气绝缘用醇酸磁漆的技术要求（JB/T 9555—1999）

序号	名　称		技　术　要　求		
			1320	1321	1322
1	漆膜外观		漆膜应平整、光滑、有光泽		
2	漆膜颜色		B03、B04、B05		R01
3	黏度(涂-4 杯, 23℃±2℃)/s		≥30		
4	固体含量(105℃±2℃, 2h; 质量分数,%)		65±5		
5	细度/μm		≤20		≤25
6	漆膜干燥要求	23℃±2℃, 24h	—	不黏	
		105℃±2℃, 3h	不黏	—	
7	遮盖力/(g/m²)		≤140	≤125	≤80
8	漆膜双摆硬度		≥0.55	≥0.45	≥0.45
9	弹性(心轴直径3mm, 150℃±2℃)	10h	不开裂	—	—
		1h	—	不开裂	—
		5h	—	—	不开裂
10	工频电气强度/(MV/m)	23℃±2℃	≥30	≥30	≥30
		浸水24h后	≥10	≥10	≥7
11	体积电阻率/Ω·m	23℃±2℃	≥1.0×10¹¹	≥1.0×10¹⁰	≥1.0×10¹⁰
		浸水24h后	≥1.0×10⁸	≥1.0×10⁸	≥1.0×10⁸

（续）

序号	名　称	技　术　要　求		
		1320	1321	1322
12	耐电弧件/s	≥120		≥100
13	耐绝缘液体能力（105℃±2℃，变压器油中，24h）	漆膜不溶解、起泡、起皱、松胀		

17.16.6　电冰箱用磁漆

电冰箱用磁漆是适用于涂覆电冰箱的冷冻室门冷藏室门及箱体部位的磁漆，分为一般电冰箱磁漆（Ⅰ型）和高固体分电冰箱磁漆（Ⅱ型）两类。

电冰箱用磁漆的技术要求如表 17-192 所示。

表 17-192　电冰箱用磁漆的技术要求（HG/T 2005—1991）

项　目		技　术　要　求	
		Ⅰ型	Ⅱ型
漆膜颜色及外观		漆膜平整、光滑，符合标准样板及色差范围	
黏度(6 号杯)/s		≥35	
细度/μm		≤20	
不挥发物(质量分数,%)		≥50	≥65
烘干温度、时间		按品种定	
光泽度(%)		≥80	
铅笔硬度		≥2H	
附着力/级		≤1	
杯突/mm		≥5	
耐水性(100h)		不起泡，允许轻微变色	
耐碱性(38℃±1℃，10g/LNaOH，20h)		不起泡	
耐盐雾性/级	168h	≤2	—
	200h	—	≤1
耐湿热性/级	240h	≤3	—
	200h	—	≤1
防食物侵蚀性	西红柿酱(24h)	允许出现轻微色斑	
	咖啡(24h)	允许出现轻微色斑	
耐乙醇性		漆层不得出现软化现象、磨损迹象和永久性脱色现象	
闪点/℃		≥25	

17.17　防锈漆

17.17.1　云铁酚醛防锈漆

云铁酚醛防锈漆是由酚醛漆料与云母氧化铁等防锈颜料研磨后，加入催干剂及混合溶剂调制而成的。该漆防锈性能好，干燥快，遮盖力、附着力强，无铅毒，主要用于桥梁、铁塔、车辆、船舶、油罐等户外钢铁结构上作防锈打底之用。

云铁酚醛防锈漆的技术要求如表 17-193 所示。

表 17-193 云铁酚醛防锈漆的技术要求（HG/T 3369—2003）

项　目		技 术 要 求	项　目	技 术 要 求
漆膜颜色及外观		红褐色,色调不定,允许略有刷痕	双摆硬度	≥0.30
			耐冲击性/cm	50
黏度(涂-4 杯)/s		70 ~ 100	柔韧性/mm	1
细度/μm		≤75	附着力/级	1
干燥时间/h	表干	≤3	耐盐水性（浸入 3% NaCl 溶液 120h）	不起泡,不生锈
	实干	≤20		
遮盖力/(g/m²)		≤65		

17.17.2 G52-31 各色过氯乙烯防腐漆

G52-31 各色过氯乙烯防腐漆是由过氯乙烯树脂、醇酸树酯、各色颜料、增塑剂和有机溶液等调制而成的,漆膜具有优良的耐蚀性和耐潮性,用于各种化工机械、管道、设备、建筑等金属或木材表面上,可防止酸碱及其他化学药品的腐蚀。

G52-31 各色过氯乙烯防腐漆的技术要求如表 17-194 所示。

表 17-194 G52-31 各色过氯乙烯防腐漆的技术要求（HG/T 3358—1987）

项　目		技 术 要 求
漆膜颜色和外观		符合标准样板及其色差范围, 平整光亮
黏度(涂-4 杯)/s		30 ~ 75
固体含量(质量分数,%)	铝色、红、蓝、黑色	≥20
	其他色	≥28
遮盖力（以干膜计）/(g/m²)	黑色	≤30
	深灰色	≤50
	浅类色	≤65
	白色	≤70
	红色、黄色	≤90
	深蓝色	≤110
干燥时间(实干)/min		≤60
双摆硬度		≥0.40
柔韧性/mm		1
冲击强度/kg·cm		50
附着力/级		≤3
复合涂层耐酸性(浸 30d)		不起泡, 不脱落
复合涂层耐碱性(浸 20d)		不起泡, 不脱落(铝色不测)

注：复合涂层耐酸性及耐碱性两项为生产厂保证项目,不作出厂检验项目。

17.18　浸渍漆

17.18.1　有机硅浸渍漆

有机硅浸渍漆的技术要求如表 17-195 所示。

表 17-195　有机硅浸渍漆的技术要求（JB/T 3078—1999）

序号	项　目		技 术 要 求	
			1053	1054
1	外观		漆应溶解均匀，无杂质胶粒，允许有乳白光，漆膜干后应光滑	
2	黏度(涂-4 杯，23℃ ±2℃)/s		25 ~ 60	20 ~ 60
3	固体含量(135℃ ±2℃，3h；质量分数,%)		50 ~ 55	
4	漆膜干燥时间	200℃ ±2℃，2h	不黏	—
		180℃ ±2℃，1h	—	不黏
5	厚层固化能力		不次于 S1、U1、I4.2，均匀	
6	漆在敞口容器中的稳定性		黏度增长值不超过起始值的 4 倍	
7	漆对漆包线的作用		铅笔硬度≥H	
8	弹性(心轴直径 3mm)	200℃ ±2℃，150h	不开裂	—
		200℃ ±2℃，75h	—	不开裂
9	工频电气强度 /(MV/m)	23℃ ±2℃	≥70	≥90
		200℃ ±2℃	≥30	≥30
		23℃ ±2℃，浸水 24h 后	≥60	≥60
10	体积电阻率 /Ω·m	23℃ ±2℃	≥1.0×10^{12}	≥1.0×10^{12}
		200℃ ±2℃	≥1.0×10^{9}	≥1.0×10^{9}
		23℃ ±2℃，浸水 7d 后	≥1.0×10^{6}	≥1.0×10^{7}
11	耐溶剂蒸汽性(苯、丙酮、甲醇、己烷、二硫化碳)		涂层附着情况无变化，如不剥离、不起泡、不滴流、不发黏(允许轻微发黏)，五种溶剂通过其中任意两种	

17.18.2　改性聚酯浸渍漆

改性聚酯浸渍漆的技术要求如表 17-196 所示。

表 17-196　改性聚酯浸渍漆的技术要求（JB/T 7094—1993）

序号	项　目	技 术 要 求
1	外观	漆应是均匀透明液体，无机械杂质，干后漆膜应光滑
2	黏度(涂-4 杯，23℃ ±1℃)/s	35 ± 10
3	固体含量(105℃ ±2℃，2h；质量分数,%)	46 ± 2
4	闪点/℃	供需双方商定
5	厚层固化能力	不差于 S1、U1、I4.2，均匀
6	漆在敞口容器中的稳定性	黏度增长值不大于标称值的 4 倍
7	漆对漆包线的作用	铅笔硬度不软于 H

（续）

序号	项　目		技　术　要　求
8	体积电阻率 /MΩ·m	浸水前，23℃±2℃	$\geqslant 1.0 \times 10^4$
		浸水 7d 后	$\geqslant 1.0 \times 10$
9	电气强度 /（MV/m）	浸水前，23℃±2℃	$\geqslant 70$
		浸水 24h 后	$\geqslant 60$
		155℃±2℃	$\geqslant 30$
10	耐溶剂蒸汽性(23℃±2℃，7d 后)		附着情况无变化，不剥落，不起泡，不流挂，不发黏（允许稍有发黏），至少用两种溶剂试验均能达到前述要求
11	弹性（心轴直径 3mm）		不开裂
12	温度指数		$\geqslant 155$

17.18.3　亚胺环氧浸渍漆

亚胺环氧浸渍漆的技术要求如表 17-197 所示。

表 17-197　亚胺环氧浸渍漆的技术要求（JB/T 7095—1993）

序号	项　目		技　术　要　求	
1	外观		漆液均匀，不应呈乳浊状，不含机械杂质，干后漆膜较光滑	
2	黏度（涂-4 杯，23℃±1℃）/s		16±4	35±10
3	固体含量（130℃±2℃，2h；质量分数,%）		45±2	
4	干燥时间（135℃±2℃）/min		≤90	
5	厚层固化能力		不差于 S1、U1、I4.2，均匀	
6	闪点/℃		供需双方商定	
7	漆在敞口容器中的稳定性		黏度增长值不超标称值的 4 倍	
8	漆对漆包线的作用		铅笔硬度不软于 H	
9	粘结强度 /N	常态	$\geqslant 80$	
		155℃±2℃	$\geqslant 8$	
10	电气强度 /（MV/m）	浸水前，23℃±2℃	$\geqslant 70$	
		155℃±2℃	$\geqslant 40$	
		浸水 24h 后	$\geqslant 60$	
11	体积电阻率 /MΩ·m	浸水前，23℃±2℃	$\geqslant 1.0 \times 10^8$	
		155℃±2℃	$\geqslant 1.0 \times 10^2$	
		浸水 7d 后	$\geqslant 1.0 \times 10^3$	
12	耐溶剂蒸汽性		附着情况无变化，不剥落，不起泡，不流挂，不发黏（或稍有发黏），任选五种溶剂试验至少有两种通过	
13	温度指数		$\geqslant 155$	

17.18.4　环氧少溶剂浸渍漆

1. 环氧少溶剂浸渍漆的技术要求（表 17-198）

表 17-198　环氧少溶剂浸渍漆的技术要求（JB/T 7771—1995）

序号	项　目		技 术 要 求
1	外观		漆应为透明液体，无机械杂质和不溶解的粒子，固化扣漆膜应平整光滑
2	黏度(涂-4 杯，23℃±1℃)/s		20 ~ 60
3	固体含量(145℃±2℃，2h；质量分数，%)		≥70
4	闪点/℃		由供需双方商定
5	厚层固化能力		不次于 S1、U1、I4.2，均匀
6	漆在敞口容器中的稳定值		黏度增长值不大于初始值的 4 倍
7	漆对漆包线的作用		铅笔硬度不软于 H
8	弹性		不开裂
9	体积电阻率 /Ω·m	常态时	≥1×10^{12}
		浸水 7d 后	≥1×10^{10}
10	电气强度 /(MV/m)	常态时	≥80
		浸水 24h 后	≥60
		130℃±2℃	≥30
11	耐溶剂蒸汽性(苯、丙酮、甲醇、己烷、二硫化碳)，在 23℃±2℃下暴露 7d 后		附着情况无变化，不剥落，不起泡，不流挂，不发黏(或稍有发黏)，五种溶剂试验至少有两种通过
12	长期耐热性(温度指数)		≥130

2. 环氧少溶剂浸渍漆的固体含量与漆量的关系（表 17-199）

表 17-199　环氧少溶剂浸渍漆的固体含量与漆量的关系（JB/T 7771—1995）

被试漆的固体含量(质量分数,%)	70	71	72	73	74
漆量/g	14.3	14.1	13.9	13.7	13.5

17.18.5　环氧酯浸渍漆

环氧酯浸渍漆的技术要求如表 17-200 所示。

表 17-200　环氧酯浸渍漆的技术要求（JB/T 9557—1999）

序号	项　目	技 术 要 求
1	外观	漆应溶解均匀，不应呈乳浊状和含有杂质，漆膜干后应平滑
2	黏度(涂-4 杯，23℃±2℃)/s	45±6
3	固体含量(120℃±2℃，2h；质量分数，%)	50±2
4	漆膜干燥时间(120℃±2℃，2h)	不黏
5	厚层固化能力	不次于 S1、U1、I4.2，均匀

（续）

序号	项　目		技　术　要　求
6	酸值/（mgKOH/g）		≤6
7	漆在敞口容器中的稳定性		黏度增长值不大于起始黏度的 4 倍
8	漆对漆包线的作用		铅笔硬度≥H
9	弹性（心轴直径 3mm）		漆膜不开裂
10	工频电气强度 /（MV/m）	23℃±2℃	≥70
		130℃±2℃	≥30
		23℃±2℃，浸水 24h 后	≥60
11	体积电阻率 /Ω·m	23℃±2℃	≥1×10^{12}
		130℃±2℃	≥1×10^8
		23℃±2℃，浸水 7d 后	≥1×10^8
12	耐溶剂蒸汽性（苯、丙酮、甲醇、己烷、二硫化碳）		涂层附着无变化，不剥落，不起泡，不滴流，不发黏（仅允许稍有发黏），五种溶剂试验至少有两种通过
13	温度指数 TI		≥130

17.18.6　氨基醇酸快固化浸渍漆

氨基醇酸快固化浸渍漆的技术要求如表 17-201 所示。

表 17-201　氨基醇酸快固化浸渍漆的技术要求（JB/T 8504—1996）

序号	项　目		技　术　要　求
1	外观		漆液应溶解均匀，无机械杂质，干后漆膜光滑
2	黏度（涂-4 杯，23℃±1℃）/s		35±10
3	固体含量（105℃±2℃，2h；质量分数，%）		±2
4	漆膜干燥时间（105℃±2℃）/h		≤1
5	厚层固化能力		不次于 S1、U1、I4.2，均匀
6	闪点/℃		记录实测数据
7	漆在敞口容器中的稳定值		黏度增长不超过起始值的 4 倍
8	漆对漆包线的作用		铅笔硬度不软于 H
9	弹性（心轴直径 3mm）		不开裂
10	电气强度 /（MV/m）	常态时	≥80
		130℃±2℃	≥40
		浸水 24h 后	≥60
11	体积电阻率 /Ω·m	常态	≥1×10^{12}
		130℃±2℃	≥1×10^7
		浸水 7d 后	≥1×10^8
12	耐溶剂蒸汽性（苯、丙酮、甲醇、己烷、二硫化碳）		涂层附着无变化，不剥落，不起泡，不流挂，不发黏（或稍有发黏），五种溶剂试验至少有两种通过
13	温度指数		≥130

17.19 船用漆

17.19.1 船壳漆

船壳漆的技术要求如表 17-202 所示。

表 17-202 船壳漆的技术要求 （GB/T 6745—2008）

项　目		技　术　要　求
漆膜外观		正常
细度/μm		≤40
不挥发物质量分数(%)		≥50
干燥时间/h	表干	≤4
	实干	≤24
耐冲击性		通过
柔韧性/mm		1
光泽(60°)/单位值		商定
附着力(拉开法)/MPa		≥3.0
耐盐水性(天然海水或人造海水，27℃±6℃，48h)		漆膜不起泡，不脱落，不生锈
耐盐雾性(单组分漆400h，双组分漆1000h)		漆膜不起泡，不脱落，不生锈
耐人工气候老化性[(紫外 UVB-313，300h 或商定；或者氙灯，500h 或商定)]/级		漆膜颜色变化≤4 粉化≤2[①] 无裂纹
耐候性(海洋大气曝晒，12 个月)/级		漆膜颜色变化≤4 粉化≤2[①] 无裂纹

① 环氧类漆可商定。

17.19.2 船用油舱漆

船用油舱漆的技术要求如表 17-203 所示。

表 17-203 船用油舱漆的技术要求 （GB/T 6746—2008）

项　目		技　术　要　求
在容器中状态		搅拌后均匀无硬块
干燥时间/h	表干	≤6
	实干	≤24
涂膜外观		正常
适用期/h		商定
附着力/MPa		≥3
耐盐雾性(800h)		漆膜不起泡，不生锈，不脱落，允许轻微变色
耐盐水性(三个周期)		漆膜不起泡，不脱落
耐油性[耐汽油(120 号)或耐柴油(0 号)，21d]		漆膜不起泡，不脱落，不软化

17. 19. 3　船用防锈漆

船用防锈漆的技术要求如表 17-204 所示。

表 17-204　船用防锈漆的技术要求（GB/T 6748—2008）

项　　目		技　术　要　求
固体含量(质量分数,%)		商定
密度/(g/mL)		
黏度/s		
闪点/℃		
干燥时间/h	表干	商定
	实干	≤24
适用期（Ⅰ型）		商定
附着力/MPa	Ⅰ型	≥5
	Ⅱ型	≥3
柔韧性/mm		≤2
耐盐水性[(27±6)℃, 96h]		漆膜无剥落，无起泡，无锈点，允许轻微变色、失光
耐盐雾性	Ⅰ型(336h)	漆膜无起泡，无脱落，无锈蚀
	Ⅱ型(168h)	
对面漆适应性		无不良现象
施工性		通过

17. 19. 4　船用甲板漆

船用甲板漆的技术要求如表 17-205 所示。

表 17-205　船用甲板漆的技术要求（GB/T 9261—2008）

项　　目		技　术　要　求
涂膜外观		正常
不挥发物质量分数(%)		≥50
干燥时间/h	表干	≤4
	实干	≤24
耐冲击性		通过
附着力/MPa		≥3.0
耐磨性(500g, 500r)/mg		≤100
耐盐水性(天然海水或人造海水, 27℃±6℃, 48h)		漆膜不起泡，不脱落，不生锈
耐柴油性(0 号柴油, 48h)		漆膜不起泡，不脱落
耐十二烷基苯磺酸钠(1% 溶液, 48h)		漆膜不起泡，不脱落
耐盐雾性(单组分漆 400h, 双组分漆 1000h)		漆膜不起泡，不脱落，不生锈
耐人工气候老化性（紫外 UVB-313, 300h 或商定；或者氙灯, 500h 或商定）/级		漆膜颜色变化≤4 粉化≤2[①] 无裂纹

（续）

项　目	技 术 要 求
耐候性（海洋大气曝晒，12 个月）/级	漆膜颜色变化≤4 粉化≤2① 无裂纹
防滑性（干态摩擦因数）②	≥0.85

① 环氧类漆可商定。

② 仅适用于防滑型甲板漆。

17.19.5　船用货舱漆

船用货舱漆的技术要求如表 17-206 所示。

表 17-206　船用货舱漆的技术要求（GB/T 9262—2008）

项　目		技 术 要 求	
		Ⅰ 型	Ⅱ 型
涂膜外观		正常	
在容器中状态		搅拌后均匀无硬块	
干燥时间/h	表干	≤4	
	实干	≤24	
附着力/MPa		≥3	
耐磨性（500g，500r）/mg		≤100	
适用期/h		—	商定
柔韧性/mm		≤3	—
耐冲击性/cm		≥40	商定
耐盐雾性		500h 无剥落，允许变色不大于 3 级，起泡 1（S2），生锈 1（S3）	1000h 无剥落，允许变色不大于 2 级，起泡 1（S1），生锈 1（S1）

17.20　其他漆

17.20.1　气雾漆

气雾漆是指把树脂、液态溶剂、颜填料、抛射剂等装入气雾罐中，通过阀门释放装置控制，使该混合物以气溶胶形式喷出的自加压包装形式的产品。

气雾漆的质量要求如表 17-207 所示，气雾漆的包装要求如表 17-208 所示。

表 17-207　气雾漆的质量要求（BB/T 0047—2007）

项目		要　求
漆膜外观		色泽均匀、平整光滑
干燥时间/min	表干	≤10
	实干	≤60
光泽度（%）		红、黄≥70；其他颜色≥80；哑光漆≤10

（续）

项目	要 求
铅笔硬度	≥HB
划格试验/级	≤2
耐水性	24h 浸泡允许漆膜轻微变白但不起泡，不脱落，并在 2h 内恢复

表 17-208　气雾漆的包装要求（BB/T 0047—2007）

项 目	要 求	项 目	要 求
喷出率（%）	≥96	抗泄漏性（55℃）	无泄漏
内压（50℃）/MPa	≤0.8	充填率（%）	≥70

17.20.2　警车外观制式涂装用定色漆

警车外观制式涂装用定色漆喷涂后的漆膜表面应光滑，有光泽。白色漆膜与颜色样板的色差 ΔE 应不大于 2.0，藏蓝漆膜与颜色样板的色差 ΔE 应不大于 1.0。

警车外观制式涂装用定色漆的技术要求如表 17-209 所示。

表 17-209　警车外观制式涂装用定色漆的技术要求（GA 523—2004）

项 目	技 术 要 求
容器中的物料状态	应无异物，易搅起的均匀液体
细度/μm	≤10
划格试验/级	≤1
铅笔硬度（擦伤）	≥H
光泽度（60°，%）	白色，≥85；其他色，≥90
杯突试验/mm	≥4
耐水性（240h）	不起泡，不起皱，不脱落，允许轻微变色、失光
耐汽油性（4h）	不起泡，不起皱，不脱落，允许轻微变色、失光
耐人工气候老化性（800h）	应无明显龟裂，允许轻微变色，失光率≤2 级，变色≤1 级

17.20.3　生漆

生漆的技术要求如表 17-210 所示。

表 17-210　生漆的技术要求（GB/T 14703—2008）

项 目		一级	二级	三级
感官检验	色泽	乳白色至深棕褐色乳状液		
	转艳	由乳白色渐变至深咖啡色		层次分明，先后都快
	气味	酸香味浓	有酸香味	酸香味淡，无异味
	米星	较明显	明显	一般不明显
	丝路	丝条细长，回缩快	丝条较短，回缩较慢	丝条粗短，似缩非缩
	含渣量（质量分数，%）　≤	3	4	5

（续）

项　目		一级	二级	三级
理化指标	煎盘分数(质量分数,%) ≥	73	68	63
	漆酚总量(质量分数,%) ≥	65	58	50
	加热减量(质量分数,%) ≤	27	32	37
	含氮物与树胶质(质量分数,%)	6 ~ 14		
	表干时间/h ≤	4	3	3

17.20.4　可调色乳胶基础漆

可调色乳胶基础漆的技术要求如表 17-211 所示。

表 17-211　可调色乳胶基础漆的技术要求（GB/T 21090—2007）

项目	技　术　要　求		
	用于调浅色漆的可调色乳胶基础漆	用于调中等色漆的可调色乳胶基础漆	用于调深色漆的可调色乳胶基础漆
容器中状态	无硬块，搅拌后呈均匀状态		
固体含量(质量分数,%)	≥50		≥40
黏度/KU	≥75		
相容性	目测无浮色、发花		
	色差 ΔE≤0.5	色差 ΔE≤0.8	碳黑、铁红色差 ΔE≤1.0 酞菁蓝色差 ΔE≤1.5
颜色稳定性	色差 ΔE≤1.0		

17.20.5　耐电晕漆包线用漆

1. 耐电晕漆包线漆液的性能要求（表 17-212）

表 17-212　耐电晕漆包线漆液的性能要求（GB/T 24122—2009）

项　目	技　术　要　求
外观	漆液均匀，无机械杂质和颗粒
固体含量(质量分数,%)	38 ±3
黏度/s	300 ~ 700
纳米材料含量(质量分数,%)	≥6.0

2. 耐电晕漆包线漆中的限用物质（表 17-213）

表 17-213　耐电晕漆包线漆中的限用物质（GB/T 24122—2009）

限用物质	质量分数（%）	限用物质	质量分数（%）
镉(Cd)	≤0.01	六价格(Cr^{6+})	≤0.1
铅(Pb)	≤0.1	多溴联苯(PBBs)	≤0.1
汞(Hg)	≤0.1	多溴二苯醚(PBDEs)	≤0.1

3. 耐电晕漆包线用漆涂制绕组线的技术要求（表 17-214）

表 17-214　耐电晕漆包线用漆涂制绕组线的技术要求（GB/T 24122—2009）

序号	性　能		要　求
1	外观		漆包圆线表面光洁、色泽均匀，无影响性能的缺陷
2	圆棒卷绕		漆膜不开裂（1d）
3	拉伸		伸长 32% 后漆膜不开裂
4	急拉断		漆膜不开裂，不失去附着性
5	刮漆	平均值	不低于 9.5N
		最小值	不低于 8.1N
6	耐溶剂		在溶剂中浸泡后漆膜的铅笔硬度应不小于 H
7	耐冷冻剂（质量分数）		萃取物≤0.6%
8	击穿电压	（23±2）℃	5 个线样中至少 4 个不低于 4900V
		（180±2）℃	不低于 3700V
9	漆膜连续性		每 30m 长度内缺陷数不超过 5 个
10	耐电晕性		抗高频脉冲电压的能力在规定参数测试条件下，寿命应不小于 50h
11	热冲击（220℃，30min）		漆膜不开裂（2d）
12	软化击穿		在 320℃温度下 2min 内应不击穿
13	温度指数（RTD）		≥180

17.20.6　水泥地板用漆

水泥地板用漆以聚氨酯酚醛或环氧树脂为漆基，该漆主要用于水泥地板，也可用于木制地板的涂装。水泥地板用漆分为聚氨酯漆类（Ⅰ型）和酚醛漆类、环氧漆类（Ⅱ型）两种。

水泥地板用漆的技术要求如表 17-215 所示。

表 17-215　水泥地板用漆的技术要求（HG/T 2004—1991）

项　目		技　术　要　求	
		Ⅰ型	Ⅱ型
容器中状态		搅拌后无硬块	
刷涂性		刷涂后无刷痕，对底材无影响	
漆膜颜色及外观		滕膜平整、光滑	
黏度/s		30～70	
细度/μm		≤30	≤40
干燥时间/h	表干	≤1	≤6
	实干	≤4	≤24
铅笔硬度		≥B	≥2B
附着力/级		≤0	
遮盖力/(s/m²)		≤70	
耐水性（Ⅰ型 48h，Ⅱ型 24h）		不起泡，不脱落	
耐磨性/s		≤0.030	≤0.040
耐洗刷性/次		≥10000	

17.20.7　各类醇酸调合漆

各类醇酸调合漆的技术要求如表 17-216 所示。

表 17-216　各类醇酸调合漆的技术要求（HG/T 2455—1993）

项　　目		技　术　要　求
在容器中状态		搅拌后均匀，无硬块
漆膜颜色及外观		符合标准样板，在色差范围内，漆膜平整光滑
流出时间/s		≥40
细度/μm		≤35
干燥时间/h	表干	≤8
	实干	≤24
遮盖力/(g/m²)	红色、黄色	≤180
	蓝色、绿色	≤80
	白色	≤200
	黑色	≤45
光泽度(%)		≥80
双摆硬度		≥0.2
挥发物含量(质量分数,%)		≤50
施工性		涂刷时无障碍
重涂适应性		对重涂无障碍
闪点/℃		≥30
防结皮性(48h)		不结皮

17.20.8　各色环氧酯烘干电泳漆

各色环氧酯烘干电泳漆的技术要求如表 17-217 所示。

表 17-217　各色环氧酯烘干电泳漆的技术要求（HG/T 3366—2003）

项　　目	技　术　要　求		
	Ⅰ型		Ⅱ型
	一级	二级	
漆膜颜色及外观	各色，平整		
细度/μm	≤50	≤60	≤60
固体含量(质量分数,%)	≥48	≥48	≥70
槽液 pH 值(25℃)	7.5~9.0	7.5~9.0	8.5~9.5
槽液电导率(25℃)/(μS/cm)	≤2.0×10³		
槽液泳透力/cm	≥8.0	≥8.0	≥8.5
干燥时间(实干)/h	1[(160±2)℃]	1[(160±2)℃]	1[(180±2)℃]
柔韧性/mm	1		
附着力/级	≤2		

（续）

项　目		技 术 要 求		
		Ⅰ 型		Ⅱ 型
		一级	二级	
耐冲击性/cm		50		
耐盐水性(浸入 3% NaCl 溶液)		32h 不起泡，不脱落，允许轻微变色	24h 不起泡，不脱落，允许轻微变色	17h 不起泡，无锈点
光泽度(60°,%)	黑色	≥80	≥80	—
	其他色	≥50	≥50	

17.20.9　A16-51 各色氨基烘干锤纹漆

该漆由氨基树脂与油改性醇酸树脂用二甲苯与丁醇稀释后，加入非浮型铝粉浆配制而成，也可用各种锤纹漆色浆配制成色泽艳丽的锤纹漆。该漆漆膜表面似锤击铁板所留下的锤痕花纹，具有坚韧耐久、色彩调和、花纹美观等特点，适宜喷涂于各种医疗器械及仪器、仪表等各种金属制品表面作装饰涂料。

A16-51 各色氨基烘干锤纹漆的技术要求如表 17-218 所示。

表 17-218　A16-51 各色氨基烘干锤纹漆的技术要求（HG/T 3353—1987）

项　目	技术要求	项　目	技术要求
漆膜颜色及外观	符合标准样板及其色差范围	柔韧性/mm	1
黏度(涂-4 杯)/s	≥50	冲击强度/kg·cm	≥40
干燥时间(100℃±2℃)/h	≤3		

17.20.10　铝粉有机硅烘干耐热漆（双组分）

铝粉有机硅烘干耐热漆由清漆和铝粉组成，清漆是聚酯改性有机硅树脂的甲苯溶液，同时清漆与铝粉浆以 10∶1（质量比）均匀混合。该漆可以在 150℃烘干，能耐 500℃高温，主要用于涂覆高温设备的钢铁零件，如发动机外壳、烟囱、排气管、烘箱、火炉等。

铝粉有机硅烘干耐热漆（双组分）的技术要求如表 17-219 所示。

表 17-219　铝粉有机硅烘干耐热漆（双组分）的技术要求（HG/T 3362—2003）

项　目	技 术 要 求
漆膜颜色及外观	银灰色，漆膜平整
黏度(清漆)(涂-4 杯)/s	12 ~ 20
酸值(清漆)(以 KOH 计)/(mg/g)	≤10
固体含量(清漆)(质量分数,%)	≥34
干燥时间[(150±2)℃]/h	≤2
柔韧性/mm	≤3
耐冲击性/cm	≥35
附着力/级	≤2
耐水性(浸于蒸馏水中 24h，取出放置 2h 后观察)	漆膜外观不变
耐汽油性(浸于 RH-75 汽油中 24h，取出放置 1h 后观察)	漆膜不起泡，不变软
耐热性[(500±20)℃，烘烤 3h 后测耐冲击性]/cm	≥15

17.20.11　钢结构桥梁漆

钢结构桥梁漆指用于钢结构桥梁的面漆、底漆、中间漆。按使用年限分为两类：①使用年限在 5 ~ 15 年，通称为普通型（包括底漆和面漆）；②使用年限在 15 年以上，通称为长效型（包括底漆、中间漆和面漆）。

1. 钢结构桥梁面漆的技术要求（表 17-220）

表 17-220　钢结构桥梁面漆的技术要求（HG/T 3656—1999）

项　目		技　术　要　求	
		普通型面漆	长效型面漆
在容器中状态		搅拌后无硬块，呈均匀状态	
漆膜外观		漆膜平整	
细度/μm	含片状(金属)颜料漆	≤80	
	其他	≤60	
附着力(划格法)/级		≤1	
耐弯曲性/mm		2，无破坏	商定
耐冲击性/cm		50	
干燥时间/h	表干	≤10	商定
	实干	≤24	商定
耐水性		8h 不起泡，不脱落，允许轻微失光和变色	12h 不起泡，不脱落，允许轻微失光和变色
施工性		喷涂、刷涂无障碍	喷涂、刷涂无障碍
贮存稳定性	结皮性/级	8	10
	沉降性(1 年)/级	6	8
耐人工加速老化性		400h 不起泡，不开裂，允许 2 级变色和 2 级粉化	800h 不起泡，不开裂，允许 2 级变色和 2 级粉化
耐盐雾性		—	1000h 不起泡，不脱落

2. 钢结构桥梁底漆和中间漆的技术要求（表 17-221）

表 17-221　钢结构桥梁底漆和中间漆的技术要求（HG/T 3656—1999）

项　目		技　术　要　求		
		普通型底漆	长效型底漆	长效型中间漆
在容器中状态		搅拌后无硬块，呈均匀状态		
漆膜外观		漆膜平整，允许略有刷痕		
细度/μm	含片状(金属)颜料漆	≤90		
	其他	≤60		
附着力(划格法)/级		≤1		
耐弯曲性/mm		2		
耐冲击性/cm		≥40		

（续）

项　目		技　术　要　求		
		普通型底漆	长效型底漆	长效型中间漆
干燥时间/h	表干	≤4		
	实干	≤24		
耐盐水性（3% NaCl 溶液）		144h 不起泡，不生锈	240h 不起泡，不生锈	—
贮存稳定性	结皮性/级	8	—	—
	沉降性（1 年）/级	6		
施工性		喷涂，刷涂无障碍		

17.20.12　电子元件漆

电子元件漆是以醇酸酚醛环氧有机硅等树脂为漆基的电阻器、电容器、电位器等电子元件用漆，分为电阻器漆、电容器漆及电位器漆，电阻器漆又可分为流水线型及非流水线型。

电子元件漆的技术要求如表 17-222 所示。

表 17-222　电子元件漆的技术要求（HG/T 2003—1991）

项　目		技　术　要　求			
		电阻器漆		电容器漆	电位器漆
		流水线型	非流水线型		
原漆外观及透明度/级		—		—	无机械杂质≤2
漆膜颜色及外观		符合标准样板及色差范围，平整光滑			
黏度/s	6 号杯	≥30		≥30	
	4 号杯	—		—	≥60
细度/μm		≤35		≤35	
柔韧性/mm		≤3		≤3	
附着力/级		≤2		—	
干燥时间	(120±2)℃/h	—		≤3	—
	(140±2)℃/h	—		≤2	—
	(150±2)℃/h	—	≤3.5	—	≤1
	(160±2)℃/h	≤5		—	—
	(180±2)℃/min	≤3		—	—
不挥发物含量（质量分数，%）		—			≥40
吸水率（%）		—			≤1
耐湿热性/级	醇酸、酚醛类(48h)	≤1		≤1	—
	环氧类(240h)	≤1		≤1	—
	有机硅类(360h)	≤1		≤1	—
耐温变性（3 个周期）		漆膜不开裂，不鼓泡，不脱落			—
体积电阻率/Ω·cm	常态	—		≥1×10¹³	—
	浸水	—		≥1×10¹¹	—

注：若产品的干燥时间、耐湿热性、耐温变性、体积电阻率四项测试条件另有规定（或要求）时，则可按其规定（或要求）进行试验。

17.20.13　电力半导体器件工艺用有机硅漆

电力半导体器件工艺用有机硅漆的技术要求如表 17-223 所示。

表 17-223　电力半导体器件工艺用有机硅漆的技术要求（JB/T 7622—1994）

项目	固体含量 （质量分数,%）	钠离子含量 （×10⁻⁶）	黏度 (4 号杯)/s	干燥时间 /h	电气强度/（kV/mm）			体积电阻率/Ω·cm		
					常态	热态	受潮	常态	热态	受潮
指标	≥65	≤3	≥60	≤1	≥90	≥30	≥70	≥10^{15}	≥10^{11}	≥10^{14}

17.20.14　油性硅钢片漆

油性硅钢片漆的技术要求如表 17-224 所示。

表 17-224　油性硅钢片漆的技术要求（JB/T 904—1999）

序号	项　　目	技　术　要　求
1	外观	漆应溶解均匀，不应呈乳浊状，不应含有杂质，漆膜干后应光滑
2	黏度(涂-4 杯，23℃±2℃)/s	≥70
3	固体含量(105℃±2℃，2h；质量分数,%)	60±3
4	漆膜干燥时间(210℃±2℃，12min)	不黏
5	耐绝缘液体能力(105℃±2℃变压器油中，24h)	漆膜不起泡、起皱、碎裂或剥落，不因漆膜变软或碎裂而使脱脂棉沾污
6	体积电阻率(23℃±2℃)/Ω·m	≥$1.0×10^{11}$

第18章　腻子和密封胶

18.1　腻子

18.1.1　各类醇酸腻子

各类醇酸腻子是指由醇酸树脂、颜料、体质颜料、催干剂和溶剂调制而成的腻子。该腻子易于涂刮，涂层坚硬，附着力好，主要用于填平金属及木制品的表面。

1. 各类醇酸腻子的技术要求（表 18-1）

表 18-1　各类醇酸腻子的技术要求（HG/T 3352—2003）

项　目	技 术 要 求
腻子外观	无结皮和搅不开的硬块
腻子膜颜色及外观	各色，色调不定，腻子膜应平整，无明显粗粒，无裂纹
稠度/cm	9～13
干燥时间（实干）/h	≤18
涂刮性	易涂刮，不卷边
柔韧性/mm	≤100
打磨性（加200g砝码，P400水砂纸打磨100次	易打磨成均匀平滑表面，无明显白点，不粘砂纸

2. 施工方法

1）涂有底漆的表面上涂刮腻子，每次以刮 0.5mm 厚度为限。如需刮多层才能填平物面时，必须待底层干燥 18h 后才能涂刮下一层。若在二层间喷上或涂上头道或二道底漆，则更为牢固。腻子干膜总厚度不得超过 1mm。

2）使用时若腻子稠度过大，可适当加入松香水或醇酸漆稀释剂进行稀释，不得加水和其他填充料。

3）配套面漆为醇酸磁漆、氨基烘漆、沥青漆等，如与烘干面漆配套时，腻子层必须进行烘干后，才可罩面漆。

18.1.2　各色环氧酯腻子

各色环氧酯腻子是指由环氧树脂、植物油酸、颜料、体质颜料、催干剂、二甲苯、丁醇等有机溶剂调制而成的腻子。该腻子膜坚硬，耐潮性好，与底漆有良好的结合力，经打磨后表面光洁，主要用于各种预先涂有底漆的金属表面填平。环氧酯腻子分为Ⅰ型和Ⅱ型两类，Ⅰ型为烘干型，Ⅱ型为自干型。

1. 各色环氧酯腻子的技术要求（表18-2）

表 18-2　各色环氧酯腻子的技术要求（HG/T 3354—2003）

项　目		技　术　要　求	
		Ⅰ 型	Ⅱ 型
腻子外观		无结皮和搅不开的硬块	
腻子膜颜色及外观		各色，色调不定，腻子膜应平整，无明显粗粒，无裂纹	
稠度/cm		10 ~ 12	
干燥时间/h	自干	—	≤24
	烘干(105 ± 2)℃	≤1	—
涂刮性		易涂刮，不卷边	
柔韧性/mm		50	
耐冲击性/cm		≥15	—
打磨性(加200g砝码，用P400 或 P320 水砂纸打磨100 次)		易打磨成平滑无光表面，不粘水砂纸	
耐硝基漆性		漆膜不膨胀，不起皱，不渗色	

2. 施工方法

1）用于填补预先涂有底漆的金属表面凹凸不平处或钉眼接缝处，腻子膜厚度不超过0.5mm。如需涂刮第二道时，必须待第一道实际干透，用水砂纸粗打磨后再涂刮。待最后一道腻子实际干燥后，水磨平滑。烘干型在 60 ~ 65℃条件下烘 30min 后，自干型在室温下干燥 12h 后，再喷涂一道底漆。烘干腻子涂刮后应在室内放置 30min，然后在 50 ~ 60℃条件下烘 30min，再在 100 ~ 110℃烘 1h。如需涂刮几道时，仍需照此操作进行，以免发生起泡、开裂现象。如稠度太大，可适当加二甲苯或双戊烯稀释。

2）配套漆为铁红醇酸底漆、环氧底漆、醇酸磁漆、各色氨基烘干磁漆、环氧烘漆等。

18.1.3　各色硝基腻子

各色硝基腻子是指由硝化棉、醇酸树脂等合成树脂、增塑剂、各色颜料、体质颜料和有机溶剂调制而成的腻子。该腻子干燥快，附着力好，容易打磨，主要用于涂有底漆的金属和木质物件表面作填平细孔或隙缝之用。

1. 各色硝基腻子的技术要求（表18-3）

表 18-3　各色硝基腻子的技术要求（HG/T 3356—2003）

项　目	技　术　要　求
腻子膜颜色及外观	各色，色调不定，腻子膜应平整，无明显粗粒，无裂纹
固体含量(质量分数,%)	≥65
干燥时间/h	≤3
柔韧性/mm	≤100
耐热性(湿膜干燥 3h 再在 65 ~ 70°C 烘 6h)	无可见裂纹
打磨性(加200g砝码，用P300 水砂纸打磨100 次)	打磨后应平整，无明显颗粒或其他杂质
涂刮性	易涂刮，不卷边

2. 施工方法

1）施工时如发现腻子太干，不易涂刮，可适当加入硝基漆稀释剂稀释。

2）该腻子不宜加入石膏，以免发生质量问题。

3）可与各种硝基漆和硝基底漆配套使用。

18.1.4　各色过氯乙烯腻子

各色过氯乙烯腻子是指由过氯乙烯树脂、增塑剂、各色颜料、体质颜料，酯、酮、芳烃类等混合溶剂调制而成的腻子。该腻子干燥快，主要用于填平已涂有醇酸底漆或过氯乙烯底漆的各种车辆、机床等钢铁或木质表面。

1. 各色过氯乙烯腻子的技术要求（表 18-4）

表 18-4　各色过氯乙烯腻子的技术要求（HG/T 3357—2003）

项　目	技　术　要　求
腻子外观	无机械杂质和搅不开的硬块
腻子膜颜色及外观	各色，色调不定，腻子膜应平整，无明显粗粒，无裂纹
固体含量（质量分数,%）	≥70
干燥时间（实干）/h	≤3
柔韧性/mm	≤100
耐油性（浸入 HJ-20 号机械油中 24h）	不透油
耐热性（湿膜自干 3h 后再在 60~70℃ 烘 6h）	无裂纹
打磨性（加砝码 200g，用 P200 水砂纸打磨 100 次）	打磨后应平整，无明显颗粒或其他杂质
涂刮性	易涂刮，不卷边
稠度/cm	8.5~14.0

2. 施工方法

1）涂刮时可用过氯乙烯漆稀释剂稀释，干燥后的腻子膜可干磨也可湿磨。

2）可涂于过氯乙烯底漆、醇酸底漆或环氧酯底漆上面，而腻子膜上面又可喷涂各种过氯乙烯面漆、酚醛磁漆及醇酸磁漆等。

3）不宜多次重复涂刮。

18.1.5　建筑外墙用腻子

建筑外墙用腻子是指以水泥、聚合物粉末、合成树脂乳液等材料为主要粘结剂，配以填料、助剂等制成的用于普通外墙、外墙外保温等涂料底层的外墙腻子。

1. 建筑外墙用腻子的分类

（1）普通型　适用于普通建筑外墙涂饰工程（不适宜用于外墙外保温涂饰工程），用符号 P 表示。

（2）柔性型　适用于普通外墙、外墙外保温等有抗裂要求的建筑外墙涂饰工程，用符号 R 表示。

（3）弹性型　适用于抗裂要求较高的建筑外墙涂饰工程，用符号 T 表示。

2. 建筑外墙用腻子的技术要求（表 18-5）

表 18-5　建筑外墙用腻子的技术要求①（JG/T 157—2009）

项　目		技　术　要　求		
		普通型（P）	柔性型（R）	弹性型（T）
容器中状态		无结块，均匀		
施工性		刮涂无障碍		
干燥时间（表干）/h		≤5		
初期干燥抗裂性（6h）	单道施工厚度≤1.5mm 的产品	1mm 无裂纹		
	单道施工厚度＞1.5mm 的产品	2mm 无裂纹		
打磨性		手工可打磨		—
吸水量/（g/10min）		≤2.0		
耐碱性（48h）		无异常		
耐水性（96h）		无异常		
粘结强度/MPa	标准状态	≥0.60		
	冻融循环（5 次）	≥0.40		
腻子膜柔韧性②		无裂纹（直径 100mm）	无裂纹（直径 50mm）	—
动态抗开裂性/mm	基层裂缝	≥0.04～0.08	≥0.08～0.3	≥0.3
低温贮存稳定性③		3 次循环不变质		

① 对于复合层腻子，复合制样后的产品应符合上述技术指标要求。
② 低柔性及高柔性产品通过腻子膜柔韧性或动态抗开裂性两项之一即可。
③ 液态组分或膏状组分需测试此项指标。

18.1.6　建筑室内用腻子

建筑室内用腻子是指以合成树脂乳液、聚合物粉末、无机胶凝材料等为主要粘结剂，配以填料、助剂等制成的室内找平用腻子。

1. 建筑室内用腻子的分类

（1）一般型　适用于一般室内装饰工程，用符号 Y 表示。
（2）柔韧型　适用于有一定抗裂要求的室内装饰工程，用符号 R 表示。
（3）耐水型　适用于要求耐水、高粘结强度场所的室内装饰工程，用符号 N 表示。

2. 建筑室内用腻子的技术要求（表 18-6）

表 18-6　建筑室内用腻子的技术要求（JG/T 298—2010）

项　目			技　术　要　求①		
			一般型（Y）	柔韧型（R）	耐水型（N）
容器中状态			无结块，均匀		
低温贮存稳定性②			3 次循环不变质		
施工性			刮涂无障碍		
干燥时间（表干）/h	单道施工厚度/mm	＜2	≤2		
		≥2	≤5		

（续）

项　目		技　术　要　求①		
		一般型（Y）	柔韧型（R）	耐水型（N）
初期干燥抗裂性(3h)		无裂纹		
打磨性		手工可打磨		
耐水性		—	4h 无起泡、开裂及明显掉粉	48h 无起泡、开裂及明显掉粉
粘结强度/MPa	标准状态	>0.30	>0.40	>0.50
	浸水后	—	—	>0.30
柔韧性		—	直径 100mm 无裂纹	—

① 在报告中给出 pH 实测值。

② 液态组分或膏状组分需测试此项指标。

18.1.7　外墙柔性腻子

1. 外墙柔性腻子的分类

外墙柔性腻子按其组分分为单组分和双组分：单组分（代号 D），包括水泥、可再分散聚合物粉末、填料以及其他添加剂等搅拌而成的粉状产品，使用时按生产商提供的配比加水搅拌均匀后使用；双组分（代号 S），包括水泥、填料以及其他添加剂组成的粉状组分和由聚合物乳液组成的液状组分，使用时按生产商提供的配比将两组分按配比搅拌均匀后使用。

2. 外墙柔性腻子的型号

外墙柔性腻子按适用的基面分为两种型号：Ⅰ型，适用于水泥砂浆、混凝土、外墙保温基面；Ⅱ型，适用于外墙陶瓷砖基面。

3. 外墙柔性腻子的技术要求（表 18-7）

表 18-7　外墙柔性腻子的技术要求（GB/T 23455—2009）

序号	项　目		技　术　要　求	
			Ⅰ型	Ⅱ型
1	混合后状态		均匀，无结块	
2	施工性		刮涂无障碍，无打卷，涂层平整	
3	干燥时间(表干)/h		≤4	
4	初期干燥抗裂性(6h)		无裂纹	
5	打磨性(磨耗值)/g		≥0.20	—
6	与砂浆的拉伸粘结强度/MPa	标准状态	≥0.6	
		碱处理	≥0.3	
		冻融循环处理	≥0.3	
7	与陶瓷砖的拉伸粘结强度/MPa	标准状态	—	≥0.5
		浸水处理	—	≥0.2
		冻融循环处理	—	≥0.2
8	柔韧性	标准状态	直径 50mm，无裂纹	
		冷热循环 5 次	直径 100mm，无裂纹	

4. 外墙柔性腻子检测用基材（表 18-8）

表 18-8　外墙柔性腻子检测用基材（GB/T 23455—2009）

试验项目		基　材	尺寸/mm	数量
施工性		无石棉纤维水泥平板	200×150	1
干燥时间		无石棉纤维水泥平板	150×70	1
初期干燥抗裂性		无石棉纤维水泥平板	200×150	3
打磨性		无石棉纤维水泥平板	φ100	2
与砂浆的拉伸黏结强度	标准状态	砂浆状	70×70×20	6
	碱处理			6
	冻融循环处理			6
与陶瓷砖的拉伸黏结强度	标准状态	陶瓷砖	50×50	6
	浸水处理			6
	冻融循环处理			6
柔韧性	标准状态	马口铁板(镀锡钢板)或镀锌钢板	50×120×(0.2~0.3)	3
	冷热循环		70×150×(0.2~0.3)	3

18.1.8　机床涂装用不饱合聚酯腻子

机床涂装用不饱合聚酯腻子的技术要求如表 18-9 所示。

表 18-9　机床涂装用不饱合聚酯腻子的技术要求（JB/T 7455—2007）

项　目	技　术　要　求
在容器中的状态	主剂：表面无结皮，搅拌时应色泽一致，无杂质异物，无沉底和搅不开的结块 固化剂：有一定黏度不致流淌，色泽均匀一致，不分层，不结块
混合性	应该容易均匀混合
适用期	混合均匀后能使用时间应可调，在（25±1）°C 时为 15~40min
涂刮性	易涂刮，不卷边
干燥时间	（25±1）°C 在 4h 以内
涂膜外观	表面平整，收缩小，孔、纹路、气泡不明显，无肉眼可见裂纹
打磨性	可以打磨
耐冲击性	3.92N·m（≈40kgf·cm）
对上下涂层的配套性	与标准样板比较无明显差异，并应有良好的结合力
储存稳定性	根据地区要求选择使用，储存有效期应不低于半年
稠度（指主剂）/cm	11~13

18.2　密封胶
18.2.1　液态密封胶

1. 液态密封胶的分类

液态密封胶主要用于机械产品各结合面防止气体、液体泄漏。按照使用时胶层的最终形态可以分为两大类：①非干性，其最终形态为不干性黏性；②半干性或干性，其最终形态具有一定的黏性及弹性。

2. 液态密封胶的技术要求（表 18-10）

表 18-10　液态密封胶的技术要求（JB/T 4254—1999）

项　目		非　干　性	半干性或干性
黏度/mPa·s		>5000	>1000
相对密度		>0.8	>0.8
不挥发物(质量分数,%)		>65.00	>20.00
耐压性/MPa	室温	8.83	7.85
	80℃±5℃	6.86	6.86
	150℃±5℃	3.92	6.86
冷热交换耐压性/MPa		4.90	4.90
耐介质性(%)	蒸馏水	−5～+5	−5～+5
	L-AN32 全损耗系统用油	−5～+5	−5～+5
	90 号无铅汽油	−5～+5	−5～+5
腐蚀性	45 钢	无	无
	HT200	无	无
	H62	无	无

3. 液态密封胶浸泡试验条件（表 18-11）

表 18-11　液态密封胶浸泡试验条件（JB/T 4254—1999）

浸　泡　介　质	浸泡温度/℃	浸泡时间/h
蒸馏水	90～95	24
L-AN20 全损耗系统用油	95～100	24
90 号无铅汽油	20～25	24

注：1. 如产品标准对浸泡介质等另有规定，则按规定执行。

　　2. 不同配方的试样不得同时在同一试验容器中进行浸泡试验。

18.2.2　聚氨酯建筑密封胶

1. 聚氨酯建筑密封胶的级别（表 18-12）

表 18-12　聚氨酯建筑密封胶的级别（JC/T 482—2003）

级　　别	试验拉压幅度(%)	位移能力(%)
25	±25	25
20	±20	20

2. 聚氨酯建筑密封胶的技术要求（表 18-13）

表 18-13　聚氨酯建筑密封胶的技术要求（JC/T 482—2003）

项　　目	技　术　要　求		
	20HM	25LM	20LM
密度/(g/cm³)	规定值 ±0.1		

（续）

项　目		技 术 要 求		
		20HM	25LM	20LM
流动性	下垂度（N型）/mm	≤3		
	流平性（L型）	光滑平整		
表干时间/h		≤24		
挤出性①/(mL/min)		≥80		
适用期②/h		≥1		
弹性恢复率（%）		≥70		
拉伸模量/MPa	23℃	>0.4		≤0.4
	−20℃	>0.6		≤0.6
定伸粘结性		无破坏		
浸水后定伸粘结性		无破坏		
冷拉—热压后粘结性		无破坏		
质量损失率（%）		≤7		

注：HM表示高模量级别；LM表示低模量级别。

① 此项仅适用于单组分产品。

② 此项仅适用于多组分产品，允许采用供需双方商定的其他指标值。

18.2.3　丙烯酸酯建筑密封胶

1. 丙烯酸酯建筑密封胶的技术要求（表18-14）

表18-14　丙烯酸酯建筑密封胶的技术要求（JC/T 484—2006）

序号	项　目	技 术 要 求		
		12.5E	12.5P	7.5P
1	密度/(g/cm³)	规定值 ±0.1		
2	下垂度/mm	≤3		
3	表干时间/h	≤1		
4	挤出性/(mL/min)	≥100		
5	弹性恢复率（%）	≥40	报告实测值	
6	定伸粘结性	无破坏	—	
7	浸水后定伸粘结性	无破坏	—	
8	冷拉—热压后粘结性	无破坏	—	
9	断裂伸长率（%）	—	≥100	
10	浸水后断裂伸长率（%）	—	≥100	
11	同一温度下拉伸—压缩循环后粘结性	—	无破坏	
12	低温柔性/℃	−20	−5	
13	体积变化率（%）	≤30		

注：E表示弹性体；P表示塑性体。

2. 丙烯酸酯建筑密封胶试验伸长率（表 18-15）

表 18-15　丙烯酸酯建筑密封胶试验伸长率（JC/T 484—2006）

项　　目	试验伸长率(%)		
	12.5E	12.5P	7.5P
弹性恢复率	60	60	25
定伸粘结性	60	—	—
浸水后定伸粘结性	60	—	—

注：试验伸长率(%)计算公式为：试验伸长率＝[（最终宽度－原始宽度）/原始宽度]×100%。

18.2.4　硅酮建筑密封胶

1. 硅酮建筑密封胶的级别（表 18-16）

表 18-16　硅酮建筑密封胶的级别（GB/T 14683—2003）

级　　别	试验拉压幅度(%)	位移能力(%)
25	±25	25
20	±20	20

2. 硅酮建筑密封胶的技术要求（表 18-17）

表 18-17　硅酮建筑密封胶的技术要求（GB/T 14683—2003）

序号	项　　目		技　术　要　求			
			25HM	20HM	25LM	20LM
1	密度/(g/cm³)		规定值±0.1			
2	下垂度/mm	垂直	≤3			
		水平	无变形			
3	表干时间/h		≤3①			
4	挤出性/(mL/min)		≥80			
5	弹性恢复率(%)		≥80			
6	拉伸模量/MPa	23℃	>0.4		≤0.4	
		−20℃	>0.6		≤0.6	
7	定伸粘结性		无破坏			
8	紫外线辐照后粘结性②		无破坏			
9	冷拉—热压后粘结性		无破坏			
10	浸水后定伸粘结性		无破坏			
11	质量损失率(%)		≤10			

① 允许采用供需双方商定的其他指标值。

② 此项仅适用于 G 类产品。

3. 硅酮建筑密封胶的试验伸长率（表 18-18）

表 18-18　硅酮建筑密封胶的试验伸长率（GB/T 14683—2003）

项　　目	试验伸长率(%)			
	25HM	25LM	20HM	20LM
弹性恢复率	100		60	
拉伸模量	100		60	
定伸粘结性	100		60	
紫外线辐照后粘结性	100		60	
浸水后定伸粘结性	100		60	

18.2.5　石材用建筑密封胶

1. 石材用建筑密封胶的级别（表 18-19）

表 18-19　石材用建筑密封胶的级别（GB/T 23261—2009）

级别	试验拉压幅度(%)	位移能力(%)
12.5	±12.5	12.5
20	±20	20
25	±25	25
50	±50	50

2. 石材用建筑密封胶的技术要求（表 18-20）

表 18-20　石材用建筑密封胶的技术要求（GB/T 23261—2009）

序号	项　　目		技　术　要　求						
			50LM	50HM	25LM	25HM	20LM	20HM	12.5E
1	下垂度/mm	垂直	≤3						
		水分	无变形						
2	表干时间/h		≤3						
3	挤出性/(mL/min)		≥80						
4	弹性恢复率(%)		≥80						≥40
5	拉伸模量/MPa	+23℃	≤0.4	>0.4	≤0.4	>0.4	≤0.4	>0.4	—
		-20℃	≤0.6	>0.6	≤0.6	>0.6	≤0.6	>0.6	
6	定伸粘结性		无破坏						
7	冷拉—热压后粘结性		无破坏						
8	浸水后定伸粘结性		无破坏						
9	质量损失率(%)		≤5.0						
10	污染性/mm	污染宽度	≤2.0						
		污染深度	≤2.0						

3. 石材用建筑密封胶粘结试件的要求（表 18-21）

表 18-21　石材用建筑密封胶粘结试件的要求（GB/T 23261—2009）

序号	项　目		试件数量/个		基　材
			试验组	备用组	
1	弹性恢复率		3	3	花岗石
2	拉伸模量	+23°C	3	—	花岗石
		−20°C	3	—	花岗石
3	定伸粘结性		3	—	花岗石
4	冷拉—热压后粘结性		3	—	花岗石
5	浸水后定伸粘结性		3	—	花岗石
6	污染性		12	4	汉白玉或工程用石材

4. 石材用建筑密封胶的试验伸长率及拉压幅度（表 18-22）

表 18-22　石材用建筑密封胶的试验伸长率及拉压幅度（GB/T 23261—2009）

项　目		类　别						
		50LM	50HM	25LM	25HM	20LM	20HM	12.5E
伸长率(%)	弹性恢复率、拉伸模量、定伸粘结性、浸水后定伸粘结性	150	150	100	100	60	60	60
拉压幅度(%)	冷拉—热压后粘结性	±50	±50	±25	±25	±20	±20	±12.5

18.2.6　建筑用阻燃密封胶

1. 建筑用阻燃密封胶的级别（表 18-23）

表 18-23　建筑用阻燃密封胶的级别（GB/T 24267—2009）

级别	试验拉压幅度(%)	位移能力(%)	级别	试验拉压幅度(%)	位移能力(%)
7.5	±7.5	7.5	20	±20	20
12.5	±12.5	12.5	25	±25	25

2. 建筑用阻燃密封胶的阻燃性能（表 18-24）

表 18-24　建筑用阻燃密封胶的阻燃性能（GB/T 24267—2009）

序号	判　据	级别[①]
		FV-0
1	每个试件的有焰燃烧时间$(t_1 + t_2)$/s	≤10
2	对于任何状态调节条件，每组五个试件有焰燃烧时间总和 t_f/s	≤50
3	每个试件第二次施焰后有焰加上无焰燃烧时间$(t_2 + t_3)$/s	≤30
4	每个试件有焰或无焰燃烧蔓延到夹具现象	无
5	滴落物引燃脱脂棉现象	无

注：t_1、t_2 均为余焰时间，t_3 为余辉时间。

① 若一组五个试件中只有一个不符合要求，可采用另一组五个试件进行同样试验，应都满足要求。应在分级标志中标明试件的最小厚度，精确到 0.1mm。

3. 建筑用阻燃密封胶的技术要求（表 18-25）

表 18-25　建筑用阻燃密封胶的技术要求（GB/T 24267—2009）

序号	项　目			技　术　要　求					
				25LM	25HM	20LM	20HM	12.5E	7.5P
1	下垂度 /mm	垂度		≤3					
		水平		无变形					
2	表干时间/h			≤3					
3	挤出性/(mL/min)			≥80					
4	弹性恢复率（%）			≥70	≥70	≥60	≥60	≥40	报告
5	拉伸粘结性	拉伸模量 /MPa	+23°C	≤0.4	>0.4	≤0.4	>0.4	—	—
			−20°C	≤0.6	>0.6	≤0.6	>0.6	—	—
		断裂伸长率(%)		—	—	—	—	—	≥25
6	定伸粘结性			无破坏	无破坏	无破坏	无破坏	无破坏	—
7	冷拉—热压后粘结性			无破坏	无破坏	无破坏	无破坏	无破坏	—
8	同一温度下拉伸—压缩循环后粘结性			—	—	—	—	—	无破坏
9	浸水后定伸粘结性			无破坏	无破坏	无破坏	无破坏	无破坏	—
10	浸水后断裂伸长率（%）			—	—	—	—	—	≥25
11	质量损失率（%）			≤10①	≤10①	≤10①	≤10①	≤25	≤25

① 对水乳型密封胶，最大值为 25%。

4. 建筑用阻燃密封胶粘结试件的要求（表 18-26）

表 18-26　建筑用阻燃密封胶粘结试件的要求（GB/T 24267—2009）

序号	项　目			试件数量/个	
				试验组	备用组
1	弹性恢复率			3	3
2	拉伸粘结性	拉伸模量	+23°C	3	—
			−20°C	3	—
		断裂伸长率		3	—
3	定伸粘结性			3	—
4	冷拉—热压后粘结性			3	—
5	同一温度下拉伸—压缩循环后粘结性			3	—
6	浸水后定伸粘结性			3	—
7	浸水后断裂伸长率			3	—

5. 建筑用阻燃密封胶的试验伸长率和拉压幅度（表 18-27）

表 18-27　建筑用阻燃密封胶的试验伸长率和拉压幅度（GB/T 24267—2009）

项　目		级　别					
		25LM	25HM	20LM	20HM	12.5E	7.5P
试验伸长率（%）	弹性恢复率、拉伸模量、定伸粘结性、浸水后定伸粘结性	100	100	60	60	60	25

（续）

项　目		级　别					
		25LM	25HM	20LM	20HM	12.5E	7.5P
挤压幅度（%）	冷拉—热压后粘结性、同一温度下拉伸—压缩循环后粘结性	±25	±25	±20	±20	±12.5	±7.5

18.2.7　建筑用硅酮结构密封胶

1. 建筑用硅酮结构密封胶的类别（表18-28）

表18-28　建筑用硅酮结构密封胶的类别（GB 16776—2005）

适　用　基　材	代　号
金属	M
玻璃	G
其他	Q

2. 建筑用硅酮结构密封胶的技术要求（表18-29）

表18-29　建筑用硅酮结构密封胶的技术要求（GB 16776—2005）

序号	项　目			技术要求
1	下垂度	垂直放置/mm		≤3
		水平放置		不变形
2	挤出性[①]/s			≤10
3	适用期[②]/min			≥20
4	表干时间/h			≤3
5	硬度（邵氏A）			20~60
6	拉伸粘结性	拉伸粘结强度/MPa	23℃	≥0.60
			90℃	≥0.45
			−30℃	≥0.45
			浸水后	≥0.45
			水-紫外线光照后	≥0.45
		粘结破坏面积（%）		≤5
		最大拉伸强度时伸长率（23℃）（%）		≥100
7	热老化	热失重（%）		≤10
		龟裂		无
		粉化		无

① 仅适用于单组分产品。
② 仅适用于双组分产品。

18.2.8　建筑用防霉密封胶

1. 建筑用防霉密封胶的分类及等级

建筑用防霉密封胶按产品位移能力、模量分为三个等级：①位移能力 ±20% 低模量级，代号 20LM；②位移能力 ±20% 高模量级，代号 20HM；③位移能力 ±12.5% 弹性级，代号 12.5E。

2. 建筑用防霉密封胶的技术要求（表 18-30）

表 18-30　建筑用防霉密封胶的技术要求（JC/T 885—2001）

序号	项　目		技 术 要 求		
			20LM	20HM	12.5E
1	密度/(g/cm³)		规定值 ±0.1		
2	表干时间/h　　≤		3		
3	挤出性/s　　≤		10		
4	下垂度/mm　　≤		3		
5	弹性恢复率(%)　　≥		60		
6	拉伸模量 /MPa	23°C	≤0.4	>0.4	—
		−20°C	≤0.6	>0.6	
7	热压—冷拉后粘结性		±20%，不破坏	±20%，不破坏	±12.5%，不破坏
8	定伸粘结性		不破坏		
9	浸水后定伸粘结性		不破坏		

18.2.9　混凝土建筑接缝用密封胶

1. 混凝土建筑接缝用密封胶的级别（表 18-31）

表 18-31　混凝土建筑接缝用密封胶的级别（JC/T 881—2001）

级别	试验拉压幅度(%)	位移能力(%)	级别	试验拉压幅度(%)	位移能力(%)
25	±25	25	12.5	±12.5	12.5
20	±20	20	7.5	±7.5	7.5

2. 混凝土建筑接缝用密封胶的技术要求（表 18-32）

表 18-32　混凝土建筑接缝用密封胶的技术要求（JC/T 881—2001）

序号	项　目			技 术 要 求						
				25LM	25HM	20LM	20HM	12.5E	12.5P	7.5P
1	流动性	下垂度(N 型)/mm	垂直	≤3						
			水平	≤3						
		流平性(S 型)		光滑平整						
2	挤出性/(mL/min)			≥80						
3	弹性恢复率(%)			≥80		≥60		≥40	<40	<40
4	拉伸粘结性	拉伸模量/MPa	23°C	≤0.4	>0.4	≤0.4	>0.4	—		
			−20°C	≤0.6	>0.6	≤0.6	>0.6			
		断裂伸长率(%)		—				—	≥100	≥20
5	定性粘结性			无破坏				—		
6	浸水后定伸粘结性			无破坏				—		

（续）

序号	项　目	技 术 要 求						
		25LM	25HM	20LM	20HM	12.5E	12.5P	7.5P
7	热压—冷拉后粘结性	无破坏					—	
8	拉伸—压缩后粘结性	—					无破坏	
9	浸水后断裂伸长率(%)	—					≥100	≥20
10	质量损失率①(%)	≤10					—	
11	体积收缩率(%)	≤25②					≤25	

① 乳胶型和溶剂型产品不测质量损失率。
② 仅适用于乳胶型和溶剂型产品。

3. 混凝土建筑接缝用密封胶粘结试件的要求（表 18-33）

表 18-33　混凝土建筑接缝用密封胶粘结试件的要求（JC/T 881—2001）

序号	试 验 项 目		基　材	数量/个	
				试验组	备用组
1	弹性恢复率		U 型铝条	3	—
2	拉伸模量	23°C	水泥砂浆板	3	—
		−20°C		3	—
3	断裂伸长率		水泥砂浆板	3	—
4	定伸粘结性		水泥砂浆板	3	3
5	浸水后定伸粘结性		水泥砂浆板	3	3
6	热压—冷拉后粘结性		水泥砂浆板	3	3
7	拉伸—压缩后粘结性		水泥砂浆板	3	3
8	浸水后断裂伸长率		水泥砂浆板	3	—

注：1. 基材可按生产厂要求使用底涂料。
　　2. 基材也可按供需双方要求选用其他材料。

4. 混凝土建筑接缝用密封胶的试验伸长率（表 18-34）

表 18-34　混凝土建筑接缝用密封胶的试验伸长率（JC/T 881—2001）

项　目	试验伸长率(%)						
	25LM	25HM	20LM	20HM	12.5E	12.5P	7.5P
弹性恢复率	100		60		60	60	25
拉伸模量	100		60		—		
定伸粘结性	100		60		60		
浸水后定伸粘结性	100		60		60		

18.2.10　彩色涂层钢板用建筑密封胶

1. 彩色涂层钢板用建筑密封胶的分类

彩色涂层钢板用建筑密封胶分为 4 类：①硅酮类，代号 SR；②聚氨酯类，代号 PU；③

聚硫类，代号 PS；④硅酮改性类，代号 MS。

2. 彩色涂层钢板用建筑密封胶的级别（表 18-35）

表 18-35　彩色涂层钢板用建筑密封胶的级别（JC/T 884—2001）

级　别	试验拉压幅度(%)	位移能力(%)
25	±25	25
20	±20	20
12.5	±12.5	12.5

3. 彩色涂层钢板用建筑密封胶的技术要求（表 18-36）

表 18-36　彩色涂层钢板用建筑密封胶的技术要求（JC/T 884—2001）

序号	项　目		技　术　要　求				
			25LM	25HM	20LM	20HM	12.5E
1	下垂度/mm	垂直	≤3				
		水平	无变形				
2	表干时间/h		≥3				
3	挤出性/(mL/min)		≥80				
4	弹性恢复率(%)		≥80		≥60		≥40
5	拉伸模量/MPa	23℃	≤0.4	>0.4	≤0.4	>0.4	—
		−20℃	≤0.6	>0.6	≤0.6	>0.6	
6	定伸粘结性		无破坏				
7	浸水后定伸粘结性		无破坏				
8	热压—冷拉后的粘结性		无破坏				
9	剥离粘结性	剥离强度/(N/mm)	≥1.0				
		粘结破坏面积(%)	≤25				
10	紫外线处理		表面无粉化、龟裂，−25℃无裂纹				

4. 彩色涂层钢板用建筑密封胶的试验伸长率和压缩率（表 18-37）

表 18-37　彩色涂层钢板用建筑密封胶的试验伸长率和压缩率（JC/T 884—2001）

项　目		试验伸长率(%)				
		25LM	25HM	20LM	20HM	12.5E
恢复率		100(24.0mm)		60(19.2mm)		60(19.2mm)
拉伸模量		100(24.0mm)		60(19.2mm)		—
定伸粘结性		100(24.0mm)		60(19.2mm)		60(19.2mm)
浸水后定伸粘结性		100(24.0mm)		60(19.2mm)		60(19.2mm)
热压—冷拉后粘结性	压缩	−25(9.0mm)		−20(9.6mm)		−12.5(10.5mm)
	拉伸	+25(15.0mm)		+20(14.4mm)		+12.5(13.5mm)

注：括号内数值为最终宽度值，原始宽度值为 12.0mm。

18.2.11　中空玻璃用弹性密封胶

中空玻璃用弹性密封胶的技术要求如表 18-38 所示。

表 18-38　中空玻璃用弹性密封胶的技术要求（JC/T 486—2001）

序号	项　目		技　术　要　求				
			PS 类		SR 类		
			20HM	12.5E	25HM	20HM	12.5E
1	密度/(g/cm³)	A 组分	规定值 ±0.1				
		B 组分	规定值 ±0.1				
2	黏度/Pa·s	A 组分	规定值 ±10%				
		B 组分	规定值 ±10%				
3	挤出性(仅单组分)/s		≤10				
4	适用期/min		≥30				
5	表干时间/h		≤2				
6	下垂度	垂直放置/mm	≤3				
		水平放置	不变形				
7	弹性恢复率(%)		≥60	≥40	≥80	≥60	≥40
8	拉伸模量/MPa	23℃	>0.4	—	>0.6		—
		−20°	>0.6		>0.4		
9	热压—冷拉后粘结性	位移(%)	±20	±12.5	±25	±20	±12.5
		破坏性质	无破坏				
10	热空气—水循环后定伸粘结性	伸长率(%)	60	10	100	60	60
		破坏性质	无破坏				
11	紫外线辐照—水浸后定伸粘结性	伸长率(%)	60	10	100	60	60
		破坏性质	无破坏				
12	水蒸气渗透率/[g/(m²·d)]		15		—		
13	紫外线辐照发雾性(仅用于单道密封时)		无		—		

18.2.12　中空玻璃用丁基热熔密封胶

中空玻璃用丁基热熔密封胶的技术要求如表 18-39 所示。

表 18-39　中空玻璃用丁基热熔密封胶的技术要求（JC/T 914—2003）

序号	项　目		技　术　要　求
1	密度/(g/cm³)		规定值 ±0.05
2	针入度(1/10mm)	25℃	30~50
		130℃	230~330
3	剪切强度/MPa		≥0.10
4	紫外线照射发雾性		无雾
5	水蒸气透过率/[g/(m²·d)]		≤1.1
6	热失重(%)		≤0.5

18.2.13　幕墙玻璃接缝用密封胶

1. 幕墙玻璃接缝用密封胶的级别（表18-40）

表18-40　幕墙玻璃接缝用密封胶的级别（JC/T 882—2001）

级　　别	试验拉压幅度(%)	位移能力(%)
25	±25.0	25
20	±20.0	20

2. 墙玻璃接缝用密封胶的技术要求（表18-41）

表18-41　幕墙玻璃接缝用密封胶的技术要求（JC/T 882—2001）

序号	项　　目		技　术　要　求			
			25LM	25HM	20LM	20HM
1	下垂度/mm	垂直	≤3			
		水平	无变形			
2	挤出性/(mL/min)		≥80			
3	表干时间/h		≤3			
4	弹性恢复率(%)		≥80			
5	拉伸模量/MPa	标准条件	≤0.4	>0.4	≤0.4	>0.4
		−20°C	≤0.6	>0.6	≤0.6	>0.6
6	定伸粘结性		无破坏			
7	热压—冷拉后的粘结性		无破坏			
8	浸水光照后的定伸粘结性		无破坏			
9	质量损失率(%)		≤10			

18.2.14　道桥嵌缝用密封胶

道桥嵌缝用密封胶的技术要求如表18-42所示。

表18-42　道桥嵌缝用密封胶的技术要求（JC/T 976—2005）

序号	项　　目			技　术　要　求	
				25LM	20LM
1	流动性	下垂度(N型)/mm	垂直	≤3	
			水平	无变形	
		流平性(S型)		光滑平整	
2	表干时间/h			≤8	
3	挤出性[①]/(mL/min)			≥80	
4	弹性恢复率(%)			定伸100%时	定伸60%时
				≥70	
5	拉伸模量/MPa		23°C	≤0.4	
			−20°C	≤0.6	

（续）

序号	项目	技术要求	
		25LM	20LM
6	定伸粘结性	定伸 100% 时	定伸 60% 时
		无破坏	
7	浸水后定伸粘结性	定伸 100% 时	定伸 60% 时
		无破坏	
8	冷拉—热压后粘结性	拉伸—压缩率 ±25%	拉伸—压缩率 ±20%
		无破坏	
9	质量损失率（%）	≤8	
10	热处理后定伸粘结性	定伸 100% 时	定伸 60% 时
		无破坏	
11	热处理后硬度（邵氏）变化	≤10	

① 仅适用于单组分密封胶。

18.2.15　集装箱用密封胶

1. 集装箱用密封胶的类型 （表 18-43）

表 18-43　集装箱用密封胶的类型 （JT/T 811—2011）

序号	类型代码	密封胶基础聚合物	适用部位
1	SR	硅酮	箱内与货物有接触的部位，以及箱外有可能被触碰或摩擦的部位
2	PU	聚氨基甲酸酯	
3	CR	氯丁橡胶	
4	AC	丙烯酸酯	
5	BU	丁基橡胶	箱内与货物无接触的部位或隐蔽部位

2. 集装箱用密封胶的技术要求 （表 18-44）

表 18-44　集装箱用密封胶的技术要求 （JT/T 811—2011）

序号	项目		SR	PU	CR	AC	BU
1	下垂度(50°C)/mm	垂直	≤3				
		水平	不变形				
2	挤出性/(mL/min)		≥80				
3	表干时间/h		≤3			≤0.5	
4	实干时间/d		≤7			≤14	
5	低温柔性/°C		−20				
6	耐受温度/°C		90				
7	剥离粘结性	剥离强度/(N/mm)	≥1.0				≥0.4
		粘结破坏面积(%)	≤20				
8	定伸粘结性(铝板)		无破坏			—	
9	水—紫外线辐照后定伸性能		无破坏				
10	弹性恢复率(%)		≥60			—	
11	质量损失率(%)		≤10			≤35	

第 19 章 润 滑 材 料

19.1 基础资料

19.1.1 润滑材料的分类

润滑材料的分类如图 19-1 所示。

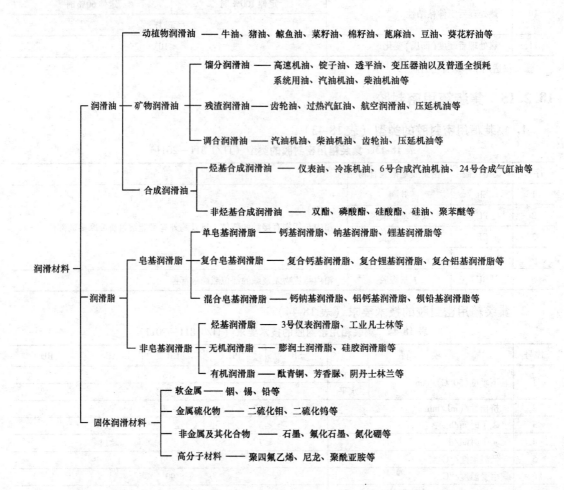

图 19-1 润滑材料的分类

19.1.2 润滑材料的储运管理

润滑材料的储运管理如表 19-1 所示。

表 19-1　润滑材料的储运管理

名　称	说　明
1. 润滑油、脂的包装和储运要求	1) 润滑油、脂以及其他石油产品在运输和保管时,必须装入油罐、油罐车、铁桶、木桶、纸袋、塑料袋以及其他不与油品起化学变化、不影响油品质量的容器 2) 各种油罐、油罐车必须按照标准规定的程序和要求进行清理,才可注入储运的油品。重复使用的小容器(如大、小铁桶等)也应按规定的要求进行清理 3) 盛过轻质油料的容器,在未擦净前切忌换装重质油料,以免造成油料的稀释,降低油料的黏度和闪点,给润滑油带来很大的危害 4) 润滑脂是胶体结构,在重力作用下,会出现析油现象,尤其是皂基脂,包装桶越大,析油现象越严重。应尽量避免用过大的包装桶,一般桶装不宜超过 180kg 5) 在盛脂的容器中取完脂后,应将剩余的脂面尽可能刮平,以免在凹陷处出现积油而使其胶体安定性加速破坏
2. 润滑油的质量管理要求　(1) 防止水分、机械杂质混入油中的措施	1) 润滑油应尽可能存入库内。在库房紧张时,可暂时露天存放,但要用防雨布或其他材料搭棚遮盖。否则,需将桶斜立放置,桶上大小盖口应在同一水平线上,以防雨水渗入 2) 收、发散装润滑油时,油罐车的口盖应加防护罩,以防雨、雪杂质落入 3) 润滑油加温器应密封,以免水蒸气泄漏。桶装润滑油无论是存于库内还是露天存放,都必须保证容器完好无损,严紧密封 4) 盛装润滑油的罐、桶必须保证清洁、干燥,无水分和杂质。测量、加温、取样等工具和设备必须保持洁净 5) 润滑油在储运期间应尽量减少温差,因为油温高时会从空气中吸收水分;温度低时,油又会析出游离水 6) 尽量避免在风沙、雨雪天进行露天作业。如必须进行时,应作好遮盖防护,严防水分和灰沙混入
(2) 防止氧化变质的措施	1) 避免高温和阳光直射。要选择阴凉地点,最好是地下室、半地下室仓库或山洞存放润滑油,以减少日光曝晒。油罐要涂以银灰色,以反射阳光,炎热季节要在油罐上洒水,以降低温度 2) 尽量利用罐装,减少桶装。因为储油容器大,储油多,受气候影响小,同时单位容积的油料与金属接触表面较小,减少了金属对油料氧化的催化作用,有利于延缓润滑油的氧化变质 3) 装油要装到安全容量,减小蒸发面积和缩小气体空间;对储存期较长而储油较少的容器,要适时合并;零星发油时,要发完一个容器再发另一个容器,并坚持先进先发的原则 4) 减少不必要的倒装。每倒装一次,油料就会增加蒸发损耗。同时还会增加油料与空气的接触,加速氧化 5) 应减少或避免润滑油与铜、铅、铁、锰、锌等金属的直接接触,以防止金属对油料的氧化催化作用。具体措施是在金属容器内壁涂以不溶于润滑油的隔离涂料
(3) 防止混油的措施	1) 所谓混油主要是指不同品种、牌号、不同质量和组成的润滑油相互混装在一起,油品质量发生较大改变的现象 2) 入库的桶装润滑油,应按品种、牌号、批次、质量分别堆置。变质油料应分开堆放,不得与好油混合存放 3) 不同品种、不同牌号的润滑油不能并装,合格的和不合格的润滑油不能并装。不同油料不能任意互用容器、管线和泵,若要互用必须清洗干净 4) 润滑油在入库和储存中应做到定期化验和检查。在储存中若发现某些质量指标,不符合规格要求,但又不影响使用时,应尽快发出使用,以免造成浪费。发放润滑油要贯彻"发陈存新、优质后用"的原则
3. 润滑脂的质量管理要求	1) 润滑脂极易为外界杂质(砂粒、灰尘、水分等)所污染,且不易消除。脂中杂质不仅破坏润滑,而且有些杂质对脂的氧化起催化作用,加速了润滑脂的变质 2) 水分是促使钠基脂水解、脂类乳化而变质和金属腐蚀的根源 3) 润滑脂不能曝晒。应尽可能存入油库或室内,温度宜为 10~30℃ 4) 润滑脂在长期储存下,须防止其析油变质,储存量应根据生产实际需要,合理进料,以免因积压而引起产品变质,造成浪费 5) 对各类润滑脂,也应做到先进先发。对存放半年以上的产品,使用前最好重新取样,检查外观和有关指标后,才可发放使用

19.2　润滑脂

19.2.1　钙基润滑脂

钙基润滑脂的技术要求如表19-2所示。

表 19-2　钙基润滑脂的技术要求（GB/T 491—2008）

项　　目		技 术 要 求			
		1 号	2 号	3 号	4 号
外观		淡黄色至暗褐色均匀油膏			
工作锥入度/(1/10mm)		310~340	265~295	220~250	175~205
滴点/℃	≥	80	85	90	95
腐蚀(T2铜片,室温,24h)		铜片上没有绿色或黑色变化			
水分(质量分数,%)	≤	1.5	2.0	2.5	3.0
灰分(质量分数,%)	≤	3.0	3.5	4.0	4.5
钢网分油(60℃,24h)(质量分数,%)	≤	—	12	8	6
延长工作锥入度(10000次)与工作锥入度差值/(1/10mm)	≤	—	30	35	40
水淋流失量(38℃,1h)(质量分数,%)	≤	—	10	10	10

注：水淋后，轴承烘干条件为77℃，16h。

19.2.2　钠基润滑脂

钠基润滑脂的技术要求如表19-3所示。

表 19-3　钠基润滑脂的技术要求（GB/T 492—1989）

项　　目		技 术 要 求		项　　目	技 术 要 求	
		2 号	3 号		2 号	3 号
滴点/℃	≥	160	160	腐蚀试验(T2铜片,室温,24h)	铜片无绿色或黑色变化	
锥入度/(1/10mm)	工作	265~295	220~250			
	延长工作(10万次) ≤	375	375	蒸发量(99℃,22h)(质量分数,%) ≤	2.0	2.0

注：原料矿物油运动黏度（40℃）为41.4~165mm²/s。

19.2.3　钙钠基润滑脂

钙钠基润滑脂的技术要求如表19-4所示。

表 19-4　钙钠基润滑脂的技术要求（SH/T 0368—1992）

项　　目		技 术 要 求		项　　目	技 术 要 求	
		2 号	3 号		2 号	3 号
外观		由黄色到深棕色的均匀软膏		游离碱(NaOH)(质量分数,%) ≤	0.2	
滴点/℃	≥	120	135	游离有机酸	无	
工作锥入度/0.1mm		250~290	200~240	杂质(酸分解法)	无	
腐蚀(40或50钢片、H59黄铜片,100℃,3h)		合格		水分(质量分数,%) ≤	0.7	
				矿物油黏度(40℃)/(mm²/s)	41.4~74.8	

19.2.4　铝基润滑脂

铝基润滑脂的技术要求如表 19-5 所示。

表 19-5　铝基润滑脂的技术要求（SH/T 0371—1992）

项　目	技术要求	项　目	技术要求
外观	淡黄色到暗褐色的光滑透明油膏	防护性能	合格
		水分	无
滴点/℃　　　　≥	75	杂质（酸分解法）	无
工作锥入度/0.1mm	230 ~ 280	皂含量（质量分数,%）　≥	14

19.2.5　钡基润滑脂

钡基润滑脂的技术要求如表 19-6 所示。

表 19-6　钡基润滑脂的技术要求（SH/T 0379—1992）

项　目	技术要求	项　目	技术要求
外观	黄到暗褐色均质软膏	杂质（酸分解法）（质量分数,%）　≤	0.2
滴点/℃　　　　≥	135		
工作锥入度/0.1mm	200 ~ 260	水分（质量分数,%）　≤	痕迹
腐蚀（钢片、铜片,100℃,3h）	合格	矿物油运动黏度（40℃）/（mm²/s）	41.4 ~ 74.8

注：腐蚀试验用 T3 铜片及碳的质量分数为 0.4% ~ 0.5% 的钢片进行。

19.2.6　膨润土润滑脂

膨润土润滑脂的技术要求如表 19-7 所示。

表 19-7　膨润土润滑脂的技术要求（SH/T 0536—1993）

项　目	技术要求			项　目	技术要求		
	1 号	2 号	3 号		1 号	2 号	3 号
工作锥入度/0.1mm	310 ~ 340	265 ~ 295	220 ~ 250	水淋流失量（38℃,1h）（质量分数,%）　≤	10		
滴点/℃　　　　≥	270			延长工作锥入度（100000 次）变化率（%）　≤	15	20	25
钢网分油（100℃,30h）（质量分数,%）　≤	5	5	3	氧化安定性[①]（99℃,100h,0.770MPa）压力降/MPa　≤	0.070		
腐蚀（T2 铜片,100℃,24h）	铜片无绿色或黑色						
蒸发量（99℃,22h）（质量分数,%）　≤	1.5			相似黏度（0℃,10s⁻¹）/Pa·s	报告		

① 为保证项目,每半年测定一次。如原料、工艺变动时必须进行测定。

19.2.7　食品机械润滑脂

食品机械润滑脂的技术要求如表 19-8 所示。

表 19-8　食品机械润滑脂的技术要求（GB 15179—1994）

项　目	技术要求	项　目		技术要求
外观	白色光滑油膏，无异味	水淋流失量（38℃，1h）（质量分数，%）　≤		10
滴点/℃　　　　　≥	135	抗磨性能（75℃，1200r/min，392N，60min）		
工作锥入度/0.1mm	265～295	磨迹直径 d/mm　≤		0.7
钢网分油（100℃，24h）（质量分数，%）　≤	5.0	防腐蚀性（52℃，48h）/级　≤		1
蒸发量（99℃，22h）（质量分数，%）　≤	3.0	延长工作锥入度变化率（%）　≤	100000 次	25
			100000 次，加 10% 盐水	25
腐蚀（T2 铜片，100℃，24h）	铜片无绿色或黑色变化	基础油，紫外吸光度（260～420nm）/cm　≤		0.1

注：盐水配制方法见 SH/T 0081。

19.3　润滑油

19.3.1　风冷二冲程汽油机油

风冷二冲程汽油机油的技术要求如表 19-9 所示。

表 19-9　风冷二冲程汽油机油的技术要求（SH/T 0675—1999）

项　目		技术要求		项　目		技术要求	
		FB	FC			FB	FC
运动黏度（100℃）/（mm²/s）　≥		6.5		台架评定试验[②]	润滑性指数 LIX　≥	95	95
闪点（闭口）/℃　≥		70			初始扭矩指数 IIX　≥	98	98
沉淀物[①]（质量分数，%）　≤		0.01			清净性指数 DIX　≥	85	95
水分（体积分数，%）　≤		痕迹			裙部漆膜指数 VIX　≥	85	90
硫酸盐灰分（质量分数，%）　≤		0.25			排烟指数 SIX　≥	45	85
					堵塞指数 BIX　≥	45	90

① 可采用 GB/T 511 测定机械杂质，指标为不大于 0.01%（质量分数），有争议时，以 GB/T 6531 为准。

② 属保证项目，每四年审定一次，必要时进行评定。

19.3.2　水冷二冲程汽油机油

水冷二冲程汽油机油的技术要求如表 19-10 所示。

表 19-10　水冷二冲程汽油机油的技术要求（SH/T 0676—2005）

项　目	技术要求		项　目	技术要求	
	TC-W2	TC-W3		TC-W2	TC-W3
运动黏度（100℃）/（mm²/s）	6.5～9.3		锈蚀试验，锈蚀面积（%）　≤	参比油锈蚀面积	
闪点（开口）/℃　≥	70		滤清器堵塞倾向试验，流动速率变化（%）　≤	20	
倾点/℃　≤	-28				
机械杂质（质量分数，%）　≤	0.01		早燃倾向试验，发生早燃次数　≤	参比油的早燃次数	
水分（质量分数，%）　≤	痕迹		润滑性试验，平均扭矩降　≤	参比油平均扭矩降	

（续）

项 目		技 术 要 求		项 目	技 术 要 求	
		TC-W2	TC-W3		TC-W2	TC-W3
低温流动性/ 混溶性试验	低温流动性（-25℃）/ mPa·s ≤	7500		相容性试验	—	通过
				清净性及一般性能评定	通过	
	混溶性（-25℃），翻转 次数 ≤	参比油的110%		清净性及一般性能评定 OMC 70HP 法	—	通过
				清净性及一般性能评定 Mercury 15HP 法	—	通过

19.3.3 柴油机油

1. 柴油机油的黏度与温度要求（表19-11）

表19-11 柴油机油的黏度与温度要求（GB 11122—2006）

项 目		低温动力黏度 /mPa·s ≤	边界泵送温度 /℃ ≤	运动黏度 （100℃） /(mm²/s) ≥	高温高剪切黏度 （150℃,10⁶s⁻¹） /mPa·s ≥	黏度指数 ≥	倾点/℃ ≤
试验方法		GB/T 6538	GB/T 9171	GB/T 265	SH/T 0618① SH/T 0703、 SH/T 0751	GB/T 1995、 GB/T 2541	GB/T 3535
质量等级	黏度等级	—	—	—	—	—	—
CC②、CD	0W-20	3250（-30℃）	-35	5.6~<9.3	2.6		-40
	0W-30	3250（-30℃）	-35	9.3~<12.5	2.9	—	
	0W-40	3250（-30℃）	-35	12.5~<16.3	2.9	—	
	5W-20	3500（-25℃）	-30	5.6~<9.3	2.6	—	-35
	5W-30	3500（-25℃）	-30	9.3~<12.5	2.9		
	5W-40	3500（-25℃）	-30	12.5~<16.3	2.9		
	5W-50	3500（-25℃）	-30	16.3~<21.9	3.7		
	10W-30	3500（-20℃）	-25	9.3~<12.5	2.9		-30
	10W-40	3500（-20℃）	-25	12.5~<16.3	2.9		
	10W-50	3500（-20℃）	-25	16.3~<21.9	3.7		
	15W-30	3500（-15℃）	-20	9.3~<12.5	2.9		-23
	15W-40	3500（-15℃）	-20	12.5~<16.3	3.7		
	15W-50	3500（-15℃）	-20	16.3~<21.9	3.7		
	20W-40	4500（-10℃）	-15	12.5~<16.3	3.7		-18
	20W-50	4500（-10℃）	-15	16.3~<21.9	3.7		
	20W-60	4500（-10℃）	-15	21.9~<26.1	3.7		
	30	—	—	9.3~<12.5	—	75	-15
	40	—	—	12.5~<16.3	—	80	-10
	50	—	—	16.3~<21.9	—	80	-5
	60	—	—	21.9~<26.1	—	80	-5

（续）

项　目		低温动力黏度/mPa·s ≤	低温泵送黏度（在无屈服应力时）/mPa·s ≤	运动黏度（100℃）/(mm²/s)	高温高剪切黏度（150℃，$10^6 s^{-1}$）/mPa·s ≥	黏度指数 ≥	倾点/℃ ≤
试验方法		GB/T 6538、ASTM D5293	SH/T 0562	GB/T 265	SH/T 0618[①]、SH/T 0703、SH/T 0751	GB/T 1995、GB/T 2541	GB/T 3535
质量等级	黏度等级	—	—	—	—	—	—
CF、CF-4、CH-4、CI-4[③]	0W-20	6200(-35℃)	60000(-40℃)	5.6~<9.3	2.6	—	-40
	0W-30	6200(-35℃)	60000(-40℃)	9.3~<12.5	2.9	—	
	0W-40	6200(-35℃)	60000(-40℃)	12.5~<16.3	2.9	—	
	5W-20	6600(-30℃)	60000(-35℃)	5.6~<9.3	2.6	—	-35
	5W-30	6600(-30℃)	60000(-35℃)	9.3~<12.5	2.9	—	
	5W-40	6600(-30℃)	60000(-35℃)	12.5~<16.3	2.9	—	
	5W-50	6600(-30℃)	60000(-35℃)	16.3~<21.9	3.7	—	
	10W-30	7000(-25℃)	60000(-30℃)	9.3~<12.5	2.9	—	-30
	10W-40	7000(-25℃)	60000(-30℃)	12.5~<16.3	2.9	—	
	10W-50	7000(-25℃)	60000(-30℃)	16.3~<21.9	3.7	—	
	15W-30	7000(-20℃)	60000(-25℃)	9.3~<12.5	2.9	—	-25
	15W-40	7000(-20℃)	60000(-25℃)	12.5~<16.3	3.7	—	
	15W-50	7000(-20℃)	60000(-25℃)	16.3~<21.9	3.7	—	
	20W-40	9500(-15℃)	60000(-20℃)	12.5~<16.3	3.7	—	-20
	20W-50	9500(-15℃)	60000(-20℃)	16.3~<21.9	3.7	—	
	20W-60	9500(-15℃)	60000(-20℃)	21.9~<26.1	3.7	—	
	30	—	—	9.3~<12.5	—	75	-15
	40	—	—	12.5~<16.3	—	80	-10
	50	—	—	16.3~<21.9	—	80	-5
	60	—	—	21.9~<26.1	—	80	-5

①　为仲裁方法。

②　CC 不要求测定高温高剪切黏度。

③　CI-4 所有黏度等级的高温高剪切黏度均为不小于 3.5mPa·s，但当 SAE J300 指标高于 3.5mPa·s 时，允许以 SAE J300 为准。

2. 柴油机油的理化性能要求（表 19-12）

表 19-12　柴油机油的理化性能要求（GB 11122—2006）

项　目		技术要求			
		CC CD	CF CF-4	CH-4	CI-4
水分(体积分数,%)　　　　　≤		痕迹	痕迹	痕迹	痕迹
泡沫性（泡沫倾向/泡沫稳定性)/（mL/mL）　≤	24℃	25/0	20/0	10/0	10/0
	93.5℃	150/0	50/0	20/0	20/0
	后24℃	25/0	20/0	10/0	10/0

（续）

项　目		技术要求			
		CC CD	CF CF-4	CH-4	CI-4
蒸发损失（质量分数，%） ≤	诺亚克法（250℃，1h）	—	—	20（10W-30）|18（15W-40）	15
	气相色谱法（371℃馏出量）	—	—	17（10W-30）|15（15W-40）	—
机械杂质（质量分数，%） ≤		0.01			
闪点（开口）/℃（黏度等级） ≥		200（0W、5W 多级油）；205（10W 多级油）；215（15W、20W 多级油）；220（30）；225（40）；230（50）；240（60）			

19.3.4　空气压缩机油

空气压缩机油的技术要求如表 19-13 所示。

表 19-13　空气压缩机油的技术要求 （GB 12691—1990）

项　目		技术要求									
		L-DAA					L-DAB				
黏度等级（按 GB/T 3141）		32	46	68	100	150	32	46	68	100	150
运动黏度 /（mm²/s）	40℃	28.8~35.2	41.6~50.6	61.2~74.8	90.0~110	135~165	28.8~35.2	41.6~50.6	61.2~74.8	90.0~110	135~165
	100℃	报告					报告				
倾点/℃ ≤		-9			-3		-9			-3	
闪点（开口）/℃ ≥		175	185	195	205	215	175	185	195	205	215
腐蚀试验（铜片，100℃，3h）/级 ≤		1					1				
抗乳化性（40-37-3）/min≤	54℃	—					30				
	82℃	—					—				30
液相锈蚀试验（蒸馏水）							无锈				
硫酸盐灰分（质量分数，%）		—					报告				
老化特性	200℃，空气 蒸发损失（质量分数，%） ≤	15					—				
	200℃，空气 康氏残炭增值（质量分数，%） ≤	1.5		2.0			—				
	200℃，空气，三氧化二铁 蒸发损失（质量分数，%） ≤	—					20				
	200℃，空气，三氧化二铁 康氏残炭增值（质量分数，%） ≤	—					2.5		3.0		
减压蒸馏蒸出80%后残留物性质	残留物康氏残炭（%） ≤	—							0.3		0.6
	新旧油40℃运动黏度之比 ≤	—					5				
中和值 /（mgKOH/g）	未加剂	报告					报告				
	加剂后	报告					报告				
水溶性酸或碱		无					无				
水分（质量分数，%） ≤		痕迹					痕迹				
机械杂质（质量分数，%） ≤		0.01					0.01				

19.4 其他润滑材料

19.4.1 轴承油

轴承油的技术要求如表19-14所示。

表19-14 轴承油的技术要求

项目\品种	L-FC 一级品											L-FD 一级品							L-FD 合格品						
黏度等级（按GB/T 3141）	2	3	5	7	10	15	22	32	46	68	100	2	3	5	7	10	15	22	2	3	5	7	10	15	22
运动黏度（40℃）/(mm²/s)	1.98~2.42	2.88~3.52	4.14~5.06	6.12~7.48	9.00~11.0	13.5~16.5	19.8~24.2	28.8~35.2	41.4~50.6	61.2~74.8	90~110	1.98~2.42	2.88~3.52	4.14~5.06	6.12~7.48	9.00~11.0	13.5~16.5	19.8~24.2	1.98~2.42	2.88~3.52	4.14~5.06	6.12~7.48	9.00~11.0	13.5~16.5	19.8~24.2
黏度指数 ≥	报告											报告							报告						
倾点/℃ ≤	-18							-12			-6	-12							-15						
凝点/℃ ≤	报告											报告							报告						
闪点/℃ 开口 ≥	—	—	—	115		140		160		180		—	—	—	115		140		—						
闪点/℃ 闭口 ≥	70	80	90								110	70	80	90					60	70	80	90	100	110	120
中和值/(mgKOH/g) ≤	报告											报告							报告						
泡沫性（泡沫倾向/泡沫稳定性，24℃）/(mL/mL) ≤	100/10											100/10							100/10						
腐蚀试验（铜片，100℃，3h）/级 ≤	1											1（50℃）							1（50℃）						
液相锈蚀试验（蒸馏水）	无锈											无锈							无锈						
抗磨性 最大无卡咬负荷/N（kgf） ≥	—											—							343（35）		392（40）		441（45）		490（50）
抗磨性 磨斑直径（196N，60min，75℃，1500r/min）/mm ≤	0.5											0.5							—						

19.4.2 车轴油

车轴油的技术要求如表 19-15 所示。

表 19-15 车轴油的技术要求（SH/T 0139—1995）

项 目			技术要求		
			冬用	夏用	通用
运动黏度	40℃		30~40	70~80	报告
/(mm²/s)	50℃		报告	报告	31~36
动力黏度(-40℃,剪切速率3s⁻¹)/Pa·s		≤	150	—	175
黏度指数		≥	—		95
闪点(开口)/℃		≥	145	165	165
凝点/℃		≤	-40	-10	-40
倾点/℃		≤	报告		
挥发失重(质量分数,%)		≤	—		3.5
剪切安定性:50℃运动黏度下降率(%)			—		实测
腐蚀(钢片,100℃,3h)			合格		
水溶性酸或碱			无		
水分		≤	痕迹		
机械杂质(质量分数,%)		≤	0.05		

19.4.3 导轨油

导轨油的技术要求如表 19-16 所示。

表 19-16 导轨油的技术要求（SH/T 0361—1998）

项 目		技术要求						
品种(按 GB/T 7631.11)		L-G						
黏度等级(按 GB/T 3141)		32	46	68	100	150	220	320
运动黏度(40℃)/(mm²/s)		28.8~35.2	41.4~50.6	61.2~74.8	90~110	135~165	198~242	288~352
黏度指数		报告						
密度(20℃)/(kg/m³)		报告						
中和值/(mgKOH/g)		报告						
外观(透明度)		清彻透明				透明		
闪点(开口)/℃	≥	150	160	180				
腐蚀试验(铜片,60℃,3h)/级	≤	2						
液相锈蚀试验(蒸馏水法)		无锈						
倾点/℃	≤	-9				-3		
抗磨性:磨斑直径(200N,60min,1500r/min)/mm	≤	0.5						
橡胶相容性		报告						
黏-滑特性		报告						
加工液相容性		报告						
机械杂质(质量分数,%)	≤	无				0.01		
水分(质量分数,%)	≤	痕迹						

19.4.4　食品机械专用白油

食品机械专用白油的技术要求如表 19-17 所示。

表 19-17　食品机械专用白油的技术要求（GB 12494—1990）

项　　目		技 术 要 求					
		10 号	15 号	22 号	32 号	46 号	68 号
运动黏度(40℃)/(mm²/s)		9.0~11.0	13.5~16.5	19.8~24.2	28.8~35.2	41.4~50.6	61.2~74.8
闪点(开口)/℃ ≥		140	150	160	180	180	200
赛波特颜色/号 ≥		+20	+20	+20	+20	+10	+10
倾点/℃ ≤		−5					
机械杂质		无					
水分		无					
水溶性酸碱		无					
腐蚀试验(100℃,3h)		1 级					
稠环芳烃,紫外吸光度/cm ≤	280~289nm	4.0					
	290~299nm	3.3					
	300~329nm	2.3					
	330~350nm	0.8					

19.4.5　热定型机润滑油

热定型机润滑油的技术要求如表 19-18 所示。

表 19-18　热定型机润滑油的技术要求（SH 0010—1990）

项　　目		技 术 要 求		
		4402	4402-1	4402-2
运动黏度/(mm²/s) ≥	100℃	25	25	65
	40℃	测定	测定	测定
黏度指数 ≥		150	150	200
酸值/(mgKOH/g) ≤		0.2	0.1	0.1
闪点/℃ ≥		240	250	240
蒸发度[1](200℃,2h)(质量分数,%) ≤		—	20	—
蒸发度[1](180℃,2h)(质量分数,%) ≤		15	—	15
腐蚀(45 钢,100℃,3h)		合格		

①　蒸发皿按 SY 2618 规定的尺寸，称样时用滴管往蒸发皿中装 0.10g±0.01g 试样。

第 20 章　橡胶及其制品

20.1　基础资料

20.1.1　橡胶及其制品的分类

1）橡胶的分类如图 20-1 所示。

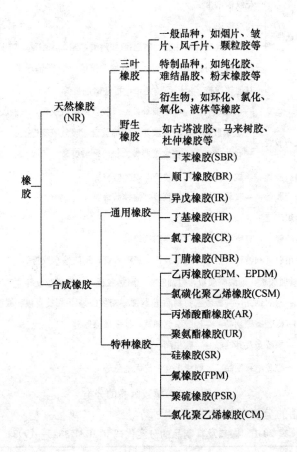

图 20-1　橡胶的分类

2）橡胶制品的分类如图 20-2 所示。

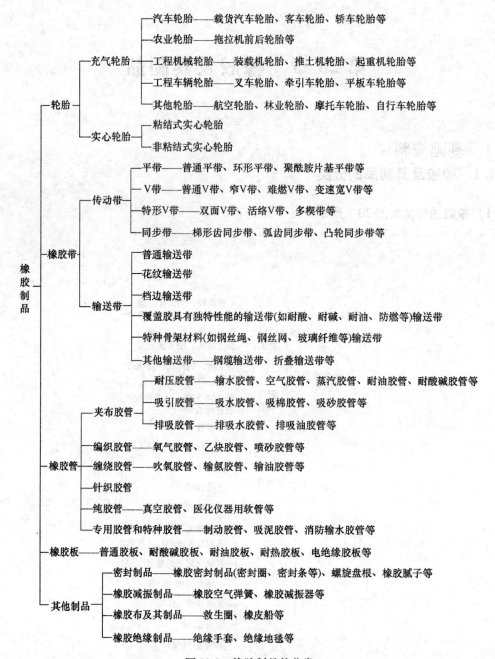

图 20-2　橡胶制品的分类

3）橡胶及其制品的分类代码如表 20-1 所示。

表 20-1　橡胶及其制品的分类代码（CB/T 3825—1998）

大类	中类	小类	物 资 名 称	大类	中类	小类	物 资 名 称
80			橡胶、塑料及其制品	80	03		橡胶腻子及胶液
80	01		橡胶原料	80	03	01	不干腻子
80	01	01	天然橡胶	80	03	03	密封腻子
80	01	03	合成橡胶	80	03	05	胶液

（续）

大类	中类	小类	物 资 名 称	大类	中类	小类	物 资 名 称
80	05		轮胎	80	09	27	编织乙炔胶管
80	05	01	载重汽车和小客车轮胎	80	09	29	夹布输油胶管
80	05	03	摩托车轮胎	80	09	31	夹布输酸碱胶管
80	05	05	汽车外胎	80	09	33	夹布喷砂管
80	05	07	汽车内胎	80	09	35	夹布耐热胶管（蒸汽管）
80	05	09	电瓶车轮胎	80	09	37	轻型埋线吸水管
80	07		工业橡胶板	80	09	39	埋线吸油管
80	07	01	普通橡胶板	80	09	41	编织输油管（耐油管）
80	07	03	透明薄橡胶板	80	09	43	编织高压胶管
80	07	05	耐油橡胶板	80	09	45	钢丝编织高压胶管
80	07	06	军工橡胶板	80	09	47	钢丝缠绕高压胶管
80	07	07	耐酸碱橡胶板	80	09	51	特种耐油管
80	07	09	耐热橡胶板	80	09	53	吸尘管
80	07	11	耐寒橡胶板	80	09	55	冷却管
80	07	13	食用橡胶板	80	09	57	军用夹布胶管
80	07	15	真空橡胶板	80	09	59	军用棉线编织胶管
80	07	17	硅橡胶板	80	09	61	军用钢丝编织胶管
80	07	19	带楞（雷司）橡胶板	80	11		橡胶条
80	07	21	白海绵橡胶板	80	11	01	普通橡胶圆条
80	07	23	黑海绵橡胶板	80	11	03	耐油橡胶圆条
80	07	25	乳胶海绵板	80	11	05	海绵橡胶圆条
80	07	27	夹布橡胶板	80	11	07	真空橡胶圆条
80	07	29	高压绝缘橡胶板	80	11	09	普通橡胶方条
80	09		工业橡胶管	80	11	11	耐油橡胶方条
80	09	03	优质橡胶管	80	11	13	橡胶嵌条
80	09	05	厚壁橡胶管	80	11	15	橡胶海绵嵌条
80	09	07	耐油橡胶管	80	11	17	包布海绵条
80	09	09	耐酸橡胶管	80	11	19	平直橡胶条
80	09	11	耐热橡胶管	80	11	21	角尺橡胶条
80	09	13	食用橡胶管	80	11	23	空心橡胶条
80	09	15	医用橡胶软管	80	11	25	梯形橡胶条
80	09	17	真空橡胶管	80	11	27	异形橡胶条
80	09	19	工业乳胶管	80	11	29	水密门橡胶条
80	09	21	夹布输水胶管	80	11	99	其他橡胶条
80	09	23	夹布空气胶管（压力管）	80	13		绝缘硬质橡胶
80	09	25	编织氧气胶管	80	13	01	绝缘硬质橡胶板（电工硬橡胶）

（续）

大类	中类	小类	物 资 名 称	大类	中类	小类	物 资 名 称
80	13	03	绝缘硬质橡胶棒（电工硬橡胶）	80	19	13	橡胶垫圈
80	15		橡胶带	80	19	15	耐热橡胶垫圈
80	15	01	运输胶带	80	19	17	油桶盖橡胶密封圈
80	15	03	传动胶带（平胶带）	80	19	19	非标准橡胶密封圈
80	15	05	聚氨酯胶带	80	19	21	人孔盖橡胶垫圈
80	15	07	磨床无接头平胶带	80	19	23	耐油刀门圈
80	15	09	麻蜡带（磨床带）	80	19	25	橡胶皮碗
80	15	11	丝织（锦纶）磨床带	80	21		橡胶杂件
80	15	13	三角胶带	80	21	01	橡胶冲垫
80	17		橡胶油封	80	21	03	橡胶出线圈
80	17	01	J形无骨架橡胶油封	80	21	05	起动器出线圈
80	17	03	低速普通型骨架式橡胶油封	80	21	07	橡胶机脚
80	17	05	高速骨架式橡胶油封 PG 系列	80	21	09	橡胶拐杖套，家具脚套
80	17	07	非标准骨架式油封	80	21	11	橡胶瓶塞
80	17	09	非标准无骨架式油封	80	21	13	弹性橡胶圈
80	19		橡胶密封圈	80	21	15	橡胶块
80	19	01	O形橡胶密封圈	80	21	17	橡胶模压件
80	19	03	铁道运输设备专用 O 形橡胶密封圈	80	21	19	电缆水密块
80	19	05	O形耐油橡胶密封圈	80	21	21	橡胶防滑块
80	19	07	V形耐油橡胶密封圈	80	21	99	其他橡胶件
80	19	09	V形夹织物橡胶密封圈				

20.1.2　橡胶制品的组成

橡胶制品的组成如表 20-2 所示。

表 20-2　橡胶制品的组成

组分名称		作 用 说 明	主 要 原 料
1. 生胶		未加配合剂的橡胶称为生胶。它是橡胶制品的主要组分，并对其他组分起着粘结剂的作用。不同的生胶可以制成不同性能的橡胶制品	1）天然橡胶——天然胶乳、烟片胶、皱皮胶、颗粒胶等 2）合成橡胶——丁苯橡胶、聚丁二烯橡胶、丁基橡胶、氯丁橡胶、丁腈橡胶、乙丙橡胶、硅橡胶、氟橡胶
2. 配合剂	（1）硫化剂	又称交联剂，其主要作用是使线型橡胶分子互相交联成空间网状结构，以改善和提高橡胶的物理力学性能	常用硫化剂有硫磺、硒、碲、含硫化合物（以上用于天然橡胶和二烯类合成橡胶）、有机过氧化物、醌类、胺类、树脂及金属氧化物等（以上用于饱和度较大的合成橡胶）
	（2）硫化促进剂	加入少量促进剂，可缩短橡胶硫化时间，降低硫化温度，减少硫化剂用量，同时也能改善性能	使用的促进剂有胺类、胍类、秋兰姆类、氨基甲基酸盐类、噻唑类及硫脲等

（续）

组分名称		作用说明	主要原料
2. 配合剂	（3）活化剂	活化剂是能加速发挥硫化促进剂的活性物质	有金属氧化物、有机酸和胺类等,常用的活化剂为氧化锌
	（4）填料	在橡胶中主要起补强作用的填料叫补强剂,因其化学活性较大,所以又称为活性填充剂;在胶料中主要起增容作用的填料叫填充剂,因其化学活性很低,所以又称其为惰性填充剂	由于生胶的类型不同,常使补强剂与填充剂之间的界限难以区分,橡胶常用填料多为粉状,如炭黑、陶土、白炭黑、轻质碳酸镁等
	（5）增塑剂	1）物理增塑剂又称软化剂,它的加入可增大橡胶分子间的距离,减少分子间力,使分子键间容易滑移,以达到增大胶料可塑性的目的	物理增塑剂多为一些低分子有机化合物,如石蜡、松焦油、机油、凡士林、硬脂酸等
		2）化学增塑剂又称塑解剂,它是通过化学作用来增加生胶的可塑性,缩短塑炼时间,提高塑炼效率	常用化学增塑剂多为芳香族硫醇衍生物,如萘硫酚、二甲基硫酚等
	（6）防老剂	橡胶在储存和使用过程中,因周围环境因素的作用,使橡胶变脆、龟裂或变质、发黏、性能变坏,这种现象称为橡胶的老化。加入防老剂可延缓老化过程,增加使用寿命	常用化学防老剂有防老剂 A、防老剂 D、防老剂 AW 等,它们对热、氧、臭氧、光等均有优良的防御作用;常用物理防老剂有石蜡、蜜蜡及微晶蜡等
	（7）着色剂	用以使橡胶制品着色。不少着色剂还兼有补强、增容和耐光老化等作用	常用的是有机着色剂和钛白、铁丹、锑红、镉钡黄、铬绿、群青等无机着色剂
3. 骨架材料		又称增强材料,是某些橡胶制品不可缺少的组分。它的主要作用是增大制品机械强度和减少变形	橡胶制品中常用的骨架材料是纺织材料(如线、绳、帘布、帆布等)和金属材料(如钢丝等),其中以织物用量最大

20.1.3　橡胶及其制品的性能与用途

1. 通用橡胶的综合性能（表20-3）

表 20-3　通用橡胶的综合性能

性能名称		天然橡胶	异戊橡胶	丁苯橡胶	顺丁橡胶	氯丁橡胶	丁基橡胶	丁腈橡胶
生胶密度/(g/m³)		0.90 ~ 0.95	0.92 ~ 0.94	0.92 ~ 0.94	0.91 ~ 0.94	1.15 ~ 1.30	0.91 ~ 0.93	0.96 ~ 1.20
拉伸强度/MPa	未补强硫化胶	17 ~ 29	20 ~ 30	2 ~ 3	1 ~ 10	15 ~ 20	14 ~ 21	2 ~ 4
	补强硫化胶	25 ~ 35	20 ~ 30	15 ~ 20	18 ~ 25	25 ~ 27	17 ~ 21	15 ~ 30
伸长率（%）	未补强硫化胶	650 ~ 900	800 ~ 1200	500 ~ 800	200 ~ 900	800 ~ 1000	650 ~ 850	300 ~ 800
	补强硫化胶	650 ~ 900	600 ~ 900	500 ~ 800	450 ~ 800	800 ~ 1000	650 ~ 800	300 ~ 800
200%定伸24h 后永久变形（%）	未补强硫化胶	3 ~ 5	—	5 ~ 10		18	2	6.5
	补强硫化胶	8 ~ 12	—	10 ~ 15		7.5	11	6
回弹率（%）		70 ~ 95	70 ~ 90	60 ~ 80	70 ~ 95	50 ~ 80	20 ~ 50	5 ~ 65
永久压缩变形（%）100℃ ×70h		+10 ~ +50	+10 ~ +50	+10 ~ +20	+2 ~ +10	+2 ~ +40	+10 ~ +40	+7 ~ +20

（续）

性能名称		天然橡胶	异戊橡胶	丁苯橡胶	顺丁橡胶	氯丁橡胶	丁基橡胶	丁腈橡胶
抗撕裂性		优	良～优	良	可～良	良～优	良	良
耐磨性		优	优	优	优	良～优	可～良	优
耐曲挠性		优	优	优	优	良～优	优	良
耐冲击性能		优	优	优	良	良	良	可
邵尔硬度		20～100	10～100	35～100	10～100	20～95	15～75	10～100
热导率/[W/(m·K)]		0.17	—	0.29	—	0.21	0.27	0.25
最高使用温度/℃		100	100	120	120	150	170	170
长期工作温度/℃		-55～+70	-55～+70	-45～+100	-70～+100	-40～+120	-40～+130	-10～+120
脆化温度/℃		-55～-70	-55～-70	-30～-60	-73	-35～-42	-30～-55	-10～-20
体积电阻率/Ω·cm		10^{15}～10^{17}	10^{14}～10^{15}	10^{14}～10^{16}	10^{14}～10^{15}	10^{11}～10^{12}	10^{14}～10^{16}	10^{12}～10^{15}
表面电阻率/Ω		10^{14}～10^{15}	—	10^{13}～10^{14}		10^{11}～10^{12}	10^{13}～10^{14}	10^{12}～10^{15}
相对介电常数/10^3Hz		2.3～3.0	2.37	2.9	—	7.5～9.0	2.1～2.4	13.0
瞬时击穿强度/(kV/mm)		>20		>20		10～20	25～30	15～20
介质损耗角正切/10^3Hz		0.0023～0.0030	—	0.0032		0.03	0.003	0.055
耐溶剂性膨胀率（体积分数,%）	汽油	+80～+300	+80～+300	+75～+200	+75～+200	+10～+45	+150～+400	-5～+5
	苯	+200～+500	+200～+500	+150～+400	+150～+500	+100～+300	+30～+350	+50～+100
	丙酮	0～+10	0～+10	+10～+30	+10～+30	+15～+50	0～+10	+100～+300
	乙醇	-5～+5	-5～+5	-5～+10	-5～+10	+5～+20	-5～+5	+2～+12
耐矿物油		劣	劣	劣	劣	良	劣	可～优
耐动植物油		次	次	可～良	次	良	优	优
耐碱性		可～良	可～良	可～良	可～良	良	优	可～良
耐酸性	强酸	次	次	次	劣	可～良	良	可～良
	弱酸	可～良	可～良	可～良	次～劣	优	优	良
耐水性		优	优	良～优	优	优	良～优	优
耐日光性		良	良	良	良	优	优	可～良
耐氧老化		劣	劣	劣～可	劣	良	良	可
耐臭氧老化		劣	劣	劣	次～可	优	优	劣
耐燃性		劣	劣	劣	劣	良～优	劣	劣～可
气密性		良	良	良	劣	良～优	优	良～优
耐辐射		可～良	可～良	良	劣	可～良	劣	可～良
抗蒸汽性		良	良	良	良	劣	优	良

注：1. 性能等级：优→良→可→次→劣。

2. 表中性能是对经过硫化的软橡胶而言的。

2. 特种橡胶的综合性能（表 20-4）

表 20-4　特种橡胶的综合性能

性 能 名 称		乙丙橡胶	氯磺化聚乙烯橡胶	丙烯酸酯橡胶	聚氨酯橡胶	硅橡胶	氟橡胶	聚硫橡胶	氯化聚乙烯橡胶
生胶密度/(g/cm^3)		0.86 ~ 0.87	1.11 ~ 1.13	1.09 ~ 1.10	1.09 ~ 1.30	0.95 ~ 1.40	1.80 ~ 1.82	1.35 ~ 1.41	1.16 ~ 1.32
拉伸强度 /MPa	未补强硫化胶	3 ~ 6	8.5 ~ 24.5	—	—	2 ~ 5	10 ~ 20	0.7 ~ 1.4	
	补强硫化胶	15 ~ 25	7 ~ 20	7 ~ 12	20 ~ 35	4 ~ 10	20 ~ 22	9 ~ 15	>15
伸长率 （%）	未补强硫化胶	—	—	—		40 ~ 300	500 ~ 700	300 ~ 700	400 ~ 500
	补强硫化胶	400 ~ 800	100 ~ 500	400 ~ 600	300 ~ 800	50 ~ 500	100 ~ 500	100 ~ 700	—
200%定伸 24h 后永久变形 （%）	未补强硫化胶								
	补强硫化胶								
回弹率(%)		50 ~ 80	30 ~ 60	30 ~ 40	40 ~ 90	50 ~ 85	20 ~ 40	20 ~ 40	—
永久压缩变形(%) 100℃×70h		—	+20 ~ +80	+25 ~ +90	+50 ~ +100	—	+5 ~ +30		—
抗撕裂性		良 ~ 优	可 ~ 良	可	良	劣 ~ 可	良	劣 ~ 可	优
耐磨性		良 ~ 优	优	可 ~ 良	优	可 ~ 良	优	劣 ~ 可	优
耐曲挠性		良	良	良	优	劣 ~ 良	良	劣	—
耐冲击性能		良	可 ~ 良	劣	优	劣 ~ 可	劣 ~ 可	劣	
邵氏硬度		30 ~ 90	40 ~ 95	30 ~ 95	40 ~ 100	30 ~ 80	50 ~ 60	40 ~ 95	
热导率/[W/(m·K)]		0.36	0.11	—	0.067	0.25			
最高使用温度/℃		150	150	180	80	315	315	180	—
长期工作温度/℃		−50 ~ +130	−30 ~ +130	−10 ~ +180	−30 ~ +70	−100 ~ +250	−10 ~ +280	−10 ~ +70	+90 ~ +105
脆化温度/℃		−40 ~ −60	−20 ~ −60	0 ~ −30	−30 ~ −60	−70 ~ −120	−10 ~ −50	−10 ~ −40	
体积电阻率 /Ω·cm		10^{12} ~ 10^{15}	10^{13} ~ 10^{15}	10^{11}	10^{10}	10^{16} ~ 10^{17}	10^{13}	10^{11} ~ 10^{12}	10^{12} ~ 10^{13}
表面电阻率/Ω		—	10^{14}	—	10^{11}	10^{13}	—	—	—
相对介电常数/10^3Hz		3.0 ~ 3.5	7.0 ~ 10	4.0	—	3.0 ~ 3.5	2.0 ~ 2.5	—	7.0 ~ 10
瞬时击穿强度 /(kV/mm)		30 ~ 40	15 ~ 20	—	—	20 ~ 30	20 ~ 25	—	15 ~ 20
介质损耗角正切 /10^3Hz		0.004 (60Hz)	0.03 ~ 0.07	—	—	0.001 ~ 0.01	0.3 ~ 0.4	—	0.01 ~ 0.03

（续）

性能名称		乙丙橡胶	氯磺化聚乙烯橡胶	丙烯酸酯橡胶	聚氨酯橡胶	硅橡胶	氟橡胶	聚硫橡胶	氯化聚乙烯橡胶
耐溶剂性膨胀率（体积分数，%）	汽油	+100~+300	+50~+150	+5~+15	-1~+5	+90~+175	+1~+3	-2~+3	—
	苯	+200~+600	+250~+350	+350~+450	+30~+60	+100~+400	+10~+25	-2~+50	—
	丙酮	—	+10~+30	+250~+350	+10~+40	-2~+15	+150~+300	-2~+25	—
	乙醇	—	-1~+2	-1~+1	-5~+20	-1~+1	-1~+2	-2~+20	
耐矿物油		劣	良	良	良	劣	优	优	良
耐动植物油		良~优	良	优	优	良	优	优	良
耐碱性		优	可~良	可	可	次~良	优	优	良
耐强酸性		良	可~良	可~次	劣	次	优	可~良	良
耐弱酸性		优	良	可	劣	次	优	可~良	良
耐水性		优	良	劣~可	可	良	优	可	良
耐日光性		优	优	优	良~优	优	优	优	优
耐氧老化		优	优	优	良	优	优	优	优
耐臭氧老化		优	优	优	优	优	优	优	优
耐燃性		劣	良	劣~可	劣~可	可~良	优	劣	良
气密性		良~优	良	良	良	可	优	优	—
耐辐射性		劣	可~良	劣~良	良	可~优	可~良	可~良	—
抗蒸汽性		优	优	劣	劣	良	优	—	

注：1. 性能等级：优→良→可→次→劣。

2. 表中性能是对经过硫化的软橡胶而言的。

3. 橡胶在介质中的耐蚀性（表20-5）

表20-5 橡胶在介质中的耐蚀性

介质名称	丁苯橡胶	丁腈橡胶	丁基橡胶	氯丁橡胶	乙丙橡胶	聚丙烯酸酯橡胶	聚氨酯橡胶	硅橡胶	氟橡胶	聚硫橡胶
发烟硝酸	×	×	×	×	—		×	×	△	×
浓硝酸	×	×	×	×	—		×	×	△	×
浓硫酸	×	×	×	×	—		×	×	○	×
浓盐酸	×	×	△	△	—		—	△	△	×
浓磷酸	○	×	○	△	—		○	○	△	△
浓醋酸	△	×	○	○	—		○	○	×	△
浓氢氧化钠	○	○	△	△	☆		—	○	△	○
无水氨	△	△	○	△	☆		—	△	△	△
稀硝酸	×	×	×	×	—		—	△	○	×
稀硫酸	△	△	○	○	—		—	△	△	×

（续）

介质名称	丁苯橡胶	丁腈橡胶	丁基橡胶	氯丁橡胶	乙丙橡胶	聚丙烯酸酯橡胶	聚氨酯橡胶	硅橡胶	氟橡胶	聚硫橡胶
稀盐酸	×	×	△	○	—	—	—	△	△	△
稀醋酸	△	×	○	×	—	—	—	△	△	×
稀氢氧化钠	○	○	△	○	—	—	—	○	△	○
氨水	△	△	○	△	—	—	—	○	×	×
苯	×	×	V	×	V	×	×	×	○	○
汽油	×	○	×	○	×	○	×	×	○	○
石油	V	△	×	V	—	—	—	V	○	○
四氯化碳	×	○	×	×	—	—	—	×	○	○
二硫化碳	×	○	×	×	—	—	—	—	—	—
乙醇	○	○	○	○	○	×	×	○	○	○
丙酮	△	×	△	V	—	—	—	×	×	△
甲酚	○	×	△	△	—	—	—	△	△	—
乙醛	×	V	○	×	—	—	—	—	—	—
乙苯	×	×	×	×	×	×	×	—	—	—
丙烯腈	×	×	V	△	—	—	—	—	×	△
丁醇	☆	☆	☆	☆	☆	☆	V	☆	☆	☆
丁二烯	×	—	—	—	—	—	—	—	—	—
苯乙烯	×	×	×	×	—	—	—	—	—	△
醋酸乙酯	×	×	○	×	—	—	△	V	△	△
醚	×	×	△	×	△	×	×	×	×	×

注：○—可用，寿命较长；△—可用，寿命一般；V—可作代用材料，寿命较短；×—不可用；☆—在任何浓度均可用；——不推荐。

4. 橡胶的燃烧特性（表20-6）

表20-6　橡胶的燃烧特性

橡胶名称	燃烧难易	离火情况	火焰状态	产物气味
硅橡胶	难燃	自熄	白烟，有白色残渣	—
氯化天然橡胶			根部绿色、有黑烟	盐酸味
氯丁橡胶	可燃		绿色，外边黄色	橡皮烧焦味和盐酸味
氯磺化聚乙烯			根部绿色，有黑烟	
氯化丁基橡胶			绿色带黄，有黑烟	
天然橡胶	容易	继续燃烧	黄色，冒黑烟	烧橡皮臭味
环化橡胶			黄色，冒黑烟	烧橡皮臭味
顺丁橡胶			黄色，中间带蓝，黑烟	烧橡皮臭味
丁腈橡胶			黄色，冒黑烟	烧毛发味
丁苯橡胶			黄色，冒浓黑烟	苯乙烯味
丁基橡胶			黄色，下带蓝	轻微似蜡味
乙丙橡胶			上黄下蓝	烧石蜡味
聚异丁烯橡胶			黄色	似蜡和橡胶味
聚硫橡胶			蓝紫色，外砖红色	硫化氢味
聚氨酯橡胶			黄色，边缘蓝色	稍有味
聚丙烯酸酯橡胶			闪亮，下部蓝色	水果香味

5. 通用橡胶的特性与用途（表 20-7）

表 20-7　通用橡胶的特性与用途

品种（代号）	化学组成	主要特性	用途举例
天然橡胶（NR）	以橡胶烃（聚异戊二烯）为主，另含少量蛋白质、水分、树脂酸、糖类和无机盐	弹性大，定伸强力高，抗撕裂性和电绝缘性优良，耐磨性、耐寒性好，加工性佳，易与其他材料粘合，综合性能优于多数合成橡胶。缺点是耐氧及臭氧性差，容易老化，耐油、耐溶剂性不好，抵抗酸碱腐蚀的能力低，耐热性不高	制作轮胎、胶鞋、胶管、胶带、电线电缆的绝缘层和护套以及其他通用橡胶制品
丁苯橡胶（SBR）	丁二烯和苯乙烯的共聚物	耐磨性突出，耐老化和耐热性超过天然橡胶，其他性能与天然橡胶接近。缺点是弹性和加工性能较天然橡胶差，特别是自黏性差，生胶强度低	代替天然橡胶制作轮胎、胶板、胶管、胶鞋及其他通用制品
顺丁橡胶（BR）	由丁二烯聚合而成的顺式结构橡胶	结构与天然橡胶基本一致。它突出的优点是弹性与耐磨性优良，耐老化性佳，耐低温性优越，在动负荷下发热量小，易与金属粘合；但强力较低，抗撕裂性差，加工性能与自黏性差，产量次于丁苯	一般和天然或丁苯橡胶混用，主要用于制作轮胎胎面、运输带和特殊耐寒制品
异戊橡胶（IR）	以异戊二烯为单体聚合而成，组成和结构均与天然橡胶相似	又称合成天然橡胶，具有天然橡胶的大部分优点，吸水性低，电绝缘性好，耐老化性优于天然胶。但弹性和加工性能比天然胶较差，成本较高	可代替天然橡胶制作轮胎、胶鞋、胶管、胶带以及其他通用橡胶制品
丁基橡胶（IIR）	异丁烯和少量异戊二烯的共聚物。又称异丁橡胶	耐老化性及气密性、耐热性优于一般通用橡胶，吸振及阻尼特性良好，耐酸碱、耐一般无机介质及动植物油脂，电绝缘性亦佳。但弹性不好，加工性能差，包括硫化慢，难粘，动态生热大	主要用于制作内胎、水胎、气球、电线电缆绝缘层、化工设备衬里及防振制品、耐热运输带、耐热耐老化胶布制品
氯丁橡胶（CR）	由氯丁二烯作单体，乳液聚合而成的聚合物	有优良的抗氧、抗臭氧性及耐候性，不易燃，着火后能自熄，耐油、耐溶剂及耐酸碱性、气密性等也较好。主要缺点是耐寒性较差，密度较大，相对成本高，电绝缘性不好，加工时易粘辊、易焦烧及易粘膜。此外，生胶稳定性差，不易保存。产量仅次于丁苯、顺丁，在合成橡胶中居第三位	主要用于制作要求抗臭氧、耐老化性高的重型电缆护套，耐油、耐化学腐蚀的胶管胶带和化工设备衬里，耐燃的地下采矿用制品以及汽车门窗嵌条、密封圈等
丁腈橡胶（NBR）	丁二烯与丙烯腈的共聚物	耐油性仅次于聚硫、丙烯酸酯及氟橡胶而优于其他通用胶，耐热性较好，可达150℃，气密性和耐水性良好，粘接力强，但耐寒、耐臭氧性较差，强力及弹性较低，电绝缘性不好，耐酸及耐极性溶剂性能较差	主要用于制作各种耐油制品，如耐油的胶管、密封圈、贮油槽衬里等，也可用于耐热运输带

6. 工业用橡胶制品的分类与用途（表 20-8）

表 20-8　工业用橡胶制品的分类与用途

类别	分类名称			用途
1. 轮胎	（1）空心轮胎	1）汽车轮胎		由外胎、内胎和垫带组成的充气轮胎，用于各种类型汽车、拖拉机、农业机械、特种车辆、无轨电车和摩托车的传动
		2）力车胎		结构同上，用于自行车、手推车、三轮车的车轮上
	（2）实心轮胎	1）粘结式		用于低速高负荷的车辆上，如起重铲车、载货拖车、装卸车、电动车，也可用于重型或特种用途的车辆以及拉料小车上
		2）非粘结式		
2. 橡胶带	（1）输送带	1）普通输送带		供输送一般物料之用
		2）花纹输送带		供输送粒状或粉末状物料以及其他容易下滑的物料之用
		3）挡边输送带		供输送细碎、容易从输送带两侧撒落的物料
		4）覆盖胶具有特殊性能的输送带		适用于各种特殊性能（如耐酸碱、耐油、防燃等）物件输送之用
		5）特种骨架材料输送带		钢丝绳运输带用于长距离及大功率运输机上；网眼输送带用于输送需要洗涤、滤干的物料；耐热防燃的玻纤输送带等
		6）钢缆输送带		适合于采矿及大跨度运输机上
		7）折叠式输送带		供转弯和环形流水作业线用
	（2）传动带	1）平带	①普通平带	供一般机械传动用
			②环形带	供定长传动装置用
			③锦纶带	有编织、薄片和绳式等类型，供高速机械传动使用
			④同步带	适于高速时规传动，可供现代化机床传动用
		2）V 带	①普通 V 带	为断面呈梯形的环形传动带，适用于一般机械设备上
			②风扇带	专用于汽车、拖拉机和各种内燃机中，驱动风扇、发电机、泵等部件的梯形断面环形胶带
			③特形 V 带	包括：供无级变速传动装置用的无级变速带、多轴传动用的双面 V 带、长度可任意调节的活络 V 带和冲孔型 V 带等
3. 橡胶管	（1）夹布胶管	1）耐压胶管		又称压力胶管，是以棉布作骨架材料的普通胶管，适用于压力不太高的条件下，输送各种物料之用
		2）吸引胶管		除了采用夹布为骨架外，还用金属螺旋线支撑，供在工作压力低于大气压的条件下，抽吸各种物料之用
		3）耐压吸引胶管		为铠装的吸引胶管，可供排吸两用
	（2）编织胶管	1）棉线编织胶管		以棉线或其他纤维材料编织层作骨架材料的胶管，用途和夹布耐压胶管相同，但耐压强度高，耐屈挠性能好，且较柔软

（续）

类别	分类名称		用途
3. 橡胶管	（2）编织胶管	2）钢丝编织胶管	以钢丝编织层作骨架材料的耐压胶管，用途同上，但耐压强度更高，一般工作压力在 7.85MPa 以上
	（3）缠绕胶管	1）棉线缠绕胶管	用途和耐压范围与棉线编织胶管相同，但因它的骨架层采用棉线缠绕，故其使用性能、生产率、材料消耗均优于编织的
		2）钢丝缠绕胶管	用途、性能和钢丝编织胶管相同，但耐压强度高，一般达 14.71~58.84MPa
	（4）针织胶管		这是一种新型结构的耐压胶管，骨架层为针织结构。和以上胶管相比，它具有柔软、轻便、节省原材料、在压力下不扭转等优点，但只适于低压的条件下，输送各种物料之用
	（5）全胶管	1）普通全胶管	即普通纯胶管，供常压或不带压力的情况下，输送液体或气体之用
		2）真空全胶管	抽空设备用，真空度为 0.01333Pa
		3）优级全胶管	用于医、化、仪器方面作为连通软管
	（6）专用胶管和特种胶管		专用胶管用于各个工业部门的专门用途上，如汽车、拖拉机上用的水箱胶管、制动胶管，机车上用的给水胶管、输油胶管等
			特种胶管用于各种特殊用途上，如钻井机用的钻探胶管、挖泥船用的排泥或吸泥胶管、水下工程打捞用的潜水吸泥胶管、水泥振荡器用的金属软轴胶管等
			这类胶管品种繁多，均可按订货者提出的规格和技术条件供应
4. 其他工业用橡胶制品	（1）密封制品	1）橡胶密封制品，包括：油封、O形圈、各种断面密封圈、皮碗、皮圈、密封条、垫片、隔膜等	用于防止流体介质从机械、仪表中的静止部件或运动部件泄露，并防止外界灰尘、泥沙以及空气（对于高真空而言）进入密封机构内部的部件
		2）螺旋盘根	用于往复活塞杆、阀杆、泵的挺进杆的低压蒸汽、热水、高压冷水和煤气等介质的密封
		3）橡胶腻子	用作嵌缝密封材料
	（2）橡胶减振制品		用以减轻机械的冲击振动，减少噪声，如汽车、火车上的橡胶空气弹簧、钢轨胶垫、橡胶减振器以及海绵座垫等
	（3）橡胶板		用于各个工业部门制造橡胶垫圈、缓冲垫板等，也可用于铺地
	（4）胶布及胶布制品		用于制作各类防护胶布和劳动保护制品、贮运用具、救生圈、橡胶船、绝缘胶布、浮筒、气囊以及各个工业部门用的其他胶布配件

（续）

类别	分 类 名 称	用 途
4. 其他工业用橡胶制品	（5）橡胶绝缘制品	用于制作电力工业部门用的绝缘安全用具，如绝缘手套、绝缘地毯等
	（6）硬质橡胶制品	用于制作蓄电池外壳、矿灯壳、矿工帽，以及用作电工用硬质橡胶材料
	（7）胶乳制品	主要制作工业手套、气门芯、海绵胶板、海绵密封胶条、海绵垫、输血胶管、气象气球、胶乳水泥、胶乳纸、胶乳胶布、胶粘剂等
	（8）胶辊和橡胶衬里	用于制作造纸胶辊、印染胶辊、磨谷胶辊，以及用作保护金属不受化学介质侵蚀的各种容器衬里材料

20.2　橡胶管

20.2.1　橡胶软管外观质量

1. 橡胶软管的外观质量要求

1）橡胶软管不允许有扭劲、脱层、裸露增强层等异常现象，外胶层不允许有海绵并应无皱纹（波纹形软管除外）和局部隆起，但允许有硫化包布留下的轻度印痕。

2）橡胶软管的内胶层不允许有裂口、海绵、砂眼以及起泡等缺陷。

3）橡胶软管的橡胶层或增强层搭接处相应的胶层厚度，允许减薄其搭接层的厚度。外胶层、增强层和内胶层相邻层间的搭接处不允许重叠。

4）橡胶软管内外表面应清洁，不允许有油污和外来杂质。

5）吸引类橡胶软管和排吸两用橡胶软管不允许有缠绕乱档现象。

2. 橡胶软管外观质量等级（表 20-9）

表 20-9　橡胶软管外观质量等级（HG/T 2185—1991）

序号	缺陷内容	一级品	合格品
1	外胶层（表面）杂质痕迹	深度不得大于 0.5mm	深度不得大于 0.8mm，超过者须经一次修理完善
2	外胶层搭缝痕迹和裂口	痕迹累计长度不得超过软管全长的 3%，但应无裂口	痕迹累计长度不得超过软管全长的 30%，裂口累计长度不得超过软管全长的 5%，但须经一次修理完善
3	外胶层起泡、碰破、露线、露增强层	不允许有	按软管长度计算，每 5m 长度内允许有一处，但须经一次修理完善
4	软管放置痕迹、凹痕	软管放置痕迹不得超过外周长的 8%，不允许有凹痕	软管放置痕迹不得超过外周长的 12%，凹痕按软管长度计算，每 5m 内允许有一处，但深度不得大于 1.0mm
5	增强层水波纹及折叠		不允许有
6	水包布皱褶痕迹	轴向累计长度皱褶不得超过软管全长的 3%	轴向累计长度皱褶不得超过软管全长的 10%

（续）

序号	缺 陷 内 容	一 级 品	合 格 品
7	软管局部隆起	不允许有	在增强层不变形的情况下允许一次修理完善
8	圆度	不大于20%	不大于25%
9	内胶层厚度不均匀	不均匀度不得大于0.5mm（搭接头部位除外）	不均匀度不得大于0.8mm（搭接头部位除外）

注：1. 本表第5、6项不适用于吸引类橡胶软管。

2. 圆度按下式计算：

$$圆度 = \frac{最大内径 - 最小内径}{公称内径} \times 100\%$$

20.2.2　通用输水织物增强橡胶软管

1. 通用输水织物增强橡胶软管的型号和级别

软管根据其压力等级分为以下3种型号：

1) 1 型：低压型，设计用于 0.7MPa 最大工作压力。

2) 2 型：中压型，设计用于 1.0MPa 最大工作压力。

3) 3 型：高压型，设计用于 2.5MPa 最大工作压力。

此外，上述1型、2型和3型三种类型进一步细分为a、b、c、d和e 5个级别，如表20-10 所示。

表 20-10　通用输水织物增强橡胶软管的型号和级别（HG/T 2184—2008）

型 号	类 型	级 别	工作压力范围/MPa	型 号	类 型	级 别	工作压力范围/MPa
1	低压型	a	≤0.3	2	中压型	d	>0.7~1.0
		b	>0.3~0.5	3	高压型	e	>1.0~2.5
		c	>0.5~0.7				

2. 通用输水织物增强橡胶软管的内径及胶层厚度（表20-11）

表 20-11　通用输水织物增强橡胶软管的内径及胶层厚度（HG/T 2184—2008）

（单位：mm）

内　径		胶层厚度≥		内　径		胶层厚度≥	
公称尺寸	允许偏差	内衬层	外覆层	公称尺寸	允许偏差	内衬层	外覆层
10				32	±1.25		
12.5		1.5	1.5	38		2.5	1.5
16	±0.75			40			
19				50	±1.50		
20		2.0	1.5	63			
22				76		3.0	2.0
25	±1.25			80	±2.00		
27		2.5	1.5	100			

注：未标注的软管内径及胶层厚度，可比照临近软管的内径及胶层厚度为准。

3. 通用输水织物增强橡胶软管胶料的物理性能（表 20-12）

表 20-12　通用输水织物增强橡胶软管胶料的物理性能（HG/T 2184—2008）

性　能		要　求		性　能		要　求	
		内衬层	外覆层			内衬层	外覆层
拉伸强度/MPa	≥	1 型:5.0 2 型:5.0 3 型:7.0	1 型:5.0 2 型:5.0 3 型:7.0	耐老化 性能	拉伸强度变化率 (%)　　　　≤	±25	±25
拉断伸长率(%)	≥	200	200		拉断伸长 率(%)　　　≤	±50	±50

4. 通用输水织物增强橡胶软管成品的物理性能（表 20-13）

表 20-13　通用输水织物增强橡胶软管成品的物理性能（HG/T 2184—2008）

性　能	要　求	性　能	要　求
23℃下验证压力/ MPa	1 型 a 级:0.5;b 级:0.8;c 级:1.1 2 型 d 级:1.6 3 型 e 级:5.0	层间粘合强度/ (kN/m)　　　　≥	1.5
验证压力下的长度 变化(%)	±7	耐臭氧性能	2 倍放大镜下未见龟裂
		23℃下屈挠性	T/D 不小于 0.8
最小爆破压力/MPa	1 型 a 级:0.9;b 级:1.6;c 级:2.2 2 型 d 级:3.2 3 型 e 级:10.0	低温屈挠性	不应检测出龟裂,软管应通过上面 规定的验证试验

20.2.3　压缩空气用织物增强橡胶软管

1. 压缩空气用织物增强橡胶软管的类别及型号

1）压缩空气用织物增强橡胶软管的类别分为 A 类（软管工作温度范围为 -25 ~70℃）
和 B 类（软管工作温度范围为 -40 ~70℃）。

2）压缩空气用织物增强橡胶软管的型号有以下 7 种。

1 型：最大工作压力为 1.0MPa 的一般工业用空气软管。

2 型：最大工作压力为 1.0MPa 的重型建筑用空气软管。

3 型：最大工作压力为 1.0MPa 的具有良好耐油性能的重型建筑用空气软管。

4 型：最大工作压力为 1.6MPa 的重型建筑用空气软管。

5 型：最大工作压力为 1.6MPa 的具有良好耐油性能的重型建筑用空气软管。

6 型：最大工作压力为 2.5MPa 的重型建筑用空气软管。

7 型：最大工作压力为 2.5MPa 的具有良好耐油性能的重型建筑用空气软管。

2. 结构和材料

软管应具有下列组成：①橡胶内衬层；②采用任何适当技术铺放的一层或多层天然的或
合成的织物；③橡胶外覆层。

内衬层和外覆层应具有均匀的厚度，同心度符合规定的最小厚度，不应有孔洞、砂眼和
其他缺陷。

3. 压缩空气用织物增强橡胶软管的内径和允许偏差（表 20-14）

表 20-14　压缩空气用织物增强橡胶软管的内径和允许偏差（GB/T 1186—2007）

（单位：mm）

公称内径	允许偏差	公称内径	允许偏差
5	±0.5	25	±1.25
6.3	±0.75	31.5	±1.25
8	±0.75	40（38）	±1.5
10	±0.75	50	±1.5
12.5	±0.75	63	±1.5
16	±0.75	80（76）	±2.0
20（19）	±0.75	100（102）	±2.0

注：括号中的数字是供选择的。

4. 压缩空气用织物增强橡胶软管内衬层和外衬层的最小厚度（表 20-15）

表 20-15　压缩空气用织物增强橡胶软管内衬层和外衬层的最小厚度（GB/T 1186—2007）

（单位：mm）

型号	1	2	3	4	5	6	7
内衬层	1.0	1.0	1.0	1.5	1.5	2.0	2.0
外覆层	1.5	1.5	1.5	2.0	2.0	2.5	2.5

5. 压缩空气用织物增强橡胶软管的物理性能

1）压缩空气用织物增强橡胶软管的拉伸强度和拉断伸长率如表 20-16 所示。

表 20-16　压缩空气用织物增强橡胶软管的拉伸强度和拉断伸长率（GB/T 1186—2007）

软管型号	软管组成	拉伸强度 /MPa	拉断伸长率 （%）	软管型号	软管组成	拉伸强度 /MPa	拉断伸长率 （%）
1	内衬层	5.0	200	2、3、4、 5、6、7	内衬层	7.0	250
	外覆层	7.0	250		外覆层	10.0	300

2）加速老化，按照 ISO 188 的规定，在 100℃下老化 3d 后，按照 GB/T 528 测定的内衬层和外覆层的拉伸强度变化应不超过 ±25%，内衬层和外覆层的拉断伸长率变化应不超过原始值的 ±50%。

3）耐液体性能：①2 型、4 型和 6 型在 ISO 1817 中规定的 1 号油中于 70℃下浸泡 72h 后，内衬层试样不应收缩，当按照 ISO 1817 中规定的重量分析法测定时，体积增大应不超过 15%；②3 型、5 型和 7 型在 ISO 1817 中规定的 3 号油中于 70℃下浸泡 72 h 后，内衬层和外覆层试样不应收缩，当按照 ISO 1817 中规定的重量分析法测定时，内衬层试样的体积增大应不超过 30%，外覆层试样的体积增大应不超过 75%。

6. 压缩空气用织物增强橡胶软管的静液压要求（表 20-17）

表 20-17　压缩空气用织物增强橡胶软管的静液压要求（GB/T 1186—2007）

软管型号	工作压力/MPa	试验压力/MPa	最小爆破压力/MPa	在试验压力下尺寸变化	
				长　度	直　径
1、2、3	1.0	2.0	4.0	±5%	±5%
4 和 5	1.6	3.2	6.4	±5%	±5%
6 和 7	2.5	5.0	10.0	±5%	±5%

7. 粘合强度

当按照 ISO 8033 试验时，1 型软管各层间的粘合强度应不小于 1.5kN/m，其他型号软管各层间的粘合强度应不小于 2.0kN/m。

20.2.4　蒸汽橡胶软管

1. 蒸汽橡胶软管的类别和型号

1) 蒸汽橡胶软管分为 I 类（外胶层不耐油）和 II 类（外胶层耐油）两种。

2) 蒸汽橡胶软管的型号有以下 5 种。

1 型：预定用于最大工作蒸汽压力为 0.3MPa，对应蒸汽温度为 144℃。

2 型：预定用于最大工作蒸汽压力为 0.6MPa，对应蒸汽温度为 165℃。

3 型：预定用于最大工作蒸汽压力为 1.0MPa，对应蒸汽温度为 184℃。

4 型：预定用于最大工作蒸汽压力为 1.6MPa，对应蒸汽温度为 204℃。

5 型：预定用于最大工作蒸汽压力为 1.6MPa，对应蒸汽温度为 204℃，并持续使用。

2. 蒸汽橡胶软管的内径尺寸和允许偏差（表 20-18）

表 20-18　蒸汽橡胶软管的内径尺寸和允许偏差（HG/T 3036—1999）（单位：mm）

公称内径	允许偏差	公称内径	允许偏差
12.5	±0.75	38	±1.50
16	±0.75	40	±1.50
19	±0.75	50	±1.50
20	±0.75	51	±1.50
25	±1.25	63	±1.50
31.5	±1.25	80	±2.00

3. 蒸汽橡胶软管的最小爆破压力（表 20-19）

表 20-19　蒸汽橡胶软管的最小爆破压力（HG/T 3036—1999）　（单位：MPa）

软管型号	试验压力	最小爆破压力	软管型号	试验压力	最小爆破压力
1	1.5	3	4	8.0	16
2	3.0	6	5	8.0	16
3	5.0	10			

4. 蒸汽橡胶软管耐蒸汽性能

将橡胶软管暴露于饱和蒸汽流中，所用蒸汽压力和暴露时间规定如表 20-20 所示。

表 20-20　蒸汽橡胶软管的蒸汽压力和暴露时间（HG/T 3036—1999）

软管型号	蒸汽压力/MPa	时间/h	软管型号	蒸汽压力/MPa	时间/h
1	0.25~0.35	166~168	4	1.55~1.65	166~168
2	0.55~0.65	166~168	5	1.55~1.65	334~336
3	0.95~1.05	166~168			

试样完成蒸汽作用后，按表 20-21 规定的卷筒半径选择相应的卷筒，于室温下将试样沿卷筒弯曲 180°四次，每两次弯曲操作之间，将试样转动 90°。

表 20-21　卷筒半径（HG/T 3036—1999）　　　　　（单位：mm）

软管内径	卷筒半径		软管内径	卷筒半径	
	1 型和 2 型	3 型、4 型和 5 型		1 型和 2 型	3 型、4 型和 5 型
12.5	80	180	38	300	500
16	100	200	40	300	500
19	135	240	50	375	650
20	135	240	51	375	650
25	170	300	63	500	800
31.5	240	400	80	650	1000

　　弯曲试验后，在室温下按 GB/T 5563 规定的方法进行爆破试验，然后解剖试样，检查胶层有无龟裂、气泡和"米花"（由于暴露于蒸汽压力下，在软管内胶层上产生的一种破裂现象）等迹象。按 GB/T 9865.1 的规定在内胶层上制备试样，按 GB/T 628 和 GB/T 531 的规定测定内胶层的扯断伸长率和硬度。

　　测定经蒸汽作用后的试样和未经蒸汽作用的试样的各项性能平均值（指爆破压力的降低，拉断伸长率的减小以及硬度的增加），其变化不应超出表 20-22 规定的范围。

表 20-22　性能变化的允许范围（HG/T 3036—1999）

性　能	1 型	2 型	3 型	4 型	5 型
实际软管爆破压力的最大降低率(%)	30	30	15	15	15
内胶层拉断伸长率的最大降低率[①](%)	50	50	50	50	50
内胶层蒸汽试验后最小扯断伸长率(%)	150	150	150	150	150
内胶层硬度增加最大值 IRHD	10	10	10	10	10

　①　即蒸汽作用后的扯断伸长率应不小于蒸汽作用前的扯断伸长率的一半。

20.2.5　耐稀酸碱橡胶软管

　　耐稀酸碱橡胶软管指用于 −20～45℃ 环境中输送体积分数不高于 40% 的硫酸溶液及质量分数不高于 15% 的氢氧化钠溶液以及与上述浓度程度相当的酸碱溶液（硝酸除外）的橡胶软管。

1. 耐稀酸碱橡胶软管的型号（表 20-23）

表 20-23　耐稀酸碱橡胶软管的型号（HG/T 2183—1991）

型　号	结　构	用　途	使用压力/MPa
A	有增强层	输送酸碱液体	0.3、0.5、0.7
B	有增强层和钢丝螺旋线	吸引酸碱液体	负压
C	—	排吸酸碱液体	负压 0.3、0.5、0.7

2. 耐稀酸碱橡胶软管的尺寸及允许偏差

1）A 型耐稀酸碱橡胶软管的尺寸及允许偏差如表 20-24 所示。

表 20-24　A 型耐稀酸碱橡胶软管的尺寸及允许偏差（HG/T 2183—1991）

（单位：mm）

A 型		胶层厚度 ≥		A 型		胶层厚度 ≥	
公称内径	允许偏差	内胶层	外胶层	公称内径	允许偏差	内胶层	外胶层
12.5	±0.75	2.2	1.2	40	±1.5	2.5	1.5
16				45			
20				50			
22				63			
25	±1.25			80	±2.0	2.8	
31.5		2.5	1.5				

2）B 型和 C 型耐稀酸碱橡胶软管的尺寸及允许偏差如表 20-25 所示。

表 20-25　B 型和 C 型耐稀酸碱橡胶软管的尺寸及允许偏差（HG/T 2183—1991）

（单位：mm）

公称内径	允许偏差	公称内径	允许偏差
31.5	±1.25	50	±1.5
40	±1.5	63	
45		80	±2.0

3. 耐稀酸碱橡胶软管的力学性能（表 20-26）

表 20-26　耐稀酸碱橡胶软管的力学性能（HG/T 2183—1991）

项　目			技 术 要 求	
			内胶层	外胶层
拉伸强度/MPa		≥	6.0	
扯断伸长率(%)		≥	250	
硫酸(40%),室温×72h	拉伸强度变化率(%)	≥	−15	—
	拉断伸长率变化率(%)	≥	−20	—
盐酸(30%),室温×72h	拉伸强度变化率(%)	≥	−15	—
	拉断伸长率变化率(%)	≥	−20	—
氢氧化钠(15%),室温×72h	拉伸强度变化率(%)	≥	−15	—
	拉断伸长率变化率(%)	≥	−20	—
热空气老化,70℃×72h	拉伸强度变化率(%)		−25 ~ +25	
	拉断伸长率变化率(%)		−30 ~ +10	
粘附强度/(kN/m)	各胶层与增强层间	>	1.5	
	各增强层与增强层间		1.5	

注：外胶层厚度达不到厚度要求，可用制造软管胶料制成试样进行试验。

4. A 型和 C 型耐稀酸碱橡胶软管的液压要求（表 20-27）

表 20-27　A 型和 C 型耐稀酸碱橡胶软管的液压要求（HG/T 2183—1991）

（单位：MPa）

工作压力	试验压力	最小爆破压力	工作压力	试验压力	最小爆破压力
0.3	0.6	1.2	0.7	1.4	2.8
0.5	1.0	2.0			

20.2.6 焊接、切割和类似作业用橡胶软管

1. 焊接、切割和类似作业用橡胶软管的颜色和标识（表20-28）

表20-28 焊接、切割和类似作业用橡胶软管的颜色和标识（GB/T 2550—2007）

气 体	外覆层颜色
乙炔和其他可燃性气体①（除LPG、MPS、天然气、甲烷外）	红色
氧气	蓝色
空气、氮气、氩气、二氧化碳	黑色
液化石油气(LPG)和甲基乙炔-丙二烯混合物(MPS)、天然气、甲烷	橙色
所有燃气(本表中包括的)	红色-橙色

① 对此软管用于氢气的适用性，应与制造厂协商。

2. 焊接、切割和类似作业用橡胶软管的公称内径、内径、允许偏差和同心度（表20-29）

表20-29 焊接、切割和类似作业用橡胶软管的公称内径、内径、
允许偏差和同心度（GB/T 2550—2007）　　　　　（单位：mm）

公称内径	内 径	允许偏差	同心度≤	公称内径	内 径	允许偏差	同心度≤
4	4	±0.55	1	16	16	±0.7	1.25
5	5	±0.55	1	20	20	±0.75	1.5
6.3	6.3	±0.55	1	25	25	±0.75	1.5
8	8	±0.65	1.25	32	32	±0.1	1.5
10	10	±0.65	1.25	40	40	±1.25	1.5
12.5	12.5	±0.7	1.25	50	50	±1.25	1.5

注：对于中间的尺寸，数字应从R20优先数系中选取，偏差按相邻较大内径规格的偏差计。

3. 焊接、切割和类似作业用橡胶软管的拉伸强度和拉断伸长率（表20-30）

表20-30 焊接、切割和类似作业用橡胶软管的拉伸强度和拉断伸长率（GB/T 2550—2007）

胶 层	拉伸强度/MPa	拉断伸长率(%)
内衬层	5.0	200
外覆层	7.0	250

4. 焊接、切割和类似作业用橡胶软管的静液压要求（表20-31）

表20-31 焊接、切割和类似作业用橡胶软管的静液压要求（GB/T 2550—2007）

项 目	轻负荷	正常负荷	项 目	轻负荷	正常负荷
公称内径/mm	≤6.3	所有规格	最小爆破压力/MPa	3	6
最大工作压力/MPa	1	2	在最大工作压力下长度变化	±5%	
验证压力/MPa	2	4	在最大工作压力下直径变化	±10%	

20.2.7 喷砂用橡胶软管

1. 喷砂用橡胶软管的级别

软管依据电性能分为下列级别：①电连接的，标志"M"级；②具有导电橡胶层的，标

志"Ω"级；③不导电的普通型，标志"A"级。

2. 喷砂用橡胶软管的内径及允许偏差（表20-32）

表20-32　喷砂用橡胶软管的内径及允许偏差（HG/T 2192—2008）　（单位：mm）

内　径	允许偏差	内　径	允许偏差
12.5	±0.75	38	±1.50
16	±0.75	40	±1.50
19	±0.75	45	±1.50
20	±0.75	50	±1.50
25	±1.25	51	±1.50
31.5	±1.25		

3. 喷砂用橡胶软管胶料的物理性能（表20-33）

表20-33　喷砂用橡胶软管胶料的物理性能（HG/T 2192—2008）

项　目		内衬层	外覆层	试验方法
最小拉伸强度/MPa		14.0	10.0	GB/T 528
最小拉断伸长率(%)		400	300	GB/T 528
耐老化性能	拉伸强度变化率(最大)(%)	±25	±25	ISO 188:1998[(70±1)℃×3
	拉断伸长率变化率(最大)(%)	+10～-30	+10～-30	天],热空气烘箱法;GB/T 528
耐磨性能(最大损失)/mm³		140	—	ISO 4649:2002,方法A

4. 喷砂用橡胶软管成品的物理性能（表20-34）

表20-34　喷砂用橡胶软管成品的物理性能（HG/T 2192—2008）

项　目	要　求	试验方法
验证压力	1.25MPa	GB/T 5563
验证压力下的长度变化	±8%	GB/T 5563
验证压力下的直径变化	±10%	GB/T 5563
验证压力下的扭转	20°/m(最大)	GB/T 5563
最小爆破压力	2.5MPa	GB/T 5563
层间粘合强度	2.0kN/m(最小)	ISO 8033
耐臭氧性能	2倍放大镜下未见龟裂	HG/T 2869—1997 内径≤25mm,方法1 其他规格,方法2或方法3
23℃曲挠性	T/D 不小于0.8	GB/T 5565—2006
低温曲挠性	不应检测出龟裂,软管应通过上面规定的验证试验	GB/T 5564—2006 (-25±2)℃
电阻(最大)	"M"级:10^2Ω/根 "Ω"级:10^6Ω/根	GB/T 9572

20.2.8　内燃机车机油橡胶软管

1. 内燃机车机油橡胶软管的规格尺寸（表 20-35）

表 20-35　内燃机车机油橡胶软管的规格尺寸（HG/T 2540—1993）　（单位：mm）

公称内径		软管长度		管头尺寸		胶层厚度 ≥	
尺　寸	允许偏差	尺　寸	允许偏差	外　径	长　度	内　胶	外　胶
76	+1.5 −1.0	325	±5	97 ± 1	75 ± 5	3.0	1.2
89		255		115 ± 2			
		325					
102	+2.0 −1.5	260		130 ± 2			
		340					
127		260		155 ± 2			
		325					

注：1. 其他规格尺寸的软管由供需双方商议确定。

2. 软管管头端面应用耐油橡胶覆盖，骨架材料不得外露。

2. 内燃机车机油橡胶软管的最大工作压力（表 20-36）

表 20-36　内燃机车机油橡胶软管的最大工作压力（HG/T 2540—1993）

公称内径/mm	最大工作压力/MPa	公称内径/mm	最大工作压力/MPa
76	0.9	102	0.7
89	0.7	127	

3. 内燃机车机油橡胶软管胶料的性能（表 20-37）

表 20-37　内燃机车机油橡胶软管胶料的性能（HG/T 2540—1993）

项　目		内　胶	外　胶
拉伸强度/MPa　　　　　　　　　　　　　≥		7.0	7.0
拉断伸长率(%)　　　　　　　　　　　　≥		250	250
热空气老化(100℃ ×72h)	拉伸强度变化率(降低,%)　　≤	15	
耐液体体积变化率(%)	甲苯或 2,2,4-三甲基戊烷(室温 ×72h)　≤	50	—
	3 号标准油(100℃ ×72h)　　≤	—	100

4. 内燃机车机油橡胶软管成品的性能（表 20-38）

表 20-38　内燃机车机油橡胶软管成品的性能（HG/T 2540—1993）

项　目		技术要求
耐臭氧(40℃ ×72h),50MPa,体积分数为 5×10^{-5}%		外胶层不龟裂
低温弯曲（−25℃ ×24h）		内外胶层不龟裂
粘合强度/(kN/m)　≥	胶层与增强层	1.5
	增强层与增强层	2.0
压力要求	静压试验(2 倍工作压力)	无异常现象
	爆破	不低于 4 倍工作压力

20.2.9 内燃机燃油（柴油）管路用橡胶软管和纯胶管

1. 分类

产品应由挤出的橡胶材料构成，带有或不带有整体的增强层，增强层也可不必在最后硫化之前预成型。产品还可有一层橡胶或热塑性塑料镶衬层，作为内覆层或形成内衬，以增强耐液体性能和（或）降低燃油蒸气的渗透性。特定应用的橡胶软管和纯胶管规定如下：

1）1 型：A 级，从燃油箱到发动机舱的加压（工作压力 0.7MPa）供油和回油管路（-40 ~ 80℃）；B 级，从燃油箱到发动机舱的加压（工作压力 0.2MPa）供油和回油管路（-40 ~ 80℃）。

2）2 型：A 级，发动机舱中的加压（工作压力 0.7MPa）供油和回油管路（-40 ~ 100℃）；B 级，发动机舱中的加压（工作压力 0.2MPa）供油和回油管路（-40 ~ 100℃）。

3）3 型：A 级，发动机舱中的加压（工作压力 0.7MPa）供油和回油管路（-40 ~ 125℃）；B 级，发动机舱中的加压（工作压力 0.2MPa）供油和回油管路（-40 ~ 125℃）。

4）4 型：低压（工作压力 0.12MPa）加油漏斗、排气口和蒸汽处理（-40 ~ 80℃）。

2. 内燃机燃油（柴油）管路用纯胶管的内径和壁厚（表 20-39）

表 20-39　内燃机燃油（柴油）管路用纯胶管的内径和壁厚（GB 24141.1—2009）

（单位：mm）

内　径	壁　厚	内　径	壁　厚
3.5	3.5	9	4.5
4	3.5	11	4.5
5	4	13	4.5
7	4.5		

注：与纯胶管相配的接头具有下列直径（mm）：4、4.5、6 或 6.35、8、10、12 和 14。

3. 内燃机燃油（柴油）管路用橡胶软管的规格尺寸（表 20-40）

表 20-40　内燃机燃油（柴油）管路用橡胶软管的规格尺寸（GB 24141.1—2009）

（单位：mm）

内径	内径允许偏差	壁厚	外径	外径允许偏差	内径	内径允许偏差	壁厚	外径	外径允许偏差
3.5	±0.3	3	9.5	±0.4	11	±0.3	3.5	18	±0.4
4	±0.3	3	10	±0.4	12	±0.3	3.5	19	±0.4
5	±0.3	3	11	±0.4	13	±0.4	3.5	20	±0.6
6	±0.3	3	12	±0.4	16	±0.4	4	24	±0.6
7	±0.3	3	13	±0.4	21	±0.4	4	29	±0.6
7.5	±0.3	3	13.5	±0.4	31.5	+0.5 -1	4.25	40	±1
8	±0.3	3	14	±0.4	40	+0.5 -1	5	50	±1
9	±0.3	3	15	±0.4					

4. 内燃机燃油（柴油）管路用橡胶软管的同心度（表 20-41）

表 20-41　内燃机燃油（柴油）管路用橡胶软管的同心度（GB 24141.1—2009）

（单位：mm）

内　径	同心度误差 ≤
3.5 以下（包括 3.5）	0.4
大于 3.5	0.8

20.2.10　内燃机燃油系统输送常规液体燃油用纯胶管和橡胶软管

1. 类型

1) 1型：工作压力最高为0.12MPa的纯胶管。

2) 2型：工作压力从0.00～0.12MPa（含0.12MPa）的橡胶软管。

3) 3型：工作压力从0.00～0.30MPa（含0.30MPa）的橡胶软管。

2. 等级

1) A级：在温度最高达100℃的环境下使用的纯胶管和橡胶软管。

2) B级：在温度最高达125℃的环境下使用的纯胶管和橡胶软管。

3. 内燃机燃油系统输送常规液体燃油用纯胶管的规格尺寸（表20-42）

表20-42　内燃机燃油系统输送常规液体燃油用纯胶管的规格尺寸（HG/T 3042—1997）

（单位：mm）

公称内径	公称壁厚	公称内径	公称壁厚
3.5	3.5	7	4.5
4		9	
5	4	11	
		13	

注：纯胶管安装于其上的连接件的参考直径（mm）为4、4.5、6、8、10、12、14。

4. 内燃机燃油系统输送常规液体燃油用橡胶软管的规格尺寸（表20-43）

表20-43　内燃机燃油系统输送常规液体燃油用橡胶软管的规格尺寸（HG/T 3042—1997）

（单位：mm）

内　径			外　径	
公称内径	允许偏差	壁　厚	公称外径	允许偏差
3.5	±0.3	3	9.5	±0.4
4			10	
5			11	
6			12	
7			13	
7.5			13.5	
8			14	
9			15	
11		3.5	18	
12			19	
13	±0.4		20	±0.6
16		4	24	
21			29	
31.5	+0.5 −1	4.25	40	±1
40		5	50	

5. 内燃机燃油系统输送常规液体燃油用橡胶软管的同心度（表20-44）

表20-44　内燃机燃油系统输送常规液体燃油用橡胶软管的同心度（HG/T 3042—1997）

（单位：mm）

内　径	同心度误差　≤
3.5 以下(含3.5)	0.4
3.5 以上	0.8

6. 内燃机燃油系统输送常规液体燃油用纯胶管和橡胶软管胶料的性能（表 20-45）

表 20-45　内燃机燃油系统输送常规液体燃油用纯胶管和橡胶软管胶料的性能（HG/T 3042—1997）

项　目			技　术　要　求		
			纯胶管	橡胶软管	
				内层胶	外层胶
硬度　IRHD			70^{+10}_{-5}	70^{+10}_{-5}	70^{+10}_{-5}
拉伸强度/MPa		≥	10	10	10
扯断伸长率(%)		≥	200	250	250
热空气老化 A 级　100℃ × 70$^{+2}_{0}$h B 级　100℃ × 70$^{+2}_{0}$h	硬度变化[1]　IRHD		0 ~ 10	0 ~ 10	0 ~ 10
	拉伸强度变化率(%)	≥	− 20	− 20	− 20
	扯断伸长率变化率(%)	≥	− 40	− 40	− 40
压缩变形(%) ≤	1 型　100℃ × 24h		65	—	—
	2 型和 3 型　A 级　100℃ × 70$^{+2}_{0}$h		—	50	50
	B 级　125℃ × 70$^{+2}_{0}$h		—	50	50
耐 C 液体积变化率(%)			0 ~ 30	0 ~ 30	—
耐 3 号标准油体积变化率(%)			− 5 ~ 30	− 5 ~ 30	− 5 ~ 60

[1] 老化后，硬度绝对值最大为 85IRHD。

7. 内燃机燃油系统输送常规液体燃油用纯软管和橡胶软管的性能（表 20-46）

表 20-46　内燃机燃油系统输送常规液体燃油用纯软管和橡胶软管的性能（HG/T 3042—1997）

项　目			技　术　要　求	
			纯胶管	橡胶软管
泄漏试验			无泄漏	
拉伸试验			不断裂(不得滑脱)	
最小爆破压力/MPa	1 型		0.5	—
	2 型		—	1.2
	3 型		—	3.0
粘附强度/(kN/m)		≥	—	1.5
萃取后耐臭氧试验			放大两倍观察,不得出现龟裂	
低温曲挠试验			放大两倍观察无龟裂	
净度试验	不溶性杂质/(g/m²)	≤	5	5
	燃油可溶物/(g/m²)	≤	10	10
蜡状物萃取/(g/m²) ≤	纯胶管和 A 级橡胶软管		10	10
	B 级橡胶软管		—	5
拉伸永久变形(%) ≤	A 级　100 ± 1℃		50	内层胶 / 外层胶
	B 级　125 ± ℃			50 / 50
液体 C 渗透量(24h)/(g/m²)		≤	350	350
撕裂强度/(kN/m)		≥	8	—
耐真空性能			球可自由通过	

20.2.11 内燃机燃油系统输送含氧燃油用纯胶管及橡胶软管

1. 内燃机燃油系统输送含氧燃油用纯胶管及橡胶软管的型号

1）1 型：纯胶管，最大工作压力为 0.12MPa。

2）2 型：软管，工作压力为 0 ~ 0.12MPa。

3）3 型：软管，工作压力为 0 ~ 0.3MPa。

1 型、2 型和 3 型三种型号可进一步分成两个级别：A 级，在最高 120℃ 的环境温度下工作；B 级，在最高 140℃ 的环境温度下工作，B 级纯胶管可带有外覆层。

2. 内燃机燃油系统输送含氧燃油用纯胶管的内径和壁厚（表 20-47）

表 20-47　纯胶管的内径和壁厚（HG/T 3665—2000）　　　（单位：mm）

公称内径	公称壁厚	公称内径	公称壁厚
3.5	3.5	9	4.5
4	3.5	11	4.5
5	4	13	4.5
7	4.5		

3. 内燃机燃油系统输送含氧燃油用橡胶软管的规格尺寸（表 20-48）

表 20-48　内燃机燃油系统输送含氧燃油用橡胶软管的规格尺寸（HG/T 3665—2000）

（单位：mm）

公称内径	允许偏差	壁厚	外径	允许偏差	公称内径	允许偏差	壁厚	外径	允许偏差
3.5			9.5		11	±0.3	3.5	18	±0.4
4			10		12			19	
5			11		13			20	
6			12		16	±0.4	4	24	±0.6
7	±0.3	3	13	±0.4	21			29	
7.5			13.5		31.5	+0.5 −1.0	4.25	40	±1.0
8			14		40		5	50	
9			15						

4. 内燃机燃油系统输送含氧燃油用橡胶软管的同心度（表 20-49）

表 20-49　内燃机燃油系统输送含氧燃油用橡胶软管的同心度（HG/T 3665—2000）

（单位：mm）

内　　径	同心度误差　≤
	内径到外径
3.5 以下（包括 3.5）	0.4
3.5 以上	0.8

5. 内燃机燃油系统输送含氧燃油用纯胶管及橡胶软管胶料的性能（表 20-50）

表 20-50　内燃机燃油系统输送含氧燃油用纯胶管及橡胶软管胶料的性能（HG/T 3665—2000）

项　目			对 A 级和 B 级的技术要求			
			纯胶管	外覆层,如要求	软管内衬层	软管外覆层
硬度　IRHD			70 ± 10	70 ± 10	70^{+5}_{-10}	70 ± 10
拉伸强度/MPa		≥	10	10	8	7
拉断伸长率(%)		≥	250	150	200	200
加速老化	硬度变化[1]　IRHD		$0 \sim 15$	$0 \sim 15$	$0 \sim 15$	$0 \sim 15$
	拉伸强度下降率(%)	≤	20	20	20	20
	拉断伸长率下降率(%)	≤	50	50	50	50
耐臭氧性能			放大 2 倍观察无龟裂			
压缩永久变形[(100 ± 1)℃×$(72^{0}_{-2}$h)](%)		≤	50	50	50	50
耐烃类性能	硬度下降　IRHD	≤	25	—	25	—
	拉伸强度下降率(%)	≤	40	—	40	—
	拉断伸长率下降率(%)	≤	30	—	30	—
	体积膨胀率(%)	≤	30	—	30	—
耐含氧燃油性能	硬度下降　IRHD	≤	25	—	25	—
	拉伸强度下降率(%)	≤	50	—	50	—
	拉断伸长率下降率(%)	≤	40	—	40	—
	体积膨胀率(%)	≤	45	—	45	—
耐氧化燃油性能	硬度下降　IRHD	≤	25	—	25	—
	拉伸强度下降率(%)	≤	50	—	50	—
	拉断伸长率下降率(%)	≤	40	—	40	—
	体积膨胀率(%)	≤	45	—	45	—
耐 3 号油性能	拉伸强度下降率(%)	≤	25	50	—	50
	拉断伸长率下降率(%)	≤	50	50	—	50
	体积变化(%)		$-15 \sim 15$	$-5 \sim 75$	—	$-5 \sim 75$

① 最大绝对值不应超过 90 IRHD。

6. 内燃机燃油系统输送含氧燃油用纯胶管及橡胶软管的性能（表 20-51）

表 20-51　内燃机燃油系统输送含氧燃油用纯胶管及橡胶软管的性能（HG/T 3665—2000）

项　目		技术要求	
		纯胶管	软管
泄漏试验		不泄漏	—
拉伸试验		不断裂无滑脱	—
最小爆破压力/MPa		0.5	3.0
粘合强度(外覆层和内衬层对增强层)/(kN/m)	≥	—	1.5
低温屈挠性		2 倍放大,无龟裂现象	

（续）

项　目		技 术 要 求	
		纯胶管	软管
清洁度/(g/m²)　≤	不溶杂质	5	5
	溶于燃油的固体	3	3
可抽出腊制品/(g/m²)　≤		1.5	1.5
甲苯或2,2,4-三甲基戊烷的渗透性/(cm³/m²)　≤		25	25
抗撕性/(kN/m²)　≥		6	—
耐吸扁性		球应能在整根软管中通过	
耐弯曲性(变形系数 D'/D)		0.7	0.7
加速老化		2 倍放大，内外无龟裂或剥蚀	
长期耐含氧燃油性能	耐吸扁性	球应能在整根软管中通过	
	耐弯曲性(变形系数 D'/D)	0.7	0.7
	耐臭氧性能	2 倍放大，无龟裂现象	
	最小爆破压力/MPa	—	1.2
	粘合强度(外覆层和内衬层对增强层)/(kN/m)　≥	—	0.8
	低温屈挠性	2 倍放大，无龟裂现象	

20.2.12　计量分配燃油用橡胶软管及组合件

1. 计量分配燃油用橡胶软管的型号、类别和等级

1）计量分配燃油用橡胶软管分为三种型号：①1 型，织物增强；②2 型，织物和螺旋金属丝增强；③3 型，细金属丝增强。

2）计量分配燃油用橡胶软管分为两种类别：①M 类，金属线导电；②Ω 类，胶料导电。

3）计量分配燃油用橡胶软管分为两种温度等级：①常温等级，环境工作温度为 –30 ~ 55℃；②低温等级，环境工作温度为 –40 ~ 55℃。

2. 压力要求

最大工作压力为 1.6MPa，验证压力为 2.4MPa，最小爆破压力为 4.8MPa。

3. 计量分配燃油用橡胶软管的公称内径、允许偏差及最小弯曲半径（表 20-52）

表 20-52　计量分配燃油用橡胶软管的公称内径、允许偏差及最小弯曲半径（HG/T 3037—2008）

（单位：mm）

公称内径	内径	允许偏差	弯曲半径	公称内径	内径	允许偏差	弯曲半径
12	12.5		60	25	25.0		150
16	16.0	±0.8	80	32	32.0	±1.25	175
19	19.0		100	38	38.0		225
21	21.0	±1.25	130	40	40.0		225

4. 计量分配燃油用橡胶软管胶料的性能（表 20-53）

表 20-53　计量分配燃油用橡胶软管胶料的性能（HG/T 3037—2008）

项　目				技 术 要 求		试样[①]
				橡胶	TPE	
内衬层和外覆层的拉伸强度/MPa			≥	9	12	从软管上切取或从试片上裁取试样
内衬层和外覆层的拉断伸长率(%)			≥	250	350	
加速老化	内衬层和外覆层的拉伸强度变化率(%)		≤	20	10	
	内衬层和外覆层的拉断伸长率变化率(%)		≤	−35	−20	
耐液体性能	内衬层溶胀(%) ≤	在40℃的3型氧化燃油中70h		+70		
		在100℃的3号油中70h		+25		
	内衬层溶剂抽出物(%) ≤	常温等级		+10		
		低温等级		+15		
	外覆层溶胀(%)		≤	+100		
内衬层和外覆层的耐低温性能[−30℃（如有要求 −40℃）]				10 倍放大无龟裂		
外覆层的耐磨性能/mm³			≤	500		从外覆层胶料模压的试片上裁取试样

① 试验报告应注明试样来源。

5. 计量分配燃油用橡胶软管成品的性能（表 20-54）

表 20-54　计量分配燃油用橡胶软管成品的性能（HG/T 3037—2008）

项　目		技 术 要 求	试 　 样
验证压力试验(2.4MPa)		无渗漏及其他缺陷	整根软管
爆破压力/MPa　　　≥		4.8	从软管上切割下一段软管
容积膨胀率(%) ≤	1 型和 2 型	2	从软管上切割下 1m 软管
	3 型	1	
层间粘合强度/(kN/m) ≥	初始值(最小)	2.4	从软管上切割下一段软管
	浸液后(最小)	1.8	
室温弯曲性能		$\dfrac{T}{D} \geqslant 0.8$	从软管上切割下一段软管
低温屈挠性能		无裂纹或断裂，最大弯曲力 180N	参照公称内径(mm)为16、19 或 21 的软管
验证压力下的长度变化率(%)		0~5	整根软管
外覆层耐臭氧性能		两倍放大无龟裂	从软管上切割下一段软管
燃油渗透性能/[mL/(m·d)] ≤	常温等级	12	从软管上切割下 2m 软管 参照公称内径(mm)16、19 或 21 的软管
	低温等级	18	
电阻/Ω ≤	Ω 类	1×10^6	整根软管
	M 类	1×10^2	
可燃性		1) 明火燃烧20s 停止 2) 移走火后 2min 没有可见的火 3) 软管无渗漏	从软管上切取合适的长度

6. 计量分配燃油用橡胶软管组合件的性能（表20-55）

表20-55　计量分配燃油用橡胶软管组合件的性能（HG/T 3037—2008）

项　　目		技　术　要　求	试　　样
拔脱性能		接头无松动	短根组合件
验证压力试验(2.4MPa)		无渗漏及其他缺陷	整根软管组合件
电阻/Ω　≤	Ω 类	1×10^6	
	M 类	1×10^2	
气密性测试		无渗漏	
耐屈挠性能		18000 圈无缺陷,50000 圈无渗漏,导电性良好	

20.2.13　油槽车输送燃油用橡胶软管及组合件

1. 软管分组

1）D 组：输送软管，在某种条件下可用于低真空传输。

2）SD 组：抽吸和输送软管，用螺旋线增强。

以上两组都可以是：①用金属线导电的软管，用 M 作为标志；②用胶料导电的软管，用 Ω 作为标志。

2. 材料和结构

如果是有芯法制作的软管，则不应使用颗粒型的隔离剂。软管应品质均匀、无孔隙、无气眼、无外来杂质和其他缺陷。软管应包括：①耐烃类燃油的内衬层；②圆织、编织或螺旋缠绕纺织材料构成的增强层；③嵌入螺旋增强层（仅 SD 组）；④两根或多根低阻值金属导线（仅 M 级）；⑤耐磨、耐户外暴晒、耐烃类燃油的外覆橡胶层。

3. 油槽车输送燃油用橡胶软管和软管组合件的规格尺寸（表20-56）

表20-56　油槽车输送燃油用橡胶软管和软管组合件的规格尺寸（HG/T 3041—2009）

（单位：mm）

公称内径	内径	内径偏差	外径	外径偏差	最小弯曲半径		工作中盘卷鼓的最小外径	
					D 组	SD 组	D 组	SD 组
19	19.0	±0.5	31.0	±1.0	125	100	250	250
25	25.0		37.0		150	125	300	300
32	32.0		44.0		200	150	400	350
38	38.0		51.0		250	175	500	400
50	50.0	±0.7	66.0		300	225	600	500
51	51.0		67.0		300	225	600	500
63	63.0		79.0	±1.2	400	275	800	600
75	75.0	±0.8	91.0		450	350	900	750
76	76.0		92.0		450	350	900	750
100	100.0		116.0	±1.6	600	450	N. A.	N. A.
101	101.0		118.0		600	450	N. A.	N. A.
150	150.0	±1.6	170.0	±2.0	900	750	N. A.	N. A.

4. 橡胶混炼胶的物理性能（表 20-57）

表 20-57　橡胶混炼胶的物理性能（HG/T 3041—2009）

项　目		技术要求		项　目		技术要求	
		内衬层	外覆层			内衬层	外覆层
拉伸强度/MPa	≥	7.0	7.0	耐磨性(相对体积损失)/mm³	≤	—	180
拉断伸长率(%)	≥	250	250	热老化	拉伸强度变化率(%)	±30	±30
耐液体体积变化率(%)	≤	50	—		拉断伸长率变化率(%)	±30	±30
		—	100				

5. 成品软管和软管组合件的物理性能（表 20-58）

表 20-58　成品软管和软管组合件的物理性能（HG/T 3041—2009）

项　目		技术要求	项　目	技术要求
软管试验			曲挠性能(20～30℃)	无永久变形或可见的结构损坏,无电阻增大,电连续性无衰减,并应符合验证压力的要求
验证压力		1.5MPa,无泄漏或其他异常现象		
长度变化	最大验证压力下	D 组:0%～8% SD 组:0%～10%	电阻　　　　≤	M 级:10²Ω/根 Ω 级:10⁶Ω/根
	−0.08MPa(真空)	SD 组:−2%	在最小弯曲半径和 0.07MPa 的内压下软管外径的变形(仅 D 组)　　≤	10%
验证压力下最大扭转变化		8°/m		
耐真空(仅 SD 组,−0.08MPa,10min)①		无结构损坏	燃烧性能试验	当移去燃烧火焰时,无燃烧,无可见发光及流体泄漏
爆破压力　　　　　≥		4MPa	软管组合件试验	
层间粘合强度	初始值(最小)	2.4kN/m	验证压力	1.5MPa,无泄漏或其他异常现象
	与燃油接触后(最小)	1.8kN/m	爆破压力　　　　≥	4MPa
耐臭氧[40℃,相对湿度(55±10)%,(50±5)MPa 臭氧分压,伸长 20%]		在 2 倍放大下观察,无龟裂	电阻　　　　≤	M 级:10²Ω/组合件 Ω 级:10⁶Ω/组合件
			接头装配安全性	无泄漏,无管接头拔脱位移

① D 组软管中较小规格,例如公称内径 51mm 以下的,可用于真空用途,压力降为 −0.03MPa。

20.2.14　汽车空气制动软管及组合件

1. 汽车空气制动软管及组合件的内径和外径（表 20-59）

表 20-59　汽车空气制动软管和软管组合件的内径和外径（GB 7128—2008）

（单位：mm）

公称尺寸	A 型内径	A Ⅰ和 A Ⅱ型内径	A 型外径	A Ⅰ型外径	A Ⅱ型外径
5	4.7～5.4	4.8～5.5	10.0～12.0	12.0～13.0	12.7～13.7
6	5.5～6.6	6.1～6.9	12.0～16.7	13.6～14.6	14.3～15.3

（续）

公称尺寸	A 型内径	AⅠ和AⅡ型内径	A 型外径	AⅠ型外径	AⅡ型外径
8	7.3 ~ 8.5	7.9 ~ 8.7	14.5 ~ 18.3	15.1 ~ 16.2	16.7 ~ 17.6
10	9.1 ~ 10.3	—	16.5 ~ 19.8	—	—
11	10.3 ~ 11.9	10.3 ~ 11.1	17.0 ~ 20.5	18.1 ~ 19.3	18.9 ~ 20.0
12	11.2 ~ 12.4	—	18.0 ~ 21.4	—	—
13SP	11.9 ~ 13.5	—	20.0 ~ 23.5	—	—
13	—	12.7 ~ 13.7	—	20.5 ~ 21.7	22.8 ~ 24.0
15	14.2 ~ 15.7	—	23.0 ~ 26.8	—	—
16	15.1 ~ 16.7	15.9 ~ 17.0	24.0 ~ 27.8	23.7 ~ 24.9	26.8 ~ 28.0

注：如果有要求，则10、12 和13SP 规格的 A 型软管能装配野外装配型接头，但这些装配型接头与 AⅠ和 AⅡ型软管使用的不同。

2. 汽车空气制动软管及组合件的最小弯曲半径（表 20-60）

表 20-60　汽车空气制动软管和软管组合件的最小弯曲半径（GB 7128—2008）

（单位：mm）

公称尺寸	最小弯曲半径(弯曲内侧)	公称尺寸	最小弯曲半径(弯曲内侧)
5	50	12	100
6	65	13SP	100
8	75	13	100
10	90	15	110
11	90	16	115

20.2.15　汽车动力转向系统用橡胶软管及组合件

1. 汽车动力转向系统用橡胶软管的公称内径（表 20-61）

表 20-61　汽车动力转向系统用橡胶软管的公称内径（GB/T 20461—2006）

（单位：mm）

型号	1	2	3	4	5
公称内径	—	6.3	—	—	—
	9.5	9.5	9.5	9.5	9.5
	—	12.7	—	—	12.7

2. 汽车动力转向系统用橡胶软管的液体介质压力（表 20-62）

表 20-62　汽车动力转向系统用橡胶软管的液体介质压力（GB/T 20461—2006）

型号	公称内径/mm	设计工作压力/MPa	试验压力/MPa	最小爆破压力/MPa	型号	公称内径/mm	设计工作压力/MPa	试验压力/MPa	最小爆破压力/MPa
1	9.5	1.75	3.5	7.0	3	9.5	10.0	20.0	40.0
2	6.3	9.0	18.0	36.0	4	9.5	9.0	18.0	36.0
	9.5	8.0	16.0	32.0	5	9.5	15.5	31.0	62.0
	12.7	7.0	14.0	28.0		12.7	14.0	28.0	56.0

注：所有规定的压力值都是压力表所示压力。

20.2.16　汽车空调用橡胶和塑料软管及组合件

1. 汽车空调用橡胶和塑料软管的型号和结构

1）A1 型和 A2 型织物增强的橡胶软管：软管应由一层无缝的、耐油的合成橡胶内胶层，与内胶层和外胶层粘合良好的织物增强层，以及耐热和耐臭氧的合成橡胶外胶层组成。外层可以进行针刺处理。A1 型软管应有一层纤维织物编织增强层。A2 型软管应有两层纤维织物编织增强层。

2）B1 型和 B2 型钢丝增强的橡胶软管：软管应由一层无缝的、耐油的合成橡胶内胶层，与内胶层粘合的钢丝增强层，以及浸渍合成胶液的耐热织物线外层组成。

3）C 型织物增强的热塑性塑料软管：软管应由一层热塑性材料内层、一层适宜的织物增强层，以及一层耐热和耐臭氧的热塑性塑料外层组成。外层可以进行针刺处理。

4）D 型织物增强外覆橡胶的热塑性塑料软管：软管应由一层热塑性塑料内层、一层能与内层和外层粘合的织物增强层，以及一层耐热、耐臭氧的合成橡胶外胶层组成。外层可以进行针刺处理。

2. 汽车空调用橡胶和塑料软管的规格尺寸（表 20-63）

表 20-63　汽车空调用橡胶和塑料软管的规格尺寸（HG/T 2718—1995）

（单位：mm）

公称尺寸	内　径						外　径							
	A1、A2、B1 型		C 型		B2、D 型		A1 型		A2 型		B1 型		C 型	B2、D 型	
	最大值	最小值	最大值	最小值	最大值	最小值	最大值	最小值	最大值	最小值	最大值	最小值	最大值	最大值	最小值
4.8①	—	—	5.1	4.6	5.4	4.8	—	—	—	—	—	—	8.3	13.7	12.7
6.4	7.0	6.2	6.7	6.1	—	—	15.1	13.5	—	—	16.5	15.3	11.4	—	—
8	8.6	7.8	8.3	7.6	8.7	8.0	19.1	17.5	19.8	18.3	18.8	17.7	13.5	17.6	16.7
9.5	—	—	9.9	9.1	—	—	—	—	—	—	—	—	15.2	—	—
10	11.1	10.2	10.7	9.9	11.1	10.3	23.0	21.4	23.8	22.2	21.2	20.0	16.1	20.0	18.9
13	13.6	12.4	13.2	12.2	13.7	12.7	25.4	23.8	26.2	24.6	23.8	22.2	18.8	24.0	22.8
16	16.8	15.6	16.5	15.2	16.9	15.9	28.5	27.0	29.4	27.8	27.0	25.4	23.4	28.0	26.8
22	23.1	22.0	—	—	—	—	34.1	32.5	—	—	—	—	—	—	—
29	29.8	28.2	—	—	—	—	40.9	38.5	—	—	—	—	—	—	—

①　4.8mm 规格内径最大值、最小值不适用于 D 型。

3. 汽车空调用橡胶和塑料软管的同轴度（表 20-64）

表 20-64　汽车空调用橡胶和塑料软管的同轴度（HG/T 2718—1995）（单位：mm）

A1、A2、B1、B2 和 D 型		C 型	
公称尺寸	最大同轴度	公称尺寸	最大同轴度
4.8 ~ 6.4	0.8	4.8 ~ 6.4	0.5
8 ~ 22	1.0	8 ~ 13	0.6
29	1.3	16	0.8

4. 汽车空调用橡胶和塑料软管制冷剂质量损失速度（表 20-65）

表 20-65　汽车空调用橡胶和塑料软管制冷剂质量损失速度（HG/T 2718—1995）

试验温度（±2℃）/℃	参比压力/MPa	制冷剂质量损失速度[3]/[kg/(m² · a)] ＜	
		A 型、B 型	C 型、D 型
100[1]	3.24	93	22
80[2]	2.21	58	14

① 预定供高压处使用的软管和软管组合件在（100±2）℃试验。
② 预定供低压处使用的软管和软管组合件在（80±2）℃试验。
③ 以软管内表面积计算。

5. 汽车空调用橡胶和塑料软管组合件的拔脱力（表 20-66）

表 20-66　汽车空调用橡胶和塑料软管组合件的拔脱力（HG/T 2718—1995）

（单位：N）

内径/mm	A、C、D 型	B 型	内径/mm	A、C、D 型	B 型
4.8	910	—	13	2490	3290
6.4	1130	1810	16	2490	3290
8	1590	2720	22	2490	3290
9.5	2040	—	29	2490	3290
10	2270	3290			

20.2.17　吸水和排水用橡胶软管及组合件

1. 吸水和排水用橡胶软管及组合件的型号

根据使用要求，此种用途的软管分为三种型别：①1 型：吸水压力达到 −0.063MPa 和排水压力达到 0.3MPa 的轻型软管；②2 型：吸水压力达到 −0.080MPa 和排水压力达到 0.5MPa 的中型软管；③3 型：吸水压力达到 −0.097MPa 和排水压力达到 1.0MPa 的重型软管。

软管及软管组合件的型号如表 20-67 所示。

2. 胶混炼胶的性能（表 20-68）

表 20-67　软管及软管组合件的型号
（HG/T 3035—2011）

型号	使用条件	温度
1	吸水压力至 −0.063MPa 最大排水压力至 0.3MPa	环境温度：−25 ～ +70℃ 输送水温：0 ～ +70℃
2	吸水压力至 −0.080MPa 最大排水压力至 0.5MPa	环境温度：−25 ～ +70℃ 输送水温：0 ～ +70℃
3	吸水压力至 −0.097MPa 最大排水压力至 1.0MPa	环境温度：−25 ～ +70℃ 输送水温：0 ～ +70℃

表 20-68　胶混炼胶的性能
（HG/T 3035—2011）

性　能		技 术 要 求	
		内衬层	外覆层
拉伸强度/MPa	≥	7	7
拉断伸长率(%)	≥	200	200
耐老化性能	拉伸强度变化率(%)	±25	±25
	拉断伸长率变化率(%)	±50	±50

3. 液压试验要求（表 20-69）

表 20-69　液压试验要求（HG/T 3035—2011）　　（单位：MPa）

软管型号	最大工作压力	验证压力	最小爆破压力
1	0.3	0.5	1.0
2	0.5	0.8	1.6
3	1.0	1.5	3.0

4. 最小弯曲半径（表 20-70）

表 20-70　最小弯曲半径（HG/T 3035—2011）　　（单位：mm）

公称内径	最小弯曲半径	公称内径	最小弯曲半径
16	50	100	500
20	60	125	750
25	75	150	960
31.5	95	160	960
40	120	200	1200
50	150	250	1500
63	250	315	1900
80	320		

20.2.18　无气喷涂用橡胶软管及组合件

1. 无气喷涂用橡胶软管的内径和允许偏差（表 20-71）

表 20-71　无气喷涂用橡胶软管的内径和允许偏差（GB/T 20023—2005）

（单位：mm）

内　径	允许偏差	内　径	允许偏差
3.2、4、5	±0.50	6.3、8、9.5、12.5	±0.75

2. 无气喷涂用橡胶软管组合件的静液压要求（表 20-72）

表 20-72　无气喷涂用橡胶软管组合件的静液压要求（GB/T 20023—2005）

软管型号	工作压力/MPa	试验压力/MPa	最小爆破压力/MPa	软管型号	工作压力/MPa	试验压力/MPa	最小爆破压力/MPa
A	20	40	80	C	20	40	80
B	36	72	144	D	36	72	144

20.2.19　输送混凝土用橡胶软管及组合件

1. 软管的内径及允许偏差、内衬层和外覆层的厚度（表 20-73）

表 20-73　软管的内径及允许偏差、内衬层和外覆层的厚度（GB/T 27571—2011）

（单位：mm）

公称内径	内径允许偏差	内衬层厚度 ≥				外覆层厚度 ≥
		A 型	B 型	C 型	D 型	A、B、C、D 型
102	±1.6	4.5	4.5	4.5	4.5	1.7
127	±1.6	4.8	4.8	4.8	4.8	1.7
152	±2	4.8	4.8	4.8	4.8	1.7

2. 软管的长度及外径变化率（表 20-74）

表 20-74　软管的长度及外径变化率（GB/T 27571—2011）

项　目	试验条件	技术要求
长度变化率(%)	最大工作压力,15min	-1.5 ~ +1.5
外径变化率(%)	最大工作压力,15min	-0.5 ~ +0.5

3. 软管组合件的尺寸及允许偏差

软管组合件的尺寸及允许偏差如图 20-3、图 20-4 和表 20-75 所示。

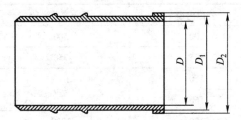

图 20-3　A 型软管组合件示意图　　　　图 20-4　B、C、D 型软管组合件示意图

表 20-75　软管组合件的尺寸及允许偏差（GB/T 27571—2011）　　（单位：mm）

公称内径	型号	法兰内径 D	法兰卡口 D_1	法兰外径 D_2	外套外径 D_3	允许偏差
102	A	102	107	117	—	±0.5
	B、C、D	102	107	117	148	±0.5
127	A	127	139	148	—	±0.5
	B、C、D	127	139	148	178	±0.5
152	A	152	165	174	—	±0.5
	B、C、D	152	165	174	201	±0.5

注：未列规格法兰尺寸由供需双方协商。

4. 软管的耐磨性能（表 20-76）

表 20-76　软管的耐磨性能（GB/T 27571—2011）

项　　目	内　衬　层			
	A 型	B 型	C 型	D 型
内衬层磨耗量/（cm³/1.61km）　≤	0.25	0.25	0.20	0.15

5. 软管的静液压要求（表 20-77）

表 20-77　软管的静液压要求（GB/T 27571—2011）

公称内径	型号	最大工作压力 /MPa	验证压力 /MPa	最小爆破压力 /MPa	公称内径	型号	最大工作压力 /MPa	验证压力 /MPa	最小爆破压力 /MPa
102	A	2.5	3.8	6.3	127	C	7.0	10.5	17.5
	B	7.0	10.5	17.5		D	8.0	12.0	20.0
	C	8.0	12.0	20.0	152	A	1.5	2.3	3.8
	D	8.5	12.8	21.0		B	5.0	7.5	12.5
127	A	2.0	3.0	5.0		C	6.0	9.0	15.0
	B	6.0	9.0	15.0		D	7.0	10.5	17.5

20.2.20　疏浚工程用钢丝或织物增强的橡胶软管及组合件

1. 疏浚工程用钢丝或织物增强的橡胶软管的型号

按照橡胶软管在疏浚工程中的使用要求规定了下列两种型号：

1）Ⅰ型：管线型橡胶软管，包括漂浮橡胶软管、排泥橡胶软管、排吸泥橡胶软管等。

2）Ⅱ型：船用型橡胶软管，包括高压喷射橡胶软管、排吸泥橡胶软管、吸引橡胶软管和橡胶膨胀节等。

2. 疏浚工程用钢丝或织物增强的橡胶软管的类别（表 20-78）

表 20-78　疏浚工程用钢丝或织物增强的橡胶软管的类别（HG/T 2490—2011）

公称内径/mm	类　别							
	-0.8	5	10	15	20	25	30	40
	最大工作压力/MPa							
	-0.08	0.5	1.0	1.5	2.0	2.5	3.0	4.0
100	X	X	X	X	X	X	X	X
150	X	X	X	X	X	X	X	X
200	X	X	X	X	X	X	X	X
250	X	X	X	X	X	X	X	N/A
300	X	X	X	X	X	X	X	N/A
350	X	X	X	X	X	X	X	N/A
400	X	X	X	X	X	X	X	N/A
450	X	X	X	X	X	X	X	N/A
500	X	X	X	X	X	X	X	N/A
550	X	X	X	X	X	X	X	N/A
600	X	X	X	X	X	X	X	N/A
650	X	X	X	X	X	X	X	N/A
700	X	X	X	X	X	X	X	N/A
750	X	X	X	X	X	X	X	N/A
800	X	X	X	X	X	X	X	N/A
850	X	X	X	X	X	X	X	N/A
900	X	X	X	X	X	X	X	N/A
1000	X	X	X	X	X	X	X	N/A
1100	X	X	X	X	X	X	X	N/A
1200	X	X	X	X	X	X	N/A	N/A
1300	X	X	X	X	X	N/A	N/A	N/A

注：X = 适用；N/A = 不适用。特殊要求的工作压力由顾客提出。

3. 疏浚工程用钢丝或织物增强的橡胶软管的级别（表 20-79）

表 20-79　疏浚工程用钢丝或织物增强的橡胶软管的级别（HG/T 2490—2011）

型　号	级　别	结构和用途		型　号	级　别	结构和用途	
		钢骨架	用途			钢骨架	用途
Ⅰ	A	无	排送	Ⅱ	A	无	排送
	B	有	排送和吸引		B	有	排送和吸引
					C	有	吸引

4. 疏浚工程用钢丝或织物增强的橡胶软管每一类别中的型号和级别（表 20-80）

表 20-80　疏浚工程用钢丝或织物增强的橡胶软管每一类别中的型别和级别（HG/T 2490—2011）

型号	级别	类　别							
		-0.8	5	10	15	20	25	30	40
		最大工作压力/MPa							
		-0.08	0.5	1.0	1.5	2.0	2.5	3.0	4.0
Ⅰ	A	X	X	X	X	X	X	X	X
	B	X	X	X	X	X	X	X	X
Ⅱ	A	X	X	X	X	X	X	X	N/A
	B	X	X	X	X	X	N/A	N/A	N/A
	C	X	X	X	N/A	N/A	N/A	N/A	N/A

注：X = 适用；N/A = 不适用。

5. 疏浚工程用钢丝或织物增强的橡胶软管公称内径与允许偏差（表 20-81）

表 20-81　疏浚工程用钢丝或织物增强的橡胶软管公称内径与允许偏差（HG/T 2490—2011）

（单位：mm）

公称内径	内　径	允许偏差	公称内径	内　径	允许偏差
100	100	±3	650	650	±5
150	150	±3	700	700	±5
200	200	±3	750	750	±5
250	250	±4	800	800	±6
300	300	±4	850	850	±6
350	350	±5	900	900	±6
400	400	±5	1000	1000	±6
450	450	±5	1100	1100	±7
500	500	±5	1200	1200	±7
550	550	±5	1300	1300	±7
600	600	±5			

6. 疏浚工程用钢丝或织物增强的橡胶软管胶料的性能（表 20-82）

表 20-82　疏浚工程用钢丝或织物增强的橡胶软管胶料的性能（HG/T 2490—2011）

项　目		耐磨衬里	外　覆　层
拉伸强度/MPa	≥	16	10
拉断伸长率(%)	≥	400	400
回弹性(%)	≥	30	—

20.2.21　饱和蒸汽用橡胶软管及组合件

1. 饱和蒸汽用橡胶软管的型号

1）1 型：低压蒸汽软管，最大工作压力 0.6MPa，对应温度为 164℃。

2）2 型：高压蒸汽软管，最大工作压力 1.8MPa，对应温度为 210℃。

每个型号的软管分为：①A 级，外覆层不耐油；②B 级，外覆层耐油。每个等级都可以为：①电连接，标注为"M"；②导电性，标注为"Ω"。

2. 饱和蒸汽用橡胶软管的规格尺寸（表 20-83）

表 20-83　饱和蒸汽用橡胶软管的规格尺寸（HG/T 2718—1995）　（单位：mm）

内　径		外　径		厚度　≥		弯曲半径　≥
数值	偏差	数值	偏差	内衬层	外覆层	
9.5	±0.5	21.5	±1.0	2.0	1.5	120
13	±0.5	25	±1.0	2.5	1.5	130
16	±0.5	30	±1.0	2.5	1.5	160
19	±0.5	33	±1.0	2.5	1.5	190
25	±0.5	40	±1.0	2.5	1.5	250
32	±0.5	48	±1.0	2.5	1.5	320
38	±0.5	54	±1.2	2.5	1.5	380
45	±0.7	61	±1.2	2.5	1.5	450
50	±0.7	68	±1.4	2.5	1.5	500
51	±0.7	69	±1.4	2.5	1.5	500
63	±0.8	81	±1.6	2.5	1.5	630
75	±0.8	93	±1.6	2.5	1.5	750
76	±0.8	94	±1.6	2.5	1.5	750
100	±0.8	120	±1.6	2.5	1.5	1000
102	±0.8	122	±1.6	2.5	1.5	1000

3. 饱和蒸汽用橡胶软管胶料的性能（表 20-84）

表 20-84　饱和蒸汽用橡胶软管胶料的性能（HG/T 2718—1995）

项　目		技术要求		项　目		技术要求	
		内衬层	外覆层			内衬层	外覆层
拉伸强度/MPa ≥		8	8	耐磨耗性能/mm³ ≤	炭黑填充胶料	—	200
拉断伸长率(%) ≥		200	200		非炭黑填充胶料(着色)	—	400
老化后	拉伸强度变化率(%) ≤	50	50	体积变化(%,仅限 B 级) ≤		—	100
	拉断伸长率变化率(%) ≤	50	50				

4. 饱和蒸汽用橡胶软管及组合件的性能（表 20-85）

表 20-85　饱和蒸汽用橡胶软管及其组合件的性能（HG/T 2718—1995）

项　目	技术要求	项　目	技术要求
软管		验证压力下扭转/[(°)/m] ≤	10
爆破压力（最小）	10 倍最大工作压力	外覆层耐臭氧性能	放大 2 倍时无可视龟裂
验证压力	在 5 倍最大工作压力下无泄漏或扭曲	软管组合件	
层间粘合强度/(kN/m) ≥	2.4	验证压力	在 5 倍最大工作压力下无泄漏或扭曲
弯曲试验（无压力下，T/D） ≥	0.8	电阻/Ω	≤10² (M 型组合件) ≤10⁶ (组合件) ≤10⁹ (Ω 型内衬层与外覆层间电阻)
验证压力下长度变化(%)	−3 ~ +8		

注：D 为软管的平均外径；T 为软管弯曲部分的最小直径。

20.3　橡胶带

20.3.1　输送带标志

1. 输送带基本性能字母代号（表 20-86）

表 20-86　输送带基本性能字母代号

字母代号	基 本 性 能	字母代号	基 本 性 能
F	有或无覆盖层均耐火焰燃烧	K	有覆盖层时耐火焰燃烧且有导电性(静电)
J	有覆盖层时耐火焰燃烧	H	用于强划裂工作条件
E	导电性(静电)	D	用于强磨损工作条件
S	有或无覆盖层均耐火焰燃烧且有导电性(静电)	L	用于一般工作条件

2. 输送带带芯材质和字母代号（表 20-87）

表 20-87　输送带带芯材质和字母代号

代　号	带芯材质	代　号	带芯材质
B	棉纤维	E	聚酯纤维
Z	人造丝短纤维	D	芳香族聚酰胺纤维
R	人造丝长纤维	G	玻璃纤维
P	聚酰胺纤维	St	钢丝绳

20.3.2　普通用途钢丝绳芯输送带

1. 普通用途钢丝绳芯输送带的规格

1）普通用途钢丝绳芯输送带按性能划分的规格如表 20-88 所示。

表 20-88　普通用途钢丝绳芯输送带按性能划分的规格（GB/T 9770—2001）

项　　目	St630	St800	St1000	St1250	St1600	St2000	St2500	St3150	St3500	St4000	St4500	St5000	St5400
纵向拉伸强度/(N/mm)	630	800	1000	1250	1600	2000	2500	3150	3500	4000	4500	5000	5400
钢丝绳最大公称直径/mm	3.0	3.5	4.0	4.5	5.0	6.0	7.2	8.1	8.6	8.9	9.7	10.9	11.3
钢丝绳间距/mm	10±1.5	10±1.5	12±1.5	12±1.5	12±1.5	12±1.5	15±1.5	15±1.5	15±1.5	15±1.5	16±1.5	17±1.5	17±1.5
上覆盖层厚度/mm	5	5	6	6	6	8	8	8	8	8	8	8.5	9
下覆盖层厚度/mm	5	5	6	6	6	8	8	8	8	8	8	8.5	9

2）普通用途钢丝绳芯输送带按宽度划分的规格如表 20-89 所示。

表 20-89　普通用途钢丝绳芯输送带按宽度划分的规格（GB/T 9770—2001）

宽度（规格）	钢丝绳根数												
/mm	St630	St800	St1000	St1250	St1600	St2000	St2500	St3150	St3500	St4000	St4500	St5000	St5400
800	75	75	63	63	63	63	50	50	50				
1000	95	95	79	79	79	79	64	64	64	64	59	55	55
1200	113	113	94	94	94	94	76	76	77	77	71	66	66
1400	133	133	111	111	111	111	89	89	90	90	84	78	78
1600	151	151	126	126	126	126	101	101	104	104	96	90	90
1800		171	143	143	143	143	114	114	117	117	109	102	102
2000			159	159	159	159	128	128	130	130	121	113	113
2200						176	141	141	144	144	134	125	125
2400						193	155	155	157	157	146	137	137
2600						209	168	168	170	170	159	149	149
2800									194	194	171	161	161

2. 普通用途钢丝绳芯输送带覆盖层的性能（表 20-90）

表 20-90　普通用途钢丝绳芯输送带覆盖层的性能（GB/T 9770—2001）

等级代号	拉伸强度/MPa ≥	拉断伸长率（%）　≥	磨耗量/mm³ ≤	等级代号	拉伸强度/MPa ≥	拉断伸长率（%）　≥	磨耗量/mm³ ≤
D	18	400	90	L	20	400	150
H	25	450	120	P	14	350	200

注：D—强磨损工作条件下；H—强划裂工作条件下；L——一般工作条件下；P—耐油、耐热、耐酸碱、耐寒和一般难燃的输送带。

3. 普通用途钢丝绳芯输送带的粘合强度（表 20-91）

表 20-91　普通用途钢丝绳芯输送带的粘合强度（GB/T 9770—2001）

（单位：N/mm）

带强度规格	钢丝绳粘合强度　≥		带强度规格	钢丝绳粘合强度　≥	
	热老化前	热老化后		热老化前	热老化后
St630	60	55	St3150	140	130
St800	70	65	St3500	145	140
St1000	80	75	St4000	150	145
St1250	95	90	St4500	165	160
St1600	105	95	St5000	175	170
St2000	105	95	St5400	180	175
St2500	130	120			

20.3.3　普通用途防撕裂钢丝绳芯输送带

1. 普通用途防撕裂钢丝绳芯输送带的规格

1）普通用途防撕裂钢丝绳芯输送带的强度规格用字母"St"和纵向拉伸强度的公称值

（N/mm）表示，其强度规格有：St630、St800、St1000、St1250、St1600、St2000、St2250、St2500、St2800、St3150、St3500、St4000、St4500、St5000、St54000。

2）普通用途防撕裂钢丝绳芯输送带的宽度规格（mm）有：500、650、800、1000、1200、1400、1600、1800、2000、2200、2400、2600、2800、3000、3200。

2. 普通用途防撕裂钢丝绳芯输送带覆盖层的性能（表20-92）

表20-92　普通用途防撕裂钢丝绳芯输送带覆盖层的性能（HG/T 3646—1999）

项　　目		技 术 要 求		
		H	D	L
拉伸强度/MPa	≥	24.0	18.0	15.0
拉断伸长率(%)	≥	450	400	350
老化试验 (70℃、7d)	拉伸强度变化率(%)	±25	±25	±25
	扯断伸长率变化率(%)	±25	±25	±25
磨耗量/mm³	≤	120	100	200

3. 普通用途防撕裂钢丝绳芯输送带的防撕裂性能（表20-93）

表20-93　普通用途防撕裂钢丝绳芯输送带的防撕裂性能（HG/T 3646—1999）

项　　目		技 术 要 求	
		A	B
开裂阻力/kN	≥	3.0	10.0
击穿冲击强度/N·m	≥	400.0	1000.0

20.3.4　一般用途织物芯阻燃输送带

1. 覆盖层的物理性能（表20-94）

表20-94　覆盖层的物理性能（GB/T 10822—2003）

覆盖层性能级别	拉伸强度/MPa ≥	拉断伸长率(%) ≥	磨耗量/mm³ ≤
D	18.0	450	200
L	14.0	400	250

注：1. 当覆盖层厚度为0.8～1.6mm时，试样厚度可以是切出的最大厚度，此时，拉伸强度和拉断伸长率允许比表中值低15%以内。

2. D—强磨损工作条件；L—一般工作条件。

2. 纵向全厚度拉伸强度等级

纵向全厚度拉伸强度等级（N/mm）有160、200、250、315、400、500、630、800、1000、1250、1600、2000、2500、3150 十四种。

3. 采用合成纤维织物作带芯的带的层间粘合强度（表20-95）

表20-95　采用合成纤维织物作带芯的带的层间粘合强度（GB/T 10822—2003）

项　　目		布层间	覆盖层与带芯之间	
			覆盖层厚度 = 0.8～1.5mm	覆盖层厚度 > 1.5mm
全部试样平均值/(N/mm)	≥	4.5	3.2	3.5
全部试样最低峰值/(N/mm)	≥	3.9	2.4	2.9

注：所有试样最高峰值不得超过20N/mm（参考）。

4. 采用含天然纤维织物作带芯的带的层间粘合强度（表 20-96）

表 20-96　采用含天然纤维织物作带芯的带的层间粘合强度（GB/T 10822—2003）

项　目		布层间	覆盖层与带芯之间	
			覆盖层厚度 = 0.8 ~ 1.5mm	覆盖层厚度 > 1.5mm
全部试样平均值/（N/mm）	≥	3.2	2.1	2.7
全部试样最低峰值/（N/mm）	≥	2.7	1.6	2.2

注：所有试样最高峰值不得超过 20N/mm（参考）。

5. 带的安全性能（表 20-97）

表 20-97　带的安全性能（GB/T 10822—2003）

项　目	阻燃性能等级	
	K_2 级	K_3 级
火焰持续时间	6 个有覆盖层试样的火焰持续时间合计不得大于 45s，任何单个值不得大于 15s	3 个有覆盖层试样的火焰持续时间的平均值不得大于 60s
导静电性能	不大于 $3 \times 10^8 \Omega$	
再燃性	任何一个试样上应不重新出现火焰	

20.3.5　具有橡胶或塑料覆盖层的普通用途织物芯输送带

1. 切边带纵向接头的最多个数（表 20-98）

表 20-98　切边带纵向接头的最多个数（GB/T 7984—2001）

带宽/mm	外层	内层	带宽/mm	外层	内层
≤1200	0	1	>1600 ~ 2000	2	2
>1200 ~ 1600	1	2	>2000	2	3

2. 覆盖层的物理性能（表 20-99）

表 20-99　覆盖层的物理性能（GB/T 7984—2001）

类　型	拉伸强度/MPa ≥	拉断伸长率(%) ≥	磨耗量/mm^3 ≤
H	24.0	450	120
D	18.0	400	100
L	15.0	350	200

注：1. 当覆盖层厚度为 0.8 ~ 1.6mm 时，试样厚度可以是切出的最大厚度，此时，拉伸强度和拉断伸长率允许比中值低 15% 以内。
　　2. H—强划裂工作条件；D—强磨损工作条件；L——般工作条件。

3. 纵向全厚度拉伸强度等级

纵向全厚度拉伸强度等级（N/mm）有：160、200、250、315、400、500、630、800、1000、1250、1600、2000、2500、3150。

4. 采用合成纤维织物作带芯的带的层间粘合强度

采用合成纤维织物作带芯的带的层间粘合强度如表 20-95 所示。

5. 采用含天然纤维织物作带芯的带的层间粘合强度

采用含天然纤维织物作带芯的带的层间粘合强度如表20-96所示。

20.3.6　轻型输送带

1. 总厚度规格

轻型输送带总厚度规格（mm）有：0.5、0.8、1.0、1.3、1.6、2.0、2.5、3.0、4.0、5.0、5.6、6.3、8.0。

2. 轻型输送带切割宽度允许偏差（表20-100）

表 20-100　轻型输送带切割宽度允许偏差（GB/T 23677—2009）　（单位：mm）

带　宽	含低吸湿性材料的带(如聚酯)	含高吸湿性材料的带(如棉、尼龙)	带　宽	含低吸湿性材料的带(如聚酯)	含高吸湿性材料的带(如棉、尼龙)
≤200	±1	±2	>1000～2000	±6	±6
>200～600	±2	±3	>2000～4000	±7	±0.3%×宽度
>600～1000	±4	±5	>4000	±8	±0.3%×宽度

注：橡胶型轻型带宽度小于600mm，极限偏差为±3.0mm。

3. 环形带和端部已作接头准备的有端带长度允许偏差（表20-101）

表 20-101　环形带和端部已作接头准备的有端带长度允许偏差（GB/T 23677—2009）

长度/m	极限偏差/mm	长度/m	极限偏差/mm
≤2	±10	>7	±0.3%×长度
>2～7	±20		

4. 全厚度拉伸强度（表20-102）

表 20-102　全厚度拉伸强度（GB/T 23677—2009）　（单位：N/mm）

纵向全厚度拉伸强度(规格)	横向全厚度拉伸强度　≥	纵向全厚度拉伸强度(规格)	横向全厚度拉伸强度　≥
80	30	200	80
100	40	250	100
125	50	315	125
160	63	400	160

注：1. 横向拉伸强度的规定不适用于棉帆布芯轻型带。
　　2. 表中拉伸强度系列中的数值可按R10优先数系向高值和低值扩展。

5. 层间粘合强度（表20-103）

表 20-103　层间粘合强度（GB/T 23677—2009）　（单位：N/mm）

项　目		橡胶型(橡塑型)	塑料型
纵向覆盖胶与布层间平均值	≥	2.0	—
纵向试样布层间平均值	≥	2.4	3.2
纵向试样布层间最低峰值	≥	2.0	2.7

20.3.7　平带

1. 平带的结构（图 20-5）

图 20-5　平带的结构

a）切边式　b）包边式（边部封口）　c）包边式（中部封口）　d）包边式（双封口）

2. 平带宽度规格（表 20-108）

平带宽度规格（mm）有：16、20、25、32、40、50、60、71、80、90、100、112、125、140、160、180、200、224、250、280、315、355、400、450、500。

3. 环形带的长度（表 20-104）

表 20-104　环形带的长度（GB/T 524—2007）　　　　（单位：mm）

优选系列[①]	第二系列	优选系列[①]	第二系列
500	530	1800	1900
560	600	2000	
630	670	2240	
710	750	2500	
800	850	2800	
900	950	3150	
1000	1060	3550	
1120	1180	4000	
1250	1320	4500	
1400	1500	5000	
1600	1700		

[①] 如果给出的长度范围不够用，可按下列原则进行补充；系列的两端以外，选用 R20 优先数系中的其他数；两相邻长度值之间，选用 R40 数系中的数（2000 以上）。

4. 有端平带的最小长度（表 20-105）

表 20-105　有端平带的最小长度（GB/T 524—2007）

平带宽度/mm	有端平带最小长度/m	平带宽度/mm	有端平带最小长度/m
≤90	8	>250	20
>90~250	15		

5. 平带宽度及允许偏差（表 20-106）

表 20-106　平带宽度及允许偏差（GB/T 524—2007）　　　　（单位：mm）

公称值	允许偏差	公称值	允许偏差
16		71	
20		80	
25		90	
32	±2	100	±3
40		112	
50		125	
63			

（续）

公称值	允许偏差	公称值	允许偏差
140		280	
160		315	
180	±4	355	±5
200		400	
224		450	
250		500	

6. 平带全厚度拉伸强度规格及要求（表 20-107）

表 20-107　平带全厚度拉伸强度规格及要求（GB/T 524—2007）

拉伸强度规格	拉伸强度纵向最小值/(kN/m)	拉伸强度横向最小值/(kN/m)	拉伸强度规格	拉伸强度纵向最小值/(kN/m)	拉伸强度横向最小值/(kN/m)
190/40	190	75	340/60	340	200
190/60	190	110	385/60	385	225
240/40	240	95	425/60	425	250
240/60	240	140	450	450	—
290/40	290	115	500	500	—
290/60	290	175	560	560	—
340/40	340	130			

注：斜线前的数字表示纵向拉伸强度规格（以 kN/m 为单位）；斜线后的数字表示横向强度对纵向强度的百分比（简称"横纵强度比"，省略"%"）；没有斜线时，数字表示纵向拉伸强度规格，且对应的横纵强度比只有 40% 一种。

20.3.8　波形挡边输送带

1. 波形挡边输送带的结构

1) 基带由骨架材料（带芯层和横向刚性层）加上下覆盖胶组成，如图 20-6 所示。

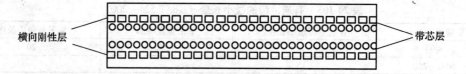
横向刚性层　　　　　　　　　　　　　　　　　　带芯层

图 20-6　基带

注：1. 在输送机中心距不低于 15.5m 且挡边高度不低于 120mm 时，建议加横向刚性层。
　　2. 对于没有横隔板的水平系统，挡边高度低于 120mm 时，建议不设横向刚性层。

2) 挡边分为 S 形、W 形和 WM 形。
3) 横隔板分为 T 形、C 形和 TG 形。

2. 波形挡边输送带的粘合强度（表 20-108）

表 20-108　波形挡边输送带的粘合强度（HG/T 4062—2008）

项　　目		技术要求	项　　目		技术要求
挡边与基带粘合强度/(N/mm)	≥	8	横隔板与基带粘合强度/(N/mm)	≥	10

20.3.9　耐寒输送带

耐寒输送带覆盖层的技术要求如表 20-109 所示。

表 20-109　耐寒输送带覆盖层的技术要求（HG/T 3647—1999）

项　　目		技 术 要 求		
		H	D	L
拉伸强度/MPa ≥		24.0	18.0	15.0
拉断伸长率(%) ≥		450	400	350
老化试验(70℃、7d)	拉伸强度变化率(%)	±25	±25	±25
	拉断伸长率变化率(%)	±25	±25	±25
磨耗量/mm³ ≤		120	100	200
拉伸耐寒系数 ≥	C₁(−45℃)	0.3		
	C₂(−50℃)	0.2		

注：C_1—使用环境温度为 −45 ~ +50℃；C_2—使用环境温度为 −60 ~ +50℃。

20.3.10　耐热输送带

1. 耐热输送带的型号

耐热输送带按试验温度不同分为 3 种型号。

1）1 型：可耐不大于 100℃试验温度，代号 T1。

2）2 型：可耐不大于 125℃试验温度，代号 T2。

3）3 型：可耐不大于 150℃试验温度，代号 T3。

2. 耐热输送带的全厚度拉伸强度（表 20-110）

表 20-110　耐热输送带的全厚度拉伸强度（HG 2297—1992）　（单位：N/mm）

纵向全厚度拉伸强度	横向全厚度拉伸强度	纵向全厚度拉伸强度	横向全厚度拉伸强度
160	63	500	
200	80	600	
250	100	630	
315	125	800	
400	160		

注：1. 表中数值可按 R10 优先数系向高值和低值扩展。

　　2. 对横向拉伸强度的规定不适用于棉帆布芯耐热带，也不适用于 500N/mm 以上拉伸强度规格的耐热带。

3. 耐热输送带覆盖层耐热试验后的物理性能（表 20-111）

表 20-111　耐热输送带覆盖层耐热试验后的物理性能（HG 2297—1992）

项　　目		1 型	2 型	3 型
硬度 IRHD	老化后与老化前之差	20		±20
	老化后的最大值	85		
拉伸强度	性能变化率降低(%) ≤	25	30	40
	老化后的最低拉伸强度/MPa	12	10	5
拉断伸长率	性能变化率(%) ≤	−30		
	老化后的最低值(%)	200		180

4. 耐热输送带覆盖层磨耗量（表 20-112）

表 20-112　耐热输送带覆盖层磨耗量（HG 2297—1992）　（单位：cm³）

等　　级	1 型	2 型	3 型
一等品	0.8	1.0	
合格品	1.0	1.2	

5. 耐热输送带的全厚度纵向伸长率（表 20-113）

表 20-113　耐热输送带的全厚度纵向伸长率（HG 2297—1992）

全厚度纵向参考力伸长率(%)	≤	4
全厚度纵向拉断伸长率(%)	≥	10

6. 帆布芯耐热输送带

1）帆布芯耐热输送带按试验温度不同分为 4 个等级，除普通耐热输送带的 T1、T2、T3 外，另有 T4 等级（耐热试验温度不大于 175℃）。

2）帆布芯耐热输送带覆盖层的性能如表 20-114 所示。

表 20-114　帆布芯耐热输送带覆盖层的性能（GB/T 20021—2005）

项　　目		T1	T2	T3	T4
硬度　IRHD	老化后与老化前之差	+20	+20	±20	±20
	老化后的最大值	85	85	85	85
拉伸强度	性能变化率(%)	-25	-30	-40	-40
	老化后最低拉伸强度/MPa	12	10	5	5
拉断伸长率	老化后变化率(%)	-50	-50	-55	-55
	老化后最低值(%)	200	200	180	180

3）根据帆布芯耐热输送带覆盖层的拉伸强度（N/mm），其型号包括 160、200、250、315、400、500、630、800、1000、1250、1600、2000、2500、3150。

4）采用合成纤维织物作带芯带的层间粘合强度如表 20-115 所示，采用含天然纤维织物作带芯带的层间粘合强度如表 20-116 所示，不同等级的耐热带在各自耐热试验温度下的层间粘合强度如表 20-117 所示。

表 20-115　采用合成纤维织物作带芯带的层间粘合强度（GB/T 20021—2005）

（单位：N/mm）

项　　目		布　层　间	覆盖层与带芯之间
全部试样平均值	≥	4.5	3.5
全部试样最低峰值	≥	3.9	2.9

表 20-116　采用含天然纤维织物作带芯带的层间粘合强度（GB/T 20021—2005）

（单位：N/mm）

项　　目		布　层　间	覆盖层与带芯之间
全部试样平均值	≥	3.2	2.7
全部试样最低峰值	≥	2.7	2.2

表 20-117　不同等级的耐热带在各自耐热试验温度下的层间粘合强度（GB/T 20021—2005）

（单位：N/mm）

项　　目		布　层　间	覆盖层与带芯之间
全部试样平均值	≥	2.1	2.1
全部试样最低峰值	≥	1.6	1.6

20.3.11　耐油输送带

1. 耐油输送带覆盖层的性能（表 20-118）

表 20-118　耐油输送带覆盖层的性能（HG/T 3714—2003）

类　　型	拉断强度/MPa　≥	拉断伸长率(%)　≥	磨耗量/mm^3　≤
LO	14.0	350	200
DO	16.0	350	160

注：LO——一般条件下的耐油输送带；DO—强耐磨损耐油工作条件下的输送带。

2. 耐油输送带覆盖层的耐油性能（表 20-119）

表 20-119　耐油输送带覆盖层的耐油性能（HG/T 3714—2003）

序　　号	在浸泡液体中试验条件			体积变化率(%)　≤	
	GB/T 1690 中油号	浸泡温度/℃	浸泡时间/h	LO	DO
1	2 号油	70 ±2	70 $_{-1}^{0}$	+20	−5
2	3 号油	70 ±2	72 $_{-1}^{0}$	+50	+5
3	3 号油	100 ±2	22 ±0.25	+50	+5

注：耐油试验做其中一种即可。

20.3.12　耐酸碱输送带

1. 耐酸碱输送带覆盖层的性能（表 20-120）

表 20-120　耐酸碱输送带覆盖层的性能（HG/T 3782—2005）

项　　目	拉伸强度/MPa　≥	拉断伸长率(%)　≥	磨耗量/mm^3　≤	硬度　IRHD
老化前性能	14.0	400	250	60 $_{-5}^{+10}$
老化后性能	12.0	340	—	65 $_{-5}^{+10}$

注：当覆盖层厚度为 0.8～1.6mm 时，试样厚度可以是切出的最大厚度，此时，拉伸强度和拉断伸长率允许比表中值低 15% 以内。

2. 耐酸碱输送带覆盖层的耐酸碱性能（表 20-121）

表 20-121　耐酸碱输送带覆盖层的耐酸碱性能（HG/T 3782—2005）

类　　别	浸泡溶液(质量分数)	浸泡条件 温度×时间	浸泡前后性能变化率	
			体积膨胀率	强度变化率
A$_1$	18% 盐酸(HCl)	50℃ ×96h	+10% 以下	−10% 以内
A$_2$	50% 硫酸(H$_2$SO$_4$)	50℃ ×96h	+10% 以下	−10% 以内
A$_3$	48% 氢氧化钠(NaOH)	50℃ ×96h	+10% 以下	−10% 以内

20.3.13 聚酰胺片基平带

1. 聚酰胺片基平带的分类和结构

1）聚酰胺片基平带按其使用和结构不同，以覆盖层材料分类，分别分为：①上、下覆盖层均为橡胶型（GG 系列）；②上、下覆盖层均为皮革型（LL 系列）；③上覆盖层为橡胶、下覆盖层为皮革型（GL 系列）；④覆盖层为其他材料的平带。

2）聚酰胺片基平带是以聚酰胺片基为抗拉体，其结构一般由上覆盖层、布层、片基层、布层、下覆盖层组成，也可由聚酰胺片基与皮革或其他材质层组成，如图 20-7 所示。

2. 环形聚酰胺片基平带的内周长度允许偏差（表 20-122）

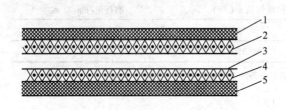

图 20-7 聚酰胺片基平带的结构

1—上覆盖层 2、4—布层 3—片基层
5—下覆盖层

表 20-122 环形聚酰胺片基平带的内周长度允许偏差（GB/T 11063—2003）

（单位：mm）

内 周 长 度	允 许 偏 差
≤1000	±5
>1000 ~ 2000	±10
>2000 ~ 5000	±0.5%
>5000 ~ 20000	±0.3%
>20000 ~ 125000	±0.2%

3. 聚酰胺片基平带的宽度允许偏差（表 20-123）

表 20-123 聚酰胺片基平带的宽度允许偏差（GB/T 11063—2003）（单位：mm）

宽	度	允 许 偏 差
环形平带	≤60	±1
	>60 ~ 150	±1.5
	>150 ~ 520	±2
非环形平带		+2% 0

4. 聚酰胺片基平带的拉伸性能（表 20-124）

表 20-124 聚酰胺片基平带的拉伸性能（GB/T 11063—2003）

聚酰胺片基厚度/mm	平带1%定伸应力/MPa ≥	平带拉伸强度/MPa ≥	平带拉断伸长率(%) ±5	安装伸长率2%时的 张紧力/(N/mm)
0.2	16	300	22	4.0
0.5	18	350	22	10.0
0.75	18	350	22	15.0
1.0	18	350	22	20.0
1.5	18	350	22	30.0

20.3.14 一般传动用 V 带

1. 一般传动用普通 V 带

1）V 带的类型根据其结构分为包边 V 带、切边 V 带（普通切边 V 带、有齿切边 V 带和底胶夹布切边 V 带）两种。

2）普通 V 带应具有对称的梯形横截面，高与节宽之比约为 0.7，楔角为 40°，其型号分别为 Y、Z、A、B、C、D、E 七种（其中有齿切边带型号后面加 X）。

3）一般传动用普通 V 带的结构如图 20-8 所示。

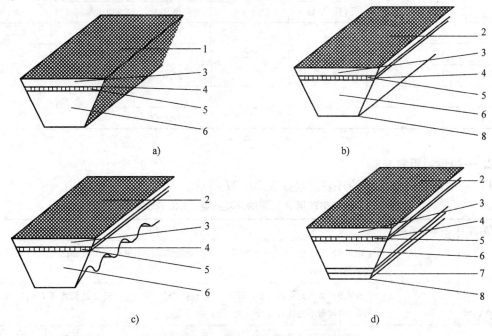

a)　　　　　　　　　　b)

c)　　　　　　　　　　d)

图 20-8　一般传动用普通 V 带的结构

a）包边 V 带　b）普通切边 V 带　c）有齿切边 V 带　d）底胶夹布切边 V 带

1—胶帆布　2—顶布　3—顶胶　4—缓冲胶　5—芯绳　6—底胶　7—底布　8—底胶夹布

4）一般传动用普通 V 带的外观质量如表 20-125 所示。

表 20-125　一般传动用普通 V 带的外观质量（GB/T 1171—2006）

V 带类别	缺陷名称	技术要求	V 带类别	缺陷名称	技术要求
包边 V 带	带角胶帆布破损	外胶帆布每边累计长度不超过带长的 30%（内胶帆布不允许有）	切边 V 带	飞边	顶面单侧飞边不得超过 0.5mm
	鼓泡	不允许有		鼓泡	不允许有
	胶帆布搭缝脱开			带偏、开裂	
	带身压偏			海绵	
	海绵				

5）一般传动用普通 V 带的性能（表 20-126）

表 20-126　一般传动用普通 V 带的性能（GB/T 1171—2006）

型　号	拉伸强度/kN $\geqslant$	参考力伸长率(%) $\leqslant$		线绳粘合强度/(kN/m) $\geqslant$		布与顶胶间粘合强度/(kN/m) $\geqslant$
		包边 V 带	切边 V 带	包边 V 带	切边 V 带	
Y	1.2	7.0	5.0	10.0	15.0	—
Z	2.0			13.0	25.0	

（续）

型　号	拉伸强度/kN ≥	参考力伸长率(%) ≤		线绳粘合强度/(kN/m) ≥		布与顶胶间粘合强度/(kN/m) ≥
		包边 V 带	切边 V 带	包边 V 带	切边 V 带	
A	3.0	7.0	5.0	17.0	28.0	—
B	5.0			21.0	28.0	2.0
C	9.0			27.0	35.0	
D	15.0		—	31.0	—	
E	20.0			31.0	—	

2. 一般传动用窄 V 带

1）一般传动用窄 V 带的外观质量如表 20-127 所示。

表 20-127　一般传动用窄 V 带的外观质量（GB/T 12730—2008）

V 带类别	缺陷名称	技术要求
包边窄 V 带	工作面凸起	SPZ、9N 型不允许有；SPA、SPB、15N 型此缺陷高度不得超过 0.5mm；SPC、25N 型允许高度不超过 1mm
	包布破损	SPZ、9N 型不允许有；SPA、SPB、15N、SPC、25N 型外包布破损总长度不得超过带长的 25%，内包布不允许有
	包布搭缝脱开	SPZ、9N 型不允许有；SPA、SPB、15N、SPC、25N 型此缺陷只允许有一处且不得超过 30mm 长和 3mm 宽
	海绵	不允许有
切边窄 V 带	飞边	顶面单侧飞边不得超过 0.5mm
	鼓泡	不允许有
	带偏	
	开裂	
	角度不对称	
	海绵	

2）一般传动用窄 V 带的性能如表 20-128 所示。

表 20-128　一般传动用窄 V 带的性能（GB/T 12730—2008）

型　号	拉伸强度/kN ≥	参考力伸长率(%) ≤		线绳粘合强度/(kN/m) ≥		布与顶胶间粘合强度/(kN/m) ≥
		包边 V 带	切边 V 带	包边 V 带	切边 V 带	
SPZ、9N	2.3	4.0	3.0	13.0	20.0	—
SPA	3.0			17.0	25.0	
SPB、15N	5.4			21.0	28.0	
SPC	9.8	5.0	4.0	27.0	35.0	2.0
25N	12.7			31.0	—	

20.3.15　阻燃 V 带

1. 阻燃 V 带的结构（图 20-9）

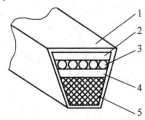

图 20-9　阻燃 V 带的结构
1—包布　2—顶胶　3—芯绳　4—粘合胶　5—底胶

2. 阻燃 V 带的阻燃性能（表 20-129）

表 20-129　阻燃 V 带的阻燃性能（GB 12731—2003）

型　　号		6 个试样的平均熄灭时间/s　≤		每个试样的熄灭时间/s　≤	
普通 V 带	窄 V 带	明焰	无焰燃烧	明焰	无焰燃烧
—	SPZ、9N	5	5	10	12
A	SPA	5	5	10	12
B	SPB、15N	5	5	10	12
C	SPC	5	7	10	15
D	25N	5	7	10	15

20.3.16　联组 V 带

1. 联组普通 V 带

1）联组普通 V 带按截面尺寸分为 AJ、AJX，BJ、BJX，CJ、CJX，DJ 等型号（对切边带（有齿式）加符号"X"表示，即 JX）。

2）联组普通 V 带包括包边联组普通 V 带和切边联组普通 V 带，其结构分别如图 20-10 和图 20-11 所示。

图 20-10　包边联组普通 V 带的结构
1—联接层　2—缓冲胶　3—抗拉体
4—底胶　5—包布

图 20-11　包边联组普通 V 带的结构
1—联接层　2—缓冲胶　3—抗拉体
4—底胶

3）联组普通 V 带的截面公称尺寸如图 20-12、图 20-13、表 20-130 所示。

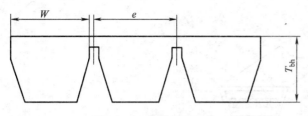

图 20-12　联组普通 V 带

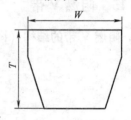

图 20-13　单根 V 带

表 20-130　联组普通 V 带的截面公称尺寸（HG/T 3745—2011）　　（单位：mm）

型号	顶宽 W	单根带高度 T	联组带高度 T_{bh}	型号	顶宽 W	单根带高度 T	联组带高度 T_{bh}
AJ,AJX	13	8	10	CJ,CJX	22	13	17
BJ,BJX	17	10	13	DJ	32	19	21

4）联组普通 V 带的外观质量要求如表 20-131 所示。

表 20-131　联组普通 V 带的外观质量要求（HG/T 3745—2011）

序　号	缺陷名称	要　求
1	联接层海绵状	可有一处针眼蜂窝,其面积不应超过连接层面积的 5%
2	联接层顶面明疤	深度 1mm 以下的明疤,带长 4m 以内者可有三处,带长超过 4m 者可有五处,但明疤总面积不应超过连接层面积的 5%
3	工作面突起	不应有
4	包布破损	外包布破损长度不应超过带长的 10%,内包布破损不应有

5）联组普通 V 带有效长度允许偏差和配组差如表 20-132 所示。

表 20-132　有效长度允许偏差和配组差（HG/T 3745—2011）　　（单位：mm）

有效长度 型　号 AJ AJX	BJ BJX	CJ CJX	DJ	有效长度允许偏差	配组差	有效长度 型　号 AJ AJX	BJ BJX	CJ CJX	DJ	有效长度允许偏差	配组差
710	—	—	—	±15	4	1300	1320	—	—	±15	4
750	—	—	—	±15	4	1400	1400	1400	—	±15	6
800	—	—	—	±15	4	1500	1500	1500	—	±15	6
850	—	—	—	±15	4	1585	1600	1630	—	±15	6
900	—	—	—	±15	4	1710	1700	—	—	±15	6
950	960	—	—	±15	4	1790	1800	1830	—	±20	6
1000	1040	—	—	±15	4	1865	1900	1900	—	±20	6
1075	1090	—	—	±15	4	1965	1980	2000	—	±20	6
1120	1120	—	—	±15	4	2120	2110	2160	—	±20	6
1150	1190	—	—	±15	4	2220	2240	2260	—	±20	6
1230	1250	—	—	±15	4	2350	2360	2390	—	±20	6

（续）

有 效 长 度				有效长度允许偏差	配组差	有 效 长 度				有效长度允许偏差	配组差
型 号						型 号					
AJ AJX	BJ BJX	CJ CJX	DJ			AJ AJX	BJ BJX	CJ CJX	DJ		
2500	2500	2540	—	±20	6	—	5760	5770	5800	±30	10
2600	2620	2650	—	±20	6	—	6140	6150	6180	±30	16
2730	2820	2800	—	±20	6	—	6520	6540	6560	±40	16
2910	2920	3030	—	±20	10	—	6910	6920	6940	±40	16
3110	3130	3150	3190	±20	10	—	7290	7300	7330	±40	16
3310	3330	3350	3390	±20	10	—	7670	7680	—	±40	16
—	3530	3550	—	±20	10	—	8060	8090	—	±40	16
—	3740	3760	3800	±25	10	—	8440	8470	—	±40	16
—	4090	4120	4160	±25	10	—	8820	8850	—	±40	16
—	4200	4220	4250	±25	10	—	9200	9240	—	±60	16
—	4480	4500	4540	±25	10	—	—	10000	—	±60	16
—	4650	4680	4720	±25	10	—	—	10760	—	±60	16
—	5040	5060	5100	±30	10	—	—	11530	—	±80	16
—	5300	5440	5480	±30	10	—	—	12290	—	±80	24

6）联组普通 V 带的性能如表 20-133 所示。

表 20-133 联组普通 V 带的性能（HG/T 3745—2011）

型 号	单根 V 带物理性能					连接层拔脱强度/kN ≥
	拉伸强度/kN ≥	参考力伸长率（%） ≤		线绳粘合强度/(kN/m) ≥		
		包边式	切边式	包边式	切边式	包边式
AJ，AJX	3.0	7	5	17.0	23.0	1.8
BJ，BJX	5.0	7	5	21.0	28.0	2.0
CJ，CJX	9.0	7	5	27.0	35.0	2.5
DJ	15.0	7	—	31.0	—	3.0

2. 联组窄 V 带

1）窄 V 带的截面尺寸如图 20-14 和表 20-134 所示。

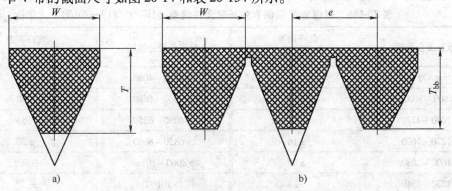

图 20-14 窄 V 带的截面结构
a）非联组窄 V 带 b）联组窄 V 带

表 20-134　窄 V 带的截面尺寸（HG/T 2819—2010）　　　（单位：mm）

型　号	顶宽 W	单根带高度 T	带高度 T_{bb}	带距 e	露出高度 $\leqslant$
9J、9JX	9.7	7.9	9:7	10.3	5.1
15J、15JX	15.7	13.5	15.7	17.5	6.4
25J	25.4	23.0	25.4	28.6	7.6

2）联组窄 V 带的有效长度如表 20-135 所示。

表 20-135　联组窄 V 带的有效长度（HG/T 2819—2010）　　　（单位：mm）

9J,9JX	15J,15JX	25J,25JX	9J,9JX	15J,15JX	25J,25JX
630	1270	2540	1800	3550	7100
670	1345	2690	1900	3810	7620
710	1420	2840	2030	4060	8000
760	1525	3000	2160	4320	8500
800	1600	3180	2290	4570	9000
850	1700	3350	2410	4830	9500
900	1800	3550	2540	5080	10160
950	1900	3810	2690	5380	10800
1015	2030	4060	2840	5690	11430
1080	2160	4320	3000	6000	12060
1145	2290	4570	3180	6350	12700
1205	2410	4830	3350	6730	
1270	2540	5080	3550	7100	
1345	2690	5380		7620	
1420	2840	5690		8000	
1525	3000	6000		8500	
1600	3180	6350		9000	
1700	3350	6730			

3）联组窄 V 带的有效长度允许偏差如表 20-136 所示。

表 20-136　联组窄 V 带的有效长度允许偏差（HG/T 2819—2010）　　　（单位：mm）

有效长度公称值	允许偏差 9J,9JX,15J,15JX,25J,25JX	有效长度公称值	允许偏差 9J,9JX,15J,15JX,25J,25JX
≤800	±8	>3180~4060	±40
>800~1000	±10	>4060~5080	±50
>1000~1270	±13	>5080~6350	±63
>1270~1600	±16	>6350~8060	±80
>1600~2030	±20	>8060~10160	±100
>2030~2540	±25	>10160	±125
>2540~3180	±32		

4）联组窄 V 带的配组差如表 20-137 所示。

表 20-137　联组窄 V 带的配组差（HG/T 2819—2010）　　（单位：mm）

有效长度公称值	9J,9JX,15J,15JX,25J,25JX	有效长度公称值	9J,9JX,15J,15JX,25J,25JX
≤800	3	>3550 ~ 6000	10
>800 ~ 1270	4	>6000 ~ 10160	14
>1270 ~ 2030	6	>10160	18
>2030 ~ 3550	8		

5）联组窄 V 带的中心距变化量如表 20-138 所示。

表 20-138　联组窄 V 带的中心距变化量（HG/T 2819—2010）　　（单位：mm）

有效长度公称值	9J,9JX,15J,15JX	25J,25JX	有效长度公称值	9J,9JX,15J,15JX	25J,25JX
≤1050	1.2	1.8	2030 ~ 5080	2	3.4
1015 ~ 2030	1.6	2.2	>5080	2.5	3.4

6）联组窄 V 带的外观质量如表 20-139 所示。

表 20-139　联组窄 V 带的外观质量（HG/T 2819—2010）

序　号	缺陷名称	合　格　品
1	连接层海绵	9J 型不允许有，15J、25J 型允许有一处针眼型蜂窝，其面积不得超过连接层的 5%
2	连接层顶面明疤	深度为 1mm 以下的明疤，带长 4m 以内者允许有 5 处，但明疤总面积不得超过连接层面积的 5%
3	工作面突起	不允许有
4	包布破损	9J 型不允许有，15J、25J 型外包布破损总长度不允许超过带长的 25%，内包布破损不允许有

7）联组窄 V 带的性能如表 20-140 所示。

表 20-140　联组窄 V 带的性能（HG/T 2819—2010）

型　号	单根 V 带物理性能					包边式连接层拔脱强度/(kN/m) ≥
	拉伸强度/kN ≥	参考力伸长率(%) ≤		线绳粘合强度/(kN/m) ≥		
		包布 V 带	切边 V 带	包布 V 带	切边 V 带	
9J,9JX	2.3	7	6	13.0	20.0	1.7
15J,15JX	5.4			21.0	28.0	2.0
25J,25JX	12.7			31.0	35.0	3.5

20.3.17　汽车 V 带

1. 型号

汽车 V 带应具有对称的梯形横截面，其型号根据 V 带的顶宽分为 AV10、AV13、AV15、AV17、AV22 五种。

2. 材料

1）顶胶、缓冲胶、底胶的组成应均匀，其性能应适合各自应有的性能。

2）包布、顶布、底布及底胶夹布应是棉纤维或合成纤维织成的布，其经线和纬线的密度应均匀，其纱线和织物不得有残缺、扭曲等影响品质的疵点。

3）芯绳应是聚酯纤维等高性能纤维制成的线绳，其捻度应均匀。

3. 外观质量

汽车 V 带的外观不应有任何明显可见且影响使用的扭曲、开裂、气孔、气泡和嵌有物等缺陷。包边式 V 带顶面单侧飞边宽度不得超过 0.5mm，修剪不得损伤内包布。切边式 V 带两侧面及顶面不允许有切割的重边，不允许有分层、顶布搭缝脱开和线绳明显弯曲等缺陷。

4. 汽车 V 带的性能（表 20-141）

表 20-141　汽车 V 带的性能（GB 12732—2008）

型　　号		AV10	AV13	AV15	AV17	AV22
拉伸强度/N	≥	2260	3140	3700	4420	7060
参考力伸长率(%)	≤	4	4	4	6	6
参考力/N		790	1480	1800	2360	3930

20.3.18　摩托车变速 V 带

1. 结构

V 带应制成具有梯形对称截面的环形带，其内部含有纵向芯绳，内周和外周两表面有涂覆橡胶的布，内周面有均匀分布的横向齿，如图 20-15 所示。

2. 分类

V 带根据带的顶宽分为 VS15、VS15.5、VS16.5、VS17、VS18、VS19、VS20、VS22 等型号，型号中的数字即为 V 带顶宽（mm）。

3. 摩托车变速 V 带截面尺寸（图 20-16、表 20-142）

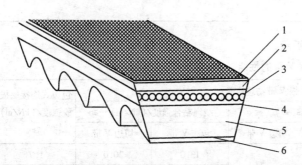
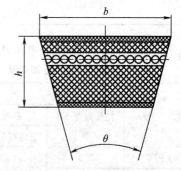

图 20-15　摩托车变速 V 带的结构　　　　　　图 20-16　摩托车变速 V 带的截面形状
1—顶布　2—顶胶　3—芯绳（抗拉体）
4—粘合胶　5—底胶　6—底布

表 20-142　摩托车变速 V 带的截面尺寸（GB/T 18860—2002）

型　　号	VS15	VS15.5	VS16.5	VS17	VS18	VS19	VS20	VS22	允许偏差
顶宽 b/mm	15	15.5	16.5	17	18	19	20	22	±0.6
带高 h/mm	8.5	8.5	8.5	8.5	8.5	10	10	11	±0.6
楔角/(°)	28、30、32								±1

注：如有特殊要求，由供需双方协商确定。

4. 摩托车变速 V 带的长度允许偏差（表 20-143）

表 **20-143**　摩托车变速 V 带的长度允许偏差（GB/T 18860—2002）　（单位：mm）

有效长度公称值	≤800	>800 ~ 1000	>1000
有效长度允许偏差	±4	±5	±6

5. 摩托车变速 V 带中心距变化量（表 20-144）

表 **20-144**　摩托车变速 V 带中心距变化量（GB/T 18860—2002）　（单位：mm）

公称长度	≤800	>800 ~ 1000	>1000
中心距变化量　≤	1.0	1.2	1.6

6. 摩托车变速 V 带的拉伸强度和粘合强度（表 20-145）

表 **20-145**　摩托车变速 V 带的拉伸强度和粘合强度（GB/T 18860—2002）

型　　号	VS15	VS15.5	VS16.5	VS17	VS18	VS19	VS20	VS22
拉伸强度/kN　≥	5.2	5.2	5.8	6.0	6.2	7.5	8.0	8.8
参考力伸长率(%)　≤	6	6	6	6	6	6	6	6
参考力/kN	1.8	1.8	2.4	2.4	2.5	2.7	3.6	3.9
粘合强度/(kN/m)　≥	27.6	27.6	27.6	27.6	27.6	31.6	31.6	31.6

20.3.19　农业机械用 V 带和多楔带

1. 农业机械用普通 V 带

根据截面尺寸，农业机械用普通 V 带可分为 HA、HB、HC、HD 等型号，联组 V 带在型号前加联组数目（阿拉伯数字表示）。其截面尺寸相当于 GB/T 11544 中的 A、B、C、D 四种型号和 HG/T 3745 中的 AJ、BJ、CJ、DJ 四种型号。

2. 农业机械用窄 V 带

根据截面尺寸，农业机械用窄 V 带可分为 H9N（H3V）、H15N（H5V）、H25N（H8V）等型号，联组 V 带在括号前加联组数目（用阿拉伯数字表示）。其截面尺寸相当于 GB/T 11544 中的 9N（3V）、15N（5V）、25N（8V）三种型号和 HG/T 2819 中的 9J、15J、25J 三种型号。

3. 农业机械用变速 V 带

1）农业机械用变速 V 带的截面形状及尺寸如图 20-17 和表 20-146 所示。

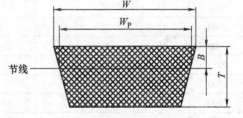

图 **20-17**　农业机械用变速 V 带的截面形状

表 **20-146**　农业机械用变速 V 带的截面尺寸（GB/T 10821—2008）　（单位：mm）

尺寸	符号	HG	HH	HI	HJ	HK	HL	HM	HN	HO
节宽	W_P	15.4	19	23.6	29.6	35.5	41.4	47.3	53.2	59.1
顶宽	W	16.5	20.4	25.4	31.8	38.1	44.5	50.8	57.2	63.5
高度	T	8	10	12.7	15.1	17.5	19.8	22.2	23.9	25.4
节线以上高度	B[①]	2.5	3	3.8	4.7	5.7	6.6	7.6	8.5	9.5

①　近似表示值 $B = 0.16W_P$。

2）农业机械用变速 V 带的基准长度如表 20-147 所示。

表 20-147 农业机械用变速 V 带的基准长度（GB/T 10821—2008）（单位：mm）

公称尺寸	基准长度 允许偏差 +	基准长度 允许偏差 −	HG	HH	HI	HJ	HK	HL	HM	HN	HO
630	5	10	+								
670	5	10	+								
710	6	12	+								
750	6	12	+								
800	6	12	+	+							
850	6	12	+	+							
900	7	14	+	+							
950	7	14	+	+							
1000	7	14	+								
1060	8	16	+	+	+						
1120	8	16	+	+	+						
1180	8	16		+	+						
1250	8	16		+	+						
1320	9	18		+	+						
1400	9	18		+	+	+					
1500	9	18		+	+	+					
1600	9	18		+	+	+	+				
1700	11	22			+	+	+				
1800	11	22			+	+	+				
1900	11	22				+	+				
2000	11	22				+	+	+	+		
2120	13	26				+	+	+	+	+	
2240	13	26				+	+	+	+	+	+
2360	13	26				+	+	+	+	+	+
2500	13	26					+	+	+	+	+
2650	15	30					+	+	+	+	+
2800	15	30					+	+	+	+	+
3000	15	30					+	+	+	+	+
3150	15	30						+	+	+	+
3350	18	36						+	+	+	+
3550	18	36						+	+	+	+
3750	18	36						+	+	+	+
4000	18	36						+	+	+	+
4250	22	44							+	+	+
4500	22	44							+	+	+
4750	22	44							+	+	+
5000	22	44							+	+	+

注："+"表示该型号为公称有效长度。

4. 农业机械用六角带

1）农业机械用六角带的截面形状及尺寸如图 20-18 和表 20-148 所示。

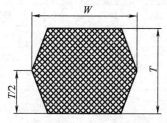

图 20-18　农业机械用六角带的截面形状

表 20-148　农业机械用六角带的截面尺寸
（GB/T 10821—2008）

（单位：mm）

型号	HAA	HBB	HCC	HDD
带宽 W	13	17	22	32
带高 T	10	13	17	25

2）农业机械用六角带长度系列如表 20-149 所示。

表 20-149　农业机械用六角带长度系列（GB/T 10821—2008）　（单位：mm）

公称尺寸	允许偏差 +	允许偏差 −	HAA	HBB	HCC	HDD	公称尺寸	允许偏差 +	允许偏差 −	HAA	HBB	HCC	HDD
1250	8	16	+				3750	18	36		+	+	
1320	9	18	+				4000	18	36		+	+	+
1400	9	18	+				4250	22	44		+	+	+
1500	9	18	+				4500	22	44		+	+	+
1600	9	18	+				4750	22	44		+	+	+
1700	11	22	+				5000	22	44		+	+	+
1800	11	22	+				5300	26	52			+	+
1900	11	22	+				5600	26	52			+	+
2000	11	22	+	+			6000	26	52			+	+
2120	13	26	+	+			6300	26	52			+	+
2240	13	26	+	+	+		6700	32	64			+	+
2360	13	26	+	+	+		7100	32	64			+	+
2500	13	26	+	+	+		7500	32	64			+	+
2650	15	30	+	+	+		8000	32	64			+	+
2800	15	30	+	+	+		8500	39	78				+
3000	15	30	+	+	+		9000	39	78				+
3150	15	30	+	+	+		9500	39	78				+
3350	18	36	+	+	+		10000	39	78				+
3550	18	36	+	+	+								

注：在 1250～10000mm 范围内，带的有效长度系列选取 R40 优先数系。"+" 表示该型号为公称有效长度。

5. 农业机械用变速 V 带和多楔带的尺寸参数

1）有效长度范围如表 20-150 所示。

表 20-150　有效长度范围（GB/T 10821—2008）　　　　（单位：mm）

普通 V 带[1]		窄 V 带[1]		变速 V 带		六角带		多楔带	
HA	635 ~ 330	H9N	635 ~ 3560	HI	1020 ~ 3175	HAA	1270 ~ 3300	J	425 ~ 2540
HB	760 ~ 7620	H15N	1270 ~ 9020	HJ	1270 ~ 4065	HBB	1270 ~ 7620	L	1270 ~ 3685
HC	1400 ~ 9270	H25N	2540 ~ 15240	HK	1525 ~ 4570	HCC	2160 ~ 9270	M	2285 ~ 9270
HD	3050 ~ 9270			HL	1780 ~ 5080				
				HM	2030 ~ 5080				
				HN	2160 ~ 5080				
				HO	2285 ~ 5080				
				HQ	2285 ~ 5080				

[1]　包括联组 V 带。

2）有效长度的允许偏差如表 20-151 所示。

表 20-151　有效长度的允许偏差（GB/T 10821—2008）　　　　（单位：mm）

有效长度范围	有效长度允许偏差	有效长度范围	有效长度允许偏差
≤1300	±10	>4000 ~ 5000	±25
>1300 ~ 2500	±13	>5000 ~ 6300	±32
>2500 ~ 3150	±16	>6300 ~ 8000	±40
>3150 ~ 4000	±20	>8000 ~ 10000	±50

3）有效长度的配组差如表 20-152 所示。

表 20-152　有效长度的配组差（GB/T 10821—2008）　　　　（单位：mm）

有效长度范围	单组配组差		有效长度范围	单组配组差	
	普通张力系数	高张力系数[1]		普通张力系数	高张力系数[1]
≤1375	4	2	>2820 ~ 6000	10	5
>1375 ~ 2820	6	3	>6000 ~ 10000	16	6

[1]　高张力系数带指含以下材料的带：芳纶、玻璃纤维或钢丝加固物等。

20.3.20　汽车多楔带

1. 汽车多楔带的结构（图 20-19）

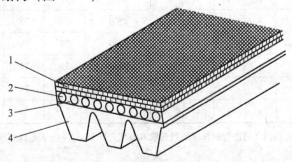

图 20-19　汽车多楔带的结构
1—带背织物　2—抗拉体　3—粘合胶　4—楔胶

2. 汽车多楔带的截面尺寸（图 20-20、表 20-153）

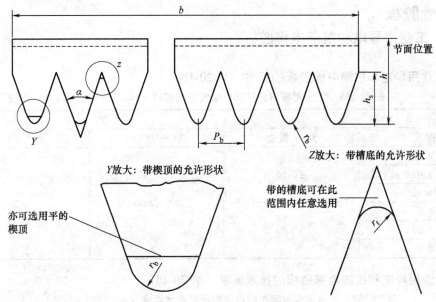

图 20-20　汽车多楔带的截面

表 20-153　汽车多楔带的截面尺寸（GB 13552—2008）　　　　　　（单位：mm）

名　称	尺　寸	名　称	尺　寸
楔距 P_b	3.56	楔顶弧半径 r_b	0.5（最小值）
楔角 α	40°	带厚 h	4~6（参考）
楔底弧半径 r_t	0.25（最大值）	楔高 h_t	2~3（参考）

注：表中楔距和带高仅为参考值，楔距累积公差是一个重要指标，但它常常受带工作时的张紧力和抗拉体的模量的影响。

3. 汽车多楔带的有效长度允许偏差（表 20-154）

表 20-154　汽车多楔带的有效长度允许偏差（GB 13552—2008）（单位：mm）

有 效 长 度	允 许 偏 差	有 效 长 度	允 许 偏 差
≤1000	±5.0	>1500~2000	±9.0
>1000~1200	±6.0	>2000~2500	±10.0
>1200~1500	±8.0	>2500~3000	±11.0

注：有效长度大于 3000mm 时，其极限偏差由带的制造方与使用方协商确定。

4. 汽车多楔带的拉伸性能（表 20-155）

表 20-155　汽车多楔带的拉伸性能（GB 13552—2008）

楔数	拉伸强度/kN	参考力伸长率（%）	参考力/kN	楔数	拉伸强度/kN	参考力伸长率（%）	参考力/kN
3	≥2.40		0.75	6	≥4.80		1.50
4	≥3.20	≤3.0	1.00	7 以上	≥0.8n	≤3.0	0.25n
5	≥4.00		1.25				

注：n 为带的楔数。

20.4　橡胶板

20.4.1　工业用导电和抗静电橡胶板

1. 工业用导电和抗静电橡胶板的规格（表 20-156）

表 20-156　工业用导电和抗静电橡胶板的规格（HG 2793—1996）　（单位：mm）

厚　　度		宽　　度	
公称尺寸	允许偏差	公称尺寸	允许偏差
2.5	±0.30	500 ~ 2000	±20
3.0			
4.0			
5.0			
6.0	±0.50		
8.0			

2. 工业用导电和抗静电橡胶板的技术要求（表 20-157）

表 20-157　工业用导电和抗静电橡胶板的技术要求（HG 2793—1996）

项　　目	技术要求		项　　目	技术要求	
	导电橡胶板	抗静电橡胶板		导电橡胶板	抗静电橡胶板
硬度　邵尔 A	60 ~ 75	60 ~ 75	压缩永久变形（25% 压缩率,23℃ ×24h,%）　≤	25	25
硬度偏差　邵尔 A	±4	±4			
拉伸强度/MPa　　　≥	5.0	5.0	吸水量（23℃ × 168h）/（mg/cm^2）　≤	4.0	4.0
热空气老化（70℃ × 72h）后,拉伸强度降低率(%) ≤	25	25	电阻/Ω	≤5 ×10^4	5 ×10^4 ~10^8

注：其他硬度胶板的物理性能由供需双方商定。

20.4.2　电绝缘橡胶板

1. 电绝缘橡胶板的规格（表 20-158）

表 20-158　电绝缘橡胶板的规格（HG 2949—1999）　（单位：mm）

厚　　度		宽　　度	
公称尺寸	允许偏差	公称尺寸	允许偏差
4	+0.6	1000,1200	±20
6	−0.4		
8	+1.0		
10	−0.6		
12			

注：绝缘胶板长度由供需双方商定。

2. 电绝缘橡胶板的技术要求（表 20-159）

表 20-159　电绝缘橡胶板的技术要求（HG 2949—1999）

项　　目	技术要求	项　　目		技术要求
硬度　邵尔 A	55 ~ 70	拉伸强度/MPa	≥	5.0

（续）

项　目		技术要求	项　目		技术要求
拉断伸长率(%)	≥	250	热空气老化(70℃×72h)后,拉伸强度降低率(%)	≤	30
定伸(150%)永久变形(%)	≤	25	吸水率(23℃蒸馏水×24h)(%)	≤	1.5

3. 电绝缘橡胶板的电性能（表20-160）

表 20-160　电绝缘橡胶板的电性能（HG 2949—1999）

厚度/mm	试验电压(有效值)/kV	最小击穿电压(有效值)/kV	厚度/mm	试验电压(有效值)/kV	最小击穿电压(有效值)/kV
4	10	15	10	30	40
6	20	30	12	35	45
8	25	35			

注：绝缘胶板在使用时，应根据有关规定在试验电压和最大使用电压之间有一定的裕度，以保证人身安全。

4. 电绝缘橡胶板的外观质量（表20-161）

表 20-161　电绝缘橡胶板的外观质量（HG 2949—1999）

缺陷名称	质量要求
明疤或凹凸不平	深度或高度不得超过胶板厚度的允许偏差,每5m²内面积小于100mm²的明疤不超过两处
气泡	每平方米内,面积小于100mm²的气泡不超过5个,任意两个气泡间距离不小于40mm
杂质	深度及长度不超过胶板厚度的1/10
海绵状	不允许有
裂纹	不允许有

20.4.3　硅橡胶板

1. 硅橡胶板的规格（表20-162）

表 20-162　硅橡胶板的规格（HG/T 4070—2008）

厚度/mm		宽度/mm		长度/mm		偏斜度(%)
公称尺寸	允许偏差	公称尺寸	允许偏差	公称尺寸	允许偏差	
3.0	±0.2					
4.0	±0.3	500~2800	±3	按用户要求	0~+5	±5
5.0	±0.3					

注：表中未涵盖的其他尺寸及偏差由供需双方协商确定。

2. 硅橡胶板的技术要求（表20-163）

表 20-163　硅橡胶板的技术要求（HG/T 4070—2008）

项　目		技术要求		
		低抗撕硅橡胶板(D)	中抗撕硅橡胶板(Z)	高抗撕硅橡胶板(G)
硬度　邵尔A		40~80		
拉伸强度/MPa	≥	6.0	7.0	8.0
拉断伸长率(%)	≥	250	350	500

（续）

项　　目		技　术　要　求		
		低抗撕硅橡胶板（D）	中抗撕硅橡胶板（Z）	高抗撕硅橡胶板（G）
撕裂强度/（kN/m）　　　　　　　　≥		18	23	32
耐热试验 200℃×168h	拉伸强度变化率（%）　≤	15		
	拉断伸长率变化率（%）　≤	15		

注：特殊要求的硅橡胶板的性能由供需双方协商确定。

20.5　密封橡胶制品

20.5.1　真空用 O 形橡胶密封圈

1. 真空用 O 形圈橡胶材料的分类

按橡胶材料在真空状态下放出气体量的大小分为 A、B 两类。

1）A 类用于真空度低于或等于 10^{-3}Pa 的情况，使用温度范围一般为 $-60 \sim 250℃$，如硅橡胶。

2）B 类用于真空度高于 10^{-3}Pa 的情况，并按其耐热性、耐油性分为如下四种。

B-1：使用温度范围一般为 $-50 \sim 80℃$，耐油性较差，如天然橡胶。

B-2：使用温度范围一般为 $-35 \sim 100℃$，耐油性较好，如腈橡胶。

B-3：使用温度范围一般为 $-20 \sim 250℃$，耐油性好，如氟橡胶。

B-4：使用温度范围一般为 $-30 \sim 140℃$，耐油性较差，如丁基、乙丙橡胶。

2. 真空用 O 形圈橡胶材料的技术要求

真空用 O 形圈橡胶材料的技术要求应符合表 20-164、表 20-165 中的相应规定。

表 20-164　A 类材料的技术要求　（HG/T 2333—1992）

序　号	项　　目		技术要求
1	硬度　邵尔 A 或 IRHD		50±5
2	拉伸强度/MPa　　　　　　　　　　　　　　≥		4
3	拉断伸长率（%）　　　　　　　　　　　　　≥		200
4	压缩永久变形（B 法,200℃×22h,%）　　　　≥		40
5	密度变化/（mg/m³）		±0.04
6	低温脆性（-60℃）		不断裂
7	热空气老化 （250℃×70h）	硬度变化　邵尔 A 或 IRHD	±10
		拉伸强度变化率降低（%）　　　≤	30
		扯断伸长率变化率降低（%）　　≤	40
8	出气速率（30min）/[Pa·L/（s·cm²）]　　　　≤		4×10^{-3}

表 20-165　B 类材料的技术要求　（HG/T 2333—1992）

序号	项　目		技　术　要　求			
			B-1	B-2	B-3	B-4
1	硬度　邵尔 A 或 IRHD		60±5	60±5	70±5	60±5
2	拉伸强度/MPa	≥	12	10	10	10

（续）

序号	项　目		技术要求			
			B-1	B-2	B-3	B-4
3	拉断伸长率(%)　　　　　　≥		300	200	130	300
4	压缩永久变形 （B 法,%）	70℃×70h	40	—	—	—
		100℃×70h	—	40	—	—
		125℃×70h	—	—	—	40
		200℃×22h	—	—	40	—
5	密度变化/（mg/m³）		±0.04	±0.04	±0.04	±0.04
6	低温脆性		−50℃不裂	−35℃不裂	−20℃不裂	−30℃不裂
7	在凡士林中（70℃×24h）体积变化（%）		—	−2～+6	−2～+6	—
8	热空气老化		70℃×70h	100℃×70h	250℃×70h	125℃×70h
	硬度变化　邵尔 A 或 IRHD		−5～+10	−5～+10	0～+10	−5～+10
	拉伸强度变化率（降低,%）　　≤		30	30	25	25
	拉断伸长率变化率（降低,%）　≤		40	40	25	35
9	出气速率（30min）/[Pa·L/(s·cm²)]≤		$1.5×10^{-3}$	$1.5×10^{-3}$	$7.5×10^{-4}$	$2×10^{-4}$

3. 真空用 O 形橡胶密封圈的尺寸（表20-166）

表 20-166　真空用 O 形橡胶密封圈的尺寸（JB/T 1092—1991）　　（单位：mm）

名义直径 d	内径 d_1 尺寸	允许偏差	d_2 1.80±0.08	2.65±0.09	3.55±0.10	5.30±0.13	7.00±0.15
3	2.50	±0.13	*				
4	3.55		*				
5	4.50		*				
6	5.30		*				
8	7.50	±0.14	*	*			
10	9.50		*	*			
12	11.2		*	*			
14	13.2		*	*			
15	14.0	±0.17	*	*			
16	15.0		*	*			
18	17.0		*	*			
20	19.0		*	*	*		
22	21.2		*	*	*		
25	23.6	±0.22	*	*	*		
28	26.5		*	*	*		
30	28.0		*	*	*		
32	31.5		*	*	*		
35	33.5	±0.30	*	*	*		
40	38.7		*	*	*		

名义直径 d	内径 d_1 尺寸	允许偏差	d_2 1.80±0.08	2.65±0.09	3.55±0.10	5.30±0.13	7.00±0.15
45	43.7	±0.30		*	*		
50	48.7			*	*	*	
55	53.0			*	*	*	
60	58.0			*	*	*	
65	63.0	±0.45		*	*	*	
70	69.0			*	*	*	
75	73.0				*	*	
80	77.5				*	*	
85	82.5				*	*	
90	87.5				*	*	
100	97.5	±0.65			*	*	
110	109				*	*	*
120	118			*	*	*	*
130	128				*	*	*
140	136				*	*	*
150	145	±0.90			*	*	*
160	155				*	*	*
180	175				*	*	*
200	195	±1.20			*	*	*

注：＊表示适用。

4. 真空用 O 形橡胶密封圈的外观质量（表 20-167）

表 20-167　真空用 O 形橡胶密封圈的外观质量（JB/T 1092—1991）

序号	缺陷名称	技术要求	
		名义直径 50mm 以下	名义直径 50~200mm
1	气泡	非工作面,气泡直径不大于 1mm 者,不得多于 2 处	非工作面,气泡直径不大于 2mm 者,不得多于 2 处
2	杂质	非工作面,杂质面积不超过 1mm² 者,不得多于 2 处	非工作面,杂质面积不超过 2mm² 者,不得多于 2 处
3	凸凹缺陷	非工作面,凸凹不超过 0.5mm,面积不超过 2mm² 者,不得多于 2 处	非工作面,凸凹不超过 0.5mm,面积不超过 6mm² 者,不得多于 2 处
4	修边痕迹	毛刺高度及剪损深度不得超过 0.3mm	毛刺高度及剪损深度不得超过 0.3mm
5	合模缝错位	允许存在,但不得超过公差范围	允许存在,但不得超过 0.5mm

注：为使密封圈的表面光滑，要求模具的表面粗糙度 Ra 为 0.2μm 或镀硬铬抛光。

20.5.2　液压气动用 O 形橡胶密封圈

1. O 形圈尺寸标识代号（表 20-168）

表 20-168　O 形圈尺寸标识代号（GB/T 3452.1—2005）

内径 d_1 /mm	截面直径 d_2/mm	系列代号 （G 或 A）	等级代号 （N 或 S）	O 形圈尺寸标识代号
7.5	1.8	G	S	O 形圈 7.5×1.8-G-S-GB/T 3452.1—2005
32.5	2.65	A	N	O 形圈 32.5×2.65-A-N-GB/T 3452.1—2005
167.5	3.55	A	S	O 形圈 167.5×3.55-A-S-GB/T 3452.1—2005
268	5.3	G	N	O 形圈 268×5.3-G-N-GB/T 3452.1—2005
515	7	G	N	O 形圈 515×7-G-N-GB/T 3452.1—2005

2. 一般应用的 O 形圈内径、截面直径尺寸和允许偏差（G 系列）（表 20-169）

表 20-169　一般应用的 O 形圈内径、截面直径尺寸和允许偏差（G 系列）（GB/T 3452.1—2005）

（单位：mm）

d_1 尺寸	允许偏差 ±	d_2 1.8± 0.08	2.65± 0.09	3.55± 0.10	5.3± 0.13	7± 0.15	d_1 尺寸	允许偏差 ±	d_2 1.8± 0.08	2.65± 0.09	3.55± 0.10	5.3± 0.13	7± 0.15
1.8	0.13	×					3.75	0.14	×				
2	0.13	×					4	0.14	×				
2.24	0.13	×					4.5	0.15	×				
2.5	0.13	×					4.75	0.15	×				
2.8	0.13	×					4.87	0.15	×				
3.15	0.14	×					5	0.15	×				
3.55	0.14	×					5.15	0.15	×				

d_1		d_2					d_1		d_2				
尺寸	允许偏差 ±	1.8 ± 0.08	2.65 ± 0.09	3.55 ± 0.10	5.3 ± 0.13	7 ± 0.15	尺寸	允许偏差 ±	1.8 ± 0.08	2.65 ± 0.09	3.55 ± 0.10	5.3 ± 0.13	7 ± 0.15
5.3	0.15	×					23	0.29	×	×	×		
5.6	0.16	×					23.6	0.29	×	×	×		
6	0.16	×					24.3	0.30	×	×	×		
6.3	0.16	×					25	0.30	×	×	×		
6.7	0.16	×					25.8	0.31	×	×	×		
6.9	0.16	×					26.5	0.31	×	×	×		
7.1	0.16	×					27.3	0.32	×	×	×		
7.5	0.17	×					28	0.32	×	×	×		
8	0.17	×					29	0.33	×	×	×		
8.5	0.17	×					30	0.34	×	×	×		
8.75	0.18	×					31.5	0.35	×	×	×		
9	0.18	×					32.5	0.36	×	×	×		
9.5	0.18	×					33.5	0.36	×	×	×		
9.75	0.18	×					34.5	0.37	×	×	×		
10	0.19	×					35.5	0.38	×	×	×		
10.6	0.19	×	×				36.5	0.38	×	×	×		
11.2	0.20	×	×				37.5	0.39	×	×	×		
11.6	0.20	×	×				38.7	0.40	×	×	×		
11.8	0.19	×	×				40	0.41	×	×	×	×	
12.1	0.21	×	×				41.2	0.42	×	×	×	×	
12.5	0.21	×	×				42.5	0.43	×	×	×	×	
12.8	0.21	×	×				43.7	0.44	×	×	×	×	
13.2	0.21	×	×				45	0.44	×	×	×	×	
14	0.22	×	×				46.2	0.45	×	×	×	×	
14.5	0.22	×	×				47.5	0.46	×	×	×	×	
15	0.22	×	×				48.7	0.47	×	×	×	×	
15.5	0.23	×	×				50	0.48	×	×	×	×	
16	0.23	×	×				51.5	0.49		×	×	×	
17	0.24	×	×				53	0.50		×	×	×	
18	0.25	×	×	×			54.5	0.51		×	×	×	
19	0.25	×	×	×			56	0.52		×	×	×	
20	0.26	×	×	×			58	0.54		×	×	×	
20.6	0.26	×	×	×			60	0.55		×	×	×	
21.2	0.27	×	×	×			61.5	0.56		×	×	×	
22.4	0.28	×	×	×			63	0.57		×	×	×	

（续）

d_1		d_2					d_1		d_2				
尺寸	允许偏差 ±	1.8 ± 0.08	2.65 ± 0.09	3.55 ± 0.10	5.3 ± 0.13	7 ± 0.15	尺寸	允许偏差 ±	1.8 ± 0.08	2.65 ± 0.09	3.55 ± 0.10	5.3 ± 0.13	7 ± 0.15
65	0.58		×	×	×		157.5	1.21			×	×	×
67	0.60		×	×	×		160	1.23			×	×	×
69	0.61		×	×	×		162.5	1.24			×	×	×
71	0.63		×	×	×		165	1.26			×	×	×
73	0.64		×	×	×		167.5	1.28			×	×	×
75	0.65		×	×	×		170	1.29			×	×	×
77.5	0.67		×	×	×		172.5	1.31			×	×	×
80	0.69		×	×	×		175	1.33			×	×	×
82.5	0.71		×	×	×		177.5	1.34			×	×	×
85	0.72		×	×	×		180	1.36			×	×	×
87.5	0.74		×	×	×		182.5	1.38			×	×	×
90	0.76		×	×	×		185	1.39			×	×	×
92.5	0.77		×	×	×		187.5	1.41			×	×	×
95	0.79		×	×	×		190	1.43			×	×	×
97.5	0.81		×	×	×		195	1.46			×	×	×
100	0.82		×	×	×		200	1.49			×	×	×
103	0.85		×	×	×		203	1.51				×	×
106	0.87		×	×	×		206	1.53				×	×
109	0.89		×	×	×	×	212	1.57				×	×
112	0.91		×	×	×	×	218	1.61				×	×
115	0.93		×	×	×	×	224	1.65				×	×
118	0.95		×	×	×	×	227	1.67				×	×
122	0.97		×	×	×	×	230	1.69				×	×
125	0.99		×	×	×	×	236	1.73				×	×
128	1.01		×	×	×	×	239	1.75				×	×
132	1.04		×	×	×	×	243	1.77				×	×
136	1.07		×	×	×	×	250	1.82				×	×
140	1.09		×	×	×	×	254	1.84				×	×
142.5	1.11		×	×	×	×	258	1.87				×	×
145	1.13		×	×	×	×	261	1.89				×	×
147.5	1.14		×	×	×	×	265	1.91				×	×
150	1.16		×	×	×	×	268	1.92				×	×
152.5	1.18			×	×	×	272	1.96				×	×
155	1.19			×	×	×	276	1.98				×	×

（续）

d_1		d_2					d_1		d_2				
尺寸	允许偏差±	1.8±0.08	2.65±0.09	3.55±0.10	5.3±0.13	7±0.15	尺寸	允许偏差±	1.8±0.08	2.65±0.09	3.55±0.10	5.3±0.13	7±0.15
280	2.01				×	×	437	3.01					×
283	2.03				×	×	443	3.05					×
286	2.05				×	×	450	3.09					×
290	2.08				×	×	456	3.13					×
295	2.11				×	×	462	3.17					×
300	2.14				×	×	466	3.19					×
303	2.16				×	×	470	3.22					×
307	2.19				×	×	475	3.25					×
311	2.21				×	×	479	3.28					×
315	2.24				×	×	483	3.30					×
320	2.27				×	×	487	3.33					×
325	2.30				×	×	493	3.36					×
330	2.33				×	×	500	3.41					×
335	2.36				×	×	508	3.46					×
340	2.40				×	×	515	3.50					×
345	2.43				×	×	523	3.55					×
350	2.46				×	×	530	3.60					×
355	2.49				×	×	538	3.65					×
360	2.52				×	×	545	3.69					×
365	2.56				×	×	553	3.74					×
370	2.59				×	×	560	3.78					×
375	2.62				×	×	570	3.85					×
379	2.64				×	×	580	3.91					×
383	2.67				×	×	590	3.97					×
387	2.70				×	×	600	4.03					×
391	2.72				×	×	608	4.08					×
395	2.75				×	×	615	4.12					×
400	2.78				×	×	623	4.17					×
406	2.82					×	630	4.22					×
412	2.85					×	640	4.28					×
418	2.89					×	650	4.34					×
425	2.93					×	660	4.40					×
429	2.96					×	670	4.47					×
433	2.99					×							

注：表中"×"表示包括的规格。

3. 航空及类似应用的 O 形圈内径、截面直径尺寸和允许偏差（A 系列）（表 20-170）

表 20-170　航空及类似应用的 O 形圈内径、截面直径尺寸和允许偏差

（A 系列）（GB/T 3452.1—2005）　　　　　　（单位：mm）

| d_1 | | d_2 | | | | | d_1 | | d_2 | | | | |
尺寸	允许偏差 ±	1.8±0.08	2.65±0.09	3.55±0.10	5.3±0.13	7±0.15	尺寸	允许偏差 ±	1.8±0.08	2.65±0.09	3.55±0.10	5.3±0.13	7±0.15
1.8	0.10	×					17	0.20	×	×	×		
2	0.10	×					18	0.20	×	×	×		
2.24	0.11	×					19	0.21	×	×	×		
2.5	0.11	×					20	0.21	×	×	×		
2.8	0.11	×					21.2	0.22	×	×	×		
3.15	0.11	×					22.4	0.23	×	×	×		
3.55	0.11	×					23.6	0.24	×	×	×		
3.75	0.11	×					25	0.24	×	×	×		
4	0.12	×					25.8	0.25		×	×		
4.5	0.12	×	×				26.5	0.25		×	×		
4.87	0.12	×					28	0.26	×	×	×		
5	0.12	×					30	0.27	×	×	×		
5.15	0.12	×					31.5	0.28	×	×	×		
5.3	0.12	×	×				32.5	0.29	×	×	×		
5.6	0.13	×					33.5	0.29	×	×	×		
6	0.13	×	×				34.5	0.30	×	×	×		
6.3	0.13	×					35.5	0.31	×	×	×		
6.7	0.13	×					36.5	0.31	×	×	×		
6.9	0.13	×	×				37.5	0.32	×	×	×	×	
7.1	0.14	×					38.7	0.32	×	×	×	×	
7.5	0.14	×					40	0.33	×	×	×	×	
8	0.14	×	×				41.2	0.34	×	×	×	×	
8.5	0.14	×					42.5	0.35	×	×	×	×	
8.75	0.15	×					43.7	0.35	×	×	×	×	
9	0.15	×	×				45	0.36		×	×	×	
9.5	0.15	×	×				46.2	0.37		×	×	×	
10	0.15	×	×				47.5	0.37	×	×	×	×	
10.6	0.16	×	×				48.7	0.38		×	×	×	
11.2	0.16	×	×				50	0.39	×	×	×	×	
11.8	0.16	×	×				51.5	0.40		×	×	×	
12.5	0.17	×	×				53	0.41	×	×	×	×	
13.2	0.17	×	×				54.5	0.42		×	×	×	
14	0.18	×	×	×			56	0.42		×	×	×	
15	0.18	×	×	×			58	0.44		×	×	×	
16	0.19	×	×	×			60	0.45		×	×	×	

（续）

d_1		d_2					d_1		d_2				
尺寸	允许偏差±	1.8±0.08	2.65±0.09	3.55±0.10	5.3±0.13	7±0.15	尺寸	允许偏差±	1.8±0.08	2.65±0.09	3.55±0.10	5.3±0.13	7±0.15
61.5	0.46		×	×	×		160	1.00		×	×	×	×
63	0.46	×	×	×	×		165	1.03		×	×	×	×
65	0.48		×	×	×		170	1.06		×	×	×	×
67	0.49	×	×	×	×		175	1.09		×	×	×	×
69	0.50		×	×	×		180	1.11		×	×	×	×
71	0.51	×	×	×	×		185	1.14		×	×	×	×
73	0.52		×	×	×		190	1.17		×	×	×	×
75	0.53	×	×	×	×		195	1.20		×	×	×	×
77.5	0.55			×	×		200	1.22		×	×	×	×
80	0.56	×	×	×	×		206	1.26				×	×
82.5	0.57			×	×		212	1.29		×		×	×
85	0.59	×	×	×	×		218	1.32		×		×	×
87.5	0.60			×	×		224	1.35				×	×
90	0.62	×	×	×	×		230	1.39		×		×	×
92.5	0.63			×	×		236	1.42		×		×	×
95	0.64	×	×	×	×		243	1.46				×	×
97.5	0.66			×	×		250	1.49		×		×	×
100	0.67	×	×	×	×		258	1.54		×		×	×
103	0.69			×	×		26.5	1.57		×		×	×
106	0.71	×	×	×	×		272	1.61				×	×
109	0.72			×	×	×	280	1.65		×		×	×
112	0.74	×	×	×	×	×	290	1.71		×		×	×
115	0.76			×	×	×	300	1.76		×		×	×
118	0.77	×	×	×	×	×	307	1.80		×		×	×
122	0.80			×	×	×	31.5	1.84				×	×
125	0.81	×	×	×	×	×	325	1.90				×	×
128	0.83			×	×	×	335	1.95		×		×	×
132	0.85		×	×	×	×	345	2.00				×	×
136	0.87			×	×	×	355	2.05		×			×
140	0.89		×	×	×	×	365	2.11				×	×
145	0.92		×	×	×	×	375	2.16				×	×
150	0.95		×	×	×	×	387	2.22				×	×
155	0.98		×	×	×	×	400	2.29				×	×

注：表中"×"表示包括的规格。

4. 液压气动用 O 形橡胶密封圈的外观质量

1）N 级（一般用途）规定了一般用途的 O 形圈检验判定依据，如表 20-171 所示。

表 20-171　液压气动用 O 形圈表面缺陷尺寸的最大极限值（GB/T 3452.2—2005）

（单位：mm）

表面缺陷类型	图示	缺陷尺寸符号	N级 O形圈截面直径 d_2[①]					S级 O形圈截面直径 d_2[①]					CS级 O形圈截面直径 d_2[①]				
			>0.8 ~2.25	>2.25 ~3.15	>3.15 ~4.50	>4.50 ~6.30	>6.30 ~8.40	>0.8 ~2.25	>2.25 ~3.15	>3.15 ~4.50	>4.50 ~6.30	>6.30 ~8.40	>0.8 ~2.25	>2.25 ~3.15	>3.15 ~4.50	>4.50 ~6.30	>6.30 ~8.40
错位、错配（偏移）		e	0.08	0.10	0.13	0.15	0.15	0.08	0.08	0.10	0.12	0.13	0.04	0.04	0.06	0.06	0.08
组合飞边（偏移、飞边和分模线凸起的组合）		x	0.10	0.12	0.14	0.16	0.18	0.10	0.10	0.13	0.15	0.15	0.07	0.07	0.10	0.13	0.13
		y	0.10	0.12	0.14	0.16	0.18	0.10	0.10	0.13	0.15	0.15	0.10	0.10	0.13	0.13	0.13
		a	可见的飞边不应超过 0.07					可见的飞边不应超过 0.05					不允许				
开模缩裂		g	0.18	0.27	0.36	0.53	0.70	0.10	0.15	0.20	0.20	0.30	不允许				
		u	0.08	0.08	0.10	0.10	0.13	0.05	0.08	0.08	0.10	0.13	不允许				

（续）

表面缺陷类型	图示	缺陷符号	N级 O形圈截面直径 $d_2$① >0.8~2.25	>2.25~3.15	>3.15~4.50	>4.50~6.30	>6.30~8.40	S级 O形圈截面直径 $d_2$① >0.8~2.25	>2.25~3.15	>3.15~4.50	>4.50~6.30	>6.30~8.40	CS级 O形圈截面直径 $d_2$① >0.8~2.25	>2.25~3.15	>3.15~4.50	>4.50~6.30	>6.30~8.40
过度修边（不允许有径向修边痕迹）	圆角　n	n	允许修边后的尺寸 n 不小于 O形圈截面直径 d_2 的下限值														
流痕（不允许径向流痕）有面有的定向流痕	v	v	1.50②	1.50②	6.50②	6.50②	6.50②	1.50②	1.50②	5.00②	5.00②	5.00②	1.50③	1.50③	1.50③	4.56③	4.56④
		k	0.08	0.08	0.08	0.08	0.08	0.05	0.05	0.05	0.05	0.05	0.05	0.05	0.05	0.05	0.05
缺胶和凹模（包括分模线凹痕）	w	w	0.60	0.80	1.00	1.30	1.70	0.15	0.25	0.40	0.63	1.00	0.08 / 0.13④	0.13 / 0.25④	0.18 / 0.38④	0.25 / 0.51④	0.38 / 0.76④
		t	0.08	0.08	0.08	0.10	0.13	0.08	0.08	0.08	0.10	0.13	0.08	0.08	0.10	0.10	0.13

① 对于截面直径 ≤0.8mm，或截面直径 >8.40mm 的 O形圈，其缺陷的允许极限值应由制造商和用户协商确定。

② 或者是 O形圈内径（d_1）乘以 0.05，取二者中的较大者。

③ 或者是 O形圈内径（d_1）乘以 0.03，取二者中的较大者，最大不超过 30mm。

④ 仅限于模具沉积物产生的凹痕。

2）S 级（特殊用途）规定了用于外观质量水平较高和/或表面缺陷尺寸精度要求较高的 O 形圈检验判定依据。这一等级包括航空航天业、重要工业或汽车业的应用，如表 20-171 所示。

3）CS 级（关键用途）规定了用于外观质量水平非常高和/或表面缺陷尺寸精度要求非常高的 O 形圈检验判定依据。这一等级包括航空航天业或医药业的一些关键场合的应用。在这些场合下，为了达到最满意的使用效果，O 形圈的表面应力求无缺陷，如表 20-171 所示。

20.5.3　气动用 O 形橡胶密封圈

气动用 O 形橡胶密封圈的尺寸如表 20-172 所示。

表 20-172　气动用 O 形橡胶密封圈的尺寸（JB/T 6659—2007）　　　（单位：mm）

d_1		d_2						d_1		d_2					
内径	允许偏差	1.00 ± 0.05	1.22 ± 0.06	1.50 ± 0.06	1.80 ± 0.06	2.00 ± 0.08	2.65 ± 0.09	内径	允许偏差	1.00 ± 0.05	1.22 ± 0.06	1.50 ± 0.06	1.80 ± 0.06	2.00 ± 0.08	2.65 ± 0.09
1.50		*	*	*	*			10.6		*	*	*	*	*	*
1.80		*	*	*	*			11.2		*	*	*	*	*	*
2.00		*	*	*	*			11.8		*	*	*	*	*	*
2.24		*	*	*	*			12.5		*	*	*	*	*	*
2.50		*	*	*	*			13.2		*	*	*	*	*	*
2.80	±0.10	*	*	*	*			14.0	±0.17	*	*	*	*	*	*
3.00		*	*	*	*			15.0		*	*	*	*	*	*
3.15		*	*	*	*			16.0		*	*	*	*	*	*
3.55		*	*	*	*			17.0		*	*	*	*	*	*
3.75		*	*	*	*			18.0		*	*	*	*	*	*
4.00		*	*	*	*										
4.50		*	*	*	*	*		19.0		*	*	*	*	*	*
4.87		*	*	*	*	*		20.0		*	*	*	*	*	*
5.00		*	*	*	*	*		21.2		*	*	*	*	*	*
5.15	±0.13	*	*	*	*	*		22.4		*	*	*	*	*	*
5.30		*	*	*	*	*		23.0		*	*	*	*	*	*
5.60		*	*	*	*	*		23.6	±0.22		*	*	*	*	*
6.00		*	*	*	*	*		25.0			*	*	*	*	*
6.30		*	*	*	*		*	25.8			*	*	*	*	*
6.70		*	*	*	*		*	26.5			*	*	*	*	*
6.90		*	*	*	*		*	28.0			*	*	*	*	*
7.10		*	*	*	*		*	30.0			*	*	*	*	*
7.50		*	*	*	*		*								
8.00	±0.14	*	*	*	*		*	31.5			*	*	*	*	*
8.50		*	*	*	*		*	32.5			*	*	*	*	*
8.75		*	*	*	*		*	33.5			*	*	*	*	*
9.00		*	*	*	*		*	34.5			*	*	*	*	*
9.50		*	*	*	*		*	35.5	±0.30		*	*	*	*	*
10.0		*	*	*	*		*	36.5			*	*	*	*	*
								37.5				*	*	*	*
								38.7				*	*	*	*

（续）

d_1 内径	d_1 允许偏差	d_2 1.00±0.05	d_2 1.22±0.06	d_2 1.50±0.06	d_2 1.80±0.06	d_2 2.00±0.08	d_2 2.65±0.09
40.0				*	*	*	*
41.2				*	*	*	*
42.5				*	*	*	*
43.7				*	*	*	*
45.0	±0.30			*	*	*	*
46.2				*	*	*	*
47.5				*	*	*	*
48.7				*	*	*	*
50.0				*	*	*	
51.5						*	*
53.0						*	*
54.5						*	*
56.0						*	*
58.0						*	*
60.0						*	*
61.5						*	*
63.0	±0.45					*	*
65.0						*	*
67.0						*	*
69.0						*	*
71.0						*	*
73.0						*	*
75.0						*	
77.5							
80.0							*
82.5							
85.0							*

d_1 内径	d_1 允许偏差	d_2 1.00±0.05	d_2 1.22±0.06	d_2 1.50±0.06	d_2 1.80±0.06	d_2 2.00±0.08	d_2 2.65±0.09
87.5							
90.0							*
92.5							
95.5							*
97.5							
100	±0.65						*
103							
106							*
109							
112							*
115							
118							*
122							
125							*
128	±0.90						
132							*
136							
140							*
145							
150							*
155							
160	±0.90						*
165							
170							*
175							
180							*

注："＊"为推荐使用 O 形圈的截面直径。

20.5.4　V_D 形橡胶密封圈

1. V_D 形橡胶密封圈的结构形（图 20-21）

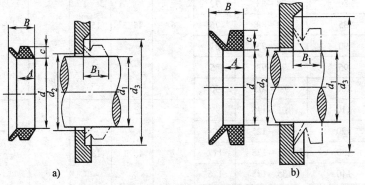

图 20-21　V_D 形橡胶密封圈的结构形
a）S 型　b）A 型

2. S 型 V_D 形橡胶密封圈的尺寸（表 20-173）

表 20-173　S 型 V_D 形橡胶密封圈的尺寸（JB/T 6994—2007）　　（单位：mm）

代　号	公称轴径	轴径 d_1	d	c	A	B	d_{2max}	d_{3min}	安装宽度 B_1
V_D5S	5	4.5~5.5	4	2	3.9	5.2	d_1+1	d_1+6	4.5±0.4
V_D6S	5	5.5~6.5	5						
V_D7S	7	6.5~8.0	6						
V_D8S	8	8.0~9.5	7						
V_D10S	10	9.5~11.5	9	3	5.6	7.7	d_1+2	d_1+9	6.7±0.6
V_D12S	12	11.5~13.5	10.5						
V_D14S	14	13.5~15.5	12.5						
V_D16S	16	15.5~17.5	14						
V_D18S	18	17.5~19.0	16						
V_D20S	20	19~21	18	4	7.9	10.5		d_1+12	9.0±0.8
V_D22S	22	21~24	20						
V_D25S	25	24~27	22						
V_D28S	28	27~29	25						
V_D30S	30	29~31	27						
V_D32S	32	31~33	29						
V_D36S	36	33~36	31						
V_D38S	38	36~38	34						
V_D40S	40	38~43	36	5	9.5	13.0	d_1+3	d_1+15	11.0±1.0
V_D45S	45	43~48	40						
V_D50S	50	48~53	45						
V_D56S	56	53~58	49						
V_D60S	60	58~63	54						
V_D63S	63	63~68	58						
V_D71S	71	68~73	63	6	11.3	15.5		d_1+18	13.5±1.2
V_D75S	75	73~78	67						
V_D80S	80	78~83	72						
V_D85S	85	83~88	76						
V_D90S	90	88~93	81						
V_D95S	95	93~98	85						
V_D100S	100	98~105	90				d_1+4		
V_D110S	110	105~115	99	7	13.1	18.0		d_1+21	15.5±1.5
V_D120S	120	115~125	108						
V_D130S	130	125~135	117						
V_D140S	140	135~145	126						
V_D150S	150	145~155	135						

（续）

代　号	公称轴径	轴径 d_1	d	c	A	B	d_{2max}	d_{3min}	安装宽度 B_1
V_D160S	160	155~165	144						
V_D170S	170	165~175	153						
V_D180S	180	175~185	162	8	15.0	20.5	d_1+5	d_1+24	18.0±1.8
V_D190S	190	185~195	171						
V_D200S	200	195~210	180						

3. A 型 V_D 形橡胶密封圈的尺寸（表 20-174）

表 20-174　A 型 V_D 形橡胶密封圈的尺寸（JB/T 6994—2007）　　（单位：mm）

代　号	公称轴径	轴径 d_1	d	c	A	B	d_{2max}	d_{3min}	安装宽度 B_1
V_D3A	3	2.7~3.5	2.5	1.5	2.1	3.0		d_1+4	2.5±0.3
V_D4A	4	3.5~4.5	3.2						
V_D5A	5	4.5~5.5	4				d_1+1		
V_D6A	6	5.5~6.5	5	2	2.4	3.7		d_1+6	3.0±0.4
V_D7A	7	6.5~8.0	6						
V_D8A	8	8.0~9.5	7						
V_D10A	10	9.5~11.5	9						
V_D12A	12	11.5~12.5	10.5						
V_D13A	13	12.5~13.5	11.7	3	3.4	5.5		d_1+9	4.5±0.6
V_D14A	14	13.5~15.5	12.5						
V_D16A	16	15.5~17.5	14				d_1+2		
V_D18A	18	17.5~19	16						
V_D20A	20	19~21	18						
V_D22A	22	21~24	20						
V_D25A	25	24~27	22						
V_D28A	28	27~29	25						
V_D30A	30	29~31	27	4	4.7	7.5		d_1+12	6.0±0.8
V_D32A	32	31~33	29						
V_D36A	36	33~36	31						
V_D38A	38	36~38	34						
V_D40A	40	38~43	36				d_1+3		
V_D45A	45	43~48	40						
V_D50A	50	48~53	45					d_1+15	7.0±1.0
V_D56A	56	53~58	49	5	5.5	9.0			
V_D60A	60	58~63	54						
V_D63A	63	63~68	58						
V_D71A	71	68~73	63	6	6.8	11.0	d_1+4	d_1+18	9.0±1.2

（续）

代　号	公称轴径	轴径 d_1	d	c	A	B	d_{2max}	d_{3min}	安装宽度 B_1
V_D75A	75	73~78	67	6	6.8	11.0		d_1+18	9.0±1.2
V_D80A	80	78~83	72						
V_D85A	85	83~88	76						
V_D90A	90	88~93	81						
V_D95A	95	93~98	85						
V_D100A	100	98~105	90				d_1+4		
V_D110A	110	105~115	99	7	7.9	12.8		d_1+21	10.5±1.5
V_D120A	120	115~125	108						
V_D130A	130	125~135	117						
V_D140A	140	135~145	126						
V_D150A	150	145~155	135						
V_D160A	160	155~165	144	8	9.0	14.5	d_1+5	d_1+24	12.0±1.8
V_D170A	170	165~175	153						
V_D180A	180	175~185	162						
V_D190A	190	185~195	171						
V_D200A	200	195~210	180	15	14.3	25	d_1+10	d_1+45	20.0±4.0
V_D224A	224	210~235	198						
V_D250A	250	235~265	225						
V_D280A	280	265~290	247						
V_D300A	300	290~310	270						
V_D320A	320	310~335	292						
V_D355A	355	335~365	315						
V_D375A	375	365~390	337						
V_D400A	400	390~430	360						
V_D450A	450	430~480	405						
V_D500A	500	480~530	450						
V_D560A	560	530~580	495						
V_D600A	600	580~630	540						
V_D630A	630	630~665	600						
V_D670A	670	665~705	630						
V_D710A	710	705~745	670						
V_D750A	750	745~785	705						
V_D800A	800	785~830	745						
V_D850A	850	830~875	785						
V_D900A	900	875~920	825						
V_D950A	950	920~965	865						

（续）

代　号	公称轴径	轴径 d_1	d	c	A	B	d_{2max}	d_{3min}	安装宽度 B_1
V_D1000A	1000	965～1015	910						
V_D1060A	1060	1015～1065	955						
V_D1100A	(1100)	1065～1115	1000						
V_D1120A	1120	1115～1165	1045						
V_D1200A	(1200)	1165～1215	1090						
V_D1250A	1250	1215～1270	1135						
V_D1320A	1320	1270～1320	1180						
V_D1350A	(1350)	1320～1370	1225						
V_D1400A	1400	1370～1420	1270						
V_D1450A	(1450)	1420～1470	1315						
V_D1500A	1500	1470～1520	1360	15	14.3	25	d_1+10	d_1+45	20.0±4.0
V_D1550A	(1550)	1520～1570	1405						
V_D1600A	1600	1570～1620	1450						
V_D1650A	(1650)	1620～1670	1495						
V_D1700A	1700	1670～1720	1540						
V_D1750A	(1750)	1720～1770	1585						
V_D1800A	1800	1770～1820	1630						
V_D1850A	(1850)	1820～1870	1675						
V_D1900A	1900	1870～1920	1720						
V_D1950A	(1950)	1920～1970	1765						
V_D2000A	2000	1970～2020	1810						

注：带括弧的尺寸为非标准尺寸，尽量不采用。

4. V_D 形橡胶密封圈的胶料与工作条件（表 20-175）

表 20-175　V_D 形橡胶密封圈的胶料与工作条件（JB/T 6994—2007）

代　号	特　性	圆周速度/(m/s)	工作温度/℃	工作介质
丁腈橡胶 XA7453	耐油	<19	−40～+100	油、水、空气
氟橡胶 XD7433	耐油 耐高温		−25～+200	

5. V_D 形橡胶密封圈的性能（表 20-176）

表 20-176　V_D 形橡胶密封圈的性能（JB/T 6994—2007）

序号	项　目		丁腈橡胶 XA7453	氟橡胶 XD7433
1	硬度　邵尔 A		70±5	70±5
2	拉断强度/MPa	≥	11	10

（续）

序号	项　　目		丁腈橡胶 XA7453	氟橡胶 XD7433
3	拉断伸长率(%)	≥	250	150
4	压缩永久变形(B 型试样,%)	≤	(100℃×70h),50	(200℃×70h),50
5	热空气老化	硬度变化　IRHD 或邵尔 A　≤	(100℃×70h) 0~+15	(200℃×70h),0~+10
		拉断强度变化率(%)　≤	-20	(200℃×7h),-20
		拉断伸长率变化率(%)　≤	-50	(200℃×70h),-30
6	耐液体(丁腈橡胶 100℃×70h;氟橡胶 150℃×70h)	1 号标准油,体积变化率(%)	-10~+5	-3~+5
		3 号标准油,体积变化率(%)	0~+25	0~+15
7	脆性温度/℃	≤	-40	-25

20.5.5　U 形内骨架橡胶密封圈

1. U 形内骨架橡胶密封圈的结构形式（图 20-22）

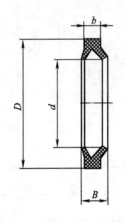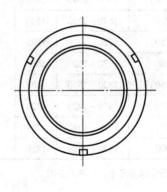

图 20-22　U 形内骨架橡胶密封圈的结构式

2. U 形内骨架橡胶密封圈的尺寸（表 20-177）

表 20-177　U 形内骨架橡胶密封圈的尺寸（JB/T 6997—2007）　　　（单位：mm）

代　　号	公称通径	d		D		b		B	
		公称尺寸	允许偏差	公称尺寸	允许偏差	公称尺寸	允许偏差	公称尺寸	允许偏差
UN25	25	25		50	+0.30 +0.15				
UN32	32	32	+0.30 +0.10	57		9.5	0 -0.20	14.5	0 -0.30
UN40	40	40		65	+0.35 +0.20				
UN50	50	50		75					
UN65	65	65		90					

（续）

代 号	公称通径	d		D		b		B	
		公称尺寸	允许偏差	公称尺寸	允许偏差	公称尺寸	允许偏差	公称尺寸	允许偏差
UN80	80	80		105	+0.30 +0.15				
UN100	100	100	+0.40 +0.15	125					
UN125	125	125		150					
UN150	150	150		175	+0.45 +0.25	9.5	0 -0.20	14.5	0 -0.30
UN175	175	175		200					
UN200	200	200		225					
UN225	225	225	+0.50 +0.20	250					
UN250	250	250		275	+0.55 +0.30				
UN300	300	300		325					

3. U 形内骨架橡胶密封圈胶料的特性与工作条件（表 20-178）

表 20-178　U 形内骨架橡胶密封圈胶料的特性与工作条件（JB/T 6997—2007）

材　质	特　性	工作压力/MPa	工作温度/℃	工作介质
XA7453	耐油	≤4	-40 ~ +100	矿物油、水-乙二醇、空气、水
XD7433	耐油、耐高温		-25 ~ +200	空气、水、矿物油

4. U 形内骨架橡胶密封圈的性能（表 20-179）

表 20-179　U 形内骨架橡胶密封圈的性能（JB/T 6997—2007）

项　目			XA7453	XD7433
硬度　IRHD 或邵尔 A			70 ± 5	70 ± 5
拉断强度/MPa		≥	11	10
拉断伸长率		≥	250	150
压缩永久变形（%）　≤	热空气（100℃ ×70h），压缩率 20%		50	—
	热空气（200℃ ×70h），压缩率 20%		—	50
热空气老化（100℃ ×70h）	硬度变化　IRHD 或邵尔 A	≤	0 ~ +15	—
	拉断强度变化率（%）	≤	-20	—
	拉断伸长率变化率（%）	≤	-50	—
热空气老化（200℃ ×70h）	硬度变化　IRHD 或邵尔 A	≤	—	0 ~ +10
	拉断强度变化率（%）	≤	—	-20
	拉断伸长率变化率（%）	≤	—	-30
耐液体	1 号标准油（100℃ ×70h），体积变化率（%）		-10 ~ +5	—
	3 号标准油（100℃ ×70h），体积变化率（%）		0 ~ +25	-3 ~ +5
	1 号标准油（150℃ ×70h），体积变化率（%） 3 号标准油（150℃ ×70h），体积变化率（%）			0 ~ +15
脆性温度/℃			-40	-25

20.5.6　往复运动橡胶密封圈

1. 往复运动橡胶密封圈材料

1）往复运动橡胶密封圈材料分为 A、B 两类。A 类为丁腈橡胶材料，分为三个硬度级、五种胶料，工作温度范围为 – 30 ~ 100℃。B 类为浇注型聚氨酯橡胶材料，分为四个硬度等级、四种胶料，工作温度范围 – 40 ~ 80℃。

2）往复运动橡胶密封圈材料的技术要求如表 20-180、表 20-181 所示。

表 20-180　A 类材料的技术要求（HG/T 2810—2008）

项　目		WA7443	WA8533	WA9523	WA9530	WA7453
硬度　邵尔 A 或 IRHD		70 ± 5	80 ± 5	88^{+5}_{-4}	88^{+5}_{-4}	70 ± 5
拉伸强度/MPa ≥		12	14	15	14	10
拉断伸长率(%) ≥		220	150	140	150	250
压缩永久变形(B 型试样,100℃ ×70h,%) ≤		50	50	50	—	50
撕裂强度/(kN/m) ≥		30	30	35	35	—
粘合强度(25mm)/(kN/m) ≥		—	—	—	—	3
热空气老化 (100℃ ×70h)	硬度变化　IRHD 或邵尔 A ≤	+ 10	+ 10	+ 10	+ 10	+ 10
	拉伸强度变化率(%) ≤	– 20	– 20	– 20	– 20	– 20
	拉断伸长率变化率(%) ≤	– 50	– 50	– 50	– 50	– 50
耐液体 (100℃ ×70h)	1 号标准油　硬度变化　IRHD 或邵尔 A	– 5 ~ + 10	– 5 ~ + 10	– 5 ~ + 10	– 5 ~ + 10	– 5 ~ + 10
	1 号标准油　体积变化率(%)	– 10 ~ + 5	– 10 ~ + 5	– 10 ~ + 5	– 10 ~ + 5	– 10 ~ + 5
	3 号标准油　硬度变化　IRHD 或邵尔 A	– 10 ~ + 5	– 10 ~ + 5	– 10 ~ + 5	– 10 ~ + 5	– 10 ~ + 5
	3 号标准油　体积变化率(%)	0 ~ + 20	0 ~ + 20	0 ~ + 20	0 ~ + 20	0 ~ + 20
脆性温度/℃ ≤		– 35	– 35	– 35	– 35	– 35

注：WA9530 为防尘密封圈橡胶材料，WA7453 为涂覆织物橡胶材料。

表 20-181　B 类材料的技术要求（HG/T 2810—2008）

项　目		WB6884	WB7874	WB8974	WB9974
硬度　邵尔 A 或 IRHD		60 ± 5	70 ± 5	80 ± 5	88^{+5}_{-4}
拉伸强度/MPa ≥		25	30	40	45
拉断伸长率(%) ≥		500	450	400	400
压缩永久变形(B 型试样,70℃ ×70h,%)		40	40	35	35
撕裂强度/(kN/m) ≥		40	60	80	90
热空气老化 (70℃ ×70h)	硬度变化　IRHD 或邵尔 A	±5	±5	±5	±5
	拉伸强度变化率(%) ≤	– 20	– 20	– 20	– 20
	拉断伸长率变化率(%) ≤	– 20	– 20	– 20	– 20
耐液体 (70℃ ×70h)	体积变化率(1 号标准油)(%)	– 5 ~ + 10	– 5 ~ + 10	– 5 ~ + 10	– 5 ~ + 10
	体积变化率(3 号标准油)(%)	0 ~ + 10	0 ~ + 10	0 ~ + 10	0 ~ + 10
脆性温度/℃ ≤		– 50	– 50	– 50	– 50

2. 往复运动橡胶密封圈的外观质量

1）橡胶密封圈非工作面的外观质量如表 20-182 所示。

表 20-182　橡胶密封圈非工作面的外观质量（GB/T 15325—1994）

缺陷名称			$D \leqslant 63mm$		$D = 63 \sim 180mm$		$D > 180mm$	
			合格品	一等品	合格品	一等品	合格品	一等品
气泡	高度或深度/mm	≤	0.5	0.5	0.5	0.5	0.5	0.5
	直径/mm	≤	1.5	1.5	2	2	2	2
	数量/处	≤	2	1	2	1	3	2
杂质	长度/mm	≤	1.6	1.6	1.6	1.6	1.6	1.6
	宽度/mm	≤	1.2	1.2	1.2	1.2	1.2	1.2
	高度或深度/mm	≤	0.5	0.5	0.5	0.5	0.5	0.5
	数量/处	≤	2	1	3	2	4	3
凹凸缺陷	长度/mm	≤	2.5	2.5	2.5	2.5	2.5	2.5
	宽度/mm	≤	1.5	1.5	2	2	2	2
	高度或深度/mm	≤	0.5	0.5	0.5	0.5	0.5	0.5
	数量/处	≤	2	1	2	1	3	2
流、划痕	长度/mm	≤	8	6	10	7	14	10
	宽度或深度/mm	≤	0.3	0.3	0.3	0.3	0.4	0.4
	数量/处	≤	2	2	2	2	3	3
前4种缺陷累计数量/处		≤	4	3	5	3	6	4
修边	胶边高度或宽度/mm	≤	0.2	0.2	0.4	0.3	0.4	0.3
	修损宽度/mm	≤	1.2	1.0	1.4	1.2	1.4	1.2
	修损深度/mm	≤	0.2	0.2	0.4	0.3	0.4	0.3
错位			允许存在,但不得超过截面公差					

注：D 为密封圈的密封腔体外径。

2）夹织物橡胶密封圈非工作面的外观质量如表 20-183 所示。

表 20-183　夹织物橡胶密封圈非工作面的外观质量（GB/T 15325—1994）

缺陷名称			$D \leqslant 63mm$		$D = 63 \sim 180mm$		$D > 180mm$	
			合格品	一等品	合格品	一等品	合格品	一等品
杂质	长度/mm	≤	1.6	1.6	1.6	1.6	1.6	1.6
	宽度/mm	≤	1.2	1.2	1.2	1.2	1.2	1.2
	高度或深度/mm	≤	0.5	0.5	0.5	0.5	0.5	0.5
	数量/处	≤	2	1	3	2	4	3
凹凸缺陷	长度/mm	≤	2.5	2.5	2.5	2.5	2.5	2.5
	宽度/mm	≤	1.5	1.5	2	2	2	2
	高度或深度/mm	≤	0.5	0.5	0.5	0.5	0.5	0.5
	数量/处	≤	2	1	2	1	3	2

（续）

缺 陷 名 称		$D \leqslant 63mm$		$D = 63 \sim 180mm$		$D > 180mm$	
		合格品	一等品	合格品	一等品	合格品	一等品
前2种缺陷累计数量/处	≤	2	1	3	2	4	3
修边	胶边高度或宽度/mm ≤	0.3	0.3	0.5	0.4	0.6	0.4
	修损宽度/mm ≤	1.2	1	1.4	1.2	1.4	1.2
	修损深度/mm ≤	0.3	0.3	0.5	0.4	0.6	0.4
错位		允许存在,但不得超过截面公差					
接头痕迹		允许存在,但不得有折裂现象					
棱角缺陷		棱角凹陷深度不得超过设计厚度的1/10,长度不得超过周长的1/5					
织物皱折		允许存在,但其深度不得超过0.5mm,长度不得超过周长的1/4					

注：D 为密封圈的密封腔体外径。

20.5.7　混凝土道路伸缩缝用橡胶密封件

混凝土道路伸缩缝用橡胶密封件的技术要求如表20-184所示。

表20-184　混凝土道路伸缩缝用橡胶密封件的技术要求（GB/T 23662—2009）

项　　目		技 术 要 求			
		50 级	60 级	70 级	80 级
硬度　IRHD 或邵尔 A		46 ~ 55	56 ~ 65	66 ~ 75	76 ~ 85
拉伸强度/MPa　　　　≥		9	9	9	9
拉断伸长率(%)　　　≥		375	300	200	125
压缩永久变形(B 型试样,%)　≤	70℃,24h	20	20	20	20
	−25℃,24h	60	60	60	60
加速老化(70℃,7d)	硬度变化　IRHD 或邵尔 A	−5 ~ +8	−5 ~ +8	−5 ~ +8	−5 ~ +8
	拉伸强度变化率(%)	−20 ~ +40	−20 ~ +40	−20 ~ +40	−20 ~ +40
	拉断伸长率变化率(%)	−30 ~ +10	−30 ~ +10	−30 ~ +10	−40 ~ +10
耐臭氧,臭氧体积分数[①]为 5×10^{-5}%;预拉伸(72 ± 2)h;(40 ± 1)℃,(48 ± 1)h,湿度:(55 ± 5)%;拉伸20%		不龟裂	不龟裂	不龟裂	不龟裂（拉伸15%）
体积变化率(耐水,标准室温,7d,%)		0 ~ +5	0 ~ +5	0 ~ +5	0 ~ +5
成品密封件的压缩恢复率(压缩50%,%)　≥	70℃,72h ± 15min	85	85	85	85
	−25℃,24h ± 15min	65	65	65	65

① 如果用户有要求,可采用臭氧体积分数为 2×10^{-4}% 的苛刻条件。

20.5.8　混凝土和钢筋混凝土排水管用橡胶密封圈

1. 混凝土和钢筋混凝土排水管用橡胶密封圈的物理力学性能（表20-185）

表20-185　混凝土和钢筋混凝土排水管用橡胶密封圈的物理力学性能（JC/T 946—2005）

项　　目	技 术 要 求				
	30 级	40 级	50 级	60 级	70 级
公称硬度　IRHD	30 ± 4	40^{+5}_{-4}	50^{+5}_{-4}	60^{+5}_{-4}	70^{+5}_{-4}

（续）

项 目		技术要求				
		30 级	40 级	50 级	60 级	70 级
拉伸强度/MPa ≥		9				
拉断伸长率(%) ≥		400	400	375	300	200
压缩永久变形(%) ≤	23℃×72h	12	12	12	12	15
	70℃×24h	20	20	20	20	20
	−10℃×72h	40	40	40	50	50
压缩应力松弛(23℃×7d,%) ≤		13	13	14	15	16
浸水溶胀性能(蒸馏水):70℃×7d 体积变化率 (%)		−1 ~ +8				
低温性能[①]:−25℃×72h 压缩永久变形(%) ≤		60	60	60	60	70
接头结合强度(拉伸度100%)		拼接区无分离现象				

① 根据用户要求的可选项目。

2. 混凝土和钢筋混凝土排水管用橡胶密封圈的化学性能 （表 20-186）

表 20-186　混凝土和钢筋混凝土排水管用橡胶密封圈的化学性能 （JC/T 946—2005）

项 目		技术要求
热空气老化性能70℃×7d	硬度变化　IRHD	−5 ~ +8
	拉伸强度变化率(%) ≤	−20
	拉断伸长率变化率(%)	−30 ~ +10
耐臭氧		试样无裂纹
耐油性[①](70℃×72h): 在油中的体积变化率(%)	1 号油	−10 ~ +10
	3 号油	−50 ~ +50
防霉[①]/级 ≤		2
耐酸碱性[①](质量分数或 体积分数为10%,23℃×7d)	拉伸强度保持率(%) ≥	80
	拉断伸长率保持率(%) ≥	80

① 根据用户要求的可选项目。

20.5.9　预应力与自应力混凝土管用橡胶密封圈

1. 预应力与自应力混凝土管用橡胶密封圈的化学性能 （表 20-187）

表 20-187　预应力与自应力混凝土管用橡胶密封圈的化学性能 （JC/T 748—2010）

项 目		限 量
游离硫黄分析	游离硫黄	质量分数在0.5%以下
溶解试验	气味	无异常现象
	浊度	1 度以下
	色度	5 度以下
	高锰酸钾消耗量	5mg/L 以下
	剩余氯减量	1.5mg/L 以下

2. 预应力与自应力混凝土管用橡胶密封圈的物理力学性能 （表20-188）

表 20-188　预应力与自应力混凝土管用橡胶密封圈的物理力学性能 （JC/T 748—2010）

项　　目		技 术 要 求			
		40 级	50 级	60 级	70 级[①]
公称硬度　IRHD		40	50	60	70
硬度允许偏差　IRHD		+5 −4	+5 −4	+5 −4	+5 −4
最小拉断伸长率(%)		400	375	300	200
最小拉伸强度/MPa		14	13	12	11
最大压缩永久变形 （%）	23℃ ±2℃ ,72h	12	12	12	15
	70℃ ,24h	20	20	20	20
	−10℃ ,72h	40	40	50	50
	−25℃ ,72h	60	60	60	70
热老化性能 （70℃ ,7d）	最大硬度变化　IRHD	−5 ~ +8	−5 ~ +8	−5 ~ +8	−5 ~ +8
	最大拉伸强度变化率(%)	−20	−20	−20	−20
	最大拉断伸长率变化率(%)	−30 ~ +10	−30 ~ +10	−30 ~ +10	−30 ~ +10
浸水溶胀性能:70℃蒸馏水中浸泡 168h 最大体积变化率(%)		0 ~ +8	0 ~ +8	0 ~ +8	0 ~ +8
最大压缩应力松弛	23℃ ±2℃ ,7d	13	14	15	16
	23° ±2℃ ,100d	19	20	22	23
耐臭氧		试样无裂纹			

注：在同一橡胶密封圈或试件上所测得硬度值之差，应不超过4IRHD。

① 硬度等级指标，可由供需双方协商采用。

第 21 章　胶粘剂和胶粘带

21.1　基础资料
21.1.1　胶粘剂的分类

胶粘剂的分类如图 21-1 所示。

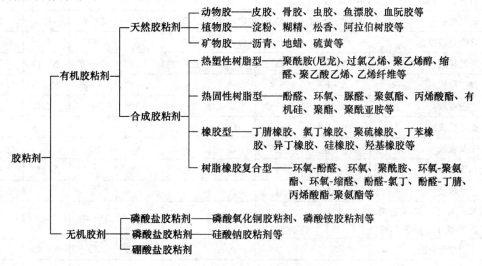

图 21-1　胶粘剂的分类

21.1.2　常用胶粘剂的一般性能

常用胶粘剂的一般性能如表 21-1 所示。

表 21-1　常用胶粘剂的一般性能

序号	胶粘剂(主成分)	胶粘剂种类	耐水性	耐药品性	耐寒性	耐热性	耐冲击性	耐候性	粘结强度
1	醋酸乙烯树脂	A·B	×—△	△	△	△	○—◎	△	○
2	丙烯酸树脂	A·B	△	△	△—○	△	○—◎	○	○—◎
3	醋酸乙烯-丙烯酸树脂	A·B	×—△	△	△	○	○	△—○	○—◎
4	醋酸乙烯、聚氯乙烯	A·B	△	△	△	△	○	△—○	○
5	乙烯、醋酸乙烯	A·B·D	△	△	△	△	○	○—△	○
6	乙烯、丙烯酸树脂	C·D	△—○	△	△—○	△	○	△—○	◎
7	聚酰胺	B·C·D	○	○	○	△	○	△—○	○—◎
8	聚缩醛树脂	B·D	○	○	○	○—◎	○	○	○—◎

（续）

序号	胶粘剂（主成分）	胶粘剂种类	耐水性	耐药品性	耐寒性	耐热性	耐冲击性	耐候性	粘结强度
9	聚乙烯醇	A·D	×—△	△	△—○	△—○	○	△—○	○
10	聚酯树脂	C·D·E	△—○	○	△—○	△—○	○	○	○
11	脲醛树脂	A·(E)	△	△	△	△	×—△	△	○—◎
12	三聚氰胺树脂	A·(E)	○	△—○	△—○	○	△	△—○	○
13	聚氨酯树脂	A·B·D·E	○	○	○	○	○	△—○	○—◎
14	酚醛树脂	A·B·(E)	○	○	△—○	○	○	○	◎
15	间苯二酚树脂	A·B·(E)	○	○	○	○	△	○	◎
16	环氧树脂	A·B·D·E	○	○—◎	○	○	△—○	○	◎
17	聚酰亚胺树脂	D	○	○—◎	○	◎	◎	○	○—◎
18	天然橡胶	A·B	△	△	△—○	△	○—◎	△—○	○
19	氯丁橡胶	A·B	△—○	△—○	△—○	△—○	○	△—○	○
20	丁腈橡胶	A·B	△—○	○	△—○	○	○	△—○	○
21	聚氨酯橡胶	B·E	△—○	△	△—○	○	○	△—○	○—◎
22	丁苯橡胶	A·B	△	△	△—○	△	○	△	△—○
23	再生橡胶	B	△	△	△—○	△	○	△	△—○
24	丁基橡胶	A·B	△	△	△—○	△	○	△	△—○
25	苯乙烯-丁二烯-苯乙烯、苯乙烯-异丁二烯-苯乙烯	B·C	△	△	○	△	○—◎	△	○
26	水溶性聚氨酯	E	○	△	○	△—○	○	△—○	○
27	α-烯烃	E	○	△	△—○	△	○	△	○
28	α-氰基丙烯酸酯	E	△	△	△	△	○	△	○—◎
29	改性丙烯酸	E	△—○	△—○	△—○	△	○	△	○—◎
30	改性丙烯酸（微胶囊）	E	○	△	○	○	○	△—○	○—◎
31	改性丙烯酸（厌氧）	E	○	△—○	△—○	△	△—○	○	○—◎
32	改性丙烯酸（湿气固化型）	E	○	△—○	○	○	○	○	○—◎
33	改性丙烯酸（紫外线固化型）	E	○	△—○	○	△—○	△—○	△—○	○—◎
34	环氧-酚醛树脂	B·D·(E)	○	○—◎	○	○—◎	△—○	○	◎
35	缩丁醛	B·D·(E)	○	○	○	○	○	○	○
36	丁腈	B·D·(E)	○	○—◎	○	○—◎	○	○	○

注：1. 胶粘剂的种类：A—乳液、胶乳、水溶性；B—溶剂型；C—热熔型；D—薄膜型；E—反应型。

2. 胶粘剂的性质：◎—优；○—良；△—可；×—差。

21.1.3　常用胶粘剂的耐介质性能

常用胶粘剂的耐介质性能如表21-2所示。

表 21-2 常用胶粘剂的耐介质性能

胶 粘 剂	耐水	耐热水	耐酸	耐碱	耐汽油	耐燃料油	耐醇	耐酮	耐酯	耐芳烃	耐氧化溶剂	耐机油
环氧-多胺	○	+	○	○	○	+	⊕	×	×	⊕	-	○
环氧-酸酐	+	+	○	○	○	+	○	+	×	×	○	○
环氧-聚酰胺	○	×	+	×	○	○	⊕	×	×	+	-	○
环氧-聚硫	⊕	×	○	○	○	○	○	×	×	○	×	⊕
环氧-缩醛	○	+	○	○	○	○	○	×	×	○	-	○
环氧-尼龙	○	×	-	-	-	○	+	×	×	×	×	+
环氧-丁腈	○	○	○	○	○	○	○	×	×	○	+	○
环氧-酚醛	○	○	○	○	+	+	○	×	×	○	-	○
酚醛-缩醛	○	+	△	○	○	○	△	×	×	×	×	○
酚醛-丁腈	○	○	○	○	○	○	○	×	×	○	×	⊕
酚醛-氯丁	○	✓	+	○	○	○	+	×	×	×	×	○
聚氨酯	○	+	+	+	○	○	○	○	×	×	○	+
脲醛	○	×	○	+	○	○	○	○	○	○	○	○
不饱和聚酯树脂	+	×	+	✓	○	○	×	×	×	×	×	×
聚乙烯醇	×	×	○	○	+	+	+	⊕	⊕	⊕	⊕	✓
聚酰亚胺	○	△	○	○	○	○	○	○	○	○	○	○
有机硅树脂	○	○	-	○	○	○	○	△	△	+	×	○
聚醋酸乙烯	+	×	+	+	○	○	×	×	×	×	×	+
氯丁橡胶	○	+	○	○	○	○	○	+	×	×	○	○
丁腈橡胶	○	✓	✓	○	○	○	○	×	×	○	×	⊕
聚硫橡胶	⊕	×	○	○	○	○	○	×	×	○	×	⊕
丁基橡胶	○	×	⊕	○	×	×	○	○	×	×	×	×
丁苯橡胶	⊕	-	+	+	○	✓	○	+	×	×	×	×
硅橡胶	○	○	+	○	+	○	○	×	+	+	+	✓
天然橡胶	+	-	○	○	○	○	○	△	△	×	×	×
α-氰基丙烯酸酯	×	×	×	×	+	+	✓	✓	✓	△	△	+

注：⊕—优，○—良，+—好；△—中，✓—可，×—差。

21.1.4 常用胶粘剂的耐老化性能

常用胶粘剂的耐老化性能如表 21-3 所示。

表 21-3 常用胶粘剂的耐老化性能

胶粘剂	水	溶剂	高温	低温	户外	胶粘剂	水	溶剂	高温	低温	户外
环氧-多胺	+	+	+	+	○	环氧-尼龙	+	+	+	⊕	×
环氧-芳胺	○	○	○	+	⊕	环氧-聚硫	○	○	+	○	⊕
环氧-酸酐	+	+	○	+	×	环氧-缩醛	○	○	+	+	○
环氧-聚酰胺	+	○	×	⊕	×	环氧-酚醛	○	⊕	⊕	⊕	○

（续）

胶粘剂	水	溶剂	高温	低温	户外	胶粘剂	水	溶剂	高温	低温	户外
酚醛-缩醛	○	○	○	○	⊕	聚乙烯醇	×	○	×	×	×
酚醛-丁腈	⊕	⊕	○	○	⊕	有机硅树脂	⊕	○	⊕	○	⊕
酚醛-氯丁	⊕	+	○	+	+	天然橡胶	○	×	+	○	×
脲醛	+	○	+	+	×	氯丁橡胶	○	○	+	+	+
三聚氰胺甲醛	○	○	⊕	○	+	丁腈橡胶	⊕	⊕	○	+	⊕
不饱和聚酯树脂	+	○	+	○	○	聚硫橡胶	⊕	⊕	○	+	⊕
多异氰酸酯	×	+	+	×	+	丁基橡胶	⊕	○	○	+	○
聚氨酯	+	○	+	⊕	+	丁苯橡胶	⊕	○	○	○	○
聚醋酸乙烯	×	×	×	×	⊕	硅橡胶	⊕	○	⊕	⊕	⊕
α-氰基丙烯酸酯	×	×	×	×	×	无机胶	×	○	⊕	○	+

注：⊕—优，○—良，+—可，×—差。

21.1.5　常用胶粘剂的特性和用途

常用胶粘剂的特性和用途如表21-4所示。

表21-4　常用胶粘剂的特性和用途

序号	名　称	主　要　特　性	用　途　举　例
1	酚醛树脂胶粘剂	容易制造，价格便宜，对极性被粘物具有良好的粘合力，粘结强度高，电绝缘性好，耐高温、耐油、耐水、耐大气老化。其主要缺点是脆性较大，收缩率大	用于粘接金属、玻璃钢、陶瓷、玻璃、织物、纸板、木材、石棉等
2	环氧树脂胶粘剂	粘合性好，粘结强度高，收缩率低，尺寸稳定，电性能优良，耐化学介质，配制容易，工艺简单，毒性低，危害小，不污染环境等，对多种材料都具有良好的胶粘能力，还有密封、绝缘、防漏、紧固、防腐、装饰等多种功能	在合成胶粘剂中，无论是性能和品种，或者是产量和用途，环氧树脂胶粘剂都占有举足轻重的地位，因而被广泛用于航空、航天、军工、机械、造船、电子、电器、建筑、汽车、铁路、轻工、农机、医疗等领域
3	脲醛树脂胶粘剂	合成简单、价格低廉、易溶于水、粘结性较好、固化物无色、耐光照性好、使用方便、室温和加热均能固化等特点。其缺点是耐水性差、固化时放出刺激性的甲醛，储存稳定性不佳	主要用作木材的胶粘剂，大量用于生产胶合板、贴面板、纤维板、刨花板、包装板等
4	三聚氰胺树脂胶粘剂	具有高耐磨、耐热、耐水、耐化学介质、耐稀酸、耐稀碱、表面光亮、易清洗等优良性能。由于三聚氰胺树脂分子柔性小，致使固化产物脆性比较大，容易开裂	用于制造人造板、胶合板、装饰板
5	聚氨酯胶粘剂	耐受冲击振动和弯曲疲劳，剥离强度很高，特别是耐低温性能是极其优异。聚氨酯胶粘剂工艺简单，室温和高温均能固化，不同材料粘结时热应力影响小。但其耐水性和耐热性都比较差	广泛用于粘接金属、橡胶、玻璃、陶瓷、塑料、木材、织物、皮革等多种塑料

（续）

序号	名　称	主　要　特　性	用　途　举　例
6	不饱和聚酯胶粘剂	黏度小，易润湿，工艺性好，固化后的胶层硬度大，透明性好，光亮度高，配制容易，操作方便，可室温加压快速固化，耐热性较好，电性能优良，成本低廉，来源容易。不饱和聚酯树脂固化后收缩率大，粘结强度不高，只能用作非结构胶粘剂。由于含有大量酯键，易被酸、碱水解，因此，耐化学介质性和耐水性较差	用于粘接玻璃钢、硬质塑料、木材、竹材、玻璃、混凝土等，还可用于电器灌封和家具装饰罩壳
7	呋喃树脂胶粘剂	耐蚀性好，耐热性高，耐强酸强碱、耐水，只是脆性较大	用于粘接木材、陶瓷、玻璃、金属、橡胶、石墨等材料
8	α-氰基丙烯酸酯胶粘剂	具有很高的粘结强度，α-氰基丙烯酸甲酯(即501胶)的粘接强度高达22MPa。固化速度极快，胶粘后10~30s就有足够的强度。胶粘剂为单液型，黏度低，便于涂布。耐油性和气密性好。其缺点是：脆性较大，剥离强度低，不耐冲击和振动。耐热、耐水、耐溶剂、耐老化等性能都比较差。相对其他胶粘剂而言，价格较贵	用于粘接金属、橡胶、塑料、玻璃、陶瓷、石料等，作为工业上的暂时粘合是非常好的
9	厌氧胶	其特点是：单液型、渗透性好、室温固化、使用方便。收缩率小、密封性小，耐冲击振动。耐酸、碱、盐、水等介质。不挥发、无污染与毒害。适用期长，储存稳定。与空气接触的部分不固化发黏，需要清除。对于钢铁、铜等活泼金属固化快、强度高；对于铬、锡、不锈钢等惰性金属和玻璃、陶瓷、塑料等非金属固化速度慢，粘结强度低。不宜大缝隙和多孔材料的粘接与密封	用于机械螺栓紧固、管路耐压密封、铸件浸渗堵漏、圆柱零件粘接等
10	第二代丙烯酸酯胶粘剂	使用方便，可直接涂胶。可室温快速固化，1~10min即能定位。强度高超，剪切、冲击和剥离强度均高。韧性极好，比环氧胶、厌氧胶的韧性都强。耐热、耐寒、耐水、耐油、耐老化等综合性能良好。电性能好。粘接工艺简便，被粘表面无需特殊处理。用途广泛，能粘接金属与非金属材料，尤其是不同材料的粘接效果更好。但其气味较大，丙烯酸酯的臭味难闻。稳定性差，储存期较短	广泛用于宇航、飞机、汽车、船舶、电器、电子、机械、仪器、仪表、建筑、乐器、体育用品、家具、工艺品等行业
11	有机硅树脂胶粘剂	其突出特点是耐高温，可在400℃长期工作，瞬时可承受1000℃。此外，它的耐低温性、耐水性、电绝缘性、耐老化性、耐蚀性都很好。粘接时需要加压高温固化，粘结强度较低	用于粘接金属、陶瓷、玻璃、玻璃钢等，可用于高温场合

（续）

序号	名　称	主　要　特　性	用　途　举　例
12	氯丁橡胶胶粘剂	极好的初始粘合力,极快的定位能力。初期粘结强度和最终粘结强度均高。能够粘接多种材料,因此也有"万能胶"之称。胶层韧性较好,能够耐受冲击和振动。具有良好的耐油、耐水、耐燃、耐酸、耐碱、耐臭氧和耐老化性能。但胶粘剂的耐热和耐寒性都不够好。储存稳定性较差,容易出现分层、沉淀或絮凝	应用面很广,可以进行橡胶、皮革、织物、纸板、人造板、木材、泡沫塑料、陶瓷、混凝土、金属等自粘或互粘,尤其是用于橡胶与金属的粘接效果更好。广泛用于制鞋、汽车、家具、建筑、机械、电器、电子等工业部门
13	丁腈橡胶胶粘剂	具有良好的粘附性能、优异的耐油性和较好的耐热性,韧性较好,能够抗冲击振动。其缺点是耐寒性差,粘结强度不高	用于丁腈橡胶或其与金属、织物、皮革等要求耐油性的粘接
14	聚硫橡胶胶粘剂	具有突出的耐油性、耐溶剂性、密封性,良好的耐低温性、耐老化性,但其粘附性差,粘结强度低	用于飞机、建筑、汽车、化工、电器等行业
15	丁苯橡胶胶粘剂	耐磨、耐热和耐老化性能比较好,储存稳定,价格便宜,但其粘附性较差,收缩率大,粘结强度低,耐寒性不够好	用于粘接橡胶、织物、塑料、木材、纸板、金属等
16	硅橡胶胶粘剂	具有优异的耐热性、耐寒性、耐温度交变性,良好的耐水性、电绝缘性、耐介质性、耐老化性,具有生理惰性、无毒,能够密封减振。其缺点:粘附性差,粘结强度低,价格比较高	可以粘接金属、橡胶、陶瓷、玻璃、塑料等,广泛用于航空、电器、电子、建筑、医疗等行业
17	氯磺化聚乙烯胶粘剂	具有优异的耐热性、耐臭氧性、耐腐蚀性、耐候性,较好的耐燃性、耐低温性、耐介质性。不足之处是耐油性不如丁腈橡胶胶粘剂,粘结强度也比较低	用于粘接塑料、玻璃钢、金属等
18	聚醋酸乙烯乳胶	俗称白乳胶,其润湿性好,无毒无臭,胶层无色透明,使用简便,粘接牢固,但是耐水性不好	用于粘接多孔材料,如木材、纸张、织物、泡沫塑料等
19	聚丙烯酸酯乳液	它比聚醋酸乙烯乳液有更强的粘结能力、更高的耐水性、更快的干燥性、更好的耐候性、更广的适用性	用于粘接塑料、金属、木材、皮革、纸张、陶瓷、织物等
20	热熔胶粘剂	热熔胶为固体状态,不含溶剂,无毒害,不污染,生产安全,运输储存方便。热熔胶能快速胶粘,适合机械化流水线生产,节省场地,带来高产量、高效率、高效益。热熔胶可反复使用,基本无废料,装配和拆卸都很容易。热熔胶对许多材料都有粘结能力,包括一些难粘塑料。但热熔胶使用时需要加热熔化,离不开一定的设备,多数粘结强度较低,耐热性较差	热熔胶的用途越来越多,诸如粘接、固定、封边、密封、绝缘、充填、捆扎、嵌缝、装订、贴面、复合、缝合等。在制鞋、包装、家具、标线、服装、美术、建筑、电子、电器、交通等领域都获得了广泛的应用

（续）

序号	名称	主要特性	用途举例
21	密封胶粘剂	密封胶粘剂简称为密封胶，使用的目的主要是对密封的部位上，要求起有效的密封作用，能防止内部介质泄漏和外部介质的侵入，大多数场合下，还要求方便拆卸，并不一定要求界面上有多高的粘结强度，有人认为有 3～4MPa 的粘结强度已足够了	用于各种管道接头或法兰密封、包装容器、焊缝、航空燃油箱、电器、真空泵、螺纹、电机、门窗玻璃、建筑顶棚、绝缘板、贮罐等都用密封胶进行密封
22	磷酸-氧化铜无机胶粘剂	耐高温 700～900℃、耐油、耐水、粘接固化速度快，耐久性强。其缺点是不耐酸、碱，脆性较大	可粘接刀具，代替铜焊，粘接长麻花钻杆，粘接珩磨条、金刚石，固定量具，粘接模具，密封补漏等
23	硅酸盐无机胶粘剂	其特点是能耐 800～1350℃的高温，耐油、耐碱、耐有机溶剂，粘结强度高，但不耐酸，脆性较大	用于粘接金属、陶瓷、玻璃、石料等，还可用于铸件砂眼堵漏、铸件浸渗

21.2　通用胶粘剂

通用胶粘剂的成分与性能如表 21-5 所示。

表 21-5　通用胶粘剂的成分与性能

牌号	主要成分（质量分数）	固化条件	主要性能①	用途
HY-911-Ⅱ	甲：E-51 环氧树脂聚氯乙烯熔胶、石英粉（0.052mm）、气相二氧化硅 乙：BF_3 络合物 H_3PO_4、2-甲基咪唑、气相二氧化硅 甲/乙 = 5/1～7/1	25℃/0.5h～2h	剪切强度 铝合金 常温 10～21MPa 60℃ 10MPa 常温固化快，配胶比较宽，使用方便	±60℃用，可快粘金属及大部非金属作工艺胶和修补胶使用
HY-914	甲：711 环氧树脂 712 环氧树脂 E-20 环氧树脂 聚硫橡胶 JLY-124 石英粉（0.052mm）气相 SiO_2 乙：固化剂 703 偶联剂 KH-550 促进剂 DMP-30 甲/乙 = 4/1～6/1	25℃/3h	剪切强度 铝合金 22～24MPa 不锈钢 28～30MPa 钢 30MPa 铜 14～17MPa	±60℃用，固化快，粘接强度高，耐介质耐热性好，可粘金属，大部分非金属适于紧急抢修
HY-914-Ⅱ	甲：同 HY-914，但用量有改变 乙：固化剂 701，偶联剂、促进剂同 HY-914 石英粉（0.052mm）气相 SiO_2 甲/乙 = 2/1	25℃/6h～8h	剪切强度 铝合金 15～20MPa 钢 13～20MPa 铜 10～14MPa 铝合金/有机玻璃 >10MPa 铝合金/PVC10MPa 铝合金/ABS5MPa	±60℃用，固化快，使用方便，比 HY-914 韧性好。可粘金属及玻璃、木材、层压材、聚碳酸酯、ABS、PVC、有机玻璃

（续）

牌　号	主要成分(质量分数)	固 化 条 件	主要性能[①]	用　途
SW-2 胶	甲：E-51 环氧树脂、聚醚 N330 石英粉 乙：酚醛四乙烯五胺 DMP-30 丙：KH-550 甲/乙/丙 = 3/1/0.1	常温/2h ~ 4h	剪切强度 钢 26MPa 铝合金 15MPa 不锈钢 23MPa 铜 12MPa 玻璃钢 9MPa	±60℃用,常温快固化,适于粘接金属材料及玻璃钢
WJ53-HN-502 胶	甲：E-51 环氧树脂-二苯胺酸洗石棉 乙：BF₃-顺丁烯二酸-四氢糠脂络合物酸洗石棉 甲/乙 = 1.44/0.33	常温/0.5h	剪切强度 铝合金 常温 8 ~ 10MPa 80℃ 8 ~ 10MPa 110℃ 10 ~ 12MPa -55℃ 8 ~ 10MPa	-55 ~ 110℃用,工艺简便,室温固化,适用金属应急修补,金属管堵漏
快干胶	羟甲基环氧树脂 环氧稀释剂 600 号 液态羧基于腈橡胶 聚酰胺固化剂 H-4 硫脲己二胺	常温/2 ~ 10min 干固 3h ~ 7d 或 60 ~ 80℃/2h 全固	剪切强度 钢 16MPa 铝合金 25MPa 铜 25MPa	0 ~ 80℃用,黏性好,化学稳定性优良,适用于金属及非金属粘接
SY-102 胶	E-51 环氧树脂 聚酯树脂 SY-5-2-1 己二胺 石英粉	常温/1 ~ 3d	剪切强度 铝合金 15MPa 不锈钢 18MPa 铜 13MPa 玻璃钢 11MPa	-60 ~ 常温用,耐介质性好,适于粘接金属,装配,修补
J-18 胶液	甲：E-51 环氧树脂 聚乙烯醇缩丁醛 乙：聚酰胺 200 偶联剂 KH-550 无水乙醇 甲/乙 = 100/250	常温/24h ~ 36h	剪切强度 铝合金 10MPa 60℃ 3MPa -60℃ 18MPa	±60℃用,可粘接金属及各种非金属材料,无毒,无臭,工艺性好,初始强度高,储存期 1 年
改性环氧胶粘剂	E-51 环氧树脂 液态羧基丁腈 2-甲基咪唑	60℃/2 ~ 6h,可室温预固化	剪切强度 室温 150℃ 铝合金 16 ~ 23MPa 铜 10 ~ 11MPa 钢 15 ~ 27MPa	150℃以下用,毒性小,使用方便,粘接金属及玻璃、玛瑙等非金属
HYJ-29	E-51 环氧树脂液体羟基 丁腈橡胶 Al₂O₃ 粉 气相 SiO₂ 2-乙基-4-甲基咪唑	70℃/3h	剪切强度 室温 110℃ 铝合金 9 ~ 11MPa	常温 ~ 110℃用,适用于金属/玻璃钢粘接

（续）

牌　号	主要成分（质量分数）	固化条件	主要性能[1]	用　途
SY-5 胶	聚丙烯甲酯丙酮液 乙二醇甲基丙烯酸聚酯 苯乙烯 过氧化苯甲酰 水泥	60℃/10h 或 80℃/6h	剪切强度 铝合金 17MPa 铝合金/不锈钢 20MPa	±60℃ 用,适于金属、层压板、木材粘接
JSF-2 胶 FS-2 胶	氨酚醛树脂 聚乙烯醇缩丁醛 乙醇	0.5MPa 150℃/1h	剪切强度 铝合金 20℃ 10MPa 55℃ 6MPa	±60℃ 用,粘接金属、玻璃、陶瓷、层压板
甲醇胶	二甲基乙烯乙炔基 甲醇预聚物 丙酮 过氧化苯甲酰	20℃/9d 或 60℃/20h	剪切强度 钢 23MPa 铝合金 25MPa 陶瓷,玻璃 15～20MPa	光学玻璃,仪器、仪表,航空部门用
熊猫 751 树脂胶	甲:聚乙烯醇、氧化铵、水 乙:聚乙烯醇、脲醛树脂水 甲/乙 = 1/1	常温/24h	初黏度大,低毒无臭,不易燃	粘接聚苯乙烯、PVC、泡沫塑料、木材,纸制品

① 铝合金表示相同材料铝合金的粘接,其余类推。未注明测试温度的表示在常温下测试。

21.3　专用胶粘剂

21.3.1　壁纸胶粘剂

壁纸胶粘剂的技术要求如表 21-6 所示。

表 21-6　壁纸胶粘剂的技术要求（JC/T 548—1994）

序　号	项　目		技术要求			
			第 1 类		第 2 类	
			优等品	合格品	优等品	合格品
1	成品胶外观		均匀无团块胶板			
2	pH 值		6～8			
3	适用期		不变质（不腐败、不变稀、不长霉）			
4	晾置时间/min　　　≥		15		10	
5	湿黏性	标记线距离/mm	200	150	300	250
		30s 移动距离/mm　<	5			
6	干黏性	纸破率（%）	100			
7	滑动性/N　　　　≤		2		5	
8	防霉性[1]等级		1		0	1

① 仅测防霉型产品。

21.3.2　天花板胶粘剂

1. 天花板胶粘剂的基材和材料代号（表21-7）

表21-7　天花板胶粘剂的基材和材料代号（JC/T 549—1994）

胶粘剂	代号	材料	代　　号					
乙酸乙烯系	VA	基材	石膏板		石棉水泥板		木板	
乙烯共聚系	EC		GY		AS		WO	
合成胶乳系	SL	天花板材料	胶合板	纤维板	石膏板	石棉水泥板	硅酸钙板	矿棉板
环氧树脂系	ER		GL	F1	GY	AS	SI	MI

2. 天花板胶粘剂的技术要求（表21-8）

表21-8　天花板胶粘剂的技术要求（JC/T 549—1994）

项　目	技　术　要　求												
外观	胶液均匀,无块状颗粒												
涂布性	容易涂布,梳齿不零乱												
流挂[1]/mm ＜	3												
拉伸胶接强度/MPa ≥	基材 / 天花板材料	石膏板						石棉水泥板[2]			木板			
		胶合板	纤维板	石膏板	石棉水泥板[2]	硅酸钙板	矿棉板	石膏板	硅酸钙板	矿棉板	胶合板	纤维板	石膏板	石棉水泥板[2]	硅酸钙板	矿棉板
	试验条件													
	(23±2)℃,96h	0.2						0.2	0.2	1	0.5	0.2	0.5	0.2
	(23±2)℃,96h,再浸水24h	—						—	0.1	0.5	0.2	—	0.2	0.1

①　仅对实际施工时不需要临时固定的腻子状胶粘剂进行流挂试验。
②　此处石棉水泥板为混凝土、水泥砂浆、TK 板、PC 板等的代替品。

21.3.3　木地板胶粘剂

1. 木地板胶粘剂的代号（表21-9）

表21-9　木地板胶粘剂的代号（JC/T 636—1996）

胶粘剂类型	聚乙烯醇系	乙酸乙烯系	乙烯共聚系	丙烯酸系
代号	PV	VA	EC	AC

2. 木地板胶粘剂的技术要求（表21-10）

表21-10　木地板胶粘剂的技术要求（JC/T 636—1996）

试　验　项　目	技　术　要　求
涂布性	容易涂布,胶层均匀
拉伸劈裂粘结强度(23℃±2℃,96h,再浸水24h)/(N/cm)	200

21.3.4　木地板铺装胶粘剂

木地板铺装胶粘剂的技术要求如表21-11所示。

表 21-11　木地板铺装胶粘剂的技术要求（HG/T 4223—2011）

序号	项　目	技术要求	序号	项　目	技术要求
1	外观	均匀黏稠体，无凝胶、结块	5	拉伸强度/MPa	≥1.0
2	涂布性	容易涂布，梳齿不凌乱	6	操作时间/h	≥0.5
3	剪切拉伸率(%)	≥200	7	热老化剪切强度(60℃)/MPa	≥0.5
4	剪切强度/MPa	≥0.5			

21.3.5　陶瓷墙地砖胶粘剂

1. 陶瓷墙地砖胶粘剂的代号（表 21-12）

表 21-12　陶瓷墙地砖胶粘剂的代号（JC/T 547—2005）

标　记		说　明	标　记		说　明
分类	代号		分类	代号	
C	1	普通型-水泥基胶粘剂	C	2FT	抗滑移-增强型-快速硬化-水泥基胶粘剂
C	1F	快速硬化-普通型-水泥基胶粘剂	D	1	普通型-膏状乳液胶粘剂
C	1T	抗滑移-普通型-水泥基胶粘剂	D	1T	抗滑移-普通型-膏状乳液胶粘剂
C	1FT	抗滑移-快速硬化-普通型-水泥基胶粘剂	D	2	增强型-膏状乳液胶粘剂
C	2	增强型-水泥基胶粘剂	D	2T	抗滑移-增强型-膏状乳液胶粘剂
C	2E	加长晾置时间-增强型-水泥基胶粘剂	D	2TE	加长晾置时间-抗滑移-增强型-膏状乳液胶粘剂
C	2F	增强型-快速硬化-水泥基胶粘剂	R	1	普通型-反应型树脂胶粘剂
C	2T	抗滑移-增强型-水泥基胶粘剂	R	1T	抗滑移-普通型-反应型树脂胶粘剂
C	2TE	加长晾置时间-抗滑移-增强型-水泥基胶粘剂	R	2	增强型-反应型树脂胶粘剂
			R	2T	抗滑移-增强型-反应型树脂胶粘剂

注：根据与其他不同性能符号的结合可以插入另外的标记符号。

2. 水泥基胶粘剂（C）的技术要求（表 21-13）

表 21-13　水泥基胶粘剂（C）的技术要求（JC/T 547—2005）

项　目			技术要求	项　目			技术要求
基本性能	普通型胶粘剂(C1)	拉伸粘结原强度/MPa　≥	0.5	可选性能	特殊性能(C1)	滑移/mm　≤	0.5
		浸水后的拉伸粘结强度/MPa　≥			附加性能(C2)	拉伸粘结原强度/MPa　≥	1.0
		热老化后的拉伸粘结强度/MPa　≥				浸水后的拉伸粘结强度/MPa　≥	
		冻融循环后的拉伸粘结强度/MPa　≥				热老化后的拉伸粘结强度/MPa　≥	
		晾置时间,20min 拉伸粘结强度/MPa　≥				冻融循环后的拉伸粘结强度/MPa　≥	
	快速硬化胶粘剂(CF)	早期拉伸粘结强度(24h)/MPa　≥	0.5		附加性能(CE)	加长的晾置时间,30min 拉伸粘结强度/MPa　≥	0.5
		晾置时间,10min 拉伸粘结强度/MPa　≥					

3. 膏状乳液胶粘剂（D）的技术要求（表 21-14）

4. 反应型树脂胶粘剂（R）的技术要求（表 21-15）

表 21-14 膏状乳液胶粘剂（D）的技术要求（JC/T 547—2005）

	项　目		技术要求
基本性能	普通型胶粘剂（D1）	压缩剪切粘结原强度/MPa　≥	1.0
		热老化后的压缩剪切粘结强度/MPa　≥	
		晾置时间，20min 拉伸粘结强度/MPa　≥	0.5
可选性能	特殊性能（DT）	滑移/mm　≤	0.5
	附加性能（D2）	浸水后的剪切粘结强度/MPa　≥	0.5
		高温下的剪切粘结强度/MPa　≥	1.0
	附加性能（DE）	加长的晾置时间，30min 拉伸粘结强度/MPa　≥	0.5

表 21-15 反应型树脂胶粘剂（R）的技术要求（JC/T 547—2005）

	项　目		技术要求
基本性能	普通型胶粘剂（R1）	压缩剪切粘结原强度/MPa　≥	2.0
		浸水后的压缩剪切粘结强度/MPa　≥	
		晾置时间，20min 拉伸粘结强度/MPa　≥	0.5
可选性能	特殊性能（RT）	滑移/mm　≤	0.5
	附加性能（R2）	高低温交变循环后的压缩剪切粘结强度/MPa　≥	2.0

21.3.6　饰面石材用胶粘剂

1. 水泥基胶粘剂的技术要求（表 21-16）

表 21-16　水泥基胶粘剂的技术要求（GB 24264—2009）　　（单位：MPa）

项　目			普通地面	重负荷地面及墙面
普通型	拉伸粘结强度	≥	0.5	1.0
	浸水后拉伸粘结强度	≥		
	热老化后拉伸粘结强度	≥		
	冻融循环后拉伸粘结强度	≥		
	晾置20min 后拉伸粘结强度	≥		
快速硬化型	拉伸粘结强度	≥		1.0
	早期拉伸粘结强度(24h)	≥		0.5
	浸水后拉伸粘结强度	≥	0.5	1.0
	热老化后拉伸粘结强度	≥		1.0
	冻融循环后拉伸粘结强度	≥		
	晾置10min 后拉伸粘结强度	≥		0.5

2. 反应型树脂胶粘剂的技术要求（表 21-17）

表 21-17　反应型树脂胶粘剂的技术要求（GB 24264—2009）

项　目		生　产			安　装	
		复合	增强	组合连接	地面	墙面
压剪粘结强度/MPa	≥	5.0	5.0	10.0	2.0	10.0
浸水后压剪粘结强度/MPa	≥			8.0		8.0

（续）

项　目		生　产			安　装	
		复合	增强	组合连接	地面	墙面
热老化后压剪粘结强度/MPa	≥	5.0	5.0	8.0	2.0	8.0
高低温交变循环后压剪粘结强度/MPa	≥	—	—	—		—
冻融循环后压剪粘结强度/MPa	≥	4.0	4.0	8.0		8.0
拉剪粘结强度（石材-金属）/MPa	≥	—	—	8.0	—	8.0
冲击强度/（kJ/m²）	≥	—	—	3.0	—	3.0
弯曲弹性模量/MPa	≥			2000		2000

21.3.7　非结构承载用石材胶粘剂

非结构承载用石材胶粘剂的技术要求如表 21-18 所示。

表 21-18　非结构承载用石材胶粘剂的技术要求（JC/T 989—2006）

项　目			Ⅰ 型	Ⅱ 型
适用期			符合标称值	
弯曲弹性模量/MPa ≥			2000	1500
冲击强度/（kJ/m²） ≥			3.0	2.0
压剪粘结强度/MPa ≥	石材-石材	标准条件	8.0	7.0
		高温处理	7.0	7.0
		浸水处理	6.0	3.0
		冻融循环处理	5.0	3.0
	石材-不锈钢		8.0	7.0

21.3.8　干挂石材幕墙用环氧胶粘剂

干挂石材幕墙用环氧胶粘剂的技术要求如表 21-19 所示。

表 21-19　干挂石材幕墙用环氧胶粘剂的技术要求（JC 887—2001）

序号	项　目			快　固	普　通
1	适用期/min			5~30	>30~90
2	弯曲弹性模量/MPa		≥	2000	
3	冲击强度/（kJ/m²）		≥	3.0	
4	拉剪强度（不锈钢-不锈钢）/MPa		≥	8.0	
5	压剪强度/MPa ≥	石材-石材	标准条件,48h	10.0	
		浸水,168h	7.0	
		热处理80℃,168h	7.0	
		冻融循环50次	7.0	
	石材-不锈钢	标准条件,48h	10.0	

注：适用期指标也可由供需双方商定。

21.3.9　聚乙酸乙烯酯乳液木材胶粘剂

聚乙酸乙烯酯乳液木材胶粘剂的技术要求如表 21-20 所示。

表 21-20　聚乙酸乙烯酯乳液木材胶粘剂的技术要求（HG/T 2727—2010）

项　目	常年用型	夏用型	冬用型
外观	乳白色,无可视粗颗粒或异物		
pH 值	3~7		
黏度/Pa·s　　≥	0.5		

（续）

项　目		常年用型	夏用型	冬用型
不挥发物（质量分数,%） ≥			35	
最低成膜温度/°C ≤		2	15	2
木材污染性		较涂敷硫酸亚铁的显色浅		
有害物质含量	激离甲醛/(g/kg) ≤		1.0	
	总挥发性有机物/(g/L) ≤		110	
压缩剪切强度/MPa	干强度 ≥	10	10	7
	湿强度 ≥	3	4	2

23.3.10　墙体保温用膨胀聚苯乙烯板胶粘剂

墙体保温用膨胀聚苯乙烯板胶粘剂的强度如表21-21所示。

表21-21　墙体保温用膨胀聚苯乙烯板胶粘剂的强度（JC/T 992—2006）

项　目		技术要求	项　目		技术要求
拉伸粘结强度（与水泥砂浆）/MPa ≥	原强度	0.60	拉伸粘结强度（与聚苯板）/MPa ≥	原强度	0.10
	耐水	0.40		耐水	0.10
	耐冻融	0.40		耐冻融	0.10

注：耐冻融仅用于在严寒地区和寒冷地区。

21.3.11　单组分厌氧胶粘剂

1. 第一类厌氧胶的基本性能（表21-22）

表21-22　第一类厌氧胶的基本性能（HG/T 3737—2004）

类号	用途与特性	强度组号	其他性能	标准状态牵出扭矩/N·m	黏度级号	黏度/mPa·s	颜色	耐溶剂牵出扭矩（最低）/N·m	高温强度牵出扭矩（最低）/N·m	热老化强度牵出扭矩（最低）/N·m	低温强度牵出扭矩（最低）/N·m	固化速度牵出扭矩（最低）/N·m
01	螺纹锁固和固持、低速固化、牛顿流体特性	1		17.0~42.4	1	10~25	绿色	17.0	10.2①	8.5①	17.0	8.5
					0							
		2		11.3~28.2	1	10~25	红色	11.3	6.8①	5.6①	11.3	5.6
					2	40~80	橘色	11.3	6.8①	5.6①	11.3	5.6
					3	100~250	红色	11.3	6.8②	5.6①	11.3	5.6
					4	1000~10000	红色	11.3	6.8②	5.6①	11.3	5.6
					0							
		3		7.9~19.8	1	100~200	黄色	7.9	4.7②	3.9①	7.9	3.9
					0							
		4		4.5~11.3	1	10~25	蓝色	4.5	2.7①	2.3①	4.5	2.3
					2	100~250	蓝色	4.5	2.7①	2.3①	4.5	2.3
					3	1000~10000	蓝色	4.5	2.7①	2.3①	4.5	2.3
					0							
		5		2.3~5.6	1	10~25	紫色	2.3	1.3①	1.1①	2.3	1.1
					2	100~250	紫色	2.3	1.3②	1.1①	2.3	1.1
					0							
		6		1.1~2.8	1	10~25	褐色	1.1	0.7①	0.6①	1.1	0.6
					2	100~250	褐色	1.1	0.7②	0.6①	1.1	0.6
					3	1000~10000	褐色	1.1	0.7①	0.6①	1.1	0.6
		7		0.8~1.5	1	100~250	黄色	0.8	0.4①	0.4①	0.8	0.4
		0	其他									

注：表中的强度组号、黏度级号中的数字0表示该项性能要求由需方规定。
① 试验温度为150°C。
② 试验温度为93°C。

2. 第二、三类厌氧胶的基本性能（表21-23）

表21-23 第二、三类厌氧胶的基本性能（HG/T 3737—2004）

类号	用途与特性	强度组号	其他性能	标准状态扭矩强度/N·m 钢 破坏	钢 牵出	涂层 破坏	涂层 牵出	颜色	黏度级号	黏度/mPa·s	耐溶剂扭矩强度钢(最低)/N·m 破坏	牵出	高温强度扭矩强度钢(最低,150°C)/N·m 破坏	牵出	热老化强度扭矩强度钢(最低,150°C)/N·m 破坏	牵出	低温强度扭矩钢/N·m 破坏	牵出
02	螺纹锁固、高速固化、牛顿流体特性	1		16.9~39.5	16.9~56.5	5.6~39.5	4.5~56.5	红色	1	6000~8000	8.4	8.4	8.4	8.4[3]	8.4	8.4[3]	8.4	8.4
		2		16.9~39.5	16.9~56.5	4.5~39.5	4.5~56.5	红色	0	400~600	8.4	8.4	8.4	8.4[1]	8.4	8.4[1]	8.4	8.4
		3		11.3~22.6	5.6~17.0	3.4~22.6	2.3~22.6	蓝色	1	110~150	5.6	2.8	5.6	2.8[3]	5.6	2.8[3]	5.6	2.8
		4	渗透性	2.3~11.3	2.3~11.3	1.1~11.3	1.1~11.3	蓝色	0	10~30	1.1	1.1	1.1	1.1[3]	1.1	1.1[3]	1.1	1.1
		5	渗透性	2.3~11.3	11.3~22.6	1.7~22.6	1.7~22.6	蓝色	1	10~30	1.1	5.6	1.1	5.6[3]	1.1	5.6[3]	1.1	5.6
		6	渗透性	2.3~16.9	17.0~56.5	1.1~11.3	8.5~56.5	绿色	0	10~30	1.1	8.5	1.1	8.5[1]	1.1	8.5[1]	1.1	8.5
		0	其他						0									
03	螺纹锁固、高速固化、触变、润滑	1		3.4~11.3	1.1~11.3	1.1~11.3	0.6~11.3	紫色	1	≥5000(2r/min) 800~1600(20r/min)	1.7	0.5	1.7	0.5[3]	1.7	0.5[3]	1.7	0.5
		2		7.9~22.6	2.3~22.6	1.1~22.6	0.6~22.6	蓝色	0	≥5000(2r/min) 800~1600(20r/min)	3.9	1.1	3.9	1.1[2]	3.9	1.1[2]	3.9	1.1

（续）

类号	用途与特性	强度组号	其他性能	标准状态扭矩强度/N·m 钢 破坏	钢 牵出	涂层 破坏	涂层 牵出	颜色	黏度级号	黏度/mPa·s	耐溶剂扭矩强度（最低）/N·m 钢 破坏	牵出	高温强度扭矩强度（最低，150°C）钢 破坏	牵出	热老化强度扭矩强度（最低，150°C）钢 破坏	牵出	低温强度牵出扭矩强度（最低）钢 破坏	牵出
03	螺纹锁固高速固化、触变、润滑	3		11.3~28.2	11.3~33.9	5.6~28.2	5.6~28.2	红色	1	≥5000（2r/min） 1200~2400（20r/min）	5.6	5.6	5.6	5.6①	5.6	5.6①	5.6	5.6
									0									
	其他	0	0						0									

注：表中的强度组号、黏度级号中的数字 0 表示该项性能要求由需方规定。

① 试验温度为 150°C。

② 试验温度为 93°C。

③ 试验温度为 121°C。

3. 第四类厌氧胶的基本性能（表 21-24）

表 21-24 第四类厌氧胶的基本性能（HG/T 3737—2004）

类号	用途与特性	其他性能	强度组号	黏度级号	标准状态剪切强度/MPa	黏度/mPa·s	颜色	耐溶剂剪切强度（最低）/MPa	高温强度剪切强度（最低）/MPa	热老化强度剪切强度（最低）/MPa	低温强度剪切强度（最低）/MPa	固化速度剪切强度（最低）/MPa
04	固持		1	1	13.8	100~500	绿色	10.3	6.9①	10.3①	13.8	
				2	13.8	400~800	绿色	10.3	10.3①	12.4①	13.8	
				0								
			2	1	24.1	1500~2500	绿色	10.3	6.9①	10.3①	17.2	
				0								
		其他	2	0								
00	其他	0	0	0								

注：表中的强度组号、黏度级号中的数字 0 表示该项性能要求由需方规定。

① 试验温度为 150°C。

21.3.12　单组分室温硫化有机硅胶粘剂和密封剂

1. 电子电器用单组分室温硫化有机硅胶粘剂和密封剂的技术要求（表 21-25）

表 21-25　电子电器用单组分室温硫化有机硅胶粘剂和密封剂的技术要求（HG/T 3947—2007）

项　　目		技　术　要　求
固化前	外观	色泽均匀、无凝胶、无机械杂质
	黏度/Pa·s	标称值
	表干时间/min	标称值
固化后	击穿强度/(kV/mm)　≥	15
	体积电阻率/Ω·cm　≥	1.0×10^{14}
	介电常数	2.5~3.5
	介质损耗角正切值　≤	3.0×10^{-2}

注：标称值就是数值由企业产品标准规定。

2. 机械行业用单组分室温硫化有机硅胶粘剂和密封剂的技术要求（表 21-26）

表 21-26　机械行业用单组分室温硫化有机硅胶粘剂和密封剂的技术要求（HG/T 3947—2007）

项　　目		技　术　要　求
固化前	外观	色泽均匀、无凝胶、无机械杂质
	黏度/Pa·s	标称值
	表干时间/min	标称值
固化后	硬度　邵尔 A　≥	20
	拉伸强度/MPa　≥	1.5
	拉断伸长率(%)　≥	150
	拉伸剪切强度(Al-Al)/MPa　≥	1.0

21.3.13　通用型双组分丙烯酸酯胶粘剂

通用型双组分丙烯酸酯胶粘剂的技术要求如表 21-27 所示。

表 21-27　通用型双组分丙烯酸酯胶粘剂的技术要求（HG/T 3827—2006）

项　　目		技术要求	项　　目		技术要求
外观	A 组分	均匀、无机械杂质	拉伸剪切强度/MPa　≥		18.0
	B 组分	均匀、无机械杂质	对接接头拉伸强度/MPa　≥		12.0
定位时间/min　≤		10	贮存稳定性试验/(h/80℃)　≥		6.0

21.3.14　溶剂型多用途氯丁橡胶胶粘剂

溶剂型多用途氯丁橡胶胶粘剂的技术要求如表 21-28 所示。

表 21-28　溶剂型多用途氯丁橡胶胶粘剂的技术要求（HG/T 3738—2004）

项　　目		技术要求	项　　目		技术要求
不挥发物含量(质量分数,%)　≥		18	初粘剥离强度/(kN/m)　≥		0.7
黏度/mPa·s　≥		650(喷胶≥250)	剪切强度(48h)/MPa　≥		1.6
初粘剪切强度/MPa　≥		0.7	剥离强度(48h)/(kN/m)　≥		2.6

21.3.15　快速粘接输送带用氯丁胶粘剂

快速黏接输送带用氯丁胶粘剂的技术要求如表21-29所示。

表21-29　快速粘接输送带用氯丁胶粘剂的技术要求（HG/T 3659—1999）

项　目			甲 组 分	乙 组 分
外观			无悬浮物、沉淀物的黏稠液体	暗红色液体
黏度/Pa·s			2.5~5.5	—
不挥发物含量（质量分数，%）			≥17	20±1
剪切强度/MPa	≥	20min	2.0	
		2h	2.4	
		48h	3.4	
剥离强度/（N/2.5cm）	≥	20min	70	
		2h	80	
		48h	130	
适用期/h		≥	2	

21.4　胶粘带

21.4.1　双面胶粘带

1. 双面胶粘带的种类（表21-30）

表21-30　双面胶粘带的种类（QB/T 2424—1998）

种　类	代　号	基　材	持黏性要求
第一种（A）	A1 号	纸（包括无纺布）	无
	A2 号		有
第二种（B）	B 号	布	无
第三种（C）	C1 号	塑料薄膜	无
	C2 号		有
第四种（D）	D 号	发泡体	有
第五种（E）	E 号	无	无

2. 双面胶粘带的规格（表21-31）

表21-31　双面胶粘带的规格（QB/T 2424—1998）

种类	厚度[①]/mm	厚度允许偏差/mm	宽度允许偏差/mm	纸管内径/mm	长度/m	长度允许偏差/m
A	<0.1	±0.02	宽<10 ±0.5		5	
	0.1~0.2	±0.03				
	>0.2	±0.04			10	
B	≤0.4	±0.10	宽10~<30 ±1		20	
	>0.4	±0.15		38 76	25	≥0
C	<0.1	±0.02	宽30~100 ±3		30	
	0.1~0.2	±0.03			50	
	>0.2	±0.04			70	
D	<1	±0.2	宽>100 ±5		100	
	1~3	±0.5				
E	≤0.05	±0.01				

①　厚度指揭去隔离纸后的厚度。

3. 双面胶粘带的技术要求（表 21-32）

表 21-32 双面胶粘带的技术要求（QB/T 2424—1998）

项 目			技 术 要 求						
			A		B	C		D	E
			A1	A2		C1	C2		
分离性			不得存在胶粘带的破裂分离及内层的剥落						
剥离强度 /（N/ 10mm）	常态	180°方向撕开	>1.96	>1.57	>2.35	>1.57	>1.57	—	>1.18
		90°方向撕开	—	—	—	—	—	>1.57	—
	保存性试验后	180°方向撕开	>1.96	>1.57	>2.35	>1.57	>1.57	—	>1.18
		90°方向撕开	—	—	—	—	—	>1.57	—
持黏性 /mm	常态		—	<1	—	—	<1	<1	—
	耐热试验后		—	<1	—	—	<1	<1	—
	促进耐候性试验后		—	<1	—	—	<1	<1	—

21.4.2 双面压敏胶粘带

1. 双面压敏胶粘带的规格（表 21-33）

表 21-33 双面压敏胶粘带的规格（HG/T 3658—1999）

种 类	厚度/mm	厚度允许偏差/mm	宽度/mm	宽度允许偏差/mm	长度允许偏差/mm	卷芯内径/mm(参考)
纸(包括非织造布)	<0.1	±0.02	<24 24~100 >100	±0.5 ±1.5 3	正偏差	76
	0.1~0.2	±0.03				
	>0.2	±0.04				
塑料薄膜	<0.1	±0.02				
	0.1~0.2	±0.03				
	>0.2	±0.04				
发泡体	≤2	±0.3				
	>0.2	±0.4				

注：1. 胶粘带规格可根据买卖双方协定。

2. 厚度是指除去隔离衬垫后胶粘带的厚度。

3. 每卷长度 25m 以内允许有一次以下接口，超过 25m 每卷允许有 2 次以下接口，但每段带的长度必须 2m 以上。

2. 双面压敏胶粘带的技术要求（表 21-34）

表 21-34 双面压敏胶粘带的技术要求（HG/T 3658—1999）

项 目		纸(包括非织造布)	塑料薄膜	发泡体
180°剥离强度 /（N/cm） >	常态	2.3	2.3	2.0 或基材破坏
	湿热老化后	2.3	2.3	2.0 或基材破坏
40°C 持黏性 /mm <	常态	3	3	—
	湿热老化后	3	3	—

21.4.3　牛皮纸压敏胶粘带

1. 牛皮纸压敏胶粘带的规格（表 21-35）

表 21-35　牛皮纸压敏胶粘带的规格（HG/T 2408—1992）

宽度/mm		长度/m	筒芯内径/mm	
公称尺寸	允许偏差		公称尺寸	允许偏差
25	±1			
30				
40				
50		≥25	76	0^{+1}_{0}
60	±1.5	≥50		
65				
70				
75				

注：特殊规格由供需双方商定。

2. 牛皮纸压敏胶粘带的技术要求（表 21-36）

表 21-36　牛皮纸压敏胶粘带的技术要求（HG/T 2408—1992）

项　目		技 术 要 求		
		优 等 品	一 等 品	合 格 品
老化前	180°剥离强度/(N/m) ≥	400	300	200
湿热老化后				
持黏性/min ≥		240	120	60
初黏性	钢球直径/mm ≥	11.11	9.53	7.94
	钢球号 ≥	14	12	10
拉伸强度(纵向)/(kN/m) ≥		6.0	5.0	4.0
撕裂度(横向)/N ≥		1.0	0.85	0.7

21.4.4　丁基橡胶防水密封胶粘带

1. 丁基橡胶防水密封胶粘带的规格（表 21-37）

表 21-37　丁基橡胶防水密封胶粘带的规格（JC/T 942—2004）

厚度/mm		宽度/mm		长度/m	
公称尺寸	允许偏差	公称尺寸	允许偏差	公称尺寸	允许偏差
1.0		15 20 30		10	
1.5	±10%	40 50	±5%	15	不允许有负偏差
2.0		60 80 100		20	

2. 丁基橡胶防水密封胶粘带的技术要求（表 21-38）

表 21-38　丁基橡胶防水密封胶粘带的技术要求（JC/T 942—2004）

项　　目			技 术 要 求
持黏性/min		≥	20
耐热性(80℃,2h)			无流淌、龟裂、变形
低温柔性(-40℃)			无裂纹
剪切状态下的粘合性①/(N/mm)		防水卷材	2.0
剥离强度②/(N/mm)	≥	防水卷材	0.4
		水泥砂浆板	0.6
		彩钢板	
剥离强度保持率②(%)	≥	热处理(80℃,168h) — 防水卷材	80
		水泥砂浆板	
		彩钢板	
		碱处理(饱和氢氧化钙溶液, 168h) — 防水卷材	80
		水泥砂浆板	
		彩钢板	
		浸水处理(168h) — 防水卷材	80
		水泥砂浆板	
		彩钢板	

① 仅测试双面胶粘带。

② 测试 R 类试样时采用防水卷材和水泥砂浆板基材，测试 M 类试样时采用彩钢板基材。

21.4.5　封箱用 BOPP 压敏胶粘带

1. 封箱用 BOPP 压敏胶粘带的规格（表 21-39）

表 21-39　封箱用 BOPP 压敏胶粘带的规格（QB/T 2422—1998）

宽度/mm		长度/m		基材厚度/mm		纸管芯内径/mm	
公称尺寸	允许偏差	公称尺寸	允许偏差	公称尺寸	允许偏差	公称尺寸	允许偏差
24							
36							
48	±0.5	10 ~ 1000	≥0	0.028	±0.002	76	±1
60							
72							

注: 特种规格可由供需双方协商制定。

2. 封箱用 BOPP 压敏胶粘带的技术要求（表 21-40）

表 21-40　封箱用 BOPP 压敏胶粘带的技术要求（QB/T 2422—1998）

项　　目	技 术 要 求
初黏性,钢球号	≥13
持黏性/(mm/h)	≤3

（续）

项　　目		技 术 要 求
180°剥离强度/（N/25mm）	常态	≥5
	湿热老化后	≥5
拉伸强度/（N/cm）		≥30
断裂伸长率（%）		100~180

21.4.6　电气绝缘用聚氯乙烯压敏胶粘带

1. 电气绝缘用聚氯乙烯压敏胶粘带的规格（表21-41）

表21-41　电气绝缘用聚氯乙烯压敏胶粘带的规格（QB/T 2423—1998）

宽度/mm		长度/m		厚度/mm		筒芯内径/mm	
公称尺寸	允许偏差	公称尺寸	允许偏差	公称尺寸	允许偏差	公称尺寸	允许偏差
≤19	±1.0	8	+0.5 0	0.13	±0.02	38	±1
>19	±1.0	10		0.15			
		12		0.20		32	
		20		0.25			

注：特殊规格由供需双方商定。

2. 电气绝缘用聚氯乙烯压敏胶粘带的技术要求（表21-42）

表21-42　电气绝缘用聚氯乙烯压敏胶粘带的技术要求（QB/T 2423—1998）

项　　目	技 术 要 求	项　　目	技 术 要 求
180°剥离强度/（N/10mm）	≥0.5	击穿强度/（kV/mm）	≥25
拉伸强度/（N/10mm）	≥15	耐电压（5kV,1min）	不击穿
断裂伸长率（%）	≥100	体积电阻率/Ω·cm	≥1×10^{12}

注：1. 击穿强度和耐电压性能，两项指标中可任选一项。

　　2. PVC阻燃绝缘胶粘带，阻燃性能（等级）一级。

第22章 陶 瓷

22.1 基础资料

22.1.1 陶瓷的分类

陶瓷的分类如图 22-1 所示。

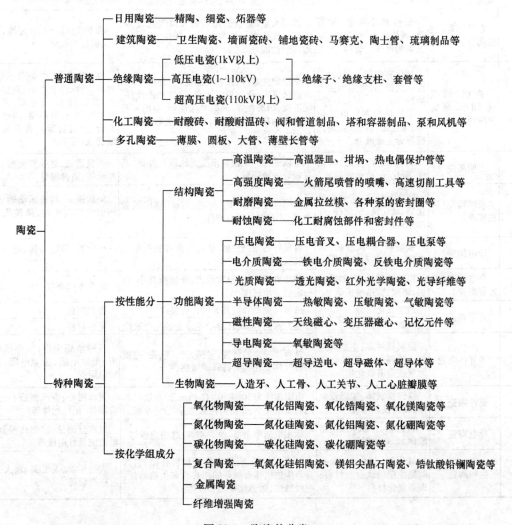

图 22-1 陶瓷的分类

22.1.2 陶瓷制品的特性和用途

陶瓷制品的特性和用途如表 22-1 所示。

表 22-1　陶瓷制品的特性和用途

序号	名称	制造原料	主要特性	用途举例
1	日用陶瓷	黏土、石英、长石、滑石、高岭土等	具有较好的热稳定性、致密度、强度和硬度	生活器皿等
2	建筑陶瓷	黏土、长石、石英等	表面光洁美观,易于清洁洗涤,耐磨,能抵抗酸碱侵蚀,防火防水,耐用性好,有较好的强度	卫生陶瓷、墙面瓷砖、铺地瓷砖、马赛克、陶土管、琉璃制品等
3	电瓷(绝缘陶瓷)	一般采用黏土、长石、石英、高岭土等	介电强度高,抗拉强度和抗弯强度较好,化学稳定性好,不易老化,耐季节性温度变化性能较好,防污染性好,在长期机械负荷下不会产生永久变形等优良性能	各种瓷绝缘子、电器绝缘支柱、套管、瓷件等
4	化工陶瓷(耐酸陶瓷)	黏土、焦宝石(熟料)、滑石、长石	具有良好的耐酸、碱等腐蚀的性能,还有高的力学强度,不渗透,热稳定性好	耐酸砖、储酸缸、吸收塔、泵和风机等
5	多孔陶瓷(过滤陶瓷)	原材料品种多,如石英、煅烧矾土、碳化硅、刚玉等均可作为骨料	具有大量的气孔,尤其是开口气孔较多,其开口气孔率一般为30% ~50%,耐强酸、耐高温性能好	液体过滤、气体过滤、散气、催化剂载体等
6	高温、高强度、耐磨、耐腐蚀陶瓷	氧化物陶瓷,以氧化铝或氧化铍、氧化锆为主要原料 非氧化物陶瓷以氮化硅、氮化硼、碳化硅、碳化硼等为主要成分	热稳定性好,荷重软化温度高,导热性好,高温强度大,化学稳定性高,抗热冲击性好,硬度高,耐磨性好,高频绝缘性佳,有的并具有良好的高温导电性、耐辐照、吸收热中子截面大等特性	电炉发热体、作炉膛、高温模具、特殊冶金坩埚、高温器皿、高温轴承、火花塞、燃气轮机叶片、火箭喷嘴、热电偶套管、金属切削刀具及其他耐磨、耐蚀零件
7	透明陶瓷	氧化铝、氧化钇、氧化镁、氟化镁、硫化锌等	可以通过一定波长范围光线或红外光,具有较好的透明度	高温透镜、红外检测窗、红外元件、防弹窗等
8	玻璃陶瓷(微晶玻璃)	原料品种多,主要有氧化铝、氧化镁、氧化硅,外加晶刻剂	力学强度高、耐热、耐磨、耐蚀、热胀系数为零,并有良好的电特性	望远镜头、精密滚动轴承、耐磨耐高温零件、微波天线等
9	压电陶瓷	钛酸钡、锆钛酸铅、钛酸钙、外加各种添加物	有良好的压电性能,能将电能和机械能互相转换	换能器、压电马达、电声器件等
10	介电陶瓷(电容器陶瓷)	原料品种较多,如钛酸钡、锡酸钙、锆酸铅等	绝缘电阻高,介电常数大,介质损耗小,有一定的介电强度	电容器的介质
11	光学陶瓷	透明氧化铝瓷	透过可见光和红外光的性能良好	透光陶瓷
		PL2T透明陶瓷	受光照射,呈现自身颜色改变的光色效应	光色材料
12	半导体陶瓷	原料品种多,主要采用氧化物再掺入各种金属元素或金属氧化物	具有半导体的特性,对热、光、声、磁、电或某种气体变化等有特殊的敏感性	各种敏感元件,如热敏电阻、光敏电阻、压敏电阻、力敏电阻等
13	磁性陶瓷	锰锌铁氧体、镍锌铁氧体、镁锰铁氧体等	电阻率约为$10^2 \sim 10^{12}\Omega \cdot cm$,比金属材料的涡流损失小,介质损耗低,高频磁导率高	天线磁心、变压器磁心、微波器件、记忆元件等
14	导电陶瓷	氧化锆、β-氧化铝、铬酸镧、二氧化锡等	体积电阻率很低,电导率高,热稳定性好	氧含量测量、空燃比控制、电磁流量计电极等
15	生物陶瓷	氧化铝、氧化锆、带有陶瓷涂层的钛合金材料、碳基复合材料	与金属材料、有机高分子材料相比,它具有与生物机体有较好的相容性和生物活性、耐侵蚀性、耐蚀性等独特性能	人造牙齿、人工关节、人工心脏瓣膜等

22.2　常用陶瓷材料

22.2.1　电子元器件结构陶瓷材料

电子元器件结构陶瓷材料的性能如表 22-2 所示。

表 22-2　电子元器件结构陶瓷材料的性能（GB/T 5593—1996）

序号	项目		A₃S₂-1 莫来石瓷	A₃S₂-2 莫来石瓷	MS-1 滑石瓷	MS-2 滑石瓷	M₂S 镁橄榄石瓷	A-75 75%Al₂O₃瓷	A-90 90%Al₂O₃瓷	A-95 90%Al₂O₃瓷	A-90 99%Al₂O₃瓷	A-99.5 透明瓷	A-多孔 多孔Al₂O₃瓷	B-95 95%BeO瓷	B-99 99%BeO瓷
								材料牌号							
1	体积密度（g/cm³）		≥2.60	≥2.80	≥2.70	≥2.60	≥2.90	≥3.20	≥3.40	≥3.60	≥3.70	≥3.75	2.0~2.5	≥2.80	≥2.85
2	气密性		通过	通过	—	通过	通过	通过	通过	通过	通过	通过	—	通过	通过
3	透液性		通过	通过	通过	通过	通过	通过	通过	通过	通过	通过	—	通过	通过
4	抗折强度/MPa		≥80	≥100	≥140	≥120	≥110	≥200	≥230	≥280	≥300	≥300	≥30	≥100	≥140
5	弹性模数/GPa		—	—	—	—	≥150	—	≥250	≥280	—	—	—	—	—
6	泊松比		—	—	—	—	0.20~0.25	—	0.20~0.25	0.20~0.25	—	—	—	—	—
7	抗热震性		—	—	—	—	通过	—	通过	通过	通过	通过	—	通过	通过
8	线胀系数（10^{-6}/℃）	20~100℃	≤6	≤8	≤8	≤8	10~11	≤6	6.3~7.3	6.5~7.5	6.5~7.5	6.5~7.3	6.5~7.5	7~8	7~8.5
		20~500℃	—	—	—	—	10.5~11.5	—	6.3~7.3	6.5~8	6.5~8	6.5~8	—	—	—
		20~800℃	—	—	—	—	—	—	—	—	—	—	—	—	—
9	热导率(100℃)/[W/(m·K)]		—	—	—	—	—	—	—	—	—	—	—	≥148	≥176
10	介电常数	1MHz,20℃	≤7.5	≤7.5	≤7.5	≤7.5	6.5~7.5	≤9	9~10	9~10	9~10.5	9~10.5	4.5~5.5	6.5~7.5	6.5~7.5
		1MHz,500℃	—	—	—	—	—	—	—	9~10	9~10.5	—	—	—	—
		10GHz,20℃	—	—	—	—	—	—	9~10	9~10	—	—	—	6.5~7.5	6.5~7.5
11	介质损耗角正切值/10^{-4}	1MHz,20℃	≤40	≤20	≤8	≤20	≤5	≤10	≤6	≤4	≤2.5	≤1.5	≤4	≤5	≤4
		1MHz,500℃	—	—	—	—	—	—	—	30~40	—	—	—	—	—
		10GHz,20℃	—	—	—	—	—	—	—	≤10	≤6	—	—	≤8	≤8
12	体积电阻率/Ω·cm	100℃	≥10^{11}	≥10^{12}	≥10^{12}	≥10^{12}	≥10^{13}	≥10^{12}	≥10^{13}	≥10^{13}	≥10^{13}	≥10^{14}	≥10^{13}	≥10^{13}	≥10^{13}
		300℃	—	—	—	—	≥10^{10}	—	≥10^{10}	≥10^{10}	≥10^{10}	≥10^{12}	≥10^{10}	≥10^{10}	≥10^{10}
		500℃	—	—	—	—	—	—	—	≥10^{8}	≥10^{9}	≥10^{10}	—	—	—
13	击穿强度(D.C.)/(kV/mm)		≥18	≥15	≥20	≥20	≥20	≥20	≥15	≥18	≥15	—	—	≥12	≥15
14	化学稳定性/（mg/cm²）	1:9（质量比）HCl	—	—	—	—	—	—	—	≤7.0	≤0.7	—	—	—	≤0.3
		10%（质量分数）NaOH	—	—	—	—	—	—	—	≤0.2	≤0.1	—	—	≤0.2	≤0.2
15	气孔率（%）		—	—	—	—	—	—	—	15~30	—	—	15~30	—	—
16	晶粒大小/μm		—	—	—	—	—	—	—	—	—	—	—	—	—
17	用途		主要用作电阻体	主要用作大型装置瓷体	适用于作一般装置零件	适用于作一般装置零件	用作小型电真空器件装置零件	可用作高机械强度装置零件	用作管壳及封装零件	用作管壳及电路基片	用作管壳基片及电路基片	用作集成电路基片、输出窗片	用作管内绝缘及衰减材料	用作高温、高导热绝缘零件及半导体件底片	用作高温、高导热绝缘零件及半导体件底片

22.2.2　电容器用陶瓷介质材料

1. 电容器用陶瓷介质材料的性能 (表22-3)

表22-3　电容器用陶瓷介质材料的性能 (GB/T 5596—1996)

类别	组别	电容温度系数 公称值/(10^-6/℃)	偏差 代号	类别温度范围 代号	电容率(介电常数) 20℃±2℃	tanδ/10^-4 ≤ 20±2	85±2	125±2	155±2	受潮后	体积电阻率/Ω·cm ≥ 100±2	155±2	绝缘强度/(kV/mm) ≥ 直流	交流	静态抗弯强度/(N/cm²) ≥	线胀系数/(10^-6/℃) ≤	电容量最大变化率(%) 不施加直流电压	施加额定直流电压	主要使用范围
1	A	+100	F、G		≥6	6	8	10	12	8	10^{12}	10^{11}	10	—	8000	8	—	—	用于制造槽路电容器和其他高频电容器
	B	+33	G																
	C	0	F、G、H		6~130														
	H	-33	F、G		≥25														
	N	-47	G		≥30											9			
	L	-75	F、G																
	P	-150	F、G、H		8~150														
	R	-220	F、G																
	S	-330	G、H		10~150														
	T	-470	G、H		≥60														
	U	-750	H、J、K		8~350														
	Q	-1000	H、J、K		≥100														
	V	-1500	K		≥150											12			用于制造频率稳定度不高的槽路电容器和其他高频电容器
	K	-2200	L		≥250	8	10	—	—	10					6000				
	D	-3300	L		≥300														
	E	-4700	M		≥500														
	F	-5600	M		≥600														
	SL	+140/-1000	—		≥250														
	UM	+250/-1750	—		≥300														

（续）

类别	组别	电容温度系数 公称值/(10⁻⁶/℃)	电容温度系数 偏差代号	类别温度范围代号	电容率(介电常数)20℃±2℃	介质损耗角正切值 tanδ/10⁻⁴ ≤ 温度/℃ 20±2	85±2	125±2	155±2	受潮后	体积电阻率/Ω·cm ≥ 温度/℃ 100±2	155±2	绝缘强度/(kV/mm) ≥ 直流	交流	静态抗弯强度/(N/cm²) ≥	线胀系数/(10⁻⁶/℃) ≤	电容量最大变化率(%) 不施加直流电压	施加额定直流电压	主要使用范围
2	A			4,6	≥1000	250	250	250	—	450		10¹¹	4	4	5000	12	±4.5	±8	用于制造低频电容器
	B		—	2,3,4	≥1000	200	200	200	—	250							±9	±12	
	C			1,2,3,6	≥3000	100	100	100	—	80							+18	+20/-30	
	D		—	4,6	≥5000	40	40	40	—								+20/-28	+20/-40	
	E			2,3,4,6	≥10000	250	250	250	—	450							+20/-55	+22/-70	
	F		—	4,6	≥15000	300	300	—	—	—							+30/-80	+30/-90	
	Fz			4,6	≥1500	300	300	—	—	—		10¹⁰	3	3.5			+30/-85	—	
	R		—	1,4	≥1500	15	15	15	—	30			4	4			+13	+15/-40	
	X			1		100	100	100	—	250		10¹¹					+13	-15/-25	
3	A			3,4,6	≥8000	500	300	700	—	700		10⁹	0.3	—	3000	15	±5	+5/-10	用于制造低频大电容器
	B			2,3,4,6	≥10000	350	500	—	—	—							±10	+10/-15	
	C		—	3,4,6	≥20000	500	700	—	—	—							±20	+20/-30	
	D			2,4	≥30000	500	500	—	—	700		10⁸					+20/-30	+20/-40	小体积电容器
	E			2,4	≥50000	300		—	—	—							+22/-56	+22/-70	
	F		—	1,2	≥20000			—	—	—		10⁹					+30/+80	+30/-90	
	G																+40/-25	+40/-35	

注：1. 用1类电容器瓷料制作类别作温度为85℃的陶瓷电容器时，只测量20℃，85℃±2℃，125℃±2℃或155℃±2℃时的介质损耗角正切值和100℃±2℃时的体积电阻率。制作类别温度为125℃或155℃陶瓷电容器时，测量20℃±2℃、125℃±2℃或155℃±2℃时的介质损耗角正切值和155℃±2℃时的体积电阻率。

2. 制作高功率电容器时，对1类B组电容器瓷料，损耗角正切值在20℃±2℃时，应不大于4×10⁻⁴，受潮后应不大于6×10⁻⁴，在85℃±2℃时，应不大于6×10⁻⁴。

3. 对1类电容器瓷料的电容温度系数和2类电容器瓷料的电容量温度变化率，表中规定的公称值，必要时，允许根据电容器制造工艺要求作适当调整。

4. 表中电容温度系数代号的意义见表22-5，2类、3类电容器瓷料的类别温度范围见表22-6、表22-7。

5. 表中交流绝缘强度只适用于交流电容器瓷料。

2. 电容器用陶瓷介质材料的类别（表22-4）

表22-4 电容器用陶瓷介质材料的类别（GB/T 5596—1996）

类　别	超细颗粒	比表面积/(cm^2/g)	细颗粒	比表面积/(cm^2/g)
1	粒度≤2μm 的含量为	≥6000	粒度≤5μm 的含量为	5500
2	95%（质量分数），其余粒	≥5000	95%（质量分数），其余粒	5000
3	度≤5μm		度≤8μm	

3. 电容器温度系数允许偏差代号及偏差值（表22-5）

表22-5 电容器温度系数允许偏差代号及偏差值（GB/T 5596—1996）

电容器温度系数允许偏差代号	F	G	H	J	K	L	M
电容温度系数允许偏差值/($10^{-6}/°C$)	±15	±30	±60	±120	±250	±500	±1000

4. 2类电容器瓷料的类别温度（表22-6）

表22-6 2类电容器瓷料的类别温度（GB/T 5596—1996）

瓷料类别	施加和不施加直流电压时,在类别温度范围内相对+20°C时测得的电容量最大变化率（%）		类别温度范围和对应的数字代码				
			$-55 \sim 125°C$	$-55 \sim 85°C$	$-40 \sim 85°C$	$-25 \sim 85°C$	$-10 \sim 85°C$
	不施加直流电压	施加额定直流电压	1	2	3	4	6
2A	±4.5	±8	—	—	—	×	×
2B	±9	±12	—	×	×	×	—
2C	±18	+20/-30	×	×	×	—	×
2D	+20/-28	+20/-40	—	—	—	×	×
2E	+20/-55	+22/-70	—	×	×	×	×
2F	+30/-80	+30/-90	—	×	×	×	×
2R	±13	+15/-40	×	—	—	×	—
2X	±13	+15/-25	×	—	—	×	—
2Fz	+13/-85	—	—	—	—	×	×

注："×"表示优选值，"—"表示不生产。

5. 3类电容器瓷料的类别温度（表22-7）

表22-7 3类电容器瓷料的类别温度（GB/T 5596—1996）

瓷料类别	施加和不施加直流电压时,在类别温度范围内相对+20°C时测得的电容量最大变化率（%）		类别温度范围和对应的数字代码				
			$-55 \sim 125°C$	$-55 \sim 85°C$	$-40 \sim 85°C$	$-25 \sim 85°C$	$-10 \sim 85°C$
	不施加直流电压	施加额定直流电压	1	2	3	4	6
3A	±5	+5/-10	×	—	—	—	—
3B	±10	+10/-15	—	—	×	×	×
3C	±20	+20/-30	—	×	×	×	×

（续）

瓷料类别	施加和不施加直流电压时，在类别温度范围内相对 +20°C 时测得的电容量最大变化率（%）		类别温度范围和对应的数字代码				
			−55 ~ 125°C	−55 ~ 85°C	−40 ~ 85°C	−25 ~ 85°C	−10 ~ 85°C
	不施加直流电压	施加额定直流电压	1	2	3	4	6
3D	+20/−30	+20/−40	—	—	×	×	×
3E	+22/−56	+22/−70	—	×	—	×	—
3F	+30/−80	+30/−90	—	×	—	×	—
3G	+40/−25	+40/−35	×	×	—	—	—
2X	±13	+15/−25	×	—	—	—	—

注："×"表示优选值；"—"表示不生产。

22.2.3　压敏电阻器用氧化锌陶瓷材料

1. 压敏电阻器用氧化锌陶瓷材料的分类（表 22-8）

2. 压敏电阻器用氧化锌陶瓷材料的电气性能（表 22-9、表 22-10）

表 22-8　压敏电阻器用氧化锌陶瓷材料
的分类（GB/T 16528—1996）

类　别	电压梯度/(V/mm)	名　称
1	<80	低压压敏瓷料
2	80 ~ 200	中压压敏瓷料
3	>200	高压压敏瓷料

表 22-9　压敏电阻器用氧化锌陶瓷材料
的电气性能 Ⅰ（GB/T 16528—1996）

类别	电压梯度/(V/mm)	漏电流/μA	电压温度系数/(10⁻²/°C)
1	<80	≤25	±0.075
2	80 ~ 200	≤10	±0.050
3	>200		

表 22-10　压敏电阻器用氧化锌陶瓷材料的电气性能 Ⅱ（GB/T 16528—1996）

类　别	通流密度/(A/cm²)		限压比	压敏电压变化率（%）
	8 ×20μs	20ms		
1	400	32	3.0	±10
2	1000	24	2.0	
3	900	16		

22.3　陶瓷基片和陶瓷板

22.3.1　电力半导体模块用氮化铝陶瓷基片

1. 电力半导体模块用氮化铝陶瓷基片的规格（表 22-11）

表 22-11　电力半导体模块用氮化铝陶瓷基片的规格（JB/T 8736—1998）

（单位：mm）

长×宽	直　径	厚　度
17.5 ×15.5	20、22、24、26、28、32、35、40	1、1.5、2

2. 电力半导体模块用氮化铝陶瓷基片的尺寸要求（表 22-12）

表 22-12　电力半导体模块用氮化铝陶瓷基片的尺寸要求（JB/T 8736—1998）

（单位：mm）

项　目	尺寸要求	项　目	尺寸要求
翘曲度	0.05mm/25mm（长）	长度、宽度允许偏差	±1%（但最小值为 0.10mm）
厚度允许偏差	±10%	平面度	≤0.05mm

3. 电力半导体模块用氮化铝陶瓷基片的技术要求（表 22-13）

表 22-13　电力半导体模块用氮化铝陶瓷基片的技术要求（JB/T 8736—1998）

项　目	技术要求	项　目	技术要求
热导率/[W/(m·K)]	≥140	抗压力/MPa	≥170
体积电阻率/Ω·m	$\geq10^{12}$	线胀系数/(10^{-6})	≤5.0
介电常数（1MHz）	≤10	密度/(g/cm³)	≥3.2
介电损耗（1MHz）	$\leq10^{-2}$	击穿（绝缘）强度/(kV/mm)	≥15

22.3.2　陶瓷板

1. 陶瓷板的尺寸允许偏差（表 22-14）

表 22-14　陶瓷板的尺寸允许偏差（GB/T 23266—2009）

项　目	允许偏差/mm	项　目	允许偏差/mm
长度和宽度	±1.0	对边长度差	≤1.0
厚度	±0.3	对角线长度差	≤1.5

2. 陶瓷板的破坏强度和断裂模数（表 22-15）

表 22-15　陶瓷板的破坏强度和断裂模数（GB/T 23266—2009）

产品类别		破坏强度/N	断裂模数/MPa	产品类别		破坏强度/N	断裂模数/MPa
瓷质板	厚度 d≥4.0mm	≥800	平均值≥45 单值≥40	陶质板	厚度 d≥4.0mm	≥600	平均值≥40 单值≥35
	厚度 d<4.0mm	≥400			厚度 d<4.0mm	≥400	平均值≥30 单值≥25
炻质板		≥750	平均值≥40 单值≥35				

22.3.3　干挂空心陶瓷板

1. 干挂空心陶瓷板的尺寸允许偏差（表 22-16）

表 22-16　干挂空心陶瓷板的尺寸允许偏差（JC/T 1080—2008）

长度、宽度	边直度	直角度	平整度			厚　度
			边弯曲度	中心弯曲度	翘曲度	
±1.0%，长度最大值 ±1.0mm，宽度最大值 ±2.0mm	±0.5%，长度最大值 ±2.5mm，宽度最大值 ±0.6mm	±0.5%，最大值 ±2.5mm	±1.0%，最大值 ±2.5mm	±1.0%，最大值 ±3.0mm	±1.0%，最大值 ±3.0mm	±10%，最大值 ±2.0mm

2. 干挂空心陶瓷板的物理力学性能（表 22-17）

表 22-17　干挂空心陶瓷板的物理力学性能（JC/T 1080—2008）

物理性能	要　　求	
吸水率（E）	平均值 $E \leqslant 10\%$，单个值 $\leqslant 12\%$	
破坏强度	名义厚度 $\leqslant 18$mm	平均值 $\geqslant 2100$N，单个值 $\geqslant 1900$N
	18mm $<$ 名义厚度 $\leqslant 30$mm	平均值 $\geqslant 4500$N，单个值 $\geqslant 4200$N
抗冲击性	报告恢复系数	
抗热震性	经 10 次抗震性试验不出现裂纹或炸裂	
抗冻性	经 25 次抗冻性试验后无裂纹或剥落	
热导率	名义厚度 $\leqslant 18$mm	$\leqslant 0.35$W/(m·K)（孔未密封）
	18mm $<$ 名义厚度 $\leqslant 30$mm	$\leqslant 0.47$W/(m·K)（孔未密封）

3. 干挂空心陶瓷板的化学性能（表 22-18）

表 22-18　干挂空心陶瓷板的化学性能（JC/T 1080—2008）

化学性能	要　　求
耐化学腐蚀性	用低浓度酸和碱进行试验，有釉干挂空心陶瓷板不低于 GLB 级，无釉干挂空心陶瓷板不低于 ULB 级
耐污染性	有釉干挂空心陶瓷板不低于 3 级，无釉干挂空心陶瓷板报告耐污染性级别

22.4　陶瓷砖

22.4.1　耐酸陶瓷砖

1. 耐酸陶瓷砖的规格（表 22-19）

表 22-19　耐酸陶瓷砖的规格（GB/T 8488—2008）　　　　（单位：mm）

砖的形状及名称	长度 a	宽度 b	厚度 t	厚度 t_1
标型砖	230	113	65 40 30	
端面楔型砖	230	113	65 65 65 65	55 45 45 35

（续）

砖的形状及名称	长度 a	宽度 b	厚度 t	厚度 t_1
侧面楔型砖	230	113	65 65 55 65	55 45 45 35
平板型砖	300 200 150 150 100 100 125	300 200 150 75 100 50 125	15 ~ 30 15 ~ 30 15 ~ 30 15 ~ 30 10 ~ 20 10 ~ 20 15	

注：其他规格形状的产品由供需双方协商。

2. 耐酸陶瓷砖的尺寸偏差（表 22-20）

表 22-20　耐酸陶瓷砖的尺寸偏差（GB/T 8488—2008）　　　（单位：mm）

项　　目		允 许 偏 差	
		优等品	合格品
尺寸偏差	尺寸 ≤30	±1	±2
	30 < 尺寸 ≤150	±2	±3
	150 < 尺寸 ≤230	±3	±4
	尺寸 >230	供需双方协商	
变形：翘曲大小头	尺寸 ≤150	≤2	≤2.5
	150 < 尺寸 ≤230	≤2.5	≤3
	尺寸 >230	供需双方协商	

3. 耐酸陶瓷砖的外观质量（表 22-21）

表 22-21　耐酸陶瓷砖的外观质量（GB/T 8488—2008）

缺陷 类别	要　　求	
	优 等 品	合 格 品
裂纹	工作面：不允许 非工作面：宽不大于 0.25mm，长[1]5 ~ 15mm 允许 2 条	工作面：宽不大于 0.25mm，长 5 ~ 15mm 允许 1 条 非工作面：宽不大于 0.5mm，长 5 ~ 20mm 允许 2 条
开裂	不允许	不允许

（续）

缺陷类别	要求	
	优 等 品	合 格 品
磕碰损伤	工作面：深入工作面 1~2mm；砖厚小于 20mm 时，深不大于 3mm；砖厚 20~30mm 时，深不大于 5mm；砖厚大于 30mm 时，深不大于 10mm 的磕碰 2 处；总长不大于 35mm 非工作面：深 2~4mm，长不大于 35mm，允许 3 处	工作面：深入工作面 1~4mm；砖厚小于 20mm 时，深不大于 5mm；砖厚 20~30mm 时，深不大于 8mm；砖厚大于 30mm 时，深不大于 10mm 的磕碰 2 处；总长不大于 40mm 非工作面：深 2~5mm，长不大于 40mm，允许 4 处
疵点	工作面：最大尺寸 1~2mm，允许 3 个 非工作面：最大尺寸 1~3mm，每个面允许 3 个	工作面：最大尺寸 2~4mm，允许 3 个 非工作面：最大尺寸 3~6mm，每个面允许 4 个
釉裂	不允许	不允许
缺陷	总面积不大于 $100mm^2$，每处不大于 $30mm^2$	总面积不大于 $200mm^2$，每处不大于 $50mm^2$
桔釉	不允许	不超过釉面面积的 1/4
干釉	不允许	不影响使用

注：标型砖应有一个大面（230mm×113mm）达到表中对于工作面的要求。如需方订货时指定工作面，则该面应符合表中的要求。

① 5mm 以下不考核。表中其他同样的表达方式，含义相同。

4. 耐酸陶瓷砖的技术要求（表 22-22）

表 22-22 耐酸陶瓷砖的技术要求（GB/T 8488—2008）

项 目	技术要求			
	Z-1	Z-2	Z-3	Z-4
吸水率(%)	≤0.2	≤0.5	≤2.0	≤4.0
弯曲强度/MPa	≥58.8	≥39.2	≥29.4	≥19.6
耐酸度(%)	≥99.8	≥99.8	≥99.8	≥99.7
耐急冷急热性/℃	温差 100℃	温差 100℃	温差 130℃	温差 150℃
	试验一次后，试样不得有裂纹，剥落等破损现象			

22.4.2 耐酸耐温陶瓷砖

1. 耐酸耐温陶瓷砖的规格（表 22-23）

表 22-23 耐酸耐温陶瓷砖的规格（JC/T 424—2005） （单位：mm）

名 称	长度 a	宽度 b	厚度 t	厚度 t_1
标形砖	230	113	65 40 30	—
侧面楔形砖	230	113	65	55 45 35

（续）

名　称	长度 a	宽度 b	厚度 t	厚度 t₁
	200	200	50	
	200	200	25	
	200	100	50	
	200	100	25	
	150	150	50	
	150	150	25	—
	150	75	25	
	120	120	50	
	100	100	50	
	100	100	25	

平板形砖

2. 耐酸耐温陶瓷砖的尺寸偏差（表 22-24）

表 22-24　耐酸耐温陶瓷砖的尺寸偏差（JC/T 424—2005）　　　（单位：mm）

项　目		允 许 偏 差		
		优等品	一级品	合格品
尺寸偏差	尺寸 < 30	±1	±1	±2
	尺寸 = 30 ~ 150	±1.5	±2	±3
	尺寸 > 150	±2	±3	±4
变形	翘曲	1.5	2	2.5
	大小头			

3. 耐酸耐温陶瓷砖的外观质量（表 22-25）

表 22-25　耐酸耐温陶瓷砖的外观质量（JC/T 424—2005）

缺陷类别		要　求		
		优等品	一级品	合格品
裂纹	工作面	长 3 ~ 5mm,允许 3 条	长 3 ~ 5mm,允许 5 条	长 5 ~ 10mm,允许 3 条
	非工作面	长 2 ~ 10mm,允许 3 条	长 5 ~ 10mm,允许 3 条	长 5 ~ 15mm,允许 3 条
磕碰	工作面	深入工作面 1 ~ 2mm,深不大于 3mm,总长不大于 30mm	深入工作面 1 ~ 3mm,深不大于 5mm,总长不大于 30mm	深入工作面 1 ~ 4mm,深不大于 8mm,总长不大于 40mm
	非工作面	长 5 ~ 10mm,允许 3 处	长 5 ~ 20mm,允许 5 处	长 10 ~ 20mm,允许 5 处
穿透性裂纹		不允许		
疵点	工作面	最大尺寸 1 ~ 2mm,允许 2 个	最大尺寸 1 ~ 3mm,允许 3 个	最大尺寸 2 ~ 3mm,允许 3 个
	非工作面	最大尺寸 1 ~ 3mm,每面允许 3 个	最大尺寸 2 ~ 3mm,每面允许 3 个	最大尺寸 2 ~ 4mm,每面允许 4 个
缺釉		不允许	总面积不大于 1cm²	总面积不大于 2cm²
釉裂			不允许	不明显
桔釉、干釉			不明显	不严重

注：1. 标形砖应有一个大面（230mm × 113mm）达到表中对于工作面的要求。如订货时需方指定工作面，则该面应
　　　符合表中的要求。

2. 缺陷不允许集中，10cm² 正方形内不得多于 5 处。

4. 耐酸耐温陶瓷砖的技术要求（表 22-26）

表 22-26　耐酸耐温陶瓷砖的技术要求（JC/T 424—2005）

项　　目		NSW1 类	NSW2 类
吸水率（%）		≤5.0	>5.0，≤8.0
耐酸度（%）	≥	99.7	99.7
抗压强度/MPa	≥	80	60
耐急冷急热性		试验温差 200℃	试验温差 250℃
		试验 1 次后，试样不得有新生裂纹和破损剥落	

22.4.3　广场用陶瓷砖

广场用陶瓷砖的尺寸允许偏差如表 22-27 所示。

表 22-27　广场用陶瓷砖的尺寸允许偏差（GB/T 23458—2009）

尺 寸 类 别		产品上表面积/cm²			
		≤90	>90~190	>190~410	>410
长度和宽度	每块砖（2 条或 4 条边）的平均尺寸相对于工作尺寸（W）的允许偏差（%）	±1.5	±1.2	±0.75	±0.6
	每块砖（2 条或 4 条边）的平均尺寸相对于 10 块砖（20 条或 40 条边）平均尺寸的允许偏差（%）	±1.2	±1.0	±0.5	±0.5
	制造商应选用的尺寸：①模数砖名义尺寸连接宽度允许在 2~5mm 之间；②非模数砖工作尺寸与名义尺寸之间的偏差不大于 ±2%，最大 5mm				
厚度	每块砖厚度的平均值相对于工作尺寸的允许偏差（%）	±10		±7.5	
边直度①（正面）：相对于工作尺寸的最大允许偏差（%）		±0.75	±0.5	±0.5	±0.5
直角度①：相对于工作尺寸的最大允许偏差（%）		±1.0	±0.6	±0.6	±0.6
表面平整度②最大允许偏差（%）	1）相对于由工作尺寸计算的对角线的中心弯曲度	±1.0	±0.5	±0.5	±0.5
	2）相对于工作尺寸的边弯曲度	±1.0	±0.5	±0.5	±0.5
	3）相对于由工作尺寸计算的对角线的翘曲度	±1.0	±0.5	±0.5	±0.5

①　不适用于有弯曲形状的砖。

②　不适用于砖的表面有意制造的不平整效果。

22.5　陶瓷管

22.5.1　热电偶用陶瓷绝缘管

1. 热电偶用陶瓷绝缘管的分类及代号（表 22-28）

表 22-28　热电偶用陶瓷绝缘管的分类及代号（JC/T 508—1994）

名　　称	代　　号	使用温度/°C
刚玉质瓷管	CJ_1	1600
高铝质瓷管	CJ_2	1400
黏土质瓷管	CJ_3	1000

2. 热电偶用陶瓷绝缘管的规格（表 22-29）

表 22-29　热电偶用陶瓷绝缘管的规格（JC/T 508—1994）　　（单位：mm）

形状	圆形单孔			圆形双孔					圆形四孔						椭圆双孔		
外径	3.5	5.0	6.0	3.0	4.0	6.0	8.0	12.0	3.0	4.0	6.0	8.0	10.0	12.0	长轴(D_1) 短轴(D_2)	10.5 8	12 10
孔径	1.5	3.0	4.0	0.5	0.8	1.5	2.0	4.0	0.5	0.8	1.5	2.0	2.0	3.5	3.3		4
长度	10			10~2175											25		
孔距				1.5	2.0	3.0	4.0	7.0	1.5	2.0	3.0	4.0	5.0	7.0	4.3		5.5

注：特殊要求的产品，由供需双方协议。

3. 热电偶用陶瓷绝缘管的尺寸允许偏差（表 22-30）

表 22-30　热电偶用陶瓷绝缘管的尺寸允许偏差（JC/T 508—1994）

（单位：mm）

项　　目	圆形单孔				圆形双孔、四孔						椭圆双孔				
	外径		内径	长度	外径		孔径	孔距	长度	直线度	长轴	短轴	孔径	孔距	长度
	≤4	>4			≤4	>4									
允许偏差	±0.20	±0.50	±0.20	±0.50	±0.20	±0.50	±0.20	±0.20	±2	长度的0.15%	±0.50	±0.50	+0.20 -0.10	±0.20	±0.50

4. 热电偶用陶瓷绝缘管的技术要求（表 22-31）

表 22-31　热电偶用陶瓷绝缘管的技术要求（JC/T 508—1994）

项　　目		技 术 要 求		
		刚玉质瓷管	高铝质瓷管	黏土质瓷管
高温弯曲/mm	温度/°C	1600	1400	1000
	优等品	0.2		
	一级品	0.3		
	合格品	0.5		
高温粘结性	温度/°C	1600	1400	1000
	要求	不粘结		
吸水率(%)		≤0.2		
高温绝缘电阻/MΩ		1300°C		1000°C
		≥0.02		≥0.08

22.5.2　热电偶用陶瓷保护管

1. 热电偶用陶瓷保护管的分类及代号（表 22-32）

表 22-32　热电偶用陶瓷保护管的分类及代号（JC/T 509—1994）

名　　称	代　　号	使用温度/℃
刚玉质瓷管	CB1	1600
高铝质瓷管	CB2	1400
黏土质瓷管	CB3	1000

2. 热电偶用陶瓷保护管的结构（图 22-2）

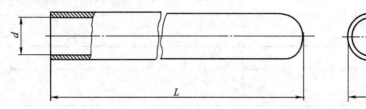

图 22-2　热电偶用陶瓷保护管的结构

3. 热电偶用陶瓷保护管的规格（表 22-33）

表 22-33　热电偶用陶瓷保护管的规格（JC/T 509—1994）（单位：mm）

外径 D	6	8	10	12	16	20	25
内径 d	4	6	7	8	12	15	19
长度 L	100 ~ 2165						

4. 热电偶用陶瓷保护管的尺寸允许偏差（表 22-34）

表 22-34　热电偶用陶瓷保护管的尺寸允许偏差（JC/T 509—1994）　（单位：mm）

项　　目		允许偏差	项　　目		允许偏差
外径	≤φ16	±0.5	内径	>φ12	±1.0
	>φ16	±1.0	长度		±2
内径	≤φ12	±0.5	直线度		长度的 0.15%

5. 热电偶用陶瓷保护管的技术要求（表 22-35）

表 22-35　热电偶用陶瓷保护管的技术要求（JC/T 509—1994）

项　　目		技　术　要　求		
		刚玉质瓷管	高铝质瓷管	黏土质瓷管
高温弯曲/mm	温度/℃	1600	1400	1000
	优等品	0.2		
	一级品	0.6		
	合格品	1.0		
耐急冷急热性		1300℃ 3 次不裂		1000℃ 3 次不裂
气密性		1.30kPa 负压下，10min，下降小于 0.3kPa		
吸水率(%)		≤0.2		

22.5.3　化学分析陶瓷燃烧管

1. 化学分析陶瓷燃烧管的分类及代号（表22-36）

表 22-36　化学分析陶瓷燃烧管的分类及代号（JC/T 643—1996）

分　类	使用温度/℃	代　号	分　类	使用温度/℃	代　号
1 类燃烧管	1600	16	3 类燃烧管	1300	13
2 类燃烧管	1400	14	4 类燃烧管	1000	10

2. 化学分析陶瓷燃烧管的结构（图22-3）

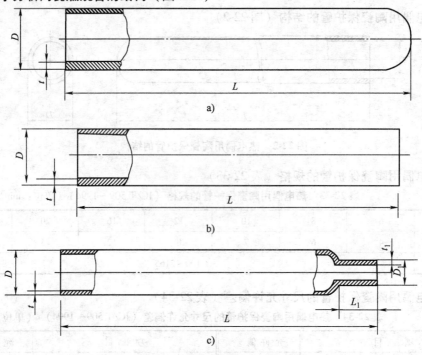

图 22-3　化学分析陶瓷燃烧管的结构

a) 封闭形　b) 贯通形　c) 锥形

3. 化学分析陶瓷燃烧管的规格（表22-37）

表 22-37　化学分析陶瓷燃烧管的规格（JC/T 643—1996）　　　　（单位：mm）

燃烧管形状	管体尺寸		锥管部分尺寸		长　度	
	外径 D	壁厚 t	外径 D_1	壁厚 t_1	L	L_1
封闭型及 贯通形	15	3	—	—		—
	20	3	—	—		—
	25	3	—	—		—
	27	3	—	—	300 ~ 1000	—
	30	3	—	—		—
	40	3	—	—		—
	50	4	—	—		—
	70	5	—	—		—

（续）

燃烧管形状	管体尺寸		锥管部分尺寸		长 度	
	外径 D	壁厚 t	外径 D_1	壁厚 t_1	L	L_1
锥形	20	3	9	3	300 ~ 1000	50
	25	3	9	3		50
	25	3	9	3		200
	27	3	9	3		50

注：其他规格的产品，由供需双方协商。

4. 化学分析陶瓷燃烧管的尺寸允许偏差（表22-38）

表22-38　化学分析陶瓷燃烧管的尺寸允许偏差（JC/T 643—1996）　（单位：mm）

项 目		允许偏差	项 目		允许偏差
外径	≤30	±1.0	圆度		0.05D
	>30	±2.0	直线度	L≤500	1.0
壁厚		±0.5		L>500	1.5
长度		±2			

22.5.4 化工陶管及配件

1. 化工陶管及配件的外观质量要求（表22-39）

表22-39　化工陶管及配件的外观质量要求（JC 705—1998）

缺陷名称	允 许 范 围	
	一 级 品	合 格 品
管身裂纹	内壁:不允许 外壁:宽≤1mm,每处长≤20mm,累计长≤40mm	内壁:不允许 外壁:宽≤1mm,每处长≤35mm,累计长≤80mm
承口裂纹	内壁:宽≤0.5mm,长≤25mm,允许3条 外壁:横纹宽≤1mm,累计长≤60mm;竖纹宽≤1mm,长≤25mm;不贯及管身,允许1条	内壁:宽≤1mm,长≤25mm,允许3条 外壁:横纹宽≤1mm,累计长≤1/4周长;竖纹宽≤1mm,长≤30mm;不贯及管身,允许1条
承口底部裂纹	横纹宽≤1mm,长≤1/5周长 竖纹宽≤0.5mm,不贯及管身,累计长≤20mm	横纹宽≤1mm,长≤1/4周长 竖纹宽≤1mm,不贯及管身,累计长≤20mm
插口外壁裂纹	宽≤1mm,累计长≤25mm	宽≤1mm,累计长≤50mm
粘疤	内壁:不允许 外壁:深(或高)≤3mm,面积≤25mm×25mm,允许1处	内壁:不允许 外壁:深(或高)≤3mm,面积≤30mm×30mm,允许1处
缺釉	内壁:不允许 外壁:总面积≤40mm×40mm	内壁:不允许 外壁:总面积≤50mm×50mm
熔疤	内壁:不允许 外壁:面积≤10mm×10mm,深≤壁厚的1/5,允许1处	内壁:面积≤5mm×5mm,深≤壁厚的1/5,允许1处 外壁:面积≤10mm×10mm,深≤壁厚的1/4,允许1处
鼓泡	直径≤12mm	直径≤15mm
砂眼	直径≤4mm,深≤2mm,允许5处	直径≤5mm,深≤3mm,允许5处
磕碰	长≤30mm,深≤壁厚的1/3,允许1处	长≤30mm,深≤壁厚的1/3,允许2处

2. 化工陶管及配件的尺寸允许偏差（表 22-40）

表 22-40　化工陶管及配件的尺寸允许偏差（JC 705—1998）　　　（单位：mm）

公称直径	允许偏差				端面斜度	承插口圆度
	内径	壁厚	长度	弯度		
50	±2	±2			3	5
75	±3	±2			3	6
100	±4	±2			4	7
150	±6	±2			4	8
200	±8	±2	公称长度的 ±2%	公称长度的 ±1%	5	9
250	±10	±3			5	10
300	±10	±3			7	12
400	±10	±3			7	14
500	±12	±4			10	16
600	±14	±4			10	18

3. 化工陶管及配件的抗外压强度（表 22-41）

表 22-41　化工陶管及配件的抗外压强度（JC 705—1998）

公称直径/mm	抗外压强度/(kN/m)	公称直径/mm	抗外压强度/(kN/m)
50	17.7	250	23.5
75	17.7	300	26.5
100	19.6	400	29.4
150	19.6	≥500	按协议要求
200	21.6		

4. 化工陶管及配件的抗弯强度（表 22-42）

表 22-42　化工陶管及配件的抗弯强度（JC 705—1998）

公称直径/mm	抗弯强度/MPa	公称直径/mm	抗弯强度/MPa
100	7.8	150	9.8

5. 直管的规格（图 22-4、表 22-43）

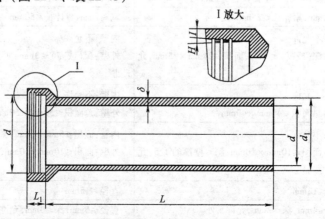

图 22-4　直管

表 22-43　直管的规格（JC 705—1998）　　　　　　　　（单位：mm）

管型	公称直径 D_g	内径 d	有效长度 L	管身壁厚 δ	承口壁厚 t	承口深度 L_s	承插口间隙 $\dfrac{d_s-d_1}{2}$	承口倾斜 H
普型	50	50	300、500	14	≥10	≥40	≥10	≈4
	75	75						
	100	100	500、600、700、800、1000	17	≥13	≥50	≥12	≈5
	150	150		18		≥55		
	200	200		20	≥16	≥60	≥15	≈6
	250	250		22				
	300	300		24	≥20	≥70		
	400	400		30	≥24	≥75	≥20	≈7
特型	500	500		35	≥28	≥80	≥25	≈7
	600	600		40	≥32			

6. 弯管的规格（图 22-5、表 22-44）

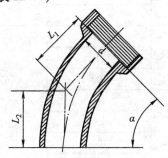

图 22-5　弯管

表 22-44　弯管的规格（JC 705—1998）　　　　　　　　（单位：mm）

公称直径 D_g	内径 d	30°弯管		45°弯管		60°弯管		90°弯管	
		L_1	L_2	L_1	L_2	L_1	L_2	L_1	L_2
50	50	120	140		150	150	150	150	150
75	75	130	150	150		200	200		
100	100				220			220	220
150	150	140	160			220	220		
200	200	150	180	200	260	300	300	330	330
250	250	160	200	220	280	330	330	350	350
300	300	180	220	240	300			380	380
400	400	200	250	300	400	350	350	400	400

7. 90°三通管及四通管的规格（图 22-6、表 22-45）

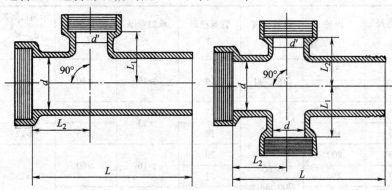

图 22-6 90°三通管及四通管

表 22-45 90°三通管及四通管的规格（JC 705—1998） （单位：mm）

公称直径 D_g	主管内径 d	支管内径 d'	主管有效长度 L	L_1	L_2
50 × 50	50	50	400	75	250
75 × 50	75			85	
75 × 75		75		90	
100 × 50	100	50		100	
100 × 75		75		105	
100 × 100		100		110	
150 × 50	150	50		120	
150 × 75		75			
150 × 100		100		130	
150 × 150		150			
200 × 50	200	50		170	
200 × 75		75			
200 × 100		100			300
200 × 150		150	500	180	
200 × 200		200			
250 × 75	250	75		170	
250 × 100		100			
250 × 150		150			
250 × 200		200		180	
250 × 250		250			
300 × 75	300	75			
300 × 100		100		220	
300 × 150		150			
300 × 200		200		230	
300 × 300		300		240	

（续）

公称直径 D_g	主管内径 d	支管内径 d'	主管有效长度 L	L_1	L_2
400 × 75		75		250	
400 × 100		100		260	
400 × 200	400	200	800		300
400 × 300		300		270	
400 × 400		400		290	

8. 45°三通管及四通管的规格（图 22-7、表 22-46）

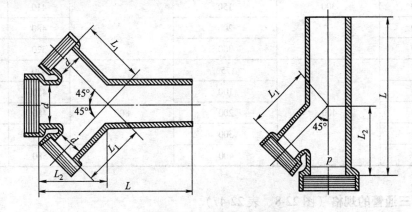

图 22-7 45°三通管及四通管

表 22-46 45°三通管及四通管的规格（JC 705—1998） （单位：mm）

公称直径 D_g	主管内径 d	支管内径 d'	主管有效长度 L	L_1	L_2
50 × 50	50			150	180
75 × 50		50	400	165	190
75 × 75	75	75		180	210
100 × 50		50			220
100 × 75	100	75		200	230
100 × 100		100			
150 × 50		50		220	250
150 × 75		75		235	270
150 × 100	150	100		250	290
150 × 150		150	500	280	320
200 × 50		50		280	290
200 × 75		75		300	310
200 × 100	200	100		320	340
200 × 150		150		340	375
200 × 200		200		410	440

（续）

公称直径 D_g	主管内径 d	支管内径 d'	主管有效长度 L	L_1	L_2
250×75		75		280	290
250×100		100		300	310
250×150	250	150		320	340
250×200		200		340	375
250×250		250	500	410	440
300×75		75		360	370
300×100		100		390	410
300×150	300	150		410	430
300×200		200		480	500
300×300		300		520	570
400×75		75		420	420
400×100		100		450	450
400×200	400	200	800	480	480
400×300		300		530	550
400×400		400		580	620

9. Y 形三通管的规格（图 22-8、表 22-47）

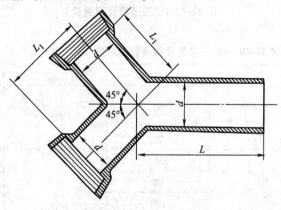

图 22-8　Y 形三通管

表 22-47　Y 形三通管的规格（JC 705—1998）　　　　（单位：mm）

公称直径 D_g	主支管内径 d	主管有效长度 L	支管有效长度 L_1
50	50		110
75	75		140
100	100	200	160
150	150		230
200	200	400	380

10. 异径管的规格（图 22-9、表 22-48）

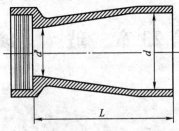

图 22-9　异径管

表 22-48　异径管的规格（JC 705—1998）　　　　（单位：mm）

公称直径 D_g	内径 d	内径 d'	有效长度 L
100×50	100	50	
100×75		75	
150×75	150	75	
150×100		100	
200×100	200	100	300
200×150		150	
250×150	250	150	
250×200		200	
300×200	300	200	
300×250		250	

第 23 章　玻　　璃

23.1　基础资料
23.1.1　玻璃的分类

玻璃的分类如图 23-1 所示。

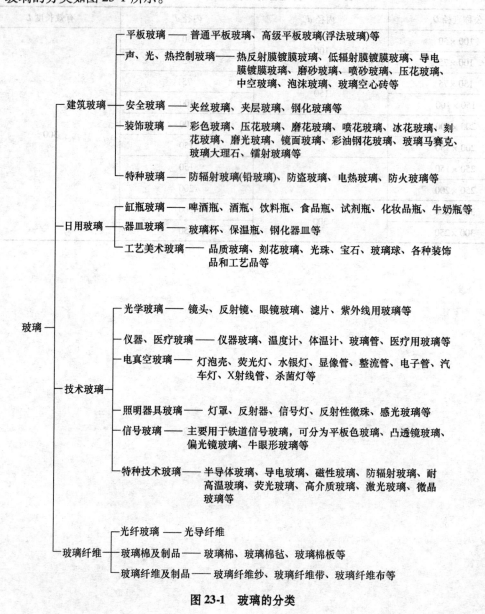

图 23-1　玻璃的分类

23.1.2 　常用玻璃的特性和用途

常用玻璃的特性和用途如表 23-1 所示。

表 23-1　常用玻璃的特性和用途

序号	玻璃名称	主　要　特　性	用　途　举　例
1	普通平板玻璃	有较好的透明度,表面平整	用于建筑物采光、商店柜台、橱窗、交通工具、制镜、仪表、农业温室、暖房,以及加工其他产品等
2	浮法玻璃	玻璃表面特别平整光滑,厚度非常均匀,光学畸变较小	用于高级建筑门窗、橱窗、指挥塔窗,夹层玻璃原片,中空玻璃原片,制镜玻璃,有机玻璃模具,以及汽车、火车、船舶的风窗玻璃等
3	压花玻璃	由于玻璃表面凹凸不平,当光线通过玻璃时即产生漫射,因此从玻璃的一面看另一面的物体时,物像就模糊不清,造成了这种玻璃透光不透明的特点。另外,又具有各种花纹图案、各种颜色,艺术装饰效果甚佳	用于办公室、会议室、浴室、厕所、厨房、卫生间及公共场所分隔室的门窗和隔断等
4	磨砂玻璃及喷砂玻璃	均具有透光不透视的特点。由于光线通过这种玻璃后形成漫射,所以它们还具有避免眩光的特点	用于需要透光不透视的门窗、隔断、浴室、卫生间及玻璃黑板、灯具等
5	磨花玻璃及喷花玻璃	具有部分透光透视,部分透光不透视的特点。其图案清晰,雅洁美观,装饰性强	用于玻璃屏风、桌面、家具,作装饰材料之用
6	夹丝玻璃	具有均匀的内应力和一定的冲击韧度,当玻璃受外力引起破裂时,由于碎片粘在金属丝网上,故可裂而不碎,碎而不落,不致伤人,具有一定的安全作用及防振、防盗作用	用于高层建筑、天窗、振动较大的厂房及其他要求安全、防振、防盗、防火之处
7	夹层玻璃	这种玻璃受剧烈振动或撞击时,由于衬片的粘合作用,玻璃仅呈现裂纹,而不落碎片。它具有防弹、防振、防爆性能	用于高层建筑门窗、工业厂房门窗、高压设备观察窗、飞机和汽车风窗及防弹车辆、水下工程、动物园猛兽展窗等
8	钢化玻璃	具有弹性好、冲击韧度高、抗弯强度高、热稳定性好以及光洁、透明的特点,在遇超强冲击破坏时,碎片呈分散细小颗粒状,无尖锐棱角,因此不致伤人	用于建筑门窗、幕墙、船舶、车辆、仪器仪表、家具、装饰等
9	中空玻璃	具有优良的保温、隔热、控光、隔声性能,如在玻璃与玻璃之间,充以各种漫射光材料或介质等,则可获得更好的声控、光控、隔热等效果	用于建筑门窗、幕墙、采光顶棚、花盆温室、冰柜门、细菌培养箱、防辐射透视窗及车船风窗玻璃等
10	防弹防爆玻璃	具有高强度和抗冲击能力,耐热、耐寒性能好	用于飞机、坦克、装甲车、防爆车、舰船、工程车等国防武器装备及其他行业有特殊安全防护要求的设施
11	防盗玻璃	既有夹层玻璃破裂不落碎片的特点,又可及时发出警报(声、光)信号	用于银行门窗、金银首饰店柜台、展窗、文物陈列窗等既需采光透明,又要防盗的部门

（续）

序号	玻璃名称	主 要 特 性	用 途 举 例
12	电热玻璃	具有透光、隔声、隔热、电加温、表面不结霜、结构轻便等特点	用于严寒条件下的汽车、电车、火车、轮船和其他交通工具的风窗玻璃以及室外作业的瞭望、探视窗等
13	泡沫玻璃	具有质轻、强度好、隔热、保温、吸声、不燃等特点，而且可锯割，可粘接，加工容易	用于建筑、船舶、化工等部门，作为声、热绝缘材料之用
14	石英玻璃	具有各种优异性能，有"玻璃王"之称。它具有耐热性能高，化学稳定性好，绝缘性能优良，能透过紫外线和红外线。此外，它的力学强度比普通玻璃高，质地坚硬，但抗冲击性仍差，同时并有较好的耐辐照性能	用于各种视镜、棱镜和光学零件，高温炉衬、坩埚和烧嘴，化工设备和试验仪器，电气绝缘材料，各种特灯，以及各部门在耐高压、耐高温、耐强酸及对热稳定性等方面有一定要求的玻璃制品

23.2 常用玻璃

23.2.1 平板玻璃

1. 平板玻璃的尺寸允许偏差（表23-2）

表23-2 平板玻璃的尺寸允许偏差（GB 11614—2009）　　（单位：mm）

公称厚度	尺寸允许偏差		公称厚度	尺寸允许偏差	
	≤3000	>3000		≤3000	>3000
2~6	±2	±3	12~15	±3	±4
8~10	+2 −3	+3 −4	19~25	±5	±5

2. 平板玻璃的厚度允许偏差和厚薄差（表23-3）

表23-3 平板玻璃的厚度偏差和厚薄差（GB 11614—2009）　　（单位：mm）

公称厚度	厚度允许偏差	厚 薄 差	公称厚度	厚度允许偏差	厚 薄 差
2~6	±0.2	0.2	19	±0.7	0.7
8~12	±0.3	0.3	22~25	±1.0	1.0
15	±0.5	0.5			

3. 平板玻璃合格品的外观质量（表23-4）

表23-4 平板玻璃合格品的外观质量（GB 11614—2009）

缺陷名称	技 术 要 求	
	尺寸 L/mm	允许个数限度
点状缺陷[①]	0.5~1.0	2S
	>1.0~2.0	1S
	>2.0~3.0	0.5S
	>3.0	0

（续）

缺 陷 名 称	技 术 要 求	
点状缺陷密集度	尺寸≥0.5mm 的点状缺陷最小间距不小于 300mm；直径 100mm 圆内尺寸≥0.3mm 的点状缺陷不超过3 个	
线道	不允许	
裂纹	不允许	
划伤	允 许 范 围	允许条数限度
	宽≤0.5mm，长≤60mm	3S
光学变形	公称厚度/mm	无色透明平板玻璃	本体着色平板玻璃
	2	≥40°	≥40°
	3	≥45°	≥40°
	≥4	≥50°	≥45°
断面缺陷	公称厚度不超过 8mm 时，不超过玻璃板的厚度；8mm 以上时，不超过 8mm	

注：S 是以平方米为单位的玻璃板面积数值，按 GB/T 8170 修约，保留小数点后两位。点状缺陷的允许个数限度及划伤的允许条数限度为各系数与 S 相乘所得的数值，按 GB/T 8170 修约至整数。

① 光畸变点视为 0.5~1.0mm 的点状缺陷。

4. 平板玻璃一等品的外观质量（表 23-5）

表 23-5 平板玻璃一等品的外观质量（GB 11614—2009）

缺 陷 名 称	技 术 要 求		
点状缺陷①	尺寸 L/mm	允许个数限度	
	0.3~0.5	2S	
	>0.5~1.0	0.5S	
	>1.0~1.5	0.2S	
	>1.5	0	
点状缺陷密集度	尺寸≥0.3mm 的点状缺陷最小间距不小于 300mm；直径 100mm 圆内尺寸≥0.2mm 的点状缺陷不超过3 个		
线道	不允许		
裂纹	不允许		
划伤	允 许 范 围	允许条数限度	
	宽≤0.2mm，长≤40mm	2S	
光学变形	公称厚度/mm	无色透明平板玻璃	本体着色平板玻璃
	2	≥50°	≥45°
	3	≥55°	≥50°
	4~12	≥60°	≥55°
	≥15	≥55°	≥50°
断面缺陷	公称厚度不超过 8mm 时，不超过玻璃板的厚度；8mm 以上时，不超过 8mm		

注：S 是以平方米为单位的玻璃板面积数值，按 GB/T 8170 修约，保留小数点后两位。点状缺陷的允许个数限度及划伤的允许条数限度为各系数与 S 相乘所得的数值，按 GB/T 8170 修约至整数。

① 点状缺陷中不允许有光畸变点。

5. 平板玻璃优等品的外观质量（表23-6）

表23-6　平板玻璃优等品的外观质量（GB 11614—2009）

缺陷名称	技术要求		
点状缺陷①	尺寸 L/mm		允许个数限度
	0.3 ~ 0.5		1S
	>0.5 ~ 1.0		0.2S
	>1.0		0
点状缺陷密集度	尺寸≥0.3mm 的点状缺陷最小间距不小于 300mm；直径 100mm 圆内尺寸≥0.1mm 的点状缺陷不超过3个		
线道	不允许		
裂纹	不允许		
划伤	允许范围		允许条数限度
	宽≤0.1mm，长≤30mm		2S
光学变形	公称厚度/mm	无色透明平板玻璃	本体着色平板玻璃
	2	≥50°	≥50°
	3	≥55°	≥50°
	4 ~ 12	≥60°	≥55°
	≥15	≥55°	≥50°
断面缺陷	公称厚度不超过 8mm 时，不超过玻璃板的厚度；8mm 以上时，不超过 8mm		

注：S 是以平方米为单位的玻璃板面积数值，按 GB/T 8170 修约，保留小数点后两位。点状缺陷的允许个数限度及划伤的允许条数限度为各系数与 S 相乘所得的数值，按 GB/T 8170 修约至整数。

① 点状缺陷中不允许有光畸变点。

6. 无色透明平板玻璃的可见光透射比最小值（表23-7）

表23-7　无色透明平板玻璃的可见光透射比最小值（GB 11614—2009）

公称厚度/mm	可见光透射比最小值(%)	公称厚度/mm	可见光透射比最小值(%)
2	89	10	81
3	88	12	79
4	87	15	76
5	86	19	72
6	85	22	69
8	83	25	67

7. 本体着色平板玻璃的透射比偏差（表23-8）

表23-8　本体着色平板玻璃的透射比偏差（GB 11614—2009）

种　类	偏差(%)
可见光(380 ~ 780nm)透射比	2.0
太阳光(300 ~ 2500nm)直接透射比	3.0
太阳能(300 ~ 2500nm)总透射比	4.0

23.2.2　压花玻璃

1. 压花玻璃的长（宽）度允许偏差（表 23-9）

2. 压花玻璃的厚度允许偏差（表 23-10）

表 23-9　压花玻璃的长（宽）度允许偏差
（JC/T 511—2002）

（单位：mm）

厚　　度	长(宽)度允许偏差
3	±2
4	±2
5	±2
6	±2
8	±3

表 23-10　压花玻璃的厚度允许偏差
（JC/T 511—2002）

（单位：mm）

厚　　度	厚度允许偏差
3	±0.3
4	±0.4
5	±0.4
6	±0.5
8	±0.6

3. 压花玻璃的外观质量（表 23-11）

表 23-11　压花玻璃的外观质量（JC/T 511—2002）

缺陷名称	说　明	一等品			合格品		
图案不清	目测可见	不允许					
气泡	长度范围/mm	2 ~ <5	5 ~ <10	≥10	2 ~ <5	5 ~ <15	≥15
	允许个数	6.0S	3.0S	0	9.0S	4.0S	0
杂物	长度范围/mm	2 ~ <3		≥3	2 ~ <3		≥3
	允许个数	1.0S		0	2.0S		0
线条	长宽范围/mm	不允许			长度为 100 ~ <200，宽度 <0.5		
	允许条数				3.0S		
皱纹	目测可见	不允许			边部 50mm 以内轻微的允许存在		
压痕	长度范围/mm	不允许			2 ~ <5		≥5
	允许个数				2.0S		0
划伤	长宽范围/mm	不允许			长度≤60，宽度 <0.5		
	允许条数				3.0S		
裂纹	目测可见	不允许					
断面缺陷	爆边、凹凸、缺角等	不应超过玻璃板的厚度					

注：1. S 是以平方米为单位的玻璃板的面积，气泡、杂物、压痕和划伤的数量允许上限值是以 S 乘以相应系数所得的数值，此数值应按 GB/T 8170 修约至整数。

2. 对于 2mm 以下的气泡，在直径为 100mm 的圆内不允许超过 8 个。

3. 破坏性的杂物不允许存在。

23.2.3　热弯玻璃

1. 热弯玻璃的高度允许偏差（表 23-12）

表 23-12　热弯玻璃的高度允许偏差（JC/T 915—2003）　　　　（单位：mm）

高　　度	高度允许偏差	
	玻璃厚度≤12	玻璃厚度>12
≤2000	±3.0	±5.0
>2000	±5.0	±5.0

2. 热弯玻璃的弧长允许偏差（表 23-13）

表 23-13　热弯玻璃的弧长允许偏差（JC/T 915—2003）　　　　（单位：mm）

弧　　长	弧长允许偏差	
	玻璃厚度≤12	玻璃厚度>12
≤1520	±3.0	±5.0
>1520	±5.0	±6.0

3. 热弯玻璃的吻合度允许偏差（表 23-14）

表 23-14　热弯玻璃的吻合度允许偏差（JC/T 915—2003）　　　　（单位：mm）

弧　　长	吻合度允许偏差	
	玻璃厚度≤12	玻璃厚度>12
≤2440	±3.0	±3.0
>2440~3350	±5.0	±5.0
>3350	±5.0	±6.0

4. 热弯玻璃的弧面允许弯曲偏差（表 23-15）

表 23-15　热弯玻璃的弧面允许弯曲偏差（JC/T 915—2003）　　　　（单位：mm）

高　　度	弧面允许弯曲偏差			
	玻璃厚度<6	玻璃厚度6~8	玻璃厚度10~12	玻璃厚度>12
≤1220	2.0	3.0	3.0	3.0
>1220~2440	3.0	3.0	5.0	5.0
>2440~3350	5.0	5.0	5.0	5.0
>3350	5.0	5.0	5.0	6.0

5. 热弯玻璃的扭曲值（表 23-16）

表 23-16　热弯玻璃的扭曲值（JC/T 915—2003）　　　　（单位：mm）

高　　度	允许扭曲值			
	弧长<2440	弧长>2440~3050	弧长>3050~3660	弧长>3660
≤1830	3.0	5.0	5.0	5.0
>1830~2440	5.0	5.0	5.0	8.0
>2440~3050	5.0	5.0	6.0	8.0
>3050	5.0	6.0	6.0	9.0

6. 热弯玻璃的外观质量（表 23-17）

表 23-17　热弯玻璃的外观质量（JC/T 915—2003）

缺 陷 名 称	技 术 要 求
气泡、夹杂物、表面裂纹	符合 GB 11614 建筑级的要求
麻点	麻点在玻璃的中央区[①]不能大于 1.6mm，在周边区不能大于 2.4mm
爆边、缺角、划伤	符合 GB/T 9963 中合格品的规定
光学变形	垂直于玻璃表面观察时，透过玻璃观察到的物体无明显变形

①　中央区是位于试样中央的，其轴线坐标或直径不大于整体尺寸的 80% 的圆形或椭圆形区域，余下的部分为周边区。

23.2.4　建筑用 U 形玻璃

1. 建筑用 U 形玻璃的形式（图 23-2）

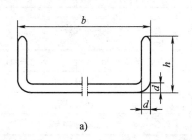 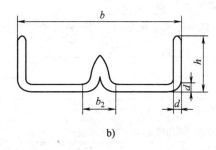

a)　　　　　　　　　　　　　　　　b)

图 23-2　建筑用 U 形玻璃的形式

a) U 形玻璃　b) 双 U 形玻璃

2. 建筑用 U 形玻璃的规格尺寸（表 23-18）

表 23-18　建筑用 U 形玻璃的规格尺寸（JC/T 867—2000）　　　　（单位：mm）

种　　类	正面宽 b(±2)	翼高 h(±2)	厚度 d(±0.5)	最大出厂长度 L(±3)	肋宽 b_2(±5)
U 形玻璃	260	41	6	6000	—
	260	60	7	7000	—
	330	41	6	6000	—
	330	60	7	7000	—
	500	41	6	4000	—
	500	60	7	4000	—
双 U 形玻璃	600	50	5.5	3600	35

注：最大出厂长度不等于使用长度。

3. 建筑用 U 形玻璃的正面外观质量（表 23-19）

表 23-19　建筑用 U 形玻璃的正面外观质量（JC/T 867—2000）

缺 陷 名 称	1m 延长玻璃	
	优　等　品	合　格　品
开口气泡	不允许有	

（续）

缺陷名称		1m 延长玻璃	
		优　等　品	合　格　品
闭口气泡	<1mm	在 10cm 直线距离内不允许有相邻的气泡	不限
	1~3mm	不允许多于 6 个	不限
	>3mm ~ <8mm	1 个	20 个
	>8mm	不允许有	
破坏性疙瘩(未熔化的耐火材料颗粒)		不允许有	
非破坏性疙瘩(未熔化的耐火材料颗粒、结晶体等)	<1mm	不限	不限
	1~2mm	不允许多于 3 个	不允许多于 5 个
丝状气泡、波筋、划痕、褶皱		不允许有	不限
突出玻璃表面的线道或条纹及有损外观的花纹变形(压花 U 形玻璃)		不允许有	
缺角和端头缺口		不允许超过 5mm	不允许超过 10mm
端头突出		不允许有	
开口裂痕和小裂痕		不允许有	
斑点、条带等色调不均现象(本体着色玻璃)		不允许有	
夹丝玻璃	被氧化着色的夹丝	不允许有	总长不允许超过 2mm
	夹丝接头	不允许有	不超过 1 处
	夹丝断开超过 30mm	不允许有	不超过 1 处
	夹丝露头	不允许有	

4. 建筑用 U 形玻璃的可见光透射比 （表 23-20）

表 23-20　建筑用 U 形玻璃的可见光透射比 （JC/T 867—2000）

玻璃的种类	玻璃的表面特征	可见光透射比(%)
不夹丝的 U 形玻璃和双 U 形玻璃	平滑	≥65
	带波纹或花纹图案	≥55
夹丝 U 形玻璃和双 U 形玻璃	平滑	≥55

5. 建筑用 U 形玻璃的抗弯曲性能 （表 23-21）

表 23-21　建筑用 U 形玻璃的抗弯曲性能 （JC/T 867—2000）

玻璃摆放方式	规格尺寸		允许荷载 /9.8N	玻璃摆放方式	规格尺寸		允许荷载 /9.8N
	厚度/mm	正面宽/mm			厚度/mm	正面宽/mm	
翼朝上	6	260	100	翼朝下	6	260	40
	6	330	110		6	330	40
	6	500	120		6	500	40

23.2.5 镶嵌玻璃

1. 镶嵌玻璃的厚度允许偏差（表 23-22）

表 23-22 镶嵌玻璃的厚度允许偏差（JC/T 979—2005）　　（单位：mm）

公 称 厚 度	允 许 偏 差
≤22	±1.5
>22	±2.0

注：中空镶嵌玻璃的公称厚度为玻璃原片的公称厚度与间隔层厚度之和。

2. 镶嵌玻璃的长（宽）度允许偏差（表 23-23）

表 23-23 镶嵌玻璃的长（宽）度允许偏差（JC/T 979—2005）　　（单位：mm）

长(宽)度	允 许 偏 差
<1000	±2
1000 ~ <2000	+2 −3
2000 ~ <3000	±3

3. 镶嵌玻璃的允许叠差（表 23-24）

表 23-24 镶嵌玻璃的允许叠差（JC/T 979—2005）　　（单位：mm）

长(宽)度	最大允许叠差
<1000	2.0
1000 ~ <2000	3.0
2000 ~ <3000	4.0

23.2.6 真空玻璃

1. 真空玻璃的厚度允许偏差（表 23-25）

表 23-25 真空玻璃的厚度允许偏差（JC/T 1079—2008）　　（单位：mm）

公称厚度	允许偏差
≤12	±0.4
>12	供需双方商定

2. 真空玻璃的长（宽）度允许偏差（表 23-26）

表 23-26 真空玻璃的长（宽）度允许偏差（JC/T 1079—2008）　　（单位：mm）

公 称 厚 度	长(宽)度		
	≤1000	>1000 ~ 2000	>2000
≤12	±2.0	+2.0 −3.0	±3.0
>12	±2.0	±3.0	±3.0

3. 支撑物的排列质量（表 23-27）

表 23-27 支撑物的排列质量（JC/T 1079—2008）

缺 陷 名 称	技 术 要 求
缺位	连续缺位不允许，非连续性缺位每平方米不允许超过 3 个
重叠	不允许
多余	每平方米不允许超过 3 个

4. 真空玻璃的外观质量（表23-28）

表23-28 真空玻璃的外观质量（JC/T 1079—2008）

缺陷名称	技术要求
划伤	宽度在0.1mm以下的轻微划伤,长度≤100mm时,每平方米面积允许存在4条 宽度在0.1~1mm的划伤,长度≤100mm时,每平方米面积允许存在4条
爆边	每片玻璃每米边长上允许有长度不超过10mm,自玻璃边部向玻璃板表面延伸深度不超过2mm,自板面向玻璃厚度延伸深度不超过1.5mm的爆边1个
内面污迹	不允许
裂纹	不允许

5. 真空玻璃的弯曲度（表23-29）

表23-29 真空玻璃的弯曲度（JC/T 1079—2008）

玻璃厚度/mm	弓形弯曲度
≤12	0.3%
>12	供需双方商定

6. 真空玻璃的保温性能（表23-30）

表23-30 真空玻璃的保温性能（JC/T 1079—2008）

类 别	传热系数 $K/[W/(m^2 \cdot K)]$
1	≤1.0
2	>1.0~2.0
3	>2.0~2.8

23.2.7 空心玻璃砖

空心玻璃砖的外形尺寸（长、宽、厚）的允许偏差值不大于1.5mm；正外表面最大上凸不大于2.0mm，最大凹进不大于1.0mm。正面应无明显偏离主色调的色带或色道，同一批次的产品之间，其正面颜色应无明显色差。单块质量的允许偏差小于或等于其公称质量的10%。平均抗压强度不小于7.0MPa，单块最小值不小于6.0MPa。

空心玻璃砖的外观质量如表23-31所示。

表23-31 空心玻璃砖的外观质量（JC/T 1007—2006）

缺陷名称	技术要求
裂纹	不允许有贯穿裂纹
熔接缝	不允许高出砖外边缘
缺口	不允许有
气泡	直径不大于1mm的气泡忽略不计,但不允许密集存在;直径1~2mm的气泡允许有2个;直径2~3mm的气泡允许有1个;直径大于3mm的气泡不允许有。宽度小于0.8mm,长度小于10mm的拉长气泡允许有2个;宽度小于0.8mm,长度小于15mm的拉长气泡允许有1个;超过该范围的不允许有
结石或异物	直径小于1mm的允许有2个
玻璃屑	直径小于1mm的忽略不计,直径1~3mm的允许有2个,大于3mm的不允许

（续）

缺陷名称	技 术 要 求
线道	距 1m 观察不可见
划伤	不允许有长度大于 30mm 的划伤
麻点	连续的麻点痕长度不超过 20mm
剪刀痕	正表面边部 10mm 范围内每面允许有 1 条,其他部位不允许有
料滴印	距 1m 观察不可见
模底印	距 1m 观察不可见
冲头印	距 1m 观察不可见
油污	距 1m 观察不可见

注：密集指 100mm 直径的圆面积内多于 10 个。

23.2.8　化学钢化玻璃

1. 化学钢化玻璃的厚度允许偏差 （表 23-32）

表 23-32　化学钢化玻璃的厚度允许偏差（JC/T 977—2005）　　　（单位：mm）

厚度	允 许 偏 差
2、3、4、5、6	±0.2
8、10	±0.3
12	±0.4

注：厚度小于 2mm 及大于 12mm 的化学钢化玻璃的厚度及厚度偏差由供需双方商定。

2. 化学钢化玻璃的长 （宽） 度允许偏差 （表 23-33）

表 23-33　化学钢化玻璃的长 （宽） 度的允许偏差 （JC/T 977—2005）（单位：mm）

厚　度	长(宽)度			
	≤1000	>1000~2000	>2000~3000	>3000
<8	+1.0 −2.0	±3.0	±3.0	±4.0
≥8	+2.0 −3.0			

3. 化学钢化玻璃的对角线差 （表 23-34）

表 23-34　化学钢化玻璃的对角线差 （JC/T 977—2005）　　　（单位：mm）

玻璃公称厚度	长(宽)度		
	≤2000	>2000~3000	>3000
3、4、5、6	3.0	4.0	5.0
8、10、12	4.0	5.0	6.0

注：厚度不大于 2mm 及大于 12mm 的矩形化学钢化玻璃对角线差由供需双方商定。

4. 化学钢化玻璃的外观质量（表 23-35）

表 23-35　化学钢化玻璃的外观质量（JC/T 977—2005）

缺陷名称	说　　明	允许缺陷数
爆边	每片玻璃每米边长上允许有长度不超过 10mm,自玻璃边部向玻璃板表面延伸深度不超过 2mm,自板面向玻璃厚度延伸深度不超过厚度 1/3 的爆边个数	1 处
划伤	宽度在 0.1mm 以下的轻微划伤,每平方米面积内允许存在条数	长度≤60mm 时,4 条
裂纹、缺角	不允许存在	
渍迹、污雾	化学钢化玻璃表面不应有明显渍迹及污雾	

5. 化学钢化玻璃的孔径及允许偏差（表 23-36）

表 23-36　化学钢化玻璃的孔径及允许偏差（JC/T 977—2005）　　（单位：mm）

公称孔径	允许偏差	公称孔径	允许偏差
<4	供需双方商定	>20 ~100	±2.0
4 ~20	±1.0	>100	供需双方商定

6. 化学钢化玻璃的弯曲度（表 23-37）

表 23-37　化学钢化玻璃的弯曲度（JC/T 977—2005）

玻璃厚度/mm	弯曲度
≥2	0.3%

注：厚度小于 2mm 的化学钢化玻璃弯曲度由供需双方商定。

7. 化学钢化玻璃的表面应力（表 23-38）

表 23-38　化学钢化玻璃的表面应力（JC/T 977—2005）

分　类	表面应力/MPa
I 类	>300 ~400
II 类	>400 ~600
III 类	>600

8. 化学钢化玻璃的压应力层厚度（表 23-39）

表 23-39　化学钢化玻璃的压应力层厚度（JC/T 977—2005）

分　类	压应力层厚度/μm
A 类	>12 ~25
B 类	>25 ~50
C 类	>50

9. 化学钢化玻璃的抗冲击性（表 23-40）

表 23-40　化学钢化玻璃的抗冲击性（JC/T 977—2005）

玻璃厚度/mm	冲击高度/m	冲击后状态
<2	1.0	试样不得破坏
≥2	2.0	

23.2.9 半钢化玻璃

1. 半钢化玻璃矩形制品的边长允许偏差（表23-41）

表23-41 半钢化玻璃矩形制品的边长允许偏差（GB/T 17841—2008）（单位：mm）

厚 度	边 长			
	≤1000	>1000~2000	>2000~3000	>3000
3、4、5、6	+1.0 -2.0	±3.0		±4.0
8、10、12	+2.0 -3.0			

2. 半钢化玻璃矩形制品的对角线允许偏差（表23-42）

表23-42 半钢化玻璃矩形制品的对角线允许偏差（GB/T 17841—2008）（单位：mm）

玻璃公称厚度	边 长			
	≤1000	>1000~2000	>2000~3000	>3000
3、4、5、6	2.0	3.0	4.0	5.0
8、10、12	3.0	4.0	5.0	6.0

3. 半钢化玻璃制品的孔径及允许偏差（表23-43）

表23-43 半钢化玻璃制品的孔径及允许偏差（GB/T 17841—2008）（单位：mm）

公称孔径	允许偏差
4~50	±1.0
>50~100	±2.0
>100	供需双方商定

4. 半钢化玻璃制品的外观质量（表23-44）

表23-44 半钢化玻璃制品的外观质量（GB/T 17841—2008）

缺陷名称	说 明	允许缺陷数
爆边	每米边长上允许有长度不超过10mm，自玻璃边部向玻璃板表面延伸深度不超过2mm，自板面向玻璃厚度延伸深度不超过厚度1/3的爆边个数	1处
划伤	宽度≤0.1mm，长度≤100mm 每平方米面积内允许存在条数	4条
	宽度>0.1~0.5mm，长度≤100mm 每平方米面积内允许存在条数	3条
夹钳印	夹钳印与玻璃边缘的距离≤20mm，边部变形量≤2mm	
裂纹、缺角	不允许存在	

5. 半钢化玻璃的弯曲度（表23-45）

表23-45 半钢化玻璃的弯曲度（GB/T 17841—2008）

缺 陷	弯曲度	
	浮法玻璃	其他
弓形/(mm/mm)	0.3%	0.4%
波形/(mm/300mm)	0.3	0.5

6. 半钢化玻璃的弯曲强度（表 23-46）

表 23-46　半钢化玻璃的弯曲强度（GB/T 17841—2008）

原片玻璃种类	弯曲强度/MPa
浮法玻璃、镀膜玻璃	≥70
压花玻璃	≥55

7. 半钢化玻璃的表面应力值（表 23-47）

表 23-47　半钢化玻璃的表面应力值（GB/T 17841—2008）

原片玻璃种类	表面应力/MPa
浮法玻璃、镀膜玻璃	24 ~ 60
压花玻璃	—

23. 2. 10　防砸复合玻璃

1. 防砸复合玻璃的尺寸允许偏差（表 23-48）

表 23-48　防砸复合玻璃的尺寸允许偏差（GA 844—2009）　　　（单位：mm）

厚度范围	长度允许偏差		厚度允许偏差
	≤1200	>1200 ~ 2400	
4 ~ <6	+2	+3	+0.6
	−1	−1	−0.5
6 ~ <11	+2	+3	+0.8
	−1	−1	−0.8
11 ~ <17	+3	+4	+1.0
	−2	−2	−1.0
17 ~ <24	+4	+5	+1.2
	−3	−3	−1.2
≥24	+4	+5	+1.5
	−4	−4	−1.5

2. 防砸复合玻璃的透光度（表 23-49）

表 23-49　防砸复合玻璃的透光度（GA 844—2009）

防砸复合玻璃厚度/mm	透光度（%）
≥30	≥65
20 ~ <30	≥70
<20	≥75

3. 防砸复合玻璃的级别（表 23-50）

表 23-50　防砸复合玻璃的级别（GA 844—2009）

分　类	试验条件	合格条件
A 级防砸玻璃	经受 68J 锐器工具冲击 3 次	不应出现穿透性洞口
B 级防砸玻璃	经受 120J 锐器工具冲击 6 次	不应出现穿透性洞口
C 级防砸玻璃	经受 270J 锐器工具冲击 20 次	不应出现穿透性洞口
D 级防砸玻璃	经受 362J 锐器工具冲击 30 次和 80 次消防平斧冲击	不应出现穿透性洞口

23.2.11 压力容器用视镜玻璃

1. 压力容器用视镜玻璃的直径允许偏差（表 23-51）

表 23-51 压力容器用视镜玻璃的直径允许偏差（GB/T 23259—2009）（单位：mm）

视镜玻璃直径	≤150	>150~200	>200
允许偏差	±0.5	±0.8	±1

2. 压力容器用视镜玻璃的厚度允许偏差（表 23-52）

表 23-52 压力容器用视镜玻璃的厚度允许偏差（GB/T 23259—2009）（单位：mm）

视镜玻璃厚度	10~20	>20
允许偏差	+0.50 -0.25	+0.80 -0.40

3. 压力容器用视镜玻璃的倒角尺寸（图 23-3、表 23-53）

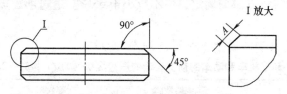

图 23-3 压力容器用视镜玻璃倒角

表 23-53 压力容器用视镜玻璃倒角尺寸（GB/T 23259—2009）（单位：mm）

视镜玻璃直径	≤100	>100
倒角尺寸 A 及允许偏差	$1.5^{+0.2}_{0}$	$2.0^{+0.2}_{0}$

4. 压力容器用视镜玻璃的平行度与平面度误差之和（表 23-54）

表 23-54 压力容器用视镜玻璃平行度与平面度误差之和（GB/T 23259—2009）

（单位：mm）

视镜玻璃直径	≤100	>100~200	>200
平行度与平面度误差之和	≤0.20	≤0.25	≤0.30

5. 压力容器用视镜玻璃的外观质量（表 23-55）

表 23-55 压力容器用视镜玻璃的外观质量（GB/T 23259—2009）

缺陷名称	技 术 要 求
气泡	1）直径或平均值 >2mm 圆形或椭圆形气泡不允许存在 2）开口形气泡不允许存在 3）直径 ≤0.3mm 的气泡，每平方厘米最多允许 3 个 4）直径 >0.3~0.5mm 的气泡，每片最多允许 10 个 5）直径 >0.5~1mm 的气泡，每片最多允许 4 个 6）直径 >1~2mm 的气泡，每片最多允许 2 个

（续）

缺 陷 名 称	技 术 要 求
结石及固体夹杂物	不允许存在
条纹	不允许存在
轻微擦伤	距周边 1.5mm 以外范围，最多允许有 2 条长度 <30mm 的轻微擦伤存在
裂纹	不允许存在
凹点及皱纹	1) 不允许存在于两个密封面上 2) 侧面在距倒角斜线 3mm 范围内的侧面，不允许存在深度 >2mm 的凹点 3) 整个侧面不允许存在深度 >2mm 的皱纹

23. 2. 12　机车和动车的前窗玻璃

前窗玻璃外部使用环境温度为 – 50 ~ 70℃，使用环境的相对湿度不大于 95%。通过前窗玻璃主视觉区和辅助视觉区的透光率在厚度不大于 24mm 时最小值为 75 %，在厚度大于 24mm 时其最小值由供需双方协商确定，但不应小于 65%。透过前窗玻璃的光颜色偏差不应导致驾驶人误读信号。

机车和动车的前窗玻璃的质量要求如表 23-56 所示。

表 23-56　机车和动车的前窗玻璃的质量要求（TB/T 1451—2007）

缺 陷 名 称	可忽略缺陷	次要缺陷	主要缺陷
点 状 缺 陷			
气泡	$\phi \leqslant 0.8mm$	$0.8mm < \phi \leqslant 2mm$	$\phi > 2mm$
杂质	$\phi \leqslant 0.8mm$	$0.8mm < \phi \leqslant 2mm$	$\phi > 2mm$
污点	$\phi \leqslant 0.8mm$	$0.8mm < \phi \leqslant 2mm$	$\phi > 2mm$
表面缺陷	$\phi \leqslant 0.8mm$	$0.8mm < \phi \leqslant 2mm$	$\phi > 2mm$
防碎层特定的缺陷			
表面水泡	$\phi \leqslant 1.5mm$	$1.5mm < \phi \leqslant 3mm$	$\phi > 3mm$
条痕	$L \leqslant 5mm$	$5mm < L \leqslant 10mm$	$L > 10mm$
涂料滴	$\phi \leqslant 5mm$	$5mm < \phi \leqslant 10mm$	$\phi > 10mm$
线 性 缺 陷			
裂痕、擦痕、划伤	—		所有尺寸
细划伤或通过触摸可检测的其他线形缺陷	$\phi \leqslant 13mm$	$13mm < \phi \leqslant 40mm$	$\phi > 40mm$
难通过触摸检测但可见的丝状划伤	所有尺寸		
印刷(维修)划伤	$\phi \leqslant 13mm$	$13mm < \phi \leqslant 40mm$	$\phi > 40mm$
棉绒、纤维、头发	$\phi \leqslant 13mm$	$13mm < \phi \leqslant 40mm$	$\phi > 40mm$
标记痕迹	距产品 3cm 外肉眼不可见的各种尺寸	距产品 3cm 外肉眼可见，累计表面 $\leqslant 8cm^2$	距产品 3cm 外肉眼可见，累计表面 $> 8cm^2$
边 缘 缺 陷			
夹具压痕	可忽略		

（续）

缺 陷 名 称	可忽略缺陷	次要缺陷	主要缺陷
弯曲机压痕	可忽略		
壳、碎屑 安装前窗玻璃时能引起人员受伤的锋利边缘为不合格	$\phi \leqslant 1\text{mm}$	$1\text{mm} < \phi \leqslant 2\text{mm}$	$\phi > 2\text{mm}$
丝网印刷特定缺陷			
丝网下杂质	$\phi \leqslant 1.5\text{mm}$	$1.5\text{mm} < \phi \leqslant 3\text{mm}$	$\phi > 3\text{mm}$
圆形缺陷	$\phi \leqslant 2\text{mm}$	$2\text{mm} < \phi \leqslant 4\text{mm}$	$\phi > 4\text{mm}$
线性缺陷 $S = LT$	$S \leqslant 20\text{mm}^2$ $T \leqslant 0.5\text{mm}$	$20\text{mm}^2 < S \leqslant 80\text{mm}^2$ $T \leqslant 1\text{mm}$	$S > 80\text{mm}^2$
丝网印刷边缘缺陷			
内边缘（最靠近视觉区） 外边缘	$P \leqslant 2\text{mm}$ 和 $L \geqslant 40\text{mm}$ $P < 5\text{mm}$	$2\text{mm} < P \leqslant 3\text{mm}$ 和 $10\text{mm} < L \leqslant 40\text{mm}$ $P = 5\text{mm}$（外围）	$P > 3\text{mm}$ 和 $L < 10\text{mm}$ $P > 5\text{mm}$

23. 2. 13 镀膜抗菌玻璃

1. 镀膜抗菌玻璃的外观质量（表 23-57）

表 23-57 镀膜抗菌玻璃的外观质量（JC/T 1054—2007）

缺陷名称	说 明	优等品	合格品
斑点	$1.0\text{mm} \leqslant$ 直径 $\leqslant 2.5\text{mm}$	中部：不允许 75mm 边部：$\leqslant 2.0S$ 个	中部：$\leqslant 5.0S$ 个 75mm 边部：$\leqslant 6.0S$ 个
	$2.5\text{mm} \leqslant$ 直径 $\leqslant 5.0\text{mm}$	不允许	中部：$\leqslant 1.0S$ 个 75mm 边部：$\leqslant 4.0S$ 个
	直径 $> 5.0\text{mm}$	不允许	不允许
斑纹	目视可见	不允许	不允许
膜面划伤	$0.1\text{mm} \leqslant$ 宽度 $\leqslant 0.3\text{mm}$ 长度 $\leqslant 60\text{mm}$	不允许	不限 划伤间距不得小于 100mm
	宽度 $> 0.3\text{mm}$ 或长度 $> 60\text{mm}$	不允许	不允许
玻璃面划伤	宽度 $\leqslant 0.5\text{mm}$ 长度 $\leqslant 60\text{mm}$	$\leqslant 3.0S$ 条	
	宽度 $> 0.5\text{mm}$ 或长度 $> 60\text{mm}$	不允许	不允许

注：1. S 是指以平方米为单位的玻璃板面积，保留小数点后两位。

2. 允许个数与允许条数为各系数与 S 的积，按 GB/T 8170 修约至整数。

3. 玻璃板中部是指距玻璃板边缘 75mm 以内的区域，其他部分为边部。

2. 镀膜抗菌玻璃的耐久性试验前后透射比变化（表23-58）

表 23-58　镀膜抗菌玻璃的耐久性试验前后透射比变化（JC/T 1054—2007）

试 验 名 称	试验前后可见光透射比差值的允许值	试 验 名 称	试验前后可见光透射比差值的允许值
耐磨性	≤3%	耐溶剂性	≤2%
耐酸性	≤4%	耐沸腾水性	≤3%
耐碱性		耐湿热性	≤4%
耐消毒液性	≤2%	耐紫外线辐照性	≤2%

第24章 水 泥

24.1 基础资料
24.1.1 水泥的分类

水泥的分类如图24-1所示。

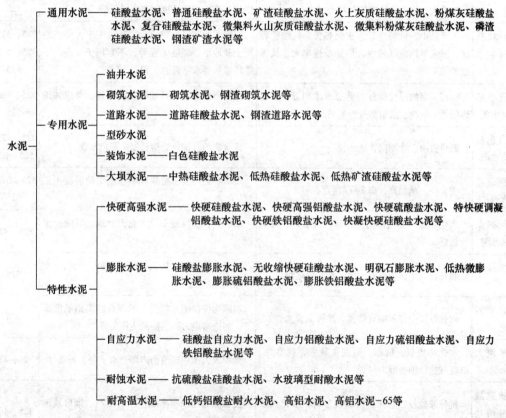

图 24-1 水泥的分类

24.1.2 常用水泥的特性和用途

常用水泥的特性和用途如表24-1所示。

表 24-1 常用水泥的特性和用途

名 称	主 要 特 性	用 途 举 例	标 号
硅酸盐水泥	标号高，快硬、早强、抗冻性好，耐磨性、抗渗透性强，耐热性仅次于矿渣水泥，水化热高，抗水性、耐蚀性差	高强混凝土工程，要求快硬的混凝土工程、低温下施工的工程等，不宜用于大体积混凝土工程	425、525、625、725

（续）

名　称	主　要　特　性	用　途　举　例	标　号
普通硅酸盐水泥	与硅酸盐水泥相比，早期强度增进率、抗冻性、耐磨性、水化热等略有降低，低温凝结时间略有延长，抗硫酸盐性能有所增强	适应性较强，无特殊要求的工程都可以使用	325、425、525、625
矿渣硅酸盐水泥	抗水、抗硫酸盐性能好，水化热低，耐热性好，早强低，抗冻性、保水性差，低温凝结硬化慢，蒸汽养护效果较好	地面、地下、水工及海工工程，大体积混凝土工程，高温车间建筑等，不宜用于要求早强的工程及冻融循环、干湿交换环境和冬季施工	275、325、425、525、625
火山灰质硅酸盐水泥	抗渗、抗水、抗硫酸盐性能好，水化热低，保水性好，早强低，对养护温度敏感，需水量、干缩性大，抗大气、抗冻性较差	更适用于地下、水中、潮湿环境工程和大体积混凝土工程等，地上工程要加强养护，不宜用于受冻、干燥环境和要求早强的工程	225、275、325、425、525
粉煤灰硅酸盐水泥	干缩性小，抗裂性好，水化热低，抗蚀性较好，强度早期发展较慢，后期增进率大，抗冻性差	一般工业和民用建筑，尤其适用于大体积混凝土及地下、海港工程等，不宜用于受冻、干燥环境和要求早强的工程	275、325、425、525、625
复合硅酸盐水泥	标准规定的强度指标与普通水泥相近，水化热较低，抗渗、抗硫酸盐性能较好	根据所掺混合材料的种类与数量，考虑其用途	325、425、525
白色硅酸盐水泥	颜色白净，性能同普通水泥	建筑物的装饰及雕塑、制造彩色水泥	325、425、525、625
快硬高强水泥	硬化快，早强高，按3d强度定标号	要求早强、紧急抢修和冬季施工的混凝土工程	325、375、425
低热微膨胀水泥	水化热低，硬化初期微膨胀，抗渗性、抗裂性较好	水工大体积混凝土及大仓面浇筑的混凝土工程	325、425
膨胀水泥	硬化过程中体积略有膨胀，膨胀值略小	填灌构件接缝、接头或加固修补，配制防水砂浆及混凝土	525
自应力水泥	硬化过程中体积略有膨胀，膨胀值较大	填灌构件接缝、接头，配制自应力钢筋混凝土，制造自应力钢筋混凝土压力管	375
矿渣大坝水泥	水化热更低，抗冻、耐磨性较差，抗水性、抗硫酸盐侵蚀的能力较强	大坝或大体积建筑物内部及水下等工程条件	325、425
抗硫酸盐硅酸盐水泥	抗硫酸盐侵蚀性强，抗冻性较好，水化热较低	受硫酸盐侵蚀和冻融作用的水利、港口及地下、基础工程	325、425
高铝水泥	硬化快，早强高，按3d强度定标号，具有较高的抗渗性、抗冻性和抗侵蚀性	配制不定形耐火材料、石膏矾土膨胀水泥、自应力水泥等特殊用途水泥，以及抢建、抢修、抗硫酸盐侵蚀和冬季工程等	425、525、625、725

24.2　常用水泥

24.2.1　白色硅酸盐水泥

白色硅酸盐水泥的技术要求如表24-2所示。

表 24-2 白色硅酸盐水泥的技术要求 （GB/T 2015—2005）

定义与代号		由氧化铁含量少的硅酸盐水泥熟料、适量石膏及标准中规定的混合材料,磨细制成水硬性胶凝材料称为白色硅酸盐水泥(简称"白水泥"),代号 P·W			
用途		适用于白色和彩色灰浆、砂浆及混凝土用			
物理指标	细度	80μm 方孔筛筛余应不超过 10%			
	凝结时间	初凝应不早于 45min,终凝应不迟于 10h			
	安定性	用沸煮法检验必须合格			
	水泥白度	水泥白度值应不低于 87			
物理指标	强度等级	抗压强度/MPa ≥		抗折强度/MPa ≥	
		3d	28d	3d	28d
	32.5	12.0	32.5	3.0	6.0
	42.5	17.0	42.5	3.5	6.5
	52.5	22.0	52.5	4.0	7.0
化学指标	三氧化硫	水泥中的三氧化硫的质量分数应不超过 3.5%			

24.2.2 钢渣硅酸盐水泥

钢渣硅酸盐水泥的技术要求如表 24-3 所示。

表 24-3 钢渣硅酸盐水泥的技术要求 （GB 13590—2006）

定义与代号		凡由硅酸盐水泥熟料和转炉或电炉钢渣(简称钢渣)、适量粒化高炉矿渣、石膏,磨细制成的水硬性胶凝材料,称为钢渣硅酸盐水泥。水泥中的钢渣掺加量(按质量分数计)不应少于 30%,代号 P·SS			
用途		适用于一般工业与民用建筑、地下工程与防水工程、大体积混凝土工程、道路工程等			
物理指标	比表面积	比表面积不小于 350m²/kg			
	凝结时间	初凝时间不得早于 45min,终凝时间不得迟于 12h			
	安定性	安定性检验必须合格。用氧化镁含量大于 13% 的钢渣制成的水泥,经压蒸安定性检验,必须合格			
	强度等级	抗压强度/MPa ≥		抗折强度/MPa ≥	
		3d	28d	3d	28d
	32.5	10.0	32.5	2.5	5.5
	42.5	15.0	42.5	3.5	6.5
化学指标	三氧化硫	三氧化硫的质量分数不超过 4%			

24.2.3 道路硅酸盐水泥

道路硅酸盐水泥的技术要求如表 24-4 所示。

表 24-4 道路硅酸盐水泥的技术要求 （GB 13693—2005）

定义与代号	由道路硅酸盐水泥熟料,适量石膏,可加入标准中规定的混合材料,磨细制成的水硬性胶凝材料,称为道路硅酸盐水泥(简称道路水泥),代号 P·R
用途	适用于道路路面及对耐磨、抗干缩等性能要求较高的其他工程用

（续）

物理指标	比表面积	比表面积为 300 ~ 450m²/kg			
	凝结时间	初凝应不早于 1.5h，终凝不得迟于 10h			
	安定性	用沸煮法检验必须合格			
	干缩率	28d 干缩率应不大于 0.10%			
	耐磨性	28d 磨耗量应不大于 3.00kg/m²			
	强度等级	抗压强度/MPa　≥		抗折强度/MPa　≥	
		3d	28d	3d	28d
	32.5	3.5	6.5	16.0	32.5
	42.5	4.0	7.0	21.0	42.5
	52.5	5.0	7.5	26.0	52.5
化学指标	氧化镁	道路水泥中氧化镁质量分数应不大于 5.0%			
	三氧化硫	道路水泥中三氧化硫质量分数应不大于 3.5%			
	烧失量	道路水泥中的烧失量应不大于 3.0%			
	碱含量	碱含量由供需双方商定。若使用活性骨料，用户要求提供低碱水泥时，水泥中碱质量分数应不超过 0.60%			

24.2.4　钢渣道路水泥

钢渣道路水泥的技术要求如表 24-5 所示。

表 24-5　钢渣道路水泥的技术要求（JC/T 1087—2008）

定义与代号		以转炉钢渣或电炉钢渣（简称钢渣）为主要成分和硅酸盐水泥熟料、适量粒化高炉矿渣、石膏，磨细制成的水硬性胶凝材料，称为钢渣道路水泥，代号为 S·R			
用途		适用于道路路面和对耐磨、抗干缩等性能要求较高的其他工程用			
物理指标	比表面积	比表面积应不小于 380m²/kg			
	凝结时间	初凝应不早于 1.5h，终凝应不迟于 10h			
	安定性	用沸煮法检验必须合格。用氧化镁的质量分数大于 13% 的钢渣制成的水泥，经压蒸安定性检验，必须合格			
	干缩率	28d 干缩率不得大于 0.10%			
	耐磨性	28d 磨耗量不得大于 3.00kg/m²			
	强度等级	抗压强度/MPa　≥		抗折强度/MPa　≥	
		3d	28d	3d	28d
	32.5	16.0	32.5	3.5	6.5
	42.5	21.0	42.5	4.0	7.0
化学指标	三氧化硫	三氧化硫的质量分数应不大于 4.0%			
	碱含量	碱含量由供需双方商定。若使用活性骨料，用户要求提供低碱水泥时，水泥中碱的质量分数应不超过 0.60%。碱含量按 $Na_2O + 0.658K_2O$ 计算值表示			

24.2.5　钢渣砌筑水泥

钢渣砌筑水泥的技术要求如表 24-6 所示。

表 24-6 钢渣砌筑水泥的技术要求（JC/T 1090—2008）

定义与代号	以转炉钢渣或电炉钢渣、粒化高炉矿渣为主要成分,加入适量硅酸盐水泥熟料和石膏,经磨细制成的工作性较好的水硬性胶凝材料,称为钢渣砌筑水泥,代号为 S·M			
用途	适用于砌筑砂浆、抹面砂浆和垫层混凝土等,不适用于结构混凝土			
物理指标	比表面积	水泥比表面积应不小于 350m²/kg		
	凝结时间	初凝时间应不早于 60min,终凝时间应不迟于 12h		
	安定性	用沸煮法检验必须合格。用氧化镁的质量分数大于 5% 的钢渣制成的水泥,经压蒸安定性检验,必须合格。钢渣中氧化镁的质量分数为 5%～13% 时,如粒化高炉矿渣的掺量大于 40%,制成的水泥可不作压蒸法检验 如水泥中三氧化硫的质量分数超过 4.0% 时,须进行水浸安定性检验		
	保水率	保水率应不低于 80%		
	水泥等级	抗压强度/MPa ≥		抗折强度/MPa ≥	

水泥等级	7d	28d	7d	28d
17.5	7.0	17.5	1.5	3.0
22.5	10.0	22.5	2.0	4.0
27.5	12.0	27.5	2.5	5.0

化学指标	三氧化硫	水泥中三氧化硫的质量分数应不超过 4.0%。如水浸安定性合格,三氧化硫的质量分数允许放宽至 6.0%

24.2.6 砌筑水泥

砌筑水泥的技术要求如表 24-7 所示。

表 24-7 砌筑水泥的技术要求（GB/T 3183—2003）

定义与代号	凡由一种或一种以上的水泥混合材料,加入适量硅酸盐水泥熟料和石膏,经磨细制成的工作性较好的水硬性胶凝材料,称为砌筑水泥,代号 M			
用途	主要用于砌筑和抹面砂浆、垫层混凝土等,不应用于结构混凝土			
物理指标	细度	80μm 方孔筛筛余不大于 10.0%		
	凝结时间	初凝不早于 60min,终凝不迟于 12h		
	安定性	用沸煮法检验,应合格		
	保水率	保水率应不低于 80%		
	水泥等级	抗压强度/MPa ≥		抗折强度/MPa ≥	

水泥等级	7d	28d	7d	28d
12.5	7.0	12.5	1.5	3.0
22.5	10.0	22.5	2.0	4.0

化学指标	三氧化硫	水泥中三氧化硫的质量分数应不大于 4.0%

第25章　其他常用工程材料

25.1　石棉

25.1.1　石棉及其制品的分类

1. 石棉的分类（图25-1）

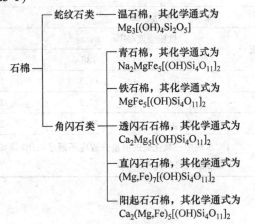

$$石棉 \begin{cases} 蛇纹石类 —— 温石棉，其化学通式为 Mg_3[(OH)_4Si_2O_5] \\ 角闪石类 \begin{cases} 青石棉，其化学通式为 Na_2MgFe_5[(OH)Si_4O_{11}]_2 \\ 铁石棉，其化学通式为 MgFe_5[(OH)Si_4O_{11}]_2 \\ 透闪石石棉，其化学通式为 Ca_2Mg_5[(OH)Si_4O_{11}]_2 \\ 直闪石石棉，其化学通式为 (Mg,Fe)_7[(OH)Si_4O_{11}]_2 \\ 阳起石石棉，其化学通式为 Ca_2(Mg,Fe)_5[(OH)Si_4O_{11}]_2 \end{cases} \end{cases}$$

图 25-1　石棉的分类

2. 石棉制品的分类（图25-2）

石棉制品
- 石棉纺织制品 —— 石棉纱、石棉线、石棉绳、石棉盘根、石棉布、石棉带、石棉绒、石棉衣及石棉手套、石棉鞋罩和帽罩、石棉被、石棉防火幕和灭火毯等
- 石棉纸和石棉板 —— 石棉纸、石棉瓦楞纸、石棉板等
- 石棉橡胶及石棉塑料制品 —— 制动衬带、离合器面片、普通橡胶石棉板、耐油橡胶石棉板等
- 石棉水泥制品 —— 石绵水泥瓦、石棉水泥板、石棉水泥管、石棉水泥防弧罩等
- 石棉沥青制品 —— 沥青石棉纸、石棉沥青板、石棉沥青砖、石棉沥青油灰、石棉漆等
- 石棉保温制品 —— 硅藻土石棉粉、碳酸镁石棉粉、重质石棉粉、石棉砖、石棉管、石棉水泥等

图 25-2　石棉制品的分类

25.1.2　常用石棉的性能

常用石棉的性能如表25-1所示。

表 25-1　常用石棉的性能

项　目	温石棉	青石棉	项　目	温石棉	青石棉
密度/(g/cm^3)	2.2~2.4	3.2~3.3	纤维外形	白色有光泽	深青色,光泽小
莫氏硬度	2.5~4.0	4.0	柔顺性	柔软	柔软

（续）

项　目	温石棉	青石棉	项　目	温石棉	青石棉
强韧性	强	稍弱	吸湿量(%)	1~3	1~3
比热容/[J/(kg·K)]	0.2	0.2	耐酸性	弱	强
热导率/[W/(m·K)]	0.25	—	耐碱性	强	弱
熔点/℃	1200~1600	900~1150	铁质含量(质量分数,%)	4.5以下	3.5以上
使用温度/℃	400	200	抗拉强度/MPa	2940	3240
最高工作温度/℃	600~800		纺织	可	可
灼热减量(800℃)(质量分数,%)	13~15	3~4	作为绝缘材料	适宜	较差

25.1.3　石棉制品的应用范围

石棉制品的应用范围如表 25-2 所示。

表 25-2　石棉制品的应用范围

分　类　名　称		采用的石棉	应　用　范　围
1) 石棉纺织制品	石棉纱	温石棉	保温隔热材料,以及用于复制各种石棉制品
	石棉线及石棉铜丝线	温石棉	
	石棉绳(方绳及圆绳)	温石棉	保温隔热材料、热塞材料
	油浸石墨石棉绳	温石棉	蒸汽发动机热塞防泄材料
	黑铅粉石棉绳	温石棉	
	石棉松绳	温石棉	保温隔热材料
	石棉盘根　炉门圈盘根	温石棉	保温隔热衬垫材料、蒸汽发动机热塞防泄材料
	平盘盘根	温石棉	
	弹簧盘根	温石棉	
	橡芯盘根	温石棉	
	铅芯盘根	温石棉	
	铜丝芯盘根	温石棉	
	石棉布　普通石棉布	温石棉	热绝缘材料、复制品材料
	铜丝石棉布	温石棉	制造制动带、离合器面片等用
	电解槽石棉布	温石棉	电解槽用
	青石棉布	青石棉	用作化学工业上的过滤材料
	石棉带	温石棉	电工绝缘材料、隔热材料
	石棉绒	温石棉	用作隔热、衬垫及石棉塑料制品等
	石棉衣及石棉手套	温石棉	熔炼车间工作用
	石棉鞋罩、帽罩	温石棉	
	石棉被	温石棉	保温隔热材料
	石棉防火幕、灭火毯	温石棉	防火用

（续）

分　类　名　称		采用的石棉	应　用　范　围
2）石棉纸、板	石棉纸	温石棉	保温隔热、隔电材料，过滤材料
	石棉瓦楞纸	温石棉	保温材料（适于长期振动导管上）
	石棉板	温石棉	保温隔热、隔声、绝缘材料
3）石棉橡胶及石棉塑料制品	制动衬带（刹车带）	温石棉	汽车、飞机、起重设备等制动材料
	离合器面片	温石棉	汽车、机床等传动材料
	普通橡胶石棉板	温石棉	高温密封衬垫材料，俗称红纸板
	耐油橡胶石棉板	温石棉	高温高压、耐油的密封衬垫材料，俗称黑纸板或黑鸡毛纸
4）石棉水泥制品	石棉水泥平瓦、波瓦	温石棉	建筑材料
	石棉水泥脊瓦	温石棉	
	石棉水泥板	温石棉	建筑材料、电工材料
	石棉水泥管	温石棉	建筑、水道、煤气管道、地下电缆等工程用的材料
	石棉水泥防弧罩	温石棉	电工材料
5）石棉沥青制品	沥青石棉纸	温石棉	建筑材料及安装工程上仪表、机械包装衬垫材料
	沥青石棉布（石棉油毡）	温石棉	建筑材料
	石棉沥青板	温石棉	高级建筑材料
	石棉沥青砖	温石棉	高级建筑材料
	石棉沥青油灰	温石棉	嵌填水泥路面膨胀缝及嵌填屋顶和地下室裂缝的优良材料
	石棉漆	温石棉	防湿材料
6）石棉保温制品	硅藻土石棉粉（灰）	温石棉	保温隔热材料，用于包裹锅炉、蒸汽管及一切有热能散发的机器
	碳酸镁石棉粉（灰）	温石棉	
	重质石棉粉（灰）	温石棉	
	石棉砖	温石棉	主要供砌筑工业炉及锅炉的外壁
	石棉管	温石棉	蒸汽管道保温包裹用
	石棉水泥	温石棉	建筑用的保温隔热材料

25.1.4　耐油石棉橡胶板

1. 耐油石棉橡胶板等级牌号和推荐使用范围（表25-3）

表25-3　耐油石棉橡胶板等级牌号和推荐使用范围（GB/T 539—2008）

分　类	等级牌号	表面颜色	推荐使用范围
一般工业用耐油石棉橡胶板	NY510	草绿色	温度510℃以下、压力5MPa以下的油类介质
	NY400	灰褐色	温度400℃以下、压力4MPa以下的油类介质
	NY300	蓝色	温度300℃以下、压力3MPa以下的油类介质
	NY250	绿色	温度250℃以下、压力2.5MPa以下的油类介质
	NY150	暗红色	温度150℃以下、压力1.5MPa以下的油类介质

（续）

分　类	等级牌号	表面颜色	推荐使用范围
航空工业用 耐油石棉橡胶板	HNY300	蓝色	温度 300℃ 以下的航空燃油、石油基润滑油及冷气系统的 密封垫片

2. 耐油石棉橡胶板的厚度允许偏差（表 25-4）

表 25-4　耐油石棉橡胶板的厚度允许偏差（GB/T 539—2008）

公称厚度/mm	允许偏差/mm	同一张板厚度差/mm	公称厚度/mm	允许偏差/mm	同一张板厚度差/mm
≤0.41	+0.13 −0.05	≤0.08	>1.57~3.00	±0.20	≤0.20
>0.41~1.57	±0.13	≤0.10	>3.00	±0.25	≤0.25

3. 耐油石棉橡胶板的物理力学性能（表 25-5）

表 25-5　耐油石棉橡胶板的物理力学性能（GB/T 539—2008）

项　　目		NY510	NY400	NY300	NY250	NY150	HNY300
横向拉伸强度/MPa　≥		18.0	15.0	12.7	11.0	9.0	12.7
压缩率(%)		7~17					
回弹率(%)　　≥		50			45	35	50
蠕变松弛率(%)　≤		45				—	45
密度/(g/cm³)		1.6~2.0					
常温柔软性		在直径为试样公称厚度 12 倍的圆棒上弯曲 180°,试样不得出现裂纹等破坏迹象					
浸渍 IRM903 油后性能 (149℃,5h)	横向拉伸强度/MPa ≥	15.0	12.0	9.0	7.0	5.0	9.0
	增重率(%)　　≤	30					
	外观变化	—					无起泡
浸渍 ASTM 燃 料油 B 后性能 (21~30℃,5h)	增厚率(%)	0~20				—	0~20
	浸油后柔软性	—					同常温柔 软性要求
对金属材料的腐蚀性		—					无腐蚀
常温油密封 性	介质压力/MPa	18	16	15	10	8	15
	密封要求	保持 30min,无渗漏					
氮气泄漏率/[mL/(h·mm)]　≤		300					

注：厚度大于 3mm 的耐油石棉橡胶板,不做拉伸强度试验。

25.1.5　耐酸石棉橡胶板

1. 耐酸石棉橡胶板的厚度允许偏差（表 25-6）

表 25-6　耐酸石棉橡胶板的厚度允许偏差（JC/T 555—2010）

公称厚度/mm	允许偏差/mm	同一张板厚度差/mm	公称厚度/mm	允许偏差/mm	同一张板厚度差/mm
≤0.41	+0.13 −0.05	≤0.08	>1.57~3.00	±0.20	≤0.20
>0.41~1.57	±0.13	≤0.10	>3.00	±0.25	≤0.25

2. 耐酸石棉橡胶板的物理力学性能（表 25-7）

表 25-7　耐酸石棉橡胶板的物理力学性能（JC/T 555—2010）

项　　目			技术要求
横向拉伸强度/MPa		≥	10.0
密度/(g/cm³)			1.7～2.1
压缩率(%)			12±5
回弹率(%)		≥	40
柔软性		≤	在直径为试样公称厚度 12 倍的圆磅上弯曲 180℃,试样不得出现裂纹等破坏现象
耐酸性能	硫酸 $c(H_2SO_4)=18mol/L$,室温,48h	外观	不起泡、无裂纹
		增重率(%)　≤	50
	盐酸 $c(HCl)=12mol/L$,室温,48h	外观	不起泡、无裂纹
		增重率(%)　≤	45
	硝酸 $c(HNO_3)=1.67mol/L$,室温,48h	外观	不起泡、无裂纹
		增重率(%)　≤	40

注：1. 厚度大于 3.0mm 者不做拉伸强度试验。

　　2. 厚度大于等于 2.5mm 者不做柔软性试验。

25.1.6　电工用石棉水泥压力板

1. 电工用石棉水泥压力板的规格尺寸（表 25-8）

表 25-8　电工用石棉水泥压力板的规格尺寸（JC 434—1991）

长度/mm		宽度/mm		厚度/mm			厚度不均匀度(%)	经加工的压力板平整度/mm	
公称尺寸	允许偏差	公称尺寸	允许偏差	公称尺寸	允许偏差			一等品	合格品
					一等品	合格品			
1200	±5	800	±5	6、8、10	±0.5	±0.7	<10	≤4	≤5
				12、15、20	±1.0	±1.3			
				25、30、35、40	±1.5	±2.0	<7	≤3	≤4
1800 2400	±10	900 1200	±5	6、8、10	±0.5	±0.7	<10	≤4	≤5
				12、15、20	±1.0	±1.3			
				25、30、35、40	±1.5	±2.0	<7	≤3	≤4

注：1. 经供需双方协议可生产其他规格尺寸的压力板。

　　2. 厚度不均匀度是指同块压力板厚度最大值与最小值之差除以公称厚度。

2. 电工用石棉水泥压力板的物理力学性能（表 25-9）

表 25-9　电工用石棉水泥压力板的物理力学性能（JC 434—1991）

项　　目	压力板厚度/mm	压力板类别			
		一类板	二类板	三类板	四类板
抗折强度/MPa	对于所有厚度	50	40	30	25
冲击强度/(kJ/m²)	6、8、10	3.5		2.5	
	12、15、20	6.0		5.0	
	25～40	6.0		6.0	

（续）

项　目	压力板厚度/mm	压力板类别			
		一类板	二类板	三类板	四类板
吸水率(%)	对于所有厚度	12~23			
抗冻性	对于所有厚度	经25次冻融循环后不得有分层等破坏现象			
电击穿强度/(kV/mm)	6、8、10	2.0			
	>12	1.5			

注：石棉水泥压力板的抗折强度、冲击强度是采用气干的试样。

25.2　云母

25.2.1　云母及其制品的分类

1. 云母的分类（图25-3）

云母——
- 白云母(或称铝云母、钾云母)亚属——包括白云母和钠云母，其中白云母较为常见
- 黑云母(或称镁铁云母)亚属——包括金云母、黑云母和铁鳞云母
- 鳞云母(或称锂云母)亚属——包括鳞云母(锂云母)和铁锂云母

图 25-3　云母的分类

2. 云母制品的分类（图25-4）

云母制品——
- 云母板——塑性云母板、柔性云母板、衬垫云母板、换向云母板、电热设备用云母板等
- 其他云母制品——云母带、云母箔、云母纸、云母管、云母环、云母玻璃等

图 25-4　云母制品的分类

25.2.2　天然云母与合成云母的性能

天然云母与合成云母的性能如表25-10所示。

表 25-10　天然云母与合成云母的性能

项　目	白云母	金云母	合成云母(氟金云母)
密度/(g/cm³)	2.65~2.70	2.3~2.80	2.60~2.80
颜色	无色、棕色、肉红色、绿色	棕-黄色,浅绿褐色、黑色,无色者少见	
莫氏硬度	2.0~2.25	2.5~3.0	
熔点/℃	1260~1290	1270~1330	
工作温度/℃	600~700	800~900	1100
热导率/[W/(m·K)]	0.42~0.67		
吸湿率(质量分数,%)	0.02~0.65	0.10~0.77	0~0.16
吸水性(面积为8dm² 标本,在水中48h)(质量分数,%)	1.4~4.5(平均2.2)	1.5~5.2(平均2.7)	
耐油性	有吸油性,油可使各层间粘合松解,故不宜在变压器油中使用	同白云母	具有高度的耐油性

（续）

项　目		白 云 母	金 云 母	合成云母（氟金云母）
在酸中的稳定性		耐酸能力较高,常温下极难溶解,300℃以上开始分解,但不耐氢氟酸	耐酸能力弱,常温下可溶解	
在碱中的稳定性		不起作用	不起作用	
线胀系数（20～500℃）/（10^{-6}/K）		19.8	18.3	19.9
力学性能	抗拉强度/MPa	167～353	157～206	
	抗压强度/MPa	185～1177	294～588	
	抗剪强度/MPa	245	108	
	弹性模量/MPa	150500～213400	142200～191100	
	磨损系数	小于铜	近似铜	
电气性能	体积电阻率/Ω·cm	10^{14}～10^{16}	10^{13}～10^{15}	10^{16}～10^{17}
	表面电阻率/Ω	10^{11}～10^{12}	10^{10}～10^{11}	
	相对介电常数（20℃时） 50Hz	5.4～8.7	—	6.5
	相对介电常数（20℃时） 10^6Hz	5.4～8.7	5.6～6.3	6.5
	介质损耗角正切(20℃) 50Hz	0.0025	—	0.002～0.004
	介质损耗角正切(20℃) 10^6Hz	0.0001～0.0004	0.0003～0.07	0.0001～0.0003
	击穿电压/kV 厚度为20μm	4	3	4.5
	击穿电压/kV 厚度为50μm	5	4	7.5
折射率		1.561～1.594	1.562～1.606	
透明性		对可见光线均有高度透明性	仅对薄片是透明的	
可裂性（解理性）		易	中　等	

25.2.3　干磨白云母粉

干磨白云母粉的技术要求如表 25-11 所示。

表 25-11　干磨白云母粉的技术要求（JC/T 595—1995）

规　格	粒度分布					含铁量（质量分数,%）≤	含砂量（质量分数,%）≤	松散密度/(g/cm³)≤	含水量（质量分数,%）≤	白度/(°)≥
900μm（20目）	粒度/μm	+900	+450	+300	-300	0.04	1.0	0.36	1.0	45
	分布（%）	<2	65±5	25±5	<10					
450μm（40目）	粒度/μm	+450	+300	+150	-150					45
	分布（%）	<2	45±5	45±5	<10					
300μm（60目）	粒度/μm	+300	+150	+75	-75	0.08	1.5			50
	分布（%）	<2	50±5	40±5	<10					
150μm（100目）	粒度/μm	+150	+75	+45	-45					
	分布（%）	<2	40±5	30±5	<30					
75μm（200目）	粒度/μm	+75	—			0.04	1.0	0.34		
	分布（%）	<2								
45μm（325目）	粒度/μm	+45	—							
	分布（%）	<2								

25.2.4　湿磨白云母粉

湿磨白云母粉的技术要求如表 25-12 所示。

表 25-12　湿磨白云母粉的技术要求（JC/T 596—1995）

规　　格	筛余量（%）	含砂量（质量分数,%）≤	烧失量（质量分数,%）≤	松散密度/(g/cm³)≤	含水量（质量分数,%）≤	白度/(°)≥
38μm（400 目）	75μm, ≤0.1　38μm, ≤10.0	0.5	5.0	0.25	1.0	70
45μm（325 目）	112μm, ≤0.1　45μm, ≤10.0					
75μm（200 目）	150μm, ≤0.1　75μm, ≤10.0	0.6		0.28		65
90μm（160 目）	180μm, ≤0.1　90μm, ≤10.0	1.0				
125μm（120 目）	250μm, ≤0.1　125μm, ≤10.0			0.30		

25.2.5　绢云母粉

1. 绢云母粉的化学成分（表 25-13）

表 25-13　绢云母粉的化学成分（YS/T 467—2004）

牌　　号	化学成分（质量分数,%）				
	主含量　≥			杂质含量　≤	
	Al_2O_3	SiO_2	K_2O	Cu	S
MCA-1	23.00	48.00	6.00	0.020	0.4
MCA-2	20.00	55.00	5.00	0.020	0.6
MCA-3	18.00	55.00	5.00	0.020	0.8

注：1. 绢云母粉是指与非铁金属矿物同步回收的，经湿磨、分选、干燥等工序制成的绢云母粉。分子式为：$KAl_2[AlSi_3O_{10}](OH)_2$。

2. 绢云母粉按 Al_2O_3 化学成分分为三个牌号：MCA-1、MCA-2、MCA-3。

2. 绢云母粉的性能（表 25-14）

表 25-14　绢云母粉的性能（YS/T 467—2004）

项　　目		MCA-1	MCA-2	MCA-3
倾注密度/(g/cm³)	≤	0.29	0.33	0.37
烧失量（质量分数,%）	≤	1.0		
含水量（质量分数,%）	≤	1.0		
筛余物（粒度大于 45μm）(%)	≤	0.5	1.0	1.0
pH 值		6.0～8.0		
外观		呈粉末状		

25.2.6　电热设备用云母板

1. 电热设备用云母板的分类（表 25-15）

表 25-15　电热设备用云母板的分类（GB/T 5022—1988）

产品型号	云母基材	胶粘剂
HP5（5660-1）	白云母纸	有机硅树脂胶粘剂
HP5（5660-3）	金云母纸	

2. 电热设备用云母板的公称厚度及允许偏差（表 25-16）

表 25-16　电热设备用云母板的公称厚度及允许偏差（GB/T 5022—1988）

（单位：mm）

公称厚度	允许偏差		公称厚度	允许偏差	
	中值与公称厚度的偏差	个别值与公称厚度的偏差		中值与公称厚度的偏差	个别值与公称厚度的偏差
0.20	±0.04	±0.05	0.60	±0.05	±0.07
0.30	±0.04	±0.05	0.80	±0.06	±0.08
0.40	±0.04	±0.06	1.00	±0.07	±0.10
0.50	±0.05	±0.07	>1.00	—	±10%

注：公称厚度处于上列两相邻公称厚度之间者，则其偏差按相邻的较大公称厚度的偏差。

3. 电热设备用云母板的技术要求（表 25-17）

表 25-17　电热设备用云母板的技术要求（GB/T 5022—1988）

项　目	技术要求	项　目	技术要求
胶粘剂含量（质量分数，%）	≤12.0	弯曲强度/MPa	在考虑中
密度/（g/cm³）	1.6～2.45	缺陷和导电粒子	可接受的缺陷形式和数目按供需双方协议
电气强度/（MV/m）	≥7		

25.2.7　有机硅玻璃云母带

1. 有机硅玻璃云母带的分类（表 25-18）

表 25-18　有机硅玻璃云母带的分类（JB/T 6488.2—1992）

产品型号	云母基材	适用范围
5450	剥片云母	适用于工作温度 180℃ 的电机、电器绝缘
5450-1	云母纸	

2. 有机硅玻璃云母带的公称厚度及允许偏差（表 25-19）

表 25-19　有机硅玻璃云母带的公称厚度及允许偏差（JB/T 6488.2—1992）

（单位：mm）

产品型号	公称厚度	允许偏差	
		中值与公称厚度的偏差	个别值与公称厚度的最大偏差
5450	0.10	±0.02	±0.04
	0.13	+0.03 −0.02	±0.06
	0.16	+0.03 −0.02	±0.07

（续）

产品型号	公称厚度	允许偏差	
		中值与公称厚度的偏差	个别值与公称厚度的最大偏差
5450-1	0.14	±0.02	±0.03
	0.17	+0.03 −0.02	±0.04

3. 有机硅玻璃云母带的成分（表 25-20）

表 25-20 有机硅玻璃云母带的成分（JB/T 6488.2—1992）

产品型号	云母含量(质量成分,%)	胶粘剂含量(质量成分,%)	挥发物含量(质量成分,%)
5450	≥40	15～30	≤2.0
5450-1	≥37	20～40	≤2.0

4. 有机硅玻璃云母带的技术要求（表 25-21）

表 25-21 有机硅玻璃云母带的技术要求（JB/T 6488.2—1992）

项 目	技术要求
介电强度[①](MV/m)	≥16
拉伸强度/(N/10mm)	≥80
柔软性/mm	供需双方商定

① 在介电强度试验中，所测击穿电压值在 0.6～0.9kV 的不允许超过一个。

25.2.8 环氧玻璃粉云母带

1. 环氧玻璃粉云母带的分类（表 25-22）

表 25-22 环氧玻璃粉云母带的分类（JB/T 6488.3—1992）

产品型号	胶 粘 剂	应用范围
5438-1	环氧桐油酸酐胶粘漆	适用于工作温度 130℃的各种电机、电器绝缘
5440-1	环氧桐马酸酐胶粘漆	适用于工作温度 155℃的各种电机、电器绝缘

2. 环氧玻璃粉云母带的公称厚度及允许偏差（表 25-23）

表 25-23 环氧玻璃粉云母带的公称厚度及允许偏差（JB/T 6488.3—1992）

（单位：mm）

公称厚度	偏差		公称厚度	偏差	
	中值与公称厚度 的偏差	个别值与公称厚度 的偏差		中值与公称厚度 的偏差	个别值与公称厚度 的偏差
0.10	±0.02	±0.03	0.17	±0.02	±0.03
0.14	±0.02	±0.03	0.20	±0.03	±0.05

3. 环氧玻璃粉云母带的成分（表 25-24）

表 25-24　环氧玻璃粉云母带的成分（JB/T 6488.3—1992）

公称厚度/mm	云母含量 /(g/m²)		玻璃布含量 /(g/m²)		胶粘剂含量			干燥材料单位面积的总质量 /(g/m²)		挥发物含量（质量分数,%）
					/(g/m²)		质量分数,%			
	公称值	偏差	公称值	偏差	公称值	偏差	参考值	公称值	偏差	
0.10	65	±5	36	±4	56	±7	35.5	157	±16	≤2
0.14	82	+8 -6			74	±9	38.5	192	±19	
0.17	115	±9	38		96	±12		249	±25	
0.20	150	±12	40		110	±14	37	300	±30	

注：其他组成成分的粉云母带可由供需双方商定。

4. 环氧玻璃粉云母带的固化前性能（表 25-25）

表 25-25　环氧玻璃粉云母带的固化前性能（JB/T 6488.3—1992）

项　目	技 术 要 求	项　目	技 术 要 求
胶的流动性(%)	≥45	柔软性/mm	供需双方商定
胶化时间/min	供需双方商定	介电强度/(MV/m)	≥35
拉伸强度/(N/10mm)	≥100		

5. 环氧玻璃粉云母带的固化后性能（表 25-26）

表 25-26　环氧玻璃粉云母带的固化后性能（JB/T 6488.3—1992）

项　目			技 术 要 求	
			5438-1	5440-1
弯曲强度/MPa	纵向	常态	≥180	≥200
		热态	≥30.0(130℃)	≥40.0(155℃)
	横向	常态	≥100	≥120
		热态	≥20.0(130℃)	≥30.0(155℃)
弯曲弹性模量/MPa	纵向		≥24.0×10³	≥40.0×10³
	横向		≥14.0×10³	≥30.0×10³
密度/(g/cm³)			≥1.6	≥1.8
介电强度/(MV/m)			≥35	≥40
在工频下介质损耗因数的温度特性(%)	30℃		≤2.0	
	130℃		≤4.0	
	155℃		—	≤5.0

6. 环氧玻璃粉云母带的温度指数（表 25-27）

表 25-27　环氧玻璃粉云母带的温度指数（JB/T 6488.3—1992）

型　号	温 度 指 数
5438-1	≥130
5440-1	≥155

25.2.9　耐火安全电缆用粉云母带

1. 耐火安全电缆用粉云母带的分类（表 25-28）

表 25-28　耐火安全电缆用粉云母带的分类（JB/T 6488.5—1992）

型　　号	云母纸类型	补强形式	型　　号	云母纸类型	补强形式
5460-1D	煅烧白云母纸	单面	5461-1S	非煅烧白云母纸	双面
5460-1S	煅烧白云母纸	双面	5461-3D	非煅烧金云母纸	单面
5461-1D	非煅烧白云母纸	单面	5461-3S	非煅烧金云母纸	双面

注：表中 D 表示为单面补强，S 表示为双面补强。

2. 耐火安全电缆用粉云母带的公称厚度及允许偏差（表 25-29）

表 25-29　耐火安全电缆用粉云母带的公称厚度及允许偏差（JB/T 6488.5—1992）

（单位：mm）

公称厚度 /mm	允许偏差		公称厚度 /mm	允许偏差	
	中值偏差	个别值偏差		中值偏差	个别值偏差
0.08	±0.02	±0.03	0.14	±0.02	±0.03
0.11	±0.02	±0.03	0.18	±0.03	±0.04

注：其他厚度可由供需双方协商生产。

3. 耐火安全电缆用粉云母带的成分（表 25-30）

表 25-30　耐火安全电缆用粉云母带的成分（JB/T 6488.5—1992）

型　　号	玻璃布定量 /(g/m²)	胶粘剂含量（质量分数,%）	云母含量（质量分数,%）	挥发物含量（质量分数,%）
5460-1D	18 ±2		≥60	
	20 ±2			
5460-1S	2 × (20 ±2)	≤25	≥55	
5461-1D	18 ±2		≥60	≤1.0
	20 ±2			
5461-1S	2 × (20 ±2)		≥55	
5461-3D	20 ±2	≤17	≥60	
5461-3S	2 × (20 ±2)		≥55	

注：允许用其他定量的玻璃布组合。

4. 耐火安全电缆用粉云母带的技术要求（表 25-31）

表 25-31　耐火安全电缆用粉云母带的技术要求（JB/T 6488.5—1992）

项　　目	补强形式	技术要求
拉伸强度/(N/10mm)	单面补强	≥60
	双面补强	≥100
挺度/(N/m)	单、双面补强	按合同规定
工频介电强度（常态下）/(MV/m)	单面补强	≥10
	双面补强	≥8
体积电阻率（常态下）/Ω·m	单、双面补强	≥1.0 × 10¹⁰

25.2.10 真空压力浸渍用环氧玻璃粉云母带

1. 真空压力浸渍用环氧玻璃粉云母带的分类（表25-32）

表25-32 真空压力浸渍用环氧玻璃粉云母带的分类（JB/T 6488.4—1992）

型 号	补强材料	胶粘剂	胶含量(质量分数,%)	使用范围
5442-1	单面电工用无碱玻璃布	环氧树脂	5 ~ 11	适用于工作温度155℃的大、中型高压电机的真空压力浸渍绝缘
5443-1	双面电工用无碱玻璃布	环氧桐马酸酐胶粘漆	7 ~ 11	
5444-1			17 ~ 23	
5445-1		环氧硼胺胶粘漆	24 ~ 32	

2. 真空压力浸渍用环氧玻璃粉云母带的公称厚度及允许偏差（表25-33）

表25-33 真空压力浸渍用环氧玻璃粉云母带的公称厚度及允许偏差（JB/T 6488.4—1992）

（单位：mm）

型 号	公称厚度	允许偏差	
		中值与公称厚度的偏差	个别值与公称厚度的偏差
5442-1	0.11	±0.02	±0.03
	0.15		
5443-1	0.13		
5444-1	0.14		
5445-1	0.11		

3. 真空压力浸渍用环氧玻璃粉云母带的成分（表25-34）

表25-34 真空压力浸渍用环氧玻璃粉云母带的成分（JB/T 6488.4—1992）

型 号	公称厚度 /mm	云母定量 /(g/m²)		玻璃布定量 /(g/m²)		胶粘剂含量 (质量分数,%)	干燥材料单位面积的总质量/(g/m²)		挥发物含量 (质量分数,%)
		公称值	偏差	公称值	偏差		公称值	偏差	
5442-1	0.11	120	±10	20	±2	5 ~ 11	151	±16	≤1.0
	0.15	180	±14				217	±22	≤0.5
5443-1	0.13	120	±10	38	±6	7 ~ 11	174	±20	≤1.0
5444-1	0.14					17 ~ 23	198		≤2.5
5445-1	0.11	82	±4	36	±4	24 ~ 32	160		≤3.0

4. 真空压力浸渍用环氧玻璃粉云母带的技术要求（表25-35）

表25-35 真空压力浸渍用环氧玻璃粉云母带的技术要求（JB/T 6488.4—1992）

项 目	技 术 要 求			
	5442-1	5443-1	5444-1	5445-1
介电强度/(MV/m)	—	≥12	≥25	
拉伸强度/(N/10mm)	≥60	100		≥65
挺度/(N/m)	由供需双方商定			
透气度/(s/100mL)	由供需双方商定			

25. 2. 11　聚酰亚胺薄膜粉云母带

1. 聚酰亚胺薄膜粉云母带的分类（表 25-36）

表 25-36　聚酰亚胺薄膜粉云母带的分类（JB/T 6488.6—1992）

型　　号	组　　成	胶粘剂类型
5446-1S	以云母纸为基材、玻璃布和聚酰亚胺薄膜双面补强的多胶粉云母带	胶粘剂温度指数为 155
5447-1D	以云母纸为基材、聚酰亚胺薄膜单面补强的少胶粉云母带	
5451-1S	以云母纸为基材、玻璃布和聚酰亚胺薄膜双面补强的少胶粉云母带	胶粘剂温度指数为 180
5452-1S	以云母纸为基材、玻璃布和聚酰亚胺薄膜双面补强的多胶粉云母带	
5453-1D	以云母纸为基材、聚酰亚胺薄膜单面补强的少胶粉云母带	
5461-1D	以云母纸为基材、耐电晕聚酰亚胺薄膜单面补强的少胶粉云母带	胶粘剂温度指数为 200
5462-1S	以云母纸为基材、耐电晕聚酰亚胺薄膜和无碱玻璃布双面补强的少胶粉云母带	
5463-1S	以云母纸为基材、耐电晕聚酰亚胺薄膜和无碱玻璃布双面补强的多胶粉云母带	
5464-1D	以云母纸为基材、聚酰亚胺薄膜单面补强的少胶粉云母带	胶粘剂温度指数为 200
5465-1D	以温度指数为 200 的耐高温纤维增强云母纸为基材、聚酰亚胺薄膜单面补强的少胶粉云母带	

注：表中 D 表示单面补强，S 表示双面补强。

2. 聚酰亚胺薄膜粉云母带的公称厚度及允许偏差（表 25-37）

表 25-37　聚酰亚胺薄膜粉云母带的公称厚度及允许偏差（JB/T 6488.6—1992）

（单位：mm）

型　　号	公称厚度	允许偏差	
		中值与公称厚度的最大允许偏差	个别值与公称厚度的最大允许偏差
5446-1S	0.14	±0.02	±0.03
5447-1D	0.09	±0.015	±0.025
5451-1S	0.10	±0.015	±0.025
	0.13	±0.015	±0.025
5452-1S	0.12	±0.015	±0.025
5453-1D	0.075	±0.01	±0.002
	0.10	±0.01	±0.02
5461-1D	0.07	±0.01	±0.02
	0.10	±0.01	±0.02
	0.13	±0.02	±0.03
5462-1S	0.10	±0.01	±0.02
	0.13	±0.02	±0.03
5463-1S	0.10	±0.015	±0.025
	0.12	±0.02	±0.03
	0.14	±0.02	±0.03
5464-1D	0.075	±0.01	±0.02
5465-1D	0.13	±0.015	±0.025

3. 聚酰亚胺薄膜粉云母带的成分（表 25-38）

表 25-38　聚酰亚胺薄膜粉云母带的成分（JB/T 6488.6—1992）

型　号	规格尺寸 /mm	脱粘剂含量 （质量分数,%)	云母含量 （质量分数,%)	云母加纤维含量 （质量分数,%)	挥发物含量 （质量分数,%)
5446-1S	0.14	25 ~ 32	≥37	—	≤4.0
5447-1D	0.09	≤14	≥50		≤2.0
5451-1S	0.10	12 ~ 18	≥40		≤2.0
	0.13	12 ~ 18	≥50		
5452-1S	0.12	24 ~ 32	≥37	—	≤4.0
5453-1D	0.075	8 ~ 14	≥50	—	≤2.0
	0.10	8 ~ 14	≥60		
5461-1D	0.07	8 ~ 16	≥50	—	≤1.0
	0.10	6 ~ 12	≥60		
	0.13	6 ~ 12	≥65		
5462-1S	0.10	10 ~ 16	≥40	—	≤2.0
	0.13	10 ~ 16	≥50		
5463-1S	0.10	20 ~ 28	≥40	—	≤3.0
	0.12				
	0.14		≥45		
5464-1D	0.075	7 ~ 13	≥50	—	≤2.0
5465-1D	0.13	7 ~ 13	≥25	≥50	≤2.0

4. 聚酰亚胺薄膜粉云母带的技术要求（表 25-39）

表 25-39　聚酰亚胺薄膜粉云母带的技术要求（JB/T 6488.6—1992）

项　目	技 术 要 求									
	5446-1S	5447-1D	5451-1S	5452-1S	5453-1D	5461-1D	5462-1S	5463-1S	5464-1D	5465-1D
	0.14	0.09	0.10 0.13	0.12	0.075 0.10	0.07 0.10 0.13	0.10 0.13	0.10 0.12 0.14	0.075	0.13
拉伸强度/(N/10mm)	≥60	≥40	≥55 ≥60	≥65	≥40	≥60	≥40	≥40	≥40	≥50
工频电气强度/(MV/m)	≥40	≥45	≥45	≥45	≥45	≥50	≥50	≥50	≥55	—

25.2.12　单根导线包绕用环氧树脂粘合聚酯薄膜云母带

1. 单根导线包绕用环氧树脂粘合聚酯薄膜云母带的公称厚度及允许偏差（表 25-40）

表 25-40　单根导线包绕用环氧树脂粘合聚酯薄膜云母带的公称厚度及

允许偏差（GB/T 5019.9—2009）　　　　（单位：mm）

型　号	说明代号	公称厚度	允 许 偏 差	
			中值与公称厚度的允许偏差	个别值与公称厚度的允许偏差
9.1.01	F30/M50/R5	0.07	±0.01	±0.02
9.1.02	F35/M60/R5	0.08		

（续）

型　号	说明代号	公称厚度	允许偏差	
			中值与公称厚度的允许偏差	个别值与公称厚度的允许偏差
9.1.03	F30/M80/R7	0.09	±0.01	±0.02
9.1.04	F35/M95/R7	0.10		
9.2.01	F15/M65/R7/F15	0.08		
9.2.02	F20/M65/R8/F20	0.09		
9.2.03	F25/M65/R9/F25	0.10		

2. 单根导线包绕用环氧树脂粘合聚酯薄膜云母带的宽度及允许偏差（表 25-41）

表 25-41　单根导线包绕用环氧树脂粘合聚酯薄膜云母带的宽度及

允许偏差（GB/T 5019.9—2009）　　　　（单位：mm）

公称宽度	允许偏差
≤10	±0.3
>10≤15	±0.5
>15	±1.0

3. 单根导线包绕用环氧树脂粘合聚酯薄膜云母带的成分（表 25-42）

表 25-42　单根导线包绕用环氧树脂粘合聚酯薄膜云母带的成分（GB/T 5019.9—2009）

型　号	说明代号	公称厚度/mm	聚酯薄膜含量/(g/m²)	云母含量/(g/m²)		树脂含量/(g/m²)		质量/单位面积/(g/m²)		挥发物含量（质量分数，%）≤
			公称及偏差	公称	偏差	公称	偏差	公称	偏差	
9.1.01	F30/M50/R5	0.07	42±4	50	±5	5	±2	97	±10	1.0
9.1.02	F35/M60/R5	0.08	49±4	60	±5	5	±2	114	±10	1.0
9.1.03	F30/M80/R7	0.09	42±4	80	±7	7	±3	129	±10	1.0
9.1.04	F35/M95/R7	0.10	49±4	95	±8	7	±3	151	±10	1.0
9.2.01	F15/M65/R7/F15	0.08	(21±2)×2	65	±5	7	±3	114	±10	1.0
9.2.02	F20/M65/R8/F20	0.09	(28±2)×2	65	±5	8	±3	129	±10	1.0
9.2.03	F25/M65/R9/F25	0.10	(35±3)×2	65	±5	9	±3	144	±10	1.0

注：允许用其他定量的玻璃布或薄膜组合。

4. 单根导线包绕用环氧树脂粘合聚酯薄膜云母带的技术要求（表 25-43）

表 25-43　单根导线包绕用环氧树脂粘合聚酯薄膜云母带的技术要求（GB/T 5019.9—2009）

项　目	技术要求				
	30μm	35μm	15μm×2	20μm×2	25μm×2
介电强度/(MV/m)	≥50	≥55	≥50	≥55	≥60
拉伸强度/(N/10mm)	≥30	≥35	≥25	≥30	≥35
挺度/(N/m)	由供需双方商定				

25.2.13　塑型云母板

1. 塑型云母板的分类（表25-44）

表25-44　塑型云母板的分类（JB/T 7099—1993）

型　号	胶粘剂	使 用 范 围
5230	醇酸胶粘漆	适用于工作温度130℃的各种电机电器用绝缘管、环及其他零件
5231	紫胶胶粘漆	
5235	醇酸胶粘漆	
5236	紫胶胶粘漆	
5250	有机硅胶粘漆	适用于工作温度180℃的各种电机电器用绝缘管、环及其他零件

2. 塑型云母板的公称厚度及允许偏差（表25-45）

表25-45　塑型云母板的公称厚度及允许偏差（JB/T7099—1993）　（单位：mm）

公称厚度	允许偏差		公称厚度	允许偏差	
	中值与公称厚度的允许偏差	个别值与公称厚度的最大允许偏差		中值与公称厚度的允许偏差	个别值与公称厚度的最大允许偏差
0.15	±0.05	±0.10	0.50	±0.07	±0.16
0.20			0.60	±0.08	±0.18
0.25			0.70	±0.09	±0.20
			0.80	±0.11	±0.22
0.30	±0.06	±0.12	1.00	±0.14	±0.28
0.40	±0.06	±0.12	1.20	±0.18	±0.32

3. 塑型云母板的技术要求（表25-46）

表25-46　塑型云母板的技术要求（JB/T 7099—1993）

项　目		技 术 要 求		
		5230；5231	5235；5236	5250
胶粘剂含量（质量分数，%）		15~25	8~15	15~25
介电强度/（MV/m）	0.15~0.25mm	≥35		
	0.30~0.50mm	≥30		
	0.60~1.20mm	≥25		
可塑性		在(110±5)℃的条件下可塑制成管		在(130±5)℃的条件下可塑制成管

25.2.14　柔软云母板

1. 柔软云母板的分类（表25-47）

表25-47　柔软云母板的分类（JB/T 7100—1993）

型　号	补强材料	胶粘剂	适用范围
5130	双面云母带用纸	醇酸胶粘漆	适用于工作温度130℃的电机槽绝缘及衬垫绝缘
5131	双面电工用无碱玻璃布		
5133	—		

（续）

型 号	补强材料	胶粘剂	适用范围
5150	—	有机硅胶粘漆	适用于工作温度180℃的电机槽绝缘及衬垫绝缘
5151	单面或双面电工用无碱玻璃布		
5130-1	双面云母带用纸	醇酸胶粘漆	适用于工作温度130℃的电机槽绝缘及衬垫绝缘
5131-1	双面电工用无碱玻璃布		
5136-1	双面云母带用纸	环氧胶粘漆	
5151-1	双面电工用无碱玻璃布	有机硅胶粘漆	适用于工作温度180℃的电机槽绝缘及衬垫绝缘

2. 柔软云母板的公称厚度及允许偏差（表25-48）

表25-48 柔软云母板的公称厚度及允许偏差（JB/T 7100—1993） （单位：mm）

型 号	公称厚度	允许偏差	
		中值与公称厚度的允许偏差	个别值与公称厚度的最大允许偏差
5130 5131 5133 5150 5151	0.15	±0.04	±0.08
	0.20；0.25	±0.05	±0.12
	0.30；0.40；0.50	±0.07	±0.15
5130-1 5131-1 5136-1 5151-1	0.15	±0.03	±0.05
	0.20；0.25	±0.04	±0.08
	0.30；0.40；0.50	±0.05	±0.10

3. 柔软云母板的技术要求（表25-49）

表25-49 柔软云母板的技术要求（JB/T 7100—1993）

项 目		技 术 要 求								
		5130	5131	5133	5150	5151	5130-1	5131-1	5136-1	5151-1
挥发物含量(质量分数,%) ≤		5.0					2.0			
胶粘剂含量(质量分数,%)		15～30					20～40			
云母含量(质量分数,%) ≥		50					38			
介电强度/(MV/m) ≥	0.15mm	15	16	25	20	16	16	16	16	15
	0.20mm	20	18	25	25	18	18	18	18	25
	0.25mm	20	18	25	25	18	18	18	18	25
	0.30mm	15	16	25	20	16	16	16	16	20
	0.40mm	15	16	25	20	16	16	16	16	20
	0.50mm	15	16	25	20	16	16	16	16	20
柔软性		无分层、剥片云母滑动、折损和脱落现象								

25.2.15 衬漆云母板

1. 衬漆云母板的分类（表25-50）

表25-50 衬漆云母板的分类（JB/T 900—1993）

型 号	云母基材	胶 粘 剂	使用范围
5730	剥片白云母	醇酸胶粘漆	适用作电机、电器的衬垫绝缘,如:垫圈、垫片等零件
5731	剥片白云母	虫胶胶粘漆	
5755	剥片白云母	有机硅胶粘漆	
5755-2	剥片金云母	有机硅胶粘漆	
5760-2	剥片金云母	磷酸铵胶粘漆	

2. 衬漆云母板的公称厚度及允许偏差 （表 25-51）

表 25-51　衬漆云母板的公称厚度及允许偏差 （JB/T 900—1993）　　（单位：mm）

型　号	公称厚度	允许偏差	
		中值与公称厚度的允许偏差	个别值与公称厚度的允许偏差
5730 5731	0.5	±0.10	±0.18
	0.6	±0.12	±0.18
	0.7	±0.14	±0.20
	0.8	±0.16	±0.22
	0.9	±0.18	±0.22
	1.0	±0.20	±0.30
	1.5	±0.24	±0.40
	2.0	±0.30	±0.50
	3.0	±0.45	±0.75
	4.0	±0.60	±1.00
	5.0	±0.75	±1.25
5755 5755-2	0.15	+0.05 -0.04	±0.10
5760-2	1.5	±0.15	±0.25
	2.0	±0.20	±0.30
	3.0	±0.25	±0.40
	4.0	±0.30	±0.45
	5.0	±0.35	±0.50

注：非标准规格，可由供需双方商定。

3. 衬漆云母板的技术要求 （表 25-52）

表 25-52　衬漆云母板的技术要求 （JB/T 900—1993）

项　目			技术要求					
			5730 5731			5755 5755-2	5760-2	
			公称厚度/mm					
			0.5 0.5	0.7~1.0	1.5~5.0	0.15	0.5 0.6	0.8 1.0	1.5 2.0
组成 （质量分数，%）	云母		78~85			80~95	—		
	胶粘剂		15~25			5~20	—		
	挥发物		≤1.0			≤1.0	≤1.0		
电气强度(23℃±2℃)/(MV/m)			≥20			≥30	≥10		
体积电阻率 /Ω·m	23℃±2℃时		≥1×10^{11}			≥5×10^{10}	≥5×10^{10}		
	受潮48h后		≥1×10^{10}			≥5×10^8	≥5×10^8		
起层率(%)	试样 尺寸	20mm×40mm	≤5	—	—	≤5	≤10	—	—
		40mm×40mm	—	≤10	—	—	≤10	—	—

注：1. 电气强度个别值不得低于标准值的 75%；公称厚度 1mm 以上者，其击穿电压不得低于 15kV。

　　2. 公称厚度 1mm 以上者，起层率不作规定。

25.2.16 云母纸

1. 云母纸的厚度（规格）（表25-53）

表25-53 云母纸的厚度（规格）（GB/T 5019.4—2009）

型　号	厚度（规格）/μm
MPM1	45，50，55，65，75，85，95，105
MPM2	50，60，70，75，110，130，180
MPM3	35，55，65，75，90，95，105，115，125，150，155，160，170，180，190，200
MPM4	55，60，65，70，75，80，90，100，105，150，160，185，235，260
MPS5（S506）	60，70，77，87，105，115

2. 云母纸的技术要求（表25-54）

表25-24 云母纸的技术要求（GB/T 5019.4—2009）

型号	定量			厚度		透气性 /(s/100mL)	非网面渗透时间/s	水萃取物电导率 /(μS/cm) ≤	质量损失率 (%) ≤	拉伸强度 /(N/cm宽) ≥	电气强度（平均）/(kV/mm)
	公称值 /(g/m²)	平均值与公称值允许偏差（%）	个别值与公称值允许偏差（%）	期望厚度 /μm	个别值与所有平均值的最大偏差(%)						
MPM1	50	±4	±6	45	±10	2300~5500	40	70	0.5	5.0	30
	60			50		2700~6000	55			5.5	
	68			45		3200~6500	100			8.0	
	75			50		3500~7000	110			8.5	
	82			55		3800~7300	120			9.8	
	100			65		4700~8500	120			9.8	
	115			75		≥6000	130			9.8	
	130			85		≥6000	130			11.0	
	145			95		≥6000	150			11.0	
	160			105		≥6000	150			11.0	
MPM2	80	±4	±7	50	±14	1400~2300	50	20	0.5	6.2	27
	100			60		1600~2600	70			7.0	
	115			70		1700~2900	90			7.5	
	120			75		1800~3100	100			7.5	
	125			75		1850~3150	110			8.0	
	150			110		2200~3700	160			9.0	
	180			130		2500~4000	225			9.5	
	250			180		3400~5000	400			9.5	

（续）

型号	定量 公称值/(g/m²)	平均值与公称值允许偏差(%)	个别值与公称值允许偏差(%)	厚度 期望厚度/μm	个别值与所有平均值的最大偏差(%)	透气性/(s/100mL)	非网面渗透时间/s	水萃取物电导率/(μS/cm) ≤	质量损失率(%) ≤	拉伸强度/(N/cm 宽) ≥	电气强度(平均)/(kV/mm)
MPM3				3.5		100~300	8				
	80	±4	±6	55	±8	130~350	10	10	0.4	3.8	15
	100			65		150~380	12			4.0	
	120			75		160~420	15			4.0	
	140			90		170~450	17			4.3	
	150			95		170~470	19			4.4	
	160			105		175~480	22			4.5	
	180			115		180~520	28			5.0	
	200	±5	±7	125	±10	195~550	40			5.2	
	240			150		225~600	45			5.4	
	250			155		230~610	65			5.5	
	260			160		230~620	70			5.5	
	280			170		245~650	80			5.5	
	300			180		255~670	90			5.5	
	320			190		270~700	100			5.5	
	370			200		280~750	120			6.5	
MPP4	80	±4	±6	55	±8	600~1000	12	10	0.4	3.8	13
	90			60		625~1100	14			4.0	
	100			65		650~1200	16			4.2	
	110			70		700~1250	18			4.3	
	120			75		720~1300	18			4.4	
	130			80		750~1350	20			4.5	
	150			90		800~1450	22			4.6	
	160			100		825~1500	28			4.8	
	170			105		850~1550	30			5.0	
	250	±5	±7	150	±10	1100~1700	60			5.5	
	260			160		1200~1800	70			5.8	
	320			185		1300~1950	120			6.0	
	400			235		1600~2150	150			7.0	
	450			260		1750~2400	180			7.5	
MPS5 (S506)	80	±3.5	±5	60	±8	100~200	8	10	0.4	2.0	13
	105			70		150~300	10			2.5	
	120			77		160~350	15			3.0	
	135			87		180~380	18			3.0	
	160			105		200~400	20			3.5	
	195			115		230~450	25			4.5	

注：透气性应按 ISO 5636-5：2003 中 3.2 "透气性" 测试，结果以 s/100mL 表示。

25.2.17　云母箔

1. 云母箔的分类（表 25-55）

表 25-55　云母箔的分类（JB/T 901—1995）

型　号	补强材料	胶粘剂	使用范围
5834-1	电工用无碱玻璃布和聚酯薄膜	环氧胶粘漆	适用于工作温度 130℃ 的电机、电器的卷烘式绝缘及零件
5836-1	电工用无碱玻璃布		
5840-1	电工用无碱玻璃布和聚酰亚胺薄膜	酚醛环氧胶粘漆或环氧聚酯胶粘漆	适用于工作温度 155℃ 的电机、电器的卷烘式绝缘及零件
5841-1	电工用无碱玻璃布和聚酯薄膜		
5842-1	电工用无碱玻璃布	环氧二苯醚胶粘漆	
5843-1	聚酯薄膜		
5850	电工用无碱玻璃布	有机硅胶粘漆	适用于工作温度 180℃ 的电机、电器的卷烘式绝缘及零件
5851-1		二苯醚胶粘漆	

2. 云母箔的公称厚度及允许偏差（表 25-56）

表 25-56　云母箔的公称厚度及允许偏差（JB/T 901—1995）　　　（单位：mm）

型　号	公称厚度	允 许 偏 差	
		中值与公称厚度的允许偏差	个别值与公称厚度的允许偏差
5834-1	0.15	±0.02	±0.04
	0.17、0.20	±0.03	±0.05
5836-1	0.15	±0.02	±0.04
	0.20、0.25	±0.03	±0.05
5840-1 5841-1	0.15	±0.02	±0.04
	0.17、0.20	±0.03	±0.05
5842-1	0.11、0.15	±0.02	±0.04
	0.17、0.20	±0.03	±0.05
5843-1	0.17	±0.03	±0.05
5850	0.15	±0.03	±0.08
	0.20	±0.04	±0.10
	0.25、0.30	±0.05	±0.13
5851-1	0.10、0.15	±0.02	±0.04
	0.20、0.25	±0.03	±0.05

3. 云母箔的技术要求（表 25-57）

表 25-57　云母箔的技术要求（JB/T 901—1995）

项　目	技 术 要 求						
	5834-1	5836-1	5840-1、5841-1	5842-1	5843-1	5850	5851-1
挥发物含量（质量分数,%）	≤1.0	≤1.0	≤1.0	≤4.0		≤1.0	≤5.0
胶粘剂含量（质量分数,%）	25～35	25～35	25～35	20～35		15～30	20～35

（续）

项　　目		技 术 要 求						
		5834-1	5836-1	5840-1,5841-1	5842-1	5843-1	5850	5851-1
云母含量（质量分数,%）		≥30	≥50	≥30	≥50	≥40	≥50	
介电强度 /（MV/m）	平均值	≥45	≥25	≥45	≥25	≥60	≥16	≥25
	个别值	≥34	≥18	≥34	≥18	≥45	≥12	≥18
可塑性		在110℃±5℃下处理15min可塑制成管					在130℃±5℃下处理 15min 可塑制成管	
长期耐热性温度指数		≥130		≥155			≥180	

25.2.18　工业原料云母

1. 工业原料云母的分类（表25-58）

表25-58　工业原料云母的分类（JC/T 49—1995）

类别	任一面之最大		另一面	厚度/mm	
	内接矩形面积/cm²	有效矩形面积/cm² ≥	有效矩形面积/cm² ≥	板状	楔形
特类	≥200	65	20	≥0.1	最厚端的厚度 <10
一类	100~200	40	10		
二类	50~100	20	6		
三类	20~50	10	4		
四类	4~20	4	2		

注：工业原料云母按云母晶体任一面最大内接矩形面积和最大有效矩形面积及另一面必须达到的有效矩形面积分为5类。

2. 工业原料云母的斑污和表面特征（表25-59）

表25-59　工业原料云母的斑污和表面特征（JC/T 49—1995）

项目	一等品	合格品
斑污占有效面积比值（%）	≤25	>25
表面特征	平坦，允许微波纹存在	平坦，允许波纹存在

注：1. 各级云母晶体内，不允许有易于脱落的云母存在。不允许有凸出于云母晶体表面的非云母矿物。

　2. 边缘上的非云母矿物，沿径向不得超过4mm。凹入角内的非云母矿物，其深度不得超过7mm。

25.2.19　电子管用云母片

1. 电子管用云母片的规格尺寸（表25-60）

表25-60　电子管用云母片的规格尺寸（JC/T 52—1982）

直径/mm	有效面积占 全片面积(%)	厚度/mm	厚度允许偏差 /mm	有效面积内任意 两点厚度差/mm
15、17、19	>30	0.20、0.25、 0.30、0.35、0.40	0 -0.05	≤0.02
21、25、30、35、40、45、50	>50			

注：云母片边缘最远两点间距不小于40mm。

2. 电子管用云母片的外观质量（表 25-61）

表 25-61　电子管用云母片的外观质量（JC/T 52—1982）

技术等级	说　　明
特级	1）云母片应坚硬、光滑平整、无色透明或呈肉红色 2）在零件面积上，不允许有任何斑点和气泡。允许有轻微的刀痕和擦痕
甲级	1）云母片应坚硬、光滑平整、无色透明或呈肉红色、茶色、浅绿色。表面允许有轻微波纹 2）除不允许有斑点外其他各色斑点，从零件边缘向中心延伸直径10%的范围内允许存在。其占有面积不得超过零件面积的10%；在边缘范围内，0.5～1mm的黑斑点不得超过3个；0.5mm以下的分散斑点，允许存在 3）除不允许的分层气泡外，其他气泡从零件边缘向中心延伸直径15%（直径为25mm及其以上者延伸直径的10%）范围内允许存在，其占有面积不得超过零件面积的10% 4）允许轻微的刀痕和擦痕
乙级	1）云母片应坚硬、光滑、平整、无色透明或呈肉红色、茶色、浅茶色。表面不允许有严重波纹 2）除不允许的斑点外，其他各色斑点从零件边缘向中心延伸直径15%的范围内允许存在，其占有面积不得超过零件面积的15%；在边缘范围内，0.5～2mm的黑斑点不得超过3个；0.5mm以下的分散斑点允许存在 3）除不允许的分层气泡外，其他气泡从零件边缘向中心延伸直径15%的范围内允许存在，其占有面积不得超过零件面积的15% 4）允许轻微的刀痕和擦痕

注：技术等级按云母片有效面积的外观质量分为特、甲、乙三级。除不允许有裂纹、穿孔、层皮、鳞片、分层、矿物夹杂物、红褐色斑点、黄白色水锈及连续气泡外，各级应符合表中要求。

3. 电子管用云母片的斑点和气泡允许值（表 25-62）

表 25-62　电子管用云母片的斑点和气泡允许值（JC/T 52—1982）

零件直径 /mm	斑点允许占有面积/mm²		气泡允许占有面积/mm²	
	甲级	乙级	甲级	乙级
15	17.67	26.50	17.67	26.50
17	22.70	34.05	22.70	34.05
19	28.35	42.53	28.35	42.53
21	34.64	51.95	34.64	51.95
25	49.09	73.63	49.09	73.63
30	70.68	106.03	70.68	106.03
35	96.21	144.31	96.21	144.31
40	125.66	188.50	125.66	188.50
45	159.04	238.56	159.04	238.56
50	196.35	294.52	196.35	294.52

4. 电子管用云母片的技术要求（表 25-63）

表 25-63　电子管用云母片的技术要求（JC/T 52—1982）

类别	技　术　要　求			
电性能	体积电阻 （10℃±5℃时）/Ω·cm	表面电阻 /Ω	击穿强度 /(kV/mm)	介质损耗角正切值 （频率10^6Hz时）
	$>10^{14}$	$>10^{11}$	>50	$(1\sim3)\times10^{-4}$

（续）

类别	技 术 要 求
耐热性能	云母片在600℃±20℃下恒温30min取出，在室温下冷却，与原样比较，表面不变色，不失透
工艺性能	云母片在加工、冲制后不得有起层、剥皮、折裂、孔眼扩大，变形等现象
真空性能	云母片从100～700℃逐级（每100℃为一间隔）加热后，放出的气体体积压力曲线形状应符合图25-5规定

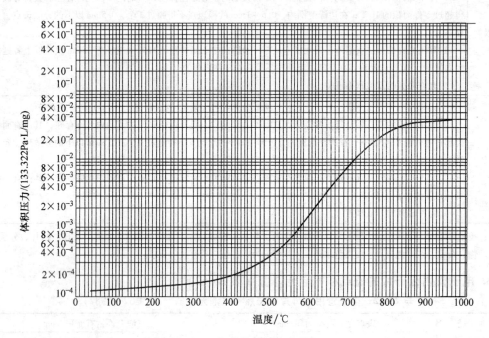

图 25-5　气体体积压力曲线图

25.3　铸石

25.3.1　铸石的分类及化学成分

铸石的分类及化学成分如表25-64所示。

表 25-64　铸石的分类及化学成分

名称	化学成分（质量分数，%）				
	SiO_2	Al_2O_3	MgO	CaO	$FeO + Fe_2O_3$ 等
熔铸辉绿岩铸石	47～49	16～21	6～8	8～11	14～17
熔铸玄武岩铸石	44～47	11～14	6～9	10～12	12～16
熔铸页岩铸石	47～50	16～21	5～9	8～11	8～14
铝铁炉渣铸石	48～53	10～19	2～5	6～10	14～20
硅锰矿渣铸石	41～43	9～17	2～3	15～24	1～2
铬渣辉绿岩铸石	45.6～48.6	18.2～20.4	3.9～6.7	10～13.3	11.4～16

25.3.2 铸石的性能

铸石的性能如表 25-65 所示。

表 25-65 铸石的性能

项 目		指 标
密度/（g/cm³）		2.8 ~ 3.0
磨损度/（g/cm²）		0.06 ~ 0.09
硬度（莫氏）		7 ~ 8 级
抗压强度/MPa		600 ~ 800
抗弯强度/MPa		25 ~ 40
抗拉强度/MPa		20 ~ 40
冲击韧度/（J/cm²）		0.147 ~ 0.245
线胀系数/（10^{-6}/K）	0 ~ 100℃	4.0 ~ 5.0
	0 ~ 250℃	6.0 ~ 6.5
	0 ~ 500℃	7.5 ~ 8.0
	0 ~ 800℃	9.0 ~ 9.5
体积电阻率（20℃）/Ω·cm		10^{12}
表面电阻率（20℃，湿度30%）/Ω		$10^{11} ~ 10^{14}$
损耗角正切（室温）频率/MHz		0.005 ~ 0.006
介电常数（室温）频率/MHz		6 ~ 8
击穿强度（室温，频率50MHz）/（kV/mm）		7 ~ 11
使用温度/℃		250
耐酸度[①]（%）	浓硫酸	>99
	浓盐酸	97.5 ~ 98.7
	浓硝酸	99.2 ~ 99.5
	浓醋酸	>99.8

注：耐酸度为经酸处理后与处理前的质量百分比。

25.3.3 铸石板

1. 铸石板的分类（表 25-66）

表 25-66 铸石板的分类（JC/T 514.1—1993）

序号	类别	品种名称	品种代号
1	平面板	矩形板	J
2		直角梯形板	T（左形），Ty（右形）
3		扇形板	S
4		圆形板	Y
5		六边形板	L
6	弧面板		H

2. 铸石板的厚度系列代号（表 25-67）

表 25-67　铸石板的厚度系列代号（JC/T 514.1—1993）

厚度/mm	20	25	30	40	50
厚度系列代号	1	2	3	4	5

3. 铸石板的尺寸允许偏差（表 25-68）

表 25-68　铸石板的尺寸允许偏差（JC/T 514.1—1993）　　　（单位：mm）

项　目		允许偏差
长度（包括宽度、对边距、直径、弦等）	≤250	+3 −4
	>250	±4
厚度	<25	±4
	≥25	±5

4. 铸石板的外观质量（表 25-69）

表 25-69　铸石板的外观质量（JC/T 514.1—1993）　　　（单位：mm）

项　目			技　术　要　求
	飞刺长度		3
翘曲	长度（包括宽度、对边距、直径、弦等）≤250		3
	长度（包括宽度、对边距、直径、弦等）>250		5
	浇注口凹凸		≤ 　1/3 板厚
边角缺损	工作面		3
	浇注面		1/3 板厚
工作面气泡孔深度	厚度 = 20		3
裂纹			不许贯穿

5. 铸石板的断面质量（表 25-70）

表 25-70　铸石板的断面质量（JC/T 514.1—1993）　　　（单位：mm）

项　目		技术要求
工作面玻璃层深度	≤	3
浇注面气泡层深度		1/4 板厚

6. 铸石板的理化性能（表 25-71）

表 25-71　铸石板的理化性能（JC 514.1—1993）

项　目		指　标	
		平面板	弧面板
磨耗量/（g/cm^2）	≤	0.09	0.12

（续）

项　目			指　标	
			平面板	弧面板
耐急冷急热性	水浴法：20~70℃反复一次 气浴法：室温~室温以上175℃反复一次	合格试样块数/试样块数	36/50	31/50
冲击韧度/(kJ/m²)		≥	1.57	1.37
抗弯强度/MPa			63.7	58.8
抗压强度/MPa			588	
耐酸（碱）度（%）	硫酸（密度为1.84g/cm³）		99.0	
	硫酸溶液（质量分数为20%）		96.0	
	氢氧化钠溶液（质量分数为20%）		98.0	

25.3.4　铸石直管

1. 铸石直管的规格尺寸及参考质量（表 25-72）

表 25-72　铸石直管的规格尺寸及参考质量（JC/T 514.2—1993）

产品代号	规格尺寸/mm			参考质量/(kg/m)
	外径	管长	壁厚	
ZG200-1		500		
ZG200-2	200	600		40
ZG200-3		800	25	
ZG250-1		500		
ZG250-2	250	600		51
ZG250-3		800		
ZG300-1		500		
ZG300-2	300	800	25	60
ZG300-3		1000		
ZG350-1		500		
ZG350-2	350	800		74
ZG350-3		1000	25	
ZG400-1		500		
ZG400-2	400	800		85
ZG400-3		1000		

2. 铸石直管的技术要求（表 25-73）

表 25-73　铸石直管的技术要求（JC/T 514.2—1993）

项　目		技术要求	
		一等品	合格品
尺寸允许偏差/mm	长度	±2	+3 -6
	外径	±3	+3 -6
	壁厚	±2	+4 -3

（续）

项　目		技术要求	
		一等品	合格品
外观质量要求	声响	发出金属声	
	端部径向裂纹/mm	无	≤1/2 壁厚
	端部轴向裂纹/mm	无	≤20
	边棱缺损径向深度/mm	≤5	≤1/3 壁厚
	锥度	≤5/1000	
	圆度	≤2	
理化性能	耐酸（碱）度（%）	硫酸（密度 1.84g/cm³）	≥99.00
		硫酸溶液（质量分数为 20%）	≥96.00
		氢氧化钠溶液（质量分数为 20%）	≥98.00
	磨耗量/(g/cm²)	≤0.15	
	冲击韧度/(kJ/m²)	≥1.57	

参 考 文 献

[1] 曾正明. 机械工程材料手册：金属材料 [M]. 7 版. 北京：机械工业出版社，2010.
[2] 曾正明. 机械工程材料手册：非金属材料 [M]. 7 版. 北京：机械工业出版社，2009.
[3] 刘胜新. 实用金属材料手册 [M]. 北京：机械工业出版社，2011.
[4] 陈志民，翟震. 塑料速查手册 [M]. 北京：机械工业出版社，2012.
[5] 曾正明. 涂料速查手册 [M]. 北京：机械工业出版社，2009.
[6] 张秀梅，吴伟卿. 涂料工业用原材料技术标准手册 [M]. 2 版. 北京：化学工业出版社，2004.